中国石化
加氢技术交流会论文集
（2021）

下册

俞仁明　陈尧焕　主编

中国石化出版社

内 容 提 要

本书收录了近两年来国内炼化生产、科研、设计单位有关加氢装置生产运行情况总结、加氢新技术应用、加氢催化剂研究及工艺技术开发等论文共175篇。内容包括馏分油加氢裂化技术、各种汽煤柴油加氢精制技术、重质油加氢处理技术应用情况，以及工程设备与装置安全运行和节能与资源优化利用等。

本书对加氢装置的管理人员、技术人员、操作人员有很强的指导意义，也是加氢催化剂、加氢工艺、加氢装置科研设计人员很有价值的参考资料。

图书在版编目(CIP)数据

中国石化加氢技术交流会论文集. 2021 / 俞仁明，陈尧焕主编．—北京：中国石化出版社，2021. 5
ISBN 978-7-5114-6164-3

Ⅰ. ①中… Ⅱ. ①俞… ②陈… Ⅲ. ①石油炼制-加氢裂化-文集 Ⅳ. ①TE624. 4-53

中国版本图书馆 CIP 数据核字(2021)第 074041 号

未经本社书面授权，本书任何部分不得被复制、抄袭，或者以任何形式或任何方式传播。版权所有，侵权必究。

中国石化出版社出版发行

地址：北京市东城区安定门外大街 58 号
邮编：100011 电话：(010)57512500
发行部电话：(010)57512575
http：//www. sinopec-press. com
E-mail：press@ sinopec. com
北京富泰印刷有限责任公司印刷
全国各地新华书店经销

*

889×1194 毫米 16 开本 72. 5 印张 2149 千字
2021 年 5 月第 1 版　2021 年 5 月第 1 次印刷
定价：298. 00 元

《中国石化加氢技术交流会论文集(2021)》
编　委　会

主编：俞仁明　陈尧焕

编委：周建华　李　鹏　高　娜

前　言

中国石化加氢技术交流会是中国石化炼油加氢技术领域最重要的学术交流活动与专业会议之一。十多年来，通过每两年举办一次加氢技术交流会，邀请炼油加氢领域专家和技术骨干参与讲学及交流，促进了炼化生产、科研、设计等单位之间的技术交流，为提高国内炼油企业清洁燃料生产技术水平发挥了积极作用。

当前，我国能源行业即将进入转型发展新阶段。2021年是“十四五”和“双循环”新发展格局元年。一方面，我国经济将在全球率先实现反弹，新基建热潮开启，第三产业强势反弹，第二产业增长强劲，能源需求增长空间加大；另一方面，碳中和的愿景与碳减排压力，将加速能源体系向清洁低碳转型。在新形势下，加氢技术作为重要的清洁炼油技术，在油品质量升级、产品结构调整、原油资源高效利用、生产过程清洁化进程中将继续发挥重要作用。

本届加氢技术交流会论文集收录了近两年来国内炼化生产、科研、设计单位有关加氢装置生产运行情况总结、加氢新技术应用、加氢催化剂研究及工艺开发等论文共175篇。内容包括馏分油加氢裂化技术、各种汽煤柴油加氢精制技术、重质油加氢处理技术、工程设备与装置安全运行及节能与资源优化利用等。会议所征集到的论文均经过相关领域专家择选定稿，由中国石化大连石油化工研究院进行整理和编辑，中国石化出版社出版发行。在编辑过程中，除对入选论文做格式上的编排和部分文字修改外，其余均保持作者原意，内容上基本未做改动。

本书对于加氢装置的管理人员、技术人员、操作人员有很强的指导意义，也是加氢催化剂、加氢工艺、加氢装置科研设计人员很有价值的参考资料。

目　录

重质油加氢处理技术开发及工业应用

重质油加氢转化技术开发

石蜡/特种油品加氢技术开发及工业应用

工程设备与装置安全运行

节能、氢气利用

其　他

·重质油加氢处理技术开发及工业应用·

蜡油加氢装置实现5年以上运转周期的工业装置经验总结

王国胜　张璠玢　梁家林

（中国石化齐鲁石化公司　山东淄博　255434）

摘　要　齐鲁石化2.6Mt/a蜡油加氢处理装置采用石油化工科学研究院开发的劣质蜡油加氢处理RVHT技术及配套催化剂加工焦化蜡油与直馏蜡油的混合原料，目前已连续稳定运转5年。对装置第一周期的运转情况进行了总结，结果表明，精制蜡油硫含量平均值为0.10%，平均脱硫率达到91.73%。精制蜡油产品氮含量平均值为0.24%，脱氮率平均值为50.66%。稳定的原料油性质、合理的催化剂级配以及适合的工艺条件，均是装置实现5年运转周期的重要保证。

关键词　长周期运转；蜡油加氢；加氢脱硫；加氢脱氮；RVHT

1　前言

中国石油化工股份有限公司齐鲁分公司（以下简称齐鲁石化）2.6Mt/a蜡油加氢处理装置以减压蜡油和焦化蜡油的混合油为原料，生产低硫、低氮、高氢含量的精制蜡油，为催化裂化装置提供优质进料，同时副产少量的石脑油和柴油。

该装置采用中国石油化工股份有限公司石油化工科学研究院（以下简称石科院）开发的劣质蜡油加氢处理RVHT技术进行设计，主催化剂为RVS-420/RN-32V，配套RG系列保护剂和RDM-32脱金属剂。装置第一周期于2015年2月完成催化剂装填，2015年3月底完成催化剂干燥、硫化及初活稳定过程，开始加工蜡油原料，截至2020年3月31日，装置已长周期稳定运行了5a，共计1830d，且装置目前仍在正常生产，计划运转至2020年10月份对催化剂进行再生并补充少量新鲜剂后转入下周期生产。本文就催化剂级配方案、原料油性质、催化剂性能及工艺条件等进行分析，对五年运转周期的蜡油加氢处理装置运转经验进行了总结。

2　蜡油加氢装置催化剂级配方案

优异的催化剂级配方案是实现蜡油加氢装置长周期稳定运转，特别是超过5年运转周期的必不可少的影响因素。石科院基于齐鲁石化加工的蜡油原料来源、性质组成特点以及产品要求设计了催化剂的级配方案，包括RG系列保护剂、RDM系列加氢脱金属催化剂以及RVS系列加氢脱硫剂和RN系列加氢脱氮和加氢脱硫主剂。

保护剂采用的RG系列催化剂，包括RG-20/RG-30A/RG-30B催化剂。石科院开发的RG系列保护剂能够较好的脱除原料中的Fe、Ca、Ni、V等金属，并在催化剂内孔道均匀沉积，抑制床层压降快速升高。根据齐鲁石化蜡油加氢装置运转数据可知，原料中的金属Fe和金属Ca含量波动较大，但床层压降一致保持稳定，表明了RG系列保护催化剂能够较好的脱除并且容纳金属。

RDM系列加氢脱金属催化剂最早源于渣油加氢脱金属催化剂，石科院针对齐鲁石化蜡油原料干点高、金属含量高的性质特点，设计级配装填了部分RDM系列加氢脱金属催化剂。从装置运转情况分析可知RDM脱金属催化剂有效脱除了原料中的Fe、Ca、Ni、V等金属，确保加氢主催化剂能够发挥较好的加氢活性。

蜡油加氢装置采用的加氢主剂为加氢脱硫剂 RVS-420 和加氢脱氮脱硫剂 RN-32V，两种催化剂已经在国内应用接近 20 套次，工业应用业绩表明两种催化剂均具有非常优异的加氢脱硫、加氢脱氮和芳烃加氢饱和活性。其中 Co-Mo 型的加氢脱硫催化剂 RVS-420 具有氢耗低，低温脱硫性能优异的反应性能特点；Ni-Mo-W 三金属体系的 RN-32V 催化剂具有非常优异的加氢脱氮、加氢脱硫和芳烃加氢饱和活性，在较高的反应温度条件下，加氢性能非常突出。

3 蜡油加氢处理装置长周期运转分析

齐鲁石化 2.6Mt/a 蜡油加氢处理装置自 2015 年 3 月底正常开工以来，已长周期稳定运行了 5 年。以下从这一周期原料油性质、催化剂性能及工艺参数等方面对该装置长周期稳定运行情况进行分析和总结。

3.1 混合原料油性质

蜡油加氢装置加工减压蜡油、焦化蜡油、罐区蜡油及催化柴油的混合油。混合原料油的硫氮含量、密度、残炭值、金属含量随运转时间的变化曲线见图 1～图 4。

原料硫氮含量随运转时间的变化如图 1 所示，硫含量平均值为 1.10%，小于设计值 1.9%；氮含量平均值为 0.47%，远高于设计值 0.35%。运转初期原料硫氮含量均较高，特别是运转初期氮含量接近 1.0%，这与运转初期焦化蜡油加工比例较高有关；随着运转时间增加，原料油的硫氮含量逐渐降低。近期，原料硫含量在 0.8%～1.60%范围内波动，平均值在 1.1%左右；氮含量在 0.40%～0.60%之间，平均值在 0.47%左右。

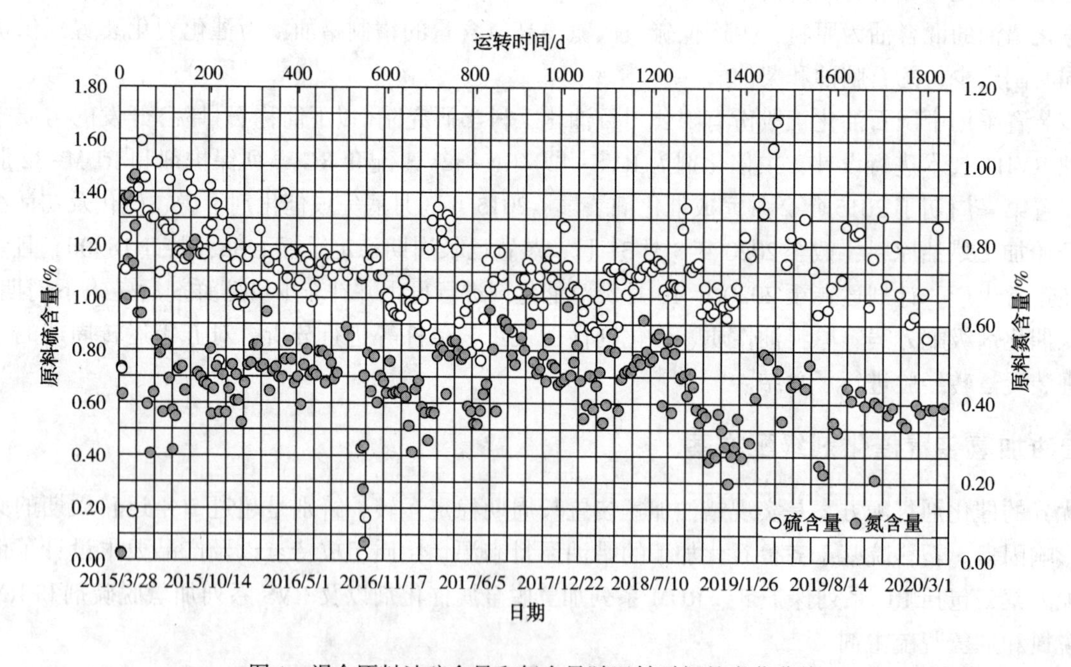

图 1 混合原料油硫含量和氮含量随运转时间的变化曲线

图 2 和图 3 分别给出了原料密度、残炭值随运转时间的变化曲线。可以看出，运转初期密度有一定的波动，运转 800d 后，密度趋于平稳。这一周期原料密度在 920～945kg/m^3 范围内，平均值为 933kg/m^3，在装置设计密度范围内。残炭值在 0.10%～0.60%范围内波动，平均值为 0.30%，均在设计值范围内。原料金属含量随运转时间的变化见图 4。可知 Ni+V 含量在 0～10μg/g 范围内波动，平均值为 3.68μg/g，Fe+Ca 含量同样波动较大，平均值为 6.73μg/g，均高于设计值。

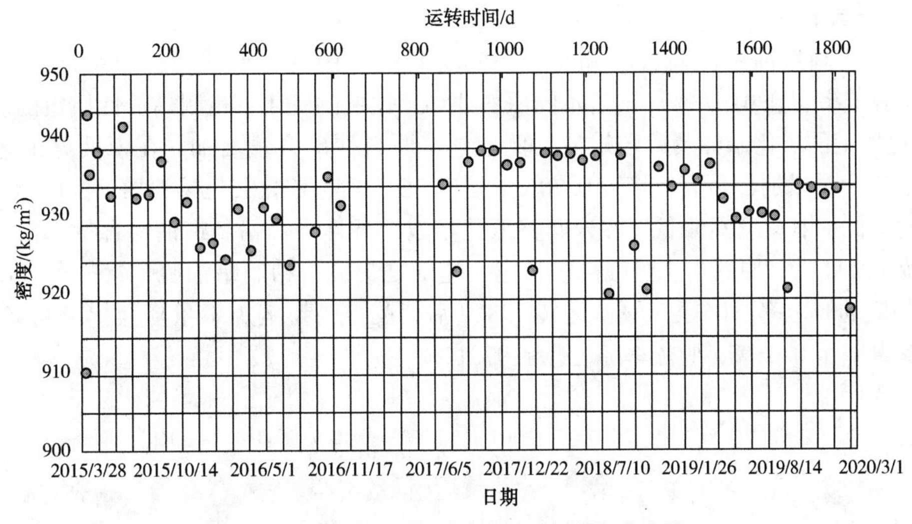

图2　混合原料油密度随运转时间的变化曲线

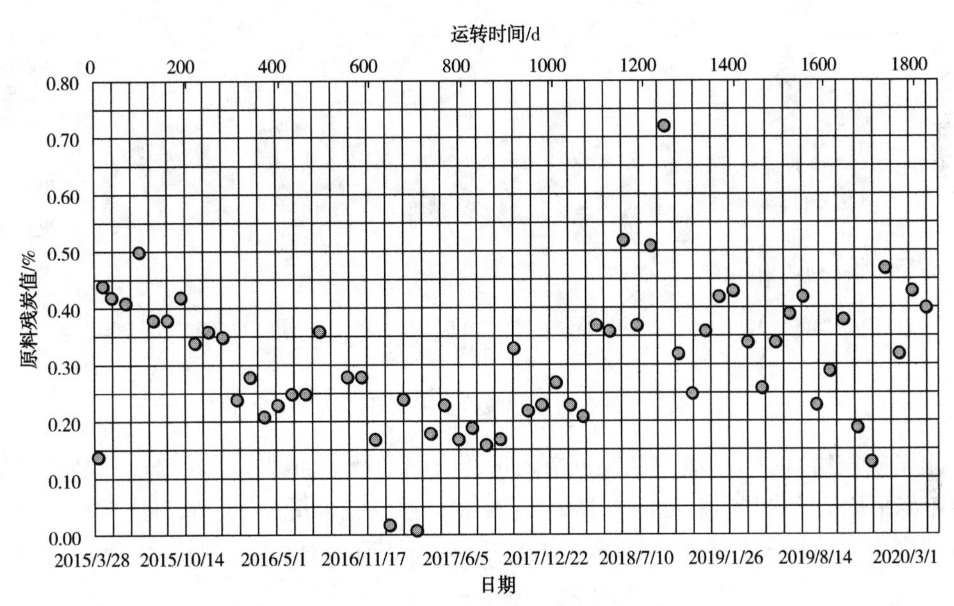

图3　混合原料油残炭值随运转时间的变化曲线

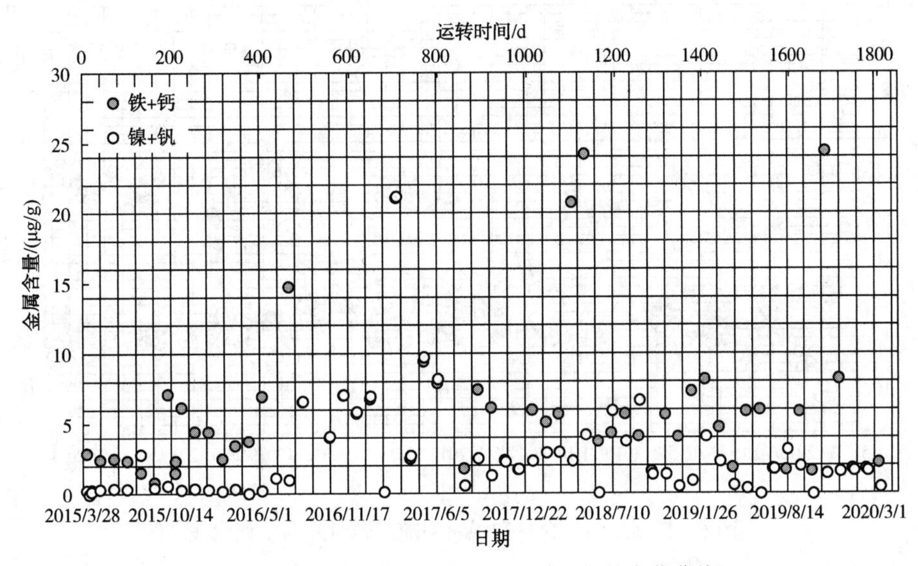

图4　混合原料油金属含量随运转时间的变化曲线

3.2 精制蜡油产品性质

图5给出了精制蜡油产品硫含量和脱硫率随运转时间的变化曲线。精制蜡油硫含量平均值为0.10%，平均脱硫率达到91.73%。随着不同原料油加工比例的变化，精制蜡油性质也随之变化。运转680d后，装置加工的焦化蜡油及罐区蜡油比例增加，原料油硫含量增加，在未调整工艺参数的情况下，精制蜡油硫含量增加，最高值接近0.20%。运转760d后，催化裂化柴油加工比例增加，直馏蜡油比例降低，对应的原料硫含量降低，在未调整工艺参数的条件下，精制蜡油硫含量降低，最低值达到0.03%。运转1420d后，原料加工量提高，反应空速随之提高，精制蜡油硫含量显著升高，最大值达到0.23%，相应的脱硫率下降至80%。运转1780d后，受疫情影响加工量降低，未调整参数条件下，精制蜡油硫含量降至0.03%，脱硫率随之升至97.1%。

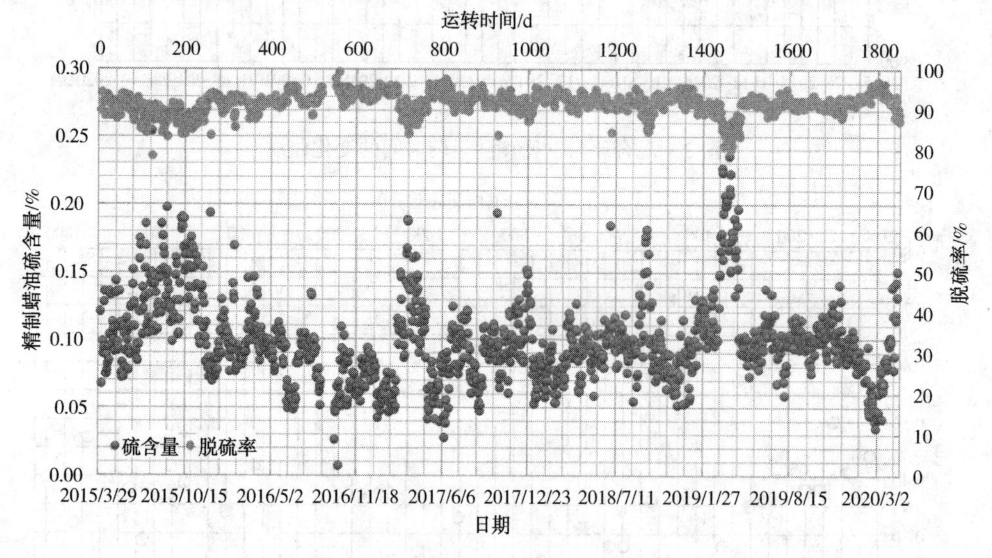

图5　精制蜡油硫含量和脱硫率随运转时间的变化曲线

图6给出了精制蜡油产品氮含量和脱氮率随运转时间的变化曲线。精制蜡油产品氮含量平均值为0.24%，脱氮率平均值为50.66%。由图可知，运转初期原料氮含量及加工原料比例变化较大，精制蜡油氮含量和脱氮率波动较大。运转150d至700d，原料油性质相对稳定，脱氮率稳定在60%左右。运

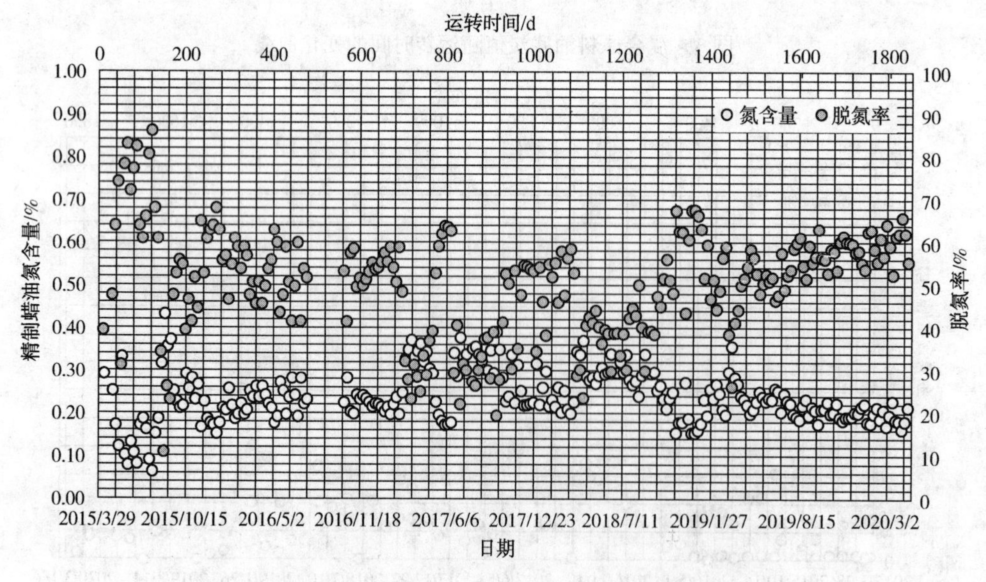

图6　精制蜡油氮含量和脱氮率随运转时间的变化曲线

转700d至780d，加工的焦化蜡油及罐区蜡油比例增加，原料油氮含量增加，相应的催化剂脱氮率降低；之后通过降低罐区蜡油和焦化蜡油的加工比例，提高催化裂化柴油加工比例，脱氮率逐渐提高至60%左右。运转1080d后，加工的焦化蜡油比例降低，未调整工艺参数的条件下，精制蜡油氮含量逐渐降低至0.20%以下，脱氮率随之升高至50%甚至60%以上。

图7给出了精制蜡油产品残炭值随运转时间的变化曲线。运转前500d，精制蜡油残炭值维持在0.10%以下；运转500d后，不同蜡油原料加工比例的变化导致精制蜡油残炭值的波动较大，最高值接近0.40%。近期，精制蜡油残炭值又趋于稳定，基本维持在0.10%以下。整体上，精制蜡油平均残炭值为0.11%，基本处于设计值范围内。

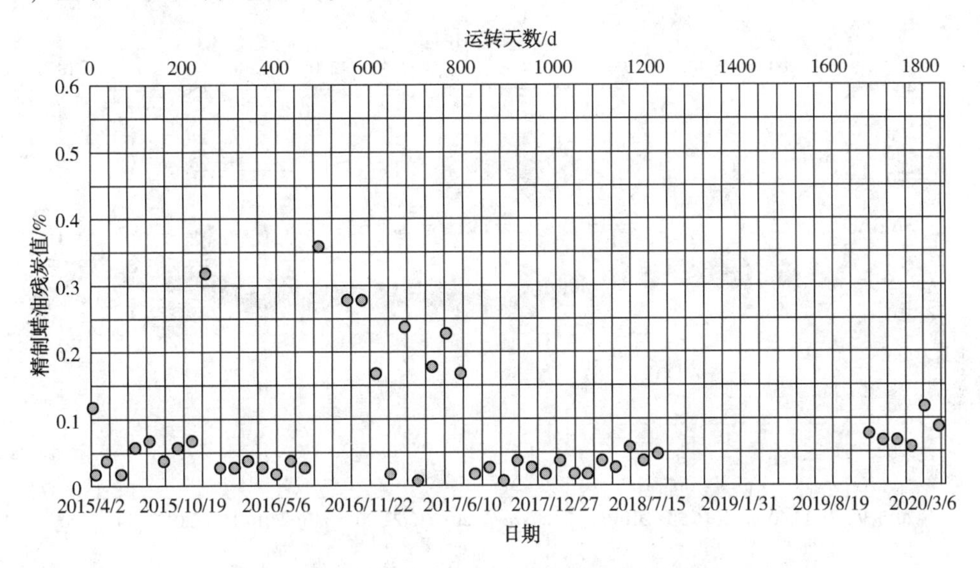

图7 精制蜡油残炭值随运转时间的变化曲线

3.3 工艺参数

蜡油加氢处理装置混合蜡油原料的加工量及空速如图8所示。从图中可以看出，装置加工量波动较大。运转初期加工负荷最低，体积空速仅为0.9h^{-1}；之后加工负荷波动较大，在运转200d和1460d左右达到最大加工负荷，体积空速提高至1.5h^{-1}。运转1460d之后，加工负荷趋于稳定，加工量在260t/h上下波动，体积空速维持在1.1h^{-1}左右。2020年1月加工负荷有所降低，体积空速降至0.9h^{-1}；直至3月27日逐渐提高加工负荷，体积空速随之提高至1.3h^{-1}左右。整体上，加工负荷和体积空速基本在设计值范围内。

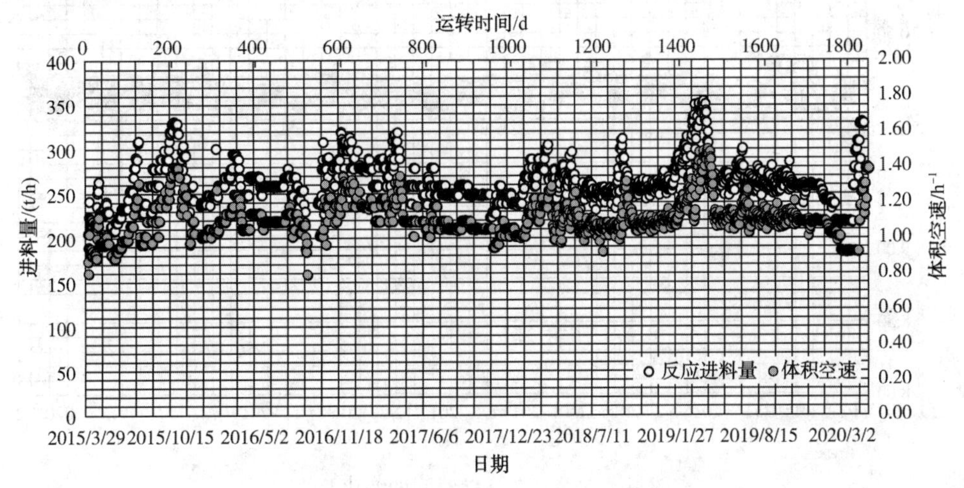

图8 装置加工量和体积空速随运转时间的变化曲线

图 9 所示为蜡油加氢装置反应器加权平均温度随运转时间的变化，可知开工前 200d 反应温度波动较大，开工伊始反应温度缓慢上升，运转 74d 开始加工催化裂化柴油，反应温度略有升高，运转 270d 至 480d，反应平均温度基本维持在 360℃上下。运转 760d 后，加工催化裂化柴油的比例增加，反应器入口温度降低到 320℃以下，反应器出口和加权平均反应温度均有所降低。运转 1460d 后，随着加工量的提高，体积空速超出设计值，加权平均反应温度升至 369℃以提高反应深度。之后加工量和体积空速降低，于 2020 年 2 月降至最低点，平均反应温度最低降至 352℃，末期反应温度随加工量提高回升至 360℃左右。从本周期装置运行情况来看，平均反应温度维持在 360℃上下，整体变化趋势较平缓，失活速率极低。

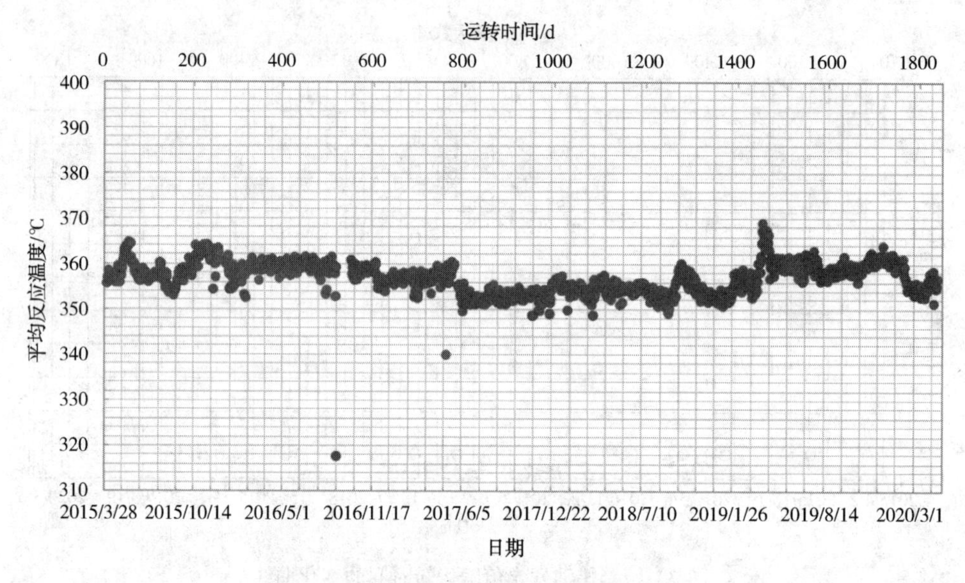

图 9　加权平均温度随运转时间的变化曲线

图 10 所示为蜡油加氢装置反应器入口氢分压随运转时间的变化曲线，可知运转前 26d，反应器入口氢分压略低于 10.0MPa，之后反应器入口氢分压均在 10.0~10.4MPa 之间波动，氢分压整体趋势平稳，平均值为 10.11MPa，满足装置反应器入口氢分压不小于 10.0MPa 的设计要求。较高的氢分压是催化剂失活减缓、产品质量稳定的有力保证。

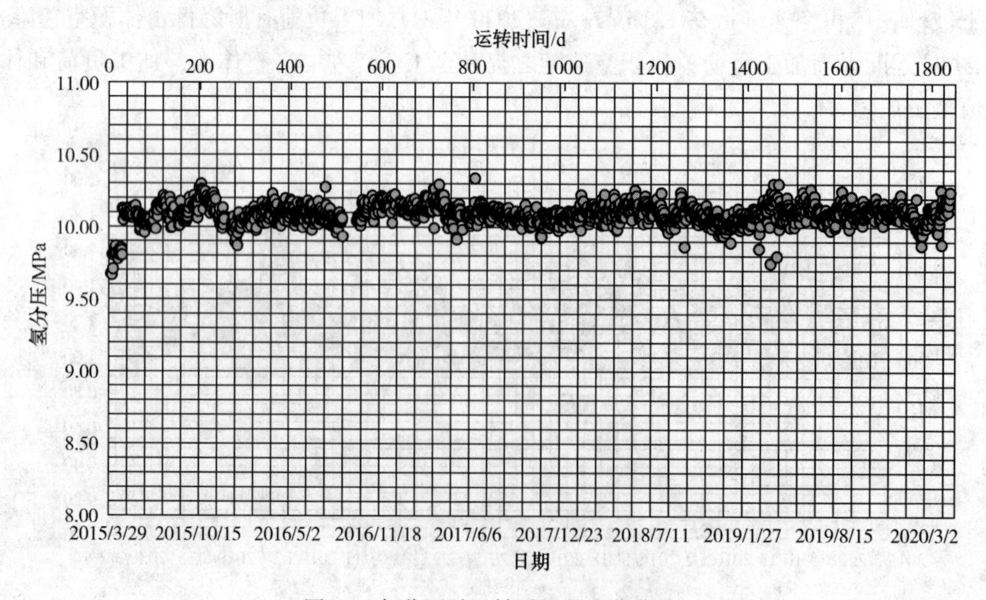

图 10　氢分压随运转时间的变化曲线

蜡油加氢装置氢油比随运转时间的变化情况见图11。由图可知，运转初期加工负荷较低，氢油比较高，随着加工量的不断提高，氢油比不断降低，自运转271d后，装置加工量及混合氢量均趋于稳定，氢油比在500~550之间波动，运转至700d后，装置加工负荷变化较大，相应的氢油体积比变化较大。运转1500d后，随着加工量的提高，氢油比最高达到600以上。运转末期，随着加工量降低氢油比有所回落，直至2020年2月之后降低至400以下。整体上，氢油比平均值为523，基本满足装置的设计要求。

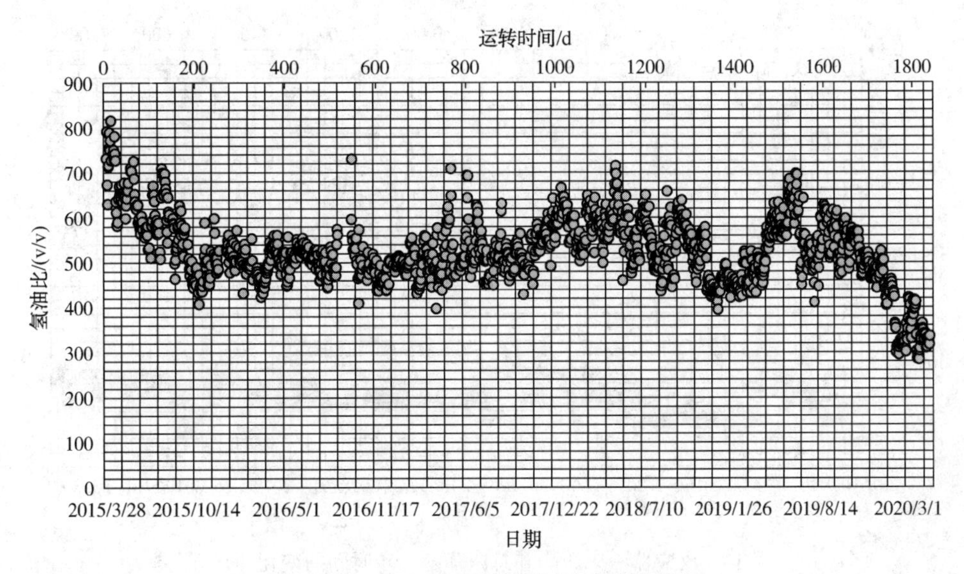

图11　氢油比随运转时间的变化曲线

图12所示为蜡油加氢装置氢耗随运转时间的变化情况，可知装置在运转初期加工负荷较低的情况下，装置总氢耗较高，在1.1%以上；随着装置运转趋于稳定，装置总氢耗在0.9%左右波动，由于装置掺炼少量催化裂化柴油，氢耗略高于纯蜡油原料；482d后，停止掺炼催化裂化柴油，装置氢耗进一步降低至0.8%。2016年9月份停工再开工后，掺炼部分催化裂化柴油原料，特别在运转700d后，催化裂化柴油掺炼比例进一步增加，且波动范围较大，氢耗最高达到1.20%，最低达到0.70%，平均氢耗为0.91%，基本在设计值范围内。

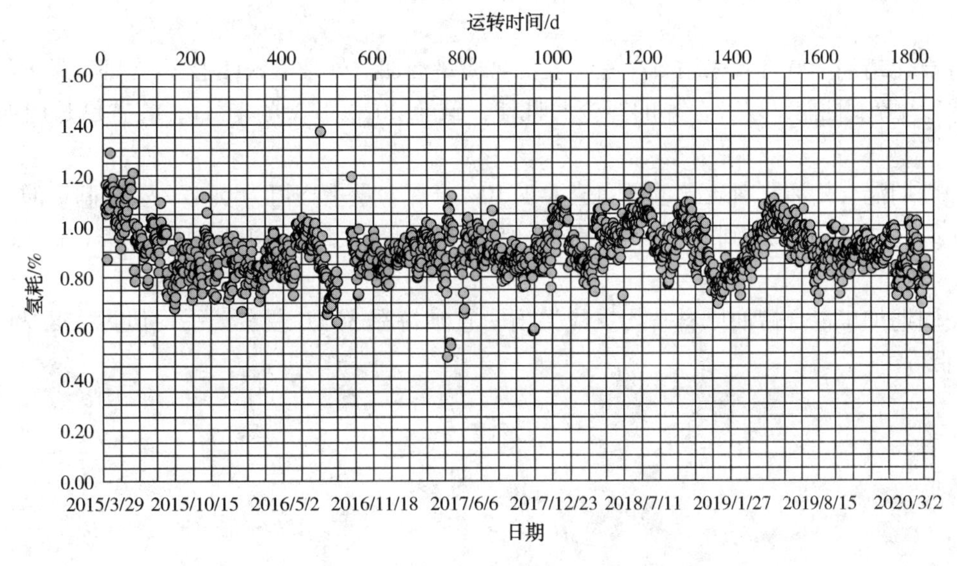

图12　氢耗随运转时间的变化曲线

图 13 所示为蜡油加氢装置反应器一床压降和总压降随运转时间的变化曲线。反应器压降是影响装置运转周期的重要参数。受装置加工量、原料加工比例、原料油性质及工艺参数等因素的影响，一床压降在 0. 02~0. 10MPa 范围内波动，总压降在 0. 05~0. 29MPa 范围内波动。整体来看，一床压降平均值为 0. 05MPa，总压降平均值为 0. 18MPa。压降变化趋势较为平稳，说明催化剂金属沉积、结焦等都在控制范围内，主要原因是混合原料性质较好并且氢分压、氢油比等工艺参数控制严格。

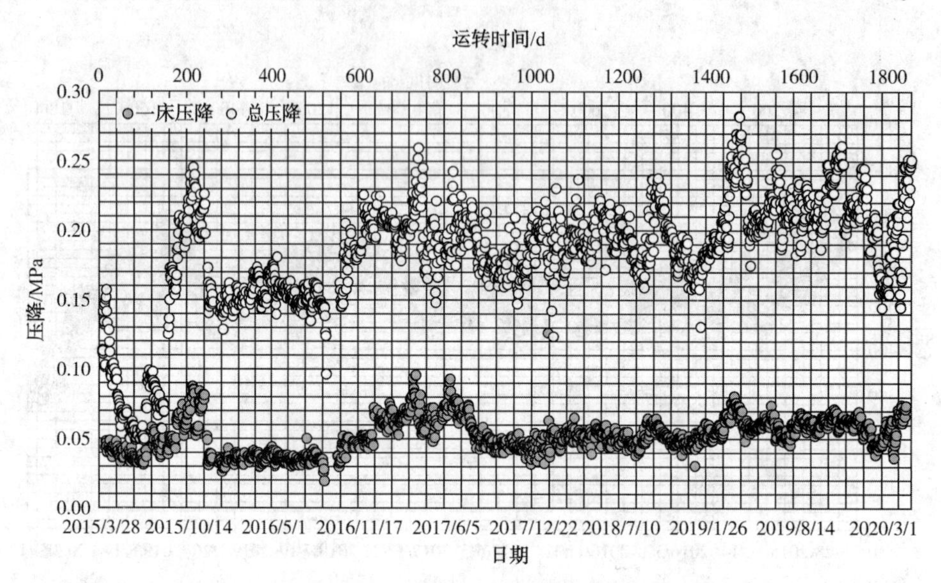

图 13　反应器一床压降和总压降随运转时间的变化曲线

3.4　催化剂失活速率

随着装置运行时间的延长，加氢处理催化剂的活性缓慢降低，需要通过不断提高反应温度来弥补催化剂活性的损失。通常以平均反应温度作为催化剂寿命的评价指标，当平均反应温度达到末期设计温度时即可认为催化剂寿命结束。

从蜡油加氢装置本周期的运行情况来看，平均反应温度基本在 360℃ 上下波动，平均值为 358. 7℃，装置运行至今，平均反应温度基本没有显著增加，催化剂失活速率极低。

4　结论

1）齐鲁石化蜡油加氢装置采用石科院开发的劣质蜡油加氢处理 RVHT 技术及配套催化剂，具有优异的加氢脱硫、脱氮性能，以及优异的容金属性能，截至 2020 年 3 月 31 日，装置已长周期稳定运行 5 年。

2）第一周期混合蜡油原料硫含量平均值为 1. 10%，氮含量平均值为 0. 47%；精制蜡油硫含量平均值为 0. 10%，平均脱硫率达到 91. 73%；精制蜡油产品氮含量平均值为 0. 24%，脱氮率平均值为 50. 66%。

3）第一周期加工混合蜡油原料平均反应温度一直维持在 360℃左右，平均值为 358. 7℃，催化剂失活速率极低。

FF-33 催化剂在蜡油加氢处理装置的工业应用

陈福祥

（中国石化福建联合石油化工有限公司　福建泉州　362800）

摘　要　某公司2.3Mt/a蜡油加氢处理装置第五周期运行中使用FF-33加氢处理催化剂及FZC系列保护剂。本文介绍了催化剂FF-33初期标定结果及日常工业应用情况，结果表明催化剂FF-33具有优异的加氢脱硫性能及良好的稳定性，能满足装置长周期运行要求。

关键词　催化剂；脱沥青油；脱硫；加氢处理

1　装置概况

某公司2.3Mt/a蜡油加氢处理装置设计采用中国石油化工股份有限公司大连石油化工研究院（FRIPP）开发的FFHT蜡油加氢处理工艺及相应催化剂技术，2009年6月建成并一次开车成功。

装置以来自两套常减压装置的减压蜡油[VGO/49.76%（质）]、焦化装置的焦化蜡油[CGO/7.42%（质）]和溶剂脱沥青装置脱沥青油[DAO/42.82%（质）]为原料，原料油经过加氢脱金属、脱硫、脱氮反应，以生产低硫催化裂化装置原料为主要目的产品，同时还有少量的轻柴油、石脑油及少量酸性气产品。装置反应压力为14.04MPa，新氢由4.5MPa氢气管网供给，管网氢气来自重整氢气及IGCC装置产氢经PSA提纯。反应部分采用炉前混氢、热高压分离器流程，可节省换热面积、减小冷高压分离器尺寸，也可降低能耗；分馏部分采用“脱硫化氢汽提塔+分馏塔”流程，使H_2S和轻组分在汽提塔塔顶分出，反应生成油从汽提塔塔底抽出，进入产品分馏塔，在分馏塔中切割出相应的产品。

2　催化剂性质及硫化

2.1　催化剂性质及装填

由于装置加工的原料油中脱沥青油比例较高，混合原料油密度大，硫、氮含量高，金属含量高，本周期除采用FRIPP开发的蜡油加氢处理专用催化剂FF-33外，为了减缓反应器压差上升过快、减少金属在主催化剂床层的沉积，在反应器第一、二、三床层还采用FZC系列保护剂、FDM-21系列脱金属剂和FZC-41A加氢脱硫催化剂，催化剂在反应器内的装填自上而下级配组合。表1为装置所用保护剂的性质，表2为主催化剂的性质，表3为催化剂装填数据。

表1　保护剂性质

催化剂	FZC-100B	FZC-103D	FZC-103D	FDM-21	FDM-21
外观形状	四叶轮	四叶轮	四叶轮	四叶草	四叶草
颗粒直径/mm	6.0~8.0	4.8~5.3	2.7~3.2	2.3~2.8	1.1~1.4
颗粒长(高)度/mm	—	—	—	2~10(>85%)	2~10(>85%)
孔容/(cm^3/g)	≥0.30	≥0.70	≥0.70	≥0.45	≥0.45
比表面积/(m^2/g)	—	≥80	≥80	≥100	≥100
装填密度/(g/cm^3)	~0.65	~0.50	~0.50	~0.50	~0.50
压碎强度/(N/mm)	≥10.0	≥8.0	≥8.0	≥7.0	≥7.0
化学组成/%(质)	Mo-Ni	Mo-Ni	Mo-Ni	Mo-Ni	Mo-Ni
MoO_3	≥2.5	3.0~5.0	3.0~5.0	≥13.0	≥13.0
NiO	≥0.5	0.5~1.5	0.5~1.5	≥3.0	≥3.0

表 2　主催化剂性质

催化剂	FF-33	FZC-41A
外观形状	四叶草条	三叶草条
颗粒直径/mm	1.1~1.4	1.0~1.3
颗粒长度/mm	2~10(>85%)	2~8(>85%)
孔容/(cm^3/g)	≥0.45	≥0.45
比表面积/(m^2/g)	130~190	160~200
装填密度/(g/cm^3)	~0.57	~0.61
压碎强度/(N/mm)	≥11.0	≥15.0
化学组成/%(质)	Mo-Ni	Mo-Ni
MoO_3	≥14.0	≥15.0
NiO	≥3.0	≥3.5

表 3　催化剂装填数据

床层	实际装填催化名称	实际装填高度/mm	实际装填量/t
一	FZC-100B(ϕ7.0)	100	0.99
	FZC-103D(ϕ5.0)	380	2.38
	FZC-103D(ϕ3.0)	450	2.7
	FDM-21(ϕ2.5)	3260	22.81
二	FDM-21(ϕ2.5)	1300	9.45
	FDM-21(ϕ1.3)	5340	41.14
三	FDM-21(ϕ1.3)	8320	63
四	FDM-21(ϕ1.3)	210	1.5
	FF-33(ϕ1.3)	4170	36.33
	FZC-41A(ϕ1.2)	4700	44.75

2.2　催化剂硫化

催化剂硫化采用湿法硫化，硫化剂为二甲基二硫化物(DMDS)，硫化油为直馏柴油。硫化过程共耗时 30h，因硫化初期原料进料泵过滤器多次堵塞而中断尽量，硫化多次中断，额外损耗了部分 DMDS。

3　催化剂标定

为考核催化剂的性能，装置正常运行 4 个月后的 2019 年 4 月 10~13 日期间对催化剂 FF-33 进行为期 72h 的标定，标定期间装置负荷率 100%。

3.1　标定期间物料平衡

自 2016 年 7 月起焦化装置停工以后无焦化蜡油进料，且自 2016 年 1 月 1 日起，加氢处理装置持续加工催化轻柴油，间断加工重芳烃原料油；本周期催化剂设计原料是以重蜡油 VGO[36.9%(质)]、轻减压蜡油 LVGO[2.2%(质)]、脱沥青油 DAO[45.7%(质)]、催化轻柴油 LCO[15.2%(质)]为主。

受公司整体物料平衡限制，标定期间 LCO 及 DAO 备料不足。考虑日常加工原料的性质比较苛刻，为有效的测试催化剂的性能，本次标定尽量维持 DAO 高比例，LCO 不足则补充部分轻蜡油，性能测试期间物料平衡见表 4。

表4 物料平衡

物料名称		总量/t	日平均量/(t/d)	瞬时量/(t/h)	收率/%
入方	脱沥青油	8646.4	2882.1	120.1	44.1
	混合重蜡油	7117.9	2372.6	98.9	36.3
	直馏轻蜡油	2129	709.7	29.6	10.9
	催化柴油	1714.4	571.5	23.8	8.7
	新氢	262.8	87.6	3.7	1.34
	合计	19870.4	6623.5	276	101.3
出方	酸性气+酸性水	305.8	101.9	4.2	1.56
	低分气	100.7	33.6	1.4	0.51
	汽提塔塔顶气	185.6	61.9	2.6	0.95
	石脑油	170.4	56.8	2.4	0.87
	柴油	756.6	252.2	10.5	3.86
	加氢尾油	18351.3	6117.1	254.9	93.59
	合计	19870.4	6623.5	276	101.3

3.2 标定期间原料及主要产品性质

装置混合原料油的主要性质见表5。从表5可以看出，标定初期混合原料油中的硫含量超过设计指标，主要原因与原料的配比有关。本次标定由于原料供给的限制，进料中催化柴油比例少，轻蜡比例较高，使得原料的硫含量偏高。原料油中的其他性质指标未超催化剂技术协议限值。

表5 混合原料油主要性质

分析项目	4月10日	4月11日	4月12日	设计值
密度(20℃)/(kg/m^3)	952.2	949.9	950.5	960.3
馏程/℃				
IBP	293.4	327.2	223.4	—/—
50%	538.2	545.2	524.4	—/—
95%	705.2	716.2	710.8	—/—
终馏点	743.6	745.8	745.2	—/—
530℃馏出量/mL	47	44.4	51.8	—/—
硫/%(质)	3.3	3.37	3.05	3.18
氮/(mg/kg)	1523.8	1389.1	1394.5	1741
残炭/%(质)	5.49	5.22	4.84	5.65
镍/%(质)	2.9	2.8	2.4	2.96
钒/%(质)	7.7	8	6.7	8.41
镍+钒/%(质)	10.6	10.8	9.1	11.37
钠/%(质)	0.4	0.4	0.2	1
铁/%(质)	0.3	0.4	0.4	1.13
氯含量/(mg/kg)	1.25	1.78	1.36	—/—
黏度(50℃)/(mm^2/s)	/	499.1	784.3	—/—
碱氮/(mg/kg)	511.17	269.36	289.33	—/—
C_7不溶物/%(质)	0.01	0.006	0.007	—/—

精制蜡油的主要性质见表6。从表6可以看出，反应脱硫率约97%，脱氮率约为78.5%；含柴油组分约为15%，硫含量1010μg/g，低于设计的1800μg/g，装置液收收率为98.3%。因为进装置的原料

中柴油组分占13.7%(催化柴油+蜡油中的柴油组分)，扣除进料中的柴油及精制蜡油中的柴油计算，精制蜡油收率达到88.9%，装置性能保证值中蜡油收率≥88%是可以满足的。

表6 精制蜡油主要性质

性质数据	4月10日	4月11日	4月12日	设计
密度(20℃)/(kg/m^3)	910.4	906.9	907.2	900.7
馏程/℃				
IBP	202.2	211.2	223.4	355
50%	489.6	500.2	498.4	508
95%	673.4	694	688.2	687
EBP	733.2	743	741.2	732
总硫/(μg/g)	1011	1040	1163	1800
总氮/(μg/g)	385.5	286.8	315.1	480
康氏残炭/%(质)	0.96	0.86		1.03
Ni/(μg/g)	<0.1	<0.1	<0.1	<0.2
V/(μg/g)	<0.1	<0.1	<0.1	<0.2

3.3 标定期间装置能耗及主要操作参数

标定期间装置能耗情况见表7。从表中可知，在满负荷的条件下装置能耗为8.9kgEO/t，远低于设计能耗，主要在于反应加热炉负荷大幅降低，燃料消耗远小于设计值。说明在目前的催化剂级配方式下，催化剂脱硫、脱氮、脱金属反应释放的热量得到有效的利用，装置换热流程设计合理。标定期间装置主要操作参数情况见表8。

表7 标定期间装置能耗 t

能耗项目	总耗量	单耗/(t/t)	能耗系数	测试能耗值	设计能耗
1.0MPa蒸汽出	-59.1	0	76	-0.2	-1.4
0.5MPa蒸汽出	-1538.9	-0.1	66	-5.2	-10.6
3.5MPa蒸汽进	857.3	0	88	3.9	8.1
除氧水	1484.4	0.1	9.2	0.7	1.3
除盐水	1981.9	0.1	2.3	0.2	0.2
循环水	34945.3	1.8	0.1	0.2	0.3
燃料气	38.6	0	950	1.9	2.2
燃料油	15.1	0	1000	0.8	4.5
凝结水	-355.9	0	7.7	-0.1	-0.1
氮气/(kNm^3)	21	1.1	0.2	0.2	0.3
电/(kW·h)	503884	25.7	0.3	6.7	6.8
能耗合计/(kgEO/t)				8.9	11.8

表8 标定期间主要操作参数 ℃

操作参数	4月10日	4月11日	4月12日
反应加热炉出口温度	351.3	354.4	353.3
反应器二床层入口温度	351.3	354.6	354
反应器三床层入口温度	365	369.8	369
反应器四床层入口温度	375.1	378.6	377
反应器一床层平均温度	356.9	360.2	359.1
反应器二床层平均温度	361.7	365.8	364.6
反应器三床层平均温度	375.2	380.1	379.1

续表

操作参数	4 月 10 日	4 月 11 日	4 月 12 日
反应器四床层平均温度	383. 7	387. 5	385. 4
反应器平均温度	378. 1	382. 4	380. 9
反应器平均温升	74. 8	77. 6	74. 6
反应器出口温度	395. 6	399. 1	396. 5
反应器全床层压差/MPa	0. 39	0. 4	0. 39
冷高分压力/MPa	14. 04	13. 71	14. 01

4　催化剂运行情况

本装置第五周期 2018 年 12 月底一次开车成功，并生产出合格的精制蜡油。截止至目前，该装置已连续稳定运行 17 个月。下列图 1～图 5 分别列出本周期开工以来装置负荷及 DAO 加工量，混合原料硫、氮、金属等含量，催化剂平均温度，装置脱硫、脱氮效果等变化情况。

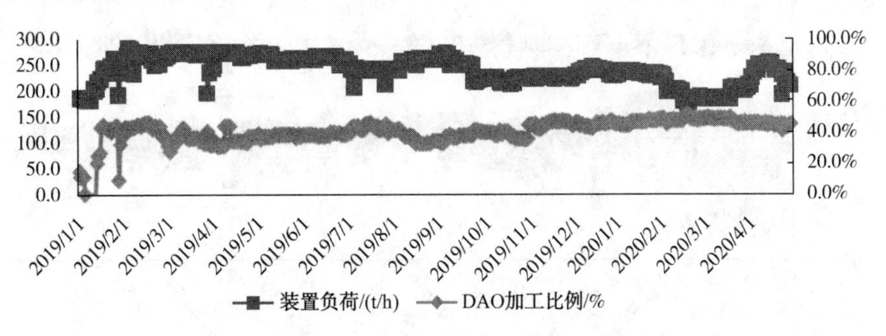

图 1　装置负荷及 DAO 加工比例趋势图

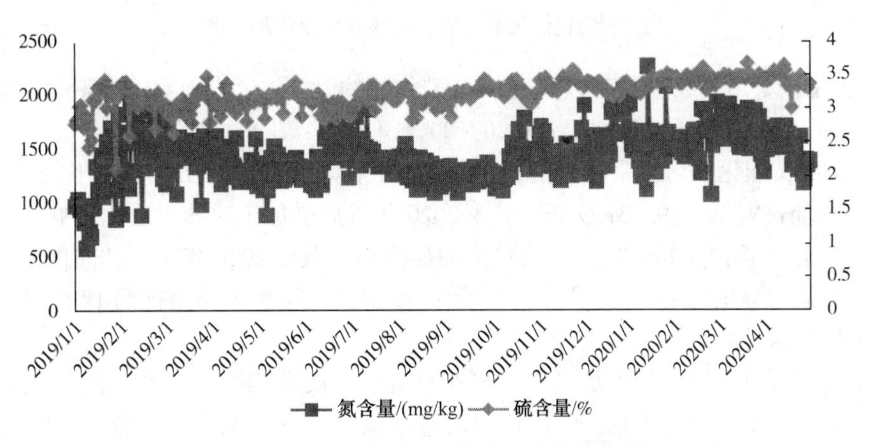

图 2　装置原料中硫、氮含量变化趋势图

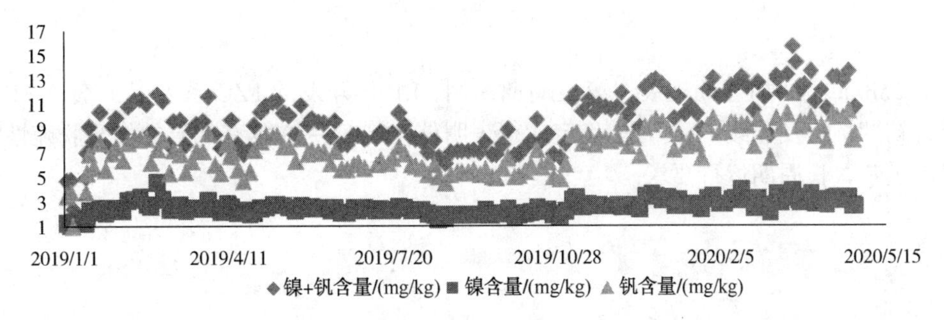

图 3　装置原料金属(镍+钒)含量变化趋势图

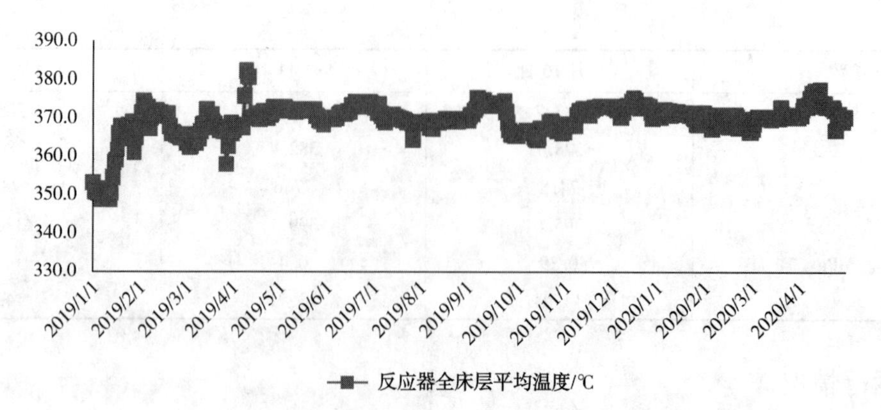

图4　装置催化剂平均反应温度变化趋势图

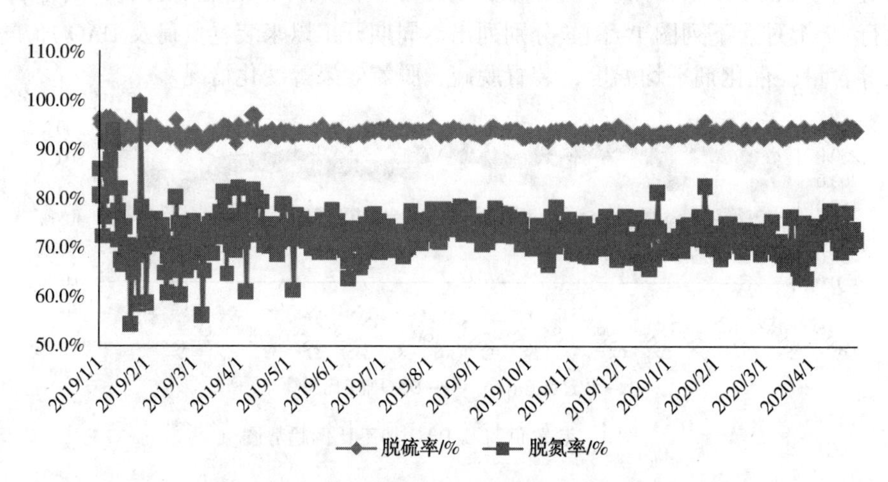

图5　装置催化剂脱硫、脱氮效果变化趋势图

从图1~图5可以看出，装置开工以来平均加工负荷约为240t/h，DAO比例平均为41.4%，进入2020年后DAO平均比例提高至46.9%，DAO的掺入比例高。混合原料平均硫含量为3.23%，平均氮含量为1421.7mg/kg；催化平均反应温度在370℃左右，平均脱硫率为93.4%，平均脱氮率为72.4%。混合原料平均金属(Ni+V)含量9.53mg/kg。进入2020年以后受加工原油劣质化影响，加氢处理装置的原料金属含量开始上升至12.02mg/kg，原料性质明显变差。截至2020年4月，催化剂累计脱除金属总量达28.96t，约占设计容量的1/3，本周期已运行17个月，距下次大修换剂约18个月，催化剂剩余的容金属能力完全能够满足装置运行。

从以上数据分析可以看出，蜡油加氢处理装置原料油性质苛刻度高，产品质量优良。采用FRIPP开发的FFHT加工技术及催化剂体系，催化剂失活速率低，容金属能力强，脱硫、脱氮效果好，能满足装置长周期运行要求。

5　结论

某公司2.3Mt/a蜡油加氢处理装置第五周期采用FRIPP开发的FZC系列保护剂及FF-33主催化剂，经过装置初期标定及连续17个月的稳定运行表明催化剂FF-33具有优异的加氢脱硫性能及良好的稳定性，能满足装置长周期运行要求。

原油高低硫切换对蜡油加氢处理装置的影响分析

许　楠　罗　君　王　清　焦建波

（中国石化洛阳石化公司　河南洛阳　471012）

摘　要　对比分析了洛阳石化蜡油加氢处理装置低、高硫原料油切换时加工的原料、操作、产品及能耗变化，得出蜡油加氢处理装置在低硫期间的原料性质、催化剂性能均优于高硫工况，但由于低硫工况下负荷高，燃料气单耗、电单耗、3.5MPa蒸汽单耗均比高硫工况高，因此，装置能耗较高硫油工况增加1.1kgEO/t。结合装置高、低硫工况的周期切换生产中，存在的装置负荷变化大、反应器一床层温升限制、氢耗与瓦斯耗量等问题，提出蜡油料分储分供稳定原料性质、灵活调节氢油比、优化换热流程减少瓦斯消耗的措施建议，对装置生产有实际指导意义。

关键词　低硫；高硫；蜡油加氢

1　前言

220×10^4t/a加氢处理装置是中国石油化工股份有限公司洛阳分公司油品质量升级改造第一阶段实施工程之一。装置以减压蜡油、焦化蜡油和脱沥青油的混合油为原料，采用大连(抚顺)石油化工研究院(FRIPP)开发的FFHT蜡油加氢处理工艺技术，主要产品精制蜡油为两套催化裂化装置提供优质的原料，同时副产少量石脑油和柴油，富氢气体经脱硫后去制氢装置作原料。主要由反应部分(包括新氢、循化氢压缩机、循环氢脱硫)、分馏部分、富氢气体脱硫部分、热回收和产汽系统以及公用工程部分等组成。

该装置2019年4月20日开始停工大检修，同时对反应器中催化剂全部更换，选用了FRIPP研制开发的FF-34专用蜡油加氢处理催化剂，6月11日正式开工。根据分公司装置实际情况，为保证高、低硫原油中渣油的最大化利用，分公司实施了原油顺序加工(即“高硫原油-低硫原油-高硫原油”循环加工)工况，蜡油加氢原料性质呈现周期性变化，影响原料、操作、产品及能耗变化等频繁变化。本文就高、低硫原油周期性变化下蜡油加氢装置的操作条件、产品性质、氢气产率变化对比分析，并提出优化生产建议。

2　低高硫油周期性切换对装置运行情况对比分析

2.1　低、高硫工况原料性质的对比

低、高硫工况下混合蜡油的原料性质、新氢组成性质分别见表1、表2：

表1　混合原料油性质分析

项　　目	单位	设计数据	低硫	高硫
密度	kg/m³	942.6	910.2	917
硫含量	%	1.725	1.09	2.06
氮含量	μg/g	2040	1940	1851
残炭	%	≤1	1.32	1.75

续表

项　目	单位	设计数据	低硫	高硫
金属含量	Fe/(μg/g)	<1.5	0.4	1.8
	Ni/(μg/g)	<2.0	1.9	3.3
	V/(μg/g)	4	2.6	2.9
	Na/(μg/g)	—	6.86	—
	Ca/(μg/g)	—	<2	7.7
运动黏度(100℃)	(100℃)/(mm²/s)	—	9.4	9.52
馏程/℃	IBP/10%	240/426	280/357	250/353
	30%/50%	485/519	—/455	—/460
	70%/90%	554/598	—/615	—/605
	95%/EBP	—/705	717/—	671/—
凝点	℃	—	36	35
沥青质	μg/g	<500	202	333
氯含量	μg/g	—	<3.0	<3.0

表2　新氢组成性质数据　　%(体)

项　目	2019-09-19 08：00	2019-09-22 08：00
氢气	88.69	88.88
甲烷	2.33	2.46
乙烷	3.41	3.23

从表1、表2可知，两种加工工况下原料的馏程变化不大，其性质变化主要体现在硫含量上。低硫工况下混合原料硫含量明显低于高硫工况，但是其金属含量与高硫工况下差距不大，各类金属含量之和在13~15μg/g之间，而下游催化装置对其金属含量又较为敏感，因此需要保证一定的反应深度。

2.2　操作条件的对比

两种工况下，主要操作参数见表3。

表3　低、高硫加工工况下反应参数变化

项　目	低　硫	高　硫
加氢处理进料量/(kg/h)	279996	253863
反应器入口温度/℃	346.9	346.6
反应器总温升/℃	37.4	47.0
系统压力/MPa	10.6	10.6
分馏炉出口温度/℃	355.3	355.3
分馏塔顶温/℃	114.9	114.9
中段抽出温度/℃	190.7	192.7

由表3可见，装置加工高硫油期间，反应温升明显增加，较低硫油要增加近10℃，由于受制于全厂重油平衡，加工低硫油期间属于超负荷运行(达到设计负荷的107%)，而加工高硫期间期间负荷约为设计负荷的97%，反应部分主要区别在于反应深度，而分馏部分变化不大。

2.3　产品性质及杂质脱除率对比

表4给出了低、高硫加工工况下产品性质及杂质脱除率的变化。由表知，石脑油、柴油、脱硫后

富氢气体的性质差距不大，但是精制蜡油中硫含量由于控制指标的改变，差距较大，脱硫率和脱氮率差距不大，脱氮率维持在较低的水平，产品中各项指标均可以满足下游装置需要。

表 4 产品质量性质及杂质脱除率

品 种	项 目	低 硫	高 硫
精制蜡油	硫含量/%	0.192	0.424
	氮含量/(μg/g)	1355.99	1299.59
石脑油	终馏点/℃	192.3	184.7
	硫含量/%	0.0322	0.0332
加氢柴油	闪点/℃	102	96
	终馏点/℃	361.6	364.8
脱硫后富氢气体	硫化氢含量/(mg/m^3)	<1	<1
杂质 S/N 脱除率/%		83.2/33.32	80.72/34.77

2.4 装置能耗对比

表 5 给出了低、高硫工况下装置能耗的变化。由表可见，低硫期间蜡油装置能耗为 6.26kgEO/t，较高硫工况下的 5.16kgEO/t 高出 1.1kgEO/t。

表 5 能耗对比表

项 目	低硫油	高硫油	差值
新鲜水/t	0.51	0.46	0.05
循环水/t	30822.53	30682.29	140.24
除盐水/t	1101.96	1521.98	-420.02
除氧水/t	943.36	874.32	69.04
3.5MPa/t	1030.81	859.44	171.37
1.0MPa/t	1416.07	1230.37	185.7
0.5MPa/t	163.47	181.17	-17.7
电/(kW·h)	193955.15	158690.58	35264.57
瓦斯耗量/t	81.38	66.44	14.94
热供料/(kgEO/t)	-1.3	-1.33	0.03
加工量/t	14357.3	13002.86	1354.44
氢耗[纯氢/%(质)]	0.68	0.95	-0.27
能耗/(kgEO/t)	6.26	5.16	1.1

能耗主要由燃料气、电量、3.5MPa 蒸汽等三部分决定，低硫油工况下，原料处理量较大，泵与压缩机机组耗电量较高，原料中硫含量较低，因此为保证反应器一床层温升、氢油比，燃料气和 3.5MPa 蒸汽的消耗也较大。

3 低、高硫周期性加工模式下装置存在的问题

3.1 装置负荷变化大

图 1 给出了 2019 年 11 月~2020 年 1 月，蜡油加氢装置处理量、循环氢量，贫胺液用量的变化趋势。

根据图 1 所示，加工低硫原料期间，为平衡氢气管网，蜡油加氢装置要大量回炼罐区粗蜡油，高硫期间，氢气供应比较紧张，蜡油加氢装置负荷维持较低，造成处理量在 220~280t/h，循环氢量在 130000~170000m^3/h，贫胺液用量在 30~50t/h 之间频繁变化，增加了装置的操作强度和操作难度。

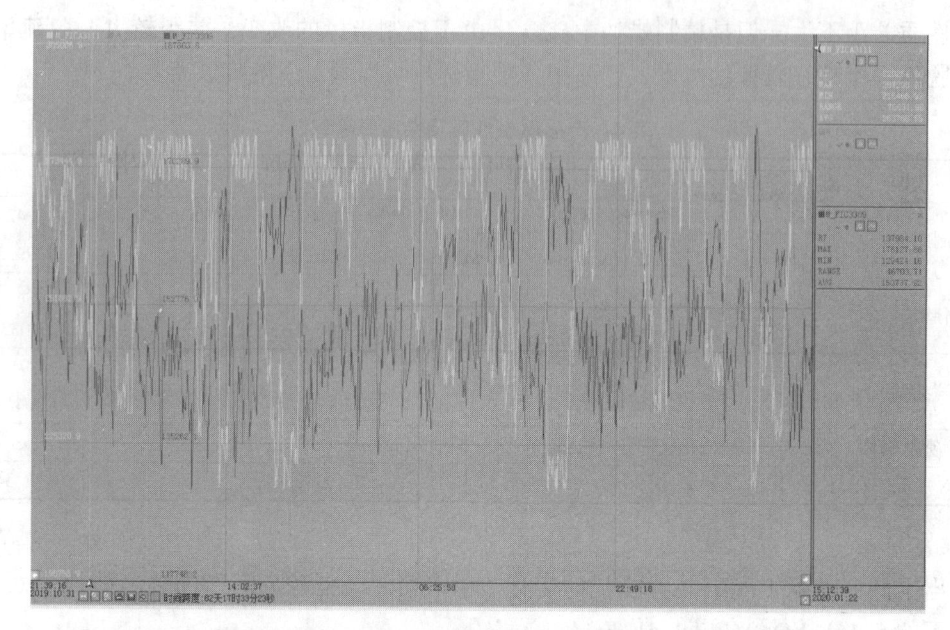

图 1　处理量(黄色)、循环氢量(红色)、胺液用量(绿色)变化情况

3.2　反应器一床层温升限制

根据 FRIPP 提供的操作指导，为保证催化剂的长周期运行，要求反应器一床层温升≥10℃，图 2 是反应器一床层、总温升趋势图。

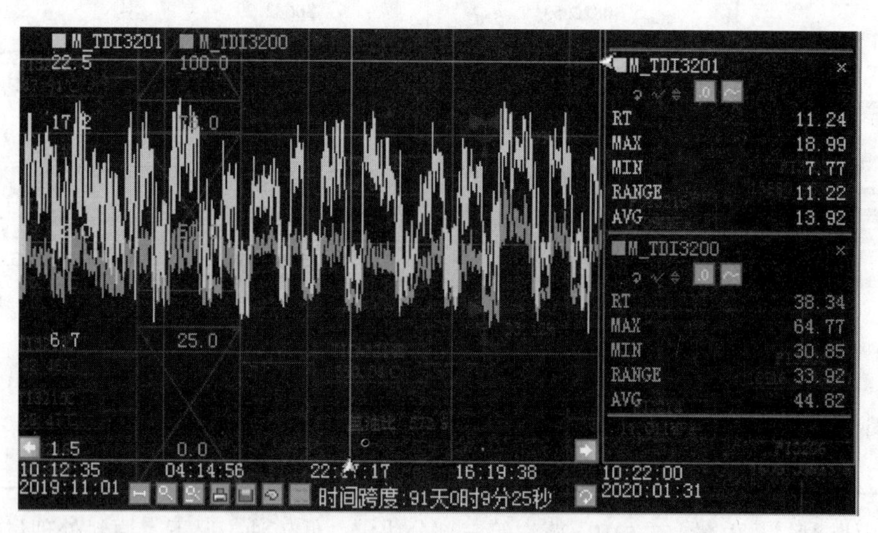

图 2　一床层入口温度(黄色)和总温升(绿色)变化情况

由图 2 可以看出，一床层入口温度和总温升，都随低硫、高硫呈周期性变化，并且趋势是一致的。但是由于低硫期间硫含量较低，反应器入口一床层温度经常低于 10℃，这样容易造成一床层内部脱金属剂活性得不到最大程度发挥，不利于催化剂的长周期运行。

3.3　氢耗与瓦斯耗量

新氢入口流量及瓦斯量变化如图 3 所示。

由图 3 可以看出，随着低、高硫期间变化，新氢用量和反应炉瓦斯量也随着波动，但是趋势是相反的。这是由于在低硫油期间，反应器总温升较低，耗氢量较少，但为了保证最低反应器入口温度(一床层温升)，反应炉瓦斯量必须要适当增大；在高硫油期间，反应器总温升较高，耗氢量较大，此时利用反应热，可以降低瓦斯消耗量。

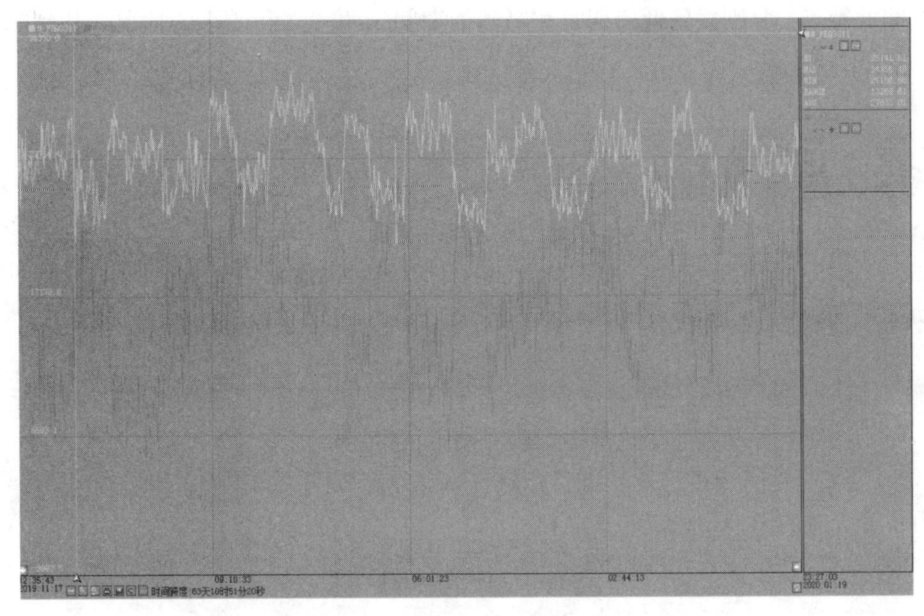

图 3 新氢入口流量(黄色)、反应炉瓦斯量(绿色)变化情况

4 低、高硫周期性加工工况的优化建议

4.1 蜡油料分储分供

目前，蜡油加氢装置原料主要有减压蜡油、焦化蜡油、脱沥青油及罐区冷蜡油(减二、三线)。调和的思路主要是在低、高硫切换时，根据硫含量情况，改变罐区冷料的掺入比例，来稳定混合蜡油的硫含量，进而稳定产品中硫含量，对下游催化装置不造成大的冲击。

4.1.1 低硫油切为高硫油

从常减压开始切换 5h 后，罐区来冷蜡油由 60t/h 按每小时 10t 的速率降至 10t/h，处理量由 280t/h 以每小时 5t 的速率降低至 250t/h。

高硫油精制蜡油硫含量控制不大于 0.45%(质)。

4.1.2 高硫油切为低硫油

从常减压开始切换 5h 后，罐区来冷蜡油按每小时 10t 的速率提至 40t/h，处理量以每小时 5t 的速率提高至 280t/h。

低硫油工况下精制蜡油硫含量基本可以控制在 0.3%以下。

此思路要求罐区对低、高硫料实施分储分供，根据原油性质、常压高低硫原油的切换实时调整，如果罐区来冷蜡油可以加热至 110℃左右，再进入蜡油加氢装置，则可以实现在低硫油期间大量加工罐区蜡油(高硫)，高硫油期间不加工罐区蜡油(高硫)，蜡油加氢装置持续实现高硫油加工，从而使产品可以稳定供应的目的。

4.2 灵活调节氢油比

从常减压开始切换 5h 后，进循环氢脱硫塔贫胺液量按每小时提高或降低 2.5t，调整到位且循环氢量稳定后加样分析脱硫后循环氢组成及硫化氢。FRIPP 建议可以通过灵活调整氢油比 450(低硫)、550(高硫)来保证催化剂的活性，动态调节循环氢压缩机转速，最低降至 8500r/min 或提高至 10000r/min，保持反应苛刻度，从而实现催化剂的长周期运行。

4.3 寻求氢耗和瓦斯耗量的平衡点

根据分公司实际情况，高压瓦斯呈季节性短缺，结合氢气价格(12000 元/t)、高压瓦斯价格(2222 元/t)，不再单纯以降低氢耗或者瓦斯耗量为目的，要以两者耗量(单耗)×价格为指导原则，摸索低硫油、高硫油期间的特点，分别找到低硫期间和高硫油期间，两者之和最小的情况，达到降低装置氢耗和瓦斯耗量的最终目的。

5 结论

1）在低硫油处理量280t/h，高硫油处理量250t/h的情况下，低硫期间蜡油装置能耗为6.26kgEO/t，较高硫工况下的5.16kgEO/t高出1.1kgEO/t，这是高压瓦斯、3.5MPa蒸汽、电耗增加较多所致。

2）低硫油加工下，硫含量较低，导致反应热较少，耗氢也少，但是为了保证催化剂的脱金属活性，高压瓦斯耗量也较高，高硫油工况的表现则相反。装置运行中研究得出了两者耗量之和的最小量，达到节能降耗的效果。

3）两种工况循环切换，导致装置各部分操作条件呈周期性变化，为确保设备长周期运行，在原油切换过程中，应密切注意各参数的变化规律，确保装置正常运行。

4）从装置长期安全运行角度出发，可实施低、高硫分储分供，减少原油顺序加工给蜡油加氢装置及下游胺液再生等装置的影响，稳定装置原料。

参 考 文 献

[1] 杨孟虎，杨峰，崔苗．新形势下原油顺序加工的生产运行对策[J]. 炼油技术与工程，2020，50(4)：20-24.

持续进步的蜡油加氢处理技术

杨占林　吕振辉　张学辉　崔　哲　王继锋

（中国石化大连石油化工研究院　辽宁大连　116000）

摘　要　针对工业蜡油加氢装置床层压降升高过快、金属杂质含量高等影响劣质蜡油加氢装置长周期运转的问题，本文介绍了大连石油化工研究院开发的提高蜡油装置运转周期组合技术，包括提高催化剂体系阻垢容垢能力技术、提高催化剂体系脱容金属能力技术和催化剂级配技术开发，工业应用情况表明：采用FRIPP的蜡油加氢组合技术能够有效解决劣质蜡油加氢长周期运转的问题。

关键词　FCC预处理；催化剂级配；床层压降；脱金属；阻垢容垢

1　前言

随着常规原油资源的日益枯竭，世界原油供应呈现出重质化、劣质化的发展趋势，全球范围内环保法规的日趋严格以及炼油厂进口含硫油比例的不断提高，对国内炼油企业而言，尽快增加处理高杂质混合蜡油的加工手段，提高重油加工深度和轻质油品的质量，已成当务之急。

目前，中国石化系统内有十多套蜡油加氢处理工业装置，采用中国石化大连石油化工研究院（FRIPP）技术的蜡油加氢处理装置共有8套，加工能力为15.45Mt/a。中国石化系统内加工DAO原料的蜡油加氢处理装置全部采用FRIPP技术。目前，炼油企业为了实现经济效益最大化及全厂原料平衡，蜡油原料深拔、高比例二次加工原料及重油的深度转化操作，对工业蜡油加氢处理装置的长周期平稳运行带来以下问题：

1）床层压降升高过快问题。随着原料重质化、劣质化加剧，原料中杂质含量不断升高，①原料中Fe、Si、Na、Ca等金属杂质及无机盐，沉积在催化剂表面，堵塞催化剂孔道，并使得催化剂颗粒粘结，形成结盖，导致催化剂失活及床层压力降快速上升；②二次加工油特别是焦化蜡油（CGO）掺炼比例的升高，焦化蜡油中焦粉含量高，这些焦粉滞留在精制催化剂上部床层，会使精制反应器压力升高，从而使整个装置的运行周期缩短；③焦化蜡油的饱和烃含量低，芳烃含量高，胶质含量高，尤其是重芳烃含量高，如果催化剂粒度过渡不合理，这些油溶性杂质易在催化剂的界面层中结焦，引起床层压降升高，影响装置操作。

2）催化剂中毒问题。为了适应重油轻质化的需要，许多炼油厂采取深拔操作，原料终馏点超过590℃，导致一些Ni、V、Si等杂质进入VGO馏分中，有时高达10~15μg/g。原料中的Ni、V、Si等杂质不仅能使反应器上部床层的催化剂中毒，还能穿透反应器上部催化剂床层，进入下部催化剂床层，堵塞催化剂孔口，造成催化剂中毒，严重影响了加氢催化剂的操作周期。

针对工业蜡油加氢装置床层压降、金属杂质含量高等影响劣质蜡油加氢装置长周期运转的问题，有必要进行技术研究及开发，为工业蜡油装置长周期平稳运行提供支撑。

2　提高蜡油装置运转周期技术开发

2.1　提高催化剂体系阻垢容垢能力技术开发

研究颗粒的孔道结构，提高其对各种机械杂质的过滤和脱除作用；研究不同异形颗粒的流体力学性能，提高体系容垢能力，降低床层压降。

试验室中对不同类型的颗粒几何特性参数进行了对比，结果见表1。“鸟巢”型不仅具有容易阻垢的三角形孔道，而且具有孔道多，孔径大等优点，同时经过对圆形外形进行优化和改良后形成似鸟巢状的椭圆形外形，增大了颗粒间的间隙容垢能力和效率。

表1 不同颗粒的几何特性参数

颗粒类型	几何孔型	孔数	平均壁厚/mm	比表面积/(m^2/m^3)	空隙率/%
鸟巢 φ45/80 目	三角孔	极多	<0.5	840	77
鸟巢 φ13/300 目	三角孔	极多	<0.3	1630	65
鸟巢 φ10/600 目	三角孔	极多	<0.2	2120	60
拉西环 φ6	中心圆孔	1	1.5~2	740	46
齿形拉西环 φ10	中心圆孔	1	2	420	52
车轮环 φ10	三角孔	3~5	1.5~2	450	50
多孔球 φ13	圆孔	3~7	>5	>350	45
泡沫陶瓷	不规则孔	极多	0.5~2	——	60

图1不同形状颗粒冷模压降试验结果。由图可见，鸟巢型由于其独特的外形结构，相较于其他形状，可以明显降低床层压降。

图2为不同形状催化剂冷模压降试验结果。由图可见，由于齿球型颗粒空隙率明显高于三叶草形、四叶草形颗粒，冷模试验结果中齿球型颗粒所形成的压降要明显小于三叶草形、四叶草形颗粒，其可显著降低床层压降。

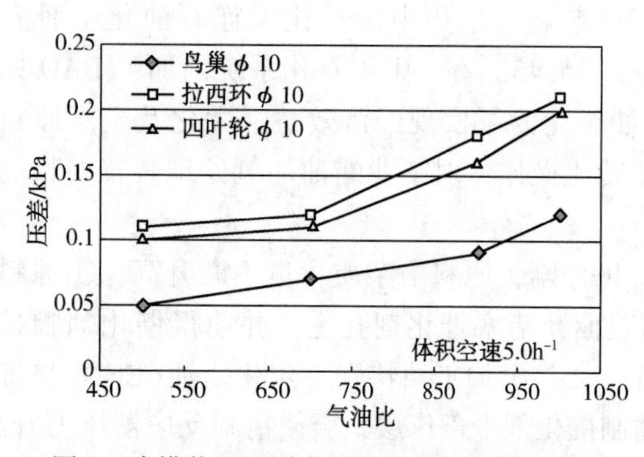

图1 冷模装置不同类型保护剂压降试验结果

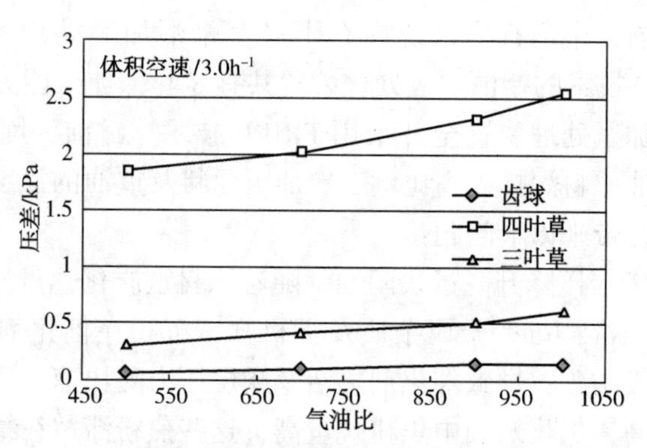

图2 冷模装置不同形状催化剂压降试验结果

2.2 提高催化剂体系脱容金属能力技术开发

2.2.1 氧化铝结构及形貌对载体性能的影响

为满足大孔容孔径加氢催化剂的要求，实验室从原料着手开发了新型氧化铝干胶，由表2可见其具有较大的粒径，平均粒径达到30.64μm，小于40μm的粒子占67.27%，仍然有32.73%的粒子粒径大于40μm。由表3可见，所开发的新型氧化铝具有较大的孔径和孔容，且结晶度高，较高的完整度能够保证载体制备过程中孔道不易被剪切力和胶溶酸所破坏，能够很好的保留下来。

表2 不同氧化铝粒径累积含量比较 %

粒径 名称	平均粒径	粒径<7μm	粒径<10μm	粒径<20μm	粒径<30μm	粒径<40μm
常用氧化铝 A	5.45	62.83	79.99	97.89	99.88	100
常用氧化铝 B	7.40	45.18	63.78	92.83	98.84	99.85
常用氧化铝 C	23.59	10.12	14.71	39.71	66.34	83.25
新型氧化铝 D	30.64	8.43	10.99	26.94	48.62	67.27

表 3 不同大孔氧化铝干胶性质比较

氧化铝编号	常用氧化铝 A	常用氧化铝 B	常用氧化铝 C	新型氧化铝 D
原料性质				
孔容/(mL/g)	0.99	1.00	1.15	1.01
比表面积/(m^2/g)	298	314	275	307
相对结晶度/%	90	87	82	95
载体性质				
孔容/(mL/g)	0.70	0.75	0.67	0.75
比表面积/(m^2/g)	170	160	172	150

2.2.2 新型脱金属催化剂的研制

目前所用脱金属催化剂多为渣油催化剂，其很难适应高体积空速、低初期反应温度、低氢油体积比的蜡油工况要求，为此开发了新型的 FDM-21 FCC 原料预处理脱金属催化剂，以新型氧化铝为载体，Mo-Ni 为活性组分，具有堆积密度低，孔径和孔容更大、脱金属活性更高等特点，同时具有更高的容金属能力，催化剂内部利用率得到大幅度提高。

由表 4 可见，FDM-21 催化剂的单位活性金属含量比国内参比剂降低了 18%，FDM-21 催化剂的堆积密度也明显低于国内催化剂，这表明 FDM-21 催化剂不仅原材料成本大幅度降低，而且单位体积催化剂装填量也大幅度降低。由图 3 可见，新开发的 FDM-21 催化剂是一种具有大孔和中孔呈双峰孔特征的催化剂。大于 15nm 的孔道有助于增加沥青质在催化剂孔径的内扩散和金属的沉积。与目前脱金属参比剂相比较，其大于 100nm 孔径的孔体积占总孔体积的 38%。新开发的 FDM-21 脱金属催化剂的脱金属活性要明显优于现有的国内同类型催化剂，其更容易适应低初期反应温度，低氢油比，高体积空速的蜡油加氢工况的要求，该催化剂已在洛阳石化实现了工业应用，效果良好。

表 4 FDM-21 催化剂与国内同类催化剂的物化性质对比

项　目	FDM-21	国内参比剂 A
孔容①/(mL/g)	基准+0.2	基准
堆积密度/(kg/L)	基准-18%	基准
单位体积金属量/(g/mL)	基准-18%	基准

注：①压汞法测定。

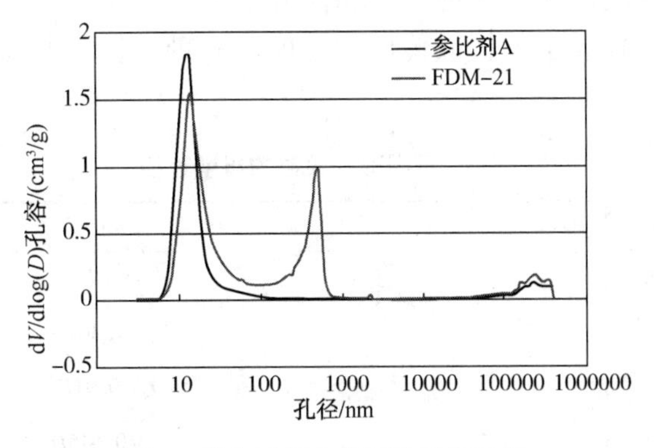

图 3 脱金属催化剂可几孔径比较

2.2.3 活性金属负载方式对催化剂活性的影响

为适应重馏分油加氢反应的需要，实验室中对活性组分负载技术进行了研究。表 5 为采用不同负载技术得到的 2 个样品的 XPS 表征结果。由表可见，采用 ARASS(Adjustment of Reaction Active Site Structure)负载技术可以适当降低钼在催化剂表面的分散，促进镍在催化剂表面的分散。各元素的电子结合能也发生显著改变。ARASS 负载技术不仅可以提高催化剂活性金属分散程度，还可以促进活性金属间的相互作用，改变活性相结构，使之具有高脱金属及脱硫活性。

表 5 不同技术制备催化剂 XPS 表征结果

项目	ARASS 技术催化剂	普通技术催化剂
原子比		
I_{Mo}/I_{Al}	0.0794	0.0803
I_{Ni}/I_{Al}	0.0545	0.0537
结合能/eV		
Al_{2p}	74.5	74.5
Mo_{3d}	232.57	233.11
Ni_{2p}	854.92	855.82

由表 6 可见，ARASS 技术通过提高活性中心数量与活性，提高了催化剂对 VGO 的加氢活性；同时由于该技术提高了 MoS_2的叠层数，降低 MoS 晶片的长度，降低了大分子反应的空间位阻，对重质原料也表现出了较好的加氢活性。

表 6 不同制备技术对催化剂活性及原料适应性的影响

项目	催化剂 A	催化剂 B	参比剂
总金属含量	基准	基准	基准×1.4
采用技术	ARASS 技术	普通技术	普通技术
原料/工艺条件	VGO，8.0MPa，370℃，$1.5h^{-1}$，500：1		
相对加氢活性	120	100	115
工艺条件	VGO：DAO=50%：50%，14.0MPa，370℃，$0.8h^{-1}$，800：1		
相对加氢活性	115	100	105

2.3 催化剂级配技术研究

2.3.1 催化剂颗粒形状级配技术研究

提高床层空隙率可以提高体系容垢能力，降低床层压降，然而空隙率的增加会降低催化剂装填量，影响催化剂的反应性能。由表 7 可见，相同外接圆尺寸下，齿球型颗粒明显降低了当量直径，增加了其外比表面积，提高了外扩散传质的速度，有助于减少扩散影响，从而提高催化反应速度。

表 7 不同形状颗粒的当量直径

形状	当量直径
球形	$D_s=D$
圆柱条形	$D_s=1.364D$
三叶草形	$D_s=0.91D$
齿球型	$D_s=0.645D$

根据“鸟巢”保护剂以及齿球型催化剂的特点，试验室在冷模装置上考察了不同组合催化剂的压降结果，表 8 为组合方案，图 4 为冷模装置上不同组合压差结果。综上可见，采用“鸟巢”型保护剂和齿球型催化剂组合级配技术不仅可以保持催化剂较好的反应性能，同时可以显著降低床层压降，延长装置运转周期。

表 8　不同类型催化剂组合①

名称	组合方案一	组合方案二	组合方案三
组合方案	鸟巢②	拉西环④	四叶轮⑥
	齿球③	四叶草⑤	三叶草⑦

①空气-水系统；②鸟巢 $d_p = 6.0$mm；③齿球 $d_p = 2.5$mm；④拉西环 $d_p = 6.0$mm；⑤四叶草 $d_p = 1.2$mm；⑥四叶轮 $d_p = 6.0$mm；⑦三叶草 $d_p = 1.3$mm。

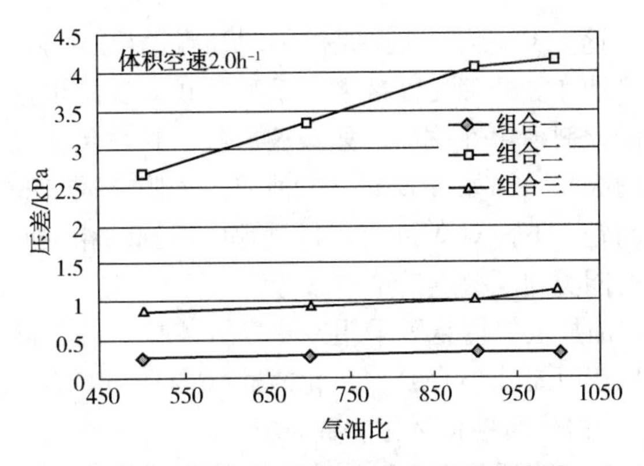

图 4　冷模装置不同组合方案压差试验图

2.3.2　保护剂级配技术研究

目前国内蜡油加氢处理装置因体积空速大，反应初期温度低，在此工况下，保护剂需要具有较高的活性才能脱除和容纳更多的金属杂质，从而提高对主催化剂的保护作用。试验室中对多种脱金属催化剂以及过渡催化剂进行了评价选择，由图 5 可见，新脱金属催化剂 A 与新过渡催化剂 A 级配经过 2000h，与原催化剂级配相比，新催化剂体系脱硫率相当、脱金属和脱残炭性能得到明显提升，保护剂体系对大分子转化能力得到明显提升。

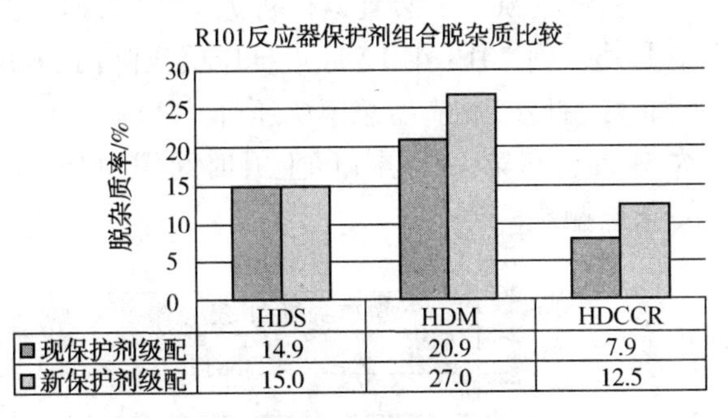

图 5　保护剂组合活性比较结果

2.3.3　催化剂活性级配技术研究

催化剂的活性级配技术不仅与产品质量息息相关，而且关系到装置长周期稳定运转。图 6 为不同催化剂级配方案活性及稳定性。

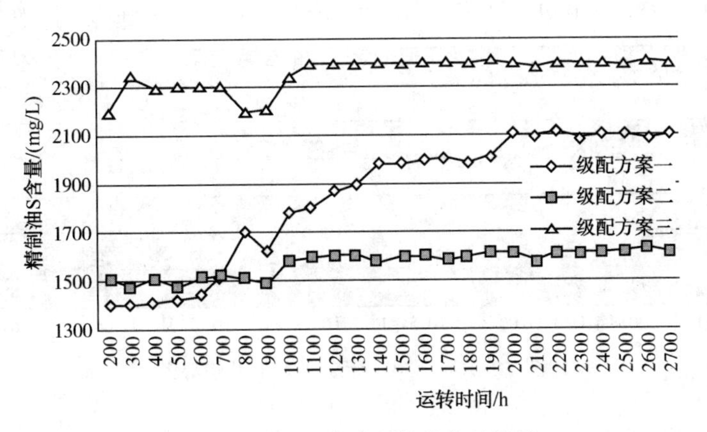

图 6　不同级配方案活性稳定性结果

由图 6 可见，不同催化剂级配方案对产品性质和稳定性均有不同的影响。对劣质蜡油加工来说，主催化剂用量多，短期内能够达到较好的反应活性，然而长时间运转后，由于主催化剂孔径较小，金属杂质容易堵塞孔口造成内部催化剂利用率降低，导致催化剂快速失活；保护剂用量多，长时间的运转能够保持稳定的活性，但催化剂活性较低，无法满足产品要求；只有保护剂与主催化剂合理有效的级配才能既满足产品质量，又能保证装置长周期稳定运转。

3 工业应用

随着装置加工的原料重质化、劣质化，特别是溶剂脱沥青油(DAO)、焦化蜡油(CGO)的深拔，同时其掺炼比例不断增加，给蜡油加氢处理装置带来一系列问题。我院根据企业不同情况进行催化剂有效级配，催化剂级配除根据催化剂理化性质，例如颗粒形状、颗粒尺寸及比表面积、孔容积、孔隙率以及活性等，还有功能方面的级配，例如过渡剂、二种或多种脱金属、脱硫剂，保护剂等，成功地解决了目前不同企业所面临的问题。下面对 A 炼化运行过程中遇到的相关问题进行分析，同时对采取的策略进行阐述，为工业装置的同类问题提供借鉴和参考。

A 炼化分公司 1.8Mt/a 蜡油加氢处理装置采用冷热高分流程，设有循环氢脱硫塔，冷高分设计操作压力为 10.0MPa。设计采用伊轻蜡油(VGO)、焦化蜡油(CGO)和溶剂脱沥青油(DAO)的混合油为原料，生产氮含量小于 1000mg/L 的优质催化裂化装置原料。

图 7 和图 8 分别为两周期第一床层及全床层压降上升趋势曲线。2013 年 7 月，A 炼化全厂原料平衡调整，1.8Mt/a 蜡油加氢处理装置混合原料中焦化蜡油比例由原来的~15%调整到~35%，二次加工油比例将近 50%。装置运行将近 17 个月时，从 2013 年 11 月 21 日开始，反应器一床层压降开始缓慢上升，到 2013 年 12 月 4 日床层压降由 160kPa 上升至 235kPa，平均每天上升 5kPa 左右，上升速度非常明显。反应器总床层压降从 11 月 21 日 481kPa 上升至 12 月 4 日的 560kPa，平均每天上升大约 5kPa，与第一床层压降上升时间相吻合。由于床层压降达到安全限制值，装置不得不停工进行第一床层撇头。

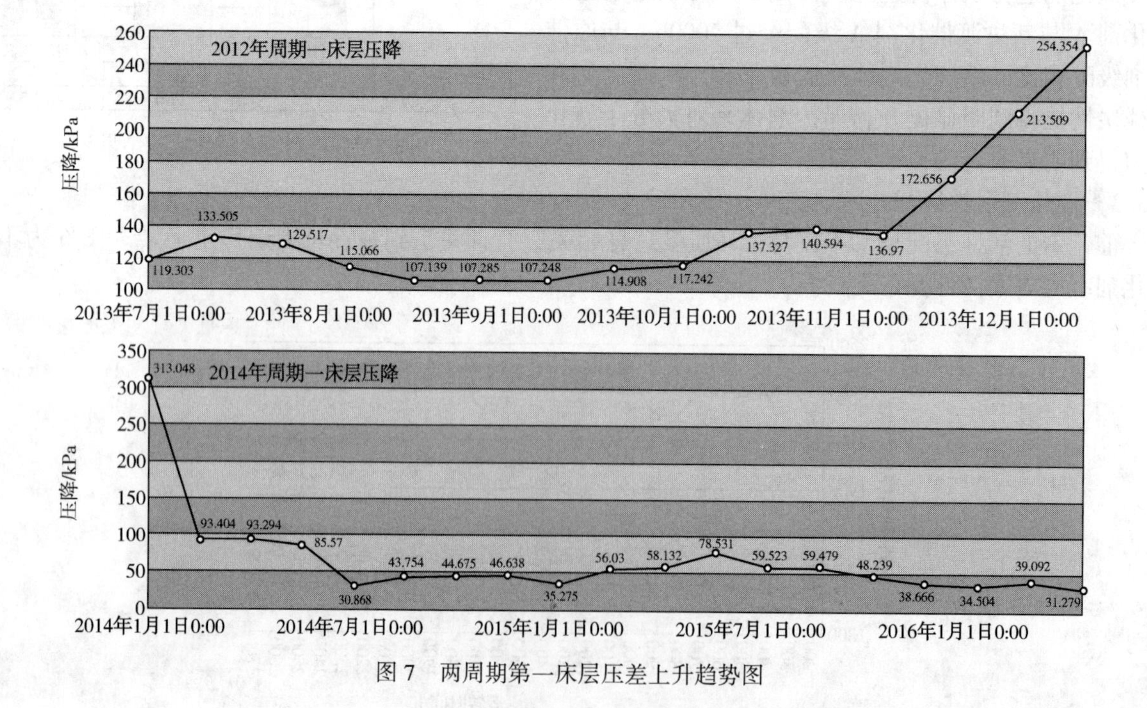

图 7 两周期第一床层压差上升趋势图

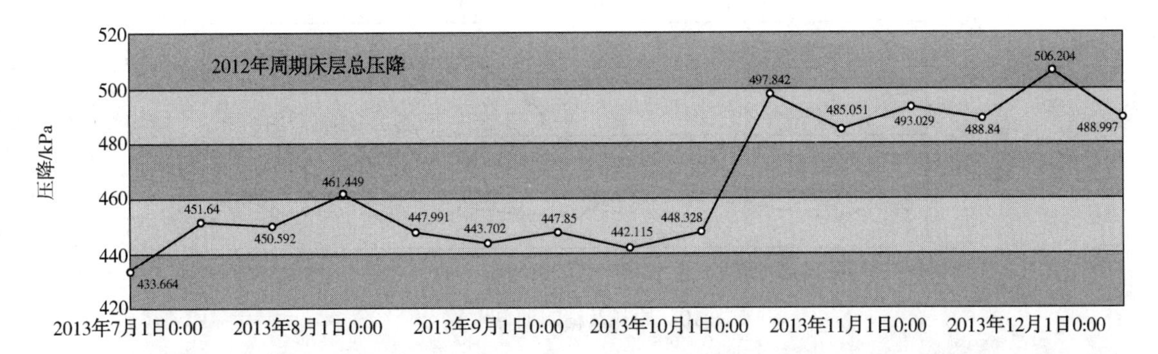

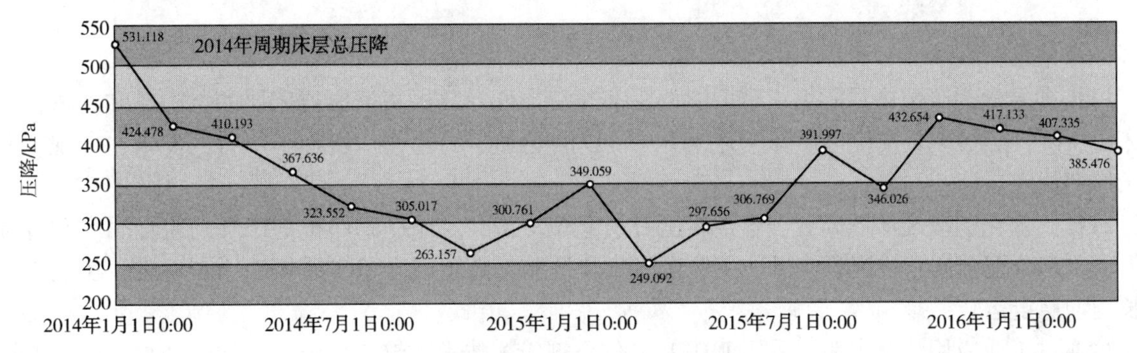

图 8　两周期总床层压差上升趋势图

通过对卸剂情况以及卸出催化剂的分析，2014 年 6 月根据上周期所出现的问题，我院通过优化催化剂级配方案及选型，提高催化剂杂质拦截能力，增大床层内空隙率的方式，加强装置操作稳定性有效解决床层压降上升的问题。通过对原料组成、性质的深入分析及借鉴前面床层压降上升的经验，撇头后对催化剂选型及级配方案进行了针对性的优化。催化剂选择具有较强拦截和过滤焦粉、沥青质胶质能力的 FBN 系列“鸟巢”加氢保护剂，其次选择具有较高空隙率的齿球型催化剂的级配方案，同时在催化剂粒径过渡方面也进行了系统合理的优化级配。

撇头后一床层压降随着装置负荷的波动而变化的趋势明显，第一床层的最大压降为~96kPa，比撇头前的第一床层开工初期压降(110kPa)还要低；全床层压降最高值为 0.425MPa，与撇头前开工初期全床层压降值相当，运行至 2016 年 6 月，装置连续运转了 24 个月，全床层压降增加值~0.1MPa，与上周期相比装置无非计划停工及撇头情况，运行时间延长了 3 个月。

该装置于 2016 年 6 月进行装置大修，同时更换催化剂，采用我院的 FBN/FZC 系列保护剂(形状为“鸟巢”和齿球)，FF-56 重生剂以及 FF-24 齿球催化剂，目标产品为硫含量≤0.2%，氮含量≤0.1%的精制蜡油。图 9 和图 10 分别为目前装置原料及精制油硫含量和氮含量。由图可见，截止到 2018 年 5 月，采用我院催化剂级配技术，脱硫率达到 91%~93%，脱氮率达到 54%~65%，精制蜡油性质达到指标的要求，装置已经连续运转了 23 个月，床层总压降仅上升了~0.14MPa。表明该催化剂级配体系不仅能够满足产品性质要求，而且实现了装置的长周期运转。

图 9　原料及精制油 S 含量

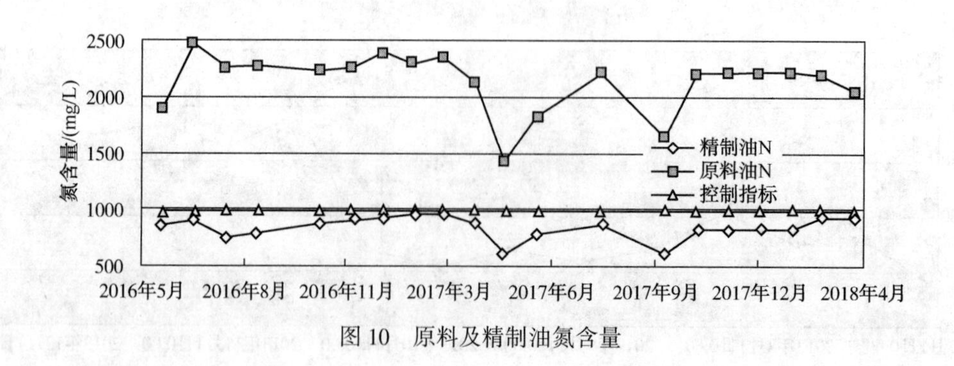

图 10　原料及精制油氮含量

4　结论

1)提高催化剂级配体系阻垢、容垢能力技术开发，可有效提高反应器床层的空隙率和通透性，降低床层压降，延缓装置反应器压降上升速率，可以满足加工高比例二次加工原料的要求，实现工业装置长周期稳定运转；

2)提高催化剂级配体系高脱、容金属能力技术开发，有效地提高保护剂床层的脱金属率和容金属能力，合理分配金属杂质沉积，保护主催化剂，满足加工高金属含量劣质蜡油原料要求，实现工业装置长周期稳定运转；

3)通过工业应用情况表明：采用 FRIPP 的催化剂级配技术能够有效解决劣质蜡油加氢长周期运转的问题。

蜡油加氢装置炼制柴油的工业应用

黄　剑　李永超

（中国石化石家庄炼化公司　河北石家庄　052160）

摘　要　蜡油加氢装置加氢处理柴油原料，反应器入口温度控制在357℃，总温升达到27℃。在反应加权平均温度为371℃、氢分压为9.43MPa、反应器入口氢油比为550的工艺条件下，生产精制柴油氮含量为1.05μg/g，硫含量为2.97μg/g，能够完成“国Ⅵ”柴油生产任务。

关键词　蜡油加氢；柴油；氢分压

1　前言

由于2019年6月中下旬石家庄炼化公司2.6Mt/a柴油液相加氢装置需要停工检修，催化剂再生，我厂柴油面临加工量减少，出厂困难的难题。为了解决这一问题，决定在2.6Mt/a柴油液相加氢装置停工检修期间，由1.8Mt/a蜡油加氢加工柴油，确保全厂的生产计划和经济效益，通过本次加工柴油，找出蜡油加氢加工柴油的条件和瓶颈，以期对其他炼化企业类似装置提供一定指导和参考意义。

2　蜡油加氢装置概况

石家庄炼化公司1.8Mt/a蜡油加氢处理装置采用石油化工科学研究院(以下简称石科院)开发的劣质蜡油加氢处理技术RVHT及配套催化剂，于2014年8月一次开车成功，生产出硫含量小于1000μg/g，氮含量小于200μg/g的精制蜡油原料。装置运行了34个月后进行了第一周期的停工检修以及催化剂再生，根据装置运行现状和第二周期产品性质要求，经过与石科院技术交流，决定在第二周期对催化剂级配方案进行优化调整，在采用再生RN-32V催化剂的基础上，补充部分蜡油加氢处理RN-410催化剂，以及保护剂RG-20、RG-30A、RG-30B和蜡油脱金属催化剂RAM-100，以使蜡油加氢处理装置效益最大化，装填汇总见表1。2017年9月开工后运行至今，装置运行平稳，催化剂活性良好。

表1　催化剂装填总量汇总表

牌　　号	实际装填体积/m^3	装填量/t	平均堆积密度/(g/cm^3)
RG-20保护剂	2.51	1.40	0.5573
RG-30A保护剂	14.70	6.48	0.4410
RG-30B保护剂	15.95	7.31	0.4583
RAM-100脱金属剂	15.20	7.00	0.4606
RVS-420再生剂	13.44	11.55	0.8594
RN-32V与RVS-420再生混合剂	2.76	2.01	0.7274
RN-32V再生剂	125.44	124.16	0.9898
RN-410新鲜剂	10.19	10.00	0.9814
合计	200.19	169.91	/

3　蜡油加氢装置加工柴油的原料性质

蜡油加氢装置加工的柴油主要由三部分组成：直馏柴油、焦化柴油、催化柴油。其基本性质如表

2 所示：混合柴油硫含量 0.6%，氮含量 333μg/g，氯含量 1.9μg/g，铁含量 0.5μg/g。

表 2 蜡油加氢装置原料性质

采样日期	样品名称	硫含量/%	氮含量/(mg/kg)	初馏点/℃	10%回收温度/℃	50%回收温度/℃	90%回收温度/℃	95%回收温度/℃	氯含量/(mg/kg)	铁含量/(mg/kg)
2019/6/22	原料柴油	0.75		195.5	242.5	286.5	335.5	345.5		
2019/6/25	原料柴油	0.735		203.5	243.5	283.5	334.5	343.5		
2019/6/27	原料柴油	0.68		196.5	242.5	282.5	328.5	341.5		
2019/6/28	原料柴油	0.73	325						2.3	
2019/6/29	原料柴油	0.692		199	243.5	283	330.5	342.5		
2019/7/2	原料柴油	0.713		194	242	281	330	341		
2019/7/4	原料柴油	0.56	285	193.5	242.5	287.5	336.5	346.5	1.8	
2019/7/6	原料柴油	0.63		181.5	234	278	329	342		
2019/7/9	原料柴油	0.605								
2019/7/11	原料柴油	0.61	337.5	187.5	238.5	280.5	333.5	343.5	1.9	
2019/7/13	原料柴油	0.51		185.5	237	284	332	344		
2019/7/16	原料柴油	0.51	362.5	204	245	288	340.5	348	2.1	0.5
2019/7/18	原料柴油	0.55		212	245	286	339	350		
2019/7/20	原料柴油	0.529		204	240	283	335	351		
2019/7/23	原料柴油	0.595	317	207.5	242.5	285	337	349	1.9	
2019/7/25	原料柴油	0.611		204.5	241.5	284.5	339.5	351.5		
2019/7/27	原料柴油	0.679		206.5	240.5	284	337	351		
2019/7/30	原料柴油		371	203.5	240	280	335	349.5	1.6	
最大值	原料柴油	0.75	371	212	245	288	340.5	351.5	2.3	0.5
最小值	原料柴油	0.51	285	181.5	234	278	328.5	341	1.6	0.5
均值	原料柴油	0.6	333.0	198.7	241.3	283.6	334.6	346.3	1.9	0.5

4 蜡油加氢装置加工柴油的工艺条件及产品性质

蜡油加氢装置加工混合柴油的工艺条件见表 3。精制柴油基本性质见表 4。产品性质见图 1。表 3 数据可知，反应器入口温度控制在 357℃，总温升达到 27℃。在反应加权平均温度为 371℃、氢分压为 9.43MPa、反应器入口氢油比为 550 的工艺条件下，生产精制柴油氮含量为 1.05μg/g，硫含量为 2.97μg/g，能够完成“国Ⅵ”柴油生产任务。

表 3 标定期间反应系统主要工艺参数

反应工艺参数	数据
混合原料总进料量/(t/h)	175
直馏蜡油/(t/h)	155
焦化柴油/(t/h)	20
一反入口氢分压/MPa	9.43
一反入口氢油比/(Nm^3/m^3)	550
反应温度/℃	
加权床层平均温度	371

续表

反应工艺参数	数据
总温升	27
反应器入口温度	357
一床层上部平均值	357
一床层下部平均值	365
二床层上部平均值	363
二床层下部平均值	376
三床层上部平均值	370
三床层下部平均值	376
反应器出口温度/℃	380
反应器出口压力/MPa	9.34
反应器总压降/MPa	0.09
新氢量/(m^3/h)	16000
反应器入口循环氢量/(m^3/h)	95560
一二床层间冷氢量/(m^3/h)	0
二三床层间冷氢量/(m^3/h)	9028

表 4 蜡油加氢分馏塔底精制柴油性质

产品性质	数据
密度(20℃)/(g/cm^3)	0.834
硫含量/(μg/g)	2.97
氮含量/(μg/g)	1.05
闪点(闭口)/℃(≥69.0)	85.7
十六烷指数	56.3
铜片腐蚀(50℃, 3h)	1a
水分/(μg/g)	358
馏程(ASTM D-1160)/℃	
IBP	200.3
10%	239
50%	280.6
90%	334
95%	346.1

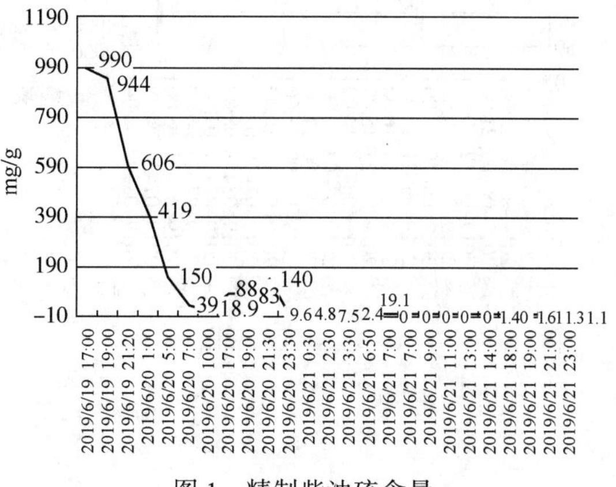

图 1 精制柴油硫含量

5 蜡油加氢装置生产柴油的过程

2019年6月19日，蜡油加氢装置由蜡油生产方案改为柴油生产方案，7月30日改为蜡油生产方案，共42d。自6月19日10：34引入柴油置换系统至6月21日11：20产品柴油合格改至产品罐，置换系统、调整产品质量合格，共用49h，用柴油5.5kt。柴油加工方案期间，共加工原料柴油151528t，其中焦化柴17235t，直馏柴油132893t，催化柴油1400t，生产柴油145894.4t。

2019年6月19日，切除10：07直供蜡油，关边界双阀。10：34经开工柴油线引罐区柴油160t/h进装置，开始系统柴油置换。14：28柴油改轻污油线间断外送。16：00停阻垢剂泵P106，16：10反冲洗污油改至重污油线。16：40停产品尾油直供催化，关闭装置边界双阀。18：30产品尾油经空冷A204至罐区线边界转重污油线出装置。19：00空冷A203/204改至并联。反应系统逐步提温至350℃。分馏系统同步降温，分馏炉出口降温至280℃。

6月20日05：00，引直柴经开工柴油线进装置，退罐区柴油。10：00引焦化柴油10t/h进装置，因原料轻组分太多，11：30退焦柴。直馏柴油轻组分多，冷高分D105超负荷，油水分离不清，导致分馏塔带水，降分馏进料温度，退装置进料至100t/h，调整高压注水。D105界位平稳后，提装置进料至120t/h，反应入口逐步升温至357℃，F201炉出口温度降至230℃，调整产品柴油质量。

6月21日07：00，产品柴油质量合格，11：20产品柴油改去成品罐。16：45停分馏塔中段回流。14：40，1.0MPa蒸汽部分并入0.4MPa汽提蒸汽，汽提蒸汽温度由158℃提至198℃。分馏塔汽提蒸汽控制阀FIC20403阀位由20%降至16%，18：18注水降至8t/h。切除净化污水，装置注水全部除盐水。

蜡油改柴油置换期间，记录了柴油进入装置到出装置的时间，柴油自2019年6月19日10：34进入装置，11：23油头进入反应器入口，用油为114t，12：17油头出反应器，反应器容量为169t。14：00油头出装置，装置总油容量大概为520t。

6 蜡油加氢加工柴油期间公用工程消耗

6.1 氢气消耗

如图2所示，柴油生产期间，装置处理量175t/h，反应入口温度357℃，平均氢气消耗量16000Nm^3/h，平均氢耗0.83。

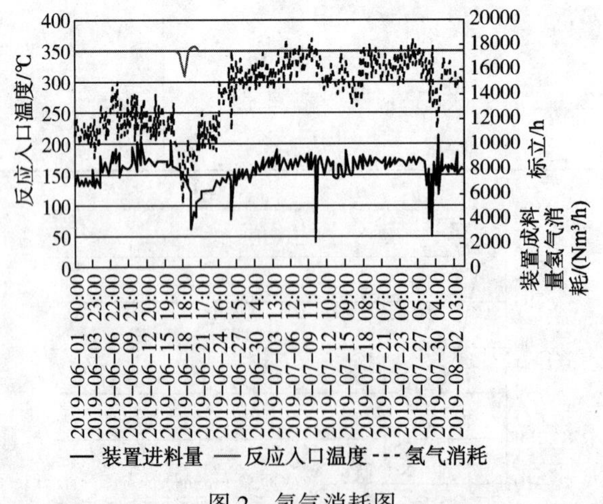

图2 氢气消耗图

6.2 蒸汽消耗图

蒸汽消耗如图3所示。

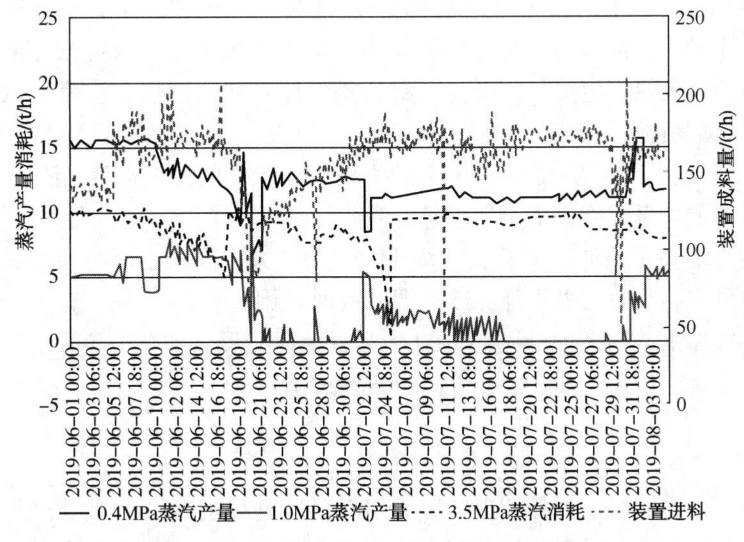

图3　3.5MPa、1.0MPa、0.4MPa 蒸汽消耗图

装置进料为 175t/h 时，3.5MPa 蒸汽消耗为 9.5t/h，0.4MPa 蒸汽产量 12t/h，1.0MPa 蒸汽产量 2t/h。汽包 D501 产 1.0MPa 蒸汽 5t/h，D502、D503 停用未产汽。为提高分馏塔汽提蒸汽温度，开 1.0MPa 蒸汽至 0.4MPa 蒸汽管网跨线，造成 1.0MPa 蒸汽外送量减少。

6.3　瓦斯消耗

生产柴油期间瓦期消耗如图 4 所示。

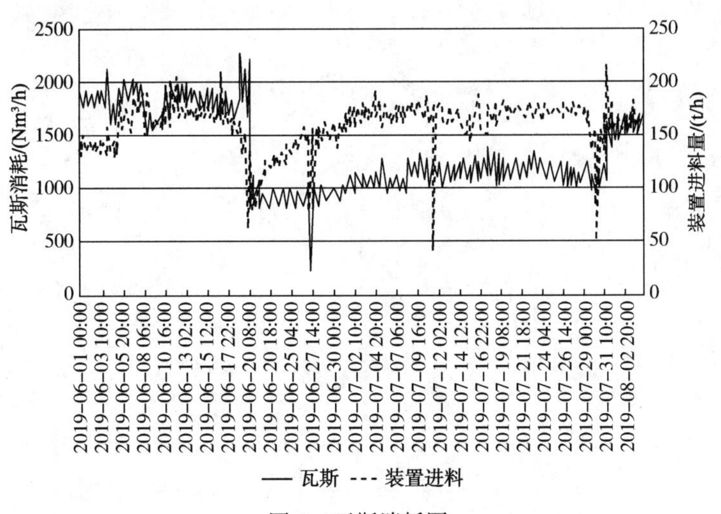

图4　瓦斯消耗图

生产柴油期间装置进料为 175t/h，平均瓦斯消耗 1069Nm^3/h。瓦斯消耗较蜡油生产方案时少 700Nm^3/h，主要原因是分馏塔进料温度为 230℃，较蜡油生产方案 330℃低 100℃。

7　蜡油加氢装置加工柴油的瓶颈

结合工业生产中遇到的问题，总结得出蜡油加氢装置加工柴油主要有以下几方面瓶颈：

1)冷高分 D105 超负荷：加工柴油后由于气象负荷增大，造成 D105 严重超负荷，油水分离时间不足，水未沉降至油抽出口界面以下时，就随油进入油侧管线，造成油相带水，进入 D106 注水侧，油量太大，冷低分 D106 油水分离不清，进入分馏塔，造成分馏塔冲塔。最后只能采取降低高压注水量，由 16t/h 降低至 10t/h，并且把 D105 的界位控制在 20%~30%，液位控制在 50%，缓解冷高分 D105 分离空间不足的问题。

2)反应进料加热炉负荷不足：反应加热炉 F101 设计热负荷 9.873MW，柴油生产方案时加热炉负荷较高。正常生产时原料为直馏柴油与焦化柴油，当原料硫含量不足，反应放热减少，加热炉负荷不足，可通过引入催化柴油提供反应热量，提高上游装置的原料柴油的热直供率以及原料柴油换热后的温度来降低了反应加热炉负荷。

3)产品柴油含水量高：蜡油加氢装置产品无脱水设施，产品柴油水含量无法满足低于 100mg/kg 的要求。为降低产品柴油水含量只能去下游装置进行脱水。

4)高压空冷冷后温度高：柴油工况下，热高分闪蒸气量大，高压空冷负荷较大，冷后温度高，气温高时超工艺卡片。可安装临时喷淋设施，冷后温度高时启用。

估计蜡油加氢装置加工柴油最大量为 175 t/h，装置负荷受反应加热炉负荷、冷高分分离空间不足的限制，若要提高装置负荷，需对加热炉、冷高分进行改造。

8 结论

石家庄炼化公司 1.8Mt/a 蜡油加氢处理装置采用石科院开发的蜡油加氢处理技术 RVHT 及配套催化剂加工处理原料蜡油，在生产需要的情况下，可以加工柴油，能够达到“国Ⅵ”标准。

RIPP 第三代蜡油加氢处理技术及其应用进展

梁家林[1]　刘清河[1]　胡大为[1]　张勇强[2]　姚立松[3]　任　亮[1]　杨清河[1]　胡志海[1]

（1. 石油化工科学研究院　北京　100083；2. 中国石化天津石化公司　天津　300271；
3. 中国石化青岛炼化公司　山东青岛　266500）

摘　要　为了进一步提高蜡油加氢处理装置的技术水平，石油化工科学研究院(RIPP)开发了第三代蜡油加氢处理催化剂。新开发的蜡油加氢主剂 RN-410 相比上一代催化剂具有更高的加氢脱硫活性以及活性稳定性；新一代的蜡油加氢专属脱金属催化剂 RAM-100 根据蜡油馏分性质特点设计，相比上一代脱金属剂具有更高的脱硫、脱残炭及脱金属性能。采用新一代蜡油加氢主剂及脱金属催化剂匹配保护剂和脱硫催化剂已经成功应用于多套工业装置。天津石化蜡油加氢装置加工高硫蜡油原料已经平稳运转43个月，催化剂各方面性能满足设计要求。青岛炼化蜡油加氢装置采用新一代蜡油加氢催化剂，自 2019 年 8 月份开工至今，相比上周期同期运转温度降低约 5~7℃，从而确保装置在高加工负荷条件下达到 4 年的运转周期。

关键词　蜡油加氢；RN-410；RAM-100；工业装置

1　前言

蜡油原料是催化裂化装置的最主要原料之一。蜡油原料经加氢处理后，相比未加氢处理直接作为催化裂化装置进料，可提高催化裂化单元的汽油收率 4 个百分点左右，同时降低油浆和焦炭的产率，并能大幅度降低烟气中的 SO_x 和 NO_x 含量，催化汽柴油产品中的硫含量也大幅度降低。通过蜡油加氢预处理，解决催化裂化装置进料劣质化问题的同时，能够生产更多、更清洁的汽油产品。因此，蜡油加氢处理技术是现代炼油厂的主要加氢技术之一，在国内外得到了广泛应用。

石油化工科学研究院(RIPP)从 20 世纪 90 年代初开始致力于蜡油加氢预处理技术的研究，开发了劣质蜡油加氢处理技术及配套催化剂 RN-2[1]。2000 年之后，随着中国石化以及其它炼油企业对该类技术需求的发展，RIPP 加大了蜡油加氢预处理技术的开发力度。2005 年 RIPP 成功开发了蜡油加氢预处理 RVHT 技术以及高活性蜡油加氢催化剂 RN-32V[2]。2010 年，针对蜡油加氢脱硫反应特点，在新的催化剂制备平台上开发了新型蜡油加氢脱硫催化剂 RVS-420[3]，该催化剂具有优异的加氢脱硫活性。2015 年，RIPP 从炼油厂需求及提高蜡油加氢处理过程的经济性出发，开发了 Ni-Mo 型蜡油加氢处理催化剂 RN-410，相比上一代蜡油加氢处理催化剂 RN-32V 具有更高的加氢脱硫活性和稳定性。RIPP 针对劣质蜡油原料金属含量不断升高的变化趋势，结合蜡油原料中含金属分子特性，开发了蜡油加氢专属的脱金属催化剂 RAM-100，相比上一代催化剂具有更加突出的脱金属、脱硫以及脱残炭性能。上述两种新开发的催化剂均已经成功实现工业应用，工业装置运转时间接近 4 年。

RN-410 蜡油加氢催化剂的成功开发和工业应用代表着石科院第三代蜡油加氢处理技术的诞生。下文对 RIPP 开发的第三代蜡油加氢处理催化剂及其工业应用情况作简要介绍。

2　第三代蜡油加氢处理催化剂研究进展

2.1　Ni-Mo 型蜡油加氢处理催化剂 RN-410 的开发

RIPP 在现有蜡油加氢处理催化剂的研究基础上，为了进一步提高蜡油加氢处理催化剂的性能，在 ROCKET 催化剂制备平台技术上开发了 Ni-Mo 型蜡油加氢处理催化剂 RN-410。新的催化剂制备平台主要技术途径包括：①提高活性金属在载体表面的分散度，从而提高活性金属的利用率；②选择适宜的载体，提高反应分子与活性金属的可接近性；③优化催化剂的制备工艺，增加催化剂表面更多 II 类活性相的生成。通过以上途径，开发的RN-410催化剂具有更高的性能。

以中东深拔蜡油为原料，对比评价了新一代Ni-Mo型蜡油加氢催化剂RN-410与参比催化剂的性能，评价条件为氢分压8.0MPa，参比催化剂为RN-32V，结果见表1。由表1数据可知，RN-410催化剂的加氢脱硫活性较RN-32V催化剂提高59%~134%，加氢脱氮活性较RN-32V催化剂提高10%~56%。

截至目前，RN-410催化剂已经成功应用于天津石化1.3Mt/a蜡油加氢处理装置、茂名石化1.8Mt/a蜡油加氢处理装置、青岛炼化3.2Mt/a蜡油加氢处理装置以及汇丰石化1.2Mt/a蜡油加氢处理装置和泰国IRPC1.0Mt/a万吨/年蜡油加氢处理装置。从工业装置运转情况分析，RN-410催化剂的各方面性能满足装置设计要求。

表1 RN-410与参比剂的性能比较

反应温度	基准-10	基准	基准+10
精制蜡油硫含量/(μg/g)			
RN-410催化剂	200	88	38
参比剂	739	272	81
精制蜡油氮含量/(μg/g)			
RN-410催化剂	34	16	14
参比剂	139	59	22
相对脱硫活性/%			
RN-410催化剂	100	100	100
参比剂	234	203	159
相对脱氮活性/%			
RN-410催化剂	100	100	100
参比剂	156	139	110

2.2 新一代蜡油加氢专属脱金属催化剂RAM-100

目前，蜡油加氢装置加工深拔减压蜡油、脱沥青油(DAO)等劣质蜡油的比例不断提高，劣质蜡油原料相比常规蜡油，具有残炭、金属、沥青质含量高的性质特点。为了保证蜡油加氢装置的长周期运转，脱金属剂与加氢处理主催化剂级配装填的方式得到广泛应用。因此，很有必要结合蜡油原料中含有金属元素的螯合物分子结构特性以及蜡油原料加氢反应过程特点，设计专属的脱金属催化剂，从而更有效的脱除蜡油原料中的金属等杂质，实现整装催化剂的高效利用。

根据蜡油加氢反应的特点，要求催化剂的扩散性能比渣油加氢脱金属催化剂有所降低的同时，需具有更高的活性比表面积。RIPP根据蜡油原料分子特点，设计了具有双峰型孔结构的新型载体。新型载体的孔容与渣油加氢脱金属剂载体相近，但比表面积增加接近50%；且除具有双峰孔结构，更有利于反应物的扩散以及脱除金属的沉积。RIPP在新型载体的基础上，选择适宜的活性金属体系及金属配比，成功开发了新型蜡油加氢脱金属催化剂RAM-100。

以重混合蜡油(DAO掺炼比50%)为原料，对比评价了参比催化剂和新开发的蜡油脱金属催化剂RAM-100的性能，试验结果见表2。表2可知，RAM-100催化剂相比参比催化剂，脱金属性能、脱残炭及脱硫性能均得到显著提升。

RAM-100催化剂自2015年研发成功后，开始应用于蜡油加氢处理工业装置，其中包括青岛炼化3.2Mt/a蜡油加氢处理装置，北海炼化0.8Mt/a蜡油加氢处理装置，茂名石化1.8Mt/a蜡油加氢处理装置等多套工业装置。

表 2　RAM-100 与参比剂的性能比较

原料油	重混合蜡油(DAO 掺炼比 50%)		
反应工艺条件		相同	
催化剂		参比剂	RAM-100
产品性质	原料性质		
密度(20℃)/(g/cm^3)	0.9587	0.9452	0.9365
S 含量/%	3.48	2.28	1.55
Ni+V 含量/(μg/g)	11.4	3.1	1.2
残炭值/%	5.25	3.74	3.24
相对脱金属(Ni+V)活性/%	—	100	174
相对脱残炭活性/%	—	100	133
相对脱硫活性/%	—	100	216

3　第三代蜡油加氢处理技术工业应用情况

RN-410 加氢主剂以及 RAM-100 催化剂于 2015 年完成开发后，逐渐在各大炼油厂开始工业应用。下文主要介绍了该催化剂在天津石化 1.3Mt/a 蜡油加氢处理装置和青岛炼化 3.2Mt/a 蜡油加氢处理装置的运转情况。

3.1　天津石化蜡油加氢装置运转情况

天津石化 1.3Mt/a 蜡油加氢处理装置自建成以来一直使用石科院开发的劣质蜡油加氢预处理 RVHT 技术及配套催化剂。该装置建成于 2009 年 10 月份，第一周期采用 RN-32V 主剂为代表的第二代蜡油加氢处理技术，运转至 2012 年 9 月；第二周期对第一周期催化进行再生后，运转至 2016 年 9 月，再生催化剂的运转周期超过 4 年。第三周期开始使用石科院开发的第三代蜡油加氢处理 RVHT 技术及配套催化剂，采用了 RN-410 加氢主剂与其他催化剂级配的方案，自 2016 年 10 月份开工一直运转至今。

蜡油加氢装置主要加工的原料性质及主要工艺条件见表 3。反应温度随运转时间的变化见图 1。表 3 数据可知，天津石化蜡油加氢装置加工减压蜡油与焦化蜡油的混合原料，原料密度在 0.95g/cm^3 以上，原料密度较高的主要原因是焦化装置加工催化裂化油浆导致焦化蜡油原料密度较高；精制蜡油产品的硫含量为 3200μg/g，满足下游催化裂化装置对进料的要求。图 1 数据可知，装置自开工以来反应温度上升缓慢，运转至 2019 年 10 月份，运转时间已达到 3 年，反应平均温度为 380℃，设计的装置运转末期反应平均温度为 406℃，表明新一代催化剂完成能够实现 4 年甚至 5 年的运转周期要求。

表 3　天津石化蜡油加氢装置原料性质及主要工艺条件

项　　目	数值	
主要工艺参数		
氢分压/MPa	9.8	
平均反应温度/℃	370~380	
加工负荷/%	106	
原料或产品性质	原料(VGO+CGO)	精制蜡油
密度(20℃)/(g/cm^3)	0.9526	0.9041
S 含量/(μg/g)	32000	3300
N 含量/(μg/g)	1100	650
残炭/%	1.41	0.05
馏程(ASTM D-1160)/℃		
IBP~95%	230~548	226~487

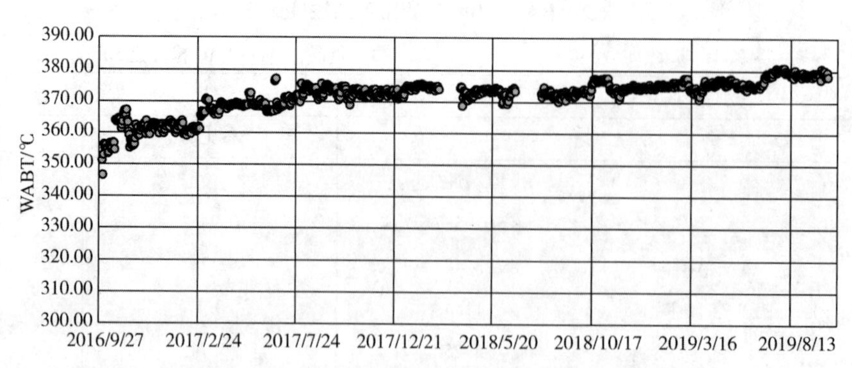

图1 天津石化蜡油加氢装置WABT随运转时间变化情况

3.2 青岛炼化蜡油加氢装置运转情况

青岛炼化3.2Mt/a蜡油加氢处理装置是国内加工规模最大的蜡油加氢处理装置。建成于2008年，前四个运转周期均采用石科院开发的第二代蜡油加氢处理RVHT技术及配套催化剂，自2019年8月起采用石科院开发的第三代蜡油加氢处理RVHT技术及配套催化剂，主剂包括RN-410和RVS-420催化剂，保护剂和脱金属催化剂为RG系列保护剂和RAM-100脱金属催化剂。

青岛炼化蜡油加氢装置加工的原料性质及主要工艺条件见表4。由表4数据可知，青岛炼化蜡油加氢装置加工的原料为减压深拔蜡油，原料干点为575℃，硫含量为30000μg/g，青岛炼化为提高全厂效益，蜡油加氢装置加工负荷一直在110%；精制蜡油硫含量控制在3100μg/g左右，密度降低到0.89g/cm³。

自2019年8月开工运转至2020年4月的WABT变化见图2。由反应温度变化情况可知，开工至今反应温度一直稳定在365℃左右，表明催化剂活性稳定性较高，2月份后受新冠疫情影响，装置加工负荷略有降低，相应的反应温度略有降低。蜡油加氢装置上周为期同期WABT随运转时间的变化见图3，该装置上周期开始第一个月主要生产硫含量2000μg/g的精制蜡油，之后生产硫含量为3000μg/g左右的精制蜡油，与本周期精制蜡油硫含量控制指标相同，对比两个周期同期的WABT变化情况可知，新一代蜡油加氢催化剂对应的反应温度比上周期低5~7℃。体现出了新一代蜡油加氢处理催化剂较高的脱硫活性。

表4 青岛炼化蜡油加氢装置原料性质及主要工艺条件

项目	数值	
主要工艺参数		
氢分压/MPa	9.5	
平均反应温度/℃	365~410	
加工负荷/%	110	
原料或产品性质	原料(HVGO+CGO)	精制蜡油
密度(20℃)/(g/cm³)	0.932	0.89
S含量/(μg/g)	30000	3100
N含量/(μg/g)	1500	500
残炭/%	0.9	0.1
馏程(ASTM D-1160)/℃		
IBP~FBP	200~575	198~490

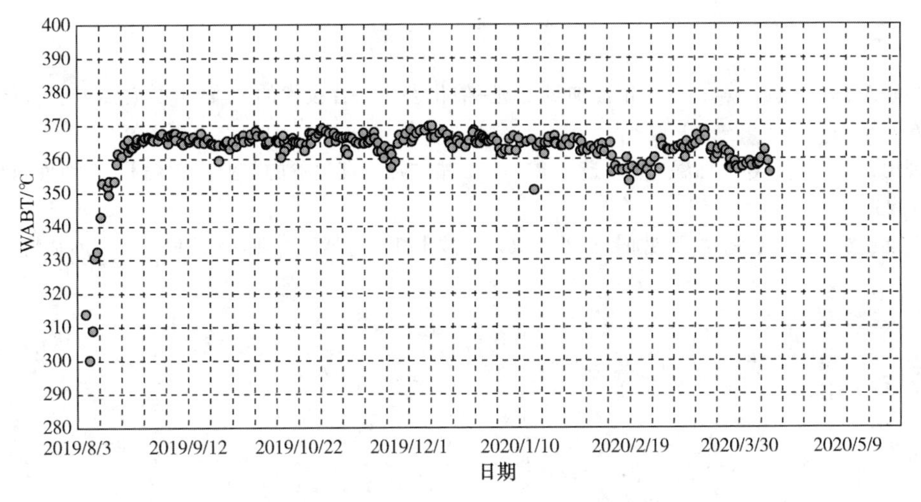

图 2 青岛炼化蜡油加氢装置本周期 WABT 随运转时间变化情况

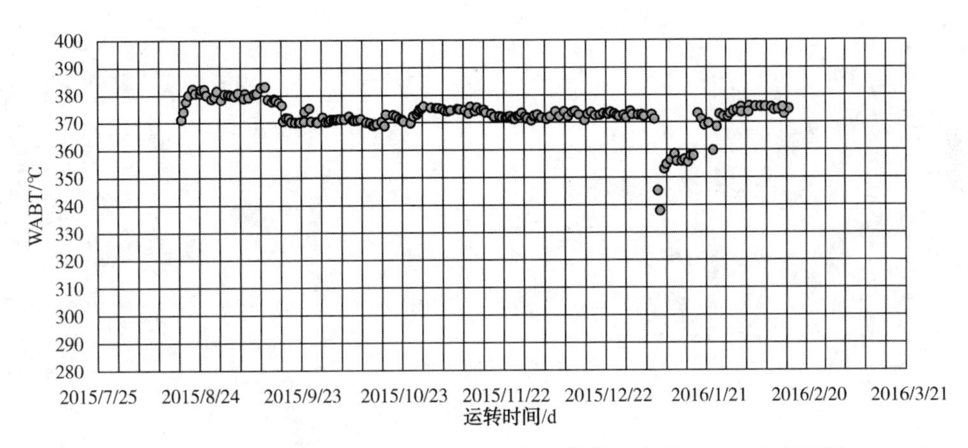

图 3 青岛炼化蜡油加氢处理装置上周期运转前 6 个月 WABT 变化情况

3.3 其他工业装置的应用情况

除上述两套工业装置外，第三代蜡油加氢处理技术及配套催化剂已经成功应用于茂名石化 1.8Mt/a蜡油加氢处理装置、汇丰石化 1.2Mt/a 蜡油加氢处理装置、东明石化 1.0Mt/a 蜡油加氢处理装置以及泰国 IRCP 炼厂 1.0Mt/a 蜡油加氢处理装置。从上述几套工业装置的运转情况可知，以 RN-410 为代表的第三代蜡油加氢处理 RVHT 技术及配套催化剂各方面性能均满足客户需求，运转稳定性良好。

4 结束语

石油化工科学研究院新开发的 Ni-Mo 型蜡油加氢 RN-410 催化剂具有更高的加氢脱氮、加氢脱硫和芳烃加氢饱和性能；新开发的蜡油加氢专属脱金属催化剂 RAM-100，具有优异的加氢脱硫、脱残炭及脱金属性能。

石油化工科学研究院基于新开发的 RN-410 加氢主剂，实现了第三代劣质蜡油加氢处理技术的工业应用。目前，已在多套工业装置上成功应用。工业应用结果表明，第三代蜡油加氢处理技术及配套催化剂对劣质蜡油原料具有较好的适应性，表现出较高的加氢脱硫、加氢脱氮反应活性，且运转稳定性良好，满足运转 4 年甚至 5 年的运转要求，生产的精制蜡油满足催化装置进料要求。

参 考 文 献

[1] 石亚华，高晓东，张瑞驰，等．焦化蜡油加氢处理-催化裂化联合技术的开发[J]．石油炼制与化工，1998，29(02)：1-6.

[2] 于德海，廖勇，闫乃锋，等．加氢装置改造及RN-32V蜡油加氢催化剂的工业应用[J]．石油炼制与化工，2006，37(8)：20-23.

[3] 蒋东红，龙湘云，胡志海，等．蜡油加氢预处理RVHT技术开发进展及工业应用[J]．石油炼制与化工，2012，43(3)：1-5.

低硫重质船用燃料油调和中渣油加氢装置优化措施

谢宏超　吴相雷

（中国石化齐鲁石化公司　山东淄博　255434）

摘　要　本文介绍了齐鲁石化调和低硫重质船用燃料油过程中，渣油加氢装置一系列优化措施，调整常渣硫含量及黏度，降低低硫重质船用燃料油中常渣占比，提高油浆及催化柴油占比。

关键词　渣油加氢；硫；黏度

1　前言

船舶排放是全球港口和海域的主要大气污染源，我国交通运输部要求自2019年1月1日起，船舶进入排放控制区需要使用硫含量不超过0.5%（质，下同）的低硫燃油，国际海事组织（IMO）《国际防止船舶造成污染公约》规定，2020年1月1日起，全球船舶必须使用低硫燃油（IMO 2020）。根据OPEC（石油输出国组织）的研究，预计2020年起，全球低硫重质船用燃料油的消费量将从50Mt突增到130Mt。而我国的低硫重质船用燃料油生产供应能力有限，保税船燃市场资源90%以上依赖进口[1]，针对以上情况，在第二届世界油商大会上，中国石化宣布将于2020年1月1日起，在中国沿海全部港口供应合规稳定、绿色经济的低硫重质船用燃料油。继上海石化、海南石化相继产出了合格的低硫重质船用燃料油后，齐鲁石化公司也开始了低硫重质船用燃料油的开发，并由齐鲁石化研究院完成了180号低硫重质船用燃料油生产配方的开发，相继通过了集团公司科技部验收、上海海事大学耐久性运行试验，于2019年8月6日第一批180号低硫重质船用燃料油试验料生产出厂，全部指标均达到中国石化内控指标。

船燃分为船用馏分燃料油和船用残渣燃料油，齐鲁公司生产的180号低硫重质船用燃料油属于船用残渣燃料油，主要由原油重质馏分组成。这些油品中的硫主要以芳基硫醇、苯并噻吩、萘并噻吩等大分子存在，脱除难度大，要生产出符合新标准的船用燃料油，可以通过三条技术路径来实现[2]，其中技术成熟，适合经常加工高硫原油的齐鲁石化采用的只有渣油加氢脱硫。调和主要组分是渣油加氢装置产物加氢渣油，其余组分所占比例较少。因此渣油加氢装置作为低硫重质船用燃料油调和油的重要来源，在调和低硫重质船用燃料油中扮演着重要的角色。

中国石化齐鲁石化公司胜利炼油厂渣油加氢装置，于1992年建成投产，设计处理能力150×10^4t/a，主要对减压渣油进行脱硫、脱氮、脱金属、脱残炭，主要产物加氢渣油是优质的催化裂化原料。随着低硫船用燃料油项目的实施，也可作为低硫重质船用燃料油调和的重要组分。

2020年3月开始重油加氢车间通过一系列生产调整、技改技措，改善了加氢渣油的品质，使加氢渣油在质量上满足了调和低硫重质船用燃料油要求的同时，降低了加氢渣油的调和比例。

2　面临问题

加氢渣油调和低硫重质船用燃料油后暴露出两方面问题：

1）大量的加氢渣油用于调和船燃后，造成了催化裂化渣油原料不足的问题，因此，需要通过优化加氢渣油性质，降低其在低硫重质船用燃料油中的组分占比。

2）调和低硫重质船用燃料油组分中油浆、催化柴油的价值较低，如果要作为产品出厂，需要下游装置继续处理，而如果调和船燃后可以直接出厂，既可以取得较好的经济效益，也节约了后续加工成本。

两方面问题都需要通过改善加氢渣油性质，降低加氢渣油在低硫重质船用燃料油中的调和比例，提大油浆、催化柴油组分占比来解决，因此，需要渣油加氢装置作出相应的优化调整。

3 采取措施及结果

通过化验分析及实际调和发现，决定加氢渣油调和量大小的主要因素是运动黏度和硫含量，船燃控制指标如表1所示。

表1 船燃控制指标

项目	运动黏度(50℃)/(mm^2/s)	硫含量/%(质)
船燃国家标准	≤180	≤0.5
船燃内控指标	100~177	

由于船燃内控指标规定：50℃运动黏度下限为100mm^2/s，催化柴油的黏度较低，如果加氢渣油运动黏度太低，会导致催化裂化柴油的掺入量偏低；而催化油浆的硫含量较高，在0.56%左右，如果加氢渣油硫含量的太高，会导致催化油浆的掺入量偏低。

3.1 原料性质调整

在调和船燃之前，加氢渣油一直作为催化裂化原料。催化裂化对原料的要求相对于船燃严格。大量加氢渣油用于调和低硫重质船用燃料油后，催化裂化装置原料就会出现短缺。为了解决这个问题，在生产船燃原料时，可以适当提高渣油原料比例，合理利用催化剂性能；同时通过化验分析发现，渣油加氢进料中有部分原料适合直接调和船燃，如果将这部分原料直接改去调和船燃，相当于提高了渣油加氢装置效率。调整方案如下：

1)降低原料中蜡油比例，提高装置掺渣率。

2)提高常减压装置减渣进渣油加氢原料流量。

3)催化回炼油由原料跨接至产品，回炼油直接调和船燃。

因为减渣中杂质含量较高，调整减渣处理量时，应关注原料自动反冲洗过滤器的运转。

3.2 反应温度调整

渣油加氢装置可以脱除渣油中大部分硫、氮和金属杂质，将部分大分子稠环芳烃饱和为环烷烃和单环或双环芳烃，进而降低残炭值、黏度。反应温度直接影响了渣油进料的反应深度，决定了催化剂脱硫活性及重组分的转化强弱，提高反应温度可以有效的提高转化率，降低加氢渣油的黏度，同时加氢渣油中的硫、氮、金属等杂质的含量也会降低。低硫重质船用燃料油内控指标50℃运动黏度下限为100mm^2/s，因此应根据产品性质，将反应温度控制在合适范围内，既保证加氢渣油硫含量在指标范围以内，又要尽量提高其黏度，通过实际调和发现：将硫含量控制在0.45%以下，有利于调和。调整方案如下：

1)上流式反应器主要用于脱除渣油中的金属，可以有效保护后路催化剂性能，同时上流式反应器具有较高的脱硫性能，其脱硫率可以达到整个装置总脱硫能力的58%[3]，因此上流式反应器温度不做调整。

2)适当降低固定床反应器，将加氢渣油硫含量由0.27%提至0.42%，调整结果如表2所示。

表2 固定床反应器温度调整及加氢渣油硫含量变化

日期	固定床温度/℃	加氢渣油硫含量/%
3月2日	373	0.27
3月16日	372.5	0.326
3月18日	371	0.396
3月23日	369	0.419

3) 加氢渣油粘度调整结果如图 1 所示。

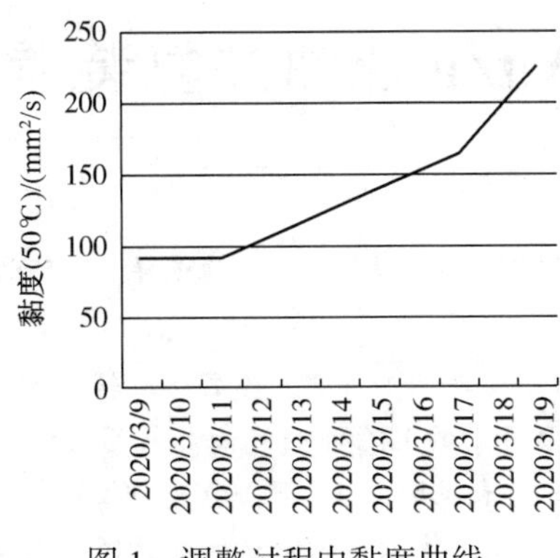

图 1 调整过程中黏度曲线

3.3 分馏调整

调和船燃之前，渣油加氢装置加氢渣油直供催化裂化装置，部分重质柴油随加氢渣油一起送去催化裂化处理，柴油 95%点控制在 330℃左右。如果能够最大程度的分离加氢渣油中的柴油组分，就能够增加船用燃料油中催化柴油调和组分占比，增加经济效益。渣油加氢柴油 95%点调整曲线如图 2 所示。

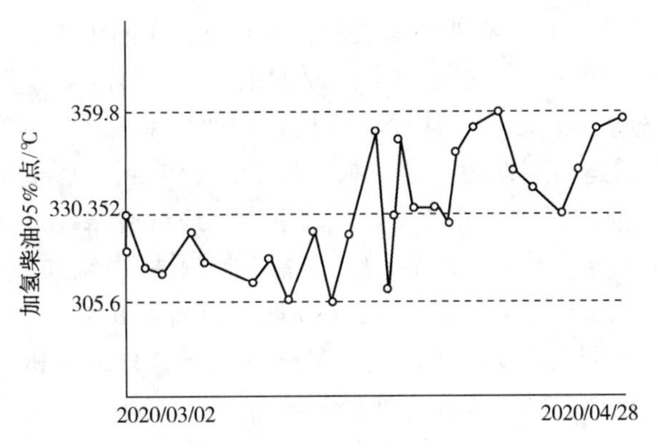

图 2 调整过程中柴油 95%点曲线

3.4 调整结果

通过一系列调整，加氢渣油的硫含量调整到合适的范围内，同时其黏度也得到有效的提高。

4 结语

1) 通过调整原料组成、反应温度，加氢渣油硫含量控制不高于 0.45%。

2) 通过调整反应温度、分馏操作，将加氢渣油黏度调整到 200mm²/s 以上，更加适合调和低硫重质船用燃料油。

3) 通过这一系列优化调整，低硫重质船用燃料油中加氢渣油调和比例由 92%降低到 84%左右，催化柴油调和比例由 4%提高到 6%~10%，催化油浆调和比例由 5%提高到 9%。

4) 通过优化渣油加氢装置渣油性质，有效缓解催化裂化渣油原料不足问题，同时实现催化油浆、催化柴油的低质高用。

参 考 文 献

[1] 孔劲媛，丁少恒．国内外船燃标准提高的市场机遇及相关建议[J]．市场观察，2009，5.
[2] 薛倩，王晓霖，李遵照，等．低硫船用燃料油脱硫技术展望[J]．炼油技术与工程，2018，4(10)：1-4.
[3] 孙振光，穆海涛．VRDS 装置增加上流式反应器的技术分析[J]．齐鲁石油化工，2006，34(2)：99-105.

海南炼化3.1Mt/a渣油加氢装置运转初期分析

赖全昌　魏　翔　赵哲菁

（中国石化海南炼化公司　海南洋浦　578001）

摘　要　中国石化海南炼化3.1Mt/a渣油加氢装置已成功运转了12个周期，目前正处在第十三运转周期内。该装置已多个周期采用FRIPP开发的FZC系列渣油加氢处理催化剂，并取得了良好工业运转效果。结果表明，所采用FZC系列加氢催化剂表现出良好的硫、氮、金属等杂质及残炭的加氢转化性能，加氢产品能够满足催化裂化装置进料要求；与参比列相比，FRIPP列加氢催化剂表现出更加优异的加氢脱杂质性能，尤其是脱残炭和脱金属。

关键词　渣油加氢；加氢催化剂；压降；加氢性能

渣油加氢处理技术是一种重油深度加工处理技术，在加氢催化剂作用下，对劣质渣油原料进行加氢脱硫、脱氮、脱金属、加氢饱和等反应，所得到加氢脱硫渣油可作为催化裂化装置进料以生产汽柴油等轻质油品，从而实现渣油最大限度轻质化利用。中国石化海南炼油化工有限公司(以下简称海南炼化)于2006年09月建成一套3.1Mt/a渣油加氢装置，设置A、B两个平行反应系列，每个系列有两台固定床反应器，可以实现单开单停，以阿曼和文昌原油的常压渣油(AR)和减压渣油(VR)为原料油。渣油加氢装置原设计体积空速为0.40h^{-1}，多个工业运转周期结果表明，高空速条件下渣油加氢处理难度较大，杂质脱除率低，装置运行周期短，停工换剂频繁，影响到全厂重油平衡和经济效益。为优化装置运转过程，2017年对渣油加氢装置进行改造，每系列反应部分末端新增一台固定床反应器，体积空速降至0.25h^{-1}。前后的运转结果表明，新增反应器达到了提高杂质脱除率和延长运转周期的目的[1]。该装置自从建成投产以来已成功运转了12个周期，目前正处于第十三运转周期内。以下对海南炼化3.1Mt/a渣油加氢装置第十三周期运转初期情况进行分析，总结分析装置运转经验，实现加氢催化剂高效利用和装置稳定长周期运转，提高企业经济效益。

1　装置运转情况

1.1　装置运行概况

海南炼化3.1Mt/a渣油加氢装置A列第十三周期采用中国石化大连(抚顺)石油化工研究院(FRIPP)开发的FZC系列渣油加氢处理催化剂。该装置A列于2019年08月19日完成催化剂硫化过程，切入渣油原料开始第十三周期运转。截至2020年03月31日(以下同)，装置A列已稳定运转226d，累计加工原料油约1.04Mt。

目前，该装置A列总体运转较为平稳，加工进料负荷虽略有波动，但所装填FZC系列渣油加氢催化剂表现出了良好的加氢性能和稳定性，加氢脱硫渣油能够作为催化裂化装置进料，实现劣质渣油高效轻质化利用，为企业创造出良好经济效益和社会效益。

1.2　装置运行分析

图1为海南炼化渣油加氢装置A列第十三运转周期内进料组成及其变化情况。从图1可以看出，该装置A列第十三周期进料量总体较为平稳，其中在运转130~140d，由于硫磺回收装置停工检修，根据酸性气平衡需要，装置A列停工改蜡油循环(但是显示为VR进料量)；在运转170~190d，由于受到疫情影响全厂调整为低负荷运转，根据调度安排渣油加氢装置降温降量维持低负荷运转。装置运转周期内平均进料量为192.4t/h，为设计加工负荷93.9%；其中常压渣油平均进料量为110.9t/h，减压渣油平均进料量为81.9t/h。另外，该装置A列第十三运转周期内混合进料中大于538℃减压渣油掺炼比

例在 45%~60%范围内波动，平均值约为 50.1%。

图 2 为海南炼化渣油加氢装置 A 列第十三运转周期内催化剂床层平均温度(CAT)及各反床层平均温度(BAT)变化情况。从图 2 可以看出，该装置 A 列第十三周期反应温度因加工负荷调整而呈现大幅波动情况。目前装置 A 列正处在催化剂缓慢失活的运转中期阶段，装置 CAT 为 371.6℃，R101 至 R103 反应器 BAT 分别为 365.4℃、370.8℃、375.6℃；各反应器 BAT 梯度分布较为合理。

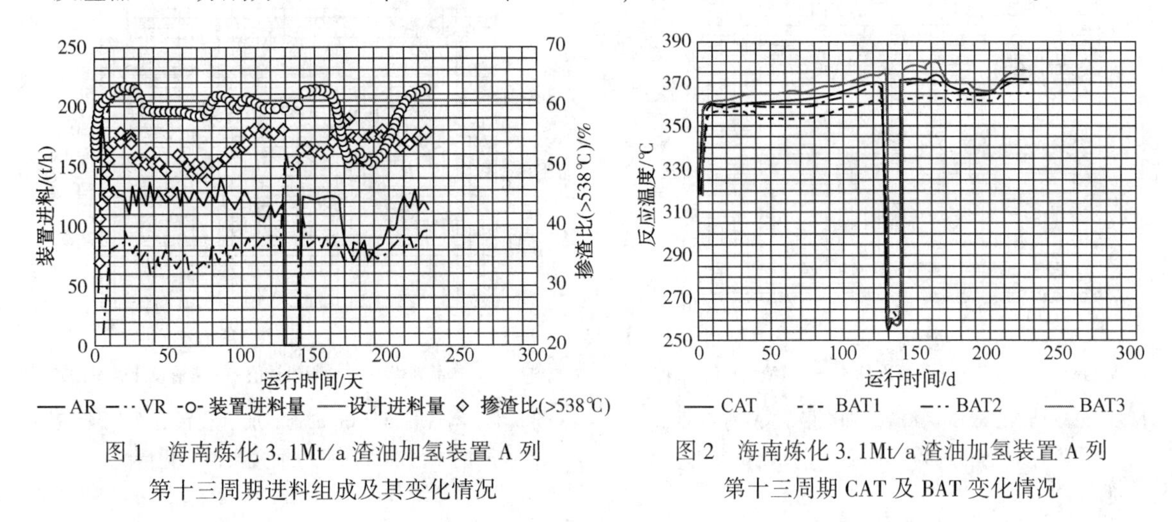

图 1 海南炼化 3.1Mt/a 渣油加氢装置 A 列第十三周期进料组成及其变化情况

图 2 海南炼化 3.1Mt/a 渣油加氢装置 A 列第十三周期 CAT 及 BAT 变化情况

图 3 为海南炼化渣油加氢装置 A 列第十三运转周期内各反床层压降变化情况。从图 3 可以看出，该装置 A 列第十三周期各反床层压降也因装置加工负荷调整而呈现大幅波动的情况。在装置运转过程中，装置 A 列各反床层压降总体呈现逐渐降低的趋势，这主要是受到装置反应温度逐渐增加的影响。目前，装置 A 列 R101 至 R103 反应器催化剂床层压降分别为 0.159MPa、0.383MPa、0.228MPa；其中，R101 和 R102 反应器床层压降目前处在较低水平，有利于装置长周期稳定运转。

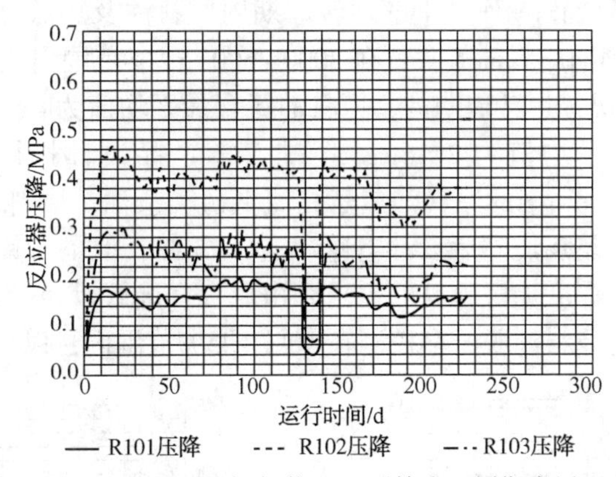

图 3 海南炼化 3.1Mt/a 渣油加氢装置 A 列第十三周期床层压降变化情况

1.3 装置原料油及加氢产品性质

图 4 为海南炼化渣油加氢装置 A 列第十三运转周期内原料油及热低分油硫含量变化情况。从图 4 可以看出，装置 A 列第十三周期原料油硫含量在 1.00%~2.00%(体，下同)范围内波动，均低于设计值 2.10%；运转周期内原料油硫含量平均值为 1.56%。在高温、高压条件下经过加氢脱硫反应，原料油中杂质硫原子有效加氢脱除转化，热低分油硫含量基本低于产品设计指标 0.360%，满足下游催化裂化装置进料要求。在装置 A 列运转周期内，热低分油硫含量平均值为 0.306%，平均脱硫率为 79.9%。可见，加氢催化剂体系表现出较高的加氢脱硫性能。

图 5 为海南炼化渣油加氢装置 A 列第十三运转周期内原料油及热低分油残炭值变化情况。从图 5 可以看出，装置 A 列第十三周期原料油残炭值在 7.00%~11.0%范围内波动，均低于设计值

11.6%；运转周期内，原料油残炭值平均值为8.72%。在高温、高压条件下经过加氢饱和反应，原料油中残炭前身物得到有效加氢转化，热低分油残炭值基本低于产品设计指标5.60%；在装置运转周期内，热低分油残炭值平均值为4.82%，平均脱残炭率为44.8%，催化剂体系同样具有较高加氢脱残炭性能。

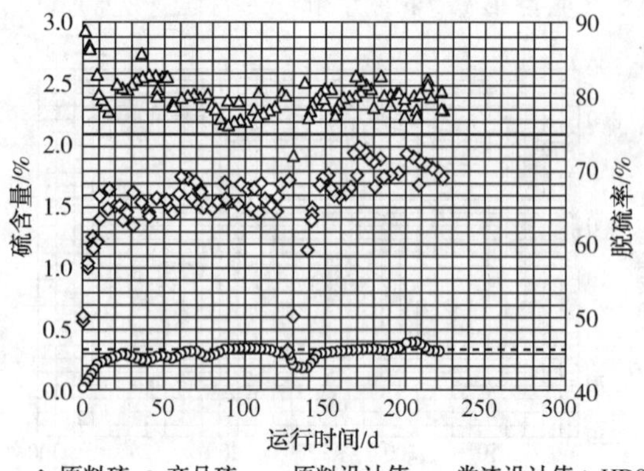

图4　海南炼化3.1Mt/a渣油加氢装置A列第十三周期原料油和热低分油硫含量变化情况

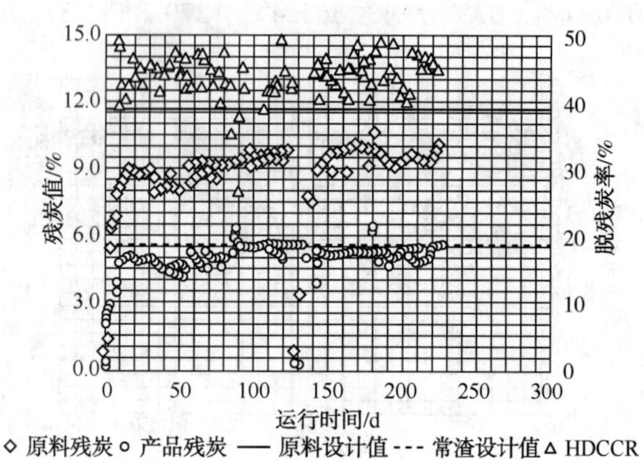

图5　海南炼化3.1Mt/a渣油加氢装置A列第十三周期原料油和热低分油残炭值变化情况

图6为海南炼化渣油加氢装置A列第十三运转周期内原料油及热低分油金属(Ni+V)含量变化情况。从图6可以看出，装置A列第十三周期原料油中金属(Ni+V)含量在30~50μg/g范围内波动，均低于设计值62.0μg/g；运转周期内的原料油金属(Ni+V)含量为38.4μg/g。经过加氢脱金属反应，热低分油金属(Ni+V)含量基本低于产品设计指标13.0μg/g；装置运转周期内热低分油金属(Ni+V)含量平均值为11.4μg/g，平均脱金属率为70.2%。

图7为海南炼化渣油加氢装置A列第十三运转周期内原料油及热低分油氮含量变化情况。从图7可以看出，装置A列第十三周期原料油氮含量在3000~6000μg/g范围内大幅度波动，并存在原料氮含量超过设计值4500μg/g的情况；运转周期内，原料油氮含量平均值为4252μg/g。经过加氢脱氮反应，运转周期内热低分油氮含量平均值为2436μg/g，略高于产品设计指标2300μg/g，平均脱氮率为42.2%。这主要是由于该装置所加工的原料油属于高氮低硫类渣油，原料油中含氮化物较难加工脱除转化[2]。此外，虽然该装置新增反应器后设计空速降至0.25h^{-1}，但是与其他工业装置相比该装置设计空速依然相对偏高，很难满足深度加氢脱氮的需求。由此，在装置满负荷运转时，可以适当放宽加氢产品中氮含量指标的限制，将原料油脱氮率控制在40%~45%范围内，以满足装置长周期稳定运转。

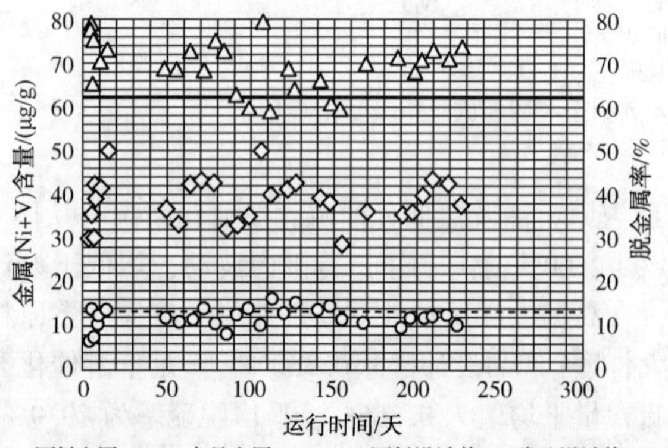

图6　海南炼化3.1Mt/a渣油加氢装置A列第十三周期原料油和热低分油金属(Ni+V)变化情况

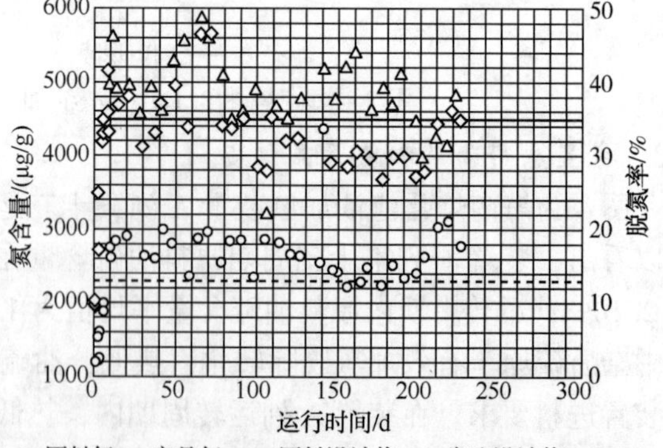

图7　海南炼化3.1Mt/a渣油加氢装置A列第十三周期原料油和热低分油氮含量变化情况

2 装置A、B两列运行对比

海南炼化渣油加氢装置A列第十三周期采用FRIPP开发的FZC系列渣油加氢处理催化剂（简称FRIPP列），B列第十三周期采用某专利商催化剂（简称参比列）。由于该装置第十三周期FRIPP列与参比列开工时间不同步，其中装置FRIPP列于2019年08年19日切入渣油原料开始第十三周期运转，参比列于2019年06月05日切入渣油原料开始第十三周期运转，即该装置FRIPP列相比于参比列晚开工75天。下面将选取A、B两列在相同运转时间内运转和分析数据，对FRIPP列催化剂与参比列催化剂运转初期的加氢性能进行对比分析。

2.1 装置运转基本情况对比

表1为海南炼化渣油加氢装置两列第十三周期运转基本情况对比。从表1可以看出，在相同运转时间内，该装置两列开工后原料油加工负荷基本相同，大于538℃减压渣油掺炼比例也大致相同；但是，FRIPP列催化剂床层平均温度较低，而总温升高于参比列，说明FRIPP列加氢催化剂运转初期加氢性能更高。

表1 海南炼化3.1Mt/a渣油加氢装置两列第十三周期运转基本情况对比

项目	11~120d①		121~226d		11~226d	
	FRIPP列	参比列	FRIPP列	参比列	FRIPP列	参比列
进料量②/(t/h)	199.3	206.6	194.7	200.0	197.3	203.3
大于538℃减渣掺炼比例/%	52.1	53.8	54.1	50.8	53.1	52.3
CAT/℃	362.6	363.6	369.2	370.7	365.6	367.1
总温升/℃	42.5	40.8	42.9	43.5	42.7	42.1
氢分压/MPa	14.6	14.8	14.3	14.7	14.4	14.7
一反入口氢油比/(Nm^3/m^3)	620	572	650	625	634	598

注：①装置A/B两列运转情况对比均除去了装置开工后前10天内原料和产品调整阶段及A列紧急降温降量阶段的运行和分析数据，以下同。②数值均为不同运转时间段内的平均值，以下同。

2.2 催化剂加氢性能对比

表2为海南炼化渣油加氢装置两列第十三周期加工原料油性质对比。从表2可以看出，在相同运转时间内，装置FRIPP列加工原料油硫含量、残炭值及金属（Ni+V）均略高于参比列，而氮含量略低于参比列。表3和表4列出了在相同运转时间下装置两列第十三周期热低分油性质及杂质平均脱除率。从表4可以看出，在运转11~120d，在装置两列原料性质基本一致且FRIPP列CAT低1.0℃情况下，FRIPP列的脱硫率、脱残炭率、脱金属率及脱氮率均高于参比列，分别高0.30个百分点、2.40个百分点、3.40个百分点及1.40个百分点；在运转121~226d，在FRIPP列大于538℃减压渣油掺炼量高于参比列3.3个百分点和CAT低于参比列1.5℃情况下，脱残炭率比参比列高1.60个百分点，脱金属率比参比列高1.70个百分点，两列脱硫率和脱氮率基本相当。

表2 海南炼化3.1Mt/a渣油加氢装置两列第十三周期加工原料油性质对比

项目	11~120d		121~226d		11~226d	
	FRIPP列	参比列	FRIPP列	参比列	FRIPP列	参比列
硫含量/%	1.56	1.33	1.67	1.49	1.61	1.41
残炭值/%	8.96	8.56	9.13	9.07	9.05	8.81
金属(Ni+V)/(μg/g)	39.7	39.0	38.2	36.3	39.0	37.5
氮含量/(μg/g)	4580	4660	4155	4449	4423	4558

表 3 海南炼化 3.1Mt/a 渣油加氢装置两列第十三周期热低分油性质对比

项目	11~120d		121~226d		11~226d	
	FRIPP 列	参比列	FRIPP 列	参比列	FRIPP 列	参比列
硫含量/%	0.311	0.270	0.333	0.306	0.321	0.289
残炭值/%	5.08	5.05	5.02	5.14	5.05	5.09
金属(Ni+V)/(μg/g)	11.94	13.00	11.95	11.83	11.94	12.34
氮含量/(μg/g)	2750	2880	2606	2735	2697	2810

表 4 海南炼化 3.1Mt/a 渣油加氢装置两列第十三周期杂质脱除情况对比

项目	11~120d		121~226d		11~226d	
	FRIPP 列	参比列	FRIPP 列	参比列	FRIPP 列	参比列
脱硫率/%	80.1	79.8	80.4	79.6	80.2	79.7
脱残炭率/%	43.5	41.1	45.0	43.4	44.2	42.2
脱金属(Ni+V)率/%	69.4	66.0	68.5	66.8	69.0	66.4
脱氮率/%	39.7	38.3	37.1	38.0	38.7	38.2

2.3 床层压降对比

图 8 为海南炼化渣油加氢装置两列第十三运转周期内各反床层压降对比情况。从图 8 可以看出，在相同运转时间内，装置 FRIPP 列一反和三反床层压降明显低于参比列，而装置两列二反床层压降基本相当。

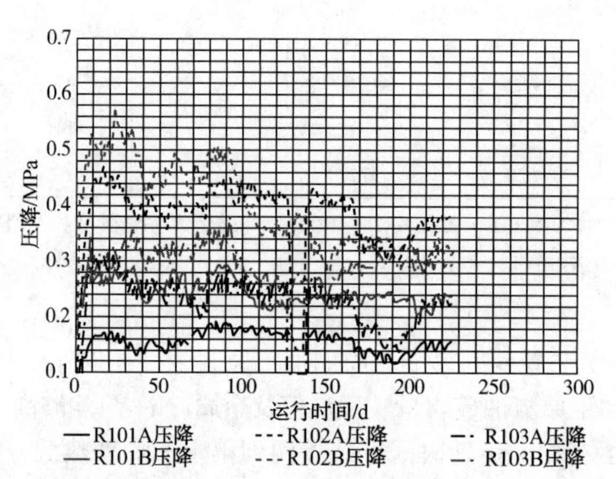

图 8 海南炼化 3.1Mt/a 渣油加氢装置两列第十三周期床层压降对比(A 列-FRIPP 列；B 列-参比列)

3 结论

1)从目前来看，该装置 A 列第十三周期总体运行较为平稳，所采用 FZC 系列渣油加氢处理催化剂表现出良好的加氢性能和稳定性，加氢脱硫渣油可作为优质催化裂化装置进料。

2)目前装置 A 列正处在运转中期阶段，装置 CAT 为 371.6℃，BAT 梯度分布较为合理；R101 和 R102 反应器床层压降变化平缓并处在较低水平，有利于装置长周期稳定运转。

3)装置两列对比结果表明，FRIPP 列加氢催化剂加氢性能均优于参比列，尤其是脱残炭和脱金属性能；与参比列相比，FRIPP 列加氢催化剂脱硫率高 0.50 个百分点，脱残炭率高 2.00 个百分点，脱金属率高 2.60 个百分点，脱氮率高 0.50 个百分点。

参 考 文 献

[1] 胡雪，宫琳．渣油加氢装置改造优化运行分析[J]．当代化工，2018，47(9)：1882-1885.
[2] 李春年．渣油加工工艺[M]．北京：中国石化出版社，2002.

扬子石化公司 2.0Mt/a 渣油加氢脱硫装置生产运行分析

张建明　庄　强　朱金忠

（中国石化公司扬子石化公司　江苏南京　210048）

摘　要　中国石化扬子石化公司 2.0Mt/a 渣油加氢脱硫装置已成功运转 3 个周期，目前正处在第四运转周期内；该装置连续四个周期采用中国石化 FRIPP 开发的 FZC 系列渣油加氢处理催化剂，并取得了良好工业运转效果。该装置第四周期近 370 天工业运转结果表明，在装置实际加工量为设计加工负荷 102.7%的情况下，加氢催化剂表现出良好的硫、氮、金属等杂质加氢转化性能及加氢脱残炭性能，加氢常压渣油中硫、氮、金属(Ni+V)含量及残炭值均能满足下游催化裂化装置进料要求，为企业创造出较好经济效益和社会效益。

关键词　渣油加氢；加氢催化剂；原料劣质化；二次加工油

渣油加氢脱硫装置逐渐成为炼油厂应对原油劣质化、重质化及油品质量不断升级的核心装置。通过渣油加氢处理技术可有效脱除转化渣油原料中硫、氮、金属等杂质以及降低残炭值，加氢常压渣油可作为催化裂化装置的优质进料，以实现劣质重油清洁高效利用[1]。中国石化扬子石化公司(以下简称扬子石化公司)2014 年建成一套 2.0Mt/a 渣油加氢脱硫装置。该装置采用中国石化大连(抚顺)石油化工研究院(FRIPP)开发的 S-RHT©渣油加氢处理成套技术设计建造，装置反应部分由单系列 4 台固定床反应器构成，以减压渣油、直馏蜡油以及部分焦化重蜡油为混合原料油。截至 2020 年 04 月，该装置已成功运转了 3 个周期，目前正在运转第四周期。对扬子石化公司 2.0Mt/a 渣油加氢脱硫装置第四周期运转情况进行分析，总结分析装置运转经验及装置运转存在问题的处理措施，为装置长周期稳定高效运转提供技术支撑。

1　装置生产运行分析

1.1　装置生产概况

扬子石化公司 2.0Mt/a 渣油加氢脱硫装置第四周期采用 FRIPP 开发的新一代 FZC 系列渣油加氢处理催化剂。该装置于 2019 年 04 月 24 日完成催化剂硫化过程，切入渣油原料开始第四周期运转。截至 2020 年 04 月 30 日(以下同)，装置已稳定运转 373 天，累计加工原料油 2.21Mt，累计加工大于 538℃减压渣油 1.27Mt，大于 538℃减压渣油掺炼比例约为 57.5%(质)。

目前，该装置总体运行较为平稳，所装填的加氢催化剂表现出良好的加氢性能和稳定性，加氢常压渣油可作为优质催化裂化装置进料，为企业重油平衡转化及轻质油品清洁化生产发挥了重要作用。

1.2　装置主要操作条件及分析

图 1 为扬子石化公司 2.0Mt/a 渣油加氢脱硫装置第四周期运转至今进料组成及其变化情况。如图 1 所示，该装置第四周期进料较为平稳，装置平均进料量为 256.8t/h，为设计加工负荷 102.7%。其中，减压渣油平均进料量为 151.5t/h，直馏蜡油平均进料量为 56.4t/h，焦化蜡油平均进料量为 25.6t/h，催化一中油平均进料量为 14.8t/h。焦化蜡油和催化一中油均为二次加工油，合计平均进料量为 40.4t/h，约为实际加工负荷的 15.8%。

另外，该装置混合进料中大于 538℃减压渣油平均质量分数约为 57.5%；在装置运转前 280 天内，混合进料中大于 538℃减压渣油掺炼比例在 50%~60%体(质)范围内波动，平均值约为 55.3%(质)；在装置运转 280 天后至今，混合进料中大于 538℃减压渣油掺炼比例明显增加，平均值约为 63.7%(质)。由此可见，该装置第四周期加工原料油具有大于 538℃减压渣油组分及二次加工油掺炼比例高等特点。

图2为扬子石化公司2.0Mt/a渣油加氢脱硫装置第四周期运转至今催化剂床层平均温度(CAT)及各反床层平均温度(BAT)变化情况。如图2所示，该装置第四周期反应温度总体控制较为平稳，运转周期内各反温度梯度匹配是根据装置实际运转情况、各反催化剂加氢性能及杂质脱除负荷进行设置调整的。目前装置正处在运转中后期，装置CAT为387.1℃，R101至R104反应器BAT分别为369.3℃、385.9℃、390.1℃、395.9℃；其中，R101反应器BAT稍低，其余三个反应器BAT梯度分布较为合理。

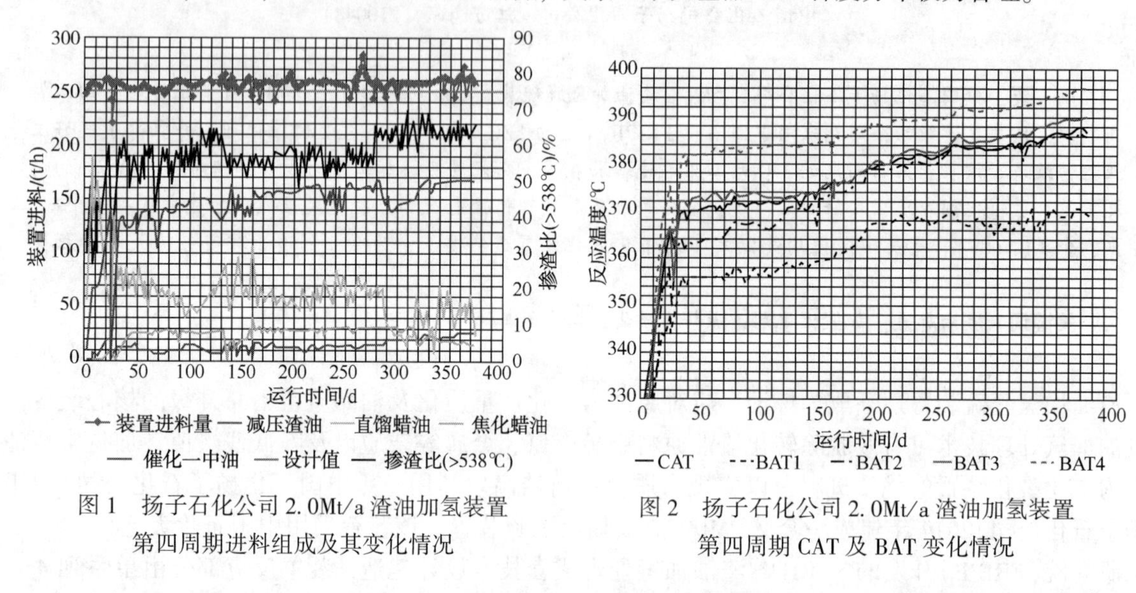

图1　扬子石化公司2.0Mt/a渣油加氢装置第四周期进料组成及其变化情况

图2　扬子石化公司2.0Mt/a渣油加氢装置第四周期CAT及BAT变化情况

图3为扬子石化公司2.0Mt/a渣油加氢脱硫装置第四周期运转至今各反催化剂床层温升变化情况。如图3所示，在装置运转周期内，装置各反催化剂床层总温升平均值为72.0℃，R101至R104反应器床层温升平均值分别为16.6℃、18.9℃、20.4℃、16.0℃。可见，装置各反具有较高温升的特点。

图4为扬子石化公司2.0Mt/a渣油加氢装置第四周期运转至今各反催化剂床层压降变化情况。如图4所示，该装置第四周期各反床层压降变化较为平缓。在装置运转过程中，装置R101和R102反应器床层压降总体呈现逐渐降低的趋势，一方面是由于反应温度逐渐增加，另一方面是由于催化一中油等稀释油掺炼比例较大。此外还可以看出，装置运转300d时装置各反压降呈现缓慢增加的趋势，经过装置运行情况分析可知，这主要受到大于538℃减压渣油掺炼比例增加的影响(见图1)。目前，装置R101至R104反应器催化剂床层压降分别为0.169MPa、0.303MPa、0.358MPa、0.376MPa；其中，R101和R102反应器催化剂床层压降依然处在较低水平，有利于装置长周期稳定运转。

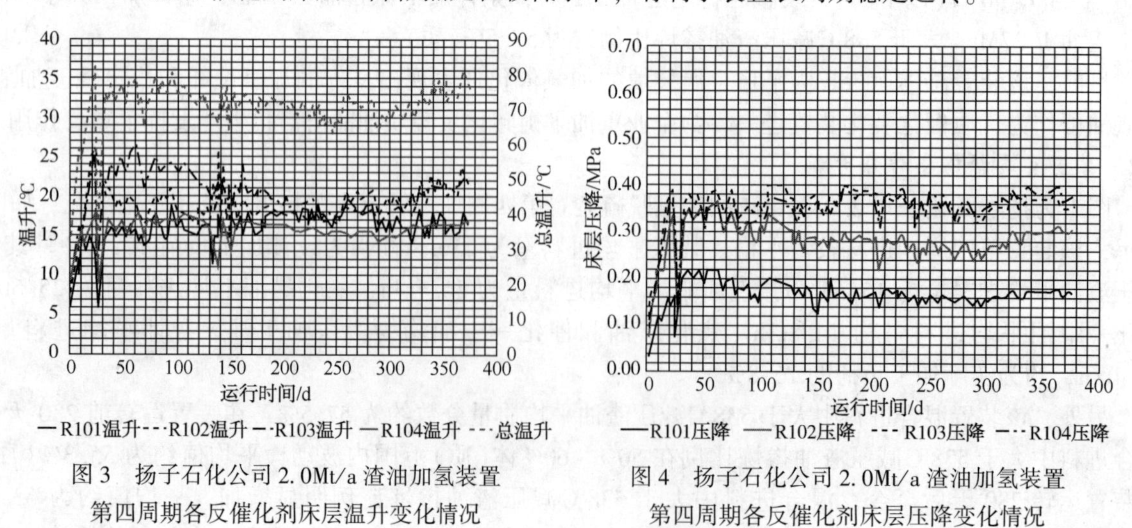

图3　扬子石化公司2.0Mt/a渣油加氢装置第四周期各反催化剂床层温升变化情况

图4　扬子石化公司2.0Mt/a渣油加氢装置第四周期各反催化剂床层压降变化情况

1.3 装置运行结果及分析

图 5 为扬子石化公司 2.0Mt/a 渣油加氢装置第四周期加工原料油及加氢常压渣油硫含量变化情况。如图 5 所示，装置第四周期原料油硫含量在 2.50% ~ 3.50%(质)范围内波动，均低于设计值 3.80%(质)；运转周期内，原料油硫含量平均值为 3.03%(质)。此外，还可以看出近期装置原料油硫含量呈现下降趋势，这主要是由于该装置近期加工的原料油中含有部分高氮低硫类鲁宁管输原油的渣油馏分。

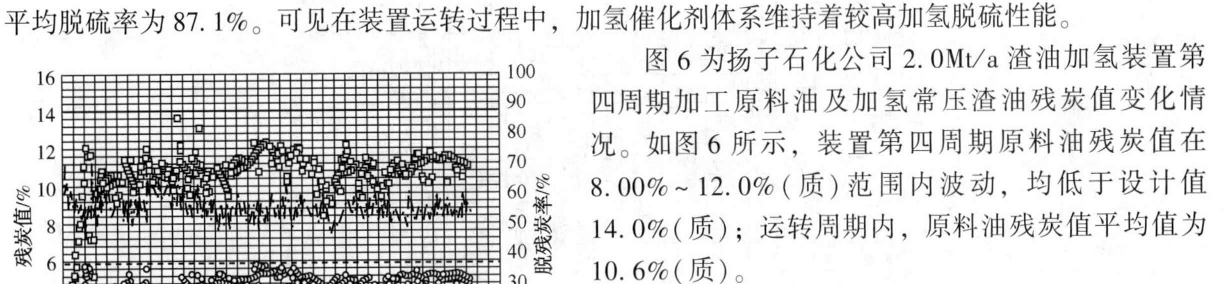

图 5 扬子石化公司 2.0Mt/a 渣油加氢装置第四周期原料油和加氢常渣硫含量变化情况

从图 5 还可以看出，高温、高压条件下加氢脱硫反应，原料油中杂质硫原子得到有效加氢脱除转化，加氢常压渣油中硫含量基本低于产品设计指标 0.50%(质)，满足下游催化裂化装置进料要求。在装置运转周期内，加氢常压渣油硫含量平均值为 0.389%(质)，平均脱硫率为 87.1%。可见在装置运转过程中，加氢催化剂体系维持着较高加氢脱硫性能。

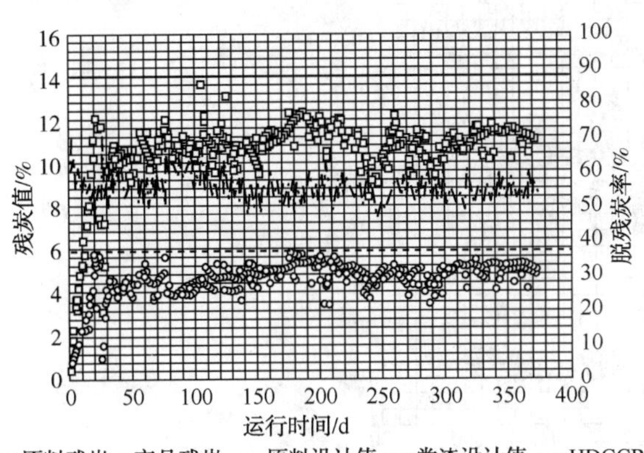

图 6 扬子石化公司 2.0Mt/a 渣油加氢装置第四周期原料油和加氢常渣残炭值变化情况

图 6 为扬子石化公司 2.0Mt/a 渣油加氢装置第四周期加工原料油及加氢常压渣油残炭值变化情况。如图 6 所示，装置第四周期原料油残炭值在 8.00% ~ 12.0%(质)范围内波动，均低于设计值 14.0%(质)；运转周期内，原料油残炭值平均值为 10.6%(质)。

从图 6 还可以看出，经过高温、高压条件下芳烃加氢饱和反应，原料油中残炭前身物得到有效加氢转化，加氢常压渣油中残炭值均低于产品设计指标 6.00%(质)；在装置运转周期内，加氢常压渣油残炭值平均值为 4.67%(质)，平均脱残炭率为 55.9%。

图 7 为扬子石化公司 2.0Mt/a 渣油加氢装置第四周期加工原料油及加氢常压渣油氮含量变化情况。如图 7 所示，装置第四周期原料油氮含量在 3000 ~ 4000μg/g 范围内波动，基本低于设计值 4340μg/g；运转周期内，原料油氮含量平均值为 3356μg/g。此外，近期装置原料油氮含量呈现明显增加的趋势，有时甚至超出原料油氮含量设计范围，这主要由于该装置近期加工原料油中含有部分高氮低硫类鲁宁管输原油的渣油馏分。经过高温、高压条件下加氢脱氮反应，加氢常压渣油中氮含量基本低于产品设计指标 2500μg/g；在装置运转周期内，加氢常压渣油氮含量平均

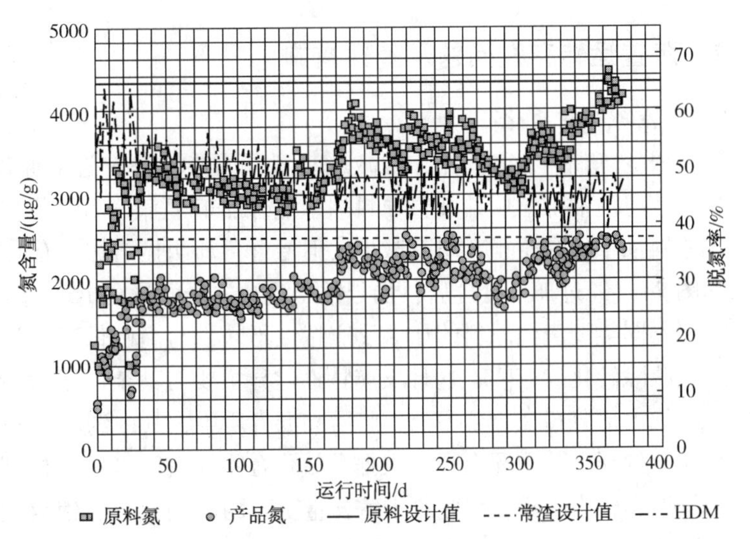

图 7 扬子石化公司 2.0Mt/a 渣油加氢装置第四周期原料油和加氢常渣氮含量变化情况

值为1943μg/g，平均脱氮率为48.2%，加氢催化剂体系维持着较高的加氢脱氮性能。但是，近期装置原料油加氢脱氮率呈现略微下降的趋势，这主要是由于装置掺炼的高氮低硫类渣油原料相比于中东高硫渣油原料更难加工转化所导致[2]。

图8为扬子石化公司2.0Mt/a渣油加氢装置第四周期加工原料油及加氢常压渣油金属(Ni+V)含量变化情况。如图8所示，装置第四周期原料油金属(Ni+V)含量在50.0~90.0μg/g之间，波动幅度较大，基本低于设计值91.0μg/g；运转周期内，原料油金属(Ni+V)含量平均值为68.0μg/g。经过加氢脱金属反应后，加氢常压渣油中金属(Ni+V)含量基本低于产品设计指标15.0μg/g，能够满足下游催化裂化装置进料要求。在装置运转周期内，加氢常压渣油金属(Ni+V)含量平均值为12.5μg/g，平均脱金属率为83.5%。

运转同时还可以看到，在装置周期内装置原料油加氢脱金属率呈现逐渐下降的趋势。这一方面是由于随着装置运转金属硫化物和积炭等垢物不断沉积，保护和脱金属催化剂逐渐发生不可逆失活，导致催化剂体系加氢脱金属性能逐步下降；另一方面是由于装置R101反应器出现提温“卡脖子”现象，R101反应器BAT偏低，不利于充分利用催化剂加氢脱金属性能。

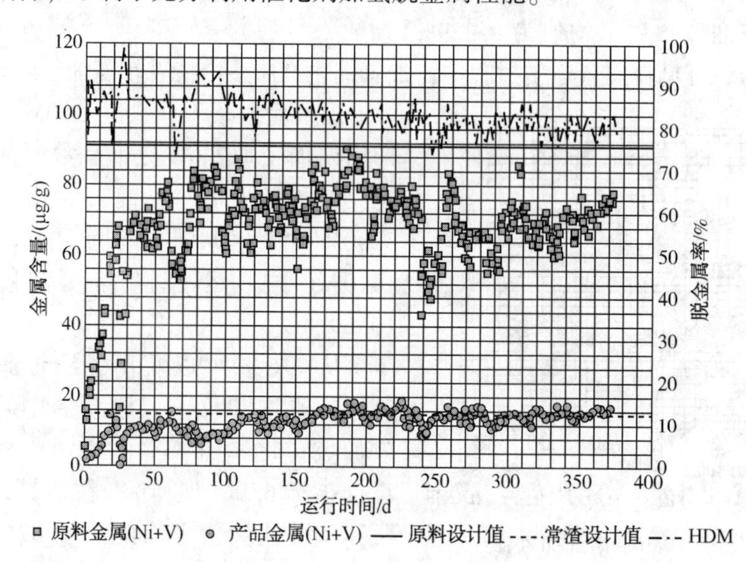

图8　扬子石化公司2.0Mt/a渣油加氢装置第四周期原料油和加氢常渣金属(Ni+V)含量变化情况

2　装置运转存在问题及处理措施

2.1　原料油劣质化

根据炼油厂总调安排，常减压装置开始掺炼鲁宁管输原油，该原油属于典型的高氮低硫类原油，从而使得渣油加氢脱硫装置原料油中混合加工了部分高氮低硫类渣油原料。在近期装置运转过程中发现原料油中硫含量虽有略有减少，但氮含量却明显增加，有时甚至超出原料油氮含量设计范围(见图5和图7)。经过加氢处理后，加氢常压渣油中氮含量会出现超出产品设计指标的情况。

不同类型渣油原料的加氢反应特性不同，与高硫低氮类渣油相比，高氮低硫类渣油更难进行杂质加氢脱除转化反应[3]，这种反应特性差异主要与其杂原子含量、分子结构等因素有关。渣油中含氮化合物绝大部分存在于芳香分、胶质和沥青质中，其中约80%氮又集中于胶质和沥青质中，氮原子主要存在于稠环、芳香环上[4]。根据含氮化合物加氢脱氮反应机理，脱氮必须经过芳烃加氢饱和，但芳烃加氢饱和较为困难，因此对于氮含量更高的渣油原料，使得加氢脱氮反应也更困难。由此，当渣油加氢装置掺炼加工部分鲁宁管输原油的渣油馏分后，加氢常压渣油中氮含量出现了超出产品设计指标的情况，加氢脱氮率也相应降低。

在渣油加氢脱硫装置加工部分高氮低硫类渣油原料后，结合装置目前实际运转情况及催化剂级配体系，通过逐步提高装填主催化剂床层反应温度，充分发挥主催化剂床层加氢脱氮性能，使得加氢常压渣油中氮含量满足下游装置进料要求。

2.2 二次加工油高掺炼比

由 1.2 小节原料组成及其变化情况分析可知，在装置运转周期内，焦化蜡油和催化一中油等二次加工油的掺炼比例约为实际加工负荷的 15.8%，两者掺炼比例最高达到 18.9%。作为渣油原料的稀释油，掺炼焦化蜡油和催化一中油虽然可以明显改善渣油原料黏温性能，有利于气液分配效果。但是由于焦化蜡油和催化一中油均属于二次加工裂化产物，其中富含烯烃、多环芳烃等不饱和烃，而加氢饱和反应又属于强放热反应。由此，在渣油加氢过程中，当焦化蜡油和催化一中油掺炼比例较大时，会使得反应器床层产生较大温升(见图 3)。

在反应器催化剂床层温升较大情况下，如果气液混合物料不能及时带走加氢饱和反应产生的大量反应热，不利于催化剂床层径向温差的控制，尤其是催化剂床层底部。另一方面，如果装置新氢量补充不及或循环氢气体氢气浓度偏低，较大比例掺炼焦化蜡油、催化一中油等二次加工油容易使得催化剂床层出现结焦问题，进而影响气液分配效果，更加不利于催化床层径向温差控制。此外，较大催化剂床层温升同样也不利于充分发挥加氢催化剂整体利用效率，从而直接影响着原料油中硫、氮、金属等杂质的脱除转化。

针对装置二次加工油掺炼比例较大的特点，在装置运转过程中，一方面可以严格控制反应加热炉出口温度，另一方面可以通过增大冷氢量注入控制其他反应器入口温度，缓解催化剂床层温升大带来的不利影响。同时，还可以提高循环氢压缩机的转速，增加循环氢量，有利于大量加氢反应热带出。此外，还可以及时补充装置新氢量，维持循环氢中氢气浓度和系统压力稳定，以缓解焦化蜡油、催化一中油等二次加工油易生焦的问题。

3 结论

1)从目前来看，该装置第四周期总体运行较为平稳，所采用 FZC 系列渣油加氢处理催化剂表现出良好的加氢性能和稳定性，加氢常压渣油可作为优质催化裂化装置进料，为企业重油平衡转化及轻质油品清洁化生产发挥了重要作用。

2)目前装置已运转 373 天，正处在运转中后期，装置 CAT 为 387.3℃，仍具有较为充足的提温操作裕量；并且装置 R101 和 R102 反应器床层压降依然处在较低水平，分别为 0.169MPa、0.303MPa，能够满足装置长周期运转需要。

3)针对装置运转过程中原料油劣质化及二次加工油掺炼比例高等问题，分别进行原因分析，同时采取相应的处理措施，确保了装置平稳高效运行。

参 考 文 献

[1] 方向晨．国内外渣油加氢处理技术发展现状及分析[J]．化工进展，2011，30(1)：95-104.
[2] 廖述波，陈章海，杨勤．沿江炼油厂首套渣油加氢脱硫装置的运行分析[J]．石油炼制与化工，2014，45(1)：59-63.
[3] 李大东．加氢处理工艺与工程[M]．北京：中国石化出版社，2004.
[4] 李春年．渣油加工工艺[M]．北京：中国石化出版社，2002.

3.9Mt/a 渣油加氢前四周期运行分析

刘　荣　李昊鹏　盛健安

（中国石化上海石化公司　上海　200540）

摘　要　上海石化3.9Mt/a渣油加氢装置已进入第五周期运行，本文介绍了该装置自开工以来前四周期的运转概况，对原料和产品情况进行了对比分析，对催化剂性能进行了比较，对运行过程中遇到的问题进行了分析和总结。实际运转结果表明，装置总体运行平稳，为下游催化裂化装置提供了良好的原料。渣油加氢装置设备众多，主要设备运行的情况影响着装置的运行质量。随着低硫船用燃料油的生产，催化负荷不足成为炼油厂面临的问题，对此提出了建议措施。

关键词　渣油加氢；催化剂；低硫船用燃料油

前言

近年来，随着世界石油储量的减少和原油重质化、劣质化的趋势加剧，环保法规要求日益严格，轻质石油产品需求量增加以及产品质量不断升级换代，如何清洁高效地利用石油资源已成为全球面临的重要问题。渣油是原油中最重的组分，其平均相对分子质量大、沸点高，黏度和极性大，集中了原油中大部分的含硫、含氮、含氧化合物和胶质，以及全部的沥青质和重金属，是油品加工的重点和难点。渣油加氢技术可显著改善渣油的性质，是高效利用重质石油资源的重要手段。

上海石化3.9Mt/a渣油加氢装置是上海石化六期改造工程核心装置之一，采用中国石化石油化工科学研究院(以下简称石科院)的渣油加氢处理RHT技术数据包，由中国石化工程建设公司设计，采用两个反应器系列(A、B)，每列有5个反应器，A、B两个系列可以单独开停工。装置使用石科院开发的第三代RHT系列渣油加氢催化剂，于2012年12月投料生产[1]。装置累计运行7年，处理渣油25.3769Mt。以下对本装置运行情况进行总结分析，以期为同类装置的运行分析及优化提供参考，指导今后生产运行。

1　上海石化3.9Mt/a渣油加氢基本概况

1.1　装置概况

上海石化炼油改造工程3.9Mt/a渣油加氢装置以来自3#常减压装置的部分减压渣油、2#常减压装置3.5Mt/a常减压的全部减压渣油、2#常减压装置2.5Mt/a的全部常压渣油、3#常减压装置的全部减压洗涤油和部分减压重蜡油、来自焦化装置的全部焦化蜡油、催化装置的催化柴油及催化重柴油为原料，在高温高压和氢气以及催化剂的作用下脱除原料中的硫、氮、残炭、金属等杂质，生产重油催化裂化原料，同时副产柴油馏分和混合石脑油。年开工时间为8400h，装置设计水力学弹性为：双系列部分为原料总加工量的60%～110%，单系列部分为原料进料量的50%～110%。

1.2　主要工艺技术特点

装置采用石科院开发的固定床渣油加氢技术，催化剂采用第三代RHT系列渣油加氢催化剂；反应部分设置两个独立的反应系列，两个系列可以实现单开单停；反应产物分离采用热高分方案，并设置液力透平回收从热高压分离器到热低压分离器的能量；设置循环氢脱硫塔，并设置一套液力透平回收循环氢脱硫塔至富胺液闪蒸罐的能量；反应注水采用高-低压注水方案，热低分气空冷器前连续注水，冷低分兼做高压注水缓冲罐；分馏部分采用硫化氢汽提塔+常压塔的双塔流程方案。

1.3 装置工艺流程简介

装置的组成包括反应部分、分馏部分、低压脱硫部分、低分气干燥系统、公用工程以及辅助系统部分等；其中反应部分分为原料油预热和过滤系统、原料油升压系统、反应进料换热和加热系统、反应器系统、反应产物分离系统、注水系统、循环氢脱硫系统、循环氢压缩机系统和补充氢压缩机系统等；分馏部分主要分为汽提塔系统和分馏塔系统。

2 装置运行情况

2.1 装置长周期运行情况

渣油加氢装置 A 系列于 2012 年 11 月 26 日切换渣油，B 系列于 2012 年 12 月 1 日切换渣油，至 2018 年 4 月 22 日 A 系列停工换剂，装置已成功运行四个周期，具体运行情况见表 1。从前四周期运行情况来看，A、B 系列平均每周期运行 530.25d，远超一年的设计运行周期，其中 B 系列第一周期因热高分气与混氢油换热器内漏，运行 444d 后停工检修，A 系列第一周期最长运行 580d，但运行后发现催化剂板结严重，给卸剂带来困难，经调整后装置目前运行周期约 550d，并根据生产实际情况做出微调。

表 1　渣油加氢前四周期长周期运行情况统计表

项目	A 系列	运行时间/d	B 系列	运行时间/d
第一周期	2012.11.26~2014.06.29	580	2012.12.01~2014.02.17	444
第二周期	2014.08.05~2016.02.14	559	2014.03.22~2015.08.31	527
第三周期	2016.04.07~2017.10.08	551	2015.10.07~2017.04.12	552
第四周期	2017.11.14~2019.04.21	524	2017.05.21~2018.10.08	505

2.2 装置催化剂情况

2002 年石科院开发并首次工业应用了渣油加氢处理 RHT 技术及 RHT 系列渣油加氢催化剂，工业应用结果表明，RHT 渣油加氢系列催化剂具有脱杂质反应活性高、容金属能力强、降低残炭值功效好、加氢反应选择性好和使用寿命长等特点。2011 年，石科院开发了第三代 RHT 系列渣油加氢催化剂，性能进一步提高[2]。本套装置使用由石科院开发、中国石化催化剂有限公司长岭分公司和淄博齐茂催化剂有限公司生产的第三代 RHT 系列渣油加氢催化剂。

第一周期实际装填催化剂四大类，共 13 个牌号，合计 1431.705t[3]。根据装置第一周期运行情况，第二周期催化剂级配中新增了 RDMA-31 和 RCS-31 催化剂，以强化整体脱沥青质、脱金属(钒)和降低残炭的功能，第二周期实际装填催化剂四大类，共 15 个牌号，合计 1315.75t。根据装置第二周期运行情况，第三周期催化剂级配中新增了 RG-30、RDM-36 和 RMS-3 催化剂，替代了 RMS-30 催化剂，以强化催化剂整体脱沥青质、脱金属(钒)功能，同时获得残炭值适当的加氢重油，第三周期实际装填催化剂四大类，共 17 个牌号，合计 1298.59t。根据第三周期催化剂运行情况，对第四周期催化剂级配方案进行了优化，包括采用 RDMA-31-1.3 替代 RDM-36-1.3，采用 RDM-33C 替代 RDM-33B，采用 RMS-3B 替代 RMS-3，采用 RCS-31B 替代 RCS-30 和 RCS-31，目的是适应第四周期原料性质劣质化趋势，提高催化剂整体脱残炭及沥青质转化性能，第四周期实际装填催化剂四大类，共 16 个牌号，合计 1296.38t。

2.3 装置主要操作条件

装置主要操作条件见表 2。

表2 3.9Mt/a 渣油加氢装置主要操作条件

装置处理量/(10kt/a)	390	
处理量/(t/h/列)	232	
处理量/(m^3/h/列)	234	
反应器入口氢分压/MPa	15.0	
主剂空速/h^{-1}	0.21	
总体积空速/h^{-1}	0.20	
R-1101/R-1801 入口气油体积比	750	
运转阶段	初期	末期
催化剂床层平均温度/℃	378	405
反应器总温升/℃	70	72
R-1101/R-1801 入口氢气流量/(Nm^3/h/列)	175500	175500
化学耗氢/(Nm^3/h/列)	39000	43000

2.4 装置原料及产品分布情况

装置原料情况和产品分布情况见表3、表4。

表3 渣油加氢前四周期原料情况统计表

项　目	第一周期	第二周期	第三周期	第四周期
密度(20℃)/(kg/m^3)	976.8	976.9	976.0	977.1
>538℃减渣比例/%(体)	55	50	48	55
硫含量/%	3.59	3.45	3.34	3.52
残炭含量/%	11.47	10.99	10.28	11.05
金属含量/(mg/kg)	72.80	79.15	76.31	75.48

表4 渣油加氢前四周期产品分布情况统计表 %

项　目	第一周期	第二周期	第三周期	第四周期
加氢渣油收率	88.56	85.89	85.07	84.08
柴油收率	6.78	9.63	9.68	9.97
石脑油收率	0.49	0.43	0.50	0.24
气体收率	4.07	3.95	4.65	5.61
加氢渣油硫含量	0.52	0.54	0.54	0.52
加氢渣油金属含量/(mg/kg)	15.58	18.15	16.82	15.30
脱硫率	85.52	84.40	83.76	85.07
脱氮率	41.33	43.41	44.18	42.27
脱残炭率	54.35	52.49	52.13	54.24
脱金属率	74.77	76.42	77.73	79.17
综合脱除率	63.99	64.18	64.45	65.19

注：上表数据为每周期运行数据的平均值。

从装置原料情况来看，经过四个周期运行，原料性质变化不大，加氢渣油收率逐步减少，柴油、石脑油及气体等轻质产品收率同步增加，产品结构不断得到优化。另外，综合脱除率不断增加，说明催化剂性能不断提高。

2.5 装置能耗情况

装置能耗情况见表5。

表 5 渣油加氢前四周期能耗情况统计表 kg/t

项目(以标油计)	第一周期	第二周期	第三周期	第四周期
燃料气单耗	11.249	6.18	1.798	6.096
电单耗	8.832	10.059	9.948	9.295
3.5MPa 蒸汽单耗	18.825	24.543	22.305	20.362
1.3MPa 蒸汽单耗	-18.998	-22.154	-18.660	-18.054
0.4MPa 蒸汽单耗	-1.577	-2.295	-1.889	-2.422
循环水单耗	0.543	0.481	0.389	0.368
氮气单耗	0.074	0	0	0.118
净化风单耗	0.161	0.172	0.267	0.171
综合能耗	18.179	16.303	13.339	14.899

从装置能耗情况来看，四个周期运行下来，装置能耗呈下降趋势，目前装置能耗较设计值 13.24kg EO/t 原料(SOR)/16.46kg EO/t 原料(EOR)低。

2.6 掺炼催化柴油情况

催化柴油具有密度大，硫、氮、烯烃、芳烃、胶质等含量高，十六烷值低，储存安定性差等特点，是全厂柴油中最差的一种。为缓解催化柴油出路困难的情况，装置从 2013 年 6 月起开始逐步尝试掺炼催化柴油，最大掺炼量为 55t/h，最小掺炼量为 5/t，目前的掺炼量在 20t/h 左右。从掺炼的情况来看，自动反冲洗过滤器压差、一反温升及氢耗均无明显的变化，催化剂以及各设备的运行情况均正常，产品质量的影响主要在柴油方面，掺炼后柴油收率明显增加，同时柴油十六烷指数从原来的 44 降低到 41~42 左右，此外柴油的硫含量略有下降。总的来说，渣油加氢装置掺炼催化柴油可以优化渣油加氢的原料性质，有利于渣油加氢反应进行。

2.7 试生产低硫船用燃料油情况

国际海事组织(IMO)《国际防止船舶造成污染公约》规定，自 2020 年 1 月 1 日起，全球船舶必须使用硫含量不高于 0.5%的船用燃料[4]。目前，整个航运业的年燃料油消耗量为 320Mt，预计“IMO 2020 新规”的实施将新增 120 万桶/天的超低硫船用燃料油和船用柴油需求，而目前全球大部分炼油厂炼制的是含硫量较高的非轻质原油，低硫船用燃料油的供应能力与市场需求存在较大差距。本装置积极推进低硫重质船用燃料油布局，通过前期 2018 年 9~12 月框架试验、技术改造，于 2019 年 1 月 17 日至 19 日备料生产 8kt，1 月 25~26 日备料生产 4kt，国内首批 12kt 180#低硫重质船用燃料油顺利生产并成功出厂，由中国石化燃料油公司全球船供油中心配送国际航线船舶进行试航，为装置今后长期生产低硫船用燃料油打下良好基础。按照计划，装置从 2019 年四季度开始长期生产低硫重质船用燃料油。

3 设备运行情况

3.1 循环氢压缩机运行情况

装置循环氢压缩机 K-1102/K-1802 是由沈阳鼓风机集团股份有限公司生产的单缸、单段、8 级、垂直剖分式、蒸汽轮机驱动的离心压缩机，汽轮机是由杭汽生产的背压式汽轮机，采用福斯高压干气密封系统。运行四周期来，主要存在问题有：随着催化剂逐步运行至末期，汽轮机转速逐步下降，汽轮机能力不足；干气密封系统存在一定的缺陷。循环氢压缩机设计转速 7500~10490rpm，运行初期调速阀开度为 70%左右，转速可达 9600rpm，但运行过程中转速缓慢下降，运行 6 个月后在调速阀全开的情况下，转速仅能达到 9000rpm，如 3.5MPa 蒸汽压力低或 1.3MPa 蒸汽压力高，则转速更低，影响氢油比。循环氢压缩机全进口福斯干气密封，2016 年在国内首次实现了超高压干气密封国产化。运行主要出现的故障有：2018 年 7 月发现 K-1802 驱动端主密封气手阀前卡套管线断裂，大量氢气外泄，装置被迫停工处理，经分析检测确认断裂原因为疲劳裂纹萌生并扩展；2018 年 12 月 K-1802 投用约一月后，驱动端干气密封泄漏流量、泄漏压力呈多次阶跃式上升，逐步逼近联锁值，装置被迫停工处理，后经解体检查确认泄漏原因是推环密封圈与静环座之间的磨损。另外，根据《炼油企业压缩机组干气密封管理指导意见(暂行)》，高压干气密封系统管线应采用对焊连接，而 K-1102/K-1802 干气密封系统部分管线采用卡套连接，并因此导致过装置非计划停工，需尽快整改。

3.2 新氢压缩机运行情况

装置新氢压缩机 K-1101A/B/C 由美国德莱赛兰公司设计制造，运行过程中两做一备，其中 K-1101A 有 HydroCOM 气量无极调速系统以降低电耗。开车初期新氢压缩机 K-1101A 三级出口缓冲罐 D-1706A 在巡检时发现放空接管与罐体角焊缝区域出现裂缝，导致氢气泄漏。在之后的运行及检测时间内，K-1101A/B/C 3 台新氢压缩机级间缓冲罐均出现开裂或者缺陷情况。在对各开裂部位以及缺陷处进行处理、拆除缓冲罐顶部放空底部排污阀门和增加盲法兰等工作后，问题得到解决。2017 年装置对新氢压缩机 K-1101B 进行了升级改造，新增 HydroCOM 气量无极调速系统，检测数据显示，新增系统后每天的用电量从原先的 16.5 万度降至 8.5 万度，降幅约 50%，节能效果显著。

3.3 反应进料泵运行情况

装置反应进料泵 P-1102A/B、P-1802 由德国苏尔寿公司设计制造，运行过程中两做一备(P-1102B 为 P-1102A 和 P-1802 的备泵)。反应进料泵从开车约 6 年左右运行一直良好，但从 2018 年 6 月起 P-1802 开始出现泵出口压力及流量降低，轴位移逐渐增大，运行至 2019 年 1 月，轴位移呈持续上升状态。2019 年 1 月下旬，P-1802 整体拆除外送检修，送至厂家苏尔寿的临港车间进行泵芯拆卸、解体、清洗。通过拆检分析，确认主要原因是弹性密封圈损坏，相应的配合面冲刷；减压衬套、轴套磨损，口环磨损，间隙超标，内漏严重。此次设备故障表明弹性密封圈是有一定的使用寿命的，到期(如 5~6 年)应对该泵进行解体大修，更换相应的零部件，不能等到流量有下降了，再进行检修。装置于 2019 年 4 月利用 A 系列换剂检修的机会对 P-1102A 也进行了解体检修。两台反应进料泵自检修至今，运行情况良好。

3.4 自动反冲洗过滤器运行情况

装置原料反冲洗过滤器 SR-1101/1801 由美国伊顿公司生产制造，每个系列 10 组过滤器并联运行，每组过滤器设置有 6 个滤筒，呈梅花型排列，每次反冲洗一个滤筒，除去直径大于 25μm 的固体杂质，反冲洗油为产品加氢渣油。由于自动反冲洗过滤器本身旋转导流的结构问题，以及反冲洗油的压力远高于原料油，当进行反冲洗时，会有大量加氢渣油通过过滤器漏到原料侧(每系列内漏量约 20t/h，两系列共 40t/h)，造成原料油缓冲罐和分馏塔液位波动，同时大量内漏的加氢渣油不仅占用了装置负荷，还增加了装置能耗。尽管装置通过降低反冲洗油背压、取消正向置换步骤、减少反冲洗时间等措施来减少内漏量，但是效果并不突出，内漏的根本问题始终没有得到解决。尤其是在原料油性质较差、反冲洗频繁时，原料油自动反冲洗过滤器内漏的问题已经成为了限制装置负荷的瓶颈，严重影响渣油加氢装置的正常运行。装置于 2019 年 4 月对 SR-1101 进行了改造，通过在每组过滤器原料侧进出口增加程控阀，当过滤器反洗状态下，新增的两个程控阀自动关闭，对应该组过滤器被隔离为离线状态，仅进行反冲洗，不进料进行过滤，这样彻底避免反冲洗时因为过滤器旋转导流机构孔隙结构和反冲洗压力大而出现内漏的情况发生，改造后自动反冲洗过滤器无内漏，效果明显。装置将利用 B 系列停工检修机会对 SR-1801 进行改造。

3.5 加热炉运行情况

本装置共有三台加热炉，分别是反应进料加热炉(F-1101)、反应进料加热炉(F-1801)、分馏塔进料加热炉(F-1201)。反应进料加热炉(F-1101/1801)采用双室双面辐射水平管纯辐射箱式炉炉型，加热介质为渣油+氢气+气体+微量硫化氢，设计热负荷为 13.8MW，正常热负荷为 8.35MW 。工艺介质分 2 管程进入辐射室加热至所需温度。分馏塔进料加热炉(F-1201)采用单排管单面辐射、对流-辐射型圆筒炉炉型。加热介质为石脑油+柴油+渣油十微量水，设计热负荷为 26.4MW，正常热负荷为 21.7MW。工艺介质先经对流室预热，再进入辐射室加热至所需温度。反应进料加热炉烟气通过水平烟道进入对流室底部，对流室加热两种类型过热蒸汽。三台加热炉共用一套余热回收系统。2015 年 4 月 16 日颁布的《石油炼制工业污染物排放标准》(GB31570—2015)对“大气污染物特别排放限值”工艺加热炉污染物排放浓度做出限制，要求工艺加热炉排放污染物中二氧化硫限值为 50mg/m^3，氮氧化物限值为 100mg/m^3，颗粒物限值为 20mg/m^3。装置使用的燃料气均是脱硫干气，所以目前排放物的二氧化硫浓度已经满足国家标准要求。燃烧后产生的颗粒物浓度远远小于国家标准要求，可以保证颗粒物限值小于 20mg/m^3。装置对加热炉火嘴燃烧压力和火嘴二次配风进行了优化，并将加热炉氧含量控制在 1%~2%(氧含量控制过低存在一定隐患)，在 C_2 回收装置正常运行情况下 NO_x 含量基本维持在 80mg/m^3，一旦 C_2 回收装置停车(此时燃料为催化净化干气)，由于燃料气组分发生变化，NO_x 含量会上升至 100mg/m^{3}左右。2017 年 8 月 8 日，渣油加氢装置低分气并入燃料气管网后，NO_x 含量随之上升到 120mg/m^{3}左右，高于国家标准要求。装置于 2018 年 10 月对 F-1801 进行了改造，更换低氮火嘴 48 台，2019 年 4 月对 F-1101 进行了改造，更换低氮火嘴 48 台。目前 NO_x 排放浓度维持在 60mg/m^{3}左右，并将利用大修机会对 F-1201 进行改造，进一步降低 NO_x 排放浓度。此外，装置空气预热器为热管式换热器，换热效率低且易失效，夏季生产时排烟温度高达 140℃，装置加热炉热效率偏低，可在接下来的节能改造中予以改造。

3.6 其他情况

装置在 2018 年 10 月 B 系列第四周期停工检修过程中，发现高压部分 TP347 厚壁管道焊缝出现裂纹，由于时间关系，本次处理未对全部焊口进行磨平检测处理，共发现焊缝裂纹 9 道，对这 9 道焊口打磨消除裂纹后进行了补焊、热处理，运行至今情况良好。2019 年 4 月 A 系列停工后，对 A 系列 TP347 厚壁管道焊缝进行了全面检查，共发现焊缝裂纹 50 道，对于较长裂纹进行车削处理，对于小裂纹进行打磨处理，消除裂纹后进行了补焊，本次除加热炉 F-1101 进口三通前焊缝由于打磨较深焊接后进行了热处理，其余焊口经论证后取消了焊后热处理并投入运行，实践证明并没有影响到管道的安全使用。目前 A 系列 TP347 厚壁管道焊缝已全面检测修复，但 B 系列尚未全面修复，需在平时运行中加强监控，并在下次停工检修时进行处理。装置 TP347 厚壁管道焊缝出现大面积裂纹，可能为装置建设初期遗留，接下来装置要对 TP347 厚壁管道焊缝进行持续监测。

4 小结与展望

4.1 运行小结

上海石化 3.9Mt/年渣油加氢装置运行四个周期以来，平均每周期运行 530.25d，运行参数良好，为下游催化裂化装置提供了良好的原料。通过不断优化催化剂级配方案，优化装置原料，装置产品分布不断得到优化，装置能耗逐步降低。掺炼催化柴油可以优化渣油加氢的原料性质，有利于渣油加氢反应进行。

渣油加氢装置主要设备众多，关键机组循环氢压缩机主要问题为干气密封系统故障，2016 年首次实现了超高压干气密封国产化。新氢压缩机开车初期异常较多，运行后逐渐优化，K-1101B 节能改造效果明显。反应进料泵运行到一定周期后需要解体大修，更换密封件以减少内回流。自动反冲洗过滤器通过增加程控阀，内漏问题得到了很好的解决。加热炉低氮火嘴改造效果明显，但加热炉热效率偏低，需进一步改造。装置的 TP347 厚壁管道焊缝问题需要进行持续处理和检测。

4.2 渣油加氢装置展望

目前渣油加氢技术中，固定床渣油加氢工艺技术最成熟，发展最快，装置最多，加工能力约占渣油加氢的 85.5%，沸腾床加氢技术和移动床技术日益成熟，不断得到应用，其中恒力石化 3.2Mt/a 沸腾床渣油加氢于 2019 年 3 月一次开车成功，镇海炼化 2.6Mt/a 沸腾床渣油加氢装置已于 2019 年 9 月中交，预计年底投产；浆态床加氢技术取得突破性进展，处于逐步推广应用阶段，茂名石化 2.6Mt/a 浆态床渣油加氢已经在开工建设，是全球规模最大、国内第一套重质原油深加工装置，对炼油化工产品结构优化具有重要意义，装置预计2020年6月投料生产。

目前较多渣油加氢装置开始配合生产船用燃料油，部分加氢渣油直接作为船用燃料油调和组分外送，一方面优化了产品结构，另一方面会降低下游催化装置负荷，影响公司整体效益，新建渣油加氢装置专供船用燃料油成为一个选择方向。从目前渣油加工来看，如原油呈轻质化发展，可以通过优化原料、催化剂级配方案等措施延长固定床渣油加氢生产周期，有利于降低能耗及投资，运行较为平稳，而沸腾床及浆态床可以加工高硫高残炭高金属的原料，并大大提高了渣油的转化率，对于整个公司的产品结构调整具有重要意义，代表了今后渣油加工的发展方向。

参考文献

[1] 陈锴．渣油加氢装置第一周期运行情况分析[J]．石油化工技术与经济，2015，31(1)：39-44.
[2] 刘涛，戴立顺，邵志才，等．第三代渣油加氢RHT技术开发及工业应用[J]．工业催化，2015，23(6)：491-493.
[3] 李昊鹏．3.9 Mt/a渣油加氢装置运行情况分析[J]．石油炼制与化工，2014，45(5)：77-82.
[4] 薛倩，王晓霖，李遵照，等．低硫船用燃料油脱硫技术展望[J]．炼油技术与工程，2018，48(10)：1-4.

渣油加氢装置大比例掺炼催化柴油的运行分析

何继龙　鲍　胜

（中国石化荆门石化公司　湖北荆门　448002）

摘　要　介绍了中国石化荆门石化公司2.0Mt/a渣油加氢装置第一周期使用石科院第三代RHT系列催化剂，大比例掺炼催化柴油生产运行情况，结合运行期间的主要操作参数、原料油及产品性质、物料平衡及装置能耗等情况，对装置运行情况进行考察。结果显示，渣油加氢装置大比例掺炼催化柴油改善了原料性质，催化剂对主要产品杂质脱除率性能优异，反应器径向温差和压降控制良好，装置达到了超长周期运行的要求。渣油加氢装置高比例掺炼催化柴油，虽存在装置能耗、氢耗高的问题，为解决催化柴油出路提供了一条有效的途径。同时对第一周期出现的原料油自动反冲洗过滤器冲洗频繁、循环氢脱硫塔带液等问题进行了分析和解决。

关键词　渣油加氢；催化柴油；掺炼

随着社会发展和环保要求日益严格，柴油消费量在不断下降，质量要求却在不断提高。催化柴油由于密度大，硫、氮、烯烃、芳烃、胶质等含量高，十六烷值低，储存氧化安定性差等特点，通过普通的加氢精制技术不能达到柴油调和组分的质量要求。目前，很多炼油厂采用RLG、FD2G等加氢裂化技术生产高辛烷值汽油，装置投资高、氢耗高，而对于氢气资源较欠缺、催化裂化装置有富余加工能力的炼油厂通过LTAG技术是解决该问题的有效方法[1]。

中国石化荆门石化公司(下称荆门分公司)采用LTAG技术转化催化柴油，加氢部分由2.0Mt/a渣油加氢装置承担，裂化转化部分由1.2Mt/a催化裂解装置承担。其中，2.0Mt/a渣油加氢装置基本情况是，该装置2013年由中国石化建设公司(SEI)采用中国石化石油化工科学研究院RHT固定床渣油加氢工艺技术设计，设计原料为1#常减压装置的减压蜡油和减压渣油、2#常减压装置的减压蜡油、焦化蜡油、丙烷脱沥青油、酮苯蜡下油和糠醛抽余油混合原料，经过催化加氢反应，脱除硫、氮、金属等杂质，降低残炭含量，为催化裂化装置提供优质原料，同时生产部分柴油，并副产少量石脑油和干气。于2017年7月14日一次投料试车成功，其中掺炼催化柴油比例平均为27%，截至2020年4月底第一周期已运行1022d。

1　装置主要技术特点

2.0Mt/a渣油加氢工艺原则流程图如图1所示，由图可见原料部分设置有过滤精度为<25μm的自动反冲洗过滤器；反应系统由4个固定床反应器串联组成，分别是R-1101、R-1102、R-1103和R-1105，均为单床层设置。其中反应器R-1101入口和R-1102入口之间设置一条跨线，在R-1101压降达到极限值时可甩掉R-1101，原料油和氢气直接进入R-1102，装置可继续运转；补充氢系统为两台往复氢气压缩机串联流程，前者将1.0MPa氢气升压至4.0MPa，后者再升压至反应系统压力。反应产物分离采用热高分方案，并设置液力透平回收从热高压分离器到热低压分离器的能量；反应注水采用高-低压注水方案，热低分气空冷器前连续注水，冷低分兼做高压注水缓冲罐；分馏部分采用双塔方案，反应生成油进硫化氢汽提塔脱除含硫富气，分馏塔设置中段柴油抽出；脱硫部分分别设置循环氢脱硫系统和低分气脱硫系统。

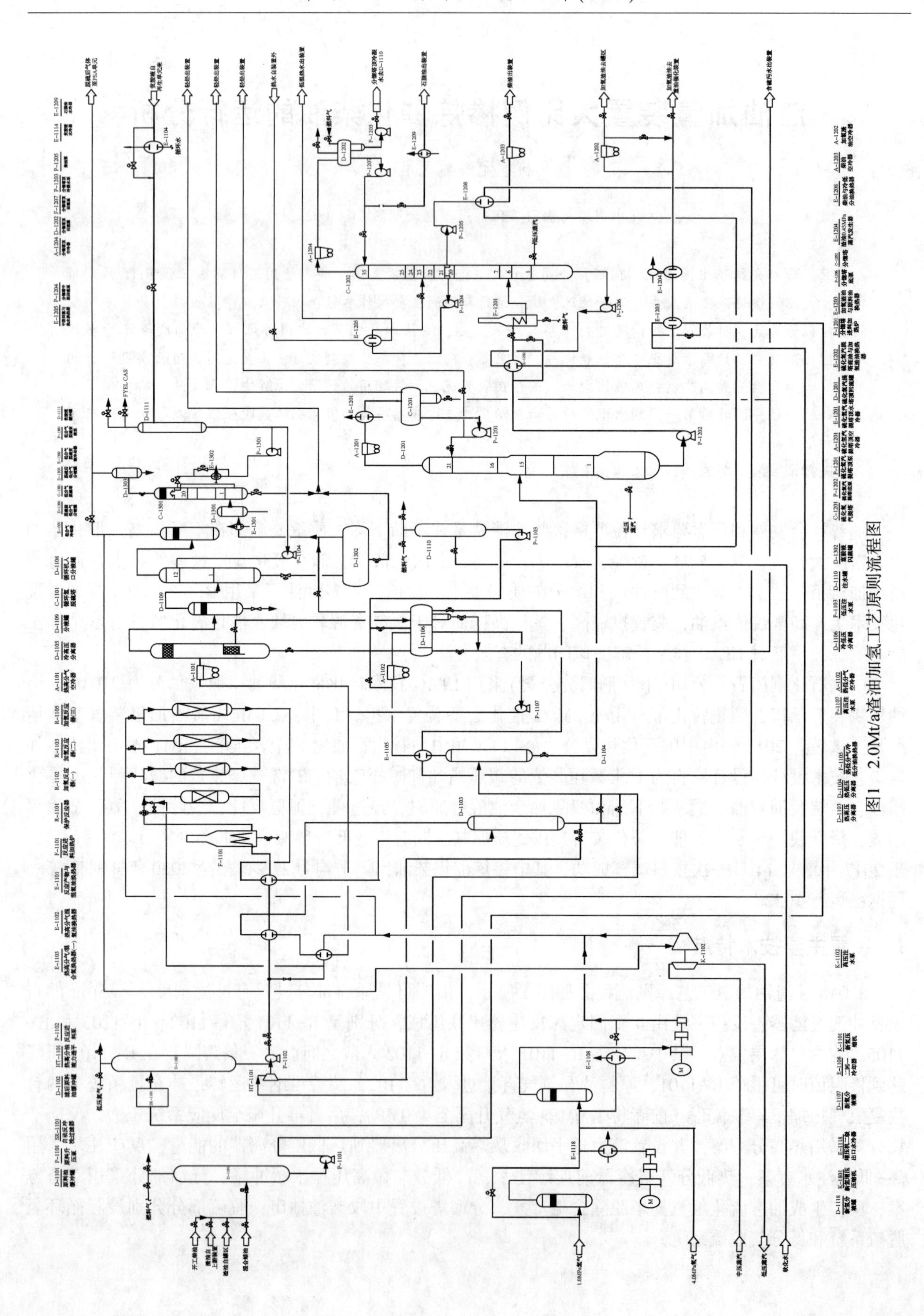

图1 2.0Mt/a渣油加氢工艺原则流程图

2 催化剂装填情况

四个反应器共装填石科院第三代 RHT 系列固定床渣油加氢催化剂 622.5t，ϕ10 瓷球共 27.25t，ϕ25 瓷球 3t，具体装填数据见表 1。

表 1 反应器催化剂装填数据

催化剂型号	装填质量/kg			
	R-1101	R-1102	R-1103	R-1105
RG-30				
RG-200	10400			
ϕ10“鸟巢”剂	4400	6600		
RG-201	10140	5460		
RG-202	14300	4550		
RG-30B	13000	5850		
RDM-35-3.0	11050	5200		
RDM-35-1.8	11400	6000		
RDM-32-1.3	12350	107250		
RDM-33C			58100	
RMS-3B			45900	
RCS-31B			56100	228650
RDM-35-1.8	1200	1200	1200	1200
RDM-32-3b	1500	1500	1500	1500
RDM-32-5b	1500	1500	1500	1500
ϕ10 瓷球	7250	6500	6250	7250
ϕ25 瓷球	750	750	750	750
合计	91240	145110	164300	232850

3 工业运行的初、中期标定情况

为检验新装置在较低负荷下运行情况，考核催化剂加氢脱硫、脱氮、脱金属、脱残炭等主要性能指标和处理催化柴油的性能，以及各大型动设备、换热器等静设备等问题，为后装置安全、平稳运行提供基础数据。装置于 2017 年 9 月 13～16 日进行了初期标定，2019 年 12 月 27～28 日进行了中期标定。

3.1 原料性质及物料平衡

初期标定负荷为 78.4%，原料油混合比例为减压渣油：混合蜡油和：催化柴油 = 28.86%：40.68%：30.46%；中期标定负荷率为 87.2%，原料油混合比例为减压渣油：混合蜡油和：催化柴油 = 22.93%：46.97%：27.87%，表观掺渣率分别为 31.5%和 24.5%，远低于 60%的掺渣率。装置均在较低负荷下标定。

从原料性质来看，原料油硫含量比设计值略高，但远低于≤2.0%的限定值，也低于同类装置硫含量；原料油的总氮含量相对较高，达到 4876～5500μg/g，高于≤4200μg/g 的限定值，是典型的低硫高氮油[2]。

此外，由于掺渣率低而催化柴油掺炼率高，原料油残炭、黏度均远低于设计值，反应苛刻度低，可以降低反应提温速率，延长装置运行周期。设计及初、中期标定原料油性质见表 2，装置物料平衡见表 3。

表 2 原料油性质

项目	催化柴油	混合原料油			
	中期分析	设计	初期标定	中期标定	限定值
加工量/(t/h)		250	196	218	
密度(20℃)/(g/cm^3)	0.9581	0.9572	0.9407	0.949	
黏度(100℃)/(mm^2/s)		102.6	8.197	8.100	≤153.26
残炭值/%		9.71	4.93	4.51	≤10.5
S/%	0.33	0.97	1.05	1.08	≤2.0
N/(μg/g)	1000	4184	4876	5500	≤4200
C/%		87.1	87.33	87.23	
H/%		11.31	11.13	11.07	
金属含量/(μg/g)					
Ni		25	16.4	6.72	≤40
V		4.9	13	6.91	≤20
Fe		17.2	8.6	24.18	≤10
Ca		22.2	0.5	9.94	≤10
Na		1.3	0.1	0.58	≤3
四组分/%					
饱和烃	23.00		47.70	50.43	
芳烃	77.00		39.21	37.44	
胶质+沥青质			13.09	12.13	
多环芳烃	56.5				
馏程/℃					
初馏点	164		227	194	
10%	210		274	271	
30%	241		388	385	
50%	269		444	441	
70%	298		560	512	
90%	342		1056	1022	
终馏点	370		1609	1532	
538℃馏出量/mL			68	75.5	

表 3 装置物料平衡

项 目	收率/%		
	设计	初期标定	中期标定
处理量	98.56	97.46	97.77
减压渣油		28.86	22.93
混合蜡油		40.68	46.97
催化柴油		30.46	27.87

续表

项目	收率/%		
	设计	初期标定	中期标定
氢气	1.44	2.54	2.23
入方合计	100	100	100
干气	0.84	0.79	0.69
酸性气	2.14	0.96	1.18
石脑油	1.58	1.08	1.15
加氢柴油	7.19	24.54	22.20
加氢重油	88.25	69.70	73.77
轻污油	0.00	2.74	0.82
损失	0.00	0.17	0.17
出方合计	100	100	100

3.2 主要操作条件

初期标定反应温度远低于设计值，床层总温升比设计高10℃的情况下，床层平均温度(CAT)比设计值低30℃；中期标定反应温度与设计运行初期相当，CAT比设计值低5℃的情况下床层总温升比设计高21℃。结果表明，在低掺渣、高比例掺炼催化柴油的情况下，装置运行到887d，催化剂活性依然稳定，好的原料性质对装置长周期运行优势明显。

初期标定由于循环氢密度与设计值偏差太大，采用气体孔板校正公式对循环氢流量校正，计算实际氢油体积比为1143，远高于设计值。虽然较高的氢油体积比有利于加氢反应的进行，对残炭加氢转化和加氢脱氮也有促进作用，但是太高的氢油比对装置能耗影响较大，对氢油比进行了优化调整，中压蒸汽消耗下降了5.4t/h，中期标定氢油比为754。

该装置设计新氢为外供氢，纯度为99.5%，实际装置初期标定氢源大部分为重整氢，循环氢纯度仅为72%，一反入口氢分压为11.78MPa，远低于设计值。中期标定部分采用外供高纯氢，循环氢纯度上升到85%，氢分压也随之上升至13.73MPa，但是仍低于设计15.5MPa的要求，反应器主要操作条件见表4。

表4 反应器主要操作条件

项目	设计值		初期标定	中期标定
	运行初期	运行末期		
反应进料流率/(t/h)	250		196	218
主催化剂体积空速/h^{-1}	0.227		0.178	0.20
一反入口氢分压/MPa	15.5		11.78	13.73
一反入口氢油比/MPa	700		1143	754
R-1101温度(入口/出口)/℃	370/377	386/391	339/349	371/387
R-1102温度(入口/出口)/℃	375/388	391/403	339/353	370/383
R-1103温度(入口/出口)/℃	380/397	403/423	347/366	370/392
R-1105温度(入口/出口)/℃	386/397	412/425	357/371	375/393
CAT/℃	385	407	355	380
反应器总温升/℃	48	50	58	69

3.3 主要产品性质及催化剂性能

主要产品性质见表5，主要产品加氢重油的硫、残炭、金属(Ni+V)达到设计要求。加氢重油氮含量未达到设计指标，主要是原料中氮含量比设计高。结合两次标定的原料、产品性质和物料平衡数据，计算催化剂杂质脱除率均达到设计要求，总体趋势上表现为随着周期的延长中期比初期脱除率略低，催化剂杂质脱除率见表6。

该装置掺炼催化柴油比例达到27%~30%，产品柴油的密度比设计高，十六烷值指数比设计低，不能作为柴油调和组分。按照原料油实沸点馏程拟组分切割的方法[3]得知，产品中<350℃馏分收率比原料中催化柴油仅高2.44个百分点，由此可见，在反应温度相对较低的情况下，临氢热裂化转化的柴油少，产品柴油绝大部分来源于加氢后的催化柴油。加氢柴油多环芳烃含量为10.5%，相对催化柴油原料的56.5%下降幅度较大，密度为0.90g/cm³，是催化裂化装置副反应器转化汽油的优质原料。采用LTAG技术后从催化裂解装置同期标定数据可知，加氢柴油转化率可以达到68.1%，其中汽油收率达到47.18%，经济效益明显。对于一个没有加氢裂化装置的炼油厂来说，是一个解决催化柴油出路问题的有效办法。

从石脑油和加氢柴油的馏程上看，不稳定石脑油与柴油有部分重叠，从表3物料平衡数据也可以看出，石脑油收率约为1.10%左右，低于设计值1.58%，部分石脑油进入柴油造成重整料的浪费。因此，优化硫化氢汽提塔操作来提高石脑油收率还有一定的空间。

表5 主要产品性质

项目	设计数据(初期)			初期标定			中期标定		
	石脑油	加氢柴油	加氢重油	石脑油	加氢柴油	加氢重油	石脑油	加氢柴油	加氢重油
密度(20℃)/(g/cm³)	0.7500	0.8550	0.9270	0.7054	0.8905	0.9249	0.7412	0.9032	0.9355
黏度(100℃)/(mm²/s)			42.0			13.6			10.8
残炭值/%			5.40			3.32			2.91
S/%	0.0050	0.0150	0.2300	0.0005	0.0029	0.1190	0.0237	0.0075	0.1410
N/(μg/g)	10	300	2600		89.35	2728	15	370	4106
十六烷值指数(ASTMD976-80)		45.0			31.9			32.2	
H/%			12.35			12.39			12.38
金属含量/(μg/g)									
Ni			9.00			4.69			2.16
V			3.00			1.96			1.00
Fe						5.84			19.01
Ca						4.71			4.28
Na						1.21			0.34
四组分/%									
饱和烃						53.7			56.19
芳烃						34.2			32.77
胶质+沥青质						12.1			11.04
多环芳烃					10.1			10.5	
馏程/℃									
初馏点	30	160		32	115	228	30	114	236
10%				46	210	321	55	223	333
30%				78	222	391	94	235	397
50%				85	235	446	122	258	438
70%				125	265		145	287	510
90%				136	305		179	343	
终馏点	160	350		165	335		212	376	
538℃馏出量/mL						68.5			75

表 6 杂质脱除率 %

项　目	设计	初期	中期
S	87.50	91.98	89.97
N	30.23	44.05	42.15
金属(Ni+V)	75.00	84.18	82.51
残炭	47.62	52.91	51.32

4 装置大比例掺炼催化柴油运行分析

4.1 装置原料比例变化对反应器温升影响

原料中减压渣油和催化柴油的变化情况如图 2 所示，该装置第一周期运转至 1022d 负荷率在 70%~80%之间，总体上原料比例减压渣油：混合蜡油：催化柴油为 20：50：30。开工 50d 以后，减压渣油比例达到 40%，由于下游 1#催化裂化装置(DCC)受原料残炭限制，之后减渣比例大部分在 10%~30%之间。期间为考验装置高掺渣下催化剂性能，在 720~780d 期间减渣比例提高至 40%以上。

装置在运转 14d 后掺入催化柴油，掺炼比例为 23%，R-1101 温升由掺炼前的 12.5℃上升至 20.6℃，R-1102 由 7.8℃上升至 13.4℃，R-1103 由 7.3℃上升至 10.2℃，R-1105 温升变化不明显。为维持 R-1101 适当温升和 R-1102 冷氢控制阀在 60%的情况下，将反应加热炉出口温度降至 320℃。40d 后催化柴油比例提高到 30%以上，R-1102 和 R-1103 温升分别上升至 18.3℃和 20.5℃，并且呈现温升向 R-1103 转移的现象，R-1102 和 R-1103 入口的冷氢阀位在 60%~70%之间。运行到 210d 左右，催化柴油比例最高达到 44%，R-1103 温升上升至 28.5℃，R-1103 冷氢阀开到 80%以上，通过继续降低反应加热炉出口温度操作。周期内各反应器温升变化情况如图 3 所示。

本周期催化柴油比例基本在 10%~35%之间，平均为 27%，掺炼比例是同类装置中最高的。反应温度较低的情况下温升高，装置的氢耗也高，平均化学氢耗达到了 1.93%，比设计 1.46%高 0.47 个百分点。

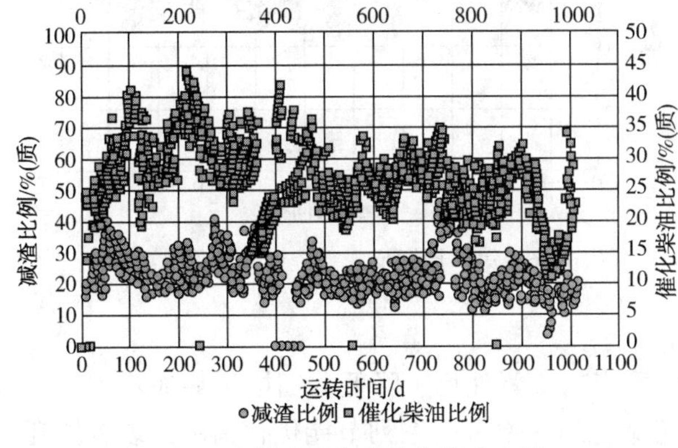

图 2 原料中减渣和催化柴油比例

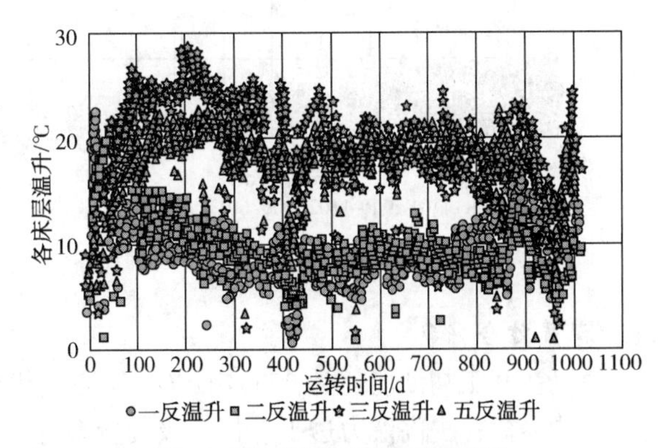

图 3 第一周期反应器温升变化

4.2 反应器的 BAT 和 CAT

催化剂床层平均温度(CAT)以及各反应器的 BAT 变化情况如图 4 所示，从开工至 50d 左右，由于渣油加氢催化剂初期的快速积炭失活特性，各反应器 BAT 均快速提升，R-1101、R-1102、R-1103 和 R-1105 的 BAT 分别为 340.1℃、348.2℃、356.0℃和 358.9℃，CAT 为 352℃，比设计初期反应温度低。50 天之后反应温度进入平稳阶段，截止 1022 天，R-1101、R-1102、R-1103 和 R-1105 的 BAT 分别为 374℃、375℃、377℃和 383℃，CAT 为 382℃，周期内 CAT 温度变化平均速率为 0.97℃/m。

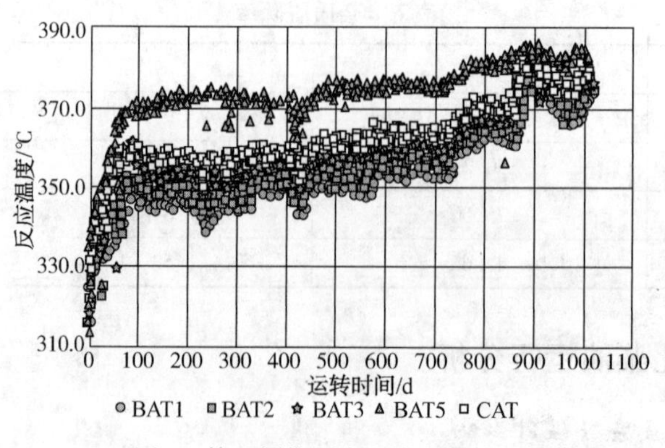

图 4 第一周期反应温度变化情况

4.3 反应器径向温差

第一周期各反应器催化剂床层最大径向温差变化情况如图 5 所示，四个反应器的最大径向温差均较小，其中 R-1101 在运转至 40d 为 5.67℃，其他反应器基本在 3℃以下。分析这与原料油减渣比例低而催化柴油比例高降低油品黏度，采用高效反应器分配盘技术，采取较高氢油比运行模式，从而强化了反应器物流分配效果有关。

4.4 反应系统压降

第一周期反应器压降变化情况如图 6 所示，从开工运行至 500d 左右，压降在 1.50MPa 左右，之后氢油比按低限控制，压降下降至 1.35MPa 左右，目前，反应系统压降在 1.45MPa 左右，说明 R-1101 的压降控制较好。

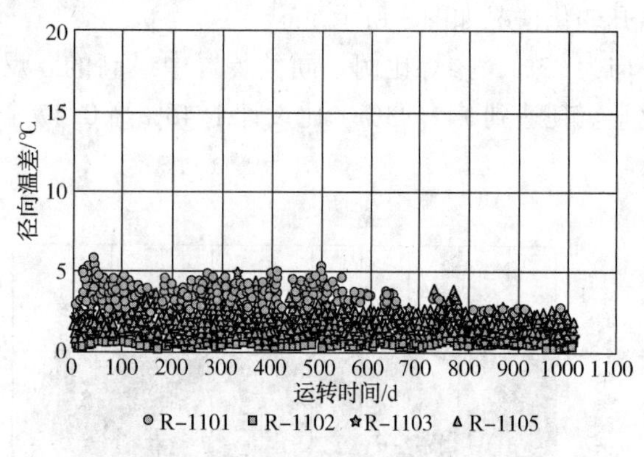

图 5 第一周期反应器径向温差变化情况

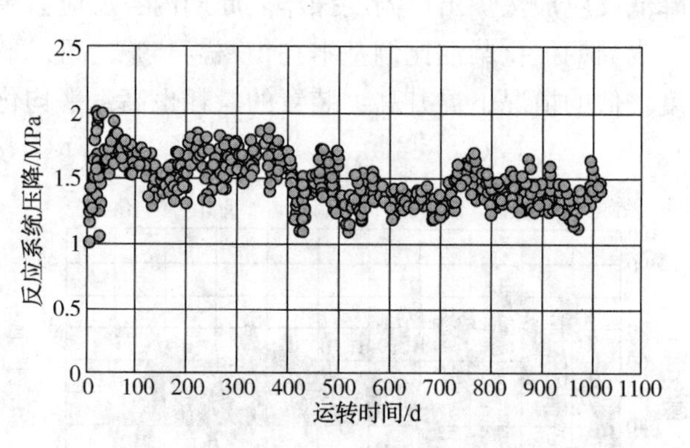

图 6 第一周期反应系统压降变化情况

4.5 装置综合能耗

装置在开工初期能耗为 25.34kgEO/t，通过优化反应系统氢油比、降低分馏塔进料加热炉出口温度等工艺参数，提高液力透平、带无级调量系统机组平稳运行率等一系列节能优化措施，装置能耗有所下降，中期标定能耗为 21.72kgEO/t，比设计值 25.74kgEO/t 低 4.02 个单位。和同类装置相比掺炼催化柴油比例大，分馏系统抽出柴油需要消耗更多的燃料气，能耗占比达到了 17.44%；补充氢压缩机由两台两级压缩串联布置，氢源为 1.0MPa 管网，相对 4.0MPa 电耗高 10.61%。表明装置能耗和加工方案、依托的公用工程系统等因素相关性极大。

5 装置存在问题及改进措施

5.1 原料油自动反冲洗过滤器冲洗频繁

该装置原料油自动反冲洗过滤器 SR-1101 为 5 台过滤罐并列，设置有一台氮气罐，通过自力式调节阀控制压力在 0.65~0.85MPa，属于氮气辅助反冲洗型式，装置开工运行初期，在原料油性质和流量稳定的情况下，20~70min差压就超过200kPa，启动一次反冲洗，严重时装置被迫部分循环和降低处理量，对装置安全平稳运行带来很大影响。通过现场检查冲洗过程和开盖检查滤芯情况，发现存在两方面问题，一是原料油升压泵P-1101出口压力比柴油抽出泵P-1204出口压力高，在过滤器浸泡程序中柴油不能进入过滤器中，反冲洗效果差；二是在反冲洗频繁时，氮气罐的压力在第二次反冲洗启动前未恢复到0.60MPa以上，爆破反吹时能量不足，反洗不充分。

应对措施：针对浸泡油未能进入过滤器的问题，通过开大P-1101反罐阀门降低泵出口压力，观察P-1204出口流量变化确保浸泡油进入过滤器确保浸泡效果；通过工艺流程优化项目实施，将催化裂化装置高压燃料气引至氮气罐自力式阀门之后，确保了反冲洗压力。通过以上两项措施实施，原料油自动反冲洗过滤器的反冲洗频次约为50~90min，反冲洗频繁的问题基本得到改善，但与同类装置相比，效果较差，分析原因为氮气辅助反冲洗形式比列管式液相反冲洗形式能量低，用于高黏度的渣油加氢原料过滤上适用性不佳。

5.2 循环氢脱硫塔带液问题

本周期装置运行至360d左右，循环氢压缩机入口分液罐D-1108出现大量带液情况，循环氢脱硫塔气相被迫改旁路操作，严重危及到循环机的安全运行。分析主要原因：一是溶剂再生单元活性炭过滤器出口滤网破损，大量活性炭粉末进入胺液系统，促进了胺液的发泡性能，从现场的胺液外观来看颗粒物含量高；二是循环氢脱硫塔入口分液罐D-1109分液操作执行不好，有烃类带入循环氢脱硫塔；三是本装置使用重整氢循环氢纯度低，导致循环氢流量大，较大的气相负荷造成循环氢脱硫塔塔板雾沫夹带分率上升。

应对措施：针对胺液中颗粒物，通过胺液在线过滤措施将贫液中的活性炭颗粒物布袋过滤处理，装置内胺液颜色由灰黑色变为浅黄透明；对循环氢脱硫塔分液罐D-1109由不定时分液改为每日定时分液；优化氢气系统，提高PSA提纯氢的使用量，保证循环氢纯度不降低的情况下，减少循环氢流量，降低循环氢脱硫塔气相负荷。以上三项措施实施后，循环氢压缩机入口分液罐未曾出现带液的情况。

6 结论

装置第一周期运行以大比例掺炼催化柴油、低掺渣为主要特点，生产运行情况表明，催化剂杂质脱除率性能优异，活性和稳定性好。渣油加氢装置大比例掺炼催化柴油对改善原料性质，反应器径向温差和压降控制良好，有利于装置长周期运行。高比例掺炼催化柴油，虽存在装置能耗高、氢耗高的问题，但对解决催化柴油的出路提供了一条有效的途径。

参考文献

[1] 龚剑洪，毛安国，刘晓欣，等．催化裂化轻循环油加氢—催化裂化组合生产高辛烷值汽油或轻质芳烃（LTAG）技术[J]．石油炼制与化工，2016，47(9)：1-5.

[2] 邵志才，戴立顺，杨清河，等．沿江炼油厂渣油加氢装置长周期运行及优化对策[J]．石油炼制与化工，2017，48(8)：1-4.

[3] 李立权主编．加氢裂化装置工艺计算与技术分析[M]．北京：中国石化出版社，2009.

渣油加氢装置掺渣率的影响因素及提高措施

董沛林　杨尧生

（中国石化公司金陵石化公司　江苏南京　210033）

摘　要　为提高重油转化率，优化产品结构，提高资源利用率，中国石油化工股份有限公司金陵分公司新建一套2.0Mt/a渣油加氢处理装置，目前装置的实际掺渣率58%左右，实际掺渣率还未达到装置满负荷生产运行状态。分析装置运行现状，对各运行参数进行对比分析，通过改善原料油性质，优化过滤器工况，改善催化剂装填级配和调整反应温度等措施，提高装置的掺渣率，将掺渣率由58%提高至60%以上。

关键词　渣油加氢；掺渣率；原料性质；过滤器；催化剂；反应温度

1　装置简述

渣油加氢装置以减压渣油、直馏轻重蜡油为原料，经过催化加氢反应，脱除硫、氮、金属等杂质，降低残炭含量，为催化裂化装置提供优质原料，同时生产部分柴油，并副产少量石脑油和干气。该装置采用固定床渣油加氢工艺，采用抚顺石油化工研究院（FRIPP）提供的设计基础数据进行设计，占地面积11310m^2，设计年开工时数为8000h，设计负荷为250t/h，操作弹性60%~110%。

渣油加氢处理技术是在高温、高压和催化剂存在的条件下，使渣油和氢气进行加氢反应，渣油分子中硫、氮和金属等有害杂质，分别与氢和硫化氢发生反应，生成硫化氢、氨和金属硫化物。同时，渣油中部分较大的分子裂解并加氢，变成分子较小的理想组分，加氢处理后的渣油质量得到明显改善，可直接用作催化等装置的原料，将其全部转化成市场急需的汽油和柴油，从而做到了吃干榨尽，所以，提高装置的掺炼渣油量可以直观地提高资源利用率和经济效益。

2　现状分析

对装置目前掺渣率数据的统计，如图1~图2所示。

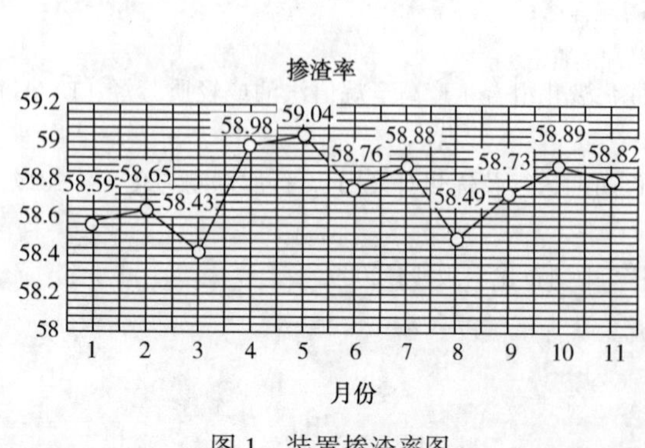

图1　装置掺渣率图

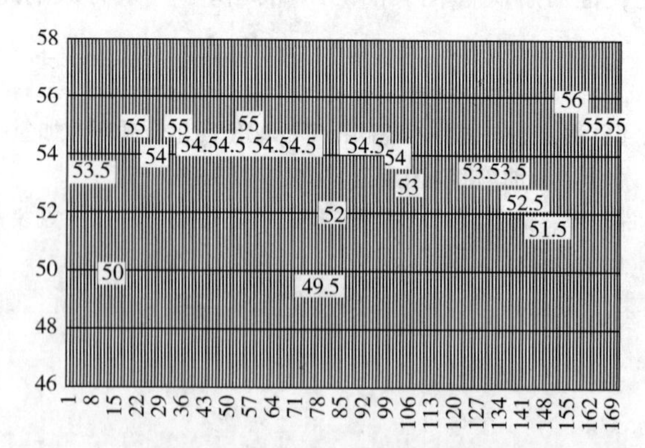

图2　原料538℃馏出量图

由上图可知，装置掺渣率一直维持在58%~59%之间，538℃馏出量基本都在55%以上，证明实际掺炼的重油（渣油）较少，远远没有达到装置的满负荷运行状态，因此，装置掺渣率还有较大提升空间，提高掺渣率有利于经济效益的最大化。

3 影响掺渣率提高的因素

3.1 原料性质

3.1.1 原料残炭含量的影响

残炭并非渣油的有机组成部分，它只是反映渣油原料中不宜挥发物或易生焦物的多少。原料油的残炭含量高表明其易结焦物质多，对催化剂活性的发挥不利。在其他条件相同的情况下，沉积在催化剂上的焦炭量，随原料残炭值的提高而线性增加。

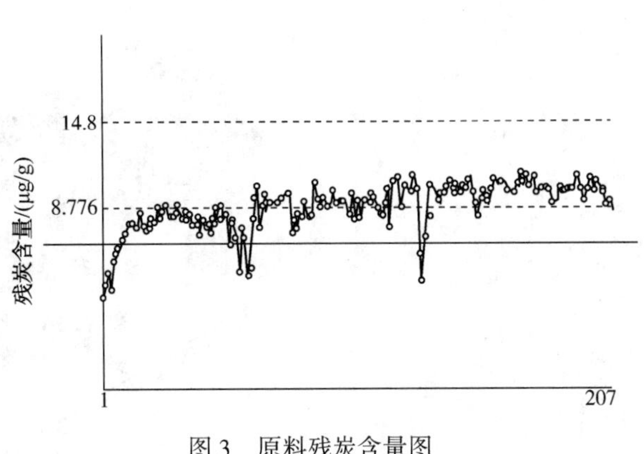

图3 原料残炭含量图

脱残炭率与渣油的转化率相关联，如图3所示。在一定范围内，渣油转化率越高，脱残炭率也越高，但在催化剂上缩合生焦反应速率也越高，即催化剂的失活反应速率也越高，装置运行周期越短。因此，渣油固定床加氢过程对原料油的残炭值有一定的要求。集中的孔分布和较大的比表面有利于脱残炭反应的进行。通过分析可知原料中残炭含量均在工艺指标范围内，只要继续保持，则对装置掺渣率的提高影响不大。

3.1.2 原料油中杂质及微量金属含量的影响

渣油加氢原料油中所含的微量金属杂质主要有Fe、Ni、Cu、V、Pb、Na、Ca等。在正常情况下，渣油加氢原料油的Fe离子含量是很低的，主要是上游装置和加氢裂化装置本身的设备、容器及管、阀件腐蚀带来的。原料油中的Fe离子进入加氢裂化反应器，与循环氢中的H_2S反应生成FeS，FeS便沉积在反应器顶部催化剂上，并形成一层硬壳，从而导致反应器的压力降急剧上升，直至装置被迫中途停工。为了确保加氢裂化装置能够长期平稳操作，一般要求加氢裂化装置原料油的Fe离子含量<2μg/g，最好能控制在<1μg/g。本装置要求为<12μg/g。

原料中盐分主要是钠、钙及钾的氯化物。渣油中的固体颗粒及盐分主要造成反应器压降上升，液体分配不均产生热点等，由图4、图5可知原料中钙、铁离子超标频繁，严重影响了装置掺渣率的提高。

分析18年1~12月份的原料性质，可知该时间段内原料硫含量及铁等金属含量超标频繁，见图4、图5，原料油中杂质较多，增加了过滤器的工作负荷，也导致反应器内金属沉积量增大，床层压降升高，末期催化剂的容垢能力有限，为保证产品质量，只有通过降低渣油来实现，从而影响了装置掺渣率的提高。

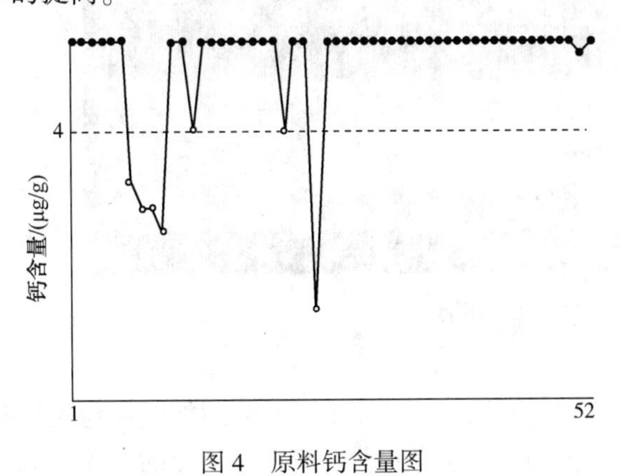

图4 原料钙含量图

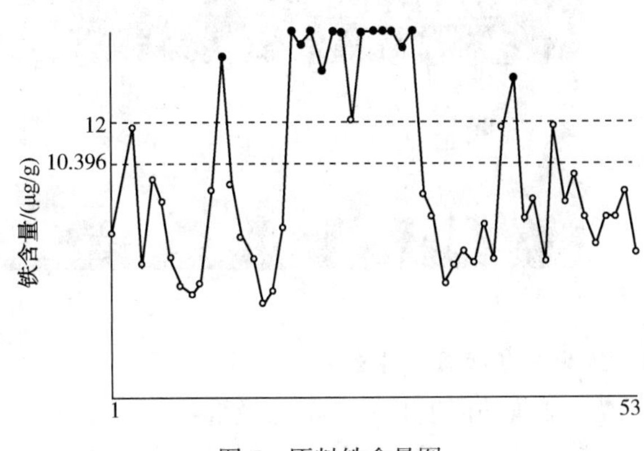

图5 原料铁含量图

3.2 过滤器工况的影响

金陵石化2.0Mt/a渣油加氢装置所用的ZFG-Ⅱ型自动反冲洗过滤系统是温州海米特集团有

限公司自行研制开发浙江省级新产品见图6，主要用来能除去原料油中的焦粉、铁锈、腐蚀产物等杂质，过滤原料油，使其符合后续加工生产的需要，提高装置生产的效率，为装置长周期运行提供保障。

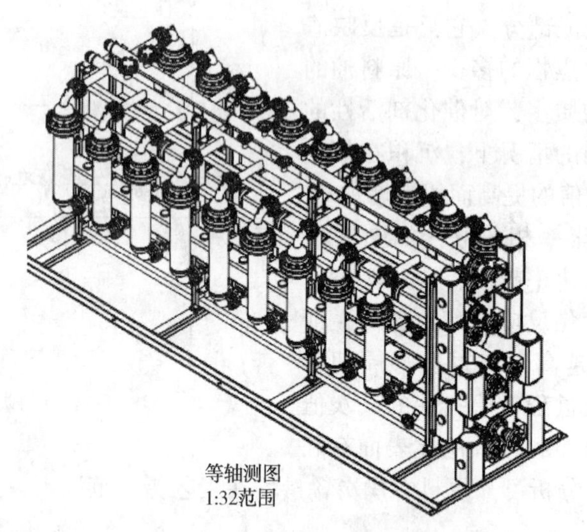

图6　渣油加氢过滤器外观图

原料油中的杂质沉积在过滤器的滤芯上，导致过滤器的差压，不断增高，由图7可知，当差压达到120kPa时，过滤器将自动进行反冲洗，所以若过滤器反冲洗的频率较高或差压突然增高，都会被动地进行降低掺渣量来降低过滤器的差压，从而会对装置的平稳生产和掺渣量的提高有所影响。

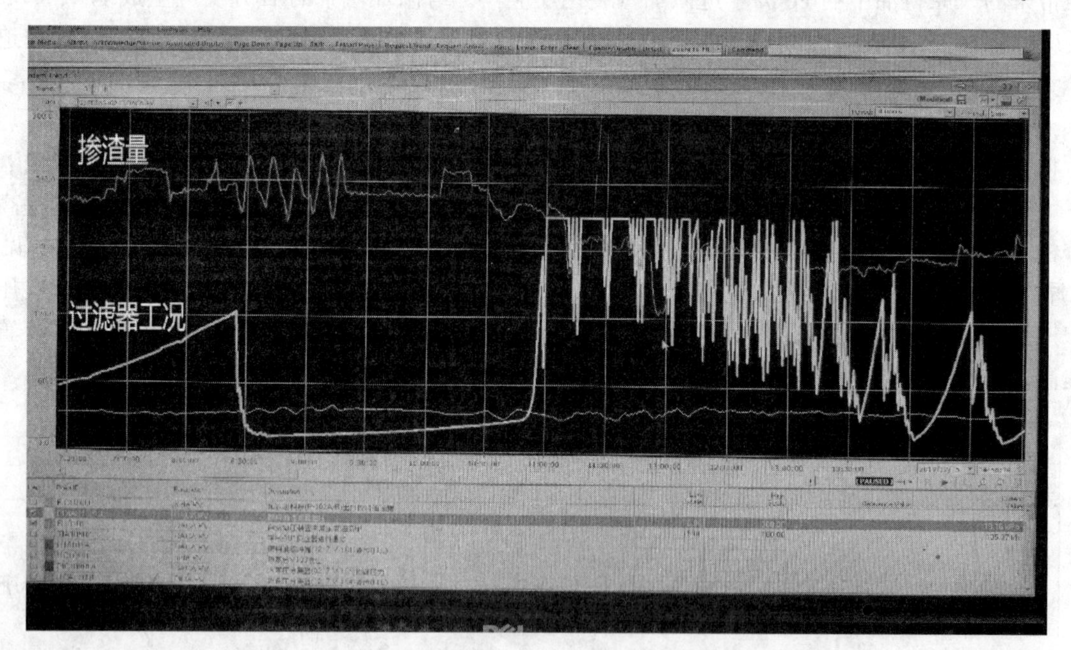

图7　过滤器差压和原料掺渣量对比图

3.3　催化剂活性及反应温度的影响

渣油加氢的温度是反应部分最重要的工艺参数，温度对反应速度有直接的影响。加氢反应温度是由催化剂和油品性质决定的。加氢脱硫是一个高放热反应，从动力学上讲，即化学平衡的角度，高温不利于反应彻底进行，但从热力学上，即加快反应速度来讲，提高反应温度会加快加氢反应的反应速度，提高脱硫率、脱氮率和脱金属率，烯烃饱和度也会有所提高，同时裂化反应速度将加快，裂解程度加深，生成油中低沸点组分和气体产率增加。过高的反应温度将降低催化剂对芳烃的加氢饱和能力，使芳烃的加氢饱和更加困难，同时将使稠环化合物缩合结焦，生成焦炭，造成催化剂失活，缩短催化剂的使用寿命。温度过高对催化剂寿命及设备都有不利影响。

反应温度是反应部分最重要的工艺参数，其它参数对反应的影响，可用调整反应温度来补偿。影响反应温度的主要因素是反应床层平均温度。反应床层平均温度则影响了该反应器总均温的变化。

从经典的阿累尼乌斯公式，可看出温度对反应速度的影响。
阿累尼乌斯公式：

$$k = \mathrm{A}e^{-E/RT}$$

式中，k 为速度常数；A 为指前因子；E 为反应的活化能；R 为气体常数；T 为绝对反应温度。
将上式微分得下式：

$$\frac{d\ln k}{dT} = \frac{\mathrm{E}}{\mathrm{R}T_2}$$

将该式移项并积分，得式：

$$\ln\frac{k_2}{k_1} = \frac{\mathrm{E}}{\mathrm{R}}\left(\frac{T_2 - T_1}{T_2 T_1}\right)$$

从上式计算可得，反应温度每提高 10℃，反应速率可提高 2~4 倍。

如图 8 所示均温和渣油量可知，为了保证装置长周期运行，反应温度制约了装置掺渣率的提高，催化剂的活性和装填级配对反应温度的稳步提高有重要的影响，同时在开工初期，催化剂的活性较高，反应较剧烈，轻组分多，冷高分油水分离不好，容易发泡，影响装置的操作平稳性。为了减轻发泡的情况，只有通过降低渣油量来调整，从而影响了装置掺渣量的提高。

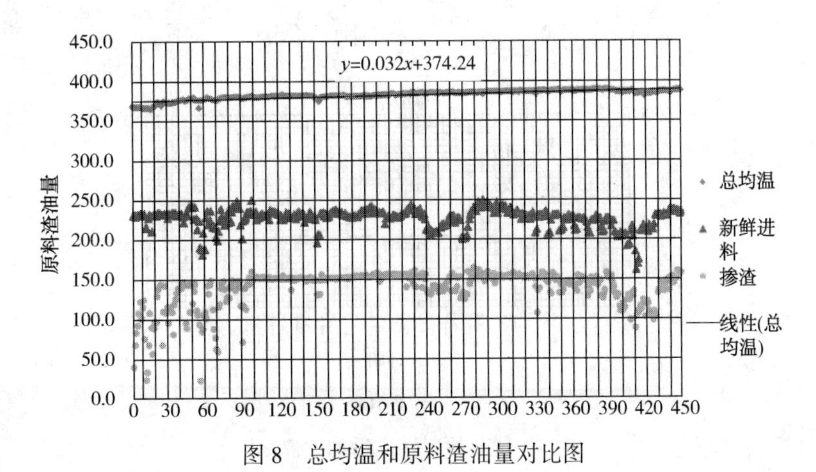

图 8　总均温和原料渣油量对比图

4　措施

4.1　严控原料性质

严控渣油加氢的原料油性质，降低原料油中各组分超标的频次，同时加强装置自控率的提高，保证上游装置来的进料和本装置运行平稳。如图 9~图 12 所示，经分析 2019 年 6~8 月的原料油性质，各项重金属含量和硫含量基本在指标范围内，装置生产平稳，掺渣率稳步提高到 59.7%。

由上图可知，经过调整，原料中各指标超标的情况得到有效改善，原料中铁、硫、镍+钒等超标的情况大大减少，由图 13 数据统计可知，原料油性质得到改善后，装置的掺渣率有了稳步的提高。

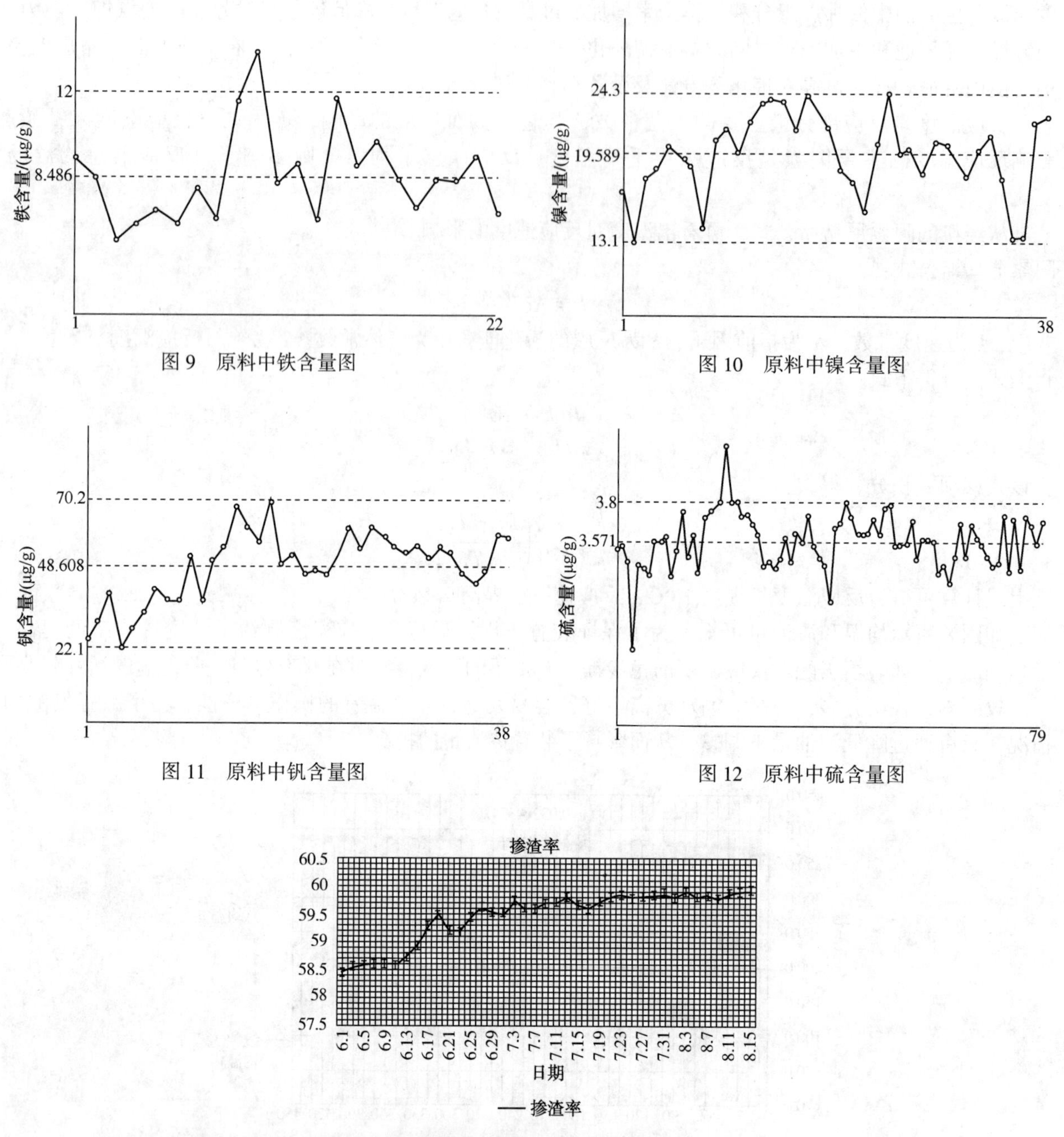

图 9 原料中铁含量图

图 10 原料中镍含量图

图 11 原料中钒含量图

图 12 原料中硫含量图

图 13 优化原料性质后的掺渣率图

4.2 优化催化剂的装填级配，平稳反应温度

为保证装置的掺渣率，增加装置的经济效益和资源利用率，金陵石化 2.0Mt/a 渣油加氢装置于 2019 年 6 月进行了开工后的第一次停工检修，在进行催化剂的采购协商时，要求催化剂厂家按我公司提供的原料性质进行催化剂级配方案的优化。该次检修中装置更换了新型壳牌催化剂，新催化剂具有更高的稳定性和加氢反应活性，相比于上一周期同时期，本周期内的反应总均温和各反应器温升均较平稳，反应总均温对比上一周期有所提高，为提高装置的掺渣率和处理量提供了工艺保障。

由图 14~图 16 中可以看出，各反应器的均温稳定性较好，都有所提高，反应总均温维持在 378.5℃，掺渣逐步提高至 155t/h，处理量提高至 255t/h，掺渣率有效提高至 60.7%。

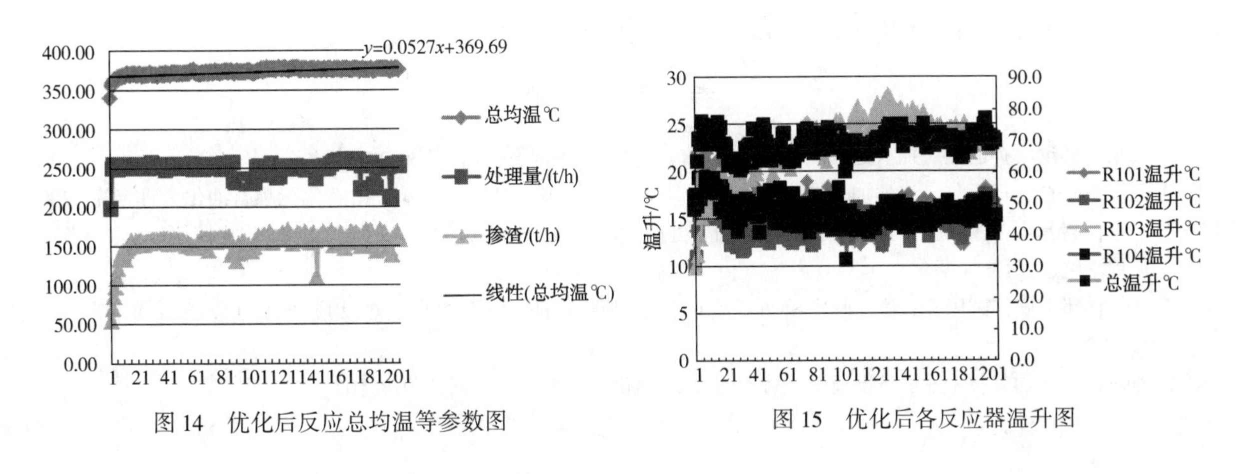

图 14 优化后反应总均温等参数图　　图 15 优化后各反应器温升图

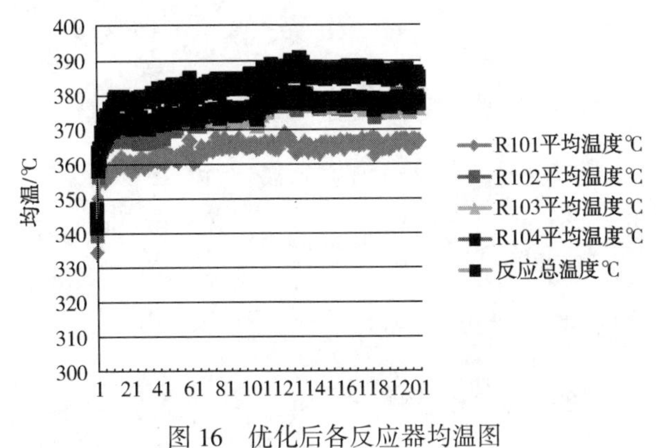

图 16 优化后各反应器均温图

4.3 优化过滤器的工况

本装置所采用的过滤器共有八组(A~H 组)，每一组有 9 个滤芯，针对过滤器工况不良的情况，将过滤器分组切出，拆卸清洗并引柴油浸泡杂质，根据相似相溶原理，柴油浸泡可以有效溶解附着在过滤器滤芯上的重油及杂质，从而达到清洗过滤器滤芯的目的，有效延长过滤器的工作周期，降低反冲洗频次，从而保证装置平稳运行，为提高掺渣率提供保障。

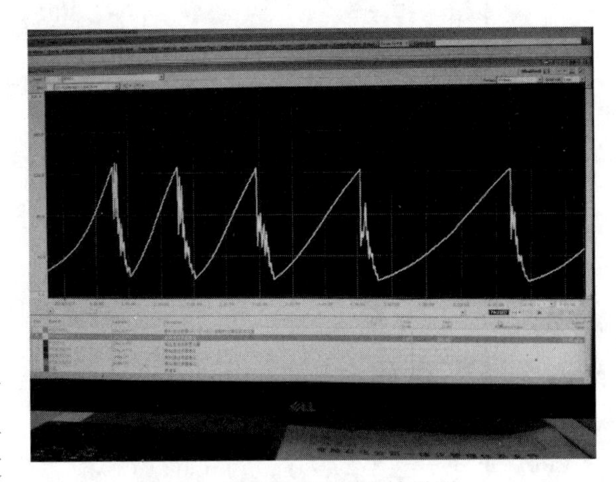

图 17 过滤器柴油浸泡效果图

如图 17 所示，优化过滤器工况后，有效延长了过滤器的工作周期，降低了差压上升的速度，同时本装置近期开始掺炼Ⅳ常直供渣油，原料温度提高至 144℃左右。随着原料温度的提高，也有效延长了过滤器的反冲洗周期，生产更加平稳，为后续提高装置的掺渣率提供了设备保障。冲洗频次由 30min/次降低至 150min/次甚至更长时间，大大提高了装置运行的平稳率。

5 总结

通过优化原料性质，优化过滤器工况，调整反应温度和优化催化剂的装填级配，装置处理量由 240t/h 提高至 250t/h，掺渣率由 58%有效地提高至 60%以上。根据计算，维持装置处理量 250t/h 的情况下，优化后每日可多加工 120t 渣油。本装置月均效益约为 2641.8 万元，每吨渣油日效益为 0.11 万元，则每日增收效益 13.14 万元，全年开工天数按 365 日计算，则全年增收效益 4796.1 万元。装置在提高掺渣的情况下能长期稳定运行，提高了资源利用率和装置的经济效益。

参 考 文 献

[1] 李大东，聂洪，孙丽丽．加氢处理工艺与过程[M]．北京：中国石化出版社，2016.

[2] 王刚，王永林，孙素华．渣油加氢催化剂孔结构对反应活性的影响[D]．抚顺：中石化抚顺石油化工研究院，2002.

[3] 孙昱东，赵元生，杨朝合，等．原料对渣油加氢处理残渣油收率和性质的影响[D]．山东：中国石油大学(华东)化学工程学院，2013.

[4] 金环年，邓文安，阙国和．渣油胶质和沥青质在分散型催化剂作用下的临氢热反应行为[J]．石油炼制与化工，2006，37.

[5] 杨利强．渣油加氢技术发展概况及工艺特点[J]．中国化工贸易·中旬刊，2018，07.

渣油加氢装置长周期运行分析及优化措施

孙　磊

（中国石化安庆石化公司　安徽安庆　246000）

摘　要　中国石化安庆石化公司2.0 Mt/a渣油加氢装置采用中国石化石油化工科学研究院研发的RHT技术，工程上采用SEI开发的渣油加氢成套技术。渣油加氢装置多周期工业运行结果表明，所选用的S-RHT催化剂脱硫、脱残炭和脱氮等性能均能满足要求，在降低催化剂堆积密度的前提下，催化剂活性和稳定性进一步提升，可为催化裂化装置提供优质的原料。为了延长渣油加氢装置生产运行周期，通过多项措施进行生产优化，以延缓反应器压降上升速率，充分利用催化剂性能，在保障装置安全、平稳运行的前提下，延长装置的生产运行周期。

关键词　渣油加氢；催化剂级配；长周期；运行分析；优化措施

原油资源的劣质化导致渣油越来越多，市场对轻质油品需求量的不断增加，促使炼油厂尽可能多的将渣油转化成市场所需求的轻质油。加氢技术是提高渣油转化率、增加轻质油收率、充分利用宝贵石油资源的最有效途径。渣油加氢作为渣油轻质化的主要途径之一，主要有固定床、沸腾床(膨胀床)、浆态床和移动床4种工艺类型，其中，固定床渣油加氢技术因其工艺成熟，易操作，装置投资相对较低，产品氢含量增加较多，反应温度较低等优势[1]，工业应用最多，占世界渣油加氢处理能力的75%以上[2]。而我国固定床渣油加氢装置占总加工能力的95%以上[3]，未来固定床加氢技术仍然是劣质渣油加氢的主流技术。

中国石化安庆石化公司(安庆石化公司)为适应含硫原油加工以及油品质量升级的需要，提高企业轻质油收率和综合商品率，新建一套2.0 Mt/a渣油加氢装置，并于2013年10月投产。该装置由中国石化工程建设公司(SEI)设计，采用SEI自主开发的渣油加氢成套技术，选用国内成熟先进的渣油加氢处理催化剂(S-RHT)，采用炉前混氢方案，热高分流程，分馏部分采用单塔分馏流程。以减压渣油、直馏蜡油、焦化蜡油以及催化重循环油为原料，经加氢处理后为下游重油催化裂化装置提供原料，同时副产少量柴油和石脑油。自2013年10月首次开工至今，渣油加氢装置已进入第五个生产周期(RUN-5)，通过对生产运行情况进行分析，采取有效措施减缓反应系统压降、降低催化剂失活速率等，有利于延长装置生产运行周期，提高企业经济效益。

1　渣油加氢装置概况

1.1　渣油加氢装置工艺流程

渣油加氢装置由反应部分、脱硫部分、分馏部分以及公用工程共四部分组成，工艺流程示意如图1所示。反应进料经换热器换热、反应炉加热至反应所需的温度后进入反应器，在5台反应器(R-101/102/103/104/105)的催化剂作用下，进行加氢脱金属、脱硫、脱氮、脱残炭和裂解等反应。为控制反应温度，在反应器之间设有冷氢点。R101入口设有无变径三通阀，在R101压差达到0.7MPa(设计值)时，通过调节三通阀，可将R101切出，物料直接改进R102，以延长装置运行周期。反应产物进入热高分进行气、液分离，分离出的高压液体，经液力透平降压回收能量后去热低分。热低分气空冷前采用连续注水，冷低分兼作高压注水缓冲罐。

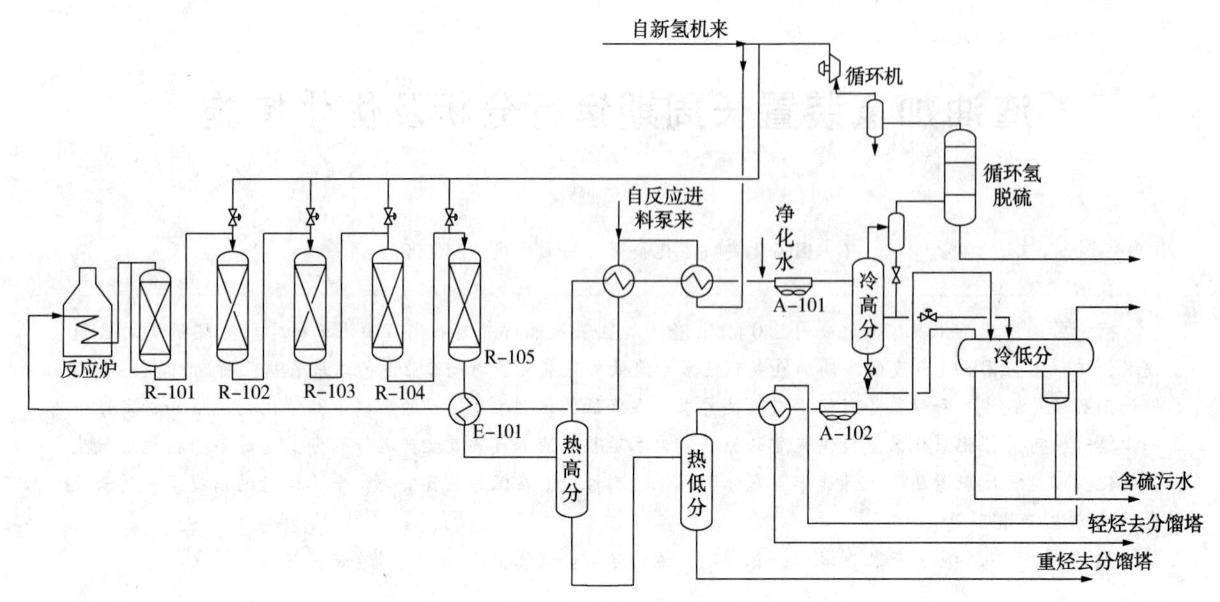

图1 渣油加氢装置工艺流程示意图

1.2 渣油加氢装置生产初期技术标定

2014年2月18~20日，对装置物料平衡进行核算，并对能耗、物耗及产品质量进行考核，评价RHT第三代催化剂的运行情况，同时，为装置长周期生产运行提供依据。标定期间，装置生产负荷为101.39%，掺渣比为61.42%，标定能耗为15.62kgEO/t，较设计值低为0.83kgEO/t。原料油及加氢渣油性质如表1所示，混合原料油S、Ni、V、Na、残炭均较设计值小，N含量与设计值相当，但Fe、Ca含量远高于设计值。加氢重油硫含量平均0.13%左右，残炭含量平均4.89%左右，Ni+V含量较低，是优质的催化裂化原料。RHT第三代催化剂在脱硫、脱残炭、脱金属方面有较高的活性，加氢重油Fe、Ca含量较高，原料中大部分Fe、Ca未脱除，减缓了反应器压降的上升速度，对下游催化裂化装置有一定的影响，总体而言，该装置目标产品达到了设计的要求。

表1 混合原料油及加氢重油性质

项目		单位	混合原料油			加氢重油		
			设计值	2月19日	2月20日	设计值	2月19日	2月20日
密度		g/cm^3	0.9708	0.9642	0.9648	0.93	0.9342	0.9351
硫含量		%(质)	1.74	1.03	1.05	0.2	0.12	0.14
氮含量		%(质)	0.4605	0.45	0.50	0.28	0.29	0.33
残炭		%(质)	10.12	9.19	9.39	5.0	4.91	4.87
金属含量	铁	mg/kg	6.7	15.7	14.7	1	8.2	7.3
	镍	mg/kg	35	27.1	27.3	8	8.7	8.9
	钒	mg/kg	30	11.3	11.6	4	2.2	2.4
	钠	mg/kg	3.3	0.7	0.8	1	0.4	0.3
	钙	mg/kg	6.4	13.7	13	2	10.7	10.4
黏度(100℃)		mm^2/s	132.5	82.74	80.56	40	31.97	32.51
馏程/℃		初馏点	310	301	305.4	333	285	276.6
		10%	432	390.2	393.8	421	377	375.4
		50%	619	565.2	541.2	546	530.2	522.6
		90%	940	709.1	707.5		698.4	697.4

续表

项目	单位	混合原料油			加氢重油		
		设计值	2月19日	2月20日	设计值	2月19日	2月20日
饱和烃	%(质)	35.5	42.01		57.5	60.07	
芳烃	%(质)	45.8	38.27		36	27.41	
胶质及沥青质	%(质)	18.7	19.72		6.5	12.52	
水分	%(质)		痕迹	痕迹			

标定期间，反应进料量为241t/h，掺渣比为62.1%，氢分压为14.8MPa，R101入口温度360.5℃，反应器床层总平均温度为378℃。各床层平均温度及床层压降均与设计值接近；各反应器的床层径向温差，五反下床层温差最大，但也小于6℃。渣油加氢杂质脱除率如表2所示，原料油平均脱硫率为87.5%，平均脱残炭率为47.2%，脱氮率34.8%，与设计值基本一致；脱金属率为71.3%，略低于设计值(主要是由于R102/102床层温度偏低造成的)。由此可以看出，渣油加氢装置所使用的S-RHT第三代催化剂具有较高的脱硫、脱残炭、脱氮及脱金属活性，为下游装置提供了优质原料，完全满足设计要求。

表2　加氢重油杂质脱除率 %

项　目	设计值	2014-2-19	2014-2-20
脱硫率	88.51	88.35	86.67
脱残炭率	50.59	46.25	48.14
脱金属率	81.5	71.61	70.99
脱氮率	39.20	35.56	34.00

2　渣油加氢装置运行情况

2.1　RUN1-RUN4催化剂性能利用比较

渣油加氢装置RUN-1至RUN-4生产运行时间由445d逐渐延长至560d，RUN-4较RUN-1生产周期增加了115d。2019年12月底渣油加氢装置投入运转进入第五生产周期，截至目前已运行121d。对前4个生产周期装置的运行时间、停工前装置反应器平均反应温度(CAT)、停工前各反应器平均反应温度(BAT)进行统计，如表3所示。

表3　运行时间与停工前平均反应温度

生产周期	运转时间/d	反应器温度/℃					
		反应器CAT	一反BAT	二反BAT	三反BAT	四反BAT	五反BAT
RUN-1	445	385	382	390	407	415	418
RUN-2	501	379	386	394	400	406	413
RUN-3	557	398	382	389	399	408	414
RUN-4	560	395	378	378	390	404	410

渣油加氢装置前4个生产周期运行时间从445d到560d不等，停工前装置反应器的平均反应温度最低为379℃，最高为398℃；一反平均反应温度最低只有378℃，最高为386℃；二反平均反应温度最低只有378℃，最高为394℃；三反平均反应温度最低为390℃，最高为407℃；四反平均反应温度最低为408℃，最高为415℃；五反平均反应温度最低为410℃，最高为418℃。平均反应温度是催化剂活性的重要指标，平均反应温度越低，说明催化剂可利用活性越高。RUN-1四反、五反平均反应温度均在415~418℃，说明催化剂已到末期，但一反、二反平均反应温度382~390℃，说明催化剂还具有较高活性。RUN2~RUN4停工时，一反、二反均还具有较高活性，尤其是RUN-4，四反、五反催化剂尚有较高活性。各生产周期催化剂性能存在未充分发挥的现象。

2.2　RUN1~RUN5 原料性质比较

RUN-1~RUN-5 原料性质的比较如图 2~图 5。由图 2~图 5 可以看出：在相同运转周期，RUN-4 原料的硫含量、残炭值和金属(Ni+V)含量较其他四个周期明显要高，表明原料的反应性能较其他四个周期要差。RUN-5 原料的硫含量、残炭值和金属(Ni+V)含量较 RUN-3 相当。

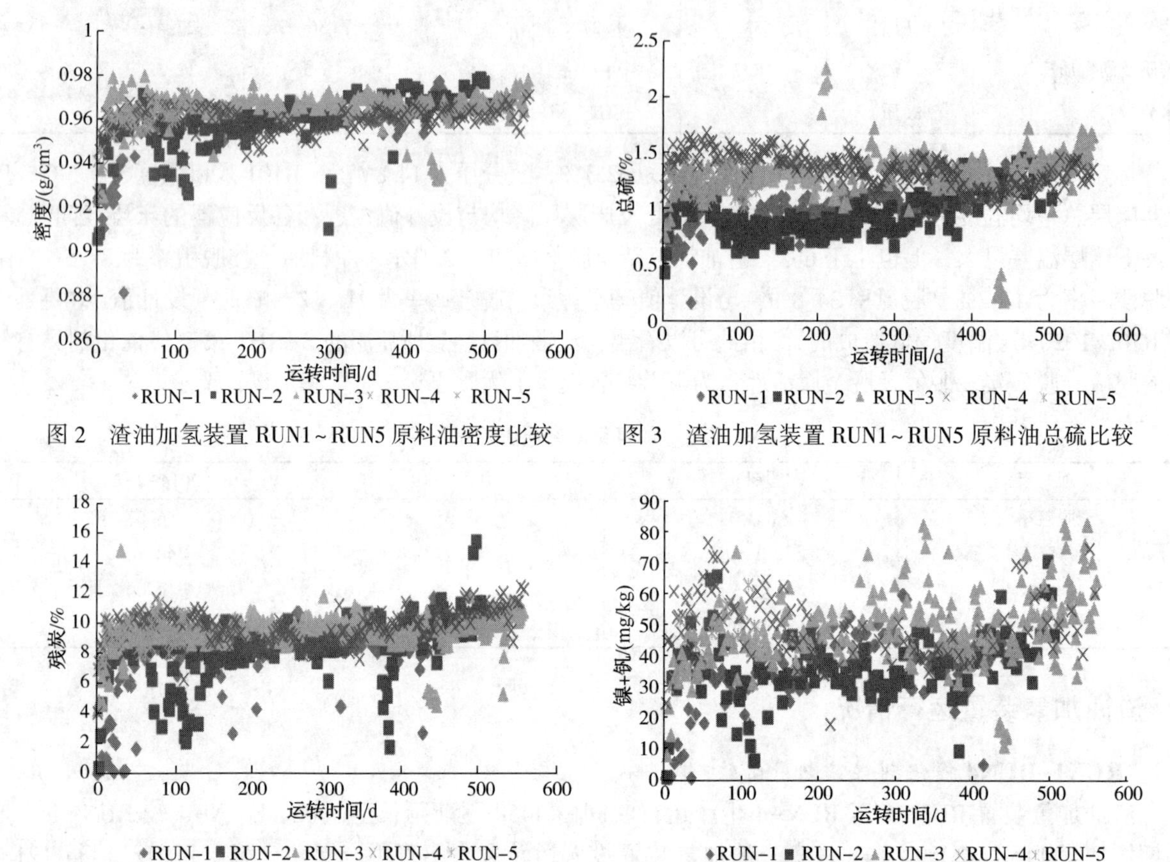

图 2　渣油加氢装置 RUN1~RUN5 原料油密度比较

图 3　渣油加氢装置 RUN1~RUN5 原料油总硫比较

图 4　渣油加氢装置 RUN1~RUN5 原料油残炭比较

图 5　渣油加氢装置 RUN1~RUN5 原料油金属含量(镍+钒)比较

2.3　RUN1-RUN5 工艺条件比较

RUN-1~RUN-5 工艺条件的比较如图 6~图 9。由图 6~图 9 可以看出：在相同运转周期，RUN-4 前期装置处理量较高，由于原料硫含量和残炭值较高，RUN-4 催化剂平均反应温度也较其他四个周期要高，反应器总压降上升速率较快，值也较高。RUN-5 掺渣比较 RUN-3 高，反应器平均反应温度和反应器总压降相比于 RUN-3 较高。

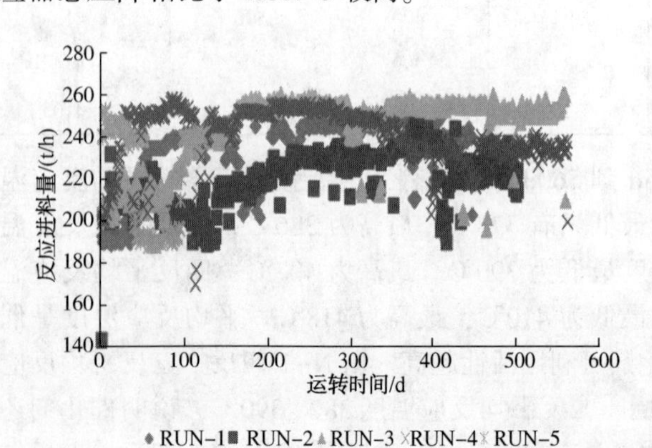

图 6　渣油加氢装置 RUN1~RUN5 反应进料量比较

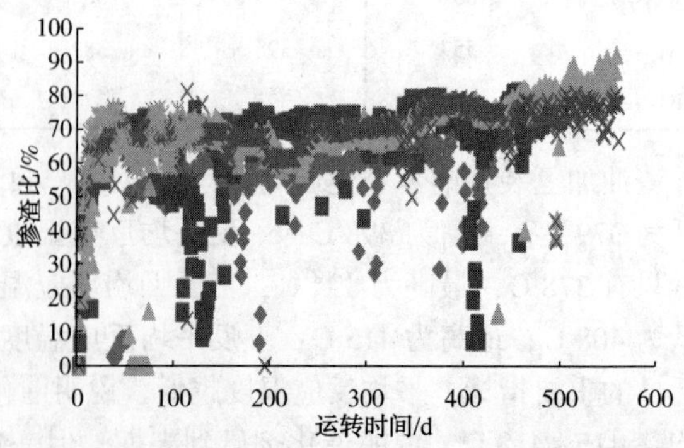

图 7　渣油加氢装置 RUN1~RUN5 掺渣比比较

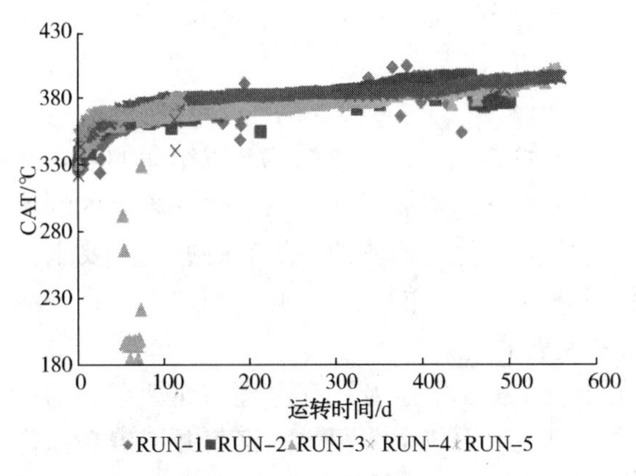

图 8 渣油加氢装置 RUN1～RUN5 平均反应温度比较

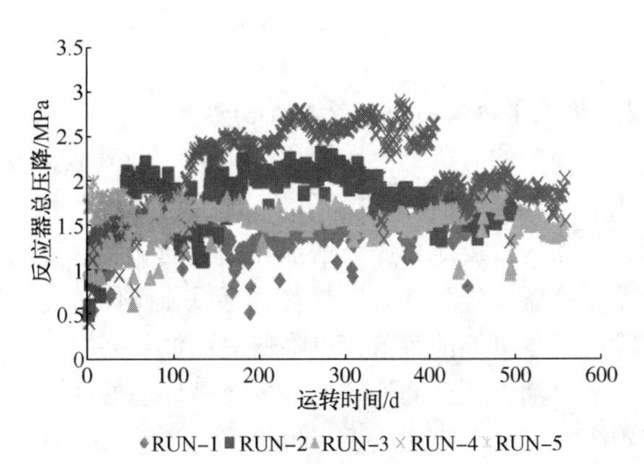

图 9 渣油加氢装置 RUN1～RUN5 反应器总压降比较

3 渣油加氢装置长周期运行优化措施

3.1 催化剂级配优化

固定床渣油加氢所加工的原料很重，金属、S、N 等杂质及沥青质含量高，因此对各类催化剂性能的要求取决于渣油加氢过程所进行的化学反应的需要。在单一催化剂具有良好性能的基础上，组合催化剂温度匹配、性能互补，可最大限度的提高催化剂利用率，因此，催化剂级配的合理设计是保证催化剂高活性、装置长周期运转的关键[1]。

安庆石化公司渣油加氢装置原料铁和钙的含量较高，针对该装置工艺特点，RIPP 开发了适宜的催化剂级配技术，催化剂装填情况如表 4 所示。每个生产周期根据上一周期的运行情况，结合本周期原料性质变化及产品质量要求，对催化剂级配进行优化。

表 4 催化剂级配情况

反应器	催化剂系列	催化剂功能
R101	RG/RDM	保护剂/脱金属剂
R102	RG/RDM/RMS	保护剂/脱金属剂/脱硫剂
R103	RMS	脱硫剂
R104	RMS/RCS	脱硫剂/降残炭剂
R105	RCS	降残炭剂

RUN-4 原料性质劣化，而对产品质量要求不变，同时生产周期要求延长，RIPP 对催化剂的级配方案进行了优化调整。①将保护催化剂和脱金属催化剂更换为 RIPP 新开发的 RHT 200 系列催化剂，因其具有催化剂活性中心数量高、本征活性强、活性相结构稳定等特性。RHT200 催化剂在堆比显著降低的前提下，反应活性以及反应稳定性都比第三代催化剂明显提升。堆积密度降低可以降低催化剂成本，同时催化剂的孔容大幅度提高，可以容纳更多的金属，延缓反应器压降上升，延长运转周期。②五反装填的脱残炭、脱硫催化剂 RCS-31B 采用密相装填方式，与常规的布袋装填相比，密相装填可多装催化剂 10%左右，可充分利用反应器体积，提升催化剂整体脱残炭性能。③在一反至四反底部采用 ϕ10“鸟巢”支撑剂替代部分 ϕ10 瓷球。“鸟巢”支撑剂具有产品孔结构分布均匀、机械强度好、空隙率高、堆积密度小的特点。根据以往运行经验，在反应器底部装填鸟巢支撑剂可以容纳垢物，保护后部催化剂床层。

RUN-5 催化剂级配在 RUN-4 的基础上做了进一步优化，催化剂采用 RIPP 开发的新一代 RHT 系列渣油加氢催化剂，五反装填的脱残炭脱硫催化剂 RCS-31B 采用布袋装填方式，脱残炭脱硫催化剂

RCS-31B-1.3采用密相装填方式，在确保催化剂整体脱残炭性能的前提下，减缓五反压降的上升速率。

3.2 降低原料油钙、铁等杂质含量

渣油中的有机钙会在催化剂(保护剂)外表面发生加氢脱钙反应，生成的CaS以结晶的形式沉积在催化剂颗粒外表面[4]。沉积的CaS会降低催化剂床层的空隙率，增加了油气在催化剂床层内的流动阻力，从而导致反应器压降增加和催化剂利用率降低[1]。安庆石化公司渣油加氢装置原料主要来自两套常减压装置，优化常减压装置脱钙设施操作，比选脱钙剂，选择性能优异的脱钙剂注入，将渣油中易脱除的钙尽可能的脱除，以降低渣油加氢装置原料油中的钙含量。

原料油中所含的油溶性铁主要是环烷酸铁，是在原油加工、输送及贮存过程中腐蚀形成的，在反应器中很容易与硫化氢反应生成硫化铁。硫化铁族之间的吸引力较强，很容易聚集并铺盖在催化剂床层上部，造成床层顶部结盖。硫化铁又可起到自催化反应作用，能促进结焦反应，进而加快床层堵塞[2]。因此，降低原料油铁含量是减缓反应器压降上升的又一主要手段。安庆石化公司采取多种措施降低原料油中的铁含量：①渣油、蜡油原料尽可能采取装置间直供的方式，罐区渣油、蜡油进渣油加氢装置流程维持活线量，以减少原料油贮存时间以及缩短原料油的输送路径；②渣油、蜡油在管道内混合后进入渣油加氢装置原料罐，不设渣油专用稀释油罐；③灵活调整掺渣量，在原料油性质较好时提高掺渣率，在原料油性质劣化时适当降低掺渣率，以控制原料油性质符合要求。

3.3 切出一反或切换一反的工程技术应用

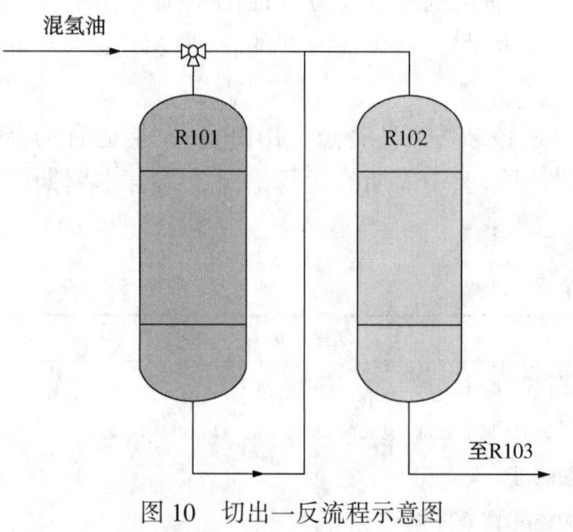

图10 切出一反流程示意图

渣油加氢装置生产过程中，反应器压降的上升是制约装置长周期运行的主要因素。由于一反装填的是保护剂和脱金属剂，主要起到脱除原料油中的金属等杂质，保护后面四台反应器催化剂的作用，因此，一反压降上升速率明显高于其他四台反应器，催化剂失活速率也较快。为延长装置生产运行周期，可在一反压降达到设计值时，将一反切出反应系统，工艺流程示意图如图10所示。

RUN-1~RUN-3切出一反时，均为一次性切出，采取缓慢分步操作方式，每次调整后均稳定1~2h，观察一反催化剂各床层温度变化情况，直至将一反切出反应系统，一般耗时约8h。RUN4切出一反时，调整一反入口三通阀开度，将反应器部分切出反应系统，当一反催化剂床层无温升时，继续适当开大一反入口三通阀开度。RUN-4停工时，一反入口混氢油量仍有正常生产时的70%左右。采用分次切出的方式，可充分发挥一反和二反催化剂活性，有效延长装置生产运行周期。

为将渣油加氢装置生产运行周期延长至3年，一反在线切换工程技术理论上可行。即在现有装置基础上增设一台反应器R001，当R101运行至催化剂完全失活后，将原系列一反切出，切入新增的反应器R001与原反应器R102、R103、R104和R105串联。反应器流程设置示意图如图11所示。

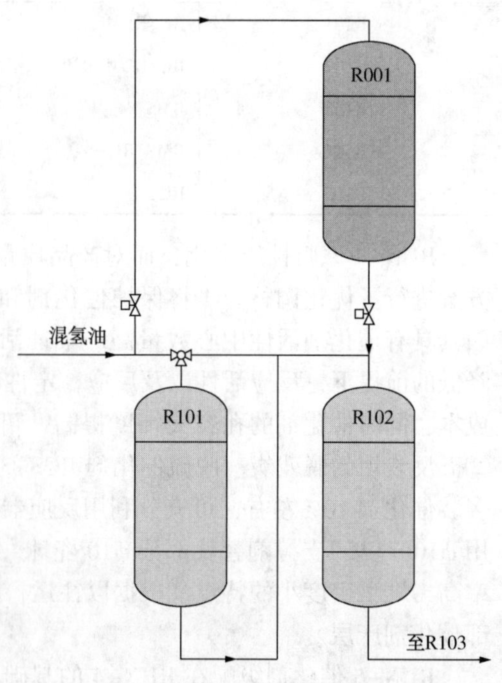

图11 切换一反流程示意图

4 结论

1)渣油加氢装置多周期运行结果表明，RIPP 开发的 S-RHT 催化剂具有较高的加氢活性和较强的稳定性，催化剂脱硫、脱残炭和脱氮等性能均能满足要求，在降低催化剂堆积密度的前提下，催化剂活性和稳定性进一步提升，可为催化裂化装置提供优质的原料。

2)通过 RUN-1~RUN-4 运行情况来看，一反切出工艺技术可行，一反切出对产品质量没有影响。一次性切出一反可以延长装置运行周期 2~3 个月，多次部分切出可以延长装置运行周期 3 个月以上，可最大限度的发挥催化剂的活性。

3)通过采取优化催化剂级配，降低原料油钙、铁等杂质含量，优化一反切出方式等措施，渣油加氢装置生产周期逐渐延长至 560d，各反应器催化剂仍保留有较高活性，有较大生产运行空间。

参 考 文 献

[1] 李大东，聂红，孙丽丽．加氢处理工艺与工程[M]．2 版．北京：中国石化出版社，2016.
[2] 吴锐，蒋立敬，韩照明．固定床渣油加氢反应器结构原因分析及对策[J]．当代化工，2012，41(4)：366-370.
[3] 李立权．延长固定床渣油加氢装置运行周期探讨炼[J]．油技术与工程，2017，47(4)：1-8.
[4] 郭大光，戴立顺．工业装置渣油加氢脱金属催化剂结块成因的探讨[J]．石油炼制与化工，2003，34(4)：47-49.

渣油加氢装置运行周期的经济性分析

徐宝平

（中国石化金陵石化公司　江苏南京　255400）

摘　要　文章用EXCEL软件，将渣油加氢装置生产负荷、催化剂费用和运行费用等关键经济性指标进行关联并建立了数学模型。通过多元变量的优化，计算出经济性较好的运行周期，选择合理的检修周期，指导催化剂装填方法的级配、催化剂费用的控制和渣油加氢装置的生产。

关键词　渣油加氢；固定床催化剂；石油化工；石油炼制；生产优化

石油炼制过程中，渣油加氢是实现重油脱硫、重油轻质化，实现石油资源的清洁、高效利用的重要环节[1]。在渣油加氢处理技术中，固定床渣油加氢技术是未来很长一段时间之内的主要技术，而在固定床渣油加氢未来的发展中，延长装置的运行周期和劣质原料的加工处理是研发的主要突破点[2]。

渣油加氢催化剂是一种内部多孔的颗粒状固体，而所加工的原料是含固体杂质和多种金属的重石油组分。随着生产的持续进行，催化剂内部的微小孔道会被固体杂质和多种金属化合物污染，此时，可以通过提高加热炉温度或降低冷氢流量来弥补固定床上催化剂活性的下降。采用下流式反应器的渣油加氢装置，单个反应器的压降受限于单个反应器底部催化剂支撑篮的承受压力（一般为0.8 MPa），多个反应器的全压降则受限于循环氢压缩机的供氢能力。当单个反应器的压降接近最大限值时，可以微量调整反应器温度（即黏度）来维持生产。当多个反应器的全压降接近最大限制（3.2~3.7 MPa）时，则需要降低原料中的渣油比例或降低生产负荷来维持生产。渣油加氢装置在反应器装填好催化剂后，即可启动压缩机升压至15~16 MPa，投用加热炉提温至340~360℃，然后开始对渣油、蜡油的混合原料进行脱硫、脱氮、脱金属和脱残炭的生产。当上述各种方法无法维持循环氢流量、床层温度和产品质量时，装置就需要停工更换催化剂。

在生产运行中，一套渣油加氢装置每年能产生多大的经济效益，是选择花4000万换一次催化剂开12个月，还是选择花6000万换一次催化剂开24个月，这是生产技术管理面临的一个复杂问题，需要用专业的数学方法进行精打细算，才能给出正确的答案。

1　影响渣油加氢装置经济性的因素

1.1　催化剂费用

催化剂采购费用主要包括前置保护剂、脱金属催化剂、脱硫催化剂和脱残炭催化剂组成。针对不同的原料、掺渣比和装置运行时长要求，催化剂的装填品种和装填数量都有所不同。以1.8Mt/a的渣油加氢装置为例，2010~2014年间，催化剂费用达到7000~8000万元人民币。随着技术推广的深入和渣油加氢装置数量的增加，供应商之间的竞争也日趋激烈，2015年后，该规模的渣油加氢催化剂价格回落至4500~5500万元人民币。

1.2　生产负荷

渣油加氢装置生产负荷是指原料总量与设计值的比值。新换催化剂后，床层压降较低，催化剂活性提高，装置负荷接近100%；随着运行时间的延长，催化剂床层压降上升，催化剂活性下降，装置负荷逐步下降；到运行末期，装置的负荷率可以低至70%。

1.3　掺渣比例

在运行周期中，原料中渣油比例是根据催化剂性能和产品质量逐步下调的。初期掺渣比可以达到

65%，在22个月后的末期降至45%，具体如图1所示。

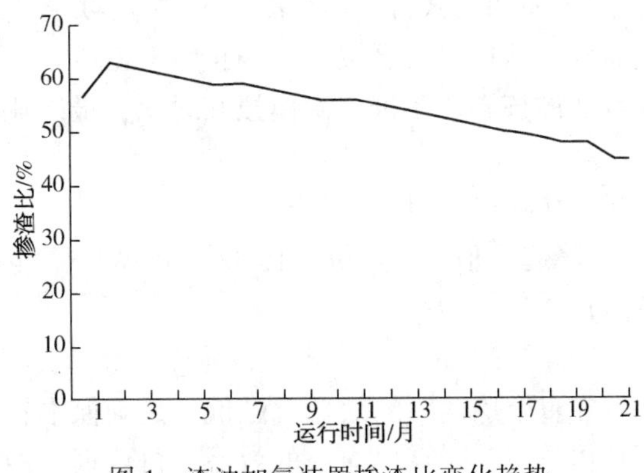

图1 渣油加氢装置掺渣比变化趋势

1.4 压缩机动力消耗

渣油加氢装置的氢气是从压缩机出口，到反应器、分离器、脱硫塔，后再到循环氢压缩机入口进行内部循环的，压缩机所消耗的动力主要是克服反应器的阻力。随着渣油加氢装置运行时间的延长，催化剂床层压降逐渐上升，这不仅降低了生产负荷和掺渣比例，还增加循环氢压缩机的氢气消耗，不利于维持装置长期较好的经济效益。所以，理想的催化剂床层是压降小，动力费用低。

1.5 卸剂时长

以1.8Mt/a的渣油加氢装置为例，刚投产时，各床层催化剂呈颗粒状自然堆积。停工前，催化剂上沉积了约150t积炭、50t重质污油和200余t金属，各床层颗粒状催化剂变成坚硬的板结状。停工后，需要人工破碎，才能从反应器卸出各反应器的催化剂。末期床层越高，则上述物质的沉积数量越大、越致密，人工破碎的工作量越大。由于板结程度的不同，卸剂时间短至15d，长则达到36d。这种较大的差异，也是影响渣油加氢装置经济性的一个重要因素。

渣油加氢装置负荷有两种定义：一种是按运行计算的日平均负荷；另外一种是按照年日历天数计算的日历日负荷。卸剂时长不会影响日平均负荷数值，但是会影响日历日负荷。

2 软件的编制

为了便于用户自定义变量，便于用户对编制方法的改进，本软件开放用户权限，选择技术人员比较熟悉的EXCEL软件进行编制。

2.1 逻辑关系的编制

软件总体逻辑关系如图2所示。

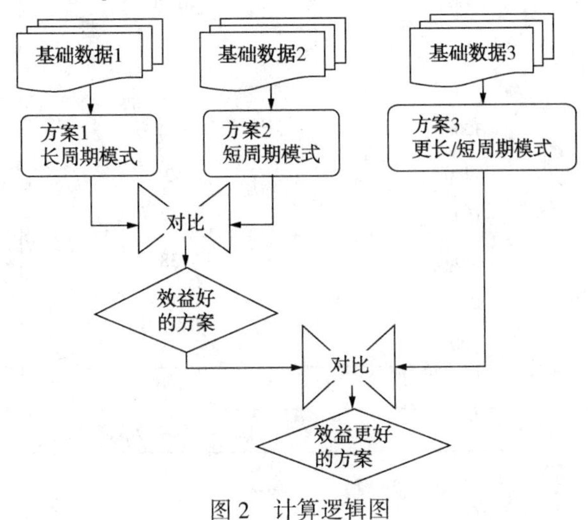

图2 计算逻辑图

2.2 测算软件的编制

在Excel文件中，分别设置“长周期模式计算表”表单和“短周期模式计算表”表单。催化剂价格、催化剂数量、反应床阻力和装置运行数据等需要按照序号，凭手工填写。而“全床层压降”是指数级的变化关系，也是全周期模拟是计算的核心。经过多次模拟和对比，最终比较接近实际工况的计算公式如下：

全床层压降=“长周期床层阻力因子”*“压降因子”。

其中，床层阻力因子=“阻力降起始值”+“月份”/10000*POWER[“阻力因子调整值(介于10~13之间)”/10，POWER(“月份”，0.5)]。

2.3 对比关系的编制

如何客观评价渣油加氢装置在整个炼油厂的效益贡献值，是确保本软件计算结果准确性的核心内容。这需要依据上年度炼油厂总体效益，测算出原油的效益。再依据蜡油、渣油在产品结构和动力成本差异，测算出渣油的效益。表1、表2和表3为炼油厂在三种不同油价下炼油厂的效益测算结果。

表1 高油价格下的炼油厂效益测算

名称	价格/(元/t)	比例/%	加权价格/(元/t)
原料 原油	3300	99.85	3295
氢气	15000	0.150	23
动力			180
合计			3498
产品 炼油厂气	3000	8	240
化工料	5000	9	450
汽油	4500	30	1350
柴油	4200	37	1554
焦炭	800	11	88
烧焦	600	5	30
合计		100	3712
效益	214.45(元/t)		

表2 中油价格下的炼油厂效益测算

名称	价格/(元/t)	比例/%	加权价格/(元/t)
原料 原油	3200	99.80	3194
氢气	15000	0.20	30
动力			200
合计			3424
产品 炼油厂气	3000	10	300
化工料	5000	2	100
汽油	4500	32	1440
柴油	4200	38	1596
焦炭	800	0	0
烧焦	600	18	108
合计		100	3544
效益	120.4(元/t)		

表 3 低油价格下的炼油厂效益测算

名　称		价格/(元/t)	比例/%	加权价格/(元/t)
原料	原油	2700	99.70	2692
	氢气	15000	0.30	45
	动力			350
	合计			3087
产品	炼油厂气	3000	16	480
	化工料	5000	0	0
	汽油	4500	25	1125
	柴油	4200	33	1386
	焦炭	800	0	0
	烧焦	600	26	156
合计			100	3147
效益		60.1(元/t)		

上表测算表明，每吨原油的效益为 214 元，按照 18Mt/a 的炼油厂测算，年效益为 36 亿元，基本符合 2018 年度我国沿海炼油厂的实际情况。每吨蜡油、渣油的效益分别为 120 元/t 和 60 元/t 也符合渣油加氢、蜡油加氢、催化裂化装置和产品精制的实际情况。

其次要进行长、短运行周期模式在渣油效益范围内的精算测算。如上表渣油加氢 53 元/t 的效益为基准，在此基础之上，进一步地细算渣油加氢装置在 54 元/t 到 66 元/t 之间的精确差异。

3 案例分析

以一个 1.8Mt/a 渣油加氢装置为例，分别设置长运行周期为 660d 和短运行周期为 450d 的两种模式，具体数据见表 4。

表 4 渣油加氢装置长、短周期测算的基准数据

项　　目	长周期模式	短周期模式	差异
运行时间/d	660	450	210
催化剂费用/万元	5160	4200	960
平均掺渣比/%	54.49	62.13	-7.65
催化剂成本元/t	14.55	17.28	-2.74
日平均掺渣量吨/d	2707	2900	-193
床层压降起始值/MPa	0.3620	0.45495	-0.09
卸剂时间/d	26	33	-7

按照软件计算测得：两种模式的平衡点在渣油加氢装置效益为 60 元/t 的情况，如图 3 所示。具体结论是：当渣油加氢装置的效益大于 60 元/t 时，宜采用短周期运行模式；当渣油加氢装置的效益低于60 元/t 时，宜采用长周期运行模式。具体差异如表 5 所示。

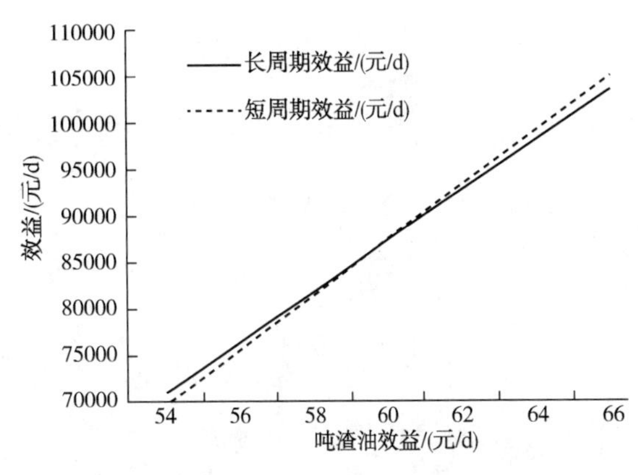

图 3 渣油加氢装置长、短周期效益差异的平衡点

表5 渣油加氢装置长、短周期效益差异

渣油效益/(元/t)	长周期模式效益/(元/d)	短周期模式效益/(元/d)	效益差异/(元/d)
54	70 935	69 613	1322
56	76 348	75 412	936
58	81 762	81 212	550
60	87 175	87 011	164
62	92 589	92 811	-222
64	98 002	98 611	-608
66	103 416	104 410	-995

4 结论

通过上述论述和模拟，炼油厂的总体经济效益和渣油加氢装置的经济效益得到了充分验证。由此进行的渣油加氢装置在长、短周期运行模式下的效益差异也能得到精确展示，结论如下：

1)国际油价及渣油经渣油加氢装置的经济效益在测算中的权重很大。

2)渣油加氢装置在不同的炼油效益形势下，长、短周期的运行效益差异较大，是炼油厂效益管理中的重要环节。

3)渣油加氢装置效益好时，可以适当增加催化剂费用，即也宜采用较短周期；反之则宜采用较长的运行周期。

4)在本次验算案例中，每吨渣油的加氢效益高于60元时，适宜短周期运行；反之则宜采用长周期运行的经济模式。

上述测算结论只针对文中案例，并不一定适应其它炼油厂的生产过程和各装置的实际运行情况。由于篇幅有限，文中所涉软件的编制过程和功能也未详尽叙述。

参考文献

[1] 涂彬，夏登刚. 1.7Mt/a渣油加氢装置超长周期运行分析[J]. 石油炼制与化工，49，12.
[2] 严吉国，邓强. 渣油加氢技术应用现状及发展前景[J]. 化工设计通讯，44，12.

渣油加氢催化剂性能对比分析

张团结

（中国石化金陵石化公司　江苏南京　210033）

摘　要　金陵Ⅰ、Ⅱ渣油加氢装置已完整累计运行共5个周期，使用了3家公司的催化剂，通过分析催化剂脱硫、脱金属、脱残炭性能，及各周期反应器床层温升、径向温差、床层压降、均温及总均温等因素。综合对比催化剂的活性与稳定性，总结经验，相互借鉴优点，为装置的长、稳、优运行提供参考。

关键词　渣油加氢；催化剂；活性；稳定性

1　各周运行概况

中国石化金陵石化公司现在运两套固定床渣油加氢装置，1.8Mt/a 渣油加氢装置(简称Ⅰ渣加)及 2.0Mt/a 渣油加氢装置(简称Ⅱ渣加)于 2017 年 7 月建成投产。两套装置流程相同，均采用抚顺石油化工研究院(FRIPP)提供的设计基础数据进行设计，反应部分采用热高分工艺流程，分馏部分采用汽提塔+分馏塔流程。加工减压渣油及部分蜡油，为下游催化裂化装置提供合格进料。其中，1.8Mt/a 渣加第一周期采用 A 公司开发的渣油加氢催化剂，第二周期换用 B 公司开发的催化剂，第三周期换用国外 C 公司开发的催化剂，第四周期换用 B 公司开发的催化剂；2.0Mt/a 渣加装置(Ⅱ渣加)第一周期采用 A 公司开发的二代渣油加氢催化剂。

1.1　各周期催化剂信息

表 1 为各周期催化剂信息，各周期运行天数如图 1 所示。开始日期均以掺入渣油时计，结束日期均以停渣油时计。

表 1　金陵 1.8Mt/a 及 2.0Mt/a 渣油加氢各周期催化剂信息

渣油加氢	开始日期	结束日期	运行天数/d	厂家	催化剂重量/t	催化剂体积/m^3
Ⅰ渣加　第 1 周期	2012 年 10 月 9 日	2014 年 2 月 18 日	497	A 公司	656.925	1174.44
Ⅰ渣加　第 2 周期	2014 年 4 月 9 日	2015 年 8 月 19 日	497	B 公司	662.15	1189.68
Ⅰ渣加　第 3 周期	2015 年 9 月 30 日	2016 年 11 月 30 日	427	C 公司	623.35	1146.48
Ⅰ渣加　第 4 周期	2017 年 1 月 11 日	2018 年 11 月 18 日	676	B 公司	596.15	1170.7
Ⅱ渣加　第 1 周期	2017 年 8 月 6 日	2019 年 4 月 16 日	618	A 公司	661.22	1246.52

渣油加氢催化剂设计的最大使用寿命为 16 个月左右，即 480d 左右，从图 1 可以发现，除Ⅰ渣加第三周期外，其余周期均已达到最大使用寿命，额外创造了一定收益。Ⅰ渣加第三周期催化剂使用短因受催化裂化装置、常减压装置按计划停工大检修，受全厂生产负荷平衡影响。Ⅰ渣加第四周期的催化剂使用时间较长的原因也是受全厂平衡的影响，运行 18 个月后，催化剂失活严重，只有降低掺渣低于 50%来维持生产，在催化剂卸剂带来了一定困难，卸剂时间长达 28d，延长了检修时间。Ⅱ渣加第一周期运行较好，全周期均保持较高的掺渣率，但卸剂也遇到一定

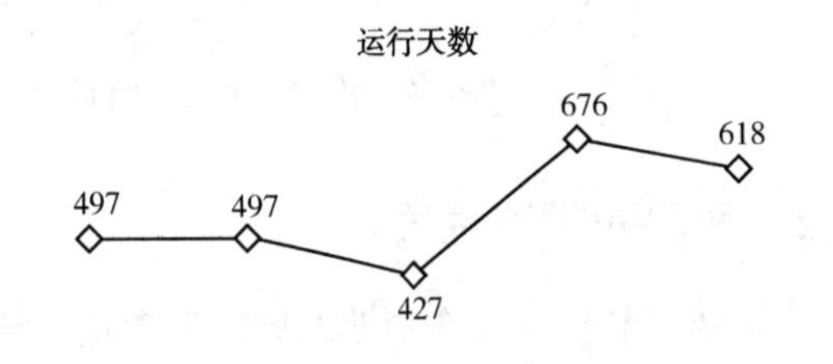

图 1　各运转周期的运行天数比较

注：文中图中“Ⅰ-1A 公司”表示Ⅰ渣加第一周期用的 A 公司催化剂；“Ⅱ-1A 公司”表示Ⅱ渣加第一周期用的 A 公司催化剂，其他类推。

的困难。催化剂运行时间还受产品质量、反应器热点、反应器床层压降高(每个反应器设计压降≤0.8MPa，系统压降≤3.7 MPa)及其他因素的影响。

1.2 各周期加工原料情况

各周期加工原料情况对比见表2。

表2 各周期加工原料情况对比分析

渣油加氢	新鲜进料量/t		掺渣量/t		平均掺渣率/%
	累计总量	平均每小时量/(t/h)	累计总量	平均每小时量/(t/h)	
Ⅰ渣加 第1周期	2696440	226	1233272	103	45.74
Ⅰ渣加 第2周期	2635054	221	1514216	127	57.46
Ⅰ渣加 第3周期	2360145	230	1335510	130	56.59
Ⅰ渣加 第4周期	3490664	215	1863094	115	53.37%
Ⅱ渣加 第1周期	3758239	253	2125005	143	56.54

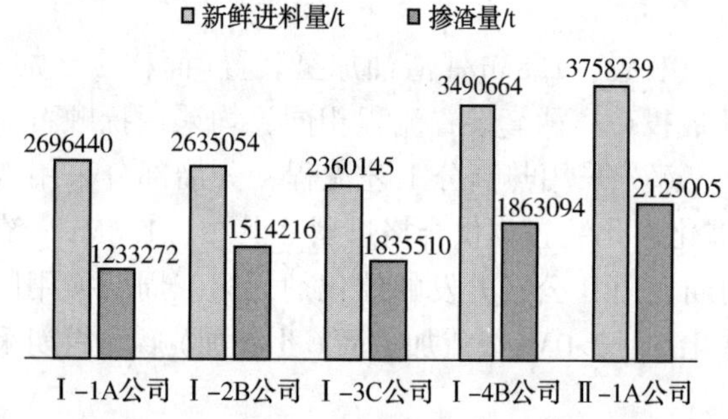

图2 各运转周期总进料量及总加工渣油量

如图2~图4所示，Ⅰ渣加前四周期相比，每周期的平均新鲜进料量均在设计处理量的225t/h左右，第四周期由于运行时间最长，其总处理量和总加工渣油量均为最大，第三周期平均每小时新鲜进料量、平均每小时加工渣油量较高。Ⅱ渣加由于其设计量较大，其第一周期总处理量和总加工渣油量均比Ⅰ渣加前四周期高，平均每小时新鲜进料量也为最高，并且超出了设计值250t/h，平均每小时加工渣油量也为最高。

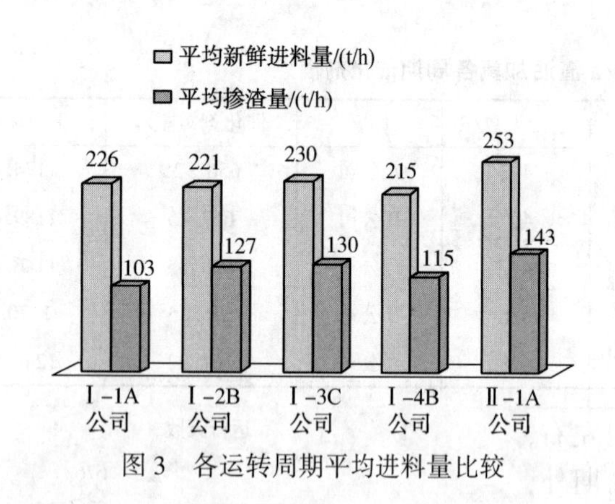

图3 各运转周期平均进料量比较

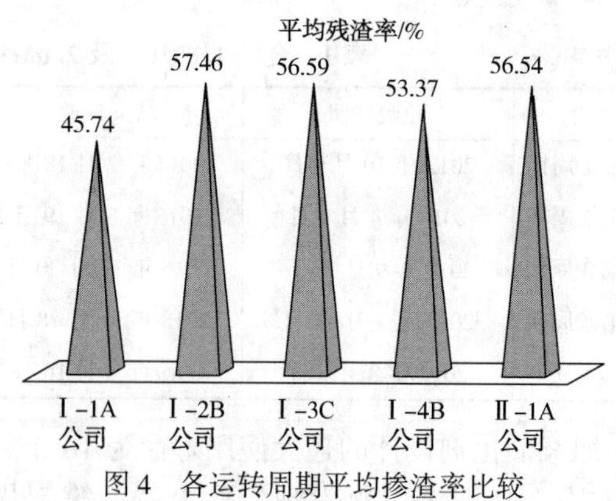

图4 各运转周期平均掺渣率比较

2 原料和常渣性质

两套装置共5个周期的原料硫含量，金属含量(尤其钙离子、铁离子)含量均较高，多次超工艺限定值，加工的渣油性质较差。

2.1 硫含量

由表3及图5~图6数据可以看出，加氢常渣硫含量均满足指标(不大于0.65%)要求，催化剂脱硫活性水平发挥正常。Ⅰ渣加第一周期原料平均硫含量最低，催化剂脱硫负荷小，所以其常渣平均硫含量最低，而Ⅱ渣加第一周期与Ⅰ渣加前四周期相比，原料平均硫含量最高，达到了工艺限制值3.38%，经过催化剂脱硫后，其常渣平均硫含量较低，平均脱硫率较高，平均脱硫性能最优；每周期在运行到第14个月时，Ⅰ渣加第三周期在第14月内的月平均脱硫率最高，Ⅰ渣加第一周期与Ⅱ渣加第一周期次之。

表3　各周期原料和常渣平均硫含量及平均脱硫率对比分析

渣油加氢	原料平均硫含量/%		常渣平均硫含量/%		平均脱硫率/%	
	周期值	第14月值	周期值	第14月值	周期值	第14月值
Ⅰ渣加　第1周期	2.89	2.7	0.343	0.37	88	88.41
Ⅰ渣加　第2周期	3.2	3.03	0.5	0.46	84	87.44
Ⅰ渣加　第3周期	3.14	3.87	0.45	0.48	86	89.17
Ⅰ渣加　第4周期	3.3	3.03	0.5	0.48	85	86.36
Ⅱ渣加　第1周期	3.38	3.3	0.408	0.40	88	88.58

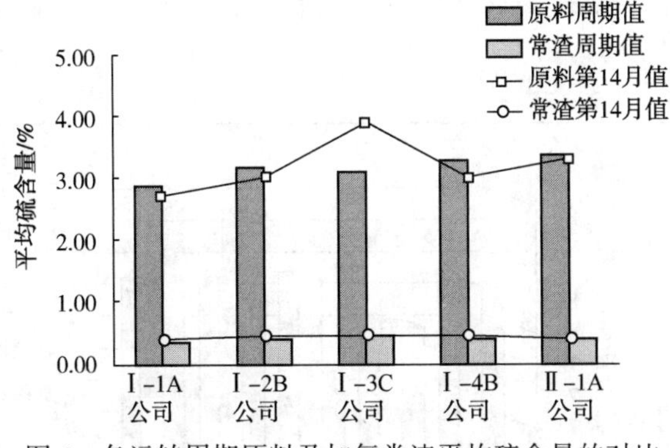

图5　各运转周期原料及加氢常渣平均硫含量的对比

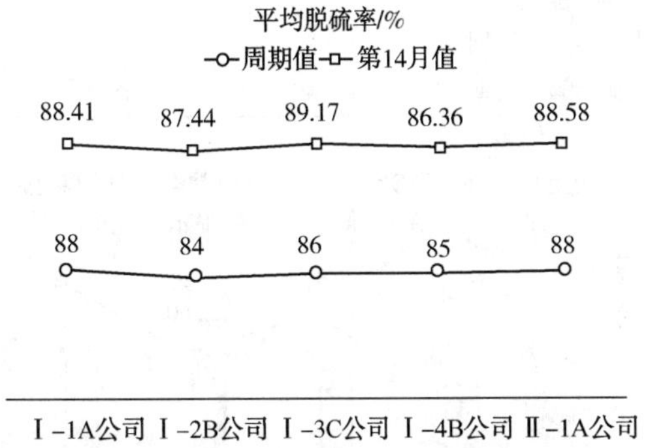

图6　各运转周期平均脱硫率的对比

2.2　残炭值

油品残炭量的多少代表了油品中的高沸点组分如多环芳烃、胶质和沥青质等在加工过程中的生焦趋势，一般用残炭值表示，如表4及图7~图8所示。

表4　各周期原料和常渣平均残炭值及平均脱残炭率对比分析

%

渣油加氢	原料平均残炭含量		常渣平均残炭含量		平均脱残炭率	
	周期值	第14月值	周期值	第14月值	周期值	第14月值
Ⅰ渣加　第1周期	9.0	7.62	4.2	3.7	59	58.93
Ⅰ渣加　第2周期	10	10	5.0	5.21	50	56.89
Ⅰ渣加　第3周期	10	10.26	4.5	4.32	55	63.25
Ⅰ渣加　第4周期	11	8.9	5.0	4.21	55	59.26
Ⅱ渣加　第1周期	10.11	10.2	4.09	3.91	59.5	63.89

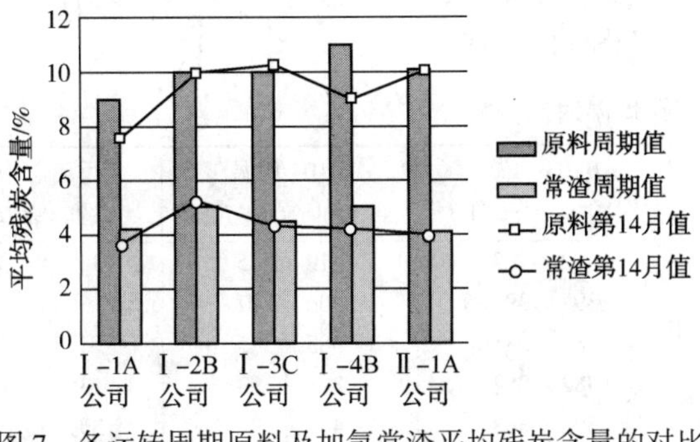

图7　各运转周期原料及加氢常渣平均残炭含量的对比

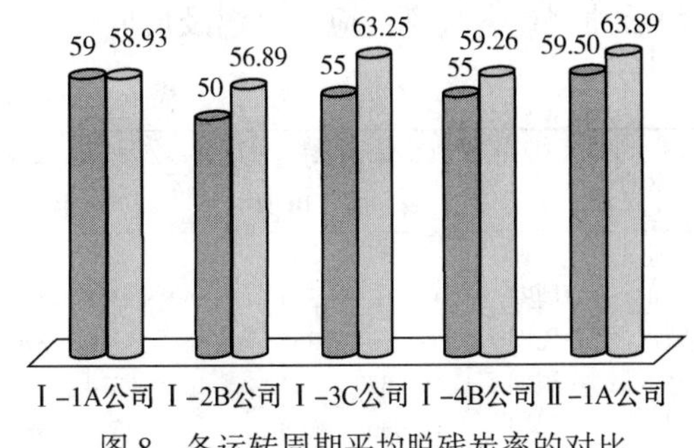

图8　各运转周期平均脱残炭率的对比

由上述数据可以看出，Ⅱ渣加第一周期与Ⅰ渣加前四周期相比，原料平均残炭含量差别不大，常渣平均残炭含量较低，平均脱残炭率最高。无论整个周期还是运行到第14个月，Ⅱ渣加第一周期与Ⅰ渣加第一周期经过加氢后的常渣残炭含量均较低，平均脱残炭率较高，即A公司的催化剂在脱残炭性能方面表现较优良，Ⅰ渣加第三周期次之。

2.3 金属含量

各周期原料及常渣金属含量对比见表5及图9~图10。

表5 各周期原料和常渣金属含量及平均脱金属(Ni+V)率对比分析

渣油加氢	原料金属(Ni+V)/(μg/g)		常渣金属(Ni+V)/(μg/g)		平均脱金属(Ni+V)率/%	
	周期值	第14月值	周期值	第14月值	周期值	第14月值
Ⅰ渣加 第1周期	26.44	31.5	5.34	6.5	80	82.55
Ⅰ渣加 第2周期	50	48	10	12.5	80	78.45
Ⅰ渣加 第3周期	55	71.2	13	13.8	76	83.08
Ⅰ渣加 第4周期	70	60.3	9	12.1	87	82.72
Ⅱ渣加 第1周期	68.40	81.9	11.29	15.0	83	82.75

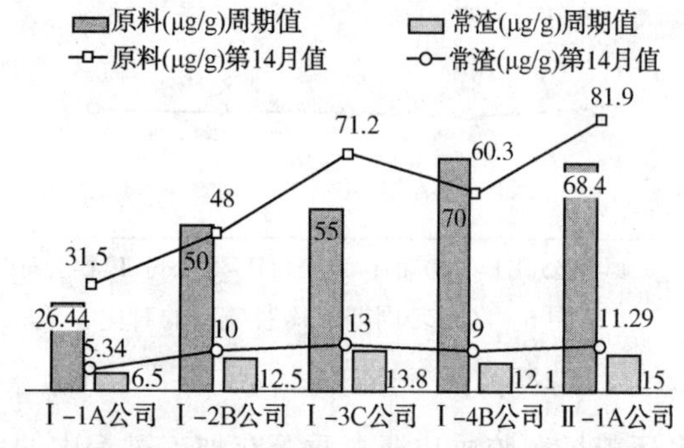

图9 各运转周期平均原料及加氢常渣金属含量的对比

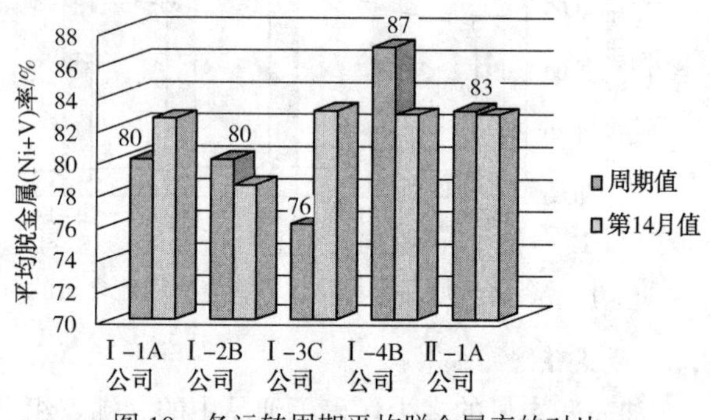

图10 各运转周期平均脱金属率的对比

由上述数据可以看出，常渣平均金属(Ni+V)含量(μg/g)都低于设计值15μg/g。运行14个月后，五个周期在第14个月的月平均脱金属率相差不大。Ⅱ渣加第一周期催化剂体系容金属(Ni+V+Fe+Ca+Na)量约为243.12t，其中Ni+V沉积量达到215.54t，创造了同规模渣油加氢装置最高容金属量的记录。Ⅰ渣加第一周期由于原料平均金属(Ni+V)含量(μg/g)最低，所以常渣平均金属(Ni+V)含量(μg/g)最低。Ⅰ渣加第四周期原料平均金属(Ni+V)含量(μg/g)最高，平均脱金属(Ni+V)率最高，Ⅰ渣加第四周期平均脱金属(Ni+V)性能最优，B公司的催化剂在脱金属性能方面表现较优良。

3 催化剂性能分析

3.1 各反应器均温及总均温分析

随着装置运行时间的延长，催化剂活性逐渐下降，此时，必须相应提高反应温度，以保持一定的催化剂活性[1]。各周期反应器均温及反应温度如表6及图11所示。

表6 各周期反应器均温对比分析 ℃

渣油加氢	R101均温 末期/第14月	R102均温 末期/第14月	R103均温 末期/第14月	R104均温 末期/第14月	反应总均温 末期/第14月
Ⅰ渣加 第1周期	387 / 382	396 / 393	402 / 403	412 / 415	402.4 / 400
Ⅰ渣加 第2周期	379 / 374	388 / 385	397 / 390	406 / 407	394 / 390
Ⅰ渣加 第3周期	364 / 365	370 / 370	382 / 381	385 / 385	377 / 376
Ⅰ渣加 第4周期	372 / 364	374 / 373	382 / 383	391 / 393	383 / 380
Ⅱ渣加 第1周期	368 / 368	391 / 387	395 / 388	401 / 394	391.6 / 386

由上述数据可以看出，五个周期对比，Ⅰ渣加第一周期反应末期各反应器均温及反应总均温都是最高的。同样运行 14 个月后，五个周期中，Ⅰ渣加第三周期各反应器均温及反应总均温都是最低的，且Ⅰ渣加第三周期各反应器均温及反应总均温上升较慢，说明催化剂活性较好，不需要过高地提高反应温度进行补偿。Ⅰ渣加第四周期次之。

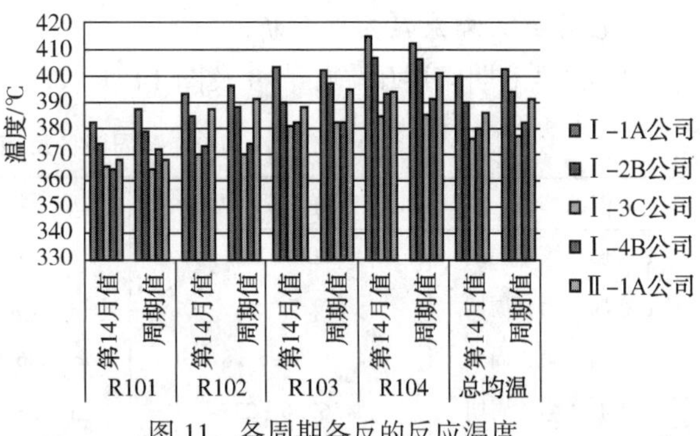

图 11 各周期各反的反应温度

3.2 反应器末期床层温升分析

反应器末期床层温升如表 7 及图 12 所示。

表 7 各周期各反应器末期床层温升对比分析 ℃

渣油加氢末期/第 14 月	R101 温升	R102 温升	R103 温升	R104 温升	总温升
Ⅰ渣加 第 1 周期	19.7 / 13.1	17.1 / 13.6	25.8 / 17.3	11.1 / 11.2	73.7 / 55.2
Ⅰ渣加 第 2 周期	17.7 / 12.3	28.0 / 19.9	27.2 / 19.7	17.5 / 15.7	90.4 / 67.6
Ⅰ渣加 第 3 周期	14.4 / 16.1	26.2 / 23.7	25.5 / 22.9	15.2 / 14.7	81.3 /77.4
Ⅰ渣加 第 4 周期	4.2 / 11.1	12.8 / 14.3	18.2 / 19.3	12.1 / 16.9	47.3 / 61.6
Ⅱ渣加 第 1 周期	7.4 / 9	42.3 / 24	27.5 / 17	21 / 17	98.2 / 67

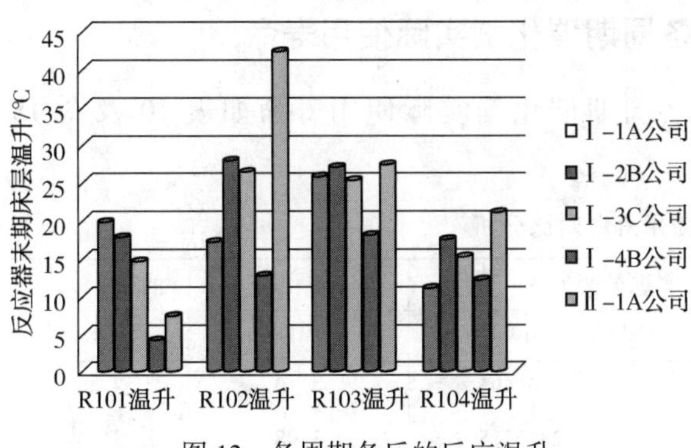

图 12 各周期各反的反应温升

由上述数据可以看出，五个周期各反应器末期的床层温升基本都在控制指标范围内(<30℃)，只有Ⅱ渣加第一周期二反 R102 由于末期原料劣质，硫含量达到 4.5% 以上，末期的床层温升高，达到了 42.3℃，目的是将催化剂的活性用尽。Ⅱ渣加第一周期末期三反 R103、四反 R104 温升既在指标内，又较高，表明末期催化剂还有较强的脱硫、脱氮、脱残炭反应活性，故 A 公司的催化剂在控制床层温升方面表现较优良。

3.3 反应器末期径向温差分析

反应器末期温差如表 8 及图 13 所示。

表 8 各周期各反应器末期径向温差对比分析 ℃

渣油加氢	R101 径向温差	R102 径向温差	R103 径向温差	R104 径向温差
Ⅰ渣加 第 1 周期	40	15	12	12
Ⅰ渣加 第 2 周期	12	30	8	10
Ⅰ渣加 第 3 周期	5	3.5	6.1	4
Ⅰ渣加 第 4 周期	34	15	12	8
Ⅱ渣加 第 1 周期	3	6	2	2

由上述数据可以看出，Ⅰ渣加第一周期反应器末期径向温差最大，由于反应器分配盘分配效果不好导致热点产生，进而产生较大径向温差，Ⅰ渣加自第三周期起将 4 个反应器分配盘全部更换为“壳牌”公司的高效分配盘，径向温差大幅好转。由于Ⅰ渣加第四周期运行时间较长，所以径向温差也较大。Ⅱ渣加第一周期各反应器末期径向温差最小，并且运行时间较长。Ⅰ渣加第三周期各反应器末期径向温差次之。

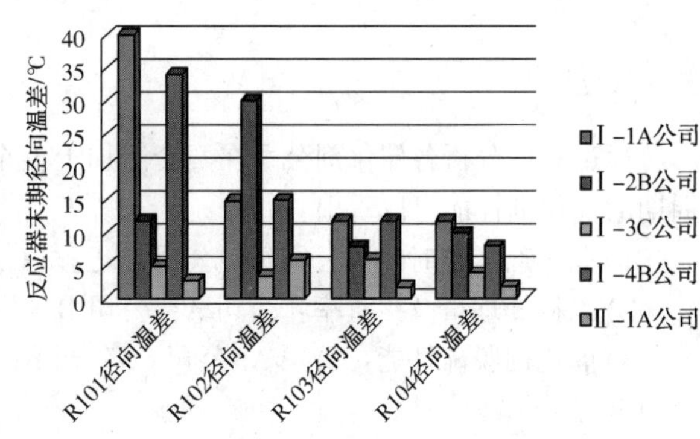

图 13 各周期各反的反应径向温差

3.4 反应器末期床层压降分析

反应器末期床层压降如表9及图14所示。

表9 各周期各反应器末期床层压降对比分析 kPa

渣油加氢	R101 压降末期 第14月	R102 压降末期 第14月	R103 压降末期 第14月	R104 压降末期 第14月
Ⅰ渣加 第1周期	208 184	678 568.4	317 332	184 87.9
Ⅰ渣加 第2周期	119.7 56.7	706.7 346	341.3 194	101.8 101
Ⅰ渣加 第3周期	65.6 57.8	206.9 189.6	224.3 216.3	136.9 131
Ⅰ渣加 第4周期	567.6 233	838.9 255	165.3 200	146.7 133
Ⅱ渣加 第1周期	150 114	260 164	270 222	300 262

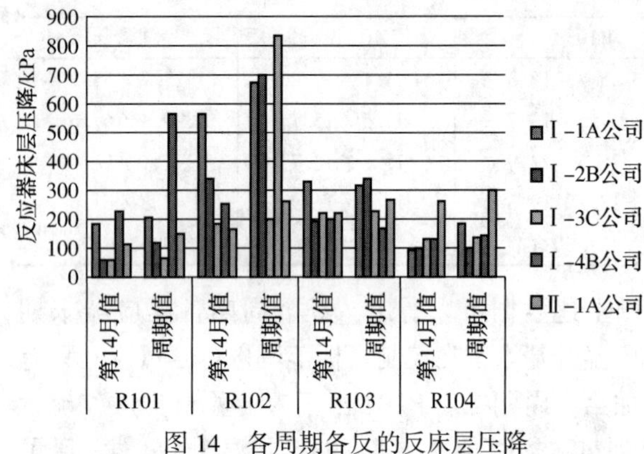

图14 各周期各反的反床层压降

由上述数据可以看出，五个周期各反应器床层压降中，Ⅰ渣加第四周期二反R102压降大于800kPa，超出工艺限制值，Ⅰ渣加第四周期反应器末期床层压降均较大(运行时间最长676d)。运行14个月后，Ⅰ渣加第三周期各反应器末期床层压降都较小，说明催化剂稳定性好、结焦少。

4 各周期催化剂实际使用寿命

各周期催化剂实际使用寿命如表10及图15所示。

表10 各周期催化剂实际使用寿命对比分析

渣油加氢	厂家	催化剂重量/t	新鲜进料量/t		催化剂寿命/(t油/kg)	
			周期	第14月	周期	第14月
Ⅰ渣加 第1周期	A公司	656.925	2696440	2266593	4.10	3.45
Ⅰ渣加 第2周期	B公司	662.15	2635054	2346215	3.98	3.54
Ⅰ渣加 第3周期	C公司	623.35	2360145	2360145	3.79	3.79
Ⅰ渣加 第4周期	B公司	596.15	3490664	2319080	5.86	3.89
Ⅱ渣加 第1周期	A公司	661.22	3758239	2539085	5.68	3.84

由上述数据可以看出，运行14个月后，催化剂实际使用寿命(t油/kg)最优的是Ⅰ渣加第四周期，整周期来看Ⅰ渣加第四周期由于运行时间最长，其催化剂实际使用寿命也是最优，Ⅱ渣加第一周期次之。

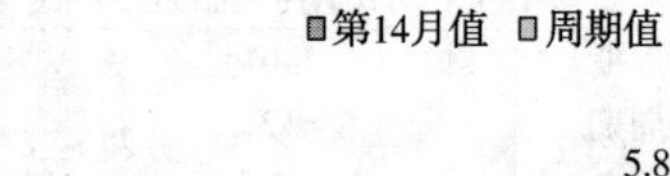

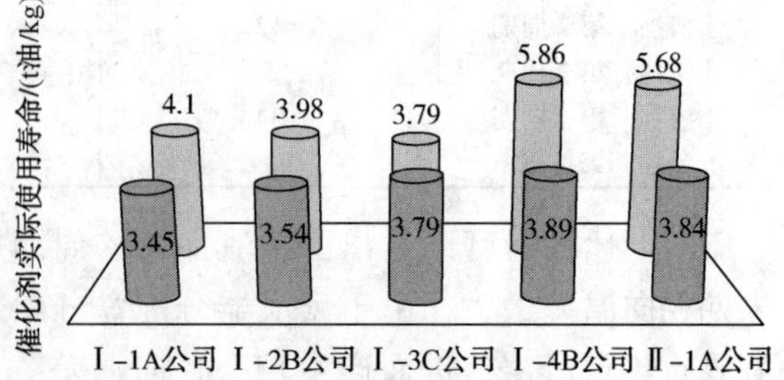

图15 各周期催化剂使用寿命

5 总结

通过对比分析各催化剂公司在两套渣加上五个运转周期的催化剂性能可以看出：

1)催化剂运转时间：公司A≈公司B>公司C；

2)原料处理量及掺渣率：公司A≈公司B≈公司C；

3)催化剂脱硫性能：公司A>公司C>公司B；脱残炭性能：公司A>公司C≈公司B；脱金属性能：公司B>公司A>公司C；

4)径向温差大小：公司B>公司C>公司A；

5)床层压降高低：公司 C>公司 A>公司 B；

6)催化剂实际使用寿命(t 油/kg)：公司 B≈公司 A>公司 C。

综上所述：经过实践检验，公司 A 和公司 B 催化剂可以满足催化剂长周期运行的要求。在相似的原料情况下，公司 A 的总体运行情况和反应性能均优于公司 B。

参 考 文 献

[1] 史开洪，艾中秋．加氢精制装置技术问答[M]．北京：中国石化出版社，2007.

助推炼油厂提升渣油加工能力的固定床渣油加氢成套技术

李明东　宋智博　徐　松　刘凯祥

（中国石化石油工程建设公司　北京　100049）

摘　要　简要介绍了中国石化工程建设有公司（SEI）开发的固定床渣油加氢成套技术，分析了该技术的工艺流程及特点；以现有的2.0Mt/a常规固定床渣油加氢装置改造为例，介绍了技术方案、投资估算、经济效益。本技术利于单系列渣油加氢装置大型化，并可大幅提高装置运转周期，经济效益显著。

关键词　固定床渣油加氢；上行式反应器

1　前言

在全社会对可持续发展和绿色环保的呼声日趋强烈的今天，炼油企业面临的原油性质变重变差、轻质油品需求量上升和燃料油及环保标准更加严格等竞争压力也越来越大，重质油深度加工和清洁燃料生产技术将进一步得到快速发展，并仍将是世界炼油技术发展的主要方向。渣油加氢已开发了四种工艺类型：固定床、沸腾床、浆态床和移动床。在四种工艺类型中，固定床工艺最成熟，易操作且装置投资相对较低，产品加氢渣油可作为催化装置进料，工业应用最多。

国内多家炼油厂均采用固定床渣油加氢+催化裂化组合的全厂原油加工路线，单系列处理量多在2.0Mt/a，装置的实际运行周期通常为11~18个月，造成炼油厂在一个检修周期（4年）内会经历2~3次的渣油加氢装置停工更换催化剂，需靠降低全厂原油加工量、更换原油品种、增大焦化装置生产负荷、在罐区存储部分渣油等方法来应对，炼油厂的经济效益受到很大的影响。

本文以2.0Mt/a常规固定床渣油加氢装置为例，经全装置流程模拟与关键设备核算，介绍改为2.2Mt/a采用SEI成套技术的固定床渣油加氢装置的技术方案、投资估算、经济效益。通过前置上行式保护反应器、在线旁路和膜分离等技术的组合，达到增大装置处理量，并大幅延长装置操作周期的目的。

2　SEI固定床渣油加氢成套技术工艺流程及特点

固定床渣油加氢成套技术工艺流程如图1所示。与常规的渣油加氢工艺技术相比，本技术采用上行式反应器作为前置保护反应器，与下行式固定床反应器相比，上行式保护反应器内介质流动方向与气体扩散方向相同，有利于将少量的新氢气体在反应器催化剂横截面上分配均匀，提高催化剂的利用效率。若采用下行式保护反应器，则较少的新氢将在反应器局部累积，影响原料油在催化剂上的分配效果。同时，上行式保护反应器内介质流动方向与重力方向相反，催化剂床层微微向上膨胀，具有更低的压降和更大的抗压降增加能力，并具有降低投资及容易控制、操作的特点，更有利于发挥前置并保护下游加氢处理催化剂的作用。下行式固定床反应器适合于有大量气体的环境，液体原料油靠大量的气体携带穿过催化剂床层从而消除气、液两相物料分配不均的现象。因此，大量的循环氢经换热并与上行式保护反应器流出的反应生成物混合后，后续的加氢处理反应器采用下行式。

循环氢不经过反应产物与混氢油换热器、加热炉和上行式保护反应器，而是先与反应产物换热后直接与上行式保护反应器流出的反应生成油混合，然后再送至下行式固定床反应器入口。该方案减少了循环氢在反应产物与混氢油换热器、加热炉和上行式保护反应器中的压降，从而减少了循环氢系统的压差，也在同等装置规模的前提下降低了装置的能耗水平，或者在循环氢系统压差相等的前提下可

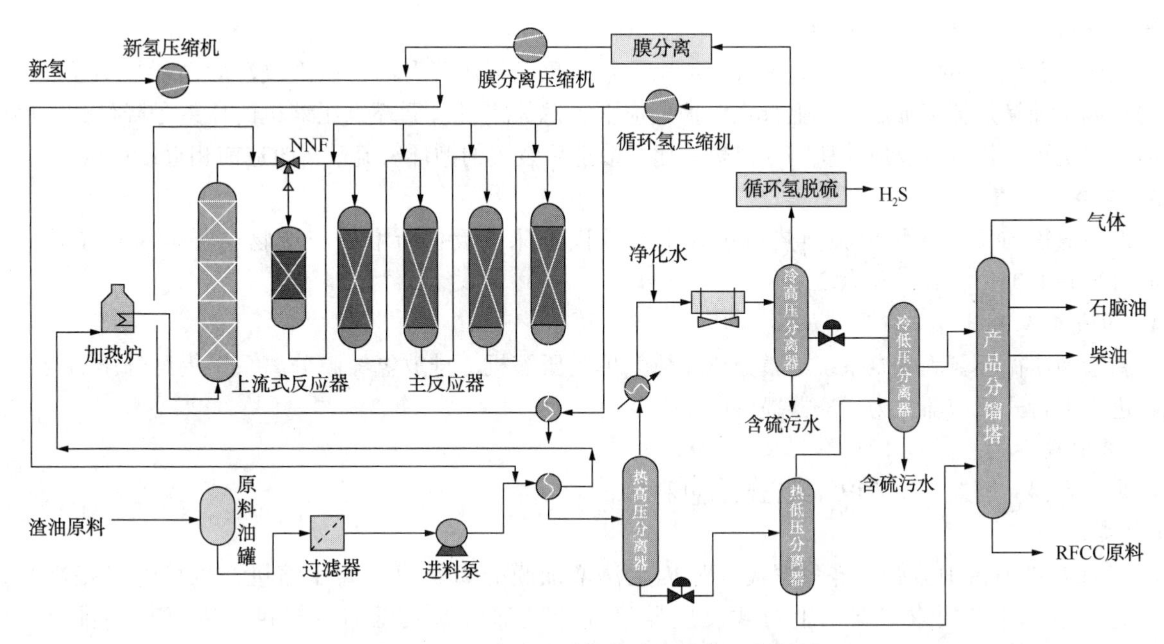

图 1 SEI 固定床渣油加氢成套技术工艺流程

以增加装置的处理量。渣油加氢装置的新氢量折算为氢气/原料油的体积比约为150~200，原料油仅与新氢混合后(常规技术是原料油先与新氢、循环氢一起混合)再参与换热、加热炉加热，保留了气、液两相混合换热、加热提高传热系数的优势，达到了常规加氢工艺减少高压换热器台位数与总换热面积的效果。同时，由于新氢的体积流量远小于循环氢的流量，在达到与常规技术相同平均流速的前提下使混氢原料油经过的换热器、加热炉及相连接的管线尺寸减小，或者采用常规技术的相同尺寸换热器、加热炉及相连接管线的前提下可以大幅度提高单系列的处理能力。

在第一个下行式反应器入口与第二个下行式反应器入口之间设有跨线，在第一个下行式反应器压降达到极限值时，可以切除原料油气直接进入第二个下行式反应器，通过优化两个反应器的催化剂级配方案，在反应末期延长装置的操作周期。该流程已成功在安庆石化等渣油加氢装置成功应用多次，生产上安全可靠。

优化新氢与循环氢系统的流程设置，引入膜分离系统在循环氢与新氢间达成纽带。膜分离提纯氢(9~10MPa)经膜分离单级压缩机升压后与新氢压缩机出口氢气混合，再与原料油混合提温后进入上行式反应器。与废氢降压后进PSA相比，膜分离系统可最大程度回收排放氢的压力能。若为新建装置，提纯氢也可返回至新氢压缩机三级入口，省去新氢压缩机的部分一级、二级压缩功，同时，新氢压缩机一级和二级系统可不考虑膜分离提纯氢返回至三级入口的气量，新氢压缩机投资降低。

3 改造方案

以2.0Mt/a常规固定床渣油加氢装置为例，经全装置流程模拟与关键设备核算，得到改造为2.2Mt/a渣油加氢组合工艺，需改造或新增设备的设计参数，改造方案如下。

3.1 反应器

新增上行式反应器一台(ϕ5600mm×20000mm)，设置2~3个催化剂床层。改造后大部分金属杂质在此反应器中脱出。其它反应器利旧。根据原料油金属含量、产品质量要求、工艺流程特点等调节催化剂级配。

3.2 压缩机

改造后装置的物料平衡与改造前相近，因处理量的提升，改造后新氢消耗量约为改造前的1.1倍，新氢压缩机的操作弹性可满足要求。

虽然装置处理量的增加会导致现有固定床下行式反应器压降升高，但因改造后循环氢不经过反应产物与混氢油换热器、加热炉和上行式保护反应器，总体来说，循环氢压缩机的压差是降低的。因膜分离压缩机可提供部分反应器所需入口氢油比，改造后装置的循环氢流量与改造前相近。

3.3 高压换热器

循环氢需与反应产物单独换热后进入下行式固定床一反，新增反应产物与循环氢换热器一台(DFU1300-3.0)。

3.4 氢气回收系统

新增高压循环氢膜分离系统与膜分离提纯气单级压缩机。排放氢经膜分离系统提纯升压后与新氢混合进入上行式反应器，为反应器提供所需氢油比。

3.5 其它设备

泵、容器、塔器、加热炉等其它设备可利旧。

3.6 其它

若原装置因占地紧张、布置紧凑等原因无法增加膜分离及膜分离压缩机，也可通过提高装置新氢进量达到工艺要求，新增上行式反应器氢油比全部由新氢压缩机提供，废氢直接排至全厂PSA系统。

该方案改动量较小，适用于原装置新氢压缩机及全厂PSA装置设计余量较大的情况。

3.7 投资估算与经济效益分析

装置投资估算如表1所示，总计约16400万元。改造后的固定床渣油加氢装置操作周期预计可延长5~6个月，达22~24个月。因本装置在一个检修周期(4年内)可减少换剂1次，节省催化剂约600m^3。同时，装置处理量可提高至2.2Mt/a，能耗降低3kgEO/t标油/吨原料油，有利于炼油厂经济效益的最大化。

表1 投资估算

项 目	价格/万元
反应器(含内件)	12000
高压换热器	500
膜分离	600
膜分离压缩机	1300
高压调节阀，管线等其它	2000
总计	16400

4 小结

1)前置上行式反应器固定床渣油加氢长周期运行成套技术可实现新建装置的大型化与节能型。在现有反应器制造能力要求最大内径不超过5800mm及循环氢压缩机压差不超过4.6MPa的前提下；单系列渣油加氢装置的年处理能力提高至2.8~3.0Mt，能耗指标控制在15kgEO/t原料油以内，并能显著延长装置的操作周期，使装置的操作周期达到2a。

2)利用现有渣油加氢装置进行前置上行式反应器固定床渣油加氢长周期运行成套技术改造是可行的，装置改动量较小，改造后装置处理量增大，运行周期延长，经济效益显著。

3)本装置虽以2.2Mt/a为基础做改造分析，但一般来说，在装置现有反应器不改造，主体设备离心式压缩机不改造的情况下，装置的处理量可高于2.2Mt/a。各装置可根据实际运行情况优化确认改造规模。

渣油固定床加氢处理装置提高在线率技术

刘铁斌　韩坤鹏　袁胜华　耿新国　杨　刚

（中国石化大连石油化工研究院　辽宁大连　116041）

摘　要　固定床渣油加氢装置运转周期短，开停工换剂次数多且占用时间长，直接影响炼化企业的经济效益。大连石油化工研究院在认真分析各个环节的基础上提出了优化方案，最终将渣油加氢处理装置停工、换剂和开工的时间由目前的30a左右优化为18~20a。其中，通过取消催化剂脱水步骤、简化催化剂硫化和原料切换步骤将装置开工方案由优化前的8a缩减为5a。以中东渣油为原料，在空速为0.34 h^{-1}，氢气分压为14.7 MPa和反应平均温度为370~375℃的条件下，在中型试验装置开工过程中实施本技术方法。催化剂活性与传统开工方法相当，提温速度为0.052℃/a，稳定性良好，加氢生成油可作为优质的RFCC进料。

关键词　渣油；加氢；开工；硫化

渣油加氢处理技术目前是能够高效、充分利用石油资源并增产高品质的轻质油品的最有效手段之一。渣油原料的复杂性、反应的多样性及催化剂的不可再生决定了固定床渣油加氢装置的运转周期较短，通常只有一至二年。装置停工、换剂和再开工占用时间长短直接影响企业的经济效益。国外技术专利商非常重视压减装置开停工和换剂时间以追求效益最大化。据报道，法国道达尔公司(Total)提供的技术可将装置开停工及换剂时间控制在18d。尽管国内近几年固定床渣油加氢技术发展迅速，但装置开停工及换剂技术仍然普遍采用20世纪90年代Chevron公司技术，时间在31~33d。以2.0Mt/a渣油加氢装置为例，延长一天企业损失近300万元。因此，非常有必要开展渣油加氢装置停工、卸剂、装剂和开工方案优化研究[1-4]。

参比国内外相关炼化企业先进技术的现状，大连石油化工研究院(FRIPP)通过分析各个环节以及进行相关试验验证，最终将渣油加氢处理装置停工、换剂和开工的时间由原来的30d左右优化为理论上18~20d。其中，FRIPP对开工步骤优化进行了重点地分析研究，并对开工方案中催化剂干燥、硫化及原料切换等步骤进行了试验考察，将装置开工方案由优化前的8d缩减为5d。

1　优化思路

固定床渣油加氢装置开工过程可分为四个主要步骤：氮气气密和氢气气密；催化剂干燥脱水；催化剂硫化以及原料切换和调整操作[2]。现有方案中气密过程分很多压力等级，氮气气密后还要进行氢气置换；催化剂干燥环节需要2天时间；催化剂硫化硫化过程共分为230℃、290℃柴油和320℃蜡油三个温度段恒温硫化，硫化结束后再逐步切换渣油。

FRIPP对开工步骤进行了优化分析，认为首先可简化气密压力等级；其次，由于催化剂生产工艺技术的提高，催化剂含水量基本在0.5%左右，催化剂干燥环节可取消；此外，320℃蜡油硫化过程也可省略，通过提高硫化剂注入速度可保证催化剂硫化充分。并且，在290℃恒温硫化结束后，没有必要引入100%的蜡油之后再逐步切换渣油。为了验证优化方案的可行性，FRIPP在中型试验装置上对优化后开工过程进行实施考察。

2　实施方法

2.1　试验装置

试验在固定床渣油加氢小试和中试装置上进行，该装置采用三个反应器串联工艺流程，主要包括高低压分离器，硫化氢洗涤塔、汽提塔和氢气循环系统。装置的自动化程度高，工艺参数控制精确平稳。试验数据重复性好，能与工业装置的实际运转结果较好的吻合。

2.2 催化剂

试验所用的渣油加氢处理催化剂为抚顺石油化工研究院开发的 FZC 系列减压渣油加氢处理催化剂，包括脱硫、脱氮、脱金属和保护剂四大类不同功能的催化剂。

2.3 工艺条件

渣油加氢试验采用 FZC 渣油加氢催化剂级配方案，采用 3 台反应器串联工艺流程，在氢气分压为 14.7MPa、氢油体积比为 700、反应温度为 370℃和 380℃等典型工艺条件下进行。原料油为中东渣油，其中硫含量为 3.94%，残炭含量为 14.03%，金属含量为 101.73μg/g。

2.4 样品表征

DSC 表征：采用德国 NETZSCH 公司生产的 DSC204HP 型高压差热分析仪。

四组分分离：石油沥青组分测定法，SH/T 0509-92(1998)。

总硫测定：紫外荧光定硫仪，ANTEK 9000HS 型，燃烧温度为 1100℃，载气为高纯氩气，300mL/min；燃烧气为高纯氧气，300mL/min。

总氮测定：化学发光定氮仪，ANTEK 9000HN 型，燃烧温度 1050℃，载气为高纯氩气，进气速率为 300mL/min；燃烧气为高纯氧气，进气速率为 300mL/min。

金属测定：IRIS Advantage HR 型全谱直读电感耦合等离子发射光谱仪。工作参数：入射功率 1150W，反射功率 < 5W，频率 27.12MHZ，分析线 Ni231.60nm，V292.40nm，Fe238.20nm，Na589.59nm，Ca393.37nm，进样泵速 130r/min，提升量 1.8mL/min。

3 试验结果与讨论

3.1 催化剂热分析

从典型工业催化剂热分析曲线(见图 1)可知，反应器升温过程中催化剂吸附的水在 160℃时已脱除 80%以上。故认为优化方案中可以省略干燥步骤。

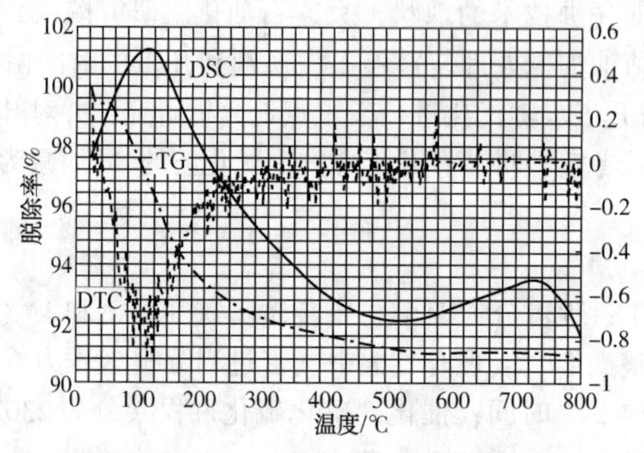

图 1 典型渣油加氢催化剂热分析曲线

3.2 取消催化剂干燥步骤考察试验

试验是在小型固定床渣油加氢装置上进行，试验结果列于表 1。

表 1 催化剂不干燥对其反应活性的影响

项目	含水量/(g/100g)	脱硫率/%		脱残炭率/%	
		R1	R2	R1	R2
干燥	样品 1：0.2	68.3	88.6	44.2	61.9
	样品 2：0.4	67.5	88.3	44.4	60.7
不干燥	样品 1：3.4	67.2	88.0	43.1	63.9
	样品 2：2.0	67.6	88.4	43.9	60.9

由表 1 可知，两组未干燥催化剂含水(3.4g/100g 和 2.0g/100g)很少，未经干燥和经过干燥催化剂的二反 R2 初期脱硫率分别为 88.0%、88.4%和 88.6%、88.3%，而脱残炭率分别为 63.9%、60.9%和 61.9%、60.7%，两组试验催化剂初期活性对比结果相当。由此可知，实际工业装置开工过程可以省去催化剂脱水步骤，节省开工时间 2d。

3.3 简化催化剂硫化步骤试验

传统开工方案硫化过程共分为 230℃、290℃柴油和 320℃蜡油三个温度段恒温硫化。分析认为 320℃蜡油硫化过程可省略，这是因为 230℃和 290℃柴油硫化阶段催化剂上硫量已达到 80%左右，如提高硫化剂注入速度则可保证经过 230℃和 290℃柴油硫化后催化剂硫化充分。目前，柴油加氢装置和蜡油加氢装置开工过程中均采用两个温度段硫化，催化剂均可取得良好的效果。因此，借鉴柴油加氢装置和蜡油加氢装置开工经验，可提高硫化剂注入速度，省去 320℃蜡油硫化步骤压减开工硫化时间。并且在 290℃恒温硫化结束后，没有必要引入 100%的蜡油之后再逐步切换渣油。优化方案仅引入 40%进料量的蜡油后即切换渣油，并提高其后的渣油切换速度。此外，原方案中硫化过程升温速度慢，为 10~15℃/h。分析认为，只要加热炉负荷允许，硫化时升温速度可以提高到 25℃/h[5-7]。优化后的硫化曲线见图 2。

3.4 优化后开工方案稳定性试验

新开工方案在中试装置上，0.34h^{-1}的体积空速下进行了 2300h 组合催化剂稳定性评价试验，主要考察随运转时间延长催化剂体系对原料杂质的脱除情况。稳定性评价结果见图 3~图 5。稳定性试验生成油性质见表 2。

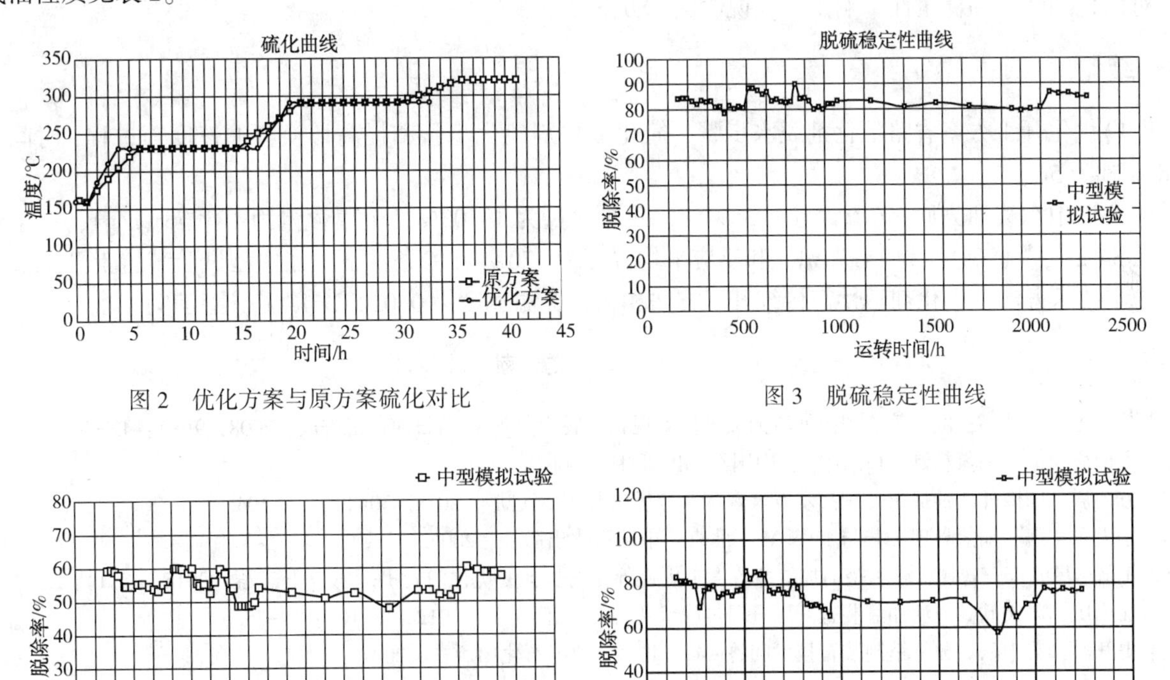

图 2 优化方案与原方案硫化对比

图 3 脱硫稳定性曲线

图 4 脱残炭率稳定性曲线

图 5 脱金属(Ni+V)率稳定性曲线

由图 3~图 5 中试模拟试验结果可知，脱硫率为 80%~87%，脱金属(Ni+V)率为 73%~80%，脱残炭率为 50%~60%。运转 2000h 后，反应平均温度提高 5~375℃提温速度为 0.052℃/d，提温效果明显，催化剂体系活性稳定性良好。

从表2可以看出，经过加氢处理后的生成油中残炭值为5.08%(质)，金属(Ni+V)为18.92%(质)，硫为0.67%(质)，饱和烃含量为44.82%(质)，芳香烃含量为46.12%(质)，胶质含量为7.32%(质)，沥青质含量为1.74%(质)，可以作为优质的RFCC进料。

表2 生成油性质

项目	生成油
密度(20℃)/(kg/m^3)	0.9447
黏度(100℃)/(mm^2/s)	46.82
S/%	0.67
N/(μg/g)	1744
残炭/%	5.08
Ni+ V/(μg/g)	18.92
四组分含量/%	
饱和烃	44.82
芳香烃	46.12
胶质	7.32
沥青质	1.74

中试结果表明，省略开工过程的催化剂脱水步骤、简化催化剂硫化步骤和提高切换渣油速度等过程对催化剂活性和稳定性影响不大，说明优化方案可行。

4 结论

1)优化开工方案省略催化剂脱水步骤、简化催化剂硫化步骤和提高切换渣油速度等过程，时间由8d缩减为5d。

2)以中东渣油为原料(硫含量为3.94%，残炭含量为14.03%，金属含量为101.73μg/g)，在空速为0.34 h^{-1}，氢气分压为14.7 MPa和反应平均温度为370~375℃条件下，在中型试验装置上开工过程实施本技术方法，催化剂活性与传统开工方法相当，提温速度为0.052℃/d，稳定性良好。

参 考 文 献

[1] 夏愚冬，昌倩，王刚，等．国内外渣油加氢技术现状与展望[J]．精细石油化工进展，2008，9(8)：42-46.
[2] 方向晨主编．加氢精制[M]．北京：中国石化出版社，2006.
[3] 方向晨．国内外渣油加氢处理技术发展现状及分析[J]．化工进展，2011，30(1)：95-104.
[4] 李大东主编．加氢处理工艺与工程[M]．北京：中国石化出版社，2006.
[5] 王辉，吕海宁，曾戎，等．蜡油加氢装置停工更换催化剂步骤的优化[J]．炼油技术与工程，2015，45(1)：25-28.
[6] 任国庆，冯文欣．渣油加氢装置开工升温过程优化[J]．现代化工，2012，32(10)：74-75.
[7] 史开洪，艾中秋．加氢精制装置技术问答[M]．北京：中国石化出版社，2007.

FRIPP固定床渣油加氢处理技术研究进展及工业应用

张　成　刘铁斌　王志武　耿新国　杨　刚　韩坤鹏
隋宝宽　关月明　金建辉　刘文洁　袁胜华　蒋立敬

（中国石化大连石油化工研究院　辽宁大连　116000）

摘　要　本文主要介绍了大连（抚顺）石油化工研究院（FRIPP）开发的新型固定床渣油加氢技术的进展以及近期工业应用情况。开发的氧化铝催化材料具有形貌可控和多样化的特点。新型催化剂体系中的S-Fitrap体系，强化了渣油中重组分胶质、沥青质转化，提高体系的脱/容金属杂质能力，有效保护后段催化剂。针对加工高氮、高酸类原油易引起床层压降升高且氮难以脱除的问题开发了新催化剂体系。与现有工业催化剂体系相比，在同等实验条件下，新催化剂体系整体反应性能明显均优于工业参比剂。典型工业装置运转结果表明，FRIPP开发的新型渣油加氢处理催化剂体系性能达到同类催化剂整体水平，具有长的运转寿命和良好的原料适应性。

关键词　渣油加氢处理；S-Fitrap；新型催化剂固定床

1　前言

如何将重质油进行高效转化，满足迅速增长的清洁油品质量升级以及炼化一体需求，是目前炼油技术研究的重点。为了更好地适应原油市场变化及油品质量升级要求，中国国内炼油企业重点关注渣油加氢处理技术，包括固定床渣油加氢技术、沸腾床渣油加氢技术和浆态床渣油加氢处理技术。其中，固定床渣油加氢技术经过几十年的发展，并在装备制造业和电气化水平的快速进步的推动下，技术水平已经日臻成熟[1,2]。渣油加氢技术在重质油加工中的份额逐渐增大，约占渣油加氢总加工能力的75%。固定床渣油加氢装置大型化已经成为渣油加氢技术发展的主要趋势。Chevron Lummus Global公司声称其最新的ISOMIX反应器内构件可以使外直径提高到6.0m，内直径提高到5.5m。中国国内金陵石化2017年采用S-RHT技术新建投产的一套固定床渣油加氢装置反应器内径达到了5.6m，单系列装置加工能力达到2.0Mt/a。国内拟新建装置反应器内径大多数达到5.6m以上，加工能力达到2.6Mt/a。在未来几年渣油加氢装置的建设中，固定床渣油加氢技术仍占据主导地位。典型固定床渣油加氢技术主要有Chevron公司的RDS/VRDS技术，UOP公司的RCD Union技术，IFP公司的Hyval技术，SINOPEC公司的S-RHT、RHT等。到2020年底，国内（大陆）固定床渣油加氢装置将达到26套，总加工能力达到68.1Mt/a。目前中国石化在运固定床渣油加氢装置有12套，产能25.54Mt/a。

在中国渣油加氢技术发展的不同时期，大连（抚顺）石油化工研究院先后开发研制出FZC系列渣油固定床加氢处理催化剂四大类60多个牌号，并在国内外近20套渣油加氢装置上进行了六十多个周期的工业应用，为企业带来较好的经济效益。FRIPP拥有三十余年渣油加氢处理技术开发和工业应用实践，能够根据现有工业装置和原料油性质的特点，有针对性的开发了新型固定床渣油加氢处理催化剂体系以及配套催化剂级配技术。新技术的开发及应用较好的适应了当前渣油加氢技术发展的新形势，解决了渣油加工过程面临的诸多难题。2020年采用FRIPP固定床渣油加氢催化剂进行更换的装置总计18套，催化剂用量超12kt，在大陆渣油加氢催化剂市场中占比41%，在中国石化系统内占比达到近50%，并首次实现系列催化剂在韩国市场和台湾地区市场的应用。

FRIPP通过不断完善和发展固定床渣油加氢技术平台，积极开展非常规渣油加氢技术研究，最终实现催化剂性能与长周期运转之间的平衡。催化剂的开发本着“高效、稳定、低成本”的科学思想和理念，主要包含了催化材料创新、载体制备技术创新、活性金属组分负载技术创新以及新的催化剂级配技术创新，并对催化剂工业生产技术进行了革新和优化，提高了催化剂工业生产过程和产品质量的稳定性。

基于渣油原料的反应特性，渣油加氢反应过程是受扩散控制的反应，较大的孔径有利于渣油分子在催化剂颗粒内的扩散传质，有利于渣油分子扩散到催化剂颗粒内部进行反应，使更多的活性位与渣油分子接触并发生加氢反应。同时，催化剂具有较集中的孔分布有利于提高催化剂孔道利用率。因此，渣油进料中的杂质在催化剂体系中“进得去，脱得下、容得下”，是实现渣油加氢装置高效稳定运转的技术关键。

2 提高催化剂稳定性的技术

2.1 新型催化材料研发进展

催化剂性能的快速提升离不开催化材料的进步。在渣油加氢处理过程中，催化剂孔道性质起到至关重要的作用。为了更好地适应渣油大分子的有效扩散、反应以及容纳金属硫化物和焦炭沉积的诸多要求，FRIPP 开展了新型催化材料的研究并初步取得一定研究成果。

采用无机铝源为原料，按照特殊方法制备了一系列氧化铝催化材料。该催化材料形貌历经从纳米线集群形态进化到“鸟巢状”中空微米球，最后到花状中空微米球的演变。通过调控和优化合成条件，实现对氧化铝晶粒表面晶面类型及晶面分布进行二次调控，在晶粒及晶粒重组的基础上形成一套完整的关于氧化铝晶粒形态调控技术策略。得到一种有开放性介孔和大孔的“笼状”多级孔氧化铝，其孔壁上的骨架结构由纳米丝缠绕形成。多级孔 γ-AlOOH 的扫描电镜图和工业氧化铝的扫描电镜图见图 1。

图 1 多级孔 γ-AlOOH 的扫描电镜图(A，B)及其 800℃焙烧后的扫描电镜图(C，D)，透射电镜图(E)和工业氧化铝的扫描电镜图(F)

在此基础上，对多级孔氧化铝空心微米球的形成机理进行探索。结果表明，无定型微米球的形成与性质以及所处的环境条件如温度、反应物浓度、pH 值等，决定了中空氧化铝微米球能否最终形成。在以粒子粒径差异为原始推动力的经典 Ostwald 熟化机理的基础上，提出一种以粒子比表面自由能 μ^S 差异为原始推动力的熟化机理，合理地解释了中空氧化铝微米球形成机理。

以新催化材料制备的催化剂活性评价工艺条件和数据见表 1 和图 2。从图 2 数据可见，多级孔催化剂的脱金属稳定性优于参比剂，反应 150d 后，多级孔催化剂的脱金属率由 54.1%仅降低至 51.8%，而参比剂的脱金属率降至 47.6%。

表 1　渣油加氢脱金属性能评价条件

项　目	数　值
原料油性质	
CCR/%	11.5
S/%	3.1
Ni/(μg/g)	22.4
V/(μg/g)	36.8
反应条件	
温度/℃	380
压力/MPa,	15.0
体积空速/h^{-1}	1.0（相对 HDM 催化剂）

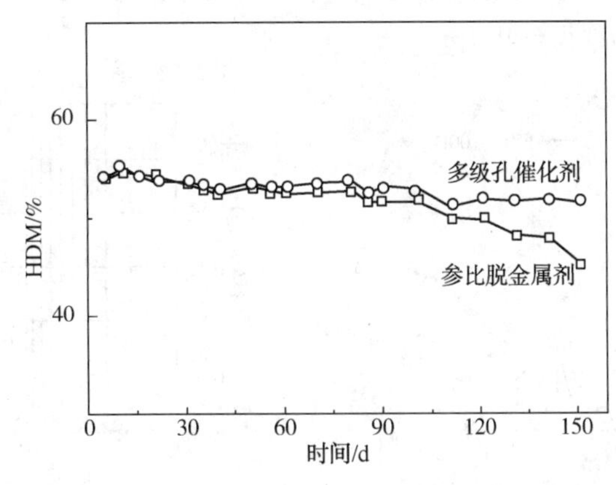

图 2　多级孔氧化铝负载的 Ni-Mo 催化剂的渣油加氢脱金属性能

2.2　FRIPP 加氢保护剂 S-Fitrap 体系

加氢保护剂组合体系是固定床加氢的关键技术之一。长期的实践证明，采用加氢保护剂组合体系解决反应器压降问题是有效手段。根据杂质过滤沉积和加氢反应机理，在保护剂形状、粒度、孔结构和活性等方面取得了卓有成效的成果，总结出了一套有效的保护剂组合体系的应用原则。加氢保护剂床层要尽量转化胶质和沥青质，容纳较多的杂质沉积物，并持续维持物流分布均匀，减缓床层压降的快速上升，避免热点生成，有效保护主催化剂的加氢活性，延长装置的开工周期。

因此，FRIPP 开发了加氢保护剂 S-Fitrap 体系，将单一保护剂的性能与保护剂体系有机结合起来，充分发挥体系中每个催化剂的性能优势。S-Fitrap 体系包含了物理过滤功能和化学沉积复合功能，真正使得催化剂孔道实现了微米级-百纳米级-几十纳米级保护剂体系组合（见图 3）。对渣油进料进行了有效的脱杂和适当加氢转化，有效保护了下游催化剂。S-Fitrap 体系的开发和应用，实现了扩散性-活性-稳定性之间的平衡。S-Fitrap 体系包括：

图 3　加氢保护剂 S-Fitrap 体系

泡沫陶瓷材料。具有超过85%的高孔隙率、高外表面积的特点，组成颗粒骨架的筋脉曲折联通，在制备过程中通过调节骨料浆液的表面张力，筋脉间形成随机分布的膜体，维持块体高均匀通过性的同时，进一步改善对机械杂质的过滤能力，提高机械强度。制备成功有利于物流分配和过滤杂质的能力的高效保护剂 FGF-01 和 FGF-02。

脱铁/钙专门催化剂。脱铁/钙专门催化剂 FZC-100B 具有微米级孔道结构的高孔隙率的点见图4。选择特种氧化铝为原料制备成载体。FZC-100B 的存在进一步完善了保护剂体系。FZC-100B 具有高脱、容铁和钙能力的同时，强化了胶质和沥青质转化能力。

渣油中胶质及沥青质是稠环芳烃组成具有三维结构的大分子，分子量高达40万，分子尺寸较大。因此，渣油加氢处理反应更注重反应效率，即各类催化剂孔道结构尽可能缓解大分子内扩散阻力大带来的负面影响。

对于保护剂，有针对性的设计开发了专门用于捕集铁、钙等物种的保护剂。由于含铁、钙物种反应活性较高，通常倾向于沉积在催化剂颗粒表面及近表面，甚至是颗粒间，装置运转至一定时间后，金属及焦炭沉积导致催化剂孔口堵塞，催化剂表观活性下降，并且引起催化剂床层堵塞，最终导致压力降上升。

增强型保护剂/脱金属剂。新催化剂具有明显的大孔径和多大孔的特点，并且小于10nm范围内的孔明显少于参比剂，大孔比例显著增加，孔结构优于工业参比保护剂孔结构。图5为新开发保护剂孔结构(压汞法测试)。较大孔道能够为反应物提供更持久的扩散通道，从而实现胶质及沥青质扩散与反应的平衡，大颗粒催化剂利用率得到提升。

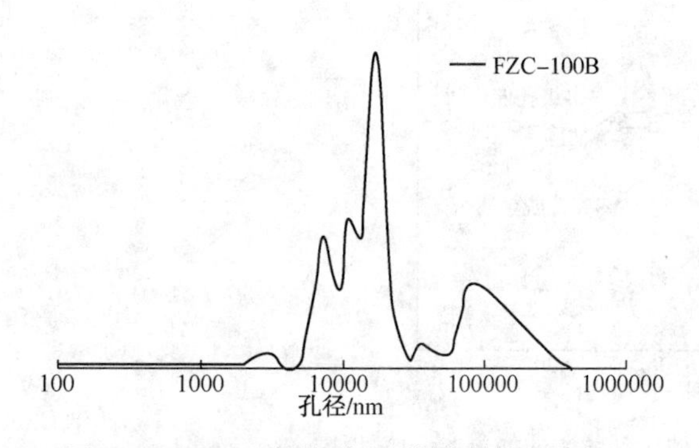

图4 FZC-100B 保护脱金属剂孔结构(压汞法)

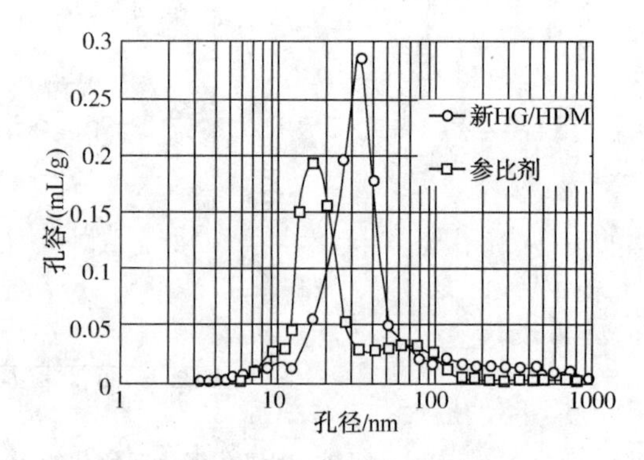

图5 增强型保护剂/脱金属剂孔结构(压汞法)

增强型保护剂因其孔道更加开放，适宜的孔结构和具有更多高品质反应活性中心，该催化剂在实验室活性评价实验中表现出较好的综合反应性能。增强型保护剂强化了脱金属镍、钒能力，在残炭转化方面亦表现出更好的稳定性。这种特点对于充分发挥保护剂脱金属剂的作用尤为重要。

2.3 高氮催化剂体系研发

FRIPP 针对非典型渣油原料开展了相关研究工作并取得较好实验效果。包括高氮渣油原料(氮含量大于5000μg/g)和超高金属渣油原料(镍+钒含量大于200μg/g)等。FRIPP 近几年对临海、沿江等炼油厂渣油加氢工业装置的生产运行进行跟踪和研究。在加工中东类渣油时产品分布较好，渣油加氢装置操作周期也能得到延长。在加工国内胜利、华北及新疆等原油、南美洲等高氮类原油比例较高的情况下，装置操作苛刻度较高，运转周期难以保证。国内高氮、高酸类原油比例高达30%，进口原油中也有相当比例的此类原油。该类原油的渣油常具有较高的铁、钙和氮含量，容易引起床层压降升高，影响装置运转和周期。为此，FRIPP 针对当前炼油厂加工高氮类原油困难的问题，有针对性地开发具有高容杂质能力、高沥青质转化能力和高芳烃加氢饱和能力的渣油加氢催化剂体系并进行相应工艺技术研究非常必要。

FRIPP 针对加工高氮、高酸类原油易引起床层压降升高且氮难以脱除的问题进行了深入的研究。通过开发的专属脱铁/钙保护剂，优化颗粒形状以及提高床层孔隙率等手段来缓解压降升高；通过优化前段保护剂和脱金属催化剂的孔道结构和活性金属负载方式，提高其对胶质和沥青质的转化能力；通过增加脱硫、脱氮催化剂对含氮化合物的 C-N 键的开环氢解能力，提升了催化剂的芳烃饱和能力。与现有工业催化剂体系进行对比活性评价结果表明，在同等实验条件下，新催化剂体系整体反应性能明显均优于工业参比剂。新催化剂体系的脱硫率在 90%左右，高于参比体系 2~3 个百分点；脱残炭率在 60%左右，高于参比体系 3~5 个百分点；脱氮率在 60%~65%左右，高于参比体系 10 个百分点。研究剂脱金属率低于参比体系 2~3 个百分点。新研究的保护剂和脱金属催化剂注重容金属能力的提升，具有更大孔体积，其脱金属活性略低但稳定性更好，有利于工业装置在较长运行周期内稳定运行。

3　延长固定床渣油加氢处理装置运转周期的技术

FRIPP 开展了渣油加氢装置与下游催化裂化装置运转周期相匹配技术研究。在催化剂研发方面主要进行催化剂容金属能力提升技术研究；充分总结装置的运行特点，科学剖析热点成因，强化大分子胶质和沥青质梯级转化，通过催化剂级配优化研究，解决装置运转周期的制约因素即床层压降和热点问题。应用该技术使得扬子石化渣油加氢装置催化剂体系容金属(Ni+V)能力提升到 200t，运转寿命达到了 550d；金陵石化Ⅱ套 2.0Mt/a 渣油加氢装置上实现了运转 618d，催化剂体系容金属量创新高，容(Ni+V)215t，容铁、钙、钠 28t，总计 243t，创造了 2.0Mt/a 渣油加氢处理装置容金属能力的新记录。并证明了提升催化剂容金属能力和催化剂级配优化带来的装置运转寿命延长的效果。

在工艺研究方面，主要进行前置保护反应器可轮换/切出技术研究和前置保护反应器为沸腾床-固定床组合技术研究。可切出加氢保护反应器技术主要是在第一反应器或第二反应器增设跨线，当第一反应器床层压降达到极限时，将第一反应器切出，原料和氢气的混合物料通过跨线直接进入第二反应器，解决前置反应器压降快速上升的问题，工艺技术流程如图 6 所示。此外，还可以在第一反应器和第二反应器上增设反应器催化剂在线装卸及硫化系统，将切出后的加氢保护反应器装填新鲜催化剂后再重新投用，充分发挥主催化剂加氢性能，进一步延长装置运转周期。保护反应器可切出技术已经实现工业化，前置反应器轮换工艺试验和催化剂级配技术研究可轮换技术，已经在中试装置进行了 10000h 以上稳定性运转试验。

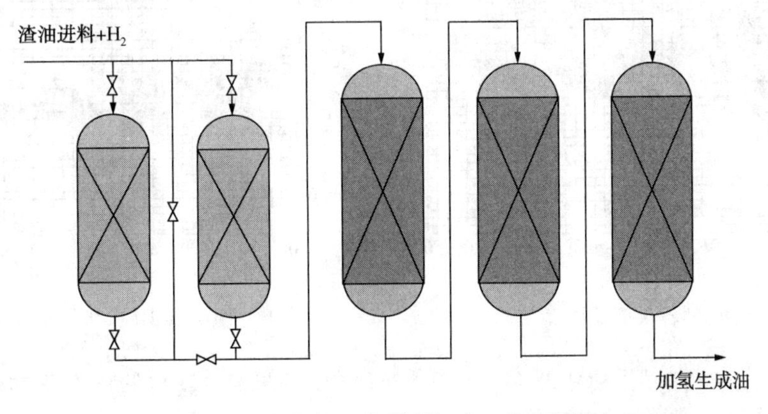

图 6　加氢保护反应器可切出工艺流程图

前置保护反应器为沸腾床-固定床组合技术已经进行了组合床的催化剂级配技术和长周期工艺运转试验研究。研究结果表明，前置保护反应器可轮换和前置保护反应器为沸腾床的固定床渣油加氢技术的研究和应用可有效提高原料的适应性，加工常规原料达到 3a 的运转寿命，或者实现在劣质原料情况下，实现运转寿命至少 1.5a 以上，可实现与催化裂化装置运转寿命的匹配。

4 新开发固定床渣油加氢处理催化剂的工业应用

FRIPP 新一代的固定床渣油加氢系列催化剂自 2013 年首次在茂名 2.0Mt/a 渣油加氢处理装置进行第九周期工业运转以来，先后在国内 13 套工业装置进行了近三十次成功工业应用，催化剂工装填量累计超过 10kt。以下列出近期典型工业装置工业运转数据进行概述。

4.1 中油石油 3.0Mt/a 渣油加氢工业装置工业应用

四川石化 3.0Mt/a 渣油加氢装置采用 CLG 公司 UFR/VRDS 技术设计建造，装置第三周期Ⅱ列采用 FRIPP 开发的 FZC 系列渣油加氢催化剂，I 列继续采用国外专利商催化剂。FRIPP 系列连续稳定运行了 29 个月后按计划停工换剂，取得了更好的应用效果。

装置两个系列的操作温度、系统总压降、各个反应器压降曲线见图 7～图 10。FRIPP 列总压降小于 2.5MPa，各个反应器压降低于参比列。

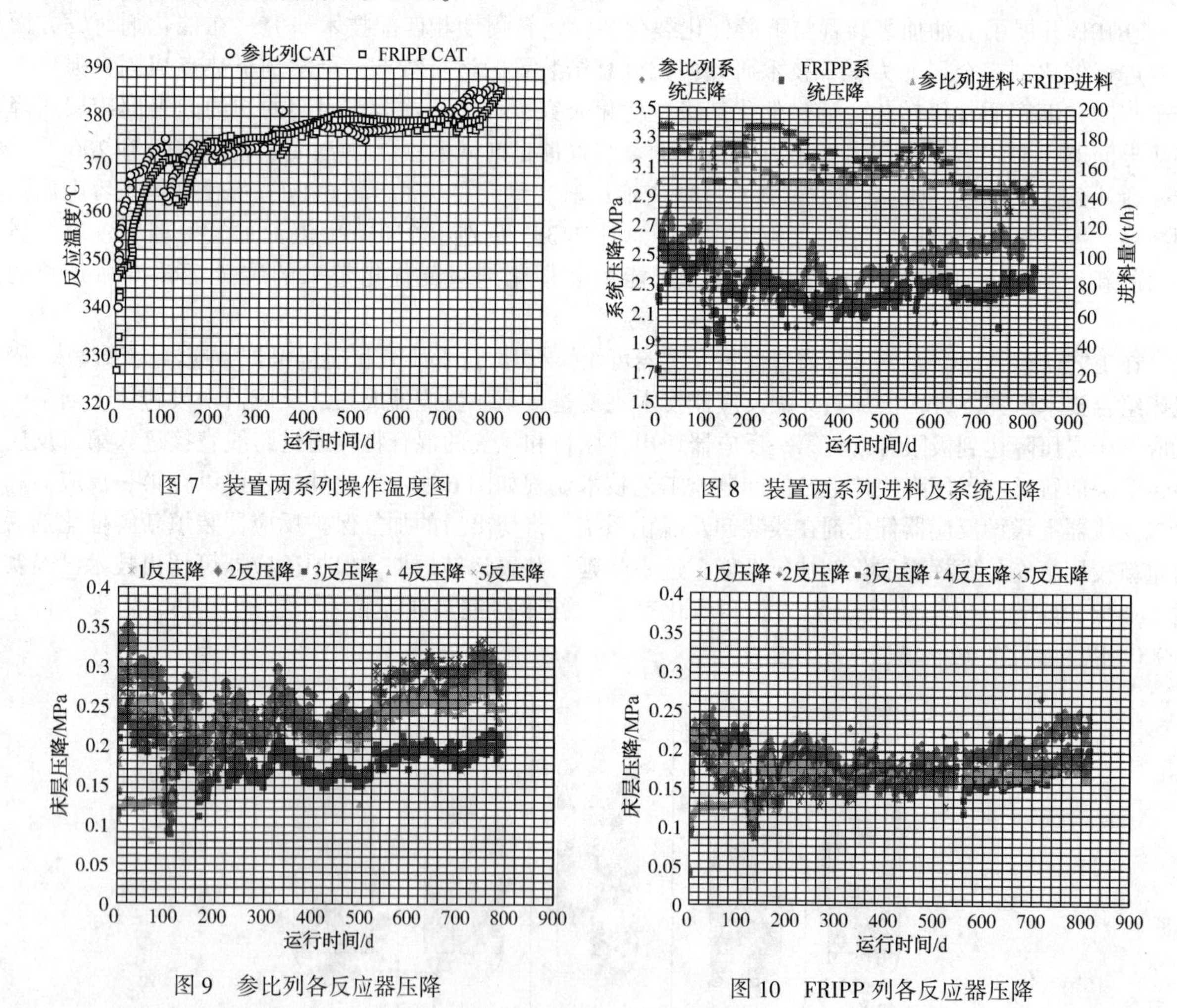

图 7 装置两系列操作温度图

图 8 装置两系列进料及系统压降

图 9 参比列各反应器压降

图 10 FRIPP 列各反应器压降

通过催化剂级配调整，操作模式改变，采用抚研院 SFI 渣油加氢与催化裂化整体优化技术提高原料稳定性三个方面，实现了装置长周期稳定运转。

4.2 齐鲁 1.5Mt/a UFR/VRDS 渣油加氢装置工业应用

齐鲁石化 1.5Mt/a 渣油加氢装置采用 CHEVRON 公司的 UFR/VRDS 工艺技术设计建造。装置第十四周期 A 系列采用 FRIPP 研制的 FZC 系列渣油加氢催化剂，B 系列装填国内一家技术供应商催化剂。第十四周 UFR/VRDS 渣油加氢装置运转 690d。

本周期装置两列进料量、UFR 和固定床平均温度基本保持一致。图 11 和图 12 分别列出两列装置的进料量和 CAT 分布曲线。

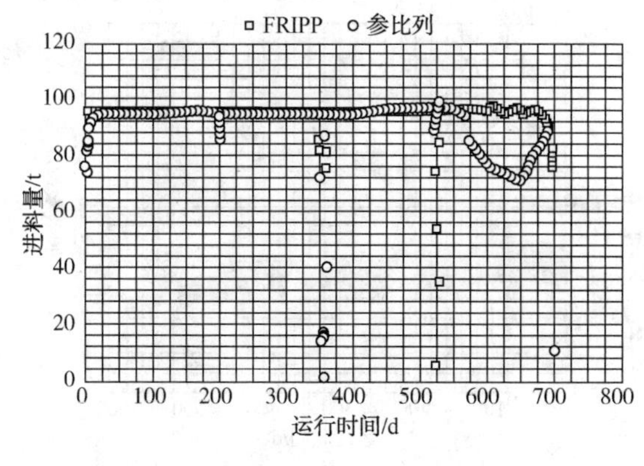

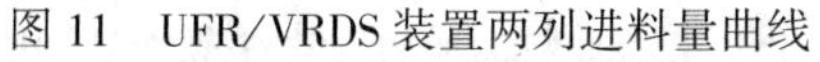

图 11　UFR/VRDS 装置两列进料量曲线

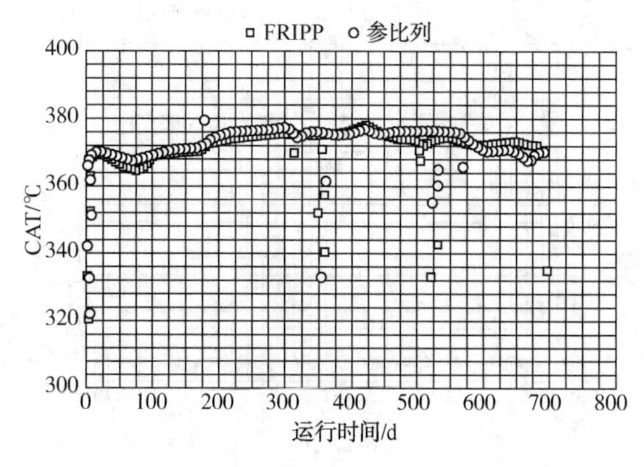

图 12　UFR/VRDS 装置两列总体平均温度曲线

FRIPP 根据齐鲁石化 UFR/VRDS 装置特点，并结合 FRIPP 渣油加氢催化剂的特点，有针对性地提出了新的催化剂级配方案，固定床反应器中大部分主催化剂均运用了密相装填技术。催化剂颗粒外观具有高空隙率，催化剂床层空隙率大幅度提高，在控制压降方面具有较好的效果，虽然采用密相装填，与传统的“四叶草布袋”装填相比，压降并没有上升。

本周期加工原料硫含量在 2%左右，图 13 为生成油硫含量曲线，FRIPP 列加氢渣油硫含量平均为 0. 284%，脱硫率为 85. 49%；原料残炭值基本在 8%~10%之间，图 14 为生成油残炭曲线，FRIPP 列加氢渣油残炭含量平均为 2. 83%，脱残炭率为 65. 15%。

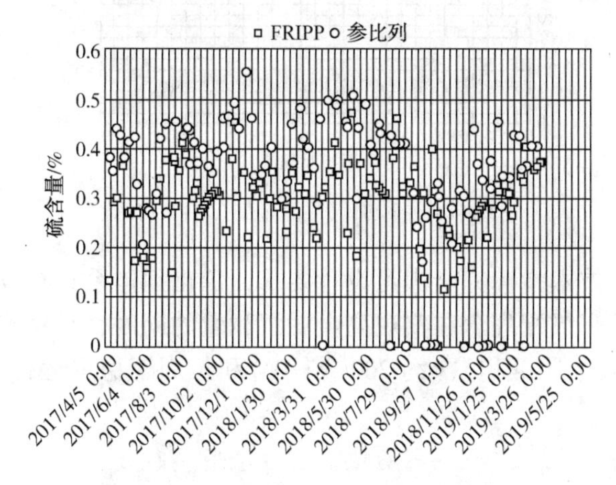

图 13　UFR/VRDS 装置两列生成油硫含量曲线

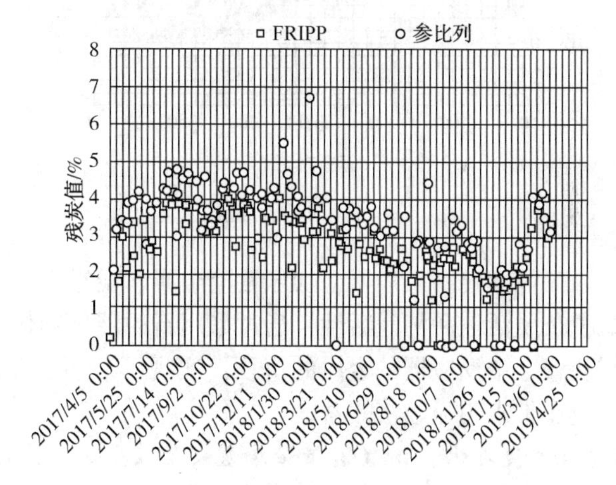

图 14　UFR/VRDS 装置两列生成油残炭值曲线

FRIPP 在第十四周期催化剂级配方案进一步优化，FRIPP 列产品在各项指标上均明显优于参比列。从系统压降来看，FRIPP 列系统压降控制平稳，整个运转过程中压降未出现明显的上升，为本装置长周期运转奠定基础。

4. 3　扬子石化 2. 0Mt/a 渣油加氢处理装置工业应用

中国石化扬子石化公司 2. 0Mt/a 渣油加氢装置(设计为单系列)采用 S-RHT 技术设计建设。装置已经成功运行三个周期，均采用 FRIPP 开发的 FZC 系列渣油加氢处理催化剂。该装置的稳定运行为扬子石化公司重油的平衡转化、清洁化生产以及轻质油品收率的提高发挥了重要作用。

如图 15~图 18 所示装置第二周期稳定运行 550d，加工量达到 3. 3Mt。原料硫含量平均为 3. 20%，加氢常渣平均硫含量 0. 42%，平均脱硫率为 88. 14%；原料金属(Ni+V)含量平均为 78. 96μg/g，加氢常渣平均金属含量为 15. 45μg/g，平均脱除率为 82. 32%；原料残炭值平均 11. 97%，加氢常渣平均残炭含量为 5.32%，平均脱残炭率为 59.98%。

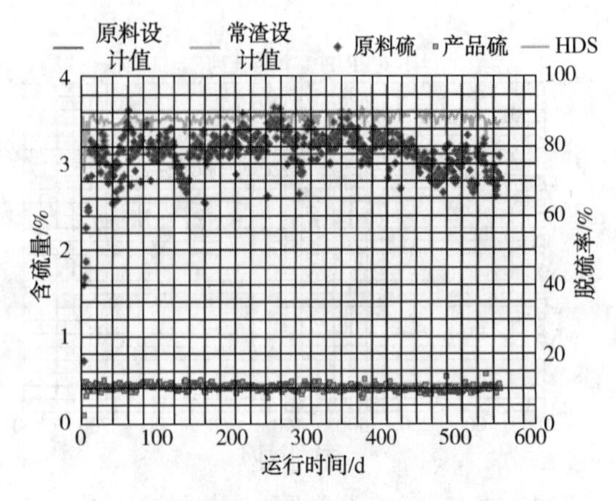

图 15　装置原料油和加氢常渣硫含量变化

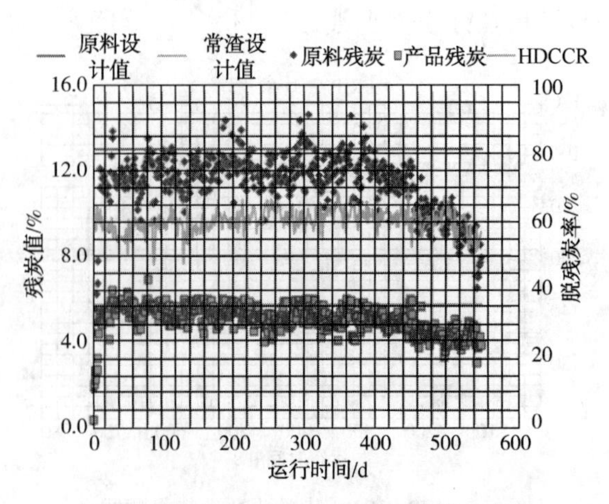

图 16　装置原料油和加氢常渣残炭值变化

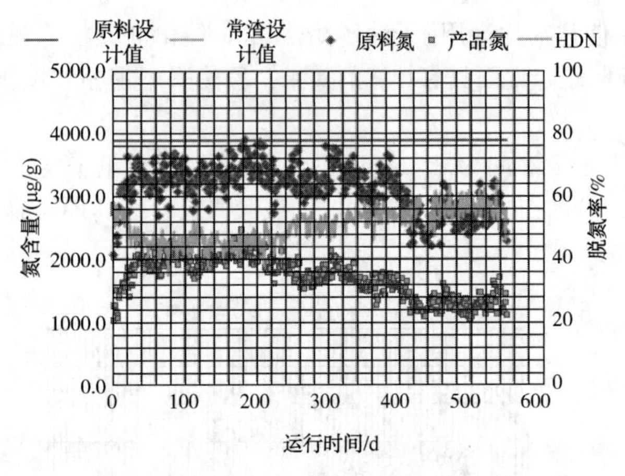

图 17　装置原料油和加氢常渣氮含量变化

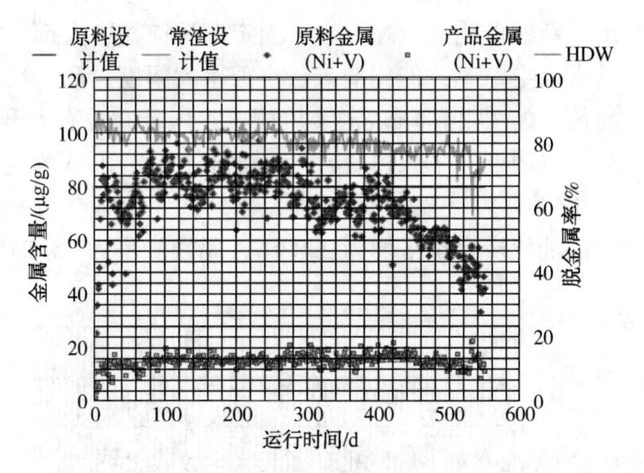

图 18　原料油和加氢常渣金属(Ni+V)含量变化

工业运转结果表明，加氢常渣金属、残炭等各项技术指标完全满足设计要求，催化剂体系具有较高脱杂质活性和加氢活性，通过采用新的催化剂体系和级配理念在实现高金属沉积量的同时，平稳控制装置各个反应器的金属的沉积，实现了装置的最大金属沉积量(约 200t Ni+V)和长周期稳定运行，为企业带来明显经济效益。

4.4　金陵石化 2.0Mt/a 渣油加氢处理装置工业应用

中国石化金陵石化公司Ⅱ套 2.0Mt/a 渣油加氢处理装置(设计为单系列)采用 S-RHT 技术设计建设。装置第一周期采用 FRIPP 开发的 FZC 系列渣油加氢处理催化剂，FRIPP 基于渣油原料及其反应特性，优化设计了渣油加氢催化剂及级配体系，催化剂具有较集中的孔分布有利于提高催化剂孔道利用率。累计运行 617d，催化剂表现出了良好的加氢性能。

如图 17~图 24 本周期原料平均硫含量为 3.29%，加氢常渣的硫含量为 0.42%，平均脱硫率为 87.2%。运行中后期原料残炭含量在 11%~12%之间，加氢常渣平均残炭含量为 4.09%，平均脱残炭率为 59.5%。整个运转周期内容金属(Ni+V)量约为 215.54t(其中容金属镍 58.45t、金属钒 157.09t)，容 Fe 量约为 20.17t，容 Ca 量约为 6.12t，容 Na 量约为 1.29t，合计容金属(Ni+V+Fe+Ca+Na)量约为 243.12t，创造了 2.0Mt/a 渣油加氢装置最大容金属能力的记录。

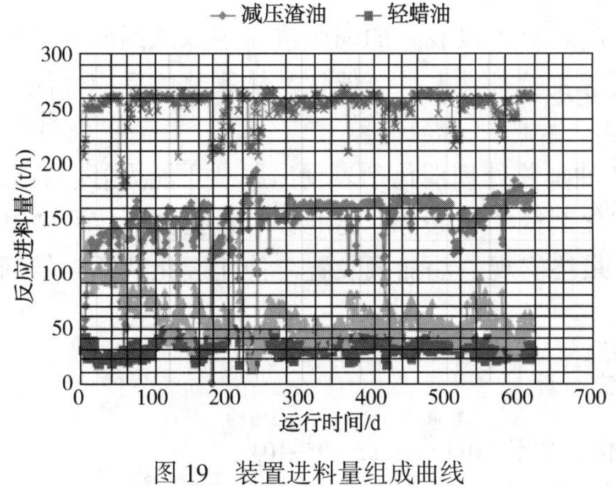

图 19 装置进料量组成曲线

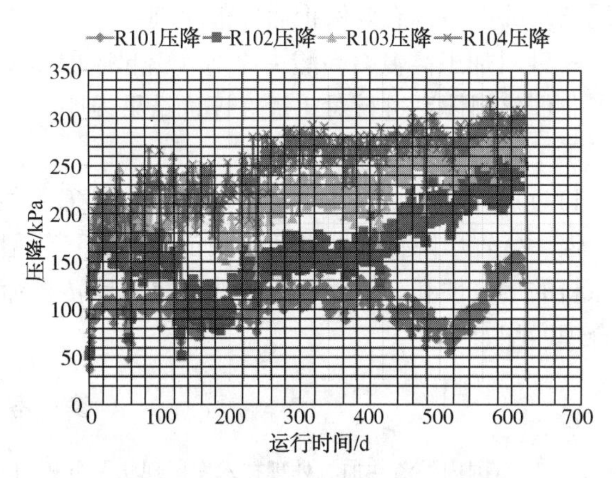

图 20 装置四台反应器压降变化曲线

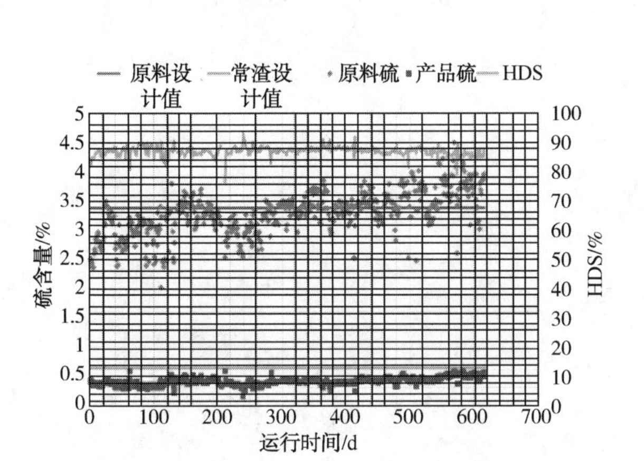

图 21 装置原料油和加氢常渣硫含量变化

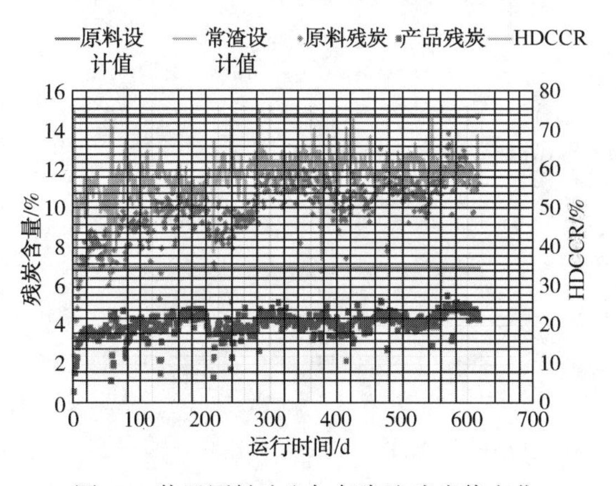

图 22 装置原料油和加氢常渣残炭值变化

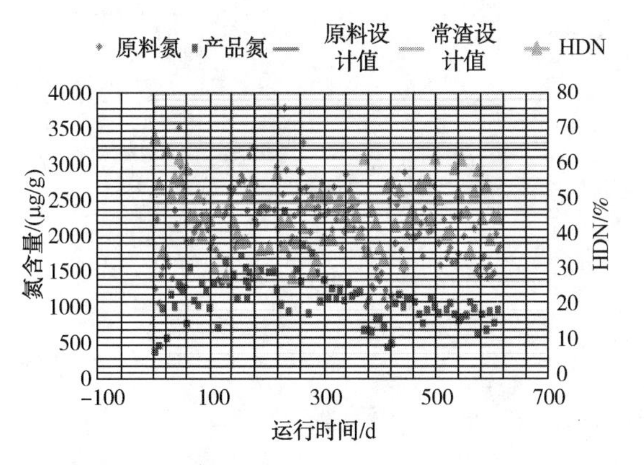

图 23 装置原料油和加氢常渣氮含量变化

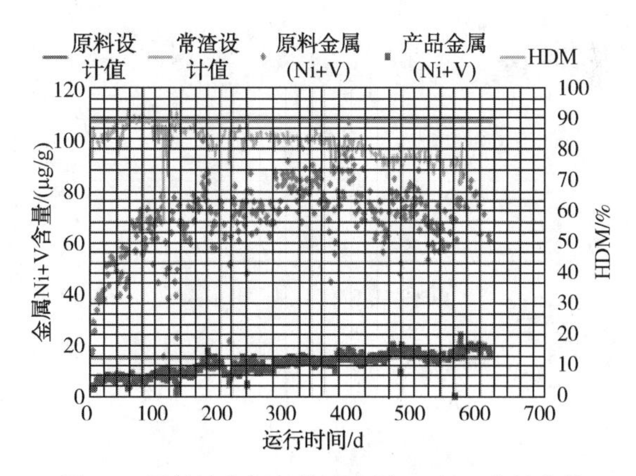

图 24 原料油和加氢常渣金属(Ni+V)含量变化

5 结论

1)采用无机铝源为原料，按照特殊方法制备了一系列氧化铝催化材料。该催化材料形貌历经从纳米线集群形态进化到“鸟巢状”中空微米球，最后到花状中空微米球的演变。并对多级孔氧化铝空心微米球的形成机理进行探索。

2)新型渣油加氢处理催化剂进一步完善催化剂级配体系。其反应性能显著提高，容垢、容金属能力强。新型催化剂体系中的 S-Fitrap 体系，强化了渣油中重组分胶质、沥青质转化，提高体系的脱容金属杂质的能力，有效保护后段催化剂。

3)针对加工高氮、高酸类原油易引起床层压降升高且氮难以脱除的问题进行了深入的研究。与现有工业催化剂体系进行对比活性评价结果表明，在同等实验条件下，新催化剂体系整体反应性能明显均优于工业参比剂。

4)近期典型工业应用数据表明，新型FZC系列渣油加氢处理催化剂表现出脱杂质能力好、容金属能力强、装置压降低、装置运转稳定等特点。新型催化剂良好的综合性能能够有效提高固定床渣油加氢原料的适应性和延长固定床渣油加氢的运转寿命，最终实现渣油加氢装置与催化裂化装置运转周期的合理匹配。

参 考 文 献

[1] 方向晨. 国内外渣油加氢处理技术发展现状及分析[J]. 化工进展，2011，30(1)：95-104.

[2] 李立权. 渣油加氢技术的最新进展及技术路线选择[J]. 炼油技术与工程，2010，40(4)：1-4.

延长低硫高氮渣油加氢装置运转周期技术开发

刘　涛　韩坤鹏　邵志才　胡大为　戴立顺　聂　红

（中国石化石油化工科学研究院　北京　100083）

摘　要　为明确低硫高氮渣油加氢装置运转周期短的原因，进行了催化剂运转初期稳定性试验，结果表明：与加工高硫低氮渣油的催化剂相比，加工低硫高氮渣油的催化剂上沉积了更多的积炭，而且高温型积炭质量分数显著高于前者，同时加工低硫高氮渣油催化剂的孔结构及活性相结构都变得更差。为降低运转初期催化剂的失活速率，进行了低硫高氮渣油掺入回炼油的运转初期稳定性试验，结果表明：在渣油加工量不变的情况下，低硫高氮渣油中掺入回炼油后，可降低催化剂上的积炭质量分数，催化剂的孔结构和活性相也保持得更好，可以延长装置运转周期。

关键词　渣油加氢；低硫高氮渣油；运转周期

1　前言

随着世界原油劣质化趋势不断加剧，充分利用石油资源，实现对重油的高效利用已成为各国炼油企业的当务之急。渣油加氢工艺可以有效脱除渣油中所含的大部分杂原子，使加氢渣油的性质得到极大改善，为催化裂化(FCC)装置提供大量的优质原料，因此在国内外得到广泛应用。

目前，国内外的渣油加氢装置大多以沙特、伊朗、科威特等中东高硫低氮类渣油为主要原料。中国石化沿江炼油厂的渣油加氢装置主要加工仪长管输原油的渣油，该渣油原料具有硫低氮高、胶质含量高、沥青质含量低以及镍高钒低等特点[1]。在实际工业生产过程中，发现与加工高硫低氮渣油的加氢装置相比，加工低硫高氮渣油的加氢装置运行周期较短，因此需要研究加工低硫高氮渣油催化剂失活快的原因，为提出减缓催化剂失活速率的技术措施提供理论依据。

2　开发思路

为延长沿江炼油厂渣油加氢装置运转周期，从沿江炼油厂第一套渣油加氢装置(长岭炼化公司1.7Mt/a渣油加氢装置，以下简称C装置)开始，中国石化石油化工科学研究院(以下简称RIPP)通过开发一系列工艺技术和催化剂，提出了合理、有效的解决方案[2-4]。

RIPP开发了空隙率更高和容铁钙能力更强的保护剂RG-30、RG-20、RG-30E、RG-30A和RG-30B。新型保护剂设计基于两个原则，一是特殊的孔结构，以使铁、钙尽可能扩散至催化剂颗粒内部；二是较高的空隙率，以容纳足够多的杂质沉积在催化剂颗粒之间。新型保护剂可以有效降低一反压降上升速率，延长渣油加氢装置运转周期。

仪长渣油原料平均相对分子质量较大、胶质质量分数高、芳香分质量分数低；大量分子都含有氮原子，只有少量分子中存在硫原子；分子结构相对较大，且支化程度较高。该原料加氢脱硫、加氢脱氮和残炭加氢反应相对较困难。在第三代RHT系列渣油加氢催化剂的研制基础上，RIPP针对低硫高氮渣油开发了残炭加氢转化性能更高的RCS-31和RCS-31B催化剂。新催化剂通过优化载体孔结构，提高了催化剂的有效反应表面以及活性中心的可接近性；通过优化活性组成，提高了催化剂总的活性中心数；通过改进活性组分负载工艺，提升了催化剂活性相结构的本征活性；通过表面性质改性，减少了催化剂运转过程中表面积炭数量。该催化剂有利于促进残炭加氢转化和减少积炭量。

基于对原料反应特性和催化剂性能的认识以及构建的反应动力学和催化剂失活模型，结合上述新的RHT系列催化剂，开发了有针对性的催化剂级配技术，使得一反压降上升速率和整体催化剂失活速率同步，充分发挥保护反应器的容垢能力和整体催化剂的活性。

由于渣油原料黏度较大，渣油在反应器内的有效分配较为重要。如果物流分配不好，会导致热点产生，影响装置的长周期运行。研究表明，热点出现在液流速度小的局部区域，由于液速小，原料油发生深度转化(如发生热裂化等放热反应)，导致局部温度升高而出现热点。低液速区是逐渐形成的，通常最初液体分布差的部位容易出现热点。基于对渣油原料性质和工程流体力学的深入认识，RIPP 开发了渣油加氢反应物流高效分配技术。采用高效分配技术后，一反最大径向温差大大降低，有利于装置的长周期运行。

采取上述措施后，C 装置运转周期由 426d 延长到 471d，但是与加工高硫低氮渣油的装置相比，运转周期还是偏短。表 1 列出了 C 装置和上海石化 3.9Mt/a 渣油加氢装置(以下简称 S 装置)主要设计条件、原料性质及运转周期。从表 1 中可以看出，两套渣油加氢装置的设计条件和原料的残炭值、密度基本相当，C 装置原料氮高硫低，S 装置原料硫高氮低。两套渣油加氢装置的运转周期有显著的差异，C 装置运转周期只有 471d，而 S 装置运转周期为 582d。

本研究在前期研究工作的基础上，分别以高硫低氮渣油和低硫高氮渣油为原料，进行稳定性试验，明确低硫高氮类渣油加氢失活过快的原因，提出延缓催化剂失活速率的解决方案，延长低硫高氮渣油加氢装置的运转周期。

表 1 两套渣油加氢装置主要设计条件、原料性质及运转周期对比

	C 装置	S 装置
设计条件		
体积空速/h^{-1}	0.218	0.200
氢分压/MPa	15.0	15.0
标准状态氢油体积比	700	750
原料性质(周期平均值)		
密度(20℃)/(kg/m^3)	968.8	976.8
硫/%(质)	1.50	3.59
氮/%(质)	0.70	0.21
残炭值/%	11.3	11.4
(镍+钒)质量分数/(μg/g)	51.4	74.2
金属(镍+钒)沉积量/(t/m^3)	0.0925	0.130
运转周期/d	471	582

3 高硫低氮渣油和低硫高氮渣油加氢初期失活考察

3.1 试验原料油

表 2 为试验选用的仪长渣油和沙轻渣油原料基本性质。从表 2 可以看出，两类渣油的残炭值相近，仪长渣油为典型的低硫高氮渣油，沙轻渣油为典型的高硫低氮渣油。

表 2 两类渣油原料的基本性质

项 目	仪长渣油	沙轻渣油
密度(20℃)/(kg/m^3)	984.4	975.5
黏度(100℃)/(mm^2/s)	148.7	68.99
碳/%(质)	86.45	85.01
氢/%(质)	10.97	11.12
残炭值/%	11.61	11.30

续表

项　目	仪长渣油	沙轻渣油
硫/%(质)	1.46	3.43
氮/%(质)	0.50	0.19
镍/(μg/g)	37.8	13.0
钒/(μg/g)	25.3	33.3
四组分/%(质)		
饱和分	24.3	31.0
芳香分	38.4	48.3
胶质	34.5	17.5
沥青质	2.8	3.2

3.2 催化剂装填

试验所用催化剂为RIPP开发的第三代RHT系列催化剂，包括保护剂(RG-30B)、加氢脱金属剂(RDM-32)以及加氢脱硫脱残炭剂(RCS-31)。

3.3 试验方案

催化剂硫化结束后，直接切入渣油原料，以每隔6h升温5℃的方式升温至380℃，在氢分压为14.0MPa，标准状态氢油体积比为700和体积空速为0.30h^{-1}的条件下，开始稳定性试验。从切入渣油原料开始计算，分别将运转0h(硫化后)、162h、262h和562h后的催化剂卸出进行表征分析，研究加工两类渣油的催化剂体系运转初期性质及其失活规律差异。

3.4 加工不同类型渣油的催化剂运转初期性质对比

3.4.1 催化剂炭、氮质量分数表征

为考察加工两类渣油的催化剂积炭情况，采用甲苯溶剂对从中型试验装置卸出的催化剂进行索氏抽提处理，除去催化剂表面吸附的非沥青质类和沥青质类残留物，然后对催化剂上沉积的炭、氮质量分数进行表征分析，结果如表3所示。

表3 加工不同类型渣油的催化剂上炭、氮质量分数对比

催化剂	运转时间/h	炭/%(质)		氮/(μg/g)	
		仪长渣油	沙轻渣油	仪长渣油	沙轻渣油
保护剂	0	5.2	5.2	124	124
	162	10.7	9.8	241	192
	262	11.1	10.2	213	184
	562	13.8	12.8	453	231
脱金属剂	0	2.9	2.9	202	202
	162	13.2	11.8	189	154
	262	13.6	11.9	150	145
	562	17.2	16.1	730	646
脱硫脱残炭剂	0	1.9	1.9	144	144
	162	10.1	9.9	265	154
	262	10.5	10.1	346	214
	562	13.9	13.4	590	392

工业装置旧剂分析结果表明，在运转整个周期后，渣油加氢脱金属剂和脱硫脱残炭剂上积炭质量分数大部分在20%以下。从表3可以看出，加工两种渣油的催化剂在运转初期都形成了大量积炭，积炭质量分数达到了10%，超过了周期总积炭质量分数的50%，这说明大量积炭是渣油加氢催化剂在运转初期快速失活的主要原因，因此研究初期失活重点需要考察积炭失活。

从表3还可以看出，在相同反应条件下，加工仪长渣油的催化剂均比加工沙轻渣油的沉积了更多的炭，保护剂相差约1.0个百分点，脱金属剂相差约1.5个百分点，脱硫脱残炭剂上差别较小，最高的相差0.50个百分点。说明加工仪长渣油对所用的保护剂和脱金属剂在运转初期积炭失活的过程影响更大，而对脱硫脱残炭剂的影响较小。这可能是由于位于催化剂床层前端的保护剂和脱金属剂先接触性质较差的仪长渣油，加氢转化了部分性质较差的大分子化合物，对位于催化剂床层后端的脱硫、脱残炭剂形成有效的保护作用，从而减少仪长渣油对脱硫脱残炭剂的不利影响。

另外加工仪长渣油的催化剂上沉积了更多的氮化物，说明仪长渣油中的氮化物对积炭的形成有着不可忽略的影响。在加氢反应过程中，原料油中的氮化物(尤其是碱性氮化物)将强烈吸附在催化剂表面，易发生脱氢缩合反应生成积炭，从而含有较多氮化合物的仪长渣油导致催化剂上生成更多的积炭。

催化剂上形成的积炭会覆盖催化剂表面的活性中心，降低比表面积，堵塞催化剂孔道使其向小孔方向迁移，使得渣油中胶质、沥青质等大分子扩散阻力增加，不利于渣油加氢反应的进行。

3.4.2 催化剂积炭类型表征

热重-质谱联用技术(TG-MS)不仅可以获得催化剂样品分解或氧化导致其质量变化的热重曲线，还可通过质谱分析器得到氧化燃烧释放出的气体定性和定量的信息，对研究加氢催化剂积炭失活具有重要意义。

为深入认识加工不同类型渣油的催化剂上积炭类型的差异，分别对加工两类渣油的各个运转时间的催化剂的CO_2谱峰进行分峰处理，得到不同类型积炭质量分数的数据，结果如表4所示。从表4可以看出，在相同反应条件下，加工仪长渣油的催化剂上不仅形成了更多的积炭，并且高温型的积炭质量分数也更高。

表4 加工不同类型渣油的催化剂上积炭质量分数 %(质)

催化剂	运转时间/h	总积炭		低温型积炭		高温型积炭	
		仪长渣油	沙轻渣油	仪长渣油	沙轻渣油	仪长渣油	沙轻渣油
脱金属剂	162	13.2	11.8	3.5	2.8	9.7	9.0
	262	13.6	11.9	3.6	2.9	10.0	9.0
	562	17.2	16.1	5.0	6.6	12.2	9.5
脱硫脱残炭剂	162	10.1	9.9	3.0	3.31	7.1	6.6
	262	10.5	10.1	3.2	3.1	7.3	7.0
	562	13.9	13.4	3.2	4.2	10.7	9.2

3.4.3 催化剂孔结构表征

渣油加氢反应是扩散控制的过程，催化剂孔径变小，将会进一步增大胶质、沥青质等大分子化合物的传质阻力，从而影响催化剂的加氢性能。在装置运转初期加工两类渣油的催化剂上就已沉积了大量的炭，这些沉积物会对催化剂的孔结构造成影响。图1给出了加工仪长渣油和沙轻渣油的脱金属剂和脱硫脱残炭催化剂的孔径分布对比。可以看到，加工仪长渣油的催化剂相比加工沙轻渣油的小孔占比更多，大孔占比更少；随着运转时间延长加工两类渣油的催化剂孔径都明显向小孔方向偏移，而加工仪长渣油的催化剂上小孔占比更多，这说明加工仪长渣油的催化剂的活性中心可接近性变差，更加不利于黏度更高、分子更大的仪长渣油的加氢反应过程。

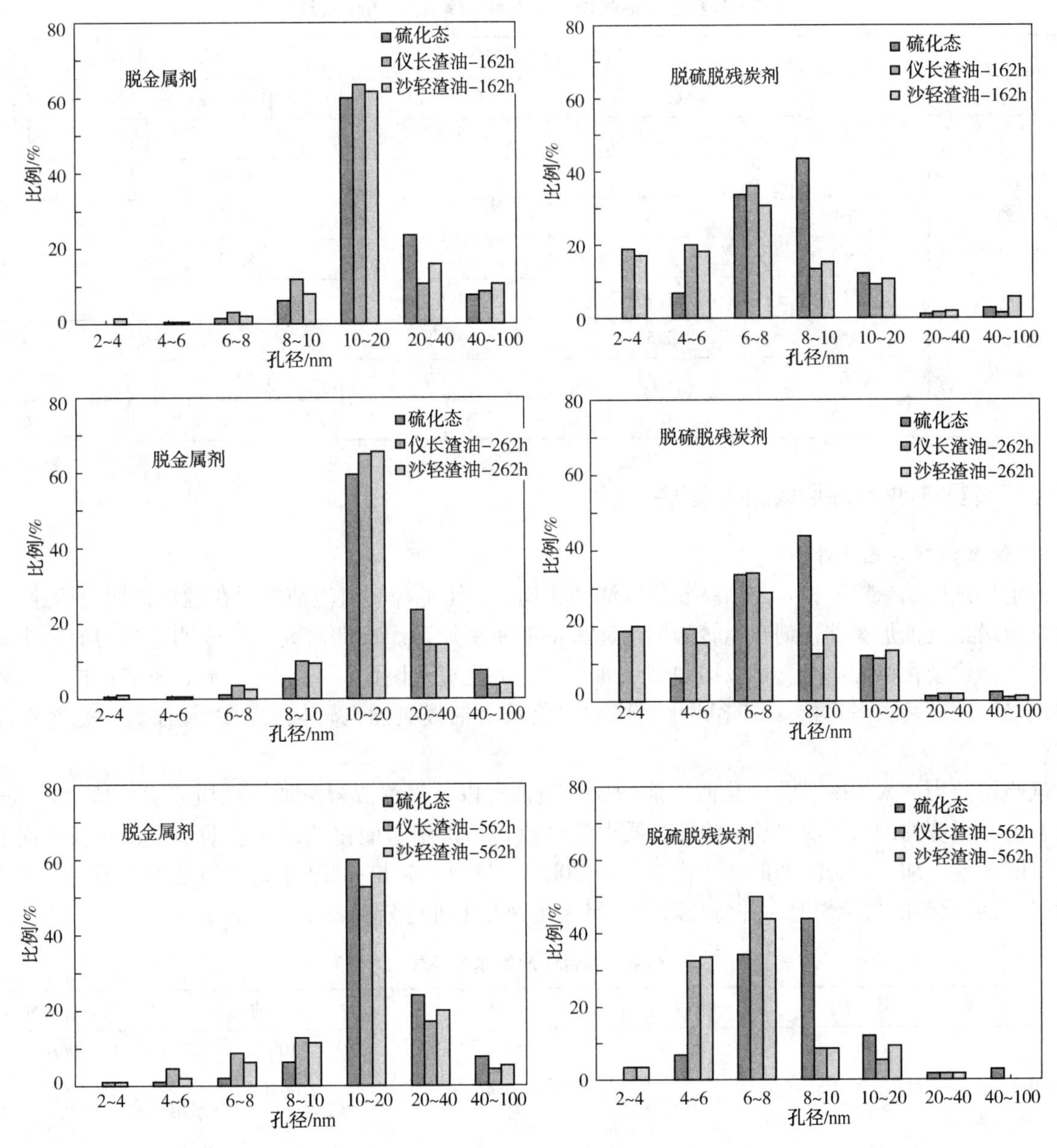

图 1　加工不同类型渣油的催化剂的孔径分布对比

3.4.4　催化剂活性相结构表征

加氢催化剂的活性及其稳定性与活性相结构有着密切的关系。在渣油加氢过程中，催化剂活性相结构若发生改变(如活性相的聚集或离析)，将造成催化剂不可逆失活。高分辨透射电镜(HRTEM)可以从微观角度认知加氢催化剂活性相的形貌、形成及其组成分布特征，能够给出催化剂上 MoS_2片晶活性相的大小、数量以及堆叠情况等信息。

MoS_2片晶的平均长度(六边形对角线长度)反映了活性金属迁移、聚集的情况。当 MoS_2片晶的平均长度增加时，棱边位和角位的 Mo 原子的比例将大幅度降低，而边角位可接触 Mo 原子数量又是影响催化剂活性的关键因素，从而导致催化剂不可逆失活。与沙轻渣油相比，在相同反应条件下，仪长渣油对催化剂上 MoS_2片晶长度影响更大，其在运转初期的失活速率也更快。从表 5 可以看出，与加工沙轻渣油的相比，在相同反应条件下，加工仪长渣油的催化剂上 MoS_2片晶活性相长度略长。

表5 加工不同类型渣油的催化剂上可观察到的 MoS_2 条纹统计结果

催化剂	运转时间/h	MoS_2 片晶平均堆叠层数/层		MoS_2 片晶平均长度/nm	
		仪长渣油	沙轻渣油	仪长渣油	沙轻渣油
脱金属剂	0	1.66	1.66	3.39	3.39
	162	1.40	1.41	4.19	4.08
	262	1.31	1.32	4.50	4.29
	562	1.24	1.27	4.82	4.57
脱硫脱残炭剂	0	1.90	1.90	3.76	3.76
	162	1.55	1.74	4.85	4.51
	262	1.43	1.42	5.12	4.82
	562	1.31	1.36	6.52	6.19

4 低硫高氮渣油掺炼回炼油稳定性试验

4.1 试验原料及工艺条件

稳定性试验结果表明，与加工高硫低氮渣油相比，加工低硫高氮渣油主要在运转初期失活速率快，而大量积炭是渣油加氢催化剂在运转初期快速失活的主要原因。前期研究工作表明，当向渣油中掺入高芳香性催化裂化回炼油时，可以抑制催化剂上积炭的生成。因此，进行了低硫高氮渣油掺入回炼油的初期稳定性试验，考察掺入催化裂化回炼油对仪长渣油残炭加氢转化失活以及加氢催化剂性质的影响。

试验用油为掺入10%催化裂化回炼油的仪长渣油，以下简称混合渣油，性质如表6所示。从表6可以看出，回炼油的掺入使仪长渣油的性质大幅度改善。采用与催化剂运转初期稳定性试验相同的催化剂级配体系。加工混合渣油的体积空速由 $0.30h^{-1}$ 调整为 $0.33h^{-1}$，保证渣油的处理量不变。考察运转562h后催化剂的失活情况，并将脱硫脱残炭催化剂卸出进行分析表征。

表6 混合渣油的基本性质

项目	仪长渣油	回炼油	混合渣油
密度(20℃)/(kg/m^3)	984.4	1097	996.0
黏度(100℃)/(mm^2/s)	148.7	72.6(50℃)	109.4
碳/%(质)	86.45	91.49	87.29
氢/%(质)	10.97	7.18	10.65
残炭值/%	11.61	0.59	11.11
硫/%(质)	1.46	1.09	1.42
氮/%(质)	0.50	0.18	0.49
镍/(μg/g)	37.8	<0.1	35.3
钒/(μg/g)	25.3	<0.1	23.2

4.2 卸出催化剂性质分析

4.2.1 催化剂炭、氮质量分数表征

加工不同渣油原料脱硫脱残炭剂上炭、氮质量分数如表7所示，从表7可以看出，与加工仪长渣油相比，在相同催化剂级配体系下加工混合渣油的脱硫、脱残炭剂上形成了更少的积炭，降低了0.7个百分点，说明回炼油的掺入有利于缓解脱硫脱残炭剂积炭失活过程。研究表明，掺入高芳香性的回炼油不仅能够使渣油黏度大幅度降低，而且能够使沥青质等大分子物质以更小的结构形态存在，有利于渣油中沥青质扩散至催化剂孔道内进行加氢反应。由于沥青质是催化剂积炭失活的主要原因，因此，

回炼油的掺入有利于积炭前躯物加氢转化，减少积炭的生成。

表 7 脱硫、脱残炭剂上炭和氮质量分数

卸出催化剂	炭/%(质)	氮/(μg/g)
硫化态	1.9	144
加工仪长渣油	13.9	590
加工混合渣油	13.2	421

4.2.2 催化剂积炭类型表征

对加工混合渣油的脱硫、脱残炭剂的 CO_2 谱峰进行分峰处理，得到每种类型积炭的质量分数，结果如表 8 所示。从表 8 可以看出，与加工仪长渣油相比，加工混合渣油的脱硫、脱残炭剂上形成的高温型积炭质量分数更低，进一步说明回炼油的掺入对脱硫、脱残炭剂活性的保持良好。

表 8 低温型及高温型积炭质量分数 %(质)

催化剂	低温型积炭	高温型积炭	总积炭
硫化态	0.7	1.2	1.9
加工仪长渣油	3.2	10.7	13.9
加工混合渣油	3.1	10.1	13.2

4.2.3 催化剂孔结构表征

采用 BET 对加工混合渣油的脱硫脱残炭剂进行表征，图 2 给出了加工混合渣油的脱硫、脱残炭剂的孔体积分布曲线和孔径分布规律。从图 2 可以看出，与加工仪长渣油的相比，加工混合渣油的脱硫、脱残炭剂在 4~6nm 和 6~8nm 范围内占比有所降低，而在 8~10nm 和 10~20nm 范围内孔径所占比例有所升高，说明向仪长渣油中掺入回炼油有利于改善脱、硫脱残炭剂孔结构性质。

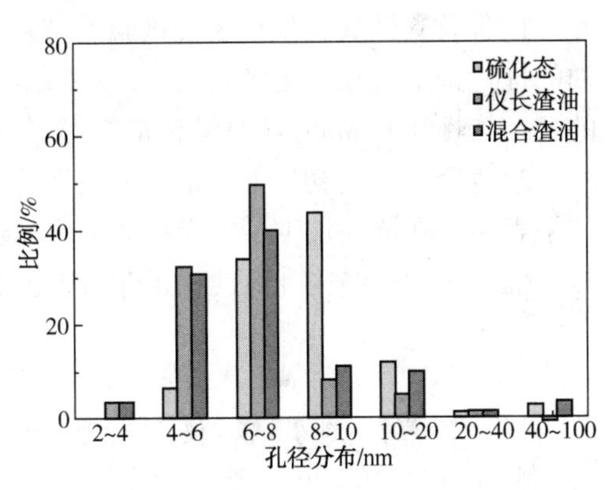

图 2 加工不同渣油原料的脱硫、脱残炭剂运转 562h 后孔径分布对比

4.2.4 催化剂活性相结构表征

采用 HRTEM 对加工混合渣油的脱硫、脱残炭剂表征，表 9 为统计得到的加工不同渣油原料的脱硫、脱残炭剂运转 562h 后 MoS_2 片晶的平均堆叠层数和平均长度的变化情况。

从表 9 可以看出，在相同催化剂级配体系下，与加工仪长渣油相比，加工混合渣油的脱硫脱残炭剂上 MoS_2 片晶结构更稳定些，片晶平均堆叠层数下降少，片晶平均长度增长幅度小，说明回炼油的掺入有利于维持脱硫脱残炭剂上 MoS_2 活性相结构的稳定。

表 9 MoS_2 条纹统计结果

催化剂	MoS_2 片晶平均堆叠层数/层	MoS_2 片晶平均长度/nm
硫化态	1.90	3.76
加工仪长渣油	1.31	6.52
加工混合渣油	1.39	6.41

4.3 运转初期催化剂失活考察

渣油加氢反应是扩散控制的过程，回炼油的掺入可以降低仪长渣油的黏度，有利于渣油中胶质、沥青质等大分子物质向催化剂孔道内扩散，接触孔内加氢活性中心进行加氢反应，从而提高混合渣油的残炭加氢转化率。说明回炼油的掺入改善了仪长渣油的加氢反应性能，另外，回炼油的掺入也对所用的催化剂体系影响较小，从而使催化剂保持着较高的加氢性能。

根据残炭加氢转化反应动力学方程式，对试验数据进行归一化处理，处理结果如图3所示。从图3可以看出，掺入回炼油以后，残炭加氢转化归一化温度明显低于仪长渣油，运转562h后，残炭加氢转化归一化温度低于6.7℃，按照装置运转中后期失活速率0.084℃/d计算，还可以再运行79d。

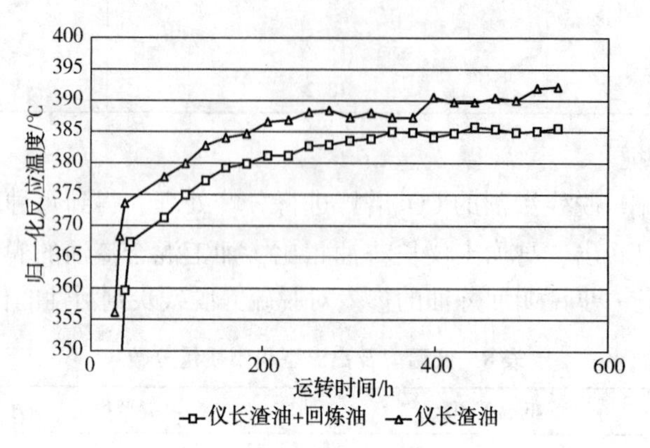

图3 不同原料的加氢残炭加氢转化归一化温度

5 结论

1)催化剂运转初期稳定性试验，结果表明：与加工高硫低氮渣油的催化剂相比，加工低硫高氮渣油的催化剂上沉积了更多的炭，而且高温型积炭质量分数显著高于前者，加工低硫高氮渣油的催化剂的孔结构性质及MoS_2片晶结构都变得更差。

2)为降低运转初期催化剂上的失活速率，进行了低硫高氮渣油掺入回炼油的运转初期稳定性试验，结果表明：在渣油加工量不变的情况，低硫高氮渣油中掺入回炼油后，可降低催化剂上的积炭质量分数，催化剂的孔结构和活性相也保持得更好；低硫高氮渣油掺入回炼油后，运转周期显著延长。

参考文献

[1] 董凯，邵志才，刘涛，等．仪长渣油加氢处理反应规律的研究 Ⅰ．仪长渣油性质特点及加氢反应特性[J]．石油炼制与化工，2015，01.

[2] 邵志才，刘涛，邓中活，等．RHT固定床渣油加氢装置高效运行的整体解决方案[J]．石油炼制与化工，2020，02.

[3] 邵志才，贾燕子，戴立顺，等．高铁钙原料渣油加氢装置长周期运行的工业实践[J]．石油炼制与化工，2015，09.

[4] 邵志才，戴立顺，杨清河，等．沿江炼油厂渣油加氢装置长周期运行及优化对策[J]．石油炼制与化工，2017，08.

RIPP 废加氢剂再生和梯级利用技术研发进展

贾燕子　杨清河　胡大为　王　振　戴立顺　刘　涛　胡志海　聂　红　李大东

（中国石化石油化工科学研究院　北京　100083）

摘　要　为降低现有渣油加氢催化剂使用成本，解决炼油厂废加氢剂回收处理难题，RIPP 开发出渣油加氢催化剂再生技术和废馏分油加氢催化剂梯级利用技术。研究结果表明相比于新鲜渣油加氢脱硫、脱残炭剂，工业废剂的活性明显下降，而经渣油加氢脱硫、脱残炭催化剂再生技术后，废剂活性基本可恢复到新鲜剂水平。采用废馏分油梯级利用技术再生后，废馏分油加氢催化剂的脱硫和脱残炭率均有大幅提升，可以达到新鲜渣油加氢脱硫、脱残炭催化剂活性水平的90%以上。

关键词　渣油；加氢；催化剂；再生

1　前言

渣油加氢技术由于可以有效脱除渣油中所含的绝大部分杂原子，并且与催化裂化结合后可以极大程度地提高炼油厂轻质油收率，因而在环保要求日益严格的今天备受青睐。中国石化石油化工科学研究院(RIPP)一直致力于渣油加氢催化剂的研究开发，其研发的三代 RHT 系列渣油加氢催化剂，先后在海内外多套装置进行工业应用，实现了炼油企业对重劣质原料加工的需求，为炼油企业创造了巨大的经济效益。近年来，为实现炼油企业对高性价比高稳定性催化剂的需求，致力于承担中石化炼油技术开拓创新重任的石科院又开发出具有显著低堆积密度特性的 RHT-200 系列渣油加氢催化剂，并成功实现工业应用。

目前，我国工业应用的渣油加氢技术均为固定床加氢工艺，年处理能力达到 58.5Mt/a，而目前拟建及在建的渣油加氢装置加工能力近 19.2Mt/a，渣油加氢技术发展的同时也带动催化剂的消耗呈逐年上升的趋势。由于渣油中大分子的胶质和沥青质以及金属、硫、氮等杂原子含量较高，渣油加氢催化剂通常失活较快，在线运转周期通常为 14 个月左右，且一般是一次性利用、不可再生。2017 年国家《固废污染防治法》将废加氢催化剂由固废品列为危废品，且限制危废品跨省、自治区、直辖市转移后，为炼油厂处理废旧加氢催化剂提出了巨大的挑战。

为应对上述挑战，RIPP 根据企业所面临的问题和挑战，基于多年来对各渣油加氢装置卸出剂的详细跟踪分析结果，以渣油加氢脱硫脱残炭催化剂结构与反应物分子之间的构效关系为核心，在废加氢剂的孔结构恢复、活性相恢复等方面开展研发工作，形成了既可以降低现有渣油加氢催化剂使用成本，又可解决废加氢剂回收处理难题的渣油加氢催化剂再生技术。

2　废渣油加氢脱硫脱残炭催化剂再生技术

加氢催化剂失活的原因主要有三种：积炭、活性相聚集以及金属沉积。其中，积炭引起的失活可以经过脱炭使活性中心暴露出来、孔道恢复，通常可使催化剂的活性得到较好的恢复。对于活性相聚集可通过向催化剂中引入再分散助剂，通过再分散助剂与活性金属之间的相互作用，使聚集的金属组分重新分散并在硫化过程中转化为高活性的反应活性中心，从而使催化剂的活性得到良好的恢复。而对于金属沉积引起的失活，尤其金属沉积量高于3%时，通常认为是不可再生的。

如图 1 和表 1 所示，与上部保护剂和脱金属剂相比，渣油加氢脱硫、脱残炭剂上金属沉积量较低，经简单焙烧处理后其孔容恢复率较高，且其上沉积的少量金属 Ni 和 V 本身就具有加氢功能，由此可见下部脱硫、脱残炭剂具有再生利用的基本条件。据统计，国内每年置换出的渣油加氢脱硫、脱残炭剂共计约7kt，费用约为5亿元/a，若经过孔道恢复和活性相恢复后能再循环利用一次，则能将现有渣油加氢催化剂的使用费用降低约2.5亿元/a，同时也节约宝贵的自然资源，解决炼油厂的回收处理难题。

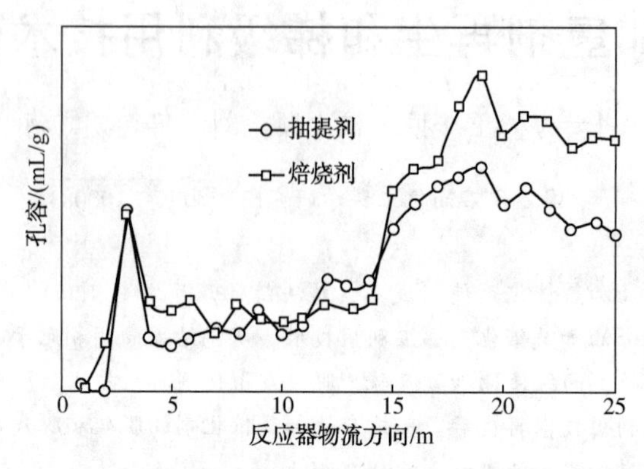

图1　废剂经不同方法处理后，沿物流方向的孔容恢复情况

表1　典型渣油加氢脱硫脱残炭废剂上的杂质含量

催化剂类型	C/%	Ni/%	V/%
某装置卸载渣油加氢脱硫脱残炭催化剂	12.8	1.12	1.03

2.1　废渣油加氢脱硫脱残炭催化剂孔恢复技术

脱炭是催化剂孔结构恢复的重要手段，然而脱炭温度过高，易造成金属粒子进行迁移，晶粒变大，分散度下降，还易造成载体烧结；脱炭温度过低，又会造成积炭焙烧不完全，孔结构恢复率低。石科院自研发加氢催化剂开始就配套研发加氢催化剂器外再生技术，基于多年的加氢催化剂器外再生技术，开发出安全环保尾气符合国家法规排放标准得既适宜渣油加氢脱硫脱残炭催化剂孔结构恢复，又可以避免载体烧结的孔恢复技术。

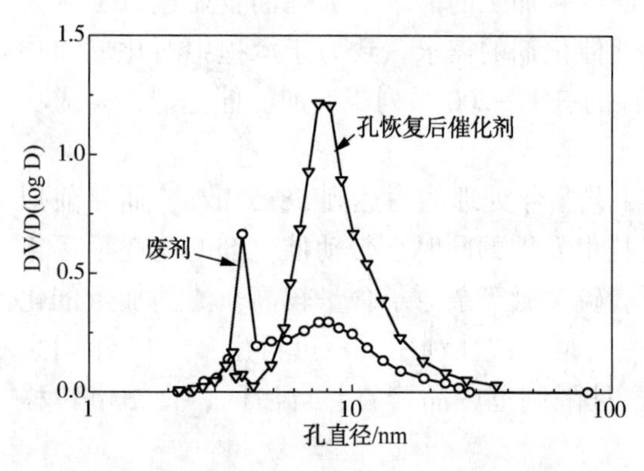

图2　废剂孔恢复技术前后，孔结构变化图

如图2所示，为RIPP开发的渣油加氢脱硫脱残炭催化剂采用本技术恢复孔道前后的孔分布曲线。从图2可以看出，废剂的孔径较小，且主要分布在3nm和8nm附近，且由于积炭和少量金属Ni和V的沉积导致比表面积明显降低。经孔恢复后，由于积炭引起的3nm左右小孔所占比例明显下降，孔分布向大孔方向移动。与新鲜剂相比，废剂经孔恢复后，孔容恢复率可达到90%，比表面积恢复率可达到95%左右。除小部分由于沉积金属造成的孔容无法恢复外，可几孔径和比表面积可达到新鲜剂水平。

2.2　废渣油加氢脱硫脱残炭催化剂活性相恢复技术

除了孔结构恢复以外，活性相作为催化剂活性的源泉，其恢复对于活性恢复同等重要。与馏分油加氢反应相比，对于渣油加氢脱硫、脱残炭这类内扩散限制更为严重的反应，如何在不影响或者提高反应物分子可接近性的同时，通过改变载体表面活性金属组成和分布情况，增加或恢复再生后催化剂中高活性相物种数量对于渣油加氢脱硫脱残炭剂再生技术的开发也是至关重要。

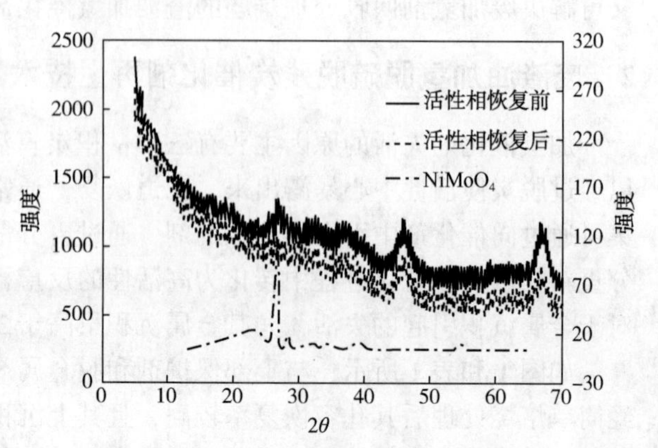

图3　活性相恢复前后XRD谱图变化

由图3可见，活性相恢复前，由于长周期运转

过程以及孔恢复过程中极易引起活性金属聚集，因此在26°左右出现了与类 $NiMoO_4$结构以及 MoO_3晶体有关的特征峰。经活性相恢复技术处理后，XRD 谱图中 20°～30°之间特征峰消失。这说明本院开发的渣油加氢催化剂活性相恢复技术可通过与 Mo 物种直接作用促进其再分散，不仅有利于 $NiMoO_4$和低活性大颗粒 MoO_3的再分散以及向小颗粒转变，从而增加硫化态催化剂表面 Mo 的硫化度和分散度，促进较小尺寸 MoS_2晶粒的生成，以提供更多的 NiMoS 活性相参与反应。

2.3 废渣油加氢脱硫脱残炭催化剂的再生活性

表2为以沙轻常压渣油(金属含量43.4μg/g，硫质量分数为3.50%，氢质量分数为11.06%，残炭质量分数为11.90%)为原料，在相同条件下对 RIPP 开发的渣油加氢脱硫催化剂 RCS-31、工业运转后废剂和采用本技术处理后的再生剂进行活性评价的结果。由表2可见，相比于新鲜剂，工业废剂的活性明显下降，而经本技术再生后活性基本可恢复到新鲜剂水平。

表2　再生后渣油加氢脱硫脱残炭催化剂的活性

催化剂	相对脱残炭率/%	相对脱硫率/%
新鲜渣油加氢脱硫脱残炭剂	100	100
工业废剂	82.7	90.0
再生后渣油加氢脱硫脱残炭剂	99.0	99.4

3　废馏分油加氢催化剂梯级利用

随着国家环保法规的日趋严格，国内炼油厂除每年置换出大量的渣油加氢催化剂无法处理外，每年几百吨无法再生利用的废馏分油加氢催化剂的处理也是一大难题。

馏分油加氢催化剂的活性金属组成通常与渣油加氢脱硫催化剂一致，且其活性金属负载量高于渣油加氢脱硫催化剂，且馏分油加氢催化剂失活的主要原因为焦炭沉积，属于可逆性失活。如果废馏分油加氢催化剂通过特殊技术再生处理后，可以降级应用于对催化剂活性要求略低的渣油加氢过程中，替代部分渣油加氢脱硫、脱残炭催化剂，既可以实现废馏分油加氢催化剂的梯级利用，又可以大幅降低现有渣油加氢催化剂的成本，同时解决废馏分油加氢催化剂回收处理的难题，其经济效益显而易见。

然而相较于馏分油而言，渣油原料中化合物的分子量更高、分子尺寸更大，因此若想实现废馏分油加氢催化剂的降级利用，首当其冲需要增加催化剂活性中心对于渣油中大分子化合物的可接近性，提高催化剂孔道的扩散性能；其次需要开发与渣油分子反应相适应的活性相恢复技术，以利于活性发挥。

3.1 废馏分油加氢催化剂扩孔技术

如图4所示，RIPP 开发的柴油加氢精制催化剂 RS-2100 废剂采用本技术扩孔处理前后的孔分布曲线。从图4可以看出，RS-2100 废剂的孔径主要分布在3.8nm 和7.4nm 附近，而渣油加氢脱硫反应为扩散控制过程，催化剂3.8nm 处的孔径偏小，不利于反应物分子的扩散，从而导致孔道内的活性金属难以发挥作用。废剂经过扩孔处理后，孔径分布更为集中，最可几孔径明显增大，催化剂孔径结构更适合于渣油加氢脱硫反应。

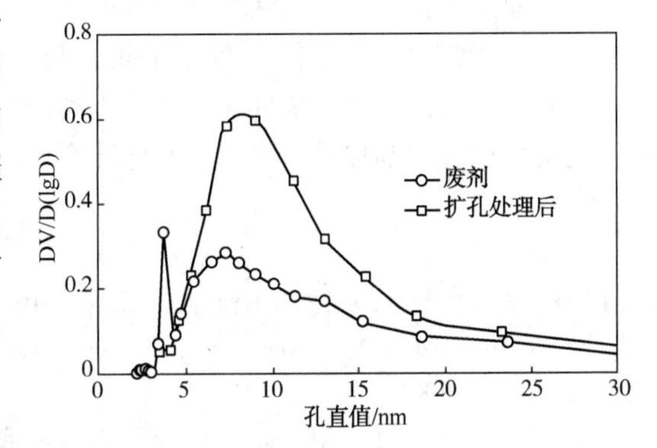

图4　RS-2100 废催化剂扩孔处理前后孔分布曲线

3.2 废馏分油加氢催化剂活性相恢复技术

图5为 RS-2100 废剂采用活性相恢复技术处理前后的 XRD 曲线。从图5可以看出，两个 XRD 曲线均在 2θ 为67.0°，45.8°和37.4°处存在三个 $\gamma-Al_2O_3$载体特征峰。活性相恢复前的 RS-2100 废剂 XRD 谱图中，

2θ 为 20°~30°之间出现与类 $NiMoO_4$结构以及 MoO_3晶体有关的特征峰，说明活性金属钼在废剂中存在一定程度聚集现象。采用活性相恢复技术处理后，2θ 为 20°~30°之间的信号峰明显减弱，表明催化剂中的活性金属得到有效再分散。

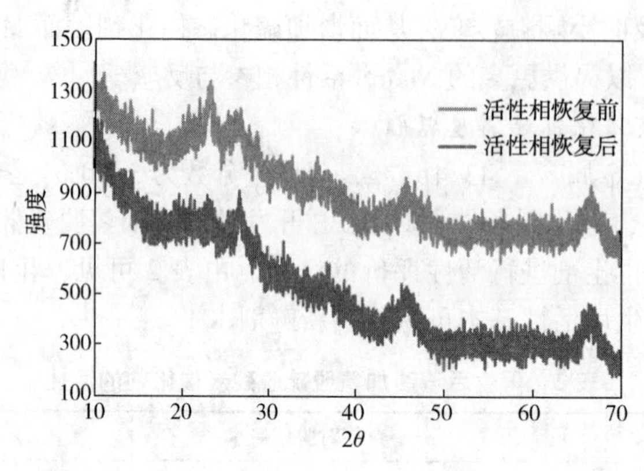

图 5 RS-2100 废催化剂活性恢复前后 XRD 曲线

3.3 废馏分油加氢催化剂的再生活性

以沙轻常压渣油[(Ni+V)含量为 43.4μg/g，硫质量分数为 3.50%，氢质量分数为 11.06%，残炭质量分数为 11.90%]为原料，在相同条件下对 RS-2100 废剂和采用本技术处理后的再生剂以及 RIPP 开发的渣油加氢脱硫催化剂 RCS-31 进行脱硫脱残炭活性评价，评价结果如表 3 所示。从表 3 可以看出，将 RS-2100 废剂直接应用于渣油加氢反应过程中，其脱硫和脱残炭活性均较低；采用本技术再生后，催化剂的脱硫和脱残炭率均大幅提升，可以达到标准剂 RCS-31 活性水平的 90%以上。

表 3 RS-2100 催化剂性能评价结果

催化剂	相对脱硫率/%	相对脱残炭率/%
RS-2100(废剂)	79.1	67.2
RS-2100(再生剂)	93.6	91.2
RCS-31(标准剂)	100	100

4 结论

1)通过研究废渣油加氢脱硫、脱残炭催化剂的孔恢复与活性相恢复技术，开发出渣油加氢脱硫、脱残炭催化剂的再生技术，研究结果表明相比于新鲜渣油加氢脱硫、脱残炭剂，工业废剂的活性明显下降，而经本技术再生后活性基本可恢复到新鲜剂水平。

2)基于馏分油加氢催化剂与渣油加氢催化剂的异同点出发，通过扩孔技术和活性相恢复技术的开发，开发出废馏分油加氢催化剂的梯级利用技术。采用本技术再生后，废馏分油加氢催化剂的脱硫和脱残炭率均有大幅提升，可以达到标准剂 RCS-31 活性水平的 90%以上。

参 考 文 献

[1] 李大东. 加氢处理工艺与工程[M]. 北京：中国石化出版社，2004.

[2] Guichard B，Roy A，Devers R，et al. Aging of Co(Ni)MoP/Al_2O_3 catalysts in working state[J]. Catal Today，2008，130(1)：97-108.

[3] 林建飞，胡大为，杨清河. 固定床渣油加氢催化剂表面积炭及抑制研究进展[J]. 化工进展，2015，34(12)：4229-4237.

环境友好的渣油加氢工业装置催化剂预硫化技术开发

刘　涛[1]　盛建安[2]　赵新强[1]　任　亮[1]　戴立顺[1]

（1. 中国石化石油化工科学研究院　北京　100083

2. 中国石化上海石化公司　上海　200540）

摘　要　通过中型试验考察了蜡油硫化和柴油硫化对渣油加氢催化剂物化性质及加氢活性的影响。试验结果表明：与传统的柴油硫化相比，采用蜡油硫化后，催化剂的硫量基本一致，催化剂上的积炭量虽然略高，但加氢活性基本相当。与上海石化共同确定了3.9Mt/a渣油加氢装置蜡油硫化的方案，该装置B列第四周期采用蜡油硫化方案。整个硫化过程中没有甩含硫化氢的污油到罐区，解决了硫化氢污染环境的问题，该周期的杂质脱除率及运行时间与以往周期相当。

关键词　渣油加氢；催化剂；环境友好；硫化方案

1　前言

中国石化上海石化公司（以下简称上海石化）3.9Mt/a渣油加氢装置是上海石化炼油改造工程的核心装置。3.9Mt/a渣油加氢装置以常压渣油、减压渣油、直馏重蜡油、焦化蜡油的混合油为原料，加氢处理后为下游3.5Mt/a重油催化裂化装置（以下简称RFCC）提供原料，同时副产部分柴油和石脑油等。经过加氢后的渣油性质得到较大改善，作为RFCC原料可以减少催化裂化装置的生焦量，提高轻质油品收率，改善催化裂化汽油产品性质，提高炼油厂经济效益并满足环保要求。上海石化3.9Mt/a渣油加氢装置分为A、B两列，两列可以单开单停，共用一套分馏系统。

该装置下游的催化裂化装置设计为不完全再生，要求加氢常渣的密度不能过低，否则容易造成“尾燃”。上海石化3.9Mt/a渣油加氢装置按照传统的柴油硫化方案。在一列正常生产的情况下，另外一列柴油硫化结束后，为了保证下游催化裂化装置原料密度不能过低，含有硫化氢的硫化柴油不能并入分馏系统，只能直接送至罐区。在这个过程中，由于高压状态下溶解的硫化氢在罐区挥发，对罐区环境造成很大影响，危害罐区周边人员的身体健康。

上海石化3.9Mt/a渣油加氢装置如果能够采用蜡油进行硫化，含有硫化氢的硫化蜡油可以直接并入分馏系统，彻底解决了硫化过程中硫化氢污染环境的问题，同时也可以为其它有相似问题的炼油企业提供借鉴。本研究的目标是考察RHT系列渣油加氢催化剂采用蜡油硫化的可行性，制定成套的渣油加氢催化剂蜡油硫化方案，并实现工业应用。

2　硫化方案优化中型试验

2.1　试验装置

试验是在渣油加氢中型试验装置上进行的。反应器温度控制方式为恒温操作，反应温度可控制在±0.5℃，压力可控制在±0.02MPa。

2.2　硫化用油性质

两种硫化用油的性质见表1。由表1可见，蜡油的硫、氮质量分数均高于柴油，密度和馏程也重于柴油。

表1 中型试验硫化用油性质

性质	柴油	蜡油
密度(20℃)/(kg/m³)	844.9	907.5
硫/%(质)	1.08	3.34
氮/(μg/g)	119	711
馏程/℃		
5%	251	327
50%	286	408
70%	302	426
90%	322	459
95%	333	478

2.3 试验过程

试验采用的催化剂为加氢脱金属催化剂RDM-32和加氢脱硫、脱残炭催化剂RCS-31。

柴油硫化试验：两套试验装置同时开工，催化剂经柴油硫化后，一套试验装置停工，卸剂，分析催化剂物化性质。另一套试验装置换入沙轻渣油，开始渣油加氢试验。

蜡油硫化试验：两套试验装置同时开工，催化剂经蜡油硫化后，一套试验装置停工，卸剂，分析催化剂物化性质。另一套试验装置换入沙轻渣油，开始渣油加氢试验。

2.4 试验结果与讨论

硫化后催化剂的物化性质见表2。由表2可见，采用蜡油硫化方案，硫化后RDM-32和RCS-31催化剂的硫质量分数分别为3.83%和7.18%；采用柴油硫化方案，硫化后RDM-32和RCS-31催化剂的硫质量分数分别为3.81%和7.20%。采用两种硫化方案，硫化后催化剂的硫质量分数非常接近，说明两种硫化方案的硫化效果基本一致。

采用蜡油硫化方案，硫化后RDM-32和RCS-31催化剂的炭质量分数分别为3.58%和3.62%；采用柴油硫化方案，硫化后RDM-32和RCS-31催化剂的炭质量分数分别为2.17%和2.50%。采用蜡油硫化方案，硫化后催化剂的炭质量分数高于柴油硫化方案，这主要是由于蜡油的密度和馏程重于柴油，因此，硫化后催化剂上积炭高于柴油硫化方案。

采用蜡油硫化方案，硫化后RDM-32和RCS-31催化剂的比表面积分别为135m²/g和174m²/g；采用柴油硫化方案，硫化后RDM-32和RCS-31催化剂的比表面积分别为134m²/g和179m²/g。采用两种硫化方案，硫化后催化剂的比表面积相差不大。

采用蜡油硫化方案，硫化后RDM-32和RCS-31催化剂的孔容分别为0.63mL/g和0.42mL/g；采用柴油硫化方案，硫化后RDM-32和RCS-31催化剂的孔容分别为0.66mL/g和0.44mL/g。采用蜡油硫化方案，硫化后催化剂的孔容略小，这和蜡油硫化方案硫化后催化剂上积炭高一致。

采用蜡油硫化方案，硫化后RDM-32和RCS-31催化剂的平均孔径分别为18.5nm和9.6nm；采用柴油硫化方案，硫化后RDM-32和RCS-31的平均孔径分别为18.8nm和9.9nm。采用蜡油硫化方案，硫化后催化剂的平均孔径略小，这也和蜡油硫化方案硫化后催化剂上积炭高度一致。

表2 不同硫化方案硫化后催化剂物化性质

硫化方案	蜡油硫化		柴油硫化	
催化剂	RDM-32	RCS-31	RDM-32	RCS-31
比表面积/(m²/g)	135	174	134	179
孔容/(mL/g)	0.63	0.42	0.66	0.44
平均孔径/nm	18.5	9.6	18.8	9.9
炭/%(质)	3.58	3.62	2.17	2.50
硫/%(质)	3.83	7.18	3.81	7.20

催化剂硫化后，换沙轻渣油，进行渣油加氢试验。在相同条件下，考察了两种硫化方案硫化后催化剂的加氢活性。试验结果列于表3。由表3可见，蜡油硫化方案和柴油硫化方案加氢生成油的残炭值分别为5.69%和5.66%，硫质量分数分别为0.69%和0.67%，金属(Ni+V)质量分数分别为8.0μg/g和7.4μg/g，氮质量分数分别为0.15%和0.14%。采用两种硫化方案硫化后，加氢生成油的各项性质基本一致。

表3 不同硫化方案催化剂加氢活性比较

硫化方案	沙轻渣油	蜡油硫化	柴油硫化
反应温度/℃		380	380
体积空速/h^{-1}		0.50	0.50
密度(20℃)/(kg/m^3)	975.8	934.3	934.2
黏度(100℃)/(mm^2/s)	71.03	26.81	27.44
残炭值/%	11.68	5.69	5.66
硫/%(质)	3.61	0.69	0.67
氮/%(质)	0.19	0.15	0.14
碳/%(质)	85.11	87.17	87.15
氢/%(质)	11.05	11.98	12.00
镍/(μg/g)	12.5	4.0	3.9
钒/(μg/g)	33.3	4.0	3.5

中型试验的结果表明：与传统的柴油硫化方案相比，采用蜡油硫化方案后，催化剂上的硫量基本一致，催化剂上的积炭量虽然略高，但催化剂的加氢脱杂质及残炭加氢转化活性基本相当。因此，上海石化3.9Mt/a渣油加氢装置可以采用蜡油硫化方案。

3 上海石化3.9Mt/a渣油加氢装置B列第四周期应用

上海石化3.9Mt/a渣油加氢装置B列第四周期于2017年5月19日进油硫化，5月21日切换渣油。2018年7月25日(运转431d)，循环氢压缩机因驱动端主密封气管线开裂导致B列紧急停车，两天后抢修完成重新投用，7月29日恢复生产。由于装置检修的需要，B列于2018年10月7日停工，累计运转505d。

3.1 催化剂预硫化

2017年5月19日渣油加氢装置试压合格，开始催化剂预硫化过程。硫化过程中各反应器体积平均温度(BAT)及循环氢中H_2S质量分数随时间变化情况见图1。

催化剂预硫化过程从5月19日23:42注硫开始，至5月21日14:00硫化结束，共耗时约38h，之前柴油硫化时间约42h，蜡油硫化节省4h。

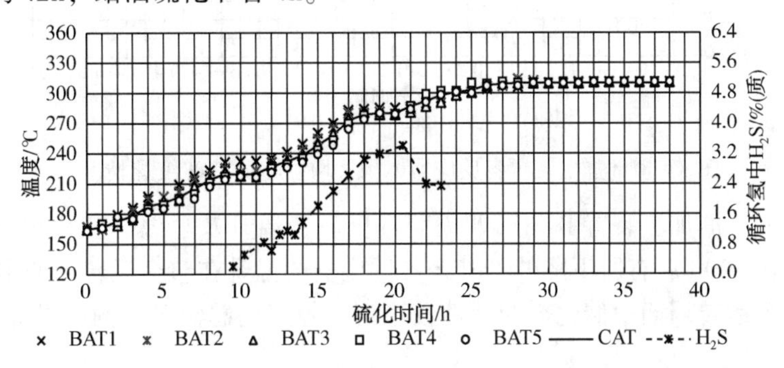

图1 预硫化过程中温度及循环氢中H_2S质量分数变化情况

3.2 运行情况

上海石化 3.9Mt/a 渣油加氢装置第四周期进料负荷见图 2，如图 2 所示，第四周期进料负荷率在 100%上下波动，整个周期平均进料负荷率为 100.7%。

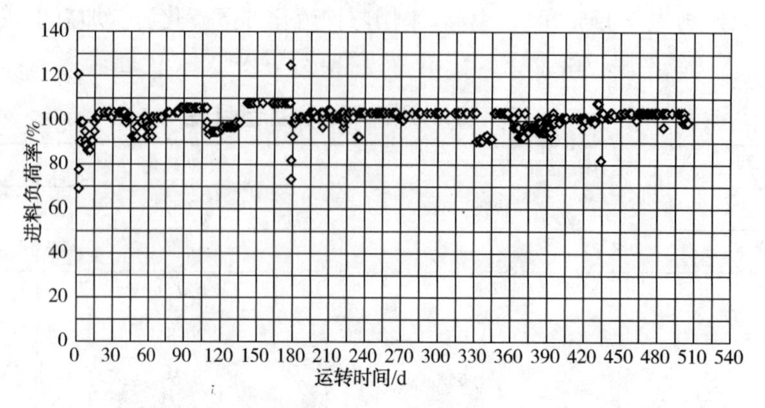

图 2 渣油加氢装置进料负荷率变化情况

上海石化 3.9Mt/a 渣油加氢装置 B 列第四周期各反应器 BAT 及催化剂床层 CAT 的变化情况见图 3，如图 3 所示，在整个运转周期中，提温分四个阶段。运转前 45d 为催化剂初期失活阶段，失活速率较快，CAT 平均提高速率为 0.347℃/d；运转 46~141d 催化剂进入稳定失活阶段，提温速度较慢，CAT 平均提高速率为 0.064℃/d；运转 142~180d，由于原料硫质量分数提高，提温速度较快，CAT 平均提高速率为 0.338℃/d；运转 181~505d，进入催化剂中期稳定失活阶段，提温速率较慢，CAT 平均提高速率为 0.055℃/d。按照上海石化的检修计划，B 列第四周期于 2018 年 10 月 7 日停工，累计运行 505d，停工前 CAT 仅为 395.6℃，其中一反~五反体积平均温度分别为 376.6℃、386.4℃、399.7℃、402.7℃和 402.8℃。

上海石化 3.9Mt/a 渣油加氢装置以往周期末期 CAT 提温速率为 0.130℃/d，以此计算，运转至 540d 时，CAT 应再提高 4.6℃，达到 400.2℃，尚未达到催化剂运转末期 CAT 的限值(405.0℃)。依据停工前 CAT 和催化剂的活性情况，B 列第四周期可以达到 18 个月的运行时间，与以往周期相当。

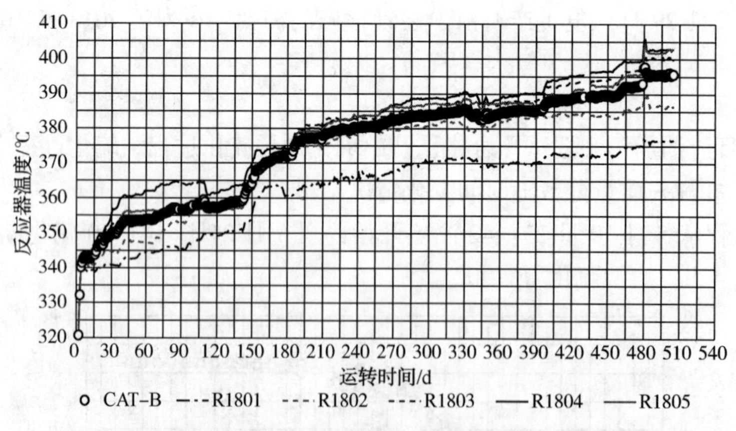

图 3 渣油加氢装置各反应器体积平均温度及 CAT 变化情况

上海石化 3.9Mt/a 渣油加氢装置 B 列第四周期各反应器温升及总温升变化情况见图 4，如图 4 所示，除一反温升在运转 390d 后有所下降外，其余各反应器的温升在整个运转周期中均较稳定，总温升也较稳定，说明在整个运转周期中催化剂的活性较稳定，停工前总温升在 60℃左右，催化剂的活性仍然良好。

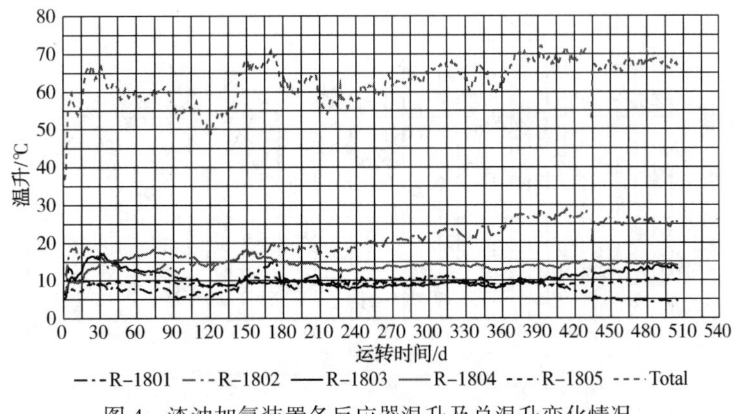

图4　渣油加氢装置各反应器温升及总温升变化情况

上海石化3.9Mt/a渣油加氢装置B列第四周期各反应器压力表显示有问题，无法反映反应器真实的压降情况，只能通过循环氢压缩机出入口压降来大致判断反应器压降的变化情况。循环氢压缩机出入口压降变化情况见图5。如图5所示，在整个运转周期中，压降较为稳定，停工前压降为3.2MPa，低于设计压降的高限(3.6MPa)，从压降来看，渣油加氢装置仍然可以继续运转。

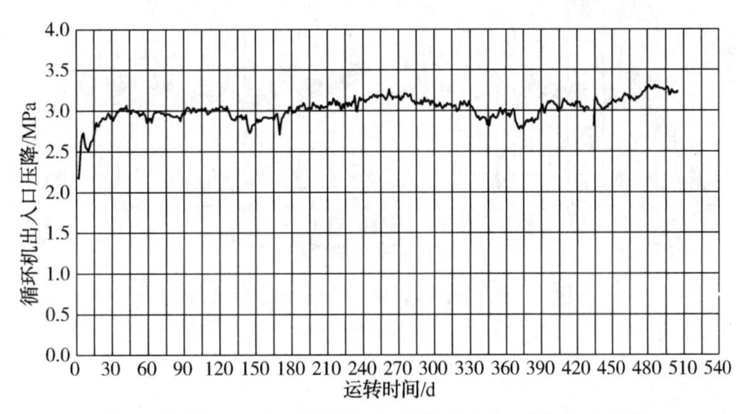

图5　渣油加氢装置循环氢压缩机出入口压降变化情况

3.3　催化剂活性

上海石化3.9Mt/a渣油加氢装置第四周期原料及加氢常渣的硫质量分数、残炭值及金属质量分数见图6~图8。由图中可以看出，在整个周期中，原料硫质量分数较稳定，平均值为3.460%，加氢常渣的硫质量分数平均值为0.527%，平均脱硫率为84.8%；原料金属(Ni+V)质量分数在40.0~100.0μg/g之间波动较大，平均值为72.6μg/g，加氢常渣金属(Ni+V)质量分数平均值为13.8μg/g，平均脱金属(Ni+V)率为80.1%；原料的残炭值均较稳定，大部分在10.0%~12.0%之间，平均值为10.8%，加氢常渣残炭值平均值为5.0%，平均残炭加氢转化率为53.7%，与以往周期相当。

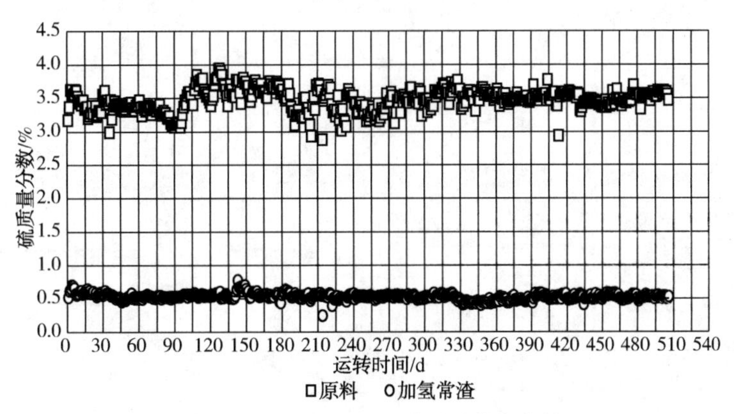

图6　原料和加氢常渣硫质量分数变化情况

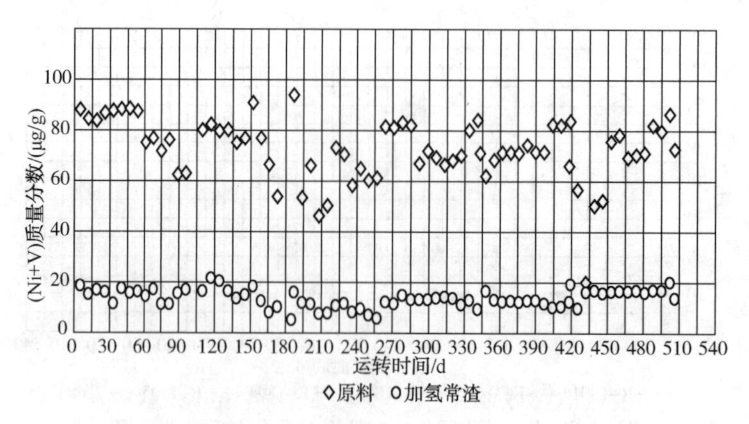

图 7 原料和加氢常渣金属(Ni+V)质量分数变化情况

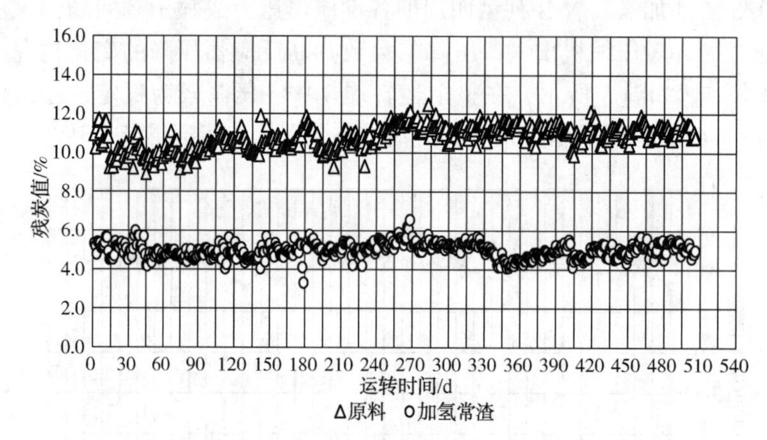

图 8 原料和加氢常渣残炭值变化情况

4 结论

1)通过中型试验考察了蜡油硫化和柴油硫化对催化剂物化性质及加氢活性的影响。试验结果表明：与传统的柴油硫化方案相比，采用蜡油硫化方案后，催化剂的上硫量基本一致，催化剂上的积炭量虽然略高，但催化剂的加氢脱杂质及残炭加氢转化活性基本相当。因此，上海石化 3. 9Mt/a 渣油加氢装置可以采用蜡油硫化方案。与上海石化共同确定了 3. 9Mt/a 渣油加氢装置蜡油硫化的方案。

2)上海石化 3. 9Mt/a 渣油加氢装置 B 列第四周期采用蜡油硫化方案。整个硫化过程中没有甩含硫化氢的污油到罐区，解决了硫化氢污染环境的问题。

3)由于上海石化装置检修，该周期运转 505d，停工前 CAT、压降均未达到限值，温升也没有下降的趋势，按照以往周期运转末期 CAT 提高速率计算，可以达到 18 个月的运转时间。该周期的运行时间及杂质脱除率均与以往周期相当。

基于渣油加氢过程分子结构变化的催化剂级配优化研究

聂鑫鹏　贾燕子　戴立顺　邓中活　施　瑢

（中国石化石油化工科学研究院　北京　100083）

摘　要　选择2种典型渣油加氢原料采用三种催化剂级配方案，进行了渣油加氢试验，研究了渣油在加氢反应过程中分子结构的变化，并对催化剂级配提出优化方案。结果发现，加工高硫低氮类渣油，宜装填加氢催化剂D，加工低硫高氮类渣油，宜装填加氢催化剂C。加工高硫低氮类渣油，加氢催化剂B比例可以增加到50%以上。加工低硫高氮类渣油，加氢催化剂C/D比例不建议减少过多，可使用B替代更多的加氢催化剂A。

关键词　渣油加氢；分子结构；催化剂级配

1　前言

渣油是由各种烃类和非烃类组成的复杂混合物，其中包含了大量的硫、氧、氮和金属等杂原子，各种杂原子在渣油中存在有多种不同的结合形式，还含有胶质和沥青质等极性大分子物质[1]。由于渣油化学组成复杂，渣油原料的性质与其原油来源有很大关系，不同来源的渣油性质差别很大，因此，原料性质对渣油加氢过程的影响非常复杂。关于原料组成对渣油加氢转化反应性能的影响，在实践中往往凭经验，根据原料的物性数据来大体判断，缺乏必要的理论指导和依据。目前中国石化有十多套渣油加氢装置，加工不同类型原料，有的装置（如茂名石化公司、金陵石化公司和上海石化）主要加工中东进口原油的减压渣油混合原料，其中硫含量较高（质量分数1.5%～5.0%），氮含量较低（质量分数<0.3%）；沿江三套渣油加氢装置（安庆石化公司、九江石化公司和长岭炼化公司）主要加工仪长管输原油减压渣油混合原料，其中硫含量较低（质量分数<1.5%），而氮含量较高（质量分数0.4%～0.8%），装置的杂质脱除率差异较大。根据不同类型原料也开发了有针对性的催化剂以及催化剂级配技术，得到了一些表观性质的结果，但在分子水平的认识不足。

通过表观性质确定原料加工的难易程度和优化催化剂级配方案有一定的局限性，需要深入研究不同催化剂级配、不同类型渣油在加氢反应过程中分子结构的变化规律。为不同渣油的加氢催化剂开发和催化剂级配优化提供理论依据。

2　试验方案

2.1　试验原料

试验所用原料油有2种，其相关性质见表1。从表1中可以看出，XT渣油为高硫低氮类渣油，其金属Ni含量低于金属V含量；AQ渣油为低硫高氮类渣油，其金属Ni含量略高于金属V含量。

表1　原油主要性质

原料油	XT渣油	AQ渣油
密度(20℃)/(kg/m^3)	973.9	964.3
黏度(100℃)/(mm^2/s)	67.50	105.00
残炭值/%	11.90	9.34
硫/%(质)	3.50	1.51
氮/%(质)	0.21	0.43

续表

原料油	XT 渣油	AQ 渣油
碳/%(质)	85.42	86.07
氢/%(质)	11.06	11.55
Ni/(μg/g)	11.70	27.90
V/(μg/g)	31.70	25.60
Fe/(μg/g)	1.90	8.50
Ca/(μg/g)	0.40	2.60
Na/(μg/g)	1.90	1.50
轻油收率(<350℃)/%	1.10	1.26
蜡油收率(350~500℃)/%	24.06	27.19
重油收率(>500℃)/%	74.84	71.55

2.2 试验装置与催化剂装填

加氢试验在多通道装置上进行，该装置包括12个反应器。反应器温度控制为恒温操作，反应温度可控制在±0.5℃，压力可控制在±0.02MPa。氢气为一次通过。

加氢试验所用催化剂为RHT系列渣油加氢催化剂，包括催化剂A、催化剂B催化剂C和催化剂D。方案采用了三种催化剂级配，具体催化剂装填方案见表2。第一种级配方案装在1号~4号反应器，第二种级配方案装在5号~8号反应器，第三种级配方案装在9号~12号反应器。通过这种催化剂装填方案可以收集到渣油通过不同种类催化剂床层后的生成油。为方便表述，编号定义每个反应器级配方案，第一个字母(Ⅰ、Ⅱ、Ⅲ)代表三种级配方案，后续字母代表装填催化剂种类。

表2 催化剂装填方案

反应器序号	级配编号	催化剂装填方案			
		A	B	C	D
1	ⅠA	√			
2	ⅠAB	√	√		
3	ⅠABC	√	√	√	
4	ⅠABD	√	√		√
5	ⅡA	√			
6	ⅡAB	√	√		
7	ⅡABC	√	√	√	
8	ⅡABD	√	√		√
9	ⅢA	√			
10	ⅢAB	√	√		
11	ⅢABC	√	√	√	
12	ⅢABD	√	√		√

3 渣油加氢反应结果

在反应温度为380℃、氢分压为14.0MPa、进料体积空速为0.50h^{-1}以及标准状态氢油体积比为700的条件下，分别以XT渣油和AQ渣油作为原料油进行加氢试验。

三种级配方案结果规律相似，即原料依次通过催化剂A、催化剂B和催化剂C或D，生成油的性质逐渐变好，密度、残炭值、硫含量、氮含量不断降低，氢含量不断增加。

考察四种催化剂脱杂质率随停留时间的变化，包括 HDS(加氢脱硫率)、HDCCR(残炭加氢转化率)、HDN(加氢脱氮率)和 HDM[加氢脱(Ni+V)率]，结果见图 1。为简化表述，以下面例子说明，渣油经过催化剂 A 床层反应后的脱硫率，简称为 A-HDS。

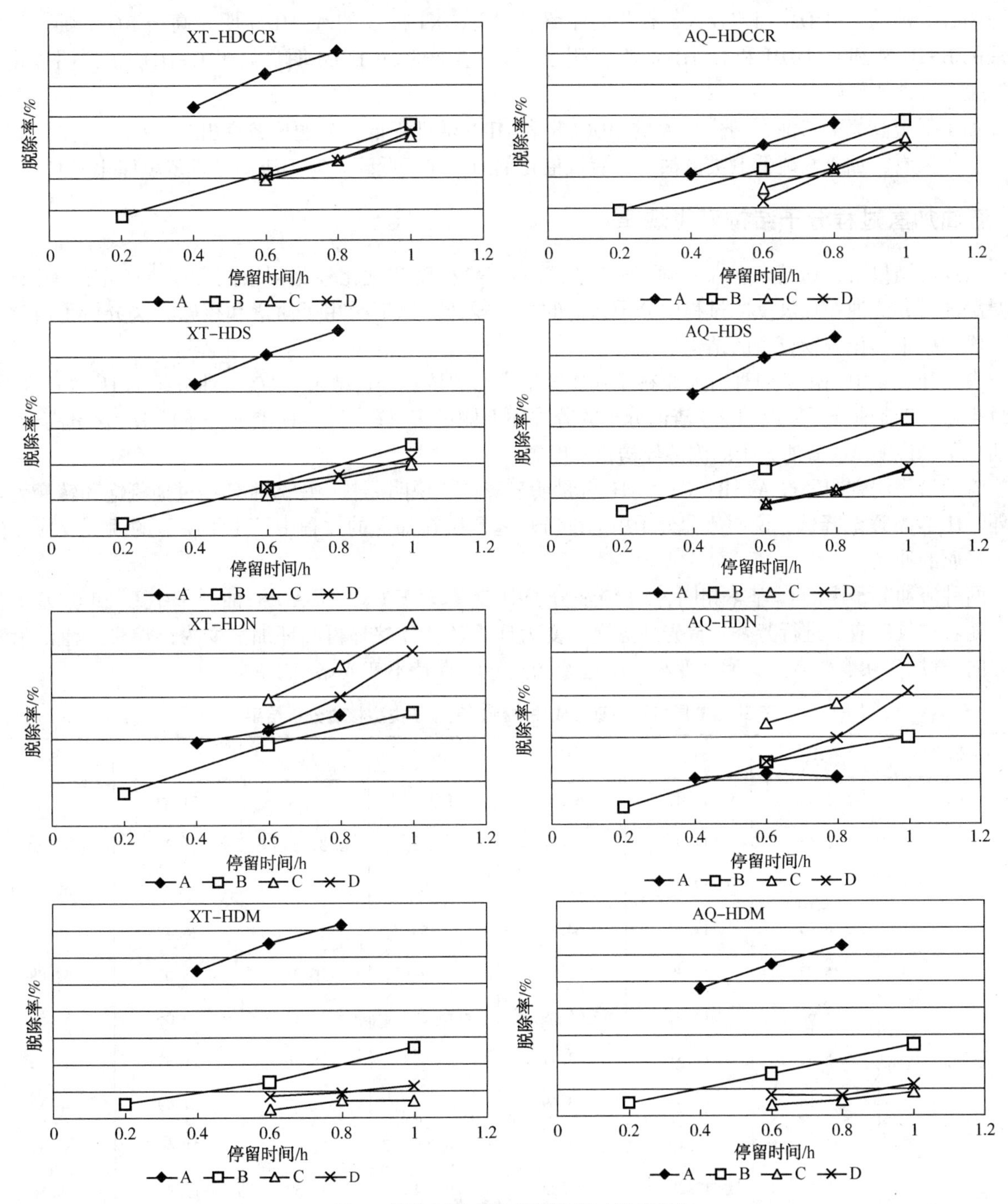

图 1　催化剂脱杂质率随停留时间的变化

两种渣油的 A-HDCCR 差异很大，XT 渣油的 A-HDCCR 明显高于 AQ 渣油。两种渣油的 B-HDCCR 基本相同。XT 渣油的 C-HDCCR 与 D-HDCCR 大致相同，AQ 渣油的 C-HDCCR 明显高于 D-HDCCR。

XT 渣油的 A-HDS 略高于 AQ 渣油。XT 渣油的 B-HDS 低于 AQ 渣油。XT 渣油的 C-HDS 与 D-HDS 都高于 AQ 渣油。XT 渣油的 D-HDS 高于 C-HDS，AQ 渣油 D-HDS 与 C-HDS 大致相同。

随着停留时间延长，XT 渣油的 A-HDN 略有增高，而 AQ 渣油的 A-HDN 基本保持不变。XT 渣油的 B-HDN、C-HDN 和 D-RDN 都高于 AQ 渣油。说明 XT 渣油中的氮化合物比 AQ 渣油更容易脱除。两种渣油的 C-HDN 都明显高于 D-RDN。

两种渣油的 A-HDM 相差较大，在相同停留时间下，XT 渣油的 A-HDM 明显高于 AQ 渣油。两种渣油的 B-HDM 和 C-HDM 和 D-HDM 基本相同。两种渣油的 D-HDM 明显高于 C-HDM，说明催化剂 D 的脱金属性能更好。

加工低硫高氮类渣油，催化剂 A 的 HDCCR 和 HDN 活性很低，问题比较突出。

总体来看，加工高硫低氮类渣油，宜装填催化剂 D，加工低硫高氮类渣油，宜装填催化剂 C。

4 渣油加氢过程分子结构变化规律

从反应结果看，通过表观性质确定原料加工的难易程度和优化催化剂级配方案有一定的局限性，需要深入研究渣油在加氢反应过程中分子结构的变化规律。以下采用了质谱和核磁方法分析了渣油及其生成油中不同化合物分子的结构变化。

表 3 和表 4 中列出了两种渣油原料及其加氢生成油的核磁分析结果。AQ 渣油分子的 H_A 含量和 H_α 含量小于 XT 渣油分子，说明 AQ 渣油分子的芳香环上侧链多且较长。AQ 渣油分子的 H_γ 含量高于 XT 渣油分子，说明 AQ 渣油分子的侧链异构化程度高。

渣油沿物流方向经过 A、B、C/D，H_A 含量明显降低，说明原料中的芳香环经过加氢饱和转变为环烷环。H_α 含量逐渐降低，说明渣油分子中的部分烷基侧链在加氢的过程中发生了明显的断裂反应而生成了轻质的油品。

两种渣油分子中的 C_P 基本相同，XT 渣油分子中 C_A 远大于 C_N，而 AQ 渣油分子中 C_A 和 C_N 基本相同。随着加氢反应的进行芳香环首先加氢饱和变为环烷环，环烷环再开环加氢变为链烷烃。渣油沿物流方向经过 A、B、C/D，C_A 逐渐变小，C_P 逐渐增大，C_N 保持不变或略变小。

表 3 XT 原料和加氢生成油中碳、氢原子类型核磁分析结果 %

反应器序号	H_A	H_α	H_β	H_γ	C_A	C_N	C_P
XT	5.71	13.42	62.40	18.47	33.00	21.43	45.56
1	5.65	11.94	63.58	18.83	31.25	21.25	47.50
2	5.47	12.92	70.77	10.85	29.21	20.08	50.71
3	4.94	11.31	64.17	19.58	25.38	26.42	48.19
4	5.08	10.39	61.62	22.91	26.28	21.05	52.68
5	5.62	13.02	65.09	16.28	29.43	20.06	50.52
6	5.32	11.51	63.11	20.05	28.66	21.62	49.72
7	5.18	10.09	63.69	21.04	31.89	24.99	43.12
8	5.10	11.12	63.89	19.90	27.91	21.69	50.41
9	5.64	12.28	62.24	19.84	30.57	19.86	49.56
10	5.15	11.95	63.17	19.73	29.51	20.17	50.32
11	4.95	10.89	64.08	20.08	28.28	23.76	47.96
12	4.62	11.50	64.29	19.59	31.09	25.20	43.71

注：H_A，与芳香碳直接相连的氢质量分数；H_α，与芳香环 α 碳相连的氢；H_β，芳香环上 β 位及 β 位以远的 CH_2、CH 上的氢；H_γ，芳香环上 γ 位及 γ 位以远的 CH_3 上的氢；C_A，芳碳质量分数；C_N，环烷碳质量分数；C_P，链烷碳质量分数。

表 4 AQ 原料和加氢生成油中碳氢原子类型核磁分析结果

反应器序号	H_A	H_α	H_β	H_γ	C_A	C_N	C_P
AQ 渣油	4.56	9.73	62.70	23.02	27.86	26.21	45.93
XT	4.50	10.28	62.79	22.44	26.42	25.37	48.21
1	4.29	8.46	63.58	23.67	32.76	24.68	42.55
2	3.54	9.26	63.96	23.24	24.53	24.78	50.69
3	3.58	9.86	64.29	22.27	23.09	25.09	51.81
4	4.70	9.84	62.24	23.22	27.72	25.63	46.65
5	4.32	9.18	63.33	23.17	23.79	24.83	51.38
6	3.80	9.50	64.28	22.42	22.41	25.49	52.10
7	3.70	8.51	63.01	24.78	25.29	26.78	47.93
8	4.51	9.44	62.32	23.73	27.56	25.91	46.53
9	3.95	10.42	63.48	22.15	22.70	23.95	53.34
10	3.73	9.65	64.35	22.26	21.50	23.49	55.01
11	3.77	9.43	63.87	22.93	22.29	25.29	52.42

采用傅里叶变换离子回旋共振质谱仪进行分析。DBE 代表渣油分子的等效双键数目，DBE 越大，说明化合物缩合度越高，DBE 高于 15 的化合物一般为五环以上的稠环芳烃类化合物，可以认为是残炭前驱物。碳数代表渣油分子大小，碳数越高说明渣油分子越大。

两种渣油中 HC 化合物分子结构如图 2、图 3 所示。从图 2 看，相对于 XT 渣油，AQ 渣油的 HC 化合物分子分布更广，但高含量区域相对较小。从图 3 看，XT 渣油的 HC 化合物的碳数集中在 30~45 个，AQ 渣油的 HC 化合物的碳数分布更窄。XT 渣油 HC 化合物的 DBE 部分更多，AQ 渣油 HC 化合物的 DBE 呈拱形分布，相对低 DBE 部分含量少。

进一步研究生成油的 HC 化合物分子结构随着碳数和 DBE 的变化，其结果见图 4 和图 5。

从图 4 看，随着加氢深度的增加，XT 加氢渣油的 HC 化合物向低碳数方向迁移，而 AQ 加氢渣油的 HC 化合物中碳数部分在增加。表明 AQ 渣油的高碳数 HC 化合物解构和断侧链生产更多中间碳数 HC 化合物，而这部分中间化合物在高活性催化剂催化下也较难转化，因此 AQ 渣油的加氢残炭脱除率相对较低。

从图 5 看，随着加氢深度的增加，XT 加氢渣油的 HC 化合物的 DBE 分布同时向低 DBE 和高 DBE 两个方向扩展，这说明除了加氢裂化反应和热裂化反应外，同时还存在稠环芳烃的缩合反应。而 AQ 加氢渣油的 HC 化合物没有向高 DBE 方向扩展。说明 XT 渣油更有缩合生焦的倾向。

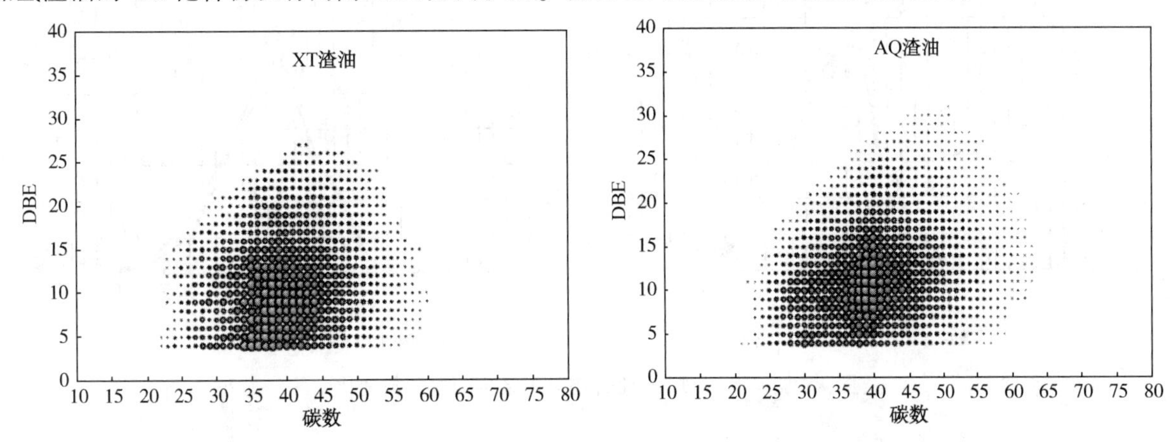

图 2 原料中 HC 化合物分子结构

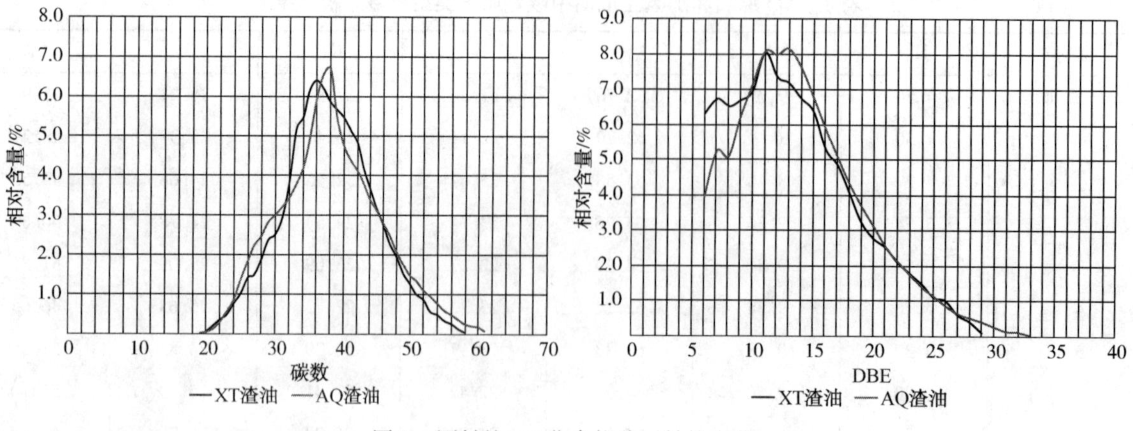

图3 原料的HC化合物分子结构变化

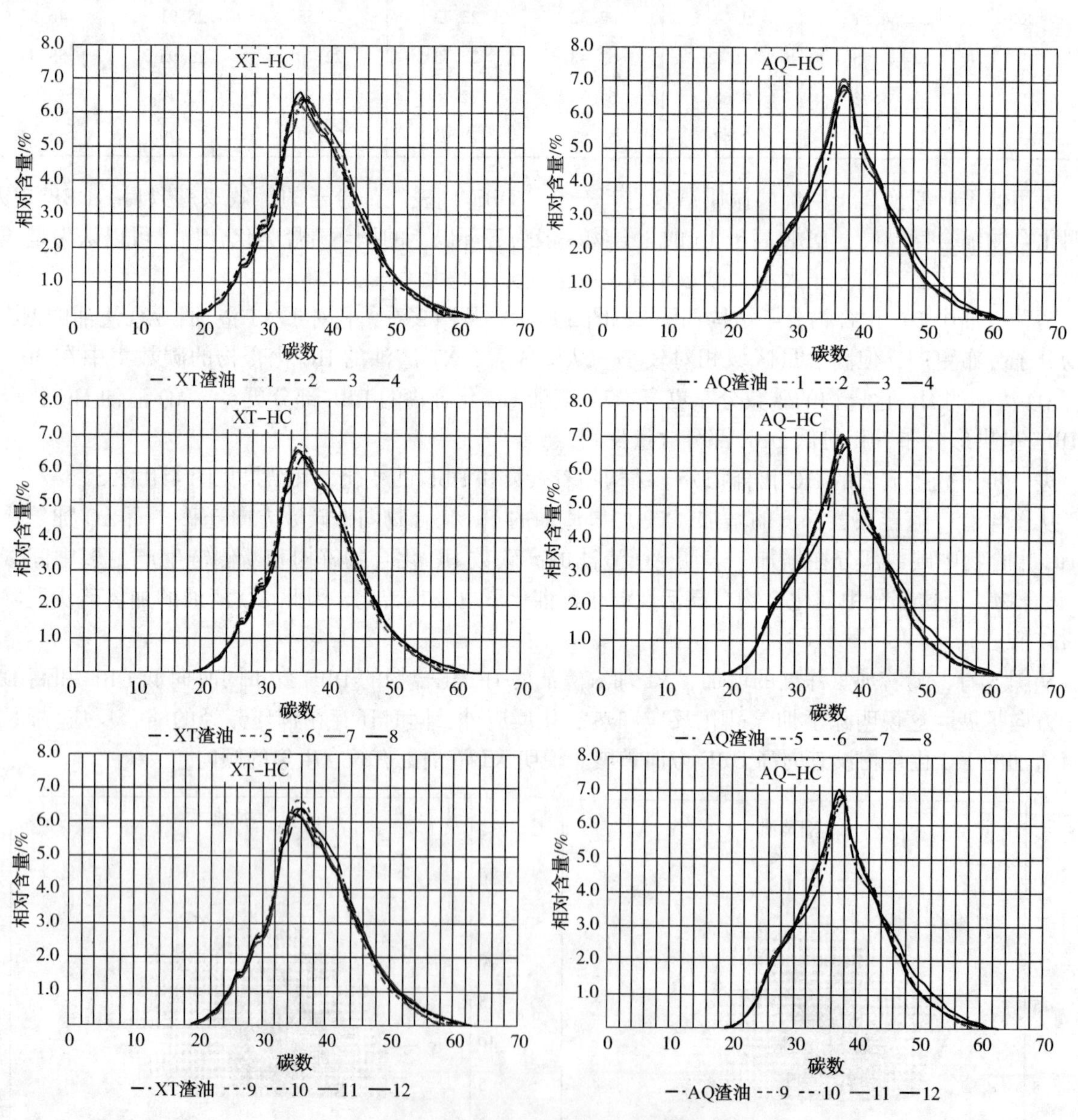

图4 加氢渣油中HC化合物分子结构随着碳数变化

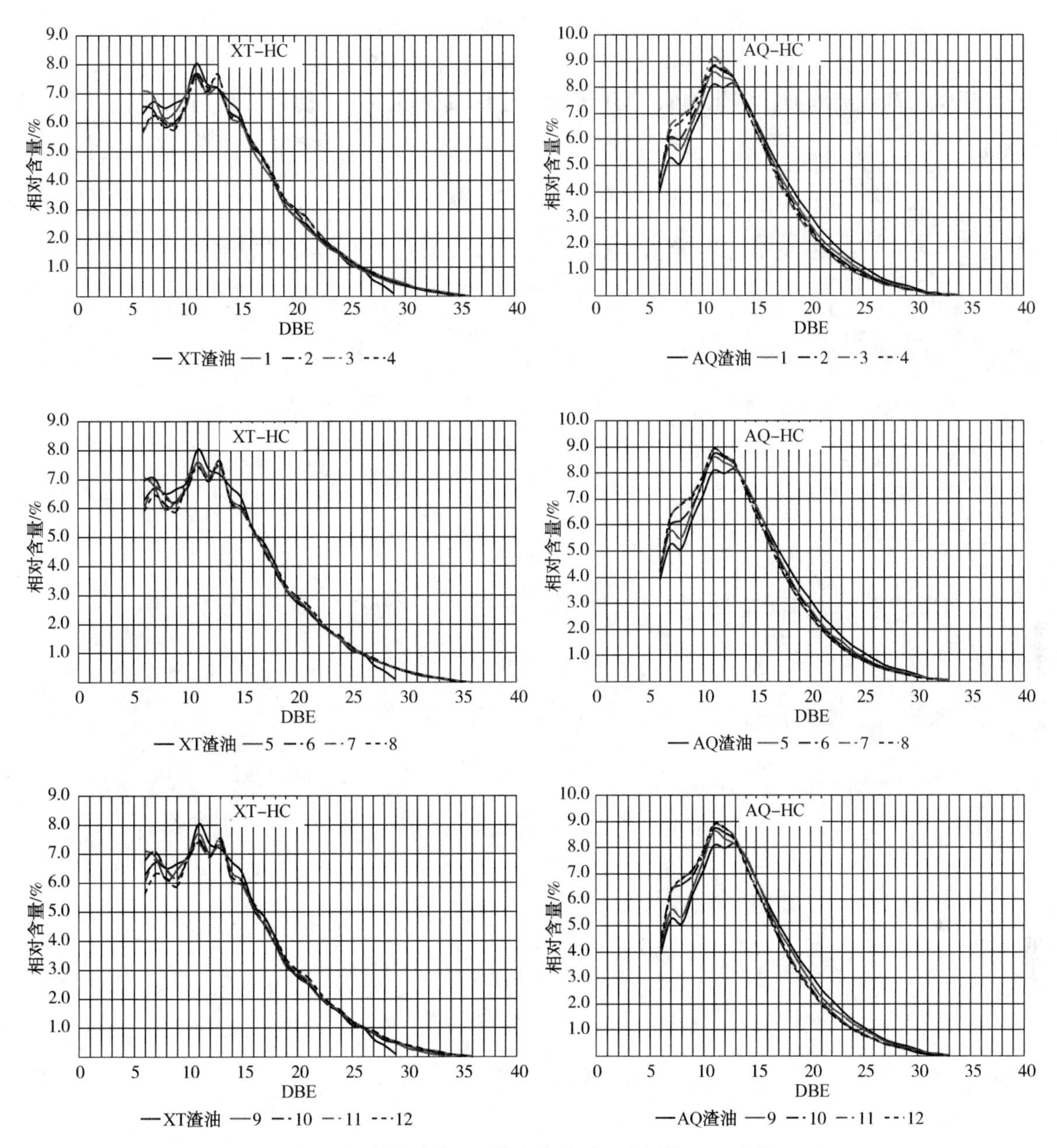

图 5 加氢渣油中 HC 化合物分子结构随着 DBE 变化

采用三种级配方案进行加氢试验，XT 渣油流经不同催化剂床层时，分子结构变化较小且缓和，即装填不同种类催化剂对 XT 渣油分子结构变化影响相仿。催化剂 B 具有活性稳定的特点，因此，加工高硫低氮类渣油时，相对于传统级配方案，可以多装填催化剂 B，装填比例可以增加到 50%以上，有利于催化剂级配优化。

AQ 渣油在流经不同催化剂床层时，分子结构有变化，尤其是经过催化剂 C/D 时，分子结构明显向低碳数和低 DBE 方向发展。因此，在加工低硫高氮类渣油时，催化剂 C/D 比例不建议减少过多，而脱金属剂在 HDCCR 和 HDN 贡献较少，建议用 B 替代更多的催化剂 A。

5 结论

选择 2 种典型渣油加氢原料，采用三种级配方案，进行渣油加氢试验，研究了渣油在加氢反应过程中分子结构的变化，发现：

1)加工高硫低氮类渣油，宜装填催化剂D，加工低硫高氮类渣油，宜装填催化剂C。

2)加工高硫低氮类渣油，催化剂B装填体积分数可以增加到50%以上。

3)加工低硫高氮类渣油，催化剂C或D比例不建议减少过多，可使用催化剂B替代更多的催化剂A。

参考文献

[1] 李大东. 加氢工程与工艺[M]. 北京：中国石化出版社，2016.

·重质油加氢转化技术开发·

独具特色的STRONG沸腾床加氢裂化技术

孟兆会[1]　葛海龙　杨　涛　方向晨

（中国石化大连石油化工研究院　辽宁大连　116045）

摘　要　重点介绍了国内外沸腾床技术特点及区别，总结了STRONG沸腾床技术50kt/a工业示范装置运行情况；就国产沸腾床技术在炼油厂炼油结构调整中所起到的作用进行了详细介绍，详述了大连院基于沸腾床技术开发的多产化工原料、多产油品及消灭高硫焦等组合技术。同时阐述了大连院为低成本、规模化生产低硫船燃而开发的沸腾床加氢生产低硫船燃技术。

关键词　渣油；沸腾床；加氢裂化；催化裂化；石油焦

1　前言

加氢技术是渣油轻质化的重要手段，渣油加氢技术可分为固定床、沸腾床、悬浮床和移动床，其中以固定床及沸腾床加氢技术最为成熟，应用范围最广。固定床渣油加氢技术成熟可靠，投资低，占目前渣油加氢总能力的70%以上；沸腾床渣油加氢技术具有原料适应性强、转化率高等优点，加氢能力占渣油加氢总能力的20%[1]。随着原油重质化及劣质化趋势加剧，沸腾床渣油加氢技术得到迅速发展，全世界范围内已有20余套沸腾床工业装置在建或运行，国内沸腾床渣油加氢技术已取得长足进步，其中恒力石化3.2Mt/a×2系列沸腾床渣油加氢装置已投入运行，中国石化镇海炼化2.6Mt/a沸腾床渣油加氢装置也已实现稳定运转。中国石化大连(抚顺)石油化工研究院开发的STRONG沸腾床渣油加氢技术已于金陵石化公司完成50kt级工业示范试验，渣油工况累计运行达到8kh，技术成熟性及可靠性得到验证。为配合低硫船燃生产，50kt/a沸腾床工业示范装置即将于下半年实现再开工，同时，采用STRONG沸腾床加氢技术建设的0.5Mt/a煤焦油全馏分加氢装置即将于7月初实现开工。国产STRONG沸腾床加氢技术体现出越来越强的原料适应性及灵活性，在当下国内炼油企业转型发展过程中发挥日益重要的作用。

2　国内外沸腾床加氢技术特点及STRONG沸腾床工业示范试验

STRONG沸腾床渣油加氢技术是大连院在中国石化集团公司支持下重点开发的劣质重油高效转化技术，具有床层压降小、温度分布均匀、传质和传热效率高及操作灵活等优点[3,4]，可以大幅提高原料适应性及延长装置运行周期。国产STRONG沸腾床加氢技术与国外H-Oil及LC-Fining沸腾床技术主要区别在于：反应器内物流流化的动力源、反应器内构件及催化剂等方面，具体区别如表1所示。

国外沸腾床渣油加氢技术必须依赖高温高压循环油泵，大连院开发的STRONG技术首创了原位自持流化沸腾床反应器，大幅降低了设备成本，提高了系统稳定性，并于2015年实现了无循环泵沸腾床渣油加氢技术的首次工业示范试验。示范装置于2015年7月一次开车成功，以减压渣油为原料，原料油密度为1036kg/m^3、残炭为23.73%，(Ni+V)金属为242.8μg/g，经沸腾床技术加氢处理后，脱残炭率达到82.5%，脱金属率为97.3%，540℃$^+$单程转化率接近80%，渣油工况下累计运转达8000h，无循环泵的STRONG沸腾床加氢技术的成熟性及可靠性得到工业验证。

表1 国内外沸腾床渣油加氢技术区别

项　目	国产 STRONG 沸腾床技术	国外沸腾床(以 H-OIL 为例)
反应器	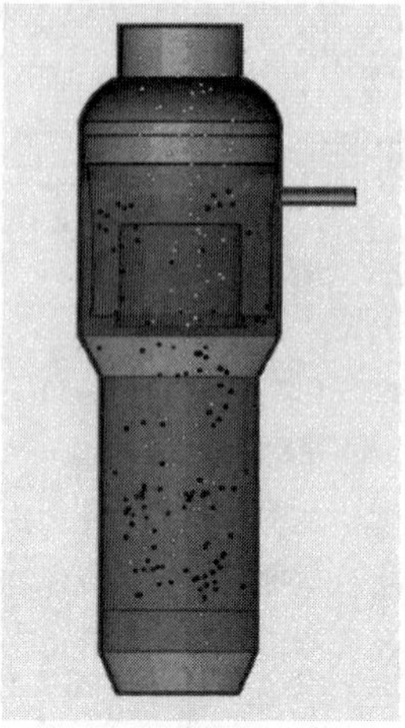 反应器结构简单	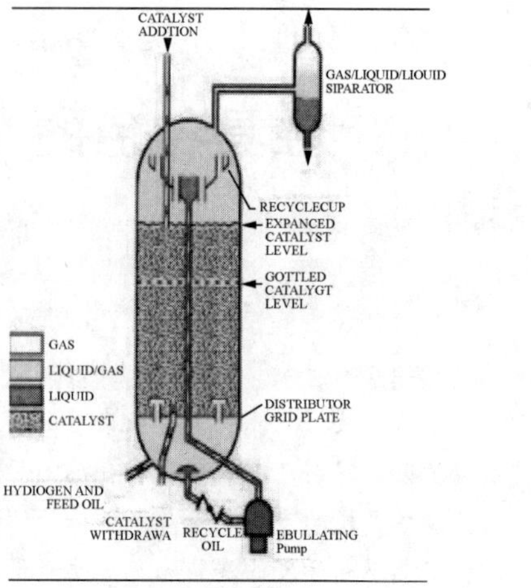 反应器相对复杂
动力源	无循环泵。原位自持流化，取消高温高压循环泵。通过进入反应器的气、液携带实现反应器内催化剂颗粒的沸腾	依靠高温高压循环泵，采用大循环比实现反应器催化剂床层膨胀。运转期间必须确保循环泵正常工作
反应器内构件	反应器底部设有初分布器及分配盘，顶部设置三相分离器，依靠流体流型变化及物料密度差，实现气液固三相分离	反应器底部设有初分布器及分配盘，顶部设置循环杯，反应器侧壁设置核料位计，通过核料位计严格控制催化剂膨胀高度
催化剂	0.3~0.7mm 微球催化剂，流化性能优于条形催化剂；催化剂粒径小，催化剂内部扩散路径短，金属杂质更容易进入催化剂孔道内部接触活性位，提高反应活性的同时，还可以提高催化剂利用率	直径 0.8~1.2mm 圆柱条形催化剂，平均长度在~3.0mm。条形催化剂易发生中间断裂，出现催化剂粉末
反应器内物流状态	沸腾床，全返混状态，催化剂充满整个反应器空间，无催化剂料位	膨胀床，床层膨胀 30%~35%。反应器内存在明显的催化剂床层区及清液层区，且需要严格控制催化剂床层高度
废催化剂	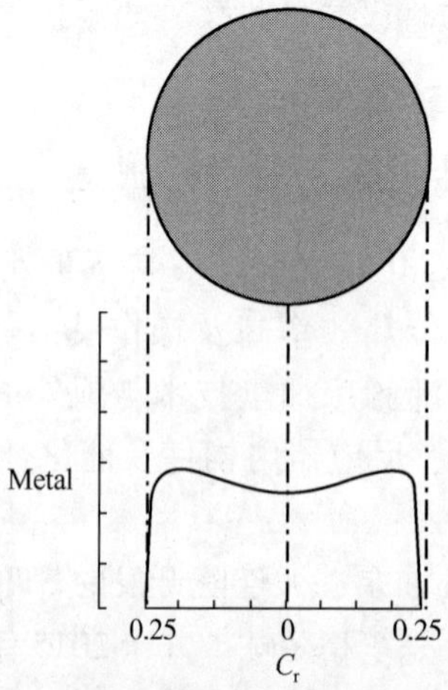 沿催化剂径向金属杂质沉淀均匀，催化剂利用率高	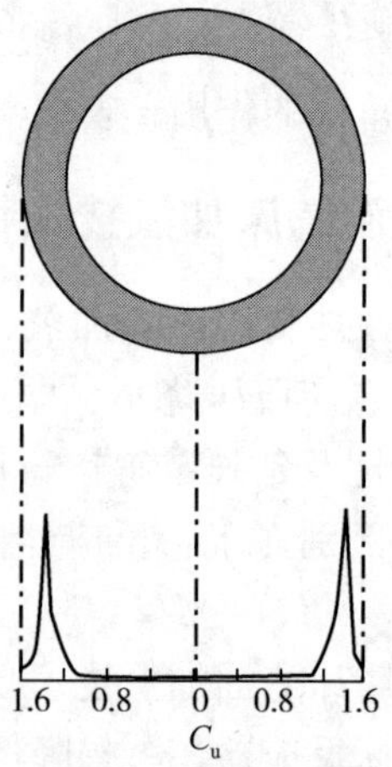 金属杂质只进入 1/4 半径深处，催化剂内部孔道未完全得到利用
设备投资	基准×0.85	基准

3 STRONG沸腾床技术拓展应用

STRONG沸腾床加氢技术具有原料适应性强、操作模式灵活等优点，可与现有多种工艺进行组合，丰富炼油厂生产结构，满足不同企业的产品需求，契合当下企业转型升级的需要。

3.1 SiRUT复合床渣油加氢技术

随着加工原料劣质化，固定床渣油加氢装置因床层压降及床层热点等原因而导致的非计划停工增多。针对固定床渣油加氢技术存在的运转周期及劣质原料加工能力的限制，大连院提出了“沸腾床+固定床”组合(SiRUT复合床)加氢技术(见图1)，在复合床技术中，沸腾床充当预处理反应器，主要承担脱金属及沥青质转化功能，为固定床提供合格的原料，固定床反应器承担深度脱杂功能，最终将劣质渣油原料转化成合格的催化裂化装置进料。复合床装置典型原料油及加氢重油性质参见表2。

表2 复合床装置典型原料及加氢重油性质

项 目	原料	加氢重油
黏度(100℃)/(mm^2/s)	271~358	158~220
CCR/%	15~18	5.0~6.0
S/%	2.5~4.0	0.35~0.55
(Ni+V)/(μg/g)	120~150	14~17

复合床渣油加氢技术中沸腾床反应器承担了50%以上的脱金属及脱残炭负荷，后续固定床反应器承担脱金属负荷大幅降低，仅需承担相当于单纯固定床操作模式中不到50%的金属负荷，固定床催化剂使用寿命得以延长。

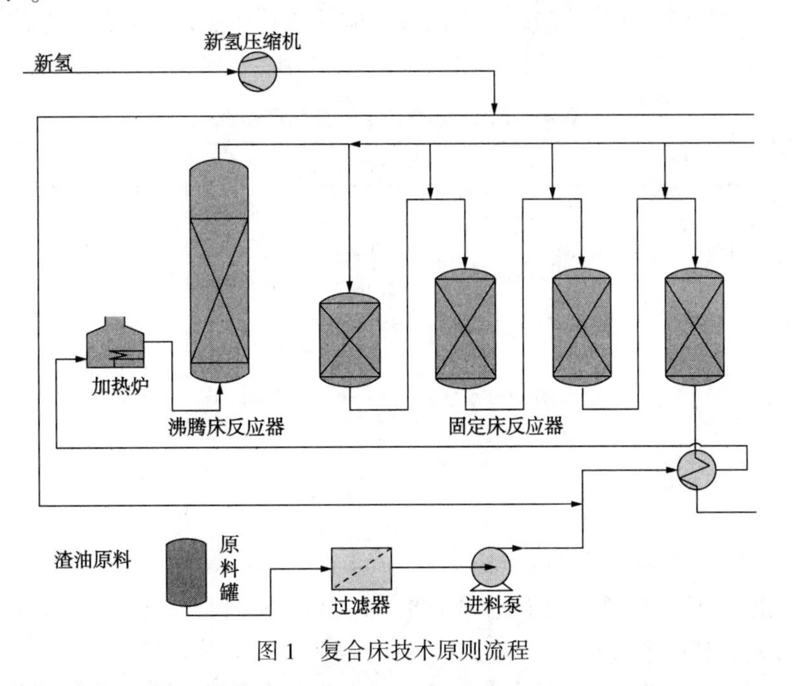

图1 复合床技术原则流程

3.2 沸腾床+加氢裂化组合多产化工原料技术

针对乙烯、芳烃等化工原料需求日益旺盛的客观需求，大连院开发了“渣油沸腾床加氢+馏分油加氢裂化”组合技术，其中沸腾床加氢柴油及蜡油作为加氢裂化进料，用于生产芳烃及乙烯裂解原料，沸腾床未转化油用于生产低硫石油焦或作为溶剂脱沥青原料。STRONG沸腾床工业示范装置馏分油原料及加氢裂化生成油性质见表3。

表3 沸腾床馏分油加氢裂化试验结果

中试结果	混合原料	轻石脑油	重石脑油	喷气燃料	尾油
收率/%	-	11.84	50.45	32.19	0.5
密度(20℃)℃/(g/cm^3)	0.8837	0.6362	0.7453	0.7928	0.8124
S/(μg/g)	7200	<0.5	<0.5	<2	<10.0
N/(μg/g)	1313	<0.5	<0.5	<1	<2.0
芳潜/%	—	—	50	—	—
烟点/mm	—	—	—	27	—
十六烷指数	—	—	—	—	—
BMCI	—	—	—	—	10.3

表3中，沸腾床加氢柴油及蜡油按照自然比例进行混合，混合原料密度为0.8837g/cm^3，硫含量为0.72%，氮含量为1313μg/g，经加氢裂化反应，其中轻石脑油收率为11.84%，S、N含量均低于为0.5μg/g；重石脑油收率为50.45%，芳潜为50%，可作为芳烃料；喷气燃料收率为32.19%，尾油收率为0.5%，其BMCI值为10.3。轻石脑油与尾油可作为优质的乙烯裂解料。沸腾床加氢柴油及蜡油可以直接作为加氢裂化装置进料，生产市场急需的乙烯、芳烃等化工原料，实现产品价值提升。

延迟焦化作为重油加工的重要手段，在重油转化方面发挥了重要作用，但加工过程存在环境污染、轻质油收率低，产生高硫石油焦等问题，环境污染及高硫石油焦出路成为限制焦化技术进一步发展的重要因素。减压渣油经沸腾床加氢转化以后，未转化油中硫含量大幅降低，可作为生产低硫石油焦的原料。大连院开发了"劣质渣油沸腾床加氢裂化+未转化油延迟焦化"组合技术路线来生产低硫石油焦，利用沸腾床渣油加氢技术原料适应性强、脱硫率高的特点，首先对减压渣油进行深度脱硫，获得低硫的延迟焦化原料，然后再经焦化反应最终产出高价值的低硫石油焦，不同技术路线下石油焦产品性质参见表4。

表4 不同技术路线下石油焦产品性质

项　目	沸腾床+焦化流程	焦化流程
焦化原料		
密度(20℃)/(kg/cm^3)	1032	1043
S/%	0.98	5.1
残炭/%	22.65	22.31
金属含量/(μg/g)		
Ni+V	54.53	214.2
焦化产品		
焦炭收率/%	37.98	35.2
焦炭硫含量/%	1.72	7.37

由表4可以看出，减压渣油原料中硫含量为5.1%，属于硫含量非常高的劣质渣油原料，如果采用直接焦化路线，则焦炭中硫含量为7.37%左右，属于高硫焦；而采用沸腾床渣油加氢技术预处理后，沸腾床尾油中硫含量降至0.98%，沸腾床尾油再去焦化产出的石油焦硫含量降至1.72%，远低于标准要求的3.0%的指标要求，同时副产部分轻质油。

3.3 基于沸腾床技术的多产油品技术

催化裂化是重质油轻质化的重要手段，作为炼油厂的核心工艺装置，催化裂化在多产汽油等油品方面发挥了重要作用。目前，催化裂化装置面临原料重质化及产品低硫化等一系列挑战。针对此问题，大连院开发了"渣油沸腾床加氢+催化裂化"组合技术，其中沸腾床渣油加氢装置主要起原料预处理功能，劣质渣油原料经沸腾床加氢处理后，残炭、金属、硫、氮等杂质含量大幅下降，为催化裂化提供合格进料。典型劣质渣油原料经沸腾床加氢处理+催化裂化转化后产品收率数据见表5。

表5 沸腾床+FCC原料及产品性质

项目	减压渣油	沸腾床加氢重油	项目	FCC产品数据
残炭/%	23.5	5.57	干气	2.6
元素组成/%(质)	—	—	液化气	11.32
C	82.11	86.9	汽油	40.71
H	9.96	11.75	柴油	27.57
S	5.65	0.331	重油	8.78
N	0.4156	0.1727	焦炭	8.52
饱和烃	3.4	40.2	合计	100
芳烃	60.9	44.8	轻收	79.59
胶质+沥青质	35.7	15	—	—
Ni+V/(μg/g)	148.5	15.3	—	—

减压渣油原料经沸腾床加氢处理后，加氢重油中残炭值降至5.57%，硫含量降至0.331%，Ni+V含量降至15.3μg/g，满足催化裂化装置进料要求。沸腾床加氢重油催化裂化产品分布中汽油收率为40.71%，柴油收率为27.57%，液化气收率为11.32%，总轻收为79.59%，沸腾床加氢重油催化裂化产品分布及总轻收与常规固定床加氢重油催化裂化产品分布及总轻收相当，此组合路线的提出大大拓宽了催化裂化装置的原料适应性。

3.4 基于沸腾床技术的低硫船燃生产技术

硫含量不大于0.5%的限硫政策已于2020年1月1日正式实施，全球低硫残渣型船燃消费缺口近95Mt，无论是从政策的硬性规定还是市场需求来看，生产低硫船燃势在必行。从现有的低硫船燃生产技术来看，降低生产成本及实现规模化生产是关键。对于我国炼油企业而言，可以采用固定床渣油加氢重油与轻质油如催化柴油、催化油浆调和的路线，但是面临与下游催化裂化装置抢料的问题，不利于全厂生产平衡。因此，有必要开发低成本、规模化的低硫船燃生产技术。大连院借助沸腾床渣油加氢技术，配合高脱硫活性的沸腾床催化剂开发，开发了基于沸腾床技术的低硫船燃生产技术，典型沸腾床加氢重油调和低硫船燃数据参见表6。

表6 典型沸腾床加氢重油调和低硫船燃数据

项　目	加氢重油	催化柴油	产品180	RMG180
比例/%	87	13	100	—
运动黏度(50℃)/(mm^2/s)	334.0	2.0	123	100~180
密度(20℃)/(kg/m^3)	975.0	959.0	972	≤982
硫/%	0.48	0.36	0.46	≤0.48
CCAI	840	952	850	860

4 结语

STRONG沸腾床加氢技术是大连院开发的具有完全自主知识产权的劣质渣油高效加氢技术，具有反应器内物料返混剧烈、温度分布均匀无热点、压降低且稳定、催化剂利用率高及沥青质转化能力强等诸多优点，在加工劣质原料及延长运行周期方面具有显著优势。

STRONG沸腾床渣油加氢技术可以与加氢裂化、催化裂化、固定床渣油加氢以及延迟焦化等工艺组合，实现重质资源深度转化，同时生产高附加值的化工原料、低硫石油焦、低硫船用燃料油等高价值或市场急需产品，助力企业转型发展。

参 考 文 献

[1] 姚国欣 . 渣油沸腾床加氢裂化技术在超重原油改质厂的应用[J]. 当代石油化工，2008，16(1)：23-41.
[2] 梁文杰主编 . 重质油化学[M]. 东营：石油大学出版社，2000 年 .
[3] 杨涛，方向晨 . STRONG 沸腾床渣油加氢工艺研究[J]. 石油学报(石油加工)，2010.
[4] 孟兆会，方向晨 . 沸腾床-固定床组合工艺加氢处理煤焦油试验研究[J]. 煤炭科学技术，43(3)：134-137.
[5] 刘建锟，杨涛，贾丽，等 . 掺炼催化循环油的沸腾床与催化裂化组合技术开发[J]. 现代化工，2015，35(1)：140-145.

FRIPP 沸腾床渣油加氢催化剂的开发与应用

朱慧红　金　浩　杨　光　吕振辉　刘　璐　杨　涛

（中国石化大连石油化工研究院　辽宁大连　116045）

摘　要　FRIPP 根据市场需求，开发沸腾床渣油加氢系列催化剂。针对 STRONG 沸腾床加氢工艺特点，开发了微球形催化剂制备技术，在此基础上开发了沸腾床渣油加氢系列催化剂。微球形渣油加氢脱金属和脱硫及转化催化剂已成功应用于 50kt 沸腾床渣油加氢示范装置，催化剂表现出较好的反应性能和耐磨性能，与国外领先技术水平相当。针对低硫石油焦和低硫船用燃料油的市场需求，开发了新一代高脱硫活性沸腾床渣油加氢催化剂，催化剂提升了加氢性能，特别是脱硫性能，该催化剂即将在金陵 50kt 沸腾床渣油加氢示范装置上进行工业应用。针对引进的沸腾床加氢装置，开发了条形渣油加氢裂化催化剂，催化剂具有较高的侧压强度和耐磨性能，加氢性能与国外水平相当。

关键词　微球；条形；沸腾床；渣油加氢；催化剂

1　前言

沸腾床反应器具有连续搅拌釜式反应器和流化催化反应器的特征[1]，并可以在不停工的情况下定期排出废催化剂、补充新鲜催化剂。这使其具有很好的控制放热反应的能力、加工含固体杂质原料的能力以及原料性质和目标产品分布改变时可以提供灵活操作条件的能力。与固定床工艺相比，沸腾床工艺具有温度便于控制、原料适应性广和产品分布灵活等优点，近年来得到广泛应用。目前，国外在沸腾床加氢技术已处于工业成熟水平，工艺类型主要有 H-Oil 和 LC-Fining 两种，共有 22 套工业应用装置[2-5]。沸腾床渣油加氢催化剂形状为 ϕ0.8mm 圆柱条形，主要化学成分为 MoCo/Al_2O_3或 MoNi/Al_2O_3，比较有代表性的公司有 Amoco、Chevron、Grace、Texaco、IFP 等。国内 FRIPP 开发了具有完全独立自主知识产权的 STRONG 沸腾床加氢工艺及配套的微球催化剂制备技术，依托 STRONG 技术在中国石化金陵石化公司已建成一套 50kt/a 的沸腾床加氢示范装置。针对 STRONG 沸腾床加氢工艺和加工原料特点，开发了系列微球形沸腾床加氢催化剂，催化剂已成功应用于 50kt/a 的沸腾床加氢示范装置，表现出良好的加氢活性和耐磨性能，能够满足工业装置使用要求。针对国外引进的沸腾床加氢工艺及原料特点，开发了条形沸腾床渣油加氢催化剂，催化剂表现出较好的加氢性能和耐磨性能。

2　沸腾床渣油加氢系列催化剂

FRIPP 针对市场对沸腾床加氢技术的需求，相继开发了微球形和条形沸腾床渣油加氢催化剂 4 个牌号的催化剂，有部分催化剂在示范装置上实现工业应用，具体见表 1。

表 1　系列沸腾床加氢催化剂及应用

催化剂牌号	用途	工业应用
FEM-10	微球形沸腾床渣油加氢脱金属催化剂	50kt/a 沸腾床加氢示范装置
FES-30	微球形沸腾床渣油脱硫及转化催化剂	50kt/a 沸腾床加氢示范装置
FES-31	微球形沸腾床高脱硫活性催化剂	即将在 50kt/a 沸腾床加氢示范装置应用
FET-10	条形沸腾床渣油加氢催化剂	

2.1 微球形沸腾床渣油加氢催化剂

2.1.1 催化剂制备工艺流程研究

由于STRONG沸腾床工艺不采用液体循环，反应器内流体向上流动的表观速度较低，催化剂颗粒要小些。资料认为比较适宜的粒度范围是0.2~0.6mm[6,7]，形状最好为球形[8]。球形颗粒不仅易于流动，而且没有如其它形状中尖锐容易被撞碎的边角。根据流体力学研究，确定催化剂粒度为0.4~0.5mm。工业上用于球形颗粒的制备方法主要有喷雾干燥成型、转动成型、油中成型、喷动成型、冷却成型等。喷雾干燥成型主要适用于制备几微米或几十微米的颗粒，而后几种成型方法难于制备小于1mm的小球。近几年开发的吸附剂制备工艺，虽然可以生产0.5mm的小球，但其耐磨损能力差，不能满足沸腾床工艺使用要求。因此，开发催化剂成型技术是关键。合适的成型技术，可有效控制催化剂颗粒大小及分布，保持较高的耐磨损性，以确保沸腾床反应器操作平稳，床层流化达到最佳状态。

针对现有制备技术存在的问题和STRONG沸腾床工艺技术特点，进行微球型沸腾床渣油加氢催化剂制备流程研究。选择三种制备方法进行考察，结果如表2所示。

表2 载体不同制备方法考察

载体	制备方法	粒度分布/%		
		<0.4mm	0.4~0.5mm	>0.5 mm
Z-1	Ⅰ	23.5	28.0	48.5
Z-2	Ⅱ	0	0	100
Z-3	Ⅲ	2.6	90.0	7.4

由表2结果可以看出，采用方法Ⅰ所制备的球形载体收率低，大颗粒产品较多；按方法Ⅱ，不能制备0.4~0.5mm的微球；采用方法Ⅲ制备载体，产品收率高，颗粒度细小，粒度分布较集中，而且粒度分布范围容易调整。最终以方法Ⅲ为核心进行催化剂制备工艺技术开发。

表3中催化剂磨损指数是在FRIPP自行建立的流化床催化剂颗粒磨损测试仪上测定，磨损指数是指单位重量样品在单位时间内的磨损率，数值越小，表明样品耐磨性越好。表2数据表明，与制备方Ⅰ相比，本研究催化剂具有良好的耐磨损性能。

表3 催化剂磨损强度比较

样品	Z-1	Z-3
粒度/mm	0.4~0.5	0.4~0.5
磨损指数/%	2.6	0.6

不同制备工艺过程，对载体微观形貌如晶粒大小和结合方式都有很大影响。图1为两种工艺(方法

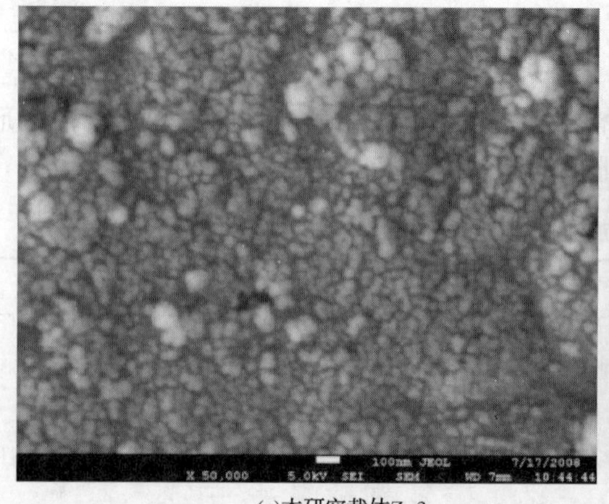

(a)本研究载体Z-3

(b)参比样Z-1

图1 载体微观形貌照片

Ⅰ和方法Ⅲ)制备的球形载体颗粒微观形貌对比照片。由图可以看出，本研究载体晶粒较小、均匀致密，粒子之间接触点多，结合力较强。而参比样晶粒相对较大，晶粒之间接触点少，结合力较弱，颗粒内部存在明显裂缝，受内外应力的作用，容易发生剥离、脱落和破碎。由此可见，本研究催化剂载体耐磨损性能更好。

根据上面制备工艺制备了微球，见图2所示。从图中可以看出：采用本制备工艺制备的载体粒度均一，球形度高，因而耐磨性能好。

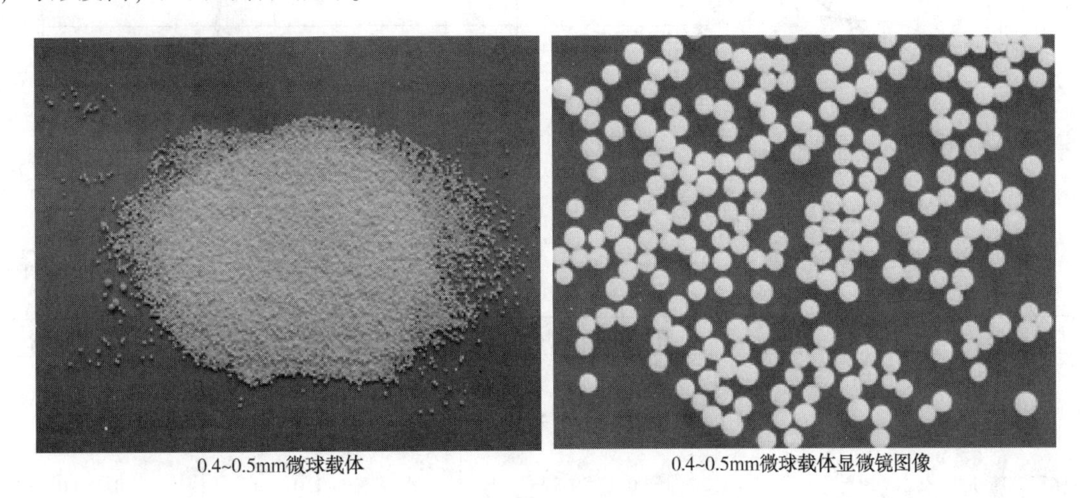

图2 制备微球载体照片

2.1.2 微球形沸腾床渣油加氢催化剂

根据STRONG沸腾床渣油加氢工艺技术特点和加工方案，设计开发两种类型的催化剂：脱金属催化剂和脱硫及转化催化剂，见表4。两种催化剂可以在沸腾床加氢工艺中配套使用，一反为加氢脱金属功能反应器，装填加氢活性较低的脱金属催化剂，脱除原料中大部分金属和沥青质，对脱硫及转化催化剂起到很好的保护作用；二反为加氢脱硫及转化功能反应器，装填高活性催化剂，进行深度加氢脱硫及转化，提高整个工艺的反应性能。开发的脱金属催化剂，还可以用于沸腾床+固定床组合加氢工艺，脱除原料中大部分金属，为后面固定床渣油加氢装置提供进料或延长装置运转周期。两种微球形渣油加氢催化剂已成功应用于金陵50kt/a沸腾床加氢示范装置，催化剂表现出较好的加氢性能和耐磨性能，能够满足工业装置使用要求(见图3和图4)。与国外沸腾床工艺(H-Oil和LC-Fining)典型数据进行对比(见表5)，结果表明本研究催化剂与国外同类技术总体水平相当。

表4 微球形沸腾床渣油加氢催化剂主要性质

催化剂	FEM-10	FES-30
催化剂类型	脱金属	脱硫及转化
外观形状	球形	球形
颗粒直径/mm	0.4~0.5	0.4~0.5
磨损指数/%	≤2.0	≤2.0
活性组分	Mo-Ni(低)	Mo-Ni(高)

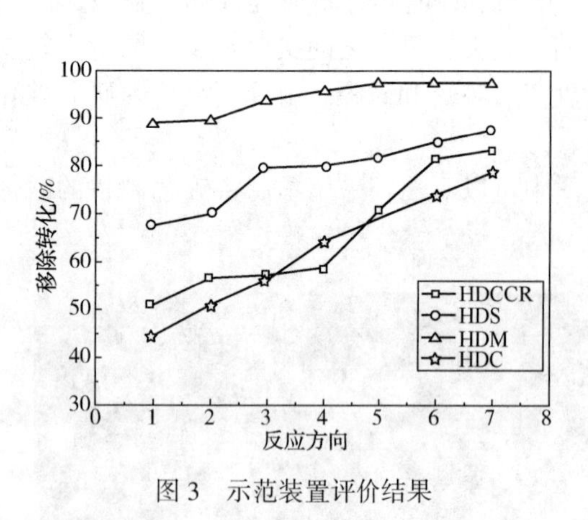

图3 示范装置评价结果

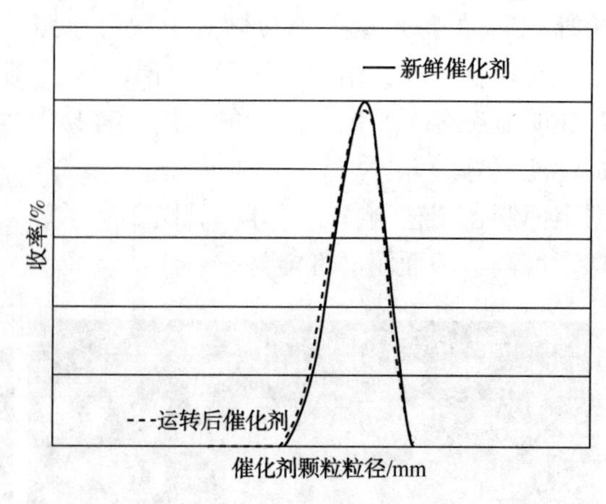

图4 示范装置运转前后催化剂粒度变化

表5 STRONG 加氢示范装置运转结果

项 目	STRONG 工业试验[1]	国外-1[2]	国外-2[3]
工艺条件			
反应温度/℃	385~425	415~440	385~450
反应压力/MPa	14	16.8~20.7	6.8~18.4
总体积空速/h^{-1}	0.17~0.22	0.2~1.0	0.18~0.23
杂质脱除率/%			
HDS	60~88	75~92	60~90
HDCCR	50~88	65~75	35~80
HD(Ni+V)	83~98	65~90	50~98
>540℃渣油转化率/%	45~78	45~85	40~97

注：1 原料油性质：常渣：S 5.70%，CCR23.58%，(Ni+V)236μg/g，>540℃渣油收率 91.7%。

2. 原料油性质：未注明。

3. 原料油性质：常渣：S 3.90%，(Ni+V)83μg/g；减渣：S 4.97%，(Ni+V)181μg/g。

针对低硫石油焦和低硫船用燃料油的市场需求，在第一代脱硫催化剂 FES-30 基础上，通过对催化剂孔结构的优化和助剂的添加，开发了新一代高脱硫活性沸腾床渣油加氢催化剂 FES-31，将催化剂在沸腾床加氢小试装置进行活性评价，评价结果与催化剂 FES-30 进行对比，结果见表6。

表6 催化剂活性评价结果比较

项 目	FES-31	FES-30
工艺条件		
反应温度(一反/二反)/℃	420/420	
反应压力/MPa	15	
反应空速/h^{-1}	0.3	
氢油体积比	700∶1	
加氢活性/%		
HDS	92.4	87.6
HDCCR	80.1	72.8
HD(Ni+V)	95.8	96.7
>540℃渣油转化率/%	65.1	62.6

原料油性质：S 5.72%，CCR22.85%，(Ni+V)= 185μg/g，>540℃渣油收率 87.1%。

由表6结果可以看出：反应压力为 15MPa，反应温度为 420/420℃，空速为 0.3h^{-1}时，在转化率为65%左右时，催化剂 FES-31 的脱硫率为 92.4%，残炭转化率为 80.1%，与催化剂 FES-30 相比，催化剂活性得到大幅提高，为低硫船燃生产提供技术支撑。该催化剂即将在金陵 50kt/a 的沸腾床加氢示范进行低硫船燃生产的工业应用。

2.2 条形沸腾床渣油加氢催化剂

在前期成功开发条形沸腾床加氢催化剂 FFT-1B 和微球形沸腾床渣油加氢催化剂的基础上，针对引进的沸腾床渣油加氢装置，开发了耐磨性能好、侧压强度高、加氢性能优异的条形沸腾床渣油加氢催化剂 FET-10。开发的条形沸腾床渣油加氢催化剂性能与国外相当，见表 7。

表 7 催化剂的评价结果

项　目	本研究		国外 b		国外 c	
评价条件						
反应温度/℃	415~438	433/438	415~440	432/438	385~450	421/427
反应压力/MPa	15~18	18	16.8~20.7	18.2	6.8~18.4	18
总空速/h^{-1}	0.2~0.23	0.23	0.2~1.0	0.23	0.18~0.23	0.22
加氢活性/%						
HDS	87~93	93	75~92	91	60~90	80
HDN	36~60	60	45~85	61	30~50	34
HDCCR	64~82	82	65~75	82	35~80	61
HD(Ni+V)	94~98	98	65~90	96	50~98	89
>540℃渣油转化率/%	49~85	85	45~85	85	40~97	72

注：a. 原料油性质：S5.61%，Ni+V=226μg/g，CCR24.4%，N3675μg/g，>540℃渣油收率 89.4%。

b. 原料油性质：S5.14%，Ni+V=321μg/g，CCR 25.3%。>540℃渣油收率 83%。

c. 原料油性质：S5.81%，Ni+V=260μg/g，CCR 24.0%。>565 ℃渣油转化率 72%。

3 小结

1)针对 STRONG 沸腾床加氢工艺特点，开发了微球形沸腾床渣油加氢催化剂。两种微球形沸腾床渣油加氢催化剂已成功应用于金陵 50kt/a 沸腾床加氢示范装置，催化剂具有良好的加氢性能，与国外同类技术水平相当；催化剂具有较高耐磨性能，能够满足工业装置的使用要求。针对低硫石油焦和低硫船用燃料油的市场需求，开发了新一代高脱硫活性沸腾床渣油加氢催化剂，具有较高的加氢活性，特别是脱硫活性，即将在金陵 50kt/a 的沸腾床加氢示范进行低硫船燃生产的工业应用。

2)针对引进的沸腾床加氢装置工艺特点，开发了条形沸腾床渣油加氢催化剂，催化剂表现出良好的反应性能，与国外典型数据进行对比，催化剂性能与国外同类领先技术水平相当。

参 考 文 献

[1] J. J. Colyar and E. Peer. IFP H-Oil process based heavy refining schemes. IFP No. 1998. 089.

[2] Jean-Fancois Lecoz & Jacques Rault. Axens technologies for residue conversion. Sinopec, 2014. 11.

[3] Julie Dirstine, Subhasis Bhattacharya, Kenny J. Peinado. Innovative CLG lubes hydroprocessing project for pemex salamanca refinery. Latin American Refining Technology Conference, Cancun, Mexico. 2014, 5, 10.

[4] Julie Dirstine, Subhasis Bhattacharya, Kenny J. Peinado. Innovative CLG lubes hydroprocessing project for pemex salamanca refinery. Latin American Refining Technology Conference, Cancun, Mexico. 2014, 5, 10.

[5] Mario Baldassari, Ujjal Mukherjee. Maximum Value Addition with LC-MAX and VRSH Technologies[M]. American Fuel & Petrochemical Manufacturers, 2015, 3: 22-24.

[6] Akzo Nobel N V, Nippon Ketjen Co. Ltd. Hydroprocessing catalyst and use thereof. 美国专利：6893553, 2005, 5, 17.

[7] Cities Service Research & Development Company (New York, NY). Burning Unconverted H-Oil Residual. 美国专利：3708569, 1973, 01, 02.

[8] 朱洪法. 催化剂载体[M]. 北京：化学工业出版社，1980.

劣质渣油催化临氢热转化(RMX)技术开发

董　明　侯焕娣　申海平　龙　军

(中国石化石油化工科学研究院　北京　100083)

摘　要　为了应对原油劣质化、国家环保要求的不断提高以及炼油行业转型发展对劣质渣油加工的新要求等问题，中国石化石油化工科学研究院针对高沥青质、高金属含量的劣质渣油的开发了高效改质新技术——劣质渣油催化临氢热转化技术(RMX)，并开发了配套高分散纳米催化剂，完成了基础研究及中试研究，并与中石化工程建设公司(SEI)完成百万吨级工艺包设计，其中RMAC技术中试及百万吨级工艺包均通过中国石化科技部的评议。大量的中试结果表明：劣质渣油A通过RMX加工可以实现渣油转化率大于95%，沥青质转化率大于90%，金属脱除率大于99%。RMX技术是劣质渣油改质平台技术，通过与现有炼油加工工艺组合，不仅可使炼油厂原料劣质化，实现以劣质渣油为原料，生产高附加值产品，提质增效。还可满足炼油厂结构调整需求，实现炼油厂由炼油向化工转型发展。

关键词　劣质渣油；催化临氢热转化；沥青质高效转化；结构转型；提质增效

1　前言

近年来随着中国经济的快速发展，我国石油消耗总量逐年增加，原油对外依存度逐年升高，2018年突破70%，达到461.9Mt，是最大原油进口国，石油安全是我国能源安全的核心，如何利用宝贵的石油资源仍是目前炼油化工行业的当务之急。劣质渣油加工是实现石油资源高效利用的关键之一，体现在：①劣质渣油数量大，以中国石化为例，2017年共加工原油230Mt，减压渣油70.114Mt，其中残炭值>19%的劣质渣油约40Mt，超过减压渣油总量的一半以上。②劣质渣油质量差，与常规的渣油相比，劣质渣油不仅重金属含量高(通常>200μg/g)、残炭值高(通常>20%)、黏度大(通常100℃黏度>1Pa·s)，最重要的是沥青质含量高(通常>10%)。③劣质渣油加工难度大，传统的催化加工过程较难加工高沥青质含量的劣质渣油，如固定床渣油加氢工业装置难以加工金属含量>150μg/g、沥青质和胶质含量高的劣质渣油[1]，其他催化加工过程如催化裂化等由于对金属和沥青质含量有更严格的限制更无法加工劣质渣油。目前，劣质渣油加工仍以延迟焦化为主，延迟焦化具有原料适应性强、投资较低、技术成熟等优点，被称为炼油厂的“垃圾桶”，是大部分炼油厂必不可少的工艺装置。但随着环保要求的不断提高和炼油行业的持续发展，延迟焦化目前面临严峻的挑战，主要体现在：①延迟焦化装置的焦炭产量通常在30%左右，较高的焦炭产量使得石油资源利用率较低，同时焦炭价格便宜使得高油价时延迟焦化装置的技术经济性受到较显著的影响。②延迟焦化装置面临越来越大的环保压力。国家对高硫石油焦(高硫石油焦硫含量指标可能会被限定为3%)的生产和使用要求进一步提高，使得产出高硫石油焦的延迟焦化装置受到越来越多的限制。延迟焦化生产过程中频繁的焦炭塔高温切换操作、水力除焦、石油焦的储存运输及使用等，都可能会造成环境影响。因此，鉴于延迟焦化目前所面临的巨大挑战，急需开发满足炼油厂生产及环保要求的高转化率、低生焦率、绿色环保且长周期稳定连续生产的劣质渣油高效加工新技术，近年来此类技术的研发也成为炼油技术研发的热点。

2　劣质渣油催化临氢热转化技术(RMX技术)开发

渣油体系与其他石油馏分最为显著的不同在于渣油体系为胶体体系，这是因为沥青质是渣油中极性最强的组分，与渣油中的饱和组分不相溶。如图1所示，实际渣油体系是以沥青质为核心，胶质作为沥青质胶溶组分稳定沥青质，使沥青质宏观上均匀分布在渣油体系中从而呈现稳定的状态。实际加工过程中当渣油的胶体体系遭到破坏时，例如沥青质数量的增加或是组成的变化使其更难被胶溶，胶溶组分的数量减少或是由于组成变化导致其胶溶能力下降，都会导致沥青质分相从而出现沥青质的第二液相，进而发生一系列物理或化学的变化，导致沉积结垢、堵塞等问题，严重时导致生产装置非计划停工。传统的催化加工过程由于原料中沥青质含量较低，这一问题并不突出。但是劣质渣油由于其沥青质含量较高，体系稳定性差，必须首先解决体系稳定性的问题，在体系稳定的前提下实现沥青质转化才能实现装置的长周期稳定连续的运行。石科院在对沥青质分子结构、聚集形态、反应化学及工艺技术深入研究的基础上，开发了具有自主知识产权的劣质渣油催化临氢热转化工艺技术及配套催化剂，形成劣质渣油催化临氢热转化(RMX)成套技术。经过十余年的研发，石科院完成了 RMX 技术基础及中试研究，并与中石化工程建设有限公司(SEI)完成百万吨级工艺包设计，其中 RMAC 技术中试及百万吨级工艺包均通过中国石化科技部的评议。

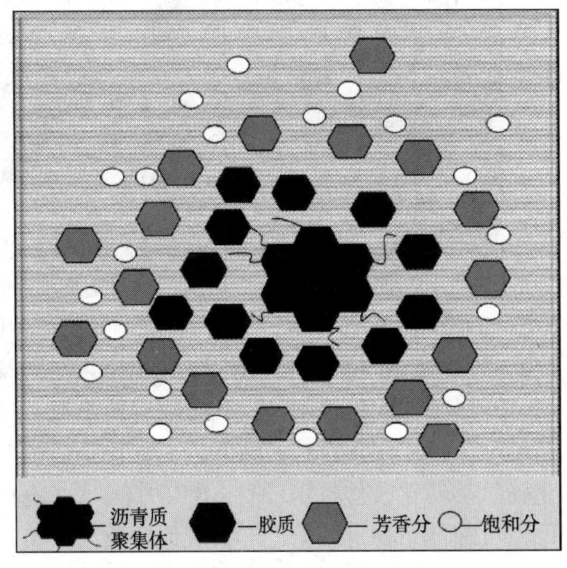

图 1 以四组分为基础的渣油胶体结构示意图

2.1 催化剂开发

催化剂对渣油催化临氢热转化性能影响至关重要[2-5]，催化剂的主要作用是活化氢气形成活泼氢，活泼氢既可封闭热解产生的链烃自由基，生成稳定产物，从而减少过度裂化；还可封闭稠环芳烃自由基，抑制稠环芳烃自由基之间缩合，降低反应体系液相中沥青质聚集体的质量分数，延缓第二液相的生成，有效抑制焦炭的形成。RMX 装置实现长周期稳定连续的关键是沥青质的高效转化。催化剂最主要作用是促进沥青质的转化，促进沥青质分子转化为可溶质。

要强化沥青质的转化，关键是提高催化剂与沥青质的可接近性，按照这样的思路石科院开发了高度分散的催化剂，该催化剂前驱物是一种有机金属化合物，与渣油体系互溶，可达到分子水平分散。通过工艺条件控制，可形成具有开放结构、纳米尺寸的高分散催化剂，可显著提高沥青质与催化剂的可接近性。表 1 为催化剂前驱体物性，图 2 为开放结构、纳米尺寸的高分散催化剂扫描、透射电镜照片。从表 1 的物性可知，催化剂前驱体是液态，有利于在原料油中扩散，达到分子水平的分散；黏度较低，适于运输和泵送，金属含量较高，大于 14%。从图 2 的 SEM 及 TEM 照片可知，催化剂是开放结构、不含内孔道的分散型催化剂，其尺寸约为 5～10nm，与沥青质分子尺寸(2～5nm)相当，活性中心以 2～3 层分散，片层 0.612nm，层间距 0.275nm。催化剂能够显著提高沥青质分子与催化剂的可接近性，与沥青质分子大小匹配，强化沥青质的转化反应。

表 1 自制催化剂前驱体性质

分析项目	分析数据	分析方法
状态	液体	
40℃黏度/(mm^2/s)	17.05	GB/T 11137—89
20℃密度/(kg/m^3)	1.053	GB/T13377—2010
w(金属)/%	>14	RIPP

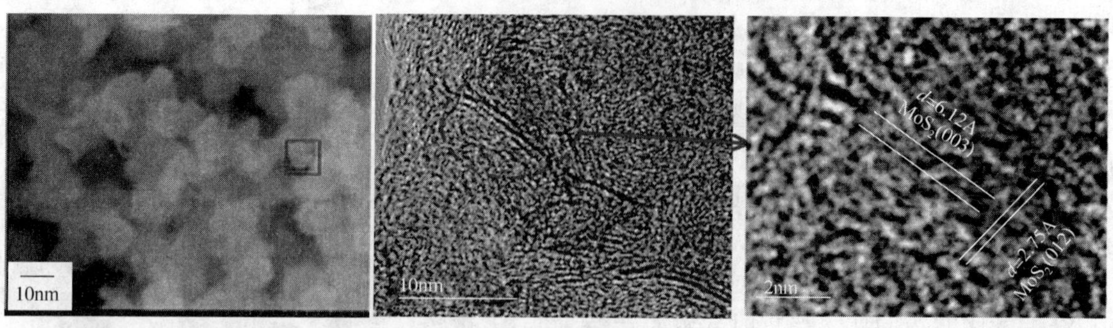

图2 RMX专用催化剂SEM及TEM照片

2.2 劣质渣油催化临氢热转化(RMX)工艺开发

石科院在对劣质渣油特别是沥青质组成、结构、反应特性及渣油体系稳定性进行深入细致研究的基础上，提出了多产改质油的渣油催化临氢热转化改质技术(简称RMAC技术)和多产馏分油的渣油催化临氢热转化改质技术(简称RMD技术)，统称为RMX技术。RMX工艺采用缓和的临氢转化工艺条件，可在体系稳定的条件下实现沥青质高效转化和渣油高效改质，实现沥青质转化率>95%、金属脱除率>99%，尾油外甩量<5%。其中，RMAC采用选择性萃取分离作为分离单元，RMD采用常减压蒸馏作为分离单元。图3为RMAC工艺流程示意图，图4为RMD工艺流程示意图。

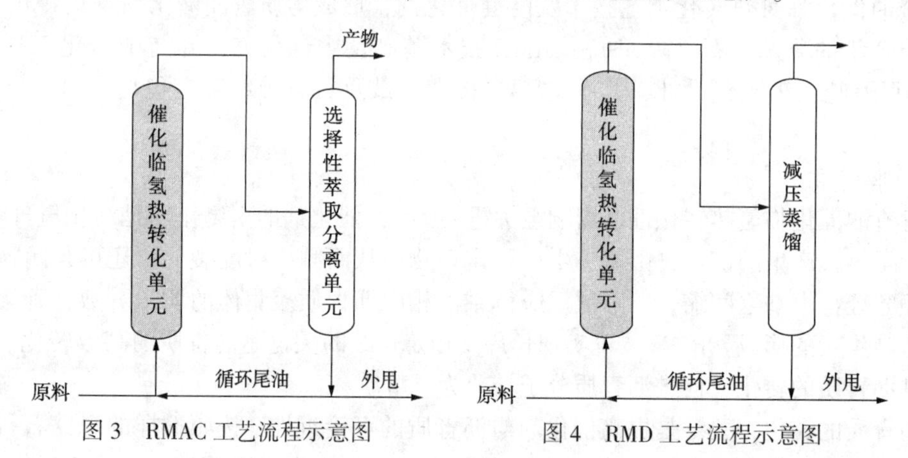

图3 RMAC工艺流程示意图 图4 RMD工艺流程示意图

石科院RMX中型装置于2012年建成，此后在该装置上进行了大量中试研究，研究内容至少包括：确定RMX工艺流程；开展原料适应性研究，包括中东劣质渣油，国内劣质渣油等；考察了催化剂性能、反应条件与产物分布之间的关系、反应模式与稳定性之间的关系及反应与各种分离耦合之间的效果；为工艺包设计提供完整的基础数据。以劣质渣油A为原料的中试结果说明RMX技术加工劣质渣油的改质效果。原料性质、中试结果及改质效果列于表2~表4，进料采用90%劣质减渣A+10%FCC油浆。

表2 原料油性质

项 目	劣质减渣A	FCC油浆	分析方法
密度(20℃)/(g/cm^3)	1.0644	1.1024	GB/T13377
w(残炭)/%	26.3	12.5	GB/T17144
w(H)/%	9.77	8.38	SH/T 0656
w(S)/%	5.50	1.00	GB/T 17040
w(沥青质)/%	14.2	7.3	RIPP10-90
w/(μg/g)			SH/T0715
Ni	69.7		
V	230		
>524℃含量/%	>95	>25	ASTM D 7169

表3 劣质渣油 RMX 工艺产物分布

工艺类型	RMAC	RMD
氢耗率/%	2.49	2.83
产物分布/%		
气体	13.19	14.43
石脑油(C_5~165℃)	5.68	11.81
AGO(165℃~350℃)	20.07	30.25
重改质油(>350℃)	61.66 (350~700℃)	41.44 (350~500℃)
外甩残渣	2.00	5.00

表4 劣质减渣 RMX 技术中试改质效果 %

工艺类型	RMAC	RMD
改质效果		
尾油外甩量	2.0	5.0
金属脱除率	99.9	99.9
沥青质转化率	95.8	92.6
脱硫率	75.3	80.6
改质油收率	87.4	83.5

由表2原料性质可知，劣质减渣A残炭值大于26%，C_7-沥青质含量大于14%，金属(Ni+V)含量达到300μg/g，S含量达到5.5%，是高硫、高沥青质、高金属含量的劣质渣油。表3、表4结果显示，RMAC工艺加工劣质减渣A，实现了渣油转化率达98%，尾油外甩量为2%，沥青质转化率为95.8%，金属脱除率为99.9%，脱硫率为75.3%，改质油收率为87.41%的效果。RMD工艺加工劣质减渣A，实现了渣油转化率达为95%，尾油外甩量为5%，沥青质转化率为92.6%，金属脱除率为99.9%，脱硫率为80.6%，改质油收率为83.5%。由表3劣质渣油A的RMAC产物分布可知，石脑油及AGO馏分收率较低，分别为5.68%、20.07%，重改质油含量较高，达到61.66%；RMD产物分布可知，石脑油及AGO馏分收率较低，分别为11.81%、30.25%，重改质油含量较高，达到41.44%。由表5重改质油性质可知，RMX重改质油不含沥青质和重金属(Ni+V)，氢含量较高，经重油加氢处理后可作为催化原料生产高辛烷值汽油组分或低碳烯烃类的化工原料。

表5 劣质渣油 ARMX 中试重改质油性质

工艺名称	RMAC	RMD
密度(20℃)/(g/cm^3)	0.9856	0.9883
w(H)/%	10.80	9.75
w(S)/%	1.76	1.71
w(N)/%	0.43	0.45
w(沥青质)/%	<0.1	0.2
残炭/%	3.2	0.83
w(Ni+V)/(μg/g)	<0.1	<0.1
馏程/℃	350~687	350~500

3 RMX 技术应用前景

鉴于延迟焦化目前所面临的资源利用及环保方面的巨大挑战，炼油厂急需高转化率、低生焦率、绿色环保且长周期稳定连续生产的劣质渣油高效加工新技术，RMX 技术可以满足炼油厂的这一需求。劣质渣油催化临氢热转化(RMX)技术是劣质渣油高效改质技术，可实现劣质渣油高效、绿色改质成现有工艺可加工的优质原料。RMX 技术可以减少传统劣质渣油采用焦化工艺加工带来的低附加值焦炭产率高的问题，实现重油高效深度转化、提高石油资源利用率，实现高硫石油焦产品零出厂。将该技术应用于炼油厂中，可以替代焦化加工劣质渣油；将其与炼油厂中其它现有炼油加工工艺组合，不仅可满足炼油厂结构调整、提质增效的需求，还会形成以劣质原油、重油为原料，生产高品质汽柴油、低碳烯烃、BTX 等高附加值产品的燃料型或化工型特色炼油厂。

3.1 消减高硫焦

2015 年 8 月 29 日通过的《中华人民共和国大气污染防治法》二次修订案中规定，2016 年将禁止进口、销售和燃用不符合品质标准的石油焦。国家能源局于 2015 年 10 月 27 日发布了新的石油焦(生焦)标准(标准号 NB/SH/T 0527—2015)代替 SH/T0527—1992 标准，要求 2016 年 3 月 1 日开始施行，该标准石油焦按照硫含量 3%以下的等级划分，但是，硫含量 3%以上的石油焦新标准未规定，也就是说目前国内没有高硫焦的质量标准。如果石油焦禁止进口的标准设在 3%，硫含量 3%以上的禁止进口，国产的高硫焦将按固体废物处理，相关企业也将受到明显影响。因而，消减高硫焦是炼油厂迫切需要解决的问题。RMX 技术可以加工劣质渣油，替代焦化技术。其最大特点就是渣油转化率高，外甩尾渣量少，不生产固体焦炭，因而，采用 RMX 技术替代延迟焦化，则可在加工原料不变的情况下，消灭高硫焦。

3.2 为炼油厂结构转型提供关键技术

炼厂所需要的是能够生产市场所需的高附加值产品的技术。RMX 产物基本不含沥青质和金属，可以与现有加工技术充分组合，实现由劣质渣油为原料生产高附加值产品。例如 RMX 与固定床渣油加氢或重油加氢、催化裂化或催化裂解组合，则可以实现以劣质渣油为原料，生产高辛烷值汽油组分或(低碳烯烃、BTX)化工原料；RMX 技术与加氢裂化工艺组合则可实现以劣质渣油为原料，生产高品质柴油组分，同时还生产乙烯裂解原料——加氢尾油。以 RMX 技术为龙头，形成的特色集成技术，可以使炼油厂的原料选择范围更宽，在消减焦炭的前提下选择更劣质的原料，降低原料成本，提高炼油厂盈利能力；以劣质渣油为原料，生产高附加值产品，为炼油厂带来更好的经济效益；在消减或消灭高硫焦的同时可以充分盘活炼油厂现有装置。同时，特色集成技术还可满足炼油厂结构调整、提质增效的需求，实现炼油厂由炼油向化工转型发展。

3.3 为延长固定床渣油加氢操作周期提供新技术途径

固定床渣油加氢-催化裂化组合技术是全氢型炼油厂的核心技术之一，在调整产品结构中发挥重要作用。但是，在处理高金属含量(>200μg/g)的渣油时，固定床渣油加氢由于原料中重金属含量高，加氢催化剂的失活速率增加，装置运转周期缩短，渣油加氢装置的长周期运转成为影响炼油厂检修周期的最大瓶颈，为了解决这一问题炼油厂往往加工性质较好的原油或是牺牲检修周期，这都会导致炼油厂的盈利能力下降。RMX 技术可以加工高金属含量的渣油，脱金属率大于 99%，将 RMX 与固定床渣油加氢装置进行组合时，固定床渣油加氢不仅可以省去脱金属反应器和催化剂，节省投资，还可以延长装置运转周期至 4 年，操作周期与催化裂化装置同步匹配。

4 总结

1)为解决劣质渣油加工面临的问题，石科院在系统研究沥青质分子结构、聚集形态、反应化学及工艺技术深入研究的基础上，开发了具有自主知识产权的劣质渣油催化临氢热转化工艺技术及配套催化剂，形成劣质渣油催化临氢热转化(RMX)成套技术，其中 RMAC 技术中试及百万吨级工艺包均通过中国石化科技部的评议。

2)进行系统的 RMX 中试研究，结果显示：RMX 实现劣质渣油转化率达到 95%以上，产物基本不含沥青质和金属。RMX 技术为消灭高硫焦提供新的技术途径，可以替代焦化加工高沥青质、高金属的劣质渣油。

3)RMX 工艺与固定床加氢处理、加氢裂化、催化裂化/催化裂解组合，实现由劣质渣油为原料生产高附加值产品(高品质汽柴油、低碳烯烃、BTX 等)，不仅可为炼油厂拓宽原料范围、带来经济效益，还是炼油厂由炼油向化工转型发展的关键技术。

4)RMX 技术为延长固定床渣油加氢操作周期提供新技术途径，可以实现固定床加氢装置运转周期延长至 4 年。

参 考 文 献

[1] 李大东. 加氢处理工艺与工程[M]]. 北京：中国石化出版社，2013.

[2] Farshid D, Renolds B. Process for upgrading heavy oil using a highly active slurry catalyst composition[P]. USP 20070138055A1, 2007.

[3] Lott Roger K. Cyr t, Lap K, et al. Process for reducing coke formation during hydroconversion of heavy hydrocarbons[P]. CA 2004882, 1991.

[4] Chandra P, Khulbe. Hydrocracking of heavy oils/fly ash slurries[P]. USP4299685, 1981.

[5] Drago G D, Gultian J. The development of HDH process-a refiner tool for residual upgrading[J]. Div Petrol Chem, ACS, 1990, 35(4): 584-592.

重油深度加氢-DCC 组合技术研究

梁家林　邓中活　戴立顺　董松涛　贾燕子　刘清河　杨清河　蔡新恒　胡志海

（中国石化石油化工科学研究院　北京　100083）

摘　要　重质原料包括劣质蜡油和渣油通过常规加氢处理工艺，加氢产物的氢含量增加幅度较小，很难满足作为优质催化裂解原料的要求。石科院基于劣质蜡油原料的性质特点，开发了缓和加氢裂化工艺及配套加氢精制和缓和加氢裂化催化剂，相比常规加氢处理工艺，产品蜡油氢含量提高幅度显著，烃类组成改善显著，催化裂解单元的三烯收率相比常规加氢处理工艺提高 4.21%。针对渣油原料，石科院开发了渣油深度加氢的系列催化剂，并通过改进工艺和催化剂级配技术，开发了渣油深度加氢技术，加氢渣油的氢含量提高到 12.8%，可作为优质的催化裂解原料。

关键词　劣质蜡油；缓和加氢裂化；渣油加氢；烃类组成；催化裂解

1　前言

随着国内外对运输燃料需求的增长率不断降低，各大炼油商纷纷开始向化工型炼油厂转型。其中，催化裂解是运输燃料型炼油厂向化工型炼油厂转型的关键技术，也是目前向化工转型最成熟的技术之一[1]。因此，近两年来，各大炼油商均计划或已经开始建设催化裂解装置。

催化裂解装置的主要原料是氢含量较高的重油，目前已经工业生产的催化裂解装置均要求进料的氢含量达到 12.8%左右。常规劣质蜡油的氢含量一般在 11.5%左右，必须经过深度加氢或缓和加氢裂化工艺，才能够生产出氢含量较高且收率较高的加氢蜡油作为催化裂解装置进料；而常规中间基渣油通过现有的固定床加氢工艺较难实现生产氢含量达到 12.8%的加氢渣油，必须对现有的渣油加氢催化剂进行升级，同时对工艺条件进行优化，才能实现这一目标。

石科院近年来针对催化裂解装置的反应特点，对通过重油加氢如何生产最优质的催化裂解原料进行了深入研究[2]。针对劣质蜡油原料，石科院发现通过缓和加氢裂化工艺可以在提高蜡油原料氢含量的同时，改变原料中的烃类结构，生产出含较多链烷烃或侧链的加氢蜡油产品[3]，有利于催化裂解单元多产低碳烯烃；针对渣油原料，通过新型催化剂以及工艺条件的优化研究，进一步提高了渣油加氢的反应深度，催化裂解单元的烯烃产率提高显著。

2　劣质蜡油深度加氢技术

2.1　技术开发思路

常规蜡油加氢处理工艺的主要目的是为下游催化裂化装置提供原料，其主要反应包括加氢脱硫、加氢脱氮和芳烃加氢饱和，常规加氢处理装置原料与产品的性质变化数据见表 1。由表 1 数据可知，蜡油原料经过蜡油加氢处理后，硫氮含量大幅度降低，氢含量提高到 12.59%，总芳烃含量降低幅度较小，单环芳烃含量提高比较显著，表明在反应过程中，较多的多环芳烃发生加氢饱和反应生成了单环芳烃。原料中的链烷烃含量增加幅度较小，环烷烃含量增加显著，主要因为较多的芳烃加氢饱和生成了环烷烃。基于不同烃类的催化裂解反应规律，链烷烃是最优质的多产低碳烯烃的原料，其次是饱和度较高的环烷烃，芳烃原料最差。氢含量作为评价原料性质优劣的主要指标也是基于不同烃类的催化裂解反应规律。常规蜡油加氢精制工艺通过提高反应苛刻度，包括提高反应温度和氢分压等，可进一步提高加氢产物的氢含量，但缺点是会降低尾油收率或反应过程中的选择性较低，主要将原料中的侧链烃发生裂化反应生成了小分子的烃类。

表1 常规蜡油加氢处理工艺烃类组成变化情况

项 目	原料	常规加氢蜡油
20℃密度/(kg/m^3)	938.3	901.6
氢含量/%	11.57	12.59
氮含量/(μg/g)	1700	622
硫含量/(μg/g)	28700	2150
馏程 D1160/℃		
5%~90%	348~521	320~507
烃类组成/%		
链烷烃	15.0	19.8
环烷烃	25.4	33.1
单环芳烃	21.0	31.9
总芳烃	59.6	47.1

图1列出了加氢精制和加氢裂化反应过程的差异。可知，加氢裂化反应可促进环烷烃的开环裂化反应，生成较多的链烷烃，有利于提高加氢产物的催化裂解反应性能。然而加氢裂化工艺在较高的转化率条件下易导致链烷烃或环烷基的侧链进一步发生裂化反应生成低碳数烃类，从而导致尾油收率降低，尾油中的高碳数烃类含量降低。因此，缓和加氢裂化工艺是劣质蜡油加氢生产优质催化裂解原料的最优工艺，其特点在于对加氢精制后的产物发生适度的开环裂化反应，尽可能保留原料中的高碳数烃类，相比常规加氢裂化有利于增加尾油收率，并提高尾油裂解性能。因此，石科院开发了劣质蜡油缓和加氢裂化工艺生产优质催化裂解原料。该技术与本世纪初开发的缓和加氢裂化技术的差异是侧重于劣质蜡油原料中大分子的开环裂化反应，在催化剂设计以及工艺条件方面均有较大的进步。

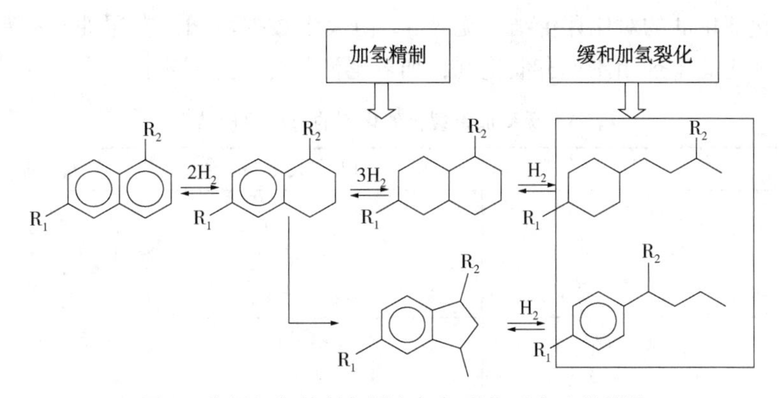

图1 常规加氢精制与缓和加氢裂化反应过程差异

2.2 劣质蜡油缓和加氢裂化技术的开发

基于对缓和加氢裂化反应过程的深入认识，石科院开发了高芳烃加氢饱和活性的加氢精制催化剂与开环性能较强的缓和加氢裂化催化剂。其中，高芳烃加氢饱和活性的加氢精制催化剂在石科院开发的最大化催化剂活性位MAS(Maximization of Active Sites)技术平台上制备。加氢精制催化剂在开发过程中，将催化剂的络合制备技术、缓和活化技术、金属精确匹配技术和载体表面性质调控技术综合利用，实现了催化剂活性金属的高效利用以及加氢功能与酸性功能的合理匹配，显著提高了催化剂的芳烃加氢饱和性能。高芳烃加氢饱和催化剂与现有加氢催化剂的对比评价结果见表2。表2数据可知，新开发的高芳烃加氢饱和催化剂相比常规加氢精制催化剂，对应的总芳烃含量降低3.7%，环烷烃含量增加3%，链烷烃含量增加0.7%。

表2 高芳烃加氢饱和催化剂的对比评价结果

项目	原料	常规催化剂	高芳烃加氢饱和催化剂
工艺条件			
反应压力/MPa		10.0	
反应温度/℃		375	
20℃密度/(kg/m³)	924.5	885.6	884.4
氢含量/%	12.04	13.00	13.10
氮含量/(μg/g)	1100	384	161
硫含量/(μg/g)	27000	115	23
馏程 D1160/℃			
IBP~95%	241~564	161~537	164~536
烃类组成/%			
链烷烃	19.1	22.0	22.7
环烷烃	26.3	44.4	47.4
单环芳烃	21.1	26.5	23.7
总芳烃	54.6	33.6	29.9

缓和加氢裂化催化剂在实际开发过程中，模拟计算了不同阶段反应中间体的分子尺寸，根据分子尺寸计算出有利于反应中间体反应和扩散的孔道结构，并且在实际实验中对孔道结构进行了验证。得到最佳孔径后，又通过改进催化剂制备方法，提高载体的孔集中度，使催化剂的孔道绝大部分处于最优点附近，以保证整个反应体系不出现明显的"瓶颈"区域。除此之外，催化剂制备过程中，通过合适的催化剂制备方法，让活性金属助剂以不同的方式、不同的浓度存在于催化剂表面；通过反应过程的"诱导"，使助剂在催化剂表面进行二次分布，以达到不同区域的加氢和酸性中心的匹配。新制备的和现有的缓和加氢裂化催化剂的对比评价结果见表3。由表中数据可知，在尾油收率基本一致的情况下，新开发的缓和加氢裂化催化剂相比现有催化剂，加氢尾油氢含量进一步提高，对应的链烷烃含量提高。

表3 缓和加氢裂化催化剂的对比评价结果

项目		现有缓和加氢裂化催化剂	新型缓和加氢裂化催化剂
工艺条件			
精制催化剂		相同	
裂化反应压力/MPa		12.0	
产品性质	原料	加氢尾油	
20℃密度/(kg/m³)	924.5	856.4	854.4
氢含量/%	12.04	13.76	13.88
馏程 D1160/℃			
IBP~95%	241~564	356~502	355~492
链烷烃/%	19.1	30.4	32.9
环烷烃/%	26.3	62.8	62.9
单环芳烃/%	21.1	5.2	4.6
总芳烃/%	54.6	6.8	5.2
尾油收率/%		68	67

2.3 技术开发效果

在高芳烃加氢饱和催化剂以及新型缓和加氢裂化催化剂开发的基础上，石科院研究了加工劣质蜡油原料时优化的工艺条件，并对比了常规加氢处理工艺与缓和加氢裂化工艺生产的加氢产物性质见表4，催化裂解单元转化率及产品分布见图2。由表4数据可知，新开发的缓和加氢裂化工艺加工中间基深拔蜡油，生产的加氢尾油收率为70%左右时，尾油氢含量高于加氢精制工艺0.14个百分点，芳烃含量降低7.8个百分点，环烷烃含量增加6.3个百分点，链烷烃含量增加1.2个百分点；图2.1数据可知在相同的催化裂解工艺条件下，三烯收率增加4.21个百分点，三烯+BTX收率增加2.89个百分点。

表4 加氢精制和缓和加氢裂化两种工艺生产的加氢蜡油性质及催化裂解性能

工艺路线		精制路线	缓和加氢裂化工艺
反应温度/℃		375	370/375
原料名称	中间基深拔蜡油	精制蜡油	改质蜡油
>350℃馏分/%(质)	91.0	70.33	69.33
密度(20℃)/(g/cm^3)	0.9383	0.8866	0.8834
氢/%(质)	11.57	13.18	13.32
链烷烃/%(质)	15.5	20.7	21.9
环烷烃/%(质)	25.5	49.3	55.9
单环芳烃/%(质)	21.1	20.6	16.2
芳烃/%(质)	58.6	30.0	22.2

注：其它工艺条件相同。

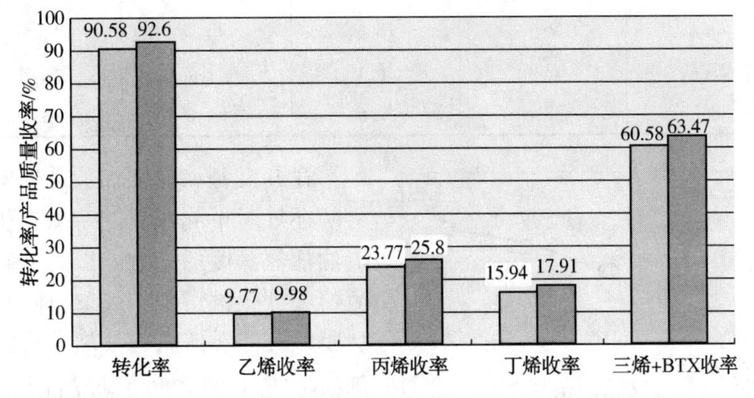

图2 常规加氢处理蜡油与缓和加氢裂化蜡油催化裂解产物分布数据

3 渣油深度加氢技术

3.1 技术开发思路

对于渣油催化裂解，原料的杂质含量、烃类组成及氢含量均是影响丙烯收率的关键因素。渣油具有沸点高、密度高、黏度大、杂原子含量高和氢含量低等特点。因此，渣油要作为优质的催化裂解原料，必须有效脱除杂原子、改善烃类组成以及提高氢含量，即渣油加氢深度成为影响丙烯收率的技术关键。

现有的固定床渣油加氢技术都是以加氢处理为主，其反应过程包括硫、氮、镍和钒等杂原子脱除反应以及残炭前驱物加氢转化反应等。固定床渣油加氢处理的反应深度可以从杂质脱除率尤其是残炭加氢转化率和脱氮率进行衡量。在渣油加氢反应过程中，稠环芳环结构单元间S—S键、C—S键等化学键键能相对较低，容易进行断键和加氢脱除反应；而C—N化学键键能相对较高，因此相对较难进行。实际上，渣油中含氮化合物的加氢脱除反应需要先发生稠环芳环结构单元充分饱和反应，芳烃结构饱和后C—N键的强度将会低于C—C键，最后才能进行加氢脱氮的反应。一般地，固定床渣油加氢处理技术的脱硫率在75%~90%，脱金属率在70%~90%，残炭加氢转化率在40%~65%，脱氮率在

30%~50%，加氢深度比较有限。

要提高固定床渣油加氢处理技术的加氢深度，就要提高其残炭加氢转化率和脱氮率。固定床渣油加氢处理反应深度难以提高的核心原因在于渣油中的胶质、沥青质大分子较难扩散进催化剂孔道中反应，通过开发渣油深度加氢的系列催化剂、改进工艺和催化剂级配技术可以提高渣油加氢深度，生产出优质的催化裂解原料。

3.2 渣油深度加氢系列催化剂及级配技术开发

针对渣油难以深度加氢的现象，石科院通过载体材料改进、孔径优化、活性金属优化和活性相结构调变等技术开发了渣油深度加氢系列催化剂，包括脱金属剂、过渡剂和脱残炭催化剂等。渣油深度加氢系列催化剂和常规催化剂的评价结果如表5所示。由表5可以看出，与常规脱金属剂相比，深度加氢系列的脱金属剂在脱金属率相当的前提下，大幅提高了脱硫率、残炭加氢转化率和脱氮率，如脱硫率提高了8.8个百分点，残炭加氢转化率提高了11.2个百分点；与常规过渡剂相比，深度加氢系列过渡剂的脱金属率、脱硫率、残炭加氢转化率和脱氮率都有显著提高，如脱硫率提高了5.6个百分点，残炭加氢转化率提高了7.1个百分点；与常规脱残炭剂相比，深度加氢系列脱残炭剂的残炭加氢转化率和脱氮率分别提高了6.9和4.8个百分点。

表5 渣油深度加氢系列催化剂和常规催化剂的评价结果对比 %

催化剂	脱金属剂		过渡剂		脱残炭剂	
	深度加氢	常规	深度加氢	常规	深度加氢	常规
HDCCR	56.5	45.3	58.8	51.7	69.9	63.0
HDS	75.2	66.4	78.8	73.2	93.0	90.5
HDN	22.7	13.6	26.1	21.7	52.4	47.6
HDM	88.2	88.6	82.6	80.8	82.9	86.6

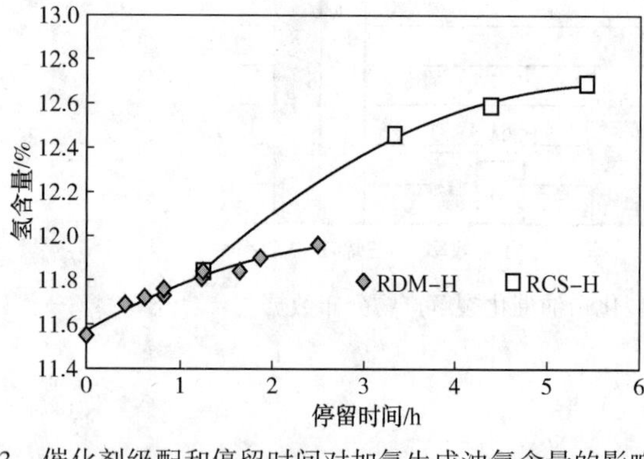

图3 催化剂级配和停留时间对加氢生成油氢含量的影响

在开发渣油深度加氢系列催化剂的基础上，石科院还针对不同原料的特点，研究了催化剂级配对渣油加氢深度的影响。以某低硫高氮中间基渣油为原料，催化剂级配和停留时间对加氢生成油氢含量的影响如图3所示。从图3可以看出，脱金属催化剂(RDM)对氢含量的提高影响较小，而脱残炭催化剂(RCS)对氢含量的提高影响显著。在进行渣油深度加氢时，需要综合考虑原料的杂质含量特点、加氢深度和运转周期的需求，设计得到合理的渣油深度加氢催化剂级配。

3.3 渣油深度加氢工艺条件优化

以四种中间基渣油为原料，考察了反应温度、氢分压和体积空速等工艺条件变化值对加氢生成油氢含量变化值的影响，其结果如表5所示。从表6可以看出，相对而言，反应温度对加氢深度的影响最为显著，氢分压和体积空速的影响则略小一些，即反应温度为影响加氢深度的关键工艺条件。实际为了渣油加氢装置在深度加氢时可以长周期稳定运转，需要采取较低的体积空速和较高的氢分压，以在相对较低的反应温度下获得满足要求的加氢深度。

表6 原料性质和工艺条件对氢含量变化的影响

样 品	渣油A	渣油B	渣油C	渣油D
原料性质				
20℃密度/(kg/m³)	973.9	964.3	964.3	949.3

续表

样 品	渣油 A	渣油 B	渣油 C	渣油 D
氢含量/%	11.06	11.55	11.28	11.59
残炭值/%	11.90	9.31	9.68	6.77
硫含量/%	3.50	1.60	3.45	2.92
(Ni+V)含量/(μg/g)	43.4	52.0	66.3	27.2
工艺条件变化值	加氢前后 ΔH/%			
ΔT=10℃	~0.15	~0.10	~0.13	~0.12
ΔP=2MPa	~0.06	~0.03	~0.05	~0.08
空速 0.20~0.17h^{-1}	~0.06	~0.06	~0.05	~0.05

3.4 渣油深度加氢效果

以表 6 中的渣油 A 和渣油 D 为原料，在优化的渣油深度加氢催化剂级配及典型深度加氢工艺条件下，其杂质脱除率和加氢生成油的氢含量如表 7 所示。从表 7 可以看出，其残炭加氢转化率达到 76%以上，脱氮率达到 65%以上，都显著高于常规技术，加氢生成油的氢含量也较高，分别达到 12.58%和 12.84%。图 4 是渣油 D 深度加氢前后烃族组成的变化，由图 4 可看出，渣油 D 在加氢过程中实现了多环芳烃、噻吩型含硫芳烃、胶质、沥青质的深度加氢饱和，定向转化为链烷烃和环烷烃尤其是一环~三环环烷烃等可多产化工品的优势烃类结构。由杂质脱除率、氢含量和烃类组成的信息可以看出，渣油深度加氢技术可以生产出优质的催化裂解原料。

表 7 渣油深度加氢生成油性质 %

原料油	渣油 A	渣油 D
加氢生成油氢含量	12.58	12.84
HDCCR	76.6	77.8
HDS	95.6	95.8
HDN	65.6	71.2
HD(Ni+V)率	97.9	98.5

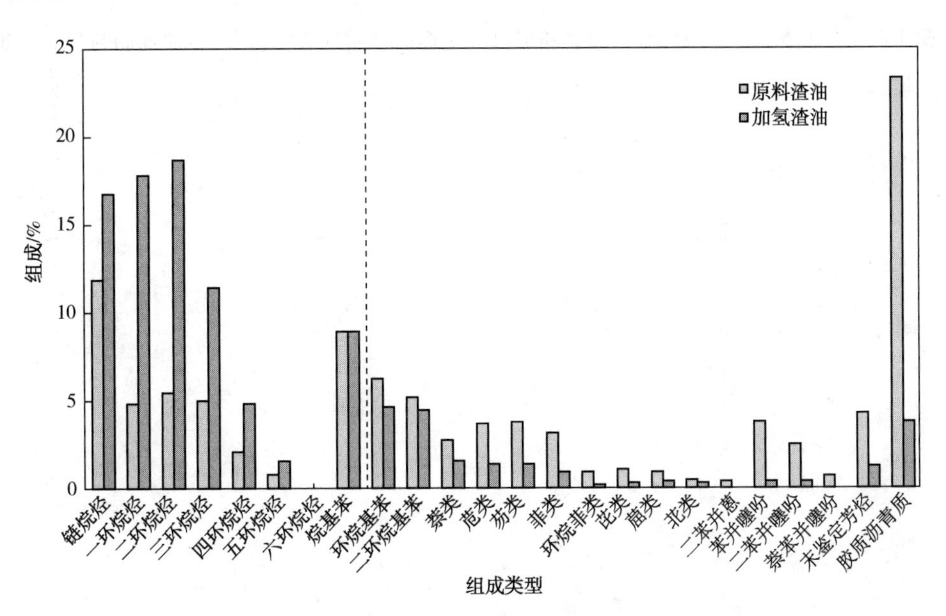

图 4 渣油深度加氢前后的烃类组成变化

将深度加氢后的渣油原料作为催化裂解装置进料，催化裂解单元小型固定床试验的产品分布数据见表8。表8数据可知采用深度加氢的渣油作为催化裂解装置进料，丙烯收率可达到20.18%，三烯+BTX收率可达到44.78%。

表8 深度加氢渣油催化裂解产品分布

产品收率/%	数据
乙烯	4.98
丙烯	20.18
丁烯	14.72
BTX	4.99
柴油	13.29
重油	5.29
焦炭	8.31

4 结论

1)石科院研究了劣质蜡油和减压渣油原料通过加氢工艺进一步提高加氢产物催化裂解性能的优化方案。针对劣质蜡油原料，开发的新一代缓和加氢裂化工艺能够显著提高加氢产物的氢含量，改变原料的烃类组成结构，相比采用常规加氢处理工艺生产催化裂解原料，催化裂解单元的三烯收率提高4.21%。

2)石科院通过开发渣油深度加氢的系列催化剂、改进工艺和催化剂级配技术，开发了渣油深度加氢技术，中试研究结果显示，该技术可以显著提高渣油的杂质脱除率和加氢生成油的氢含量，定向转化生成可多产化工品的优势烃类结构，最终获得优质的催化裂解原料。

参考文献

[1] 叶霖. 典型炼厂化工转型发展方案研究[J]. 当代石油石化，2018，26(11)：25-32.

[2] 马文明，谢朝钢，朱根权. 原料油加氢深度对催化裂解反应性能及氢转移反应影响[R]. 2017年中国石油炼制科技大会，2017.

[3] 梁家林，胡志海，赵阳等. 工艺条件对蜡油缓和加氢裂化产品性质的影响[J]. 石油炼制与化工，2018，49(1)：1-7.

以渣油为原料的化工型加氢-催化裂解双向组合技术

牛传峰　崔　琰　戴立顺　杨清河　聂　红　李大东

（中国石化石油化工科学研究院　北京　100083）

1　研究背景

乙烯、丙烯和丁烯等低碳烯烃以及苯、甲苯和二甲苯等轻质芳烃是重要的石化基础原料。目前，以美国页岩气和中东天然气中乙烷为原料的乙烯裂解装置正大规模建设，其乙烯生产成本很低，但丙烯收率很低。但是以重油为原料的催化裂解装置却可以大量生产丙烯，刚好形成互补，具有很有力的竞争优势。因此，开发以重油为原料通过催化裂解反应直接生产丙烯的技术路线将具有重要的现实意义。RIPP 20 世纪 90 年代开发了 DCC 工艺技术[1,2]，近几年来又开发了 DCC-plus 工艺技术[3,4]，以重油为原料通过催化裂解反应直接生产丙烯。但是该工艺技术目前均采用性质较好的原料如蜡油、蜡油掺少量渣油或石蜡基常压渣油等，而不是以资源量最大的中间基渣油为原料。另外，副产的催化裂解轻循环油（即柴油）性质很差，主要表现为密度大，芳香烃含量非常高，即使在加氢改质后十六烷值仍很低，难以作为车柴调合组分。而催化裂解重循环油中极高的多环芳烃含量使其难以利用。

催化裂解轻循环油和重循环油富含多环芳烃，基本没有在催化裂解过程中进行再裂化的能力，却会生成大量焦炭。但催化裂解轻循环油和重循环油加氢后可以饱和为芳环并环烷环分子，成为可催化裂解的结构，其中的芳环结构和环烷环结构在催化裂解条件下分别转化为轻质芳烃和低碳烯烃。另一方面，催化裂解需大量裂解反应热。因此，如果以渣油作为原料，将渣油和催化裂解所产生的副产品轻循环油和重循环油一起进行加氢后再进行催化裂解，则可以显著增加高价值低的碳烯烃和轻质芳烃的收率，并且渣油各组分中价值最低的胶质、沥青质等残炭前驱物提供了催化裂解生焦及裂解热量来源，低价值组分也得以充分利用。

因此，本论文提出一种以渣油为原料利用加氢-催化裂解双向组合工艺生产低碳烯烃和轻质芳烃的技术。渣油和催化裂解轻循环油、重循环油一起加氢，然后再到催化裂解装置裂解出低碳烯烃和轻质芳烃，副产物轻重循环油送至渣油加氢装置作稀释油，如图 1 所示。

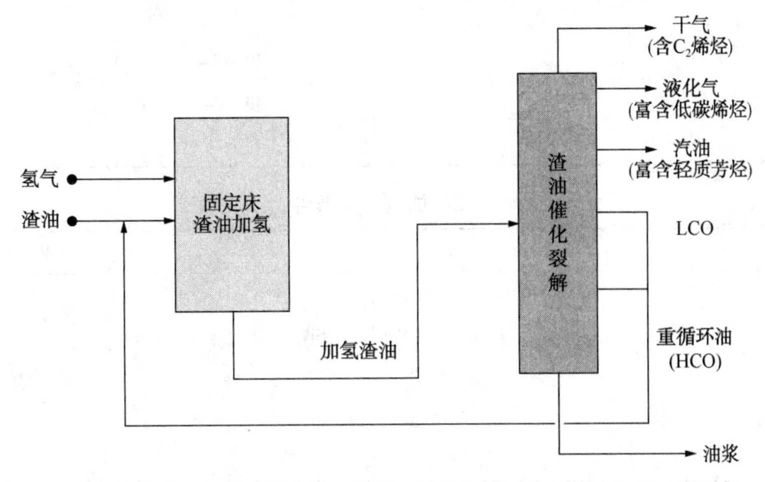

图 1　以渣油为原料的化工型加氢-催化裂解双向组合技术流程图

2 试验设计

重油采用高硫高金属的科威特常压渣油，将催化裂解轻、重循环油以合理比例掺入到科威特常渣中，进行加氢试验。科威特常压渣油、催化裂解轻、重循环油性质见表1。

催化剂级配包括保护剂、脱金属剂和脱硫剂，均由中国石化催化剂分公司长岭催化剂公司生产。加氢试验条件见表2。

纯渣油加氢体积空速为0.20h^{-1}，渣油掺轻、重循环油加氢体积空速为0.267h^{-1}，以保证二者所加工的渣油量保持一致。

表1 渣油和轻、重循环油性质

原料油	科威特常压渣油	轻循环油	重循环油
密度(20℃)/(g/cm^3)	0.9975	0.9340	1.0118
黏度(100℃)/(mm^2/s)	181.3	-	7.027
残炭值/%	15.1	0	1.4
硫含量/%	4.70	0.76	1.35
氮含量/%	0.30	0.1075	0.24
碳含量/%	83.86	89.63	89.10
氢含量/%	10.53	10.32	9.06
金属含量/(μg/g)			
Ni	29.3	-	
V	83.0	-	
Fe	8.8	-	
四组分/%(质)			
饱和烃	20.5		28.3
芳烃	51.1		62.2
胶质	21.6		9.3
沥青质(C_7不溶物)	6.8		0.2
烃组成/%			
链烷烃		17.1	
总环烷烃		6.4	
总轻质芳烃		29.6	
总双环芳烃		40.2	
三环芳烃		6.7	

表2 加氢反应条件

试验编号	RP-1	RP-0(参比)
原料油	75%科威特常压渣油 +17%轻循环油+8%重循环油	科威特常压渣油
反应温度/℃	基础	基础
氢分压/MPa	15.0	15.0
体积空速/h^{-1}	0.267	0.2

分别以纯渣油加氢生成油，以及渣油掺轻循环油和重循环油的混合油[m(渣油)：m(轻循环油)：m(重循环油)=75：17：8]的加氢生成油，作为催化裂解进料，进行催化裂解试验。

试验用催化剂为 MMC-2 催化裂解催化剂，经金属污染及老化预处理，催化剂活性为 64。

催化裂解试验条件如表 3 所示。分离裂化产物得到干气、液化气、汽油、催化裂解轻循环油、催化裂解重油。

表 3 催化裂解反应条件

试验编号	RP-1	RP-0(参比)
原料油	(75%科威特常压渣油+17%轻循环油+8%重循环油)加氢生成油	科威特常压渣油加氢生成油
反应温度/℃	基础	基础
剂油质量比	10	10
重时空速/ h^{-1}	4	4
雾化水量/%	25	25

3 试验结果与讨论

加氢生成油性质见表 4。可以看出，和纯科威特常渣加氢生成油相比，科威特常渣掺入催化裂解轻循环油和重循环油加氢，所得生成油密度相近，S、N 含量均降低，残炭值显著低于前者，金属 Ni+V 含量仅为前者的一半左右，指标显著改善。生成油氢含量有所下降，主要是和所掺入的催化裂解轻循环油和重循环油原料氢含量过低有关。但掺入的催化裂解轻循环油和重循环油后加氢，大幅度增加了催化裂解原料进料量。

表 4 加氢生成油性质

试验编号	RP-1	RP-0(参比)
密度(20℃)/(g/cm^3)	0.9270	0.9277
黏度(100℃)/(mm^2/s)	11.28	22.77
残炭值/%	3.78	5.03
硫含量/%	0.31	0.41
氮含量/%	0.12	0.15
碳含量/%	87.59	87.57
氢含量/%	12.03	12.28
金属含量/(μg/g)		
Ni	1.94	3.3
V	1.86	3.8
Ni+V	3.8	7.1
四组分含量/%(质)		
饱和烃	52.08	52.3
芳烃	31.76	34.88
胶质	15.78	12.12
沥青质(C_7 不溶物)	0.38	0.70

以渣油掺炼催化裂解轻循环油和重循环油混合原料[m(渣油)：m(轻循环油)：m(重循环油)=75：17：8]加氢生成油为原料的 RP-1 催化裂解试验结果，以及作为参比的以纯渣油加氢生成油为原料的 RP-0 催化裂解试验结果，均列于表 5。

从表 5 可以看到 RP-1 条件中产品催化裂解轻循环油与催化裂解重油的质量收率分别为 17.45%和

8.11%，这和最初原料中掺入的催化裂解轻循环油与催化裂解重循环油的比例非常接近。目前的过滤技术已可将催化裂解重油的颗粒物含量脱除至100μg/g以下，以8%的比例掺入至渣油中，混合原料中颗粒物含量低于8μg/g，催化裂解重油可作为重循环油掺入到渣油加氢原料。因此，RP-1条件可以代表催化裂解轻循环油与催化裂解重油副产品全循环模式。

从产品收率看，采用纯渣油加氢生成油作为原料比采用渣油掺炼催化裂解轻循环油与重循环油混合油加氢生成油作为原料，产品液化气+裂解石脑油的产率要更高。这说明了催化裂解轻循环油与催化裂解重循环油虽然经过加氢，但裂化难度仍高于加氢渣油。

但是在RP-1条件中，所生成的催化裂解轻循环油与催化裂解重循环油在全循环至加氢单元再返回催化裂解单元的模式中，是循环着的中间物流，因此不体现在最终产品。为正确计算出全循环模式中的产物分布，在分母中将催化裂解轻循环油和催化裂解重油减掉，得到以新鲜进料为基准的各产品收率如表6所示。

可以看出，采用催化裂解轻循环油与催化裂解重循环油全循环至加氢单元再返回催化裂解单元继续进行裂解的大循环的双向组合模式，液化气+裂解石脑油的产率为75.16%，明显高于作为参比的常规模式的60.14%。

由于低碳烯烃主要存在于干气和液化气中，轻质芳烃主要存在于裂解石脑油中，因此，进行大循环的双向组合模式的(低碳烯烃+轻质芳烃)收率要显著高于不进行大循环的模式。统计催化裂解干气以及液化气中的低碳烯烃收率以及催化裂解石脑油中的单环轻质芳烃收率，以新鲜进料为基准(即在分母中扣除了全循环的催化裂解轻循环油与重循环油之后的收率)，双向组合模式中的低碳烯烃收率为30.83%，轻质芳烃收率为24.18%，二者收率之和为55.01%。参比试验中低碳烯烃收率为24.58%，轻质芳烃收率为17.99%，二者收率之和为42.57%。双向组合模式高价值产品收率显著高于常规模式。

上述低碳烯烃及轻质芳烃收率均是石脑油中的非芳烃组分未在催化裂解装置中进行自身循环裂解情况下的收率，若石脑油中的非芳烃组分送回到催化裂解单元再次裂解，将会进一步提高低碳烯烃和轻质芳烃的收率。

表5 催化裂解试验原始物料分布 %

试验编号	RP-1	RP-0(参比)
模式	单程收率	单程收率
干气	6.10	6.18
液化气	27.20	30.49
催化裂解石脑油	28.75	29.65
催化裂解轻循环油	17.45	14.91
催化裂解重油	8.11	7.04
焦炭	12.39	11.73
总计	100.00	100.00
低碳烯烃*	22.95	24.58
轻质芳烃**	18.00	17.99
低碳烯烃+轻质芳烃	40.95	42.57

注：* 低碳烯烃指乙烯、丙烯、丁烯之和。

** 轻质芳烃指石脑油中单环芳烃，不包括并环烷环的单环芳烃。

表 6 以新鲜进料为基准的催化裂解试验物料分布 %

试验编号	RP-1	RP-0(参比)
模式	以新鲜进料为基准的收率*	以新鲜进料为基准的收率
干气	8.19	6.18
液化气	36.54	30.49
催化裂解石脑油	38.62	29.65
催化裂解轻循环油	0.00	14.91
催化裂解重油	0.00	7.04
焦炭	16.64	11.73
总计	100.00	100.00
低碳烯烃**	30.83	24.58
轻质芳烃***	24.18	17.99
低碳烯烃+轻质芳烃	55.01	42.57

注：* 即分母中扣除了循环物料。

** 低碳烯烃指乙烯、丙烯、丁烯之和。

*** 轻质芳烃指石脑油中单环芳烃，不包括并环烷环的单环芳烃。

4 小结

1) 富含多环芳烃的催化裂解轻循环油和重循环油基本没有再裂化能力，但和渣油一起加氢饱和为芳环并环烷环分子，可催化裂解为轻质芳烃和低碳烯烃。渣油中的胶质、沥青质等残炭前驱物在催化裂解过程中生焦，可为催化裂解提供其所需的大量裂解反应热，充分利用了低价值组分。

2) 和纯科威特常渣加氢生成油相比，科威特常渣掺入轻、重循环油进行加氢，所得生成油密度相近，S、N 含量均降低，残炭值和金属含量显著小于纯渣油加氢生成油。特别是采用双向组合技术可为催化裂解提供了更多的可裂解进料，有助于生成更多低碳烯烃和轻质芳烃。

3) 以新鲜进料为基准，双向组合模式中(低碳烯烃+轻质芳烃)收率之和为 55.01%。常规模式中(低碳烯烃+轻质芳烃)收率之和为 42.57%。双向组合模式的高价值产品收率显著高于常规模式。

参 考 文 献

[1] 李再婷，蒋福康，闵恩泽，等．催化裂解制取气体烯烃[J]. 石油炼制，1989，20(7)：31-33.

[2] 李再婷，蒋福康，谢朝钢，等．催化裂解工艺技术及其工业应用[J]. 当代石油化工，2001，9(10)：31-35.

[3] 张执刚，谢朝钢，朱根权．增强型催化裂解(DCC-PLUS)试验研究[J]. 石油炼制与化工，2010，41(6)：39-43.

[4] 蔡建崇，万涛．增强型催化裂解(DCC-PLUS)的工业应用[J]. 石油炼制与化工，2019，50(11)：16-20.

渣油催化临氢热转化过程中沥青质结构与溶解性能研究

郭　鑫　李吉广　申海平　赵　飞　董　明　侯焕娣

（中国石化石油化工科学研究院　北京　100083）

摘　要　作为渣油中极性最大、最重的部分，沥青质的分子结构和溶解性对渣油转化效果及渣油改质装置的运转周期具有重要影响。本文采用元素分析、红外谱图、核磁分析等分析表征方法，针对渣油催化临氢热转化过程原生沥青质、次生沥青质结构组成进行表征，并通过溶解度参数对其的溶解行为进行研究。结果表明：相比原生沥青质，次生沥青质H/C原子比低，S含量大幅降低。由于在催化临氢热转化过程中发生了脱烷基反应，因而次生沥青质分子结构中以不含侧链或含短侧链的稠环芳烃为主，具有较高的芳香性，芳碳率增加，溶解性能变差，导致体系稳定性降低；提高次生可溶质的芳香性和胶溶沥青质能力，是提高催化临氢热转化体系稳定性的重要举措。

关键词　渣油；催化临氢热转化；沥青质；分子结构；溶解性能

随着石油劣质化、重质化的趋势加剧，重油尤其是渣油的加工和利用受到了广泛的关注[1]。加氢工艺是将渣油转化为轻质油品的一种重要手段，其中，渣油催化临氢热转化工艺具有原料适应性强、转化率高、工艺操作灵活等优点，具有良好的发展前景[2]。而渣油中的沥青质组分对催化临氢热转化工艺有着显著的影响。沥青质是渣油中以稠环芳香结构为主组成的化学结构最复杂的组分[3]，具有相对分子质量大、极性较强、金属和杂原子含量较高等特点[4-5]，给渣油催化临氢热转化带来了一系列问题。沥青质分子结构中富含的稠环芳烃，是渣油加氢中最主要的生焦物质；沥青质组分中含有较高的硫、氮等杂原子，对渣油加氢的杂质脱除率提出了更高的要求；沥青质组分性质和含量变化对加氢体系稳定性具有重要影响，进而影响加氢装置长周期运转[5]。因此，深入了解沥青质催化临氢热转化前后结构特点及溶解性能对于实现渣油催化临氢热转化工艺长周期稳定运行、提高渣油的利用率有着重要的意义。

1　实验部分

1.1　*实验原料*

试验中采用的溶剂（甲苯、正庚烷）及硫化剂均为分析纯，从国药化学试剂有限公司采购；催化剂是实验室自制的有机金属化合物；试验原料减压渣油为沙重减渣（SZVR），主要性质见表1。从表1可以看出，沙重减渣残炭含量较高，金属含量较高，氢含量较低。

渣油催化临氢热转化试验采用美国PARR设备公司制造的高压釜反应器，间歇操作，釜体积为2L，设计最高使用压力为27.5MPa，设计使用温度最高为500℃。

表1　沙重减渣原料性质

项　目	数值	分析方法
密度（20℃）/（kg/m^3）	1.0644	GB/T13377
残炭值/%	26.3	GB/T17144
灰分含量/%（质）	0.052	GB/T508
元素含量/%（质）		
C	84.20	SH/T 0656
H	9.77	SH/T 0656

续表

项　目	数值	分析方法
S	5.50	GB/T 17040
N	0.38	SH/T 0704
n_H/n_C	1.38	
金属含量/(μg/g)		
Ni	69.7	SH0715
V	230	SH0715

1.2 高压釜试验

预先将油样加热至易流动状态，减量法加入，并加入催化剂。进行高压釜密封及气密性检测，拧紧密封螺丝，先后用氮气、氢气置换干净空气，然后充氢气至试验设定压力；套好加热炉，打开冷却水冷却磁力转子，开始加热，并逐步将高压釜转速调至500r/min，按照设定的程序加热至反应温度，记录整个反应过程中时间、温度和压力数据；反应结束后关闭加热开关，卸下加热炉降温，继续搅拌，待釜内温度降至室温后，记录最终温度和压力，释放气体，并取样进行气体组成分析；收集液固产物并称重。

1.3 沥青质及可溶质分离

沥青质指反应后固液产物中的正庚烷不溶甲苯可溶物。其提取主要步骤为：取20g固液产物，与120mL正庚烷在95℃下热回流2h以充分溶解，经过滤取沉淀物转移至索氏抽提器，用正庚烷抽提至抽提器上层溶液无色，后放入旋转蒸发仪中得到可溶质。然后将抽提器底部锥形瓶中的溶剂换为甲苯，再抽提至抽提器上层溶液无色。将锥形瓶内甲苯溶剂蒸干并于100℃真空干燥4h后得到沥青质。

分别以沙重减渣、沙重减渣临氢热转化产物为原料进行上述沥青质及可溶质分离步骤，得到原生沥青质及次生沥青质，后续进行其结构分析表征。

1.4 沥青质与可溶质结构组分分析表征方法

1.4.1 ^{1}H-NMR

采用美国Agilent公司生产的700MHz核磁共振波谱仪对渣油样品进行分子结构分析。样品配制：将准确称量好的待测样品装入ϕ5mm核磁样品管中，快速加入适量氘代试剂($CDCl_3$)，加帽后摇匀，得到质量分数0.1%的样品溶液。仪器参数：测试温度25℃，扫描频率为125MHz；谱宽11160.7Hz，采样时间3.0s，化学位移定标采用四甲基硅烷；延迟时间5s；采样次数512次；$CDCl_3$锁场。

1.4.2 ^{13}C-NMR

采用美国Agilent公司生产的700MHz核磁共振波谱仪对渣油样品进行分子结构分析。样品配制：将准确称量好的待测样品装入ϕ5mm核磁样品管中，快速将入8mg的弛豫试剂(乙酰丙酮化铬)，加入适量氘代试剂($CDCl_3$)加帽后摇匀，得到待测样品溶液。仪器参数：测试温度25℃，扫描频率为125MHz；谱宽34995.6Hz，采样时间1.0s，化学位移定标采用四甲基硅烷；延迟时间5s；采样次数20000次；$CDCl_3$锁场。

1.4.3 红外光谱(FT-IR)

采用Thermo Fisher Scientific公司生产的型号为Nicolet FT-IR6700的红外光谱仪对油样进行鉴别，分辨率4cm^{-1}扫描16次。

1.4.4 折射率测定

采用阿贝折光仪测定油品或溶液在一定温度下的折射率。本试验可溶质折射率在20℃下通过阿贝折光仪测得，沥青质可通过测定4~5个质量分数介于1%~10%的沥青质甲苯溶液的折射率，线性回归得到沥青质的折射率。

1.4.5 元素分析

采用 Vario EL 元素分析仪(德国 Elementar 公司生产)SH/T 0656—1998(2004)方法测定碳、氢原子的质量分数；采用 GB/T 17040—2008 方法测定硫原子的质量分数；采用 SH/T 0704—2010 方法测定氮原子的质量分数。

2 结果与讨论

2.1 沥青质元素分析

图 1 为沙重减渣原生沥青质与次生沥青质的元素组成分析结果，在渣油催化临氢热转化过程中，相比于原生沥青质，次生沥青质的 H/C 原子比降低，且沥青质中的 S 含量大幅降低。沥青质硫原子、氮原子脱除率均较高，结合分子模拟研究，推测一方面是由于沥青质分子发生了直接的脱硫、脱氮反应，另一方面是由于沥青质分子临氢裂化转化成了胶质或芳香分等组分。

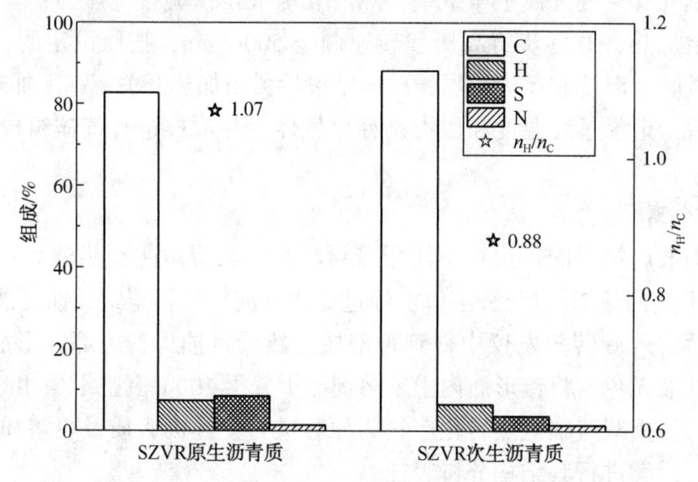

图 1 沙重减渣原生沥青质与次生沥青质元素组成

2.2 沥青质[1]H-NMR 与[13]C-NMR 分析

图 2 为沙重减渣原生沥青质和次生沥青质核磁谱图，通过计算核磁各种参数的相对量，可以得出如下结论：沙重减渣次生沥青质比沙重减渣原生沥青质芳碳率 C_A 高，芳氢率 H_A 高，表明催化临氢热转化过程发生了明显的脱烷基反应，生成了大量的芳烃，使得其 C_A、H_A 显著增加。次生沥青质较原生沥青质的链烷碳数 C_P、H_β 和 H_γ 低，说明沥青质组分的侧链或桥键断裂明显。

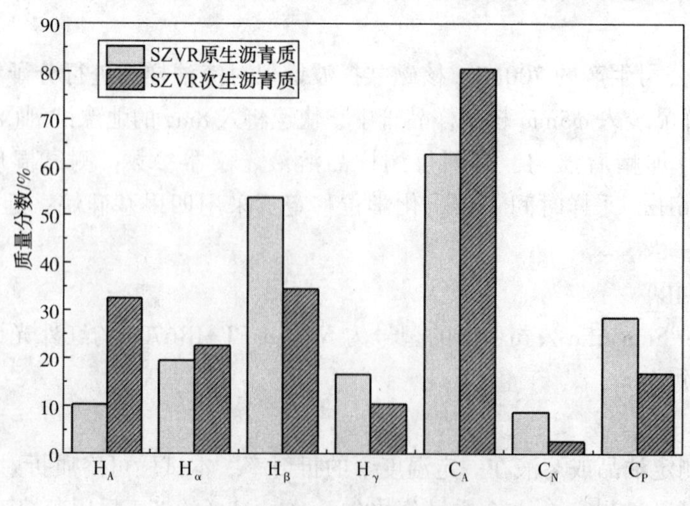

图 2 沙重减渣原生沥青质、次生沥青质核磁谱图

2.3 沥青质红外光谱分析

采用傅里叶变换衰减全反射红外光谱法，对原生沥青质与次生沥青质进行分析。不同沥青质的红外光谱都可分为四大特征区域，分别是600~900cm^{-1}处的芳香族氢特征谱区、1000~1800cm^{-1}处的含氧官能团特征谱区、2800~3000cm^{-1}处的脂肪族 C—H 特征谱区、3100~3600cm^{-1}处的氢键特征谱区。由图3可知，沙重减渣原生沥青质与次生沥青质主要由芳香族化合物和脂肪族化合物组成，并含有较多的氢键结构和含氧官能团。对比可知，沙重减渣次生沥青质的氢键特征峰吸收强度更强，说明次生沥青质缔合性更强。

对600~900cm^{-1}范围的红外谱图进行局部放大，如图4所示，865cm^{-1}、810cm^{-1}、750cm^{-1}及其附近的吸收是芳香核上 C—H 面外摇摆振动，720cm^{-1}及其附近的吸收是长链烷基$(CH_2)_n$($n\geqslant3$)弯曲振动。从图4中可以看出沙重减渣次生沥青质在720 cm^{-1}处有较强的吸收，说明次生沥青质中存在较多的长链烷基，结合核磁谱图中H_β的变化情况，综合可知次生沥青质中烷基部分以不含支链或较少支链的长链烷基为主。在900cm^{-1}范围内，次生沥青质吸收强度大于原生沥青质，这与核磁谱图中H_A的变化趋势基本一致。

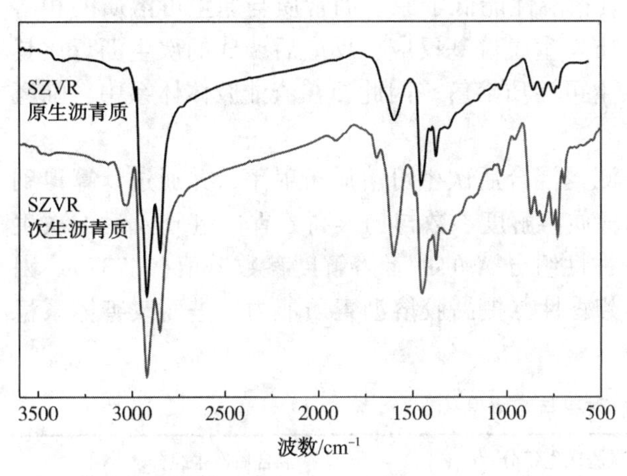

图3 沙重减渣原生沥青质、次生沥青质红外吸收光谱

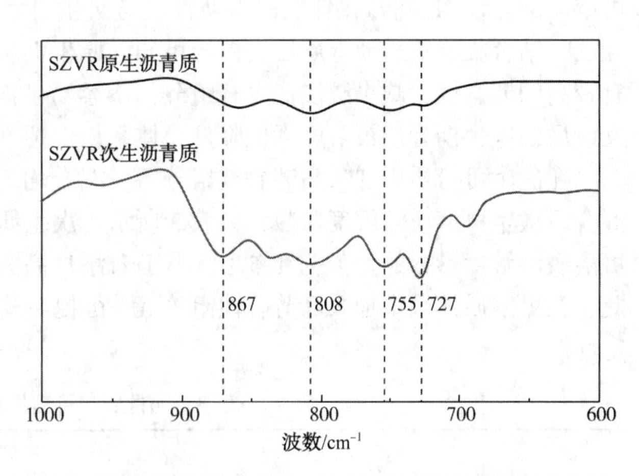

图4 沙重减渣原生沥青质，次生沥青质局部红外吸收光谱

2.4 沥青质溶解性能

现有的沥青质溶解性能研究方法均根据四组分模型建立，但四组分结果受分离方法和分离步骤的影响较大，因此预测参数的准确性值得商榷。而且预测参数大多对模型中沥青质含量有一定要求。渣油催化临氢热转化工艺体系渣油物料黏度大、沥青质含量高、残炭值高、固含量高，需要针对该体系提出适宜的溶解性能分析方法。

综合考虑现有沥青质溶解性能模型与催化临氢热转化体系沥青质含量高的特点，可建立将胶体体系分为沥青质与可溶质(非沥青质)的二元模型。其中，将沥青质视为胶体体系“溶质”，可溶质视为胶体体系“分散剂”，研究二者结构组成在数量、质量上的匹配与溶解性能的关系，并从热力学角度对该体系进行分析。其中，溶解行为反映了不同结构和组成的分子之间相互作用的相对强弱。另外，溶解度参数作为分子间作用力的一种量度，能够衡量溶剂的溶解能力和溶质被溶解的能力，因此，选择溶解度参数法对沥青质溶解性进行分析。

具有相似溶解度参数的两种组分可以互溶，由于沥青质分子量很大，使得混合熵的值与混合焓相比非常小，混合自由能的大小通常只取决于混合焓；只有当沥青质与可溶质的溶解度参数非常接近时，混合焓才能近似为零[6]。为此，要求沥青质和可溶质的溶解度参数之间的差别不能太大，否则就会导致渣油体系稳定性下降。根据折射率与溶解度参数关系，测得一定温度下的可溶质和沥青质折射率，可通过关联式推导出相对应温度下溶解度参数值[7]。对沙重减渣原生沥青质与原生可溶质及催化临氢热转化反应后次生沥青质与次生可溶质的折射率进行测量，可得出相对应的溶解度参数，并对沥青质溶解度参数与可溶质溶解度参数做差值比较，试验结果见表2。

表2 沥青质与可溶质折射率与溶解度参数

项 目	沙重减渣原生组分	沙重减渣次生组分
沥青质折射率 n(20℃)	1.679	1.720
沥青质溶解度参数 δ(20℃)/$(cal/cm^3)^{\frac{1}{2}}$	11.024	11.468
可溶质折射率 n(20℃)	1.555	1.567
可溶质溶解度参数 δ(20℃)/$(cal/cm^3)^{\frac{1}{2}}$	9.585	9.731
溶解度参数差值 $\delta_{沥青质}-\delta_{可溶质}$	1.439	1.737

如表2所示，沙重减渣次生沥青质比原生沥青质折射率和溶解度参数大，表明随着沥青质分子间的相互作用力逐渐增大，沥青质被溶解的能力逐渐减小，进而导致絮凝倾向增大。结合可溶质分析，两者做差值后，次生沥青质溶解度参数与次生可溶质溶解度参数相差1.737，大于原生沥青质与原生可溶质的差值(1.439)，证明次生沥青质与次生可溶质相溶性能低于原生沥青质与原生可溶质的相溶性能。结合临氢前后沥青质结构差异可知，原生沥青质发生脱烷基反应，反应后产成的次生沥青质具有较高的芳香性，缺少链烷烃等轻组分，不容易被次生可溶质溶解。因此，在渣油胶体体系中，临氢反应后的次生沥青质被溶解性能降低，体系稳定性下降。

在次生可溶质中加入高芳香性组分A，混合均匀测得混合后次生可溶质折射率，并通过计算得到混合后次生可溶质溶解度参数，如表3所示。次生沥青质溶解度参数与加入高芳香性组分A后的次生可溶质溶解度参数的差值为1.570，小于未添加高芳香性组分A的二者溶解度参数差值(1.737)。因此，在可溶质体系中加入高芳香性组分A，可提高其芳香性，提高胶溶沥青质能力，进而改善体系稳定性。

表3 沥青质与可溶质折射率与溶解度参数

项 目	沙重减渣次生组分	混合后次生组分
沥青质折射率 n(20℃)	1.720	1.720
沥青质溶解度参数 δ(20℃)/$(cal/cm^3)^{\frac{1}{2}}$	11.468	11.468
可溶质折射率 n(20℃)	1.567	1.581
可溶质溶解度参数 δ(20℃)/$(cal/cm^3)^{\frac{1}{2}}$	9.731	9.898
溶解度参数差值 $\delta_{沥青质}-\delta_{可溶质}$	1.737	1.570

3 结论

通过对沙重减渣及其催化临氢热转化产物进行沥青质分离、结构分析表征及溶解性能研究，获得以下认识。

1)渣油催化临氢热转化过程中，相比原生沥青质，临氢热转化反应后次生沥青质H/C原子比降低，S含量大幅降低；链烷碳数C_P、H_β和H_γ降低，芳碳率C_A和芳氢率H_A升高。结合红外数据可知临氢过程中沥青质发生脱烷基反应，侧链或桥键断裂，生成以长链烷基为主的不含支链或较少支链的次生沥青质。

2)沥青质溶解性能研究结果表明，相比原生沥青质，经过临氢热转化反应后次生沥青质由于结构中含有更多的芳环结构，其溶解度参数增加；同时其与可溶质溶解度参数差值增大，导致体系稳定性降低。在可溶质体系中加入高芳香性组分A，可提高其芳香性，提高胶溶沥青质能力，进而改善体系稳定性。

参 考 文 献

[1] 任文坡，李雪静. 渣油加氢技术应用现状及发展前景[J]. 化工进展，2013，32(5)：1006-1013.

[2] 吴青. 悬浮床加氢裂化—劣质重油直接深度高效转化技术[J]. 炼油技术与工程，2014，44(2)：1-9.

[3] 洪琨，马凤云，钟梅，等. 渣油重组分沥青质结构分析及其对临氢热反应过程生焦的影响[J]. 燃料化学学报，2016，44(3)：357-565.

[4] Murgich J，Rodrgez J，Aray Y. Molecular recognization and molecular mechanics of micelles of some model asphaltenes and resin[J]. Energy & Fuels，2007，10(1)：73.

[5] 聂红，杨清河，戴立顺，等. 石油炼制与化工，2012，43：1-6.

[6] Westwater W，Frantz H W，Hildebrand J H. Physical Review，1928，31：135-144.

[7] Panuganti S. Asphaltene behavior in crude oil systems [D]. Rice University，2013.

不同类型分散型催化剂渣油催化临氢热转化性能研究

侯焕娣　陶梦莹　王　廷　王　红　王卫平　许　可　董　明

（中国石化石油化工科学研究院　北京　100083）

摘　要　采用五种不同结构、形态的催化剂进行模型化合物和实际渣油催化临氢热转化试验，考察五种不同催化剂催化性能差异；采用多种分析表征方法对五种催化剂进行物相和结构表征；以期获得造成催化剂反应性能差异的内在结构特征。研究结果表明：金属的不同形态、均相有机催化剂的有机配体都会影响菲加氢反应性能，菲加氢活性大小顺序为均相Mo>均相Ni>均相Fe>固体粉末Fe；低分散度、大尺寸的固体粉末铁催化剂渣油缩合率高，生成的致密焦具有石墨碳特征；实验室自制有机钼催化剂在反应体系中生成单层或双层分散的纳米尺寸的硫化钼，具有更高的渣油裂化率和更低的缩合生焦率。

关键词　催化剂；渣油临氢热转化；催化剂表征；菲加氢

1　前言

进入 21 世纪以来，随着我国经济的快速发展，石油消耗量逐年增加，原油对外依存度逐年升高，2018 年我国原油的对外依存度超过 70%，因此，实现石油资源高效利用是缓解我国能源对外依存度、提高能源安全的根本要求。在全球原油供应中，高硫、高金属、高残炭的劣质原油、油砂、天然沥青和页岩油等非常规石油资源所占比例将逐年上升。因此，重、劣质油的高效加工和充分利用已成为全球炼油工业关注的焦点。相较其它渣油加工工艺，渣油浆态床催化临氢热转化工艺具有原料适应性强、渣油转化率高、外甩残渣少、石油利用率高等特点和优势，是实现渣油，尤其是劣质渣油高效利用的有效途径，也逐渐成为炼油行业关注的焦点和研究开发的重点。

石油化工科学研究院(以下简称石科院)在渣油热加工的基础上，开发了具有自主知识产权的劣质渣油高效改质技术——劣质渣油催化临氢热转化工艺。该技术定位于加工高沥青质、高金属含量的劣质渣油，以实现渣油杂原子高效脱除和沥青质高效转化为目标。催化剂是渣油催化临氢热转化过程的一个重要因素，对渣油临氢转化结果影响至关重要。已有的研究表明[1-4]催化剂的主要作用是活化氢气形成活泼氢，从而抑制渣油热转化过程的缩合反应，另一方面催化剂颗粒可以成为焦炭沉积场所，将结焦前驱体或焦炭带出反应器，缓解或避免反应器内结焦，从而使反应装置平稳运行。不同类型催化剂的活化氢以及抑焦能力不同，为了获得催化剂类型、结构与其活化氢能力以及抑焦性能的关系，本论文选取四种不同类型的分散型催化剂，进行模型化合物菲加氢反应以及渣油催化临氢热转化试验，对比考察不同类型催化剂的活化氢能力以及催化抑焦活性；并结合催化剂结构及分散程度表征结果，分析催化剂的金属组元、分散程度与其催化渣油临氢热转化性能之间的关系。

2　实验部分

2.1　*原料油与催化剂*

试验中所用的原料油——减压渣油 A 取自中国石化炼油厂，其性质见表 1。由表 1 可知，减压渣油 A 是高沥青质含量、高金属、高残炭的劣质渣油，这类渣油目前主要采用延迟焦化工艺加工。

试验中所用五种分散型催化剂，其中二烷基二硫代氨基甲酸钼，简称 MoDTC，是试剂公司采购的商品，其余 4 种催化剂均为实验室自制。固体粉末铁为煤粉上负载氧化铁，有机铁、有机镍、有机钼均是有机酸与金属化合物反应制备的有机金属配合物；五种催化剂的金属含量如表 2 所示。另外催化剂活化氢性能评价试验原料菲及十氢萘均为北京试剂公司采购的分析纯试剂。

表1 原料油性质

项 目	减压渣油A
密度(20℃)/(g/m³)	1.0644
残炭/%	26.3
元素组成/%	
C	84.33
H	9.78
S	5.51
N	0.38
四组分组成/%	
饱和分	8.6
芳香分	51.9
胶质	25.3
沥青质	14.2
金属含量/(μg/g)	
Ni	69.7
V	230.0
馏程/℃	
0.5%	498
5%	550
10%	573
50%	663
70%	703

表2 催化剂金属含量

催化剂名称	固体粉末铁	有机铁	有机镍	二烷基二硫代氨基甲酸钼	有机钼
金属含量/%	20.21	12.0	8.0	5.3	15.0

2.2 催化剂活性评价试验

催化剂活性评价采用瑞士Premex公司的微型反应釜和美国Parr公司的N4580系列反应釜。试验步骤如下：在反应釜内加入一定量原料油、催化剂、硫化剂等，密封；经氮气、氢气置换，充压确认不漏后，升温至反应温度并反应一段时间后冷却至室温，收集反应的气体和液固产物，其中利用气相色谱进行气体组成分析。模型化合物临氢试验液固产物经过滤膜过滤除去固体，液体产物在Agilent Technologies公司7890A-5975C气相色谱-质谱联用仪上进行组成分析；实际渣油临氢热转化液固产物采用甲苯进行液固分离，甲苯可溶物进行馏程、元素、残炭及四组分等分析，计算渣油转化率和改质效果。甲苯不溶物经甲苯抽提、干燥后送XRD、SEM、TEM等物相、形貌分析表征。

2.3 表征方法

在日本理学TTR3 X-射线衍射仪上进行催化剂物相结构的表征，CuK_{α}辐射，管电压为40kV，管电流为250mA，0.3mm，扫描范围5°~70°，扫描速率为4(°)/min。

使用Quanta200F型扫描电子显微镜(SEM)观察样品表面形貌。

使用Tecnai G^2F20S-TWIN透射电镜获得样品信息，加速电压200kV。

3 结果与讨论

3.1 催化剂活化氢性能评价结果

首先，以模型化合物菲为原料，进行5种不同催化剂菲加氢试验，考察不同催化剂的活化氢性能，评价试验结果见图1。由图1可知，5种催化剂的菲转化率和活化氢指数均不相同。菲转化率的大小顺序为：有机钼>MoDTC>有机镍>固体粉末铁>有机铁；活化氢指数大小顺序为：有机铁≈有机镍<固体粉末铁<MoDTC<有机钼。数据显示不同金属菲加氢活性不同，其顺序为Mo>Ni>Fe；金属的不同形态、均相有机催化剂的有机配体都会影响菲加氢反应性能；这可能是由于金属形态以及有机金属化合物的有机配体会影响反应过程中形成的加氢活性中心结构和尺寸，进而影响催化性能。

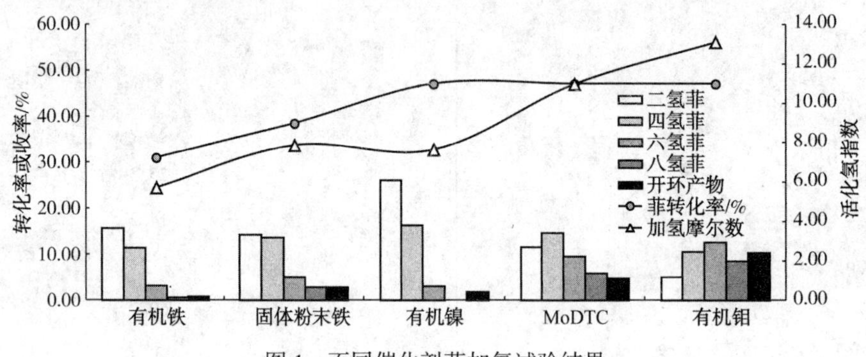

图1 不同催化剂菲加氢试验结果

3.2 不同催化剂催化渣油临氢热转化试验结果

以表1所列的减压渣油A为原料，在反应温度为420℃、反应时间为130min、催化剂添加量为3000μg/g、氢初压为9MPa条件下，进行不同类型催化剂的评价试验，试验结果如图2所示。从裂化率来看，有机镍<有机铁<MoDTC<固体粉末铁≈有机钼；从缩合率来看，固体粉末铁>>有机铁>MoDTC>有机钼>有机镍；若想在较低的缩合率下实现较高的渣油裂化转化，MoDTC、有机钼是比较适合的催化剂。氢耗的数据也显示，相同试验条件下，有机钼的氢耗更高一些，表明其活化氢能力更高，与模型化合物菲的试验结果一致。

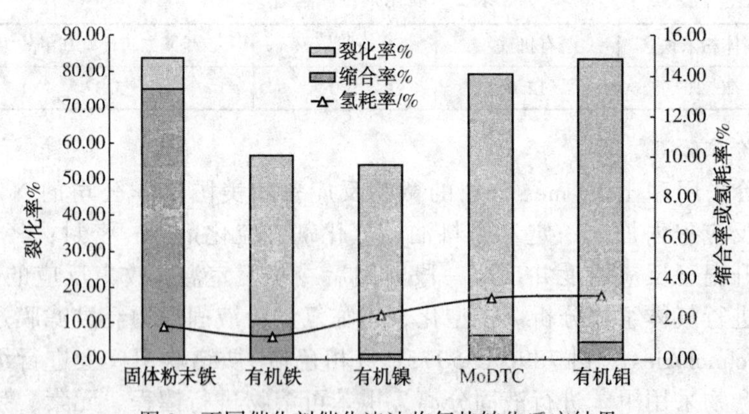

图2 不同催化剂催化渣油临氢热转化反应结果

图3是不同催化剂催化渣油临氢热转化试验改质效果。由图3可知，固体粉末铁、有机钼(MoDTC、有机钼)脱金属率更高一些；但是两类催化剂脱金属的路径不同，固体粉末铁催化剂主要是通过含Ni、V金属的沥青质分子缩合生焦脱除，并未实现真正的金属脱除，其缩合率达到14%；而有机钼则是通过将含Ni、V金属的沥青质分子进行转化，金属以硫化物形式脱除存在于少量的甲苯不溶物中。另外，从脱硫效果来看，有机钼>MoDTC>有机铁≈有机镍≈固体粉末铁；有机钼也具有更高的脱硫选择性。

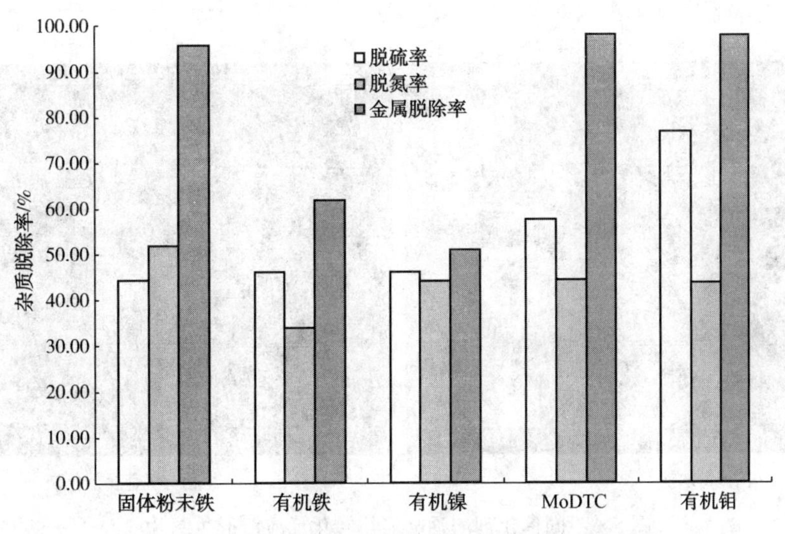

图 3 不同催化剂催化渣油临氢热转化反应改质效果

3.3 催化剂分析表征结果

为了对不同催化剂的催化活性结果进行分析，将反应之后的催化剂进行 X 射线衍射(XRD)物相表征以及扫描电子显微镜(SEM)及透射电子显微镜(TEM)表征，研究反应体系中不同类型催化剂形成的活性相结构及分散情况。

3.3.1 物相分析

五种催化剂的 X 射线衍射(XRD)分析结果如图 4 所示。

在 XRD 谱图[5,6] 中 2θ 等于 33°(100)，39°(103)，59°(110)是 MoS_2 的特征吸收峰，峰强度越大，样品中 MoS_2片晶含量越高。而 14.1°(002)峰反映了片晶的堆积程度，该峰强度越大，MoS_2片晶堆积度越高，单层 MoS_2 则基本没有(002)峰。2θ 等于 29.9°(200)、33.9°(210)、43.6°(211)和 56.1°(311)是非化学计量 $Fe_{1-x}S$($0<x\leqslant1$)的特征峰；2θ 等于 30°(110)、35°(003)、50°(200)、55°(122)是 Ni_3S_2 的特征吸收峰；2θ 等于 26°峰归于碳的特征峰，可能是碳出现石墨化现象的一种预警；峰强度越大，表明样品形成石墨化碳的倾向越大。结合图 4 可知，五种催化剂分别出现 MoS_2特征峰、$Fe_{1-x}S$ 特征以及 Ni_3S_2的特征吸收峰，表明这五种催化剂在反应体系均生成具有活化氢活性的金属硫化物。但对比不同催化剂形成的活性中心 XRD 谱图可知，MoDTC 及有机钼均未在 2θ 等于 14.1°处未出现峰，表明这两个催化剂 MoS_2分散度高，基本以单层分散为主；对比固体粉末铁和有机铁催化剂，其中固体粉末铁在 26°位置出现石墨碳的尖峰，这与其渣油临氢裂化反应生焦率高达 14%吻合。

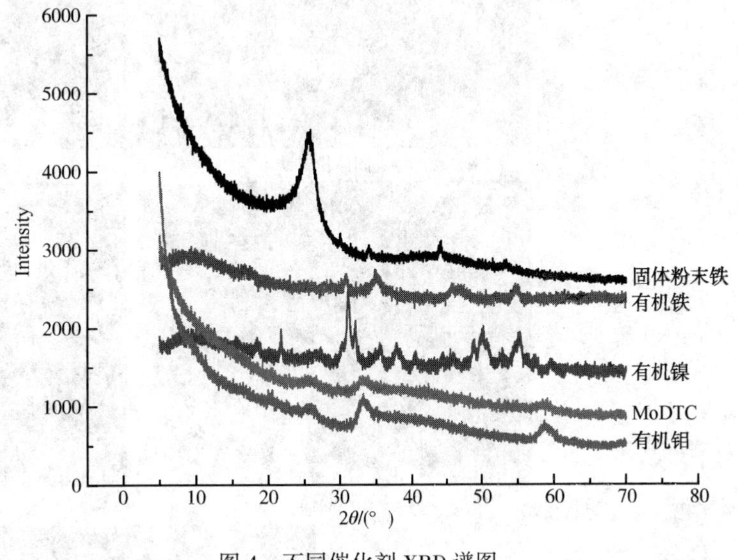

图 4 不同催化剂 XRD 谱图

3.3.2 形貌分析

不同催化剂反应前的形貌特征如图 5 所示。固体粉末铁催化剂的 SEM 照片显示，其为条状与球状混合物，以尺寸约 100nm 的球体为主；其它四种均相催化剂在油中分散的显微镜照片显示，完全与原料油互溶，成为一相。

固体粉末铁　　　　　　　　　　　　均相有机金属催化剂

图5　不同催化剂渣油临氢热转化反应前形貌图片

将渣油临氢反应之后的五种催化剂进行SEM形貌分析，结果如图6所示。从图6扫描电镜形貌来看，反应之后的固体粉末铁基本都是坚硬、致密的大块状固体，这与其较大尺寸(100nm)的球体结构、

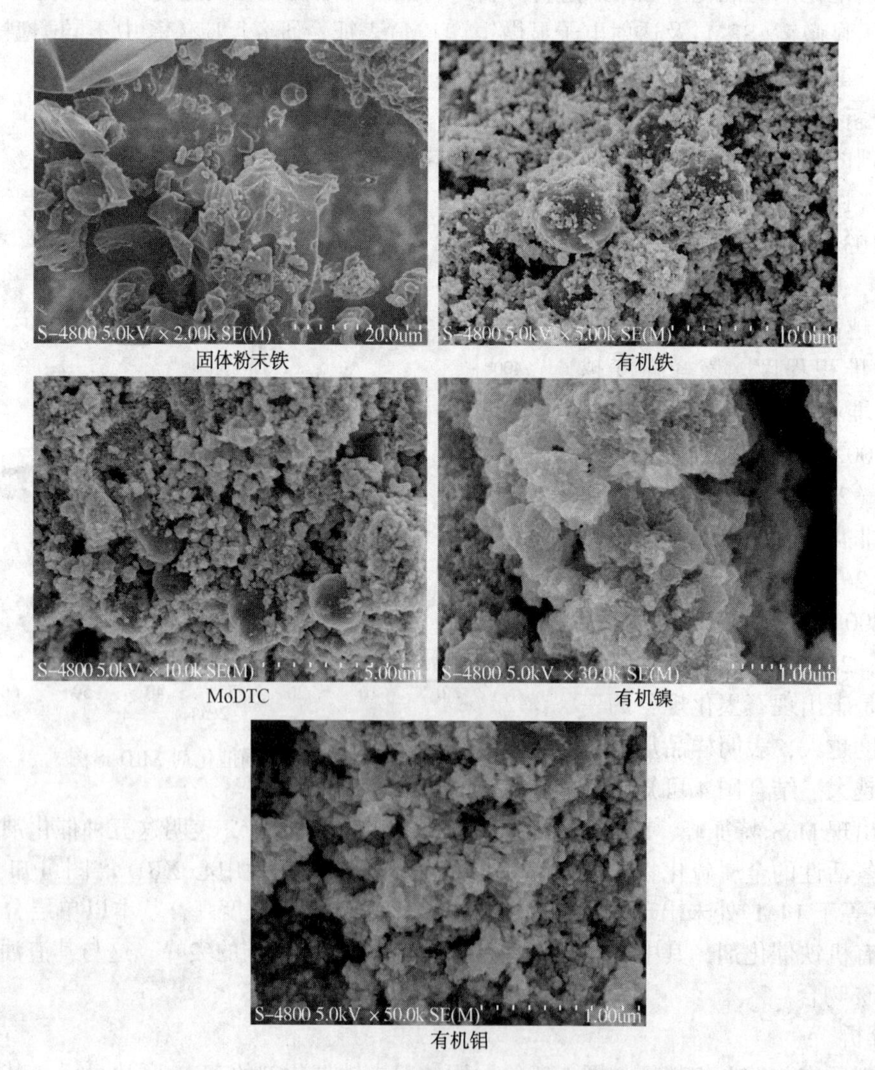

固体粉末铁　　　　有机铁

MoDTC　　　　有机镍

有机钼

图6　不同催化剂渣油临氢热转化反应后SEM图片

分散度差以及铁活化氢能力差有关，反应后催化剂形貌与 XRD 谱图中 26°处出现的石墨碳特征峰结果吻合；反应后的有机铁、MoDTC 催化剂形貌中既有松散的片层结构，也有中间相小球出现，表明其催化抑焦性能不能满足反应所需；反应后的有机镍和有机钼催化剂都是松散的片层，表明其催化活性高，能够满足反应所需，因而体系中易发生缩合反应的前驱体较少。将五种催化剂反应后的形貌与其渣油催化临氢热反应缩合率数据进行关联，发现反应后催化剂出现松散片层(缩合率小)、中间相小球(缩合率居中)、致密坚硬的大块(缩合率大)形貌特征与其缩合率大小顺序一致。

五种催化剂的透射电镜如图 7 所示。从图 7 可以看出，固体粉末铁形成的硫化铁形貌是是棒状、条状，尺寸很大，约为 100~500nm；有机铁形成的硫化铁尺寸较小，约 50~100nm，但其团聚很严重，多个硫化铁堆积在一起，形成较大的团聚簇；MoDTC 与有机钼形成的 MoS_2条纹基本以单层或 2 层分散为主，这与 XRD 表征结果一致；单一 MoS_2的长度为 10~20nm。有机镍形成的硫化镍也是条状形貌，但是和有机铁形成的硫化铁类似，有机镍形成的硫化镍也是以多层团聚体形式存在，且多个团聚体形成了更大的团聚簇。

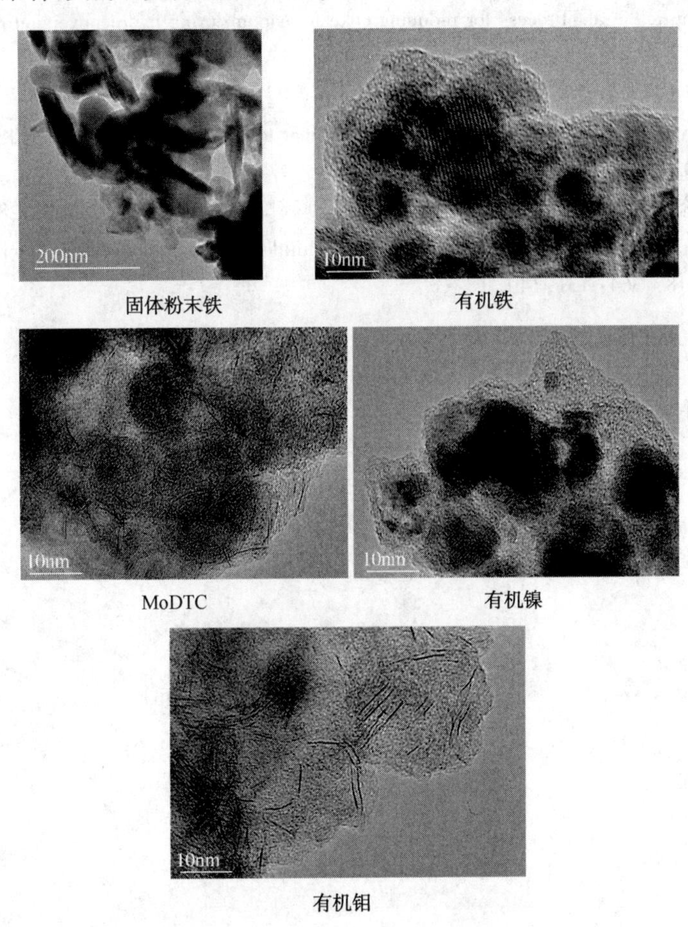

固体粉末铁　有机铁

MoDTC　有机镍

有机钼

图 7　不同催化剂渣油临氢热转化反应后 TEM 图片

将催化剂 XRD、SEM 及 TEM 表征结果与图 2、图 3 的渣油临氢反应性能结果结合可知，五种不同类型催化剂的状态(固体、液体)会影响形成的催化活性中心的物相、形貌和分散程度，而活性中心的分散程度对其催化渣油临氢反应性能有重要影响。均相的有机钼催化剂在反应体系中生成单层或双层分散的纳米尺寸的硫化钼，具有更高的渣油裂化率、更低的缩合生焦率和更高的活化氢指数。

4　结论

1)采用五种不同类型催化剂进行非加氢试验，结果显示，不同金属非加氢活性不同，其顺序为

Mo>Ni>Fe；金属的不同形态、均相有机催化剂的有机配体都会影响非加氢反应性能。

2)五种不同类型催化剂催化渣油临氢转化试验结果显示，缩合率大小顺序为：固体粉末铁>>有机铁>MoDTC>有机钼>有机镍；缩合率大小顺序与 SEM 表征结果催化剂的形态(致密坚硬块状、中间相小球、松散片层堆积体)相一致。

3)催化剂的 XRD 及 SEM、TEM 表征结果与反应性能关联获知，具有低分散度、大尺寸的固体粉末铁催化剂渣油缩合率高，生成了致密焦具有石墨碳特征；均相有机钼催化剂在反应体系中生成单层或双层分散的纳米尺寸的硫化钼，具有更高的渣油裂化率、更低的缩合生焦率和更高的活化氢指数。

参 考 文 献

[1] Farshid D, Renolds B. Process for upgrading heavy oil using a highly active slurry catalyst composition[P]. USP 20070138055A1, 2007.

[2] Lott Roger K. Cyr t, Lap K, et al. Process for reducing coke formation during hydroconversion of heavy hydrocarbons[P]. CA 2004882, 1991.

[3] Chandra P, Khulbe. Hydrocracking of heavy oils/fly ash slurries[P]. USP4299685, 1981.

[4] Drago G D, Gultian J. The development of HDH process-a refiner tool for residual upgrading[J]. Div Petrol Chem, ACS, 1990, 35(4): 584-592.

[5] 黄思玉，刘心宇，王统洋，等. 硫化还原铁薄膜制备 FeS_2 薄膜[J]. 太阳能学报, 2007, 28(6): 617-620.

[6] Sung-Ho kim. Structure and activity od dispersed Co Ni or Mo sulfides for slurry phase hydrocracking of vacuum residue[J]. Journal of Catalysis, 2018, 364: 131-140.

劣质渣油浆态床临氢热转化产品价值提升系列技术

梁家林　侯焕娣　任　亮　王锦业　董松涛　杨　平　魏晓丽　王　鹏　戴立顺　胡志海

（中国石化石油化工科学研究院　北京　100083）

摘　要　石油化工科学研究院（RIPP）针对劣质渣油浆态床临氢热转化工艺生产的系列产品，包括汽柴油和重改质油产品的深加工利用开展了系统性的研究工作。针对高氮含量的汽柴油产品，开发了具有自主知识产权的浆态床轻油加氢提质 SHU[F] 技术，将其转化为优质的石脑油和柴油产品。针对高氮含量、高密度及高干点的重改质油原料，通过高脱氮、高芳烃加氢饱和活性的加氢精制催化剂的开发及工艺条件的优化，可将其氢含量可提高到 12.3%左右，作为催化裂化装置进料，催化裂化单元采用新开发的专用催化剂汽油收率达到 50%；通过高抗氮性能的缓和加氢裂化催化剂的开发，在缓和加氢裂化工艺条件下，重改质油氢含量可提高到 13.0%左右，催化裂解单元采用新开发的专用催化剂，烯烃和轻芳烃的总产率达到 46.15%。通过系列催化剂及工艺技术的开发，可将劣质渣油浆态床临氢热转化产物转化为高价值产品。

关键词　浆态床；加氢改质；加氢处理；缓和加氢裂化；催化裂化；催化裂解

1　前言

重油或者渣油的轻质化技术一直是充分利用石油资源的关键技术。固定床渣油加氢技术发展时间久，技术成熟度高，但缺点是原料油适应性差，运转周期短；而浆态床渣油加氢技术具有原料油适应性强、转化率高、运转周期长等优点，近年来在国内成为各大科研机构的重点研究方向。

浆态床渣油加氢技术最早源于 20 世纪初德国 Veba 公司的煤直接液化过程（Veba combi-cracking，简称 VCC）[1]，20 世纪 50 年代用于渣油的改质过程。21 世纪后，原油劣质化趋势加剧以及产品质量升级步伐的不断加快，国外各大石油公司先后开展相关研究，包括 UOP 公司 Uniflex 技术[2]、Chervon 公司 VRSH（后更名为 LC-Slurry）技术[3]、委内瑞拉石油公司 HDH-Plus 技术、Eni 公司 EST 技术[4]等。2006 年，意大利 Eni 公司在意大利 Taranto 炼油厂的 60kt/a 工业示范装置开工运行；2013 年 Sannazzaro 炼油厂建成世界上第一套 1.2Mt/a 渣油浆态床加氢的工业装置并成功开车[5]，EST 工艺产物分布中柴油收率高达 50%，符合欧洲柴油需求大的现状；其后续产物加工路线是采用加氢精制生产满足标准要求的汽、柴油产品。

国内的浆态床渣油加氢技术主要是中国石油大学 20 世纪 90 年代初开始渣油悬浮床加氢裂化技术开发工作[6,7]，2004 年在抚顺石油三厂建成 50kt/a 工业试验装置，2007 年完成克拉玛依常压渣油、蜡油循环方案和辽河渣油、蜡油循环方案工业化试验。该技术采用铁、镍、钼多金属水溶性催化剂，新型的环流反应器，反应器床层处于全反混状态，反应温度均一。

中国石化石油化工科学研究院（以下简称 RIPP 或石科院）自 90 年代初开始渣油浆态床均相加氢技术的研究，近年来针对塔河原油难以加工问题，加大了浆态床渣油加氢技术研发力度。

2009 年，RIPP 开始浆态床渣油加氢技术的研发工作，通过反应化学研究、小试工艺研究、催化剂开发以及中试研究，开发了渣油催化临氢热转化（RMX）系列技术。RMX 系列技术（包括 RMD 和 RMAC）加工对象是高金属、高沥青质含量的劣质减压渣油，工艺目标是使劣质渣油在催化临氢过程中发生脱沥青质、脱残炭、金属及 S、N 等杂原子反应，最终实现最大量生产改质油，最少尾油外甩量（<3%），高选择性（>99%）脱除劣质原料中的沥青质和金属，为下游工艺提供无金属、无沥青质原料的目标。其中，RMAC 技术是以溶剂脱沥青作为分离单元，目前已完成中试，并于 2017 年完成中国石化科技部评议。RMD 技术是以减压蒸馏装置作为分离单元，目前已完成中试相关工作。

浆态床渣油加氢技术产生的石脑油馏分、柴油馏分、VGO或DAO馏分结构组成与常规直馏原料有很大差异，采用现有常规工艺技术很难高效加工。其中，石脑油馏分具有氮含量很高的特点；柴油馏分则不仅氮含量超高，而且密度较高、十六烷值较低；重蜡油馏分具有密度高、氮含量高和芳烃含量高等性质特点。上述几种原料采用常规加氢精制催化剂及加氢工艺，对原料性质改善幅度较小，必须开发高脱氮和高芳烃加氢饱和性能的催化剂及优化的工艺条件，才能实现渣油浆态床产品的高效转化。

近年来，石科院基于渣油浆态床加氢RMAC和RMD技术生产的不同产品性质特点，开发了系列加氢精制催化剂和加氢裂化催化剂，实现了对渣油浆态床工艺产品的高效转化，能够将浆态床轻油产品转化成高十六烷值的柴油产品和高芳烃潜含量的重整原料，将重油产品转化成优质的催化裂化或催化裂解装置原料。下文对劣质渣油浆态床工艺生产的不同产品的高值化利用技术进行简单介绍。

2 劣质渣油浆态床临氢热裂化工艺产物性质特点

2.1 浆态床轻油性质特点

石科院在渣油浆态床加氢RMAC和RMD技术的开发过程中，开展了浆态床轻油产品详细的物化性质分析。表1给出了浆态床石脑油馏分与常规直馏石脑油、焦化石脑油的性质对比结果。可见，浆态床石脑油的氮含量远远高于直馏石脑油，是焦化石脑油的3倍。

表2给出了浆态床柴油馏分与常规直馏柴油、催化柴油、焦化柴油的常规物化性质和族组成的对比结果。可见，浆态床柴油馏分的性质特点是氮含量超高，且密度较高、芳烃含量较高、十六烷值较低。

表1 浆态床石脑油和常规石脑油的性质对比

原料油	直馏石脑油	焦化石脑油	浆态床石脑油
密度(20℃)/(g/cm³)	0.7219	0.7373	0.7201
硫质量分数/(μg/g)	670	8200	423
氮质量分数/(μg/g)	2.8	124	374
馏程(ASTM D-86)/℃			
IBP~FBP	44-208	38-181	62-169

表2 浆态床柴油的常规性质

原料油	直馏柴油	催化柴油	焦化柴油	浆态床柴油
密度(20℃)/(g/cm³)	0.8346	0.9510	0.8704	0.8717
硫含量/(μg/g)	11700	2630	4615	5500
氮含量/(μg/g)	121	651	2000	3200
碳含量/%(质)	86.55	90.11	87.28	86.73
氢含量/%(质)	13.45	9.89	12.43	12.40
十六烷指数(D-4737)	52.7	23.5	44.5	39.5
十六烷值	52.2	17.3	45.4	38.4
馏程(ASTM D-86)/℃				
IBP~FBP	186-356	210~369	203~390	193~333

综上所述，浆态床轻油具有氮含量超高的特点；且浆态床柴油密度较高、芳烃含量较高、十六烷值较低。超高的氮含量抑制了改质催化剂的活性和提温性能。

为了降低柴汽比，多产重整料和“国Ⅵ”标准清洁柴油，浆态床轻油加氢提质技术提出了以下解决思路：①开发高脱氮活性和芳烃饱和活性精制催化剂；②开发高活性、高抗氮性能的改质催化剂；

③选择适宜的工艺流程和优化的工艺参数。

2.2 浆态床重改质油性质特点

表3列出了RMAC重改质油和RMD蜡油产品以及常规减压深拔蜡油(HVGO)和DAO原料性质对比数据。由表3可知，相比常规减压深拔蜡油原料，RMAC重改质油具有密度高、氮含量高的性质特点，由于RMAC工艺匹配溶脱工艺，所以产品的馏程与DAO原料相似，相比DAO原料，氢含量更低。对比RMD蜡油产品与减压深拔蜡油原料性质，可知RMD工艺由于下游匹配了减压蒸馏工艺，所以RMD蜡油产品的切割点在500℃左右，产品性质与常规蜡油比较接近，氮含量高于常规蜡油，因此RMD蜡油产品的加工难度与常规蜡油接近。

表4列出了RMAC重改质油与常规蜡油的核磁分析数据。由表4可知，RMAC重改质油相比常规蜡油原料烃类的缩合度更高，而碳数与常规蜡油比较接近，表明RMAC重改质油环状烃含有较少的侧链碳。

由于RMAC重改质油的性质比常规蜡油或DAO原料更加劣质，因此石科院主要针对RMAC重改质油开展了相关研究工作。

表3 RMAC工艺浆态床蜡油原料性质特点

原料	RMAC重改质油	RMD蜡油产品	HVGO	DAO
密度(20℃)/(g/cm³)	0.9631	0.9357	0.9383	0.9779
硫含量/(μg/g)	17000	18500	27700	39100
氮含量/(μg/g)	3500	3000	1700	2100
氢含量/%	10.80	11.67	11.57	11.28
Ni+V/(μg/g)	<2	<0.5	2	22
残炭值/%	3.20	<0.05	0.86	9.54
沥青质/%	<0.1	<0.1	<0.1	<0.1
馏程 ASTM D-1160 ℃				
IBP-FBP	163~687	220~500	275~580	351~691

表4 RMAC重改质油与常规蜡油核磁分析数据

项目		RMAC重改质油	常规蜡油
HC	平均DBE	14.23	8.99
	平均碳数	33.68	33.38
S1	平均DBE	12.73	11.08
	平均碳数	31.71	31.62
S2	平均DBE	15.09	
	平均碳数	30.79	
N1	平均DBE	15.03	12.68
	平均碳数	33.26	35.18

通过对RMAC重改质油的性质分析数据可知，RMAC重改质油相比常规蜡油原料具有氮含量极高，芳烃含量极高的性质特点。因此，为实现渣油浆态床加氢产物的高效利用，需要攻克以下难点：①开发更高加氢脱氮和芳烃加氢饱和活性的催化剂，降低原料中的芳烃含量和氮含量，生产出满足要求的催化裂化原料；②开发高抗氮活性的加氢裂化催化剂，从而进一步改善RMAC重改质油产品性质；③探索适宜的加氢裂化催化剂，将RMAC重改质油芳烃和环烷烃转化成重整原料，提高分子利用率。

基于上述分析，RIPP针对渣油浆态床工艺的重油产品开发了系列催化剂，并优化了工艺条件，完成了重油产品生产优质催化裂化原料和优质催化裂解原料的工艺技术开发。

3　浆态床轻油加氢改质技术开发

3.1　高性能加氢精制和加氢改质催化剂开发

渣油浆态床轻油加氢精制反应主要有三类：芳烃加氢饱和反应、加氢脱氮反应及加氢脱硫反应。由于浆态床柴油氮含量高，因此加氢精制催化剂需要具有高的加氢脱氮活性。

基于对加氢脱氮反应过程分析和催化剂活性相的认识，主要采用以下几种技术措施提高催化剂加氢脱氮活性：①对载体进行改性处理，以增加催化剂活性组分分散度；②选择具有较高加氢性能活性金属作为催化剂活性组分；③减弱活性组分与载体之间的相互作用，增加活性组分的硫化度；④采用特殊的制备方法使催化剂具有较多的Ⅱ类活性相结构。最终开发了高脱氮活性的 RNS-100 催化剂。

以定型催化剂 RNS-100 对一种劣质柴油进行了加氢精制试验，并与工业 RN-410 参比剂进行了对比。评价用原料为舟山焦化柴油，原料性质和典型试验结果见表 5。

对比密度和氢含量数据可知，与 RN-410 精制剂相比，RNS-100 的芳烃加氢饱和性能大幅度提高；从氮含量数据看，精制油的氮含量从 28.1μg/g 进一步降低至 1.9μg/g，相对脱氮活性提高了 66%。

RNS-100 催化剂比工业参比剂 RN-410 具有较高的加氢脱氮活性，可以使下游加氢裂化催化剂免受有机氮化物中毒。

表 5　高活性加氢催化剂 RNS-100 对舟山焦化柴油加氢效果

项　目	原料	RN-410	RNS-100
密度(20℃)/(g/cm^3)	0.8667	0.8442	0.8358
氮含量/(μg/g)	2000	28.1	1.9
碳含量/%	87.31	86.59	86.23
氢含量/%	12.69	13.41	13.77
馏程(ASTM D-86)/℃		187~387	178~385
相对脱氮活性/%		100	166

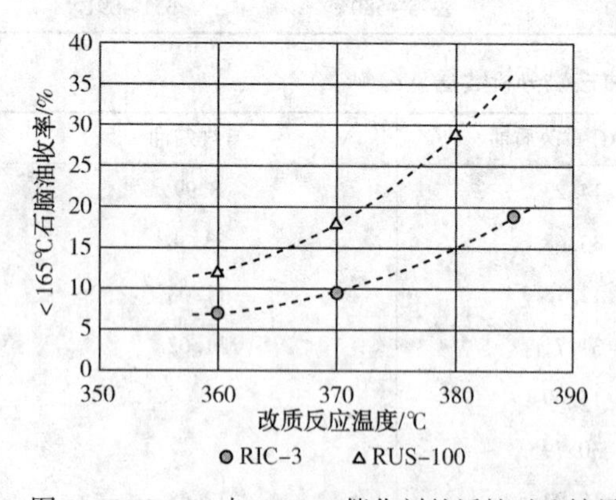

图 1　RUS-100 与 RIC-3 催化剂的活性对比结果

浆态床柴油具有氮含量超高，且密度较高、芳烃含量较高、十六烷值较低的特点。有机氮化物经过加氢后生成无机氨和少量有机氮抑制了加氢改质催化剂的反应活性和转化率，也降低了改质催化剂的温度敏感性。因此，加氢改质催化剂的设计思路目标是：①活性高，使得催化剂达到所需转化率，其初始反应温度满足装置长周期运转的需要；②提温性能好，从而可以灵活调整产品分布；③较高的开环选择性，有效提高柴油馏分的十六烷值。

综合上述分析，实验室通过分子筛材料的精细调控以及活性金属的优化匹配，制备出 RUS-100 加氢改质催化剂，并对其进行了中型评价，结果见表 6。

图 1 给出了 RUS-100 与 RIC-3 催化剂加工舟山焦化柴油的活性对比结果。可见，与常规改质催化剂 RIC-3 相比，相同反应条件下，RUS-100 催化剂的石脑油收率提高 5~10 个百分点，且提高反应温度后，石脑油收率的增加幅度较高，即温度敏感性较高。

3.2　工艺研究及中型试验结果

石科院针对浆态床渣油加氢 RMAC 和 RMD 技术的需要，开展了浆态床渣油加氢的轻油加氢提质技术的配套研究，完成了系统研究，获得了优化的工艺条件。并采用中试获得的浆态床渣油加氢的轻油进行了多次的加氢提质试验。代表性的试验结果如下。

以沙重减渣+FCC油浆为原料，经过RMD工艺后，得到的柴油馏分性质见表6。经浆态床轻油加氢提质后，产品分布和产品质量见表7。

从表7可以看出，浆态床柴油密度为0.8689g/cm³，硫含量为8970μg/g，氮含量为2700μg/g，十六烷值仅为37.6。

经过加氢提质技术，石脑油收率为9.75%~23.0%，芳潜达到58.1%~65.8%，可直接作为重整装置进料；柴油产品硫含量小于10μg/g，十六烷值51.8以上，多环芳烃小于1%，是优质的“国Ⅵ”清洁柴油。165~240℃的航煤馏分，烟点21mm以上、冰点小于-58℃，萘系烃体积分数小于0.3%，主要产品性质满足3号航煤标准要求。

上述结果表明，以沙重减渣的RMD柴油为原料，采用加氢提质技术并适当提高转化深度，可多产石脑油和航煤馏分，有利于降低柴汽比。

表6　沙重减渣的RMD柴油原料性质

原料	RMD柴油
密度(20℃)/(g/cm³)	0.8689
硫含量/(μg/g)	8970
氮含量/(μg/g)	2700
十六烷指数(ASTM D4737)	39.5
十六烷值	37.6
馏程(ASTM D-86)/℃	
IBP~FBP	193~333

表7　柴油加氢提质试验的产品分布和性质

试验编号	条件2			
工艺方案	加氢提质			
反应温度/℃	基准			
产品馏分	<165℃	>165℃	>240℃	165~240℃
收率/%	23.00	77.00	40.67	36.33
密度(20℃)/(g/cm³)	0.754	0.8153	0.8259	0.8048
硫质量分数/(μg/g)	<0.5	<10	<10	<5.0
芳潜/%	58.1			
多环芳烃/%		0.5	0.2	
十六烷值		53.2		
冰点/℃				-59.6
烟点/mm				25.1
闪点/℃				50
馏程 ASTM D-86/℃				
IBP~FBP		179~329	247~333	168-233

4　浆态床重改质油加氢处理技术开发

4.1　高脱氮活性加氢精制催化剂的开发

石科院研究人员为进一步提高现有重油加氢精制催化剂的加氢脱氮和芳烃加氢饱和性能，通过催化剂载体制备工艺的优化，其中包括调变其表面活性，增强活性金属在载体表面的分散；通过调变不同活性金属的配比以及上量；优化络合浸渍方法等三种方案提高催化剂的加氢脱氮和芳烃加氢饱和活性。制备的加工 RMAC 重改质油的专属加氢精制催化剂与蜡油加氢主剂 RN-32V 催化剂的活性对比数据见表 8。

由表 8 数据可知，开发的专用加氢精制催化剂相比上一代蜡油加氢催化剂 RN-32V，芳烃含量降低显著，表明催化剂的芳烃加氢饱和活性提高效果显著；氮含量降低明显，表明催化剂的脱氮活性提高效果显著。因此，采用开发的专用加氢精制催化剂，加工 RMAC 重改质油，可生产低氮含量高氢含量的加氢精制产品作为催化裂化装置进料；作为缓和加氢裂化工艺的加氢精制催化剂，精制段生产的低氮油相比上一代催化剂降低显著，从而可以降低加氢裂化段裂化剂的失活速率，提高催化剂的裂化活性。

加工劣质的 RMAC 重改质油，催化剂的活性稳定性是催化剂能否工业应用的关键因素。因此，在实验室以 RMAC 重改质油为原料，开展了加氢精制专用催化剂的活性稳定性试验，加氢精制产物的硫氮含量随运转时间的变化见图 2。

表 8 RMAC 重改质油加氢精制专用剂的对比评价结果

催化剂		精制专用剂	RN-32V 系列
工艺条件	原料油		
反应温度/℃		375	
反应压力/MPa		15.0	
20℃密度/(g/cm^3)	0.9736	0.911	0.9212
硫含量/(μg/g)	25320	463	1350
氮含量/(μg/g)	3000	99	466
氢含量/%	10.64	12.48	12.10
链烷烃/%	11.6	12.8	14.2
环烷烃/%	15.0	38.3	29.4
芳烃/%	73.4	48.9	56.4
脱硫率/%		98.17	94.67
脱氮率/%		96.19	84.47

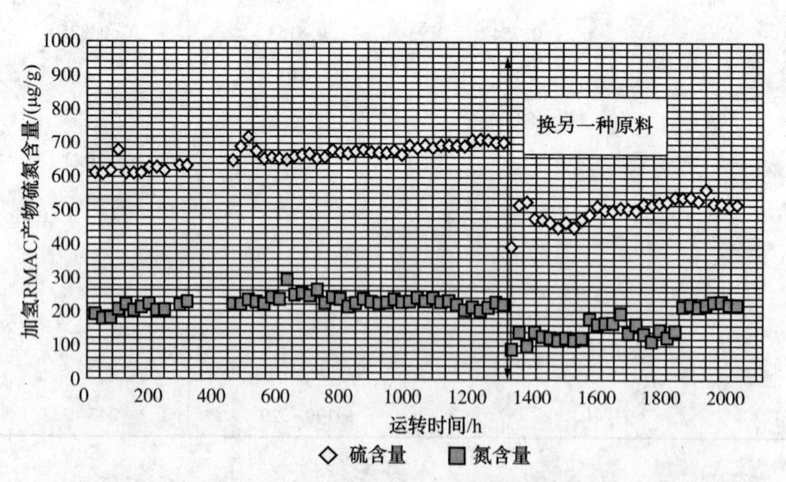

图 2 RMAC 重改质油加氢精制产品硫氮含量随运转时间变化数据

由图 2 的中型试验数据可知，新开发的加氢精制专用催化剂具有较高的加氢脱氮和脱硫活性稳定性，确保该催化剂在工业装置上能够实现长周期稳定运转。

基于专用加氢精制催化剂优异的加氢脱氮和芳烃加氢饱和活性，石科院采用该催化剂作为缓和加氢裂化工艺加氢精制段催化剂。

4.2 催化裂化试验结果

以专用加氢精制催化剂在表9所示的工艺条件下制备的精制产物为原料进行了催化裂化中型试验。催化裂化单元针对加氢产物的性质特点开发了专用的催化裂化催化剂，中型试验结果见表9。由表9可知，加氢后的RMAC重改质油直接作为催化裂化原料，催化裂化汽油收率可提高到50%以上，且汽油产品的研究法辛烷值达到95.3。表明RMAC重改质油经过专用的加氢精制催化剂在高压的工艺条件下加氢处理可生产出优质的催化裂化原料。

表9 RMAC重改质油加氢精制产品催化裂化产品分布

原料油	RMAC加氢精制产物
催化剂	专用催化裂化催化剂
产品分布/%	
干气	2.83
液化气	20.21
C_{5+}汽油	50.04
柴油	17.45
重油	4.28
焦炭	5.19
总计	100.00
转化率/%	78.27
色谱法辛烷值	
RON	95.3
MON	86.3

5 浆态床重改质油缓和加氢裂化技术开发

5.1 高抗氮性能的缓和加氢裂化催化剂的开发

在常规缓和加氢裂化催化剂基础上，考虑到RMAC加氢油品的特点：精制后，油品中的氮含量仍然较高(常规加氢精制后的精制蜡油氮含量小于20μg/g)，缓和加氢裂化催化剂需要具备较高的抗氮性能；精制油品的干点较高，多环烃含量高，需要强化裂化剂的芳烃饱和和环烷烃开环裂化性能，在此基础上制备了缓和加工裂化专属催化剂。该催化剂在以下几个方面有所改善：①增加中孔和大孔在总孔容中的比例，强化大分子的扩散和转化；②进一步增加硅铝酸性材料的比例，增加大分子转化能力，同时提升催化剂的抗氮性能；③改善催化剂制备方法，提高催化剂的芳烃饱和和加氢脱氮性能。

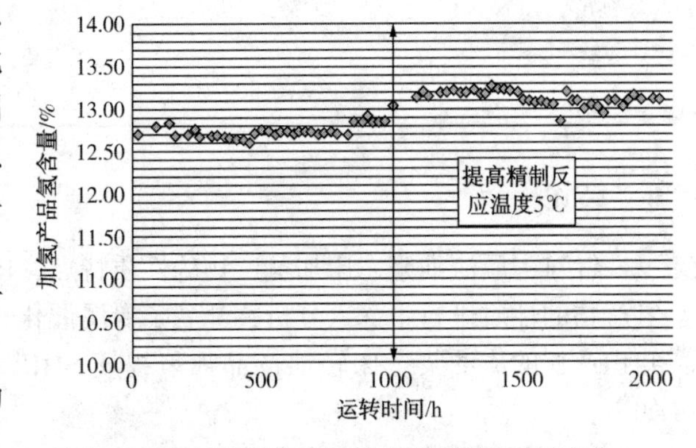

图3 缓和加氢裂化产物氢含量随运转时间变化

以专用加氢精制催化剂为缓和加氢裂化工艺的精制剂，以新开发的裂化剂为缓和加氢裂化催化剂，完成2000h稳定运转，加氢产物氢含量随运转时间的变化见图3，加氢产物性质见表10。由图3及表10可知，缓和加氢裂化催化剂活性稳定性良好，加氢产物氢含量可提高到12.8%~13.0%，满足DCC装置对原料性质要求。

表 10 稳定性期间原料及加氢产物性质

产品分析	原料	条件 1	条件 2
反应氢分压/MPa		15.0	15.0
20℃密度/(g/cm^3)	0.9659	0.8967	0.8832
70℃折射率	1.5326	1.4788	1.4759
硫含量/(μg/g)	20160	91.99	57.19
氮含量/(μg/g)	2100	21	12
碳含量/%	86.89	87.28	87.15
氢含量/%	10.85	12.78	13.01
馏程 ASTM-D1160/℃	155-661	96-618	123-601

5.2 催化裂解试验结果

以 RMAC 重改质油缓和加氢裂化产品为原料，催化裂解单元针对缓和加氢裂化产品的性质特点，开发了专用催化裂解催化剂，试验结果见表 11。由表 11 数据可知，专用裂解催化剂具有较好的生产低碳烯烃和轻芳烃的性能，低碳烯烃和轻芳烃的总产率可达 46.15%。

表 11 催化裂解试验结果

原料油	RMAC 重改质油缓和加氢裂化产物
催化剂	专用催化裂解催化剂
转化率/%	88.26
产物产率/%	
干气	12.93
液化气	42.20
C_5汽油	24.44
柴油	9.59
重油	2.15
焦炭	8.68
总计	100.00
低碳烯烃+BTX 总产率/%	46.15
汽油组成/%(质)	
烯烃	12.53
芳烃	72.16
合计	98.89

6 结论

针对劣质渣油浆态床加氢产物的性质特点，RIPP 开展了系统性的研究工作。对劣质渣油浆态床加氢产物的性质进行了深入分析，开展了专属催化剂的开发以及工艺条件的优化研究，形成了具有自主知识产权的渣油浆态床轻油产品加氢提质 SHU^F 技术和系列重改质油产品加工转化技术。主要结论如下：

1)劣质渣油浆态床工艺的轻油和重油产品均具有氮含量超高、密度高、芳烃含量及氢含量低的性质特点。相比常规直馏重油，浆态床重改质油的缩合度高，侧链较少。

2)针对渣油浆态床产物氮含量和芳烃含量较高的性质特点，轻油和重油产品均开发了高脱氮活性的加氢精制催化剂以及高抗氮性能和开环选择性好的加氢裂化催化剂。

3)以浆态床柴油为原料开展的研究结果表明，采用SHU^F加氢提质技术，可以生产性质合格的重整料、喷气燃料和“国Ⅵ”清洁柴油，有利于调整产品结构、降低柴汽比。

4)以浆态床重改质油为原料开展的中试研究结果表明，采用新开发的重油高脱氮加氢精制催化剂，通过常规加氢处理工艺可生产氢含量在12.3%左右的加氢产物。以其作为催化裂化装置进料，采用新开发的催化裂化催化剂，催化裂化单元的汽油收率可达到50%。

5)以浆态床重改质油为原料生产催化裂解装置进料的研究表明，以新开发的缓和加氢裂化催化剂匹配高脱氮活性的加氢精制催化剂，通过缓和加氢裂化工艺，可生产氢含量为13.0%左右的加氢产物。将该产物作为催化裂解装置进料，采用新开发的催化裂解催化剂，烯烃和轻芳烃的收率可达到46.15%。

参考文献

[1] 刘元东，温朗友，宗保宁，等. 浆态床重油改质技术新进展[J]. 化工进展，2010，29(9)：1589-1596.

[2] Dan G，Mark V W，Paul Z，et al. Upgrading residues to maximize distillate yields with the UOP UniflexTM process[C]//NPRA Annual Meeting，San Antonio，USA，2009.

[3] Lopez J，Pasek E A. Heavy oil hydroprocessing with group VI metal slurry catalyst：US，4970190[P]. 1990.

[4] Montanari R，Rosi S，Panariti N，Marchionna M，Delbianco A. Convert heaviest crude & bitumen extra-clean fuels via EST-Eni slurry technology[C]//NPRA Annual meeting，San Antonio，USA，2003.

[5] Nicoletta Panariti，et al. Eni Slurry Techology：Maximizing Value from the Bottom-of-the Barel. [C]//AFPM Annual meeting，San Antonio，USA，2017.

[6] 刘东，韩彬，崔文龙. 重油加氢分散型催化剂的研究现状与进展[J]. 石油学报，2010，10：124-130.

[7] 陶梦莹，侯焕娣，董明，等. 浆态床加氢技术的研究进展[J]. 现代化工，2015，35(5)：34-38.

低成本生产低硫重质船用燃料油系列技术开发

邵志才　杨　鹤　牛传峰　吴　梅　李　妍　王雁君　张立博　田华宇　张建荣　胡志海

（中国石化石油化工科学研究院　北京　100083）

摘　要　为应对IMO要求的2020年船燃低硫化目标以满足市场需求，中国石化从分析技术、生产技术、配方技术、调合技术等方面着手，开展了较为系统的研究并组织了台架试验和行船试验，最终开发出低成本生产、低硫重质船用燃料油的成套技术。低硫重质船用燃料油的主要组分为成本较高的加氢渣油或低硫渣油，为降低成本需调入部分低价值的组分，如催化裂化油浆、催化裂化柴油等。催化裂化油浆用作低硫船燃组分主要的问题是固含量过高。针对油浆用作低硫船燃组分的需要，配套建立了快速检测油浆中Si和Al含量的ED-XRF方法，检测时间可缩短至5min，更适用于现场大量样品的筛查。为降低催化裂化油浆固含量，开发了采用新型柔性材料的油浆脱固技术(RSSF技术)，可以有效脱除油浆中的固体颗粒。同时，针对不同炼油厂加工原油和装置结构的特点，分别设计了低成本的低硫重质船燃多组分配方。此外，还建立了黏度等非线性指标预测模型，以此搭建低硫船燃油品调合系统，用于优化油品调合。以此为基础，采取工业生产样品进行了低成本低硫船燃的台架试验，结果表明其具有明显的燃油经济性优势，尾气排放满足法规要求。

关键词　低成本；重质船用燃料油；系列技术

随着全球环境问题的不断加剧，国内外相继出台了环保法规对船用燃料油(以下简称船燃)的硫含量进行限制。国际海事组织(International Maritime Organization，简称IMO)要求自2012年1月1日起行驶在普通区域的船舶使用的燃料油硫含量不高于3.5%(2012年之前为4.5%)，2020年1月1日船燃硫含量上限降低至0.5%。IMO还先后批准了波罗的海、北海、北美及美国加勒比海四大SO_x排放控制区(SECA)，在排放控制区内实施更严格的污染物排放要求：自2015年1月1日起排放控制区内船燃硫含量不高于0.1%(2015年之前为1.0%)。2016年全球船燃消费量约为200Mt，2017~2025年全球船运货物量将年均增长3.7%左右，结合船运市场大型化等发展趋势，预计在此期间船燃消费量年均增长率在1%左右。目前，市场主要以高硫重质船燃和MGO为主，其中高硫重质船燃约占比85%左右，MGO约占比15%左右，这种消费结构预计会持续到2019年年底。2020年IMO限硫政策实施后，预计开始时低硫重质船燃会占消费总量的45%左右，远期则占40%左右，即低硫重质船燃将会有95Mt/a左右的缺口。采用目前的调合组分直接生产硫含量低于0.5%的残渣型船燃比较困难，必须采用低硫渣油调合生产。但如果采用大量高价的低硫直馏渣油调合生产重质船燃，将大幅度提高重质船燃生产成本。为了降低低硫重质船燃的生产成本，石油化工科学研究院(以下简称RIPP)开发了低成本生产重质船用燃料系列技术。

1　催化裂化油浆(Si+Al)快速分析方法

1.1　开发背景

催化裂化油浆是催化裂化装置低价值的副产品，从其理化性质看适宜作为低成本的低硫重质船燃调合组分，但催化裂化油浆中固体颗粒物含量较高，直接用作工业重燃料油时易造成火嘴磨损和炉膛积灰，因此，油浆进一步综合利用的关键是脱除掉其中的固体颗粒物。催化裂化催化剂粉末是催化裂化油浆中固含量的主要组成部分，在油浆脱固技术开发过程中需要分析原料和脱固产品中的铝和硅的含量，并能直接关联出其固体颗粒物含量。目前分析船燃产品指标中铝硅含量的分析主要采用的是IP501，该方法是采用碱融-灰化的方法对样品进行预处理，提取出铝、硅进入水溶液，再利用等离子体发射光谱测定水样中的硅和铝的含量。整个分析过程操作复杂，分析周期长达近2d，无法满足工艺现场实时数据的需求，建立快速准确分析油浆中 Al、Si 含量的方法迫在眉睫。

基于原有分析技术研究的基础，RIPP 开发了多元素台式能量色散 XRF(ED-XRF)分析方法，快速分析催化裂化油浆中铝、硅含量并将其与固体颗粒物含量进行了关联。

1.2 应用效果

利用该方法对油浆原料和脱固产品进行了分析，新方法仅用时 5min 就可以测试一个样品，样品也用 IP501 的标准方法进行了测试，两种方法的分析结果见表 1。如表 1 所示，新方法的测试结果与标准方法的差异不大，可以较快地测试油浆中的 Si 和 Al 含量。

表 1　油浆原料和脱固产品的分析结果

样品	高分辨 XRF(ED-XRF)		碱融灰化-ICP(IP-501)	
	硅/(μg/g)	铝/(μg/g)	硅/(μg/g)	铝/(μg/g)
海南油浆	1005	1179	1201	1310
长岭油浆	86	124	82	69
九江油浆	2487	3261	2142	3404
过滤产品 1	39.	45. 2	45. 1	54. 2
过滤产品 2	37. 6	39. 5	33. 5	40. 2
过滤产品 3	79. 1	92. 5	84. 0	100. 8
过滤产品 4	89. 2	110. 5	100. 5	120. 6
过滤产品 5	25. 5	32. 5	36. 7	44. 04
过滤产品 6	74. 0	81. 0	67. 3	80. 76

2　催化裂化油浆脱固技术(RSSF 技术)

通过调研发现，催化油浆脱固是长期困扰炼油企业的一大问题，现有的油浆过滤技术均难以获得满意的运行效果。如采用陶瓷膜材料的过滤技术对原料的适应性不足，原料的黏度过高、固体颗粒物质量分数较高时脱除效果不佳；采用刚性材料的过滤存在沥青质堵塞过滤通道的问题，难以连续运行。通过对油浆理化性质的深入认识，开展了一种采用新型柔性材料的油浆脱固技术(RSSF 技术)研究。

2.1 实验室开发

利用上海油浆开展了多轮过滤温度的影响研究。试验结果见图 1。如图 1 所示：在不同过滤温度下，油浆中(Si+Al)的脱除率均能达到 90%以上，滤芯经过再生后，过滤效果也较好。

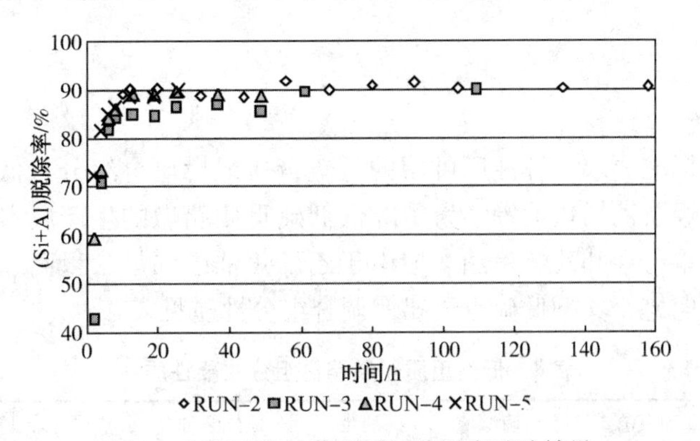

图 1　上海石化油浆不同过滤温度试验结果

利用不同油浆开展了过滤试验，试验结果见图 2。如图 2 所示，对于不同油浆，(Si+Al)的脱除率在 85%~95%。

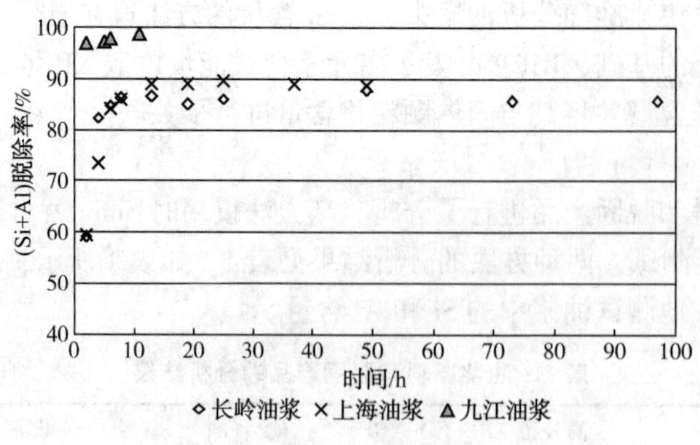

图2 不同油浆过滤试验结果

油浆预过滤试验结果表明，采用新材料的油浆预过滤技术原料适应性较好，过滤材质使用效果较好，油浆中(Si+Al)的脱除率主要分布在85%~95%。

2.2 工业侧线试验

该技术完成中试试验后得到中国石化科技部支持，在上海石化建成了5kt/a的工业侧线试验装置。

RSSF技术在较低的温度下即可实现高的脱固率且滤液无须循环，能耗相对较低。工业侧线催化油浆进料的主要性质见表2，工业侧线试验过滤产品(Al+Si)含量数据列于表3。如表3所示，运行过程中过滤效果总体平稳，滤液中(Al+Si)含量均值稳定在30μg/g以下，脱除率为81%~87%。

表2 油浆进料主要性质

项目	油浆
密度(20℃)/(g/cm^3)	1.1234~1.1272
黏度(100℃)/(mm^2/s)	~22.70
固含量/(g/L)	2.0
(Al+Si)/(μg/g)	84.96~655.9

表3 过滤试验产品(Al+Si)含量及脱除率

项目	RUN-1	RUN-2	RUN-3	RUN-4	RUN-5
产品(Al+Si)含量/(μg/g)	25.90	18.41	26.32	25.56	16.12
(Al+Si)脱除率/%	82.00	84.66	81.09	82.08	87.16

3 配方技术

3.1 低硫重质船燃组分研究

根据低硫重质船燃的标准要求，炼油厂可用的低硫重质船燃调合组分有低硫渣油、加氢渣油、油浆、催化柴油、重整重芳烃及乙烯焦油等。为了降低低硫重质船燃的生产成本，需尽可能多调入低价值的组分，如油浆、重整重芳烃和乙烯焦油。但由于乙烯焦油中烯烃含量高、稳定性差，还需进一步研究后才能调入低硫重质船燃，典型低硫重质船燃调合组分性质见表4。

表4 低硫重质船燃调合组分主要性质

项目	加氢渣油	低硫减渣	油浆	催化柴油	重整重芳烃	乙烯焦油	RMG180/RMG380
黏度(50℃)/(mm^2/s)	279.3		2540	2.025		1279	≤180.0/≤380.0
密度(20℃)/(kg/m^3)	931.1	964.0	1136.6	954.6	981.7	1096.5	≤987.6
碳芳香指数(CCAI)	799		982	925			≤870

续表

项　目	加氢渣油	低硫减渣	油浆	催化柴油	重整重芳烃	乙烯焦油	RMG180/RMG380
硫含量/%	0.49	0.39	1.26	0.37		0.147	≤0.50
硫含量/(μg/g)					1.63		
残炭值/%	5.41	15.4	13.37			15.39	≤18.00
(铝+硅)含量/(μg/g)		<15	671			<10	≤60

3.2 低成本配方研究

由于中国石化不同炼油厂加工原油品种不同、装置结构也不尽相同。因此，根据不同类型的炼油厂开展了低成本的配方研究。

3.2.1 高硫原油炼油厂的低成本配方

一般来说，加工高硫原油的炼油厂均建有渣油加氢装置，对于该类型的炼油厂，低硫重质船燃的调合组分为加氢渣油、脱固脱硫油浆和催化柴油。低成本的低硫重质船燃调合配方见表 5。其中调合配方 1 为二组分配方、调合配方 2 为三组分配方，调入油浆后均可以有效降低低硫重质船燃的生产成本。

表 5　高硫原油炼厂低硫重质船燃调合配方

项目	配方 1			配方 2			
	加氢渣油 1	脱固脱硫油浆	产品	加氢渣油 2	脱固脱硫油浆	催柴	产品
50℃黏度/(mm^2/s)	132.7	1124.0	163.8	117.5	1124.0	1.978	116.2
20℃密度/(kg/m^3)	924.9	1110.6	973.7	924.9	1110.6	954.6	978.3
碳芳香指数(CCAI)	802	>870	847	<800	>870	>870	856
硫含量/%	0.39	0.44	0.40	0.51	0.44	0.343	0.48

3.2.2 低硫原油炼油厂的低成本配方

加工低硫原油的炼油厂，一般加工流程短、没有渣油加氢装置，低硫重质船燃的调合组分也为常压渣油或减压渣油和催化柴油。低成本的低硫重质船燃调合配方见表 6。

表 6　低硫原油炼油厂低硫重质船燃调合配方

项目	配方 1			配方 2		
	常渣	催柴	产品	减渣	催柴	产品
50℃黏度/(mm^2/s)	141.1	2.463	109.1	3117 (80℃)	2.025	150.60
20℃密度/(kg/m^3)	919.6	935.1	920.2	964.0	954.6	960.2
碳芳香指数(CCAI)	795	897	799	792	925	835
硫含量/%	0.49	0.37	0.47	0.39	0.37	0.38

4 调合模型及调合系统

4.1 调合模型

为低硫船燃实现最大限度质量卡边，降低生产成本，需建立精准的燃料油调合模型，以期预测船燃各项性质指标。黏度、倾点、闪点在燃料油调合过程中呈非线性关系，且组分间相互作用对该性质的影响程度并不清晰。因此，建立低硫船燃调合模型的关键在于调合过程中非线性指标测准确预测。

4.1.1 黏度模型

黏度指标最为重要，其值直接决定了船燃产品的标准。非线性指标预测模型的重点在于建立准确的油品混合黏度预测模型。为适应低成本原料(加氢渣油、油浆等)调合低硫残渣型船燃，基于大量实验数据分析，结合油品黏度性质及其组分分子间作用等因素，提出适应性广、模型参数自适应的RIPP黏度预测模型。与传统经验模型相似，RIPP模型只需知道各组分油掺入比例、黏度、密度等性质，即可预测出调合油品黏度值。

以某石化调合配方数据为参考，以加氢渣油、油浆及催化柴油为调合组分生产低硫船燃。将RIPP模型和其他常用混合油品黏度预测模型预测值与实验值进行对比分析，见图3(a)。研究发现双对数模型预测值与实验值相差较大，可能由于调合数据中加氢渣油和油浆黏度均与催柴黏度相差较大，而双对数模型不适于油品黏度指数相差较大的体系。后对比各预测模型平均绝对偏差，见图3(b)。研究发现双对数模型预测值平均绝对偏差最高，Cragoe和Chervon模型次之，而RIPP模型预测值平均绝对偏差最小，为5.14%。综合分析可知RIPP模型可准确预测调合油品黏度。

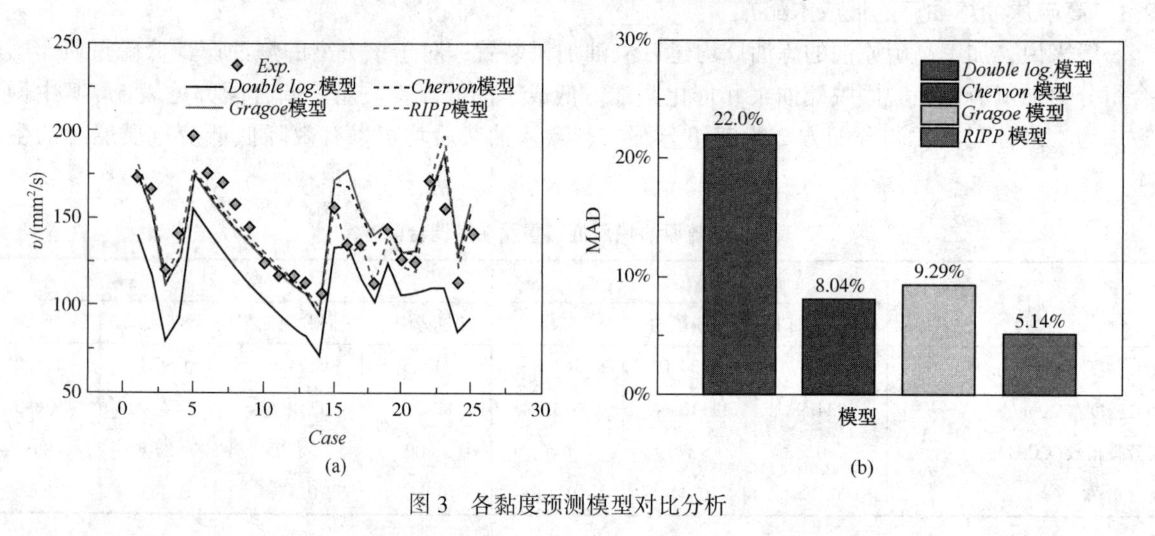

图3 各黏度预测模型对比分析

4.1.2 闪点和倾点模型

闪点和倾点均为船燃产品非线性指标，重质组分的闭口闪点一般在120℃以上，甚至在150℃以上(一般认为大于150℃的油品在船燃调合和运输中比较安全)。当船燃产品含较大量催柴或其他柴油组分时需要估算闪点。倾点主要与油品中的蜡含量(即含长直链结构的烃类)有关，如正构烷烃、支链在分子一端的异构烷烃、链较长的烷基苯等，多数倾点预测模型是以组成为变量的，但低硫船燃调合组分多为渣油、油浆，其分子结构难以确定且组成多变。因此，借鉴其他油品闪点、倾点预测模型，进行修正建立适用于低硫船燃的闪点和倾点预测模型。

图4为采用某石化数据进行闪点和倾点模型预测值与实验值对比，研究发现闪点模型可准确预测船燃闪点，见图4(a)。图4(b)为倾点模型预测值与实验值对比，整体上与实验值较为吻合。

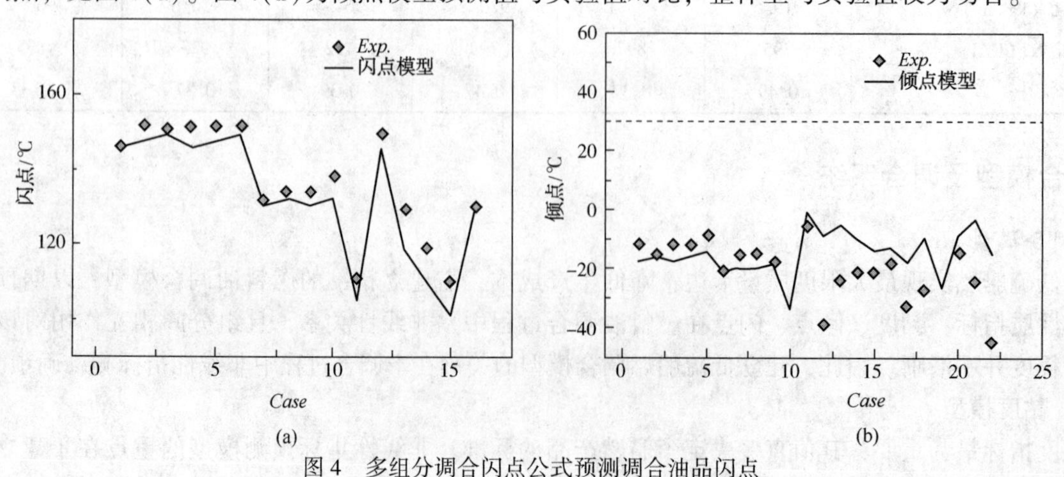

图4 多组分调合闪点公式预测调合油品闪点

4.2 调合系统

非线性指标预测模型的建立有效地保障了低硫船燃调合技术的实施。为便于企业用户使用，基于所开发的非线性指标预测模型并结合其它线性指标，研发了低硫船燃调合软件。调合软件以 Web 页面方式运作，集成中石化云、Web 页面、油品调合软件、优化求解软件等多个功能平台，满足多企业、多用户、多种权限(集成统一身份认证)的需求。

4.2.1 离线配方优化

结合企业燃料油产品的销售、组分采购和燃料油调合、存储能力等(约束条件如图 5 所示)，采用非线性优化方法建立多产品多周期离线配方优化模型，得到的优化结果可以辅助企业调度人员对月生产计划进行微调，或者通过外购调合组分提高燃料油生产能力，并产生每个周期每种燃料油产品的调合配方。

对于采购燃料油组分较多的企业，可以通过该模型优化组分采购数量和产品销售数量，提高企业利润空间。离线配方优化计算可以供调度人员安排不同周期的燃料油调合生产计划，如用于月度的调合计划，根据上个月的组分和产品库存情况，安排本月的外购组分数量和产品数量等；如用于规划设计调合系统的配方，根据组分的自产和外购情况、产品的结构来设计企业的各燃料油产品配方，供设计部门参考；如用于批次调合的初始配方设置，根据产品需求及燃料油池组分的性质，优化计算该产品的批次调合配方。

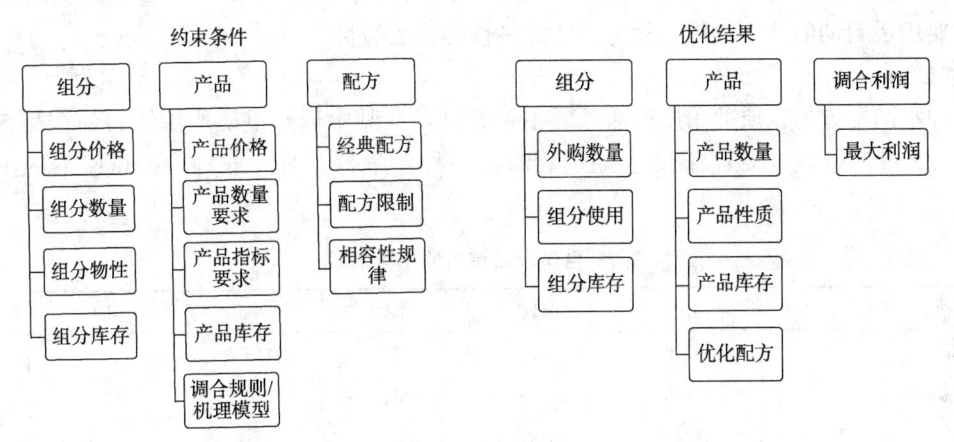

图 5　离线配方优化模型约束条件及优化结果

4.2.2 离线配方优化用户界面与应用

为满足用户使用的要求及管理的需要，建立油品调合综合业务平台，包括用 Web 页面方式实现油品调合离线配方优化等业务功能，平台架构在微软云上。系统采用多级用户权限，可设置管理员和普通用户两种级别。管理员可对企业的各种信息进行配置管理，包括：企业信息、组分管理、产品管理、配方管理；普通用户只有计算功能可使用，见图 6。平台计算功能包括调合计划优化和配方性质预测，以某石化公司的燃料油调合离线配方优化数据进行优化计算，离线配方优化结果展示页面见图 7。

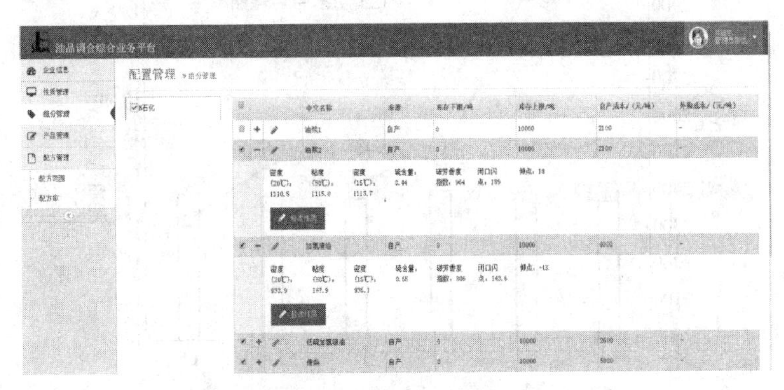

图 6　平台配置管理

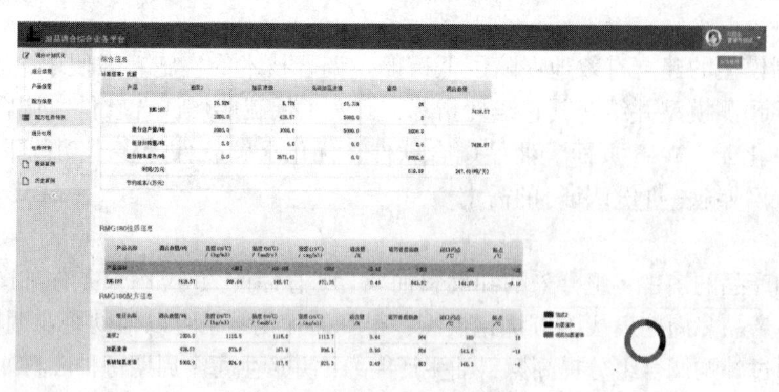

图7 平台优化计算结果展示

初始配方性质预测和优化计算功能满足用户对低硫船燃质量管理和调合计划层面的计算需要，以自主可控软件产品的服务方式为炼油企业提供生产决策支持。

5 台架试验

利用 MAN-6S35MEB 型二冲程船用发动机作为试验平台，合作开发了一整套试验流程及试验方法，以评价船用燃料油的使用性能、动力性、经济性和排放特性。

5.1 台架试验油

采用6种不同配方的重质船用燃料油开展了台架试验，其中低硫重质船用燃料油样品5种，分别命名为 L1、L2、L3、L4、L5；高硫重质船用燃料油一种，命名为 H1。6种台架试验油的主要性质见表7。

表7 台架试验燃料油主要性质

项 目	L1	H1	L2	L3	L4	L5
50℃黏度/(mm^2/s)	151.6	138.6	138.6	153.8	149.1	120.6
20℃密度/(kg/m^3)	929.6	973.8	967.9	944.3	928.4	931.9
碳芳香指数	804	849	844	819	803	809
硫含量/%	0.48	2.44	0.48	0.41	0.42	0.40

5.2 试验结果

6种燃料油台架试验的加权平均功率和加权平均燃油消耗率，如图8所示。由图8可见，相比高硫市售参比油，中国石化的5种低硫试验油均表现出较好的经济性。其中，L5 试验油的经济性比参比油提高了2.85%。L2 和 L4 试验油均表现出良好的动力性。

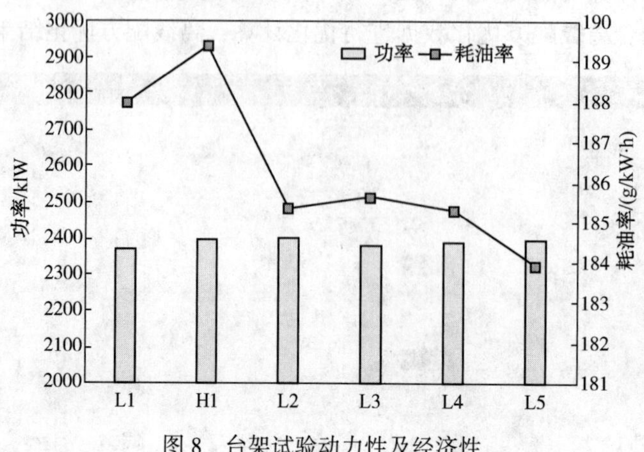

图8 台架试验动力性及经济性

对台架试验 4 个工况的排放结果进行加权平均计算，可以得到 6 种试验油的排放结果。其 SO_x、NO_x的结果如图 9 和图 10 所示。由图 9 和图 10 可见，相比于高硫市售参考船用燃料油，降低燃料油中的硫含量可以直接减少硫氧化物的排放；从氮氧化物排放结果可以看出，5 种低硫试验油的氮氧化物排放低于 H1 参比油。

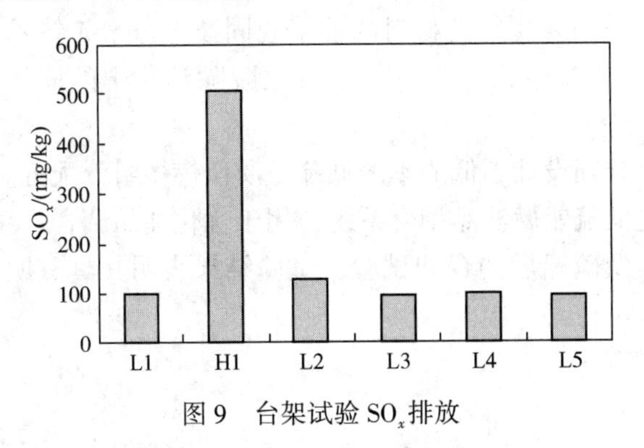

图 9　台架试验 SO_x 排放

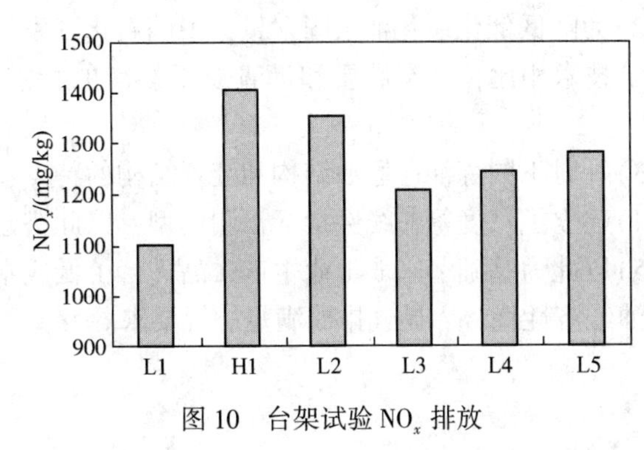

图 10　台架试验 NO_x 排放

其 HC 和 CO 排放的结果如图 11 和图 12 所示。相对 H1，低硫试验油 HC 和 CO 排放无明显规律性。

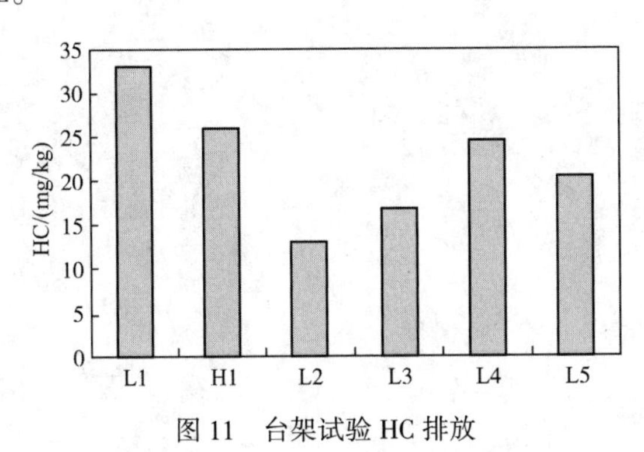

图 11　台架试验 HC 排放

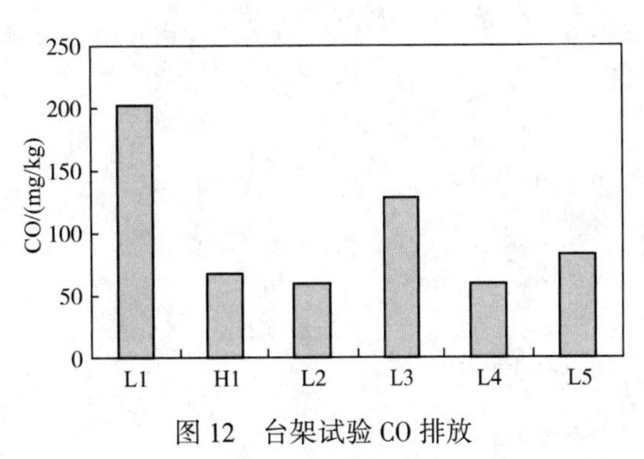

图 12　台架试验 CO 排放

其 PM 排放的结果如图 13 所示。从 6 种台架试验油的颗粒物浓度排放结果可以看出，5 种低硫船用燃料油的颗粒物排放相对较高，但是 6 种试验燃油的颗粒物浓度均小于一般船舶颗粒物排放浓度。

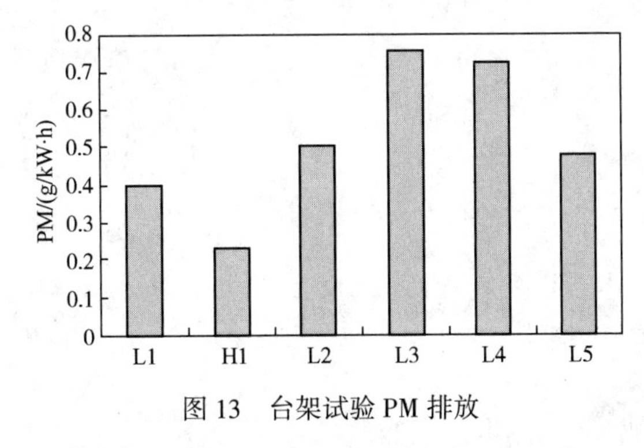

图 13　台架试验 PM 排放

通过开展中国石化生产的不同调合工艺的低硫船用燃料油台架试验，可以证明，相对于传统的高硫试验油能够在保证相似的动力性前提下，具有良好的经济性，同时还能兼顾低硫氧化物和低氮氧化物的排放特性。

6　结论

为应对 IMO 要求的 2020 年船燃低硫化目标满足市场需求，中国石化从分析技术、生产技术、配方技术、调合技术等方面着手，开展了较为系统的研究并组织了台架试验，最终开发出低成本生产低硫重质船用燃料油的成套技术。

1)针对油浆用作低硫船燃组分的需要，配套建立了快速检测油浆中 Si 和 Al 含量的 ED-XRF 方法，检测时间可缩短至 5min，更适用于现场大量样品的筛查。

2)为降低催化裂化油浆固含量，中国石化开发了采用新型柔性材料的油浆脱固技术(RSSF 技术)，与传统技术相比，具有胶质和沥青质不黏附的特点，再生效果较好，可以有效脱除油浆中的固体颗粒物。

3)针对不同炼油厂原油结构和装置结构的特点，分别设计了低成本的低硫重质船燃多组分配方。

4)建立了黏度等非线性指标预测模型，以此搭建低硫船燃油品调合系统，用于优化油品调合。

5)以此为基础，采取工业生产样品进行了低成本低硫船燃的台架试验，试验结果表明其具有明显的燃油经济性优势，尾气排放满足法规要求。

· 石蜡/特种油品加氢技术开发及工业应用 ·

大力发展特种油品业务，持续提升中国石化品牌效益

张忠清　全　辉

（中国石化大连石油化工研究院　辽宁大连　116045）

摘　要　大连石油化工研究院（以下简称FRIPP）为适应清洁化的发展趋势，在溶剂油、白油、润滑油、橡胶填充油、石油蜡等与人类生产生活密切相关的特种产品领域，利用绿色环保的临氢催化技术开发了系列高端、特种、专用的特种油品清洁化生产技术，并逐步实现工业应用，为石油资源高效利用、特种油品质量升级及相关行业技术水平提升打下基础。面对“十四五规划”要求，还需要全面提高特种油品的质量，与人们接触密切的特种油品要达到食品级的要求，在原料选择、技术开发和标准提升等方面开展扎实有效的工作。

关键词　绿色过程；清洁产品；加氢技术

目前，溶剂油、白油、基础油、橡胶填充油、石油蜡等许多较小批量的特种油品，广泛应用于食品、医药、日化、服装、涂料、冶金制造、汽车生产等众多行业。21世纪以来，在环保及卫生安全要求日益苛刻的大趋势下，与人类生产生活密切相关的石油产品呈现无害化、清洁化的发展趋势。随着市场激烈竞争和产品标准不断升级和更新，特种产品向高端、特种、专用方向发展，为清洁石油产品的发展和应用提供机遇，特种油品生产企业加大投资力度，特种石油产品质量升级速度加快，许多企业在清洁溶剂油、高档润滑油基础油等领域建设了系列加氢装置，成为优质特种油生产的主力军。

特种油品清洁化的核心是降低硫、氮、芳烃等杂质含量，尤其是脱除强致癌的稠环芳烃等组分，而采用加氢技术将上述杂质降低至安全允许值至为关键。加氢脱杂质还有生产过程清洁环保、主产品收率高、质量好等优势。进入21世纪，FRIPP依托临氢技术研发基础，利用石化行业副产和资源优势，开发出高端特种新产品生产技术，广泛应用于优质清洁溶剂油、润滑油基础油、食品级白油、高档橡胶填充油和食品级石蜡等新产品生产领域，并成功工业应用，性能达到国际先进水平。

“拓展炼油高端产品，构建多元化产品结构体系”已成为中国石化在炼油“十四五”发展规划中的发展重点，特种油品属于炼油高附加值产品之一。在特种油品课题研究方向、工业实施的过程中，要充分考虑到对人体健康等生态环境影响因素，研究符合国家环保政策的绿色加工技术和产品，以开发系列清洁特种油品为发展目标和方向。总结目前清洁特种产品的优势和不足，通过现有装置的部分改造和生产过程的精细化管理，充分利用费-托合成油和高芳烃油等新兴资源，提升特种油品质量，扩展特种油品的品种，达到特种油品优质化、系列化和生产过程节约化的目标，以利于特种油品持续、稳定和健康发展。

1　清洁溶剂油生产技术及产品市场

溶剂油通常是由石油分馏而得到的馏程较轻、较窄的石油产品，广泛应用于食用油生产、食品加工、印刷油墨、皮革、医药、农药、杀虫剂、化妆品、香料、橡胶、化工聚合以及IC电子部件的清洗等诸多方面，目前有400~500个品种，为五大类石油产品之一。由于溶剂油馏程较轻，挥发性较强，随着环保法规对大气排放污染物的限制越来越严格，需降低溶剂油产品的硫化物和芳烃含量，部分和人们密切接触的溶剂油产品，甚至要求达到食品级标准。目前，国内中、低档普通溶剂油产品正逐渐被低硫、低芳烃含量的清洁溶剂油产品所取代。FRIPP根据资源状况及原料特性，结合炼油厂加工流

程和现有装置情况，通过催化剂研制和级配，以及工艺流程和加氢参数优化，开发了一系列高效的清洁溶剂油生产技术，在工业装置上成功应用并实现了长周期稳定运转，提升了产品质量，满足目前环保需求。

1.1 加氢生产清洁溶剂油技术

目前，清洁溶剂油生产主要以石油馏分为原料，以馏分油深度饱和为主，根据原油类型不同和目的产品用途差异，辅以改质降低黏度等过程，现已开发出以下工艺过程。

以石蜡基直馏煤油为原料，采用高效芳烃饱和催化剂的高压一段加氢工艺。通过脱除原料中的硫、氮等杂质，并深度饱和芳烃，再经过精馏，切割出多种牌号的清洁溶剂油产品。清洁溶剂油产品硫含量小于1.0μg/g，芳烃含量小于0.1%，满足Exxon Mobil优质产品的要求，目前已经有两套装置在应用。

以中间基煤油为原料的加氢处理-加氢精制一段串联工艺。通过加氢处理催化剂和加氢精制催化剂的优化组合，适当降低产品黏度和芳烃深度饱和，生产出黏度适度、硫含量小于1.0μg/g、芳烃含量小于0.1%、满足国外进口铝箔油Exxon Mobil公司Somentor系列产品质量要求的清洁铝箔油产品，该技术于2005年在一套50kt溶剂油加氢装置工业应用。2011年该装置通过更换新一代加氢处理和补充精制催化剂，通过分馏系统和氢气系统必要改造，将装置加工能力扩到了120kt。2013年，加氢处理-加氢精制生产清洁溶剂油技术在一套150kt/a进行了工业应用，通过工艺条件优化和催化剂的优选，生产清洁溶剂油芳烃含量低于0.03%，低黏白油达到了化妆级白油指标要求，可以应用于和人们密切接触行业，满足了清洁环保的要求。

以加氢馏分油为原料的中压加氢生产清洁溶剂油技术。根据加氢馏分油硫、氮含量低，但是芳烃含量较高的特性，采用高效还原型加氢催化剂，开发出工艺条件缓和、液收高、质量好、投资低的中压加氢生产清洁溶剂油技术，生产的清洁溶剂油产品芳烃含量小于0.1%。中国石化荆门石化公司采用两段中压加氢技术及镍系还原态催化剂，成功生产出低芳烃含量的3号工业白油。随着市场对产品质量要求越来越高，需求量越来越大，原有的镍系催化剂逐渐暴露使用寿命短的问题，已经不能满足生产需要。2007年8月换用芳烃饱和活性更高、稳定性更好的贵金属加氢精制深度脱芳烃催化剂，3号白油产品质量得到继续提升，芳烃含量达到小于0.05%，在产品质量提高的同时，装置处理能力也提高了两倍，2016年1月经过一次再生后，更换了新鲜催化剂，贵金属催化剂累计稳定运行了8年多。

1.2 轻质白油标准的制定与执行

轻质白油又称为烃类溶剂，具有低硫、低芳、产品质量高于其他同类产品的特点，是白油产品向下的延续，主要由烷烃、环烷烃和少量芳烃组成。包括以D系列脱芳溶剂油、铝轧制液、杀虫气雾剂油、环保型烃类填充剂、精制白油等产品。我国目前生产厂家达到10家，加工能力近1.0Mt，但是没有相关的轻质白油国家标准或行业标准，生产企业根据用途及牌号不同均有相应的企业标准。

根据中国石油化工股份有限公司及全国石油产品和润滑剂标准化技术委员会批准，由大连石油化工研究院参照埃克森美孚公司(ExxonMobil)、壳牌(Shell)公司及道达尔(Total)公司轻质白油产品的技术规格制定我国石油化工行业产品标准《轻质白油》(NB/SH/T 0913—2015)。轻质白油产品标准已经由国家能源局2015年10月27日发布(2015年第6号公告附件第90项)，2016年3月1日实施。随着下游行业产品质量要求不断提高，适时推出行业标准，会在提高行业门槛和提升产品质量的同时，进一步规范轻质白油产品市场，扩大品牌知名度，提高低芳溶剂油产品的市场竞争力。同时与国际先进标准接轨，也会增强同类产品的国际竞争力。

1.3 加氢生产清洁溶剂油技术发展建议

目前，清洁溶剂油的生产主要以石油馏分为原料，通过精制工艺生产混合烃类溶剂油，没有按照烃类组成生产正构烷烃溶剂油、环烷基溶剂油和异构烷烃溶剂，在高端、专用应用领域使用受限制，部分特殊领域的应用需要进口。同时，虽然产品硫含量较低，但是芳烃含量还没有达到食品级的水平，需要在以下几个方面进行完善和改进。

1.3.1　现有生产装置如何适应新标准

轻质白油标准根据芳烃含量不同提出两类指标要求，“标准Ⅰ”为过渡标准，是目前生产企业较容易实现的指标；“标准Ⅱ”为提升标准，在未来几年需要达到的指标。目前，部分生产轻质白油的加氢装置都是在本世纪初建设的，装置的空速较高、压力较低，生产“标准Ⅱ”轻质白油产品较困难，需要在原料优化、高性能催化剂的使用和装置升级等方面进行系统研究。

1.3.2　扩展生产原料开发系列产品

国外溶剂油的生产已向系列化和低硫、低芳烃含量的方向发展，市场销售的溶剂油品种较多，可以满足各种用途的需要，也占据着国内高端产品市场，为了国内溶剂油在系列化方面逐步同国外接轨，需要利用费-托合成油资源优势生产低气味的正构烷烃和高芳烃馏分以生产溶解性较好的环烷烃溶剂油产品，同时利用生产高档润滑油基础油副产品经过精密分馏生产低气味、溶解性能较好的异构烷烃溶剂油产品。

近几年费-托合成技术得到较快发展，目前已经形成规模化。由于费-托合成所得产品中具有高正构烷烃含量，同时不含有硫、氮及芳烃等杂质，所以其相应的液体馏分经加氢除去其中的烯烃和含氧化合物得到的产物经馏分窄切或精密分馏后，可以生产出基本无硫、无氮、无芳烃、无味的系列清洁正构烷烃溶剂油产品，以及植物抽提溶剂、正己烷、正庚烷等单体烃类。相对而言，费-托合成油易于生产性能独特、清洁无味的溶剂油，成本和加工费用较低，因而一旦费-托合成油大量投放市场，将会对溶剂油市场造成重大影响，目前已有少量该类产品在工业装置上生产，并投入市场应用。

高环烷烃油具有饱和环状碳链结构，环上通常还会连接着饱和支链。具有芳香烃类的部分性质，又具有直链烃的部分性质，有溶解性好和凝点低等特性，决定了其能够在许多领域有着特殊的用途。催化裂化柴油、循环油以及煤焦油加氢柴油组分中芳烃含量很高，这些高芳烃含量原料经过深度精制后，饱和了对人体有害的稠环芳烃化合物，可以生产同人们密切接触的高环烷烃溶剂油、白油等特种产品，具有清洁环保的特点，可以应用于和人们密切接触领域，部分替代芳烃溶剂油，在涂料和高级油墨等领域的生产中用清洁绿色无芳溶剂油代替三苯芳烃溶剂，减少向大气中排放对环境和人体健康有危害的挥发性有机物(VOC)和有毒危险物(HAP)。

异构烷烃拥有较强的溶解能力，异构烷烃类溶剂油主要用于复印稀释剂、油墨溶剂、金属加工清洗剂、防锈油、无味喷雾剂、无味涂料、油漆、有机溶胶配方、高级衣服干洗油、过氧有机化合物载剂、洗涤日化产品的原料油。在全氢法(加氢处理-加氢异构化-加氢补充精制)生产润滑油基础油的工艺过程中，由于采用了多段高压加氢的深度精制过程，其副产的80~230℃的轻质油品，异构烷烃含量高于70%，可用作生产异构烷烃溶剂油原料，采用精密分馏生产异构烷烃溶剂油。目前，国内全氢法生产润滑油基础油处理量近3.0Mt，按照轻质油品量为10%计算，适合生产环烷基馏分油的量达到0.3Mt，将会对溶剂油市场产生较大的冲击。

2　优质润滑油基础油生产技术及产品市场

润滑油作为石油产品中的一大类品种，具有技术含量高、产品附加值较高的特点。一个国家润滑油使用水平的高低直接反映了这个国家经济发展程度和设备控制状态及环保意识的差异。节能环保法规越来越严格，对基础油要求越来越严格，为减少汽车尾气有害物质的排放，除了要求车用燃料升级外，还要求高性能的发动机；为了降低汽车使用成本，换油周期越来越长，发动机越来越小，工作条件越来越苛刻；为了节能，润滑油黏度要求越来越低。因此，未来发展需要更高品质的润滑油基础油。

加氢法生产的API“Ⅱ类”和“Ⅲ类”基础油具有低硫、低氮、低芳烃含量、优良的热安定性和氧化安定性、较低的挥发度、优异的黏温性能和良好的添加剂感受性等优点，可以满足现代高档润滑油对基础油的要求。因此，加氢法工艺生产润滑油基础油将发挥越来越重要的作用。

2.1　大连石油化工研究院技术开发和应用现状

全氢法生产润滑油基础油技术核心是采用了大连石油化工研究院自主开发的高效异构脱蜡催化剂，

并在开发优质润滑油基础油生产技术的同时，相应开发了贵金属补充精制催化剂。异构脱蜡成套技术从新型分子筛的合成到相应催化剂的制备以及工艺技术的研发，都具有突破性创新，属原始创新技术。2004年11月，异构脱蜡成套技术通过中国石化技术评议，2009年通过中国石化技术鉴定，获中国石化科技进步奖。自2005年1月异构脱蜡技术首次应用以来，经过不断改进和完善，可以处理VGO含蜡油、加氢裂化尾油和加氢精制重柴油、费-托合成蜡原料。目前已经工业应用10套，处理量达到2.0Mt/a。

当原料为高硫、高氮和高蜡含量的VGO馏分油时，加氢处理段可采用加氢精制和加氢改质组合级配技术。加氢改质催化剂具有较强的加氢性能，具有多环芳烃转化为多环环烷烃的功能，同时调节适宜的酸性，使多环环烷烃开环的同时，减少长烷基侧链的裂解，保持理想组分少环长侧链，并减少目的产品收率的损失，改善异构脱蜡的分子结构，提高异构脱蜡进料的黏度指数。通过异构脱蜡和补充精制工艺降低凝点和改善颜色及光安定性，生产“Ⅱ⁺类”润滑油基础油，已经有3套装置工业应用。

以加氢裂化尾油为原料时，根据其硫、氮含量和其它杂质低、饱和烃类含量高的特性，通过工艺条件的优化，开发了低压异构脱蜡-白土补充精组合技术，2005年在国内技术首次工业应用，目前有2套装置工业应用。

随着市场对润滑油基础油质量的要求越来越高，白土补充精制生成油颜色深、光稳定性较差、油品外观颜色变深甚至会形成沉淀影响实使用性，已成为严重制约其发展的一个重要因素。将异构脱蜡基础油中部分饱和的多环芳烃全部饱和，才能从根本上解决加氢基础油的光稳定性问题。芳烃加氢饱和的机理要求催化剂要具有足够高的低温活性。由于元素周期表中的第Ⅷ族金属具有特殊的电子结构和催化性质，对芳烃特别是多环和稠环芳烃具有较强的加氢饱和能力，因此，采用贵金属铂和钯作为芳烃加氢饱和催化剂的活性金属组分，深度饱和异构脱蜡生成油的芳烃，研发了具有加氢活性高、活性稳定性好、可再生使用等特点的贵金属补充精制催化剂，开发了加氢裂化尾油异构脱蜡-加氢补充精制一段串联生成高档润滑油基础油技术。利用贵金属催化剂在高压下较强的深度芳烃饱和能力，实现高效稳定生产低温性能、黏温性能和光、热安定性能均优异的润滑油基础油的目的，目前已经有5套装置工业应用，还有一套装置在工业设计中。

2.2 国内润滑油基础油市场面临的挑战

国内高档润滑油基础油生产能力不断扩大，目前通过引进国外全氢法技术、大连石油化工研究院自主开发的技术和加氢处理-溶剂脱蜡结合技术生产的“Ⅲ类”、“Ⅱ类”和“Ⅱ⁺类”基础油已达到近3.0Mt，2016年中国石化茂名石化公司0.4Mt和泰州石化0.2Mt高档润滑油加氢装置将投产，预计到2016年末国内高档基础油的生产能力将达到3.6Mt左右。同时每年进口基础油相也有1.0Mt左右。由于经济环境的影响，2015年消费量降到5.0Mt左右，国内基础油市场生产趋于饱和，基础油生产企业面临较大的挑战。

近几年，由于异构脱蜡核心技术的突破，国内基础油的质量和数量得到了提升，产品指标达到了Ⅱ类标准，但是通过系统认真的梳理，真正达到国外韩国SK润滑油公司Ⅲ类指标的产品数量较少，Ⅲ类基础油还需要大量进口，究其原因，国内生产模式均为燃料(化工)-基础油形式，受全厂物料平衡、加工劣质原料和能耗效益考核的影响，在基础油生产原料选择、加氢处理(加氢裂化)催化剂的选型和异构脱蜡流程设置等方面同国外专门生产基础油的厂家有较大的差别。国内炼油厂为了增加效益，一般采购低价值的原料，加工原油品种较多，加氢裂化进料的蜡含量不能够保障，加氢裂化催化剂需要考虑全厂的物料平衡需求，往往不能兼顾异构脱蜡进料的特殊要求。为了完成能耗等考核指标，往往采用混合进料方式，进料流程范围较宽，黏度指数损失比较大，蒸发损失也很少，要想达到国外的要求，需要在高蜡含量原料选择、加氢处理(加氢裂化)催化剂专用化和进料方式优化等方面进一步开展相关工作。

2.3 行业发展建议

为了降低汽车使用成本，换油周期越来越长，发动机越来越小，工作条件越来越苛刻，为了节能，润滑油黏度要求越来越低，未来低黏度、高黏度指数 III 类 4#和 III 类 6#为基础油调和的内燃机油需求将增加。从石油馏分生产Ⅲ类低黏度基础油和利用费-托原料生产超高黏度指数基础油技术的应用越来越广泛。

2.3.1 石油馏分生产Ⅲ类低黏度基础油技术推广应用

直链烷烃平均黏度指数为 175，对基础油的贡献最大，但是其凝点较高，低温流动性较差，虽然异构烷烃平均黏度指数为 155，较直链烷烃降低 20，但是其凝点较低，满足低温流动性的需求，所以异构脱蜡过程为黏度指数降低过程，蜡含量越高、凝点降低幅度越大，黏度指数降低幅度也越大，生产Ⅲ类基础油，需要在异构脱蜡进料蜡含量富集，精细进料，适度降低黏度产品倾点和改进异构催化剂的选择性等方面进行系统工作。

根据多年的研究经验和系统总结，大连石油化工研究院开发了生产Ⅲ类低黏度基础油的成套技术，在原料选择上提出了加氢处理(加氢裂化)原料的蜡含量对异构脱蜡进料影响关系和具体改进措施，来改善加氢处理(加氢裂化)原料的性质。配套系列催化剂研发方面，研究和改进了专用加氢处理(加氢裂化)催化剂的性能，催化剂具有强的加氢性能和弱的裂解性能，在多环组分选择性开环同时，保持少环长侧链的理想组分，提高了异构脱蜡进料黏度指数，增加了收率。开发了第二代异构脱蜡催化剂，分子筛合成和改性过程中，通过特殊孔道结构催化材料合成，屏蔽无选择性的活性位的改性处理，提高了异构化反应的选择性，优化了贵金属负载技术，使催化剂具有更高的金属分散度，为反应提供更多的活性中心。第二代异构脱蜡催化剂有较强异构化功能，在高效降低含蜡馏分油凝点的同时具有较高的产品收率和较低的黏度指数损失。工艺研究方面，开发了有利于发挥催化剂活性、选择性的催化剂级配技术，反应条件精准控制技术，通过脱蜡原料不同馏分的黏度及黏度指数变化规律的研究，选择适合生产 4 号、6 号和 8 号或 10 号的窄馏分进料，改善了异构化环境，各馏分进料分别进入异构脱蜡装置，根据产品的要求量体裁衣控制异构脱蜡工艺条件，提高了润滑油基础油的收率，避免了混合进料某些馏分过度异构对收率和黏度指数的损失。目前生产低挥发性、低黏度的Ⅲ类基础油技术已经成熟，提供了基础数据，即将工业应用。

2.3.2 利用费-托蜡生产高黏度指数基础油

费-托基础油的性质正好与润滑油基础油的低硫、低氮、低芳烃及高黏度指数的发展方向相吻合。由于费-托合成油生产的基础油分子结构基本上是异构烷烃，具有低黏度、清洁、寿命长的特点，而且生产成本低、市场需求量大。目前，费-托合成技术和合成油生产润滑油基础油的技术所取得重大进展，预示着费-托合成润滑油基础油具有良好的发展前景。以费-托合成油为原料通过异构脱蜡工艺得到的润滑油基础油饱和烃含量非常高，具有非常高的黏度指数，纯度几乎可与聚 α-烯烃媲美，但生产成本却比聚 α-烯烃低得多。与常规矿物油原料生产得到的润滑油基础油相比，其黏度指数要高得多。可以预见，费-托合成润滑油基础油会对现有几乎所有的润滑油基础油构成竞争。

为了满足市场对高黏度指数基础油的需求，FRIPP 在全氢法生产润滑油基础油及优质白油技术的基础上，进行了费-托合成油生产润滑油基础油技术的研发工作，并取得了较好的结果。由于费-托合成蜡链烷烃含量集中，理想的异构脱蜡反应条件范围窄，当达到异构脱蜡反应条件时，参与异构反应的化合物分子众多，反应剧烈，放热量集中，易引发裂化等副反应，降低液体收率和目的产品收率。开发了高选择性的异构脱蜡催化剂和适宜的异构脱蜡反应条件。开发的催化材料具有合适酸性和孔道结构，制备的催化剂酸性与加氢、脱氢性能具有合理的匹配，达到烃类的骨架异构化重排的目的，提高了催化剂的选择性和活性。在异构脱蜡反应过程中，其理想的反应就是长链烷烃的选择性异构化，开发了不同活性催化剂级配装填技术，利用不同链烷烃分子的异构条件不同，使其在各自适宜的条件下反应，改善了链烷烃异构化反应的选择性，提高了液体收率和目的产品收率。通过催化剂级配技术和复合进料的工艺过程，在适宜的工艺条件下，可以得到黏度指数高达 150 以上的 4 号和 6 号 API Ⅲ类润滑油基础油产品，实现了从费-托合成蜡生产优质高黏度指数润滑油基础油的技术突破。

3　优质环烷基特种油生产技术

3.1　大连石油化工研究院技术开发和应用现状

环烷基原油储量只占世界已探明石油储量的2.2%，被公认为生产高端、高附加值特种产品的优质稀缺资源。国内环烷基油年需求有望增长0.8~0.9Mt，其中变压器油需求增长0.2~0.3Mt、工业用油增长0.5~0.55Mt(高品质环保型工业用油市场空缺很大)、其他环烷基油品增长0.1~0.13Mt。中国是亚洲最大的环烷基油市场，同时也是最大的环烷基油出口地。目前，国内产品供应尚且无法覆盖所有需求，尤其在高端环烷基油方面仍大量依靠进口，中国石化在特种产品领域尚属空白。

针对环烷基原料油的高氮、芳烃、环烷烃含量以及低凝点的性质特点，通过催化剂的合理级配及工艺条件的优化，FRIPP开发了环烷基油加氢处理-异构降凝-贵金属补充精制组合加氢工艺技术。利用异构降凝催化剂在目的产品收率方面的优势以及贵金属补充精制催化剂的优良加氢性能，在比较缓和的条件下，改善产品低温性能，深度饱和芳烃。组合技术解决了环烷基油产品光、热安定性差的问题，提高环烷基特种产品的品质。环烷基特种产品能够在许多领域有着特殊的用途。可生产变压器油、冷冻机油、橡胶用油、聚苯乙烯用白油各类低倾点润滑油。目前已有4套装置工业应用。

3.2　中国石化环烷基特种产品发展建议

中国石化春风油田位于新疆维吾尔自治区克拉玛依市境内，2011年开始产油，目前年产量大约为1.0Mt，春风原油属于环烷基低硫、高酸、高钙稠油，馏分油可以生产高品质的大比重航煤、变压器油及橡胶填充油等高端特种油产品，减压渣油可以作为生产优质道路沥青的原料。目前，春风原油主要销售对象为中国石油克拉玛依石化、乌鲁木齐石化、新疆及山东民企，尚未得到合理充分高价值利用。

荆门石化公司是国内具有较大影响力的特种油生产供应商之一，在业内具有较高的声誉。目前荆门石化特种油大多数产品还是处于产品市场同质化、低端化竞争状态，吨油利润逐渐下滑。荆门石化公司特种油产品发展已经遭遇“天花板”，急需调整产品结构，整合优化资源，做大做强荆门石化公司特种产品。荆门石化公司可以利用中国石化自有的新疆春风原油资源，通过委托加工的方式，将环烷基春风馏分油运至荆门石化公司，结合其现有装置资源，按分子炼油的理念，实施“宜油则油、宜润则润、宜蜡则蜡、宜特则特”的发展思路，充分利用环烷基原油不同馏分的特殊秉性，生产环烷基轻质白油、电器开关油、变压器油和环烷基橡胶填充油等高附加值、差异化特种产品。实现做优、做特中国石化特种产品业务，有利于中国石化产品结构调整、提升利润增长点和企业竞争力，实现炼油板块差异化发展。

4　优质石油蜡生产技术

4.1　技术研发和应用现状

石油蜡加氢精制过程的特点是在保持反应物固态物理性质(熔点、含油量、针入度等特性指标)基本不变的前提下实现深度精制，实现深度脱除硫、氮、氧等杂质、饱和芳烃，从而改善产品颜色、光安定性及热安定性等指标，以达到食品级石油蜡产品要求。

FRIPP石蜡加氢精制技术采用中压一段加氢的形式，加工经脱蜡脱油得到的蜡料，以生产优质石蜡。具有原料适应性强、操作条件缓和、装置操作灵活、低温、高空速及低氢油比等特点，FRIPP的石蜡加氢精制技术于20世纪80年代初首次工业化，第一代石蜡加氢精制催化剂481-2B伴随着国内石蜡加氢技术的工业化持续应用了二十余年，受到业界的一致好评。第二代石蜡加氢精制催化剂FV-1于1998年首次工业应用以来实现了运转连续5年，每公斤催化剂处理54t原料蜡的纪录，创此前国内石蜡加氢催化剂应用的最好水平。第三代石蜡加氢精制催化剂FV-10、FV-20于2006年首次工业化应用。

目前，国内石蜡加氢精制受石蜡资源的限制，装置能力一般多在0.1Mt/a左右，相对于一般汽柴油加氢精制而言，其反应器直径较小，根据条形催化剂有相对边壁效应较大、不易实现密相装填、易于折断产生压降等问题，FRIPP 研发出异形球催化剂 FV-30 催化剂，可实现床层均匀、接近于密相装填效果，并且具有反应器压差小和催化剂制备过程无氨氮污染等一系列优点。FV-30 催化剂于 2013 年 10 月在茂名石化公司首次工业应用，一次开车成功。平均装填密度为 750kg/m^3，在操作压力为 5.3MPa、反应温度为 248~250℃、体积空速为 0.3~0.6h^{-1}、氢蜡体积比为 90~300 的工艺条件下，加工 56$^\#$~58$^\#$原料蜡，加氢产品符合全精炼蜡新标准。

4.2 面临问题和挑战

国内石蜡生产装置大多数运行近 30 年，设备陈旧，加工流程也不完善。原料来源复杂，性质多变，难免有芳烃及胶质含量多、金属含量高、精制难度增大的原料被引入，从而对后继石蜡生产有较大影响。现有工艺不能适应原料的变化，导致蜡产品颜色、安定性和嗅味等方面出现问题。劣质蜡料对蜡嗅味、颜色和安定性的影响显著，石蜡标准的提高对中国石化的石油蜡产品质量和加工工艺的稳定性考验严峻。因此，有必要对石蜡生产过程进行研究，利用好中国石化各类原油资源，进一步改善石蜡加工工艺的合理性。

这些新的形势要求对石蜡颜色形成原因进行深入研究，并针对原料变化进行加工工艺不断改进，使产品质量向清洁化、高品质方向发展，并能稳定生产以满足市场的需求。同时广泛关注费-托合成蜡的生产工艺和使用性能的研究。

4.3 优质石油蜡发展建议

4.3.1 注重石蜡加氢原料优化

随着世界经济的增长，石蜡需求市场也在增加。特别是在原油低价位时，石蜡相对于其它种类的蜡(如动植物蜡与合成蜡)更具有竞争力。此外，国内外对石油蜡产品提出了更高的质量和安全环保要求，目前国内产品只有少数满足其中几项。通过对典型石蜡生产工艺(溶剂脱蜡-糠醛精制蜡料)的质量评价和改进质量研究，提出适宜的石蜡生产改进方案，提高石蜡产品质量。

需要开展典型石蜡生产工艺(溶剂脱蜡-糠醛精制蜡料)过程中原料-产品质量差异化研究和现有石蜡生产和精制工艺对原料的适应性研究，开发安全环保的预处理吸附剂和再生、处理方案，石蜡加氢广泛应用石蜡预处理-加氢精制组合工艺，改善加氢精制原料性质，稳定石蜡产品质量。通过一系列技术改进研究和应用，提升了石蜡产品质量，并达到国内外先进标准，其经济效益将会得到更大的提高，预计石蜡在今后相当长时期内仍有很好的发展前景。

4.3.2 注重糠醛抽出油副产品的利用

糠醛抽出油是传统润滑油型炼油厂生产润滑油基础油和石蜡过程产生的主要副产品，具有黏度大、芳烃含量高等特点，主要作为轮胎工业的橡胶增塑剂。随着 GB/T 33322—2016(芳香基橡胶增塑剂)的标准的出台，有毒有害的糠醛抽出油直接用于轮胎生产已受到限制，大部分作为沥青改质剂，未高价值利用，严重影响了润滑油生产企业的经济效益。

FRIPP 开发了中压加氢处理-临氢降凝-溶剂精制组合工艺生产环保型芳香基橡胶增塑剂技术，加工正序糠醛抽出油，利用炼油厂现有的闲置装置，生产高附加值的环保芳烃油产品。

4.3.3 注重费-托合成蜡生产和应用研究

随着大庆原油的减产，生产石蜡的资源越来越少，我国石蜡的生产也面临严峻的形势。另外，由于润滑油工业趋于采用更高质量的基础油，促使北美和欧洲关闭 Ⅰ 类基础油生产装置，石蜡产量逐渐下降，石蜡缺口的形势已不可避免，为费-托合成蜡进入市场创造了条件。尽管我国石油蜡产量很大，并在国际市场上占据主导地位，但由于石油蜡品种构成不合理，全炼蜡及食品级蜡所占比例不高，并且高熔点蜡量少、质差，且加工成本高、生产困难，而费托合成蜡所含杂质少，容易达到全精炼蜡、食品级蜡的要求，并且易于生产高熔点的蜡产品，所以费-托合成蜡的生产对改变我国石蜡产品结构也是有益的。

费-托合成蜡 S、N 含量低，无芳烃、无胶质，通过缓和加氢精制和分馏工艺可以生产蜡产品，和石油馏分油生产蜡产品比较具有生产流程简单、投资较少和能耗较低的特点。同时由于费-托蜡产品正构烷烃含量高，滴熔点高，可以生产熔点100℃以上高熔点蜡产品，形成致密的片状结晶，硬度较大，因而可用于多种上光产品。可制成具有高结晶、高硬度、高软化点特性的粒径整齐的微粉，应用于制造油墨、涂料等，作为抗磨剂、消光剂等使用，可有效补充石油蜡产品的性能缺欠。由于费-托合成蜡生产过程中基本不接触苯系化合物，将在未来苛刻环保要求下在食品、医药化妆品等领域有较广阔的应用。可以预测，未来费-托合成蜡会对石油蜡产品产生较大的冲击，需要引起行业的注意，同时要研究必要的对策，应对市场的挑战。

5 结束语

经过多年的不懈努力，大连石油化工研究院在炼油新产品生产和应用方面取得了很大成绩。多品种、多系列石油新产品生产技术的开发及应用，为国内特种产品市场增加了新品种，填补了多项空白。

中国石化“十四五”面临的形势依然复杂，不可控因素较多，机遇和挑战并存。应做好茂名、荆门、济南、高桥及燕山等润滑油基础油基地实现全产业链提升，“老三套”装置实施原料适应性、结构调整与质量提升、副产品综合利用改造，实现基础油业务与特种油业务相辅相成的平行发展，依托中国石化一体化优势、系统优势、资源优势，不断提高市场影响力和话语权，实现中国石化整体效益最大化。

FRIPP 石蜡加氢精制技术及其工业应用

张艳侠　孙剑锋　毕文卓　刘文洁

[中国石化大连(抚顺)石油化工研究院　辽宁抚顺　113001]

摘　要　本文对FRIPP目前在用的石蜡加氢催化剂进行了详细介绍，包括催化剂研发目的和思路，以及近几年工业应用情况。结果表明：FV-10催化剂不仅适用于常规石油蜡的加氢精制，对微晶蜡的加氢精制性能也较优，曾在多个石蜡生产厂家进行了工业应用。FV-20催化剂首次采用器外预硫化、器内活化技术技术，缩短了开工周期。FV-30催化剂采用了特殊的催化剂制备技术，提高了装置的整体技术水平。

关键词　石蜡；加氢精制；催化剂

我国是拥有石蜡资源的大国，国产石蜡除满足国内需求外，还有相当数量的出口。FRIPP大连(抚顺)石油化工研究院一直进行石油蜡类加氢精制技术的研发，先后研制并成功进行工业应用的催化剂有481-2B、FV-1、FV-10、FV-20、FV-30，为我国高品质石油蜡类产品的生产发挥了重要作用。

1　FV-10催化剂的研制及工业应用[1-5]

1.1　催化剂的研制

我国的石油蜡加氢以常规石蜡为主，高熔点石油蜡产品的产量很少，微晶蜡年产量仅几千吨，而高质量的微晶蜡产品就更少，甚至每年还要大量出口。由于石油蜡类加氢精制是在较低的反应温度下进行产品深度精制，故原料质量对装置操作参数和产品质量的影响极大。对现有的中压石蜡加氢装置而言，处理质量较好的高熔点石油蜡原料时，必须采用低空速操作，而且存在开工周期短等问题；对于质量较差的劣质高熔点石油蜡、微晶蜡等，则无法获得高质量的产品。因此为了满足高熔点石油蜡和微晶蜡的加氢精制，FRIPP在2003~2004年成功研制出FV-10石蜡加氢精制催化剂。FV-10催化剂的研发从研制新型的载体材料入手，制备出孔分布集中、表面性质优良的催化剂载体，以W-Mo-Ni为活性组分的FV-10石蜡加氢催化剂，具有深度加氢脱硫、加氢脱氮活性，同时又具有很强的芳烃加氢饱和能力。

1.2　微晶蜡的加氢精制

微晶蜡和混晶蜡加氢精制技术是加工由脱沥青油或重质油经溶剂精制和脱蜡脱油得到的微晶蜡或混晶蜡生产优质微晶蜡和混晶蜡。FRIPP微晶蜡和混晶蜡加氢技术采用一段串联加氢工艺流程，两个反应器在不同温度下操作，在专用催化剂作用下脱除硫、氮及金属杂质，在第二反应器中进行芳烃深度饱和，得到优质的加氢产品(见表1)。主要工艺条件：一反入口温度为300~360℃、二反入口温度为250~290℃、反应氢分压为13~15MPa、体积空速为0.3~0.7h^{-1}和氢蜡体积比为300~1000。

表1　FV-10催化剂的理化性质和微晶蜡加氢精制试验结果

项目	FV-10	FV-1	项目	微晶蜡原料	FV-10	FV-1
金属种类	W-Mo-Ni	W-Ni	颜色/号	3.0		
总金属含量/%(质)	≥30.0	≥33.5	颜色(赛氏)/号	-	+27	+21
孔容/(mL/g)	≥0.35	≥0.40	滴熔点/℃	75.8	76.0	75.8
比表面积/(m^2/g)	≥150	≥150	含油量/%	3.24	3.26	3.30
外观形状	三叶草	球形	针入度(25℃)/(10^{-1}mm)	20	22	22
堆积密度/(g/mL)	0.82~0.88	0.90~0.95	易炭化物	未通过	通过	通过
			稠环芳烃	未通过	通过	通过

从表1可以看出，FV-10催化剂在总金属含量低于FV-1催化剂的情况下，在微晶蜡加氢精制方

面要优于 FV-1 催化剂。微晶蜡采用 FRIPP 的加氢技术加工可以达到食品级和医药级质量要求，优于进口优质微晶蜡，产品达到白色，产品收率达 99%以上。此技术 2000 年在 FRIPP 的 300t/a 半工业装置上应用，累计生产约 1kt。

1.3 催化剂的工业应用

FV-10 石蜡加氢催化剂在 2006 年 5~10 月，开始在茂名石化公司、大庆炼化、燕山石化公司等三个厂家工业应用。开工出工艺条件：操作压力为 5.1~7.0MPa、反应温度 248~260℃、体积空速为 0.6~1.0h^{-1}、氢蜡体积比为 90~300。2006 年 12 月进行的初期标定主要数据如表 2 所示。

表 2 各厂标定数据

项目	茂名石化公司 58#		大庆炼化 58#		燕山石化公司 56#	
操作压力/MPa	5.1		7.0		6.0	
反应温度/℃	250		248		245~260	
体积空速/h^{-1}	0.84		1.0		1.0	
氢蜡体积比	90~130		300		200~350	
项目	蜡料	产品	蜡料	产品	蜡料	产品
含油量/%	1.40	1.38	0.87	0.79	0.74	0.63
颜色(赛氏)/号	+2	+30	<-16	+30	+17	+29
光安定性/号	7	4	7	4	6	3
热安定性/号	+5	+27	–	–	–	+27
易炭化物		通过		通过		通过
稠环芳烃		通过				通过
苯(甲苯)/(μg/g)	0(15)	0(0)				

标定结果表明，各厂加氢产品蜡达到全炼蜡和食品级石蜡的要求，茂名测定产品中苯、甲苯含量达到欧盟烛用蜡的质量要求，其它各项指标也达到欧盟烛用蜡的质量要求。

FV-10 催化剂在茂名石化公司 0.1Mt/a 石蜡加氢装置上首次工业应用也表明，在以脱油蜡(赛波特颜色+2 号，光安定性 7)为原料，在反应压力为 5.1MPa，反应温度为 250℃的条件下，产品赛波特颜色为+30 号，光安定性 4 号，质量达到了全精炼蜡和食品用蜡国家标准，反应温度比 FV-1 和 481-2B 催化剂低 20~30℃，其整体性能明显优于 FV-1 和 481-2B 催化剂。在 2013 年 11 月，该装置更换 FRIPP 研制的齿球型 FV-30 石蜡加氢催化剂。

FV-10 催化剂在大庆炼化此次使用周期，共处理正序全精炼石蜡 108313t，正序半精炼石蜡 115063t，反序全精炼石蜡 75172t，反序半精炼石蜡 180214t，使用寿命达到 27.36t/kg。在 2010 年 9 月，FV-10 催化剂在大庆炼化进行了第二周期的工业应用。在 2011 年 4 月，该装置通过优化生产工艺、精细调整操作参数，首次生产出 64#高熔点半精炼石蜡，填补了公司该标号石蜡产品的空白。

2008 年 8 月~2011 年 5 月，FV-10 催化剂在燕山石化公司使用了第 2 周期，共运转 33.5 个月，加工石蜡 202624t，催化剂使用寿命是 18.35t/kg。成品安定性 3~4 号，反应器床层最高温度为 285℃，赛波特颜色范围在 26~28#，反应压力控制在 5.0MPa。该周期达到了本装置催化剂最长使用寿命和开工周期的历史最好水平。2011 年 5 月，该装置又进行了 FV-10 催化剂的第三周期运转。

近几年，FV-10 石蜡加氢催化剂还成功应用于大连石化，上海高桥石化公司等厂家。由于催化剂具有芳烃饱和能力和脱色能力强的特点，该催化剂还应用于润滑油的补充精制过程和溶剂油的芳烃饱和过程，分别应用于中国石化荆门石化公司的 100kt/a 润滑油补充精制和盘锦北方沥青公司新建的 200kt/a 环烷基馏分油加氢装置上。

2019 年，FV-10 催化剂采用器外预硫化技术，成功应用于盘锦北方沥青燃料有限公司 100kt/a 高压石蜡加氢装置上应用情况见表3，首次开工过程中，装置运行平稳，加氢石蜡产品质量符合GB/T446—2010《全精炼石蜡》对62号全精炼石蜡的技术要求，表明器外预硫化型FV-10催化剂技术成熟，FV-10催化剂具有较高的活性和选择性，而且反应器压降小、温升小。产品色度+30号、光安+3号、热安+28号，体现出高压加氢的优势。

表3　2019年FV-10催化剂在盘锦北方沥青燃料有限公司装置上应用情况

项目	原料	产品	全精炼石蜡 GB/T 446—2010
熔点/℃	62.56	62.60	62~64
含油量/%	0.45	0.47	≦0.8
颜色(赛氏)/号	+5	+30	≧+25
光安定性/号	5	3	≦5
针入度(25℃)/(10^{-1}mm)	15	15	≦17
运动黏度(100℃)/(mm^2/s)	4.805	4.713	报告
嗅味	2.0	1.0	≦1.0
水溶性酸或碱	无	无	无
机械杂质及水	无	无	无

以上工业应用表明：FV-10催化剂的原料适应性强，可应用于石蜡、高熔点石油蜡、微晶蜡、凡士林及润滑油的加氢精制过程，对劣质石油蜡具有优良的活性，尤其在低温及高空速下具有良好的活性。另外，在产品颜色改善、光热安定性及稠环芳烃饱和能力方面都具有较强的优势。

2　FV-20催化剂的研制及工业应用[6-9]

2.1　催化剂的研制

催化剂上的金属负载量是决定催化剂成本的关键因素，为了降低催化剂的生产成本，FRIPP在2004年开始研制低钼含量的FV-20载硫型石蜡加氢催化剂。通过改善活性金属在载体表面上的分散和分散状态，提高了催化剂活性中心的“活性效应”，从而在降低活性金属含量的同时保证了催化剂的活性。另外，FV-20催化剂采用了“器外载硫”、器内活化的方式，缩短了开工周期，避免了环境污染。FV-20催化剂与481-2B催化剂比较见表4。

表4　FV-20催化剂与481-2B催化剂理化性质和加氢活性比较

项目	481-2B	FV-20(氧化态)	性质	58#全炼蜡料A	FV-20	481-2B
金属种类	Mo-Ni	Mo-Ni	颜色(赛氏)/号	+11	+30	+30
总金属含量/%	≥21.5	≥20.0	光安定性/号	6~7	3	3~4
孔容/(mL/g)	0.5~0.7	≥0.40	热安定性/号	-2	+29	+25
比表面积/(m^2/g)	≥200	≥160	易炭化物	未通过	通过	通过
堆积密度/(g/mL)	0.62~0.79	0.74~0.81	稠环芳烃，紫外吸光度/cm^{-1}		通过	通过

FV-20催化剂对劣质蜡料有较好的适应性。该催化剂的主金属钼含量比481-2B低，但活性更佳。

2.2　载硫型和氧化型催化剂活性对比

载硫型FV-20催化剂按载硫方式开工与氧化态FV-20催化剂在器内硫化开工比较，两者活性接近。在其他方面，载硫型FV-20催化剂与氧化态催化剂相比较，前者强度进一步提高，并且外表面光滑，在装填时更容易密实堆积，从而减少沟流情况的发生。工艺条件均为氢分压为6.0MPa、反应温度为250℃、体积空速为0.6h^{-1}L和氢蜡体积比为300。试验结果见表5。

表5 FV-20催化剂氧化型与载硫型的对比活性评价

性质	58#全炼蜡料2	精制蜡产品	
		氧化型	载硫型
颜色(赛氏)/号	+1	+30	+30
光安定性/号	9	3~4	3~4
热安定性/号	-12	+27~+29	+28~+29
易炭化物	未通过	通过	通过
稠环芳烃，紫外吸光度/cm^{-1}	未通过	通过	通过

从表5中可以看出，载硫型FV-20催化剂和氧化型FV-20催化剂的活性相当，几乎没有差别。

2.3 催化剂的工业应用

FV-20载硫型催化剂在2006年6月、2008年5月，在中国石油天然气股份有限公司抚顺石化公司150kt/a中压石蜡加氢装置上进行了工业应用。开工采用器外载硫、器内活化技术，无需催化剂干燥过程，实际减少开工时间40h以上，开工时周边环境检测大气中S含量完全符合环保要求，开工初期的工艺条件：操作压力为5.1MPa、反应温度为250℃、体积空速为0.5~0.7h^{-1}、氢蜡体积比300~400。一次开车成功，采用未经过白土预精制的蜡料，创造出当天进料当天出合格产品的佳绩。初期标定主要数据如表6所示。

表6 抚顺石化公司石油一厂主要标定数据

项 目	58#原料	58#产品	54#原料	54#产品
含油量/%	0.31	0.30	0.27	0.23
颜色(赛氏)/号	(比色2)	+30	(比色2)	+30
光安定性/号	7	3~4	6~7	3~4
热安定性/号	+2	+27	+1	+27
易炭化物	-	通过	-	通过
稠环芳烃，紫外吸光度/cm^{-1}	-	通过	-	通过

注：标定工艺条件为反应温度255℃、压力7.02MPa、体积空速0.65h^{-1}、氢蜡体积比400。

2019年11月，FV-20催化剂再次在中国石油天然气股份有限公司抚顺石化公司150kt/a中压石蜡加氢装置上进行了工业应用，目前装置运转稳定。

3 FV-30催化剂的研制及工业应用[10-12]

3.1 催化剂的研制

FV-30石蜡加氢催化剂，是FRIPP在2008~2010年主要针对如何提高现有直径较小的石蜡加氢反应器的整体技术水平而研发的。由于现有的石蜡加氢反应器的直径较小，所以催化剂不适合密相装填，采用普通装填的方式经常造成催化剂搭桥，从而引起物流的分配不均。而FV-30石蜡加氢催化剂的形状为五齿球型，催化剂在反应器中能够实现均匀装填，可比条形催化剂常规普通装填密度提高10%。所以，FV-30可以大幅度改善反应效果，有效提高现有装置反应器体积利用率，从而提高了装置的整体技术水平。

FV-30催化剂的活性评价是在与参比剂FV-10的原料蜡相同的条件下进行的，从表7可以看出，FV-30催化剂的活性和FV-10的水平相当。

表 7　FV-30 催化剂与 FV-10 催化剂的理化性质和活性对比评价

性质	FV-10	FV-30		原料 1	FV-30	FV-10
金属类型	W-Mo-Ni	Mo-Ni	光安/号	7	3	3
总金属量/%(质)	≥30.0	≥22.5	热安/号	+9	+28	+28
孔容 /(mL/g)	≥0.35	0.43~0.48	颜色(赛氏)/号	+17	+30	+30
比表面积/(m^2/g)	≥150	≥160	熔点/℃	60.65	60.8	60.8
堆积密度/(g/cm^3)	0.82~0.88	0.70~0.76	含油量/%	0.22	0.22	0.22
外观形状	三叶草	齿球型	针入度 (25℃)/(10^{-1}mm)	14	15	15
外观直径/mm	1.0~1.4	2.0~2.4	光安/号	7	3	3
			易炭化物	未通过	通过	通过

注：反应条件：反应压力 6MPa、反应温度 270℃、体积空速 1.5h^{-1}、氢蜡比 200。

3.2　催化剂的工业应用

FV-30 催化剂于 2013 年 11 月在茂名石化公司 100kt/a 石蜡加氢装置上进行了首次工业应用，经过车间细化催化剂硫化、不断调和优化确保原料蜡质量、严格日常平稳操作等措施，石蜡加氢催化剂在使用近 6a 时间仍然满足生产质量的要求，生产合格成品蜡。

2014 年 9 月，茂名石蜡加氢装置对 FV-30 催化剂进行了标定，标定方案按照调 58# 全精炼蜡标准生产，结果见表 8。

表 8　中期标定原料蜡和产品性质

采样地点	调合 58# 蜡原料	产品	GBT446—2010
熔点/℃	58.67	58.61	58~60
含油/%	0.53	0.53	≤0.8
针入度(25℃)/(10^{-1}mm)	16	16	≤19
颜色(赛氏)/号	-1	+30	≥+27
光安定性/号	>9	4	≤4
嗅味	-	1.0	≤1.0
稠环芳烃，紫外吸光度/cm^{-1}		通过	通过
易炭化物		通过	

注：标定工艺条件为反应温度 250℃、压力 5.3MPa、体积空速 0.58h^{-1}、氢蜡体积比 99。

从上述分析数据可以看出，在混合原料蜡质量较差的情况下，保持反应温度为 250℃、反应压力 5.3MPa 的温和状态下操作，加氢产品各项指标均能满足 GBT446—2010《全精炼蜡》的要求。说明 FV-30 催化剂的初始低温活性较好。从原料蜡与精制蜡的含油、熔点、针入度来看，变化不大，这可说明催化剂具有较好的选择性。

2020 年 2 月，FV-30 第二次在茂名石化公司 200kt/a 石蜡加氢装置上进行了工业应用。目前装置运转平稳。

4　下一步研究目标

随着高含蜡原油资源的日益减少和劣质化，造成了石蜡资源的短缺和劣质化。为了拓展蜡料来源，某些石蜡加工厂家在石蜡基原油中部分掺入中间基原油，致使催化剂使用寿命降低。针对这种情况，FRIPP 正在着力进行新一代石蜡加氢催化剂的研发。通过开发高性能载体、研究科学有效的活性金属浸渍技术等手段，制备更适合处理中间基原油的石蜡加氢精制催化剂。

5 结论

FRIPP 多年来一直致力于石蜡加氢精制技术的研究，开发出的催化剂在石蜡和微晶蜡工业生产上均得到很好地应用。

1)FV-10 石蜡加氢催化剂具有较强的原料适应性强，在产品颜色改善、光热安定性及稠环芳烃饱和能力方面都具有较强的优势。

2)FV-20 石蜡加氢催化剂应用前不需要预硫化，省时环保，对劣质蜡料有较好的适应性。

3)FV-30 石蜡加氢催化剂采用了特殊的制备工艺，提高了石蜡加氢装置的整体技术水平。

参 考 文 献

[1] 王士新.FV-10 型催化剂加氢制取多种重质石油产品[J]. 工业催化，2015，2(1)：50-53.

[2] 袁胜华，袁平飞，张皓. 新型石油蜡类加氢精制催化剂 FV-10 的研制[J]. 炼油技术与工程，2006，36(10)：42-46.

[3] 高雁鹏，樊敏超. 大庆炼化公司 64#石蜡生产及 FV-10 催化剂的应用[M]. 2011 年全国石油蜡、润滑油及特种油产品技术交流会论文，2011，西宁.

[4] 刘博.FV-10 催化剂在燕山石蜡加氢装置的使用情况[M]. 2011 年全国石油蜡、润滑油及特种油产品技术交流会论文，2011，西宁.

[5] 孙剑锋，郭保坤，毕文卓，等. 盘锦北燃 10 万吨/年高压石蜡加氢装置首次开工. 2020 年全国石蜡及特种油产品技术交流会，2020，哈尔滨.

[6] 宋冠宇，姚淑香，尹秋伟. 石蜡加氢 FV-20 催化剂实现异地利旧[M]. 2012 年中国石油化工信息学会石油炼制分会北方组年会，2012，贵阳.

[7] 袁平飞.FRIPP 石油蜡加氢精制技术研究进展[M]. 2009 年中国石油炼制技术大会，2009，广东佛山.

[8] 杨秋新. 石蜡加氢精制催化剂工业化应用现状的研究[J]. 石油化工，2004，33 增卷：1041-1042.

[9] 陈彩银.481-2B 催化剂在石蜡加氢精制的应用[J]. 2002 年全国石油蜡类技术交流会论文集，2002，湖北.

[10] 张艳侠，袁胜华，袁平飞，等. 石蜡加氢精制催化剂 FV-3 0 的研制及工艺条件的研究[J]. 石油化工高等学校学报，2012，25(1)：41-45.

[11] 袁胜华，张皓，张艳侠，等. 异球类石油蜡加氢精制催化剂的研制[J]. 2009 年全国石油蜡和特种油产品技术交流会论文集，2009，重庆.

[12] 吴观德. 延长石蜡加氢精制 FV-30 催化剂使用寿命的措施[M]. 2018 年全国石油蜡及特种油产品技术交流会论文集，2018，大连.

[13] 张艳侠，袁平飞，包洪洲，等.FV-30 石蜡加氢催化剂的首次工业应用. 2016 年全国石油蜡及特种油产品技术交流会论文集，2016，合肥.

持续创新的石蜡烃择形异构化催化剂及工艺技术

徐会青　刘全杰　姚春雷　全　辉　宋兆阳

（中国石化大连石油化工研究院　辽宁大连　116045）

摘　要　FRIPP 针对不同原料成功开发了系列专用石蜡烃择形异构化催化剂及相关工艺技术，适用于加工高硫、高氮含蜡原料和低硫、低氮加氢裂化尾油及 FT 合成油原料。根据原料特点和市场对产品性质的要求提供多种成熟、灵活和经济的解决方案，可生产满足Ⅱ、Ⅱ⁺、Ⅲ、Ⅲ⁺类要求的高档基础油产品并联产优级品工业白油、化妆级白油和食品医药级白油。截至 2019 年，采用 FRIPP 开发的石蜡烃择型异构化技术（WSI 技术）工业装置数占国内装置的 56%，基础油产量占 49%。

关键词　择形异构化；催化剂；降凝；黏度指数

随着社会的快速发展，环保法规的严苛以及对产品性能的要求不断增强，正构烷烃加氢异构化反应受到越来越广泛的重视[1]。如何降低污染且生产出性能良好的燃料油和黏温性能较高的基础油成为越来越多科学工作者研究的热点课题[2,3]。基础油的质量决定润滑油油品的蒸发性能、低温流动性、高温热氧化安定性和黏温性能等。具有高黏度指数的 API Ⅲ类基础油需求越来越多，API Ⅲ类基础油的主要成分为异构烷烃，黏度指数（Ⅵ）大于 120、饱和度大于 90%，具有低挥发性、高黏度指数等高性能特点。润滑油异构脱蜡技术是目前最为先进基础油生产技术之一。该技术的关键是“异构脱蜡”催化剂，该催化剂采用具有特殊孔道的特种分子筛为载体，通过负载 Pt 和/或 Pd 贵金属构成高活性和选择性的异构脱蜡催化剂。将高倾点的正构烷烃异构化为低倾点的支链烷烃，成为如今生产 API Ⅲ类基础油的重要方法。

异构脱蜡技术将润滑油中非理想组分进行异构化而转化为理想组分，并保留在基础油馏分中，从而达到降低倾点的目的，使脱蜡油倾点得到明显降低，而收率和黏度指数则相对溶剂脱蜡来说均得到提高。加氢异构脱蜡法生产润滑油基础油有较高的链烷烃含量和较低的 S、N 含量而具有较高的抗氧化安定性、较低的挥发性、较高的黏度指数（Ⅵ）和优异的低温流动性质，从而表现出良好的使用性能和环保优势[4,5]。目前，加氢法生产润滑油的工艺有：Mobil 公司的 MWI 工艺、Chevron 公司的 IDW 工艺、Shell 公司的 XHVI 工艺、Exxon 公司的两段加氢异构化工艺、Lyondell 公司的 WAX ISOM 工艺以及国内石油化工科学研究院的 RIW 工艺和大连石油化工研究院（FRIPP）的 WSI 工艺[6]。

FRIPP 自 20 世纪 90 年代开始进行加氢法生产基础油研究工作，目前已开发的全氢法生产高档基础油及白油技术和配套催化剂（FIDW-1，FIW-1，FIW-12，FIW-12U 和 FIW-12D）生产技术，适用于加工高硫、高氮含蜡原料和低硫、低氮加氢裂化尾油及 FT 合成油原料，可生产满足Ⅱ、Ⅱ⁺、Ⅲ、Ⅲ⁺类要求的高档基础油产品并联产优级品工业白油、化妆级白油和食品医药级白油。高档基础油产品具有低硫、低氮、低芳烃含量、优良的热安定性和氧化安定性、较低的挥发度、优异的黏温性能和良好的添加剂感受性等优点。FRIPP 目前已经成功开发了四代 WSI 技术专用择型异构催化剂，可根据原料特点和市场对产品性质的要求提供多种成熟、灵活和经济的解决方案，对推动和提高我国润滑油基础油加工利用水平起到积极促进作用。

1　FRIPP 异构化催化剂开发及应用

1.1　高选择性异构化催化剂

20 世纪 90 年代，FRIPP 致力于润滑油异构脱蜡催化剂以及工艺技术的开发。根据异构脱蜡反应机理：普遍认为分子筛的孔口对催化剂的选择性有较大影响。若孔口足够小可以限制较大的异构烷烃与

图 1 LKZ-1 分子筛 TEM 图

孔内的酸中心发生反应，催化剂会表现出良好的异构化选择性。成功开发了一种具有一维椭圆形直通道的 AEL 拓扑结构的硅磷铝分子筛 LKZ-1(TEM 图见图 1)和石蜡烃择型异构化催化剂 FIDW-1。

FIDW-1 催化剂是一种贵金属/分子筛催化剂(Pd/LKZ-1)，实验室以正辛烷为模型化合物，在连续流动固定床微型反应器上对催化剂的性能进行评价，具体反应条件：氢分压为 3.0MPa，体积空速为 $1.0h^{-1}$，氢油体积比为 800∶1，评价结果见表 1。从反应结果可以看出：FIDW-1 催化剂异构化选择性高，产物以双支链异构体为主，双支链异构体含量较多。该类催化剂的特点是：对蜡组分具有较高的异构选择性，有较强的芳烃加氢饱和能力，能够在不经补充精制的条件下生产高质量的基础油，该催化剂于 1996 年成功工业试生产。

表 1 FIDW-1 评价结果 %

编号	反应温度/℃	转化率	异构化选择性	SMIY	BMIY	(BMIY+SMIY)
FIDW-1	350	90.86	80.73	23.05	40.03	63.08

注：SMIY 代表单甲基异构体收率，BMIY 代表双甲基异构体收率。

1.2 高活性异构化催化剂

2001 年，FRIPP 的科研人员通过进一步改进研究，根据微中孔择形分子筛的异构化机理，考虑到长链正、异构烷烃动力学直径尺寸，成功设计并合成了具有适宜结构的特种分子筛，在此基础上成功开发第二代异构脱蜡催化剂 FIW-1(工业生产催化剂见图 2)及 WSI 异构脱蜡技术。实验室以正辛烷为模型化合物，在连续流动固定床微型反应器上对催化剂的性能进行评价，具体反应条件：氢分压为 3.0MPa，体积空速为 $1.0h^{-1}$，氢油体积比为 800∶1，评价结果见表 2。从反应结果可以看出：在较低的反应温度下，FIW-1 催化剂转化率比较高，且生成物双甲基支链异构体相对含量较多。

表 2 FIW-1 评价结果 %

编号	反应温度/℃	转化率	异构化选择性	SMIY	BMIY	(BMIY+SMIY)
FIW-1	290	90.95	77.97	29.24	24.48	53.72

注：SMIY 代表单甲基异构体收率，BMIY 代表双甲基异构体收率。

FIW-1 异构脱蜡催化剂主要特点是：具有较强的异构化功能特点，在降低含蜡馏分油凝点的同时，具有较高的目的产品收率。并于 2005 年首次工业应用，催化剂活性、选择性和稳定性方面都具有明显的优势，综合性能达到当时国际先进水平。

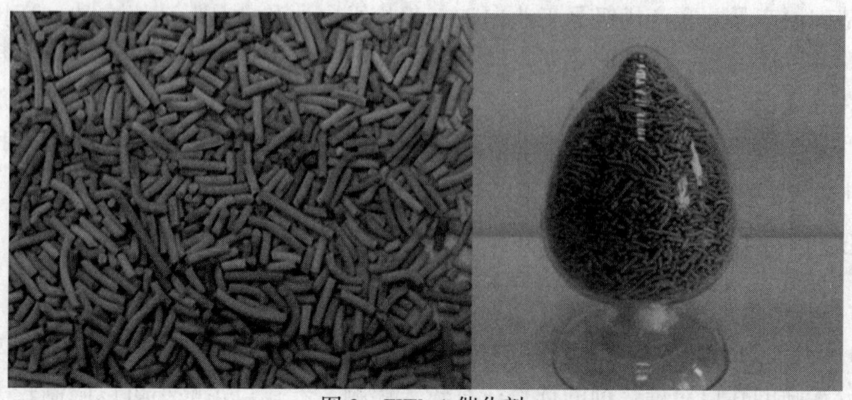

图 2 FIW-1 催化剂

2008年，对某炼油厂异构化装置进行标定，考察其催化剂的活性、稳定性及装置运行情况。原料油性质见表3，产品性质见表4。工业应用结果表明：FRIPP开发的WSI技术加氢降凝效果明显，催化剂具有较理想的反应性能、较高的目的产品选择性、较好的稳定性，可以长周期运转，可以生产符合低凝低凝变压器油和符合HVI指标要求的基础油。

表3　标定期间原料油性质

项　目	原料油性质	项目	原料油性质
密度(20℃)/(kg/m³)	833.6	馏程/℃	
黏度(100℃)/(mm²/s)	3.773	IBP/10%	252/347
倾点/℃	33	50%/90%	402/466
硫含量/(μg/g)	2.0	干点	502
氮含量/(μg/g)	1.0	95%/EBP	477/500

表4　标定期间基础油产品性质

项　目	HVI 60	HVI 150	HVI 250	HVI 300
黏度(40℃)/(mm²/s)	10.52	32.91	50.67	63.34
黏度(100℃)/(mm²/s)	2.642	5.68	7.755	9.245
黏度指数	77	112	119	124
倾点/℃	-45	-24	-18	-15
闪点(开口)/℃	167	216	233	236
色度(D1500)/号	<0.5	1.5	1.5	2.5
氧化安定性(旋转氧弹法，150℃)/min	223	270	274	295

WSI技术特点包含了各种压力等级的石蜡烃异构化工艺过程，在低压工况下石蜡烃异构化技术具有较好的异构降凝效果和较高的选择性，企业可用较少的投资对含蜡馏分油进行异构降凝，生产流动性好的特种油品原料。在高压工况下采用异构降凝-加氢精制串联技术，能够实现全氢法制取优质Ⅱ、Ⅲ类润滑油基础油的整套技术。并在三套工业装置上成功应用，典型工业应用结果显示：与当时的参比催化剂相比，在产品性质相似的情况下，催化剂的反应温度低10℃，具有较高的综合性能。石蜡烃择形异构化技术应用成功，取得具有我国自主知识产权的石蜡烃择形异构化的技术成果，低压择形异构工业应用的成功，对改变我国高档基础油生产无论在技术和原料来源上都需要由国外进口的局面，为推动我国加氢法生产优质基础油的技术国产化做出贡献。

1.3　低黏度指数损失催化剂

润滑油基础油的黏度，黏度指数和收率都是重要指标，但黏度指数往往处在更突出的位置，高黏度指数润滑油可以降低基础油挥发性，改善发动机性能，延长润滑油的使用周期，在低排放和燃油经济性的推动下，优质润滑油的全球市场份额逐渐提高。

随着高黏度指数基础油市场需求的提高，FRIPP在对基础油黏度指数与其组成以及各组成的分子结构之间的关联关系深入研究，并在前两代催化剂成功应用的基础上，又成功开发第三代石蜡烃择形异构化催化剂FIW-12(工业生产催化剂见图3)，实验室以正辛烷为模型化合物，在连续流动固定床微型反应器上对催化剂的性能进行评价，具体反应条件：氢分压为3.0MPa，体积空速为1.0h^{-1}，氢油体积比为800：1，评价结果见表5。从反应结果可以看出：正辛烷转化率在90%左右，与FIW-1催化剂相比，异构化选择性明显提高，且生成物中单甲基支链异构体明显增多，减少了裂解反应的发生。

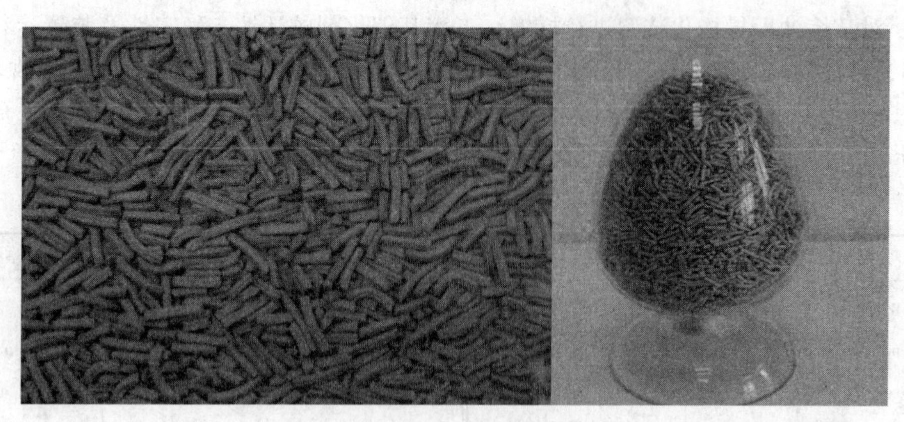

图 3 FIW-12 催化剂

表 5 FIW-12 评价结果 %

编号	反应温度/℃	转化率	异构化选择性	SMIY	BMIY	(BMIY+SMIY)
FIW-12	310	91.02	84.22	62.08	10.51	72.59

注：SMIY 代表单甲基异构体收率，BMIY 代表双甲基异构体收率。

以典型原料为代表，原料性质见表 6，在氢油体积比为 800，体积空速为 1.0h^{-1}，氢分压为 9.0 MPa 的工艺条件下，FIW-1 和 FIW-12 的中试评价结果见表 7，从表 7 的结果可以看出，与 FIW-1 催化剂相比，新开发的催化剂 FIW-12 液收提高了 3.9 个百分点，基础油收率提高了 0.9 个百分点，基础油黏度指数提高了 9 个单位达到 124，综合性能得到大幅度提高。

表 6 原料油性质

项 目	典型原料	项 目	典型原料
密度(20℃)/(kg/m^3)	861.1	馏程/℃	
黏度(100℃)/(mm^2/s)	5.47	IBP/10%	227/399
倾点/℃	21	30%/50%	428/441
硫含量/(μg/g)	4.0	70%/90%	455/469
氮含量/(μg/g)	1.2	95%/EBP	477/500
蜡含量/%	9.8		

表 7 异构脱蜡催化剂活性评价

催化剂	FIW-12	FIW-1
反应温度/℃	335	315
液体收率/%	97.2	93.3
<130℃	8.4	7.2
130~280℃	4.1	2.4
280~315℃	0.9	0.6
315~352℃	1.4	1.6
>352℃	82.4	81.5
>352℃倾点/℃	-18	-15
>352℃黏度(40℃/100℃)/(mm^2/s)	32.53/5.848	36.13/6.103
>352℃黏度指数	124	115

2013年对某企业异构化装置进行标定，以含蜡馏分油为原料，生产API Ⅱ、Ⅲ类润滑油基础油产品。考察其催化剂的活性、稳定性及装置运行情况。原料油性质见表8，产品性质见表9。

表8 原料油性质

项 目	典型原料	项 目	典型原料
密度(20℃)/(kg/m^3)	923.2	馏程/℃	
黏度(100℃)/(mm^2/s)	6.156	IBP/10%	378/431
凝点/℃	27	30%/50%	454/465
硫/(μg/g)	9654	70%/90%	481/511
氮/(μg/g)	265	95%/98%	524/546
蜡/%	36.73		

表9 标定期间主要产品性质

项 目	5号白油	2号Ⅱ类基础油	项目	6号Ⅲ类基础油
闪点(开口)/℃	120	149	闪点(开口)/℃	206
黏度(40℃)/(mm^2/s)	4.7	7.03	黏度(40℃)/(mm^2/s)	25.32
赛氏颜色/号	+30	+30	黏度(100℃)/(mm^2/s)	5.132
倾点/℃	-30	-24	黏度指数	136
			赛氏颜色/号	+30
			凝点/℃	-18
			氧化安定性(旋转氧弹)150℃/min	>300

FRIPP开发的更高反应性能的第三代石蜡烃择形异构催化剂(FIW-12)，具有选择性异构化能力强，黏度指数损失小的性能，可以根据产品的要求量体裁衣控制异构脱蜡工艺条件，生产的产品可以满足Ⅲ类基础油指标要求，在产物液收特别是目的产品的黏度指数方面都有明显的提高，催化剂综合水平达到国际先进水平，目前该技术目前已在国内7套装置工业应用。该项目相关技术已经在包括美国、台湾、新加波和马拉西亚等中国大陆以外多个国家和地区发明专利授权，中国发明专利授权也超过30件，具有完全独立的知识产权。2014年荣获中国石油化工学会科技进步一等奖，2018年荣获中国石化前瞻性基础性研究科学奖二等奖。

2 高灵活性组合催化剂开发及应用

根据反应物料在反应器不同阶段组分的变化规律，FRIPP设计了FIW-12U和FIW-12D两种催化剂组合级配技术。该技术的特点是FIW-12U活性较高，能够在较低的温度下发生适当的转化，为下一段反应提供高黏指、低杂质的物料，FIW-12D具有高选择性的特点，能在较高的温度下实现理想组分的定向转化，在生产高质量产品的同时能够充分利用上段反应热达到节能降耗的目的。

以某炼油厂加氢裂化尾油原料，所用原料油主要性质见表10。在氢油体积比为800，体积空速为1.0h^{-1}，氢分压为9.0MPa的工艺条件下，FIW-12U和FIW-12D的中试评价结果见表11。

表10 原料油性质

项 目	加氢裂化尾油	项 目	加氢裂化尾油
黏度(50℃)/(mm^2/s)	16.40	馏程/℃	
黏度(100℃)/(mm^2/s)	5.022	IBP/10%	404.7/418.9
倾点/℃	40	30%/50%	426.0/435.8
硫/(μg/g)	4.1	70%/90%	456.7/494.6
氮/(μg/g)	1.0	95%/EBP	511.1/530.4
蜡含量/%	38.4		

表11 中试评价条件及结果

催化剂	FIW-12U	FIW-12D	FIW-12U/FIW-12D
平均温度/℃	318	330	323
C_{5+}液收/%	95.8	96.2	97.8
基础油收率/%	77.5	80.8	85.3
黏度(40℃)/(mm^2/s)	17.482	16.550	15.830
黏度指数	116	120	123
倾点/℃	-22	-21	-21

注：操作条件为压力3.0MPa，体积空速1.0h^{-1}，氢油体积比800；FIW-12U/FIW-12D装填比例1：2。

评价结果显示：当产品倾点达到-20℃左右，FIW-12U反应温度较低，显示了较高的反应性能；FIW-12D基础油收率比较高，表现出良好的异构化选择性。而FIW-12U/FIW-12D评价结果显示：当产品的倾点达到-21℃时，反应温度为323℃，黏度指数为123，液体收率为97.8%，基础油收率为85.3%；与单独使用FIW-12U或FIW-12D相比，产品的液收和黏度指数都大幅度提高。从评价结果可以看出：将FIW-12U/FIW-12D两种不同性能的催化剂根据反应的特点进行合理的组合，将具有不同功能的催化剂“联合”使用，不仅可以提高催化剂的活性和选择性，而且也提高了原料的适应性，根据市场需求，可以灵活多产目标特种油品，最大限度提高产品质量。

2016年采用FRIPP开发的组合异构技术在国内处理量600kt/a高档润滑油基础油成功应用，标志着FRIPP加氢生产高档基础油技术达到新阶段。2019年采用FIW-12U/FIW-12D组合技术的山东清沂山石化800kt/a特种油装置一次开车成功，该装置是目前国内加工能力最大，压力等级最高，产品分类最多的特种油加工装置。选用石蜡基原油产出的减压蜡油，一段加氢原料指标见表12，产出润滑油基础油产品指标见表13。

表12 石蜡基原料性质

项 目	原料性质	项 目	原料性质
密度/(g/cm^3)	0.8406	馏程/℃	
硫含量/(mg/kg)	0.6	HK/10%	183/319
总氮/(mg/kg)	0.39	30%/50%	385/414
凝点/℃	+40	70%/90%	439/476
40℃黏度/(mm^2/s)	13.15	KK	500
100℃黏度/(mm^2/s)	3.397		
黏度指数	137		

表13 加工石蜡基原料产出的润滑油基础油产品指标

产品牌号	100N	150N	200N	300N	350N
40℃黏度/(mm^2/s)	21.02	33.09	39.51	52.05	64.33
100℃黏度/(mm^2/s)	4.157	5.563	6.374	7.802	9.217
黏度指数	97	105	111	116	121
闪点(开口)/℃	198	215	236	242	250
倾点/℃	-32	-21	-15	-10	-8
颜色(赛氏)/号	>+30	>+30	>+30	>+30	>+30

通过加工数据可以看出，加工石蜡基原料，FRIPP 催化剂对原料黏度指数提升 26 个数值，生产的润滑油基础油能达到 API Ⅱ⁺及 API Ⅲ类标准。

3 小结

1) FRIPP 针对不同的原料成功开发了具有独立自主知识产权的系列石蜡烃择形异构化催化剂，在合适的条件下，均表现出优异的催化活性和选择性以及良好的稳定性，多套工业装置长周期运转结果表明，无论是在反应性能方面，或者是产品质量方面，都达到甚至优于国外同类技术。

2) FRIPP 经过 20 多年科研攻关和工业装置生产经验，已经成功开发了四代石蜡烃择形异构化专用催化剂，可根据原料特点和市场对产品性质的要求提供多种成熟可靠、灵活多样的解决方案，为我国高档基础油生产和基础油产品结构的升级提供完善的技术支撑。

参 考 文 献

[1] Talor R J, Petty R H. Selective Hydroisomerization of long chain normal paraffins [J]. Appl. Catal. A: 1994. 119: 121-138.

[2] 李大东. 加氢处理工艺与工程[M]. 北京: 中国石化出版社, 2004.

[3] 黄玉秋, 祈圣杰. 润滑油加氢异构脱蜡技术[J]. 合成润滑油材料, 2008, 35(3): 29-30.

[4] Miller S J. Production of low pour point lubricating oils: The United States, US4921594[P]. 1990.

[5] Kissin Y V. Chemical mechanism of hydrocarbon cracking over solid acidic catalysts [J]. J Catal, 1996, 163(1): 50.

[6] S J Miller. Process for producing lube oil from solvent refined oils by isomerization over a silicoalumino-phosphate catalyst [P]. US : 5413695 , 1995, 05, 09.

FRIPP 生产清洁溶剂油产品的加氢系列技术及其工业应用

全　辉　姚春雷

（中国石化大连石油化工研究院　辽宁大连　116045）

摘　要　介绍大连石油化工研究院（FRIPP）开发的加氢法生产清洁溶剂油技术及工业应用情况，FRIPP开发的加氢法生产的清洁溶剂油产品质量达到国外同类产品的水平。

关键词　清洁溶剂油；生产技术；工业应用

1　加氢生产低芳溶剂油技术

1.1　背景

溶剂油是烃类的混合物，一般为汽油、煤油或柴油馏分。溶剂油作为五大类石油产品之一，应用领域不断扩大，市场需求不断增加，随着我国环保要求日益严格和精细化工、电子工业、家居用品、日用化学品对溶剂性能要求的提高，经深度加氢脱硫、脱芳、脱氮的低硫、低芳、低烯、无毒、无味、无色的清洁溶剂油已经成为溶剂油市场主流。

根据清洁溶剂油市场的需要及环境保护对产品生产过程和使用过程清洁化的要求，FRIPP 开发了一系列高效的加氢催化剂以及高压加氢生产清洁溶剂油技术、中压两段加氢生产清洁溶剂油技术和低压加氢生产清洁技术，并先后实现工业应用。加氢生产低芳溶剂油技术已经形成系列化，溶剂油生产厂家可根据原料的来源、经济实力和产品的需求，选择合适的工艺过程，生产清洁溶剂油。

1.2　加氢生产清洁铝箔油技术

1.2.1　工艺流程

以中间基直馏煤油为原料，采用加氢处理—加氢精制一段串联工艺，生产出达到国外同类产品质量的清洁铝箔油产品。工艺流程见图 1。

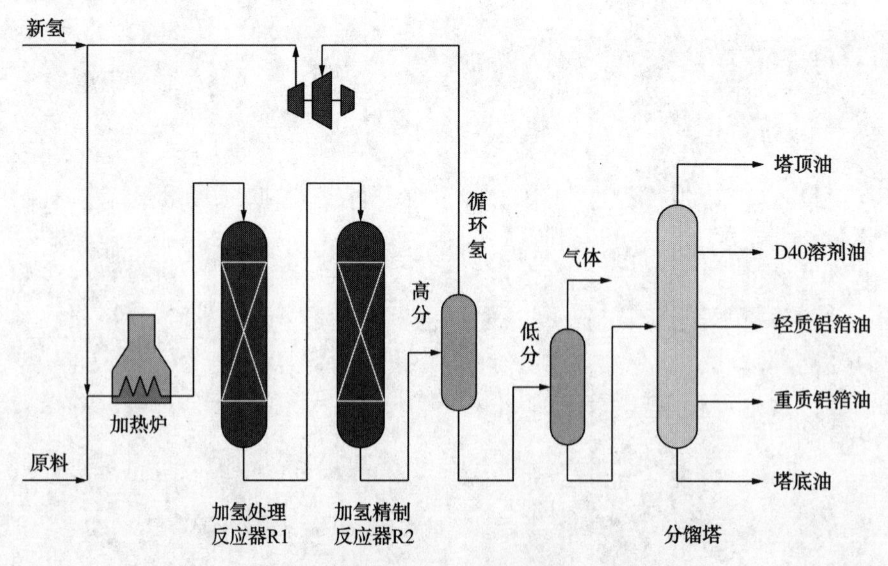

图 1　高压一段串联加氢生产清洁铝箔油工艺流程图

1.2.2 主要工艺技术指标和产品主要性质

通过高压一段串联工艺过程的主要工艺技术指标和产品主要性质分别见表 1 和表 2。

表 1 主要工艺技术指标

工艺条件	数据
氢分压/MPa	12.0~17.0
总体积空速/h^{-1}	0.3~0.8
氢油比	300~600
平均反应温度(R_1/R_2)/℃	300~380/300~380

表 2 产品主要质量指标

铝箔油		1#	2#
馏程/℃		205~245	230~265
粘度(40℃)/(mm^2/s)		1.5~1.7	2.0~2.3
芳烃含量/%	不大于	0.1	0.1
硫含量/(μg/g)	不大于	1.0	1.0
颜色(赛氏)/号	不小于	+30	+30
闪点(闭口)/℃	不低于	80	100
溴值/[mgBr/(100g)]	不大于	50	50

1.2.3 工业应用情况

高压一段串联加氢生产清洁铝箔油技术，于 2005 年 6 月在华北一套 50kt/a 溶剂油加氢工业装置成功应用，工业应用结果表明：高压一段串联加氢生产清洁铝箔油技术具有液收高、气体产率低、产品质量好等优点，为企业创造较好的经济效益。

1.3 石蜡基直馏煤油加氢生产清洁溶剂油技术

1.3.1 工艺过程

以石蜡基直馏煤油为原料，流程与图 1 相同。通过高压一段加氢精制过程，得到的全馏分生成油，再经过精馏，切割出一系列窄馏分产品，可以生产出多种牌号的低芳烃清洁溶剂油。

1.3.2 主要工艺技术指标和产品主要性质

高压加氢精制工艺过程的主要工艺技术指标和产品主要性质分别见表 3 和表 4。

表 3 主要工艺技术指标

工艺条件	数据
氢分压/MPa	12.0~17.0
体积空速/h^{-1}	0.5~1.5
氢油比/(Nm^3/m^3)	400-800
平均反应温度/℃	300~380

表 4 产品主要质量指标

产 品		D25	D30	D40	D80	D110
馏程/℃		90~135	135~160	160~200	205~245	245~270
芳烃含量/%	不大于	0.10	0.10	0.10	0.10	0.10
硫含量/(μg/g)	不大于	1.0	1.0	1.0	1.0	1.0
闪点(闭口)/℃	不低于	—	30	40	80	110
溴值/[mgBr/(100g)]	不大于	50	50	50	50	50

1.3.3 工业应用情况

高压一段加氢生产低芳溶剂油技术，于2004年在华南一套30kt/a工业装置上首次应用成功。2011年淮安清江石化30kt/a煤油加氢生产低芳溶剂油装置，采用FRIPP的FHUDS-2催化剂进行了生产低芳溶剂油的工业应用，可以生产芳烃含量小于0.12%的无味煤油和D95低芳溶剂油产品。

1.4 两段加氢法生产清洁溶剂油技术

1.4.1 工艺流程

以直馏煤油或常二线为原料，采用两段加氢工艺流程，生产的清洁溶剂油和3#白油，产品质量优良。中压两段加氢原则流程见图2。

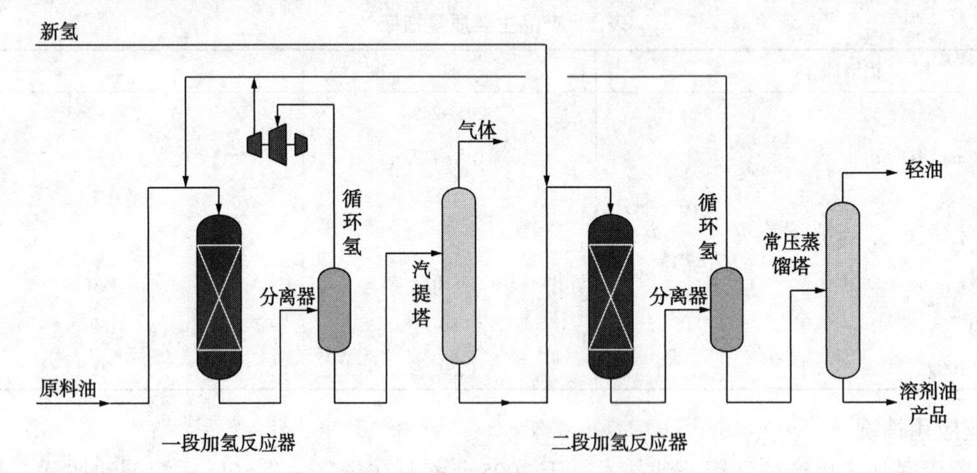

图2 两段加氢原则流程图

1.4.2 主要工艺技术指标和产品主要性质

中压两段加氢工艺过程的主要工艺技术指标和产品主要性质分别见表5和表6。

表5 主要工艺技术指标

项目	一段加氢精制	二段深度脱芳
操作条件		
氢分压/MPa	4.0~6.0	5.0~7.0
反应温度/℃	280~360	160~260
体积空速/h^{-1}	1.5~2.5	0.3~0.8
氢油体积比	400	300

表6 产品主要性质

产品		D30	D40	D80	3#优级品工业白油
馏程/℃		135~160	160~200	135~160	200~290
芳烃含量/%	不大于	0.10	0.10	0.10	0.10
硫含量/(μg/g)	不大于	1.0	1.0	1.0	1.0
颜色(赛氏)/号	不小于	+30	+30	+30	+30
闪点(闭口)/℃	不低于	30	40	80	80
溴值/[mgBr/(100g)]	不大于	50	50	50	50
硫酸显色		通过	通过	通过	通过

1.4.3 工业应用情况

中国石化荆门石化公司2004年3月采用FRIPP开发的两段中压加氢技术及催化剂成功工业应用。

2007 年改用 FRIPP 新开发的贵金属加氢精制催化剂 FHDA-10，可以生产 3 号优级品工业白油或 3 号食品级白油，产品质量得到提升，装置处理能力也由 30kt/a 大幅度提高至 52kt/a，进一步提高了企业的经济效益。

1.5 低硫馏分油加氢生产清洁溶剂油技术

1.5.1 加氢裂化煤油生产清洁溶剂油技术

(1)背景

国内具有丰富的加氢裂化煤油资源，FRIPP 开发了以加氢裂化煤油为原料，低压加氢生产清洁溶剂油技术，具有工艺条件缓和、产品液收高、产品质量优良、投资低等特点。

(2)主要工艺技术指标和产品主要性质

加氢裂化煤油生产加氢清洁溶剂油技术采用 FRIPP 开发的芳烃饱和专用催化剂，典型原料性质列入表 7、工艺条件列入表 8、生产的清洁溶剂油性质列入表 9。

表 7 典型原料油性质

项 目	加氢裂化煤油
密度(20℃)/(kg/m³)	806.8
馏程/℃	150~280
硫/(μg/g)	1.0
氮/(μg/g)	1.0
质谱芳烃/%	10.60

表 8 低压加氢工艺条件

工艺条件	数据
氢分压/MPa	1.5~4.0
体积空速/h^{-1}	0.5~1.2
氢油体积比	150∶1~300∶1
加氢精制反应温度/℃	140~250

表 9 清洁溶剂油产品性质

产品名称	D30	D40	D60	D80	D110
馏程范围/℃	140~160	160~195	195~210	210~245	245~265
硫含量/(μg/g)	<1	<1	<1	<1	<1
芳烃/%	0.005	0.014	0.019	0.058	0.078
闪点(闭口)/℃	32	43	67	84	115
溴指数/[mgBr/(100g)]	13.8	16.9	22.3	31.2	41.5
颜色(赛氏)/号	+30	+30	+30	+30	+30

(3)工业应用情况

加氢裂化煤油加氢生产清洁溶剂油技术及配套催化剂，分别于 2008 年、2011 年和 2019 年在华东一套 100kt/a 工业装置、山东一套 50kt/a 溶剂油加氢装置和山东一套 60kt/a 溶剂油加氢装置应用成功。清洁溶剂油产品与国外 D 系列溶剂油产品性质相当。

1.5.2 重整抽余油低压加氢生产清洁溶剂油技术

(1)背景

随着我国人民生活水平提高，植物油抽提溶剂向着提高浸出效果、低毒性及低排放方向发展。植物油抽提溶剂 GB16629—2008 标准对溶剂油的硫含量、溴指数、芳烃含量有严格的限定，要求硫小于

10μg/g，苯含量小于0.1%，溶剂油中有害物质大大降低。

植物油抽提溶剂的最主要来源为催化重整生成油，FRIPP开展了重整抽余油加氢生产植物油抽提溶剂的研究工作。

(2)主要工艺流程和技术特点

①重整抽余油单段加氢工艺

重整抽余油一段加氢工艺如图3所示，原料油先进入脱硅反应器，将原料中微量硅脱除。然后再进入加氢精制反应器，反应产物经分馏塔顶切割出的C_5轻油，侧线出植物油抽提溶剂，塔底出120号溶剂油。

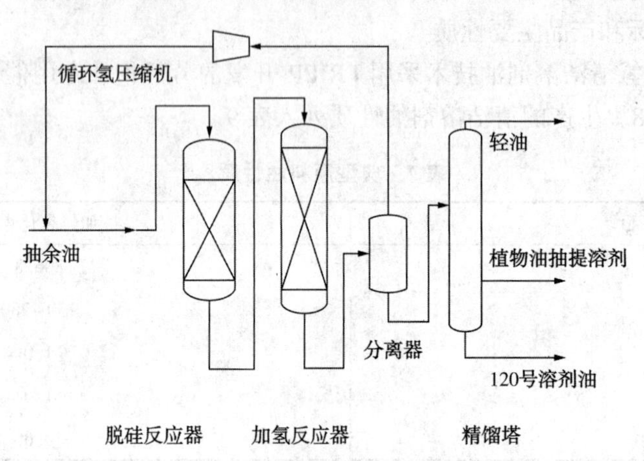

图3 重整抽余油一段加氢工艺

重整抽余油一段加氢工艺条件见表10，植物油抽提溶剂和120号溶剂油产品性质见表11、表12和表13。

表10 重整抽余油一段加氢主要操作条件

项 目	贵金属催化剂	高镍催化剂
反应器入口氢分压/MPa	1.0~4.0	
体积空速/h^{-1}	1.0~4.0	
反应器入口气油体积比	≥300	
平均反应温度/℃	110~220	110~250

表11 植物油抽提溶剂性质(GB16629—2008)

项 目	数据	试验方法
馏程(IBP~FBP)/℃	61~76	GB/T6536
苯含量/%(质)	<0.1	GB/T17474
溴指数/[mgBr/(100g)]	<100	GB/T11135
颜色(赛氏)/号	+30	GB/T3555
硫/(μg/g)	<1	SH/T0253

表12 6号溶剂油产品性质

项 目	6号抽提溶剂油(GB16629—1996)
馏程范围	60~90
芳烃含量/%(质)	≤1.5
溴指数/[mgBr/(100g)]	≤1000
密度(20℃)/(kg/m^3)	655~681
色度(赛氏)/号	≥+25

表 13 120 号溶剂油性质(SH 0004-90：优级品)

项 目	数据	试验方法
馏程(IBP ~98%)/℃	80 ~120	GB/T6536
芳烃含量/%(质)	<1.5	SH/T0166
溴值/[gBr/(100g)]	<0.12	SH/T 0234
硫含量/(μg/g)	<1	SH/T0253

②重整抽余油两段加氢工艺

重整抽余油两段加氢工艺如图 4 所示，芳烃抽余油原料先进入一段加氢反应器进行脱烯烃及脱芳烃反应，反应流出物去产品分馏塔进行产品切割分离。塔顶为 C_5 轻油，塔底为 120 号溶剂油产品，侧线 C_6 组分作为原料进入二段加氢反应器深度芳烃饱和，二段加氢产物再经蒸馏得到满足 GB16629—2008 要求的植物油抽提溶剂或正己烷产品。

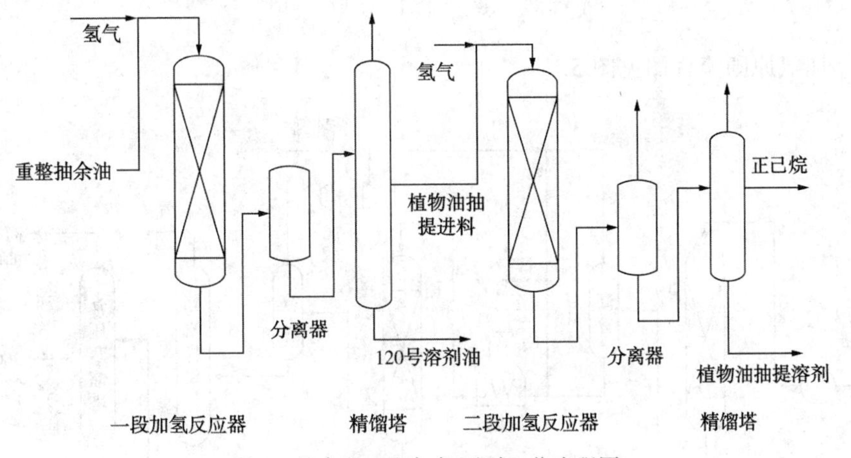

图 4 抽余油两段加氢原则工艺流程图

两段加氢工艺的一段加氢反应器装填硫化型或贵金属加氢催化剂，用来加氢饱和抽余油中的烯烃，经一段加氢后经蒸馏即可得到满足 SH 0004-90 要求的 120 号溶剂油产品。二段加氢反应器装填高镍催化剂用来深度饱和芳烃，脱除残余的苯。两段加氢典型工艺条件见表 14。正己烷产品性质见表 15。

表 14 两段加氢反应部分主要操作条件

项 目	一段加氢反应器	二段加氢反应器
反应器入口氢分压/MPa	1.0~4.0	
体积空速/h^{-1}	1.0~4.0	1.0~4.0
反应器入口气油体积比	≮300	
反应器平均反应温度/℃	120~220	130~250

表 15 正己烷产品典型性质

项 目	数 据
密度(20℃)/(kg/m^3)	667.3~669.2
馏程/℃	66~75
苯含量/(μg/g)	<100
溴指数/[mgBr/(100g)]	<100
颜色(赛氏)/号	+30
硫/(μg/g)	<1.0

(3)工业应用情况

FRIPP 重整抽余油低压加氢生产清洁溶剂油技术于2008年首次工业应用成功以来，至今已在7套重整抽余油加氢装置应用。

2 加氢生产优质芳烃溶剂油技术

2.1 背景

国内高档芳烃溶剂油是以连续重整与芳烃抽提联合工艺获得的三苯为原料生产的，具有硫氮低、颜色浅、无特殊气味及安定性好等特点，但价格昂贵。以乙烯副产 C_9 芳烃为原料，采用适宜的加氢工艺技术生产高档芳烃溶剂油是较佳的技术途径，且原料来源广泛，价格有竞争优势。

随着我国乙烯工业的迅速发展，生产乙烯的副产物 C_9 裂解汽油也大量增加。国内乙烯裂解 C_9 现多数用作燃料，只有少部分用于生产 C_9 石油树脂和芳烃溶剂油等其他产品，且规模小，成本高。FRIPP 开发了乙烯裂解 C_9 低压两段加氢生产芳烃溶剂油技术。

2.2 工艺过程

乙烯裂解 C_9 加氢原则流程图见图5。

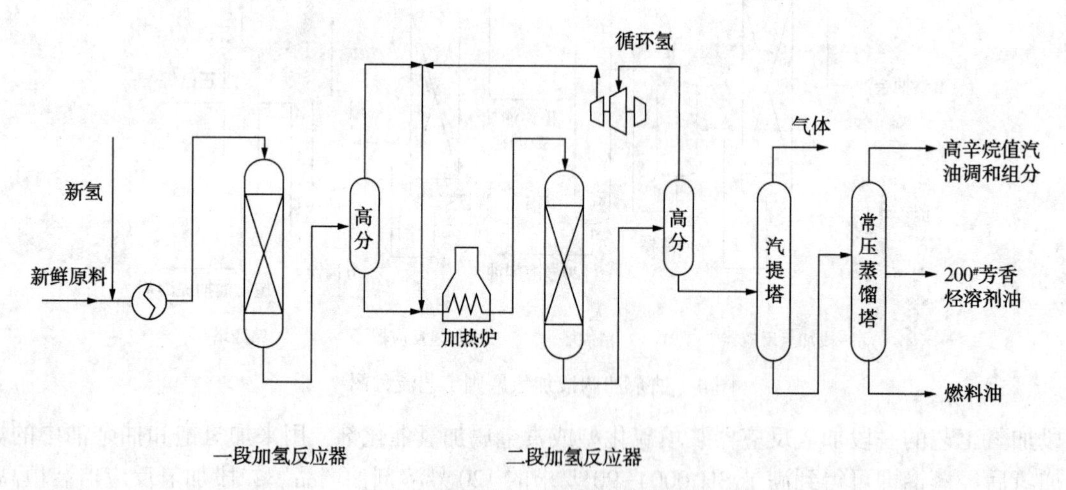

图5 乙烯裂解 C_9 加氢原则流程图

FRIPP 乙烯裂解 C_9 馏分低压两段加氢生产芳烃溶剂油技术，是在较缓和的工艺条件下，进行选择性加氢脱除双烯烃、苯乙烯及衍生物和单烯烃，以及脱除硫、氮杂质，生产稳定的芳香烃溶剂油和 C_9 裂解汽油调和组分；产品可以作为生产高芳烃溶剂油的原料和高辛烷值汽油添加组分。

2.3 主要工艺技术指标和产品主要性质

乙烯裂解 C_9 馏分原料性质列入表16，工艺条件列入表17，芳烃溶剂油产品性质列入表18，高辛烷值汽油调和组分见表19。

表16 乙烯裂解 C_9 馏分油性质

项 目	数据
密度(20℃)/(kg/m³)	904.3
馏程范围/℃	138~210
硫/(μg/g)	84.5
氮/(μg/g)	10.7
双烯/[g/(100g)]	3.33
辛烷值(RON)	99.3
芳烃/%	93.68

表 17 乙烯裂解 C_9低压加氢工艺条件

工艺条件	数据
氢分压/MPa	1.0~4.0
体积空速(一段/二段)/h^{-1}	0.5~2.5/0.5-3.0
氢油体积比	150∶1~400∶1
加氢精制反应温度(一段/二段)/℃	50~180/180-280

表 18 乙烯裂解 C_9两段加氢芳烃溶剂油产品性质

馏分/℃	124~145	145~165	165~190
硫含量/(μg/g)	1.0	1.0	1.0
氮含量/(μg/g)	1.0	1.0	1.0
颜色(赛氏)/号	+30	+30	+30
芳烃含量/%(质)	91.40	90.47	80.26

表 19 高辛烷值汽油调合组分性质

项目	高辛烷值汽油调和组分	欧Ⅴ排放标准
馏程/℃		
IBP/10%/30%/50%/90%/95%/EBP	118/141/146/153/186/191/205	EBP 不高于 215
硫含量/(μg/g)	1.0	不高于 10
辛烷值(RON)	98.5	不低于 95
诱导期/min	480	不低于 360
PONA/%(质)		
烯烃	0.66	不高于 18
芳烃	83.14	不高于 35

2.4 工业应用情况

加氢生产优质芳烃溶剂油技术于 2008 年在一套 40kt/a 乙烯裂解 C_9加氢装置上首次工业应用成功，生产的清洁汽油调和组分辛烷值为 100，硫小于 10μg/g，赛氏颜色+30；芳烃溶剂油组分硫小于1μg/g，赛氏颜色+30，芳烃含量为 85%。

3 GTL 轻馏分生产正构烷烃溶剂油技术

随着国内煤间接液化技术的迅速发展，GTL 产品也将在国内油品市场占据一定的地位。GTL 轻质产品的正构烷烃含量高，而且硫、氮及芳烃含量很低，正构烷烃含量大于 90%，是生产正构烷烃溶剂油的一种优质原料。但 GTL 轻馏分烯烃含量较高且有刺激性气味，需加氢脱烯烃、加氢脱氧后才能得到正构烷烃溶剂油产品。典型 GTL 轻馏分性质见表 20，GTL 轻馏分加氢典型工艺条件见表 21，正构烷烃溶剂油产品性质见表 22。表 22 中各正构烷烃溶剂油的溴指数均为 0，芳烃含量均小于 0.01%，正构烷烃含量大于 94%。

表 20 GTL 轻馏分性质

项目	数据
密度(20℃)/(kg/m^3)	727.7
馏程范围/℃	46~320
硫含量/(μg/g)	1.0

续表

项　目	数据
氮含量/(μg/g)	1.0
酸度/(mgKOH/100mL)	9.27
溴价/(gBr/100mL)	13.80
正构烷烃含量/%	94.74

表 21　GTL 轻馏分加氢工艺条件

工艺条件	数据
氢分压/MPa	低压
氢油体积比	100~400
体积空速/h^{-1}	2.0~4.0
反应温度/℃	100~300

表 22　GTL 正构烷烃溶剂油产品性质

馏分/℃	180~230	230~300	300~320
硫含量/(μg/g)	1.0	1.0	1.0
氮含量/(μg/g)	1.0	1.0	1.0
溴指数/(mgBr/100g)	0	0	0
芳烃/%	0.004	0.005	0.005
赛氏颜色	+30	+30	+30
正构烷烃含量/%	94.23	94.91	94.86

4　结论

1)抚顺石油化工研究院开发的加氢生产低芳溶剂油和优质芳烃溶剂油技术，并先后在多套工业装置实现了工业应用，清洁溶剂油生产工艺技术种类齐全，成熟可靠，可以满足不同用户需要。清洁溶剂油产品质量优良，达到国外同类产品水平。

2)抚顺石油化工研究院开发的清洁溶剂油工艺技术，可以根据现有装置工况、原料油性质选择合理的工艺流程，达到生产清洁溶剂油产品的目的。

RIPP 高档基础油和白油加氢成套技术

李洪辉　郭庆洲　王鲁强　高　杰

（中国石化石油化工科学研究院　北京　100083）

摘　要　随着环保要求不断提高，部分润滑油生产企业"老三套"装置停产或关停，Ⅰ类基础油产量不断降低，润滑油基础油生产逐步向Ⅱ、Ⅲ类基础油转变。为了加快产品质量升级，中国石油化工股份有限公司荆门分公司（简称荆门石化公司）以550kt/a高压加氢处理装置、250kt/a异构脱蜡装置以及100kt/a白油加氢装置为核心，并结合糠醛精制、酮苯脱蜡等装置进行产品的方案优化及结构调整，目前已建成集高档基础油、工业白油、食品级白油等特种油品的润滑油生产基地。上述装置采用石油化工科学研究院（以下简称RIPP）开发的高档基础油和白油加氢成套技术，可以生产出满足"HVIⅡ"类标准的高档基础油及优质食品级白油产品。

关键词　基础油；食品级白油；异构降凝；成套技术

1　前言

随着市场需求变化以及环保要求日趋严格，Ⅰ类基础油已经无法满足生产高档润滑油的需求，其产量逐年降低、逐步被Ⅱ、Ⅲ类基础油取代。根据报道显示，2019年全国基础油总产能约20Mt，其中新增Ⅱ类基础油加氢装置产能4.2Mt左右。截至2019年年底，国内的Ⅱ、Ⅲ类基础油加氢装置及白油装置的产能占国内基础油总产能70%左右，基础油产品质量明显提高，市场需求逐步由低端基础油向高档基础油转变。

荆门石化公司作为中国石化特种油生产基地，在保留传统"老三套"装置的基础上，以550kt/a高压加氢处理装置、250kt/a异构脱蜡装置和100kt/a白油加氢装置为核心，进行产品质量升级、方案优化及结构调整，目前荆门石化公司基础油产品质量升级工作已经基本完成，能够稳定生产高档基础油、工业白油、橡胶填充油、食品级白油等特种油品，未来将继续拓展环烷基橡胶填充油、环保型高芳烃橡胶填充油、变压器油、费-托蜡生产超高黏度指数基础油、以及加氢裂化尾油生产Ⅲ类基础油等领域。

2　RIPP 高档基础油和白油加氢成套技术

2.1　高档基础油生产技术

RIPP根据企业的原料类型、生产产品种类等不同需求，开发了一系列润滑油生产新工艺，为我国炼油企业生产优质的润滑油基础油及特种油品提供了强有力的技术支持。为了满足荆门石化公司基础油产品质量升级和未来发展特种油品的定位，RIPP推荐其采用全氢型高压加氢（RHW）组合工艺第三代技术，并配合使用专用润滑油加氢催化剂体系，该工艺具体流程为加氢处理/加氢精制—异构脱蜡/加氢补充精制，工艺流程图见图1。首先原料油与氢气充分混合后依次进入加氢处理、加氢精制反应器，反应产物经高压分离、汽提后再进入异构脱蜡、加氢补充精制反应器，加氢全馏分产物最后经过蒸馏分离，得到合格的基础油产品。

其中，加氢处理/加氢精制段的主要作用：一方面是在高压和氢气存在条件下对原料进行脱硫、脱氮，并对原料中的芳烃进行加氢饱和从而满足下游加工过程的进料要求；另一方面是在反应过程中对原料中含有的环烷烃或加氢过程中生成的环烷烃进行选择性开环，以便减少产品中的多环环烷烃的含量，提高黏度指数。其根本特征为，在较低的原料转化率条件下，深度脱除原料中的硫、氮等杂原子并对芳烃深度加氢饱和，达到一定的多环环烷烃的开环目的，但又不至于过度裂化，从而最大限度的提高产品的黏度指数、降低目标产品的黏度损失并获得较高的产品收率。

异构脱蜡/加氢补充精制的主要作用是在一定压力和氢气存在条件下，使正构烷烃在特种分子筛和

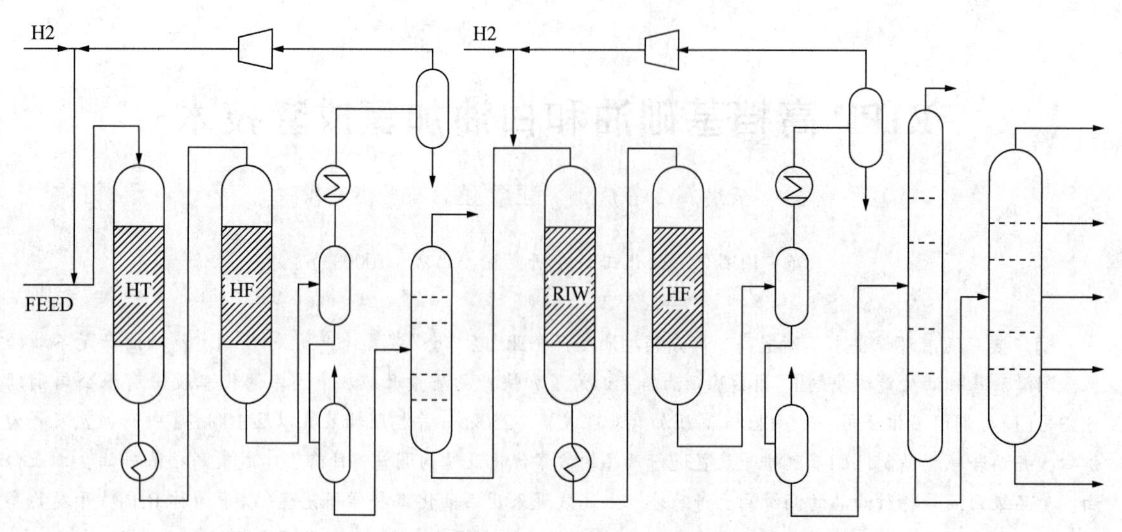

图 1　第三代全氢型高压加氢(RHW)组合工艺流程图

还原态贵金属构成的催化剂上进行异构转化，将具有高凝固点的正构烷烃转化为具有低凝固点的异构烷烃，从而改善目标产品的低温流动性能，满足产品的低温使用性能的要求。在异构脱蜡反应过程中正构烷烃除了反应生成同碳数的异构烷烃成为黏度指数较高的基础油组分外，还伴随生成小分子的裂化反应，产生低沸点的轻组分或气体。此外，异构脱蜡反应过程中还产生少量不饱和组分，这些不饱和组分的生成对目的产品的安定性有影响。加氢补充精制反应的主要作用是在一定压力和氢气存在条件下，对异构脱蜡反应过程产生的少量不饱和组分进行加氢饱和，从而改善产品颜色和光、热安定性。

第三代全氢型高压加氢(RHW)组合工艺技术扩展了加氢装置对原料的适应性，能够用于质量较差，硫、氮及芳烃含量较高的中间基原料或环烷基原料，生产中、高黏度基础油及高品质橡胶填充油等产品。

2.2　白油加氢技术

荆门石化公司为了扩大特种油生产、提升产品质量及优化产品结构，以润滑油基础油及橡胶填充油为原料，经进一步深度加氢，生产化妆品级、食品级等高端白油产品和耐黄变橡胶填充油产品。RIPP 推荐其采用第二代一段白油加氢(RDA-Ⅱ)技术，并配套白油加氢专用催化剂 RLF-20，在高压、低温、低空速条件下深度加氢精制，生产各黏度等级的优质食品级白油产品。

该工艺原料适应性强，可由石蜡基、中间级润滑油馏分生产食品级白油，也可由环烷基润滑油馏分生产耐黄变橡胶填充油或食品级白油。能够根据原料芳烃含量和产品质量要求，灵活选择催化剂，催化剂采用新型载体以及活性金属分散技术，具有较高芳烃加氢性能和抗硫中毒性能。与常规白油加氢技术相比，其空速更高，处理量更大，具体工艺流程图见图 2。

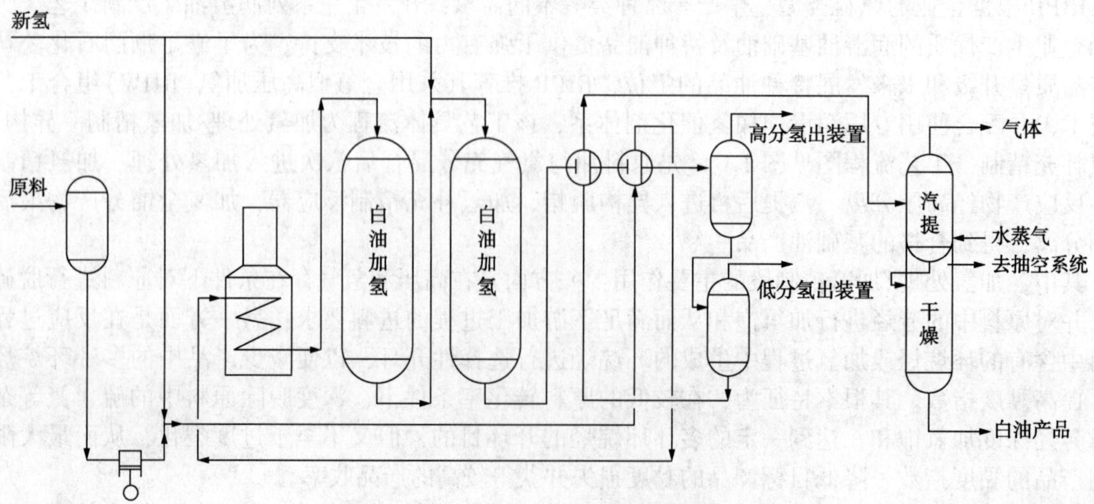

图 2　白油加氢(RDA-Ⅱ)技术工艺流程图

2.3 工业应用

荆门石化公司在 550kt/a 高压加氢处理装置、250kt/a 异构脱蜡装置以及 100kt/a 白油加氢装置上，成功应用 RIPP 开发的高档基础油和白油加氢成套技术及配套催化剂，并结合自身优势充分利用现有糠醛精制、酮苯脱蜡装置与加氢装置相结合，以仪长管输原油减三线、减四线蜡油为原料，生产 HVI Ⅱ 6#、HVI Ⅱ 10#润滑油基础油和食品级白油，并副产工业白油、橡胶填充油、溶剂油等特种产品。

目前，荆门石化公司润滑油加工流程为，原料油首先通过糠醛精制装置后，糠醛精制油作为高压加氢处理装置进料，经过加氢处理的糠醛精制油进行切割后，重润馏分作为异构脱蜡装置和酮苯脱蜡装置的进料，异构脱蜡装置生产“HVI Ⅱ类”基础油并副产工业白油，酮苯脱蜡装置生产的脱蜡油作为白油加氢装置的进料，生产食品级或化妆品级白油。

荆门石化公司以仪长管输减压蜡油为原料首先进行糠醛抽提后，再进入加氢处理装置进行加工，其原料油及糠醛精制油的性质见表 1。从表 1 数据中可以看出，原料油经过糠醛精制后其质量明显提高，硫质量分数由 0.835%降低至 0.517%、碱性氮质量分数由 910mg/kg 降低至 324mg/kg、芳烃质量分数由 31.58%降低至 16.42%、黏度指数由 68 提高至 97，其他性质也均有一定程度改善。将糠醛精制与加氢处理装置相结合，根据原料油性质特点通过调整糠醛精制深度，降低劣质原料的加氢处理反应苛刻度，保证加氢处理反应在较缓和的条件下进行，可以提高基础油的黏度指数、降低黏度损失、提高产品收率。

表 1 糠醛精制装置原料及产品性质

性 质	原料油	糠醛精制油
20℃密度/(kg/m³)	915.4	892.6
100℃运动黏度/(mm²/s)	14.82	12.09
黏度指数	68	97
凝点/℃	48	46
颜色/号	>8	3
硫/%(质)	0.835	0.517
碱性氮质量分数/(mg/kg)	910	324
氯质量分数/(mg/kg)	2.4	2.2
总酸值/(mgKOH/g)	1.18	0.108
残炭/%	0.73	0.08
开口闪点/℃	258	258
饱和烃/%(质)	66.25	81.66
芳烃/%(质)	31.58	16.42
胶质和沥青质/%(质)	2.18	1.92

以糠醛精制油作为加氢处理装置的进料，经过加氢处理后进行蒸馏切割，生产出的各馏分性质见表 2，其中重润馏分作为后续异构降凝和酮苯脱蜡装置的进料。从表 2 数据中可以看出，经过加氢处理后重润馏分的 100℃运动黏度为 9.101mm²/s，黏度指数提高至 122、硫质量分数降低至 0.2mg/kg、芳烃质量分数降低至 0.26%，为优质的基础油生产原料，可以生产出高黏度“HVI Ⅱ”类基础油。

表 2 加氢处理装置产品性质

性 质	减一线	轻润	中润	重润
20℃密度/(kg/m³)	/	857.5	862.4	860.0
40℃运动黏度/(mm²/s)	7.331	13.98	/	/
100℃运动黏度/(mm²/s)	/	2.941	5.209	9.101

续表

性质	减一线	轻润	中润	重润
黏度指数	/	31	109	122
凝点/℃	<-15	8	35	/
颜色/号	/	0.5	0.5	0.5
赛波特颜色/号	+30	/	/	/
硫质量分数/(mg/kg)	0.1	0.1	0.1	0.2
残炭/%	/	/	/	0.01
开口闪点/℃	143	168	211	260
饱和烃/%(质)	/	99	99.46	99.68
芳烃/%(质)	1.05	0.9	0.42	0.26
胶质和沥青质/%(质)	/	0.1	0.11	0.06

加氢处理重润馏分一部分经过异构降凝后进行蒸馏切割，生产出的各产品性质见表3。从表3数据中可以看出，异构重润馏分100℃运动黏度为10.4mm²/s、黏度指数达到111、倾点为<-16℃，产品满足HVIⅡ⁺ 10#基础油标准；异构中润馏分40℃运动黏度为34.24mm²/s、倾点为<-16℃、开口闪点为214℃、赛波特颜色为+30、芳烃质量分数为8mg/kg，产品满足32#工业白油标准。

表3 异构脱蜡装置产品性质

性质	柴油	异构中润	异构重润
20℃密度/(kg/m³)	836.4	/	/
40℃运动黏度/(mm²/s)	8.425	34.24	81.37
100℃运动黏度/(mm²/s)	/	5.564	10.4
黏度指数	/	98	111
凝点/℃	<-15	/	/
倾点/℃	/	<-16	<-16
赛波特颜色/号	+30	+30	+30
开口闪点/℃	152	214	262
芳烃质量分数/(mg/kg)	9	8	8

另一部分加氢处理重润馏分去酮苯脱蜡装置进行脱蜡，脱蜡油作为白油加氢装置进料，生产食品级或化妆品级白油，白油加氢装置的原料及产品性质见表4。从表4数据可以看出，产品100℃运动黏度为10.9mm²/s、赛波特颜色大于+30、紫外吸光度等性质满足4号食品级白油标准。

表4 白油加氢装置原料和产品性质

性质	酮苯脱蜡油	白油产品
20℃密度/(kg/m³)	867.3	866.3
40℃运动黏度/(mm²/s)	96.58	96.81
100℃运动黏度/(mm²/s)	10.88	10.90
黏度指数	96	96
倾点/℃	-15	-15

续表

性　质	酮苯脱蜡油	白油产品
赛波特颜色/号	16	>+30
紫外吸光度		
275nm	/	0. 7527
295nm	/	0. 17
300nm	/	0. 1439

3　小结

RIPP 开发的高档基础油和白油加氢成套技术，主要是将第三代全氢型高压加氢(RHW)组合工艺与第二代一段白油加氢(RDA-Ⅱ)技术相结合，并配套使用专用的润滑油、白油加氢催化剂，能够更好地根据原料特点调整反应条件，能够采用石蜡基、中间基或环烷基原料生产高档基础油、耐黄变橡胶填充油和食品级白油等产品，并提升副产品的经济价值。为我国炼油企业生产高档润滑油基础油及特种油品提供了强有力的技术支持，创造了良好的经济效益。

加氢裂化尾油异构脱蜡生产高档基础油

黄　灏

（中国石化荆门石化公司　湖北荆门　448002）

摘　要　介绍了五家加氢裂化尾油性能，以及相应地通过异构脱蜡生产的高档基础油或白油的性能。说明加氢裂化尾油能够通过异构脱蜡生产出高档基础油，为荆门石化200kt/a润滑油异构脱蜡装置开辟新的原料，提供了技术支持。荆门石化利用附近炼油厂加氢裂化尾油的资源优势和自身润滑油系统装置富余产能，走全加氢工艺路线生产润滑油基础油确实是一个值得探讨的课题。加氢裂化尾油异构脱蜡生产高档润滑油基础油或白油将成为荆门石化的一个创新创效点。

关键词　加氢裂化；异构脱蜡；基础油；白油

前言

近年来，国内市场对高品质润滑油基础油需求迅猛增长。传统的"老三套"工艺生产的矿物润滑油质量很难有进一步提高，同时适合生产润滑油的原油资源又日益减少，因此，润滑油生产必须面对劣质的重质原油，这对于传统加工工艺是一道难题。润滑油基础油加氢技术经过几十年的发展，一方面，如加氢处理、加氢补充精制等技术已经成熟；另一方面，异构脱蜡等新技术日益得到应用。采用加氢新技术生产的基础油质量已接近或达到合成基础油PAO的性能，占有明显的竞争优势。具有燃料型加氢裂化装置的炼油厂，加氢裂化装置的一次转化率通常为60%~90%，尚有10%~40%的未转化产物，即加氢裂化尾油。以加氢裂化尾油为原料生产润滑油基础油的工艺突破了原油资源的限制，可由劣质原油或低黏度指数原料生产出高质量的润滑油基础油。

荆门石化原有200kt/a润滑油加氢改质采用石油化工科学研究院开发的RLT技术，利用中压加氢处理—加氢精制—常减压分馏—溶剂脱蜡工艺，中间基原油能够生产出符合HVI标准的润滑油基础油[1]。为配套荆门石化公司550kt/a高压加氢装置开工，原200kt/a润滑油加氢改质装置进行异构化改造成润滑油异构脱蜡装置。中国石化燕山石化、广州石化、茂名石化、九江石化等均产加氢裂化尾油，荆门石化利用中国石化炼油厂加氢裂化尾油的资源优势和自身润滑油系统装置富余产能，走全加氢工艺路线生产润滑油基础油确实是一个值得探讨的课题。加氢裂化尾油异构脱蜡生产高档润滑油基础油或白油成为荆门石化的一个创新创效点。

1　FRIPP关于加氢裂化尾油生产白油的研究

中国石化大连石油化工研究院（FRIPP）高压一段串联加氢生产白油技术的试验以加氢裂化尾油为原料，采用高压一段串联工艺流程。原料经一反异构脱蜡降低倾点，二反补充精制进行深度脱芳，从而改善产品颜色和消除异味，然后再经蒸馏得到各种牌号的白油产品[2]。作为原料的加氢裂化尾油A性质见表1，加氢裂化尾油A生产的目的产品性质见表2。

表1　加氢裂化尾油的性质

加氢裂化尾油A	性质
密度/(kg/m^3)	835.0
黏度(100℃)/(mm^2/s)	4.255
馏程/℃	

续表

加氢裂化尾油 A	性质
初馏/10%	330/384
30%/50%	409/426
70%/90%	446/474
95%/干点	483/504
倾点/℃	31
硫含量/(mg/kg)	12.3
碱性氮/(mg/kg)	1.0
蜡/%	23.5

表 2 加氢裂化尾油制取白油性质

项 目	产品 B	产品 C
收率(对原料)/%	32.20	51.35
黏度(40℃)/(mm^2/s)	8.17	33.12
倾点/℃	-45	
赛氏色度/号	>+30	>+30
闪点(闭口)/℃	153	212
水分/%	无	无
机械杂质/%	无	无
水溶性酸碱	无	无
易炭化物	通过	通过
砷含量/(mg/kg)	<1	<1
铅含量/(mg/kg)	<1	<1
固态石蜡	通过	通过
稠环芳烃	通过	通过

加氢裂化尾油低压加氢择形异构、高压补充精制生产白油技术。其原则工艺流程为：加氢裂化尾油先经过加氢异构反应器进行异构反应以降低倾点，反应产物再经过高压分离器进入常压分馏塔，塔顶分离出轻组分，塔底油(>320℃馏分)则作为生产白油的原料，收率为80.1%。该白油原料经过高压加氢精制后生产的白油(收率99.6%)性质表3。

表 3 低压异构生成油>320℃馏分高压精制生产白油性质

项 目	>320℃馏分高压精制白油
黏度(40℃)/(mm^2/s)	13.65
倾点/℃	-18
赛氏色度/号	>+30
闪点(闭口)/℃	195
水分/%	无
机械杂质/%	无
水溶性酸碱	无
易炭化物	通过
砷含量/(mg/kg)	<1
铅含量/(mg/kg)	<1
固态石蜡	通过
稠环芳烃	通过

采用FRIPP研究开发的以石蜡烃择形异构为核心的加氢催化剂，即以含贵金属的FIW-1作为择形异构催化剂，含贵金属的FHDA-1为补充精制催化剂。以辽阳石化加氢裂化尾油为原料，采用FRIPP开发的一段串联白油生产工艺(加氢异构脱蜡/加氢补充精制)，在反应压力为15MPa，反应器入口氢油质量比为800：1，择型异构反应器床层平均温度为325℃、体积空速为1.0h^{-1}，补充精制反应器床层平均温度为260℃、体积空速为0.3h^{-1}的条件下，得到的加氢生成油经过适当的切割，可得到白油产品[3]。

2 RIPP加氢裂化尾油异构脱蜡生产基础油

中国石化北京石油化工科学研究院（RIPP）的祖德光等人认为制取低黏度、低倾点和黏度指数大于120的APIⅢ类基础油，最好以加氢裂化尾油为原料，由通常的润滑油加氢处理装置生产APIⅢ类基础油不经济，因为只有原料经深度转化才能得到黏度指数大于120的APIⅢ类基础油。

加氢裂化尾油凝点很高，且含有某些部分被加氢的芳烃，光安定性差，如果需用来生产APIⅢ类基础油，应进行脱蜡及进一步芳烃饱和，适合高压催化脱蜡或异构化脱蜡，采用这些工艺可以将脱蜡与芳烃饱和在同一套装置中进行[4]。

RIPP的异构脱蜡催化剂为中孔分子筛担载铂、钯贵金属的催化剂，研发的润滑油异构脱蜡技术RIW及第二代异构脱蜡催化剂RIW-2，在中国石化茂名石化公司(简称茂名石化)400kt/a润滑油加氢异构脱蜡装置工业应用成功，以加氢裂化尾油为原料生产出了符合APIⅢ类标准的HVI6号基础油[5]。茂名石化加氢尾油采用RIPP的异构脱蜡工艺(RIW)，生产的润滑油基础油性质见表4。

表4 加氢裂化尾油制取基础油性质

项　目	数据
异构脱蜡条件	
压力/MPa	12
空速/h^{-1}	1.0
产品收率/%	68.8
产品性质	
黏度(100℃)/(mm^2/s)	5.93
黏度(40℃)/(mm^2/s)	32.88
黏度指数	126
倾点/℃	-15
旋转氧弹试验/min	422

3 韩国SK公司加氢裂化尾油生产基础油

韩国SK公司Ulsan炼油厂就是利用燃料型加氢裂化尾油生产高质量超高黏度指数润滑油基础油，该装置基础油生产能力为175kt/a。该技术的独到之处是加氢裂化尾油的循环利用以及燃料加氢裂化和润滑油加工过程的有机结合，对燃料和润滑油的生产都非常经济。加氢裂化尾油(UCO)生产润滑油过程首次对加氢裂化尾油应用催化脱蜡技术。下游催化脱蜡技术原来采用的是Mobil公司的MLDW过程，为了提高基础油的收率和质量，1997年改用Chevron公司异构脱蜡技术(ICR-408催化剂)，生产能力为250kt/a，生产APIⅢ类基础油[6]。SK公司加氢裂化装置原料油和尾油性质见表5。SK公司基础油性能见表6。

表 5　SK 公司加氢裂化装置原料油和尾油性质

项　目	原料减压瓦斯油	未转化尾油
密度/(kg/m^3)	921.8	834.8
馏程/℃	260~547	350~536
氮含量/(mg/kg)	800	4.0
硫含量/%	3	0.0009
苯胺点/℃	78	118
倾点/℃	33	38
黏度(40℃)/(mm^2/s)	49.9	19.3
黏度(60℃)/(mm^2/s)	19.4	10.7
黏度(100℃)/(mm^2/s)	6.35	4.4
黏度指数	64	143
烃饱和度/%	31	98

表 6　SK 公司基础油性能

项　目	YUBASE-3	YUBASE-4	YUBASE-6
黏度(40℃)/(mm^2/s)	12.3	19.1	32.5
黏度(100℃)/(mm^2/s)	3.1	4.2	6.0
黏度指数	115	126	133
闪点/℃	196	220	234
倾点/℃	-24	-15	-15
CCS 黏度/(mPa.s)(-20℃)	<500	<500	1230
CCS 黏度/(mPa.s)(-25℃)	<500	770	2220
Noack 蒸发损失/%	40	17.5	7.8
酸值/(mgKOH/g)	<0.03	<0.03	<0.03
硫含量/(mg/kg)	<10	<10	<10
氮含量/(mg/kg)	<1	<1	<1
烃组成/%			
烷烃	41.7	47.4	55.5
环烷烃	58.0	51.5	43.7
芳烃	1.0	1.1	0.8
氧化安定性 RBOT/min	440	480	520

4　高桥石化加氢裂化尾油生产基础油

高桥石化润滑油加氢装置采用雪佛龙技术全加氢工艺生产高档润滑油基础油。该装置以减压蜡油、燃料型加氢裂化尾油和蜡下油为原料，生产产品质量为 APIⅡ、APIⅡ$^{+}$以及部分达到 API Ⅲ的润滑油基础油，副产品主要有干气、石脑油、喷气燃料和高十六烷值柴油。润滑油加氢装置由加氢裂化、异构脱蜡和加氢后精制系统组成[7]。高桥石化纯加氢裂化尾油的主要性质见表 7，加工纯加氢裂化尾油的工艺条件试验结果见表 8。

表7 高桥石化纯加氢裂化尾油的主要性质

项　目	数据
运动黏度/(mm^2/s)	4.45
黏度指数	130
倾点/℃	39
蜡/%	35.2
硫/%	<0.015
氮/(mg/kg)	10.9
馏程/℃	
2%/10%	337/432
50%/90%	470/494
97%	500

表8 加工纯加氢裂化尾油的工艺条件试验结果

项　目	1#	2#	3#	4#	5#	6#
HCR						
进料量/(t/h)	34.53	34.91	39.04	39.43	39.45	39.23
反应温度/℃	374	374	365	365	363	363
常压塔塔底油黏度指数	133	142	134	130	134	133
IDW						
进料量/(t/h)	24.02	24.61	36.85	37.40	37.66	37.53
反应温度/℃	319	319	319	319	321	321
重润滑油基础油						
黏度指数	123	122	127	124	123	124
倾点/℃	-29	-29	-14	-14	-20	-16

高桥石化加氢裂化尾油与润滑油加氢异构进料相比，主要表现在黏度指数高、黏度偏轻、氮含量偏高(超过异构脱蜡进料小于2μg/g 氮含量的指标要求)，其他指标相差不大。在生产同类产品时，掺炼尾油切割装置塔底油与未掺炼尾油切割装置塔底油相比，HCR平均反应温度相差不大，但是IDW的平均反应温度有10℃左右的提升[8]。

5 中化泉州石化公司加氢裂化尾油生产高档基础油

中化泉州石化公司加氢裂化尾油的性质见表9，因其经历了脱硫、脱氮和芳烃饱和过程，精制程度高，可用以生产优质的润滑油基础油。以泉州石化公司加氢裂化尾油为原料，开发的TDW-4型重排降凝催化剂，可将尾油中长链烷烃碳原子重排降凝生产高品质润滑油基础油，TDW-4催化剂已和国内商业降凝脱蜡催化剂催化性能相当[9]。生产的基础油各产品性能见表10。

表9 泉州石化加氢裂化尾油的性质

泉州石化加氢裂化尾油	性质
密度/(kg/m^3)	850
黏度(40℃)/(mm^2/s)	24.25
黏度(100℃)/(mm^2/s)	4.802
黏度指数	120

续表

泉州石化加氢裂化尾油	性质
馏程/℃	
5%	355.0
50%	416.2
终馏点	515.0
倾点/℃	39
硫含量/(mg/kg)	18.9
碱性氮/(mg/kg)	1.6
蜡/%	8.9
芳烃含量/%	10.56

表 10 基础油各产品性能

项 目	75N	100N	200N
TBP 收率/%	10.8	13.5	64.4
倾点/℃	-36	-30	-12
黏度(40℃)/(mm^2/s)	14.94	21.98	41.26
黏度(100℃)/(mm^2/s)	3.39	4.30	6.68
黏度指数	99	101	116
饱和烃含量	99.66	99.78	99.59
基础油类别	APIⅡ	APIⅡ	APIⅡ$^+$
馏程/℃			
5%	329	367	395.8
50%	363	386	449.8
终馏点	391.2	418	517.2

6 小结

1)国内开展的择形异构加氢工艺技术的研究，其典型技术包括 FRIPP 的 WSI 技术和 RIPP 的 RIW 技术，已成功实现工业化。FRIPP 和 RIPP 以加氢裂化尾油为原料的异构脱蜡技术均获得很好地工业应用。

2)FRIPP 以加氢裂化尾油为原料，择形异构-补充精制工艺可以制取白油，具有目的产品收率高的特点。采用低压择形异构-高压补充精制工艺过程生产白油，异构装置在缓和条件下即可以达到降低产品倾点的目的，具有操作简单安全，设备投资及操作费用低等特点。同时又可以通过对现有的低压、高压加氢装置组合完成白油的生产过程，具有工艺流程灵活的特点。

3)韩国 SK 公司 Ulsan 炼油厂采用加氢裂化尾油的循环利用以及燃料加氢裂化和润滑油加工过程的有机结合，利用燃料型加氢裂化尾油生产出高质量超高黏度指数润滑油基础油。

4)高桥石化纯加氢裂化尾油通过异构脱蜡可以生产多种高档润滑油加氢基础油，掺炼加氢裂化尾油也获得了成功。

5)以泉州石化加氢裂化尾油为原料，依据重排脱蜡双功能催化剂的设计理念，自主研发的 TDW-4 催化剂，具有比表面积和孔容更大的特点，与商业催化剂相比，在产物选择性接近的情况下，催化剂活性更高。TDW-4 催化剂可将尾油转化为高品质的 APIⅡ/Ⅱ$^+$类润滑油基础油，其中 200N 基础油收率最高，在倾点达到-12℃时，黏度指数达到 116，饱和烃含量高。

6)加氢工艺生产润滑油基础油的最大优势是原料来源广泛，而且目的产品收率和质量高，副产品价值高。荆门石化利用附近炼油厂加氢裂化尾油的资源优势和自身润滑油系统装置富余产能，走全加氢工艺路线生产润滑油基础油确实是一个值得探讨的课题。

参 考 文 献

[1] 黄灏，蒲祖国，苏光华，等．加氢改质润滑油基础油的生产与应用[J]．石油炼制与化工，2003，34(9)：44-48.

[2] 李红，万强，李会东．加氢尾油生产 API Ⅱ、Ⅲ类润滑油基础油技术现状[J]．炼油技术与工程，2012，42(10)：9-12.

[3] 中国石化石油化工科学研究院科研处．润滑油异构脱蜡 RIW 技术在中国石化茂名分公司成功应用[J]．石油炼制与化工，2016，47(11).

[4] 姚春雷，刘平，全辉，等．加氢裂化尾油生产白油技术[J]．当代化工，2007，36(4)：343-346.

[5] 董大清，王健，郑文博，等．加氢裂化尾油生产白油的研究[J]．齐鲁石油化工，2017，45(3)：197-199.

[6] 金宗斌，毛丰吉．加氢基础油现状及加氢裂化尾油资源利用探讨[J]．润滑油，2007，22(1)：6-10.

[7] 林荣兴，刘英．加氢裂化尾油作润滑油加氢原料的工业应用[J]．石油炼制与化工，2012，43(3)：6-10.

[8] 曹文磊，刘英．润滑油加氢装置的原料优化与合理利用[J]．润滑油，2012，27(4)：55-60.

[9] 翟庆阁，史顺祥，高杰，等．加氢裂化尾油生产高品质润滑油基础油的研究[J]．广东化工，2019，46(19)：67-68.

润滑油加氢改质装置异构化改造及生产应用

郑　军

（中国石化荆门石化公司　湖北荆门　448039）

摘　要　200kt/a 加氢改质装置 2019 年 11~12 月停工检修，反应系统胺洗和蒸汽吹扫去除残存的硫化物，以减轻对铂钯贵金属催化剂的影响。同年 12 月 22 日异构脱蜡装置检修改造完毕进入开工阶段，反应系统预干燥脱水，反应器装填催化剂，高压部分检查氢气气密，催化剂干燥及活化。2020 年 1 月 22 日装置进蜡油生产，重润生产出合格的 HVI Ⅱ⁺10 号基础油或 68 号白油原料，轻中混产品做 10 号白油调和料。

关键词　装置改造；反应清洗；异构催化剂；开工生产

1　前言

近年来，国内全加氢技术生产 HVI Ⅱ⁺或Ⅲ基础油、各类工业白油甚至食品级白油的需求不断增加。为了满足市场需求，2019 年 9 月中国石化荆门石化公司成立特油部，目的在于打造中国石化百万吨级润滑油特种油生产基地。为此 2018 年荆门石化将杭炼 100kt/a 高压白油加氢装置搬迁至此，施工建设投产，2018 年 3 月至 2019 年 10 月新建 550kt/a 高压加氢装置，该装置 2019 年 10 月底开工投产后取代了 200kt/a 加氢改质装置。200kt/a 加氢改质装置 2019 年 11~12 月停工检修异构化改造，至 2020 年 1 月底润滑油加氢异构脱蜡装置开工正常运行。从此荆门石化润滑油生产流程更加齐全，润滑油特色产品更加丰富，特种油产量快速增长。

200kt/a 润滑油加氢异构脱蜡装置采用石油化工科学研究院开发的新一代加氢催化剂 RIW-2/RLF-10ᴸ，利用溶剂精制-高压加氢处理-中压加氢异构-加氢精制-常减压分馏-高压白油加氢工艺，采用蒸馏装置中间基原油减四线油为主料，生产出符合 HVI Ⅱ⁺10#基础油或各类白油料。异构脱蜡装置反应系统采用炉前混氢流程，加氢异构催化剂与精制催化剂串联工艺。异构催化剂和后精制催化剂含有铂钯贵金属，对原料硫氮含量，对循氢、新氢硫化氢含量，对新氢一氧化碳、二氧化碳含量有极高要求。分馏系统采用常减压切割方案，减压塔、减压侧线塔及常压侧线塔均采用规整填料。原料缓冲罐采用氮气保护，反应器进料设置自动反冲洗过滤器。

2　加氢改质装置检修改造情况

2.1　装置检修

2.1.1　常规检修项目

装置常规检修项目见表 1。

表 1　装置常规检修项目

序号	项　目
1	塔器、换热器、冷却器拆卸、检查内部结构、清洗、回装试压合格
2	进口机 K-101 压缩机大修，K-101 注油器国产化改造

2.1.2　技改技措项目

装置技改技措项目见表 2。

表2 装置技改技措项目

序号	项　目
1	SIS 系统完善：原料泵出口增加切断阀，加热炉瓦斯管线及长明灯增加切断阀，反 101 进料温度设置高高联锁停炉
2	密闭吹扫：瓦斯管线密闭吹扫流程优化
3	密闭采样：循环氢、含硫污水、汽油增加密闭采样器
4	催化剂：反-101 催化剂改为异构降凝催化剂 RIW-2，反 102 催化剂改为 RLF-10L 贵金属催化剂
5	反 101 反应产物增加一台换热器换 101/2，与换 101/1 串级使用，换 101/1.2 管程增加副线阀
6	干气压缩机：异构常顶气和 550k 常顶气经新增压缩机 K103 压缩至焦化脱硫
7	工艺技措项目：高温油泵泵 104/1.2，泵 106/1.2，泵 114/1.2 出口增加紧急切断阀
8	塔 102 真空冷却器冷却水增加管道泵

2.2 反应系统清洗

2.2.1 反应系统胺洗

2.2.1.1 装置胺洗的必要性

200kt/a 润滑油加氢改质装置于 2000 年建成，与“老三套”装置构成组合工艺生产润滑油基础油和蜡，主要加工仪长管输原油的减四线原料。该装置 2 台反应器设计压力为 12.0MPa，采用硫化态催化剂，对润滑油原料进行加氢改质，脱除原料中的硫、氮、大部分芳烃，同时进行部分开环反应，以提高基础油黏度指数。

异构脱蜡使用贵金属还原态催化剂，催化剂活性的稳定发挥需要严格限制进料及反应环境中的硫含量和氮含量。硫化物和氮化物的存在，会导致催化剂中毒失活，影响装置正常运行。

200kt/a 加氢改质装置运行多年，装置内沉积大量硫化物，如果在装贵金属催化剂前不进行彻底清洗，沉积的硫化物将会在装置运行过程中慢慢释放析出，对异构脱蜡催化剂和加氢后精制催化剂的活性造成影响，最终影响装置的操作及产品质量。

2.2.1.2 装置胺洗原理

装置停工降温至 320℃，引航煤将系统蜡油置换合格，建立内循环将反应系统中残留的硫化物采用轻油介质清洗下来，加氢反应后转化为硫化氢，硫化氢与注入系统的单乙醇胺发生反应生成硫氢化铵。通过系统注水 2.5t/h 将铵盐溶解后，随容 104 的含硫污水一起送出装置。

同时装置膜分离非渗透氢连续满量程外排，达到脱除系统中硫化氢的目的。

2.2.1.3 液胺注入方式及反应器后处理

1)利用加氢改质装置现有催化剂硫化流程，将单乙醇胺加入硫化剂罐容-118/1，再用泵-121/1.2 抽容-118/1 的胺液注入到原料大泵-102 入口，进入反应系统胺洗。

2)航煤 320℃清洗反应器床层及高低分容器，再采用高压空冷注水和加大膜分离排放脱除反应系统硫化氢。

3)循环氢中硫化氢含量小于 100mg/L，开始注入乙醇胺 120~150L/h，此时航煤改装置大循环。冷高分水及循氢做硫含量分析，小于 30mg/L 停止注乙醇胺，反应器热氢带油。

4）考虑反应器、高低分容器器壁及膜分离系统附着硫化亚铁，装置停工后所有容器器壁用钢刷处理，并更换热高、冷高破沫网。

2.2.1.4 胺洗操作参数

胺洗操作参数见表 3。

表 3 反应系统胺洗操作参数

加氢处理反应器	参数
反 101 入口压力/MPa	10.0
循环氢体积纯度/%	≥80
床层平均温度/℃	320
体积空速/h^{-1}	0.5
氢油体积分数	1000∶1
后精制反应器	
床层平均温度/℃	250
体积空速/h^{-1}	1.0
氢油体积分数	1000∶1

2.2.1.5 胺洗油的处理

1)反 101 床层温度 320℃胺洗时，装置大循环，分馏系统正常操作，炉 102、炉 103 出口温度控制在 200~220℃，塔 102 真空正常。目的是将油中氨气汽提出去。

2)胺洗完毕，塔 102 塔底油做含氮分析，小于 5mg/L 合格后降温外送做催化原料。

2.2.2 反应系统蒸汽吹扫

为降低反应系统器壁及内构件表面残存的硫化物对贵金属催化剂的影响，反应器卸完催化剂后，高低分容器没有打开人孔时，分别对它们在夜间用蒸汽间断吹扫 2 次。

给汽点：泵 102/1.2 出口两处、反 101、反 102 顶底各四处，K101、K102 进出口各四处。

吹扫部位：高换 101、102，反应炉 101 进出管线及炉管，热高分容 103、冷高分容 104，循氢罐容 122，膜分离系统。

采样点：冷高分水

冷高分容 104 水样分析数据见表 4。

表 4 冷高分容 104 水样分析数据

时间	COD/(mg/L)	硫含量/(mg/L)
2019 年 12 月 2 日	418	173
2019 年 12 月 3 日	89.26	31.25

3 装置开工

3.1 分馏系统蒸汽贯通、吹扫、试压

装置于 2019 年 12 月 29~31 日对原料预处理系统及分馏系统进行蒸汽吹扫气密。预处理系统容 101、容 102 试压 0.5MPa 气密合格，分馏系统塔 101、102、103、104、105、106 各 0.2MPa 气密合格。然后对分馏系统冷换设备、管线、机泵进行 1.0MPa 蒸汽气密合格。减压系统最后投用抽真空器二级、三级，负压检测至真空度为 6.0kPa 稳定合格。

3.2 反应系统预干燥

装置检修期间，反应系统用蒸汽全面吹扫 2 次，以充分处理硫化物。因此反应器封大盖后，12 月 24~27 日用氮气做介质，开压缩机 K102 系统升压 2.0MPa，反应炉-101 点火升温至 150℃干燥反应系统 36h，容 104 脱水 180kg。

3.3 反应器装催化剂

2019 年 12 月 29 日~2020 年 1 月 2 日由山东恒辉公司装剂，其中反 101 普通装填 RIW-2 降凝剂 23.69t(40.84m^3)，第一床层上部装 RG-1 保护剂 3.28t(5.96m^3)；反 102 密相装填精制剂 17.99t

($35.27m^3$)。

3.4　反应系统氢气气密

2020年1月6~9日对反应系统(反应器、压缩机、膜分离、高换、高分)进行了氮气2.0MPa气密合格，又用氢气进行3.0MPa、5.0MPa、8.0MPa、10.0 MPa、11.5MPa气密。

3.4.1　气密重点部位

反101和反102大盖、入口法兰、冷氢法兰、底部出口法兰、卸料口、仪表热偶、差压引线，换101、换102、换103管壳程出入口法兰、转向弯头法兰，容103、容-104大盖、入口法兰、液位引线法兰、底出口控制阀法兰、安全阀法兰，K101、K102新氢循氢出入口各级缓冲罐分液罐手孔、连接法兰、出口缓冲罐放空阀分液罐脱液阀、安全阀法兰、各级间冷却器联箱、出入口接管法兰，膜分离相关法兰。

3.4.2　处理问题

压缩机级间容器法兰、反应器法兰等少量泄漏，在气密过程中全部发现并处理。反应系统氢气11.5MPa气密合格。

3.5　催化剂干燥

3.5.1　干燥条件

催化剂干燥条件见表5。

表5　干燥条件

项　目	参数
干燥介质	氢气
高分压力	10.5MPa
升温速度	10℃/h
干燥温度	150℃
恒温时间	20h

3.5.2　干燥曲线

催化剂干燥曲线图见图1。

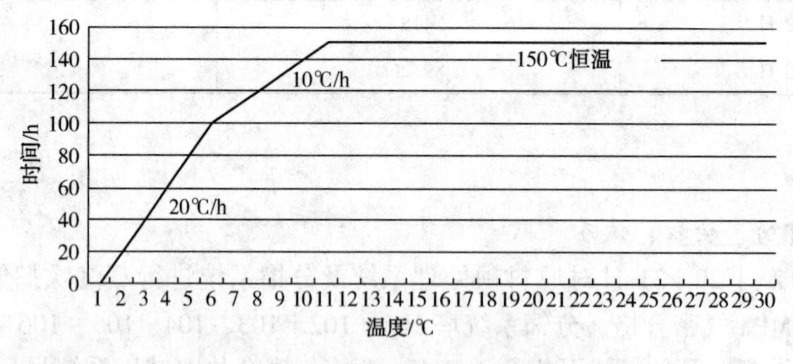

图1　催化剂干燥曲线

3.5.3　注意事项

1)反应系统氢气气密合格。

2) 新氢引进系统置换氮气时，新氢纯度大于95%，CO含量小于10mg/L，CO+ CO_2 含量小于30mg/L。

3) 反101入口温度低于100℃以前，控制炉101升温速度不超过20℃/h；100~150℃升温阶段，升温速度不大于10℃/h。

4)催化剂干燥床层最低温度以反-102为150℃标准。

5)冷高分容104脱水计量。

3.6 活化油来源

3.6.1 活化油置换原料管线

引 550kt/a 高压加氢减一线白油进装置，通过泵 101/2 出口 180#管线进 WY 污油线，进加氢异构原料管线 30min 后，改进原料缓冲罐容 101。

3.6.2 活化油置换原料预处理系统

活化油通过泵 101/2 出口进原料缓冲罐容 101，再进容 102，启动泵 120 向热低分容 105 进料，然后氮气自压进分馏系统，塔 102 建立液位后停泵 120、泵 104、泵 106 存放，各处低点脱除明水。

3.6.3 活化油置换反应系统

启动原料泵 102/2，控制流量 17t/h 向反应系统进料，80min 后热高分容 103 见油，投用热低分容 105，停泵 120。分馏系统通过 169#向装置外甩油 4h，采样观察油样不含催化剂粉末，改装置循环升温，准备活化。

3.7 催化剂活化

加氢异构脱蜡装置所选用的 RIW-2 异构脱蜡催化剂为钝化后的催化剂，在装置开工初期要引入加氢处理油进行至少 12h 的初活化，使异构脱蜡催化剂的降凝活性逐步恢复。反应系统以 10℃/h 速度升温至 300℃，二反温度通过换 101/2 管程副线控制在 250℃开始活性稳定。活性稳定阶段进料仍采用 550t/a 高压加氢减一线白油，建立反应、分馏串级流程，活化油改 169#外甩，恒温 12h。

催化剂活化参数见表 6。

表 6 催化剂活化参数

反应器	反 101	反 102
钝化活化油	0.55Mt/a 高压加氢减一线白油	
进料循环量/(t/h)	17	
系统压力/MPa	10	10
升温速度/(℃/h)	10℃/时	
活性反应器床层温度/℃	300	250
活化时间/h	12	

3.8 装置蜡油生产

2020 年 1 月 22 日 10：20 切换 550kt/a 高压加氢重润蜡油，调整反应 101 温度 350℃，反 102 温度 220℃，控制分馏系统常压炉 101 温度 280℃，减压炉温度 340℃，投用塔 102 真空和汽提蒸汽。1 月 24 日 16：00 重润颜色、黏度、黏度指数、倾点合格，产品外送。装置生产数据分析见表 7~表 12。

表 7 装置开工原料分析数据

项　目	实际数据	设计数据
水分/(mg/kg)	<100	<200
砷/(mg/kg)	<0.1	<0.2
总金属/(mg/kg)	1.0	<2
芳烃/%(质)	0.52	<3
运动黏度(100℃)/(mm²/s)	9.3	10.11
硫/(mg/kg)	0.96	<10
碱性氮/(mg/kg)	0.29	<1
初馏点/℃	400	435
10%回收温度/℃	447	472
50%回收温度/℃	473	496
500℃馏出量/%(体)	76.0	/

表 8 装置新氢分析数据

项 目	实际数据	设计数据
硫/(mg/L)	<0.2	<0.5
CO/(mg/L)	<1	<10
CO_2/(mg/L)	10	<20
新氢纯度/%	99.8	>95

表 9 装置循氢分析数据

项 目	实际数据	设计数据
硫/(mg/L)	<0.86	<5
循氢纯度/%	98.32	>90

表 10 装置开工主要操作参数

项 目	单位	操作参数
装置加工量	t/h	17.5
反 101 体积空速	h^{-1}	0.6
反 102 体积空速	h^{-1}	1.1
反 101 压力	MPa	10.8
氢油体积分数		1600∶1
加热炉 F-101 出口温度	℃	350
常压炉出口温度	℃	280
减压炉出口温度	℃	340
减压塔 C-102 顶真空度	kPa	6.0

表 11 重润产品分析数据

项 目	设计值	实际值
运动黏度(100℃)/(mm^2/s)	10.28	10.26
运动黏度(40℃)/(mm^2/s)	83.86	81.58
闪点(开口)/℃	>230	260
黏度指数	≥100	110
颜色(赛氏)/号	<0.5	+30
倾点/℃	-18	-16
硫/(mg/kg)	<5	0.8
碱性氮/(mg/kg)	<1	0.23
残炭/%	/	0.01
饱和烃/%(质)	/	100.0
芳烃/%(质)	<3	0.0
胶质+沥青质/%(质)	/	0.0
初馏点/℃	/	380
50%回收温度/℃	/	470
500℃馏出量/%(体)	/	84.0

表 12 轻中混产品分析数据

项　目	设计值	实际值
运动黏度(40℃)/(mm^2/s)	/	25.67
闪点(开口)/℃	/	194
初馏点/℃	/	315
50%馏出温度/℃	/	422
90%馏出温度/℃	/	463
终馏点/℃	/	>500
颜色(赛氏)/号	<0.1	+30
硫/(mg/kg)	<1	0.9
黏度指数	76	99
芳烃/%(质)	<2	0.009
倾点/℃	<-12	<-16

4 装置正常生产

目前异构脱蜡装置已生产 1 月有余，2020 年 2 月 20～22 日对装置进行了标定，反应温度降至 343℃，加工量提高到 23.5t/h，装置重润产品倾点富余、颜色+30 合格、黏度指数 110，硫氮含量极低、芳烃含量极低，满足 HVI II$^+$基础油要求。

从罐量计量收率重润为 69.39%，轻中混为 8.49%，主产品收率为 77.88%，比设计值低为 4.41%。

4.1 技术分析

1)反应温度为 343℃时，重润产品倾点为-16℃，说明异构催化剂活性好。此反应温度下，轻中质油收率为 8.49%，重润产品收率为 69.39%，分别比设计值低 2.51%和 2.61%。重润倾点为-16℃(要求<-12℃)富余，可以适当降低反应温度，减少裂解反应，提高主产品收率。同时还可以适当降低减压塔进料温度和顶温，减少轻拔，增加轻中混量和重润量。

2)重润生产 10#基础油时，重润黏度指数达到 110，硫含量小于 1mg/L，满足 HVI Ⅱ$^+$类基础油要求。

3)装置加热炉氧含量为 3%，排烟温度为 112℃、炉壁温度为 53℃，非常理想，加热炉热效率为 92.5%。

4)异构原料硫、氮含量低于设计值，可以满足贵金属催化剂要求。

4.2 装置能耗

标定期间加工量为 23.5t/h，加工负荷为 94%。装置标定能耗 40.93kgEO/t，比设计能耗低 16.33kgEO/t。用能比例最大的是 1.0MPa 蒸汽、电和燃料气。

1)燃料气流量计流量 300Nm^3/h，而三台加热炉瓦斯流量分别为 150Nm^3/h、75Nm^3/h、80Nm^3/h 左右，基本吻合。燃料气氢气含量高达 70%左右，发热值较低，燃料消耗相对增加。

2)电单耗 66.56kWh/t，比设计值低 14.87kWh/t。装置由加氢改质异构化改造而来，工艺流程、主要设备几乎没有变化。装置用电比改造前少许增加，主要是装置新增 1 台 75kW 的干气压缩机。另外装置本次检修新增 4 台变频器全部投入使用，节约用电。

3)装置蒸汽消耗 0.09t/t，比设计值低 0.08t/t。装置改造后所有产品倾点小于当地冬季最低气温，所以操作中，我们将分馏系统伴热蒸汽全部停用，只保留原料预处理部分及高低分伴热。另外真空塔只开二、三级真空器便可满足真空用汽，节省蒸汽 2.5t/h，部分侧线汽提塔(塔 103、104、105)没有给蒸汽汽提。

4)原料硫含量及新氢硫含量很低，冷高分空冷不再注软化水，软化水消耗为零。

4.3 装置正常生产

目前，装置步入正常生产状态，加工量为26t/h满负荷运行，重润产品主要以10#基础油或68#白油料为主，偶尔出100#白油料。在原料性质稳定的情况下，反应温度338℃即可满足基础油产品倾点要求，此时10#基础油和轻中混收率大于80%。重润出100#白油料时，对原料100℃黏度要求高，产品收率相对较低。

5 存在问题

1)制氢新氢有时$CO+CO_2$超标。表现为反应器差压时高时低和冷高分积水，对催化剂不好。建议盈德新氢管线尽快安装到位，装置使用盈德氢气。

2)装置自控率不高。异构化改造后，反应原理发生变化，导致分馏产品组分与装置改造前发生很大变化，常压塔顶流量增加，减压塔顶回流量及侧线回流量减少许多，而控制阀没有更换，回流量自动控制困难。建议仪表对回流孔板根据实际生产需求改型。

3)冷高分温度高。压缩机循氢量40000Nm^3/h无法降低，氢油比远远大于设计值600：1，导致冷高分温度冷却不下来，不利于降低循氢纯度。

4)装置重润出100#白油料时，40℃黏度达到90mm^2/s十分困难。建议原料100℃黏度提至9.7~10.0mm^2/s。

5)装置氢耗较大。膜分离装置的膜已经使用20余年，富含硫化氢介质，为减少硫化物对贵金属催化剂的影响，检修期间将膜抽出，目前没有合适的膜回装。故膜分离系统只能排放，不能分离氢气和大分子气体，氢耗较大。

6)常压塔塔顶压高0.15MPa。主要是异构反应伴随裂解反应，导致气相组分增加，而常压塔干气排气管径没有同步变更所致。

6 总结

1)反应系统彻底清洗。200kt/a异构脱蜡装置由加氢改质装置改造而成，为保护贵金属催化剂，旧装置反应系统需要彻底清洗容器器壁及内构件残存的硫化物。清洗以反应系统注单乙醇胺碱洗和蒸汽吹扫为主，尽量将循环氢中硫化氢含量和冷高分含硫污水含硫降至10mg/L。

2)贵金属催化剂对原料、新氢要求苛刻。装置异构化改造后，贵金属催化剂要求原料硫含量小于5mg/L，氮含量小于2mg/L，550kt/a高压加氢装置可以满足异构原料需求。贵金属催化剂对新氢、循环氢硫含量、纯度有严格要求。

3)装置生产平稳，产品质量合格。异构脱蜡装置目前满负荷运行，在较低的反应温度下可以使主产品倾点、颜色、黏度、黏度指数满足基础油质量要求，催化剂活性好。同时轻中混、重润主产品收率、装置能耗均达到设计要求。

4)新氢质量有待改进。制氢氢气中的一氧化碳和二氧化碳含量时有超标，造成反应器径向温差和床层差压向非理想状态发展，希望盈德新氢管线尽快施工到位，以保护催化剂长周期运行。

润滑油加氢装置运行末期的生产状况分析

谷云格　徐亚明

（中国石化高桥石化公司　上海浦东　200129）

摘　要　润滑油加氢装置运行至末期，加氢裂化反应器床层存在热点，反应器压降升高，加氢裂化和异构脱蜡/加氢后精制催化剂活性降低，尤其是前者对进料掺炼的燃料型加氢裂化尾油产生较强依赖性，不掺炼加氢裂化尾油，难以满足生产要求。2017 年 8 月 21 日装置开工后，恰逢燃料型加氢裂化尾油无法供给，导致精馏塔 C101 底油氮含量不合格，基础油倾点不达标，以及 R101 反应器存在热点等问题，提出相应解决方法。加氢裂化装置开工，尾油重新掺炼原料后，精馏塔 C101 塔底油氮含量合格，基础油倾点达标，延长了装置的运行周期。

关键词　润滑油加氢；加氢裂化；异构脱蜡；基础油；运行周期

中国石化高桥石化公司润滑油加氢装置，是采用雪佛龙技术全加氢工艺生产高档润滑油基础油的装置。该装置以减压 VGO、燃料型加氢裂化尾油[1]和蜡下油[2]为原料，生产产品质量为 HVIⅡ、HVIⅡ⁺以及部分达到 HVIⅢ润滑油基础油的装置，副产品如干气、石脑油、喷气燃料和高十六烷值柴油。装置由三个反应系统组成：加氢裂化系统、异构脱蜡系统和加氢后精制系统。加氢裂化 R101 反应器是提高原料油的黏度指数和基本上完成脱除氮、硫和其他杂质，向异构脱蜡系统提供合格的进料。若加氢裂化段不能提供合格原料，将会直接影响异构脱蜡单元的运行状况，也可以说加氢裂化催化剂的寿命基本决定整个装置的运行周期。润滑油加氢装置的原则工艺流程见图 1。

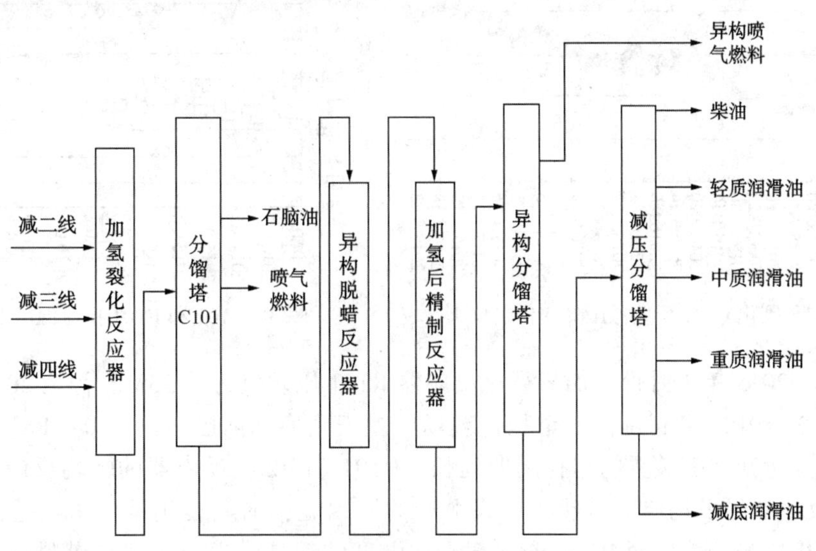

图 1　润滑油加氢装置工艺流程

润滑油加氢装置自 2009 年 3 月 8 日换剂开工后，运行至今长达 9 年，远超出催化剂的设计寿命，创下了雪弗龙润滑油加氢催化剂运行时间之最。在催化剂运行末期，加氢裂化和异构脱蜡催化剂活性均呈现降低趋势。尤其是生产原料为减四线不掺炼燃料型加氢裂化尾油时，精馏塔 C101 塔底油的氮含量超出指标，基础油倾点不达标等问题，装置计划 2018 年 3 月停工更换催化剂。本文对装置运行末期存在的问题，提出应对措施，以期装置安全运行至换剂。

1 装置运行现状分析

1.1 加氢裂化催化剂活性现状和反应器压降

加氢裂化催化剂活性降低的主要原因是金属硫化物、胶质沥青质沉积和催化剂表面积炭。考虑到催化剂的级配装填，反应生成的金属硫化物和进料中的胶质沥青质会优先沉积到反应器第一床层的保护剂和脱金属催化剂表面。然而，润滑油加氢装置于2018年2月停工换剂前，DCS上显示，加氢裂化反应器第一床层压降仅占到反应器压降的十分之一左右，说明第一床层压降不是反应器压降升高最关键因素，同时也说明金属硫化物、胶质沥青质沉积不是而引起催化剂活性降低的主要原因。可推测加氢裂化催化剂活性降低的主要原因是积炭，焦炭覆盖了催化剂活性中心，降低了其活性。

李天游[3]阐述了催化剂的积炭失活分为三个阶段，催化剂在运行初期，由于活性较高，会出现快速积炭失活；随后积炭量逐渐稳定，其活性降低速率逐渐减缓；最后催化剂运行至末期，为保证相同的转化率，需提高反应温度以弥补催化剂活性的降低[4]，使得其活性降低速率会进一步加快。这在两方面缩短催化剂的寿命：①反应温度升高意味着将来停止运行前，催化剂失活所需的温升范围变小；②反应器温度升高加速催化剂的失活速率。

在生产过程中，催化剂积炭反应可在反应器压降和催化剂温度变化看出。为充分说明催化剂活性降低的主要原因是由积炭引起，本文选取了2014年1月份到2017年8月份的反应器压降变化趋势，见图2。由于润滑油基础油的牌号较多，生产不同牌号的基础油时，所需反应温度会不同。选取加工方案均是HVIⅡ⁺(6)基础油产品时，反应器的平均温度变化趋势见图3。

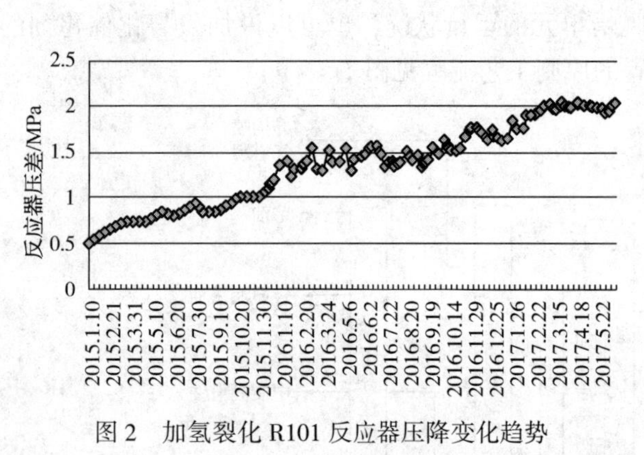

图2 加氢裂化R101反应器压降变化趋势

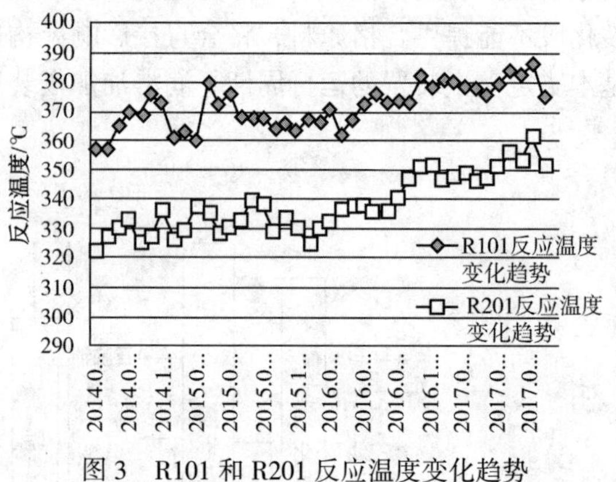

图3 R101和R201反应温度变化趋势

由图2可知，2015年1月份，加氢裂化反应器R101压差仅为0.53MPa；至2017年3月，反应器压差快速升至2.0MPa(已超过仪表量程，现场压差表到换剂前已达到3.0 MPa)，且呈现居高不下的态势。由图3可知，随装置的运行周期延长，R101和R201反应器的平均反应温度有不同程度的上升。R101反应器的平均温度出现波浪式上升的原因是，加氢裂化尾油采用边进边用，掺入量对反应器平均温度影响较大；而R201催化剂平均温度波动是受生产方案和燃料型加氢裂化尾油掺炼量的影响，其催化剂温度由2014年1月份的323℃升至2017年7月的351.5℃，平均失活速率约0.66℃/月。

1.2 基础油产品质量现状

2017年8月7~20日，受制氢装置无法供氢的影响，润滑油加氢装置处于循环待氢的停工状态。于8月21日装置开工正常后，装置在产品生产上表现出两方面的困难：一方面是加氢裂化单元精馏塔C101底产品氮含量常出现超标的情况，另一方面是异构脱蜡单元减底产品倾点常出现卡边和不合格的情况。精馏塔C101塔底产品质量数据，见表1。

表1 精馏塔C101底产品氮含量 μg/g

采样日期	氮含量	采样日期	氮含量	采样日期	氮含量	采样日期	氮含量	采样日期	氮含量
8/21 8：00	0.30	8/23 20：00	8.67注	8/25 11：00	2.54	8/26 17：00	4.86	8/27 23：00	2.66
8/21 14：00	0.21	8/23 23：00	7.49	8/25 14：00	2.52	8/26 20：00	4.28	8/28 2：00	2.60
8/21 20：00	0.24	8/24 2：00	7.35	8/25 17：00	2.45	8/26 23：00	4.10	8/28 5：00	2.25
8/22 2：00	0.26	8/24 5：00	1.97	8/25 20：00	3.58	8/27 2：00	4.38	8/28 8：00	7.32
8/22 8：00	0.44	8/24 8：00	1.05	8/25 23：00	3.89	8/27 5：00	4.33	8/28 11：00	4.98
8/22 14：00	0.40	8/24 13：00	1.21	8/26 2：00	3.42	8/27 8：00	3.85	8/28 14：00	3.90
8/22 20：00	0.61	8/24 14：00	0.76	8/26 5：00	3.48	8/27 11：00	2.82	8/28 17：00	3.74
8/23 2：00	0.58	8/24 20：00	0.95	8/26 8：00	5.91	8/27 14：00	3.57	8/28 20：00	3.73
8/23 8：00	0.45	8/25 2：00	0.71	8/26 11：00	5.50	8/27 17：00	4.51	8/28 23：00	2.78
8/23 14：00	0.47	8/25 8：00	11.94	8/26 14：00	5.33	8/27 20：00	3.90	8/29 2：00	3.49

注：氮含量要求≤2.0mg/g。

由表1可知，精馏塔C101塔底油产品的氮含量，自8月25日以后，均处于超标状态(>2μg/g)，这就难以满足异构脱蜡单元进料对氮含量指标要求。加氢裂化单元脱氮的目的是向异构脱蜡单元提供低氮进料，若氮含量超标，易造成异构脱蜡催化剂可逆性中毒失活。异构脱蜡催化剂中毒失活后，基础油产品的倾点就无法保证。装置重新开工后，润滑油基础油产品的倾点情况见表2。

表2 减底基础油产品倾点情况 ℃

采样日期	倾点	采样日期	倾点	采样日期	倾点	采样日期	倾点	采样日期	倾点
8/21 8：00	-15	8/22 17：00	-12	8/24 14：00	-18	8/26 11：00	-12	8/27 20：00	-12
8/21 11：00	-6	8/22 20：00	-12	8/24 20：00	-12	8/26 14：00	-12	8/27 23：00	-15
8/21 14：00	-9	8/22 23：00	-12	8/24 23：00	-12	8/26 17：00	-12	8/28 2：00	-15
28/21 17：00	-6	8/23 2：00	-12	8/25 2：00	-12	8/26 20：00	-12	8/28 8：00	-15
8/21 20：00	-9	8/23 5：00	-12	8/25 5：00	-15	8/26 23：00	-12	8/28 14：00	-15
8/21 23：00	-12	8/23 8：00	-12	8/25 8：00	-9	8/27 2：00	-12	8/28 20：00	-12
8/22 2：00	-12	8/23 11：00	-12	8/25 11：00	-15	8/27 5：00	-12	8/28 23：00	-12
8/22 5：00	-9	8/23 14：00	-12	8/25 14：00	-15	8/27 8：00	-12	8/29 2：00	-12
8/22 8：00	-12	8/23 17：00	-15	8/25 20：00	-15	8/27 11：00	-12	8/29 5：00	-12
8/22 11：00	-12	8/23 20：00	-15	8/26 2：00	-15	8/27 14：00	-12		
8/22 14：00	-12	8/24 2：00	-15	8/26 8：00	-12	8/27 17：00	-15		

注：倾点指标要求≤ -15℃。

由表2可知，润滑油基础油产品维持在-12℃，而8月21日以后，生产调度处安排生产HVIⅡ$^{+}$(6)基础油，产品倾点需按≤ -15℃进行控制，产品倾点不合格。

2 原因分析及应对措施

2.1 *原料方面*

8月21日润滑油加氢开工以后，恰逢1.4Mt/a加氢裂化装置停工，装置原料中未能掺炼的燃料型加氢裂化尾油，导致原料的来源及构成发生明显变化。表3为原料掺炼加氢裂化尾油后原料基本性质。

表3 掺炼燃料型加氢裂化尾油前后原料基本性质

项目	燃料型加氢裂化尾油	卡宾达+维提亚姿	卡宾达+维提亚姿+加氢裂化尾油
氮含量/(μg/g)	0.72	787.31	340.56
硫含量/(μg/g)	8.8	2887	732
黏度(100℃)/(mm^2/s)	3.762	5.082	4.862
蒸馏数据/℃			
2%	357	388	380
10%	429	383	392
30%	472	399	419
50%	481	427	435
70%	513	452	472
90%	530	487	499
97%	540	503	503
2%~97%	183	115	123
黏度指数	127	104	119
蜡含量/%	33.4	29.6	30.2

由表3可知，加氢裂化尾油中氮含量仅为0.72μg/g，原料掺炼加氢裂化尾油后，其氮含量可降至340.56μg/g左右，改善了原料的性质。但是在加氢裂化装置无法供应加氢裂化尾油后，原料油中的氮含量会明显升高，使得杂原子氮难以脱除，给异构脱蜡催化剂带来风险。

2.2 操作条件

(1)加氢裂化系统压力

从反应动力学上，提高反应系统压力，可以提高脱氮率[5]。在装置运行初期，催化剂床层和设备较干净，反应器回路中压降不高。在这种情况下，即使冷高分分离器在正常压力下操作，脱氮也能满足要求。随着装置运行周期延长，设备及催化剂结垢日益严重。由图2可知，加氢裂化反应床层压降大幅增加，同时高压换热器、高压空冷管线存在结焦结盐现象，进一步降低了系统压力。

截至目前，循环氢压缩机出口压力为16.72MPa，但系统压力仅为13.60MPa，压缩机进出口压力相差较大。受高压设备材质的限制，无法进一步通过提高循环机出口压力来提高系统压力。导致在加工减四线蜡油等更重馏分时，无法通过提高反应压力以提高脱氮率。目前，装置主要通过调节反应温度、降低处理量或者提高燃料型加氢裂化尾油的掺炼量以提高催化剂脱氮率。

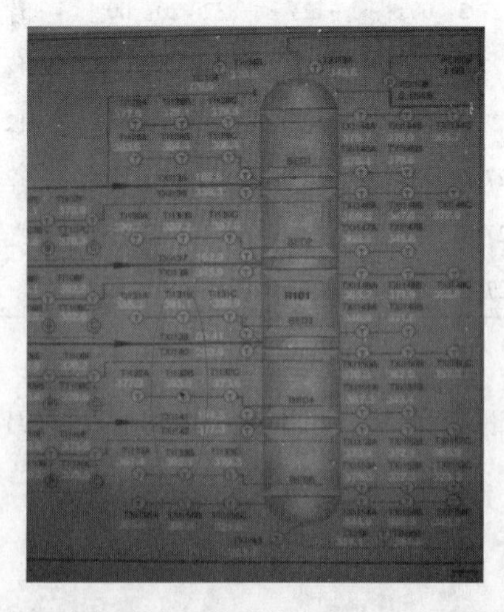

图4 加氢裂化反应器热点分布和实时数据

(2)加氢裂化反应温度

提高加氢裂化反应温度可以降低精馏塔C101塔底氮含量，但目前有一个制约因素，即加氢裂化反应器存在三个热点TI131B、TI132B、TI133B，尤以TI132B点最为严重，最大温差曾经达到23℃，热点分布和实时数据见图4(截图日期为2017.8.29)。

由图4可知，在此情况下，装置通过提高加氢裂化反应温度和降低处理量以降低精馏塔C101塔底氮含量时，存在一定的安全风险，也曾发生过热点温度急剧升高的紧张局面，见图5、图6。

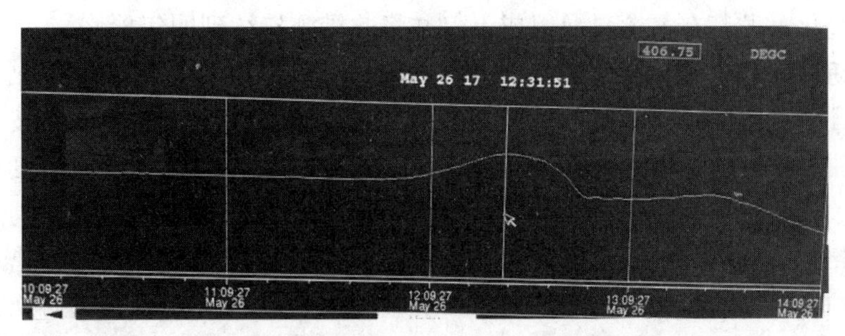

图5 5月26日热点TI132B急剧升高情况

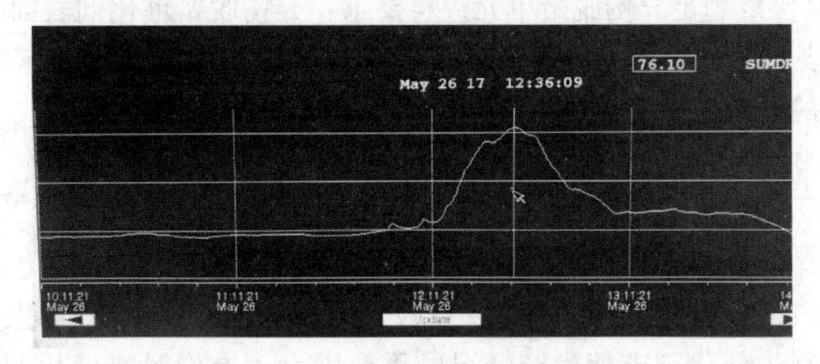

图6 R101床层总温升温度趋势

由图5、图6可知：2020年5月26日，装置在加工1号蒸馏减三线蜡油卡伦+卡宾达+白虎时，原料油中未掺炼燃料型加氢裂化尾油，R101反应器床层TI132B温度测点出现热点。内操通过开大急冷氢量进行控制，热点TI132B在12min内，温度由396℃升高至406.75℃，后通过降低反应器的入口温度，才将热点温度控制住。加氢裂化床层总温升在此期间最高升至76℃，超床层总温升指标(≤56℃)，对装置的生产造成安全隐患。

8月25日，精馏塔C101塔底氮含量出现不合格后，装置将加氢裂化反应温度均值维持在385℃左右，属于历史高位，并视热点情况进行小幅度调整。

(3)异构脱蜡反应温度

提高异构脱蜡反应温度可以改善基础油产品的倾点，在8月21日开工正常后，装置一直在通过提升异构脱蜡反应温度来改善倾点，异构脱蜡反应器平均温度见图7。

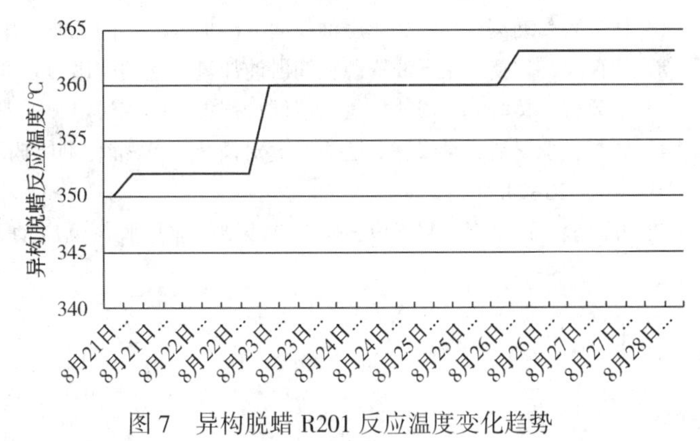

图7 异构脱蜡R201反应温度变化趋势

由图7可知，21日8：00~28日8：00，装置逐渐升高异构脱蜡反应温度。从表2可知，基础油产品倾点持续为-12℃，尽管装置将异构脱蜡反应温度升至历史最高值363℃，但基础油产品倾点未达到指标要求，说明异构脱蜡催化剂在处理氮含量超标的原料时可逆性中毒失活。因此，要得到基础油倾点合格的产品，需对异构脱蜡催化剂活性进行恢复。

2.3 应对措施

从整个生产过程看，在8月21日开始生产HVIⅡ$^+$(6)以来，受制于原料中未掺炼加氢裂化尾油影响，以及加氢裂化反应器存在的热点影响，加氢裂化单元脱氮存在困难，通过提升加氢裂化反应温度来脱氮操作余地不大。在加氢裂化单元不能给异构脱蜡合格进料的情况下，在承担异构脱蜡催化剂可逆性中毒的风险时，异构脱蜡单元一直在提高异构脱蜡反应温度改善倾点，但效果并不明显。笔者提出以下建议：

1)受制于加氢裂化反应器存在热点以及存在的安全风险，通过加氢裂化提温来脱氮余地不大，建议对装置原料进行优化，尤其在氮含量及组成上，并将此措施持续到明年检修。

2)在原料中掺炼减二线，通过掺炼减二线稀释和改善原料中的氮含量及组成结构。建议此方案持续到加氢裂化装置开工正常能提供加氢裂化尾油以后。这一方案在生产调度处和技术质量处的支持下得以实现，但需关注好异构脱蜡催化剂活性恢复工作，以及提高异构脱蜡反应温度后对减底产品收率的影响。

3)产品质量合格后，装置尽量对产品质量采取卡边控制，加氢裂化、异构脱蜡反应器平均温度分别降至375℃和350℃，精馏塔C101塔底油氮含量和基础油倾点均能达标。

截至9月1日08：00，加氢裂化尾油重新掺炼至装置原料后，R101没有出现热点；采样分析后，精馏塔C101塔底油中氮含量满足异构脱蜡单元进料要求；异构脱蜡催化剂表面的碱性氮在低氮油的冲洗和高温下脱附下来，其活性逐渐恢复，基础油产品倾点达标；加氢裂化、异构脱蜡反应器平均温度均下降，延长了催化剂的运行周期。

3 总结

1)润滑油加氢装置运行至末期：催化剂因积炭导致其活性降低；加氢裂化系统压降升高，受限制难以提高新氢机三级出口压力以提高系统压力；反应器第四床层存在热点问题，难以通过提高反应温度提高脱氮率，都成为制约催化剂末期生产情况的重要因素。异构脱蜡催化剂自2014年以来，以约0.66℃/月的速率失活。

2)加氢裂化催化剂呈现出对掺炼加氢裂化尾油较强的依赖性；在无法掺炼加氢裂化尾油时，尽量安排加工或者掺炼减二线原料，避免出现氮含量不合格现象，同时内操要控制好加氢裂化反应器热点的出现。

3)从延长装置运行周期方面考虑，建议化验中心对原料罐进行全数据分析，尤其是氮含量，做到提前对进料优化。至加氢裂化尾油重新掺炼原料中后，产品质量又能满足生产要求。

参 考 文 献

[1] 林荣兴，刘英．加氢裂化尾油作润滑油加氢原料的工业应用[J]．石油炼制与化工，2012，43(3)：6-10.

[2] 黄存超，刘英．蜡下油资源在润滑油加氢装置的应用[J]．润滑油，2014，29(4)：42-45.

[3] 李天游，葛海龙．渣油加氢处理催化剂失活的探讨[J]．广州化工，2008，36(6)：28-30.

[4] 魏军，李翠清，吴修栋．还原温度对磷化NiW催化剂噻吩HDS反应活性的影响[J]．石油炼制与化工，2007，38(7)：26-29.

[5] 方向晨，谭汉森，赵玉琢，等．重油馏分加氢脱氮反应动力学模型的研究[J]．石油学报(石油加工)，1996，12(2)：19-28.

RIPP 生产高档基础油的异构脱蜡催化剂开发及工业应用

黄卫国　郭庆洲　王鲁强　李洪宝　毕云飞　高　杰　李洪辉

（中国石化石油化工科学研究院　北京　100083）

摘　要　石油化工科学研究院经过多年的研究，开发了润滑油异构脱蜡催化剂 RIW-2 和异构脱蜡 RIW 技术，并成功在多家润滑油生产企业进行了工业应用，可以由不同性质的原料生产 HVI Ⅲ类和Ⅲ⁺类的高黏度指数基础油。RIPP 高档润滑油基础油异构脱蜡技术的开发和成功应用为润滑油生产企业提供了丰富的技术选择和有力的技术支撑。

关键词　基础油；异构脱蜡；催化剂

1　前言

随着经济的发展，对润滑油基础油的质量要求越来越高，目前Ⅰ类基础油的需求逐步减少，而Ⅱ类和Ⅲ类油基础油需求不断增加。因此，生产高档基础油的润滑油加氢技术（加氢处理-异构脱蜡-加氢后精制）越来越受到人们的重视。

异构脱蜡是将油品中的高凝点正构烷烃（蜡组分）经过临氢异构化，转化为异构烷烃保留在基础油中，可以在降凝的同时显著提高基础油收率，因此，异构脱蜡技术已经成为加氢法生产润滑油基础油的主要技术。

石油化工科学研究院（RIPP）对于烷烃的临氢异构化反应进行了深入研究，确定了异构脱蜡催化剂优选的分子筛组分，并对分子筛性质对催化剂性能的影响进行了研究，开发了专有分子筛 ZIP，在此基础上开发了活性和异构选择性较好的异构脱蜡催化剂 RIW-2。RIW-2 催化剂成功地在多套润滑油加氢异构脱蜡装置进行了工业应用，由加氢处理油和加氢裂化尾油生产出了符合 API Ⅱ类、Ⅲ类和Ⅲ⁺类标准的基础油，实现了高端润滑油基础油生产技术的国产化，为异构脱蜡 RIW 技术的推广打下了坚实基础。

2　异构脱蜡催化剂 RIW-2 的研制

在异构脱蜡过程中，需要将长链正构烷烃和带少量侧链的异构烷烃（即蜡组分）异构成为凝点较低的异构烷烃。主要的化学反应是烃类的临氢异构化反应，同时还包括芳烃的加氢饱和反应、烃类的加氢裂化反应等，其中加氢裂化反应是主要的副反应，会导致润滑油基础油收率降低。因此，异构脱蜡技术的关键在于使催化剂有较高降凝活性的同时，保持较高的异构选择性。

异构脱蜡催化剂是一种双功能催化剂，必须同时具有酸性和加氢活性。根据对烷烃临氢异构和裂化反应机理的认识，提高催化剂的异构选择性必须使生成的异构烯烃尽可能快地加氢饱和生成异构烷烃，而不是在酸性中心上进一步发生裂化反应，因此，要求催化剂具有高的加氢活性，一般采用贵金属作为加氢组分以达到此目的。另一方面，异构脱蜡催化剂的酸性组分必须对正构烷烃具有较好的反应选择性，能够优先转化正构烷烃，因此，需选择适当的分子筛组分，使其对正构烷烃有较好的吸附选择性，从而易于在催化剂上吸附而优先转化，而异构烷烃则不易发生反应。

异构脱蜡催化剂多采用择形分子筛作为酸性组分，其中具有中孔结构的分子筛，即孔口为十元氧环的分子筛的异构选择性明显优于其他类型的分子筛。RIPP 通过筛选、对比，选择了一种具有特殊孔道结构的分子筛作为催化剂的酸性组分。该分子筛为 RIPP 开发的新型分子筛，命名为 ZIP 分子筛。为优化分子筛性能，考察了分子筛性质对催化剂活性和选择性的影响。

2.1　分子筛硅铝比的影响

考察了分子筛硅铝比对催化剂活性和选择性的影响，微反评价结果见图 1，图中转化率为 300℃下的反应数据。随着分子筛硅铝比增加，催化剂的加氢异构反应活性降低，异构选择性增加。硅铝比较低时，催化剂活性过高，降凝所需反应温度低，催化剂加氢活性发挥不足，异构选择性将下降；硅铝比过高时，反应活性过低，降凝反应所需温度相应升高，烷烃的裂化反应将加剧，也不利于提高异构选择性，因此，通过以上反应结果，确定了合适的分子筛硅铝比范围。

2.2　分子筛结晶度的影响

其次，考察了分子筛结晶度对催化剂性能的影响，微反评价结果见图 2。其中，CR 为分子筛的相对结晶度，以实验室合成的一种结晶度较好的分子筛为标样测定。可以看出，结晶度高的催化剂 1 的异构选择性更高；因此，异构脱蜡催化剂所用的分子筛应尽可能具有较高的结晶度，以提高催化剂的异构选择性。

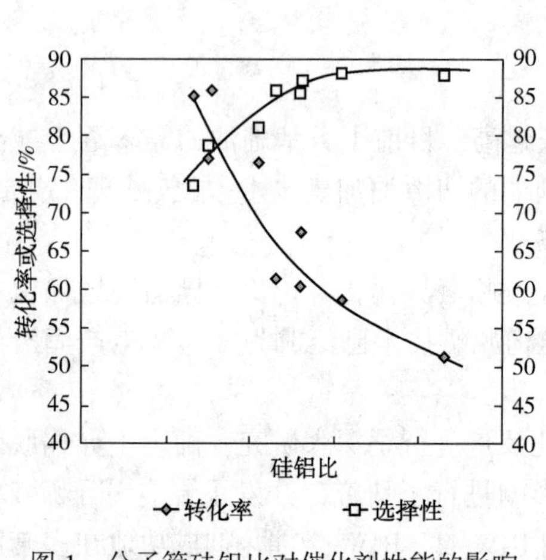

图 1　分子筛硅铝比对催化剂性能的影响

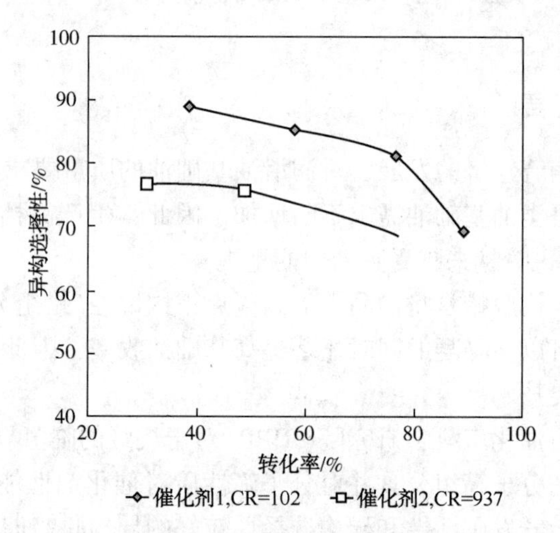

图 2　分子筛结晶度对催化剂性能的影响

2.3　分子筛中杂质的影响

在分子筛合成过程中可能生成一些杂质，其对催化剂的异构选择性影响较大。如图 3 所示，分析表明分子筛中含少量杂质，为了改善催化剂性能，采用分子筛改性以除去分子筛中的杂质。分子筛经过一定方法处理，去除了杂质后制备的催化剂异构选择性明显高于未经处理的分子筛制备的催化剂。由此确定了分子筛的杂质含量限制及改性方法，可以明显提高催化剂的异构选择性。

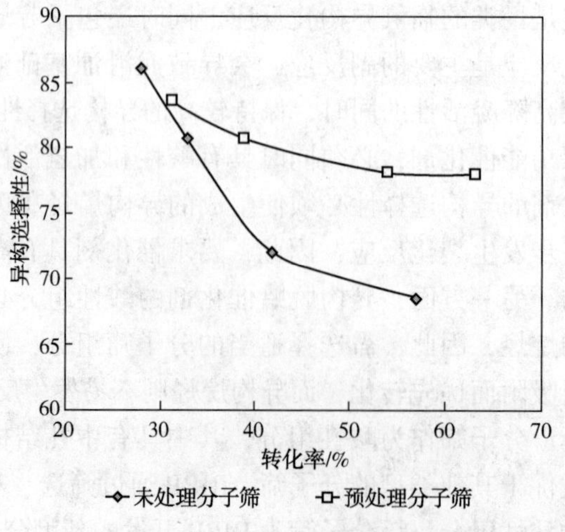

图 3　分子筛预处理对催化剂异构选择性的影响

2.4 RIW-2 催化剂的研制

通过以上对分子筛结晶度、硅铝比和杂质等性质对催化剂活性和异构选择性的影响分析，确定了分子筛的关键性质指标，开发了异构脱蜡催化剂专用的分子筛 ZIP。在新型催化材料研发基础上，通过调整载体酸性、改进金属浸渍条件开发了异构脱蜡催化剂 RIW-2。

表 1 列出了以大庆减四线加氢油为原料对催化剂 RIW-2 的评价结果。可以看出，RIW-2 催化剂在降凝活性上大大优于第一代异构脱蜡催化剂 RIW-1，以高含蜡的大庆减四线加氢油为原料，降倾点的幅度达到 83℃，收率为 68.9%，而 RIW-1 在提高 20℃ 的条件下，降倾点幅度为 67℃，收率仅为 50.0%。新开发的 RIW-2 催化剂表现出对重质原料油的良好适应性和优异的降凝效果。

表 1　大庆减四线加氢油降凝结果对比

催化剂编号	RIW-2	RIW-1
反应条件		
反应温度/℃	基准	基准+20
氢分压/MPa	12.0	12.0
体积空速/h^{-1}	0.7	0.7
>470℃ 润滑油馏分质量收率/%	68.9	50.0
运动黏度/(mm^2/s)		
100℃	10.84	10.66
40℃	81.25	79.08
黏度指数	120	120
倾点/℃	-33	-15
降倾点幅度/℃	83	65

3　异构脱蜡催化剂 RIW-2 的工业应用

RIPP 经过多年的研究，成功开发了择形异构分子筛催化材料、润滑油加氢系列催化剂(加氢处理、加氢裂化、异构脱蜡和加氢补充精制催化剂)及相关工艺技术。针对国内炼油厂加工原油的多样性，以进口中间基原油、国内石蜡基与中间基原油、加氢裂化尾油、环烷基油、FT 合成蜡等为原料开发出具有针对性的加工工艺，可以满足不同用户的需求，用于生产不同品种和不同使用目的的产品。目前，润滑油异构脱蜡技术(RIW)已经实现催化材料及催化剂的工业化生产，并在相关企业成功实现了工业应用。

3.1 加氢裂化尾油异构脱蜡技术

随着国内异构脱蜡技术的应用和装置建设，HVI Ⅱ类基础油的产能迅速增加，Ⅱ类基础油已出现过剩局面。但 HVI Ⅲ类基础油的生产不能满足国内市场需要，每年需要进口大量 HVI Ⅲ类基础油。针对这种情况，RIPP 对 HVI Ⅲ类基础油的烃组成结构进行了深入研究，开发了润滑油尾油型加氢裂化技术，使加氢裂化尾油中的链烷烃增加，两环以上环烷烃大幅度降低，以此生产优质的异构脱蜡原料。在此基础上对异构脱蜡的原料馏程进行优化切割，并对异构脱蜡催化剂进行改性，提高了异构脱蜡催化剂对大分子异构烷烃的选择性，形成了生产 HVI Ⅲ及 $Ⅲ^+$ 类基础油的异构脱蜡技术，其流程见图 4。

RIPP 研究开发的加氢裂化尾油异构脱蜡技术及第二代异构脱蜡催化剂 RIW-2 于 2016 年 6 月在某公司 400kt/a 润滑油加氢异构脱蜡装置工业应用成功，以加氢裂化尾油为原料生产出了 HVI Ⅲ类 6 号基础油和 HVI $Ⅲ^+$ 4 号和 6 号基础油。工业应用结果见表 2。可以看到，以加氢裂化尾油为原料，采用 RIW 技术，可以生产 HVI $Ⅲ^+$ 类 4 号和 6 号基础油，黏度指数分别达到 125 和 131 以上，6 号基础油收率为 76%左右，总基础油收率约为 86%。

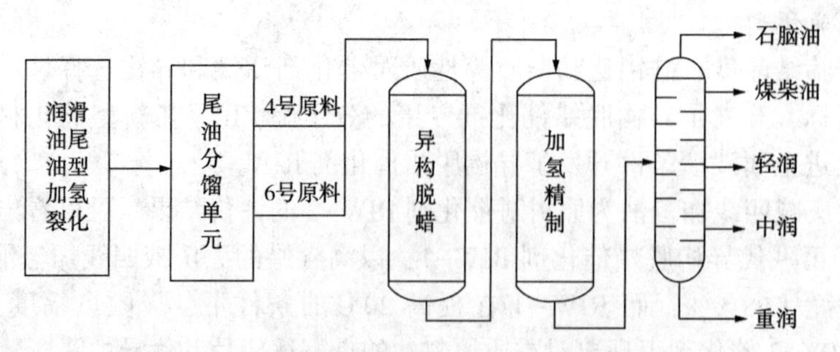

图4 异构脱蜡生产 HVIⅢ类基础油原则流程图

表2 加氢裂化尾油异构脱蜡工业应用结果

反应条件	原料1	原料2
空速/h^{-1}	0.5	0.5
4#基础油性质		
黏度指数	126	125
运动黏度(100℃)/(mm^2/s)	4.304	4.138
倾点/℃	-27	-30
6#基础油性质		
黏度指数	133	131
运动黏度(100℃)/(mm^2/s)	6.07	6.106
倾点/℃	-18	-21
物料衡算	原料1	原料2
入方		
进料/%	99.51	99.52
氢气/%	0.49	0.48
合计/%	100	100
出方		
气体/%	3.09	3.10
石脑油/%	4.96	5.14
轻柴油/%	5.41	5.28
2#基础油/%	3.95	3.94
4#基础油/%	6.56	5.79
6#基础油/%	76.02	76.76
合计/%	100	100

3.2 加氢处理-异构脱蜡技术

以加氢裂化尾油为原料，采用异构脱蜡工艺，可以生产黏度指数较高的 HVI Ⅲ类及以上的高档基础油。但由于加氢裂化尾油的黏度一般较低，因此加氢裂化-异构脱蜡工艺一般适合生产低黏度的基础油。为适应高黏度基础油的生产，RIPP 开发了馏分油加氢处理-异构脱蜡技术，采用高性能的润滑油加氢处理催化剂 RL-2，加氢处理后可以有效提高原料的黏度指数，降低硫、氮等杂质含量，然后经过异构脱蜡可以生产高黏度的 HVI Ⅲ类基础油。

2018 年 RIPP 加氢处理-异构脱蜡技术在某公司 150kt/a 润滑油加氢装置工业应用成功见表 3。采用中间基重质原料，经过加氢处理可以生产黏度较高的异构脱蜡原料，进一步异构脱蜡后可以生产黏度指数 130 以上的 8#基础油，产品达到了 HVI Ⅲ+类质量标准。副产 2#、4#基础油，其中 4#基础油黏度指数 125，达到了 HVI Ⅲ类质量标准。异构脱蜡段反应温度仅为 333℃，说明 RIW-2 催化剂具有非常好的降凝活性。

表 3　加氢处理-异构脱蜡工业应用结果

项目		
加氢处理条件		
反应温度/℃	347	
空速/h^{-1}	0.40	
加氢处理生成油性质		
运动黏度(100℃)/(mm^2/s)	6.722	
黏度指数	155	
硫含量/(μg/g)	<1	
氮含量/(μg/g)	<1	
异构脱蜡条件		
反应温度/℃	333	
空速/h^{-1}	0.80	
产品性质	4#基础油	8#基础油(主产品)
黏度(100℃)/(mm^2/s)	4.475	7.989
黏度指数	125	136
倾点/℃	-33	-18
赛氏比色	+30	+30

4　小结

石油化工科学研究院经过多年的研究，成功开发了适用于异构脱蜡技术的专有分子筛 ZIP，并研究开发了活性和异构选择性较好的异构脱蜡催化剂 RIW-2。基于 RIPP 开发的高活性、高选择性的加氢处理催化剂、异构脱蜡催化剂和加氢补充精制催化剂，针对国内炼油厂生产润滑油基础油原料的多样性，为满足不同用户需求，RIPP 开发了加氢裂化尾油异构脱蜡技术、馏分油加氢处理-异构脱蜡技术等多种不同的润滑油加氢工艺，用于生产不同品种、不同黏度等级和不同使用目的的润滑油、白油等产品。

RIW-2 催化剂和 RIW 技术已成功地在多套润滑油加氢异构脱蜡装置进行了工业应用，由加氢处理油和加氢裂化尾油生产出了符合 API Ⅱ类、Ⅲ类和Ⅲ+类标准的基础油，实现了高端润滑油基础油生产技术的国产化。RIPP 系列高档润滑油基础油生产技术的开发和成功应用为润滑油生产企业提供了丰富的技术选择和有力的技术支撑。

脱蜡工艺对基础油组成及黏度指数影响的研究

高 杰 蔡 晨 黄卫国 李洪辉 王鲁强 郭庆洲

（中国石化石油化工科学研究院 北京 100083）

摘 要 在中型试验装置上分别进行了高桥尾油和茂名尾油的溶剂脱蜡试验和异构脱蜡试验，对不同脱蜡工艺所得基础油的性质、烃类组成和结构参数进行了分析和对比。通过多元线性回归分析，建立了以加氢裂化尾油的组成结构预测异构脱蜡基础油和溶剂脱蜡基础油黏度指数差值的线性模型，并具有较好的精度。

关键词 溶剂脱蜡；异构脱蜡；烃类组成；结构参数；模型

1 前言

黏度指数(Ⅵ)反映了基础油的黏温特性，是衡量基础油性能最重要的指标之一，也是API Ⅲ类基础油区别于API Ⅰ、Ⅱ类油最显著的特征。基础油的黏度指数与其烃类组成和分子结构密切相关。通常认为，在基础油所含的烃类中，烷烃的黏度指数最高，单环环烷烃次之，多环环烷烃和多环芳烃的黏度指数最低。

生产基础油的溶剂脱蜡过程是一个将高黏度指数的正构烷烃从油品中除去的物理过程，异构脱蜡过程则是一个将长链正构烷烃异构化为带侧链的异构烷烃的化学转化过程。这两种加工过程，从根本上讲都是调整不同类型、不同结构的烃类分子在基础油中存在比例的过程。因此，研究异构脱蜡油和溶剂脱蜡油的黏度指数之间的量化关系，进而由溶剂脱蜡的结果来预测异构脱蜡基础油的黏度指数具有现实意义。

本研究以不同加氢裂化尾油为原料，分别通过异构脱蜡和溶剂脱蜡得到基础油产品，通过分析对比不同脱蜡工艺所得基础油的烃类组成和分子结构的特征，了解由烃类组成的变化所带来的基础油产品性质上的差异有何规律，从而为优化高黏度指数基础油的生产提供科学依据。

2 试验部分

2.1 试验原料

加氢裂化尾油的性质随着原油性质、加工工艺及操作条件的不同会有所差别，该研究所选取的加氢裂化尾油来自中国石化下属的4家企业，共计11个批次，因此研究工作具有较为广泛的适用性。根据原料来源和批次不同，分别命名为：高桥尾油A、高桥尾油B、高桥尾油C、高桥尾油D、燕山尾油A、燕山尾油B、燕山尾油C、燕山尾油D、茂名尾油A、茂名尾油B和南京尾油。

各原料油的主要性质、烃类组成以及平均结构参数分别见表1和表2。

表1 原料主要性质、烃类组成和结构参数(一)

分析项目	燕山尾油A	燕山尾油B	燕山尾油C	燕山尾油D	茂名尾油A	茂名尾油B
密度(20℃)/(kg/m^3)	837.5	838.7	834.2	839.5	838.2	838.9
运动黏度/(mm^2/s)						
100℃	3.390	4.768	3.801	5.015	6.186	3.994
80℃	4.876	7.153	5.556	7.556	9.536	5.896
黏度指数	125	134	126	138	142	122

续表

分析项目	燕山尾油 A	燕山尾油 B	燕山尾油 C	燕山尾油 D	茂名尾油 A	茂名尾油 B
凝固点/℃	31	39	33	39	45	32
烃类/%(质)						
链烷烃	46.7	50.0	38.9	56.4	58.6	43.4
环烷烃	51.6	50.0	61.0	41.0	40.2	55.3
单环和双环环烷烃	32.1	33.6	42.6	33.4	31.5	39.5
三环及以上环烷烃	19.5	16.4	18.4	7.6	8.7	15.8
芳烃	1.7	0	0.1	2.6	1.2	1.3
结构参数						
IP/NP	0.50	0.74	0.64	0.60	0.75	0.67
C^*	19.57	23.33	21.16	25.09	23.68	21.20

表 2 原料主要性质、烃类组成和结构参数(二)

分析项目	高桥尾油 A	高桥尾油 B	高桥尾油 C	高桥尾油 D	南京尾油
密度(20℃)/(kg/m³)	840.8	843.2	841.9	835.0	871.1
运动黏度/(mm²/s)					
100℃	4.738	4.656	5.538	3.846	5.010
80℃	7.152	6.953	8.463	5.643	7.848
黏度指数	126	136	138	123	97
凝点/℃	37	42	45	36	8
烃类/%(质)					
链烷烃	54.2	47.1	55.3	60.0	29.6
环烷烃	43.9	52.9	42.7	37.8	54.2
单环和双环环烷烃	30.4	30.2	32.4	28.2	32.9
三环及以上环烷烃	13.5	22.7	10.3	9.6	21.3
芳烃	1.9	0	2.0	2.2	16.2
结构参数					
IP/NP	1.02	0.50	0.49	0.61	1.04
C^*	19.82	23.11	23.66	22.14	16.92

2.2 基础油的制备

加氢裂化尾油的异构脱蜡试验在 250mL 中型固定床加氢装置上进行，采用两个反应器串联流程，原料油和氢气一次通过。反应后的物料经高压分离器、稳定塔后得到高分气、低分气和液体产品。所得液体产品经蒸馏切取适宜馏分作为目标产品。

试验所采用的异构脱蜡催化剂为 RIW-2，以石油化工科学研究院(简称 RIPP)开发的一种具有特殊孔道结构的分子筛作为催化剂的酸性组分，用以对原料中的长链烷烃进行选择性异构化，从而达到降低基础油倾点的目的。所用加氢补充精制催化剂为 RLF-10^L，用以改善产品的颜色和安定性。

加氢裂化尾油的溶剂脱蜡试验以丁酮、甲苯混合溶剂作脱蜡溶剂，在 RIPP 溶剂脱蜡中型试验装置上完成。

2.3 分析方法

按照 ASTM D2887 或 ASTM D6352 标准分析基础油样品的馏程；分别按照 GB/T 265、GB/T 2541、GB/T 3535 国家标准测定基础油样品的黏度、黏度指数和倾点。

参照 SH/T 0659—1998 标准方法，采用质谱方法分析异构脱蜡基础油样品的烃类组成确定链烷烃、环烷烃等的质量分数，以 *Cnn* 表示多环环烷烃(环数≥3)的质量分数。

基础油产品的核磁共振分析采用 Bruker AM-300 超导核磁共振仪，测试条件为：共振频率为 75.5MHz，谱宽 SW 为 18518Hz，采用反门控去偶定量测定，累加次数 NS 为 4000，脉冲宽度 PW 为 2.5μs，定标 $\delta_{TMS}=0$。取少量样品溶于适量的氘代氯仿中($CDCl_3$)并加入少量弛豫试剂，以四甲基硅烷(TMS)为参考物质，在 Bruker AM-300 核磁共振仪上测量并记录样品的 ^{13}C-NMR 谱图和积分曲线。根据文献[1-3]所述方法对谱图进行解析与计算，得到基础油样品的平均结构参数，包括：平均链烷碳数 C^*、链烷碳质量分数 C_p、正构烷碳质量分数 *NP*、异构烷碳质量分数 *IP* 及支链端甲基碳质量分数 *b*。

3 结果与讨论

3.1 溶剂脱蜡基础油和异构脱蜡基础油的对比

为了对比不同原料通过不同脱蜡工艺所得基础油的性质及组成特点，选择高桥尾油 A 和茂名尾油 A 作为试验原料。从烃类组成上看，高桥尾油中链烷烃和少环环烷烃(环数<3)的质量分数为 84.6%，茂名尾油中链烷烃和少环环烷烃(环数<3)的质量分数为 90.1%，两种原料中润滑油理想组分含量较高。从分子的平均结构参数来看，高桥尾油的平均链烷烃碳数(C^*)比茂名尾油低，其异构烷碳与正构烷碳的比值(*IP/NP*)比茂名尾油的更高，这说明高桥尾油的链烷碳结构中含有更多的异构烷碳。

为了对比不同脱蜡深度下所得基础油的主要性质，通过改变过滤温度，获得了不同倾点的溶剂脱蜡(SDW)基础油；通过调整反应参数，获得了不同倾点的异构脱蜡(IDW)基础油。将两种尾油的溶剂脱蜡基础油和异构脱蜡基础油的黏度指数与倾点的关系进行对比，如图 1 所示。与溶剂脱蜡基础油相比，在基础油倾点达到-18℃时，高桥 IDW 基础油的Ⅵ比 SDW 基础油高 3 个单位；茂名 IDW 基础油的Ⅵ比 SDW 基础油高 2 个单位。也就是说，在相同倾点的情况下进行比较，不同尾油生产的 IDW 基础油和 SDW 基础油的Ⅵ之差($\Delta Ⅵ_{异构-溶剂}$)不同。另外，基础油的Ⅵ随倾点降低而减小，基础油倾点下降幅度相同时，IDW 基础油的Ⅵ减小幅度小于 SDW 基础油。

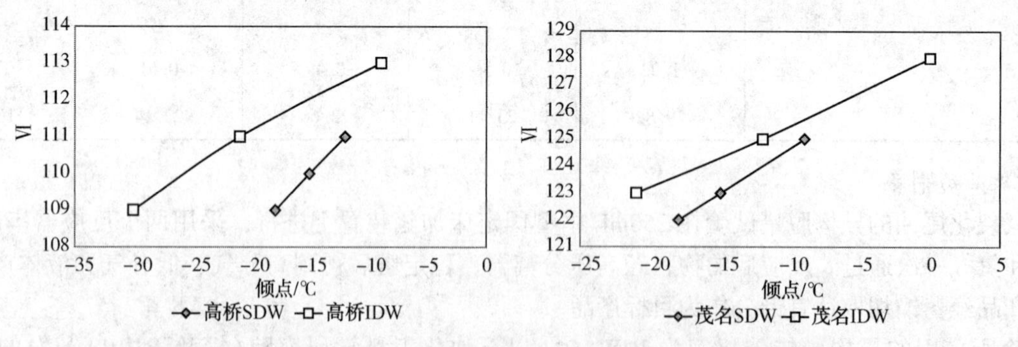

图 1 溶剂脱蜡基础油和异构脱蜡基础油黏度指数与倾点的关系

对比两种尾油的溶剂脱蜡基础油和异构脱蜡基础油(倾点均为-18℃)的烃类组成和结构参数，如图 2 和图 3 所示。加氢裂化尾油经过脱蜡后，基础油产品中的链烷烃含量明显减少，并且链烷碳结构中的异构烷碳的比例增加(*IP/NP* 增加)。与溶剂脱蜡基础油相比，异构脱蜡基础油中链烷烃含量更高，芳烃含量更低；但两种脱蜡工艺所得基础油链烷碳结构中的异构烷碳的比例(*IP/NP*)以及分子的分支程度(*IP/b*)随原料的不同而不同。

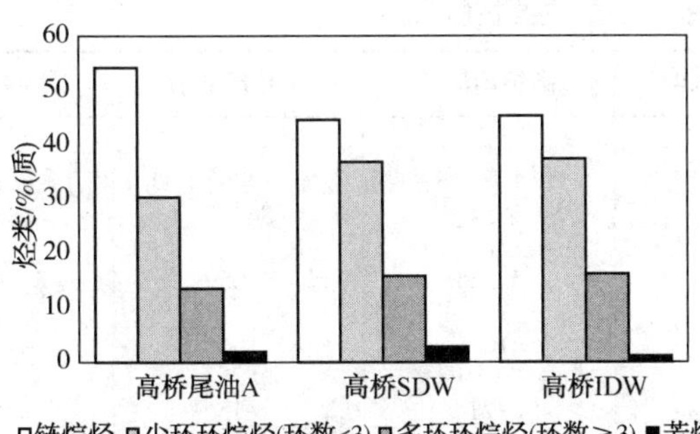

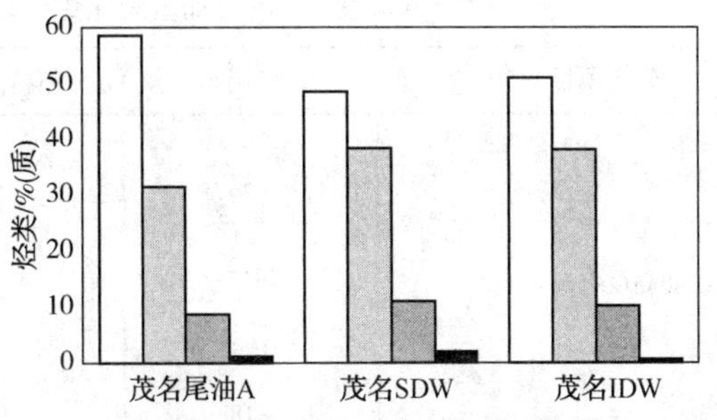

图 2 尾油及其基础油的烃类组成

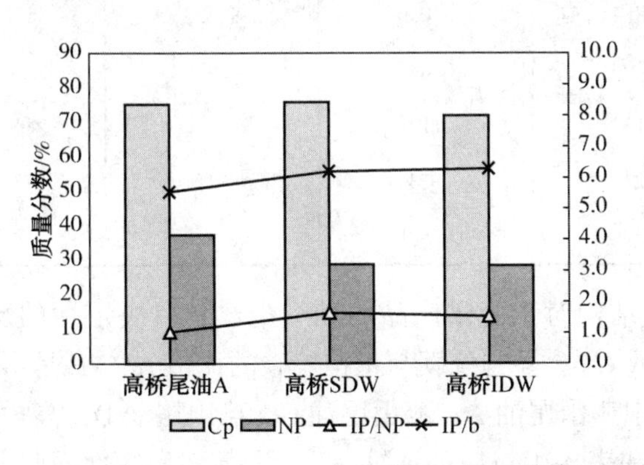

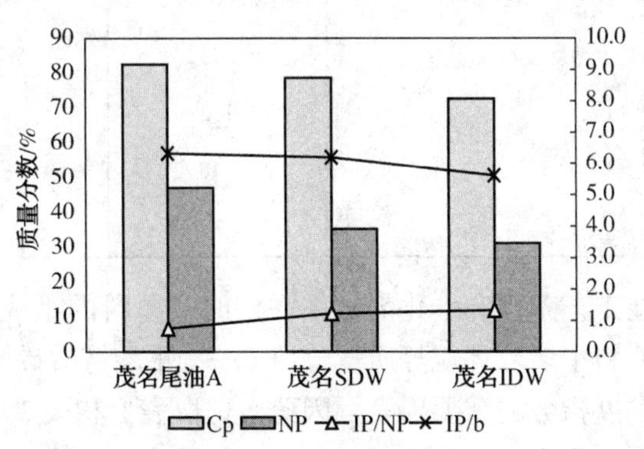

图 3 尾油及其基础油的分子平均结构参数

3.2 不同脱蜡工艺所得基础油黏度指数差值的预测模型

一般来说，在倾点相同的情况下，异构脱蜡油的黏度指数高于溶剂脱蜡油的黏度指数，但 $\Delta VI_{异构-溶剂}$ 因受到催化剂和原料性质的影响而不同。因此，需要建立基于 RIW 催化剂体系的预测模型，通过对原料烃类组成和结构参数的分析，判断异构脱蜡基础油与溶剂脱蜡基础油黏度指数的差值，从而为优化高黏度指数基础油的生产提供科学依据。以表 1 和 2 中所示加氢裂化尾油为原料进行溶剂脱蜡和异构脱蜡试验，所得溶剂脱蜡基础油和异构脱蜡基础油的主要性质见表 3 和表 4。

表 3 不同加氢裂化尾油所得基础油的主要性质(一)

分析项目	燕山尾油 A	燕山尾油 B	燕山尾油 C	燕山尾油 D	茂名尾油 A	茂名尾油 B
SDW 基础油						
密度(20℃)/(kg/m^3)	841.5	840.4	842.4	848.1	844.9	841
100℃运动黏度/(mm^2/s)	3.462	4.978	3.974	5.337	6.39	4.199
黏度指数	106	116	109	116	122	110
倾点/℃	-21	-15	-15	-15	-18	-15
IDW 基础油						
密度(20℃)/(kg/m^3)	840.9	839.7	840.4	846.7	841.2	843.5
100℃运动黏度/(mm^2/s)	4.51	5.437	4.572	6.095	6.317	5.451
黏度指数	114	122	115	119	124	116
倾点/℃	-21	-15	-15	-15	-18	-15
$\Delta VI_{异构-溶剂}$	8	6	6	3	2	6

表4 不同加氢裂化尾油所得基础油的主要性质(二)

分析项目	高桥尾油A	高桥尾油B	高桥尾油C	高桥尾油D	南京尾油
SDW基础油					
密度(20℃)/(kg/m³)	848.3	849.4	854	844.2	868.8
100℃运动黏度/(mm²/s)	4.97	4.848	5.963	4.059	5.095
黏度指数	109	108	107	106	86
倾点/℃	-18	-21	-21	-15	-24
IDW基础油					
密度(20℃)/(kg/m³)	846.5	848.4	850.9	843.3	862.6
100℃运动黏度/(mm²/s)	5.352	5.796	6.883	4.479	5.761
黏度指数	112	113	112	111	93
倾点/℃	-18	-21	-21	-15	-24
$\Delta VI_{异构-溶剂}$	3	5	5	5	7

在工艺条件和催化剂体系一定时，原料的组成结构对于脱蜡产品的黏度指数具有决定性的影响，其中原料中多环环烷烃质量分数 Cnn、平均链烷碳数 C^*、异构烷碳与正构烷碳的比值 IP/NP 是影响基础油黏度指数的重要因素。因此，选取表1和表2中燕山尾油A、燕山尾油C、燕山尾油D、高桥尾油C和高桥尾油D五种原料的组成、结构参数与表3和表4中对应的 $\Delta VI_{异构-溶剂}$ 进行多元线性回归分析，可得到如下模型：

$$\Delta VI_{异构-溶剂}=22.76+0.065Cnn-7.23IP/NP-0.63C* \quad (式1)$$

将其余6种原料的 C^*、IP/NP 和 Cnn，代入式1求解 $\Delta VI_{异构-溶剂}$(称为 $\Delta VI_{计算}$)，并将计算结果与通过试验得到的 $\Delta VI_{异构-溶剂}$ 的实际值(称为 $\Delta VI_{试验}$)进行对比，如表5所示。通过模型计算出的 $\Delta VI_{计算}$ 与试验得到的 $\Delta VI_{试验}$ 的差值都在3个单位以内，说明该线性模型的精度较好。

从该模型可知，当加氢裂化尾油中多环环烷烃含量较低，异构烷碳含量较高，并且平均链烷碳数 C^* 较高时，异构脱蜡基础油与溶剂脱蜡基础油黏度指数的差值($\Delta VI_{异构-溶剂}$)较小，甚至可能为负值。

表5 预测模型的验证

项目	高桥尾油A	高桥尾油B	茂名尾油A	茂名尾油B	燕山尾油B	南京尾油
Cnn/%	13.5	22.7	8.7	15.8	16.4	21.3
C^*	19.82	23.11	23.68	21.2	23.33	16.92
IP/NP	1.02	0.50	0.75	0.67	0.74	1.04
$\Delta VI_{试验}$	3	5	2	6	6	7
$\Delta VI_{计算}$	3.8	6.1	2.9	5.6	3.8	6.0
$\Delta VI_{差值}$	-0.8	-1.1	-0.9	0.4	2.2	1.0

4 总结

1)在中型试验装置上进行了高桥尾油和茂名尾油的溶剂脱蜡试验和异构脱蜡试验，研究表明，基础油的性质、烃类组成和结构参数受到原料和脱蜡工艺的影响而不同。

2)在工艺条件和催化剂体系一定时，原料的烃类组成和分子结构对于 $\Delta VI_{异构-溶剂}$ 有决定性的影响。

通过多元线性回归分析，建立了以加氢裂化尾油的组成结构预测ΔⅥ$_{异构-溶剂}$的线性模型，经验证该模型具有较好的精度。

参 考 文 献

[1] M. I. S. Sastry, A. Chopra, A. S. Sarpal, et al. Carbon Type Analysis of Hydrotreated and Conventional Lube-oil Base Stocks by i. r. Spectroscopy [J]. Fuel, 1996, 75(12): 1471-1475.

[2] A. S. Sarpal, G. S. Kapur, S. Mukherjee, et al. Characterizationby 13C NMR Spectroscopy of Base Oils Produced by Different Processes [J]. Fuel, 1997, 67(10): 931-937.

[3] 王京, 贺瑜玲, 黄蔚霞, 等. 润滑油异构脱蜡基础油结构的核磁共振研究[C]. 北京: 中国石油学会第四届石油炼制学术年会, 2001.

减二线基础油和减四线蜡膏利用技术开发

郭庆洲　高　杰　黄卫国　李洪宝　李洪辉　毕云飞　王鲁强

（中国石化石油化工科学研究院　北京　100083）

摘　要　采用加氢处理—异构脱蜡/加氢精制流程，分别对茂名公司减二线基础油和减四线蜡膏提质生产高档基础油进行了试验研究。结果表明，以黏度指数较低的减二线基础油为原料，可生产 HVIⅡ⁺4 基础油，以减四线蜡膏为原料，可生产 HVIⅢ⁺8 基础油。

关键词　基础油；加氢处理；异构脱蜡；蜡膏

1　前言

环保政策的导向性作用，促进了机械车辆及其相关行业的快速发展，推动了润滑油基础油质量升级及其生产新技术的应用。近些年来，润滑油加氢技术得到了广泛应用，使我国基础油质量提升出现了前所未有的"瞬间换代"的局面，特别是100℃运动黏度在4~6mm^2/s之间的中、低黏度的润滑油基础油，已出现市场供应远大于市场需求的局面。据不完全统计，目前市场上4~6mm^2/s的基础油主要是以加氢裂化尾油为原料通过异构脱蜡技术生产的，以该种模式生产高档基础油的异构脱蜡装置的加工规模已超过4.0Mt/a，4~6mm^2/s基础油的产能超过3.2Mt/a，并且后续尚有200~600kt/a规模的多套装置在持续建设中。这些出现在市场上的产品质量上乘，绝大多产品的黏度指数在110以上，有的产品黏度指数甚至达到130，达到了HVI Ⅱ⁺或HVI Ⅲ⁺的水平。

中国石油化工股份有限公司茂名分公司是中国石化系统内生产润滑油基础油的骨干企业，也是国内润滑油基础油产品的重要生产商和供应商。目前，茂名石化公司具有生产润滑油基础油的"老三套"系统和加氢系统，可提供从APIⅠ类至API Ⅲ类质量标准的润滑油基础油，产能约600kt/a，其中，"老三套"生成的APIⅠ类基础油约300kt/a。随着国内基础油质量的不断提升，以老三套工艺生产的中、低黏度的基础油如100N、150N、200N等品种已无法赢得异构脱蜡基础油在市场上的竞争，产品面临出厂困难问题。另外，由于茂名石化公司"老三套"装置生产基础油的原料依赖进口原油，虽然对原油品种具有一定的选择空间，但原油质量的劣质化是全球趋势，原油来源的频繁变化和性质波动，不仅影响基础油的产品质量，也影响副产品石蜡的质量，特别是加工减四线原料副产的石蜡，存在产品质量不稳定、市场价格低等问题，影响企业经济效益。因此，有必要开发"老三套"工艺生产的减二线基础油及减四线蜡膏的加氢提质技术，将低价值产品转化，提高产品的附加值，取得好的经济效益。

2　试验部分

2.1　试验原料

原料采用茂名石化公司老三套润滑油生产装置生产的减二线基础油、减四线蜡膏以及二者的混合油（质量比为1：1），各原料油的主要性质见表1。

表1　原料性质及烃类组成

分析项目	减二线基础油	减四线蜡膏	混合油
密度(20℃)/(kg/m^3)	866.3	860.0	863.5
100℃运动黏度/(mm^2/s)	5.044	9.889	7.112

续表

分析项目	减二线基础油	减四线蜡膏	混合油
黏度指数	104	146	130
凝固点/℃	-15	>50	>50
硫/%(质)	0.194	0.599	0.442
氮/%(质)	53	84	62
烃类/%(质)			
链烷烃	26.9	42.1	34.9
环烷烃			
单环及二环烷烃	37.4	24.4	32.9
三环以上环烷烃	19	9	12.6
芳烃			
单环芳烃	12.2	16.2	13.9
二环以上芳烃	4.5	8.3	5.7
馏程(D 1160)/℃			
IBP	301	311	271
5%	382	490	392
50%	426	522	462
90%	455	549	524
95%	465	544	533

2.2 试验装置及试验流程

试验采用250mL润滑油加氢中型试验装置，该装置采用2个反应器串联，可用于加氢处理中型试验，也可用于异构脱蜡中型试验。试验流程采用加氢处理—异构脱蜡/加氢精制流程，具体试验过程分2个阶段进行，第一阶段是加氢处理条件试验和加氢处理大样的制备试验，分别以减二线基础油和减四线蜡膏为原料，首先在中型试验装置上通过条件试验获得试验结果，然后根据试验结果选择适宜的优化条件制备加氢处理生成油大样。第二阶段以制备的加氢处理生成油大样为试验原料，进行异构脱蜡/加氢精制条件试验。

2.3 催化剂

加氢处理试验所采用的加氢处理催化剂RL-2为Ni-Mo-W三组分活性金属体系，具有良好的加氢脱硫、脱氮和芳烃饱和性能以及良好的原料适应性和活性稳定性。

异构脱蜡试验所采用的异构脱蜡催化剂为RIW-2，它以中国石化石油化工科学研究院(简称RIPP)开发的一种具有特殊孔道结构的分子筛作为催化剂的酸性组分，用以对原料中的长链烷烃进行选择性异构化，从而达到降低基础油倾点的目的。所用的加氢补充精制催化剂为RLF-10^{L}，用以改善产品的颜色和安定性。

3 结果与讨论

3.1 加氢处理试验

由表1可见，与通常黏度等级相同的HVI Ⅰ类基础油相比，减二线基础油具有相对较高的黏度指数；从烃类的组成分布看，减二线基础油的组成主要以环烷烃为主，链烷烃含量较少，并且多环环烷烃和多环芳烃的含量较低，对于希望通过进一步加氢开环提高黏度指数来说，则存在潜在因素不足的问题。减四线蜡膏具有相对较高的运动黏度和黏度指数；其链烷烃、环烷烃和芳烃的构成相对均匀，二环以上芳烃的质量分数占总芳烃的33.9%，部分多环芳烃的转化将对提高黏度指数显现明显的效果。

首先对各线原料油进行了加氢处理试验，根据原料性质和基础油及副产品作为白油的质量要求，选择氢分压为16.0MPa，考察温度对加氢处理生成油中硫、氮含量及润滑油馏分黏度指数提升幅度的影响，并选择适宜条件制备加氢处理生成油大样。所得加氢处理生成油大样润滑油馏分的性质及烃类组成见表2。

表2 加氢处理生成油大样润滑油馏分的性质及烃类组成

试验编号	减二线基础油加氢处理大样	减四线蜡膏加氢处理大样	混合油加氢处理大样	
馏分范围/℃	>370	>450	370~450	>450
收率/%	83.33	79.40	37.33	39.67
性质				
密度(20℃)/(kg/m³)	849.8	838.6	837.5	838.1
100℃运动黏度/(mm²/s)	4.669	8.547	3.935	7.968
黏度指数	113	166	121	163
倾点/℃	-15	>50	30	>50
硫/(μg/g)	<2	<2	<1	<1
氮/(μg/g)	<1	<1	<1	<1
烃类组成/%				
链烷烃	31.1	53.3	52.3	39.7
环烷烃	68.0	46.5	47.4	59.7
芳烃	0.9	0.2	0.3	0.6

可以看到，减二线基础油经过加氢处理后芳烃基本转化完毕，链烷烃和一环及二环环烷烃的含量均有不同程度提高，表现为样品的黏度指数高于原料黏度指数，但受制于链烷烃含量较低，馏分分子平均碳数较小，即便有一定量的多环芳烃和多环环烷烃的转化，其提升黏度指数的幅度并不十分明显。减四线蜡膏经过加氢处理后，>450℃目标馏分的链烷烃含量和单环环烷烃含量均提升明显，芳烃基本转化，从而使黏度指数有较大幅度的提升。混合油经加氢处理后，>450℃馏分100℃运动黏度为7.968mm²/s，黏度指数为163，是经异构脱蜡生产HVIⅢ8基础油的良好原料；370~450℃馏分100℃运动黏度为3.935mm²/s，黏度指数为121，能够满足生产HVIⅡ4基础油的要求。

3.2 异构脱蜡试验

分别以上述三种加氢处理生成油大样为原料，进行异构脱蜡试验，选择氢分压为15.0MPa，考察温度对基础油黏度指数和倾点的影响。所得样品经蒸馏切割后，获取适宜的润滑油馏分作为基础油产品，其性质和烃类组成见表3。

表3 异构脱蜡产品性质及烃类组成

试验编号	减二线基础油加氢处理-异构脱蜡基础油	减四线蜡膏加氢处理-异构脱蜡基础油			混合油加氢处理-异构脱蜡基础油
馏程范围/℃	>370	370~450	>450	370~450	>450
密度(20℃)/(kg/m³)	843.7	837.5	843.1	835.8	838.2
100℃运动黏度/(mm²/s)	4.320	3.530	8.894	3.912	8.011
黏度指数	113	112	137	113	140
倾点/℃	-21	-33	-21	-45	-21
硫/(μg/g)	<1	<1	<1	<1	<1
氮/(μg/g)	<1	<1	<1	<1	<1
产物总芳烃/%(质)	<0.2	<0.2	<0.2	<0.2	<0.2

可以看到，以减二线基础油加氢处理生成油大样为原料时，经异构脱蜡后，>370℃润滑油馏分符合 HVIⅡ⁺4 基础油规格指标；以减四线蜡膏加氢处理生成油大样为原料时，经异构脱蜡后，>450℃润滑油馏分符合 HVIⅢ⁺8 基础油规格指标；370~450℃馏分满足 HVIⅡ⁺4 基础油质量指标要求，也可以作为 7 号工业白油。以减二线基础油和减四线蜡膏的混合油为原料，采用加氢处理—异构脱蜡/加氢精制流程，可以同时获得 HVIⅢ⁺8 基础油和 HVIⅡ⁺4 基础油，说明将减二线基础油和减四线蜡膏混合加工是可行的。

4 结论

以茂名石化公司润滑油“老三套”装置生产的减二线基础油和减四线蜡膏为原料，采用加氢处理-异构脱蜡/加氢精制流程，开展了中型加氢试验研究，结果表明：

1) 以减二线基础油为原料，可生产 HVIⅡ⁺4 基础油，黏度指数为 113。

2) 以减四线蜡膏为原料，可生产 HVIⅢ⁺8 基础油，黏度指数为 137，同时可副产 HVIⅡ⁺4 基础油，黏度指数为 112。

3) 以减二线基础油和减四线蜡膏的混合油为原料，可同时获得 HVIⅢ⁺8 基础油和 HVIⅡ⁺4 基础油，黏度指数分别为 140 和 113。

4) 以减二线基础油和减四线蜡膏为原料，采用加氢处理-异构脱蜡/加氢精制流程，可生产黏度指数满足 HVIⅡ⁺4 和 HVIⅢ⁺8 质量标准的高档基础油产品，实现了提高减二线基础油和减四线蜡膏附加值的目的。

高压加氢装置对原料适应性探究

蔡华猛　刘　毅　董明辉　张　勇

（中国石化荆门石化公司　湖北荆门　448039）

摘　要　通过介绍加氢改质装置和高压加氢装置的基本情况，从理论上得出高压加氢装置对原料适应性更强；对比加氢改质装置和高压加氢装置的工业应用情况，发现高压加氢装置的加氢深度更高，产品性质更好。从工业应用上得出高压加氢比中压加氢更能适应品质差的原料油。

关键词　加氢改质装置；高压加氢装置；原料适应性；中压加氢

1　引言

进入20世纪90年代后，润滑油产品质量不断提升，然而润滑油基础油的质量是制约润滑油发展的关键因素，其中美国将润滑油基础油按API的相关标准将基础油分为Ⅰ、Ⅱ、Ⅲ类等，具体如表1所示。

表1　API润滑油基础油分类

类别	硫含量/%	饱和烃含量/%	黏度指数
Ⅰ	>0.03	<90	80~120
Ⅱ	≤0.03	≥90	80~120
Ⅱ⁺	≤0.03	≥90	105~120
Ⅲ	≤0.03	≥90	>120
Ⅳ	聚α-烯烃		
Ⅴ	Ⅰ-Ⅲ类以外的其他基础油		

在润滑油基础油生产中，溶剂精制是生产API Ⅰ的方式，即采用糠醛精制-酮苯脱蜡-白土精制的工艺流程。该工艺属于物理过程，因此，该流程对于原料的依赖性比较大，但溶剂精制对于生产高黏度指数的润滑油是十分有利的[1]。

润滑油基础油APIⅡ、Ⅱ⁺和Ⅲ类油主要是通过加氢技术生产。以加氢技术为核心生产润滑油基础油的工艺技术具有主产品收率高、质量好、副产品质量好、工艺灵活性大的优点，已成为世界润滑油基础油生产技术发展的潮流[2,3]，但与溶剂精制相比也存在显著的缺点，即油品的光、热安定性稍差。

加氢工艺虽然可脱除原料油中大部分的硫、氮、芳烃等杂质，黏度指数也有很大改进，但加氢深度不够时，油品在有氧及紫外光照射下会变质：颜色变深，变混浊，产生雾状絮凝物，最后形成沉淀。这种变质即使在常温下也进行得很快，不仅使油品的外观质量变差，也会影响其使用性能[4,5]。

随着加氢技术日益成熟，“全氢法”工艺生产润滑油基础油及特种油被广泛应用，常用的“全氢法”工艺流程是加氢裂化/加氢处理—异构脱蜡—加氢补充。随着原油重质化、劣质化和硫含量升高趋势的发展，“全氢法”的中低压加氢裂化/加氢处理装置已不能满足实际需求，高压加氢装置以其有效改善油品质量、环境友好、低碳和效益显著、原料适应性强等优势而被广泛应用[6]，中国石油化工股份有限公司荆门分公司(简称中国石化荆门石化公司)于2019年开始投用550kt/a润滑油高压加氢装置，该装置以加工仪长管输原油减三线、减四线蜡油为原料，生产HVI Ⅱ6及HVI Ⅱ10润滑油基础油，并副产工业白油、橡胶填充油及溶剂油等特种产品。本文以2000kt/a中压加氢改质装置为参照，研究高压加氢装置对原料适应性的工业应用情况，对该装置提出合理性建议，有利于下游装置生产出高品质润滑油基础油和特种油。

2 装置介绍

中国石化荆门石化公司地处湖北省荆门市，是中南地区最大的润滑油、石蜡生产基地，1999年中国石化荆门石化公司为了提高润滑油产品质量采用石油化工科学研究院开发的RLT技术，动工建设200kt/a的润滑油加氢改质装置(后面简称为加氢改质装置)，生产出符合HVI标准的中、高档润滑油基础油和附加产品。后来，由于原油、装置的原因，同时考虑到中国石化荆门石化公司润滑油系统的现状，润滑油系统升级改造既要提高润滑油的产品质量，还有兼顾生产高端石蜡产品，并且充分利用现有润滑油生产装置，中国石化荆门石化公司于2018年兴建550kt/a润滑油高压加氢装置(后面简称为高压加氢装置)，经过高压加氢处理后能产出黏度指数高的含蜡润滑油及高附加值的特色产品。同时，该成套技术综合集成了润滑油高压加氢处理(RLT)和异构脱蜡技术(RIW)及相关配套催化剂，大大扩展了装置对原料的适应性。

2.1 工艺流程图情况介绍

高压加氢装置和加氢改质装置都采用的是石油化工科学研究院开发的RLT技术，两套装置的原则流程图基本一致(高压加氢装置流程简图，如图1所示)。装置主要包括反应和分馏两部分：反应部分由原料油的加氢处理、补充氢和循环氢升压、高压换热(加热)与冷却、反应及气液分离等组成；分馏部分由低压换热(加热)与冷却、产品的常减压分馏及侧线抽出等部分组成；装置排出的含硫污水、含硫气体分别送至全厂已有的污水汽提和气体脱硫设施统一处理，本装置不单独处理。两套装置具有如下特点：①原料油缓冲罐采用氮气保护，防止其与空气接触；②为防止原料中固体杂质带入反应器床层，堵塞催化剂，过早造成床层压降增大，设置了原料过滤器；③采用双壳程高压换热器，减少设备台数和占地面积反应部分；④采用成熟的炉前混氢流程，操作方便，流程简化，换热器传热效率高；⑤采用热高分流程，既降低能耗，又节省换热面积；⑥分馏部分按分馏塔出柴油和石脑油及减压塔出各线含蜡基础油的方案。两套装置主要产品是含蜡润滑油和石脑油及柴油。

加氢改质装置原料以鲁宁管输油的减三线、减四线和轻脱沥青料为主，采用“老三套”-中压加氢改质-加氢精制的组合工艺，产品作为酮苯脱蜡装置的原料，经脱蜡和补充精制后的最终产品为高黏度指数的润滑油基础油；高压加氢装置原料为南洋汉江原油的减三线馏分油的糠醛精制油、仪长管输减四线馏分油和轻脱沥青油的糠醛精制油为主，采用“老三套”-高压加氢改质-中压异构脱蜡的组合工艺，产品一部分作为酮苯脱蜡装置的原料，经脱蜡和补充精制后的最终产品为高黏度润滑油基础油，另一部分直接进异构脱蜡装置进行异构脱蜡最终产品高黏度指数的润滑油基础油。

2.2 原料性质设计情况介绍

加氢改质装置原料主要是鲁宁管输油经过预处理和糠醛精制后的精制油，统称为减三线糠精油、减四线糠精油和轻脱糠精油；高压加氢装置原料主要是南阳汉江原油的减三线馏分油的糠醛精制油、仪长管输减四线馏分油糠精油和轻脱沥青油的糠醛精制油，统称为减三线糠精油、减四线糠精油和轻脱糠精油。两套装置的原料油典型性质如表2所示。

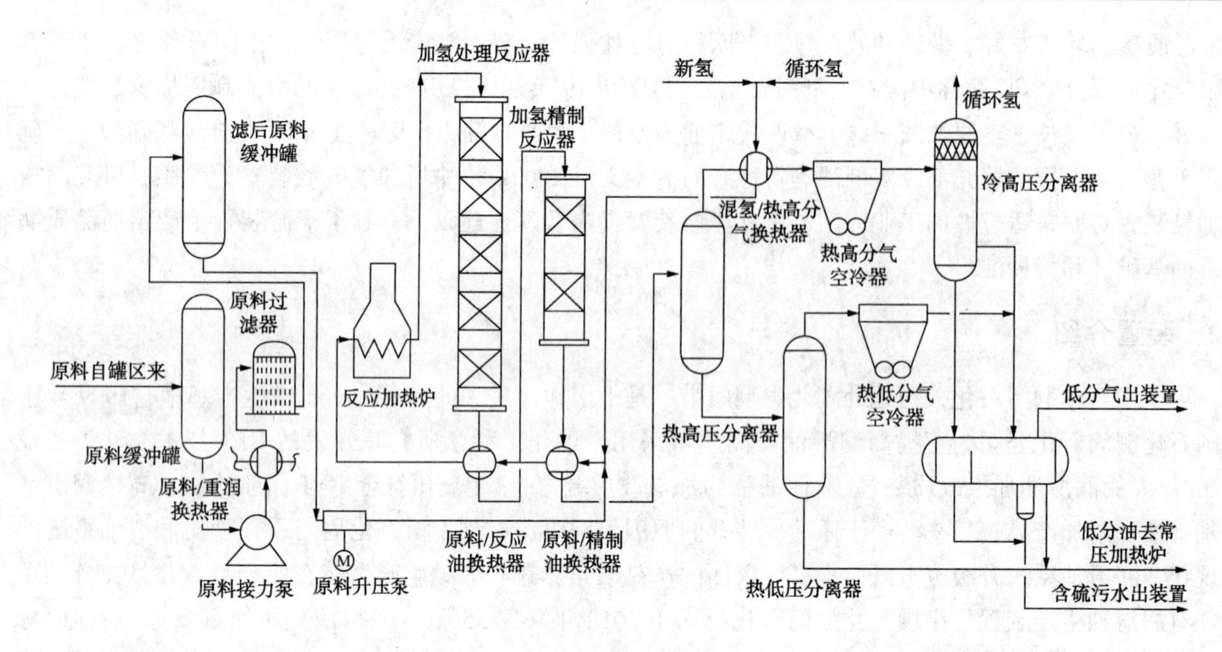

(a)反应部分流程简图

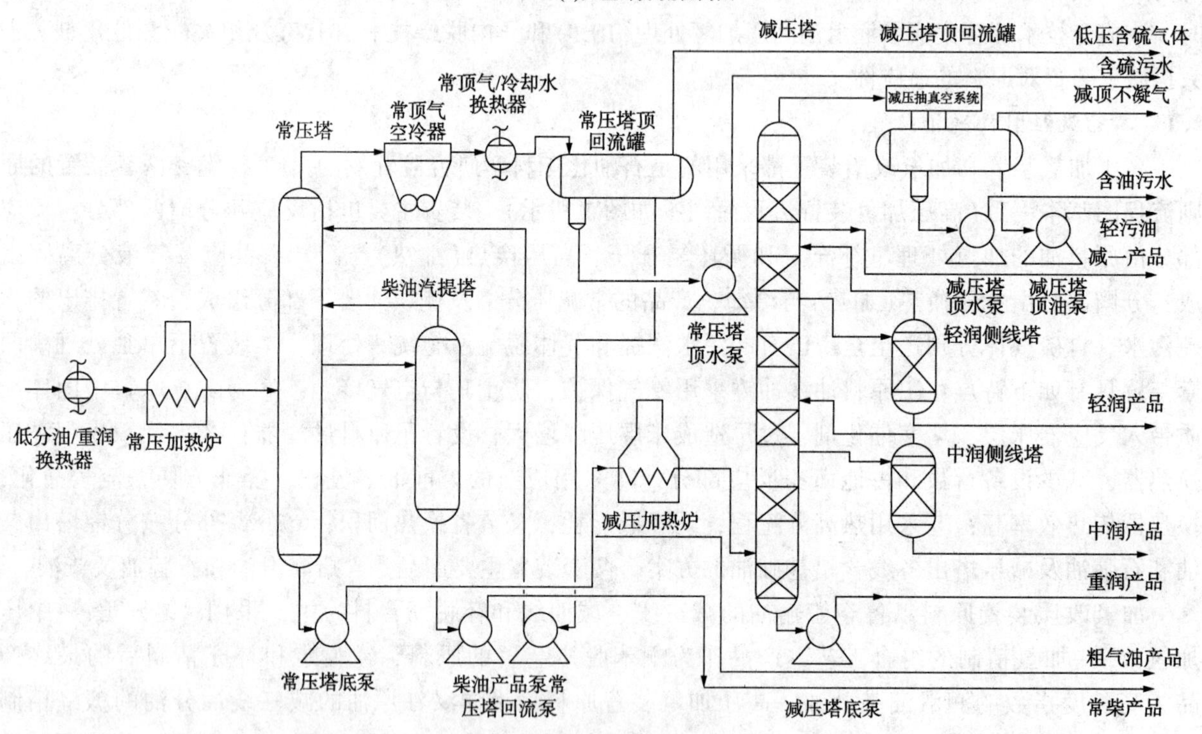

(b)分馏部分流程简图

图1 高压加氢装置流程简图

表2 两套加氢装置糠精油典型性质

项目	加氢改质原料糠精油			高压加氢原料糠精油		
	减三线	减四线	轻脱	减三	减四	轻脱
密度(20℃)/(g/cm^3)	0.878	0.885	0.892	0.894	0.917	0.918
运动黏度(100℃)/(mm^2/s)	7.5	10.7	25.63	8.3	14.72	34.5
酸值/(mgKOH/g)	0.12	0.16	0.24	1.22	1.67	0.30

续表

项目	加氢改质原料糠精油			高压加氢原料糠精油		
	减三线	减四线	轻脱	减三	减四	轻脱
碱性氮/%	0.021	0.035	0.050	0.074	0.088	0.095
苯胺点/℃	>105	>105	>105	100.7	90	108.4
闪点(开)/℃	228	250	>280	227	250	267
色度/号	6	6.5	7.5	4.5	8	>8.0
残炭/%	0.1	0.1	0.1	0.12	0.41	1.66
凝点/℃	43	47	59	47	44	49
硫/(μg/g)	0.25	0.35	0.48	0.407	0.72	0.77
总金属含量/(μg/g)	<0.1	<0.1	<0.5	≤2.0	≤2.0	≤2.0
馏程/℃						
初馏点	341	351	440	397	412	435
5%馏出温度	393	413	492	425	436	504
10%馏出温度	405	434	509	432	444	529
30%馏出温度	441	470	541	442	463	572
50%馏出温度	458	487	567	452	474	599
70%馏出温度	475	506	592	464	483	621
90%馏出温度	506	537	616	479	495	646
95%馏出温度	/	544	616	486	515	651

众所周知，糠醛精制过程是润滑油基础油“老三套”生产工艺中的一个重要环节，利用糠醛的选择性溶解能力对油料进行萃取分离，得到的精制油是除去大部分多环短侧链芳香烃、胶质及含硫、含氮、含氧化合物，使润滑油的黏温特性、抗氧化安定性、残炭值、色度等符合产品的规格要求。加氢改质装置和高压加氢装置的原料都是通过糠醛精制后的精制油，由表2中酸值、碱性氮、苯胺点、残炭、硫等指标可以明显看出加氢改质装置原料油的精制深度更高，而高压加氢装置的原料精制深度稍浅，从而说明高压加氢装置对原料的适应性更强；由表2中黏度、闪点和馏程可以看出，高压加氢装置原料中重组分更多，可以推断出高压加氢对于主要产品收率也是比较高的。

在加氢装置中，原料分为原料油和氢气，然而氢气的纯度对于加氢的深度影响很大，表3是两套加氢装置氢气性质，可以看出两套装置对新氢和循环氢纯度要求是一样的，但同时发现高压加氢装置对于循环氢中硫含量要求更为苛刻，其主要原因是防止高压下的硫腐蚀。因此，两套加氢装置对氢气要求基本一致。

表3 两套加氢装置氢气典型性质

项 目	加氢改质装置	高压加氢装置
氢纯度/%	>90	>90
新氢 CO/(μL/L)	<10	<10
新氢 $CO+CO_2$/(μL/L)	<30	<30
新氢硫含量/(μL/L)	<0.5	<0.5
循氢纯度/%	>80	>80
循氢硫含量/(mg/m^3)	20000	6000

由表2和表3可以看出高压加氢装置基本上是加氢改质装置在适应原料油性质方面的改造，改造后能加工浅度溶剂精制的糠精油，其对原料适应性比加氢改质更强。

2.3 催化剂情况介绍

加氢改质和高压加氢装置都是采用石油化工科学研究院开发的 RLT 技术，装置所使用的催化剂都是石油化工科学研究院设计的，分别为 RL-2，RLF-2 和 RJW-3 型号的催化剂。其中两套装置都使用 RL-2 催化剂为加氢处理催化剂，加氢改质使用 RLF-2 作为加氢精制催化剂，高压加氢装置采用 RJW-3 型作为加氢精制催化剂，催化剂的具体性质如表 4 所示。

在实际情况中，催化剂的应用都会使用保护剂来提高催化性能和使用寿命。两套加氢装置催化剂保护剂都是 RG 系列催化剂保护剂，分别为 RG-1、RG-10、RG-10A 和 RG-10B，对应的物理性质和化学性质都是一样。在当量直径方面，高压加氢只有 RG-1 保护剂比加氢改质的要高很多；在参考堆积密度方面，高压加氢只有 RG-1、RG-10A 和 RG-10B 保护剂稍微比加氢改质的高。这说明高压加氢的加氢处理段能有效地除掉原料油中的碳颗粒、聚合物、FeS、重金属等对催化剂有毒的物质，以保护加氢处理和加氢精制催化剂免遭中毒和降低压力降，从而更能适应品质稍差的原料油。

RL-2 属于 Ni-Mo-W 型催化剂，镍系催化剂在加氢应用中具有很好的加氢性能和抗硫、砷等性能[7]，同时钼和钨的加入改善了催化剂的表面酸性、主金属的分散状态等，从而使催化剂具有更高的活性、选择性和稳定性[8]。刘毅[9]等已经对 RL-2 型催化剂在加氢处理方面的工业应用做了探究，RL-2 催化剂具有高的润滑油精制性能、选择性开环裂解以及活性稳定性。

加氢改质装置加氢精制段采用 RLF-2 型催化剂，属于 Ni-W 型催化剂；高压加氢装置加氢精制段采用 RJW-3 型催化剂，属于 Ni-Mo-W 型催化剂。Ni-W 型催化剂具有较大的比表面积和孔体积，Ni-Mo-W 型催化剂增加了催化剂表面的金属活性位，提高了活性金属的利用率[8]，但比表面积和孔体积较 Ni-W 型催化剂少。由表 4 可以看出，两种加氢精制催化剂比表面积和孔体积有所差别，但 RJW-3 型催化剂在微观上的金属活性位更多，即相同条件下加氢反应效果更好。

表 4 两套加氢装置催化剂情况

装置	加氢改质装置		高压加氢装置	
催化剂牌号	RL-2	RLF-2	RL-2	RJW-3
催化剂名称	加氢处理	加氢精制	加氢处理	加氢精制
出厂活性金属形态	氧化态	氧化态	氧化态	氧化态
化学组成				
WO_3/%	≥25.0	≥27.0	≥25.0	≥28.0
MoO_3/%	≥2.5	/	≥2.5	≥1.5
NiO/%	≥2.5	≥2.7	≥2.5	≥4.0
物理性质				
比表面积/(m^2/g)	≥130	≥180	≥130	≥110
孔体积/(mL/g)	≥0.22	≥0.35	≥0.22	≥0.22
压碎强度/(N/mm)	≥18	≥18	≥18	≥18
工业装填堆积密度/(t/m^3)	~0.98	~0.75	~0.90	~0.98
外观	蝶形	蝶形	蝶形	蝶形

加氢改质装置的加氢处理反应器有四个床层，装填体积约为 60.44 m^3，装填重量为 57.42 t；高压加氢装置的加氢处理反应器有五个床层，装填体积约为 149.3 m^3，装填重量为 136.40t；加氢改质装置和高压加氢装置的加氢精制反应器装填催化剂体积分别约为 33.6 m^3 和 73.85 m^3，装填重量分别约为 26.65 t 和 71.26t。由装填数据可以看出，高压加氢装置在反应处理过程中原料油在反应器中时间更久，从而对于原料的加氢深度更高。

结合催化剂的性质和实际装填结果，可以明显看出高压加氢在原料加氢活性、加氢深度和加氢处理量上明显优于加氢改质装置。

3 结果与讨论

加氢改质装置主要加工减四线糠精油，高压加氢装置加工减四线糠精油并掺炼蒸馏装置的减二线或者减三线馏分油，本文在原料性质讨论方面会就掺炼后原料性质进行讨论，关于下文中其他方面讨论都是基于加工减四线糠精油来讨论。

3.1 原料实际性质讨论

高压加氢装置自建成投产以来一直加工减四糠精油，但随着生产需要，也在减四糠精油中掺炼 1# 蒸馏减二线直供料（简称混料 1#）和 2#蒸馏减三线直供料（混料 2#），其中生产的产品基本一致，原料典型数据如表 5 所示。

表 5 高压加氢装置加工原料性质

项 目	限制值	减四糠精油	混料 1#	混料 2#
水分/(mg/kg)	<300	无	无	无
总金属含量/(mg/kg)	< 2.0	1.07	1.54	1.57
芳烃含量/%(质)	≤20.0	9.38	18.195	16.04
运动黏度(100℃)/(mm^2/s)	12.5~14.5	11.71	10.94	11.44
硫含量/%	≤1.15	0.50	0.67	0.64
碱性氮/(mg/kg)	880	302	481	467
馏程/℃				
初馏点	/	319	357	361
5%回收温度	≥430	433	414	417
10%回收温度	/	450	426	428
30%回收温度	/	472	444	448
50%回收温度	470~480	491	461	465
70%回收温度	/	/	485	489
500℃馏出量/%(体)	/	60	73	75

如表 5 所示，三种原料除黏度外都未超过装置限定值，但三组原料油的个别组分却差别很大。混料 1#和混料 2#都是掺了蒸馏减压分馏的轻馏分，但对应的芳烃含量、硫含量和碱性氮含量都比减四糠精油要大，这说明高压加氢装置脱除芳烃、硫和氮能力很强；三种原料 100℃运动黏度都相差不大且都低于限定值，但混料 1#和混料 2#稍低，这说明高压加氢装置对于改善油品黏度效果好；由馏程可以看出，混料 1#和混料 2#比减四糠精油更轻。

通过三组原料对比性可以明确看出，高压加氢装置对于脱除芳烃、硫和氮效果很好，同时也发现在生产相同产品的同时高压加氢装置可以适应限定条件下许多原料油，即高压加氢装置原料适应性强。

3.2 主要操作参数讨论

在一定压力范围内，随着压力的提升，对于气-液相加氢反应来说，反应压力高，氢分压也高，使加氢反应深度更高。对于加氢改质装置，其操作压力属于中压，其加氢深度理论上比高压加氢装置低，两套装置的反应操作参数如表 6 所示。由表 6 可以明显看出，加氢改质对应的操作压力比较低，同时该装置为了改善加氢效果而增加了氢油比，但高压加氢装置对应的压力、反应温度和空速都较高，这说明高压加氢装置在加氢深度方面在理论上是远远超过加氢改质装置。另外，提高压力还有利于减少缩合和叠合反应的发生，并使碳平衡向有利于减少积炭方向进行，有助于抑制焦炭生成而减缓催化剂失活，延长装置运转周期，高压加氢装置在高压条件下更能适应品质较差的原料油。

表6 两套加氢装置加工减四糠精油主要操作参数

项　目	加氢改质装置	高压加氢装置
加氢处理反应器		
入口压力/MPa	10	17.0
入口氢分压/MPa	9.6	15.5
入口温度/℃	335	356
各床层总温升/℃	20	33
体积空速/h^{-1}	0.35	0.53
氢油比	1400：1	1200：1
加氢精制反应器		
入口压力/MPa	10	16.5
入口氢分压/MPa	9.6	15.0
入口温度/℃	268	300
体积空速/h^{-1}	0.75	0.9
氢油比	1400：1	1200：1
常压部分		
常压炉出口温度/℃	200	310
常压塔塔顶温度/℃	100	120
常压塔塔顶压力/MPa	0.20	0.10
减压部分		
减压炉出口温度/℃	230~250	340
减压塔塔顶温度/℃	110~130	85
减压塔塔顶压力/kPa(绝)	20~30	0~10

表6中也列举了两套加氢装置在加工减四糠精油的分馏操作参数，可以看出高压加氢装置在常压分馏部分能更好地将轻组分分离出来，同时减压部分的操作温度与压力使得高压加氢装置在分馏方面效果更好，分离的各组分更相近。

3.3 主要产品质量讨论

两套加氢装置对应的流程基本一致，主要产品是含蜡润滑油和石脑油及柴油，对于加工减四糠精油主要生产 HVI 1a 150 含蜡润滑油和 HVI Ⅱ 10 含蜡润滑油，其中表7~表10是对应两套装置加工减四糠精油的减压分馏产品性质。

表7 两套加氢装置加工减四糠精油对应减一产品性质

项　目	7#白油(Ⅰ)	7白油(Ⅱ)	加氢改质减一	高压加氢减一
运动黏度(40℃)/(mm^2/s)	6.12~7.48	6.12~7.48	6.43	7.01
闪点(开口)/℃	130	130	140	144.67
颜色(赛氏)/号	25	30	30	30
凝点/℃	/	/	-17	<-15
外观	无色无味 无荧光透明	无色无味 无荧光透明	无色无味 无荧光透明	无色无味 无荧光透明
铜片腐蚀(100℃，3h)/级	1	1	1a	1a
芳烃/%(质)	≤5	≤0.2	14.4	1.15
硫含量/(mg/kg)			1.37	0.95

续表

项　目	$7^{\#}$白油(Ⅰ)	7白油(Ⅱ)	加氢改质减一	高压加氢减一
馏程				
初馏点/℃	/	/	188	283.33
10%馏出温度/℃	/	/	222	294.33
50%馏出温度/℃	/	/	274	313.00
90%馏出温度/℃	/	/	337	335.67
终馏点/℃	/	/	370	350.33

两套加氢装置在设计上减一产品属于装置的副产品，主要是生产$5^{\#}$或$7^{\#}$工业白油，对应的减一产品数据如表7所示，可以看出对应的外观、40℃黏度、闪点(开口)、凝点和颜色(赛氏)都相差不大，但对于高压加氢装置对应的减一线产品腐蚀、芳烃含量、40℃黏度、闪点、颜色等更满足$7^{\#}$白油（Ⅰ）生产的质量要求；另一方面，高压加氢装置减一产品的芳烃和硫含量都比加氢改质的更低，同时由馏程可以看出高压加氢装置对应减一产品化学组成更接近。

表8　两套加氢装置加工减四糠精油对应轻润产品性质

项　目	加氢改质轻润	高压加氢轻润
运动黏度(100℃)/(mm^2/s)	4.18	3.08
运动黏度(40℃)/(mm^2/s)	22.54	14.81
黏度指数	85	38.67
闪点(开口)/℃	190	177.67
密度(20℃)/(kg/m^3)	861.24	858.37
硫含量/(mg/kg)	<10	<5.0
芳烃/%(质)	3.57	0.68
颜色(D1500)/号	0.5	0.50
铜片腐蚀(100℃，3h)/级	1	1a
馏程		
初馏点/℃	306	332.17
10%馏出温度/℃	355	347.83
30%馏出温度/℃	379	352.17
50%馏出温度/℃	402	355.50
70%馏出温度/℃	410	360.50
90%馏出温度/℃	425	365.50
97%馏出温度/℃	440	368.33

表8是对应两套加氢装置减压分馏出的轻润产品性质，由运动黏度和黏度指数可以看出，高压加氢装置生产的轻润组分更轻，结合馏程可以看出，高压加氢装置生产的轻润组分在分子量上更为相近，同时发现高压加氢装置的轻润产品初馏点与减一线终馏点重叠20℃，且轻润产品腐蚀、芳烃含量、40℃黏度、闪点等满足白油生产的质量要求。

表9　两套加氢装置加工减四糠精油对应轻润产品性质

项　目	加氢改质中润	高压加氢中润
运动黏度(80℃)/(mm^2/s)	—	8.45
运动黏度(100℃)/(mm^2/s)	5.81	5.40

续表

项　目	加氢改质中润	高压加氢中润
黏度指数	108	107.67
闪点(开口)/℃	217	217.33
密度(20℃)/(kg/m^3)	835.6	861.00
硫含量/(mg/kg)	<10.0	<5.0
芳烃/%(质)	1.94	0.61
饱和烃/%(质)	98.06	99.27
颜色(D1500)/号	—	0.50
馏程		
初馏点/℃	350	352.33
10%回收温度/℃	410	405.33
30%回收温度/℃	461	413.00
50%回收温度/℃	480	425.67
70%回收温度/℃	495	435.67
90%回收温度/℃	453	449.00
97%回收温度/℃	458	461.67

两套装置对应的中润是HVI 1a 150含蜡润滑油主要组分，由表9可以看出，两套装置的轻润产品性质在黏度、黏度指数等方面基本一致，但高压加氢装置的中润产品硫含量和芳烃含量更低。

表10　两套加氢装置加工减四糠精油对应重润产品性质

项　目	加氢改质重润	高压加氢重润
黏度指数	123.74	122.33
运动黏度(80℃)/(mm^2/s)	14.88	15.55
运动黏度(100℃)/(mm^2/s)	8.66	9.41
闪点(开口)/℃	248.24	257.33
颜色(D1500)/号	0.50	0.50
硫含量/(mg/kg)	20	2
碱性氮/(mg/kg)	22.00	0.14
残炭/%	0.01	0.01
饱和烃/%(质)	98.67	99.58
芳烃/%(质)	1.33	0.32
胶质+沥青质/%(质)	0.10	0.10
总金属含量/(mg/kg)	0.32	0.38
馏程		
初馏点/℃	462	417
5%回收温度/℃	478	453
10%回收温度/℃	493	466
30%回收温度/℃	504	477
50%回收温度/℃	516	487
70%回收温度/℃	529	510
500℃馏出量/%(体)	61	67

重润产品是生产 HVI Ⅱ10 润滑油基础油的原料，由表 10 可以看出两套装置的重润在黏度指数、颜色(D1500)、胶质+沥青质、总金属含量和馏程方面基本一致，可以看出反应过程中对于产品黏度指数的提高和产品的改性方面都达到生产要求；另外，高压加氢装置的重润产品硫含量，碱性氮，芳烃含量都有大幅降低，运动黏度、闪点和饱和烃都比加氢改质装置的重润稍高，这说明高压加氢装置加氢深度更深。

图 2 是高压加氢装置 2020 年 1 月份加工减四糠精油对应重润产品的黏度指数和硫含量趋势图，可以明显看出高压加氢装置生产的重润含蜡润滑油黏指按生产需求可达到 125 以上，对应的硫含量都小于 5mg/kg，产品低硫且黏度指数高，即在特殊生产要求下可以生产高品质的含蜡润滑油。

对于加氢装置而言，主要目的就是对原料中的芳烃、硫和氮等杂质进行脱除，同时对原料油性质进行适当的改善。由上述两套装置对应的减压分馏产品，由工业应用可以看出，高压加氢装置在采用不同品质的原料油时，对应的产品品质都与加氢改质装置在使用深度精制的糠精油作原料油生产的产品品质一致，同时高压加氢装置在脱除芳烃、硫和氮等杂质方面优势更大，即能适应品质更差的原料油。

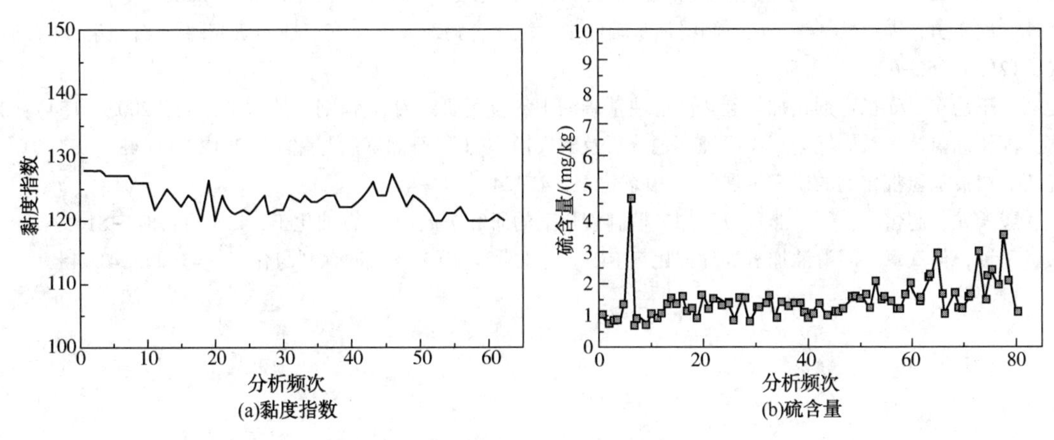

图 2 重润产品部分指标图

3.4 高压加氢实际生产优化措施

高压加氢装置在实际运行过程中体现出了许多优势，在适应不同品质原料油的情况下，重质油主产品硫含量小于 5mg/kg，黏度指数可以适应生产要求达到 125 以上，对于油品品质改善具有很大的优越性。然而，在生产中装置也存在许多需要优化的地方。

1)循环机 K-102 干气密封组件无备用。开工初期借用中国石化海南炼化 15.0MPa 压力等级的干气密封，装置未达到设计压力，后期更换 20.0MPa 干气密封组件，但在使用过程中发生干气密封一级泄漏气连锁而停机，这说明现有的干气密封组件依然存在使 K-102 联锁停机的风险。建议对干气密封的操作实现精细化管理，同时在有条件的情况下有干气密封组件备件。

2)常压塔及减压塔塔顶温度无法稳定控制，影响分馏系统的正常操作。常压塔回流控制阀和减压塔塔顶回流控制阀的开度很小，对应回流量变化很大，需要关小控制阀的截止阀来控制塔顶液位，操作难度大，对减一产品的品质影响很大。建议更换相应控制阀，同时与设计进行沟通，寻找出最佳的解决方案。

3)原料反冲洗过滤器 SR-101 易出现冲洗频繁，且无备用。在实际生产过程中，使用糠醛直供料时发现反冲洗过滤器冲洗频繁，同切换不同原料初期出现的冲洗频繁情况，造成了大量的原料损失；原料反冲洗过滤器 SR-101 存在损坏的风险，由于无备用反冲洗过滤器对生产影响很大。建议对原料反冲洗过滤器进行重新选型，并在条件允许的情况下，备用反冲洗过滤器。

4)冷高压分离器分离效果不好。装置在运行前期多次出现含硫污水带油的情况，经过排查分析并通过实际验证发现是冷高压分离器界位存在问题，导致冷高压分离器水相带油，在水相和油相的界区液位计无法明确进行控制，这对环境影响很大。建议对冷高压分离器的液位计进行适当改造使界位指示准确。

4 结论

550kt/a 润滑油高压加氢装置采用的 RL-2 加氢处理催化剂和 RJW-3 加氢精制催化剂，具有良好的脱硫、脱氮、脱芳、去杂环、开环活性和稳定性，在高压的情况下能适应不同性质的原料，生产出重质油主产品硫含量小于 5mg/kg，黏度指数可以达到 125 以上，满足生产高黏度指数规格的含蜡润滑油的需要。该套装置充分体现出高压加氢的优势，加氢程度深，能适应品质差的原料油，即对于原料的适应性强。

参 考 文 献

[1] 王玉章，杨文中，龙军．从润滑油基础油标准看我国基础油生产现状[J]．炼油技术与工程，2006，6(36)：1-6.
[2] 王会东．加氢润滑油基础油光安定性研究[D]．北京：中国石油大学(北京)，2001.
[3] 黄为民．加氢处理润滑油基础油光安定性改善研究[D]．北京：中国石油大学(北京)，2000.
[4] 陈月珠，周文勇，周亚松，等．加氢润滑油基础油中含氮化合物对其氧化安定性的研究[J]．石油学报(石油加工)，1996，12(2)：62-67.
[5] 李建明，王会东．光稳定剂在加氢裂化润滑油基础油中的应用研究[J]．精细石油化工进展，2003，4(4)：39-43.
[6] 徐彬．高压加氢装置长周期运行中腐蚀问题分析及解决措施[J]．石油炼制与化工，2012，11(43)：87-91.
[7] 邵光涛．白油加氢催化剂的研究进展[J]．山东化工，45(24)：44-45.
[8] 李贺，殷长龙，赵蕾燕，等．非负载型加氢精制催化剂的研究进展[J]．石油化工，42 (7)：811-816.
[9] 刘毅，王钟，何武章．润滑油加氢处理催化剂 RL-2 的工业应用[J]．石油炼制与化工，45(2)：41-45.

废润滑油综合利用技术开发

孙国权　姚春雷

（中国石化大连石油化工研究院　辽宁大连　116045）

摘　要　介绍了FRIPP开发的废润滑油综合利用技术，废润滑油经过无机膜净化-常减压蒸馏预处理，小于510℃馏分油可以满足加氢进料的要求，预处理的废润滑油采用高压加氢处理与异构脱蜡-补充精制两段组合工艺，在最大限度保留废润滑油中大部分优质基础油组分的同时脱除杂质和芳烃饱和，在适宜的工艺条件下可生产满足企业标准的APIⅡ+类润滑油基础油，联产满足行业标准要求的轻质白油、工业白油产品。开发废润滑油基础油综合利用技术不仅有利于环境保护，同时可实现对宝贵资源的高效利用。工业应用前景广阔。

关键词　废润滑油；加氢处理；异构脱蜡；补充精制

废润滑油是指从各种机械、车辆、船舶设备上更换下来的废弃的润滑油，润滑油在使用过程中受外界污染产生大量胶质、氧化物，从而降低乃至失去了其控制摩擦、减少磨损、冷却降温、密封隔离、减轻振动等功效而成为不得不更换的废弃物。随着我国经济的迅猛发展，汽车、轮船、机械等润滑油的需求不断增长，同时也产生大量的废润滑油料。

润滑油经使用后真正变质的只是其中的小部分。废润滑油的分析研究表明，油品变质的只是其中部分烃类，占10%~25%，其余大部分烃类组成仍是润滑油的主要载体和有效成分。废润滑油通过适当的工艺处理，除去废油中变质污物和杂质，生成符合质量要求的基础油，经进一步加工处理，再调配各种添加剂后，可以得到质量优良的成品润滑油。传统的润滑油生产工艺是以"基础油→添加剂→润滑油→废润滑油"为模式的高物耗、高污染、低效率的不可循环发展生产过程。如果能够让润滑油回收模式改变为"基础油→添加剂→润滑油→废润滑油→再生基础油→添加剂→润滑油"，则能够形成可持续的循环系统，形成低消耗、无污染、高效率的生产过程，成为一种循环发展的经济模式。

关于润滑油回收和再生利用，我国出台的3个相关法规：1998年，中国正式实施《废润滑油回收与再生利用技术导则》；2001年，国家环境保护局发布《危险废物污染防治技术政策》废润滑油包含在其中；2007年5月1日，《再生资源回收管理办法》正式实施，规定了再生资源的回收和管理这些法规明确了润滑油回收再生在国家战略层面的地位，具有指导意义。中央在十三五规划纲要中提出："大力发展循环经济"，"健全再生资源回收利用网络"，"十三五"期间我国环保产业将以15%的增长速度增长。中国石化已启动"绿色企业行动计划"，6年内将建成清洁、高效、低碳、循环的绿色企业；2018年4月2日中国石化润滑油有限公司3家废润滑油回收企业签订资源综合利用合作意向书，开展废油回收、置换服务。对废润滑油合理化回收和再生利用，不仅有利于环境保护，同时可实现对宝贵资源的高效利用。

目前，国内废润滑油的再生工艺主要分为三类：有酸工艺，如：蒸馏-酸洗-白土补充精制工艺；无酸工艺，如：沉降-絮凝-白土精制工艺、溶剂抽提-白土精制工艺等；加氢工艺，如：薄膜蒸发-加氢精制、常减压蒸馏-加氢精制、溶剂抽提-蒸馏-加氢精制等。非加氢工艺过程存在环境污染问题，产品收率较低，产品仅能达到Ⅰ类基础油标准。加氢工艺如果采用薄膜蒸发工艺处理量受限制，需要建立多套装置，存在能耗高、规模化生产存在问题。常减压蒸馏存在蒸馏塔填料和重组分排除堵塞问题，停工检修频率高，影响长周期稳定运转。溶剂抽提-蒸馏工艺，虽然能够保障蒸馏塔稳定运转，但是溶剂抽提过程流程长，溶剂有损耗，能耗和操作费用较高。采用加氢精制工艺存在产品倾点不达标，颜色和光、热安定性差的问题。

本文采用废车用润滑油为研究对象，通过对废润滑油的全面分析，通过预处理技术的改进和采用加氢组合工艺及配套高性能加氢催化剂着重解决连续常减压蒸馏预处理堵塞和加氢再生油品倾点不达标、颜色和光、热安定性差等问题，提高废润滑油再生技术水平。

1 废润滑油综合利用整体技术方案设计

FRIPP 废润滑油回收利用零排放成套技术采用膜分离-预蒸馏-高压加氢工艺生产润滑油基础油等特种油品，包括预处理单元和加氢单元。FRIPP 废润滑油回收利用零排放成套技术的总体工艺流程示意图见图 1。

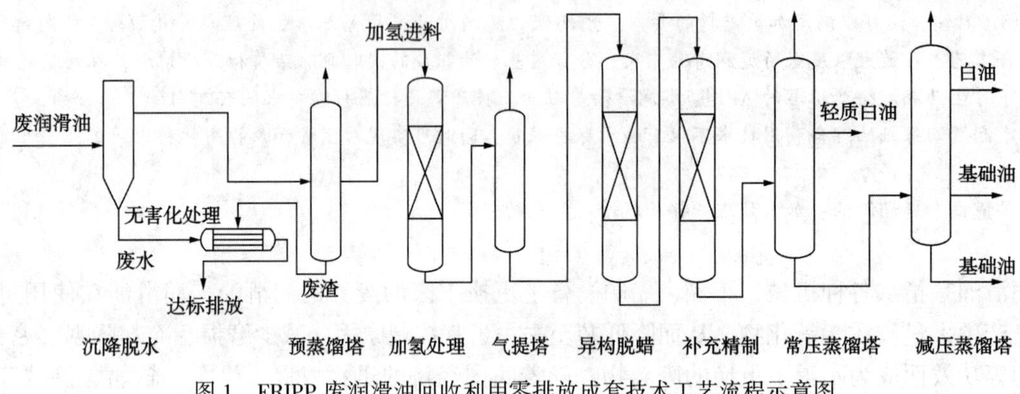

图 1 FRIPP 废润滑油回收利用零排放成套技术工艺流程示意图

1.1 预处理单元

由于废润滑油中含有水分、重金属以及一些机械杂质，为保证加氢工段催化剂的长周期稳定运转，废润滑油需进行预处理。废润滑油首先进行沉降脱水，含油废水经过陶瓷膜过滤脱油处理后，达标排放水。脱水后的废润滑油也通过陶瓷膜过滤技术脱出重金属及机械杂质，脱出的富含杂质的浓缩物通过热萃取技术进行固、液、水分离，油品返回加氢系统，渣经过焙烧后作为生产建筑材料的原料。膜处理后的油中仍含有一定的溶解油品的重金属等杂质，进入预蒸馏塔，侧线得到加氢单元进料，蒸馏塔底产物可以作为燃料油或热萃取无害化处理。

1.2 加氢单元

为保证基础油及白油产品具有良好的低温性能以及光、热安定性，废润滑油处理的加氢单元采用加氢处理-异构脱蜡-补充精制高压两段工艺。膜处理后的加氢单元进料首先进入加氢处理反应器，在催化剂的作用下，进行加氢脱硫、脱氮、脱氧以及芳烃饱和等反应，加氢处理产物经气提塔脱出硫化氢后，全部液体产物依次进入到异构脱蜡反应器和补充精制反应器，在催化剂的作用下降低产品的凝点、改善润滑油产品的颜色和安定性。加氢产物经分离进入常压蒸馏塔进行产品切割，常压塔侧线依次分出石脑油和轻质白油，常压塔底产品进入减压蒸馏塔，侧线和塔底产品为工业白油及不同黏度等级的润滑油基础油。

2 废润滑油预处理技术开发

废润滑油在使用和收集过程中会产生胶质、沥青质和固体颗粒等杂质，大连院开发了无机膜净化技术，对废润滑油进行初步净化后，有效去除废旧润滑油中的机械杂质和重胶质，降低滤后润滑油的结焦倾向，再通过蒸馏深度净化，满足加氢进料的需求。

2.1 废润滑油加氢无机膜净化技术

无机膜技术作为新兴的高精度分离技术，已被广泛应用各领域中。相瓷膜采用 Al_2O_3、ZrO_2、TiO_2 等无机材料高温烧结而成，通过独有的薄膜沉积的孔径控制技术，完美的孔径分布，拥有高效的分离效率，过滤精度可达 0.05μm，广泛用于含油、焦粉、金属、固体杂质等液体的净化处理。

无机膜有如下特点：非对称结构，以载体层为骨架，过滤层孔径小且分布窄，过滤精度高；过滤孔通道为喇叭形状，不易堵塞且易于清洗再生；多过滤通道，单支滤芯过滤通量大。无机膜过滤是一种错流形式的过滤，过滤介质在膜管内高速流动，小分子物质透过膜成为渗透液，大分子物质被截留，从而使流体达到分离、浓缩、纯化的目的，技术原理示意图见图2。陶瓷膜错流形式能够有效避免传统过滤方式过滤精度低、易堵塞等现象，循环过滤和浓缩液外送形式可有效避免过滤器过滤性能再生所耗费的冲洗液和人工处理再生等不利因素；同时，开发专有的廉价清洗剂循环清洗技术，能够迅速恢复功能膜的通透率，有效的保证膜过滤性能。

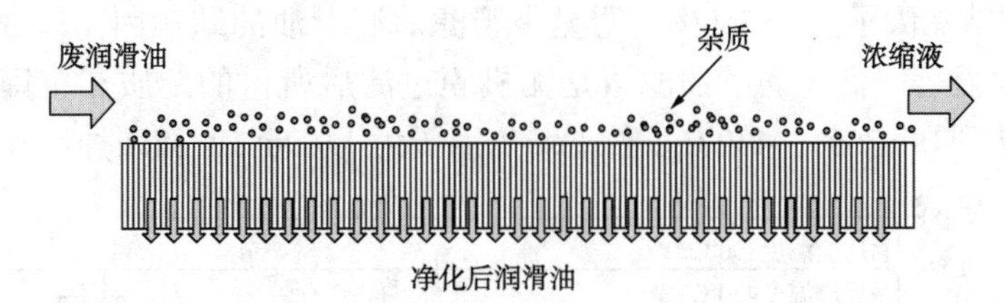

图2　无机膜净化技术原理

江苏赛瑞迈科新材料有限公司与抚顺石化研究院建立了联合科研平台，拟开展膜应用方面的研究与推广。该技术来自美国MPT公司(Meadia and Process Technology Cor.)，重点开发低成本高性能陶瓷膜，以替代传统的多通道陶瓷膜，采用错流过滤方式防止陶瓷膜堵塞。实验结果表明：无机膜能够有效地去除废润滑油中的胶体粒子及固体颗粒杂质，取得较理想的净化效果，具有能耗低、操作简单、分离效率高、环境友好等优点。同时具有较高的机械强度、较好的耐温性能和化学稳定性，较长的使用寿命等特点，无机膜净化效果见表1。经过无机膜净化后，灰分、机械杂质、水分和残炭大幅度下降，总金属脱出率达到80%，经过无机膜净化后，质量得到大幅度提升，为常减压蒸馏稳定运转打下基础，同时影响加氢稳定运转的一些杂质还较高，无法满足需要，通过蒸馏进行深度净化处理。

表1　废润滑油无机膜净化效果

分析项目	车用废润滑油	无机膜净化	脱出率/%
Cl/(μg/g)	1042.00	540.00	48.18
P/(μg/g)	3685.0	595.00	83.9
残炭/%	3.18	0.50	84.3
水分/%	3.6	0.23	93.6
灰分/%	2.54	0.32	87.50
机杂/%	1.40	0.10	92.9
总金属含量/(μg/g)	3425.72	683.47	80.0
Ca	1320.00	149.20	88.70
Fe	18.16	3.27	82.0
K	8.60	0.38	85.60
Mg	212.20	17.79	91.62
Mn	2.60	0.47	81.90
Mo	14.16	0.46	96.75
Zn	1850.00	511.90	73.32

2.2　无机膜净化油品结焦趋势试验

废润滑油无机膜净化后，有效过滤机械杂质和胶质和沥青质，降低净化后废润滑油的结焦倾向。为了评价减缓结焦趋势，委托中国石油大学(华东)进行了结焦趋势实验，实验采用重油结焦倾向专用评价设备，对滤前废润滑油、滤后废润滑油、润滑油滤渣、常规蜡油进行结焦倾向评价，考察无机膜过滤器降低润滑油结焦倾向的效果提供基础数据，为常减压蒸馏塔预处理设计和操作提供理论依据。利用重油热加工性能评价仪进行评价，反应温度分别为390℃和430℃，反应时间为30min，分别考察了常规蜡油、滤前润滑油、滤后润滑油、润滑油滤渣四种油样的结焦倾向变化规律，评价结果如图3所示。不同反应温度的评价结果表明，本次评价的常规蜡油结焦倾向最小，在390℃和430℃反应条件下均未检出甲苯不溶物；滤前润滑油在390℃有少量甲苯不溶物生成，但该部分不溶物也可能是废润滑油所含的少量机械杂质。在430℃反应条件下结焦因子(甲苯不溶物收率)增加至1.398%，说明滤前润滑油还是发生了缩合反应，有明显的结焦前体物生成。滤后润滑油在390℃条件下未检出甲苯不溶物，而430℃条件下的结焦因子为0.356%，明显小于滤前润滑油的结焦因子1.398%，说明无机膜过滤后的润滑油结焦倾向显著降低。润滑油滤渣是无机膜过滤后所得的杂质和重馏分油，在390℃反应条件下的结焦因子即达到0.875%，430℃条件下结焦因子为1.696%，在四种油样中的结焦倾向最大。

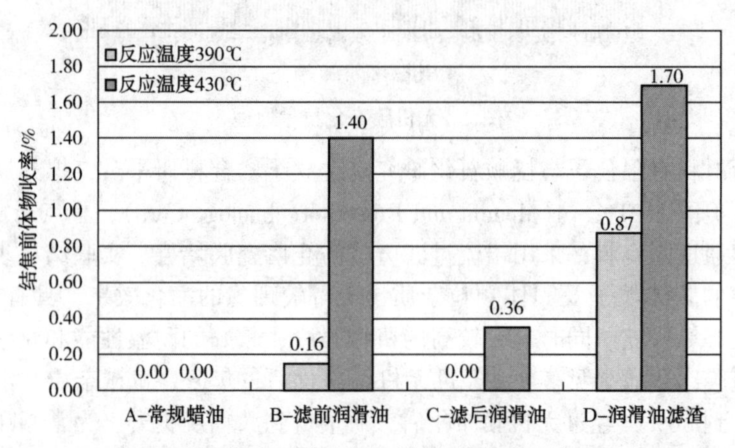

图3 废润滑油不同反应温度结焦前体物收率对比

2.3 无机膜净化-常减压蒸馏制备加氢原料

试验原料由江苏某废润滑油回收企业提供，原料性质见表2。由表2中废润滑油分析数据可见，废润滑油原料的大部分性质虽未改变，但长时间的磨损导致油品的馏程偏重，有部分稠环芳烃生成，酸值变大，颜色变深，原料重金属含量异常高，胶质和沉淀物含量也较高，无法直接作为固定床加氢装置进料，原料需进行预处理脱除杂质，经过无机膜净化-常减压蒸馏预处理后加氢进料性质，加氢进料中的胶质彻底脱除，硫、氮和重金属含量大幅降低，酸值降低，颜色有较大改善，满足加氢进料的需要。

表2 废润滑油加氢进料性质

分析项目	加氢进料
干基油品收率/%	87.50
密度(20℃)/(kg/m^3)	867.2
馏程/℃	
IBP/10%	232/346
30%/50%	422/448
70%/90%	473/506
95%/EBP	519/533
硫/(μg/g)	5689
氮/(μg/g)	543
Cl/(μg/g)(水洗后)	2.85
凝点/℃	-9

续表

分析项目	加氢进料
黏度(40℃)/(mm^2/s)	26.25
黏度(100℃)/(mm^2/s)	4.89
黏度指数	109
残炭/%	0.01
沉淀物/%	0.01
酸值/(mgKOH/g)	0.51
色度/号	<3.5
闪点(开口)/℃	181.0
重金属/(μg/g)	2.65

3 废润滑油加氢试验研究

3.1 工艺流程简介

废润滑油经过无机膜净化-减压蒸馏处理后，在中试装置上开展了高加氢组合试验研究，工艺流程示意见图4。废润滑油原料与氢气混合后进入加氢处理反应器，进行加氢脱硫、脱氮等杂质和芳烃饱和反应，所得加氢处理产物经汽提后进入异构降凝-补充精制反应器，将高凝点组分转变成异构烷烃和深度芳烃饱和反应，降低油品的倾点和提高油品安定性，随后反应流出物进入分离系统，得到白油和润滑油基础油产品。针对废润滑油的物化性质特点，加氢处理催化剂采用具有大孔径、活性金属含量高、加氢活性高、稳定性好、有一定脱金属能力的加氢精制催化剂，其加氢脱硫、脱氮、芳烃饱和性能均明显优于常规加氢精制催化剂。加氢异构脱蜡采用贵金属催化剂，异构油品加氢补充精制采用贵金属催化剂，以提高油品的安定性。贵金属催化剂，以贵金属 Pt 和/或 Pd 作为加氢组分，最大限度的将废润滑油中高凝点组分完全转化为低凝点组分保留在润滑油基础油中，并改善润滑油基础油的倾点和颜色。

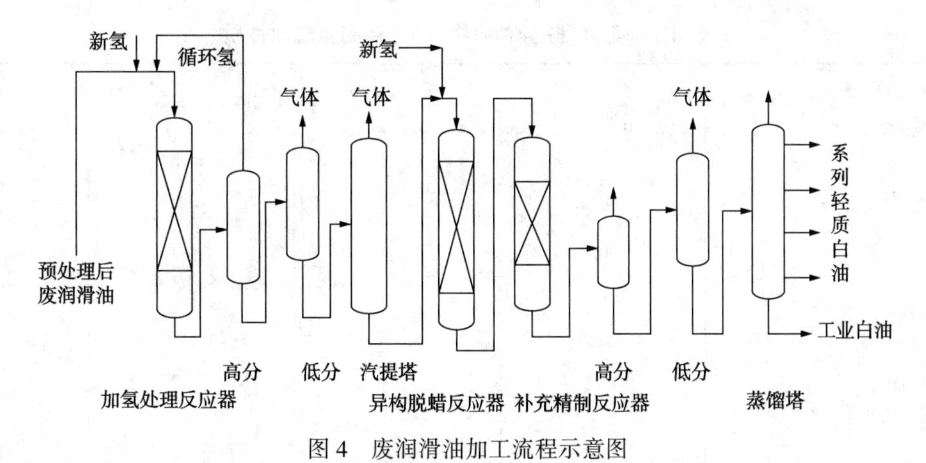

图4 废润滑油加工流程示意图

3.2 废润滑油加氢试验结果讨论

以废润滑油经过常减压分馏小于510℃馏分油为原料，分别开展了加氢处理-异构脱蜡-补充精制和加氢处理-临氢降凝-补充精制催化剂装填工艺路线的试验研究。实验所用加氢处理催化剂、临氢降凝催化剂-补充精制催化剂均硫化型加氢催化剂、异构脱蜡-补充精制催化剂为贵金属还原型催化剂。加氢组合工艺试验结果见表3。由表3可见，采用加氢处理-临氢降凝-补充精制工艺，液体收率和目的产品收率均偏低，油品的黏度指数改善幅度不大，虽然氧化安定性较好，旋转氧弹265min，但颜色仍较差。

采用加氢处理-异构脱蜡-补充精制工艺的油品黏度指数大幅改善，基础和白油馏分的赛波特颜色都能达到+30，氧化安定性较好，旋转氧弹均>290min，生成油满足 API Ⅱ类基础油质量要求。

两种工艺从加氢产品分布与加氢进料馏程相比，异构脱蜡-补充精制反应生成的基础油和白油馏分收率在80%以上，说明加氢过程对进料的馏分分布改变较小，润滑油基础油的收率损失较小。综合考虑润滑油基础油和白油的收率、黏度指数提高以及加氢工艺过程的苛刻度，再生基础油的废润滑油加氢工艺过程采用加氢处理-异构脱蜡-补充精制的组合工艺方式较适宜，也有较强的灵活性，可根据不同的废润滑油原料性质选择适宜的操作条件和转化率，满足再生过程对倾点和黏度指数的要求。

表3 组合加氢试验结果

项目	加氢处理-异构脱蜡-补充精制	加氢处理-临氢降凝-补充精制
反应压力/MPa	15.0	
过程液体收率/%	98.4	95.6
润滑油基础油和白油收率/%	88.60	84.10
生成油基础油和白油馏分性质		
黏度(40℃)/(mm^2/s)	17.45	27.53
黏度(100℃)/(mm^2/s)	3.909	4.839
黏度指数	109	95
倾点/℃	-18	-15
颜色(赛氏)/号	+30	+25
旋转氧弹/min	295	265
质谱芳烃含量/%	0.15	2.8

3.3 废润滑油加氢再生油品性质

加氢处理-异构脱蜡-补充精制生成油经过沸点蒸馏后，生产的润滑油基础油、白油和轻质白油性质见表4。

表4 加氢处理-异构脱蜡-补充精制生成油性质

产品牌号	轻质白油	7号工业白油	15号工业白油	6号基础油
密度(20℃)/(kg/m^3)	0.8120	0.8392	848.4	860.8
N/(μg/g)	1.0	1.0	1.0	1.0
旋转氧弹/min		-	>300	>300
闪点/℃	48	125	190	243
倾点/℃	-	-45	-23	-18
黏度(40℃)/(mm^2/s)	1.82	6.725	16.30	40.15
黏度(100℃)/(mm^2/s)	-		3.57	6.46
黏度指数	-		98	112
芳烃含量/%	0.021	0.12	0.15	

从表4分析数据可见，采用加氢处理-异构脱蜡-补充精制工艺，6号基础油的倾点为-18℃，黏度指数为112，可生产满足中国石化基础油标准要求的HVI Ⅱ$^+$6号基础油产品；15号、7号白油馏分的倾点、颜色和芳烃含量满足NB/SH/T 0006—2017(Ⅱ)类工业白油指标要求；轻质白油芳烃含量小于0.05%，满足NB/SH/T 0913—2015轻质白油(Ⅱ)指标要求。废润滑油通过无机膜净化-常减压蒸馏预处理和加氢处理-异构脱蜡-补充精制组合工艺，生产轻质白油和工业白油产品满足相关行业标准，生产的基础油满足HVI Ⅱ$^+$6号基础油企业标准。

4 结论

1)废润滑油经过无机膜净化和加氢组合工业，去除了废润滑油中含有大部分胶质、残炭、重金属以及一定量的添加剂满足加氢催化剂进料的需求，无机膜净化后的油品结焦倾向显著降低，减缓了常减压过程的结焦趋势，有利于常减蒸馏过程长周期稳定运转。

2)经过预处理的废润滑油组分，经过经加氢处理-异构脱蜡-补充精制技术，在最大限度保留废润滑油中大部分优质基础油组分的同时脱除了杂质和芳烃饱和，在适宜的工艺条件下可生产满足企业标准的APIⅡ$^{+}$类润滑油基础油，联产满足行业标准要求的轻质白油、工业白油产品。

3)开发废润滑油基础油综合利用技术不仅有利于环境保护，还可实现对宝贵资源的高效利用。

·工程设备与装置安全运行·

一套凝析油加氢装置的设计问题与变更

吕清茂[1]　冯子泽[2]

（1 中国石化工程部　北京　100728；
2 中国石化福建炼化公司　福建泉州　362011）

摘　要　某凝析油加氢装置以伊朗南帕斯凝析油为原料，采用国外常规加氢处理工艺技术，通过加氢精制生产精制凝析油，供下游装置使用。在装置的建设过程中，对反应加热炉炉管管程数和反应器出料管道材质设计核算，对冷高压分离器液控阀后安全阀的设置和带破末网塔器安全阀安装位置进行设计综合分析，提出了优化方案。加热炉由6管程变更为4管程，避免流体偏流引起结焦；反应器出料管道材质由A335 P11变更为A182 TP321，满足管道材质腐蚀要求；带泡沫网塔器安全阀的位置变更到塔顶平台，避免安全阀入口积液。经设计变更和现场实施，该装置已开车成功。

关键词　凝析油加氢；反应器；炉管管程；管道材质；安全阀

1　装置简介

某凝析油加氢装置引进工艺技术，以伊朗南帕斯凝析油为原料，主要产品为精制凝析油，副产少量液化石油气。公称能力5.0Mt/a，设计年运行时间8000h。

该装置采用常规加氢处理工艺。来自储罐区的凝析油经过滤、脱水首先进入除氧塔，利用重整氢PSA尾气作为解吸气，脱出凝析油中溶解的氧气。塔底油经反应器进料泵加压后和进料气混合，与反应器出料换热后进入反应器进料加热炉（简称反应加热炉），加热后的物料进入反应器。该装置共有3台反应器，2台保护反应器一开一备，1台主反应器。反应器出料与进料换热后，经空冷器冷却进入高压分离器（简称高分）。生成油经过汽提塔后，塔底油去凝析油分离单元。

2　反应加热炉炉管管程数变更

因为加氢反应是放热反应，所以加氢装置反应加热炉负荷不大。多数情况下辐射段炉管单管程或两管程就能满足要求。

该凝析油加氢装置反应加热炉设计辐射段热负荷为32.23MW，专利商要求炉管4管程或8管程对称布置。在加热炉EPC总承包谈判过程中，某公司提出了6管程方案。业主缺乏经验，默认了6管程方案，并签署EPC总承包合同。物料分配采用类似与重整反应加热炉一样的出入口集合管式的分配方式。

经过工艺分析，在反应加热炉出口为4.47MPa、温度为267℃的操作条件下，炉管内不是单纯的气相，而是气液两相流。6管程时，炉管入口和出口的气液两相流不是完全对称分配，有可能产生偏流，会造成炉管局部温度高以至于结焦。

6管程方案时，每个管程由5根直径为219mm炉管和3根直径为168mm炉管组成。若变为4管程后，每个管程是8根直径为219mm的炉管。

经过计算，在设计热负荷下，四管程与六管程相比，平均热强度、最高内膜温度等差别不大，仅是压力降由221kPa升至426kPa，稍微高于专利商400kPa的上限要求。

经过反应系统分段压降分析，比专利商允许值高出的26kPa压降，可以通过整个反应系统的工艺调整来补偿。

综合分析，决策实施了反应器进料加热炉辐射段 6 管程改 4 管程的变更，消除了一个隐患。

3 反应器出料管道材质的变更

3.1 工艺及设计条件

凝析油加氢装置工艺包中，连接反应器进料/出料换热器、加热炉、保护反应器以及主反应器等的管道设计选用的是 A335 P11 材质。这些管道中，反应器出口管道温度最高，设计温度为 357℃，设计压力为 5.29MPa，氢分压为 2.05MPa，操作温度为 332℃，操作压力为 4.13MPa。介质为 $HC+H_2+H_2S$，设计 H_2S 含量 0.9%。

针对该工况，对抗氢抗硫材质进行对比选择，A335 P11 材质满足抗氢腐蚀要求。但在设计的 H_2S 含量和 407℃温度(设计核算温度)下，1.25Cr-0.5Mo 系合金钢(A335 P11 属于该系列合金钢)腐蚀速率大于 1.3mm/a，属于不耐腐蚀材料。

3.2 标准规范要求

根据《石油化工企业管道设计器材选用通则》(SH/T 3059—2012)的规定，管道金属材料的耐腐蚀能力可分为以下 4 类：

1)年腐蚀速率不超过 0.05mm 的材料为充分耐腐蚀材料；

2)年腐蚀速率在 0.05~0.1mm 之间的材料为耐腐蚀材料；

3)年腐蚀速率在 0.1~0.5mm 之间的材料为尚耐腐蚀材料；

4)年腐蚀速率超过 0.5mm 的材料为不耐腐蚀材料。

《炼油装置避免硫腐蚀失效指南》(API 939C)7.2.3 H_2/H_2S 条件：Cuoper-Gorman 曲线显示，高 H_2S 含量时，260℃以上，300 系列 SS 是最好的选择，环境不苛刻，H_2S 含量低时，含 Cr 低合金钢包括 12Cr 已被成功使用。

3.3 A182 TP321 和 A335 P11 材质比较

A182 TP321 和 A335 P11 均属于美标钢管材质，A182 TP321 属于 18Cr-10Ni-Ti 系稳定型奥氏体不锈钢钢管材质，对应的国标材质为 12Cr1Mo(较 12Cr1Mo 具有更高的抗氧化性及热强性)；A335 P11 属于 1.25Cr-0.5Mo 系高温无缝铁素体合金钢，对应的国标材质为 06Cr18Ni11Ti。

A335 P11 材质特点：

1)可用于高温(小于 550℃)非酸性工况条件，在高温下使用时应该考虑其碳化物石墨化倾向；

2)在高温 H_2 工况使用时，应考虑发生脱碳的可能性，使用时应根据 Nelson 曲线进行选择；

3)在高温 H_2+H_2S 工况使用时，应根据 Couper 曲线确定腐蚀余量；

4)应避免在有应力腐蚀开裂的环境中使用。

A182 TP321 材质特点：

1)A182 TP321 不锈钢是 Ni-Cr-Ti 型稳定型奥氏体不锈钢，其性能与 304 非常相似，但是由于加入了金属钛，使其具有更好的耐晶界腐蚀性及高温强度，具有优异的高温应力破断性能及高温抗蠕变性能；

2)在高温 H_2 工况使用时，在 700℃以内的任何氢分压下使用均不会发生脱碳。

该项目 E1-6F 等级工况属于连多硫酸应力腐蚀环境，依据《石油化工管道设计器材选用规范》(SH/T3059-2012)6.3.8 条款：该工况下奥氏体不锈钢应选用超低碳或稳定型不锈钢。

3.3 变更

经核算，为避免管道在高温、高压以及硫化氢环境下的腐蚀，保证良好的使用性能，研究决定将反应加热炉出口到反应器、再到进料/出料换热器出口的管道更换为 A182 TP321 材质。

4 冷高压分离器液控阀后安全阀的设置问题

冷高压分离器操作温度为 52℃、压力为 3.58MPa。高分油经 6 台换热器与汽提塔塔底油换热，进入汽提塔第11块塔盘(共49块，序号是从上到下排列)。换热器壳程设计压力为2.2MPa。

高分液面低时，有可能夹带气体进入下游设备。为了防止高分气体经液体控制阀串至换热器引起超压，在高分油进换热器之前设计了安全阀，要求该安全阀尽量靠近高分液控阀，安全阀阀后管道又要高于汽提塔入口转油线。

冷高分与汽提塔在现场两个区域，中间有主管排，并且汽提塔入口转油线有20多米高。对于工艺配管专业来说，无法满足专利商的技术要求。

经研究认为最好的解决方案就是增加低分，这只有在以后类似装置的设计中改进。

5 带破沫网塔器安全阀安装位置的变更

一般说来，考虑到检修方便，总是希望塔器的安全阀不要放在塔顶平台，而是随塔顶流出线设在空冷器入口端的平台上。但是，带破沫网塔器就不同了。考虑到带破沫网塔器有被堵塞的可能，安全阀都设置在带破沫网塔器以下，也就是从塔壁开口引出安全阀的接管。这种情况，为了避免安全阀入口管线存液，就只有把安全阀放在比接管高的位置。

凝析油加氢装置有3个塔就是这种情况，分别是脱氧塔、胺液吸收塔和LPG吸收塔。原业主要求放在比较低的位置便于检修。经过设计审查综合分析，变更为放置在塔顶平台。

6 结束语

上述2、3和5项都进行了设计变更和现场实施。该装置已于2020年4月29日开车成功。

连续重整预加氢反应炉炉管偏流分析及整改措施

王 伟

（中国石化九江石化公司 江西九江 332004）

摘 要 针对某炼油厂预加氢反应炉炉管偏流导致生产时各炉管温差大问题进行分析。借助格里菲思流型图分析炉管内流体流型，查出具体原因。并根据现场情况对装置生产条件进行优化，减小炉管偏差温度。最后提出解决炉管偏差问题措施。实施后，炉管偏流程度得到控制，发生频次由4个月延长至9个月。

关键词 加热炉；流体流型；预加氢；连续重整

某炼油厂连续重整装置预加氢反应加热炉F101在生产过程中从85%负荷逐步提高至110%负荷过程中，观察到F101炉管分支温差逐步变化的现象，尤其是在110%高负荷时(130t/h)时，出现四根炉管出口温度不一致的现象，支路间最大温差达到72℃。现场初步分析判断该炉出现偏流，炉管内流体分配不均，为防止偏流造成不良结果，对该炉存在的炉管温差问题进行分析。

1 现场概况

预加氢反应炉(F101)为进入反应器的混合物料提供热量。反应进料泵(P101)输送出石脑油，在压缩机(C101)作用下氢气注入管线，石脑油与氢气混合成为混合进料，依次经过反应进料、反应流出物换热器A、B、C、D升温后送至反应炉入口，经过反应炉升温到290℃后，再进入反应器R101进行脱硫、脱氮、脱杂质的反应。而后反应流出物再返回至反应进料、反应流出物换热器A、B、C、D换热降温，再进入冷高分与氢气分离，精制油送至分馏单元，分离的氢气返回氢气循环。加热炉为带水平对流段和空气预热段的立式圆筒形加热炉，有四路炉管和六个燃烧器，炉膛内炉管为竖排分布，燃料为工厂瓦斯气，正常工况下负荷为120t/h。

2 问题分析

石脑油和氢气混合后在管道内流动受热，石脑油在炉管随着温度升高发生相变逐渐变为气相，气、液两相随着温度不断发生变化，炉管内流动属于复杂的气、液两相流动。在不同的条件下，气、液两相流动的流型不一样，主要流型包括：气泡流、液节流、环状流和雾状流。管内气液两相流压力降确定的复杂性，气相和液相流速一般不相同，它们之间有相对运动，会产生内摩擦损失。液相有滞留量，使管内实际流通截面积减小，压力降增加。正常工况下，随着气速增大，气泡流、液节流、环状流等各种流型最后均发展为环-雾状流或单纯雾状流。《管式加热炉》书中介绍了预测加热炉垂直管中两相流的格里菲思流型图。存在以下公式判断两相流在炉管中的流动形式[1]。

$$G_X = \frac{u_{\mathrm{m}}^2}{g \times d_i} \tag{1}$$

$$G_Y = \frac{Q_{\mathrm{g}}}{Q_{\mathrm{g}} + Q_{\mathrm{L}}} \tag{2}$$

式中：u_{m}为气液混合物的线速度，单位为m/s；Q_{g}为气相体积流量，单位为m^3/s；Q_{L}为液相体积流量，单位为m^3/s；g是重力常数，单位为$\mathrm{m/s}^2$；d_i是炉管内径，单位为m。

根据公式(1)和公式(2)、流体物性可计算在不同工况下预加氢加热炉炉管内的G_X和G_Y。通过格里菲思流型图得到流型图中对应位置，可对工况进行深入分析。

自现场分取预加氢反应炉一月的数据，五月优化前以及进入五月后优化后的数据(见表1)。对炉管内的流型进行判断(见图1)。

表1 流型判断

项目	预加氢负荷/(t/h)	循环氢流量/(m^3/h)	石脑油炉前温度/℃	混合相流速/(m/s)	计算结果 G_X	计算结果 G_Y	注释符号
一月	120	19 000	228	13.4	123.7	0.497	▲
五月上旬	129	19 000	215	10	68.3	0.372	◆
五月中旬	129	23 000	215	11.3	86.8	0.418	●

代表一月份的三角点，在形态正常的环雾流区；代表五月上旬的菱形点，在液节流区，现场分支温差达到50℃；代表五月中旬对装置优化后的圆形点，在液节流和环雾流的分界区，现场分支温差在35℃。

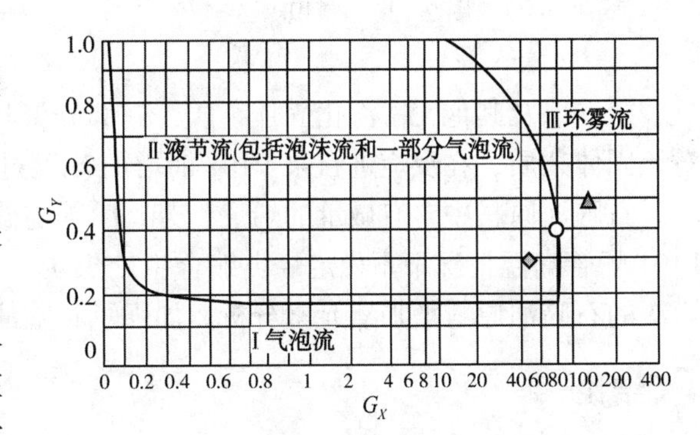

图1 不同工况在流型图中分布

通过比较三个工况下炉前入口气液相情况见表2，根据软件计算得出在一月时，石脑油处于225℃，在该操作压力汽化分率到达0.22，即石脑油在进入加热炉时，有22%(摩)的轻物质已转化为气态。在五月的工况下，在该操作压力，石脑油处于215℃时为纯液态。

表2 不同工况气液比

项目	炉前温度/℃	气态/(m^3/h)	液态/(t/h)	比例/(m^3/t)
一月	225	24148	101.2	239
五月优化前	215	19000	129	147.3
五月优化后	215	23000	129	178.3

通过流行图情况和物料的气液比初步判断出，加热炉偏流温差增大有以下原因：

1）换热器存在结垢。一月至五月装置负荷仅上升9t/h，炉前温度由225℃下降至215℃，换热器换热效率显著下降。造成入炉流体温度偏低，石脑油汽化量降低，气态减少，致使流体流型由环雾流向液节流变化。

2）炉管存在一定程度的结垢。换热器中带出的固体垢物不能正常的均匀分布在炉管内。由于流体在经过弯头时，在离心力的作用下液体甩向弯头外侧，气体集中于弯头内侧，气液产生部分分离，并在经过多个三通、弯头、分支变径后，流体在离心力和重力共同作用下进一步发生分离，受离心力的影响，初步判断分布在加热炉南侧的支管内[2]。流型变化后，炉管偏流现象被放大，造成温差增大。

3 措施与改进

3.1 提高气相量

根据公式(1)和公式(2)可得知，改变流体的形态的主要方式为，增加流体中气相部分。因此，现场分别实施了通过换热来提高原料换热后进加热炉的温度和增开循环氢压缩机备机增大循环氢流量两项措施。实施前，现场分支温差为50℃，实施后，现场分支温差在35℃。但在装置运行一段时间后，温差再度上涨至55℃。

3.2 换热器清垢

图2 换热器积垢

在两项装置调整手段失效后。在同年七月，短停预加氢单元，对相关设备进行了处理。对反应进料、反应流出物换热器A、B、C、D进行抽芯清洗，清洗了换热器表面积垢如图2所示。对预加氢反应炉(F101)炉管进行蒸汽吹扫。重新开工后F101炉管分支温差从55℃下降至3℃，F101入口温度温度提高到235℃，加热炉瓦斯消耗降低600m^3/h。

3.3 加强原料管理

通过对换热器和加热炉的垢样进行分析，得到垢样的主要成分有铁盐和焦炭。

在升温汽化过程中，如果物料中存在Fe^{2+}有机或无机酸盐，以及其他无法汽化固体杂质，一部分聚积在换热器内部，而另一部分附着在炉管内壁上。针对该固体杂质，在反应进料泵P101前增加Y型过滤器。对固体不溶物进行过滤。

石脑油原料中含有微量的烯烃、芳香醇等与微量溶解氧反应生成不稳定烃类，在E101高温壳程、F101炉管高温情况下不稳定烃类缩合生产焦炭。[3]为做好原料管理，加强了石脑油原料的管理，对每罐次的石脑油原料增加氧元素分析。加强了石脑油罐区的氮封管理，减少原料与氧气接触可能性。

4 结论

借助格里菲思流形图和相关公式，分析出预加氢反应炉炉管偏流的直接原因是炉前换热器积垢换热效率下降，造成进入炉管的气液混合相中气相减少，不能满足形成环雾流的条件，在离心力和重力作用下产生偏流，进而造成加热炉炉管出口温差逐步增大。其深度原因为，预加氢单元原料中含有过多固体杂质，且忽视了对原料中氧含量的控制管理。

通过逐项落实提高气相量、换热器清垢、加强原料管理等手段。经过一年的观察，发生炉管偏流的频次由140d/次延迟至290d/次。很大程度上改善装置炉管偏流现象，有效地解决了装置运行过程中暴露的问题。

参考文献

[1] 钱家麟，于遵宏，李文辉，等．管式加热炉[M]．2版．北京：中国石化出版社，2003.
[2] 崔绍华．CFX在加氢精制装置加热炉入口管道布置的应用[J]．石油化工设计，2013，30(3)：24-26.
[3] 王智，林昊健．重整装置预加氢加热炉炉管结焦的原因及对策[J]．石油化工设备技术，2004，25(6)：55-56.

汽油加氢装置反应器温度波动原因分析及对策

杨楚彬

（中国石化茂名石化公司　广东茂名　525011）

摘　要　本文针对中国石化茂名石化公司450kt/a汽油加氢装置反应器床层温度控制困难、反应器频繁超温的问题，对原料油性质、催化剂性能和操作工况变化等进行原因分析，通过控制丁二烯二聚物等化工残液的配炼量、催化剂撇头、重新开启循环氢压缩机等措施控制反应温度，有效避免反应器床层频繁超温的现象，确保汽油加氢装置安全平稳运行。

关键词　焦化汽油；掺炼；催化剂；超温

1　装置概况

中国石化茂名石化公司450kt/a汽油加氢装置（简称一加氢）是由原茂名石化公司设计院设计，建设公司安装，装置于1991年7月份投产，设计开工时数为8kh/a，装置原设计主要是以粗柴油或高含硫直柴油为原料，通过加氢精制生产具有储存安定性和燃烧性能良好的柴油组分。2006年8月因公司生产需要改造为450kt/a焦化汽油加氢装置，主要以焦化汽油为原料进行加氢脱硫和烯烃饱和，产品精制汽油送化工作为乙烯裂解原料，2019年以来，由于各种原因，反应器床层温度控制非常困难，装置多次出现反应器床层大幅度波动甚至超温的现象，给装置安全平稳生产带来巨大的风险。

2　反应器温度波动原因分析

2.1　*原料性质变化的影响*

茂名石化公司450kt/a汽油加氢的设计原料油为焦化汽油，为平衡原料和解决化工装置副产品后路问题，近年来装置开始掺炼各种化工残液。2018年5月装置开始间断性掺炼C_8组分油，2019年3月装置开始间断掺炼丁二烯二聚物和乙烯裂解残液，多种化工残液的间断性配炼，而一加氢装置原料和上游焦化热联合装置，上游焦化装置每天切塔经常导致焦化汽油来量不稳定，使得整个一加氢装置的负荷和原料性质存在不稳定的问题非常突出。

① 装置原料性质不稳定问题，焦化汽油原料中含有烯烃、二烯烃等不饱和烃，焦化汽油加氢是强放热反应，温升高达120～150℃，极易造成催化剂床层超温[1]，而装置阶段性掺炼C_8组分油（见表1）、丁二烯二聚物和乙烯裂解残液后，存在配炼量不稳定不均匀的情况，烯烃和二烯烃等不饱和烃含量大幅度增加，反应器放热量大大增加。②装置负荷不稳定问题，上游焦化装置经常性切塔，焦化汽油来油量大幅度波动，且一加氢装置间断性配炼C_8，主要是通过加氢罐区153#罐收间断性收贮C_8组分油，153#罐达到一定液位高度后再以5～15m^3/h的速率配炼进一加氢装置，由于C_8组分油收贮和配炼不是连续性的，而且配炼期间153#还收焦化汽油和其他污油，而且没有流量计，给平均配炼量总计量造成很大的困难。丁二烯二聚物及裂解残液由上游焦化装置配入，配炼流量也不稳定。控制不当（反应器入口温度大幅度波动或原料性质大幅度变化导致反应器热量迅速积累，多余的热量导致反应器温度迅速上升，反应速度非常迅速）容易导致反应器床层超温甚至飞温。

表1　C_8 组分油的性质

项目	数据	项目	数据
硫含量/%	0.783	50%温度/℃	145
氮含量/(mg/kg)	36.3	90%温度/℃	210.5
氯含量/(mg/kg)	1.06	95%温度/℃	225.5
酸度/(mgKOH/100mL)	0.85	终馏点/℃	239
溴指数/(gBr/100g)	38.518	烷烃含量/%	>30
铁含量/(μg/g)	0.11	烯烃含量/%	<70
密度(20℃)/(kg/m³)	825.2	芳烃含量/%	0.01
初馏点/℃	53	二烯烃含量/%	0.7
5%温度/℃	78.5	实际胶质	<1
10%温度/℃	90		

2.2　催化剂性能的影响

一加氢装置精制催化剂 FH-40C 是从 2016 年 5 月运行至今，已经到催化剂末期活性损失较大，特别是反应器第一床层催化剂活性损失较大且装填量只有 8.84t，装置催化剂装填(见表 2)，所以焦化汽油在反应器第一床层的反应器温升只有 20℃比较低，使一床层中的加氢脱硫、脱氮反应不完全，造成原料油加氢脱硫、脱氮反应多数集中到第二床层，第二床层的加氢反应较为剧烈。当第二床层温升达到 100℃以上时，为了保证产品质量，反应器入口温度的逐渐提高，必须在反应器床层中部通入大量的冷氢才能将反应器床层出口温度控制在 370℃，导致催化剂床层的温度长期处于高温运行，最高点温度已经超过 380℃。在装置高负荷运行的情况下，必须尽量提高反应器入口温度，而燃料气组分(甲烷氢或煤制氢合成气并燃料气)频繁波动造成反应炉出口温度波动，容易导致反应器出口温度波动至装置工艺卡片为 395℃，反应器工艺操作风险非常高。

表2　主反应器内催化剂装填方案(D=2400mm)

床层	装填物料	装填高度/mm	装填重量/t	装填密度/(t/m³)
第一床层	FBN-03B04	130	1.2	0.87
	FHRS-1	1580	4.44	0.65
	FH-40C-1T	900	3.2	0.80
	Φ3 瓷球	110	0.625	
	Φ6 瓷球	130	0.75	
第二床层	Φ13 瓷球	380	1.25	
	FH-40C-1T	7220	27.2	
	Φ3 瓷球	150	0.75	
	Φ6 瓷球	150	0.7	
	Φ13 瓷球	200	1.875	

2.3　装置循环氢量的影响

出于节能降耗的考虑一加氢装置的循环氢压缩机在 2019 年年初已停运，装置循环氢由 3#柴油加氢装置循环氢压缩机带动循环(两套装置共用一台循环氢压缩机)，由于停运循环机，使得一加氢装置的循环氢量大幅度减少，循环氢流量从 32000m³/h 降低至 22000m³/h，反应携带出的热量也会相应减少，多余的热量难以及时带出导致反应器床层温度升高，为保证产品质量合格，在催化剂末期不断提高反应床层温度，催化剂床层温度长期在 370℃比较高的水平，催化剂床层的加氢反应激烈导致大量反应热产生，下床层温度升速过程中，装置循环氢氢量较少，出现异常波动时，短时间内没有冷氢可用无法带走反应热，就会出现反应器超温的现象。日常生产中若控制不当(反应器入口温度大幅度波动或原料性质大幅度变化导致反应器热量迅速积累，多余的热量导致反应器温度迅速上升，反应非常迅速)，容易导致反应器床层超温甚至飞温。

2.4 操作人员技能不足的影响

操作人员技能水平的高低直接影响装置反应器的平稳，特别是对异常参数的判断和处理异常关键，在装置高负荷运行和性质变化较大的情况下，在催化剂运行末期和循环氢量比较少的情况下，整个装置的操作苛刻度非常大，燃料气组分变化都可能导致反应器入口温度异常波动。内操需要对各种工况进行提前预判提前调整。特别是反应器入口温度和冷氢阀开度是非常敏感的操作参数，反应器温度发生变化时，要提前开大冷氢量投自动，若对装置催化剂的性能认识不足，反应催化剂床层加氢反应激烈导致大量反应热产生，短时间内没有冷氢可用无法带走反应热就会出现反应器超温[2]。

3 采取的对策

3.1 原料性质方面

加强原料管理，优化原料配炼。原料组成的变化直接影响到反应器床层温度的变化，日常生产中要密切监控原料组成分析，一旦原料性质发生变化及时作出操作调整，并联系生产调度控稳化工残液的配炼量。

1) 控稳定原料油性质，化工残液的配炼量的控制关系到原料性质的变化，车间为精准监控配炼量，把丁二烯二聚物、裂解残液及异壬醇 C_8 组分油配炼流量分别引进 DCS 数采，方便内操随时监控，尽量做到连续均衡配炼化工丁二烯二聚物、裂解残液及异壬醇 C_8 组分，同时严格控制控制上游配炼丁二烯二聚物、乙烯裂解残液和 C_8 组分油等乙烯劣质原料的配炼总量不超≤$9m^3/h$，要求单独配炼时 C_8 组分≤$7m^3/h$，丁二烯≤$1m^3/h$、裂解残液≤$2m^3/h$。

2) 控稳定装置负荷：上游焦化装置切塔时提前 2h 通知一加氢装置进行调整，当丁二烯二聚物、裂解残液停配或停配后恢复开泵配炼时，需提前通知车间调整操作，同时开泵时要把流量控制调节阀暂时改手动控制，控稳泵出口流量后再恢复自动控制；控稳装置进料量，装置负荷波动较大时可以增加精制汽油循环量 5~$15m^3/h$，床层最高点温度控制在 370℃之内，严禁超过 395℃。

3.2 催化剂性能方面

优化催化剂撇头，平衡反应温升。优化催化剂装填方案，催化剂进行撇头，平衡反应温升，2020 年 3 月 15~20 日，一加氢装置进行催化剂撇头 8.6t(反应器第一床层催化剂全部更换)，新装进柴油加氢精制再生剂 FHUDS-6 共 11.6t，优化反应器第一床层催化剂性能，增加第一床层催化剂的藏量，实践证明 FHUDS-6 再生剂在焦化汽油加氢精制中完全满足生产要求，同样具有优异的加氢脱硫和脱氮效果，催化剂撇头以后，FHUDS-6 再生剂活性较为缓和，反应条件温和，床层温度控制平缓，反应器上下两个床层的温升较为均衡；从实际运行情况看效果十分显著，反应器入口温度从 355℃，降低至 350℃，反应器出口温度也相应降低至 362℃，质量同样达到合格标准，催化剂撇头后大大降低反应苛刻度。

3.3 装置循环氢量方面

重新开启一加氢装置的循环氢压缩机增加循环氢流量如图 1 所示，提高循环氢转速至 10500 转(RPM)，将循环氢量从原来的 $22000m^3/h$ 提高至 $32000m^3/h$，大大提高反应器热量的携带，加快反应器生成热量的带走，降低反应器床层温度的控制难度，降低反应苛刻度。

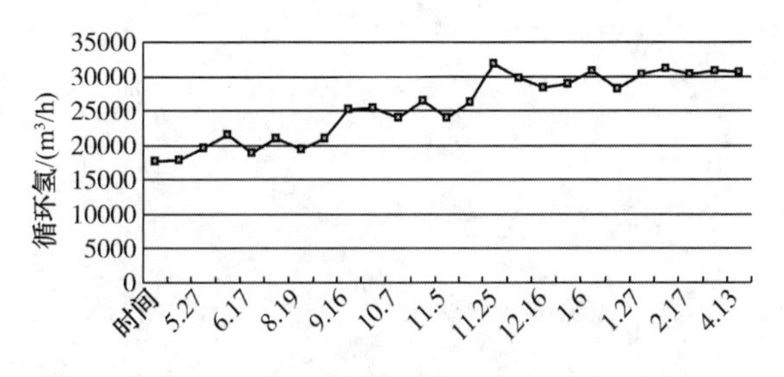

图 1 循环氢流量变化

3.4 操作人员技能方面

编制操作指导意见，加强职工技能培训，提高职工技能水平。

编制装置优化操作指导意见和标准操作卡，指导职工优化操作调整，加强职工技能培训，提高职工应急处理能力和水平，主要操作要点如下：①控稳降低反应器入口温度，联系调度控制燃料气组分变化，保持加热炉的平稳操作，确保反应器入口温度稳定，如燃料气组分频繁波动，三次煤制氢甲烷氢并入燃料气管网均造成反应器床层温度波动。②控制冷氢流量，控稳反应器床层温度。日常操作中保持冷氢注入量，内操需要进行提前预判提前调整。当反应器温度发生变化时，要提前打大冷氢量投自动，日常冷氢阀阀位保持最大开度60%以下，冷氢控制保持一定的余量，采用提高反应器入口温度，打大冷氢量，控制反应器出口温度和增加精制油循环量的做法来保证反应器床层温度平稳。

4 实施效果

在装置运行期间加强原料的管理，确保装置原料性质相对稳定，循环氢量大幅度增加，氢油比也相应提高，在反应器入口温度提高的情况下，反应器床层温度大幅度波动或超温的现象消失，实施各项措施以后，装置负荷提高后精制汽油烯烃含量也合格。实施各种措施后操作条件见表3。

表3 实施各种措施后操作条件

项目	改进前	改进后	项目	改进前	改进后
加氢进料/(m^3/h)	60	75	反应器床层最高点温度/℃	365	365
高压分离器压力/MPa	6.6	6.6	冷氢阀开度/%	35	10
反应器入口氢分压	7.02	7.02	循环氢流量/(m^3/h)	22000	32000
氢油体积比	384	554	精制油烯烃含量/%	4.5	2.3
体积空速/h^{-1}	1.022	1.084	精制油芳烃含量/%	15	12.8
反应器入口温度/℃	235	256	反应器超温情况	经常	无
反应器出口温度/℃	370	361			

5 结论

一加氢装置经过稳定装置负荷、控制化工残液的配炼量、反应器催化剂撇头、增开循环氢压缩机、编写标准操作卡、强化职工操作技能等措施调整，反应器进出口温度均下降，反应器床层温度比较平稳，反应器床层控制困难、频繁超温的问题得到了根本性的解决，确保汽油加氢装置能够安全、平稳、长周期运行。

参考文献

[1] 佟德群．影响焦化汽油加氢装置长周期运转的因素及解决措施[J]．当代化工，2007，36(5)：456.
[2] 王从梁．蜡油加氢裂化装置反应器飞温原因 分析及对策[J]．广东化工，2011，38(3)：238-239.

重整预加氢系统腐蚀问题分析及对策

王德智

（中国石化广州石化公司　广东广州　510726）

摘　要　结合广州石化催化重整联合装置的实际情况，分析其中预加氢系统腐蚀原因及对策。

关键词　催化重整；预加氢；腐蚀；对策

1　前言

中国石化广州分公司催化重整联合装置，工程设计规模为100×10^4t/a，年运行时间8400h。其中预加氢系统以初馏点约40℃，终馏点约160℃的混合石脑油为原料加氢精制，将石脑油中所含的硫、氮、氯、氧等，加氢反应转化为相应的H_2S、NH_3、HCl和H_2O，从石脑油中脱除，并使烯烃饱和，将金属有机物分解，金属吸附在催化剂的表面脱除。反应生成物中存在酸性介质如H_2S、HCl等，会导致电化学腐蚀，高速流体会引起冲蚀腐蚀，它们共同作用的结果使预加氢系统腐蚀[1]。腐蚀会导致设备穿孔，严重时会引起非计划停工，造成巨大的经济损失，甚至会造成事故，危及人身安全。因此，采取相应措施防止或抑制预加氢系统存在的腐蚀隐患，对装置的长期安全稳定运行具有重大意义。

2　预加氢系统工艺状况

2.1　预加氢系统工艺流程

预加氢系统工艺流程如图1所示，由装置外来的混合石脑油进入预加氢进料缓冲罐（V101），然后经预加氢进料泵（P101A/B）升压，与循环氢混合经预加氢混合进料换热器（E101A～E）壳程与预加氢反应产物换热，并经预加氢进料加热炉（F101）加热升温至反应温度后进入预加氢反应器（R101）。在预加

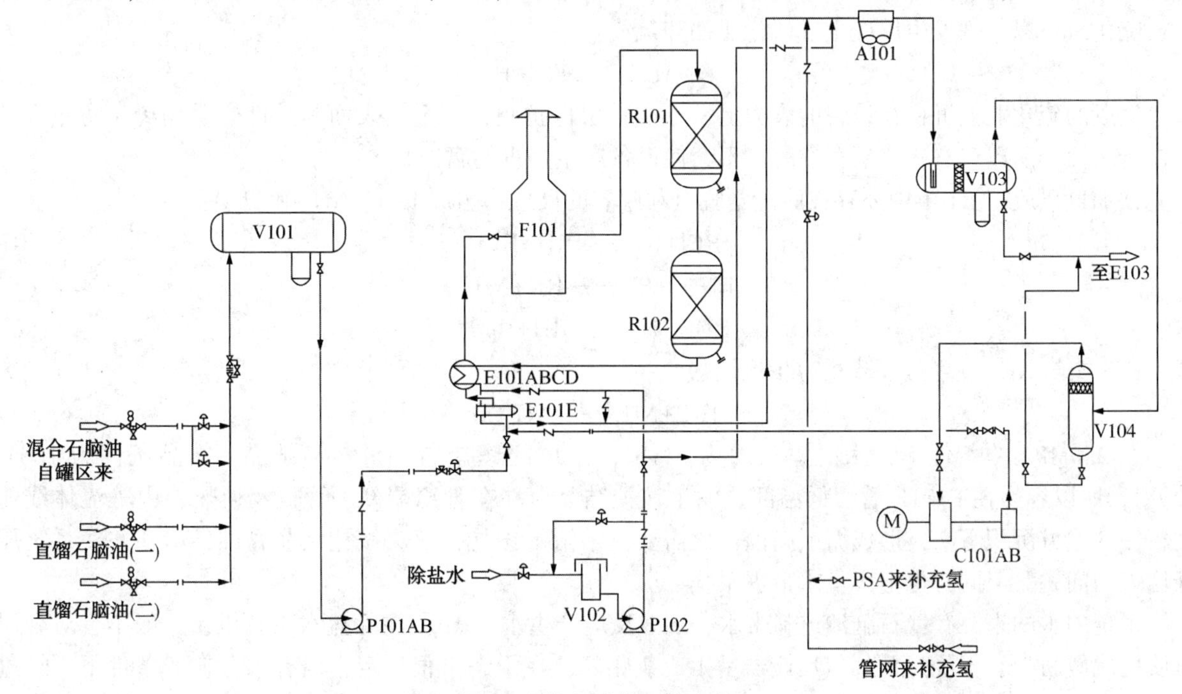

图1　预加氢系统工艺流程

氢反应器中，原料油在催化剂和氢气的作用下进行加氢精制反应，脱除原料中的有机硫、氮化合物和金属杂质等，再经 E101E～A 管程和反应进料换热，并与来自水洗水注入泵(P102)的除盐水混合以洗涤反应产物中的铵盐，然后与补充氢混合后经预加氢产物空冷器(A101A～D)冷凝冷却后进入预加氢气液分离器(V103)。反应产物在 V103 中进行气液分离，氢气从 V103 顶部引出，先经循环氢压缩机入口分液罐(V104)除去携带的液体，然后进入循环氢压缩机(C101A/B)升压后循环至反应系统。V103 底部的液体产物前往汽提塔(T101)。

2.2　原料性质

针对广州石化公司炼油化工一体化的安排，联合装置的原料为混合石脑油，其构成为：蒸馏(一)、蒸馏(三)生产的直馏石脑油及来自罐区的混合石脑油。混合石脑油的主要性质见表 1。

表 1　混合石脑油的主要性质表

序号	项目	直馏石脑油	序号	项目	直馏石脑油
1	密度(20℃)/(kg/m³)	685		硫/(mg/L)	600
2	馏程/℃			氮/(mg/L)	3
	初馏点 /10%	40/80		Cl/(mg/L)	2.3
	30% / 50%	98/108		Cu/(mg/L)	<80
	70% / 90%	123/139		Pb/(mg/L)	<80
	终馏点	160		As/(mg/L)	<80
3	杂质含量				

3　预加氢系统腐蚀原因分析

3.1　化学腐蚀

预加氢反应器 R101 中发生脱硫反应，混合石脑油中的有机硫与氢气发生反应生成相应的烃类和硫化氢：

$$RSH+H_2 = RH+H_2S \tag{1}$$

$$RSR'+H_2 \longrightarrow RH+R'H+H_2S \tag{2}$$

硫化氢可以与铁发生反应生成硫化亚铁和氢气：

$$Fe+H_2S \longrightarrow FeS+H_2 \tag{3}$$

生成的硫化亚铁沉积在设备的表面上，形成一层保护膜，将金属表面与酸性介质隔离，防止设备进一步腐蚀。所以仅有硫化氢存在时，不会使设备产生严重的腐蚀。

预加氢反应器 R101 中还存在脱氯、脱氮和脱氧的反应，生成 HCl、NH_3 和 H_2O：

$$RCl+H_2 \longrightarrow RH+HCl \tag{4}$$

$$RNH_2+H_2 \longrightarrow RH+NH_3 \tag{5}$$

$$ROH+H_2 \longrightarrow RH+H_2O \tag{6}$$

HCl 能与 NH_3 发生进一步反应生成铵盐：

$$HCl+NH_3 \longrightarrow NH_4Cl \tag{7}$$

在 2.0MPa 的条件下，水的露点约为 211℃，生成的铵盐遇少量水易结晶，结晶条件为 160～220℃，所以容易在 E101E 管程低温部位发生铵盐结晶，并在管箱端部、管板及换热管内等流体线速度较慢的地方沉积下来，形成垢下腐蚀，故需要注水溶解铵盐，解决铵盐结晶腐蚀，堵塞并使系统压降增大的问题，但同时也把大量水带进系统。

系统中水的来源有：石脑油进料带水，加氢反应产生水，P102 注除盐水。有机氯一般不会对金属材质构成威胁[2]，但经过预加氢反应器后生成氯化氢，在干态下很稳定，但有水存在的条件下，经过进料换热器 E101，温度降到露点以下后，氯化氢和硫化氢溶于水形成氢硫酸，具有强腐蚀性，能够将硫化亚铁保护膜溶解破坏并发生进一步腐蚀[3]：

$$FeS+2HCl \longrightarrow FeCl_2+H_2S \tag{3}$$

$$Fe+2HCl \longrightarrow FeCl_2+H_2 \tag{4}$$

金属表面失去保护膜，同时产生硫化氢，而形成的氯化亚铁不断被流体冲刷脱落，暴露出新的金属表面，从而使新的金属表面被继续腐蚀。如此循环腐蚀，将导致管壁金属层越来越薄，最终穿孔泄漏，引发事故。

3.2 冲蚀腐蚀

在流体的长期冲刷下，会把管壁上形成的硫化亚铁保护膜冲刷破坏掉，暴露出新的金属层继续腐蚀。尤其在硫化氢、氯化氢和水的共同作用下，硫化亚铁保护膜更快的被破坏掉，流体冲刷一方面可以加快带走腐蚀产物如氯化亚铁、硫化亚铁等，另一方面把起腐蚀作用的介质如硫化氢、氯化氢等带到新金属层表面，加速腐蚀。冲蚀腐蚀本身的单独作用并不明显，主要是在化学腐蚀的基础上加快腐蚀进程，尤其是在管线弯头处最为容易腐蚀穿孔。

4 应对措施

1）根据工艺流程分析，系统中起腐蚀作用的硫化氢、氯化氢等都在加氢反应中生成，所以在预加氢反应器后存在较多的硫化氢、氯化氢等，想要避免或减少氯化氢腐蚀和铵盐结晶腐蚀，就必须除去反应中生成的 Cl^-。因此，可以在原有流程上，在预加氢反应器 R101 后增设一个高温脱氯罐，并改造流程实现双罐串联脱氯和单罐脱氯，充分利用脱氯剂的饱和氯容，延长脱氯剂的使用周期，并且在需要更换脱氯剂时可以单罐脱氯，避免因换剂而使部分产物没有脱氯就进入后面流程，使后面管道受到氯腐蚀。增设脱氯罐可以使加氢反应后油气及时脱氯，减少后路铵盐的形成，从而减少注水，大大降低盐酸形成的机率从而减少后路的腐蚀。同时加强对脱氯后介质氯含量的监控，发现脱氯剂饱和及时换剂。

2）注水系统由原来的除盐水改为除氧水。使用除氧水的优势在于注入流量稳定、温度、压力较高。改造注水流程，使用 5.0MPa 除氧水直接注入系统，取消原来用高速泵将除盐水增压后注入系统的流程。一方面注水流量非常稳定，注水量的控制更加精确，不再有脉冲波；另一方面除氧水温度通常为 80～100℃，与 E-101E 注水点处操作温度相当，既保证了洗涤效果，也减少了对系统换热的影响[4]。

3）换用耐腐蚀材料，根据纳尔逊曲线正确选择设备或管线，尤其是弯头或换热器管束等容易腐蚀或结铵盐的地方，更应使用耐腐蚀材质或设备。

4）增加对 V103 水包采样，加强对 V103 含硫污水中铁含量和 pH 的监控，时刻掌握管线设备的腐蚀情况，发现异常能及时处理。

5）加强管线外部防腐，涂刷耐腐蚀涂层，保温铝皮应包裹严实、规范，防止进水或积水，发现损坏铝皮及时更换。

5 结论

重整联合装置预加氢系统腐蚀的主要原因是加氢反应后产物中含有氯化氢，在液态水存在时会形成盐酸，具有强腐蚀性，所以在反应器后增设脱氯罐能够有效控制盐酸的形成，减少腐蚀。

平时工作中加强对腐蚀方面的监控，及时发现问题并处理，避免腐蚀穿孔造成泄漏，酿成事故。

参考文献

[1] 李成栋，催化重整装置技术问答[M]. 中国石化出版社，2018.

[2] 王一海．催化重整装置预加氢系统的腐蚀与防护研究[J]. 科技导报，2005(05)：40-42.

[3] 马立光，闫晓荣，钱刚，等．重整预加氢进料换热器的腐蚀原因及对策[J]. 石油化工腐蚀与防护，2013，30(05)：54-57.

[4] 孙卫华，重整预加氢换热器腐蚀失效分析及对策[J]. 中国设备工程，2012(05)：40-42.

对一套两段加氢裂化装置的思考

吕请茂　姜瑞文

（中国石化工程部　北京　100728）

摘　要　本文介绍了某炼化企业两段式加氢裂化装置的工艺技术特点，对装置在试车和运行过程中存在的原料性质、双相不锈钢材质管件和空气冷却器的裂纹、反应器内件泄漏和径向温差问题进行原因分析，并对比相似工艺提出了解决方案，为同类装置问题解决提供了借鉴。

关键词　加氢裂化；催化剂；反应器；双相不锈钢

1　两段加氢裂化简介

两段加氢裂化是指经过一组(或一台)反应器后，通过分离和分馏把气体和轻质生成油分出后，将重质组分和未转化油进入另一组(或一台)反应器继续进行加氢裂化反应的工艺。

19世纪50年代中期，随着美国对汽油需求量的增长，石油公司借鉴德国煤和煤焦油高压催化加氢生产汽油的经验，开发加氢裂化工艺，把重质油品转化为高异构烷烃和高芳烃含量组分。1959年，美国雪佛龙公司首先开发了Isocracking加氢裂化技术。

19世纪60年代初期，加氢裂化技术主要用于把焦化蜡油(CGO)、催化裂化轻循环油(LCO)和常压瓦斯油(AGO)转化为汽油。这时的加氢裂化装置都采用两段工艺，首先在第一段用加氢处理催化剂对原料油进行精制，脱除硫、氮等杂质，然后进入第二段，用选择性裂化催化剂生产石脑油。轻石脑油直接用于汽油调合，含环烷烃的重石脑油进入催化重整，生产高辛烷值汽油组分，同时副产氢气。

UOP公司1960年开发的Lomax是全球首次工业化应用的加氢裂化技术，采用该技术的第一套工业装置于1961年8月在美国鲍威林石油公司洛杉矶炼油厂建成投产。该装置采用两段技术，以AGO为原料生产汽油，公称能力为110kt/a。

我国早在19世纪50年代就进行了页岩油和煤焦油加氢裂化技术的开发。19世纪60年代中期，开发成功了第一代加氢裂化，实现了工业化。在19世纪80年代引进了联合油公司(Union)四套高压加氢裂化，其中扬子石化公司1.2Mt/a高压加氢裂化就是两段循环工艺。

过去很长一段时间，本着“原油资源宜油则油、宜烯则烯、宜芳则芳”的原则，组织炼油化工的规划、设计和生产。加氢裂化一般都采用一段串联工艺，生产中间馏分油，尾油用作乙烯原料或催化原料。近10年来，随着成品油过剩、PX原料短缺及装置大型化的需要，又开始新建两段加氢裂化装置。

2　装置简介

某两段加氢裂化装置是引进技术。该装置以凝析油分离塔塔底油(主要是柴油馏分)和燃料油减压蒸馏瓦斯油(VGO)为原料(比例60：40)，主要产品重石脑油，副产品轻石脑油、液化石油气和少量未转化油(尾油)。公称能力3.16Mt/a，设计年运行时间8000h。另一种工况就是以VGO为原料，公称能力2.2Mt/a。

该装置采用两段循环加氢裂化工艺。第一段反应器部分采用A/B双系列，新鲜原料经高压进料泵增压，出口分两路分别和进料气(feed gas)混合，与一段反应器流出物换热后进入加热炉，加热后的物料进入一段反应器。每列一台反应器(R101A/R101B)，有5个催化剂床层，2~5床层入口注入急冷氢以控制床层温升。反应器流出物与进料(feed)换热后，合并为一路进入蒸汽发生器。一段反应器流出物与二段应器流出物分别进入热高压分离器(热高分)。

产品分馏塔塔底油进入二段反应器原料缓冲罐，经二段高压进料泵增压和进料气混合，与二段反应器流出物换热后进入加热炉，加热后的物料进入二段反应器(R301)。R301有4个催化剂床层，2~4床层入口都注入急冷氢以控制床层温升。反应器流出物与进料换热后，合并为一路进入蒸汽发生器。二段反应器流出物与一段应器流出物分别进入热高分。

两段反应公用热高分、循环氢脱硫化氢塔、循环压缩机、补充氢压缩机、一套分离和分馏系统，其工艺流程简图，如图1所示。

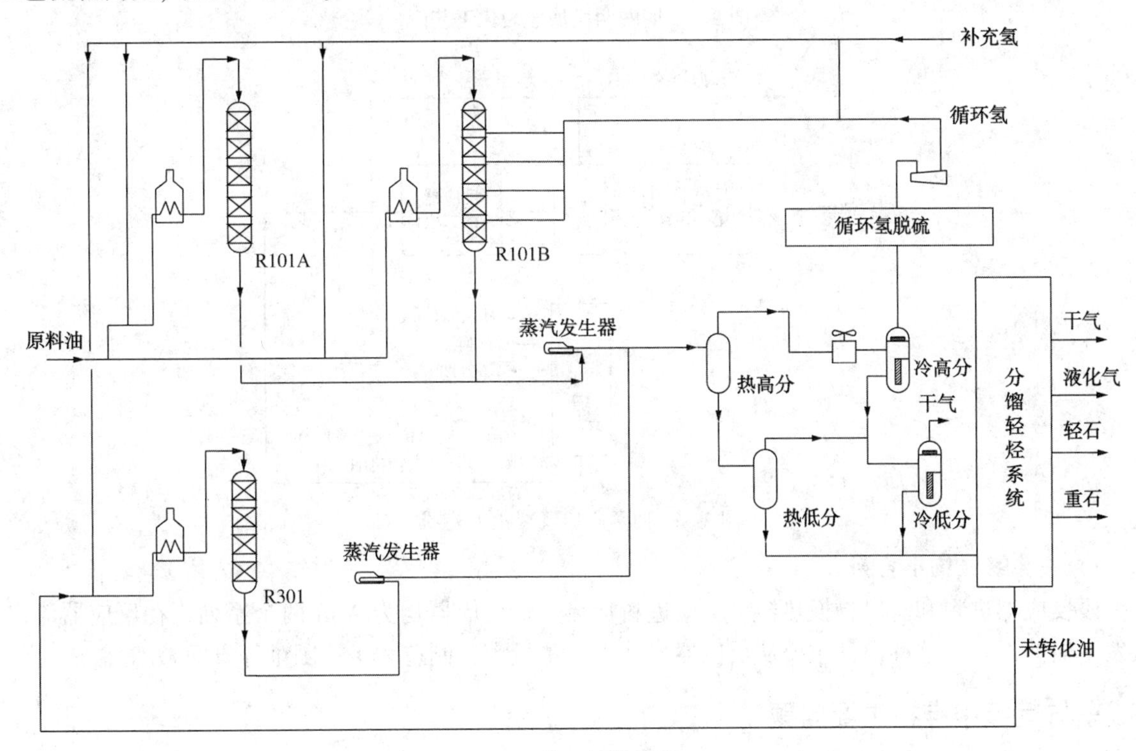

图1 装置工艺流程

3 装置工艺特点

3.1 不产中间馏分油，最大限度产重整原料

受国家对原油和成品油管控的限制，该装置上游不加工原油，而是加工凝析油和燃料油；不生产成品油，而是最大限度生产重整原料。它把凝析油分离塔的塔底油和燃料油减压蒸馏生产的减压蜡油通过加氢裂化，除外排少量尾油(防止系统稠环芳烃积累)以外，全部转化为小于177℃馏分。

3.2 设一套循环氢系统的两段加氢裂化工艺

早期的两段加氢裂化工艺，第一段为加氢处理，主要是脱出原料中的硫、氮，二段为反应器装填裂化催化剂。由于裂化催化剂不抗硫、氮，也就是说硫和氮是裂化剂的毒物，因此两段反应设两台循环氢压缩机及两套独立循环氢系统。同时加氢精制段生成油经硫化氢汽提塔后，塔底油进入二段裂化反应。典型的方框图如图2所示。

随着裂化催化剂的改进，抗硫、氮能力不断增加，在一段反应器也装填部分具有裂化功能的催化剂，这样为两段加氢裂化流程安排增加了灵活性。有时为了节省投资和减少占地面积，采用本文两段加氢裂化流程，公用一套循环氢系统和一套分馏系统。典型的方框图如图3所示。

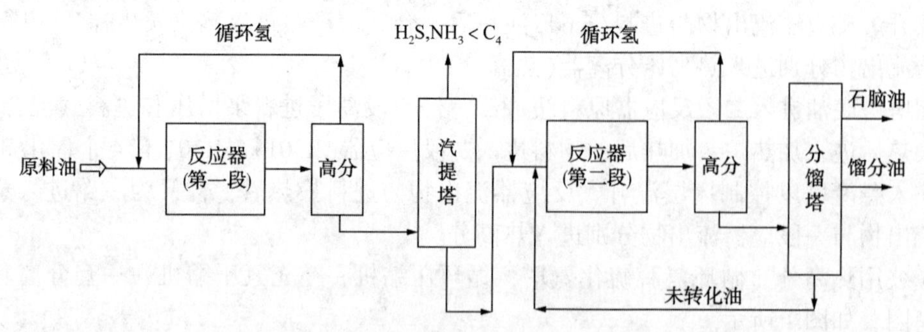

图 2 早期的两段加氢裂化工艺图

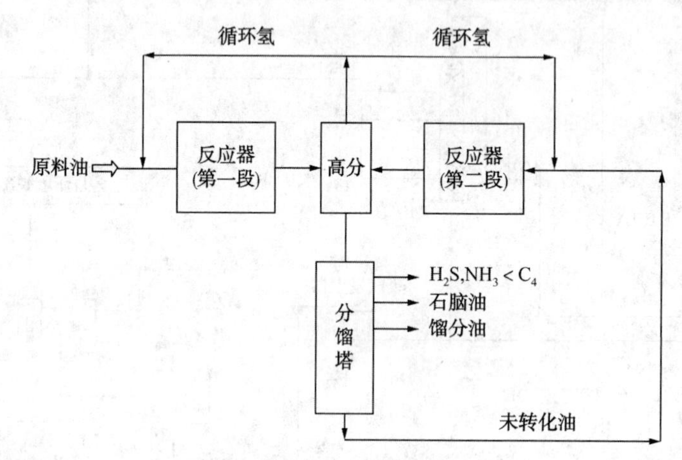

图 3 一种两段加氢裂化工艺图

3.3 一段反应器设两个系列

一段反应器进料和流出物换热器、反应进料加热炉、反应器均为 A/B 两个系列，在反应器流出物蒸汽发生器前汇合。这种设计主要从反应器尺寸大、重量大，制造和运输困难等方面考虑。

4 试车与运行中存在主要问题

4.1 装置建设与试车

该装置于 2010 年 5 月 26 日开工建设，2013 年 1 月现场施工基本结束，实现中间交接。2013 年 7 月 30 日，在进行反应系统高压氢气气密检测，当压力升至 11.7MPa 时，高压空冷器入口双相钢管道一个 *DN*600 弯头开裂，氢气从裂纹处 45°角向右前方锅炉给水除氧器框架喷出，延时爆炸着火。爆炸造成附近的锅炉给水除氧器及其框架毁坏。二段反应器(R301)床层热电偶被损坏。为此，2013 年 9 月 1 日开始，装置对 R301 催化剂进行了卸剂。经过催化剂过筛，回装。同时对其它损坏部位组织抢修。2014 年 3 月 31 日再次组织试车，2014 年 4 月 25 产品合格。

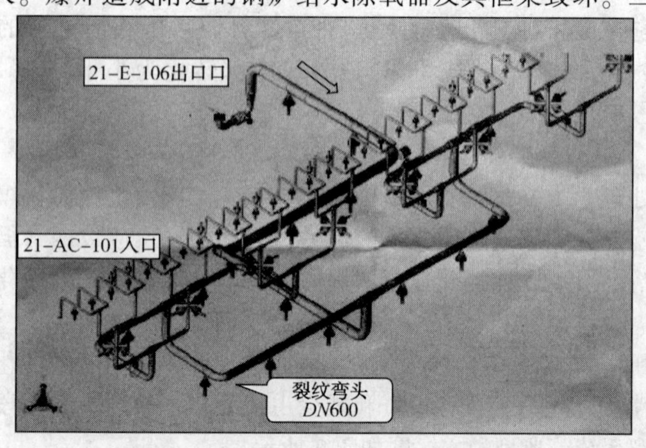

图 4 高压空冷器入口管道示意图

高压空冷器材质和出入口管道材质均为双相钢，如图 4 所示共有 16 台空冷器，每台出入口各有 2 个工艺接管。工艺配管是按 25 完全对称设计的(图 4)。来自高压换热器的 *DN*650 热高分气工艺管道，在注入工艺洗涤水，并入循环压缩机防喘振管道后一分为二成为 *DN*600 的管道，依次再分 4 次进入空冷器。开裂部位就在 *DN*600 弯头上。

2015 年 4 月 6 日，受一套对二甲苯(PX1)分离塔工艺管道泄漏爆炸着火的影响，刚开车不久的加氢裂化陪停。经过工程质量检测评估和全厂整改修复后，2018 年 10 月再次组织开车。在对高压空冷水压试验时又发现出口段管板泄漏。经返回生产厂家修复、回装，继续组织开车。

4.2 实际原料中铁、氮含量等远高于设计值

原料性质见表 1。

表 1 原料性质

项目	煤油	柴油	VGO	混合
初馏点/℃	174	250	370	174
干点/℃	250	370	566	566
重力/API	45.2	33.5	20.5	30.6
重力/SG	0.8001	0.8566	0.9298	
硫/%(质)	0.18	1.51	2.84	1.79
氮/(mg/L)	3	93	907	424
沥青质/(mg/L)				100
金属(Ni +V)/(mg/L)				<1
Fe/(mg/L)				<1

由于实际加工原料与设计值有较大的差别，主要表现：氮、铁等杂质含量较高，造成加氢裂化装置首次开车后一段床层压差逐步升高，转化率逐步降低。

2014 年 7~8 月份，原料采样分析数据发现 Fe 含量超标，最高时达到 13mg/L，平均值也达到设计值的 3~4 倍，经排查发现 13 单元凝析油生产的 AGO Fe 含量超标，在此期间，反冲洗过滤器冲洗频繁，一段反应器 R101B 第一床层压降快速上涨 0.295MPa。

R101A 同样存在此问题。原料中的铁是造成一段反应器一床层压降上升过快主要原因。

2014 年 5 月 22 日~6 月 12 日原料氮含量平均约为 1400mg/L，最高达到了 1675mg/L；6 月 13 日~8 月 20 日进料氮含量平均也在 800mg/L 左右，而同期以一段反应器 R101B 为例，以工况一计算，加工负荷维持约 90%左右(最高为 101%)。由于催化剂精制剂装填量不足，精制空速为 $8h^{-1}$(未计入后精制剂装填量)，脱氮能力不足，加工高氮原料时，只能依靠提高催化剂温度和降加工负荷手段来补偿催化剂活性。

二段催化剂的活性是相互匹配的，一段转化率低，加大了二段催化剂的负荷，导致二段积炭速率加快，活性下降，多环芳烃增多，压降增大。

2014 年 8 月，利用加氢裂化停车消缺的机会，对 R101A 和 R101B 第一床层撇头，采用国内研发的，系列支撑剂、保护剂、脱金属保护剂和加氢裂化预处理催化剂，解决一床层压降快速上升问题。

4.3 反应器内件漏催化剂。

2014 年 6 月 3 日，加氢裂化循环机入口缓冲罐顶部压力突然上跳至 23.9MPa，导致补充氢压缩机出口返入口的压力控制阀自动全开，反应系统压力迅速下降。在后续恢复过程中，因操作不当，二段 R-301 第四床层最高温度升至 474℃，联锁引发紧急泄压。2014 年 6 月 6 日起，R-101A 床层总压降开始持续攀升，一段反应器 R101A 压差达到 1.6~1.7MPa，R101B 压差也达到 1.17MPa，远远超过了设计的最大床层压降。

图5 催化剂漏入泡罩分配盘

装置于2014年8月停工处理。R101A卸剂后发现，第二床层催化剂漏入第三床层入口冷氢箱和泡罩盘上，造成R101A压差快速上升。设计是内构件支撑梁与器壁缝隙是用钢丝绳塞紧。实际安装过程中，塞得不够紧，紧急泄压时脱落，随之催化剂漏入分配器，堵塞通道(见图5)。R101A第三床层入口泡罩盘受力大，致使焊缝开裂。本次消缺，仅是对开裂部分进行了简易处理。一直到2015年3月全厂大检修时，利用一段全部换剂的机会，对损坏部位进行了修复。其中采取的措施有，在床层底部格栅上部铺一层12~14目的钢丝网，增加一盖板，避免漏剂再发生。

4.4 催化剂床层径向温差大

R101A和R301一直存在径向温差大的问题，其中R101A第四床层的热点导致了2014年10月5日、6日的紧急泄压停工，2014年10月8日，在雪佛龙(CLG)专家的建议下，装置将R101A切除，改为R101B单系列运行。

分析造成上述现象的原因有：R101A和R301(7.30事故后卸剂)催化剂在卸剂过程中粉碎较多。这主要是真空卸剂造成的。

委托抚研院对催化剂分析结果，显示R101B第三床层ICR141<3mm粒度由1.3%增加为27.9%，R101B第二床层<3mm粒度达到42.4%。催化剂过筛不彻底，造成装填时催化剂碎沫、粉尘多，装填后粉尘吸附在催化剂的表面，造成催化剂孔隙率下降，压降增大。

反应器设计床层多，径向温差会发生叠加效应也是径向温差大的主要原因之一。

5 几点思考

5.1 原料性质中氮含量设防标准太低

如前所述，该装置以凝析油分离塔塔底油和燃料油减压蒸馏瓦斯油为原料。外购凝析油品种相对固定，其塔底油性质也就稳定。然而燃料油不同，它是以黏度作为主要指标。采购来的燃料油经减压蒸馏产出的VGO氮含量远远高于设计值，且质量不稳定。

5.2 二段反应器设独立的循环氢系统

2017年12月初，雪佛龙公司向全球专利用户发出了加氢裂化和加氢处理双相钢高压空冷器故障公告：对于正在运行的双相钢高压空冷器，建议立即进行风险评估和额外检查。明确表示在未来的设计中视介质腐蚀物含量情况，选择碳钢或合金钢825材质，不再选用双相钢材质。

2018年8月8日和2019年4月12日，印度一家炼油厂和马来西亚一家炼油公司也分别发生了双相钢高压空冷器管板开裂，氢气外漏引发的大火。

随着装置大型化和国际上发生几次双相钢高压空冷器焊缝开裂造成的火灾，一套循环氢系统的两段流程暴露它的不足。一是高压空冷器前后工艺管道配管复杂。该部位为典型的气液两相流，为了每台高压空冷器流体分布均匀，出入口管道需要采用2n配管。二是一段两列反应器和二段反应器流出物汇合于热高分，且原料几乎全部转化为小于石脑油的馏分，因此高压空冷负荷特别大。一套加氢裂化装置16片高压空冷在国内加氢裂化(包括渣油加氢)也是最多的。空冷和出入口管道选用Incoloy825材质投资巨大，选用碳钢又面临腐蚀问题。

二段循环氢基本不含硫氮，高压空冷和出入口管道可以选择碳钢材质，也不需要循环氢脱硫化氢。

因此，平衡好两段负荷，使一段与二段反应高压空冷负荷大体一致。这样一段反应系统高压空冷与出入口管道可以选用Incoloy825材质，二段就可以选择普通碳钢材质。

5.3 一段反应器设两器串联

为降低造价和装置占地面积，雪佛龙公司设多床层反应器。齐鲁石化公司1986年引进雪佛龙的单段一次通过加氢裂化(SSOT)也是设置5个床层。首次开车就暴露出径向温差大，且逐层叠加放大的现象，5床层出口径向温差高达30℃。经过几轮反应器内构件改造，虽然有所改善，目前也有20℃的径向温差。

这是由于径向温差会发生叠加效应，若设置两器串联，两个反应器之间相连的管道，可以使精制反应器出口的流出物和注入的急冷氢充分混合，经二反催化剂床层入口分配器后，物料分布均匀。也方便无氧卸剂。两器之间可以设一段一反生成油采样。

腐蚀监测系统在某大型炼油项目中加氢装置上的实施

陈 怡 王 琛

(中石化洛阳工程有限公司 河南洛阳 471003)

摘 要 通过整理、总结腐蚀监测系统在某大型炼油项目中的应用过程，介绍了腐蚀监测系统在典型的石脑油加氢精制装置、柴油加氢装置、汽油选择性加氢装置中的设计方案、工程设计中的细节问题，以及专业化的腐蚀监测系统在各炼油装置中的选型，希望能够有助于腐蚀监测系统的进一步地发展和应用。

关键词 加氢装置；腐蚀测量仪表；腐蚀监测系统

腐蚀监测就是对设备腐蚀速度和某些与腐蚀速度有密切关系的参数进行连续或断续测量，同时根据这种测量对生产过程的有关条件进行自动控制的一种技术[1]。

中亚国家的某大型炼油厂石油深加工联合装置项目，在石脑油加氢精制装置、柴油加氢装置、汽油选择性加氢等装置中设置了腐蚀监测系统。

这些装置采用了法国专利商 Axens 的工艺包，由前端工程设计(FEED)公司完成腐蚀监测系统的方案设计，由 EPC 承包方完成最终的工程。

1 腐蚀监测点的布置方案

1) 石脑油加氢精制装置的腐蚀监测点设置在加氢反应器下游的反应产物处理系统，包括反应产物分液罐和汽提塔循环系统，主要的腐蚀形式是：H_2S-HCl-NH_3-H_2O 垢下腐蚀，及 H_2S-HCl-H_2O 均匀腐蚀和局部腐蚀(坑蚀)[2]。石脑油加氢精制装置腐蚀监测点的分布如图 1 所示，相关信息见表 1。

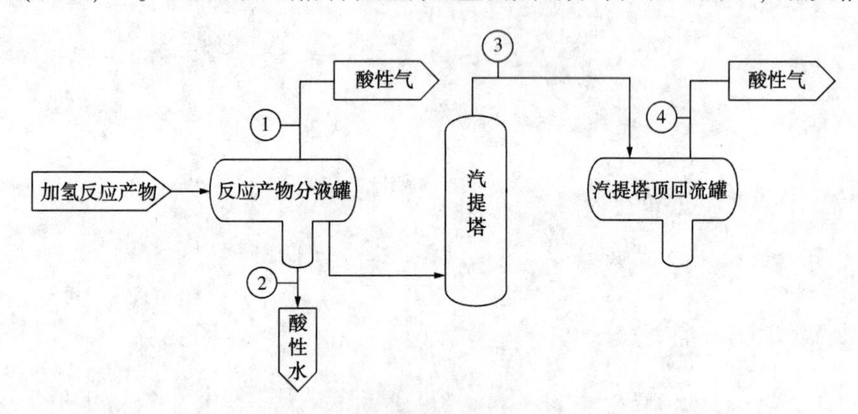

图 1 石脑油加氢精制装置腐蚀监测点分布示意

表 1 石脑油加氢精制装置腐蚀监测点分布及相关信息

监测点序号	测量参数	安装位置	介质	操作温度/℃	操作压力/MPa	腐蚀机理
1	腐蚀损耗量	反应产物分液罐气相出口管道	H_2S，预加氢产物	53	3.5	H_2S-HCl-H_2O
2	腐蚀损耗量	反应产物分液罐液相出口管道	酸性水	53	3.55	H_2S-HCl-NH_3-H_2O
3	腐蚀损耗量	汽提塔顶出口管道	酸性气	83	1.27	H_2S-HCl-H_2O
4	腐蚀损耗量	汽提塔顶回流罐气相出口管道	酸性气	40	1.20	H_2S-HCl-H_2O

2）汽油选择性加氢装置的腐蚀监测点设置在加氢反应器下游的反应产物处理系统，包括反应产物分液罐和稳定塔循环系统，主要的腐蚀形式是：$H_2S-HCl-NH_3-H_2O$ 垢下腐蚀，及 $H_2S-HCl-H_2O$ 均匀腐蚀和局部腐蚀(坑蚀)[2]。汽油选择性加氢装置腐蚀监测点的分布如图 2 所示，相关信息见表 2。

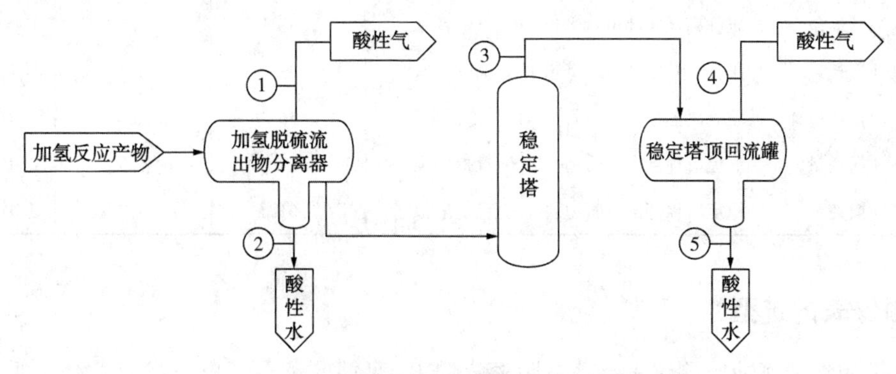

图 2　汽油选择性加氢装置腐蚀监测点分布示意

表 2　汽油选择性加氢装置腐蚀监测点分布及相关信息

监测点序号	测量参数	安装位置	介质	操作温度/℃	操作压力/MPa	腐蚀机理
1	腐蚀损耗量	加氢脱硫流出物分离器气相出口管道	低分气	53	15.0	$H_2S-HCl-H_2O$
2	腐蚀损耗量	加氢脱硫流出物分离器液相出口管道	酸性水	53	15.0	$H_2S-HCl-NH_3-H_2O$
3	腐蚀损耗量	稳定塔顶部出口管道	稳定塔顶气	129	5.4	$H_2S-HCl-H_2O$
4	腐蚀损耗量	稳定塔回流罐顶部出口管道	酸性气	53	5.1	$H_2S-HCl-H_2O$
5	腐蚀损耗量	稳定塔回流罐底部出口管道	酸性水	53	5.1	$H_2S-HCl-NH_3-H_2O$

3）柴油加氢装置的腐蚀监测点设置在加氢反应器下游的反应产物处理系统，包括高、低压分离器系统，汽提塔循环系统和稳定塔系统，主要的腐蚀形式是：$H_2S-HCl-NH_3-H_2O$ 垢下腐蚀，及 $H_2S-HCl-NH_3-H_2O$ 的均匀腐蚀和局部腐蚀(坑蚀)[2]。柴油加氢装置腐蚀监测点的分布如图 3 所示，相关信息见表 3。

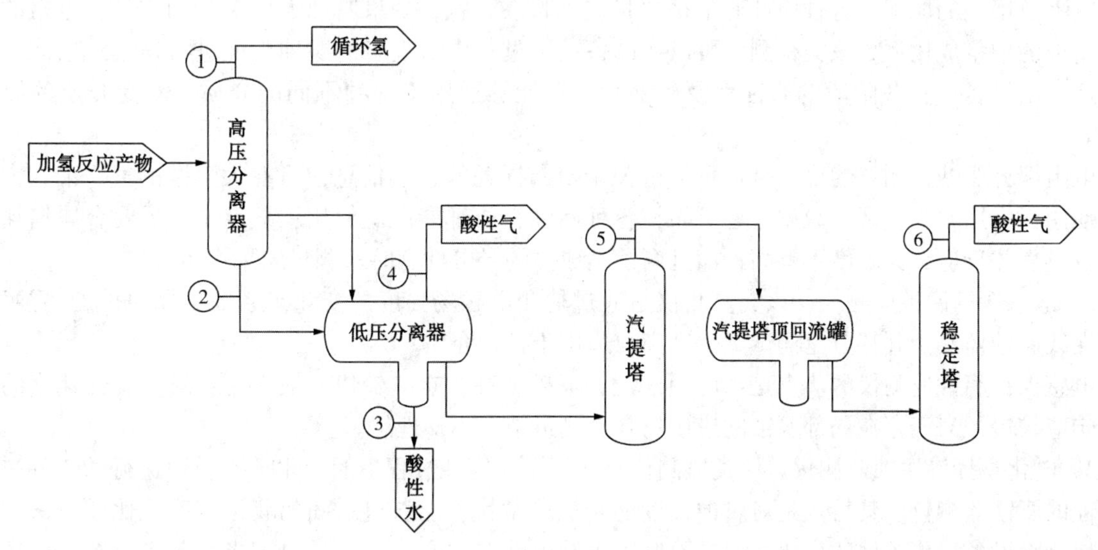

图 3　柴油加氢装置腐蚀监测点分布示意

表3 柴油加氢装置腐蚀监测点分布及相关信息

监测点序号	测量参数	安装位置	介质	操作温度/℃	操作压力/MPa	腐蚀机理
1	腐蚀损耗量	高压分离器顶部出口管道	循环氢、H_2S	53	69.9	$H_2S-HCl-H_2O$
2	腐蚀损耗量	高压分离器底部出口管道	酸性水	58	16.4	$H_2S-HCl-NH_3-H_2O$
3	腐蚀损耗量	低压分离器底部出口管道	酸性水	53	5.4	$H_2S-HCl-NH_3-H_2O$
4	腐蚀损耗量	低压分离器顶部出口管道	冷低分气	56	16.4	$H_2S-HCl-H_2O$
5	腐蚀损耗量	汽提塔顶部出口管道	汽提塔顶气	136	6.3	$H_2S-HCl-H_2O$
6	腐蚀损耗量	稳定塔顶部出口管道	稳定塔顶气	61	6.0	$H_2S-HCl-H_2O$

2 腐蚀监测仪表的选型

目前，常用的在线腐蚀监测仪表有：电阻探针(ER)腐蚀监测仪、电感探针(MR)腐蚀监测仪、电化学探针(LRP)腐蚀监测仪，各自特点比较见表4[3]。

表4 在线型腐蚀测量仪表的特性比较

项目	电化学探针	电阻探针	电感探针
适用性	仅适用连续电解质(电化学反应)	所有腐蚀介质(测量金属损耗)	所有腐蚀介质(测量金属损耗)
响应时间	快	响应慢/一个月左右	响应快/1h
腐蚀速率	瞬时腐蚀速率	平均腐蚀速率	平均腐蚀速率
灵敏度	高	中	高
外界影响	较大	温度系数大	温度系数小
价格	便宜	较贵	贵
应用领域	实验室/现场	实验室/现场/在线	实验室/现场/在线
探针寿命	中等	较短	较短

1）电阻探针腐蚀监测仪。该类监测仪最初用于研究大气腐蚀，目前已经成为一种应用普遍且成熟的在线腐蚀监测仪。电阻探针腐蚀监测仪测量金属腐蚀是根据金属原件由于腐蚀作用使横截面积减小导致电阻值增大的原理。这种原件通常是丝状、片状或管状，如果腐蚀大体上是均匀的，电阻的变化就与腐蚀的增量成比例。该类检测仪可以在设备运行过程中对设备的腐蚀状况进行连续地监测，能准确地反映出设备运行各阶段的腐蚀率及其变化，且能够适用于各种不同的介质，不受介质的导电率影响。

电阻探针腐蚀监测仪的优点是：可提供关于金属损耗的连续信息，可在大多数的气、油、水等环境中使用，应用原理直观，数据稳定可靠，各种腐蚀介质都能广泛使用；缺点是：需要金属损耗累积到一定量后才反应，灵敏度不够高，而且腐蚀生成物的导电性有时对测量结果产生影响。

2）电感探针腐蚀监测仪。该类监测仪是通过检测电磁场强度的变化来判断金属原件的腐蚀程度，实现在线腐蚀监测。其特点是测试敏感度高，适用于各种介质。

电感探针腐蚀监测仪的优点是：应用广泛，灵敏度高，响应较快；缺点是：对低腐蚀速率的腐蚀系统响应较慢，对于存在局部腐蚀的应用场合，测量结果不够理想。

3）电化学探针腐蚀监测仪。该类监测仪是基于金属腐蚀过程中的电化学本质而进行的一种快速测定腐蚀的腐蚀监测仪。其特点是对腐蚀程度的响应非常快，能获得瞬间的腐蚀速率，比较灵敏，能够及时地反映设备操作条件的变化。但它不适用于导电性差的介质，这是由于当设备表面有一层致密的氧化膜或钝化膜，甚至堆积有腐蚀产物时，将产生假电容而引起很大的误差，甚至无法测量。此外，电化学探针腐蚀监测仪得到腐蚀速率的技术基础是基于稳态条件，所测物体是均匀腐蚀或全面腐蚀，因此电化学探针腐蚀监测仪不能提供局部腐蚀的信息。在一些特殊的条件下，检测金属腐蚀速率通常需要与其他测试方法进行比较，以确保电化学探针腐蚀监测仪的准确性。电化学探针腐蚀监测仪可以在线实时监测腐蚀率。

电化学探针腐蚀监测仪的优点是：响应较快、灵敏度高、分辨率高；缺点是：只能应用于电解质环境。

经过性价比的综合分析比较，EPC 承包商最终采用了电阻探针腐蚀监测仪。

腐蚀监测仪表的规格书中应填写以下的规格信息：

○管嘴高度：例如，200mm；

○管嘴安装位置：例如，水平管道，垂直向上；

○工艺管道材质：例如，A671 CC60 CL22；

○用途：例如，监测管道腐蚀情况，计算腐蚀速率；

○腐蚀余量：例如，6mm；

○主要腐蚀因素：例如，H_2S-HCl-H_2O；

○安装形式：例如，可在线插拔，螺丝螺母抱杆安装，带法兰球阀；

○测量范围：例如，0~10mils；

○响应时间：例如，1min。

3 腐蚀监测系统及作用

现场腐蚀监测仪的 4~20 mA 输出信号反映的是金属的腐蚀损耗量，国际通用工程计量单位是密耳(mil)，1mil＝0.0254mm。

该项目把腐蚀损耗量信号直接引入 DCS，利用 DCS 的数据采集、计算、记录、显示等功能，构成了最基本的腐蚀监测系统。根据式(1)计算出相应的腐蚀速率(腐蚀速率的单位通常采用 mm/a 或 μm/d)：

$$腐蚀速率=\frac{\sum y_{i(t_i-\mu)}}{\sum (t_i-\mu)^2} \tag{1}$$

$$\mu=\frac{\sum t_i}{m} \tag{2}$$

式中：m 为采样次数；t 为采样时间；y 为腐蚀监测仪表测量的损耗值；$i=1, 2, \cdots, m$。

由于 DCS 适用于工艺过程控制，对处理监测周期较长的腐蚀数据，例如分析整理、归纳回放几天或几周时间间隔的数据，在 DCS 平台上不易处理，而且 DCS 上一般都没有专业化的腐蚀管理数据库和应用软件。

腐蚀监测仪的输出信号也可以接入由腐蚀监测仪厂家配置的专业化的腐蚀监测系统，这种专业化的腐蚀监测管理系统一般包括系统盘柜、信号卡件、DCS 的通信卡件以及装备有腐蚀管理数据库及腐蚀管理应用软件的电脑服务器。

专业化的腐蚀监测系统为腐蚀监测提供了更佳的工作平台，能够实现以下的功能：定制专业化的数据报表；总体性的腐蚀数据管理；与 DCS 实时交换数据；将腐蚀数据与工艺过程参数相关联，如温度、压力、pH 值、溶解氧、化学药剂用量等；资产计算与评估；化学试剂耗量计算与预测；专业化的腐蚀分析报告。

腐蚀监测系统对炼油装置的长、满、优运行起着十分关键的作用，主要有以下几个方面。

1) 为设备防腐提供依据。在装置运行过程中，为了减缓设备的腐蚀，需要在容易出现腐蚀的管道中注入缓蚀剂。通过腐蚀监测系统反馈的数据，可以及时了解缓蚀剂、中和剂等化学药剂的防腐效果，并根据监测结果，调整缓蚀剂的类型或比例。利用腐蚀监测系统中的专业化数据库资源，结合自动控制技术，还可以实现化学药剂的自动化、精细化、智能化注入。

2）预防事故发生。腐蚀性介质的泄漏或工艺参数的异常变化有时会导致设备严重腐蚀。通过腐蚀监测系统，可以实时监测介质的腐蚀状况，一旦发现腐蚀速率骤然变化，应立即对装置进行检查，及时找出问题原因，防止重大事故的发生。

3）分析腐蚀原因。通过腐蚀监测系统，可以了解和掌握腐蚀过程与工艺参数的关系，有利于分析腐蚀原因，对腐蚀的发生和变化趋势做出综合分析。

4）预测设备寿命。根据腐蚀监测系统得出的腐蚀速率，可以评估设备及管道的寿命，为设备及管道更换及材质的选择提供依据，减少危险事故发生的概率，尤其对于在高温、高压且存在硫化氢介质的装置，该功能尤为重要。

4 结束语

近年来，由于国内的炼油加工能力的不断提高，石油产品销量的不断增加，国内的原油资源难以满足需求，大量进口高硫原油在所难免，加大炼油设备的腐蚀。设备腐蚀将产生安全隐患，减少设备使用寿命，增加装置非计划停工检修。为保证炼油设备正常生产，安全长时间运行，对炼油设备的腐蚀监测变得尤为重要。腐蚀监测技术在预防事故发生、预测设备寿命、分析设备腐蚀原因、改善设备运行状态、提高设备的可靠性等方面具有广阔的应用前景。

通过分析总结该项目腐蚀监测系统的实施过程，希望能够推广和促进腐蚀监测系统在国内的应用与发展。

参 考 文 献

[1] 胡洋，吴俊良．炼油生产装置防腐情况调研[J]．石油化工腐蚀与防护，2008，25(02)：38-40.

[2] 苗小帅．在线腐蚀监测系统在蜡油加氢装置的应用[J]．广州化工，2016，2(03)：130-131.

[3] 况成承．在线腐蚀监测系统在常减压蒸馏装置的应用[J]．石油化工腐蚀与防护，2014，31(02)：56-57.

加氢裂化两种吸收稳定流程对比分析

石　磊

（中石化广州工程有限公司　广东广州　510030）

摘　要　加氢裂化可根据加工原料油类型的不同直接生产各种清洁燃料和优质化工原料，是石油炼制过程中重油轻质化的主要技术之一，是提高石化企业经济效益的主要技术手段之一。在近几年建设的大型炼油项目中，新建了一批轻油型加氢裂化装置，装置处理规模均在3.00Mt/a以上，一次通过流程高转化率下C_3~C_4收率一般在5%左右，全循环最大量生产轻重石脑油流程C_3~C_4收率一般在10%左右。受到装置处理规模的影响，占地和平面布置等因素的限制，常常需要单独设置吸收稳定部分和脱硫部分。吸收稳定部分的目的是实现干气、液化石油气、石脑油的分离，并最大限度的回收液化石油气和石脑油。脱硫部分的目的是使干气、液化石油气中H_2S含量满足相关要求和标准。

吸收稳定部分常见有先脱乙烷再脱丁烷和先脱丁烷再脱乙烷流程，两种流程轻烃回收率均能达到95%以上，本文某炼油厂4.00Mt/a加氢裂化为例，采用先脱乙烷再脱丁烷流程，用PORII 10.1流程模拟软件进行模拟，并结合脱硫部分，对采用两种不同的吸收油的吸收稳定流程进行简单的分析比较。

关键词　加氢氢化；软件模拟；分析对比

1　工艺流程对比

吸收稳定的吸收塔是用吸收油对C_3、C_4组分进行吸收，解析塔将液化石油气中的C_3组分解析出去；稳定塔又称为脱丁烷塔，目的是分离液化石油气和稳定汽油。衡量吸收塔、解析塔的指标是C_3的吸收率和C_2的脱析率，衡量稳定塔分离效果的指标是液化石油气中C_5含量和稳定汽油中的C_3、C_4含量。

吸收塔吸收油可以是汽提塔塔顶液、分馏塔塔顶液、脱丁烷塔塔底稳定石脑油、石脑油分馏塔塔底重石脑油产品。汽提塔塔顶液受操作影响性质变化较大，易损失，吸收效果不佳，脱丁烷塔底稳定石脑油常用作补充吸收剂。本文以常见的分馏塔塔顶液和石脑油分馏塔底重石脑油进行比较。

图1为分馏塔塔顶液与吸收塔塔顶气混合后冷却至40℃，然后进入吸收塔塔顶回流罐进行三相分

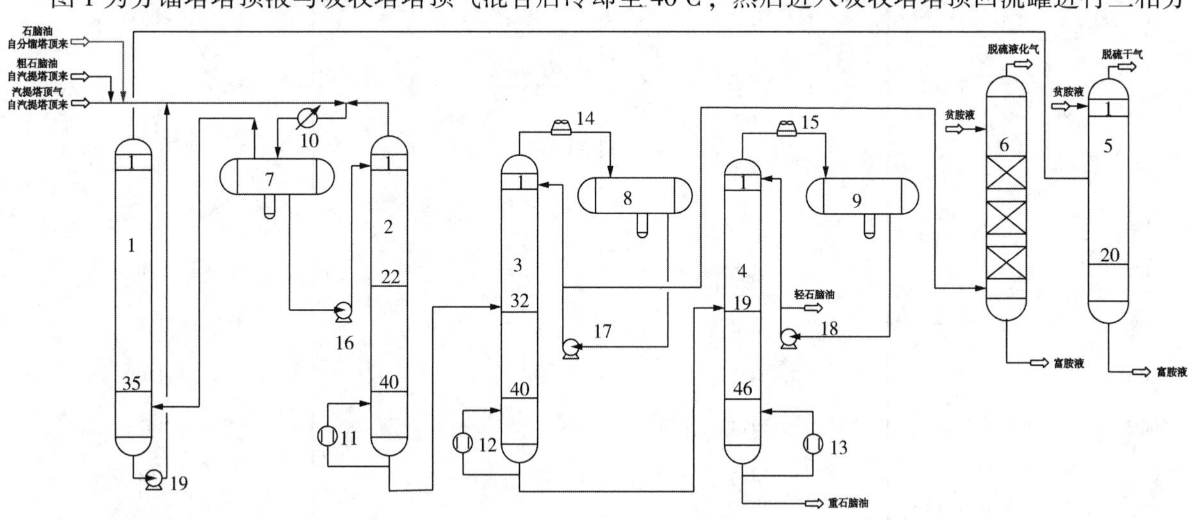

图1　吸收稳定—脱硫流程1

1—吸收塔；2—脱乙烷塔；3—脱丁烷塔；4—石脑油分馏塔；5—干气脱硫塔；6—液化气脱硫塔；7—脱乙烷塔进料缓冲罐；8—脱丁烷塔顶回流罐；9—石脑油分馏塔顶回流罐；10—脱乙烷塔进料冷却器；11—脱乙烷塔底重沸器；12—脱丁烷塔底重沸器；13—石脑油分馏塔底重沸器；14—脱丁烷塔顶空冷器；15—石脑油分馏塔顶空冷器；16—脱乙烷塔顶回流泵；17—脱丁烷塔顶回流泵；18—脱丁烷塔顶回流泵；19—吸收塔底泵

离，分离后的酸性气进入脱硫部分、液相进入吸收塔第一块塔盘作为吸收剂，后文简称流程1。图2为石脑油分馏塔塔底重石脑油直接进入吸收塔第一块塔盘进塔作为吸收油，后文简称流程2。

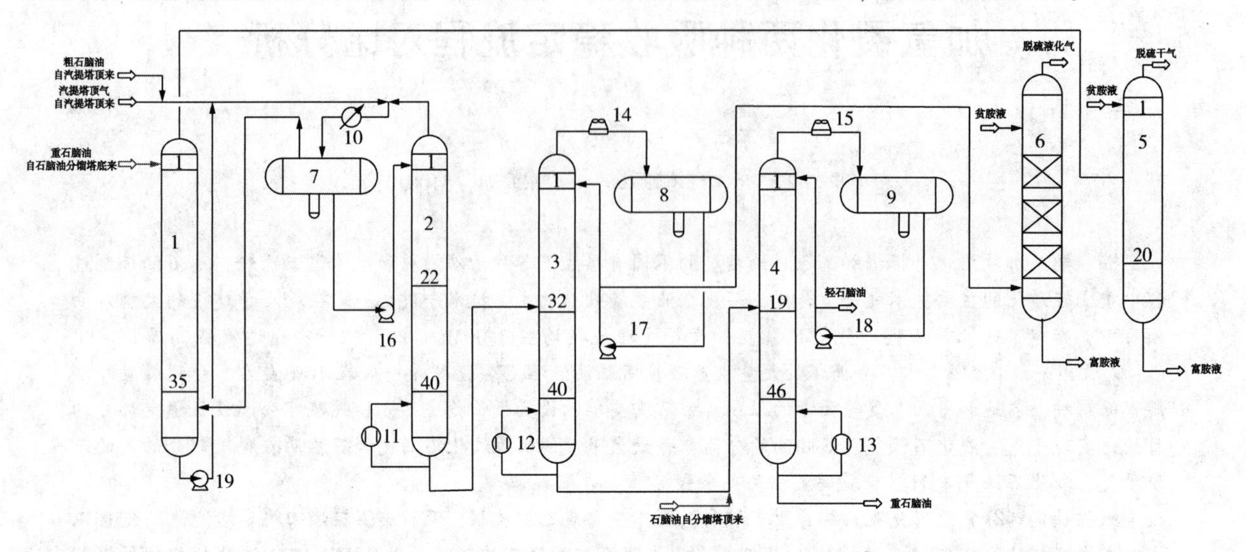

图2 吸收稳定—脱硫流程2

1—吸收塔；2—脱乙烷塔；3—脱丁烷塔；4—石脑油分馏塔；5—干气脱硫塔；6—液化气脱硫塔；7—脱乙烷塔进料缓冲罐；8—脱丁烷塔顶回流罐；9—石脑油分馏塔顶回流罐；10—脱乙烷塔进料冷却器；11—脱乙烷塔底重沸器；12—脱丁烷塔底重沸器；13—石脑油分馏塔底重沸器；14—脱丁烷塔顶空冷器；15—石脑油分馏塔顶空冷器；16—脱乙烷塔顶回流泵；17—脱丁烷塔顶回流泵；18—脱丁烷塔顶回流泵；19—吸收塔底泵

2 方案对比

原料为蜡油和柴油的混合油，原料及石脑油产品性质见表1。

表1 原料油及石脑油产品性质

项目	混合油	轻石脑油	重石脑油
密度(20℃)/(kg/m³)	893.9	0.6359	0.7476
S/%	1.82	<0.5	<0.5
馏程/℃			
HK	167	27	72
5%	261	—	89
10%	289	29	95
30%	343	—	109
50%	382	35	118
70%	425	—	130
90%	474	51	147
95%	492	—	154
KK	554	63	169
收率/%	100	5.75	31.31

脱硫干气和脱硫液化气产品质量见表2。

表2 脱硫干气和液化气产品质量

项目	$C_2 \sim C_5$	H_2S	项目	$C_2 \sim C_5$	H_2S
干气	$C_3<1.5\%$(体)	$<20mL/m^3$		$C_5 \leqslant 3\%$(体)	
液化石油气	$C_2 \leqslant 0.5\%$(体)	$<10mg/m^3$			

3 设备对比

流程1和流程2设备数量基本相同，表3、表4对比了两种工艺流程的设备情况。从表3、表4可以看出，与流程2相比，流程1中的吸收稳定部分的塔顶、塔底负荷较大，设备直径也较大。

表3 两种流程塔设备对比1

项目	吸收塔		脱乙烷塔		脱丁烷塔		石脑油分馏塔	
	流程1	流程2	流程1	流程2	流程1	流程2	流程1	流程2
塔盘数/层	40	40	40	40	40	40	46	46
塔径/mm	2000	1600	3000	2400	3000	3400	2800	2200/2800
塔顶压力/MPa	1.0	1.0	1.1	1.1	0.95	0.95	0.1	0.1
进料温度/℃	40	40	40	40	143	129	110	113
塔顶温度/℃	45	48	50	59	62	63	61	61
塔底温度/℃	56	59	143	129	191	174	134	131
塔顶冷却器负荷/MW	—	—	4.112	2.183	9.981	10.371	6.852	5.49
塔底重沸器负荷/MW	—	—	16.789	8.096	14.534	12.566	6.067	4.239

表4 两种流程塔设备对比2

项目	干气脱硫塔		液化气脱硫塔	
	流程1	流程2	流程1	流程2
塔盘数/层	20	20	三层填料	三层填料
塔径/mm	1800	1200	1400	1800
塔顶压力/MPa	0.9	0.9	2.0	2.0
进料温度/℃	40	40	40	40
塔顶温度/℃	51	51	40	40
塔底温度/℃	53	54	42	43
贫胺液用量/(kg/h)	65000	52000	13000	18000

4 产品对比

表5对比了两种流程吸收效果，从表5中可以看出流程1吸收塔顶气H_2S含量较高，C_3含量较少。

表6对比了脱硫液化气和脱硫干气，从表6中可以看出，虽然流程2液化石油气中的C_3、C_4含量比例较高，但是回收率较低，部分C_3组分从干气中带走。

表5 两种流程吸收效果对比

项目	流程1		流程2	
	吸收塔塔顶气	脱乙烷塔塔底液	吸收塔塔顶气	脱乙烷塔塔底液
H_2O	2.771	6.8841E-05	2.128	1.45E-05
H_2S	55.355	29.5110	44.856	2.339
NH_3	0.114	2.4749E-10	5.99E-03	8.83E-13
H_2	98.770	3.1347E-19	84.538	2.74E-18
C_1	45.961	1.3214E-09	32.587	1.99E-09
C_2	67.097	0.0431	25.899	0.03
C_3	0.049	121.4831	1.294	122.703
C_4	0.385	265.1968	1.11E-03	268.267
C_{5+}	57.235	1740.182	38.268	1099.860
总量/(kmol/h)	327.737	2156.4159	229.577	1493.199

表6 两种流程脱硫液化气和脱硫干气对比

项目	流程1	流程2	备注
液化石油气 C_3~C_4回收率/%(质)	82.77	77.27	对原料油
液化石油气中 C_3~C_4含量/%(体)	95.5	97.38	
液化石油气中 H_2S 含量/(mL/m^3)	1.72	1.83	
脱硫干气中 C_3含量/%	0.1	6.7	
脱硫干气中 H_2S 含量/(mL/m^3)	20	20	

5 公用工程消耗及能耗对比

吸收稳定部分的换热主要是脱乙烷塔、脱丁烷塔、石脑油分馏塔塔底重沸器换热，本文中给重沸器供热的热源为尾油和分馏塔中段抽出，不足的热量由过热蒸汽提供。两种流程的公用工程消耗和能耗见表7。

表7 两种流程公用工程消耗及能耗对比

项目	流程1	流程2	项目	流程1	流程2
电耗量	基准	基准-16.8%	蒸汽耗量	基准	基准-5.4%
循环水耗量	基准	基准-10.2%	能耗	基准	基准-9.2%

6 结论

1）从模拟计算的结果来看，采用流程1吸收稳定单元设备投资大，能耗高，但 C_3、C_4回收率相对较高。

2）对于不同类型的加氢装置设置单独的轻烃回收，吸收油的选择不应一概而论，对于最大量生产轻重石脑油的加氢裂化装置，可以选择分馏塔塔顶液作为吸收油。而对于中油型或者尾油型的加氢裂化装置，由于分馏塔塔顶液较少，仍需要部分补充吸收油。

3）对于能耗分析，应结合全装置来评价，比如流程1中循环水耗量较大，原因是分馏塔采用了热回流。

4）两个流程对比发现液化石油气中C_3、C_4回收率都不高，这与低压分离器压力的选择有关，过低的低分压力会造成C_3、C_4的损失。

参考文献

[1] 刘英聚，张韩．催化裂化装置操作指南[M]．北京：中国石化出版社，2005.
[2] 百璐，裘峰．加氢裂化装置轻烃回收工艺方案的对比分析[J]，炼油技术与工程，2018，48(5)：26.
[3] 李宁，王清宁，王德会，等．大型炼油厂轻烃回收流程整合的探讨[J]，炼油技术与工程，2008，38(2)：11-14.
[4] 武晓辉、潘佳蕾．轻烃回收装置工艺流程的优化[J]，齐鲁石油化工，2013，41(3)：195-199.

延长加氢装置运行周期的积垢盘技术及应用

彭得强　杨秀娜　金　平　关明华

（中国石化大连石油化工研究院　辽宁大连　116045）

摘　要　反应器结垢是制约加氢装置长周期运行的关键因素之一，本文通过对加氢装置中垢物的形成机理机进行分析，提出了延长加氢装置运行周期的几点措施，并针对性的开发出可大幅延长加氢装置运行周期的关键反应器内构件-积垢盘技术。将积垢盘设置在反应器顶部封头空间，通过“量体裁衣”优化设计积垢盘结构，对反应进料中的垢物进行分级拦截存储，应用效果表明该技术可以大幅延长加氢装置运行周期，尤其解决了困扰劣质原料加氢装置撇头频繁的难题，给企业带来了显著的经济效益。本文还关联了催化剂床层结垢量、结垢厚度、床层空隙率与压降增长的关系，可以用来粗略预测加氢装置的运行情况和运行周期，以及作为积垢盘设计及实现装置长周期运行的依据。

关键词　加氢反应器；结垢；压降；积垢盘

随着原料的重质化和杂质含量增加以及清洁燃料生产的要求，延长加氢装置运行周期具有重要意义。加氢装置运行结果表明，除了设备问题等不可控因素外，在设计流程、原料、催化剂相同的情况下，反应器顶部结垢是制约加氢装置长周期运行的主要因素之一。反应器顶部结垢使催化剂床层逐渐堵塞而导致加氢装置频繁停工、运转周期短的状况，严重影响了企业的经济效益[1-2]。本文主要针对加氢装置存在的反应器压降升高过快、运行周期短的问题进行了分析。针对此问题大连石油化工研究院(以下简称 FRIPP)开发出可大幅延长加氢装置运行周期的关键反应器内构件-积垢盘技术。

1　反应器结垢分析及对策

1.1　*反应器结垢机理*

原料中的不饱和烃、稠环芳烃、以及杂环化合物是生焦母体，在反应器上部，未接触催化剂前，便在高温及硫化铁、溶解氧的条件下迅速发生聚合反应，形成有机微粒沉积在床层，堵塞催化剂顶部分配盘及床层堵塞，造成反应器床层压降升高[3]。研究数据表明，反应器上床层压降远高于下床层，尤其催化剂床层顶部位置积焦较为严重。

1.1.1　不饱和烃的聚合结焦

当原料中含有较多的不饱和烃(尤其是二烯烃)时，在高温条件下会发生缩合反应．生成低氢碳比的聚合物，易在反应器顶部沉积下来[4]。另外，含有不饱和烃的原料在换热器、加热炉炉管等高温区会快速缩合结焦形成炭粉颗粒并在催化剂床层表面沉积下来[5]。较为典型的是焦化汽油，焦化汽油中的硫、氮、烯烃、二烯烃以及在储运过程中形成的溶解氧在较高温度下，形成活性有引发自由基链式反应形成的大分子有机聚合物，与其本身带有的细小焦粉协同作用形成垢物。

1.1.2　原料中固体杂质堵塞

原料油中的固体杂质主要是机械杂质、油泥、铁锈、焦粉等杂质[6]，其中很小的杂质颗粒能够穿过过滤器而进入催化剂床层，逐渐聚集成大颗粒而沉积在催化剂床层上部，也是造成催化剂床层压降升高的原因之一，这主要发生在重质原料油、渣油等较重的油品加氢装置中。

1.1.3　原料中金属杂质

原料中含有的金属杂质，也是影响反应器压降迅速升高的因素之一，其中铁和钙的影响最大。油溶性的铁主要是环烷酸铁，属于过程铁，是在油品加工、输送及贮存过程腐蚀形成的，经混氢后容易发生氢解反应与硫化氢生成硫化铁。这种硫化铁是一种非化学计量的“相”或“簇”，在结构上是多型的，含有 Fe-S、Fe-Fe 及 S-S 键，通常铁原子数少于硫原子数，“簇”与“簇”的结构也不相同。硫化铁族之间的吸引力较强，很容易聚集并铺盖在催化剂床层上部，造成床层顶部板结。高温下，这种硫化铁能促进结焦母体的生焦反应，进而加快床层堵塞。

另外，钙也同样会在催化剂床层上部结盖，而造成反应器压力降上升。油品中的钙主要是含钙化合物发生反应生成 CaS，结晶在催化剂颗粒表面，容易与其它金属硫化物、焦炭等垢物在催化剂上部表面形成“外壳”，脱落下来填充堵塞在催化剂床层，从而降低催化剂床层空隙率。这种“外壳”能够进一步与焦炭或金属硫化物作用使催化剂相互粘结在一起，形成结块，增大了反应进料的流动阻力，使催化剂床层压降升高，到最大允许压力时，被迫停工。

1.1.4　原料油或氢气中含氯

研究发现[7]，原料油中的率主要通过两种机理导致反应器顶部结垢，一是氯化物受热分解生成氯离子，造成高压换热器等设备和管线的腐蚀，腐蚀产生大量的铁离子随物料进入反应器，与硫化氢反应形成硫化亚铁板结层；二是原料油中某种化合物在氯离子和高温的作用下，在加热炉的炉管表面缩合生焦，生成炭粉颗粒，在原料油的冲刷下被带入反应器，沉积在反应器顶部，堵塞催化剂床层，引起反应器压降升高。

1.2　解决反应器结垢问题的对策

为了解决和改善反应器结垢问题，延长加氢装置运行周期，一般情况下可以从优化加氢工艺、改变反应条件、加强对原料的保护、催化剂级配装填、原料掺混等多种方法来采取措施，但对已定的原料油、加氢工艺、反应条件及催化剂来说，基于绝大多数情况下反应器结垢都发生在第一台加氢反应器的顶部，因此采用积垢盘技术是最直接、最有效的解决办法。FRIPP 开发的新型积垢盘技术是根据流体力学对反应进料的流速和流态进行整流控制的一种专门拦截杂质的技术，可以有效的将反应进料中夹带的机械杂质、油泥、铁锈、焦粉等容易引发结焦和已结焦物质进行拦截而沉积下来，就可以大幅减少进入催化剂床层的杂质，从而达到延缓反应器压降升高和延长加氢装置运行周期的目的。

2　积垢盘技术开发

2.1　积垢盘技术原理

FRIPP 开发的新型积垢盘技术，该积垢盘设置在反应器顶部封头内，不占用催化剂床层空间。新型积垢盘从积垢机理出发设计新型结构，起到有效拦截垢物的作用。当积垢盘运行一段时间，积存的垢物量达到设计积垢量时，垢物充满积垢器空间，不发生堵塞、不产生压降，因此能够大幅延长运行周期。

积垢盘技术的开发，以冷模实验为手段，采用 CFD 模拟计算进行优化和工业放大，提高了技术的可靠性。图 1 为积垢盘物料流速计算结果，图 2 为积垢盘压力降的计算结果。

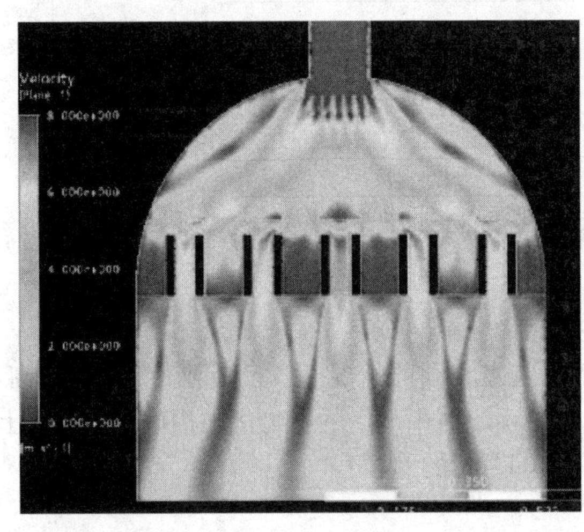

图 1　CFD 物料流速计算结果

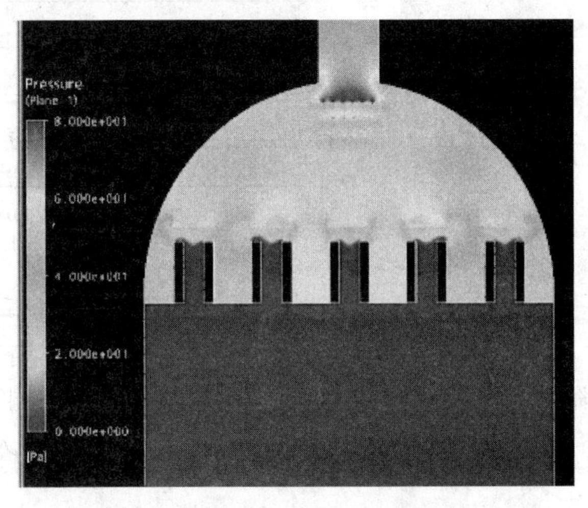

图 2　积垢盘压力降 CFD 计算结果

由图1可以看出，积垢盘的增设，对反应器进料处入口扩散器形成的斜线流具有很好的调整效果，起到减冲、预分配的作用，这对反应器流场的改善具有显著的功效，尤其顶部分配盘能够提高良好的入口条件，从而使分配盘充分发挥其优异的分配性能，起到提高催化剂使用效率的作用。从图2可以看出，积垢盘还具有不产生压力降的优势，即使在积满垢物时也不发生堵塞。

2.2 积垢盘应用效果

国内某加氢装置加氢反应器设置两个催化剂床层，原反应器结构从自上而下分别设置了入口分配器、泡罩分配盘、积垢篮框等内构件。在装置开工后，反应器入口温度为226~235℃，进料量为9~15t/h的工况下，发现反应器压降上升速率较快，平均3~4个月反应器压降就上涨至0.3MPa(安全要求上限值)，需撇头处理，严重制约了装置的长周期运行。

针对该加氢装置存在的反应器频繁撇头的情况，采用了FRIPP开发的加氢反应器积垢盘技术，将积垢盘设置在了反应器封头内，用于拦截存储反应进料中的各种机械杂质及结焦物，从而延长装置的运行周期。该装置在增设新型积垢盘以后重新开工，反应器操作条件基本与增设积垢盘前基本一致，发现反应器压降速率在三个月内基本无上升，大幅延长了装置运行周期。反应器在使用积垢盘前后的反应器压降情况如图3和图4所示。

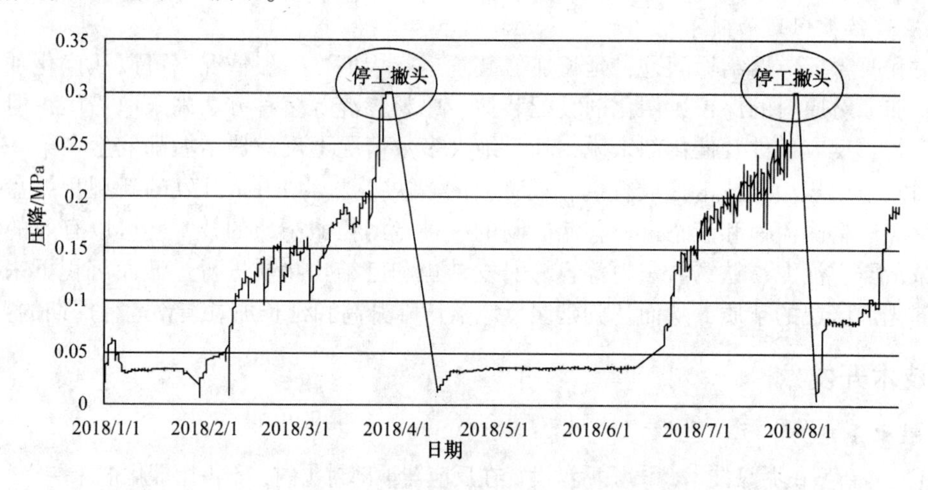

图3 某加氢装置使用积垢盘技术前反应器压降情况

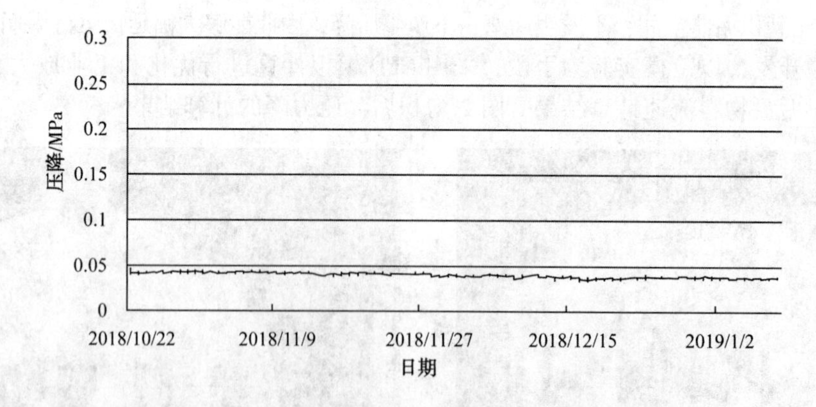

图4 某加氢装置使用积垢盘技术后反应器压降情况

从图3和图4对比可以看出，在原料性质、操作条件基本相同的情况下，反应器使用积垢盘后，压降在三个月内稳定在0.03~0.04MPa，没有上涨趋势，说明原料中产生的垢物都被拦截在积垢器上，没有进入分配器及催化剂床层内而产生压降，能够大幅延长装置运行周期。

3 反应器压降计算及与结垢的关联

3.1 反应器压降计算方法

反应器压降是影响加氢装置长周期运行的关键参数，因此，将反应器压降计算与结垢情况进行关联，用来分析和预测加氢装置的运行周期。

流体流过固定床反应器时的压降是反应器的主要性能参数，研究表明，物料流过固定床床层所产生的能量损失，由两部分组成：局部阻力损失和摩擦损失。同时也证明，床层的空隙率对压降有显著影响，因此当催化剂床层上垢物增加时，床层空隙率降低，因此可以采用垢物量来衡量压降的增长情况。

在几种计算压降的公式中，最可靠的为 Ergun 所推导的计算公式[8-11]，也是目前压降计算最广泛的方法，该方法是仿照流体在空管中流动的压降公式导出：

$$\frac{\Delta P}{L}g = 150\frac{(1-\varepsilon)^2\mu u}{\varepsilon^3 D_p{}^2} + 1.75\frac{1-\varepsilon}{\varepsilon^3}\frac{G_m U}{D_p} \quad (1)$$

其中，右边第一项表示摩擦阻力，第二项表示局部阻力，可以看出床层空隙率 ε 对压降的大小影响最为显著。

式中，ΔP 为单位床层高度压降；L 为床层高度；D_p 为催化剂颗粒有效直径；u 为流体通过单位面积时的流速；μ 为黏度；G_m 为质量流率；ε 为床层空隙率；g 为质量加速度。

后来 Ergun 公式修改为如下形式：

$$\frac{\Delta P}{L} = \frac{f\mu G}{6.15\times10^6\rho\, de^2} + \frac{(1-\varepsilon)^2}{\varepsilon^3} \quad (2)$$

式中：摩擦系数

$$f = 150 + 1.75\frac{N_{Re}}{1-\varepsilon} \quad (3)$$

N_{Re}为雷诺数；6.15×10^6为换算系数；de 为颗粒当量直径，mm。

3.2 反应器压降计算

压力降计算公式中，修正的 Ergun 公式具有广泛的适用性，因此，本文采用修正的 Ergun 公式计算加氢反应器内催化剂床层压力降。

3.2.1 计算基础数据

反应器压降计算基础数据见表 1。

表 1 压降计算基础数据

序号	名称		参数	备注
1	反应器直径/mm		1400	
2	催化剂床层高度/mm		8930	
3	操作温度/℃		220~260	
4	操作压力/MPa(表)		~15.0	
5	物料流量/(kg/h)	汽相	803.56	
		液相	12018.88	
6	密度/(kg/m^3)	汽相	9.102	
		液相	677.53	
7	黏度/C_p	汽相	0.0138	
		液相	0.294	
8	表面张力/(dyn/cm)	液相	13.74	

3.2.2 干净床层压降的计算过程及结果

首先计算干净床层压降，中间变量计算过程及结果见表 2。

表 2 干净床层压降中间变量计算结果

序号	中间变量公式	中间变计算结果	单位
1	$\lambda=[(\frac{\rho_G}{0.075})(\frac{\rho_L}{62.3})]^{0.5}$	36.32	
2	$\Psi=\frac{73}{\sigma}[\mu_l(\frac{62.3}{\rho_L})^2]^{0.333}$	1.248	
3	$L\lambda\Psi/G$	677.9	
4	G/λ	14.37	
	流动状态	滴流床	
5	$\varphi=\frac{0.12\times L^{0.45}\times(\mu_l)^{0.1}}{\rho_l^{1.23}\times(de)^{0.73}}$	0.104	
6	ε	0.401	
7	de	0.102	
8	$\varepsilon_J=\varepsilon-\varphi$	0.299	
9	$\left[\frac{N_{Re}}{1-\varepsilon_J}\right]=\frac{d_eG}{29.1\mu_G(1-\varepsilon_J)}$	6.509	
10	$fg=150+1.75\frac{N_{Re}}{1-\varepsilon_J}$	159.7	
11	$\frac{\Delta P_T}{L}=\frac{f_g\mu_gG}{6.15\times10^6\times\rho_gde^2}[\frac{(1-\varepsilon_J)^2}{\varepsilon_J{}^3}]$	12.8	
12	$\Delta P=\frac{\frac{\Delta P_T}{L}\times H}{27.7}$	28.4	

注：式中，L 为液相单位面积质量流率，kg/m^2·h；G 为汽相单位面积质量流率，kg/m^2·h；ρ_G 为汽相密度，kg/m^3；ρ_L 为液相密度，kg/m^3；σ 为液相表面张力，dyn/cm；de 为颗粒有效直径，mm；φ 为液体滞留量，m^{3}液/m^{3}床层；μ_L 为液相粘度，Cp；μ_G 为汽相粘度，Cp；ε 为床层空隙率；ε_J 为校正的床层空隙率；f 为摩擦系数，无因次；N_{Re} 为雷诺数；ΔP 为单相压降，kPa；ΔP_T 为两相压降，kPa，λ 为两相流动参数，无因次；Ψ 为两相流动参数，无因次；φ 为两相流关联系数，无因次；X 为两相鼓泡流关联系数，无因次；$(N_{Re}/1-\varepsilon)$ 为雷诺因子。

由表 2 中的结算结果可知，该加氢装置催化剂干净床层的压降计算值为 28.4kPa，与装置刚开工时的催化剂床层操作压降稍低，可以作为后续催化剂床层结垢的基础计算数据。

3.2.3 催化剂床层顶部结构的压降计算过程及结果

由 Ergun 方程可知，流体通过床层的压降与颗粒大小、形状、流体流速、流体的物理性质、床层空隙率及床层高度有关。特别是床层空隙率稍有改变，压降就明显变化。当床层顶部结垢时，催化剂床层空隙率 ε 逐渐降低，床层压降升高。反应器内催化剂床层顶部逐渐结垢时中间变量计算过程及结果见表 3，催化剂床层内垢物量、垢物厚度与压降的计算值见表 4。

表 3 催化剂床层顶部结垢时中间变量计算结果

序号	中间变量公式	中间变计算结果				
6	ε	0.401	0.393	0.384	0.371	0.327
7	φ	0.102	0.102	0.102	0.102	0.102
8	$\varepsilon_J=\varepsilon-\varphi$	0.299	0.291	0.282	0.269	0.225

续表

序号	中间变量公式	中间变计算结果				
9	$f_g = 150 + 1.75\frac{N_{Re}}{1-\varepsilon_J}$	159.73	158.8	158.0	157.4	156.8
10	$\frac{\Delta P_T}{L} = \frac{f_g \mu_g G}{6.15\times10^6\times\rho_g de^2}[\frac{(1-\varepsilon_J)^2}{\varepsilon_J{}^3}]$	12.8	29.7	69.9	158.4	313.5
11	$\Delta P = \frac{\frac{\Delta P_T}{L}\times H}{27.7}$	28.4	65.8	155.0	351.4	695.5
12	垢物量/kg	0	180	396	900	1800

表 4　垢物量、垢物厚度与压降增长的关系

序号	垢物厚度/mm	ε	垢物量估算/kg	压降估算/kPa	备注
1	50	0.317	296.5851	115.8	
2	100	0.350	605.2077	236.3	
3	200	0.367	702.0205	274.1	
4	400	0.395	751.1952	293.3	
5	800	0.399	788.8446	308.0	
6	1600	0.401	803.1873	313.6	

3.3　反应器压降计算结果分析

反应器内垢物量与积垢厚度的关系见图 5，催化剂床层压降与积垢厚度的关系见图 6，反应器内催化剂床层内积垢厚度与床层空隙率的关系见图 7，催化剂床层内垢物厚度与床层压降的关系见图 8。

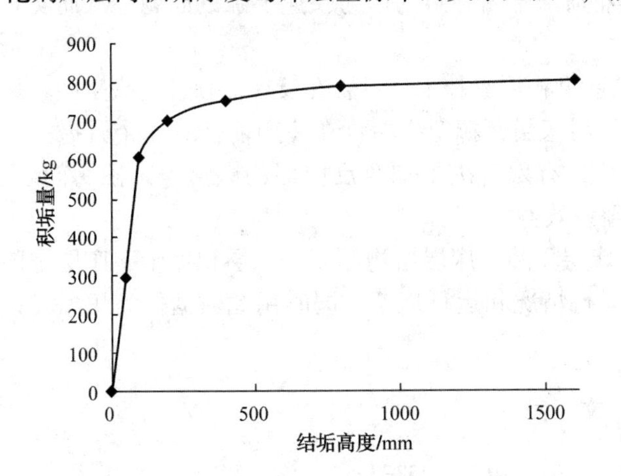

图 5　反应器内垢物量与积垢垢厚度的关系

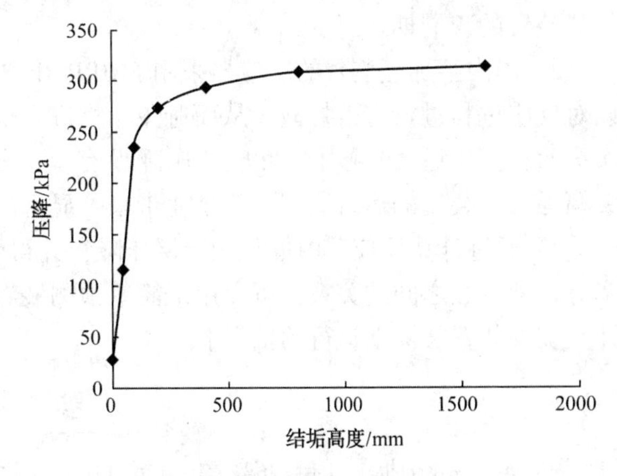

图 6　催化剂床层压降与积垢垢厚度的关系

由图 5 可以看出，反应器内催化剂床层的结垢量在 0~200mm 床层高度以内呈现突增的趋势，而后至 1600mm 增加趋势缓慢，说明大部分垢物都结在了催化剂床层的顶部；随着物料流动，垢物逐渐沿催化剂床层下移，使催化剂床层内呈现由上而下的垢物量逐渐减少的趋势；当催化剂床层顶部的垢物量增加到压降最高值时，积垢量达到上限值约 803kg，反应器停工撇头。因此，在设置积垢盘时，考虑按照装置运行周期设计积垢盘的容垢量，来实现大幅延长运行周期的目的。由图 6 可以看出，催化剂床层压降随垢物深度的增加而增加，与结垢量随结垢深度的变化情况一致，即在 0~200mm 床层高度以内压降呈现突增的趋势。

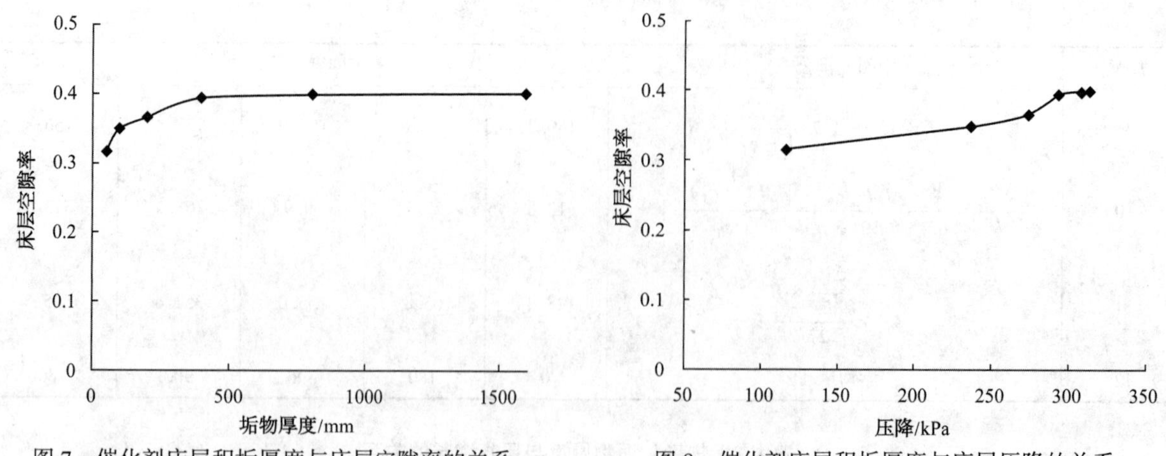

图7 催化剂床层积垢厚度与床层空隙率的关系

图8 催化剂床层积垢厚度与床层压降的关系

图7~8中，床层空隙率对反应器压降的影响较大。随着垢物的逐渐积存，催化剂床层内由上而下空隙率逐渐增加，顶部的空隙率最低，同样说明了垢物积存在了顶部，而在1600mm催化剂高度时床层空隙率与干净床层基本一致，说明此时虽然垢物没有在催化剂床层内积满，但是催化剂床层顶部由于垢物量大使床层空隙率已经达到压降承受的最高值。

因此，通过对反应器压降计算及催化剂床层的压降变化与垢物的关联关系，一方面可以根据反应器压降操作值来预测装置运行情况和运行周期；另一方面可以根据上一周期反应器压降上升速率判断垢物量，从而设计增设新型积垢盘的容垢量，使装置达到理想的运行周期

4 总结

1）反应器压降上升速率快制约加氢装置长周期运行一直是困扰炼油厂企业的一大问题，针对此问题FRIPP开发了新型积垢盘技术可以很好解决反应器顶部结垢导致的压力快速上涨的问题，从而实现加氢装置的长周期运行。

2）国内某加氢装置的反应器采用FRIPP开发的新型积垢盘技术，设置在反应器顶部封头空间，可以对反应进料进行有效拦截，从而避免垢物进入催化剂床层。新型积垢盘在使用前，3~4个月撇头一次，而在使用后，3个月内反应器压降没有上涨趋势，有效解决了加氢反应器的频繁停工撇头问题，大幅延长了装置的运行周期，为企业带来了显著的经济效益。

3）通过计算反应器内催化剂床层压降，并得到床层压降、床层垢物厚度、床层积垢量、床层空隙率等各种参数之间的关系，可以用来简单预测装置运行情况和运行周期，同时用此数据作为积垢盘设计及实现装置长周期运行的依据。

参考文献

[1] 周应谦．催化剂批头和压降超高原因分析[J]．广东化工，2007，34(7)：133-135.

[2] 王岩．加氢反应器除垢方法研究[J]．当代化工．2011，40(6)：597-500.

[3] 付自岳．汽油加氢反应器床层压降升高的原油及对策[J]．河南化工，2008，25(5)：34-36.

[4] 阳振．重整装置预加氢反应系统压降增大的原因分析及处理措施[J]．石油石化节能与减排，2014，4(5)：19-21.

[5] 王兵．重整预加氢反应器压降过大原因分析及对策[J]．山东化工，2008，37(9)：26-29.

[6] 马程．催化重整预加氢反应器压降过大原因分析及对策[J]．宁夏工程技术，2013，12(2)：160-162.

[7] 张学尧．重整预加氢反应器压力降过大原因分析及对策[J]．炼油技术与工程，2011，41(9)：14-17.

[8] 李大东．加氢处理工艺与工程[M]．北京：中国石化出版社，2004：511-522.

[9] 朱炳辰．化学反应工程[M]．北京：化学工业出版社，2011.

[10] 吴德荣．化工工艺设计手册[M]．4版．北京：化学工业出版社，2009.

[11] 陈甘棠．化学反应技术基础[M]．北京：化学工业出版社，1981.

加氢装置放空罐的设计

刘　宁

（中石化广州工程有限公司　广东广州　510620）

摘　要　以某加氢装置泄放量为基础，分别通过API521和SH3009计算加氢装置内放空罐的尺寸，并对比分析两种标准计算过程和结果：API521和SH3009均可通过试差法核算出满足要求的放空罐尺寸，但计算过程繁杂、参数较多。结合实际工程经验，提出一种简化的加氢装置放空罐计算过程，并对结果的有效性进行了验证，既保证加氢装置放空罐设计的准确性，又提高了设计效率。

关键词　加氢装置；AP1521；SH3009；放空罐尺寸；最大泄放工况

加氢装置放空罐主要设置目的：一是收集装置内各放空点的排放介质，并分离排放介质中的液体，避免将过多的液体带入后续的火炬系统管网，对火炬管网操作造成不良影响；二是提供足够的液相停留时间，以保证在紧急情况时，可以容纳一定时间内装置的最大的液相泄放量。基于以上设计目的，放空罐的尺寸设计需考虑两点：①足够的液相停留时间；②防止送出装置的放空气体带液，关键在于将液体有效地从放空气体中分离出来。大量实践表明，当放空罐内分离液滴直径控制在不大于500μm时，可保证放空气体不带液。[1]

1　放空罐的型式

放空罐分为立式和卧式两种，需要根据装置的实际平面布置情况以及泄放的气液量来确定。如果液相和气相泄放量较大，卧式放空罐更经济；如果液相负荷较低或空间受限，也可考虑立式放空罐。加氢装置多见卧式放空罐。

2　放空罐的尺寸

目前，火炬系统的放空罐尺寸计算公开的标准主要有两个：API521和SH3009，加氢装置内的放空罐可参照以上两个标准执行。特别注意的，API521-2014对于单装置的放空罐放宽要求：当全厂火炬系统总管设置分液罐时，单装置内的放空罐不必遵循分离液滴直径的规定[2]，即装置内的放空罐可不用考虑气体携带液体的情况。

本文以某炼油厂新建柴油加氢装置的最大液相、气相及两相泄放工况及其它参数为基础见表1及图1，给定相同的计算基准，比较API521和SH3009的核算结果，提出合理化简化计算的建议，便于工程化设计。

表1　某加氢装置三种最大泄放工况的工艺参数

项目	工况1	工况2	工况3	
相态	液相	气相	液相	气相
泄放温度/℃	185	50	218	
泄放压力/kPa(表)	50	50	50	
流量/(kg/h)	144397	144093	309408	42732
密度/(kg/m^3)	732	0.6	710	10.3
分子量	—	4.8	—	41.4

续表

项目	工况 1	工况 2	工况 3	
黏度/(Pa·s)	—	1×10^{-5}	—	1×10^{-5}
罐内凝液体积/m^3	2.5			
沉降液滴直径/μm	500			
泄放时间/min	20			
放空油泵流量/(m^3/h)	66			

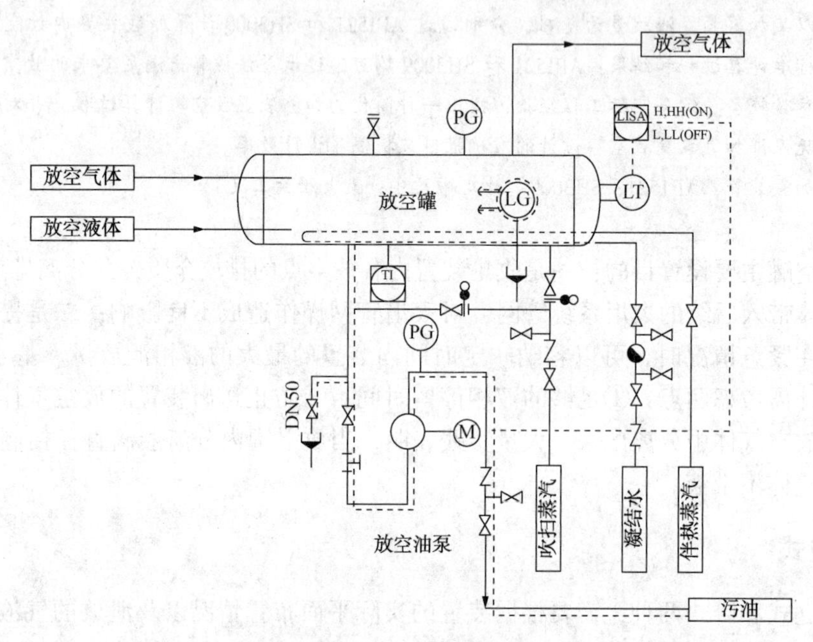

图 1 加氢装置放空罐典型布置图

2.1 确定装置的最大泄放工况

针对加氢装置，非正常工况的泄放按介质状态一般分为三种：纯液相泄放，纯气相泄放以及两相泄放。计算放空罐的尺寸，需首先确定最大的单相和两相泄放工况，纯液相泄放工况仅影响放空罐停留时间的计算，不涉及气液分离；纯气相泄放工况影响放空罐气相进出管线的管径；两相流泄放则同时影响放空罐停留时间的计算和气液分离效果。分别计算各工况下所需的最小尺寸，取其较大值为最终尺寸。注意，不必叠加考虑两种不同的泄放工况。

2.2 API521-2007

主要判定条件为放空罐内液滴沉降时间不大于气相停留时间。采用的方法为试差法，先假定放空罐直径 D_i 和长度 L_i，根据泄放介质的物性数据及式(2)和图 2，查出阻力系数 C，代入式(1)得出液滴沉降速度；根据假定的放空罐尺寸以及罐内液相截面积 $A_1=A_v+A_{l1}+A_{l2}$ 及空间高度 $D_i=h_v+h_{l1}+h_{l2}$ 关系(见图 3)，得出液滴沉降时间 $\theta=h_v\left(\frac{1}{\mu_c}\right)$ 和气相流速 $\mu_v=\left(\frac{q_v}{N}\right)\left(\frac{1}{A_V}\right)$，联立满足 $L_{min}=\mu_v\times\theta\times N\leq L_i$，假设成立；否则调整假定条件直至符合要求。

$$\mu_c = 1.15\sqrt{\frac{g\times D(\rho_1-\rho_v)}{\rho_v\times C}} \tag{1}$$

$$C\times Re^2=\frac{0.13x\ 10^8\times\rho_v\ D^3(\rho_1-\rho_v)}{\mu^2} \tag{2}$$

式中 D_i——预估的放空罐内径，m；

L_i——预估的放空罐长度，m；

A_t——放空罐截面积，m^2；

A_v——放空罐内气相空间截面积，m^2；

A_{11}——放空罐内凝液截面积，m^2；

A_{12}——单工况泄放20~30min积聚的液相截面积，m^2；

h_v——放空罐内气相垂直高度，m；

h_{11}——放空罐内凝液垂直高度，m；

h_{12}——单工况泄放20~30min积聚的液相垂直高度，m；

θ——液滴沉降时间，s；

μ_c——液滴沉降速度，m/s；

q_v——气相体积流量，m^3/s；

μ_v——气相流速，m/s；

N——气相的流道数量，取1；

g——重力加速度，取9.8m/s^2；

D——液滴直径，取500μm；

ρ_l——液相密度，kg/m^3；

ρ_v——气相密度，kg/m^3；

C——阻力系数，查图2；

Re——雷诺数。

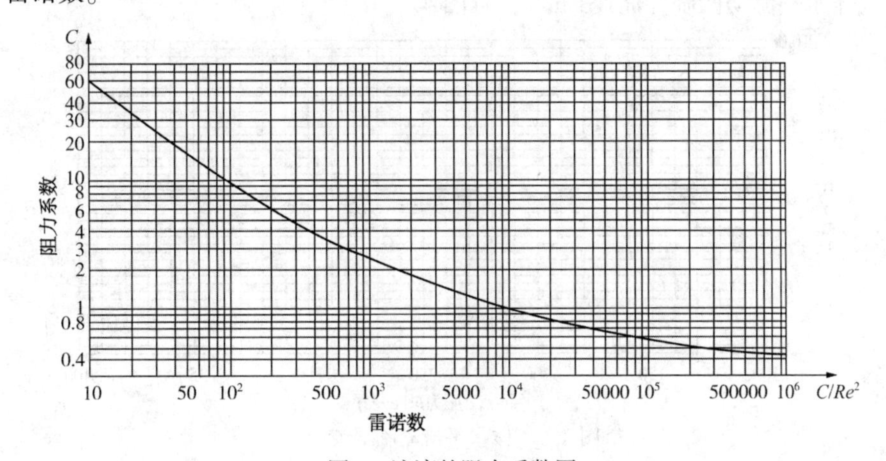

图2　液滴的阻力系数图

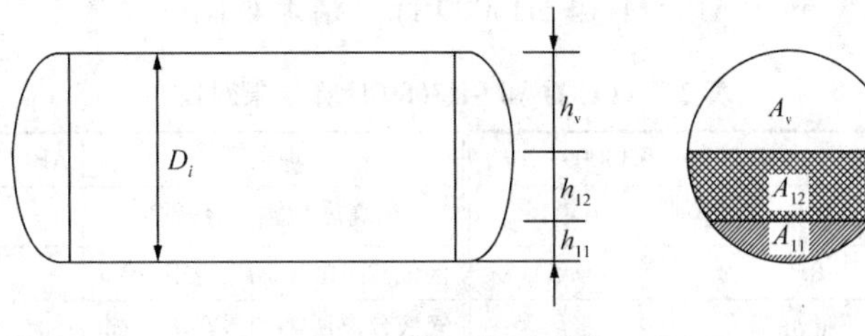

图3　放空罐示意图

需要注意的是，使用API521-2007规定计算时：①液相停留时间应为20~30min；②同时叠加考虑放空罐内已有的凝液；③可不考虑多工况的叠加，计算结果取各工况中最大值。

2.3　API521-2014

与API521-2007计算过程基本相同。但对于装置内的放空罐，不再限制液滴沉降直径，仅核算最大液体泄放量的停留时间是否满足要求，同时放空罐液相空间还需要考虑罐内已有凝液的体积。

2.4 SH3009-2013

SH3009 计算方法与 API 类似，同样为试差法。假定放空罐直径 D_i，引入长径比 φ ($L_i=\varphi D_i$) 和罐内液位高度与罐直径比值 a 以及罐内液位截面积与总截面积比值 b，除此之外通过拟合给出液位高度与罐直径的比值公式；μ_c 和 C 的计算同 API521；根据式(3)计算的放空罐直径还需按式(7)进行核算[3]。

$$D_{sk}=0.0115\times\sqrt{\frac{(a-1)\,q_v T}{(b-1)\,p\varphi\mu_c}} \tag{3}$$

$$L_i=\varphi D_i \tag{4}$$

$$b=1.273\times\frac{q_l}{\varphi D_i^{\ 3}} \tag{5}$$

$$a=1.8506\,b^5-4.6265\,b^4+4.7628\,b^3-2.5177\,b^2+1.4714b+0.0297 \tag{6}$$

$$D_i\geqslant 1.13\times\sqrt{\frac{q}{V_c}+\frac{q_l}{\varphi D_i}} \tag{7}$$

其中 D_{sk}——计算的放空罐直径，m；

φ——放空罐长径比，宜取 2.5~3；

q_v——气相体积流量，Nm^3/h；

T——放空罐操作温度，k；

P——放空罐操作压力，kPa(绝)；

q——操作状态下入口气体体积流量，m^3/s；

V_c——气体水平流动的临界流速，m/s，查图 4。

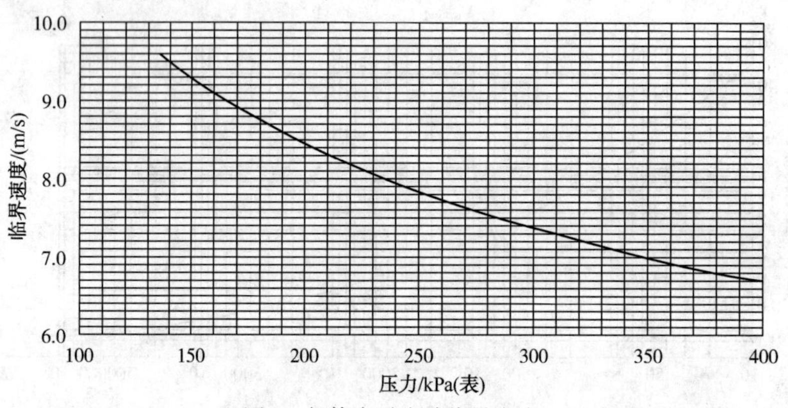

图 4 气体水平流动临界流速

2.5 结果对比

假定 D_i=4.25m，L_i=15.6m，API521 和 SH3009 计算结果对比见表 2。

表 2 API521 和 SH3009 计算结果对比

项目	API521-2007/2014	SH3009-2013	项目	API521-2007/2014	SH3009-2013
沉降速度 μ_c/(m/s)	0.94	0.94	液位高度与罐直径比值 a	—	0.05
阻力系数 C	0.5	0.5	液位截面积与总截面积比值 b	—	0.01
气相空间高度 h_v/m	1.56	—	气液分离所需的最小 L_{min}/m	0.41<Li	—
液相空间高度 $h_{l1}+h_{l2}$/m	2.69	—	试算直径 D_i 与 D_{sk} 关系	—	Dsk=1.13m<D_i，假定成立
液滴沉降时间 θ/s	1.66	—			

注 1：由于 API521-2007 和 API521-2014 核算过程相同，为方便对比，合并计算结果。

2：由于本例中液相泄放所需的停留时间在放空罐尺寸核算中占主导作用，因此计算 L_{min} 远小于假定的 L_i(或假定的 D_i 远大于所需的 D_{sk})。

通过以上三种方法均可核算出满足要求的放空罐尺寸，但其计算过程繁琐，未考虑气相空间与液相空间的比例关系，放空罐内件的安装要求，仪表安装操作及维护的可靠性和合理性。本文结合实际工程经验，以及 API521-2014 中关于装置内放空罐的设置原则，提出以下的简化计算过程。

3 简化的放空罐计算

3.1 放空罐的液位设置

参考国内外加氢装置的设计以及以往的工程经验，多数加氢装置放空罐的液位设置如图 5 所示：

其中，

T. L——放空罐底切线；

LL——放空罐内最低液位，mm；LL 至 T. L 取值不小于 150~200mm，便于内件以及仪表的安装；对于卧式放空罐，可在底部设置液包，可有效地防止泵的抽空；（也可不设置 LL 液位，统一并入 L 液位）

L——放空罐低液位，mm；液位达到 L 时，罐底放空油泵自动联锁停泵；L 至 LL 取值不小于 200mm 以保证 L 至 LL 之间有足够的体积维持放空油泵的运行，或者至少保证放空油泵连续运行 1min；

H——放空罐高液位，mm；液位达到 H 时，罐底放空油泵自动联锁启泵；H 至 L 取值不小于 400mm 或 H 与 L 之间的体积允许放空油泵连续运行 3~5min 以上；

HH——放空罐最大液位，mm；即装置内最大液相泄放工况泄放 15min 的液体在放空罐内聚积的高度，mm。（也可不设置 HH 液位，统一并入 H 液位）

D——放空罐直径，mm。

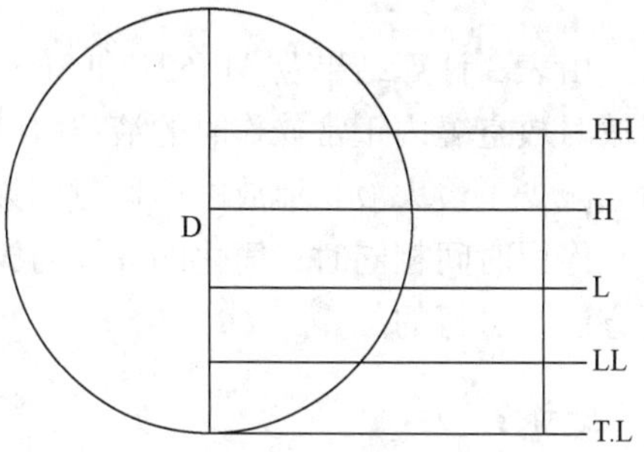

图 5 放空罐内液位截面示意图

上述各液位高度之间的距离要求结合了以往工程的经验，同时考虑仪表的安装操作及维护以及泵的平稳运行的需求。

3.2 放空罐的相关设置

加氢装置放空系统的典型流程设计见图 1，各放空点的排放介质经放空总管进入放空罐，在放空罐进行气液分离，液相经罐底放空油泵送出装置；气相则排放至系统放空总管。为方便操作，一般设置放空罐液位高/低联锁启/停放空油泵，同时设置高低液位报警，以提醒操作人员及时反应。

除此之外，如放空介质中含有易凝组分时，通常在罐底设置内加热盘管，加热盘管应布置在 LL（或 L）液位以下。

3.3 放空罐的尺寸核算

简化计算基础：全厂火炬管网末端设置了火炬分液罐；如无，则仍按照 API521-2007/2014 或 SH3009-2013 增加液滴沉降时间的核算过程。

简化思路：根据 API521—2014 的描述，加氢装置内的放空罐仅需考虑最大液相泄放量的停留时间，分离液滴的直径不做要求。加氢装置内的放空罐尺寸计算的限制工况可理解为最大的液相体积泄放工况：先假定放空罐尺寸，考虑最大液相体积泄放量的停留时间要求，将低液位至罐底部分尺寸固化为特定参数或常量，如 3.1 章节所示，得出液相空间高度；考虑放空罐本质属于气液分离设施，气液相空间分配参考卧式容器装满系数（0.6~0.8），可核算出假定的放空罐直径及长度是否合适。

根据表 1 的泄放参数以及 3.1 章节的简化处理方法，放空罐尺寸核算结果如表 3 所示：

表3 放空罐简化计算核算结果

项目	取值	项目	取值
假定放空罐直径/mm	4250	HH至H距离/mm	2330
假定放空罐切线长/mm	15600	气相空间高度/mm	1120
LL至底切线距离/mm	200	液相装满系数	0.79
L至LL距离/mm	200	最大液相泄放量停留时间/min	15
H至L距离/mm	400		

由表3计算结果及API521和SH3009核算过程可知：简化后的计算过程简捷，由于综合考虑了无泄放时放空罐内正常操作时的液位(H至L)以及为防止放空油泵抽空设置的最低液位(LL至底切线)，适当减少了最大液相泄放的停留时间以保证所选尺寸与上述API521和SH3009基本保持一致。因此，液相停留时间相同时，简化的计算的放空罐尺寸较API521和SH3009相对保守。装置内放空罐简化计算方法是可行的。

4 结论

1）API521-2007/2014或SH3009-2013均可核算出满足要求的加氢装置放空罐尺寸；

2）API521-2007/2014或SH3009-2013核算放空罐尺寸的过程为试差法，参数多，计算过程较复杂；

3）根据API521-2014的描述：当火炬系统总管设置放空罐时(现代炼油厂一般均在火炬总管末端设置放空罐)，单装置内可不考虑液滴分离的要求。加氢装置放空罐的设计可近似看作核算最大液相体积泄放工况下停留时间的，极大地简化了计算过程；

4）简化的计算过程简洁，可操作性强，结合实际工程经验数据和操作要求，计算结果易于接受；

5）简化后的计算结果相对API521和SH3009较保守，可适当降低最大液相体积泄放停留时间以减少计算结果的裕量，提高计算结果的合理性和经济性。

参 考 文 献

[1] API521-2007 Pressure-relieving and Depressuring System[S]. 2007.

[2] API521-2014 Pressure-relieving and Depressuring System[S]. 2014.

[3] SH 3009-2013 石油化工可燃性气体排放系统设计规范[S]. 2013.

提高加氢反应器空间利用率技术(FRUIT)开发及应用

杨秀娜　彭德强　金　平　关明华

(中国石化大连石油化工研究院　辽宁大连)

摘　要　本文通过分析研究影响加氢反应器空间利用率的主要因素，从最大化发挥反应器有效空间使用效率和最小化缩减反应器无效空间的角度出发，开发出加氢反应器空间利用率技术(FRUIT)，包含提高反应器空间利用率的反应器内构件成套技术和优选异形齿球形催化剂技术，在保障加氢反应整体效能和劣质油运行周期的基础上，使加氢反应器空间利用率达77%~90%。新技术的工业应用效果显著，解决了物料分布不均、易出现局部热点的工程放大问题，延长了装置运行周期，给企业带来了显著的经济效益，为加氢装置的大型化提供了可靠的技术支撑。

关键词　加氢反应器；空间利用率；内构件；齿球形

随着原油的重劣质化日趋严重以及低硫清洁燃料的要求日益提高，迫使加氢技术向更高水平及大型化方向发展。加氢技术的进步可以通过采用效果更好的催化剂及级配方案、改进反应器内构件性能等措施，目标都是尽量缩减反应器内无效空间，增加反应器内的有效利用空间，从而提高反应器空间利用率。为此，加氢装置进一步大型化对加氢反应整体效能及加氢反应器空间利用率提出了更高的要求。中国石化大连石油化工研究院(以下简称FRIPP)在此背景下，在最大化提高加氢反应器空间利用率方面进行了深入的分析研究，开发出提高加氢反应器空间利用率技术(FRUIT)，在保证加氢反应整体效能的同时，满足原料劣质化和加氢装置长周期的需求，最大化提高反应器空间利用率。

1　加氢反应器空间利用率分析

1.1　常规加氢反应器空间利用率概况

常规加氢反应器内一般包括催化剂床层(含惰性瓷球)及反应器内构件，反应器内构件主要包含入口扩散器、气液分配盘、积垢篮筐、冷氢箱、出口收集器等[1,2]。

反应器内采用传统的催化剂填装方式和内构件结构时，反应器内的空间利用率较低(一般≤67%)，无论从反应整体效能还是反应器投资方面都具有不利之处，尤其是随着加氢装置的大型化，提高反应器空间利用率将显得更加重要。不同反应器直径、不同催化剂床层数量的反应器空间利用率计算结果见表1。

表1　不同反应器直径的加氢反应器空间利用率理论计算结果＊

序号	反应器直径/mm	床层数量/个	催化剂总填装量/m^3	反应器总体积/m^3	单个封头体积/m^3	无效体积/m^3	无效空间/%	反应器空间利用率/%
1	1400	1	15.39	18.81	0.359	3.42	18.18	81.82
2		2		20.66		5.27	25.51	74.49
3		3		23.54		8.15	34.62	65.38
4		4		26.42		11.03	41.75	58.25
5	3600	1	101.78	119.60	6.11	17.82	14.90	85.10
6		2		136.60		34.82	25.49	74.51
7		3		155.63		53.85	34.60	65.40
8		4		174.67		72.89	41.73	58.27

续表

序号	反应器直径/mm	床层数量/个	催化剂总填装量/m^3	反应器总体积/m^3	单个封头体积/m^3	无效体积/m^3	无效空间/%	反应器空间利用率/%
9	5800	1	264.21	361.52	25.54	97.31	26.92	73.08
10		2		405.65		141.44	34.87	65.13
11		3		455.05		190.84	41.94	58.06
12		4		504.46		240.25	47.63	52.37

*保持同一直径下的反应器内催化剂填装量相同的条件下进行比较。

由表1可知，同一直径、相同催化剂填装量的反应器，随着催化剂床层数量的增多，惰性瓷球和内构件所占体积空间的增加，反应器无效空间增加，有效空间利用率逐渐降低，且催化剂床层数量越多，反应器有效空间利用率越低；而反应器直径越大，无效空间体积绝对值越大，如一个直径5.8m的反应器，一个催化剂床层时无效体积已达97.31m^3。

因此，如何提高加氢反应器空间利用率，充分发挥催化剂的使用效率，延长装置运行周期，对于新建加氢装置及现有加氢装置改造都具有重要意义。

1.2 加氢反应器空间利用率的影响因素分析

经分析，加氢反应器空间利用率的影响因素主要有反应器内催化剂使用效率、惰性瓷球填装空间大小、反应器闲置空间大小、内构件占用空间大小。其中惰性瓷球填装空间、反应器闲置空间、内构件占用空间统称为无效空间，因此，在研究提高加氢反应器空间利用率时，需研究如何充分发挥催化剂使用效率，最大化缩减反应器无效空间，从而提高反应器空间利用率。

1.2.1 催化剂使用效率影响因素分析

固定床加氢反应器内催化剂使用效率主要与催化剂床层内物料与催化剂是否能够均匀接触传质有关，当催化剂床层内气液混合及物料分布越均匀，与催化剂接触效果越理想，催化剂使用效率就越高。而催化剂床层内气液混合及分布效果主要与反应器内物料流分配与再分配效果、催化剂床层入口辅助分配、冷氢箱(盘)混合效果等因素有关。

(1) 反应器物料分配与再分配效果的影响

固定床加氢反应器为滴流床流态，物料利用重力滴落为显著的特征，反应器物料入口处设置入口扩散器，对反应器进料进行整流，以期消除物料输送后的残余动能，将物料尽量分散至反应器整个截面上，并为分配器实现物料进一步均匀分配提供良好的初始流态。而加氢反应器由于进料的重力作用，进料对分配盘上液层具有“推浪”现象，从而使物料初分布难以达到均匀状态。若分配盘设计功能上没有进一步对物料流态重新调整，将会使物料在进入催化剂床层时分布得非常不均匀，导致气液固三相接触不均匀，床层局部反应剧烈、局部反应不充分，不但催化剂容易积炭和结焦，而且降低催化剂利用率。相反，若反应进料经入口扩散器后，通过相应的技术手段消除“推浪”现象，再进入分配盘时，就相对容易达到物料分布均匀的状态，而充分发挥催化剂使用效果，达到较高的催化剂利用率。

(2) 催化剂形状对物料分配的影响

催化剂形状对催化剂床层内的物料均匀分布也有一定影响，现有技术中的催化剂床层上方一般是填装惰性瓷球，起到对反应物料辅助分配的作用。经研究发现，催化剂形状及瓷球形状及尺寸对物料在催化剂床层的分配有一定影响，适宜的外形尺寸对物料具有更好的辅助分配作用。为使催化剂充分发挥效率，应使惰性氧化铝形状及尺寸的颗粒形状、大小、装填等情况处于最有利于均匀分布的状态，才能使催化剂的效率达到最佳效果，从而提高催化剂的使用效率。

对于催化剂本身及催化剂上方的惰性瓷球来说，球形或具有球形貌的颗粒外表，接触摩擦力均匀，有利于装填均匀，从而避免沟流效应和边壁效应。对比研究发现，将球形颗粒调整为异形齿球形外形结构时，相对于球形颗粒，由于其表面的多齿外形，填装空隙率更小，填装密度更高，对物料分布比球形具有更好的辅助分配作用，从而最大化发挥催化剂利用率。另外，将异形齿球形颗粒设计为具有催化活性的颗粒代替瓷球，将进一步增加催化剂填装量，提高了反应器空间利用率。

(3) 冷氢系统混合效果

当催化剂分层装填时，两床层之间设置冷氢系统，将上床层来的高温流体与冷氢管注入的冷氢充分混合，导走反应热，控制反应温度不超过规定值。冷氢系统是反应器内构件中非常重要的部分，冷氢系统由冷氢管、冷氢箱组成；冷氢管的主要作用是均匀、稳定的供给足够的冷氢量，使冷氢气与热反应物料进行预混合；冷氢箱是加氢反应器内热反应物料与冷氢气进行混合以及热量交换的主要场合，使冷氢气与上一床层物流充分有效地混合。冷氢系统(冷氢箱)的结构形式多种多样，混合理论也不尽相同，冷氢系统(冷氢箱)的混合效果和所占体积空间是研究改进的主要方向，冷氢系统(冷氢箱)的混合效果越好，越有利于提高下一床层的催化剂利用率，所占体积空间越小，越有利于提高反应器空间利用率。

1.2.2 缩减反应器无效空间途径分析

反应器无效空间包括主要包括惰性瓷球填装空间、反应器闲置空间、内构件占用空间，研究缩减反应无效空间时主要从上述三方面入手。

(1) 缩减惰性瓷球填装空间

催化剂填装时，上方和下方填装惰性瓷球，用于支撑及覆盖催化剂，覆盖催化剂的瓷球一方面可以避免气体或液体直接吹向催化剂，而起到保护催化剂的作用，另一方面对来自分配器的物料进行再分配。由于瓷球为惰性，可以降低反应器空间利用率，若将催化剂上方瓷球更换为既有利于物料分布又具有催化活性的催化剂，既改善了物料分布功能，又增加了总催化剂填装量，因此开发了异形齿球形催化剂，替代催化剂惰性瓷球，从缩减惰性瓷球空间的角度提高反应器空间利用率。

(2) 缩减反应器内构件占用空间

一般的反应器内构件主要包括入口扩散器、积垢篮、顶部分配盘、冷氢系统、再分配盘、出口收集器及催化剂支撑盘等。其中入口扩散器和出口收集器设置于反应器的入口和出口位置，没有缩减意义，而顶部分配盘及再分配盘、积垢篮、冷氢箱的体积缩减是能够提高反应器空间利用率的，因此研究了分配盘及再分配盘、积垢篮、冷氢箱的性能提升和占用空间压缩，从缩减反应器内构件占用空间的角度提高反应器空间利用率。

(3) 反应器闲置空间的利用

传统加氢反应器内，反应器上封头内入口扩散器与分配盘之间的空间没有填装任何构件和催化剂，即为反应器内闲置空间。经分析，传统反应器上部催化剂床层顶部设置积垢篮，对进入催化剂床层中的介质进行过滤，将其中的杂质和垢物等拦截下来，防止堵塞催化剂床层。由于积垢篮的功能主要为拦截反应进料中的垢物，安装在催化剂床层降低了反应器空间利用率。因此，研究了新型积垢盘，并将其设置在反应器上封头空间，原积垢篮位置可以填装催化剂，新型积垢盘不但可以改善积垢效果，还可以充分利用反应器闲置空间，提高了反应器空间利用率。

2 提高加氢反应器空间利用率(FRUIT)的技术开发

大连院开发的提高加氢反应器空间利用率的组合技术，从提高加氢反应器空间利用率的角度出发，开发内容主要包含更加高效紧凑型加氢反应器内构件成套技术和优选采用异形齿球形催化剂技术。该技术在满足加氢装置大型化及原料劣质化的需求、提升催化剂使用效率和整体反应性能、保障劣质油加氢装置的运行周期的基础上，大幅度提高加氢反应器空间利用率。

2.1 提高反应器空间利用率的加氢反应器内构件成套技术

为了提高加氢反应器空间利用率，充分发挥催化剂的活性，针对大型加氢反应器流场特性，开发了一系列反应器内构件提升技术，起到了改善催化剂使用效率、缩减反应器内无效空间、延长装置运行周期、提高反应器空间利用率的作用。

2.1.1 提高加氢反应器空间利用率的积垢盘技术

传统的反应器内积垢采用的是积垢篮筐[3-5]，位于反应器上部的催化剂床层顶部，占用了催化剂床层空间，降低了反应器空间利用率。传统的积垢篮筐安装位置及流态见图1和图2。

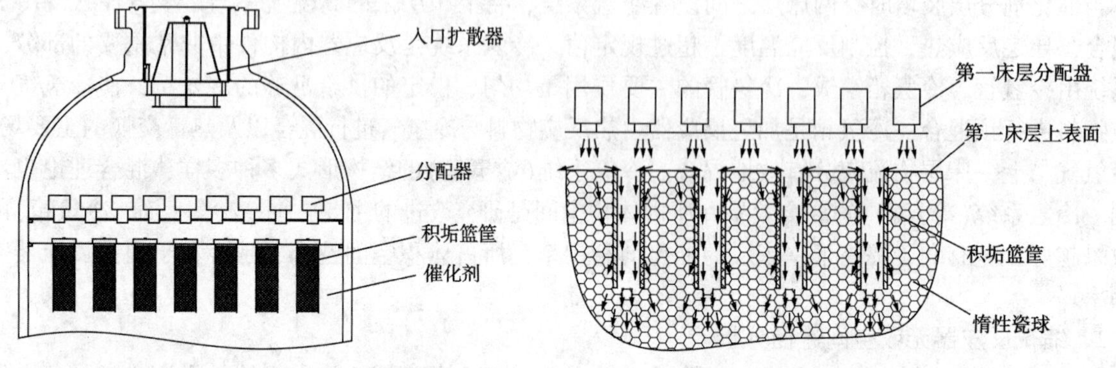

图1 传统积垢篮筐安装位置示意图　　图2 传统积垢篮筐流态示意

而对于大型加氢反应器而言，采用传统的积垢篮筐，一方面占用催化剂床层空间的体积绝对值显著增加，反应器空间利用率低，另一方面反应器大型化后将会进一步放大进料对顶部分配盘上液层的“推浪”现象，使反应器入口处的斜线流对顶部分配盘上液层高度的影响增大。因此，针对提高反应器空间利用率，反应器设计的新型积垢盘应具有以下三个显著的功能：不占用催化剂填装空间，缩减反应器内无效空间；具有良好的拦截并存储垢物的功能，保证装置长周期稳定运行；消除反应进料的冲击力，将进料进入反应器后的斜线流转化为垂直流，为顶部分配盘提供稳定的液层工况，提高催化剂的使用效率。

经过对反应器结构和空间利用情况的研究，并同时考虑积垢盘的功能性发挥，设计时将积垢盘放置在闲置的反应器上的封头空间，这样就不占用催化剂空间，提高了反应器空间利用率，同时，新型积垢器根据流体力学原理，进行特殊结构设计，在积垢盘积满垢物后，也不会引起反应器压力降的升高。

2.1.2 提高加氢反应器空间利用率的分配盘技术

传统的分配盘一般采用泡帽式分配器，或基于抽吸原理的改进型泡帽分配器[6-7]，该分配器工作原理为气相折流时对液相形成夹带，实现液相的分布，其流态为柱塞流，对床层的冲击大，所以需用惰性瓷球削减冲击力；离开分配盘的物料，流量分布情况不均，中心区域流量大，需流经一段床层后，才能实现均匀分配，不得不填充足够厚度的瓷球，辅助实现液相的均匀分配，浪费了反应器空间，降低反应器空间利用率。另外，随着反应器规模的增大，分配盘水平度的偏差越来越显著的影响径向分布，从而导致径向温差大。

FRIPP开发的新型分配盘技术，是从新的分配机理出发设计新型结构，新型分配器采用特殊结构，降低分配盘水平度偏差带来的分配不均匀性，对于大直径反应器来说，也能够实现物料的均匀排布，从而缩小径向温差。通过对分配器结构的精准设计，达到极好的雾化性，因此，不需用惰性瓷球削减物料冲击力和辅助分配，也不需流经一段床层后才能实现均匀分配，在物料离开分配器后就能够保证分布均匀，因此可以取消或减薄瓷球厚度，缩减了反应器内的无效空间，提高了反应器空间利用率。

新型分配器的设计体积较小、分散角大，这样就可以在反应器截面上排布更多数量的分配器，使反应器分布区域内任意一点都有若干个分配器提供物料重叠分布，弥补了单个分配器分布的不均匀问题，尤其对于大型化反应器更加明显，这从反应器径向温差可以体现，提高了催化剂床层的使用效率。此外，基于新型分配器设计小巧，占用体积小，更加节省空间，能够缩减无效空间，提高反应器的间利用率。

2.1.3　提高加氢反应器空间利用率的冷氢盘技术

传统的冷氢箱为两层板式结构[8]，上层板收集物料，两层板之间设置两组冷氢箱体，实现物料的对撞混合，下层板为筛孔板，也叫喷射盘，旨在将物料再次分布到反应器整个截面。针对传统冷氢箱存在的弊端，大连院开发出新型紧凑式冷氢盘技术，与传统冷氢箱相比，优势在于：①充分利用催化剂床层出口和冷氢盘之间的空间，在物料没有进入冷氢盘之前完成冷氢与物料的混合，充分利用了反应器闲置空间和液相为分散相的有利流态，极大提高了气-气混合和气-液混合的效果，降低了冷氢盘的传质负荷，为压缩冷氢盘空间提供了技术保障；②将冷氢盘制作成节省空间的紧凑式结构，除了强化传质混合的效果外，可以大幅度降低冷氢盘高度，从而提高反应器空间利用率，尤其对于大型、多床层的加氢反应器，通过采用多层新型结构的冷氢盘，使反应器空间利用率显著提高。

大连院开发的新型冷氢盘设计为扁平式压缩结构，在混合效果非常均匀的基础上，从结构设计角度采用扁平化设计压缩冷氢箱空间，使新型冷氢盘的占用空间高度与传统冷氢相比大幅降低。

经计算，新型冷氢盘的紧凑式扁平设计结构与传统冷氢箱结构对比，每个冷氢盘可以节约200~300mm的高度空间，大幅压缩了冷氢箱占用空间，缩减了反应器无效空间。以一个直径5.8m、三个催化剂床层的反应器为例，设置两层新型冷氢盘，可以缩减至少520mm的高度、容积为13.74m^3的空间，比采用传统冷氢箱结构多装填13.74m^3的催化剂，无论是采用现有反应器改造还是新型反应器设计，都能节省投资，提高反应器空间利用率。

2.1.4　提高加氢反应器空间利用率的减冲盘技术

减冲盘技术是针对大型反应器开发的原创性内构件技术，旨在消除反应器封头高度形成的势能转化为动能的现象。一般大型加氢反应器其封头高度超过2m，物料残余动能、势能转化为动能、入口扩散器的斜线流冲击，导致顶部分配盘上存在“推浪”现象，对顶部分配盘性能发挥产生重大影响，水力冲击对顶部分配盘的液层影响如图3所示。

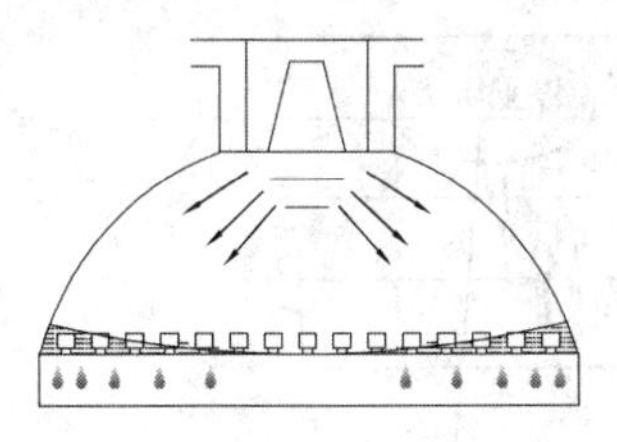

图3　水力冲击对顶部分配盘上液层的影响

在没有减冲盘的情况下，反应进料处入口扩散器的斜线流对分配盘的水力冲击较为严重，导致分配盘上出现径向液层高度不均的问题，影响分配盘的分配效果，从而降低催化剂使用效率和反应空间利用率。由于大型反应器的气液分布均匀性本身就是一个关键问题，再加上反应进料的水力冲击，使得径向分布不均的问题更加突出。

FRIPP在对反应进料流态进行分析的基础上，开发出了减冲盘技术。新型减冲盘具有占用空间小、结构简单、无压力降的特点，可用于现有反应器改造和新型反应器设计，在解决反应器流场的不利因素问题方面，能够有效消除和调整斜线流流态，保证分配盘盘面上适宜的液面高度，提高分配盘均匀度，还能够降低物料分布效果对反应器分配盘水平度的依赖，实现物料的均匀分布，提高催化剂使用效率和反应器空间利用率。

2.2　提高反应器空间利用率的异形齿球形催化剂技术

2.2.1　常规颗粒催化剂形状特点

催化剂颗粒形状(包括颗粒形式、颗粒大小、均匀程度等)决定了催化剂的实际使用效果，目前工业催化剂大多数为条形、球形、三叶草形。

条形催化剂通常采用挤条成型技术，催化剂条的长度难以均一，易造成装填不均匀。另外，长条颗粒在装填时往往因为颗粒各部位具有不同的形貌和摩擦力，导致搭桥或平行现象，使得催化剂颗粒间的空隙大小和形状也不均匀，这样很容易导致反应物料的偏流，出现“沟流”效应和“边壁”效应，不利于物料的均匀分布及相间传递，致使反应床层的局部反应剧烈，催化剂容易积炭和结焦，影响催化剂活性的发挥和装置运行周期。普通球形颗粒具有充填均匀、流体阻力均匀且稳定、耐磨性能好的优点，同时也具有压降大、当量直径大等不利于扩散传质的缺点。因此，优选适宜的催化剂形状，使反应效果达到最佳的同时，压降较低，且能够提高反应器空间利用率。

2.2.2 优选异形齿球形催化剂提高反应器空间利用率

在固定床加氢反应过程中，为使催化剂充分发挥效率，应使物料均匀分布到最佳状态。“沟流”效应和“边壁”效应即为物料不均匀分布引起的，而不均匀分布除了与分配器及再分配器性能有关，还与催化剂形状有关，因此可以从颗粒形状方面改善“沟流”效应和“边壁”效应。一般的球形催化剂颗粒均匀，颗粒外表形貌和接触摩擦力也均匀，这有助于装填均匀避免“沟流”效应和“边壁”效应，所以研究催化剂形状对分布影响是在球形颗粒外形的基础上进行的。

经研究，将球形催化剂颗粒调整为齿球形外形后能减小当量直径，有利于物料的扩散接触，从而充分发挥催化剂的使用效率；将催化剂颗粒由球形催化剂变为齿球形催化剂，降低了床层压降；齿球形颗粒容易填装更加均匀。

总之，基于齿球形催化剂具有当量直径小、压降低、状态均匀等优点，优选替代惰性瓷球后，能够有效改善物料的均匀分布，对物料重新调整流态，解决“沟流”效应和“边壁”效应问题的同时，提高催化剂使用效率和反应器空间利用率。

3 提高加氢反应器空间利用率(FRUIT)的技术应用效果

3.1 加氢反应器内构件成套技术工业应用

1) 新型积垢盘技术使用后能够有效拦截垢物，延缓反应器压降升高，显著延长装置的运行周期；充分利用了反应器封头闲置空间，提高了催化剂利用率。

新型积垢盘使用前，加氢装置顶部及分配盘结焦严重[9-11]，结焦物堵塞床层而引起压降的迅速升高，被迫停工。而新型积垢盘使用后，拦截垢物效果显著，有效延缓了反应器压降的升高，大大延长了装置的运行周期。某加氢装置在使用新型积垢盘前后的压降上升速率见图4和图5所示。

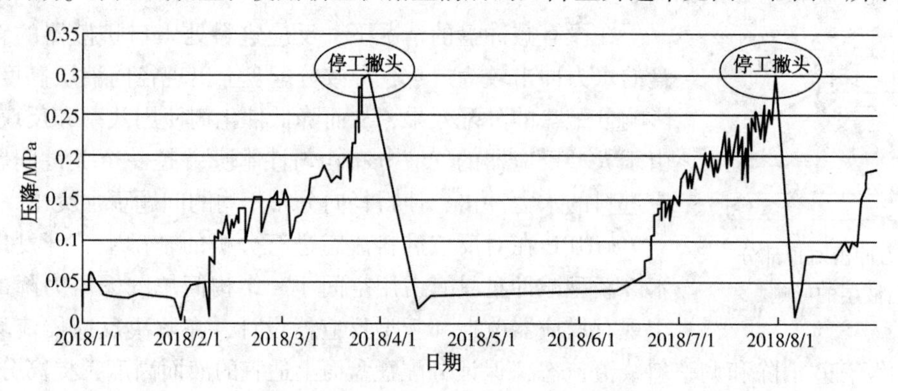

图4 使用新型积垢盘前反应器压降情况

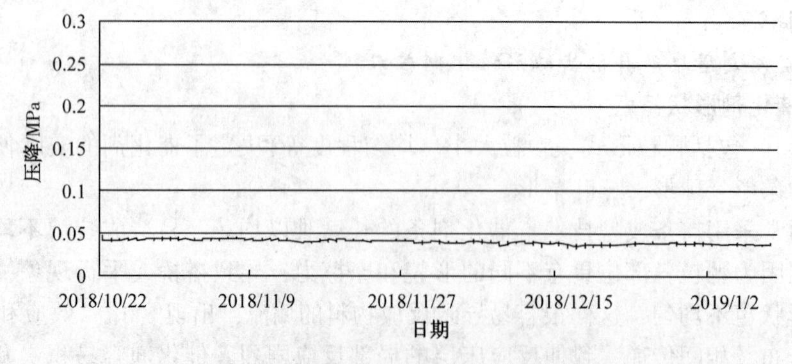

图5 使用新型积垢盘后反应器压降情况

由图4和图5可见，某加氢反应器在使用积垢盘后压降迅速升高的问题得到了有效解决，反应器压降上升趋势十分缓慢，保障了装置的安全稳定运行，显著延长了装置运行周期。

2）新型内构件提升技术的使用，使催化剂床层内的物料分配更加均匀，径向温差控制更小，大直径反应器依然能够有效控制径向温差，催化剂利用率更高。

催化剂床层截面径向温差大小是体现内构件性能优劣及催化剂有效利用率的具体指标，而且越劣质的原料油、越大直径的反应器达到分布均匀越困难，越能够考验内构件的技术水平。新型分配盘使用后，反应器内催化剂床层径向温差情况见表2，表中2.8m直径反应器为煤焦油原料加氢反应器，4.8m的大直径反应器为柴油加氢精制反应器。

表2 催化剂床层径向温差表

序号	反应器直径/m	催化剂床层	温度最高\最低\平均值/℃	径向温差(Δt)/℃
1	2.8	一床层入口	372.5/370.6/371.7	1.9
2		一床层出口	379.2/377.4/378.3	1.8
3		二床层入口	379.1/377.1/378.3	2.0
4		二床层出口	383.3/382.6/383.0	0.7
5		三床层入口	382.3/380.7/381.5	1.6
6		三床层出口	384.6/382.4/383.8	2.2
7		四床层入口	383.1/380.5/381.7	2.6
8		四床层出口	386.2/380.7/384.3	5.5
9		平均径向温差		2.3
10	4.8	一床层入口	350.4/349.9/350.3	0.8
11		一床层中部	352.2/350.0/350.6	2.2
12		一床层出口	363.6/361.3/362.1	2.5
13		二床层入口	361.8/360.1/361.1	1.7
14		二床层中部	365.9/364.6/365.2	1.3
15		二床层出口	369.4/367.8/368.4	1.6
16		平均径向温差		1.68

由表2可以看出，对于像煤焦油这样的劣质原料油加氢而言，由于原料油密度大、黏度大，性质恶劣，物料在反应器截面难以分布均匀，哪怕是小直径反应器也容易发生偏流、沟流等问题，从而出现局部热点，直接影响产品质量及装置的高效运行，而采用新型内构件提升技术，催化剂床层平均径向温差仅为2.3℃，运行平稳。此外，对于大直径反应器而言，径向均匀分布存在难题，也是内构件技术水平高低的一个衡量手段。上表中4.8m直径反应器物料均匀分布更加困难，采用新型内构件提升技术可以使催化剂床层平均径向温差仅为1.68℃，有利于提高催化剂利用率，维持装置的长周期稳定运行。

3.2 优选异形齿球形催化剂的工业应用

异形齿球形催化剂于某公司加氢精制反应器和加氢裂化反应器进行了工业应用，使用效果十分显著。图6、图7为2014~2017年(未使用异形齿球形催化剂)该加氢裂化装置原料油加工量以及精制反应器压降。装置原料油加工量平均为288.5t/h，基本保持满负荷，加氢精制反应器压降较为平稳，无上升趋势，平均值为0.07MPa。采用异形齿球型催化剂后，加氢精制反应器压降远低于设计值(1.4MPa)。

某公司加氢裂化装置在使用异形齿球形催化剂后，原料油加工量以及精制反应器压降如图6、图7所示。该加氢精制反应器增加催化剂装填量为28.42 m^3，装置原料油加工量提高8.6%，平均达310.2t/h，最高可达327.8t/h，处于超负荷运行状态，加氢精制反应器压降仍远低于设计值。经计算，反应器利用率提高了5.86%，不同填装方式和催化剂床层数量可以使反应器空间利用率提高4.7%~8.5%。

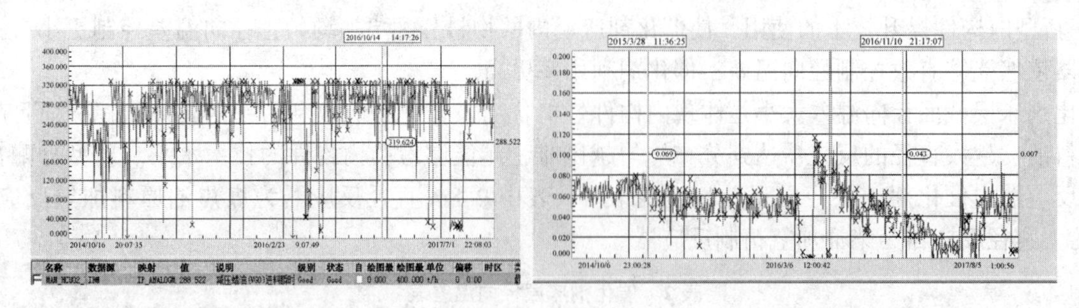

图6 某公司在使用异形齿球形催化剂前(左)后(右)加氢裂化装置原料油加工量

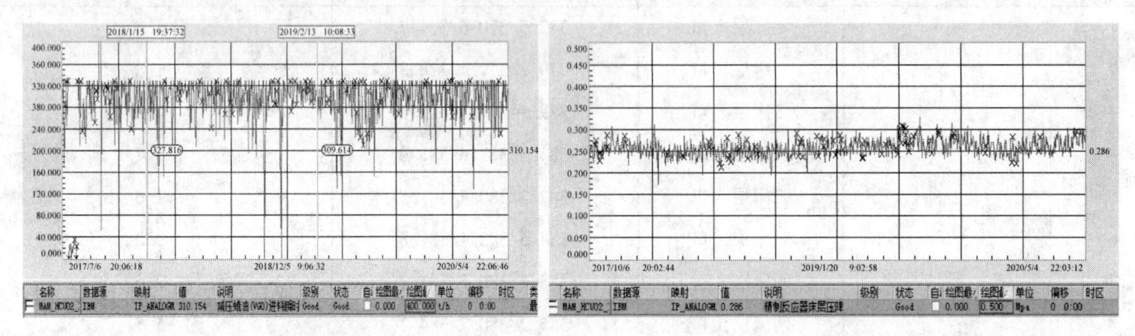

图7 某公司在使用异形齿球形催化剂前(左)后(右)加氢裂化装置精制反应器压降

因此，异形齿球形催化剂的工业应用结果表明，加氢反应整体效果较为理想，改善了物料分配效果，降低反应器压降，增加原料油加工量，延长了装置运转周期，提升了企业整体经济效益。

4 提高加氢反应器空间利用率计算与分析

4.1 提高加氢反应器空间利用率计算

1) 新型积垢盘技术充分利用反应器封头闲置的空间，与传统积垢篮及保护剂级配技术相比容垢能力更强的同时，提高了反应器空间利用率。在使用积垢盘前后不同直径反应器的空间利用率对比见表3。

表3 反应器空间利用率在使用积垢盘前后的对比表

序号	反应器直径/m	催化剂填装量/m^3		反应器空间利用率/%	
		老式积垢篮	新型积垢盘	老式积垢篮	新型积垢盘
1	1.4	X_1	X_1+1.53	Y_1	Y_1+4.14
2	2.2	X_2	X_2+3.80	Y_2	Y_2+4.09
3	2.6	X_3	X_3+5.31	Y_3	Y_3+5.47
4	2.8	X_4	X_4+6.15	Y_4	Y_4+3.18
5	3.0	X_5	X_5+7.07	Y_5	Y_5+3.31
6	4.8	X_6	X_6+18.09	Y_6	Y_6+4.37

注：表中字母“X”代表不同直径反应器内的积垢盘占用空间，m^3；字母“Y”代表不同直径的反应器空间利用率，%。

由表3可以看出，将原积垢篮取消后，在反应器封头空间安装积垢盘可以多填装一定量的催化剂，当反应器直径在1.4~4.8m，催化剂可以多填装1.53~18.09m^3，且反应器直径越大，催化剂填装量越多，经计算反应器空间利用率增加了3.1%~5.5%，有利于提高装置产能，对于提高企业的经济效益具有现实意义。

2) 新型冷氢盘为扁平式，在保证强化均匀混合、传质传热的功能的同时，可大幅压缩冷氢箱占用空间，尤其对于大直径、多催化剂床层反应器来说，新型冷氢盘技术对于提高反应器空间利用优势更加凸显出来，从而提高反应器的空间利用率。不同直径反应器内新型冷氢盘与传统冷氢盘的占用体积及反应器空间利用率对比见表4。

表4 反应空间利用率在使用新型扁平式冷氢盘前后的对比表

序号	反应器直径/m	催化剂床层数量/个	冷氢盘占用空间/m^3		反应器空间利用率/%	
			传统冷氢箱	新型冷氢盘	传统冷氢箱	新型冷氢盘
1	1.6	2	X_1	$X_1-0.52$	J_1	$J_1+1.56$
2		3	Y_1	$Y_1-1.04$	K_1	$K_1+3.12$
3		4	Z_1	$Z_1-1.56$	L_1	$L_1+4.68$
4	2.8	2	X_2	$X_2-1.6$	J_2	$J_2+1.53$
5		3	Y_2	$Y_2-3.2$	K_2	$K_2+3.06$
6		4	Z_2	$Z_2-4.8$	L_2	$L_2+4.59$
7	3.2	2	X_3	$X_3-2.1$	J_3	$J_3+1.53$
8		3	Y_3	$Y_3-4.2$	K_3	$K_3+3.06$
9		4	Z_3	$Z_3-6.3$	L_3	$L_3+4.59$
10	4.8	2	X_4	$X_4-4.7$	J_4	$J_4+1.47$
11		3	Y_4	$Y_4-9.4$	K_4	$K_4+2.94$
12		4	Z_4	$Z_4-14.1$	L_4	$L_4+4.41$

注：表中字母“X、Y、Z”代表不同直径、不同催化剂床层数量冷氢盘占用空间，m^3；字母“J、K、L”代表不同直径、不同催化剂床层数量下的反应器空间利用率，%。

由表4可以看出，新型扁平式冷氢盘的技术提升，可以大幅缩减占用体积空间，尤其对于大直径、多催化剂床层来说，多层冷氢盘缩减总占用体积的效果更加凸显，其缩减的体积可以多填装一定量的催化剂。经计算，新型冷氢盘可以使反应器空间利用率增加1.4%~5.0%，有利于降低设备投资或提高装置产能。

3）基于新型分配盘的物料分配效果更加理想，可以将每段催化剂床层上部的瓷球高度减薄50~150mm，在保证均匀分配的同时，进一步提高反应器空间利用率。反应空间利用率在使用新型分配器前后的对比见表5。

表5 反应空间利用率在使用新型分配器前后的对比表

序号	反应器直径/m	催化剂床层数量/个	分配盘占用空间/m^3		反应器空间利用率/%	
			传统分配盘的瓷球体积/m^3	新型分配盘的瓷球体积/m^3	传统分配盘	新型分配盘
1	1.6	1	X_1	$X_1-0.3$	J_1	$J_1+0.92$
2		2	Y_1	$Y_1-0.6$	K_1	$K_1+1.84$
3		3	Z_1	$Z_1-0.9$	L_1	$L_1+2.76$
4		4	W_1	$W_1-1.2$	M_1	$M_1+3.68$
5	2.8	1	X_2	$X_2-0.92$	J2	$J_2+0.88$
6		2	Y_2	$X_2-1.84$	K2	$K_2+1.76$
7		3	Z_2	$Y_2-2.77$	L2	$L_2+2.64$
8		4	W_2	$Z_2-3.69$	M_2	$M_2+3.52$

续表

序号	反应器直径/m	催化剂床层数量/个	分配盘占用空间/m^3		反应器空间利用率/%	
			传统分配盘的瓷球体积/m^3	新型分配盘的瓷球体积/m^3	传统分配盘	新型分配盘
9	3.2	1	X_3	$X_3-1.21$	J_3	$J_3+0.88$
10		2	Y_3	$Y_3-2.42$	K_3	$K_3+1.76$
11		3	Z_3	$Z_3-3.63$	L_3	$L_3+2.64$
12		4	W_3	$W_3-4.84$	M_3	$M_3+3.52$
13	4.8	1	X_4	$X_4-2.71$	J_4	$J_4+0.85$
14		2	Y_4	$Y_4-5.42$	K_4	$K_4+1.70$
15		3	Z_4	$Z_4-8.14$	L_4	$L_4+2.55$
16		4	W_4	$W_4-10.84$	M_4	$M_4+3.40$

注：表中字母“X、Y、Z、W”代表不同直径反应器、不同催化剂床层数量分配盘占用体积，m^3；字母“J、K、L、M”代表不同直径反应器、不同催化剂床层数量的反应器空间利用率。

由表5可以看出，新型分配盘技术的使用，可以大幅缩减分配盘下方的瓷球填装量，且缩减的瓷球可以多填装催化剂。经计算，新型分配盘的使用可以使反应器空间利用率增加0.8%~4.0%。

4.2 加氢反应器空间利用率总体效果提升分析

提高加氢反应器空间利用率技术，包含加氢反应器内构件成套技术(积垢盘技术、分配盘技术、冷氢盘技术等技术)和优选异形齿球形催化剂替代惰性瓷球的技术，能够将反应器空间利用率达77%~90%。各个部分对反应器空间利用率的提高百分比见表6。

表6 各个部分对反应器空间利用率的提高百分比

序号	名称	反应器空间利用率的提高百分比/%	序号	名称	反应器空间利用率的提高百分比/%
1	优选出的异形齿球形催化剂	4.7~8.5	3	冷氢盘	1.4~5.0
2	积垢盘	3.1~5.5	4	分配盘	0.8~4.0

5 结论

1）FRIPP开发的提高加氢反应器空间利用率技术(FRUIT)，已在多套加氢装置上实现了工业应用，效果表明新技术能够满足装置大型化及原料劣质化的需求，有助于提升催化剂使用效率和整体反应效能，使反应器空间总利用率达77%~90%，为加氢装置长周期高效运转提供了可靠的技术支撑。

2）提高加氢反应器空间利用率的内构件成套技术，自2011年起陆续实现了工业应用，至今已涉及催化汽油加氢、蜡油加氢、柴油加氢裂化、柴油加氢精制、特种油加氢、煤焦油加氢等多个领域、结果表明，新型内构件提升技术不仅适用于原料性质较好的汽、柴油加氢工艺装置，也适用于原料劣质化的重蜡油及煤焦油加氢工艺装置，不仅可用于新建装置设计，也适用于对现有加氢反应器内构件进行技术改造。新型内构件提升技术，能够使反应器空间利用率比传统技术提高5.3%~14.5%。

3）提高加氢反应器空间利用率的优选异形齿球形催化剂技术，在某加氢裂化装置上加氢精制反应器(直径4.4m)和加氢裂化反应器(直径4.4m)进行了工业应用。结果表明有利于改善物料均匀分配，催化剂填装量增加28.42m^3，反应器空间利用率提高了5.86%，能够大幅降低反应器压降，增加原料油加工量，延长装置运转周期，提升企业整体经济效益，经计算，不同填装方式和催化剂床层数量可以使反应器空间利用率提高4.7%~8.5%。

4）大型化的加氢反应器内构件提升技术，能够有效解决加氢装置大型化存在的物流分配效果差及催化剂床层径向温差超标等工程放大问题，可以使大型化反应器内物料均匀分配，反应器径向温差保持≤5℃，延缓加氢反应器压降升高速率，保障加氢装置长周期运行，具有较好的经济效益。

参考文献

[1] 李立权，陈崇刚．大型加氢反应器内构件的研究及工业应用[J]．炼油技术与工程，2012，42(10)：27-32.
[2] 王兴敏．固定床加氢反应器内构件的开发与应用[J]．炼油技术与工程，2001，31(8)：24-27.
[3] 蔡连波，林付德．新型加氢反应器内构件的研究[J]．炼油技术与工程，2003，33(10)：29-33.
[4] 曲建军．重油加氢反应器内构件的改造 [J]．齐鲁石油化工，2002，30(1)：59-61.
[5] 夏博康．加氢反应器内构件的发展 [J]．石油化工设备技术，1995，16(1)：13-19.
[6] 蔡连波．BL 型气液分配器的试验研究[J]．石油化工设备，2009，38(02)：1-4.
[7] 熊杰明，冀学森，高广达，等．喷射型分配器的性能研究[J]．石油化工，2000，29(07)：504-506.
[8] 张迎恺，孙丽丽．加氢裂化反应器新型冷氢箱的研究与工程设计[J]．石油炼制与化工，2002(06)：58-59.
[9] 涂永善．加氢装置换热器集垢原因分析及防垢措施[J]．石油炼制与化工，2007，37(8)：10-15.
[10] 许先．渣油加氢装置前置反应器床层结焦原因分析与对策[J]．炼油技术与工程，2004，34(2)：9-13.
[11] 张银凯．一种结焦集垢抑制剂及其制备方法和应用[J]．齐鲁石油化工，2002，2(3)：10-14.

加氢装置 TP321 管道焊接施工研究

邵雁南

（中国石化第五建设有限公司　广东广州　510145）

摘　要　TP321 材质管道广泛用在加氢装置高压管道上，管道焊接是装置建设过程中的重要控制点，结合建设工程实际选择合理的焊接材料，制定出合理的焊接工艺，严格控制过程，提高 TP321 管道焊接质量。

关键词　加氢装置；TP321 管道；焊接；裂纹；热处理

随着石油化工装置的大型化，加氢装置规模逐渐增加，随之高压管道的壁厚越来越厚，焊接施工难度越来越大。加氢装置中高压管道的焊接是施工阶段重中之重，焊接质量是确保装置长久安全稳定运行的根基，加氢装置核心反应、换热区高压管道主要为 TP321 材质，最大壁厚超过 50mm，焊接难度大，极易出现焊接裂纹等质量缺陷。本文通过工程建设中对 TP321 材质高压管道焊接进行研究，从施工的角度提高焊接合格率，最大程度上避免裂纹缺陷的产生，提升施工质量、工效及经济效益。

1　材料介绍

1.1　TP321 化学成分

TP321 化学成分见表 1。

表 1　TP321 化学成分

钢号	化学成分/%								
TP321	C	Mn	Si	S	P	Cr	Mo	Ni	备注
	≤0.08	≤2.0	≤0.75	≤0.03	≤0.045	17~20	—	9~13	

1.2　TP321 材质力学性能

TP321 材质力学性能见表 2。

表 2　TP321 材质力学性能

钢号	力学性能		
TP321	Бs/MPa	6b/MPa	δ5/%
	≥205	≥515	≥40

2　焊接施工

TP321 材质不锈钢管道具有较好的焊接性能，但在焊接过程中由于其导热率较小以及线膨胀系数大，有较高的热裂纹倾向性和敏感性。为提高焊接合格率，减少焊接质量缺陷，在焊接 TP321 管道时要从焊接工艺、材料、过程控制等方面入手，确保施工符合相关要求。

2.1　焊接工艺

工艺管道焊接，选用、制定合理的焊接工艺是关键，也是保证焊接质量的根本。高压厚壁 TP321 管道焊接过程中手工焊难以避免，在施工条件允许的情况下，增加自动焊的使用，减少施工过程的“人为错误”。

2.1.1 焊接施工

焊接施工条件见表3。

表3 焊接施工条件

坡口型式	层间温度	焊材型号	热处理	焊接层/道	备注
UV型	≤100℃	ER347/E347—16	是/稳定化处理	多层多道焊	

2.1.2 基本参数表

焊接基本参数见表4。

表4 基本参数

焊道/焊层	焊接方法	填充金属		焊接电流		电弧电压/V	焊接速度/(cm/min)	X线能量/(kJ/cm)
		牌号	直径/mm	极性	电流/A			
1/(1)	GTAW	GTS347	Φ2.4	正接	100~140	11~15	5~12	≤20
2/(2)	SMAW	GTS347	Φ3.2	反接	100~130	22~24	8~11	≤20
3/(3)	SMAW	GTS347	Φ4.0	反接	130~160	24~27	8~15	≤20
4以上	SMAW	GTS347	Φ4.0	反接	130~160	24~27	8~15	≤20

2.2 焊接材料

通过已确定的焊接工艺得知，TP321管道焊接的焊材(焊丝/焊条)选用型号为ER347/E347—16，但在不同的加氢装置施工过程以及后续跟踪总结来看，不同厂家的焊材对焊接质量以及裂纹质量缺陷的发生率有较大影响。通过分析，焊材中铁素体的含量对裂纹有一定的影响，铁素体的强度、硬度不高，但具有良好的塑性与韧性，TP321管道焊接的焊材选用必须是铁素体达标的厂家生产，且在使用前对到货的焊材进行相关的检测，满足要求后方可投入焊接使用，否则会造成焊接裂纹等严重质量缺陷。在铁素体控制方面进口焊材有一定的优势。

在焊材直径的选择上，需要根据不同的壁厚进行选择，选用合适规格的焊材可以保证热循环以及焊接熔池的热量输入，常规选用2.4mm的焊丝，3.2mm的焊条。

2.3 过程控制

规范施工及焊接程序，并对焊接过程进行严格控制，减少在晶界析出金属化合物和脆性相。

2.3.1 原材料控制

TP321材质高压管道大部分使用在设计压力10MPa以上的工艺系统中，工艺系统运行安全风险大。结合规范及相关要求，此类管道焊接施工前必须对管道原材料及焊材等进行检验：

1）所有管道及配件需检查相关出厂证明文件，并在施工现场进行表面PT(渗透)复检，确保质量达标。

2）焊材使用前，进行相关的元素检测分析，确保符合质量保证书的要求，特别是铁素体含量检测。

2.3.2 坡口选择

由于TP321厚壁管道壁厚较厚，为保证焊接质量，采用U+V型坡口较为合适，并采用自动化坡口加工机进行坡口加工，保证坡口质量。U+V型坡口可以尽可能的减少焊接熔敷金属量、减小输入焊接的热量以及减少敏化温度对焊接接头的影响，具体坡口形式如图1所示：

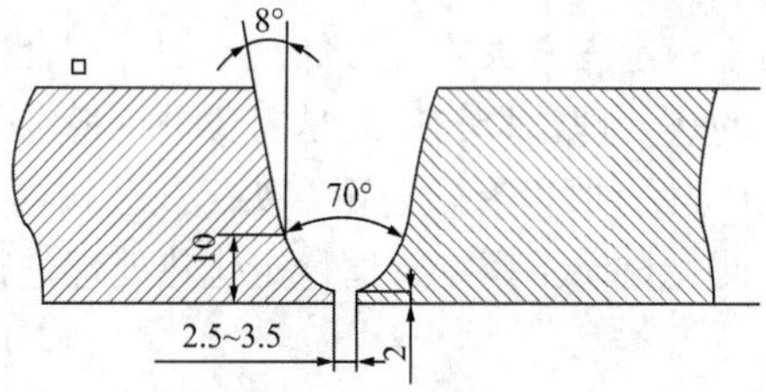

图1 U+V型坡口

2.3.3 焊接策划

1）焊接实施前，细化图纸，原则上加大预制口比例，减少现场口焊接，工厂化预制可增加工效，同时施工环境较好，有利于增加焊接合格率。

2）利用无损检测手段对打底焊进行X光无损检测，焊接缺陷早发现，提高焊接合格率。

2.3.4 焊接过程控制

1）焊接时尽量减少约束及装配应力，“无应力”焊接控制。

2）焊接过程中每焊接一道均应对焊接参数进行如实记录，并将颜色控制为银白色和金黄色，不得出现深蓝色和深黑色。

3）控制层间温度，原则上层间温度不能高于100℃，可以在焊接焊口过程中采用两侧物理降温措施。

4）焊接线能量的控制，在符合焊接工艺要求的情况下尽量选择较小的焊接线能量。

3 热处理

针对TP321材质高压管道是否进行稳定化热处理应视情况而定，原则上遵循相关规范及设计要求：

1）管道所处工艺系统运行温度较低(温度小于420℃)，不会出现敏化现象或不服役于应力腐蚀环境及晶间腐蚀环境的可以考虑不做稳定化热处理。

2）其他情况建议采取有效措施改善热处理环境，按规范做好稳定化热处理工作，如：

① 控制热处理升温速度、尽量减少内外壁温差等，以减少温差应力。

② 先采取温度较低(低于敏化温度)的消除应力热处理，然后再进行稳定化热处理的方式。

③ 实施分层焊接，底层(20mm以内)焊完经无损检测和铁素体含量测定(4%~8%)合格后，进行稳定化处理，复检合格再补充焊接剩余焊肉，后续补充焊接的部分可以免做热处理。

④ 对于确实不具备稳定化热处理条件的(如与法兰连接，热处理影响法兰密封等情况)应针对使用环境做好应对措施并加强监检测，如针对连多硫酸应力腐蚀环境制定好装置停工中和洗涤方案，针对焊缝材质脆化做好先降压后降温，先升温后升压等防护措施。

3）进行稳定化处理的，须规范升降温速度及恒温时间，要重视“空冷”的关键步骤，在恒温后降温至700℃时进行空气冷却。

4）常规热处理曲线图如图2所示。

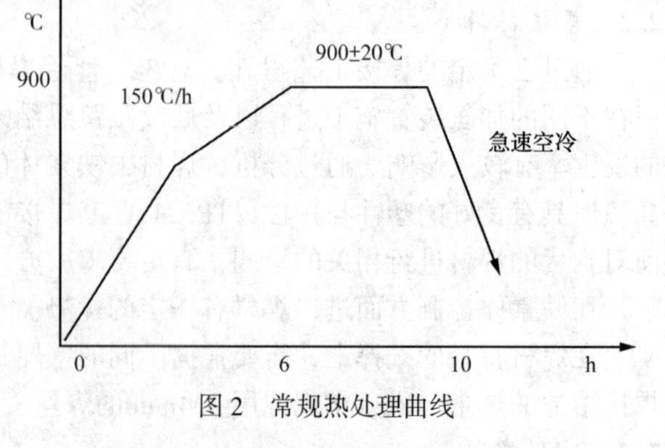

图2 常规热处理曲线

通过多套加氢装置施工TP321管道焊接施工组织，热处理的正确选择以及操作对焊后质量有较大影响，特别是裂纹缺陷的产生。

4 总结

本文是在加氢装置TP321管道施工组织角度进行焊接总结，同时也借鉴了其他同类装置TP321管道施工过程中出现的各类问题，将TP321管道焊接进行了梳理，重在规范施工过程，选择最优施工方案，提高焊接合格率，保证施工质量。

随着近年来各类自动焊接设备的设计、投入使用，在增加焊接合格率上有较明显的效果，可以将人为不稳定因素大幅度降低，增加焊接合格率及工效。在TP321管道热处理上，文中也列举了不同情况下的热处理选择，后续是需要进行稳定化热处理还是以最新的设计规范要求为准，由中国石化炼化工程(集团)股份有限公司牵头，我公司参与的一项《TP347不锈钢稳定化热处理再热裂纹敏感性研究》也对此类材质不锈钢管道稳定化热处理进行了阐述，有待进一步研究。

参考文献

[1] SH/T 3523—2009，石油化工铬镍不锈钢、铁镍合金和镍合金焊接规程[S].

[2] GB 50236—2011，现场设备、工业管道焊接工程施工规范[S].

[3] SH 3501—2011，石油化工有毒、可燃介质管道工程施工及验收规范[S].

[4] NB/T 47014~47016—2011，承压设备焊接工艺评定(合订本)[S].

原料油过滤器频繁冲洗原因分析及解决办法

房国磊

（中国石化金陵石化公司　江苏南京　210033）

摘　要　渣油加氢装置主要处置劣质原料，因原料中含有各种杂质，会使换热器或其它设备结垢或堵塞，增加设备的压力降及降低换热器的换热效果，特别是一些杂质会沉降在反应器催化剂床层上，导致床层压降上升，从而缩短装置的运转周期。为保证装置长周期平稳运行，渣油加氢装置原料在进反应器前必须过滤，但过滤器频繁冲洗又会影响装置的加工量和平稳操作。渣油加氢原料油过滤器运行的好坏至关重要。本文介绍了过滤器的原理、流程等，并对生产中导致频繁冲洗的问题进行原因分析，并通过定期清洗滤芯；强化操作纪律的执行；加强原料性质的控制；优化在线操作等措施达到较好的效果。

关键词　渣油加氢；过滤器；冲洗；杂质

金陵石化1.8Mt/a和2.0Mt/a渣油加氢装置分别于2012年9月和2017年8月建成投产。两套装置都采用固定床渣油加氢成套技术(S-RHT)设计建成。反应部分采用热高分工艺流程，分馏部分采用汽提塔+分馏塔流程，加工减压渣油及部分蜡油，为下游3.5Mt/a催化裂化装置提供优质进料。

两套装置目前都采用马勒工业过滤器提供的一套ProGuard4000系列自动外部反冲洗过滤器。结合两套装置的运行情况发现，在生产中两套装置的过滤器时常会出现频繁冲洗的情况，严重影响装置的长周期平稳运行。因此，对原料油过滤器频繁冲洗的原因进行分析，从而有针对性地提出解决措施，对确保两套渣油加氢装置的长周期、满负荷运行很有必要。

1　马勒进料过滤器

1.1　工作原理

两套渣油加氢装置的过滤器各8组72个滤筒，过滤器正常工作时(如图1所示)，原料油进入进料总管并分布至每一个滤筒。原料油中大于25μm的杂质被截留在滤网内部，清洁的物料出过滤器在撬块上出口总管处再汇合，流出滤筒组进入下游工艺。在过滤循环中，随着被截留下来的颗粒越来越多，过滤速度越来越慢，颗粒收集在滤网外产生差压并累积。差压变送器将系统差压送至DCS，当差压达到设定值120kPa，DCS会发送一个“Start”信号至过滤系统。从A组进行自动正冲洗，打开正冲洗油进的阀门，关闭原料油进的阀门，利用正冲洗油(加氢常渣)将滤筒中的原料油置换出来，置换出来的原料油进V102滤后原料油缓冲罐中。正冲洗结束后进行反冲洗，关闭正冲洗油进的阀门和原料油出的阀门，关闭所有滤筒的阀门，打开反冲洗常渣进的阀门和反冲洗常渣出的阀门，从左往右依次打开滤筒上的阀门清洗滤网，清洗结束再关闭滤筒的阀门，打开下一个滤筒阀门，直到该组所有滤筒冲洗完成。

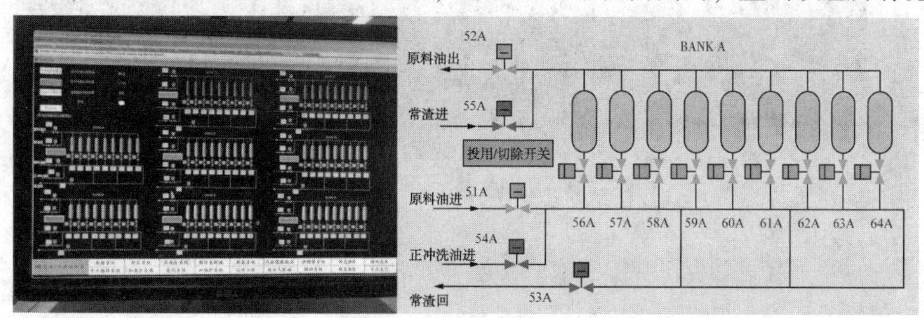

图1　渣油加氢原料过滤器冲洗流程

被置换出来的加氢常渣又返回到产品管线上。

该组过滤单元冲洗完成，自动投入到正常运行状态，下组过滤单元开始进行冲洗，直到8组全部冲洗完毕，压差降到最小值，过滤器进入正常运行状态，等待下一次冲洗信号的到来。

在投用正冲洗流程时，部分正冲洗油(加氢常渣)进滤前原料缓冲罐V101进行回炼，增加装置能耗，降低装置的加工能力，在只投用反冲洗流程的情况下依然能保证产品合格，所以停用了正冲洗。

1.2 技术参数

原料油过滤器技术参数如表1所示。

表1 原料油过滤器操作条件

名称		参数	名称		参数
位号		SR101	单个滤筒/m^3		2.04
规格型号		4109AEC4VBS6CP	总过滤面积/m^3		146.88
主体材质		SA106 Gr. B	操作条件	介质	渣油、蜡油
滤芯材质		316L SS		温度/℃	255
过滤精度/μm		<25	入口压力 MPa		1.6
额定流量/(t/h)		225%×110%	设计条件	温度/℃	285
滤芯数量	滤筒	9个/组(8组)		入口压力/MPa	3.2
	滤棒	28根/筒	制造商		MAHLE

2 过滤器冲洗频繁对生产的影响

2.1 影响装置的加工负荷

在装置正常运行且过滤器使用情况较好的前提下，装置掺渣率可适当提高，保证装置的加工负荷。而当原料油过滤器差压上升较快，反冲洗频繁时(如图2所示)，反冲洗油通过过滤器转阀漏入滤后原料中，严重影响装置的新鲜料加工量。在实际生产过程中，过滤器频繁冲洗通常最直接有效的缓解方式就是短时间内降低掺渣量和处理量，甚至装置改硫化循环流程，以满足过滤器的正常运行，但同时也降低了装置的加工负荷，影响了本装置的效益。

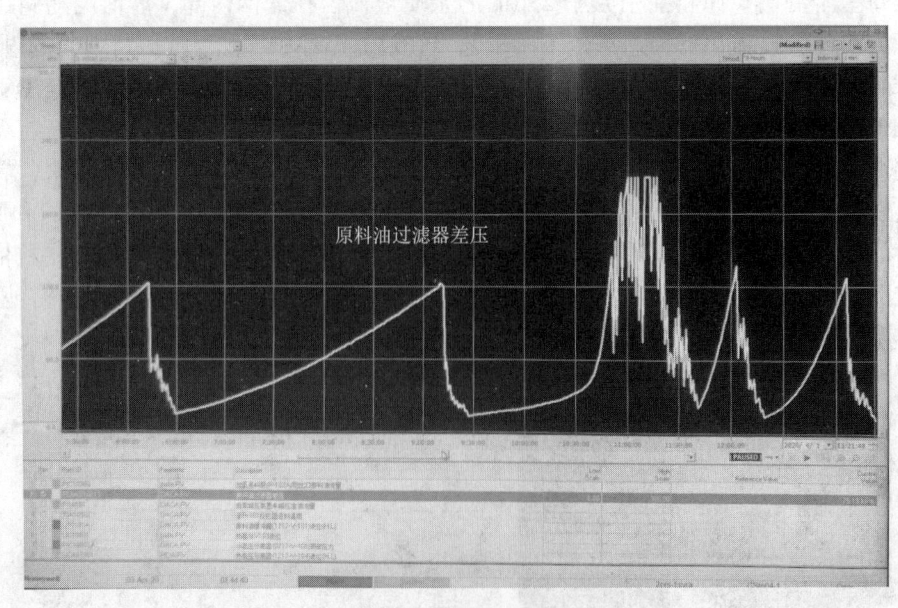

图2 2020年4月1日Ⅱ渣油过滤器运行情况

2.2 影响产品质量

原料油过滤器频繁冲洗，导致反冲洗油通过过滤器转阀漏入滤后原料中，同时原料油也会通过过滤器转向阀混入到产品加氢常渣中。这部分原料油未经过催化加氢反应，含有较高的硫、氮、金属等杂质，从而会使产品加氢常渣硫含量和金属含量较高(如表2所示)，严重影响产品的质量，从而无法保证为下游装置提供优质的原料。与此同时，未经反应的原料油直接混入加氢常渣中，导致其他产品的产量相应降低。

表2 2020年3月25日~4月1日Ⅱ渣油加氢常渣成绩分析情况对比

加氢常渣	采样日期/时间	硫含量/%(质)	铁/(mg/kg)	镍/(mg/kg)	铜/(mg/kg)	钒/(mg/kg)	铅/(mg/kg)	钠/(mg/kg)	钙/(mg/kg)	Ni+V/(mg/kg)
	执行指标	≤0.65								≤15
1	2020/03/25 08：00	0.3615	2.0	6.3	0.1	7.1	0.1	1.8	7.3	13.4
2	2020/03/26 08：00	0.3732								
3	2020/03/27 08：00	0.3933	3.0	6.3	0.1	7.8	0.1	1.9	7.4	14.1
4	2020/03/27 20：00	0.4002								
5	2020/03/28 08：00	0.3901								
6	2020/03/28 16：00	0.3963								
7	2020/03/29 01：00	0.4011								
8	2020/03/29 08：00	0.4326								
9	2020/03/30 08：00	0.4475								
10	2020/03/31 08：00	0.4101								
11	2020/04/01 08：00	0.4536	4.4	7.3	0.1	8.8	0.1	2.1	7.1	16.1

3 影响过滤器运行的原因

3.1 滤芯结垢严重

过滤器滤芯是过滤器的心脏，当原料油经过具有一定精度的滤芯后，其杂质被阻挡，而滤后原料油通过滤芯流出。大于原料油过滤器滤芯孔径的杂质便会沉积于滤芯的通道内，伴随着冲洗周期的增加，沉积在滤芯上的杂质逐渐增多，这些杂质长时间存在容易相互作用，形成结构致密、黏附性强的混合污垢(如图3所示)，造成滤芯的过滤面积逐渐减小，从而堵塞滤芯的过滤通道，使过滤器运行压降升高，致使过滤效果逐渐下降。

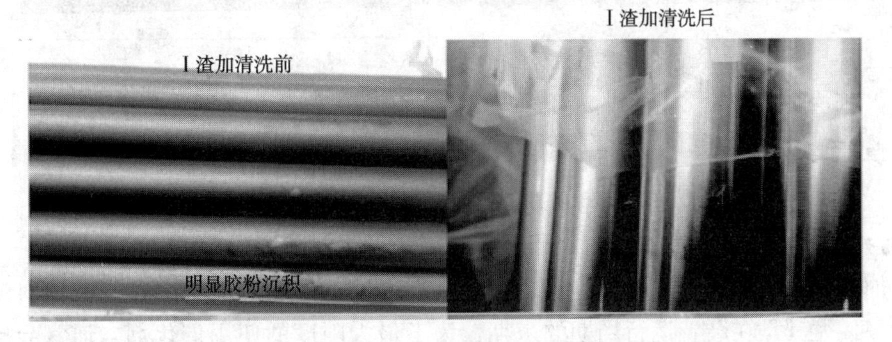

图3 Ⅰ渣油加氢原料油过滤器滤芯清洗前后对比情况

3.2 上游装置的影响

渣油加氢装置的原料减压渣油分直供渣油和罐供渣油两条管线，直供渣油来自Ⅳ常减压装置，罐供渣油来自罐区。当上游装置Ⅳ常减压供料流量波动较大时(如图4所示)，原料油过滤器冲洗时间间隔明显缩短。

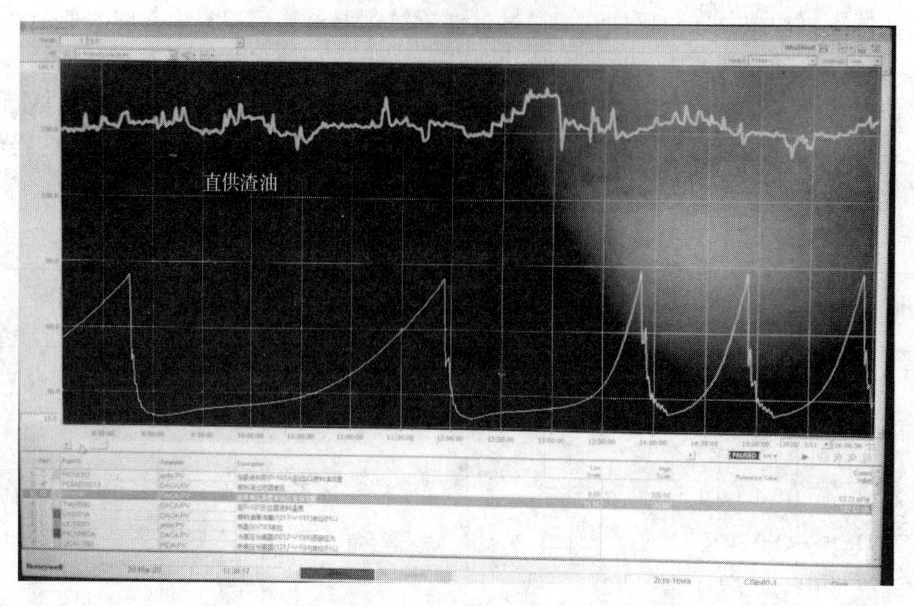

图4 2020年3月11日Ⅱ渣油过滤器运行情况

3.3 混合进料温度的影响

由于渣油属于重质油，混合原料油的温度对黏度影响较大，当原料油温度较低时将导致原料油黏度大，流动性变差，原料油更容易吸附在过滤器滤芯上，致使差压升高，冲洗难度大，冲洗时间间隔变短，当混合原料油的进料温度突然降低时(如图5所示)，过滤器的冲洗时间也会相应缩短。

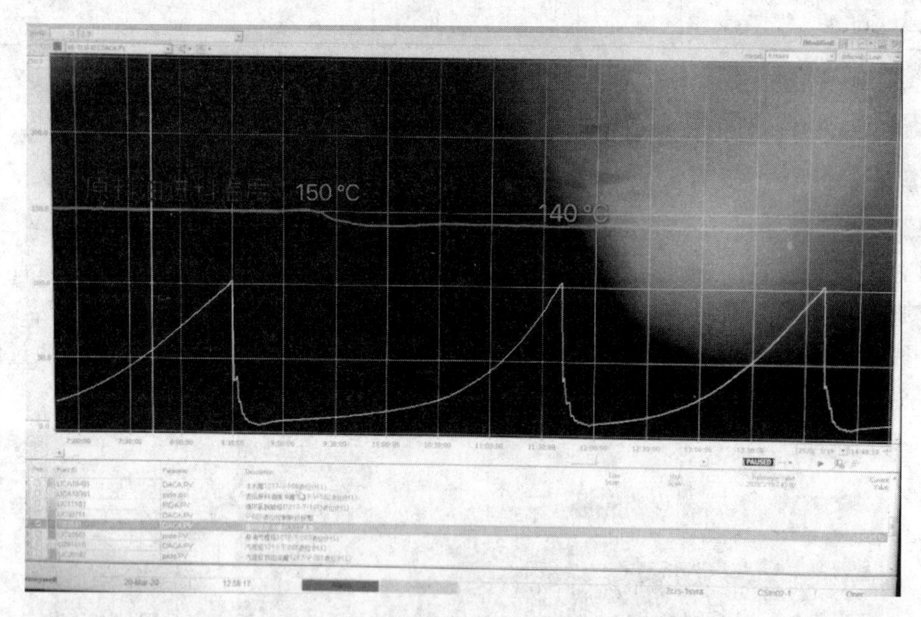

图5 2020年3月19日Ⅱ渣油过滤器运行情况

3.4 掺渣量的影响

两套渣油加氢装置正常运行基本都是满负荷，过高的处理量和渣油量也是影响原料油过滤器频繁冲洗的原因之一，尤其是在装置运行周期的末期，为了最大限度的使用催化剂，通常会提高处理量和渣油量，装置超负荷运行，此时过滤器的冲洗时间间隔会明显变短。在正常生产情况下，当装置降低处理量和渣油量时(如图6所示)，过滤器的冲洗时间会明显变长。

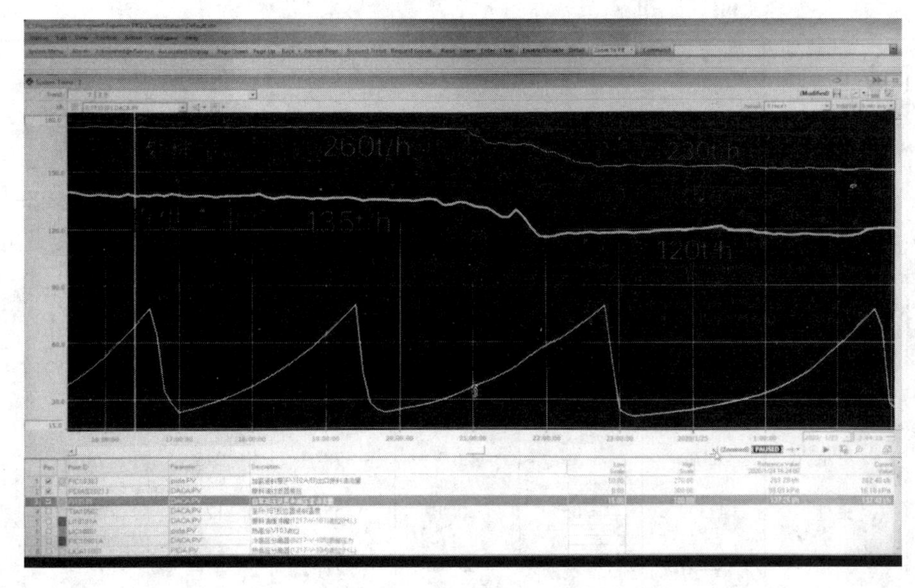

图6　2020年1月25日Ⅱ渣油过滤器运行情况

3.5　原油性质的影响

原料油的加工困难度是指与设计原油相比较，加工给定原料油从而达到相同产品目标的相对困难度。通常以硫、残炭、金属含量和黏度等来显示原料油的加工困难度。除此之外，加工原油的密度和初馏点也能显示原料油的加工困难度。

渣油加氢装置的设计原油来源是沙中、沙轻、科威特、巴士拉和阿曼原油。针对国际原油价格的变化，企业原油采购逐步向高含硫方向发展，原料油的性质的变化对过滤器要求也是越来越高，因此，过滤器系统设备安全可靠运行是非常重要的。目前，上游装置Ⅳ常减压装置炼油原料以巴士拉、伊朗重、伊朗轻、科威特和阿曼等原料为主。这些原油反应难度较大，并且黏度较高，沥青质含量较高(如表3所示)，根据对原料性质的跟踪分析，当原料油中沥青等大分子杂质较多、原油黏度较大时，原料油过滤器的过滤效果受影响较大，极易造成过滤器滤芯堵塞，不能正常运行。因此，在装置运行期间，了解混合原料油的性质、原油来源和相对困难度，及时调整生产操作条件，保证原料油过滤器正常运行，从而实现生产合格产品的目标。

表3　不同原油的减渣性质和反应性能排序

原油	反应难度	减渣性质						
		黏度(100℃)	S	CCR	Ni	V	N	沥青质/%(质)
沙超轻	容易	534	3.08	17.5	10	20	2800	
沙轻	中等	4295	4.28	20.9	22	77	3750	8.6
阿曼	中到难	1793	3.08	16.1	31	35	3902	4.7
上扎	难	1641	4.27	22.8	38	50	3152	7.2
拉万	难	1586	4.17	21.1	29	96	2807	10.9
沙中	难	20016	5.75	22.7	44	144	4341	8.2
科威特	难	14298	5.93	25.9	47	137	4523	10.9
俄油	难	959	1.24	13	23	32	3623	3.9

续表

原油	反应难度	减渣性质						
		黏度（100℃）	S	CCR	Ni	V	N	沥青质/%(质)
拉帕	难	3918	0.9	14.7	43	45	6788	3.5
卢拉	难	3632	0.71	11.9	40	33	8961	1.2
维亚兹	更难	9933	1.03	21.9	47	18	8820	7.2
卡特尔海上	更难	16085	4.68	23.2	39	119	3523	9.4
巴士拉轻	更难	6224	6.33	25.9	55	193	4813	11.7
伊轻	更难	8876	3.56	19.9	78	245	7428	8
沙重	更难	47399	6.05	20.8	55	171	4839	17.3
伊重	更难	22239	4.31	25.7	97	318	7191	9.4
达尔	非常难	7069	0.15	14.2	156	0.5	8311	
瓦斯科利亚	最难	8.50E+08	2.57	44.2	138	461	6858	32.6

4　解决及优化措施

4.1　定期清洗过滤器滤芯

滤芯是过滤器的关键部件，只有保持滤芯的清洁，才能提供最佳的过滤器去除效率，故必需加强清洗。特别在原料性质变重、掺渣量较高等不良工况下，更需加强清洗。定期对过滤器进行柴油浸泡和蒸汽吹扫，从而减少杂质在过滤器滤芯上的积聚，能有效延长原料油过滤器冲洗时间间隔30～60min，缓解过滤器压降的上升，同时延长整套设备的使用寿命。

4.2　强化操作纪律的执行

班组应加强工艺纪律的执行力度，在生产操作过程中，提降量应严格执行提降量操作法，避免渣油量和处理量大幅度调节，当上游装置供料流量波动较大时，应及时汇报并联系上游装置，要求控稳流量，避免过滤器冲洗频繁的事故发生。同时，应对班组人员加强对过滤器频繁冲洗处理预案的学习，提高操作人员的水平。

4.3　加强原料性质的控制

混合进料原料油中黏度较高、沥青质含量较高时，容易堵塞过滤器滤芯。操作人员需加强原料质量及工艺参数的监控，加强与上游装置联系，与生产调度配合，根据原料油的性质及时调整生产操作条件，防止其它原料带来的大颗粒杂质影响过滤器的运行。同时，在操作条件允许的前提下，要求供料装置尽量提高原料油的温度，从而降低原料油的黏度。

4.4　优化在线控制

为确保原料油过滤器正常运行，在线控制是关键。在线控制应把握三个方面：保持滤前原料缓冲罐V101液位稳定，控制在40%～60%；保持反冲洗差压的稳定；加强原料油过滤器SR101的维护，确保各组件运行良好。

5　总结

渣油加氢原料油过滤器冲洗频繁的原因在操作中影响的因素较多，需要操作人员及时分析原因，根据不同情况制定相应的处理措施，从而有效解决装置原料油过滤器频繁冲洗的问题。I渣油加氢装置从第四周期开始，通过对原料油过滤器优化，过滤器大大提高了过滤质量及效率，延缓了加氢反应器压差上升趋势，运转周期由第三周期的 430d 延长至 658d，实现了真正意义上的长周期平稳运行。

参 考 文 献

[1] 王莹波．柴油加氢装置原料过滤器生产过程中存在的问题及解决措施[J]．河南化工，2016：36-38.

[2] 史开洪，艾中秋．加氢精制装置技术问答[M]．北京：中国石化出版社，2007.

2# PSA装置原料气罐跑剂原因分析及对策

彭　军　郑树坚

（中国石化九江石化公司　江西　九江　332004）

摘　要　介绍了某炼化企业变压吸附氢提纯装置的主要技术特点和基本运行情况。针对装置运行过程中出现的原料气罐V401吸附剂跑剂问题进行了较为全面深入的分析，采取一系列应对措施后，较好的解决了跑剂问题。装置自2018年7月消缺以来，程控阀整体运作较好，装置运行平稳。同时针对硫腐蚀、铵盐腐蚀、氯腐蚀、垢下综合性腐蚀问题以及装置管理上提出了相关预防建议，其经验为同类装置的设计、操作及改造提供参考。

关键词　原料气；变压吸附；腐蚀

1　前言

由于变压吸附（PSA）气体分离技术是依靠压力的变化来实现吸附与再生的，因而再生速度快、能耗低、运行成本低、自动化程度高，属节能型气体分离技术。该工艺过程简单、操作稳定、对于含多种杂质的混合气可将杂质一次脱除得到高纯度产品，而其中变压吸附氢气提纯技术的发展尤其令人瞩目[1-2]。

为了给高压加氢装置提供高纯氢，某炼化企业新建一套变压吸附氢提纯装置（简称2#PSA）。该装置采用上海华西所技术，以重整氢、加氢裂化（含渣油加氢）混合低分气以及苯乙烯尾气为原料，采用12-2-7抽真空工艺流程，从混合原料气中分离出纯度大于99.9%（体）的氢气。装置于2015年投料开工至今运行较为平稳，在企业氢气利用和降本增效方面起了关键作用。

2　装置简介

装置公称规模为40000Nm^3/h产品氢，年开工时数8400h，原料气处理量52784Nm^3/h，氢气回收率为94%，操作弹性60%~110%。工艺流程见图1，主要由原料气预处理部分、变压吸附部分、抽真空部分及解吸气升压部分组成。

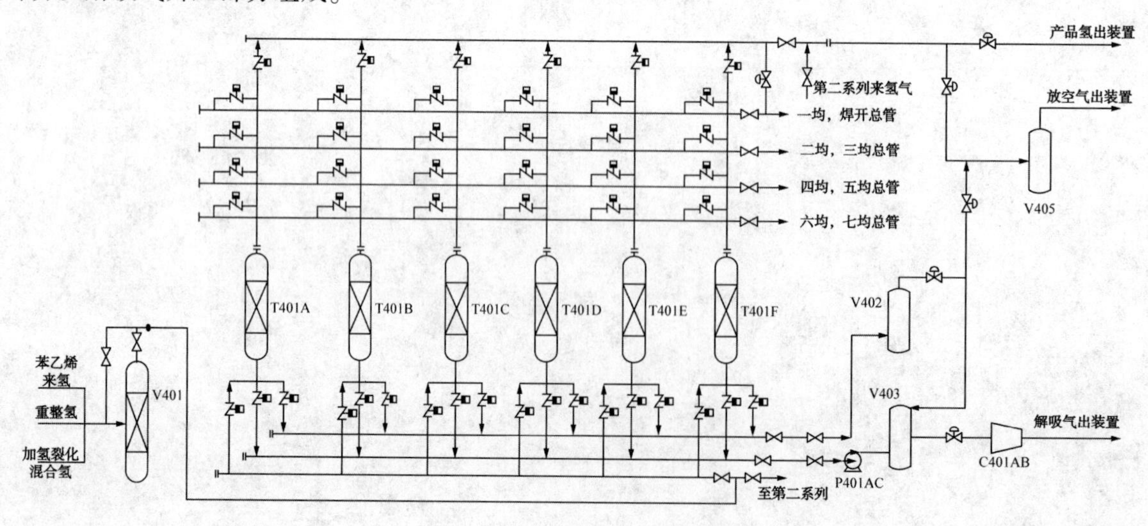

图1　2#PSA装置原则流程示意

2.1 装置主要技术特点

1）在混合气进入吸附塔之前设置原料气罐，内装有部分吸附剂，可保证重烃不会带入变压吸附部分，保护吸附塔内吸附剂。

2）采用12-2-7工艺流程，即：装置的12个吸附塔中有2个吸附塔始终处于进料吸附状态，其他吸附塔处在再生的不同阶段，这样有效地延长了再生时间，提高了再生效果。

3）采用上海华西所自主研制开发的高性能吸附剂，具有吸附容量大、解吸容易、吸附剂强度大、使用周期长等特点。

4）采用上海华西所专利产品——气动程控阀。该阀具有体积小、重量轻、运行准确、平稳、开关速度快(小于2s)、阀门密封性能好(ANSI六级)、寿命长(100万次)、自带阀位显示等特点。

2.2 吸附剂装填

本装置所采用的吸附剂都是具有较大比表面积的固体颗粒，主要有：活性氧化铝类、活性炭类、硅胶类和分子筛类。12台吸附塔从下到上均依次装填HX-01硅胶、HX-02活性氧化铝、HX-03/I活性炭、HX-04分子筛、HX-05分子筛，吸附剂总量为312.8t，同时原料气罐V401装填C_{30}吸附剂(活性炭)3t。

2.3 原料及产品情况

原料及产品情况见表1。

表1 原料及产品性质对比

项目/%(体)	设计原料			实际混合原料	产品氢	
	重整氢气	混合低分气	苯乙烯尾气		设计	实际
H_2	93.75	74.37	95.86	89.22	99.9	99.65
C_1	2.51	11.67	1.30	3.22	0.1	0.35
C_2	1.96	3.21	—	1.93	—	—
C_3	1.22	3.40	—	1.11	—	—
iC_4	0.32	1.63	—	0.22	—	—
nC_4	0.12	0.93	—	0.11	—	—
C_5^+	0.13	1.44	—	0.01	—	—
H_2O	—	0.53	0.34	0.26	—	—
H_2S	—	0.0035	—	—	—	—
CO_2	—	—	2.50	0.02	—	12(mL/m^3)
CO	—	—	—	—	—	5.2(mL/m^3)

装置实际运行中重整氢、混合低分气和苯乙烯尾气比例约60：32：8(%体)，从表1可以看出，实际运行中原料气微量水和CO_2含量较高，给装置运行管理提出了更高要求。装置自投产以来，产品氢气体积分数基本都控制在99.2%以上。由于个别程控阀还存在内漏，解吸气中氢气含量高于设计值，导致氢气回收率只有91%左右，低于设计值94%。

3 装置运行问题及解决措施

3.1 装置运行中出现的问题

2#PSA装置从2015年10月开始投运至2017年2月，以重整氢、加氢裂化(含渣油加氢)混合低分气为原料气，原料气罐V401压差会定期上涨，当压力达到0.15MPa时，联系上游重整装置切换脱氯罐，投用新脱氯罐后V401压差同步下降至正常水平，2017年4月开始引用苯乙烯尾气后，V401带液较多，脱水频次由原来1次/d改为3次/d，若上游操作波动V401脱水时间需要超过1h。2017年11月份开始发现解吸气量明显增加，部分吸附塔间断出现压力报警，通过吸附曲线分析判断，部分程控阀内漏较为严重，出现内漏的程控阀主要集中在吸附塔入口的 1 号阀和 8 号阀。

2017 年 2 月全厂停工检修，装置检修时发现所有吸附塔均出现不同程度裂痕，2018 年 7 月开始对 12 台吸附塔进行两两更换，同步对内漏的程控阀消缺，在拆检程控阀时发现程控阀 1 号阀与 8 号阀流道内有大量吸附剂(见图 2)，同时对所有程控阀均压联通线盲盖打开检查，发现 1 号阀联通管与 8 号阀联通管含有大量吸附剂(见图 3)。

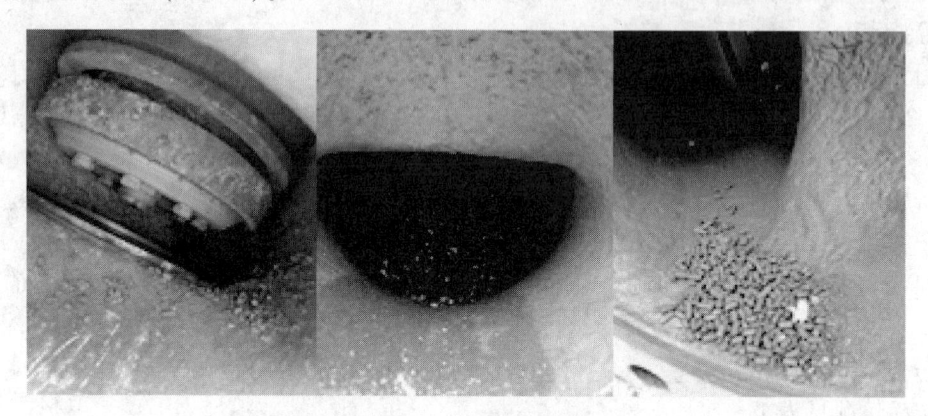

图 2 程控阀 1 号阀与 8 号阀流道

跑损的吸附剂主要集中在 1 号阀与 8 号阀，同时结合 V401 差压分析，自从 2017 年 11 月后，前 8 个月的时间内压差没有上涨趋势，初步判断为原料气罐 V401 出现吸附剂跑损，随即对 V401 头盖进行拆检，拆检情况如下。

1) 不锈钢丝网破损腐蚀严重。原料气罐 V401 分为上下两部分，上部装填 3t 吸附剂，罐顶安装过滤丝网(材质 304)，防止吸附剂及固体杂质进入下游管道和吸附塔内；下部主要是液体的脱除。该罐中间位置设有支撑格栅，并安置不锈钢丝网(材质 304)，防止活性炭进入下部。检查发现无论是出口收集器丝网(见图 4)还是支撑格栅上的丝网均腐蚀破损严重，罐壁和支撑格栅上都有大量的垢物。

图 3 1 号阀联通管与 8 号阀联通管

图 4 出口收集器丝网

2) V401 吸附剂跑损严重。原装填 3t 吸附剂剩余约 1.5t，其中 0.5t 左右落入罐底。吸附剂支撑格栅上丝网腐蚀及破损严重，局部已经消失，多处丝网“粉化”(一扯就断，已失去金属性能)，另收集器内部也有垢物，且有少量的泡沫状垢物，可以用手轻轻掰开，呈现淡黄色。

3.2 原因分析

3.2.1 原料气组成

2#PSA 装置原料气为重整氢、加氢裂化和渣油加氢混合脱后低分气、苯乙烯尾气，其中重整氢占比 60%左右，重整氢中微量的氯和混合脱后低分气体中含有微量的 NH_4^+能迅速反应生成氯化铵晶体，使原料气罐内的吸附剂吸附了大量铵盐晶体，采集 V401 底部水样检测分析，分析结果显示氯离子含量约为300mg/L。铵盐使设备材质腐蚀加剧，特别是对出口收集器的丝网以及支撑格栅丝网(材质为304)腐蚀尤为严重，造成丝网腐蚀，吸附剂跑损。

3.2.2 原料气带液

2017年4月引入苯乙烯尾气后原料气罐V401排液量偏大，分析可能因素：①装置原料苯乙烯装置尾气虽然量较小，但凝液较多，且苯乙烯装置开停频繁，原料波动较大；②重整氢在其再接触系统运行不正常或氨压机运行效果不好时也会造成重整氢带烃加剧；③加氢裂化装置低分气虽然安装旋流脱胺器，亦会夹带微量胺液。通过跟踪发现重整氢和低分气基本不带液，苯乙烯尾气压缩机级间分液罐和出口管线气体带液较多，初步确定为苯乙烯尾气带液严重导致原料气罐V401带液较多，氯离子在水的共同作用下，还可能会形成更为严重的盐酸腐蚀。

3.2.3 丝网微观检测及垢物分析

通过理化室金相显微镜GX41在500X下观察，发现V401出口收集器的丝网以及支撑格栅丝网表面坑蚀、点蚀严重，如图5所示。

图5 丝网微观检测示意

对V401顶部出口封头处垢样进行了分析检测，分析报告结果如下：①V401顶部出口封头处垢样中C、H、N、S元素含量中N含量较高，为24.10%；②V401顶部出口封头处垢样中金属铁、铬、镍含量较高，分别为32.27%、6.16%、2.81%。说明垢样中存在较多的设备腐蚀产物；③V401顶部出口封头处垢样灰分含量为26.45%；④垢样中还含有大量氯化铵盐，无硫酸铵和碳酸铵盐。

通过以上分析，判断V401跑剂的主要原因是收集器不锈钢丝网腐蚀失效。①混合气中水分偏多(苯乙烯尾气携带水量偏大)，V401不锈钢(304)丝网腐蚀受到敏感介质氯离子在潮湿环境中的侵蚀发生的点蚀，点蚀形成以后加上其他杂质(如垢物)使氯离子在杂质和不锈钢丝网表面浓缩，加速了腐蚀速度。②铵盐在V401中富集，导致上部结垢严重，沉积物(水垢、微生物、水渣、活性炭渣等)沉积在金属表面，在垢物下的氯化镁、氯化钙与水发生反应形成氢氧化镁和氢氧化钙以及盐酸(HCl)，使pH值下降，呈现酸化现象，对钢材腐蚀进一步加剧[3]。金属表面有坚硬、致密的水垢存在，氢不能扩散到气水混合物中，则渗入钢材与碳钢中的碳化铁(渗碳体)发生反应，结果造成金属表面脱碳，同时使金相组织发生变化，会形成微小晶间裂纹，垢下腐蚀导致不锈钢丝网“粉化”。

4 整改措施与腐蚀预防

4.1 整改措施

1) V401出口收集器和吸附剂支撑格栅检修(见图6)。出口收集器丝网材质升级，由原来的304材质升级为321材质，吸附剂支撑格栅丝网更换，并由原来2层增加为3层。

2) 加强V401脱液。以生产指令的方式强化班组脱液工作，并纳入运行部定期工作管理，做到白班至少脱液1次，晚班至少脱液2次。

3) 加强对各股原料气的管控。特别是对苯乙烯尾气中水含量的监控，上游加强对苯乙烯尾气的脱水操作，同时工艺上尽可能优化相关参数减少尾气中水含量携带，增强上、下游装置之间的沟通，一旦上游装置异常，V401 及时脱液，必要时请示生产调度短时间切断此股物料。同时，还需重点关注重整氢中微量氯含量，V401 压差有明显上涨时及时联系上游重整装置切换脱氯罐。

4）程控阀检修及联通管清理。更换前期发现泄漏 8 台程控阀，7 台程控阀内漏进行修复，所有程控阀联通管清理。为了确保程控阀安全运行，对所有程控阀前后管道进行吹扫，去除管道内吸附剂及杂质。

图 6　出口收集器和吸附剂支撑格栅整改示意

通过以上措施，装置自 2018 年 7 月运行至今，装置原料气罐 V401 带液较少，没有发现跑剂现象，程控阀整体运作较好。

4.2　腐蚀问题及预防建议

(1) 腐蚀问题

2#PSA 装置原料气来源较多，组成复杂且通常包含有微量硫、氯、氧等腐蚀性杂质，同时，由于分析方法等原因导致氯、氨等杂质难以准确分析，进一步增加了监控的难度，其中典型的腐蚀包括硫腐蚀、氯腐蚀、铵盐腐蚀和垢下综合性腐蚀等。

硫腐蚀：2#PSA 装置硫含量主要来源于低分气。尽管原料气中只含有少量 H_2S，但在解吸气中经浓缩后仍然可能形成较高浓度的 H_2S，从而影响到解吸气的后续利用[4]，因此建议控制装置混合原料气中的 H_2S 体积分数不大于 2mL/m^3。

铵盐腐蚀：主要来自于低分气中的微量 NH_3会和重整氢中微量的氯反应形成铵盐。铵盐会对设备、管线形成腐蚀，更严重的是这些铵盐会在原料气罐和吸附塔内部集聚，影响吸附塔压力降和吸附剂使用寿命，使得装置运行周期大幅缩短。

氯腐蚀：氯化物的危害主要体现在设备腐蚀、铵盐堵塞和吸附剂中毒等方面[5]。氯主要来源于含有氯离子的原料，如重整氢气等。氯离子会使装置内部的奥氏体不锈钢设备和管线产生应力腐蚀，同时氯离子在水的共同作用下，还可能会形成更为严重的盐酸腐蚀。因此，做好氯离子的源头控制是预防氯腐蚀的关键。

垢下综合性腐蚀：垢下腐蚀是金属表面沉积物产生的腐蚀，是一种特殊的局部腐蚀形态，其机理是由于受设备几何形状和腐蚀产物沉积物的影响，使得介质在金属表面的流动和电介质的扩散受到限制，造成被阻塞的空腔内介质化学成分与整体介质有很大差别，腔内介质 pH 值发生较大变化，形成阻塞电池腐蚀。因此，对于加工多种不同性质原料气的 PSA 装置来说，如果对原料气的特性认识或管理不到位，就可能导致装置内部形成硫-氯-氧-铵盐-水等的综合性腐蚀，其腐蚀后果也严重于单一的腐蚀形式，如何有效预防腐蚀仍然是一个重要问题，需要综合考虑并严加防范。

(2) 强化原料气管理

虽然原料气罐 V401 对原料气中携带的铵盐和重组分进行了预吸附，从而改善吸附进料的质量，但随着这部分吸附剂吸附容量的饱和，会影响到变压吸附系统各吸附塔的正常运行。若携带的重烃组分过多，也会给解吸气压缩机带来积液、振动大等隐患，影响机组的安全运行，因此要加强原料气管理，从源头上减少重烃组分和杂质的携带量。此外，苯乙烯尾气中携带微量苯乙烯，苯乙烯有自聚特性[6]，因吸附剂部分失效，会使少量苯乙烯在收集器丝网和内壁上自聚。

(3) 原料气预处理

优化苯乙烯单元操作，减少尾气带液，同时考虑到加裂低分气旋流脱胺器效果较好(使用专利旋流脱液技术），建议苯乙烯尾气增设旋流脱水设施。

（4）其他方面

建议 1 年半左右时间更换 V401 吸附剂，同时检查内部腐蚀情况。同时可以考虑对 V401 顶部和底部丝网材质进一步升级为 316L。

5 结论

对某炼化企业 2#PSA 装置原料气罐 V401 吸附剂跑损问题进行了较为全面深入的分析，采取相关措施后，原料气罐 V401 带液明显减少，同时原料气罐没有发现跑剂现象，程控阀整体运作较好，装置运行平稳。同时针对硫腐蚀、铵盐腐蚀、氯腐蚀、垢下综合性腐蚀问题以及装置管理上提出了预防建议，其经验为同类装置处理此类问题提供一定的指导意义。

参考文献

[1] 秦建峰．变压吸附氢提纯装置的运行问题分析及对策[J]．石化技术与应用，2009，27(4)：345-347.
[2] 魏玺群，陈健．变压吸附气体分离技术的应用和发展[J]．低温与特气，2002，20(3)：1-5.
[3] 范金福，刘猛，张晓辰，等．流速对垢下腐蚀的影响及其腐蚀机理[J]．腐蚀与防护，2019，40(11)：813-814.
[4] 孙建怀．利用 PSA 技术回收炼油厂干气中氢气的实践[J]．炼油技术与工程，2018，48(5)：6-10.
[5] 樊秀菊，朱建华，宋海峰，等．原油中氯的危害、来源及分布规律研究[J]．现代化工，2009，29(增刊 1)：341.
[6] 苯乙烯装置尾气压缩机系统长周期运行研究及对策[J]．现代化工，2009，39(5)：196.

柴油加氢改质装置低分气脱硫塔压差高原因分析与措施

蔡俊明

（中国石化广州石化公司　广东广州　510726）

摘　要　从2019年3月起，广州石化柴油加氢改质装置低分气脱硫塔频繁出现压差高的问题。通过对低分气脱硫系统压差高时的工艺操作参数、原料、贫胺液的性质分析得出：前期胺液受污染后，溶液中固体颗粒和铁离子等杂质积聚在脱硫塔塔盘中是带液的因素之一；受第二周期末期工况影响，低分气脱硫塔的气相负荷过大是另一个因素。经注入1.5~3.0t//h脱盐水的工艺调整，将脱硫塔压差降至0.03MPa以下，可暂时解决问题。但综合装置二期末期工况，解决问题的根本方法是降低低分气脱硫塔气相负荷。

关键词　MDEA；气相负荷；低分气脱硫塔；压差高

1　前言

广州石化2.0Mt/a的柴油加氢改质装置以轻催柴油、重催柴油、焦化柴油和加氢处理的混合柴油为原料，经过脱硫、脱氮、脱氧、芳烃饱和、烯烃饱和等反应，生产高质量的石脑油和满足“国Ⅴ”标准的精制柴油。低分气脱硫系统是本装置不可或缺的一部分。一方面，低分气的脱硫效果直接影响下游制氢PSA装置的运行和吸附剂的使用寿命；另一方面，装置第二周期运行末期，在低分气脱硫塔气相处理负荷受限情况下，超设计符合的低分气处理量，导致低分气脱硫塔频繁压差高甚至带液，将会严重影响上下游装置运行的稳定性。

2　低分气系统流程及原理

柴油加氢改质装置的低分气中富含约70%体积分数的氢气，同时含量有约1.5%体积分数的H_2S。自V-9105来的含硫低分气进入低分气冷却器(E-9208)冷却后送入低分气分液罐(V-9203)分液，V-9203顶内部装有低分气旋流脱烃器以强化分液。分液后的气体进入低分气脱硫塔(T-9203)底部。贫胺液经低分气脱硫塔贫溶剂泵(P-9206A/B)升压后进入T-9203顶部。自塔顶出来的脱硫后气体进入低分气分液罐(V-9204)分液后送至下游制氢装置。自塔底排出的富胺液与循环氢脱硫塔富胺液混合送入V-9309，闪蒸后送至上游装置。流程如图1所示。

柴油加氢改质装置脱硫使用湿法脱硫工艺，以MDEA(N-二甲基乙醇胺)为脱硫介质。一定温度和压力的条件下，MDEA在脱硫塔内与低分气逆流接触，使气体中的H_2S与MDEA发生化学反应，从而将气体中的H_2S脱除。含有硫化氢的MDEA可在高温低压的条件下循环再生。柴油加氢改质使用的MDEA由上游装置提供，产生的富含H_2S的MDEA溶液送往上游装置再生。胺液脱硫的基本原理[1]为：

$$H_2S+2C_5H_{13}O_2N \rightleftharpoons (C_5H_{14}O_2N)_2S \tag{1}$$

$$(C_5H_{14}O_2N)_2S+H_2S \rightleftharpoons 2\ (C_5H_{14}O_2N)HS \tag{2}$$

式(1)、(2)均为可逆反应。在较低温度(20~40℃)下，反应向右进行，吸收气体H_2S。在较高温度(>105℃)下，反应向左进行，此时生成的胺的硫化物，析出吸收的H_2S，因此MDEA可以循环使用。

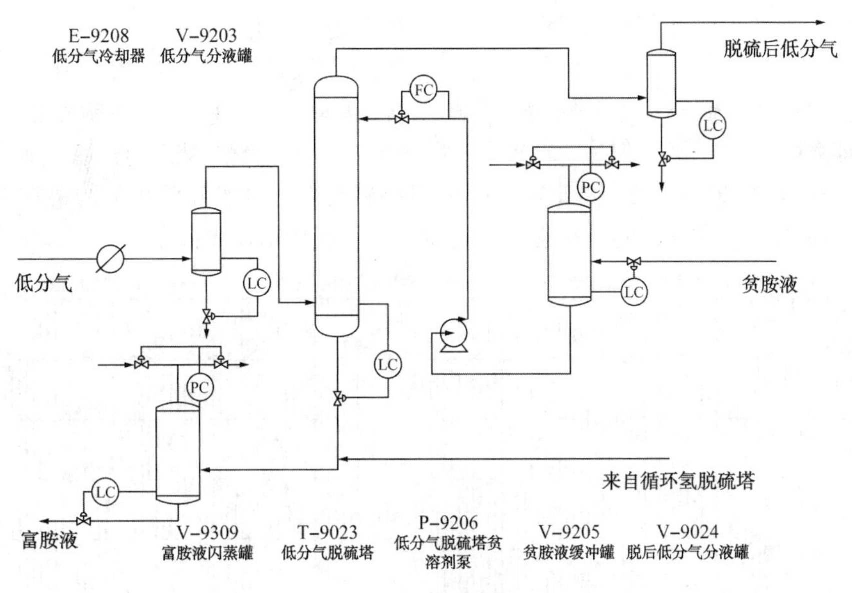

图1 低分气脱硫系统

3 低分气压差高问题及分析

3.1 低分气脱硫塔压差高现象

柴油加氢改质装置的低分气脱硫系统在2014年8月底至11月期间，曾频繁出现压差高，并伴有带液现象，其现象主要表现为：低分气脱硫塔T9203压差过高，超过报警值0.003MPa，最高达到0.060MPa；低分气脱硫塔塔釜液位波动；脱硫后低分气分液罐带液频繁；装置处理能力下降等。这些异常情况均是分馏塔操作中“液泛”的现象，如图2所示。

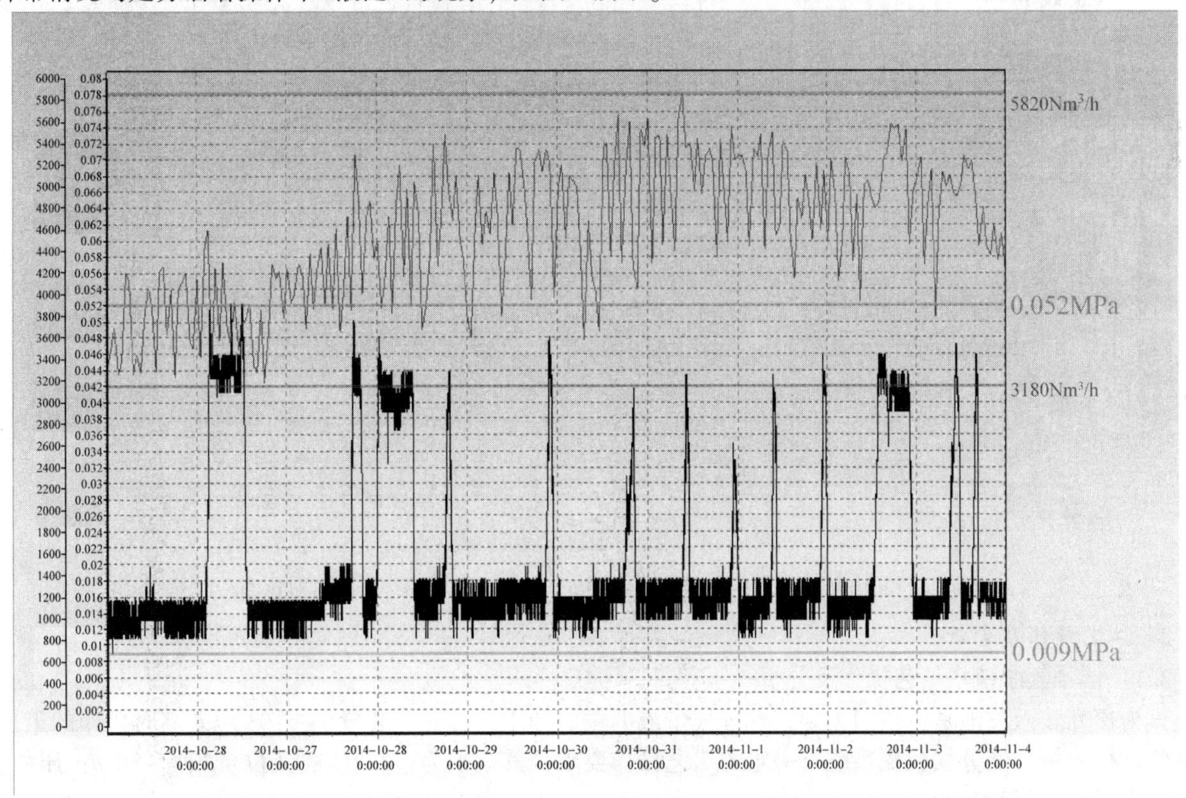

图2 2014年带液期间低分气处理量与脱硫塔压差变化曲线

本次低分气脱硫系统出现压差高并频繁带液现象是在2019年3月底至4月期间。与前次相似，但却并不相同。其现象主要表现为：此次低分气脱硫塔T9203压差过高，超过报警值0.003MPa，最高达到0.051MPa。超过报警值后，低分气脱硫塔塔釜液位虽然也会波动，但并不频繁；脱硫后低分气分液罐带液不频繁；装置处理能力虽然也会下降，但是并未出现循环氢脱硫塔T9101类似“液泛”的现象，如图3、图4所示。

图3、图4是选取了2019年2月1日~4月10日装置与低分气脱硫塔相关的关键工艺操作参数与脱硫塔T-9203压差的变化曲线。对比可得出：此次低分气脱硫塔压差高重点在于该塔自身原因分析。

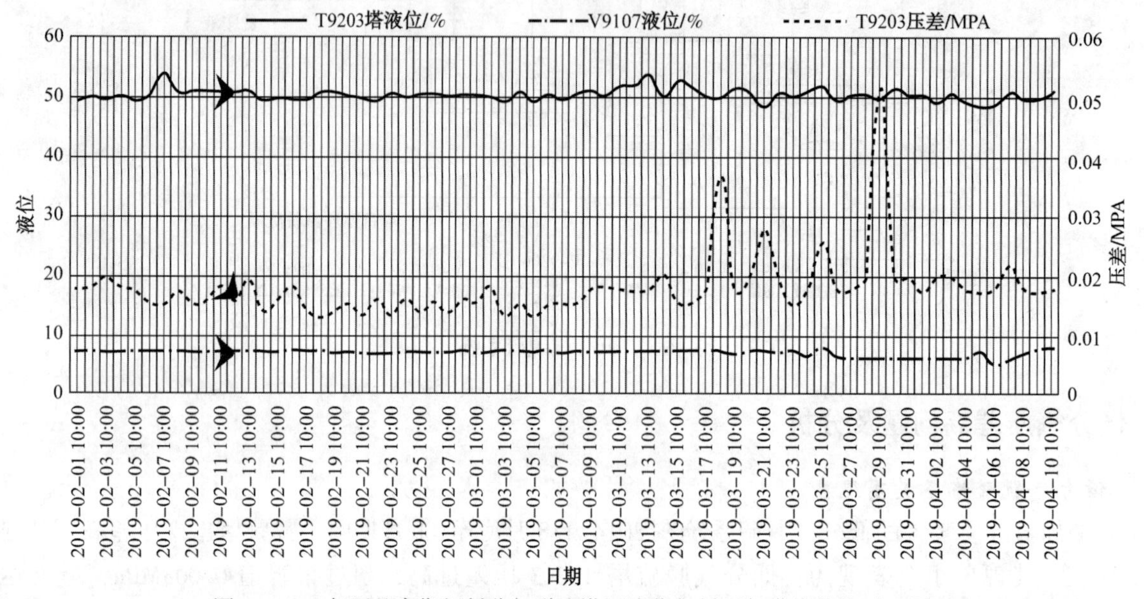

图3 2019年压差高期间低分气脱硫塔压液位与循环氢带液趋势对比图

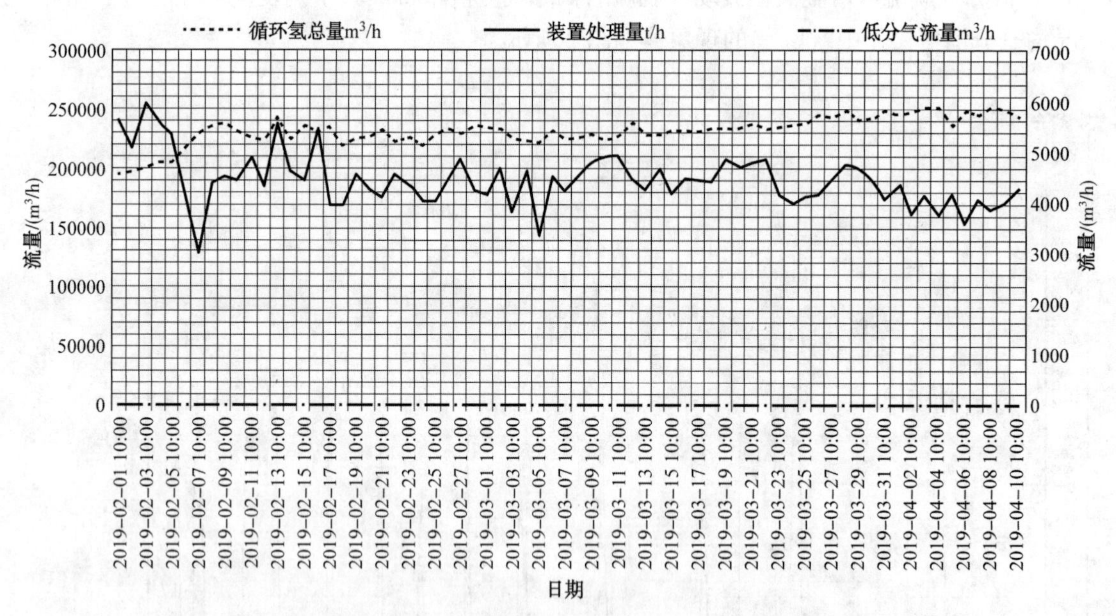

图4 2019年压差高期间装置处理量与低分气量以及循环氢总量对比图

3.2 工艺操作及分析

3.2.1 低分气脱硫塔工艺操作及分析

为探究胺液发泡是否依旧为导致低分气带液的主要因素，首先对装置T-9203压差高时操作的工艺参数进行分析。低分气脱硫系统有一定的工艺操作要求，其范围为：T-9203液位：30%~80%；压差：≤0.03MPa；塔顶压力：2.6~3.0MPa；低分气温度：30~45℃；脱硫后低分气H_2S含量：≤20(mg/m^3)；胺液浓度：25%~40%。

选取2014年10~11月以及2019年2~4月T-9203压差高期间的工艺参数进行分析并与平稳时的操作参数进行对比，如表1所示。

表1　带液前与带液期间工艺参数对比

序号	时间	T-9203液位/%	压差/MPa	装置处理量t/h	低分气温度/℃	胺液温度/℃	循环氢量/(Nm³/h)	低分气量/(Nm³/h)	废氢阀开度/%
1	2014-10-26 09：37	57	0.05	210.4	38.2	40.8	223301	4049.1	10.3
2	2014-11-02 14：54	56	0.05	220.3	35.7	37.4	201582	3925.5	10.4
3	2014-11-0406：57	57	0.04	219.5	35.1	38.3	196803	4782.1	10.3
4	2014-11-09 02：28	52	0.05	219.8	37.5	41.7	217525	4958.6	10.3
5	2019-02-13 10：00	51	0.05	175.4	34.2	41.8	241931	5526	14.2
6	2019-03-02 10：00	49	0.05	174.8	37.7	38.5	232112	4680	14.1
7	2019-03-13 10：00	51	0.03	175.5	36	38.4	228083	4660	14.3
8	2019-03-18 10：10	48	0.03	173	36.7	40.3	233455	4382	14.2
9	2019-03-21 10：10	48	0.03	175	37	39.4	238217	4781	14.1
10	2019-03-25 10：10	51	0.03	174	37.5	40.5	237484	4098	14.4
11	2019-03-29 10：10	51	0.05	174	36.8	37.7	240293	4664	14.2
12	2019-04-02 10：00	49.1	0.03	180.3	37.2	38.3	246642	3775	14.1
13	2019-04-03 10：00	50.6	0.03	180.1	37.4	39.2	251648	4128	13.9
14	2019-04-07 10：00	50.8	0.03	180.5	38.3	40.2	245565	4029	14.1
15	2014-08-05 20：10	48	0.01	235.3	34.9	36.8	210805	6913	10.3
16	2019-02-03 10：10	50	0.01	175.3	35.7	41.2	200244	5935	17.4

注：第15、16组为带液前平稳运行的数据，1~4组为2014年压差高期间的数据，5~14组为2019年压差高期间的数据。

由表1可以看出，对比正常运行时低分气脱硫塔的工艺参数，2014年压差高时，T-9203压差超过报警值0.03MPa达到0.04~0.05MPa，同时塔液位也出现了10%左右的波动，说明塔盘出现“液泛”现象，造成压差过高。2019年压差高时，T-9203压差超过报警值0.03MPa达到0.03~0.05MPa，塔液位未出现大幅度的波动，但与2014年相比均有共同点，循环氢量波动较大，低分气处理量受到较大影响。两年的低分气入口温度均为34.2~38.3℃，胺液入口温度为36.8~41.8℃，均没有发生明显波动和变化，且两者温差也较小，温度对发泡的影响甚小。2019年相对于2014年，装置处理量较小，废氢阀度更大，T-9203气相负荷更高。由表1可说明胺液温度、低分气温度、塔压并非此次压差高胺液发泡的主要因素，压差过高和胺液发泡另有他因。

由表2可知，低分气脱硫系统正常时，低分气量月均可高达6450 Nm³/h。压差高，甚至带液期间，为稳定T-9203液位与塔压差，确保低分气的合格，处理量最低会降低至3000 Nm³/h。低分气中H_2S的总含量决定了塔脱硫负荷的大小。设计的脱硫能力值与实际生产对比可知，2014和2019年压差高期间H_2S总含量分别为52.16 Nm³/h和53.56 Nm³/h，都略大于设计值的51.10Nm³/h，说明运行负荷超过了设计负荷。超负荷运行是使T-9203压差高的重要原因，也会导致胺液发泡，从而对装置平稳运行带来一定的影响。

表2　脱硫塔负荷对比

年份	项目	低分气量/(Nm³/h)	脱硫前H_2S含量/%	H_2S总量/(Nm³/h)	脱硫后H_2S含量/%
2014	带液前	6450.17	0.543	35.02	$<5\times10^{-4}$
2014	带液期间	4595.73	1.135	52.16	$<5\times10^{-4}$
2019	带液前	5935	0.517	34.7	$<5\times10^{-4}$
2019	带液期间	4687	1.151	53.56	$<5\times10^{-4}$
设计值	设计值	4220.00	1.211	51.10	$\leqslant 20\times10^{-4}$

注：带液前、带液期间的数据分别来自于2017年7月、10月以及2019年2月、4月的月平均值。

3.2.2　低分气脱硫塔压差高期间原料性质分析

低分气脱硫塔气量负荷与装置处理量、原料油性质、催化剂活性等多个因素密切相关，首要因素离不开原料油性质的变化。2019年低分气脱硫塔压差高期间，原料油性质如表3、表4所示。

表3 脱硫塔压差高期间3月份原料油性质分析表

分析项目	硫含量/%(质)	酸度/(mgKOH/100mL)	初馏点(校正温度)/℃	10%(校正温度)/℃	50%(校正温度)/℃	90%(校正温度)/℃	95%(校正温度)/℃	氯含量/(10^{-6})	密度(20℃)/(g/cm^3)	溴价/(gBr/100g)	氮含量/(10^{-6})	十六烷指数	多环芳烃/%(质)
分析次数	31	4	8	8	8	8	8	8	21	21	21	8	1
不合格次数	14						0	2	2		0		
最大值	1.39	26.9	189	240	294.5	350	361	1.1	901	17.3	855	37.2	37.7
最小值	1.14	24	178	231	290	346	355	0.9	889.7	11.4	616	34	37.7
均值	1.29	25.20	184.44	235.81	292.81	347.13	357.19	0.99	896.12	13.78	733.29	34.96	37.70
控制指标	≤1.3						≤375	≤1	≤900	gBr/100g	≤1200	≥36	

表4 脱硫塔压差高期间4月份原料油性质分析表

分析项目	硫含量/%(质)	酸度/(mgKOH/100mL)	初馏点(校正温度)/℃	10%(校正温度)/℃	50%(校正温度)/℃	90%(校正温度)/℃	95%(校正温度)/℃	氯含量/(10^{-6})	密度(20℃)/(g/cm^3)	溴价/(gBr/100g)	氮含量/(10^{-6})	十六烷指数	多环芳烃/%(质)
不合格次数	15						0	3	0		0		
最大值	1.42	23.6	188	240	297	350	360	1.1	898.8	16.3	774	38.1	34.4
分析次数	30	4	9	9	9	9	9	10	22	22	22	9	1
不合格次数	15						0	3	0		0		
最大值	1.42	23.6	188	240	297	350	360	1.1	898.8	16.3	774	38.1	34.4
最小值	1.18	16.1	177.5	232	292	344	354	0.9	888.3	11.2	575	34.5	34.4
均值	1.3	19.8	182.22	235.67	293.89	347.17	357.67	1	895.13	14.07	699.14	35.56	34.4
控制指标	≤1.3						≤375	≤1	≤900	gBr/100g	≤1200	≥36	

通过表3、表4原料性质可以看出。低分气脱硫塔压差高期间，原料油硫含量频繁超标，均值已超过控制指标。对原本处于第二周期末期，催化剂活性不高的装置来说，对后续流程的反应及低分气脱硫塔的气相负荷具有较大影响。

4 低分气脱硫塔压差高时贫胺液质量及分析

4.1 贫胺液分析

贫胺液及再生系统胺液性质见表5及表6。

表5 2014年与2019年压差高期间进装置贫胺液的性质

序号	采样时间	热稳态盐/%	石油类/(mg/L)	机械杂质/%(质)	浓度/%(质)	泡高/mm	消泡时间/s	H_2S含量/(g/L)
1	2014-10-02	5.25	—	无	29.82	15	1.0	0.03
2	2014-10-04	4.59	75.0	0.01	30.28	20	1.0	0.01
3	2014-10-21	4.49	57.3	无	32.36	20	1.0	0.01
4	2014-10-26	4.17	36.6	无	30.83	25	1.0	0.01
5	2014-11-02	4.64	35.2	无	29.12	15	1.0	0.01
6	2014-11-04	4.17	39.8	无	28.50	20	1.0	0.02
7	2014-11-09	3.85	23.0	无	22.25	10	<1.0	0.07
8	2019-02-12	3.71	33.3	无	32.17	15	<1.0	0.01
9	2019-02-26	4.38	32.5	无	34.17	15	<1.0	0.01
10	2019-03-12	4.89	23.7	无	32.7	15	<1.0	0.01
11	2019-03-19	5.25	27.3	无	32.29	15	<1.0	0.01
12	2019-03-26	5.30	27	无	31.25	15	<1.0	0.01
13	2019-04-02	4.97	35.5	无	31.28	15	<1.0	0.01
14	2019-04-09	4.49	28.8	无	32.11	15	<1.0	0.01
15	2014-08-05	4.14	73.5	无	30.49	20	1.0	<0.01

注：第15组为带液前平稳运行的数据，1~7组为2014年压差高期间的数据，8~14组为2019年压差高期间的数据。

由表5可知，两年相比较，胺液中的热稳态盐在低分气带液前后，含量均在4%~5%且变化不大，机械杂质含量很低，基本为无，可以排除其影响；石油类含量一直保持较低，均小于100mg/L，同时亦未发现低分气的旋流脱烃器V-9203出现大量带液情况，说明低分气夹带烃类少，烃类并非主要因素；对于胺液浓度，设计值为30%，压差高前期浓度基本与设计值吻合(30%~32%)，2014年后期稍低(22%~28%)，2019年与设计值吻合(30%~32%)，整体来说胺液在压差高期间变化不大，胺液浓度并非主要因素；胺液中硫化氢含量均小于0.1 g/L，微量的H_2S含量不足以影响贫胺液的质量以及增加塔的脱硫负荷。

表6 再生系统胺液的性质

采样时间	样品	悬浮物/(mg/L)	铁离子/(mg/L)	备注
2014年11月11~13	72系列贫液	800	9.87	溶液呈黑色，混浊
	新再生贫液	806	28.59	溶液呈黑色，混浊
	73系列贫液	220	2.24	溶液呈橙黄色，混浊

续表

采样时间	样品	悬浮物/(mg/L)	铁离子/(mg/L)	备注
2019年3月18~20	72系列贫液	803	17.02	溶液呈橙黄色，混浊
	新再生贫液	816	30.44	溶液呈黑色，混浊
	73系列贫液	232	2.34	溶液呈橙黄色，混浊
2019年4月1~3	72系列贫液	793	9.35	溶液呈橙黄色，混浊
	新再生贫液	798	22.82	溶液呈橙黄色，混浊
	73系列贫液	212	2.04	溶液呈橙黄色，混浊

贫液在正常情况下为亮橙黄色，但由表6可知，在2014年以及2019年，T9203压差高期间，72系列贫液含有大量的悬浮物以及少量的铁离子，并且溶液呈黑色；新再生贫液同时含有大量的悬浮物与铁离子，溶液呈黑色且混浊；73系列贫液亦带有悬浮物，溶液混浊，颜色正常没有发黑。在2019年4月份，T-9203压差有所好转时，72系类贫液、新再生贫液以及73系列贫液铁离子含量以及颜色也均有好转，证明2019年低分气脱硫塔压差高与胺液中的大量的悬浮物、铁离子存在必然联系。

4.2 2018年底分气脱硫塔消缺情况分析

结合2018年装置曾对T-9203低分气脱硫塔进行的专项消缺情况分析，低分气脱硫塔T-9203拆检情况如图5、图6所示，图片显示贫液中大量的炭粉、铁离子和过量的H_2S，在长期高温运行中，容易使塔盘积垢，堵塞浮阀，从而导致T-9203气相负荷处理量受限。消缺期间通过拆通道板后，人工将所有塔盘表面及塔内四周积垢清扫干净，然后用水冲洗塔盘，废水从底部排出。最终塔盘情况如图7所示。结合表6数据分析，可确定2019年压差高的主要因素是固体颗粒和铁离子，Fe^{2+}与S^{2-}结合生产黑色的FeS固体颗粒，故贫胺液溶液呈黑色，并且混浊。与2014年相同，再生后的贫胺液携带大量的炭粉和少量的铁离子进入低分气脱硫系统，大量的炭粉、铁离子和过量的H_2S在脱硫塔内引发胺液发泡，造成脱硫塔压差高。

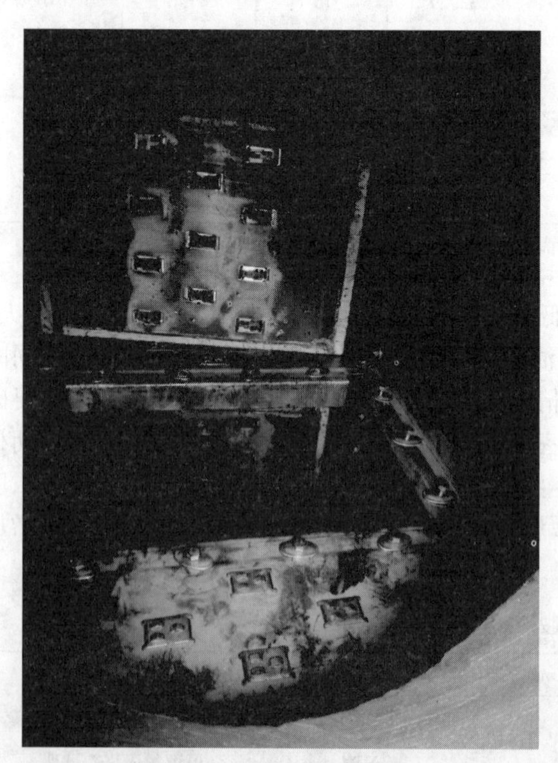

图5 装置消缺期间低分气脱硫塔T-9203塔盘1~10层

图6 装置消缺期间低分气脱硫塔T-9203塔盘11~20层

图7 装置消缺期间低分气脱硫塔T-9203清扫冲洗后塔盘

5 解决措施及效果

5.1 解决措施

固体颗粒中的炭粉和Fe^{3+}对胺液溶液的发泡性能有显著的影响。炭粉的密度小，大多数能悬浮于溶液中，且炭粉的润湿性能差，润湿角较大，不易进入气泡，容易被粘附与气泡表面，聚结于气泡液膜中保护气膜使气泡相对稳定。Fe^{3+}在溶液中容易形成带着正电荷的$Fe(OH)_3$胶体，而 MDEA 吸收H_2S后形成的胺盐，主要是以$(C_5H_{14}O_2N)^+$和HS^-的形式存在。由于表面的吸附作用，$(C_5H_{14}O_2N)^+$富集在气泡表面从而使气泡带正电，HS^-则分散在液膜溶液中，形成双电层结构。当液膜变薄到一定程度，液膜表面与胶体表面的电相斥作用显著，阻止了液膜进一步变薄，使得气泡不易破裂[3,4]。所以聚结在气泡液膜中的固体颗粒增加了表面黏度和液膜中液体流动的阻力，减缓液膜的排液，使得气泡相对稳定不易破裂，胺液发泡也直接导致低分气脱硫塔压差高。

鉴于气泡的产生原理和固体颗粒对胺液发泡的影响，装置采取了以下的方式处理胺液发泡和低分气带液的问题。

(1) 注入脱盐水

装置实际生产中，为解决低分气脱硫塔因胺液发泡，导致塔压差高，甚至造成低分气带液严重的问题，采用了一种较为特殊的方法：注入脱盐水。经过 3 月和 4 月对低分气脱硫塔带液问题的分析和研究，3 月底采取了往低分气系统的贫胺液中注入 1.5~3.0t/h 脱盐水的方法，可以暂时解决低分气脱硫塔压差过高引起低分气带液的问题。其原因可能是：一方面，注水可以直接将浮阀孔的炭粉从塔板冲洗掉，防止塔板出现液泛，重新建立塔板的吸收平衡；另一方面，注水直接稀释了固体颗粒的浓度，有效地减少固体颗粒在液膜上的聚结，降低了消泡时间。

注水虽可以暂时性解决胺液发泡问题，确保装置的运行平稳和低分气质量的合格，但注水在稀释固体颗粒浓度的同时也降低了贫胺液的浓度。大量的注水不仅会直接导致再生贫胺液浓度的降低，影响上游再生胺液系统运行，也会影响到低分气脱硫后的效果，直接影响下游制氢装置 SPA 的运行。因此，注水只是暂时的解决方法。

(2) 降低低分气脱硫塔气相负荷

综合装置二期末期工况，低分气脱硫塔压差频繁高的解决问题的根本方法是降低低分气脱硫塔气相负荷。由于低分气脱硫塔超负荷运行对胺液的发泡导致塔压差高有着直接的影响，所以在低分气脱硫塔压差高期间，解决问题的根本方法是调整原料性质、降低处理量，减少废氢排放量，从而降低装置本身低分气处理量以及贫胺液的使用量，从根本上解决低分气脱硫塔压差高的影响因素。

5.2 措施效果

5.2.1 注水效果

图 8 为 2019 年 3 月 29 日 7：00~10：45 时间段脱硫塔压差与注水量的变化曲线图。从图中可看出，当塔压差过高时，将贫胺液中脱盐水注水量提高至 3.0t/h，脱硫塔的压差则开始出现下降，1h 后脱硫塔压差降至 0.01~0.03MPa 的正常范围之间。

5.2.2 工艺参数调整后效果

原料性质调整后，再经过一段时间的总体工艺操作调整，低分气脱硫系统逐渐恢复正常，脱硫塔压差及负荷变化如图 9 所示。由图 9 可知，相对于压差高期间(图 3)，脱硫塔的压差稳定在 0.013~0.018MPa 之间，波动性明显降低；低分气处理量有所下降，在 4300~4900Nm^3/h之间，且装置处理量相对稳定，可提高至 180t/h；循环氢量上升，废氢阀门开度稳定在 16%~17%之间，没有出现低分气脱硫塔压差高的现象。这表明原料性质的优化以及针对二期末期的工艺操作调整后，降低了低分气脱硫系统的气相负荷，使得装置恢复平稳生产，处理量能有所提高。

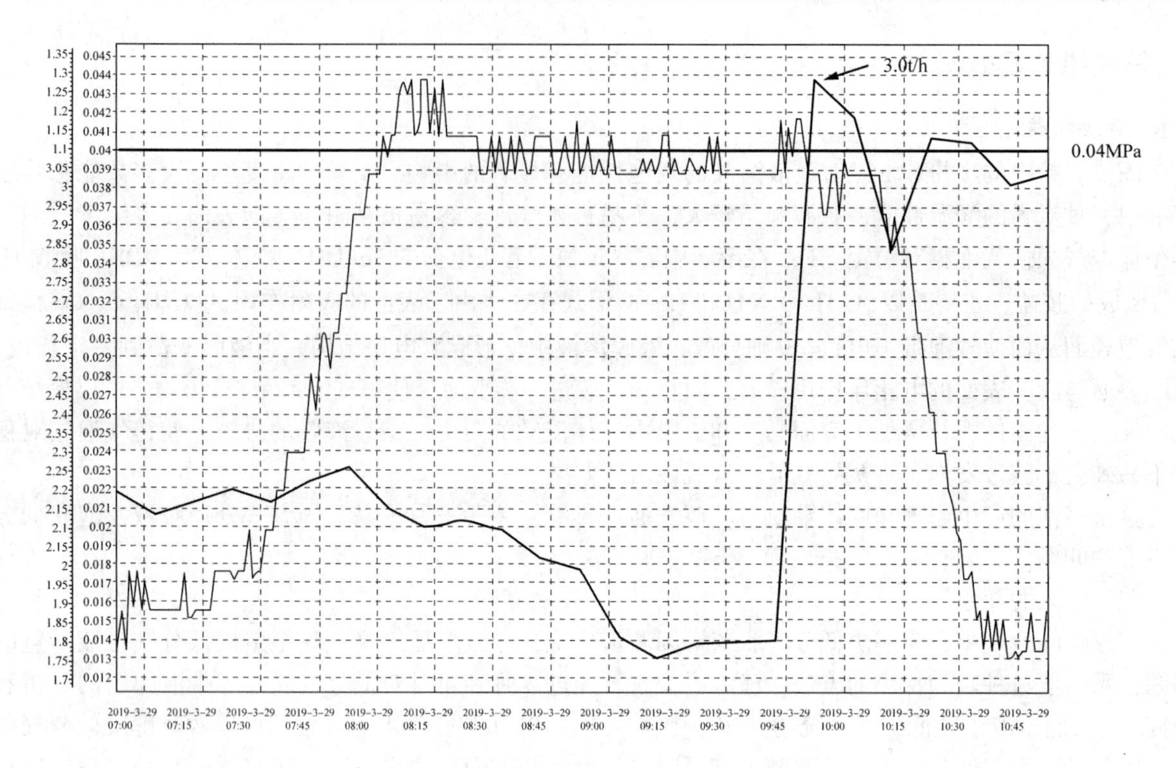

图 8　脱硫塔压差与注水量的变化曲线

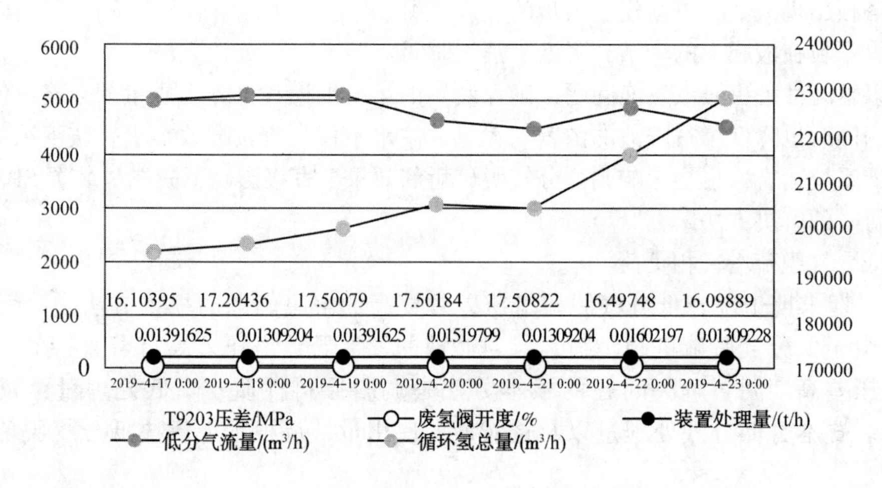

图 9　工艺参数调整后低分气脱硫塔压差与各关键参数变化曲线

6　结论

1）低分气脱硫系统胺液发泡导致低分气脱硫塔压差高的因素之一是上游胺液系统受到炭粉固体颗粒和铁离子污染，使得杂质积聚在脱硫塔塔盘中。

2）低分气脱硫塔的气相超负荷运行是胺液发泡导致低分气脱硫塔压差高的另一个因素。

3）低分气脱硫塔通过往贫胺液中注入 1.5~3.0t/h 脱盐水来降低塔的压差，可暂时解决固体颗粒和铁离子诱发胺液发泡导致低分气脱硫塔压差高的问题。而根本解决贫胺液发泡的方法是确保贫胺液质量，改善原料油性质，尽量减少低分气脱硫塔气相负荷。

参 考 文 献

[1] 李大东．加氢处理工艺与工程[M]．北京：中国石化出版社，2011.

[2] 朱道平．MDEA 溶液发泡原因及对策[J]．小氮肥设计技术．2004，25(2)：19-20.

[3] 金祥哲．MDEA 脱硫溶液发泡原因及消泡方法研究[D]．西安石油大学，硕士论文，2005.

[4] 杨敬一，顾荣，徐心茹，等．固体颗粒对脱硫剂溶液泡沫性能的影响[J]．华东理工大学学报，2002；28(2)：351-356.

柴油加氢改质装置低分气脱硫塔塔盘改造前后性能分析

陈晓双

（中国石化广州石化公司　广东广州　510726）

摘　要　柴油加氢改质装置低分气脱硫塔长期存在低分气带液的情况，2019 年 10 月份大修期间将传统的浮阀塔盘更换为新型立体喷射塔盘(SDMP)。本文旨在分析塔盘更换前后低分气脱硫塔运行参数和脱硫效果，表明SDMP 塔盘的投用可满足实际生产需要。

关键词　低分气脱硫塔；结垢；SDMP 塔盘

1　引言

中国石化广州石化公司 20Mt/a 柴油加氢改质装置低分气脱硫塔采用传统的浮阀塔盘，在装置长周期运行中频繁出现塔盘结垢堵塞，低分气带液等问题，严重影响装置安全平稳生产。在 2019 年大修中，将新型立体喷射塔盘(SDMP)应用于低分气脱硫系统 MDEA 吸收塔，经过半年多的实际操作运行，可以满足装置目前的生产需求，达到预期脱硫效果而且操作弹性大。

2　低分气脱硫系统流程介绍

如图 1 所示，柴油加氢改质装置低分气自热低压分离器(V-9105)顶去到低分气冷却器(E-9208)，冷却后送入顶内部装有旋流脱烃器的低分气分液罐(V-9203)进行分液。分液后的气体进入低分气脱硫塔(T-9203)底部第 20 层塔板。贫胺液经过低分气脱硫塔贫溶剂泵(P-9206A/B)升压后送进 T-9205 第 1 层塔盘上部。脱硫后的气体自塔顶出来进入脱硫后低分气分液罐(V-9204)分液后送至制氢装置作为原料。自塔底排出的富胺液与循环氢脱硫塔富胺液混合送入 V-9309，闪蒸后送至 140k 制硫装置处理。

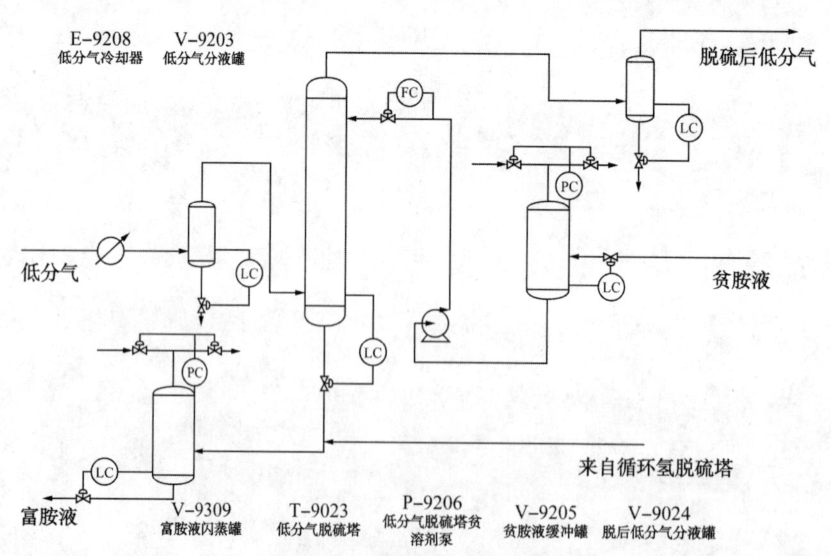

图 1　低分气脱硫系统流程图

3　原有浮阀塔盘存在问题分析

低分气脱硫塔 T-9203 原设计采用浮阀塔盘，总共有 20 层。受贫液携带焦粉等原因影响，在长周期运行中经常出现塔压差高、脱后低分气带液、处理量下降等情况，影响低分气脱硫塔运行，低分气脱硫塔塔盘清理前后气相负荷与压差变化见图 2。严重时只能停工清理塔盘，拆检时发现部分塔盘堵塞严重。塔盘堵塞情况见图 3。

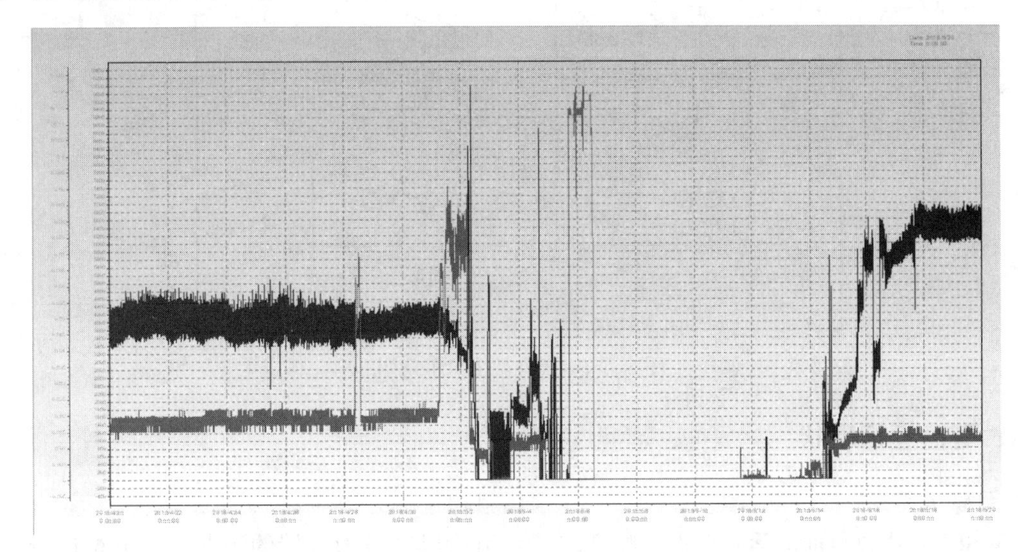

图 2　低分气脱硫塔塔盘清理前后气相负荷与压差变化

4　新型立体喷射塔板(SDMP)结构及传质原理介绍

柴油加氢改质装置于 2019 年 10 月中旬进行大修，实施了塔盘改造项目，用新型高速喷射 SDMP 塔盘取代了原本的浮阀塔盘。其塔盘结构如图 4 所示。

图 3　低分气脱硫塔塔盘焦粉沉积状况

图 4　SMDP 塔盘结构图

4.1　塔板结构

SDMP 塔板结构主要包括帽罩和气孔两个部分，气孔连续排列在塔板上，气相由气孔上升，气孔两边的挡板高度即容垢空间。帽罩固定在气孔的正上方，帽罩与塔板留有一定的余隙作为液相流动的通道，帽罩上方空间是气液传质的场所。

4.2　传质过程及原理

SDMP 塔板属于高速喷射型气液并流传质，与传统浮阀塔的鼓泡传质有明显的不同。气相(低分气)连续向上喷射，液相(MDEA 溶液)则是呈分散状通过气孔连续流动，进入下一层塔盘。气相进入到气孔时被加速，将气孔上方正流动着的液相顶到帽罩上方空间，在此进行传质传热。之后，由于帽罩的阻挡，气相流动被改变方向从帽罩两端继续上升，液相撞击帽罩后则沿帽罩两端滴落回原塔板[2]。SDMP 塔盘技术见图 5。

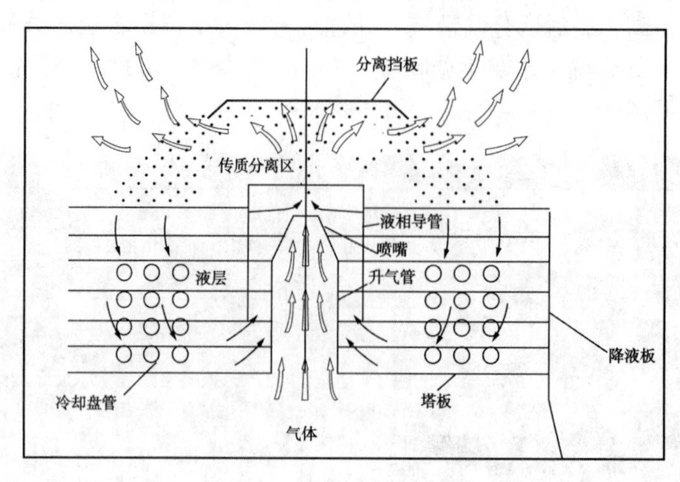

图5 SDMP 塔盘技术示意图

5 SDMP 塔盘运行现状

5.1 操作弹性上限大

为说明 SDMP 塔盘目前的运行状态，特选取了自运行以来最为极端的工况进行分析比较，故分别选取了 2019 年 12 月初装置低负荷运行工况及 2020 年 2 月底至 3 月初的高负荷运行运行工况。在这两种极端工况下，T-9203 运行参数及脱硫后低分气质量如表 1 所示。两种工况下 T-9203 的工艺参数十分稳定，塔顶压力保持在 2.78MPa 左右，塔底液位维持在 50%~51%。在 MDEA 溶液浓度相对稳定的情况下，脱后低分气质量保持在 $5mg/m^3$ 以下。

表1 高负荷与低负荷运行时塔的工艺参数及物质分析

序号	时间	塔顶压力/MPa	T9203 塔底液位/%	MDEA 溶液浓度	脱后低分气硫化氢含量/(mg/m^3)
1	2019.12.01	2.77	50.81	31.30	<5
2	2019.12.02	2.77	50.82	31.29	<5
3	2019.12.03	2.77	50.81	31.55	<5
4	2019.12.04	2.78	50.82	32.32	<5
5	2019.12.05	2.78	50.81	31.54	<5
6	2019.12.06	2.78	50.81	32.35	<5
7	2019.12.07	2.79	50.82	31.67	<5
8	2020.02.26	2.80	50.01	31.55	<5
9	2020.02.27	2.80	50.01	31.08	<5
10	2020.02.28	2.80	50.01	31.47	<5
11	2020.02.29	2.80	50.01	32.59	<5
12	2020.03.01	2.80	50.01	31.93	<5
13	2020.03.02	2.80	50.02	32.60	<5
14	2020.03.03	2.80	50.01	31.95	<5
15	2020.02.01	2.79	51.01	31.25	<5

注：1~7 组为低负荷工况，8~14 为高负荷工况，15 为正常运行工况。

SDMP 塔盘投用后，将其他与脱硫效果相关的因素进行对比，如 MDEA 溶液的溶度；MDEA 溶液的使用量，温度等进行调整。然后对 SDMP 塔盘更换后的效果进行测试，并对相关数据进行记录、比较。为后面的对比分析做客观依据。

为对比 SDMP 塔盘在不同运行工况下的处理能力，在装置高负荷及低负荷运行工况下比较塔盘性能。

图 6 为 2020 年 2 月 26 日～3 月 12 日低分气脱硫高负荷运行过程中气相处理量与塔压差对比数据。此时间段为标定时期，且加收加氢联合装置废氢进行处理，处于超高负荷运行状态，气相处理量最高可达到 8468 Nm^3/h，在超高负荷下，低分气脱硫塔压差维持在 7.1KPa 左右，没有明显的变化，说明没有出现传统浮阀塔盘在高处理量情况下造成的胺液发泡的情况。

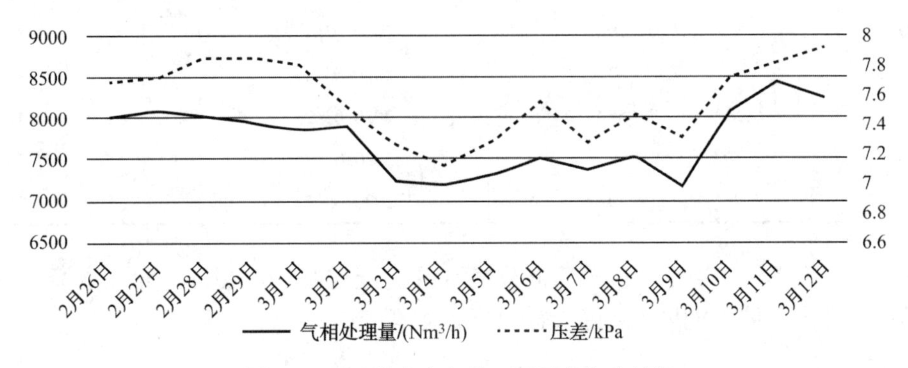

图 6 SDMP 塔盘高负荷工况压差变化情况

喷射型塔盘的缺点在于低负荷运行下可能出现“漏液”现象，使得气、液两相接触不充分，降低塔盘的效率。如图 7 所示，2019 年 12 月 1～10 号装置处于低负荷状态运行，气相处理量最低可达 1065t/h，此时保持着 0.15kPa 压差，远远低于工艺指标 30kPa，说明在低负荷生产工况下，该塔盘依然能保持较好的操作性能。

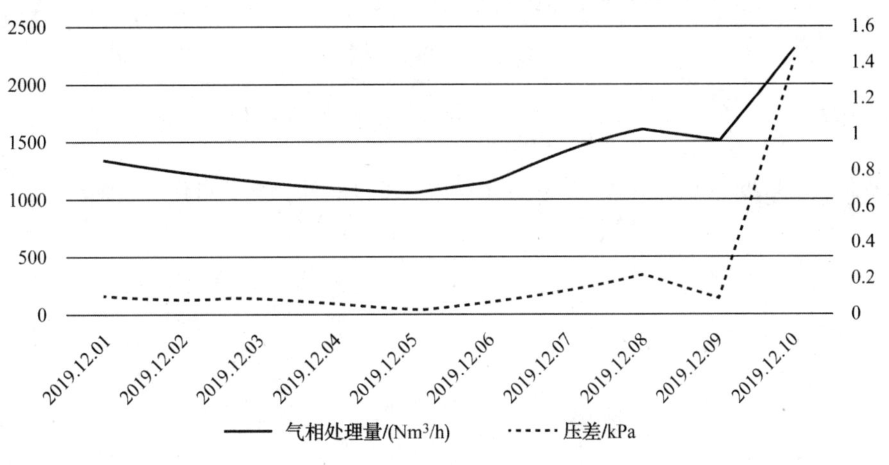

图 7 SDMP 塔盘低负荷工况压差变化情况

5.2 阻力降低

如表 2 所示，浮阀塔盘在在正常运行工况下，压差保持在 15～20KPa，而 SDMP 塔盘则保持在 4～8KPa 之间，可以看出在正常运行过程中 SDMP 塔盘的阻力低于浮阀塔盘。

表 2 两种塔盘在正常运行工况下的压差

时间	浮阀塔盘压差/(kPa)	时间	SDMP 塔盘/(kPa)
2019.03.01	16.00	2020.03.01	6.25
2019.03.03	16.05	2020.03.03	5.76
2019.03.05	14.85	2020.03.05	5.83
2019.03.07	15.13	2020.03.07	5.48

续表

时间	浮阀塔盘压差/(kPa)	时间	SDMP 塔盘/(kPa)
2019.03.09	15.91	2020.03.09	5.37
2019.03.11	15.95	2020.03.11	4.87
2019.03.13	16.62	2020.03.13	5.27
2019.03.15	16.75	2020.03.15	6.89
2019.03.17	17.27	2020.03.17	6.15
2019.03.19	17.10	2020.03.19	6.82
2019.03.21	18.12	2020.03.21	6.93
2019.03.23	18.55	2020.03.23	7.47
2019.03.25	18.98	2020.03.25	7.70
2019.03.27	19.40	2020.03.27	7.85

分析数据显示，在不同工况下，脱硫后低分气 H_2S 均能控制在≤20(mg/m^3)指标范围之内。说明该塔盘具有操作弹性大，传质传热效果好，容垢能力强等优点。

6 总结

SDMP 塔盘能适应 2.0Mt/a 柴油加氢改质装置低分气脱硫塔不同工况下的生产需求，说明该塔盘的设计是符合加氢装置实际生产需要的。相比传统浮阀塔盘，其具有操作弹性大，抗结垢、抗发泡能力强等特点。但是鉴于目前只投用运行了约半年时间，可能存在未被发现的其他问题，今后需要继续观察其运行状态以确定其是否符合装置长周期生产运行需要。

参 考 文 献

[1] 林树宏. 柴油加氢改质装置低分气脱硫塔带液的问题分析与解决方法[J]. 广东化工，2018，45(02)：48-50，+68.

[2] 董刚. 新型立体喷射塔板(SDMP)在 MDEA 吸收塔中的应用[J]. 中国石油和化工标准与质量，2019，39(18)：115-116.

渣油加氢装置高压换热器换热效率下降原因分析及对策

郑树坚[1]　陈　超[2]

（1. 中国石化九江石化公司　江西九江　332004，2. 中石化洛阳工程有限公司　河南洛阳　471003）

摘　要　固定床渣油加氢是炼油厂处理渣油的有效加工工艺，J石化公司渣油加氢装置原料油与反应流出物高压换热器因结垢引起换热效率下降，直接影响了装置的稳定运行和效益发挥，通过对比国内同类装置分析发现，高压换热器设计时管壳程介质的选择及流体的流速对换热器结垢影响较大。借鉴同类装置的运行经验，提出了改善高压换热器结垢情况的建议措施，一方面是控制好装置运行期间的原料性质和氢油比，减缓高压换热器的结垢倾向，另一方面是通过增设一台高压换热器，互换管壳程介质、优化换热器的设计，从根本上解决装置运行瓶颈。

关键词　固定床；渣油加氢；高压换热器；结垢；技术改造

前言

固定床渣油加氢具有工艺成熟、装置运行成本低、可靠程度高的优势，近些年已成为炼油厂处理渣油的有效加工工艺。该工艺主要是通过加氢脱硫、脱氮和转化残炭前身物，为催化裂化装置提供优质原料，该工艺与催化裂化组合可实现重油高效利用、生产更多轻质油品[1,2]。

J石化公司于2015年9月建成投产了一套1.7Mt/a渣油加氢装置，经过两个周期的运行观察发现，其混氢原料油与反应流出物高压换热器E102（以下简称E102），随运行周期换热效率快速下降，反应热无法有效取出，运行中后期反应提温困难，造成催化剂效益未得到充分利用[3]。同类装置[4-5]，如YZ公司2.0Mt/a渣油加氢装置、JL公司1号及2号渣油加氢装置也存在原料油与反应器流出物换热器换热效率下降的问题。本文研究对比了同类渣油加氢装置高压换热器（以下简称高换）的设计及运行情况，对J石化公司渣油加氢装置E102换热效率下降原因进行浅析并提出应对措施。

1　高换E102运行情况简介

1.1　渣油加氢装置E102工艺流程

J石化渣油加氢装置采用常规固定床加氢工艺，设置四个反应器，每个反应器单床层，催化剂选用某研究院开发的RG系列保护剂、RDM脱金属剂、RDS加氢脱硫剂、RCS加氢脱残炭剂，反应部分采用炉前混氢、热高分流程，分馏部分采用单塔流程（脱硫化氢汽提塔与分馏塔合并，无分馏加热炉）。该装置以减压渣油、直馏重蜡油、焦化蜡油、溶脱蜡油、减四线油、催化柴油为原料，其混合比约为54：5：19：9：8：5，分别经过一、二级过滤后进入反应系统，经催化加氢反应，脱除硫、氮、金属等杂质，降低残炭含量，为催化裂化装置提供优质原料，同时生产部分柴油，并副产少量不稳定石脑油和燃料气。装置E102是取出反应流出物多余热量，给混氢原料油加热的关键设备之一，原料油走管程、反应流出物走壳程，其设计流程及参数详见图1。

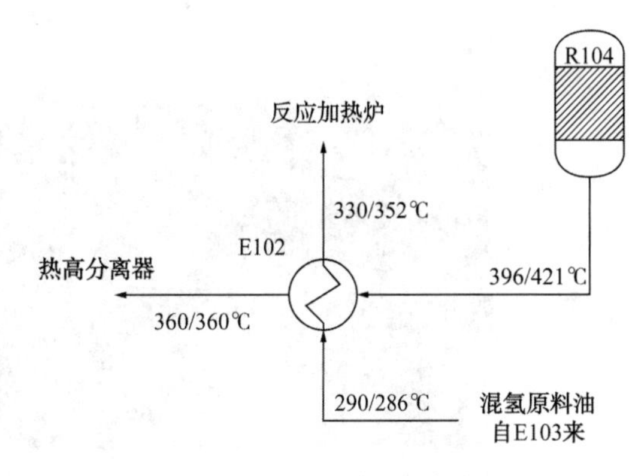

图1　E102设计操作条件

1.2 高换 E102 运行情况

随开工周期延长，装置 E102 换热效果急剧变差，带来一系列不利影响。一方面，混氢原料油进反应加热炉 F101(以下简称 F101)前温度在中后期仅 310℃左右，远低于设计值，随加工周期延长，反应进一步提温只能通过提高 F101 热负荷，而随着热负荷的提高，F101 炉管壁温很快就接近设计值上限，提温空间很小，为确保反应效果，运行中后期只能降低掺渣及加工负荷；另一方面，热高分离器温度达 368~370℃，已超过操作温度 8~10℃，增大了气相夹带重组分的机率和热高分空冷器的冷却负荷，对循环氢脱硫塔、液力透平的正常操作也带来较大压力。

第一运行周期 RUN1 和第二运行周期 RUN2(以下简称 RUN1 和 RUN2)E102 管、壳程换热温差情况见图 2、图 3。从图中可看出，运行前 3 个月换热效果快速下降，3 个月后管壳程换热温差已低于设计值，随后换热效果持续下降，7、8 个月后趋于稳定。

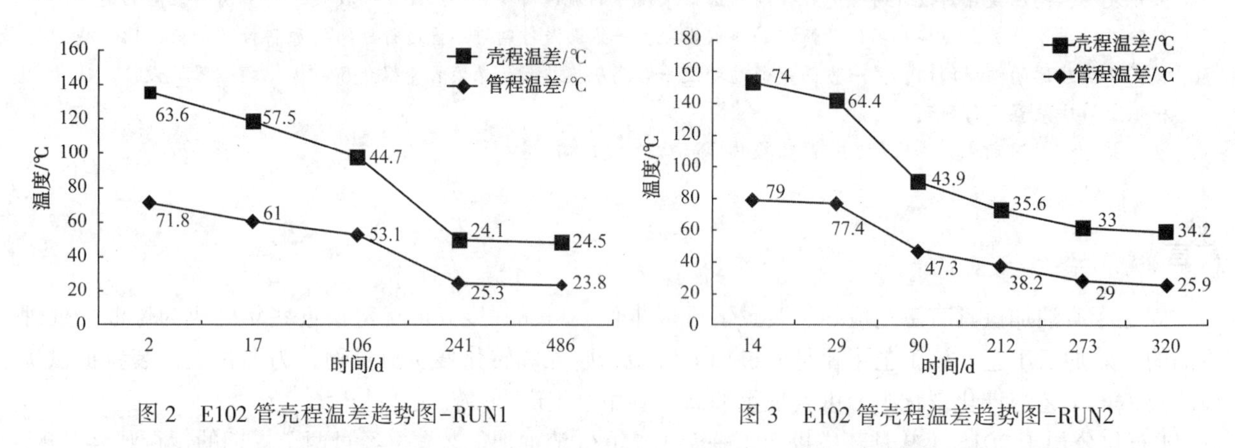

图 2 E102 管壳程温差趋势图-RUN1

图 3 E102 管壳程温差趋势图-RUN2

从运行曲线分析，换热效率基本呈均匀下降，说明 E102 换热效率的下降的主要原因是随运行时间延长换热器结垢逐渐严重；两个周期检修时对 E102 进行了拆检(拆检图片见图 4、图 5)，拆检结果也证实 E102 发生了结垢。

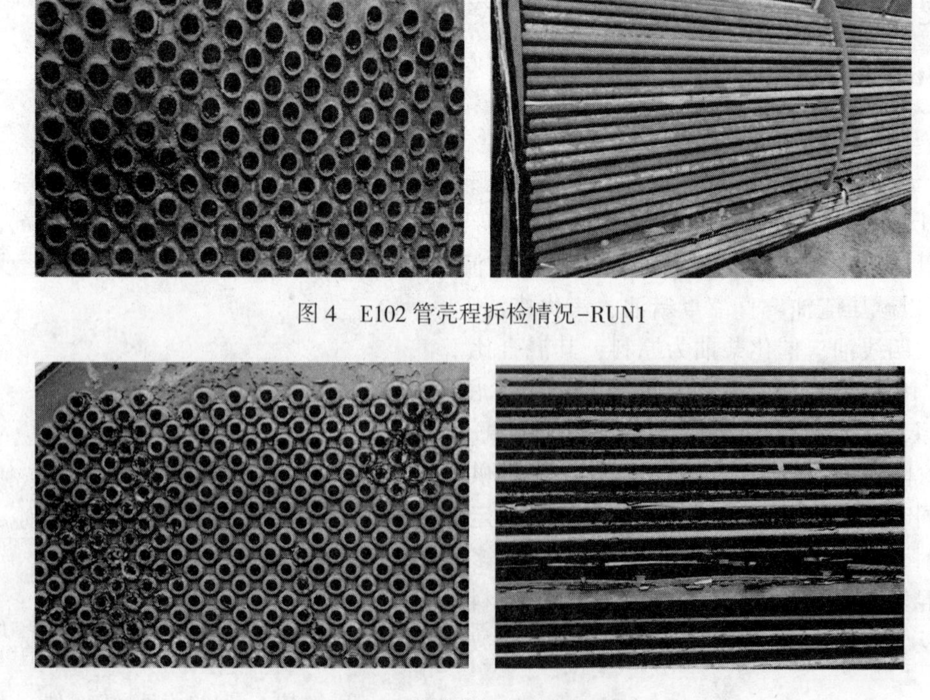

图 4 E102 管壳程拆检情况-RUN1

图 5 E102 管壳程拆检情况-RUN2

从图中可以看出，两个周期 E102 结垢情况较为相似，管程侧(混氢原料油)和壳程侧(反应流出物)均有垢层，其中管程侧换热管内壁和管板处垢层较为松软，部分换热管内较脏；换热管外壁垢层比较均匀，呈薄层包裹住大部分管束，总体看反应流出物侧的结垢程度比原料侧的严重。

2 高换 E102 结垢的原因分析及对策

2.1 垢样分析及结垢机理

取 RUN1 及 RUN2 检修期间的垢样进行分析，结果见表 1。

表 1 E102 垢样分析结果

组分/%(质)	RUN1		RUN2	
	E102 管程垢样	E102 壳程垢样	E102 管程垢样	E102 壳程垢样
C	43.24	32.21	51.84	22.19
H	6.39	1.29	5.28	1.03
N	0.48	0.25	0.34	0.22
S	15.32	36.38	21.73	34.71
Fe	13.91	5.56	16.64	10.49
Ni	0.19	0.22	0.05	0.15
Ca	0.7	0.3	0.15	1.05
Al	0.4	0.01	0.08	0.11
Na	0.5	0.01	0.02	0.04

换热器的结垢可分为无机垢和有机垢。无机垢的形成一般认为是油中盐类物质析出以及杂质颗粒的沉积[6]。从表中可以看到，铁是其含有的主要金属元素，其他金属元素的含量都较低，从铁和硫的比例判断，铁主要以硫化物的形式沉淀下来。管程垢样中的铁主要源于原油中的铁或者上游管道及设备的腐蚀，腐蚀产生的铁与原料中的环烷酸含量及硫含量相关，环烷酸铁会在高温下分解或反应形成颗粒状 FeS，FeS 含量高的垢物形态较为松散。此外，若原料油过滤器运行效果不佳，未过滤掉的机械杂质等在管线及设备的低流速区不断沉积，也易形成无机垢。壳程垢样中，因原料油经过加氢催化反应，大多数金属以金属硫化物的形式沉积在催化剂上，因此反应流出物中铁元素含量相对较低。

有机垢的形成受物理过程及化学反应综合影响。不同的设备部位、温度条件，各类化学反应相互作用促进形成不同类型的有机垢，如在 100~300℃条件下，石油中的部分烃类与氧发生反应并聚合缩合，生成附着力强的胶油垢；经 200~400℃并冷却时，烷烃、烯烃经自聚环化、脱氢缩合等可形成焦垢[6]。渣油具有类胶体性质，在渣油胶体体系中，沥青质和胶质形成分散相，芳烃和烷烃构成连续相[7]，Rahimi 等[8]提出的石油体系胶体溶解模型重，沥青质为内核，胶质包裹在外围，再往外是芳香分与饱和分，当芳香分含量减少时，沥青质易析出。因此，壳程侧经催化加氢反应后的反应流出物，芳香分及饱和分大量减少，导致沥青质析出，加大了焦垢的形成。

由以上分析可知，渣油原料的保护、反冲洗过滤器的过滤效果及原料的性质对 E102 的结垢有一定的影响。目前，绝大部分炼油厂对渣油加氢装置原料罐均采用了氮气或瓦斯气进行保护，以隔绝空气接触；J 石化渣油加氢装置原料过滤器精度为 25μm，运行比较稳定，且定期对过滤器进行拆检，未发现滤芯泄漏等异常情况，因此，可排除大固体颗粒沉积造成的结垢现象。

2.2 原料性质对 E102 结垢的影响

对比部分同类装置的原料性质及原料油侧结垢情况，见表 2。

表2 同类装置原料性质及原料油侧结垢情况

项目	J石化	MM	JL	CL	SH	HN	SJZ	AQ
密度(20℃)/(kg/m^3)	962.5	975.4	970.0	971.8	977.3	946.9	971.0	966.0
黏度(100℃)/(mm^2/s)	74.2	75.2	53.6	80.59	53.4	54.3	92.0	85.1
残炭值/%	9.48	11.33	9.72	8.7	11.00	8.71	11.97	9.30
硫/%(质)	1.48	2.54	3.87	1.07	3.33	1.67	2.39	1.35
氮/%(质)	0.27	0.28	0.13	0.62	0.22	0.33	0.34	0.55
酸值/(mg·KOH/g)	—	0.74	—		0.30	—	—	—
金属/(μg/g)								
Ni	24.6	25.3	21.7	25.27	23.6	16.1	26.7	25.6
V	18.8	40.6	38.0	16.09	58.0	15.8	44.5	22.2
Fe	4.2	4.5	7.3	15.68	4.9	6.0	11.9	13.0
Ca	4.1	5.6	6.4	14.38	1.6	2.9	1.2	11.4
Na	1.5	3.6	1.4	1.15	1.1	0.5	1.0	—
四组分/%(质)								
饱和分	32.1	40.9	36.9	—	32.2	—	35.9	51.1
芳香分	44.3	37.1	42.3	—	41.5	—	47.0	28.0
胶质	18.1	20.2	13.9	—	21.3	—	14.9	20.9
沥青质(C_7不溶物)	5.6	1.8	2.9	—	5.0	—	3.2	
高换原料油侧是否结垢	是	是	是	是	否	否	否	否
高换反应产物侧是否结垢	是	否	是	是	否	否	否	否

在高压换热器出现明显结垢现象的炼油厂中，J石化和CL加工低硫高氮类原油，而JL和MM加工高硫低氮类原油，其他高压换热器未出现明显结垢现象的炼油厂也有加工类似种类的原油。原料中硫、氮以及铁的含量和高压换热器的结垢没有对应的关联性，推测FeS的形成更多的取决于铁的含量，且来源于酸腐蚀的比例较大。但酸的数据，目前，大部分未搜集到，原因是部分炼油厂并未作为关键数据进行记录和关注。此外，胶质及沥青质对炭的析出有促进作用，J石化、MM、SH的胶质及沥青质含量较高。

综上所述，渣油装置进料的性质是结垢的直接影响因素之一。原料对结垢的影响十分复杂，包括原料的保护、原料过滤器的运行情况、原料中铁的组成及来源、胶质和沥青质含量以及管道设备的腐蚀产物等。只要针对性的做好相应措施，如，稳定原料性质、控制原料各指标尤其金属含量、加强原料油的保护防止接触空气氧化、监控好反冲洗过滤器的运行等，应该能很大程度上减缓原料油的结垢现象；对于渣油加氢装置原料油酸值，建议要加强分析和关注，持续监控以减少环烷酸铁的产生。

2.3 高换的设计对结垢的影响

J石化渣油加氢装置高压换热器E102的结构型式为DFU1300-20.37/17.64-794-8.5/19-2/2，螺纹锁紧环式，U型管，双壳程，换热管规格为$\phi19\times2$，材料为S32168，设计混氢原料走管程，反应流出物走壳程，收集了部分同类装置的设计数据及结垢情况进行对比，见表3。

表 3　同类装置的设计数据及结垢情况

项目	J 石化	CL	CL 增设	YZ	YZ 增设	JL1	JL1 改造	JL2	DL	SH	SJZ	AQ	HN
装置规模/(Mt/a)	1.7	1.7	1.7	2.0	2.0	1.8	1.8	2.0	3.0	3.9	1.5	2.0	3.1
设备位号	E-102	E-102	E-102A	E-102	E-102A	E-102	A-E-102	E-102A，B	E-1804-1/2	E-1101，1801	E-101	E-101A	E-101/A，B
规格	DFU1300-20.37/17.64-794-8.5/19-2/2	DFU1300-19.22/16.49-777-8.5/19-2/2	DFU1300-19.22/16.49-409-4.5/19-2/2	DFU1600-20.42/17.01-1172-7.8/19-2/2	DFU1600-17.01(-0.1)/20.42(-0.1)-575-4/19-2/2	DFU1300-20.69/17.75-741-8/19-2/2	DFU1600-20.69/17.75-1235-8/19-2/2	DFU1200-17.75/20.79-516-6.4/19-2/2	DFU1067-22/18.9-491-7.925/19-2/2	DFU1550-18.3/20.8-7.5/19-2	DFU1300-18.8/20.4-448-6/25-2	DFU1500-18.4/20.9-5.25/25-2	DFU1400-17.74/18-6.24/19-2
壳程介质	反应流出物	反应流出物	反应流出物	反应流出物	原料油	反应流出物	反应流出物	原料油	反应流出物	原料油	原料油	原料油	原料油
管程介质	原料油	原料油	原料油	原料油	反应流出物	原料油	原料油	反应流出物	原料油	反应流出物	反应流出物	反应流出物	反应流出物
壳程流速/(m/s)	4.71	4.47	5.19	4.67	2.87	5.27	3.96	A：4.34；B：4.11	5.6	4.33			
管程流速/(m/s)	4.56	4.64	4.9	2.92	4.83	4.18	2.54	A：9.08；B：7.44	6.6	6.74			
换热管规格	ϕ19×2	ϕ19×2	ϕ19×2	ϕ19×2	ϕ19×2	ϕ19×2	ϕ19×2	ϕ19×2	ϕ19×2.8	ϕ19×2.5	ϕ25×3	ϕ25×3	ϕ19×2.5
换热管材料	S32168	S32168	S32168	S32168	S32168	S32168	S32168	S32168	S32168		S32168		
换热管长/m	8.5	8.5	4.5	7.8	4	8	8	6.4	7.9	7.5	6	5.25	6.24
是否结垢	是	是	是	是	否	是	是	否	否	否	否	否	否
结垢部位	管程/壳程	管程/壳程	管程/壳程	管程	否	管程/壳程	管程/壳程	否	否	否	否	否	否

通过上表的对比可以看出：

1）所有高压换热器的结构型式均为螺纹锁紧环式，U 型管，双壳程，高压换热器的基本选型与结垢为非相关因素。

2）大部分换热管材料为 S32168，换热管规格主要为 ϕ25 和 ϕ19 两种，除 SJZ 和 AQ 为 ϕ25 外，其它炼油厂均为 ϕ19，可见，换热管材料及直径与结垢程度无明显的相关性。

3）换热管管长的选择与结垢有一定的相关性，在同样的流速、温度及介质条件下，减少原料油在换热器中的停留时间，有利于降低结垢的速度。但 2 台短管长换热器相比 1 台长管长换热器会增加投资，设计中可综合考虑管长的影响，管长非主要的相关因素。

4）总体上看，发生明显结垢的高压换热器，如 J 石化、CL、JL1，其设计流速偏低，而流速较高的装置，如 DL、JL2，未发生高压换热器结垢现象。较高的流速更容易形成湍流，且对管壁形成更高的剪切力，流速越高越不易结垢，但过高的流速会导致换热器振动以及压降的升高。因此，流速设计时应综合考虑，在避免换热器振动及压降允许的情况下，尽量提高设计流速可减缓结垢的趋势。

5）管壳程介质的选择对结垢影响较大。从统计结果看，反应流出物走壳程的高压换热器大部分出现了结垢现象，如 J 石化、CL、JL，而反应流出物走管程的高压换热器，尚未发生明显的结垢现象；原料油走壳程的高压换热器，尚未发生明显的结垢现象；原料油走管程的高压换热器有些运行良好，如 DL，但大多数装置均出现了明显的结垢现象。尤其是 CL 与 YZ 装置对高压换热器的改造，形成了明显的对比，CL 改造时增设了一台高压换热器，原料油走管程、反应流出物走壳程，运行过程仍出现了明显的结垢，而 YZ 增设的高压换热器，将管壳程介质进行了互换，运行效果良好。

综上，高压换热器流速和管壳程介质的选择对结垢均有一定影响，尤其是管壳程介质的选择，影响较大。查阅多种换热器手册，一般考虑到换热器的清洗方便，均建议将易结垢的流体设置在管程侧。渣油加氢装置，无论是原料油，还是反应流出物，均易结垢。在 J 石化渣油加氢装置高压换热器的优化改造中，建议选择原料油走壳程，反应流出物走管程，原料油走壳程虽然结垢严重时难以清洗，但流体的湍流程度较走管程更高，更高的湍流程度会延缓结垢；反应流出物走管程侧虽然也处于湍流状态，但靠近管壁附近的流体薄层仍处于滞流状态，考虑到滞流层的存在，在压降允许及避免振动的前提下，对流速作适当的提高可以提高流体的湍流程度及剪切力，减缓反应流出物的结垢。

2.4 改善渣油加氢装置高换运行情况的建议

鉴于 J 石化渣油加氢装置处在运行周期内，延缓高压换热器 E102 的结垢可以从原料管控入手，一是要稳定上游原料供给，严格控制各项指标在设计范围内，尤其是金属含量；二是持续监控原料油反冲洗过滤器的运行，定期拆检滤芯的完好性，确保原料中的机械杂质得到有效过滤；三是增加原料油酸值的分析检验计划，持续对原料油的酸值进行监测和管控，减少腐蚀产物沉积结垢；四是适当加大氢油比，增加循环氢量以提高管壳程内流体的流速。

若要从根本上解决 J 石化渣油加氢装置中后期受高换 E102 结垢影响的运行瓶颈，建议在检修时实施技术改造，新增一台高压换热器，建议原料油走壳程、反应流出物走管程，并和设计院做好设计对接，综合考虑压降、振动、管长、换热面积等因素进行详细核算，尽量提高管壳程侧流体的流速。

3 结语

固定床渣油加氢装置在我国经过十多年的发展及运行，目前仍是炼油厂重油轻质化、清洁化的重要加工工艺之一，渣油加氢装置原料油与反应流出物换热器则是渣油加氢工艺重要的热量回收设备之一。近年来，因结垢引起高压换热器换热效率下降的装置不在少数，因此有必要引起广大操作和设计人员的关注与重视。随着人们对渣油加氢装置操作经验的累计，对装置设计意图和操作理念的认识逐步加深，通过总结装置实际运转出现的问题，持续与设计人员进行探讨交流，必然会促进设计人员改进设计理念，装置的设计将更加完善，炼油厂的经济效益将不断得到提升。

参考文献

[1] 石亚华，牛传峰，高永灿，等．渣油加氢技术的研究：Ⅱ．渣油加氢与催化裂化双向组合技术(RICP)的开发[J]．石油炼制与化工，2002，33(1)：21-24.

[2] 牛传峰，张瑞驰，戴立顺，等．渣油加氢-催化裂化双向组合技术 RICP[J]．石油炼制与化工，2002，33(1)：27-29.

[3] 彭军，秦龙．1.7Mt/a 渣油加氢装置运行分析[J]．能源化工，2017，38(5)：16-21.

[4] 姚国荣．扬子石化 200 万 t/a 渣油加氢装置第二周期运行分析[J]．化工设计通讯，2018，44(7)：123.

[5] 李海良，孙清龙．固定床渣油加氢装置运行难点分析与对策[J]．炼油技术与工程，2018，48(12)：25-29.

[6] 邹滢．石油加工过程中的阻垢剂[J]．炼油设计，2000，30(12)：47-50.

[7] RAHINI，ALEMP. Crude Oil Compatibility and Diluent Evaluation for Pipelining[M]. New Orleans：PERD and AERI，2010：10.

[8] 李大东，聂洪，孙丽丽．加氢处理工艺与过程[M]．北京：中国石化出版社，2016.

柴油加氢装置工艺联锁设置工况分析及建议

王莹波　苗小帅　袁亚东

（中国石化洛阳石化公司　河南洛阳　471012）

摘　要　2.6Mt/a柴油加氢精制装置是中国石化洛阳石化公司的关键生产装置。为确保安全，该装置设置了多个工艺联锁，包括紧急泄压联锁、加热炉单体停炉联锁、循环压缩机入口分液罐液位高高联锁等。本文对该装置的安全联锁工况进行了分析，并根据技术进步及装置安稳长优运行的要求提出了进一步完善的建议。

关键词　柴油加氢；联锁；安全

2.6Mt/a柴油加氢装置是中国石化洛阳石化公司油品质量升级改造二期工程的重点工程，实际处理能力为240.27×10^4t/a，操作弹性为60%～105%，年开工时数8400h，主要生产车用柴油。该装置由反应、分馏、压缩机、公用工程系统组成。为确保安全，该装置设置了多个工艺联锁，包括0.7MPa/min紧急泄压联锁、加热炉单体停炉联锁、循环压缩机入口分液罐液位高高联锁等。

1　柴油加氢装置工艺安全联锁系统

柴油加氢装置联锁系统的作用是发生事故时自动采取措施，保护装置设备不超温、不超压，保护重要机组不受损坏，避免事故扩大及次生事故发生。同时，对运行机组进行实时监控，保护设备安全运行。柴油加氢装置工艺安全联锁系统包括工艺联锁、报警，具体有包括紧急泄压联锁一组、加热炉单体停炉联锁两组、循环压缩机入口分液罐液位高高联锁一组，一共四组。

1.1　反应系统0.7MPa/min事故紧急泄压联锁

1.1.1　联锁启动条件

当装置遇有切不断火源的火灾，不能切断(隔离)的管线破裂及设备严重漏损，反应床层严重超温、循环氢和补充新氢同时中断等重大恶性事故，必须启动反应系统0.7MPa/min事故紧急泄压联锁，该联锁启动后，全装置完全停工。

1.1.2　联锁动作现象

0.7MPa/min事故紧急泄压联锁动作现象主要有DCS(集散控制系统)显示机组大面积报警，装置大联锁启动如图1所示，具体包括：①打开紧急泄压阀门XCV4211以0.7MPa/min的速度向低压系统紧急泄压；②停运胺液循环系统，停胺液循环泵P3414，并关闭其出口联锁阀门XCV4301；③停运反应进料泵P3401，并且关闭其出口联锁阀门XCV4102；④联锁关闭反应加热炉F3401主火嘴管路上联锁阀门XCV4202，熄灭主火嘴。另外，紧急泄压联锁系统有三个人工确认压缩机停机结果：人工确认停氢气循环机C3402、人工确认停氢气增压机C3401A、人工确认停氢气增压机C3401B，这种设置增加了操作弹性，装置生产管理人员及操作员可以根据当时实际的生产工况分别采取手动确认紧急停运氢气压缩机或维持各机组正常运行的应急措施。

由图1可知，紧急泄压联锁有三个人工确认停机结果，增加了操作弹性，装置生产管理人员及操作员可以根据当时工况实际采取手动停机或维持运行。

1.2　循环氢压缩机入口分液罐液位高高(三取二)联锁

1.2.1　联锁启动条件

为保证循环氢压缩机的安全运行，循环氢压缩机C3402入口分液罐V3406液位LSHH4301A/B/C

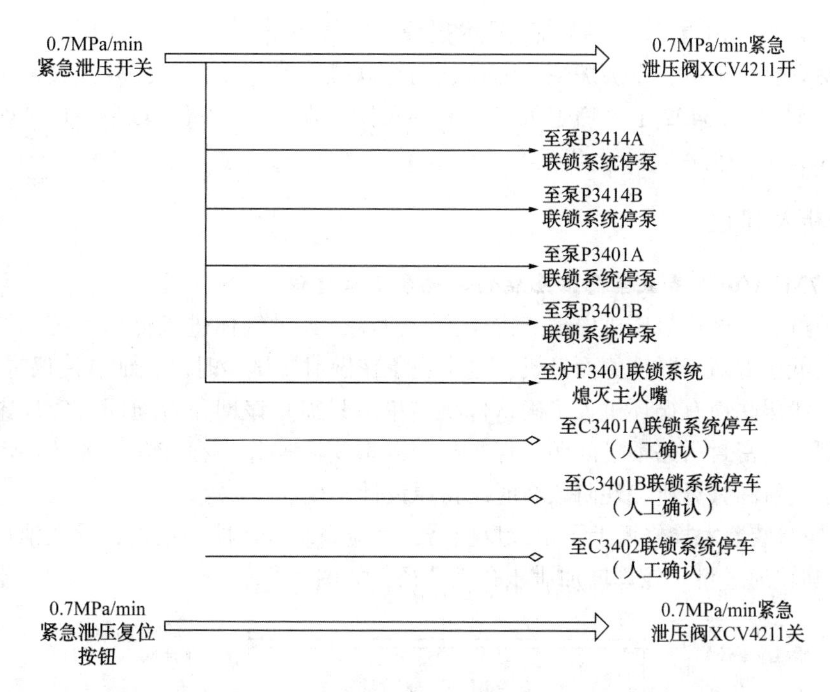

图 1　反应系统 0.7MPa/min 事故紧急泄压联锁回路逻辑图

高至 95%，停运循环氢压缩机。

1.2.2　联锁动作现象

联锁启动后，动作现象主要有 DCS(集散控制系统)显示报警，装置联锁启动，具体动作有三：①循环氢压缩机速关阀自保动作切断中压蒸汽，压缩机停运；②停运反应进料泵 P3401，并且关闭其出口联锁阀门 XCV4102；③联锁关闭反应加热炉 F3401 主火嘴管路上联锁阀门 XCV4202，熄灭主火嘴。

1.3　反应加热炉单体停炉联锁系统

1.3.1　反应加热炉出口温度 TSHH4228A/B/C 高高联锁

联锁启动条件及动作现象：为保证反应器催化剂床层温度，减少催化剂结焦，设置加热炉出口温度高高联锁，联锁值为 TSHH4228A/B/C 高至 365℃(三取二)。当联锁启动后，主要动作现象有：DCS(集散控制系统报警；燃料气流量及压力指示回零；炉膛氧含量上升，温度下降；而长明灯燃烧正常；反应炉主火嘴联锁。具体动作是联锁关闭反应炉子 F3401 主燃料气切断阀 XCV4202，F3401 主火嘴熄灭。

1.3.2　反应加热炉燃料气压力低低联锁

联锁启动条件及动作现象：当加热炉燃料气压力 PSLL 低低至 0.05MPa，联锁启动。当联锁启动后，主要动作现象有：DCS(集散控制系统)显示报警；燃料气流量及压力指示回零；炉膛氧含量上升，温度下降；反应炉主火嘴及长明灯联锁。具体动作：①联锁关闭反应炉子 F3401 主燃料气切断阀 XCV4202，F3401 主火嘴熄灭；②联锁关闭长明灯燃料气切断阀 XCV4201，长明灯熄灭。

1.4　重沸炉 F3402 单体停炉联锁系统

1.4.1　重沸炉塔底循环泵 P3406 四路分支流量低低联锁

联锁启动条件及动作现象：当产品分馏塔 T3403 塔底循环泵 P3406 四路进料各分支流量低低至 38.6t/h(联锁值)时，联锁启动熄灭重沸炉 F3402 主火嘴燃料气，有效避免可能由于低流量造成的加热炉炉管干烧事故。当联锁启动后，主要动作现象有：DCS(集散控制系统报警；燃料气流量及压力指示回零；四路进料分支流量低；炉膛氧含量上升，温度下降；而长明灯燃烧正常；重沸炉 F3402 主火嘴主火嘴联锁。具体动作是联锁关闭重沸炉 F3402 主燃料气切断阀 XCV4402，F3402 主火嘴熄灭。

1.4.2　重沸加热炉燃料气压力低低联锁

联锁启动条件及动作现象：当加热炉燃料气压力 PSLL 低，低至 0.05MPa，联锁启动。当联锁启动后，主要动作现象有：DCS(集散控制系统)显示报警；料气流量及压力指示回零；炉膛氧含量上升，温度下降；而长明灯燃烧正常；重沸炉主火嘴及长明灯联锁。具体动作：①联锁关闭重沸炉 F3402 主燃料气切断阀 XCV4402，F3402 主火嘴熄灭；②联锁关闭长明灯燃料气切断阀 XCV4401，F3402 长明灯熄灭。

2　联锁工况分析及建议

2.1　反应系统 0.7MPa/min 事故紧急泄压联锁工况分析及建议

紧急泄压联锁可引发循环氢压机停运。由于紧急泄压，大量气体进入低压系统，导致循环氢压缩机干气密封后路放低压力高于联锁值而停机，这个现象在做泄压试验时已验证。建议进一步完善联锁，由图 1 可知，紧急泄压联锁有循环机人工确认停机结果，只需将该回路打通即可实现紧急泄压停运循环机，以防止出现干气密封后路不畅问题，保护机组。但实际操作中存在紧急泄压误动作可能，因此建议使用科学方法进行利弊分析，现阶段暂时维持原设计不变。

由于 2019 年 4 月装置大检修增上了第二反应器，反应系统容压能力增大，导致泄压速度低于设计值 0.7MPa/min，建议通过科学核算增加泄压孔板孔径，如图 2 所示。

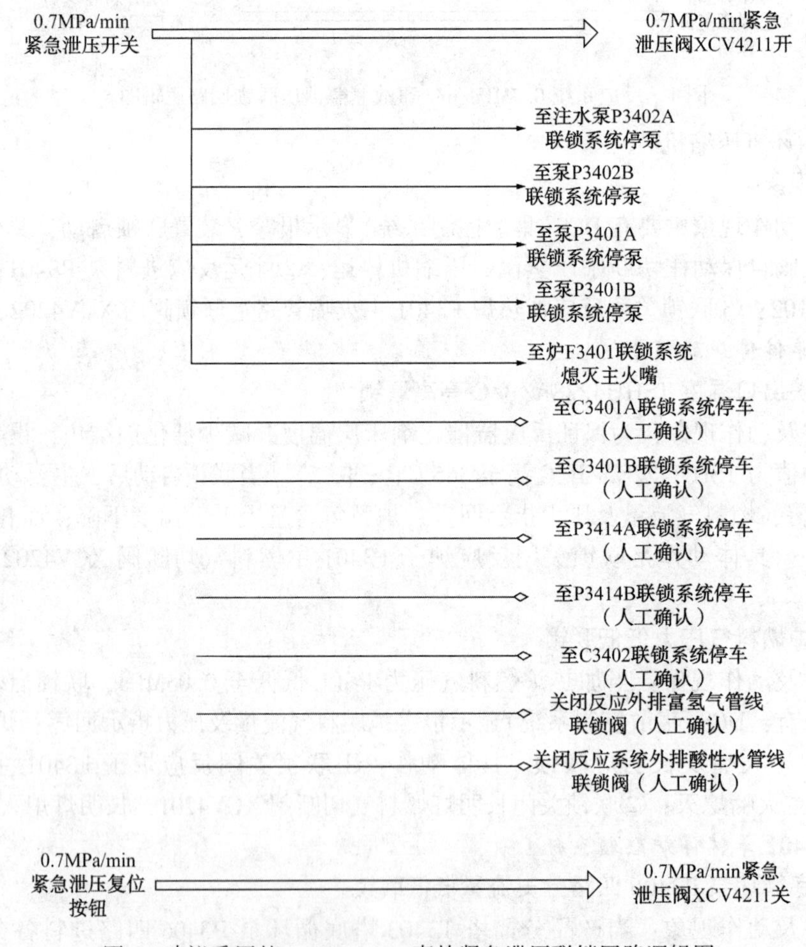

图 2　建议采用的 0.7MPa/min 事故紧急泄压联锁回路逻辑图

由于装置设计局限，在紧急泄压联锁对与反应系统相连通的外排富氢气管线、酸性水外排管线没有设置联锁切断的自保阀，仅依靠调节阀控制排量，在紧急泄压过程存在一定的串压安全隐患，必须依靠手动控制切断其调节阀或现场手阀。目前，新装置设计已经对此进行了完善，建议适时增上联锁切断的自保阀，以人工确认的联锁方式进一步增加安全系数。此外与反应系统相连通的反应注水管线虽在泵出口设有联锁切断的自保阀 XCV4210，但未与紧急泄压联锁联动，建议在紧急泄压时增加停注水泵并关闭其出口自保阀联锁动作，以确保安全，防止串压事故发生。

在原设计中，胺液循环泵仅为柴油加氢循环氢脱硫塔提供胺液循环，故设计紧急泄压后、停运胺液循环系统，停胺液循环泵 P3414，并关闭其出口联锁阀门 XCV4301。但在催柴加氢装置增加循环氢脱硫系统后，根据生产实际对胺液循环泵 P3414 出口流程进行了改造，在该泵出口单向阀后、出口调节阀及自保阀前增加了一条通往催柴脱硫塔的管线(该管线上有流量控制阀及自保阀)，使 P3414 成为了两套装置的胺液循环泵，当柴油紧急泄压时，会导致催柴胺液循环同时停运，由于这二路循环线上都有各自的流量控制阀及自保阀，建议对该联锁动作进行修改为：柴油泄压联锁时，关闭其出口联锁阀门 XCV4301，而停泵联锁改为人工确认，以保证催柴生产稳定。

2.2 循环氢压缩机 C3402 工艺联锁分析及建议

循环氢压缩机仅设置了 C3402 入口分液罐 V3406 液位 LSHH4301A/B/C 高高(三取二)一个工艺联锁，动作结果是停运压缩机、熄灭反应炉及进料泵。循环机设计有远程控制的出口和入口电动阀各一个，信号可引入 DCS 集散控制系统进行开关控制，但没有设置压缩机入口和出口未全开联锁停机，一旦运行中由于失电等原因造成机组出入口电动阀关闭，将造成严重后果，也因此为避免意外，该循环机出入口电动阀不得不长期手动现场控制，无法实现远程控制。建议在适当时机对循环氢压缩机 C3402 工艺联锁进行完善，增加压缩机入口和出口未全开停机联锁条件，以消除安全隐患。当然为确保机组运行安全，出口排气温度也可作为联锁条件。

2.3 反应炉 F3401 及重沸炉工艺联锁分析及建议

目前，加热炉联锁结果分两个层次，一是直接熄灭主火嘴，二是工况危险时主火嘴和长明灯全部熄灭。而目前联锁条件上仅加热炉燃料气压力低低联锁时主火嘴和长明灯全部熄灭。建议对联锁条件进行筛选确定，增加紧急泄压等危急工况下同时熄灭主火嘴及长明灯。同时针对重沸炉来说，增加重沸泵入口电动阀未全开及塔液位低低联锁条件也十分必要。另外对加热炉本身来说，设备联锁也必须进一步完善，如增上氧含量、炉膛温度、炉内气体分析仪表等，增加氧含量、炉膛温度等联锁条件，对保持加热炉安全运行也至关重要。

3 结束语

关键生产装置联锁设置是保障安全的重要基石，因此根据生产实际和技术进步的要求，有必要持续完善。2.6Mt/a 柴油加氢精制装置的工艺联锁在生产中发挥了重要作用，但由于工艺的改造、技术的进步、设计的局限等原因，仍存在着联锁条件设置不到位、联锁结果不完善、隔离不够彻底等问题，建议在以后的生产改造中及时进行整改，以确保安全生产。同时针对目前生产中存在的联锁隐患，建议通过制订有效应对措施、完善应急预案、进一步加强工艺指标管理等措施，以管理促安全，实现装置安稳长优生产。

蜡油加氢装置循环氢脱硫塔液位故障分析及对策

许 楠 罗 君 王 清 武 康

(中国石化洛阳石化公司 河南洛阳 471012)

摘 要 循环氢脱硫塔在加氢装置中主要起着脱除反应生成的硫化氢的作用，如果其液位失灵，可能造成循环氢压缩机入口分液罐液位高高引发停机或者高压串低压。以 2.2Mt/a 蜡油加氢装置中循环氢脱硫塔液位计失灵为例，分析是由于根部阀堵塞，导致现场玻璃板与液位计均指示不准。对比了两种处理方案，为解决类似问题提供了一种思路。

关键词 循环氢脱硫塔；液位计；蜡油加氢

蜡油加氢处理装置是中国石化洛阳石化公司油品质量升级改造工程，以减压蜡油、焦化蜡油、脱沥青油的混合原料为原料，主要生产精制蜡油，为催化裂化装置提供优质原料。循环氢脱硫塔液位(T-5104)是蜡油加氢装置中的重要控制参数，其液位对于循环氢中硫化氢脱除和装置平稳运行起着重要的作用，液位一般控制在 40%~60%，液位过低会引起高压含硫化氢的循环氢窜入低压富胺液闪蒸罐，引起设备超压；液位过高容易导致循环氢带液至后路分液罐，分液罐如果液位排不及时将会造成循环氢压缩机联锁停机，装置停工。

1 工艺流程

本装置循环氢脱硫塔处于反应系统，反应系统工艺流程图如图 1 所示。蜡油加氢装置循环氢脱硫塔 T-5104 液位测量，有一个连通管(包括玻璃板、液位开关 1、差压液位远传 A)、一个差压液位远传(包括液位开关 2、液位远传 B)、还有一个独立的液位开关 3。两个液位远传 A 与 B 一用一备，三个液位开关为“三取二低”低联锁关液控阀，玻璃板为巡检人员对照液位远传所用。

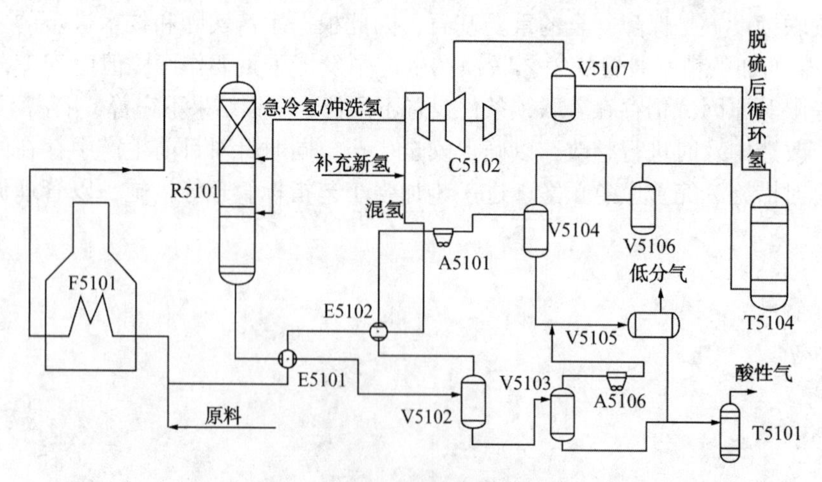

图 1 蜡油加氢装置的反应系统

2 事故过程

2.1 故障现象

2019 年检修开工后一个月，现场发现玻璃板液位上升缓慢，多次校正玻璃板时显示没有液位，液位远传 A 数值跳动很大。由于连通管上下无隔离阀，因此校玻璃板时，无法对连通管下部管道进行冲洗，多次联系仪表现场，初步判定为连通管下部引出管道堵塞，造成现场玻璃板液位和液位远传 A 均无法正常指示液位，仅剩余一个差压远传 B 指示，无法与现场玻璃板对照。后联系超声波仪表厂家进行交流，厂家实地考察后答复无法测量。一旦差压远传 B 失灵，将会造成循环氢脱硫塔盲操作，极易引发次生事故。液位远传 A 的趋势图如图 2 所示。

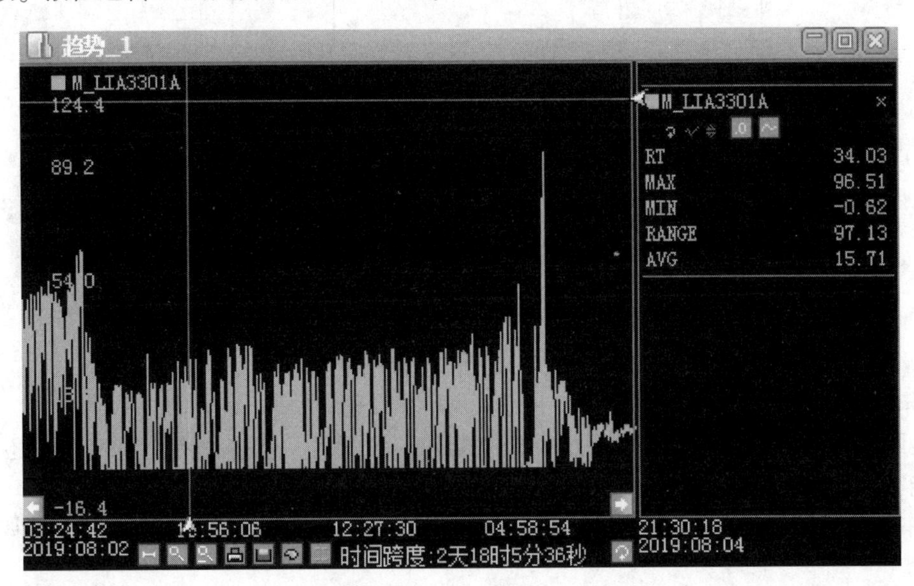

图 2 处理前液位远传 A 趋势图

2.2 原因分析

通过调取 DCS 关于该液位的趋势图发现，在装置大检修之前该塔现场玻璃板与液位计均可以正常显示，但是检修结束后一段时间之后，液位计出现跳动现象，现场多次检验玻璃板，胺液也可以看清楚，但是随着玻璃板的渐渐失灵，差压远传 A 与玻璃板均失去了指示功能。对玻璃板上、下角阀均进行气体冲洗，发现上引线通畅，但是下引线并无气体流动，因此判定由于下连通管堵塞，介质中存在杂质，取压管道被堵塞，容器内液体不能流入玻璃板和差压远传，导致玻璃板内只有气相，液位不变化，差压测量值亦不变化，两路指示同时失真。

3 处理措施

3.1 方案对比

由于该塔压力较高(10.7MPa)，硫化氢约 20g/m^3，且无法切除，一旦远传全部失灵，液位假指示可能导致高压串低压事故，将需要停工处理仪表问题。经过与仪表保运、设计单位沟通，提出两个在线解决方案，如图 3 所示，红色部分为新增管线。

方案一：利用独立液位开关 3 的盲板位置，新增一条高压管线至玻璃板排凝阀之后，使其胺液从液位开关 3 处通过排凝阀倒流至玻璃板，可以显示玻璃板和远传 A。

优点：管线投资小，流程改造少。

缺点：一旦独立液位开关 3 引压线堵塞，将会导致液位开关 3 和玻璃板(含液位远传 A)均失灵。

方案二：选取塔底排液管线作为反供玻璃板胺液处，如图 3 所示，将焊接阀后低压管线更换为高压管线，并新增高压阀门和盲板，增加一处三通，使胺液可以从塔底倒入玻璃板排凝(接入点仍然在玻璃板排凝盲板前法兰)，相当于将底部测压点由玻璃板下引线变为了塔底管线，仍然利用连通器原理，实现玻璃板、差压远传正常投用的目的。

优点：引压线下移，可以实现玻璃板密闭排放，塔底管线 *DN*50，不易堵塞。

缺点：需要更换高压管线，新增高压管线和阀门，投资大，改造略大。

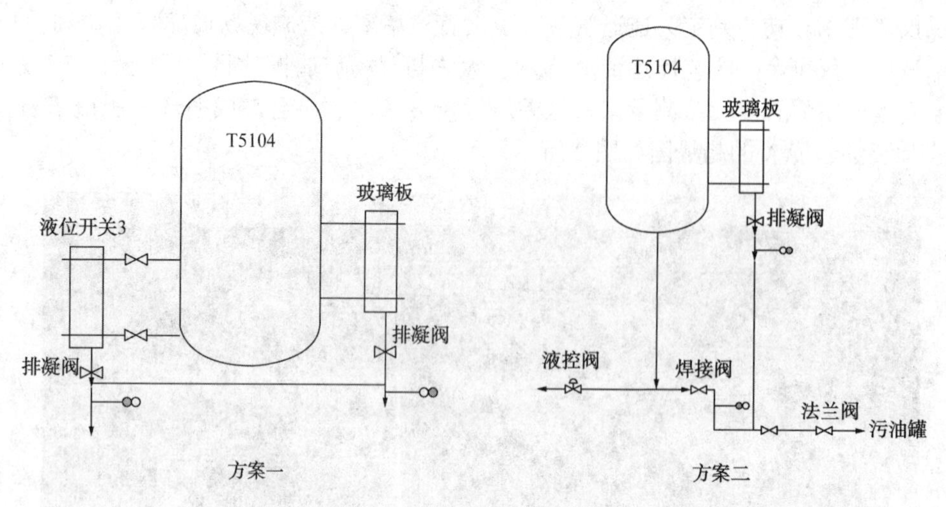

图3 在线处理的两种方案

3.2 处理措施及效果

经过以上两个方案的对比，方案二虽然改造周期长，投资大，但是优点比较突出，还可以兼顾日常排放的功能，因此选择执行方案二。同时在方案二未实施之前，制定出如下措施：

1）对高压脱硫设施进行特护，做到胺液泵平稳运行，贫、富胺液罐液位经常比对，保证高压脱硫设施正常运行。

2）摸索出影响循环氢脱硫塔中液位的影响因素，在不同循环氢量、系统压力情况下，胺液进、出与塔底部液控阀之间的对应关系，适当高控塔的液位，防止高压串低压。

3）液位未处理正常之前监控好下游 V5125 的压力以及 V5107 的液位，如果出现异常及时处理，避免出现高压串低压以及循环带液引起液位高高联锁事故。

4）联系上游装置，对胺液实施在线清洗，消除胺液中杂质带来的影响。

在方案二实施后，玻璃板液位计可以正常显示，差压远传 A 与 B 可以基本做到相互对照，改造后的差压液位远传 A 与 B 的趋势图如图 4 所示。

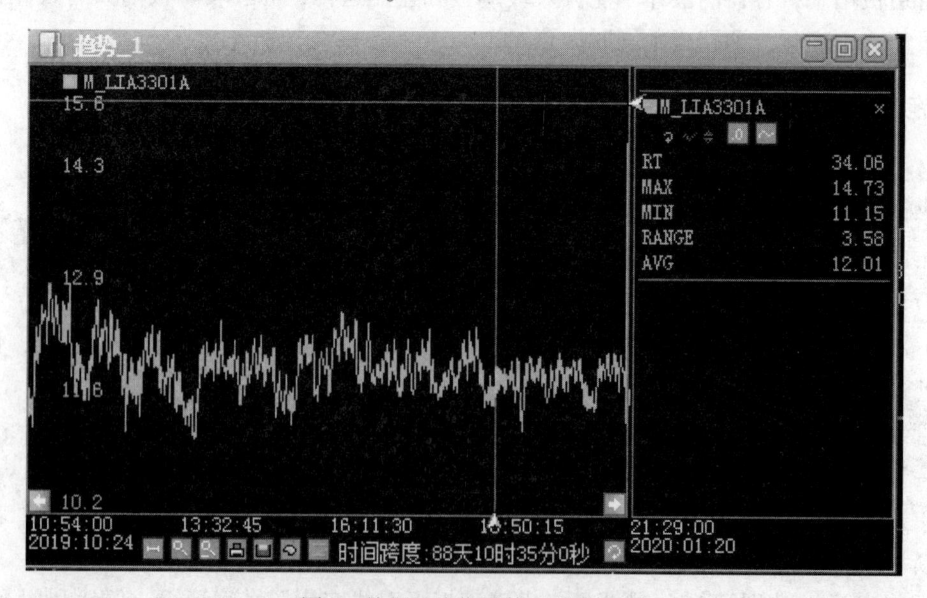

图4 处理后液位远传 A 趋势图

从图 4 中可以看出，改造后的循环氢脱硫塔液位计读数对于阀位的变化响应积极，消除了波动、发散的现象，保证了操作人员调整的及时性和准确性，但由于人为的将玻璃板下引线“下移”，可能会造成液位指示比实际偏高，因此也制定了对应的措施。

1）继续对高压脱硫设施进行特护，操作人员要在现场巡检时，对玻璃板和室内液位远传进行比对。

2）当装置处理量变化，循环氢量发生改变时，内操人员对该塔调整要慢，尤其涉及到胺液进、出时，要多观察液位计变化趋势，防止假指示。

3）对新增管线及阀门悬挂“禁动”牌，防止误关阀门，造成指示偏差。

4 结论和建议

1）循环氢脱硫塔为蜡油加氢装置重要设备之一，其液位为设备重要参数，一旦出现异常，如果不能及时发现并处理，将造成很严重的后果，所以平时要加强监控，内外操及时核对现场及中控液位。

2）介质本身对于重油处理装置相关测量仪表运行的稳定性有着显著的影响，尤其涉及到油气、胺液、注水等介质时，要考虑到是反应产生的油气中杂质，是外来介质中含有的杂质，还是设备由于腐蚀等产生的杂质，对测量孔造成堵塞。因此，在玻璃板液位计设置时，一定要有上下引线阀，一旦怀疑堵塞，可以在线冲洗玻璃板，在以后的新装置建设和老装置改造中，要注意此类问题。

3）液位计失真的现象不同，处理方案要结合现场实际，具体问题具体分析和处理，但是装置平稳操作要求操作和技术人员做到早发现、早处理，避免造成次生事故的发生。

加氢处理装置长周期运行的腐蚀问题及防腐对策

宋　伟

（中国石化青岛炼化公司　山东青岛　266500）

摘　要　介绍了某公司3.2Mt/a加氢处理装置腐蚀检查情况，指出装置面临的腐蚀问题主要包括：循环氢的氯化铵垢下腐蚀、硫化氢汽提塔塔顶湿硫化氢腐蚀。针对装置的腐蚀状况，并结合装置加工原料的变化情况，系统分析了装置的腐蚀原因，探讨了防腐措施，提出了下周期安全运行的建议。

关键词　加氢处理；铵盐腐蚀状况；湿硫化氢腐蚀

1　装置概况

1.1　工艺流程简介

某公司3.2Mt/a加氢处理装置由反应、分馏、脱硫和PSA氢气回收四个部分组成。反应部分采用部分炉前氢混技术，热高分工艺流程。循环氢设置脱硫系统。分馏部分采用双塔气提流程。装置以减压蜡油和焦化蜡油为原料，焦化蜡油所占比例最大可达15%（质）。装置的主要产品为加氢蜡油，同时副产石脑油和柴油。加氢蜡油作为催化裂化装置的原料，石脑油作为连续重整装置的原料，柴油作为柴油产品的调和组分。该装置已经运行至第三个周期，此次停工检修期间，采用多种分析方法，对该装置进行了全面腐蚀调查，发现了一些腐蚀问题，对此进行了深入分析其腐蚀原因，提出了有效防护措施保障装置长周期的安全运行。

1.2　原料油硫含量变化情况

装置原料油硫含量变化的统计数据（见图1）表明，加氢处理装置的硫含量总体在3%左右，接近装置的设计上限，并且有高达3.5%（高于设计3.3%）的情况出现。

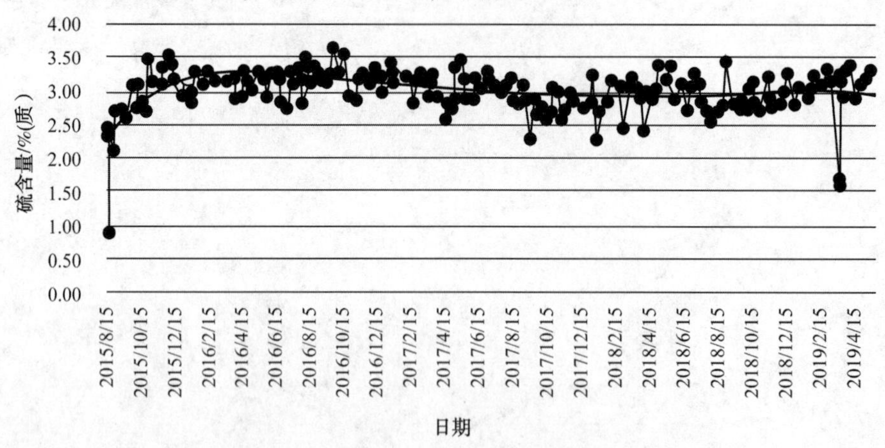

图1　2015~2019年原料油硫含量

1.3　原料油氮含量变化情况

装置原料油氮含量变化的统计数据（见图2）表明，加氢处理装置的氮含量长时间在0.15%~0.2%，甚至有超过0.35%的情况，远超过装置设计范围。

1.4　原料油氯含量变化情况

装置原料油氯含量变化的统计数据（见图3）表明，加氢处理装置的氯含量长时间在3.5mg/kg左右，在上周期中后期有较长时间超过3.5mg/kg，接近装置设计范围，大大加重装置相关部位的腐蚀。

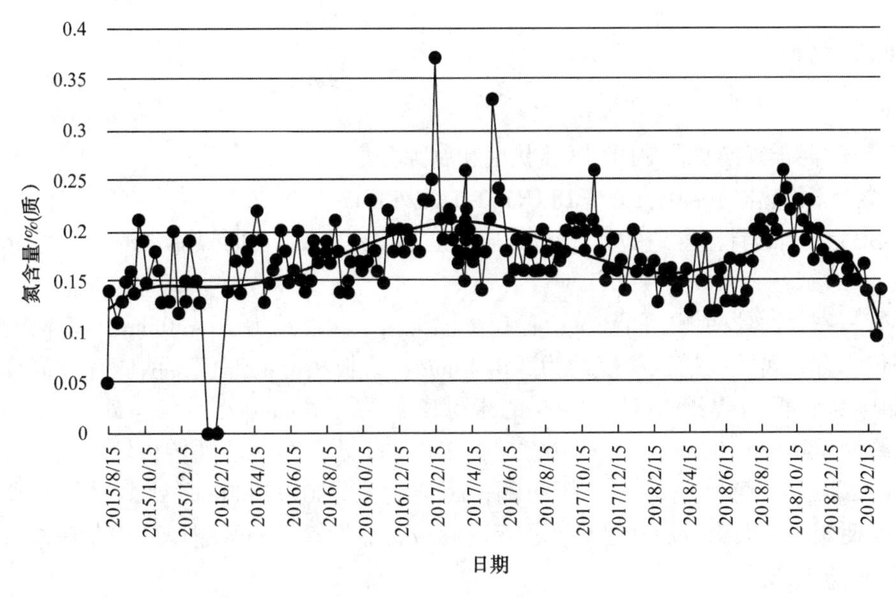

图 2　2015~2019 年原料油氮含量

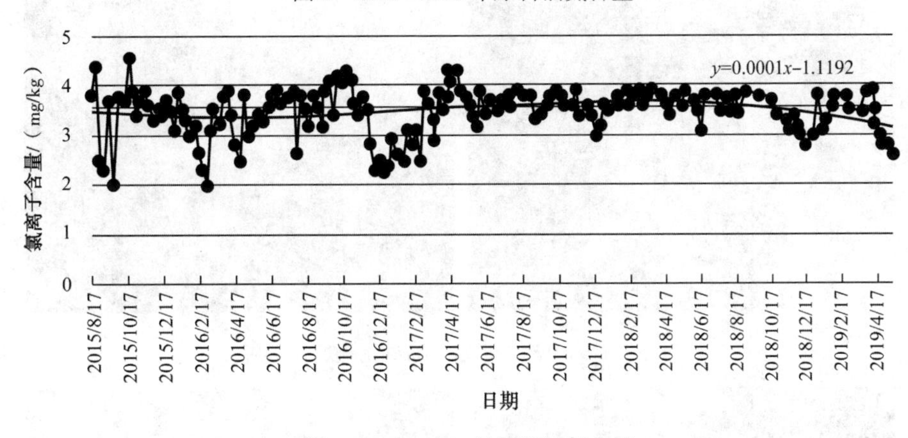

图 3　2015~2019 年原料油氯含量

1.5　原料油金属含量变化情况

装置原料油总金属含量变化的统计数据(见图 4)表明，加氢处理装置的总金属含量长时间在 2~3mg/kg 左右，在上周期中后期有较长时间超过 7mg/kg，远超过装置设计范围。

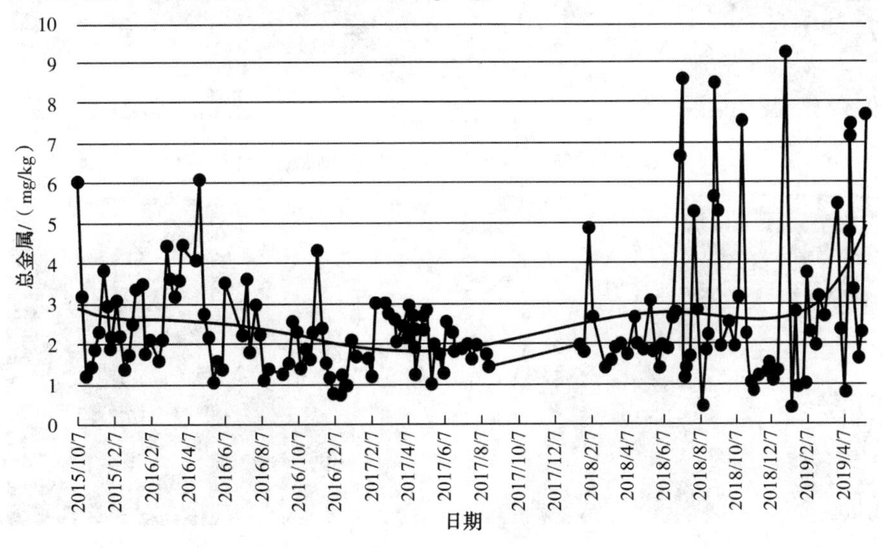

图 4　2015~2019 年原料油总金属含量

2 装置腐蚀状况分析

2.1 反应部分

(1) 热高分气/混合氢换热器 E103 腐蚀状况和腐蚀分析

热高分气/混合氢换热器 E-103，规格 DFU1700-11.7/13.45-1473-7.3/19-2I 管程设计温度为 290℃，设计压力为 11.7MPa；壳程设计温度是 270℃，设计压力是 13.45；管程介质是热高分气，壳程介质是混氢。

腐蚀状况：

筒体内部管板密封面处南侧中间部位，存在腐蚀沟槽，深度约为 20～30mm。筒体内部管板密封面处北侧中间部位，存在腐蚀沟槽，深度约为 30～40mm。管板相应的部位，两侧存在同样的腐蚀沟槽，管束中间挡板与与管板间焊缝开裂。筒体底部距离封头 1300mm 处，有一处蚀坑，坑蚀为 3.0～4.0mm，面积约为 400mm×100mm，底部距离封头 2700mm 处，有一处蚀坑，坑蚀为 3.0～5.0mm，面积约为 100mm×200mm，筒体底部至中部两侧，距离封头 400～2800mm 处，均匀腐蚀+坑蚀 2.0～4.0mm，与上周期相比，无明显加剧趋势。管箱内隔板，靠近管板侧两侧焊缝均存在长约 20mm 裂纹。

具体如图 5～图 11 所示：

图 5 筒体内部管板密封面处南侧腐蚀形貌

图 6 筒体内部管板密封面处北侧腐蚀形貌

图 7 南侧北两侧相应位置管板腐蚀形貌

图8　管束中间挡板与管板间焊缝开裂

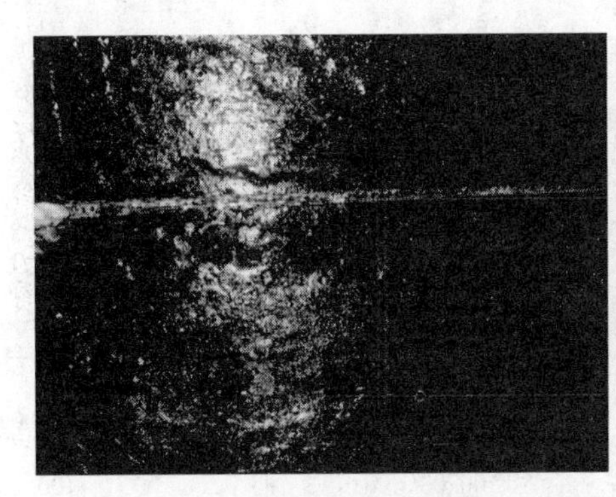 

图9　筒体内部底部坑蚀腐蚀形貌(与上周期相比，无明显加剧)

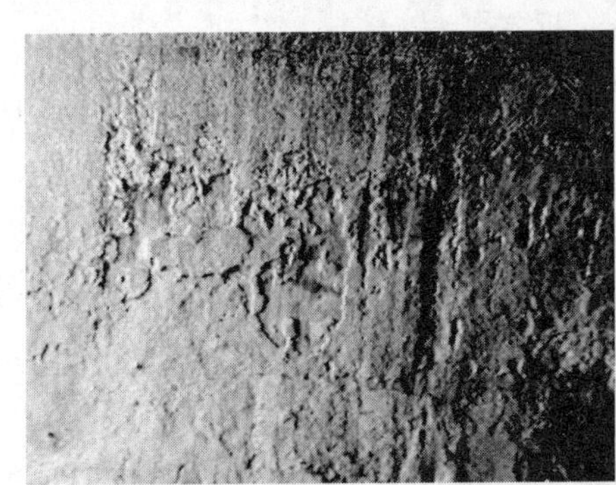 

图10　筒体内部底部至中部腐蚀形貌

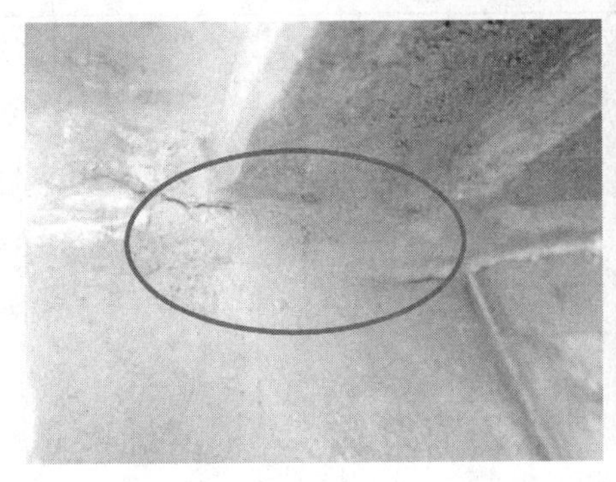 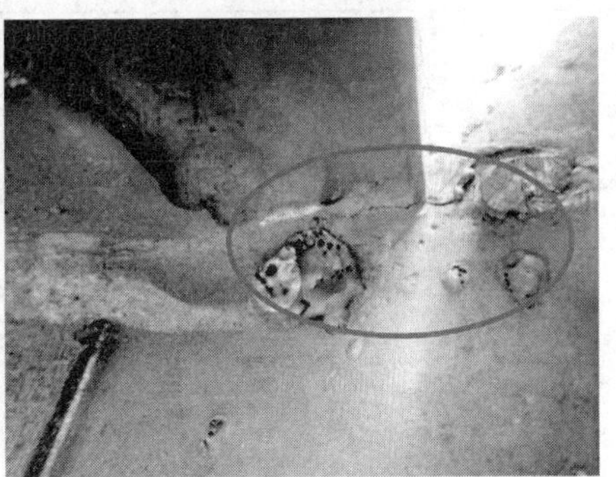

图11　管箱内隔板(靠近管板侧两侧焊缝均存在长约20mm开裂)

腐蚀分析：

管程程垢样分析结果如图12~图17所示。

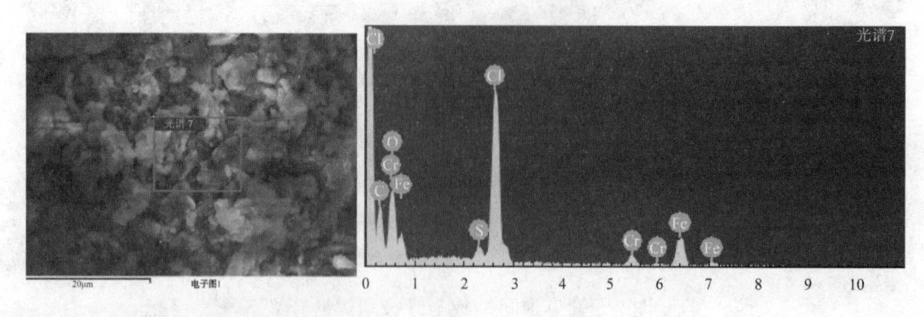

元素	线类型	%(质)	原子百分比
C	K线系	39.61	58.07
O	K线系	24.55	27.02
S	L线系	1.23	0.68
Cl	K线系	17.95	8.91
Fe	K线系	83.65	60.44
Cr	K线型	2.95	1.00
总量：		100.00	100.00

图12　能谱分析结果

图12所示为产物的能谱分析结果，可见主要含有C、O、Cl、Fe元素，其次还含有一定量的S、Cr等其它元素。

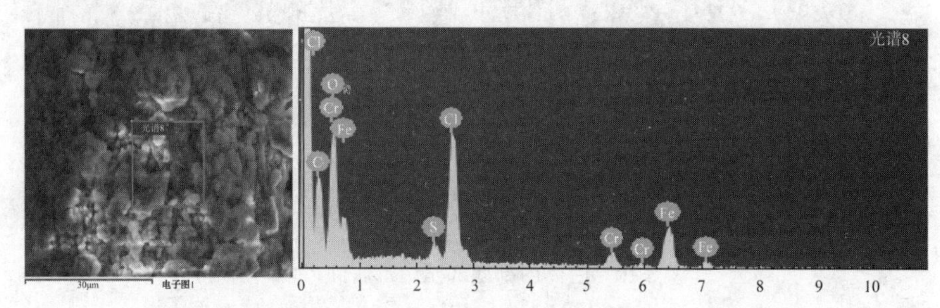

元素	线类型	%(质)	原子百分比
C	K线系	37.04	52.90
O	K线系	33.43	35.85
S	L线系	1.07	0.57
Cl	K线系	10.52	5.09
Fe	K线系	14.83	4.56
Cr	K线型	3.10	1.02
总量：		100.00	100.00

图13　能谱分析结果

图 13 所示为产物的能谱分析结果，可见主要含有 C、O、Cl、Fe 元素，其次还含有一定量的 S、Cr 等其它元素。

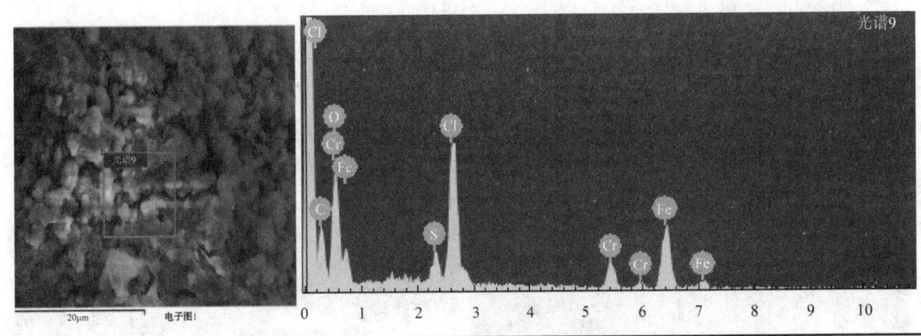

元素	线类型	%(质)	原子百分比
C	K 线系	31.34	50.75
O	K 线系	25.67	31.20
S	L 线系	2.00	1.21
Cl	K 线系	12.06	6.62
Fe	K 线系	22.96	8.00
Cr	K 线型	5.96	2.23
总量:		100.00	100.00

图 14 能谱分析结果

图 14 所示为产物的能谱分析结果，可见主要含有 C、O、Cl、Fe 元素，其次还含有一定量的 S、Cr 等其它元素。

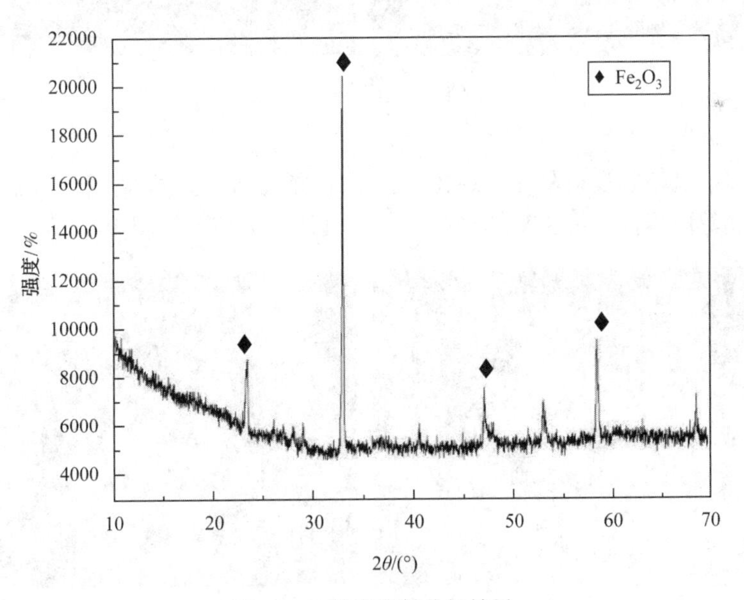

图 15 X 射线衍射分析结果

在能谱分析确定好相应的元素后，通过 X 射线衍射分析来确定具体的物质构成，结果如图 15 所示，通过与标准谱图对比可见，垢样主要成分为 Fe_2O_3，同时介质中含有较高的 Cl，说明氯作为腐蚀催化剂参与了整个反应过程。初步分析 Cl 来自壳程介质混氢。

热高分气与混氢油换热器 E-103 壳程循环氢侧腐蚀情况有加剧趋势。其中，筒体内壁的腐蚀情况较上周期相比无明显加剧趋势，筒体内部管板密封面处腐蚀沟槽为本周期新增腐蚀问题。

本周期腐蚀情况如图 16 所示：筒体内部管板密封面处南侧中间部位，存在腐蚀沟槽，深度约为 20~30mm。筒体内部管板密封面处北侧中间部位，存在腐蚀沟槽，深度约为 30~40mm。管板相应的部位，两侧存在同样的腐蚀沟槽，管束中间挡板与与管板间焊缝开裂。

图 16　本周期腐蚀情况

上周期腐蚀情况如图 17 所示：部分管口及环焊缝腐蚀，导致管口锐利、豁口，管板存在明显结盐现象。壳体内壁与折流板、定距杆接触的位置存在多处凹槽状腐蚀，深约 5mm。管箱内壁存在蚀坑，深为 6~7mm。

图 17　上周期腐蚀情况

(2) 反应器腐蚀状况和腐蚀分析

本次腐蚀调查对加氢精制反应器 1102-R-101 进行了检查，检查发现反应器内堆焊层腐蚀轻微，泡罩、格栅、热电偶等内构件完好，整体轻微腐蚀。具体腐蚀情况见图 18。

图 18　加氢精制反应器 1102-R-101

(3) 热高压分离器 D103 腐蚀状况和腐蚀分析：

热高压分离器 D-103，设计温度为 264℃，设计压力为 10.75MPa，介质中含有氢气、硫化氢、氨气、热高分油，主体材质是 2.25Gr-1Mo+堆焊。

腐蚀状况：罐中部防冲板焊缝开裂。罐底局部地方有机械损伤，坑深约为 4mm。具体如图 19 和图 20 所示。

腐蚀分析：

热高压分离器防冲板的开裂部位，属于长期受到进料冲击，有连续受力影响，加之热高分油中的硫化氢含量常年处于高含量，高温硫腐蚀也对该部位的断裂起到了作用。罐底的机械伤害则是硬物触碰造成的痕迹。

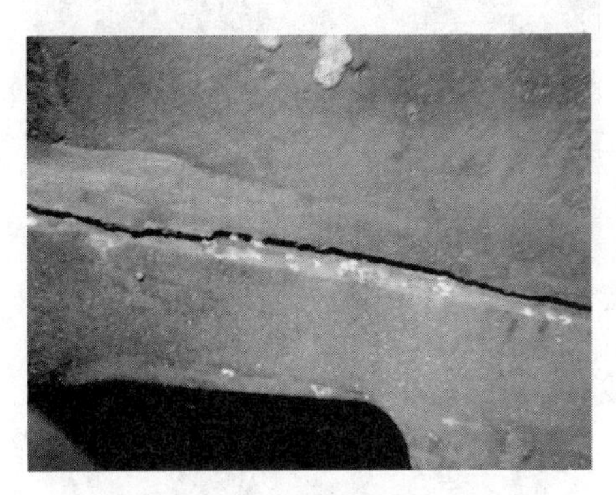

图 19　防冲板裂纹

图 20　罐底机械损伤

2.2　分馏部分

(1) 硫化氢汽提塔 C-201 腐蚀状况和腐蚀分析

硫化氢汽提塔 C-201，设计温度为 264℃，设计压力为 0.8MPa，介质有水、烃、硫化氢、氢气，规格型号 Φ1800/2800/5200×24500(T/T)，主体材质分两种，一种是从 17 层塔盘以上 20R+OCr13，另一种 17 层塔盘以下 16MnR+OCr13。

腐蚀状况见图 21～图 28：塔顶挥发线内结有大量硬垢(腐蚀产物)，腐蚀减薄严重。第二人孔处为塔体第一个变径处进料管，内分布管上部已大面积腐蚀减薄穿孔，管外壁存在大面积腐蚀坑，塔盘及受液槽内堆积大量锈垢。

对塔顶挥发线密集测厚排查，测厚数据显示塔顶挥发线第一个弯头平均数值在 12mm 左右，测厚发现局部减薄，最小值为 6.7mm。弯头后直管为 12.5～13.5mm。

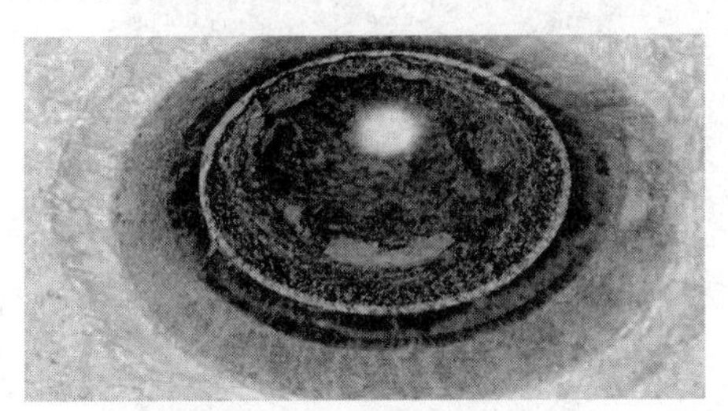

图 21　塔顶挥发线结垢

图 22　塔盘点蚀

图 23　浮阀点蚀

图 24　浮阀缺失

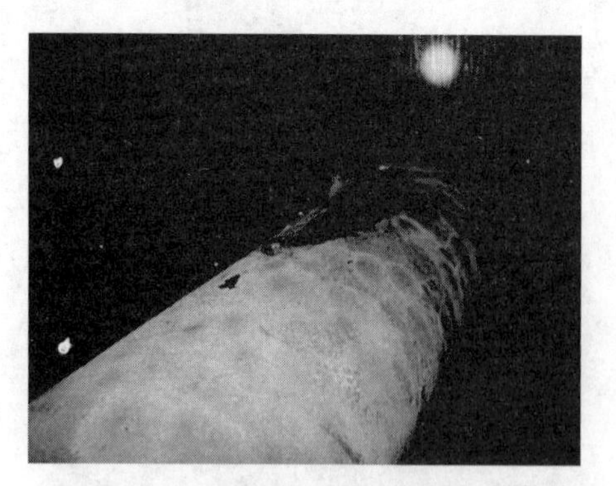

图 25 进料内分布管腐蚀减薄穿孔

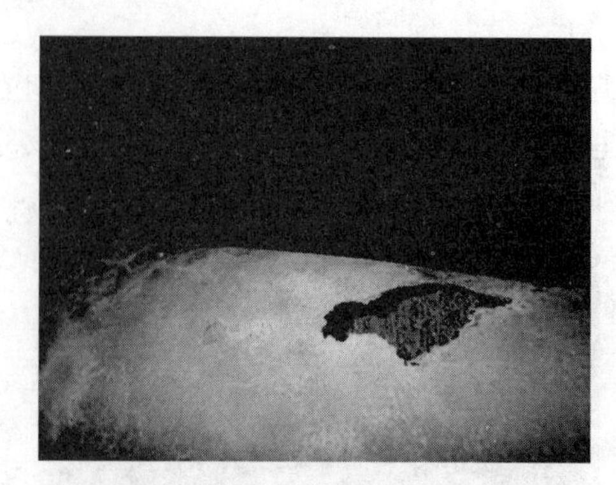

图 26 进料内分布管腐蚀减薄穿孔

图 27 塔顶挥发线测厚数据图

图 28 减薄部位数据图

为了进一步分析塔顶挥发线结垢的原因，对塔顶挥发线的垢样进行了采样分析，其元素分析结果如图 29、图 30 所示。

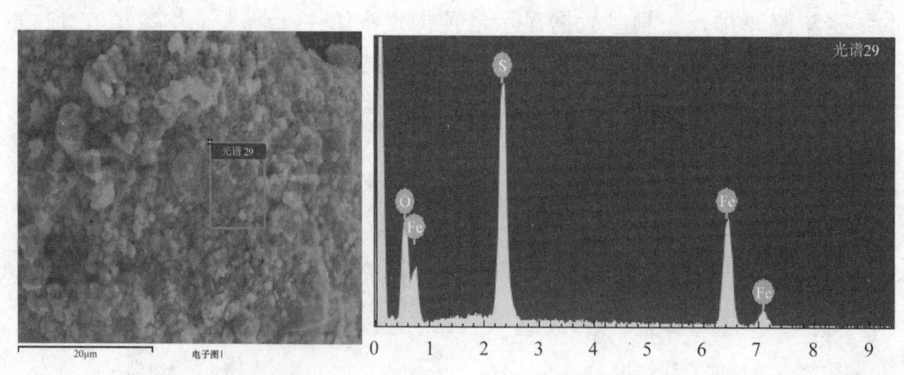

元素	线类型	%(质)	原子百分比
O	K 线系	24. 38	47. 78
S	K 线系	23. 47	22. 95
Fe	K 线系	52. 14	29. 27
总量:		100. 00	100. 00

图 29 能谱分析结果

图 29 所示为产物的能谱分析结果，可见主要含有 O、S、Fe 元素。

在能谱分析确定好相应的元素后，通过 X 射线衍射分析来确定具体的物质构成，结果，如图 30 所示，通过与标准谱图对比，可见垢样主要成分为 Fe_7S_8。

(2) 分馏塔 C202 腐蚀状况和腐蚀分析

分馏塔 C-202 的设计温度为 375℃，设计压力为 0.07MPa，主体材质是 16MnR，其介质主要是汽油、柴油、尾油。

腐蚀状况见图 31～图 36：塔顶进料段下方塔盘(1～7 层)以及回流段下方塔盘(13～17 层)大面积坑蚀，大量浮阀脱落。3～5 层塔盘以及 13～16 层塔盘处塔壁坑蚀深约 0.8～1.5mm，溢流堰及受液槽坑蚀严重深约 1.0～1.5mm。第四人孔 31 层东南方向塔盘的浮阀被吹翻脱落。

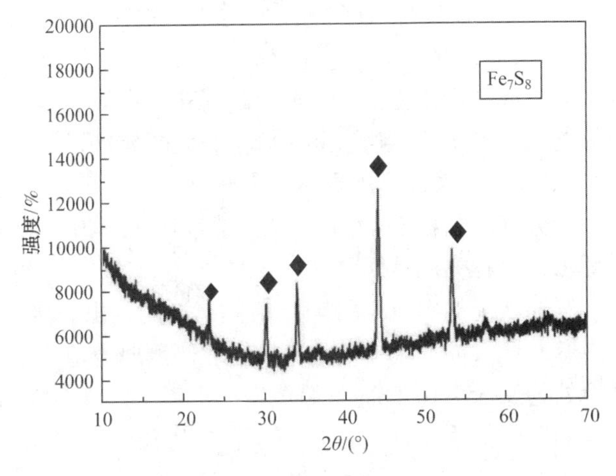

图 30　X 射线衍射分析结果

第一人孔处塔壁测厚值在 14.2～14.3mm，第二人孔塔壁为 13.9～14.0mm，第三人孔塔壁测厚值在 14.1～14.2mm，第四人孔塔壁测厚值在 18.1～18.2mm，第五人孔塔壁为 19.9～20.0mm，塔底封头测厚数据为 21.4～21.5mm，塔盘测厚值在 3.3～3.6mm。

图 31　塔顶塔盘

图 32　第三层塔盘处塔壁

图 33　塔盘

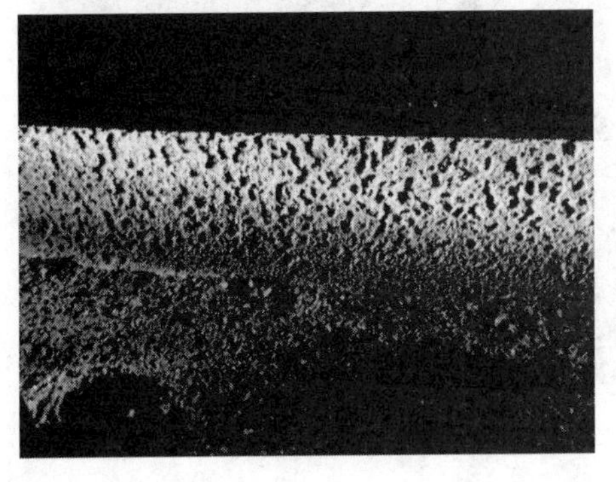

图 34　溢流堰

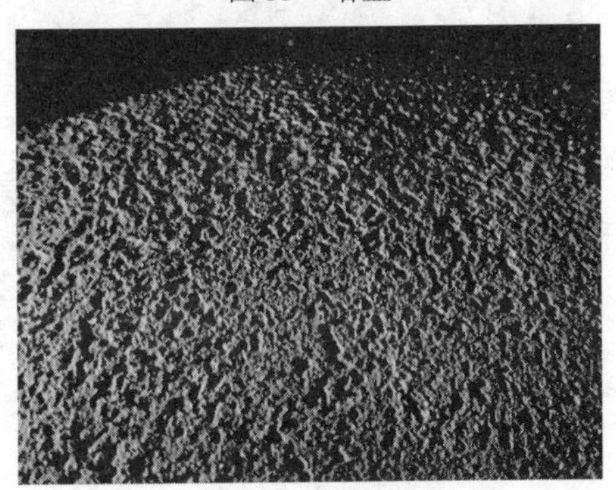

图 35　受液槽

从C202塔盘腐蚀产物的X射线衍射图谱来看，腐蚀产物的主要物相组成为Fe_7S_8(占50.3%)、Fe_3S_4(占14.3%)、Fe_3O_4(占13.4%)，以铁的硫化物、氧化物为主。由于介质中含硫较高，硫化物和铁反应生成铁的硫化物，所形成的硫化物在装置停工过程中被进一步氧化生成铁的氧化物。因此，该塔的腐蚀主要由硫化物引起，属于高温硫腐蚀。

2.3 脱硫系统腐蚀状况和腐蚀分析

低分气冷却器1102-E-301，型号是AES400-4.0-30-6/25-4I，其主体材质是20R，管程介质是循环水，壳程介质是低分气。

腐蚀状况见图36~图41：筒体出口侧，出口接管北侧筒体坑蚀严重，坑蚀约3.0~5.0mm。出口接管内壁北侧大面积坑蚀，出口接管北侧测厚数值为2.79~9.0mm，面积约为100mm×150mm，南侧无腐蚀坑处为9.55~10.0mm。筒体内部距离出口管200mm处有一处沟槽，深度约3.0~5.0mm。外部相应位置测厚数值为7.98mm，其他部位为12.2~12.4mm。出口管线第一个弯头存在减薄，测厚数值为5.9~10.6mm。

脱硫部分主要出于低温环境中，介质低分气中有水和硫化氢，易发生湿硫化氢腐蚀和酸性水腐蚀[1]。

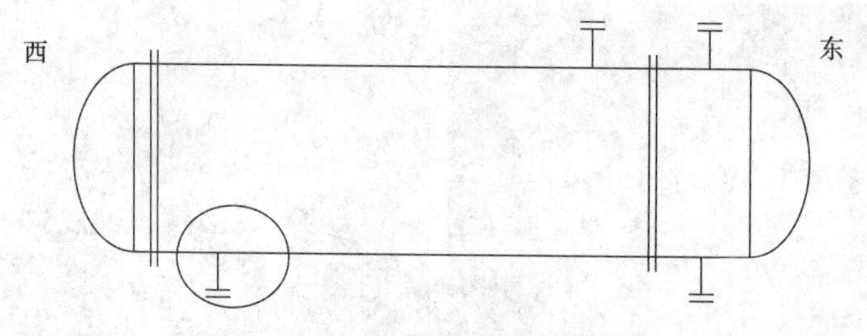

图36 换热器示意图

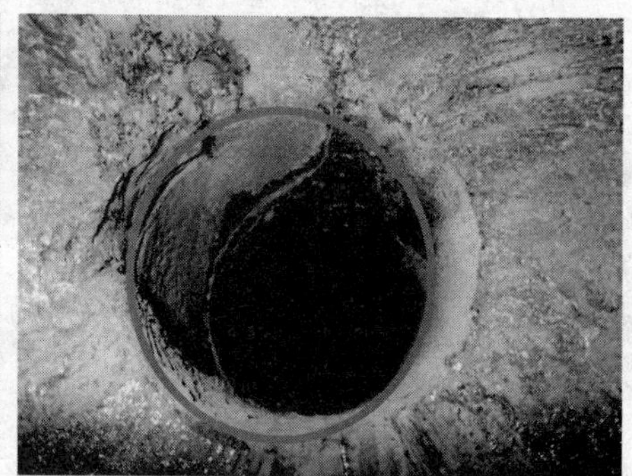

图37 筒体出口侧，出口接管北侧筒体坑蚀

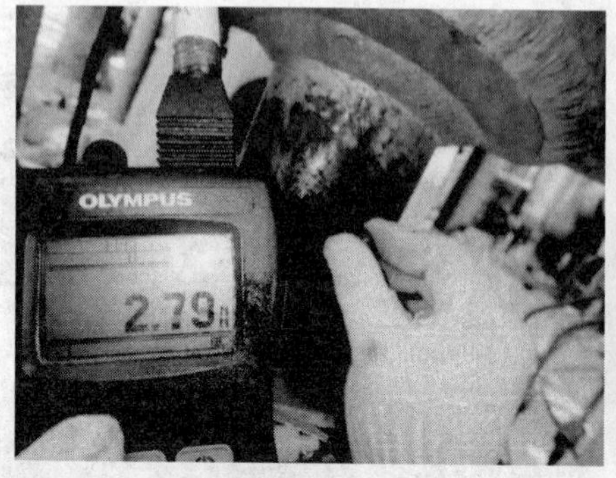

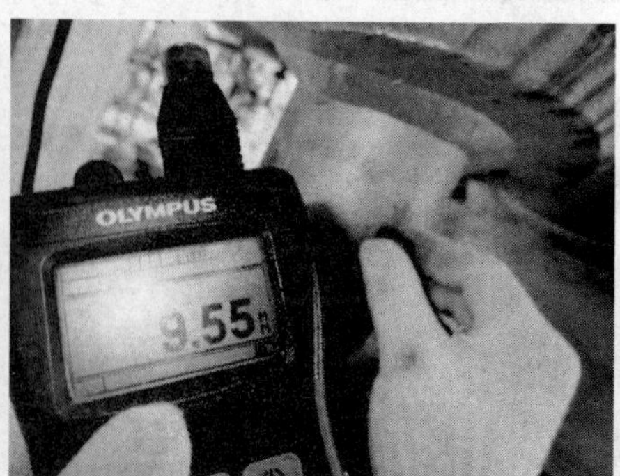

图38 出口接管北侧测厚数值

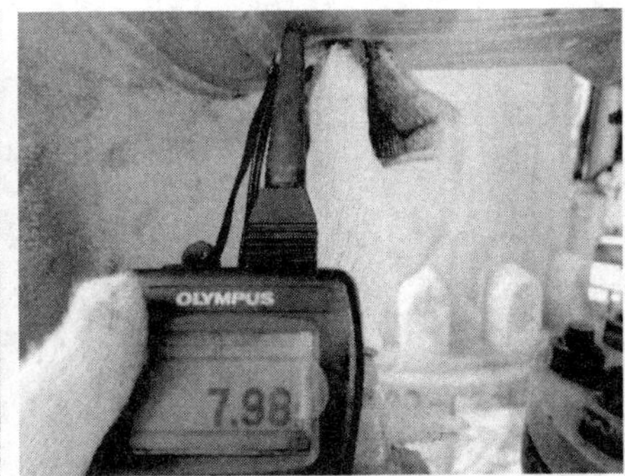

图 39　筒体内部距离出口管

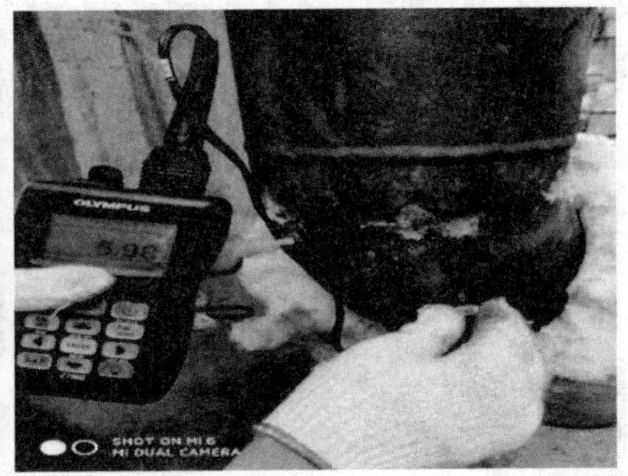

图 40　出口管线第一个弯头

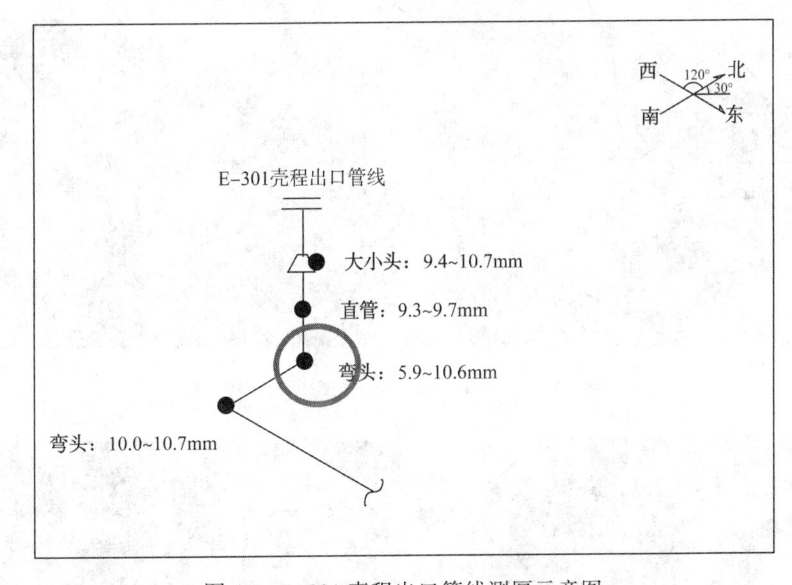

图 41　E-301 壳程出口管线测厚示意图

2.4　循环水系统

本次腐蚀调查对 19 台冷换设备进行了检查，其中水冷器发现共性问题如下：循环水侧管箱内有一层硬垢，牺牲阳极块消耗殆尽。

具体情形如图 42～图 45 所示：

图 42　1102-E-101AK/BK/CK 一级冷却器

图 43　1102-E-102AK/BK/CK 二级冷却器

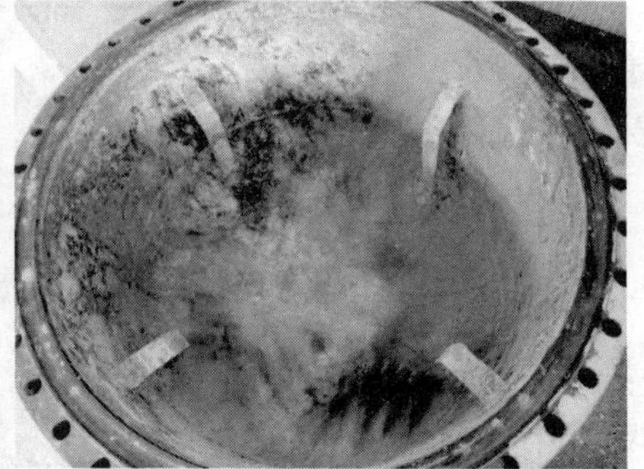

图 44　1102-E-601AK/BK 级间冷却器

图 45　1102-E-201 硫化氢汽提塔顶水冷器

管程循环水侧垢样分析结果如图 46、图 47 所示：

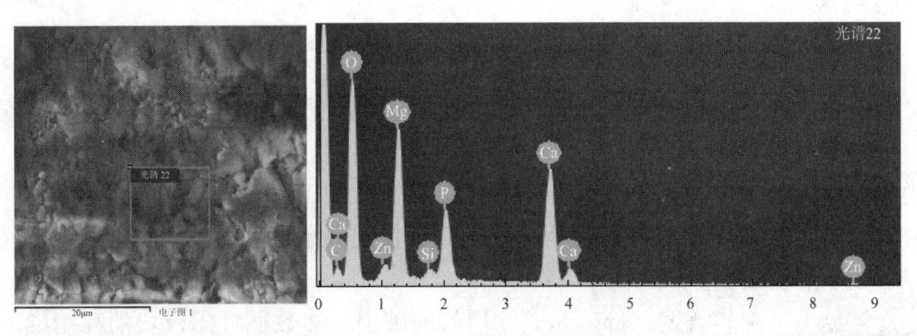

元素	线类型	%(质)	原子百分比
C	K 线系	5.62	9.05
O	K 线系	56.65	68.51
Mg	K 线系	12.00	9.55
Si	K 线系	0.84	0.58
P	K 线系	6.10	3.81
Ca	K 线系	15.72	7.59
Zn	L 线系	3.06	0.91
总量：		100.00	100.00

图 46　能谱分析结果

图 46 所示为产物的能谱分析结果，可见主要含有 C、O、Mg、Ca 元素，其次还含有一定量的 Si、Zn、P 等其它元素。

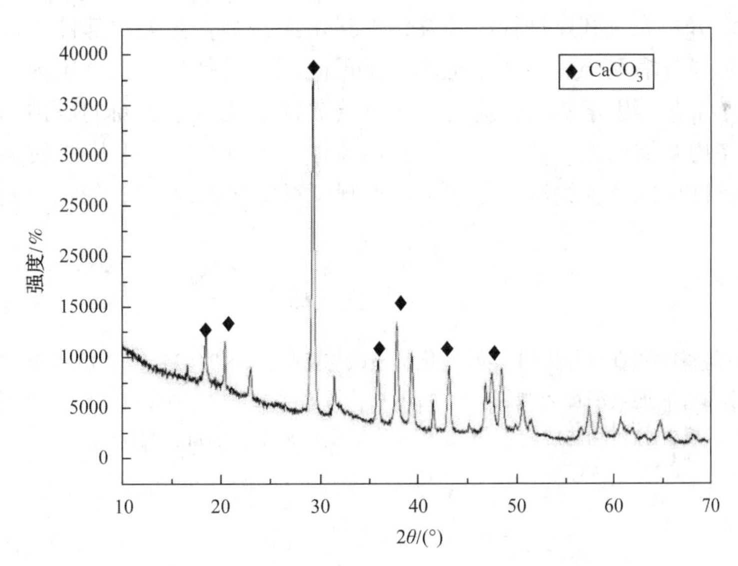

图 47　X 射线衍射分析结果

在能谱分析确定好相应的元素后，通过 X 射线衍射分析来确定具体的物质构成，结果如图 47 所示，通过与标准谱图对比，可见垢样主要成分为 $CaCO_3$，但从能谱检测可见，Mg 含量也较高，不排除局部有高含量的镁类垢物。由此可见，水冷器的循环水侧结垢较普遍，且情况严重，垢下腐蚀严重，阳极块损失较严重。

3 结论与防腐对策

3.1 结论

1）塔类设备硫化氢汽提塔 C-201 从上向下第 2#人孔处腐蚀严重，塔顶挥发线减薄。分馏塔 C-202 塔顶进料段及回流段腐蚀严重。

2）容器类设备中除 D-103 热高压分离器罐中部防冲板焊缝开裂外，未发现严重腐蚀问题。

3）热高分气与混氢油换热器 E-103 筒体内壁的腐蚀情况较上周期相比无明显加剧趋势，筒体内部管板密封面处腐蚀沟槽腐蚀严重。

4）装置水冷器结垢情况较普遍，部分防腐涂层鼓泡破损，多数牺牲阳极块消耗殆尽。

3.2 防腐对策

1）加强原料控制，确保装置进料符合设计要求[2]，从装置上周期的原料采样分析数据来看，原料存在一定劣质化趋势，主要表现在原料氮含量超标，氯离子一直接近设计上限，这会造成氯化铵的结盐，给装置的安全造成了一定影响。

2）氢气来源是两路，分别是重整装置和制氢装置。无论来自那套装置，严格分析化验补充氢中的 Cl 离子，保证进入装置补充氢中的氯离子含量在装置设计基准以下，一旦含量超标，及时联系上游对氯离子进行脱除。

3）建议装置加强循环水水质管理，并采用牺牲阳极+涂料联合保护措施。循环水水质管理应严格遵守中国石化工业水管理制度，循环水冷却器管程流速控制在 0.5m/s 以上，壳程介质温度不应超过 150℃，水冷器循环水出口温度应小于 50℃。定期对循环水的流速进行监控，及时调整水冷器出入口阀门。同时对于供水上游，要加强对循环水的处理，及时调整循环水系统加料。从目前循环水对水冷器腐蚀情况看，主要是采用的阻垢分散剂分散性不好，应根据检测数据及时调整加药，减缓循环水系统的腐蚀和结垢[3]。

4）充分利用 LIMS 分析系统和腐蚀检测系统，加强定期检测，对关键部位的检测要在一个运行周期全部覆盖。例如：加强分馏系统的腐蚀监检测，发现问题及时处理。根据国内外同类装置经验，炼制高含硫原油后，由于工艺等因素，未脱除的硫化氢给分馏系统带来了新的腐蚀问题，应从工艺防腐蚀和材料升级等方面考虑减缓腐蚀。装置加工原料油硫含量上升后，分馏塔材质为碳钢(16MnR)，腐蚀将加剧，建议加强该部位的腐蚀检测、尤其是定点测厚，发现问题及时处理，择机将其升级为碳钢+0Crl3Al(0Crl3)。

参考文献

[1] 程伟．蜡油加氢装置的腐蚀调查与分析[J]．石油化工腐蚀与防护，2017，34(2)：13-16.

[2] 崔中强．加工劣质原油重油加氢装置的腐蚀与相关问[J]．石油化工腐蚀与防护，2003，(03)：1-4.

[3] 黄贤滨．加氢裂化装置腐蚀分析和防腐对策[J]．石油化工设备技术，2011，32(03)：1-6.

催化重整装置氢气增压机入口过滤器铵盐堵塞的原因分析及对策

许培聪　徐达强

（中国石化广州石化公司　广东广州　510726）

摘　要　针对中国石化广州石化公司催化重整装置在长周期运行过程中出现的重整氢气增压机C202一级入口过滤网铵盐堵塞的问题进行了分析。利用氯化铵盐易溶于水的特点，实际生产中采取了在脱戊烷塔及C_4、C_5分离塔塔顶干气返回循环氢增压机一级入口缓冲罐进行蒸汽吹扫水洗的方法以及增设固相脱氯罐进行塔顶干气脱氯，有效避免了铵盐的沉积，从而取得了较好的效果。

关键词　干气；氢气增压机；氯化铵；堵塞；固相脱氯；对策

中国石化广州石化公司（简称广州石化）1Mt/a催化重整装置采用美国UOP公司连续重整的专利技术，由石脑油加氢、重整反应及催化剂连续再生3部分组成。该装置设计以馏程为95~160℃石脑油为原料，主要生产高辛烷值汽油调和组分（C_7和C_{9+}馏分油）、苯和混合二甲苯，副产重整氢气和液化石油气等。该装置脱戊烷塔的主要作用是将重整反应生成油中的轻组分即C_5以下组分脱除，塔顶产轻组分并送往C_4、C_5分离塔，塔底重整汽油则送往芳烃抽提。脱戊烷塔回流罐V206以及C_4、C_5分离塔回流罐V207灌顶的两股干气在2015年大修时经过改技措施返回循环氢增压机C202一级入口缓冲罐V202，而这两股干气由于含有少量的氯可能会导致C202一级入口过滤器处产生铵盐积聚导致堵塞压降增大问题，从而影响装置平稳、长周期的生产。

石脑油预加氢的目的是为重整反应部分制备在杂质含量和馏分上均满足要求的原料，预加氢反应是在催化剂和一定氢分压的条件下，使原料油中的含硫、含氮、含氧等化合物进行分解，并使烯烃生成饱和烃，加氢生成H_2S、NH_3、HCl和H_2O，在汽提塔进行脱水分离。经过预处理过程后，重整进料中杂质含量应达到以下要求：含硫量≤0.5×10^{-6}（质），含氮量≤0.5×10^{-6}（质）等。

1　铵盐结晶堵塞的现象及原因分析

1.1　铵盐结晶的现象及判断

2017年12月下旬氢气增压机C202一级入口管线出现异响及小幅振动的情况，装置通过调整C202一级入口温度及降低气体流量的措施可改善异常情况并保持C202在监控状态下平稳运行。但是自2018年1月20日开始C202一级入口管线振动情况加剧，入口压力由正常0.25MPa缓慢下降至0.19MPa，导致C202一级压缩比由正常2.6提高至3.0左右，出口温度由正常125℃上升至133℃，为维持装置高负荷生产C202压缩机转速由7200r/min提高至目前7700r/min（压缩机额定转速为7848r/min），严重影响机组安全平稳运行。经现场排查C202一级入口过滤器前压力为0.252MPa，过滤器后压力为0.195MPa，前后压差高达57kPa。而由于脱戊烷塔T201以及C_4、C_5分离塔T202塔顶的两股干气去往循环氢增压机C202一级入口缓冲罐V202，经过的换热器管束大修时常清出有水垢物铵盐，这两股干气其组分基本都是轻组分，其中所带出的催化剂粉尘基本没有，所以确定造成C202运行异常的原因为一级入口过滤器铵盐堵塞。

事实证明，在2019年大修期间，将氢气增压机C202拆开以及一级入口过滤器拆出后可以发现，一级入口过滤器仍然还有是铵盐堵塞（见图1），C202的汽轮机叶片（见图2）以及一级入口处都有结盐的情况（见图3）。

图 1 C202 一级入口过滤器结盐

图 2 C202 汽轮机叶片结盐

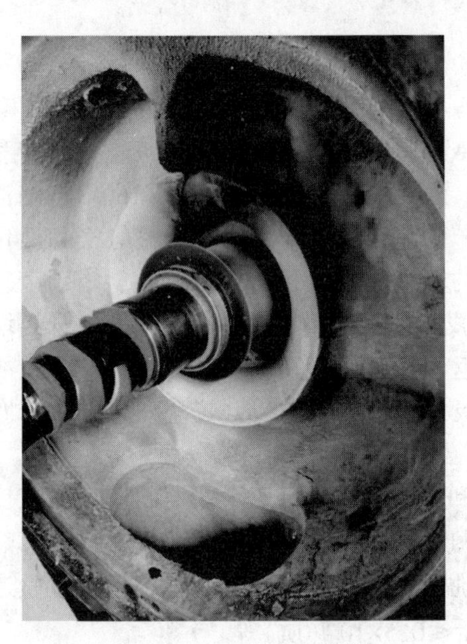

图 3 C202 一级入口结盐

1.2 铵盐结晶原因分析

铵盐来源主要为重整反应催化剂是全氯型铂锡催化剂，在生产过程中为了更好地发挥催化剂的活性、选择性、稳定性，要求控制好催化剂的水氯平衡环境，为此需连续注氯来调整水氯平衡，而过量的氯和催化剂上的氯流失都会导致重整副产氢气中含有少量的 HCl，而重整进料中含有杂质氮，含氮化合物和氯在重整反应条件下生成 HCl 和 NH_3，再反应生成 NH_4Cl，在低温部位结晶形成铵盐。

2015 年装置大修前，脱戊烷塔 T201 以及 C_4、C_5分离塔 T202 塔顶的两股干气设计送至装置燃料气系统，由于这两股干气含有氯，而燃料气组分中含氮组分较多，混合后容易形成铵盐结晶导致加热炉阻火器、过滤网、调节阀和火嘴经常性严重堵塞。

2015 年大修后，将这两股干气改往循环氢增压机 C202 一级入口缓冲罐 V202，原因是重整进料是经过装置预加氢脱除杂质的，含氮化合物和含氯化合物很少，相对于燃料气的含氮量较少，因此生成铵盐结晶堵塞相对来说不会太严重。

从大修后至 2017 年年底，铵盐堵塞情况好转了很多。但是这种情况不能完全消除，因为重整进料量比较大，且含少量氮化物，和干气中的氯反应后长时间的积累也会导致铵盐结晶堵塞的情况。

2 铵盐结晶后的对策和效果

2.1 蒸汽吹扫水洗法

氢气增压机 C202 是催化重整装置核心机组之一，在 2018 年时出现机组运行异常时装置没有停工处理，而是使用蒸汽吹扫水洗法将 C202 一级入口过滤器的铵盐溶解解决了机组运行的异常。但是如果不降低塔顶干气的氯含量这个根本问题，这种情况是不会彻底消除的。

工艺原理：蒸汽吹扫水洗法的原理是利用 NH_4Cl 的热稳定性差，易溶解于水，有受热易分解的性质，于是将蒸汽通过 T201 以及 T202 干气线流程补入 V202 中达到增加 C202 一级入口气体水含量溶解过滤器上的铵盐。

工艺过程：

在图 4 的吹扫点接入 1.0MPa 蒸汽的主要工作有：①将 T201 及 T202 塔顶干气改好后路流程；②补

入V202罐内增加C202一级入口氢气的水含量，注意监控V202罐液位的上涨情况加强排水，专人监控1.0MPa蒸汽的流量；③接入蒸汽至C202一级入口缓冲罐V202后，对C202入口氢气进行采样分析气体中的水含量，发现含水量明显提升，继续观察C202一级入口过滤器前后压力及压差的变化情况。在经过一段时间后V202罐内有大量明水排出而入口过滤器前后压差变化不大，机入口压力为0.21MPa，效果不明显。

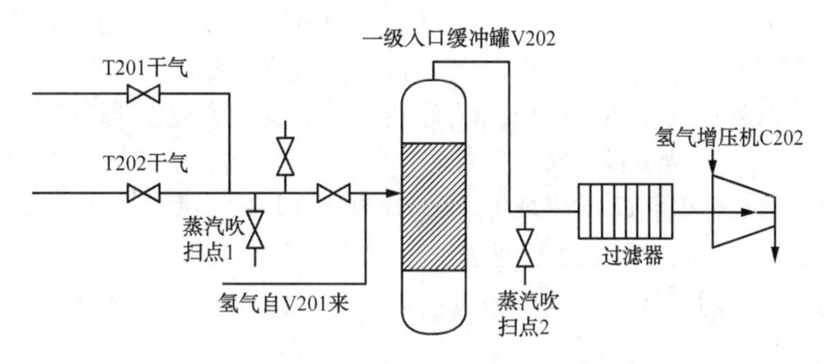

图4 蒸汽吹扫冷凝水洗法工艺处理流程图

于是关闭1.0MPa蒸汽补入V202罐内阀门，直接改在C202一级入口横管低点(如图4蒸汽吹扫点2)处接入1.0MPa蒸汽对过滤器进行吹扫，内操加强对C202入口流量、入口压力、入口温度、出口温度、转速、振动、位移等关键参数的监控，出现异常时立即关闭1.0MPa蒸汽；若补入蒸汽后C202一级入口过滤器前后压差明显下降，则维持蒸汽缓慢、少量稳定的注入，若效果不明显则稍微增加1.0MPa蒸汽的注入量，在此过程中应采样分析入口氢气中的水含量看是否上升。

在蒸汽吹扫的整个过程必须保证蒸汽用量小、调整幅度稳定缓慢，如果出现异常立即关闭蒸汽；如果在吹扫点2的水洗效果明显且C202正常运行无异常的话则维持蒸汽的连续注入，直至确认过滤器前后压差<5kPa时关闭蒸汽。

2.2 工艺处理效果

在处理的过程中，实施此工艺处理方法过程中并未对导致氢气中水含量大幅上升或C202一级入口带液的情况，以及在干气排火炬时可能会造成火炬冲击和T201、T202塔顶压力波动的风险。

经过一段时间的蒸汽注入，循环氢增压机C202一级入口过滤网铵盐基本清除，压力恢复正常，过滤器前后压差2kPa，C202的入口流量、入口温度、出口温度、转速、振动、位移等关键参数也在正常控制范围内。

此方法基本解决了压缩机入口过滤网铵盐结晶堵塞的问题，避免了重整“心脏”氢气增压机因入口压降增大导致机组损坏，不能安全平稳运行，从而影响重整反应系统的运行。但是必须做出相对应的预防措施来降低塔顶干气氯含量和减少原料氮含量，从而避免机组结盐情况。

3 预防措施

3.1 从来源减少氮氯进入系统

氮的来源为进料中的杂质，控制少于0.5mg/kg，一直都能满足要求，但是重整进料量比较大，长时间累积后，像催化重整装置四年一次大修，系统内也会有铵盐的生成。因此要严格控制重整进料中的含氮量小于0.1×10^{-6}(质)，才能防止铵盐沉积。

氯的来源为再生注氯，重整催化剂水氯平衡对实现催化剂的酸性功能和金属功能非常重要，重整催化剂在运行过程中，会有一定量的氯流失，其速率主要影响因素为催化剂的比表面积和是否处于高温高水环境，进料水含量过高会洗掉催化剂上的氯，同时使催化剂的比表面积下降速率加快，因此要严格控制预处理部分操作，以保证系统水含量的稳定。

3.2 控制好重整催化剂的水氯平衡

重整催化剂是双功能催化剂，由金属组分和酸性载体组成。金属组分提供金属活性中心，催化烃类的加氢和脱氢反应。酸性载体提供酸性活性中心，催化烃类的重排反应。两种活性中心对重整反应都极其重要，任何一种活性的丧失都会影响催化剂的性能。控制好重整催化剂的水氯平衡是发挥重整催化剂双功能的关键手段。在重整待生催化剂再生注氯过程中注氯过量时会引起氯进入重整反应系统，为重整反应系统产生氯化铵提供可能。

3.3 及时更换脱氯罐脱氯剂

本装置的重整生成油先经过脱氯罐脱氯后进入重整分馏系统，因此，保证脱氯罐的正常的脱氯功能，才能避免铵盐对脱戊烷塔及 C_4、C_5分离塔塔顶后路的堵塞，避免铵盐堵塞。重整反应后的除氯措施要保持良好的效果，当脱氯罐外送氢气中氯化氢质量分数达到 1μg /g 时，应立即切换脱氯罐或更换脱氯剂。

3.4 优化脱戊烷塔及 C_4、C_5分离塔塔顶干气利用

在催化重整装置中脱戊烷塔 T201 以及 C_4、C_5 分离塔 T202 塔顶干气的主要成分是氢气、甲烷、C_2、C_3和 C_4等，也含有少量的杂质氯化氢(见表 1)。从表中分析结果可知，由于塔顶干气氯含量偏高，平均在 11~30 mg/m^3，所以并入系统后会导致后续系统管线、阀门、过滤器等产生大量铵盐造成堵塞，严重影响装置安全平稳运行。

表 1 T201、T202 塔顶气组成 %(体)

组成:		组成:	
丙烷+丙烯	34.51	氧气	<0.02
一氧化碳	<0.02	丙烷	34.35
C_3 及以上	52.90	异丁烷	10.44
氢气	18.36	正丁烷	5.48
甲烷	3.44	异丁烯	0.15
乙烷	25.29	反-2-丁烯	<0.02
氮气	<0.02	丙烯	0.16
正丁烯	<0.02	二氧化碳	<0.02
顺-2-丁烯	<0.02	乙烯	<0.02
C_5	2.32	氯含量/(mg/m^3)	11~30
		硫化氢/(mg/m^3)	<5

3.4.1 技术改造说明

2019 年大修本装置增设了 1 个固相脱氯罐，即将这两股塔顶干气经过新增设的固相脱氯罐进行脱氯处理后再进入氢气增压机入口分液罐进行气液分离后进入氢气增压机。新工艺流程及脱氯罐在流程上的位置示意图(见图 5)。经压缩机压缩增压后再经再接触系统以及氢气提纯(PSA)回收氢气和部分解吸气。优化塔顶干气利用后将会提高副产干气的附加值，并且能有效防止铵盐沉积堵塞的问题而影响装置的平稳和长周期运行，产生的经济效益会较为显著。

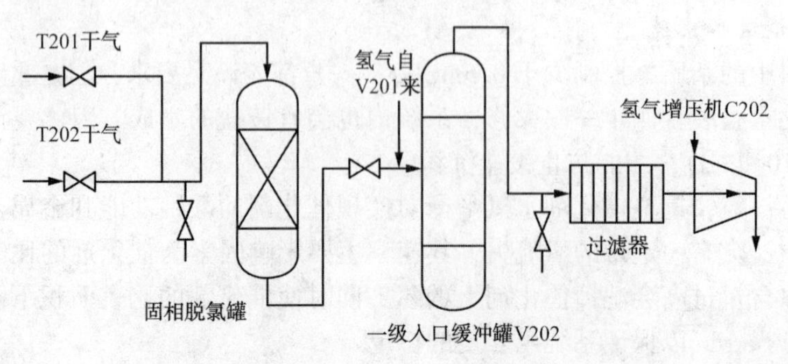

图 5 新工艺改造流程图

在选择脱氯剂方面，由于T407型脱氯剂是以性能优越的金属氧化物为活性组分，采用特殊工艺制备而成，具有和氯化氢快速反应的特点，其物化性质见表2。而且T407型脱氯剂适用于氢气、氮气、合成气、煤气和气态烃等工业原料中氯化氢的脱除，是化肥、石油、有机等石化行业中抗毒害，防腐蚀的优良净化剂。在常温约200℃低温域，脱氯性能稳定、净化度好、氯容高。尤其适用于常温下，重整副产氢中氯化物的脱除。

表2 KT470型脱氯剂性质

项目	固相脱氯剂	项目	固相脱氯剂
型号	T470	粒度/mm	Φ(4±0.5)
外观	灰色或褐色条状物	径向抗压碎力均值/(N/cm)	≥50
堆积密度/(kg/L)	0.7~0.9	穿透氯容(350℃)/%(质)	23~33

3.4.2 使用固相脱氯罐后效果

本装置在投用固相脱氯罐后每天对干气经过脱氯罐前后进行采样分析其中的氯含量(如表3所示)，分析结果比经过固相脱氯罐后其出口氯化氢含量平均<0.5 mg/m^3，达到了工艺设计的脱氯罐出口氯化氢含量<0.5mg/m^3的要求，减少了系统及压缩机入口等地方结盐及氯腐蚀问题，确保了装置安全平稳高负荷运行。

4 结论

1）重整进料中的氮化物在重整反应条件下会生成NH_3，NH_3遇到系统中的氯会生成氯化铵。氯化铵易在装置低温部位产生沉积，造成设备出现铵盐堵塞与腐蚀。通过对重整循环氢增压机采用蒸汽吹扫冷凝水洗法清除循环氢增压机一级入口过滤器铵盐结晶堵塞，维持装置安全平稳运转，结果表明此方法是一个行之有效的方法。

2）从装置源头控制好氮含量是减少装置后续部位产生氯化铵的最直接方法，重整单元进料氮含量尽可能控制在小于0.1×10^{-6}(质)。控制好重整催化剂的水氯平衡可抑制重整反应系统中氯化铵的生成。除此之外，增设固相脱氯罐优化干气利用可有效进行有效脱氯并提高氢气和液化气回收，并且避免系统管线、阀门、过滤器等产生大量铵盐造成堵塞。重整反应后的除氯措施要保持良好的效果，当脱氯罐外送氢气中氯化氢质量分数达到1μg /g时，应立即切换脱氯罐或更换脱氯剂，避免铵盐的生成造成堵塞。

参 考 文 献

[1] 伍志勇．连续重整装置脱丁烷塔铵盐堵塞分析及处理[J]．广东化工，2016，43(15)：206-207.
[2] 张中洋，单婷婷．连续重整装置的腐蚀与控制[J]．石油化工设计，2016，33(02)：59-61，+7.
[3] 刘红磊，刘劲松．加氢装置循环氢系统铵盐堵塞原因分析及处理[J]．炼油技术与工程，2014，44(04)：25-27.
[4] 朱一华．重整装置脱丁烷塔铵盐堵塞与腐蚀原因分析及对策[J]．石油炼制与化工，2013，44(07)：93-95.
[5] 徐承恩．催化重整工艺与工程[M]．北京：中国石化出版社，2006.
[6] 陈国平．重整脱戊烷塔铵盐堵塞的原因与对策[J]．石油炼制与化工，2004，35(12)：49-52.
[7] 赵宏海，徐志良．1#重整装置脱戊烷塔塔顶气优化利用方案探讨[J]．石油化工技术与经济，2014，30(05)：13-16.

柴油加氢新氢压缩机压阀罩断裂分析

吴希君

（中国石化青岛炼化公司　山东青岛　266500）

摘　要　某企业柴油加氢装置，2019年大检修后，开工过程中，新氢压缩机启机运行，前一级吸气阀压阀罩发生断裂故障。分析结论为吸气阀压阀罩发生脆性破碎，而综合受力因素，是造成其断裂失效的直接原因；其使用材质和材料的疲劳应力，使抗压强度降低，亦为引起断裂的主要因素。

关键词　往复压缩机；吸气阀；压阀罩；断裂；分析

1　概论

某炼化企业4.1Mt/a柴油加氢装置新氢压缩机1113-K101A/B，为4M80型往复式压缩机，其结构型式为两级四列双作用对称平衡型，一开一备配备，A机配置一套气量无级调节系统Hydrocom。原设计自新氢压缩机一级缸抽出部分氢气供航煤加氢使用，如图1、图2所示，其设计参数见表1。2019年大检修，航煤加氢增加一台循环氢压缩机，此流程仍然保留。2019年7月26日随装置大检修，该机组完成了中修，8月15日柴油加氢装置开工，机组投入运行。

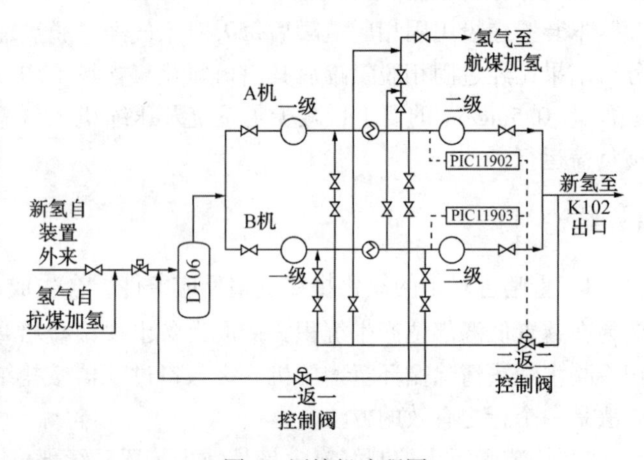

图1　压缩机流程图

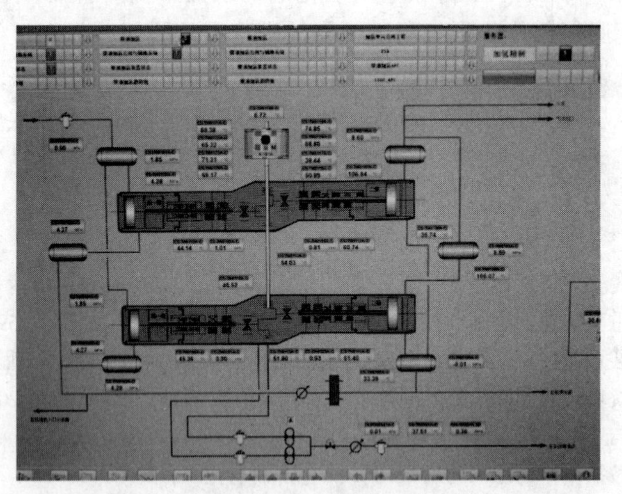

图2　压缩机流程图

表1　1113-K101A机的设计参数

压缩机型号	4M80-57/21-44-24/44-92-BX	型式	四列两级对称平衡型
排气量	64000Nm^3/h	主电机额定功率	4250kW
一级入口压力	2.0MPa	一级出口压力	4.6MPa
二级入口压力	4.5MPa	二级出口压力	9.7MPa

2 故障发生过程

2019 年 11 月 18 日 19 时 15 分，机组运行过程中柴油新氢压缩机 1113-K101A 机组发出金属撞击声，吸气阀有异响并伴随机体气缸晃动，表现为气缸介质带液。室内 DCS 显示，机组出口流量从 46000m^3/h 突然降至 37000m^3/h，如图 3 所示，运行参数如表 2 所示。判断异常声音和晃动来自一级缸部位，操作人员立即切换至备用机组运行。

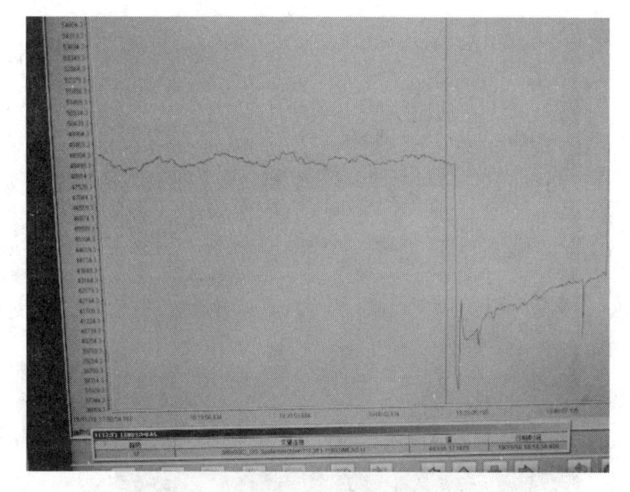

图 3 压缩机出口流量监控曲线

表 2 2019 年 11 月 18 日 1113-K101A 运行参数

项目	一级		二级	
	入口	出口	入口	出口
压力/MPa	1.76	4.39	4.37	8.39
温度/℃	34.6	116.3	36.7	102.1
载荷/%	93	93	100	100

3 断裂故障现象

对机组前一级缸拆检，发现吸气阀压阀罩断裂破碎，如图 4 所示；气阀密封紫铜垫断裂，如图 5 所示；吸气阀表面附着破碎压阀罩杂质，如图 6 所示；气阀在阀座内跳动，发出金属撞击声，机组气量下降。拆解其余一级进气阀，压阀罩完好，其中气阀(1.5、1.7、1.8)密封紫铜垫断裂，进行气密性试漏检查，发现吸气阀气密性均较差。

图 4 吸气阀压阀罩断裂

图 5 气阀密封垫断裂

图6 气阀(1.3)进行气密性试漏检查气阀泄漏严重

从压阀罩断裂形状看，呈块状断裂加粉碎破损，六条支筋从变截面处断裂；在其环向变截面处，沿周向均与分布环向扩展裂纹，裂纹宽度接近压阀罩中部开孔宽度；压阀罩下端面周向均布数条轴向裂纹，裂纹长度基本一致，且贯穿内、外壁，其断裂形式是以脆性断裂为主的混合断裂，裂纹从压阀罩支撑筋外壁沿径向厚度和轴向支撑方向扩展。

4 造成压阀罩失效的相关因素

4.1 压阀罩受吸气阀阀座反弹推力作用

机组前后两列气缸，每列共4只吸气阀，吸气阀的受压元件包括压阀罩、法兰、顶丝、压叉、弹簧、阀片、阀座、垫片等，如图7所示。

气缸内的氢气介质经压缩机一级入口缓冲罐，在气缸内完成吸入、压缩、膨胀、排气循环过程中，吸气阀系统受压元件遇交变载荷的作用。气阀阀片在吸气关闭时，活塞返行程开始压缩气缸内气体；当压缩气体排出后，活塞推行程，液压机构产生推力作用于卸荷弹簧，进而推动压叉顶开吸气阀片，往气缸再行吸气。在吸气阀关闭工况下，阀座对压阀罩形成反弹推力。

4.2 压阀罩综合受力

压阀罩处在机组入口的受冲击部位，在气流运动过程中受到各种力的作用，其中气体推力、弹簧合力、惯性力、重力、阻尼力以及阀片在阀座、阀座与压阀罩、升程限制器上的黏着力等，综合受力易使压阀罩破损。

4.3 压阀罩及受压元件的材质和加工精度

大数据统计，往复压缩故障中，吸气阀失效比例高达67%，近几年压阀罩失效故障频繁增加，其使用材料和加工精度因素占气阀故障率的45%。

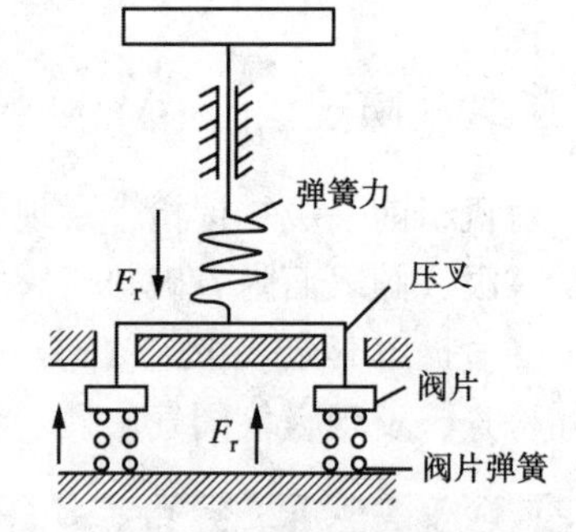

图7 气阀(1.3)进行气密性试漏检查气阀泄漏严重

5 故障原因分析

5.1 工艺介质造成受力情况分析

机组入口气流自1113-D106来，流经一级气缸，而吸气阀位于压缩机的咽喉部位，气体推力作用在压阀罩上，使压阀罩遭受压强，当压应力大于抗压应力时，引起压阀罩撞击破损。

5.2 吸气阀法兰预紧力

吸气阀法兰预紧力是压阀罩产生裂纹的主要原因在柴油新氢压缩机1113-K101A吸气阀中，压阀罩上端面被法兰压紧，有12个M30的螺栓均布在法兰上，每个螺栓的预紧力作用在吸气阀法兰，压紧力传递到压阀罩轴向的不同横截面上，由于其横截面尺寸的变化，其承载的压应力会有所不同，分析压阀罩上、中、下几个截面，按下列公式计算：

$$Q_p = \frac{T}{0.2D}$$

式中，T为作用在单个螺栓上的扭矩；D为螺栓直径；

作用在压阀罩上的总作用力：$F=12Q_p$

不同截面在压阀罩的压应力：

$$\delta = \frac{F}{A}$$

式中，A 为压阀罩不同截面的截面积

按照 GB 9439—2010 规定，材料 HT250 抗压强度为 840MPa。应在适当的范围，推算螺栓预紧力应不大于 1262N · m，其断裂的状况表明，吸气阀螺栓预紧力远大于理论计算值。

5.3 压阀罩受冲击载荷导致断裂破碎

由于无级可调回流 Hydrocom，其气阀压叉部件具有一定的强度，同阀片一起运动时，阀片关闭时内外受力不同，阀片和压叉向下传递压力，通过气阀阀座，引起压阀罩产生反弹压力，当承载的冲击强度大于抗压强度时，推力撞击阀座及压阀罩，造成支撑筋断裂破碎，其撞击的强度和速度是影响压阀罩失效的重要因素。

5.4 压阀罩材质分析

铸铁 HT250 材质，含碳量大于 2. 11%，其具有较低的熔点和优良的铸造性、耐磨性、减震性、切削加工性；从其晶体结构分析，原子数量少、密集程度低、组织孔隙多、原子间的距离较大、结合力相对减弱，在外力作用下，晶格容易沿原子的密集面产生相对滑动，强度下降；另外其焊接性差、延伸率低、组织不均匀、冲击韧性低、端面收缩率低。在冲击力载荷下，造成脆性断裂。

5.5 疲劳使用造成压阀罩破损

前一级压阀罩(1. 3)自 2008 年使用运行，使用时间过长，造成疲劳强度减弱，存在疲劳应力，气阀阀座的冲击力，造成疲劳破碎。

5.6 气阀垫片断裂

气阀垫片断裂是造成压阀罩断裂的原因之一。气阀阀座与压阀罩之间是过盈配合，气阀垫片材质为紫铜垫片，该材质硬度低，精度差，运行中产生挤压断裂。垫片断裂后，气阀与压阀罩之间形成间隙，气阀在吸排气过程中产生“颤动”，阀座与压阀罩发生了金属撞击声，且伴随间接形成阀座与压阀罩撞击的“空间”，增强了“撞击力”，至使压阀罩薄弱部位应力集中，产生延迟裂纹，最终断裂。

5.7 气阀顶丝松动，是造成压阀罩破损的间接原因

一级吸气阀法兰均布 4 个顶丝，检修未均匀压紧或运行中顶丝松动，气阀垫片与阀座、阀座和压阀罩之间，产生间隙，一方面增加了整个气阀对垫片的撞击力；另一方面增加了整个吸气阀“跳动”间隙，加剧了气阀的振动，周期性撞击压阀罩，造成断裂破碎。

5.8 压阀罩的失效

压阀罩的失效是机组吸入流量突然降低的直接原因。由于压阀罩(1. 3)破碎，气阀在阀道内不受压阀罩限制，导致入口气阀脉动性跳起，使吸气位置“空置”，无法关闭，吸、排过程贯通，不能形成气体压缩和排出，前一级入口吸入量减低，机组出口流量突然下降。

5.9 吸气阀表面附着的铁屑杂质

吸气阀表面附着的铁屑杂质，系破碎的压阀罩铸铁碎片，随气流带动再加上润滑油粘连，附着到气阀表面，有部分吹到阀片及弹簧上，造成气阀做试漏时密封性差。

6 解决措施

6.1 加强管理和控制

建立机组检修管理机制，明确管理职责，加强机组检修过程质量控制。控制吸气阀法兰预紧力，纳入按照定力矩管理，严格螺栓预紧力 1200~1260N · m 紧固，对称同步紧固，紧固力矩按照 50%、75%、100%、100%(复核)分次完成。

6.2 压阀罩更换压阀罩材质

图8 更换压阀罩

从开工至今材质为铸铁HT250，将压阀罩材质替换为铸钢C10#材质，提高材料的塑性、韧性、增强机械性能，如图8所示。更换气阀密封垫片材料，由原来的紫铜材质，更换为20#钢材质，材质强度和韧性都能满足要求。

6.3 加强检修过程管理

清理干净吸气阀法兰大盖螺栓及紧固顶丝丝扣，紧固好吸气阀顶丝，并确认顶丝未碰到压阀罩上，紧固时应对角均匀上紧，对称同步紧固，力矩按照50%、70%、100%、100%(复核)分四次完成紧固，上紧丝帽，加强日常巡检，防止气阀顶丝脱扣松动。安装气阀前检查密封清理座平面，更换一级气缸进气阀8件。因此，检修更换新的压阀罩1件，安装压阀罩时，确认压阀罩均匀地压紧于气阀阀座平面。

7 结论

经过分析吸气阀压阀罩压紧力过大，压应力超过额定载荷，是引起断裂的主要原因。压阀罩材质的铸铁材质，此失效为脆性断裂。疲劳应力是压阀罩断裂的因素之一。检修吸气阀，其法兰按照定力矩管理，对压阀罩压紧时，保障螺栓预紧力均匀，且扭矩小于1260N·m。按照方案，落实措施，成功完成对机组检修，切换至1113-K101A机，运行平稳。

参考文献

[1] 曹国洲，肖道清．铸铁支架断裂失效分析[J]. 热加工工艺，2011，40(21)：185-186.
[2] 赵占彪，张琴，霍星，等．灰口铸铁断裂破坏的观察与研究[J]. 内蒙古农业大学学报(自然科学版)，1999，20(4)：114-116.
[3] GB/T 9439—2010，灰铸铁件[S]. 北京：中国标准出版社，2010.

渣油加氢装置上流式反应器差压影响因素及控制措施

刘峰奎

（中国石化齐鲁石化公司　山东淄博　255434）

摘　要　本文介绍了上流式反应器差压影响因素，并根据装置运行现状提出了控制差压上升的措施。

关键词　渣油加氢；上流式反应器；差压

1　前言

为适应劣质高硫原油的加工，1999 年齐鲁石化 840kt/a 渣油加氢装置进行了扩能改造，增加 Chevron 公司的上流式反应器，改造后装置加工能力提高至 1.5Mt/a。上流式反应器的增加提高了装置对原料的适应性，有效延长了装置运行周期。

2　上流式反应器技术特点[1]

1）上流式反应器中油气混合进料从底部向上通过催化剂床层，催化剂处于微悬浮状态，液相为连续相，气相呈鼓泡形式通过催化剂床层；

2）反应器采用急冷油代替急冷氢，使反应器内流体流态更稳定，物流分布更均匀；

3）利用减压蜡油作为稀释油，降低原料黏度，改善油气混合原料在反应器内的流动状态；

4）原料油和氢气在反应器内扩散方向一致，降低了氢气局部积累的可能性；

5）原料适应性较好，可加工高硫、高金属、高残炭重质原料。

3　上流式反应器工业运行情况

1.5Mt/a 渣油加氢装置上流式反应器至今已完成第十四周期的运行如图 1 所示，前 13 周期装置运行时间在 12~18 个月之间，平均 15 个月。第十四周期装置连续运行 23 个月，但该周期上流式反应器出现差压超高、反应器内构件损坏问题，分析差压产生原因并提出改进措施，对于装置延长运行周期具有非常重要的意义。

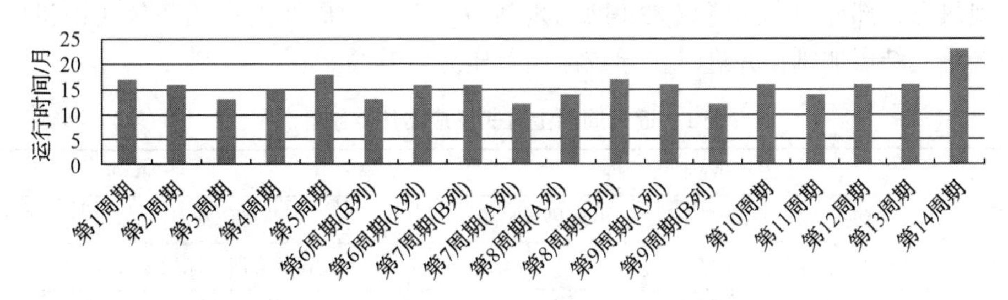

图 1　1.5Mt/a 渣油加氢装置运行时间统计

4　上流式反应器差压影响因素

由于上流式反应器中液相为连续相，催化剂处于微悬浮状态，一般情况下在运行周期内反应器差压保持基本稳定[2]。但原料性质、过滤器运行情况、生产波动等也会对差压造成一定的影响。

1）原料性质对反应器差压的影响

原料中含有的铁、钙、钠、镍、钒等金属非常容易反应脱除并沉积在上流式反应器中，造成差压上升。从原料分析数据看钙含量最高达 19.2mg/kg、铁含量最高达 23.3mg/kg，特别是在常减压装置掺炼重污油期间，铁、钙含量较高。原料中铁、钙等金属的存在对反应器差压影响较大。

2）过滤器运行对反应器差压的影响

原料油的机械杂质若大量进入反应器会堵塞催化剂床层，造成反应器差压迅速上升，渣油加氢装置过滤器精度对 25μm 以上的机械杂质脱除率在 95%以上，正常运行期间可以满足生产需求。但受原料性质变化、过滤器故障等影响，会出现过滤器停用、副线自动打开问题，第十四周期过滤器共停运 35 次，此时原料油不经过滤直接进入反应器，造成机械杂质在催化剂床层的累计，床层差压上升。

3）生产波动对反应器差压的影响

装置运行中出现生产波动需要紧急泄压等操作或上流式混氢量大幅波动时反应器内的流速过快，流体容易将催化剂带入床层间的急冷构件中，导致床层压降升高。第十四周期，由于高压换热器换热效率下降，在 2018 年 3 月和 9 月分别对两列高压换热器管束进行了更换，如图 2 所示，停工和开工期间 4 次升、降压操作，对反应器差压影响较大。

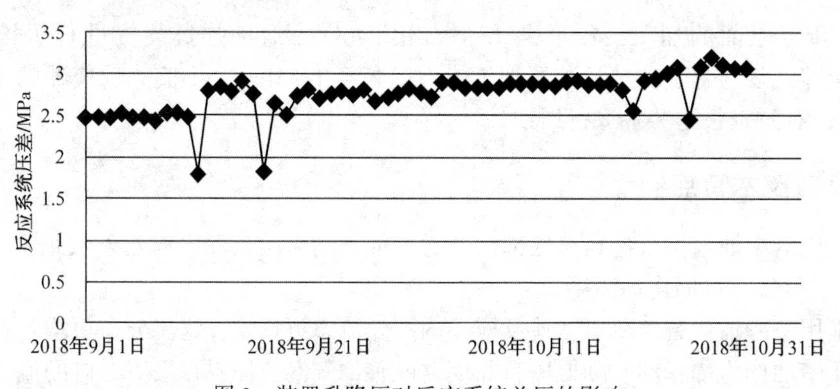

图 2 装置升降压对反应系统差压的影响

4）催化剂床层热点对反应器差压的影响

第十四周期装置运行至 234d 时，B 列上流式一床层上部出现热点，热点最高温度为 397.4℃，随后通过降低反应加热炉出口温度，加注床层差压抑制剂等措施控制了热点进一步发展，但热点形成后无法彻底消除。反应器床层长期存在热点，催化剂结焦导致流通面积减少，流动阻力增大，床层差压上升。

另外由于上流式反应器设计氢油比较低，过去的运行经验显示上流式反应器总体处于缺氢状态，容易出现热点和结焦问题。如表 1 所示，从近五周期上流式反应器热点统计看，上流式反应器运行 10 个月后逐渐出现热点，部分周期运行仅 83d 即出现热点。第十四周期由于循环氢压缩机转速无法提高致使缺氢更加严重、结焦加剧，并进一步导致床层差压异常升高。

表 1 近五周期上流式反应器热点统计

运行周期	A 列		B 列	
	热点位置	出现热点时间/d	热点位置	出现热点时间/d
第十周期	未出现明显热点		上流式反应器一床层上部	232
第十一周期	上流式反应器一床层上部	300	上流式反应器一床层上部	300
第十二周期	固定床五床层下部	360	上流式反应器一床层上部	316
第十三周期	上流式反应器三床层上部	300	上流式反应器一床层上部	83
			上流式反应器二床入口	281
第十四周期	上流式反应器三床层上部	413	上流式反应器一床层上部	234
	上流式反应器二床层上部	537		

5　上流式反应器差压控制措施

上述多种因素均可能导致上流式反应器差压上升，因此差压控制需要原料优化、运行优化共同努力方能取得成效。针对于齐鲁渣油加氢装置，控制上流式反应器差压的措施主要如下。

（1）优化原料性质，降低原料铁、钙、钠等金属含量

上游常减压装置做好工艺防腐工作，降低因腐蚀而造成的过程铁的含量；平稳电脱盐设施运行，降低钙、钠含量。做好重污油的分储、分炼工作，常减压装置掺炼重污油期间渣油尽量进行焦化加工，避免高铁含量污油掺炼造成反应器差压快速上升。

（2）优化过滤器运行，降低原料机械杂质含量

从近几个周期过滤器运行情况看，过滤器故障的原因主要有三种：①过滤器程控阀回讯故障，表现为现场阀门动作到位，但回讯显示错误，导致过滤器报警停运；②程控阀动作不到位或不动作，影响过滤器运行。检修期间应对程控阀气缸及回讯机构进行全面检查维护，避免出现故障，影响过滤器运行。

另外，过滤器运行期间也多次出现原料油机械杂质含量超高或带水等问题，导致过滤器差压短时间内迅速上升，过滤器副线打开等问题，这种现象一般出现在新流程投用或长时间未使用流程再次投用时。因此，在上述情况下，原料进入装置前应先外甩污油，避免管线内存水和机械杂质进入装置。

（3）消除、控制上流式反应器热点问题

为稳定上流式反应器内催化剂微悬浮状态，反应器对入口混氢流量氢要求比较严格，既不能太低也不能太高。按照设计要求上流式反应器氢油比一般在200~250，明显低于固定床反应器，因此容易出现局部缺氢导致的结焦问题。另外，在日常上流式混氢流量控制中，多以流量表显示值为依据，而流量显示值受循环氢纯度影响较大，氢纯度低时混氢流量显示值偏高。装置一般通过调整废氢排放量来稳定循环氢纯度，但在废氢后路装置异常时排放只能关小甚至关闭，此时循环氢纯度将快速下降、混氢流量实际值也随之下降，进一步导致上流式反应器缺氢，从而导致结焦热点问题。

因此，为消除或控制上流式反应器热点问题，首先要增加循环氢纯度，校正消除循环氢纯度对混氢流量指示的影响，尽量提高混氢流量。另外，装置运行过程中随着催化剂上金属和焦炭的沉积，催化剂床层密度不断上升，混氢流量也应随之不断提高。通过对混氢流量进行氢纯度校正和动态混氢流量控制，可在保证催化剂微悬浮状态不变前提下，最大限度提高上流式反应器氢油比，减缓结焦和热点问题。

6　结束语

上流式反应器差压受原料性质、过滤器运行和热点结焦影响存在异常升高的可能性，在装置运行过程中应加强原料性质控制，平稳装置运行管理，保证装置安全平稳运行。同时应对上流式混氢流量进行氢纯度校正，并实施混氢流量动态管理，提高上流式反应器氢油比，减缓催化剂床层结焦倾向，控制热点形成。

参　考　文　献

[1] 穆海涛，孙启伟，孙振光. 上流式反应器技术在渣油加氢装置上的应用[J]. 石油炼制与化工，2001，11(32)：9-13.

[2] 蔡文军，吕清茂. VRDS和UFR/VRDS装置工艺技术比较[J]. 齐鲁石油化工，2007，35(2)：96-101.

探讨 2# 加氢装置分馏塔底增加防火阀应用

陈金梅

（中国石化塔河炼化公司　新疆库车　842000）

摘　要　本文从安全角度出发，主要提出了中国石化塔河炼化 2#加氢 1.675Mt/a(汽)、柴油加氢精制装置(以下简称 2#加氢装置)，分馏塔塔底抽出线至热油泵入口处增加快速切断阀的设计应用。并从部分炼油厂热油泵着火事故教训中分析得出 2#(汽)柴油加氢精制装置分馏塔 T-201 塔底至两台热油泵 P201、P202 入口处分别增加一套联锁紧急切断防火自保系统。

关键词　加氢精制；分馏塔底流程；联锁自保；防火阀

1　前言

中国石化塔河炼化 2#加氢 1.675Mt/a(汽)、柴油加氢精制装置，由洛阳石化设计院设计，并于 2010 年 10 月装置一次投料试车成功。该装置设计吸收了国内、外已有加氢精制的先进技术，加氢反应部分换热流程主要采用的是冷高分工艺流程及炉前混氢；分馏部分采用汽油稳定流程；产品分馏塔 T-201 塔底采用重沸炉 F-201 供热；稳定塔 T-202 塔底采用重沸器 E-205 热源主要由精制柴油产品提供。装置已安全、平稳、高效地运行了 10 年。但是设计之初，分馏塔塔底热柴抽出口至热油泵 P-201、P-202 入口大阀为远程遥控电动阀，并没有安全可靠的联锁自保系统。当塔底热油泵发生泄漏着火的事故时，泵进出口阀无法快速切断，热油喷出难以控制。为此，本论文从安全角度出发提出在分馏塔塔底热油泵入口设计增加一套联锁紧急切断防火自保系统。

2　工艺流程部分

2.1　分馏塔底热油工艺流程

自反应部分来的低分油经(E102A/B)、精制柴油、低分油换热器(E201A/B/C)依次与反应流出物、精制柴油换热后，进入产品分馏塔 T-201。T-201 设有 28 层高效浮阀塔盘。塔顶油气经产品分馏塔塔顶空冷器(E210)、产品分馏塔塔顶后冷器(E203)冷凝冷却至 40℃后进入产品分馏塔塔顶回流罐(V-201)中，进行气、油、水分离，闪蒸出的气体与稳定塔顶气合并后送至焦化单元脱硫；含硫污水与稳定塔含硫污水及反应部分的含硫污水合并，在 V-301 中闪蒸后送至硫黄单元处理；油相经产品分馏塔顶回流泵(P203A/B)升压后分成两路，一路作为塔顶回流，另一路作为稳定塔(T-202)进料。

T-201 塔底油经精制柴油泵(P-201A/B)升压后，依次经稳定塔底重沸器(E205)、E201A/B/C、精制柴油蒸汽发生器 E207、精制柴油/低温热水换热器 E208、精制柴油空冷器(E212)及精制柴油后冷器(E214)冷却至 50℃后，在 T-201 液位控制下送出装置。产品分馏塔热源由产品分馏塔塔底重沸炉(F201)提供。T201 塔底油经产品分馏塔底重沸炉泵(P202A/B)升压、F201 加热后返回 T201 塔底部见图 1。

2.2　主要设计特点

分馏塔部分严格控制好塔底液面，确保出装置精制柴油泵和塔底重沸炉进料泵的正常运转，液面太高使塔底热量升不上去，塔内传热效果差，液面太低，则易使塔底泵抽空。正常生产时通过 LR-CA2001 调整精制柴油出装置量将塔底液面控制在 50%～60%，塔底液面高时增加精制柴油出装置量，液面低时相反。当液位过低控制阀开度下降到 10%时，容易引起 E205 和 E201A/B/C 泄漏。操作上通过控制回路 TIC2032 调整 E205 精制柴油副线的流量来控制 T-201 塔底温度，根据柴油闪点高低来调节

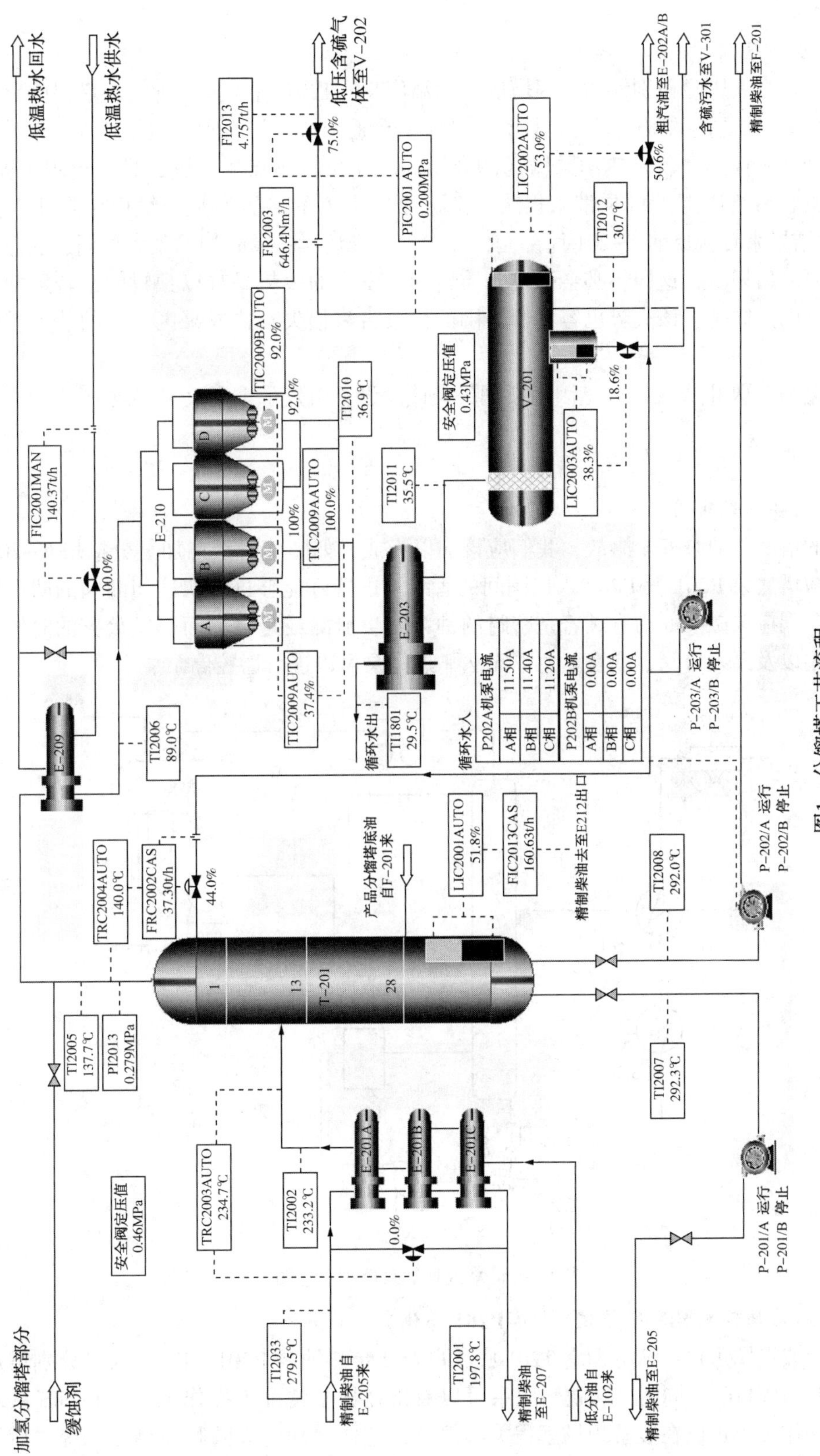
加氢分馏塔部分
缓蚀剂
安全阀定压值 0.46MPa
TI2005 137.7℃
PI2013 0.279MPa
TRC2004AUTO 140.0℃
FRC2002CAS 37.30t/h
44.0%
E-209
TI2006 89.0℃
100.0%
FIC2001MAN 140.37t/h
低温热水回水
低温热水供水
E-210
A
B
C
D
TIC2009AUTO 37.4%
TIC2009AAUTO 100.0%
100%
TIC2009BAUTO 92.0%
92.0%
TI2010 36.9℃
FR2003 646.4Nm³/h
FI2013 4.757t/h
75.0%
低压含硫气体至V-202
PIC2001 AUTO 0.200MPa
E-203
TI1801 29.5℃
循环水出
循环水入
TI2011 35.5℃
安全阀定压值 0.43MPa
V-201
LIC2003AUTO 38.3%
18.6%
TI2012 30.7℃
LIC2002AUTO 53.0%
50.6%
粗汽油至E-202A/B
含硫污水至V-301
精制柴油至F-201
P-203/A 运行
P-203/B 停止
P202A机泵电流
A相 11.50A
B相 11.40A
C相 11.20A
P202B机泵电流
A相 0.00A
B相 0.00A
C相 0.00A
T-201
1
13
28
产品分馏塔底油自F-201来
LIC2001AUTO 51.8%
FIC2013CAS 160.63t/h
精制柴油去至E212出口
TI2008 292.0℃
P-202/A 运行
P-202/B 停止
TI2007 292.3℃
P-201/A 运行
P-201/B 停止
精制柴油至E-205
TRC2003AUTO 234.7℃
TI2002 233.2℃
E-201A
E-201B
E-201C
0.0%
TI2033 279.5℃
精制柴油自E-205来
TI2001 197.8℃
精制柴油至E-207
低分油自E-102来

图1 分馏塔工艺流程

重沸炉出口温度及循环量，提供该塔热平衡所需的热负荷控制塔底温度。分馏塔 T-201 底温度一般控制在 270~320℃之间。

2.3 存在的主要问题

根据安全生产重大风险识别评估，因塔底柴油温度高，T201 塔底抽出管线的塔根阀，与塔底热油泵 P201、P202 入口阀之间管线上只分别设计安装了一台遥控快速切断阀，但是长久以来快速切断的遥控器也没有起到实际作用。若是热油泵输送的介质温度超出自燃点的范围，且又出现了泄漏的情况，同时，该火势也容易给周围的机泵带来损失，造成泵区上方的装置燃烧，继而引发恶性火灾。通过 HAZOP 分析的结果来看，目前 T-201 底部阀，在发生火灾后无法及时切除紧急切断，紧急情况下要在配电室切断电源之后切断，这样势必会引发介质自燃，发生的火势是难以预料的，若想彻底控制住火势是有一定难度的。同时，该火势也容易给周围的机泵带来损失，造成泵区上方的装置燃烧，继而引发恶性火灾。

2009 年某炼油厂发生火灾，就是因切断阀失灵或没设，引发了重大火灾事故。

3 改进措施

3.1 塔底增设置快速切断阀

上述所讲的塔底热油泵安全事故，我们应该应以为戒，如图 2 所示在加氢分馏塔 T-201 塔底抽出管线的塔根部与塔底泵 P201 及 P202 入口阀间的管线上设置好能够进行快速切断阀的防火阀，在间距上该阀距泵入口阀应取 7~8m 为宜。若是密封的油泵发生泄漏或是自燃而引发火灾的时候，应当及时关闭快速切断阀以及泵入口阀，或在紧急下无法靠近停泵可以进行遥控停泵。

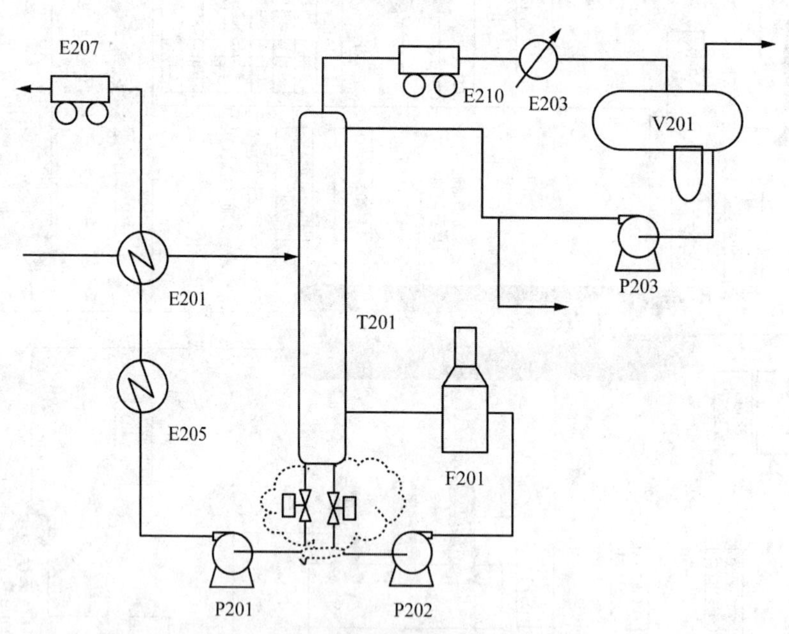

图 2　分馏塔底增加自保阀工艺图

3.2 增加切断阀后的停泵 SIS 联锁逻辑(以 P201 为例)

从图 3 设计改造图可得：从分馏塔 T201 底出口至 2 台热油泵 P201、P202 入口分别增加一台防火自保阀 HV1101、HV1102。同时，从逻辑关系可以看出在异常情况下操作工可以在 SIS 系统关闭防火阀及时泵停，操作工也可以在装置现场远程关阀停泵，这样增加防火阀联锁自保系统之后可以大大避免因热油泵泄露引发的火灾事故。

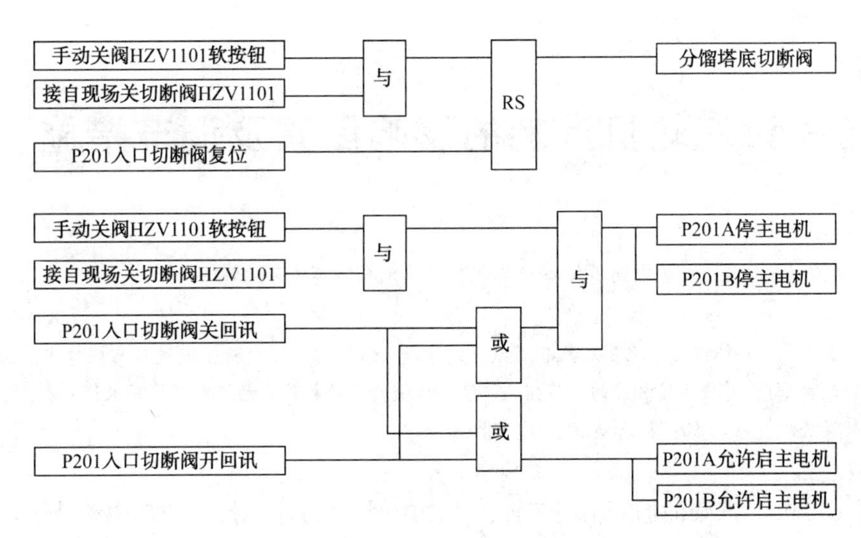

图3 分馏塔塔底增加切断阀联锁逻辑图

4 结束语

通过对车间分馏塔T-201塔底出口与热油泵入口增加防火阀，对热油泵可能引发的火灾事故做好防护措施，减少安全事故的发生率，有利于装置的长周期安全、稳定运行。

参 考 文 献

[1] 白丽影．浅析炼油厂存在的安全问题及应对措施[J]．化工管理，2016，(24)：123.

[2]王广生，雷少成．炼厂存在的安全问题及应对措施[J]．天然气与石油，2012，3(30)：18-20.

探讨汽轮机汽耗的影响因素及调节措施

陈金梅

(中国石化塔河炼化公司　新疆库车　842000)

摘　要　本文重点介绍塔河炼化2#加氢装置凝汽式汽轮机结构的研究分析，通过日常操作中对影响汽轮机蒸汽耗问题进行分析探讨，并提出了相应的调节措施，有助于提升汽轮机使用经济效益，延长汽轮机组使用期限。

关键词　凝汽式；汽轮机；蒸汽消耗；调节措施

塔河炼化1.675Mt/a汽柴油加氢精制装置，于2010年9月建成投产。其中该装置加氢循环机选用的是沈阳透平机械厂生产制造的BCL456+BCL456型离心式压缩机。离心式压缩机的驱动设备是我国杭汽集团生产的型号为NK25/28凝汽式汽轮机。该汽轮机是由1.0MPa蒸汽驱动，采用多级冷凝形式的反动式汽轮机组，机组系统比较简单，安装方便。在10年的运行过程中，从其节约蒸汽耗量的角度出发，于2015年，将其额定转速从原来的8000r/min降低到现在7200r/min。下文主要分析实际应用中最容易影响汽轮机汽耗的因素，希望能给汽轮机正常运行提供指导建议。

1　汽轮机工作原理及冷凝系统

NK25/28凝汽式反动汽轮机组主要工作原理(见图1)是：具有一定温度和压力的1.0MPa蒸汽流过由喷嘴、静叶片、动叶片组成的蒸汽通道时，蒸汽发生膨胀，从而获得很高的速度，高速流动的蒸汽冲动汽轮机的动叶片使它带动汽轮机转子按照一定的速度均匀转动。抽气系统配有两级射汽抽气装置建立真空系统。在处于真空状态下时汽轮机排汽经排汽管道送至空冷凝汽器中，冷空气在散热器翅片管外侧流过，将管内饱和蒸汽冷凝成凝结水，由凝结水泵送至汽轮机回热系统。

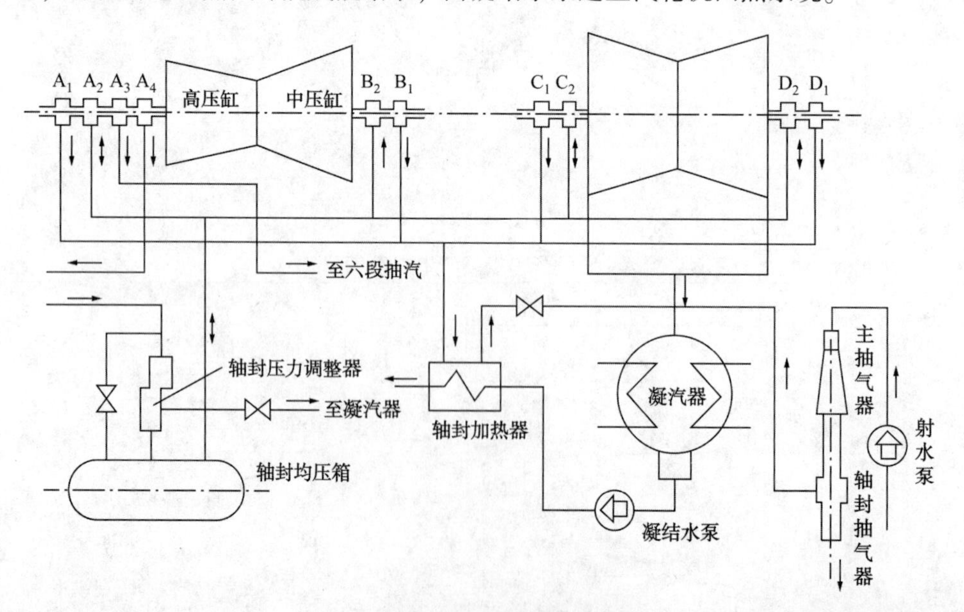

图1　汽轮机凝汽及抽真空系统

该汽轮机在正常工况下汽轮机进口压力为1.1(1.0~1.2)MPa(A)，进口温度为260(260~280)℃，排汽压力为0.018MPa(a)，耗汽量约为10.4t/h。其额定蒸汽用量为15.6t/h，排汽压力为0.021MPa(A)。

2 影响汽轮机组蒸汽用量的因素

2.1 蒸汽压力对汽轮机汽耗的影响

从安全方面考虑，在汽轮机的蒸汽压力增高的过程中，隔板的压差和汽轮机的转子所相应承受的轴向压力也有所减小。由于在实际应用过程中，危险工况时一般不在额定负荷，因此，蒸汽压力提升减少汽耗是相对安全的。但是蒸汽压力提升要有一定的限度，确保在一定范围内，压力过大时会使危险工况超过额定负荷，还会使动叶过负荷，有关转子在轴向的压力有所加大，造成极大的使用安全隐患。

从表 1 图标数据可知，进汽轮机压力低的时候，蒸汽用量增加，主要是汽轮机效率下降，蒸汽用量必然要增加。改进措施主要是：联系调度和动力站稳定好蒸汽管网压力。在汽轮机蒸汽压力提升的过程中，各级焓降在这时基本是保持不变的，但此时汽轮机的蒸汽流量大为减少，此时汽轮机的汽耗也会随之减少。

表 1 进汽轮机蒸汽压力与汽耗对比

日期	蒸汽压力 PI8201A/MPa	温度 TI8205A/℃	流量 FIQ8201/(t/h)	ST9201/(r/min)
2019.10.19	0.849	248	8.175	7823
2019.11.13	0.745	255	8.719	7830
2020.1.8	0.716	255	9.03	7823

当然从经济角度考虑，如果降低蒸汽压力就必须增大蒸汽的流量以保证汽轮机正常的转速。而从安全角度考虑，降低蒸汽压力时，调节级焓降减少，反动度增加，两者相互抵消，此时汽轮机所受的轴向推力变化不明显或者没有很大变化。当汽轮机的调节阀全部打开时，汽轮机的蒸汽压力仍然在不断降低，此时要减小汽轮机的运行负荷，有时候要打闸停机进行调试。另外，在汽轮机的汽流量过大时，会造成汽轮机叶片损坏及轴向受力过大，从而导致汽轮机发生故障。

2.2 蒸汽温度对汽轮机汽耗的影响

一般的汽轮机的生产使用都有额定的汽压和温度，当实际温度偏离额定温度较多时，汽轮机的安全性和经济性以及使用寿命会受到相应的影响。如表 2 所示，汽轮机蒸汽温度的提升会使循环净工增大，热循环效率也会随之增加，降低汽轮机的整体汽耗量，有助于汽轮机的工作效率的提升，在此过程中还会降低汽轮机的排汽湿度。温度的增加会使汽轮机的干度大大提升，在安全性角度对汽轮机有益。

表 2 进汽轮机蒸汽温度与汽耗对比

日期	蒸汽压力 PI8201A	温度 TI8205A	流量 FIQ8201	ST9201
2019.10.19	0.849	248	8.175	7823
2019.11.13	0.745	255	8.719	7830
2020.1.8	0.716	255	9.03	7823

从上表数据可以看出，当进入汽轮机的蒸汽温度过低，并且 240℃ 已经低于设计温度 260℃ 的时候，蒸汽耗量明显增加。而且当蒸汽温度骤然下降，会造成蒸汽点的热能降减少，因而蒸汽绝对速度减少，相对速度方向改变。因此，产生一股反作用力在汽轮机动叶片上，如果要维持汽轮机进出口压力不变，则必须增加蒸汽用量，所以蒸汽增加比较明显。

改进措施：①联系调度及动力站尽快提高蒸汽管网温度，加强脱水；②外操可以在蒸汽脱水器 V309 排空出脱水或开大消音器放空排水；③根据实际情况可以降低循环机负荷，维持正常操作。而当蒸汽温度的降低会使热蒸汽的做功能力下降，影响到汽轮机的工作效率。温度的降低会使汽轮机的汽耗大量增加，此时也会由于温度的降低引起汽轮机末端蒸汽的湿度增大，冲蚀作用比较明显，严重时还会造成汽轮机有关部件的损坏，直接严重影响汽轮机的正常运行。在实际的应用过程中要注意控制实际温度，以保证汽轮机的安全高效运行。

因此，提高蒸汽温度有利于蒸汽温度用量的减少。但是从安全角度考虑，当温度过高时金属性能恶化，缩短汽轮机各部件使用寿命，按照设计参数应保持汽轮机进气温度控制在260~280℃。

2.3 凝汽器的真空度对汽轮机汽耗的影响

凝汽器的真空度越高，汽轮机的汽耗就越少，这是由于在凝汽器真空度增高的过程中，汽轮机的排汽温度降低，汽轮机的排汽压力也降低，蒸汽的能量在这个过程中损失量较小，转化为机械能的热能就越高，汽耗降低。

从表3数据可以看出，凝汽式汽轮机排汽压力的高低，对蒸汽流量的影响是特别明显的，在排汽压力为-0.065MPa时，流量会上升为9.970t/h。而影响凝汽器真空度的主要因素是冷却水进口温度、冷却倍率，冷却倍率大，可获得较高真空度。

表3 凝汽真空度与汽耗对比

日期	排汽压力 PIA9201/MPa	温度 TI8205A/℃	流量 FIQ8201/(t/h)	ST9201/(r/min)
2019.10.12	-0.065	248	9.970	7883
2019.11.13	-0.077	255	8.619	7870

当然，凝汽器的真空度也要维持一定的限度，想要增加凝汽器的真空度，增加汽轮机的水循环系统的过程会对汽轮机有所损坏，因为在此过程中汽轮机的最后几级的湿度会大大增加，蒸汽会加剧对于叶片的冲击作用，缩短汽轮机中叶片的使用期限。

2.4 循环水的温度和水质对汽耗影响

动力系统循环水的温度和水质也会对汽轮机的汽耗产生影响。根据实际使用的数据统计，汽轮机的真空度每提升1%，循环水的水温需要降低5℃，所以适当降低循环水的温度能提升凝汽器的真空度，进而降低汽轮机的汽耗。当循环水温度高于28℃时，由于循环水温度过高，此时对汽轮机的凝汽器真空度影响很大，从而增加汽轮机汽耗。循环水的水质对于汽轮机的影响也很大，它不但影响汽轮机的寿命，还会对汽轮机有关部件产生影响，如果使用水质不合格，会腐蚀循环系统的冷却水管，甚至结垢，阻塞冷却水管，严重威胁汽轮机的使用安全。在使用汽轮机时要严格检验蒸汽的各项物质含量，在符合厂内标准时才可使用，如果水质不合格，要进行处理，待处理合格后再进行使用和生产工作。

3 汽轮机节约汽耗的科学举措

从影响汽轮机汽耗的四个方面出发，我们可以通过以下几项措施进行优化以达到科学节能降耗的目的。

3.1 控制好操作过程中蒸汽度与压力

我厂在实际生产过程中，1.0MPa蒸汽由动力装置提供，所以蒸汽温度和压力是调节不了的。对于汽轮机组的节能降耗工作来说，管理是必不可少的一个因素。也就是说，针对汽轮机的操作过程，蒸汽温度和压力波动必须由调度及各装置操作人员积极配合及时恢复蒸汽温度及压力，确保蒸汽温度以及压力在设计要求的数值范围内。

3.2 确保汽轮机凝汽器处于最佳真空状态

汽轮机凝汽器保持在最佳真空状态中，可有效加强汽轮机组的效率及能力，提升整个汽轮机组的经济效率。在汽轮机运行中，凝汽器真空状态保持的主要方式有：①确保汽轮机组的真空及严密性；②每月定期对汽轮机组实行真空严密试验；③加强对汽轮机凝结水泵的维护处理，对其内部汽水分离器水位是否达到正常标准进行检测，查看其是否存在水温过高或过低的状况；④均匀控制凝汽器空冷各支出口温度，防止温度过高，浪费蒸汽，也要防止发生偏流或者温度过低导致换热管冻凝；⑤运行中，采样除盐水定期对空冷器翅片进行清洗，减少灰尘覆盖能大大提高冷却效果。

3.3 优化循环水温度及凝汽系统凝结水温度

在实际操作调节当中我们主要参考空冷出口凝结水温度点 TIA9421，TIA9411。如果是夏天，最理想的状况是可以维持排汽温度 TIA9206 和凝结水温度点 TIA9421，TIA9411 温度相同，被冷却水带走的热量仅为排汽的汽化潜热，达到节省蒸汽量的目的。在冬季凝结水温度 TIA9421、TIA9411，偏差不能太大，应保持在 3℃内，否则会造成空冷岛冻凝，真空度降低，效率下降，反而更加消耗大量的蒸汽用量。以目前冬季设定的温度下限报警值为 42℃为宜，夏季可以不设定下限值，这样更有利于节省蒸汽用量。

4 结束语

在汽轮机的运行中，可采用的节能降耗方式较多，本文主要是从汽轮机实际运行当中，操作调节层面上进行分析探究，从控制汽轮机进汽温度与压力，优化循环水、凝结水温度，确保汽轮机凝汽器处于最佳真空状态等运行方面入手，进一步提升汽轮机的运行效率，避免不必要的耗损，从而达到最佳的节能降耗效果。

参考文献

[1] 塔河炼化 2#加氢汽轮机组操作手册 .
[2] 许奕敏 . 探讨电厂汽轮机运行的节能降耗措施[J]. 科技与企业，2015，(1)：100.
[3] 陈鹏 . 电厂汽轮机运行节能降耗探讨[J]. 现代商贸工业，2014，(20)：194.

循环氢脱硫压差上升原因分析及措施

刘　晨

（中国石化塔河炼化公司　新疆库车　842000）

摘　要　中国石化塔河炼化公司汽柴油混合加氢装置循环氢脱硫塔压差频繁上升，造成循环氢入口分液罐带液，影响装置长周期平稳运行，贫胺液中的杂质、热稳定性盐多是造成胺液发泡导致循环氢脱硫塔压差上升的主要原因，在线使用净化水进行冲洗是消除胺液发泡的有效措施。

关键词　脱硫塔；压差；发泡；在线清洗

装置于2010年10月一次开车成功，用于降低汽柴油中的硫含量和硫醇硫含量，以保证出厂汽柴油产品能够达到"国五"标准。由于循环氢中较高的硫化氢含量将会直接影响柴油产品中的硫含量，在设计时采用了循环氢脱硫系统脱除其中的硫化氢，保证循环氢（脱硫后）的硫化氢含量在0.05%（体），脱硫溶剂采用N-甲基二乙醇胺（MDEA）溶液。自硫黄装置来的贫胺液溶液进入循环氢脱硫塔（T-101）上部，逆向接触循环氢，吸收其中的硫化氢后再送至硫黄装置进行再生循环使用。循环氢脱硫系统见图1。

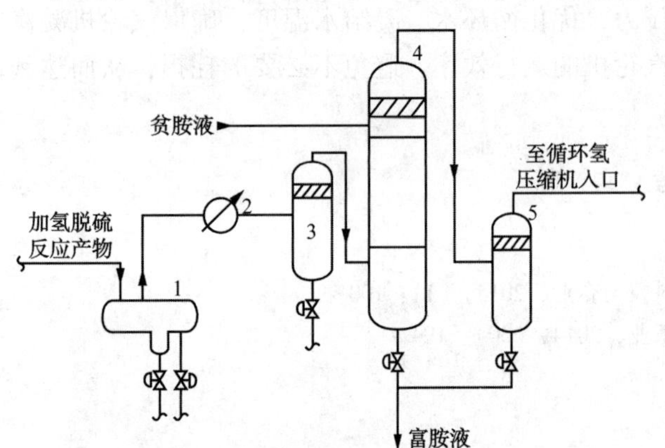

图1　循环氢脱硫系统的流程示意

1—反应产物分离器；2—循环氢水冷器；3—循环氢（脱硫前）分液罐；4—循环氢脱硫塔；5—循环氢入口分液罐

1　循环氢脱硫塔压差上升情况

该汽柴油混合加氢装置循环氢脱硫塔自2020年2月开始，差压上升至24kPa，循环氢压缩机入口分液罐V105液位迅速上涨，全开循环氢脱硫塔副线压差降至17kPa，副线阀逐步由5%开至45%以上，才可保证V105液位不上涨，循环氢中硫化氢含量升高，严重影响装置正常生产。

3月初装置采用贫液大流量冲洗，洗后效果不明显，塔压差逐渐升高，入塔流量逐步减少，方可确保压缩机入口分液罐液位不上涨。3月下旬又采取了接临时管线用除盐水水洗的方式进行冲洗，期间除盐水大流量间歇冲洗6次，每次3h，除盐水小流量连续冲洗3次，每次10h，历时3d，水冲洗后循环氢脱硫塔压差恢复至5kPa。

4月下旬开始，循环氢脱硫塔压差再次上升，到12kPa时循环氢压缩机入口分液罐就出现带液。4月下旬共发生循环机入口分液罐带液7次，采取逐步间断开副线操作，副线开至50%左右，差压恢复至5~6kPa，等待塔底富液流量正常后随时关闭。但随着时间延长，塔板压降逐渐上升，当全开副线再次关闭时压降回不到当初的5~6kPa，而是逐渐上升。

2　循环氢脱硫塔压差上升原因分析

目前，炼油厂普遍使用的胺液主要成分是MDEA。其净化含硫气体是一个气液界面间传质并发生反应的过程，此过程中会产生大量气泡，但正常情况下产生的气泡会迅速破裂，不会影响装置的正常操作。当塔内产生大量密集、细小且较长时间不破裂的泡沫时，即可认为胺液已经发泡。胺液发泡时，泡沫会被气流带到上一层塔板，导致塔内持液量增加而引起了液面变化，最灵敏的标志是塔的压降增大、液位下降。

引起胺液发泡原因有很多种，经分析归纳为 7 种：①溶液中有大量分散的细微固体悬浮物；这主要是装置本身的腐蚀产物及原料气带入的硫化铁、催化剂等微粒；②胺液中溶解的烃类；③溶液中有胺的降解产物(如硫代硫酸盐和挥发性酸等)存在；④胺液中含有无机化合物的组分；⑤循环氢中携带液态烃类；⑥气液接触速度太高和胺液搅动过分剧烈；⑦循环氢和胺液的温差小。

该装置采用除盐水对循环氢脱硫塔进行在线冲洗，从塔底出水分析，水中含有乙醇胺浓度为4805mg/L，水中氨为 525mg/L，氯化物为 170mg/L，水冲洗后富液中含有大量焦粉和黑色絮状物见图 2，经与硫黄装置沟通，硫黄装置贫液过滤量一般在 4~10t/h，贫液循环量在 100~130t/h。

贫液中有分散的细微固体悬浮物导致溶剂发泡见图 3。胺液循环脱硫剂中的 FeS 等悬浮物及 Cl^-、SO_4^{2-}超过一定的含量时，形成的热稳定盐会造成脱硫剂严重发泡。对比其他炼油厂类似情况分析，热稳定性盐含量超过 2%(质)溶剂会出现发泡现象，超过 3%(质)时溶剂发泡现象明显。正常情况下胺液中热稳定性盐含量应控制在 1.0%(质)，硫磺装置热稳定性盐含量自 2018 年 1 月至 2020 年 5 月共计分析 40 次，最高 4.95%(质)，最低 1.47%(质)，平均 3.95%(质)，均远大于行业内 1%(质)的指标。

图 2 除盐水冲洗后塔底水

图 3 贫液中固体悬浮物

热稳定性盐含量偏高对装置长周期运行造成一定危害，热稳定性盐导致溶剂发泡后循环脱硫塔容易出现假液位，导致循环氢脱硫塔液位压空，造成高压窜低压。催化剂运行至末期时，循环氢中硫化氢脱除能力降低，硫化氢含量升高，导致反应温度升高。热稳定性盐含量增加，设备腐蚀性增强，不利于长周期运行。

根据以上情况分析判断，循环氢脱硫塔压差上升主要原因一是贫溶剂中含有焦粉等悬浮物杂质造成溶剂发泡，二是贫溶剂中含有热稳定性盐类与焦粉、FeS 腐蚀物质形成固体杂质聚集在塔板造成堵塞。

3 措施和效果

为确保该汽、柴油混合加氢装置长周期运行，装置采取了一系列措施：

1) 加强贫液与循环氢温差控制，贫液与循环氢温差控制大于 8℃。

2) 提高 2#加氢循环氢脱硫塔撇油频率，降低溶剂发泡机率。

3) 贫液增加热稳定性盐质量控制指标，行业内控制不大于 1%(质)，在硫黄装置使用在线净化设备脱除溶剂中热稳定性盐。

4）提高硫黄装置贫液旁路式过滤器过滤量。

5）定期用除盐水在线对循环氢脱硫塔进行清洗。

经除盐水在线清洗、控制贫液和循环氢温度，撇油等一系列措施，该装置循环氢脱硫塔压差恢复至正常水平，循环氢压缩机入口分液罐带液情况消除。

4 结论

通过以上分析可以确定，焦粉、FeS 等杂质和热稳定盐导致贫胺液系统发泡导致循环氢脱硫塔压差上升的原因。因此，尽量减少胺液中携带的杂质和热稳定性盐，就能较好地降低溶液发泡的趋势，防止循环氢脱硫塔压差上升，保证装置长周期平稳运行。

参考文献

[1] 张继娟，魏世强．我国城市大气污染现状与特点[J]．四川环境，2006，25(3)：104-108.

[2] 王会强，唐忠怀，缪竹平，等．炼厂醇胺溶剂再生过程中存在的问题及对策[J]．石油与天然气化工，2015，44(6)：38-42.

[3] 朱雯钊，彭修军，叶辉．MDEA 脱硫溶液发泡研究[J]．石油与天然气化工，2015，44(2)：22-27.

[4] 颜晓琴，李静，彭子成，等．热稳定盐对 MDEA 溶液脱硫脱碳性能的影响[J]．石油与天然气化工，2010，39(4)：294-296.

[5] 叶国庆，李宁，杨维孝，等．脱硫工艺中氧对 N 一甲基二乙醇胺的降解影响及对策研究[J]．化学反应工程与工艺，1999，15(2)：219-223.

[6] 袁中立，王璐瑶．脱硫系统再生塔异常现象分析及其对策[J]．当代化工，2014，43(7)：1215-1217.

[7] 刁九华．炼厂气胺法脱硫技术[J]．炼油设计，1999，29(8)：32-35.

[8] 王开岳．天然气净化工艺——脱硫脱碳、脱水、硫磺回收及尾气处理［M］．北京：石油工业出版社 ，2005.

柴油加氢装置循环氢纯度下降原因分析及对策

王建军

（中国石化镇海炼化公司　浙江宁波　315207）

摘　要　本文对镇海炼化 3.0Mt/a 柴油加氢装置自开工以来循环氢纯度出现逐渐下降情况进行原因分析，通过对循环氢和补入氢(以下简称新氢)组成的对比发现新氢中氩气含量较高，该组分在柴油加氢装置循环氢系统随着运行时间存在累积过程，导致循环氢纯度逐渐下降。搭建模型分析研究热高分入口温度、冷高分入口温度对氩气溶解度及循环氢纯度的影响，确定了冷高分入口温度是影响循环氢纯度的主要工艺参数。综合上述分析及研究，通过切换新氢来源[氩气含量小于 0.3%(体)]、降低冷高分入口温度两方面措施，提高了循环氢纯度，保证了加氢反应深度，解决了新氢中氩气造成柴油加氢装置循环氢纯度下降的问题。

关键词　柴油加氢；循环氢；氢气；氩气；冷高分

日益提高的环境保护要求促进了柴油标准的不断升级[1]，为了适应车用柴油质量升级的要求，柴油加氢装置的深度加氢脱硫尤为重要。加氢是一个耗氢过程，因此要不断向系统内补充新氢。新氢一般含有氢气、惰性气体和轻烃，新氢纯度不但对氢分压有直接影响，而且对循环氢纯度和氢耗量有重大影响[2]。中国石化镇海炼化公司 3.0Mt/a 柴油加氢装置，该装置采用抚顺石油化工研究院研制开发的 FHUDS-FZ/FHUDS-SZ 柴油深度加氢组合催化剂，以直馏柴油、催化柴油、焦化柴油为原料，以油制氢装置产氢作为装置补入氢，生产满足“国Ⅴ”标准的柴油。

1　异常现象

该装置自 2017 年 3 月 28 日产品合格以来循环氢纯度控制在 83%左右，2017 年循环氢脱硫塔间断发生 5 次循环氢带液情况，结合五次带液情况分析，采取提高循环氢纯度可减少循环氢带液情况，2018 年 8 月循环氢纯度控制在 85%左右。2017 年 6 月 1 日开始间断性进行排放废氢来保证循环氢纯度，2017 年 11 月 13 日开始废氢排量逐渐开大至 2000Nm^3/h，并处于连续排放状态，2018 年 1 月 17 日开始废氢排放量进一步增大至 2800Nm^3/h，2018 年 7 月 4 日至今，废氢排放量进一步增大至 5500Nm^3/h。

2　原因分析

装置反应所需的氢气来自循环氢和补入新氢的混合[3]，循环氢纯度是柴油加氢装置的重要控制参数，高循环氢纯度意味着高反应氢分压，有利于加氢反应的进行，提高了油品深度脱硫的能力。一般情况下，循环氢纯度低，通常通过排放废氢的方法来提高循环氢纯度[4]，废氢排放量越大，循环氢纯度越高，反之则越小。根据此异常现象对影响循环氢纯度的因素进行具体分析，找出主因，提高循环氢纯度。

2.1　工况参数对比分析

结合装置开工正常以来，原料加工负荷高低对循环氢纯度控制起到较大影响，对循环氢纯度、排放氢量、加工量三者的关系进行跟踪对比见图 1：

装置维持循环氢纯度基本稳定的情况下，从趋势图分析得出，排放氢量逐渐增加，意味着反应系统内氢纯度在逐渐下降，而非短时突变，属于长期累积所致。

根据工况参数分析说明，循环氢中存在会逐渐累积的组分，为进一步明确该组分，对装置新氢、循环氢进行组成分析，分析数据如表 1 所示：

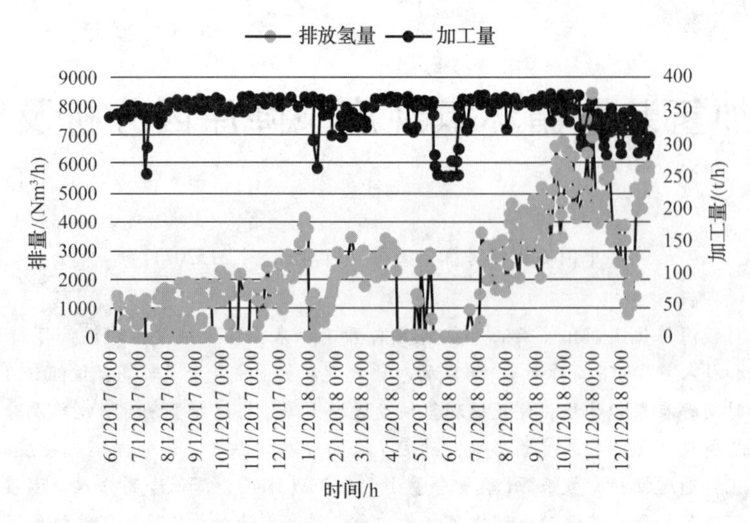

图 1 排放氢量及加工量趋势图

表 1 新氢、循环氢组成分析数据 %(体)

样品	时间	H_2	N_2	O_2	Ar
脱后循环氢	11. 27 13：30	82. 62	3. 58	<0. 01	5. 14
脱后循环氢	11. 28 09：00	82. 39	3. 58	0. 08	5. 33
新氢	11. 28 09：00	95. 84	0. 65	0. 13	0. 42

结合表 1 中组成分析数据可以看出，新氢中氮气及氩气总含量较为低(1. 07%)，而装置循环氢中氮气及氩气总含量为 8. 91%，远远高于进装置含量，从分析数据对比可以再次说明氩气在反应系统存在一定的累积程度。

2.2 惰性气体溶解度分析

新氢一般由氢气、惰性气体、轻烃组分组成，由于惰性气体(如氮气、氩气等)在油中的溶解度很低，气液平衡常数小，这些组分会在高分气相中累积。利用 R-sim 模拟软件对冷热高分温度对氩气的溶解度变化进行数据分析。

2.2.1 热高分温度对氩气溶解度影响

热高分温度高于 180℃时，随热高分温度的增加，循环氢体积分数逐渐增加，当热高分温度超过240℃后，循环氢体积分数增加趋势变缓[5]。通过稳定冷高分入口温度在 30℃下，提高热高分温度对循环氢中氩气溶解度的变化情况，具体模拟数据见表 2。

表 2 热高分入口温度调整模拟数据 %(体)

热高分入口温度/℃	190. 00	200. 00	210. 00	220. 00	230. 00	240. 00	250. 00
冷高分入口温度/℃	30. 00	30. 00	30. 00	30. 00	30. 00	30. 00	30. 00
反应器出口氢纯度	82. 74	82. 74	82. 74	82. 74	82. 74	82. 74	82. 74
反应器出口气氮气	3. 580	3. 580	3. 580	3. 580	3. 580	3. 580	3. 580
反应器出口气氩气	5. 140	5. 140	5. 140	5. 140	5. 140	5. 140	5. 140
冷高分顶氢纯度	82. 77	82. 79	82. 82	82. 84	82. 88	82. 91	82. 95
冷高分顶气氮气	3. 5576	3. 5590	3. 5604	3. 5620	3. 5636	3. 5652	3. 5669
冷高分顶气氩气	5. 0462	5. 0487	5. 0513	5. 0537	5. 0561	5. 0582	5. 0602

从表 2 可以看出，随着热高分入口温度逐渐升高，冷高分顶循环氢纯度逐步上升，循环氢中氩气含量逐步上升，氮气含量逐步上升。通过提高热高分温度虽然能提高循环氢纯度，但是循环氢中氩气、

氮气含量小幅增加，抑制了循环氢纯度的提高。从数据中看出，热高分入口温度从190℃升高至250℃，循环氢纯度从82.77%提高至82.95%，热高分入口温度提高对循环氢纯度作用较弱。

2.2.2　冷高分温度对氩气溶解度影响

降低冷高分温度后，由于氢气在油中的溶解度减小，气态烃在油中的溶解度增大，使平衡状态下气体组分中氢气含量增多，气态烃减少，即提高了循环氢的纯度[6]。通过稳定热高分入口温度在210℃下，模拟降低冷高分温度对循环氢中氩气溶解度的变化情况，具体模拟数据见表3。

表3　冷高分入口温度调整模拟数据　%(体)

热高分入口温度/℃	210.00	210.00	210.00	210.00	210.00	210.00
冷高分入口温度/℃	25.00	30.00	35.00	40.00	45.00	50.00
反应器出口氢纯度	82.74	82.74	82.74	82.74	82.74	82.74
反应器出口气氮气	3.58	3.58	3.58	3.58	3.58	3.58
反应器出口气氩气	5.14	5.14	5.14	5.14	5.14	5.14
冷高分顶氢纯度	82.90	82.82	82.72	82.62	82.50	82.38
冷高分顶气氮气	3.5640	3.5604	3.5565	3.5522	3.5474	3.5423
冷高分顶气氩气	5.0560	5.0513	5.0460	5.0402	5.0339	5.0268

从表3可以看出，随着冷高分入口温度逐渐降低，循环氢中氩气含量逐步升高，氮气含量逐步升高。通过降低冷高分温度虽然提高了循环氢中氮气、氩气含量，但是循环氢纯度逐渐上升，主要原因为冷高分温度降低，循环氢中烃类冷凝量增加，增加幅度明显大于氮气、氩气的溶解增加幅度。从数据中看出，冷高分入口温度从50℃降低至25℃，循环氢纯度从82.38%提高至82.90%，冷高分入口温度降低对循环氢纯度作用较强。

3　工况调整

根据上述原因分析可以看出，限制循环氢纯度提高有两大方面：一是冷高分入口温度高；二是新氢中氩气、氮气含量高。

3.1　冷高分入口温度调整优化

根据表3中模拟数据结果对装置冷高分入口温度进行调整，调整后废氢排放量趋势如图2所示。

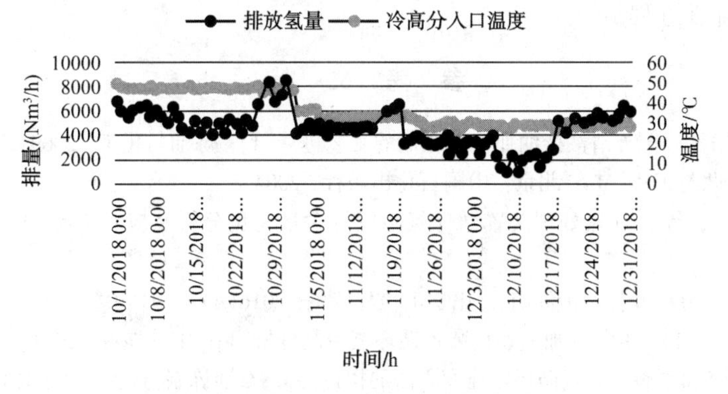

图2　排放氢量、冷高分温度趋势图

从图2中可以看出冷高分温度从47.5℃逐渐降低至28.5℃，废氢排放量从6000Nm³/h逐渐降至2000Nm³/h，冷高分入口温度对降低废氢排放，提高循环氢纯度效果明显，但是冷高分入口温度不能过低，限制了循环氢纯度的进一步提高。

3.2　新氢供给调整优化

根据表1中分析结果对新氢供给进行调整，装置补入新氢由油制氢装置的氢气改为煤焦制氢装置的氢气。氢源更换后稳定运行后对新氢、循环氢进行氩气、氮气含量分析，分析数据如表4所示。

表4　新氢、循环氢组成分析数据　　%

样品	时间	H_2	N_2	O_2	Ar
脱后循环氢	2.12 10：00		5.31	0.20	1.91
脱后循环氢	2.13 10：00	85.65	4.28	0.24	1.81
脱后循环氢	2.14 10：00	86.42	4.32	0.19	0.86
新氢	2.12 10：00		1.83	0.27	0.29
新氢	2.13 10：00	97.06	1.27	0.24	0.3
新氢	2.14 10：00	97.42	1.16	0.21	0.13

对比表1、表4发现，氢源更换后煤焦制氢装置氢气纯度高于油制氢装置氢气约1.5%，煤焦制氢装置氢气中氮气含量较油制氢装置氢气高，氩气含量较油制氢装置氢气低，因此，使用煤焦制氢装置氢气后循环氢中氮气含量较油制氢装置氢气高，且循环氢中(氮气+氩气)含量约6.3%，较使用油制氢装置氢气时循环氢中(氮气+氩气)含量低2.5%，循环氢纯度提高了约3.5%。

4　结论

镇海炼化3.0Mt/a柴油加氢装置循环氢纯度逐渐下降主要原因为新氢中含有较高含量的氩气及氮气，在反应系统中存在不断循环累积的情况，无法通过排放废氢方式有效排出。结合工况参数及惰性气体溶解度分析对装置进行优化调整，装置循环氢纯度明显上升，上升幅度约1.5%。根据原因分析及调整优化结果表明。

1）加氢装置惰性气体溶解度对循环氢纯度提高影响较大，进一步提高惰性气体在油中的溶解度，可有效保证循环氢纯度。对于加氢装置来说，冷高分入口温度降低，冷高分气中烃类明显下降，降幅大于(氮气+氩气)的增幅，总体上有利于循环氢纯度提高。在装置实际生产中，冷高分温度低限控制，可有效提高循环氢纯度，保证加氢反应深度，同时减少废氢排放，节约氢气成本；

2）油品质量升级逐步推进，加氢程度逐渐加深，对于氢源要求越来越高，已逐渐成为加氢装置油品升级的瓶颈之一。新氢中(氮气+氩气)含量对加氢装置循环氢纯度影响较大，(氮气+氩气)含量越低的氢源，在加氢过程中循环累积程度明显降低，可有效保证较高的循环氢纯度，有利于加氢反应的进行，推进了油品质量升级进程。

参 考 文 献

[1] 袁利剑，袁大辉，张婧元．国外清洁柴油加氢催化剂的工艺进展[J]．炼油与化工，2009，20(2)：1.

[2] 李大东．加氢处理工艺与工程[M]．北京：中国石化出版社，2004.

[3] 田喜磊，李明，吕海宁，等．加氢处理装置循环氢中甲烷含量变化分析及应对措施[J]．化学工业与工程技术，2012，33(5)：46.

[4] 陈勇．循环氢纯度波动分析及控制措施[J]．化学工程与装备，2016(4)：69.

[5] 任鹏军，金达，朱先升．140×10^4t/a加氢裂化装置循环氢控制分析[J]．中外能源，2011(9)：83.

[6] 陈毓瑞，刘建宇．提高加氢裂化装置循环氢纯度方法的探讨[J]．石油炼制与化工，1993(11)：23.

柴油液相循环加氢装置汽提塔挥发线腐蚀原因分析及对策

丁泳之

（中国石化湛江东兴石化公司　广东湛江　524012）

摘　要　介绍了中国石化湛江东兴石油化工有限公司2.0Mt/a柴油液相循环加氢装置汽提塔塔顶挥发线的腐蚀情况及原因分析，结合装置下一周期生产情况，提出了防范措施及操作建议。

关键词　柴油液相循环加氢；硫化氢；腐蚀；对策

中国石化湛江东兴石油化工有限公司2.0Mt/a的柴油液相循环加氢装置，自2012年5月建成投产以来，已经运行两个周期，精制柴油产品质量可以满足全厂柴油调和的需要。2016年6月，发现硫化氢汽提塔塔顶挥发线弯头处腐蚀穿孔，为不影响装置正常生产，采用打卡子注胶堵漏的方法进行了紧急处理；2016年9月装置停工后，更换了塔顶挥发线弯头段；2019年7月装置大检修期间，对挥发线进行脉冲涡流扫查检测，发现个别弯头及直管壁厚局部减薄严重，最大减薄率达到53.25%，被迫更换了挥发线至空冷入口段管线。

经过对管线不同位置和腐蚀垢物的分析认为，造成汽提塔挥发线腐蚀的主要原因是缓蚀剂注入管选材偏低，在H_2S+NH_3+H_2O环境下产生严重腐蚀穿孔和折断，改变了挥发线内的流场和温度场。同时针对该问题提出了下一周期的整改措施，以避免装置在运行过程中，出现安全隐患。

1　工艺流程介绍

1.1　脱硫化氢汽提塔顶系统

本装置分馏部分为双塔汽提流程。如图1所示自反应部分来的低分油进入脱硫化氢汽提塔（T-201）第1层塔盘上，T-201共有20层浮阀塔盘，塔底用水蒸汽汽提。T-201设计尺寸为Φ2200/2600×24600。塔顶油气经脱硫化氢汽提塔塔顶空冷器（A-201）冷凝冷却至40℃后进入V-201进行气、油、水三相分离，闪蒸出的含硫气体送至气体脱硫部分，酸性水相与V-106底部的水相混合后出装置，油相经脱硫化氢汽提塔塔顶回流泵（P-201A/B）升压后全部作为塔塔顶回流。为了抑制硫化氢对塔顶管道和冷换设备的腐蚀，在脱硫化氢汽提塔塔顶管道注入缓蚀剂。T-201塔底油在液位控制下经反应流出物/产品分馏塔进料换热器（E-105）换热后进入产品分馏塔（T-202）。[1]

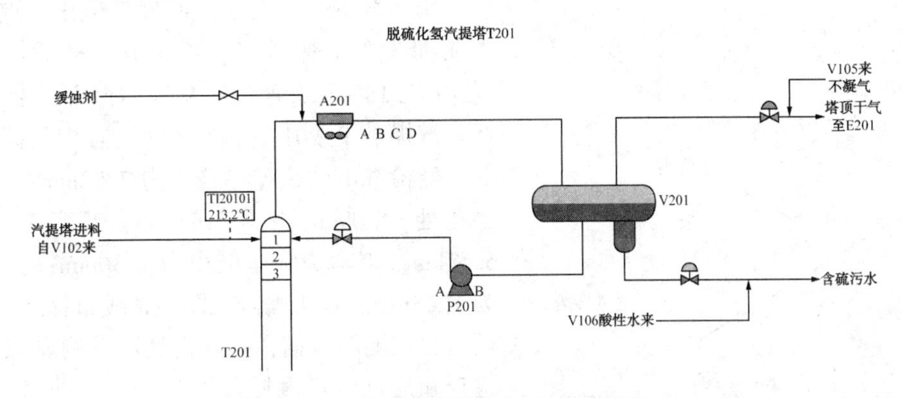

图1　硫化氢汽提塔工艺流程示意图

1.2 脱硫化氢汽提塔相关参数

1.2.1 汽提塔T-201设计及实际操作参数

T-201设计条件及操作参数见表1。

表1 T-201设计条件及操作参数

项目	设计条件	操作参数	项目	设计条件	操作参数
塔顶温度/℃	211	213	空冷入口温度/℃		210
塔顶压力/MPa	0.7	0.61	空冷出口温度/℃		43

1.2.2 塔顶介质组成

脱硫化氢汽提塔塔顶油气介质主要是轻烃、硫化氢和水蒸气，其组成及流量见表2。

表2 塔顶油、气组成

项目	组成/%(体)	项目	组成/%(体)
H_2	3.24	iC_4	1.80
C_1	0.1	H_2S	3.37
C_2	3.12	C_{5+}	8.87
C_3	4.92	NH_3	0.15
C_4	2.24		

1.2.3 塔顶缓蚀剂的使用情况

为了抑制湿H_2S腐蚀，在低压富H_2S的汽提塔塔顶系统采用了注加氢专用缓蚀剂SF-121D的工艺措施。参照原料油性质及现场工艺，采用先稀释后注入的方式，根据本装置工艺要求，调节至所需pH值(一般pH值调至6.0~8.0)，在此pH值条件下可有效发挥缓蚀作用。

根据加氢缓蚀剂的作用机理，加氢缓蚀剂分前期(成膜期)和正常期两段注入。前期注入主要是在金属表面形成缓蚀保护膜，同时中和系统中的腐蚀性介质，减缓腐蚀，前15d为成膜期，加入量为正常加入量的2~3倍，即装置处理量的10~30μg/g。正常期注入主要是中和腐蚀介质，减缓腐蚀，同时修补已破坏的保护膜，加强金属腐蚀的防护，按装置处理量的5~15μg/g注入。

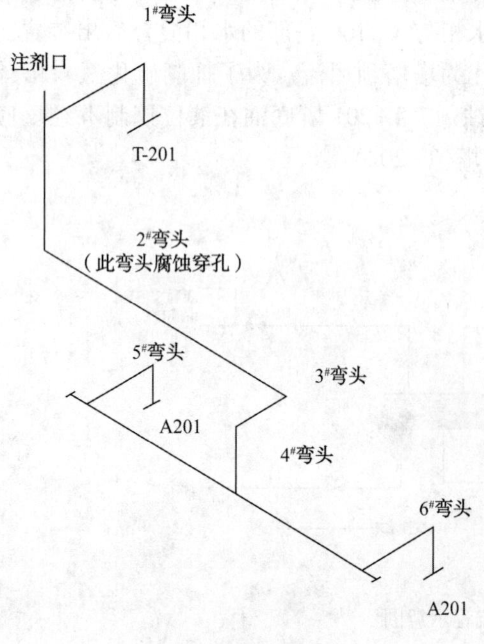

图2 管线布置图

2 塔顶挥发线腐蚀状况

2.1 塔顶挥发线弯头腐蚀情况

2016年6月8日6:30发现硫化氢汽提塔T-201塔顶挥发线(管线号：P20101，材质：20#，规格：Φ219×8.18)第二弯头处有气体泄漏，装置立即改循环，汽提塔T-201退料泄压，检查塔顶挥发线腐蚀情况：经检查1#弯头壁厚最小为7.82mm；2#弯头(腐蚀穿孔处)壁厚最小为3.28mm；3#弯头壁厚最小为6.57mm；4#弯头壁厚最小为7.36mm；直管壁厚最小为7.43mm。弯头编号见图2管线布置图。

比较测厚数据，1#弯头是定点测厚点，本次测厚检查和最近定点测厚数据相符，该处腐蚀速率平稳，未发现有减薄情况；2#、3#、4#弯头均发现有腐蚀减薄情况，最薄处均是外弯中心切点处，其中2#弯头腐蚀穿孔。

2016 年 9 月停工更换塔顶挥发线弯头段，同时检查弯头内壁，发现下述问题：硫化氢汽提塔的馏出线内部结有污垢，垢层厚度约 2mm，垢下带有明显的冲刷坑蚀痕迹。如图 3 所示。我们和原设计单位沟通后，进行核算提出整改措施，同时加强该管线腐蚀情况监测：①安装在线定点测厚仪或定期搭架检测；②更换大半径弯头(3D)。

2019 年 7 月装置大检修，再次对塔顶挥发线进行脉冲涡流扫查检测和剖开检查，塔顶挥发线注剂点后第一弯头处(图 4 中所示位置 2)，内部结有污垢，敲掉污垢后发现有明显沟槽，减薄处位于弯头外侧，宏观形貌如图 5 所示。

图 3　弯头剖开后冲刷情况示意图

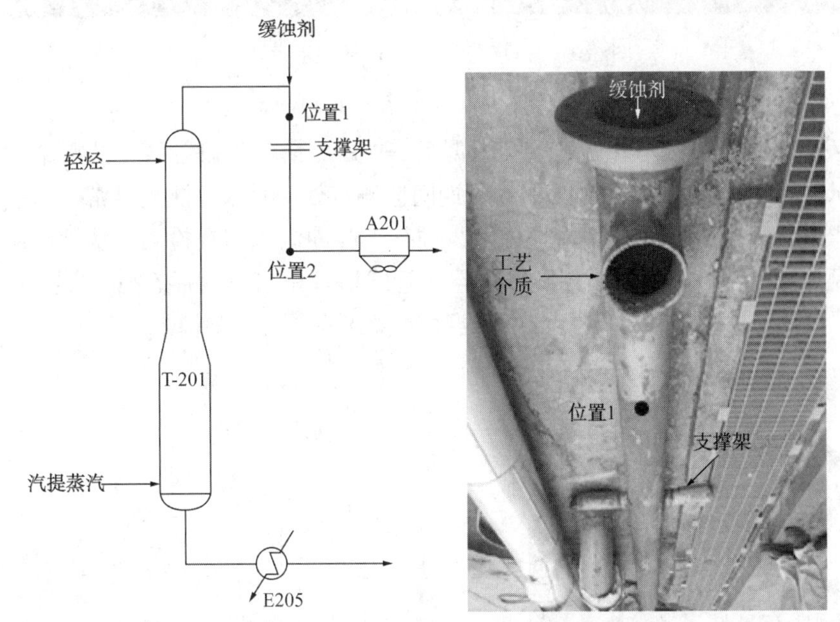

图 4　汽提塔腐蚀部位示意图

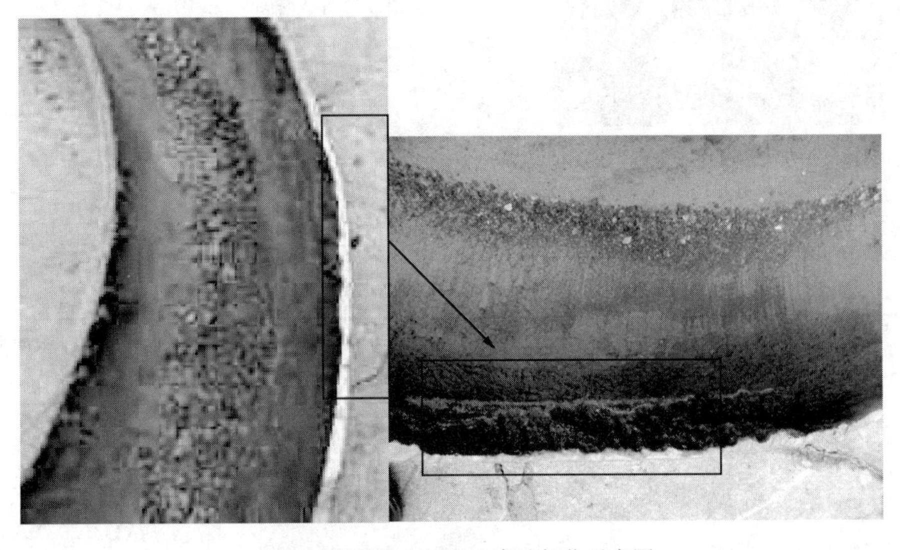

图 5　弯管段(位置 2)腐蚀部位示意图

2.2　塔顶挥发线直管段腐蚀情况

腐蚀最严重区域位于塔顶挥发线注剂点后直管段约 1.2m 处，支撑架上方，即示意图 4 中位置 1。内部结有大量的污垢，敲掉污垢后发现有明显沟槽。管道剖开后，宏观形貌如图 6 所示，可以看出管壁厚度不均，内壁附着黑褐色垢物。

图 6　直管段(位置 1)腐蚀部位示意图

2.3　腐蚀监测情况

2016 年 6 月发现塔顶挥发线弯头腐蚀穿孔泄漏后，9 月更换弯头段管线，然后增加了弯头在线监测点，如图 7 所示，在 2016 年 9 月~2019 年 6 月期间监测点处一直未监测到异常。

2019 年 7 月装置大检修，对汽提塔塔顶挥发线进行了脉冲涡流扫查检测。从检测结果分析，合计发现壁厚异常问题点 2 处，汽提塔塔顶挥发线去空冷管线塔顶出口三通后直管(编号 3)，即塔顶挥发线注剂点后直管段约 1.2m 处；挥发线去空冷管线弯管(编号 4)。测厚部位见图 8。

图 7　监测点图

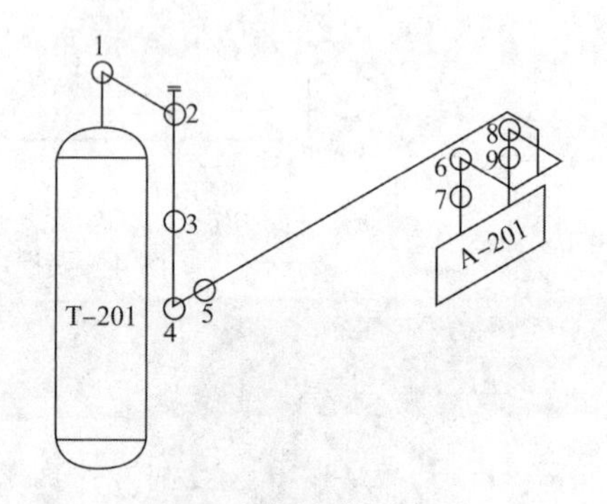

图 8　测厚部位示意图

如图 8 所示，对硫化氢汽提塔塔顶挥发线 1~9 各点进行测厚后，数据见表 3。

表 3　脉冲涡流扫查情况汇总表

检测部位编号	位置名称	检测位置	检测最大值 /mm	检测最小值 /mm	规格型号		减薄率 /%	材质
					管径	壁厚		
1	T-201 出口管线第一弯头	弯头	9.21	7.67	*DN*200	8	4.13	20#
2	T-201 出口管线第一弯头后三通	三通	14.1	8.71	*DN*200	8	—	20#
3	T-201 出口管线三通后直管	直管	8.37	3.74	*DN*200	8	53.25	20#
4	T-201 出口管线弯管	弯管	12.41	4.44	*DN*200	8	44.50	20#

续表

检测部位编号	位置名称	检测位置	检测最大值/mm	检测最小值/mm	规格型号		减薄率/%	材质
					管径	壁厚		
5	T-201出口管线弯管后短节	短节	8.43	6.57	DN200	8	17.88	20#
6	西侧入口第一弯头	弯头	8.13	6.35	DN150	7	9.29	20#
7	西侧入口第一弯头后直管	直管	7.53	6.53	DN150	7	6.71	20#
8	东侧入口第一弯头	弯头	8.42	7.15	DN150	7	—	20#
9	东侧入口第一弯头后直管	直管	7.41	6.56	DN150	7	6.29	20#

表3可以看出，塔顶挥发线不同部位管线厚度减薄情况，从脉冲涡流扫查情况数据分析，挥发线弯头及直管段总体腐蚀减薄。直管段最小测厚数据为3.74mm，最大减薄率为53.25%；所测弯头最小测厚数据为4.44mm，最大减薄率为44.50%。腐蚀的发生主要集中在编号3垂直管线和编号4弯管段。

3 腐蚀原因分析

3.1 塔顶挥发线腐蚀分析

3.1.1 塔顶挥发线直管段腐蚀分析

硫化氢汽提塔塔顶温度控制在213℃左右，塔顶压力为0.6MPa左右，塔顶出料以213℃从塔顶蒸出，此时汽提蒸汽以气态存在，发生露点腐蚀可能性不大。塔顶出料与除盐水稀释后的缓蚀剂SF-121D混合，轻烃中的腐蚀性物质如H_2S、HCl等溶解于液态水中，形成酸性溶液，冷凝的酸性溶液沿管内壁流动，形成强酸区，由于缓蚀剂SF-121D在pH值6~8时才能形成保护膜，在强酸区不能形成有效的保护膜，从而出现腐蚀沟槽。由于轻烃温度较高，液态水在向下流动的过程中逐渐蒸发，腐蚀减轻直至消失。将腐蚀部位表面垢物去除，垢下为凹凸不平的腐蚀坑，为明显的垢下腐蚀形态；同时用pH值试纸测得垢下pH值为2.5~3.0，呈现较强酸性环境。图9为直管段除垢前后对比图。

(a)除垢前　　(b)除垢后

图9　直管段除垢前后对比图

从腐蚀机理结合管线测厚监测数据分析，由于直管段垢物覆盖区内缓蚀剂难以形成有效的保护膜，发生的反应为：$FeS+2H^++2Cl^- \longrightarrow FeCl_2$，HCl水解生成$H^+$和$Cl^-$，失去FeS保护的金属再次被HCl腐蚀产生FeS，而FeS又继续与HCl反应而剥离，造成恶性循环，最终导致垢下腐蚀减薄严重。

3.1.2 塔顶挥发线弯头腐蚀分析

由图5弯管段(位置2)腐蚀部位示意图可以看出，塔顶挥发线弯头部位的腐蚀形态与挥发线垂直管段的形态有明显区别，腐蚀范围为弯管外侧一条约长300mm、宽90mm的沟槽上，腐蚀表面覆盖垢物较少，蚀坑表面较为光滑，边缘尖锐，具有冲刷腐蚀的特征，认为是由液滴冲击导致的。2016 年 9 月提高弯头曲率半径有助于减缓液滴冲击，因此，使用周期由不到两年延长至约 1 个运行周期。

3.2 垢物分析

为了分析管内腐蚀表面特征和腐蚀产物组成，对垂直管段和弯管腐蚀表面进行电镜扫描分析。图 10 分别为垂直管段和弯管内表面去除浮垢后的电镜形貌。结合能谱分析结果，表面覆盖腐蚀产物为金属硫化物和氧化物，其中垂直管段内表面含硫为 3.49%，内表面表层垢物含硫为 16.9%，弯管内表面含硫为 11.21%，因此，认为管内表面腐蚀主要由硫化物腐蚀造成。

(a)直管段　　(b)弯头

图 10　管内表面去除浮垢后的电镜形貌

3.3 数值模拟分析

为了更加接近塔顶挥发线腐蚀的形态，以 T-201 挥发线的实际结构建模，根据模拟缓蚀剂注入管腐蚀前后的流体流动状态和温度场分析结果，可以得出以下结果：

1）由于缓蚀剂注入管(20#碳钢)外表面温度低于露点温度，塔顶油气出料中的水蒸气在注剂管外壁面冷凝析出形成水膜，油气中的腐蚀性物质 H_2S、HCl、NH_3等溶于水后产生酸性较强的溶液，加上流体的冲刷，使注剂管产生了快速的腐蚀而穿孔折断。

2）当缓蚀剂注入管腐蚀穿孔和折断后，未加热汽化的缓蚀剂水溶液黏附在垂直管段腐蚀部位，造成该部位产生结垢和垢下腐蚀；较大团的缓蚀剂水溶液在油气的裹挟和重力作用下，冲击弯头外弯处，形成冲刷腐蚀沟槽。

因此，造成汽提塔挥发线腐蚀的主要原因是缓蚀剂注入管选材偏低，在 $H_2S+NH_3+H_2O$ 环境下产生严重腐蚀穿孔和折断，改变了挥发线内的流场和温度场。

4 结论

汽提塔挥发管线直管段为明显的垢下腐蚀形态。垢下腐蚀是金属表面沉积物形成的局部腐蚀，腐蚀与结垢密切相关，二者相互影响，互相促进。腐蚀产物会形成锈垢，腐蚀锈垢在金属表面的堆积和不均匀分布，会引起垢层下严重腐蚀。这种腐蚀可能是点蚀、缝隙腐蚀，也可能是不同覆盖度的沉积物表面之间或者与裸露的金属基体之间形成的电偶腐蚀。[2]

汽提塔挥发管线弯管段的腐蚀范围为弯管外侧一条约长 300mm、宽 90mm 的沟槽，腐蚀表面垢物较少，蚀坑表面较为光滑，边缘尖锐，具有冲刷腐蚀的特征。

综合上述分析认为，汽提塔塔顶挥发线腐蚀的主要原因是缓蚀剂注入管选材偏低，在 $H_2S+NH_3+H_2O$ 环境下首先发生冲刷腐蚀穿孔和折断，改变了挥发线内的流场和温度场，使缓蚀剂水溶液在较低温度下流出注剂管，导致未被完全加热汽化的缓蚀剂水溶液粘附在垂直管段腐蚀部位，造成该部位产生结垢和垢下腐蚀减薄；较大团的缓蚀剂水溶液在油气的裹挟和重力作用下，冲击弯管外弯处，造成该部位冲刷腐蚀减薄。

5 防范措施及建议

1）塔顶挥发线使用碳钢不能满足防腐的需要，大量的腐蚀性介质在水相及汽相存在的状态下，析出酸式盐类，对设备造成冲刷腐蚀和垢下腐蚀。本次大修期间更换该挥发线至空冷前管线，增加管线壁厚，由壁厚 8mm 升级到 10mm，管线材质制造标准由 GB/T8163 升级到 GB9948 抗硫化氢管材。

2）本次大修期间更改挥发线注剂口喷头，由直管改为分散喷射喷嘴，材质升级为 316L，加强雾化减少直接冲刷管线。

3）挥发线的注入点第一弯头处有明显的沟槽，由液滴冲击导致的，本次大修开工后可将 T-201 的缓蚀剂改为油溶性的缓蚀剂。

4）重新计算油溶性缓蚀剂注剂浓度，监控注剂注入量，维持均匀注入防止局部结垢，形成垢下腐蚀，同时在装置正常生产后密切注意 V201 酸性水铁离子含量，跟踪好更换新缓蚀剂的使用效果。

5）挥发线管线加强保温维护，避免受季节、昼夜温差以及暴雨天气注剂水无法气化的情况，减少冲刷腐蚀。

6）设备长周期运转，腐蚀不可避免，根据本次腐蚀情况调整在线测厚监测位置及增加监测点，保证监测数据及时准确；每半年对该管线腐蚀情况进行一次全面检查。[3]

参 考 文 献

[1] 200 万吨/年柴油液相循环加氢装置工艺技术规程，2016.
[2] 卢绮敏 . 石油工业中的腐蚀与防护[M]. 北京：化学工业出版社 . 2001.
[3] 炼油装置停工腐蚀检查导则，2019.

复合蒸发式空冷器管束腐蚀泄漏分析及措施

王国华

（中国石化镇海炼化公司　浙江宁波　315207）

摘　要　本文介绍了柴油加氢装置复合蒸汽式空冷器（以下简称复合空冷）自2017年4月以来在运行过程中出现管束腐蚀泄漏情况，复合空冷管束腐蚀主要原因是复合空冷设备本身材质、结构、镀锌保护膜防腐工艺，其次复合空冷管束腐蚀为空冷管束外发生氯离子腐蚀、电化学腐蚀和结垢。针对上述原因，通过复合空冷带压封堵处理、取消挡水板、空冷集液箱连续排污及定期清理水箱来减少水中杂质含量，采取减少管束干区存在，降低1.0MPa蒸汽发生器定期排放次数由12h一次改为24h一次，减少装置操作上对其影响，后期改变1.0MPa蒸汽发生器的定期排污放空口方向，避免其对复合空冷器冷却水水质的污染。控制复合空冷器冷却水氯离子含量不大于30mg/L、pH6.5~8、浊度不大于10NTU。解决复合空冷管束腐蚀，延长装置运行周期。

关键词　复合蒸发式空冷；管束腐蚀泄漏；带压封堵；微生物繁殖；置换水量

引言

空气冷却器是其主要的冷换设备，空冷设备又分为直接空冷和复合式空冷，直接空冷器使用过程中受气温影响较大，当环境温度较高时，空冷器冷后温度较高，达不到工艺要求，需增加额外水冷却器。另外，空气冷却器传热面积偏大，占地面积也偏大，因本套装置为炼油老区提升改造项目，建造面积较为紧凑。因此该装置设计采用复合空冷作为冷却设备，兼有空冷和水冷的优点，利用空气初步冷却，再开启除盐水水泵直接对管束进行喷淋，喷淋用水量仅为普通循环水冷却器用水量的2%~3%，换热效果比直接空冷高2~4倍[1]，并且换热面积较小，占地面积较小。但是复合空冷在运行过程中，由于受其他因素影响，极易导致设备出现腐蚀，对装置的长周期安全运行造成了影响。

1　腐蚀现象

装置内分馏塔塔顶复合空冷器A404A/B管束材质为10#钢（表面镀有一层氧化锌防腐蚀保护膜），冷却水采用除盐水，进过30个月的运行，复合空冷器A404B运行至10月25日泄漏，对A404B出入口管线（出口1处*DN*100，入口2处*DN*250）进行带压封堵，切出后对A404B管束进行试压，涡流检测管束泄漏情况，A404复合空冷器停运后检测情况如下：

1）蒸发段管头出现泄漏。

2）现场换热管存在严重减薄现象，经涡流检测泄漏94根，经试压查泄漏15根，其中翅片管束5根，蒸发段第一程89根，蒸发段第二程15根。

3）管壁外部存在结垢及腐蚀，管头处尤其严重。

4）积垢较多。

图1为本装置复合空冷的结垢腐蚀泄漏情况。

图 1　复合式空冷的腐蚀泄漏情况

2　原因分析

2.1　复合空冷原理

复合空冷是一种冷凝换热设备，将空冷、水冷、蒸发三种冷却方式进行组合，并优化提高换热效率。3.0Mt/a 柴油加氢装置高效复合式空冷器 A404A/B 有两组组成，其有冷换热部件、蒸发换热部件、水循环系统和引风系统等四大系统组成，其示意图见图 2。

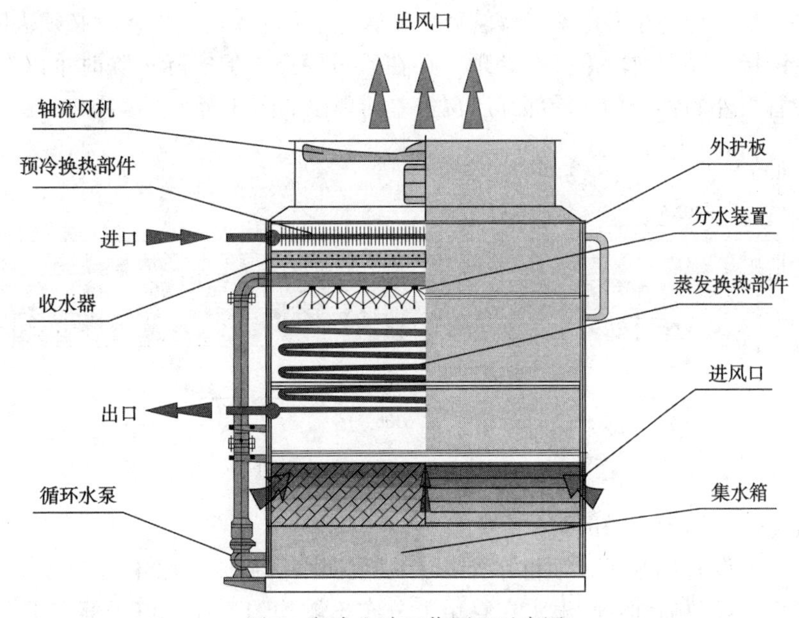

图 2　复合空冷工作原理示意图

复合冷却器同时应用了潜热、显热换热机理，其优点为显著的节能和节水性能。复合空冷器具有系统压降低、综合效率高等优点，并在减少空冷器蒸发段结垢，防“白雾”方面效果显著[2]。空冷器技术参数见表 1。

表 1　3.0Mt/a 柴油加氢装置复合空冷器技术参数

项目	参数值	项目	参数值
设计压力	2.5MPa	工作介质	石脑油
工作压力	0.15MPa	结构形式	蒸发式+空冷式
设计温度	220℃	管束材质	10#
工作温度	140℃	集水箱材质	Q245R

2.2　垢物分析

对 A404 垢物进行分析如表 2 所示。

表2 A404垢物离子含量分析

组成	C	H	Fe	Cl	Na
单位	%(质)	%(质)	%(质)	mg/kg	mg/kg
含量	1.38	0.56	11.27	261	321

从表格中数据可以看出铁、氯、钠含量较高。复合空冷冷却水置换量较少，水中Cl^-含量较高，复合空冷在冷却过程中冷却水有一定的蒸发损失后通过2t/h左右除盐水补充累积。

装置内设有1.0MPa蒸汽发生器，为保证蒸汽品质，需向其持续加入磷酸三钠溶液，同时需将蒸汽发生器底部浓缩盐分定期排放。因1.0MPa蒸汽发生器的定期排污放空口正对A404，从而造成复合空冷器冷却水的污染，导致空冷循环冷却水中钠离子和磷酸根离子含量较高。

2.3 腐蚀原因分析

2.3.1 复合空冷设备本身原因

(1) 换热管端部镀锌层质量问题

管箱式结构，无法进行整体热浸锌处理，只能先单管防腐后再装配。原换热管防腐采用单管热吹镀工艺，防腐效果不如集合管箱整体热浸锌管束，其管头表面有锌层(焊接时必须去除)，又因换热管端部镀锌层与管板链接，穿管前段需打磨处理，存在质量隐患。但实际去除时难以有效保证，致使管头焊接后，裸露在管板外的管子存在局部锌层覆盖差的现象如图3所示。

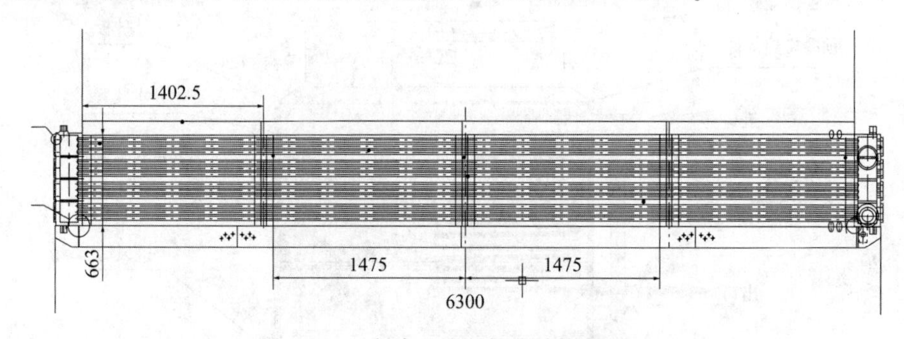

图3 复合空冷器箱式结构图

(2) 喷淋系统布水不均匀，局部有干点

腐蚀严重部位上方设有挡水板，喷淋水难以有效全面喷淋到，又喷淋管为镀锌管，内部易生锈，并引起局部喷头堵塞，导致喷淋管喷淋水在管束上分布不够均匀，使管束局部有干点，介质流经该处时温度较高，导致该管段表面常处于干湿交替状态，引起水快速蒸发，产生严重溶解氧腐蚀。

2.3.2 电化学腐蚀

空冷器在平台上露天放置，在长时间工作中，冷却水持续喷淋在冷凝管束表面，以及雨水冲刷等外界环境的综合影响，冷凝管束在使用过程中表面的氧化锌保护膜会发生破坏腐蚀，而Cl^-的存在加速表面氧化锌保护膜的破坏或降低管束表面氧化锌保护膜的形成可能性。炼油厂空气中存在着一定量的CO_2、SO_2及其他含硫氮化物，这些杂质随着冷却空气被循环冷却水吸收而形成腐蚀性溶液，当水被蒸发时，原有溶液在冷却水中被留下来，在水中含量不断累积[3]。与空气中的O_2一起溶解在冷凝管束外表面的薄水膜中，在金属表面形成电解质溶液，电解质溶液和钢铁中铁和少量碳形成很多小的原电池，10#钢中含有其他材质，如表3所示。又因冷却水中Cl^-累积增加，氯化物、硫酸盐等浓度增加，尤其Cl^-具有离子半径小，穿透力强，并且能够被金属表面较强吸附的特点，Cl^-浓度越高，水溶液导电性就越强，电解质电阻就越低，加速阳极腐蚀过程，使氧腐蚀加速，引起点腐。Na^+的含量较高，形成钠盐溶液，钠盐溶液上水蒸汽压力低于纯水的蒸汽压力，使空气中的氧气、二氧化硫等溶于盐溶液水膜更迅速，并且其水解的离子导电使初始的原电池反应更加迅速。

表 3　复合式空冷管束材质 10#钢化学成分

组分/%(质)	C	Si	P	S	Cr	Ni	Mn
含量	0.07~0.13	0.17~0.377	≤.17~0	≤.17~0	≤.17~	≤.17~	0.35~0.65

铁离子比钠离子和10#钢化学成分中合金元素更活泼，于是铁元素失去电子被氧化形成阳极，而其他材质得到电子被还原形成阴极，形成腐蚀原电池，又由于铁与杂质紧密接触，使得电化学腐蚀不断进行[3]。

阳极反应：$Fe \longrightarrow Fe^{2+}+2e^-$

$$Fe(OH)_2+H_2O \longrightarrow Fe(OH)_3+H^++e^-$$

$$2Fe(OH)_3 \longrightarrow Fe_2O_3+3H_2O$$

阴极反应：$O_2+2H_2O+4e \longrightarrow 4OH^-$

2.3.3　结垢

复合空冷器冷却水，经过长时间运行过程中大气中的工业废气、化学烟雾、盐分和粉尘等大量聚集。其中，重碳酸盐最不稳定，容易分解成碳酸盐，又因为1.0MPa蒸汽发生器定排，导致循环冷却水中磷酸根离子的存在，磷酸根与钙离子反应生成磷酸钙。碳酸钙和磷酸钙属微溶盐，其溶解度随着温度的升高而降低，因此在管束外表面上，很容易达到过饱和状态从而析出结晶[4]。

2.3.4　微生物繁殖

复合空冷器集液箱水温温度一般在35~50℃，该环境适宜微生物繁殖，形成生物黏泥，阻碍传热，产生垢下腐蚀；一些微生物新陈代谢容易造成局部酸环境，例如在厌氧的条件下，硫酸盐还原菌可以发挥极化作用。微生物在代谢过程中也会形成各种酸，造成设备腐蚀穿孔[5]。微生物大量繁殖，加剧了管束腐蚀和结垢。

3　对策措施

复合空冷器高效工作的前提条件是管束外表面形成良好的水膜，如果管束外表面存在结垢和腐蚀，将阻碍水膜形成，降低设备传热效率，缩短设备使用寿命，严重时将影响装置的正常生产。

根据上述原因制定相应措施如下。

1）复合空冷器A404B漏点位于蒸发段第一程靠近入口管板部位，装置使用在线监控A404B自带可燃气报警器、使用防爆风机，强制通风确保油气不聚集等措施。进行初步检查发现A404B管束泄漏位置不好，不能封管束泄漏点，经公司各处室讨论，决定对A404B出入口管线进行带压封堵，切出后对A404B管束进行试压，涡流检测管束泄漏情况，但此过程中发现A404B泄漏进一步扩大，装置进行紧急降温降量，反应系统改循环，分馏系统停工退油。A404B出入口添加4块盲板隔离，出入口管线进行带压封堵，对管束进行蒸气吹扫后进行试压，经检测试压发现泄漏管束109根，其中涡流检测堵漏94根，经试压查漏封堵15根，其中翅片管束5根(堵漏率为1.8%)，蒸发段第一程89根(堵漏率为31.2%)，蒸发段第二程15根(堵漏率为5.3%)。

2）取消挡水板如图4所示，减少遮蔽区，避免蒸发段管束出现干区。

3）在现有条件下，减少1.0MPa蒸汽发生器定排放对A404水质的影响，定期排放由12h/次改为24h/次，改变1.0MPa蒸汽发生器的定期排污放空口方向，避免A404水箱内水质受到污染。排污口及A404冷却水外观如图5所示。

4）对复合空冷器冷却除盐水加强水质检查，每12h对水质进行外观检查，空冷集液箱补充的除盐水和集液箱内循环冷却水每月取样化验分析(见表4)，根据检查情况和水样化验分析结果，对空冷集液箱内除盐水进行更换。

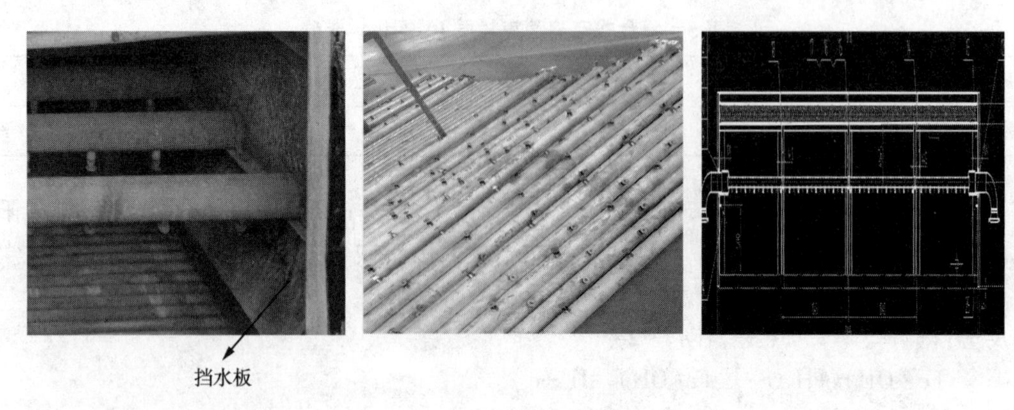

图4　复合空冷喷淋管

图5　1.0MPa蒸汽发生器排污口及A404冷却水外观

表4　复合式空冷A404集液箱冷却水水样分析

组成	pH值	浊度	总铁	氯离子
单位	—	NTU	mg/L	mg/L
含量	6.84	3.54	0.31	5.1

4　小结

综上所述，复合空冷器运行过程中管束腐蚀主要原因是复合空冷自身材质、结构、镀锌保护膜防腐蚀工艺，次要原因是复合空冷在长期运行过程中，循环冷却水吸收空气中CO_2、SO_2、其他含硫氮化物、盐分、粉尘这些杂质；1.0MPa蒸汽发生器定期排放污染复合空冷器冷却水，复合空冷管束发生氯离子腐蚀、电化学腐蚀和结垢。为延长使用寿命，避免因空冷管束腐蚀泄漏、结垢降低冷却效果，对装置安全长周期运行造成影响可通过以下措施：

1）换热管采用热喷锌工艺防腐或升级管束材质为不锈钢。原换热管防腐采用单管热吹镀工艺，现改为热喷锌工艺，对管头进行了预防护，保证了管头无锌段的长度和精度。复合空冷器管束为表面镀有氧化锌保护膜的10#钢，为保护膜容易被破坏的低耐腐蚀材料，可将氧化锌镀层改为锌镁、锌铁合金镀层并适当增加镀层厚度[1]，防止电化学腐蚀。

2）取消挡水板，减少遮蔽区，避免蒸发段管束出现干区。提升喷淋管材质，原喷淋管为镀锌管，更换为铝管，增强其耐蚀性，同时在端部增设喷头，解决局部喷淋量少的问题，如图5所示。

3）1.0MPa蒸汽发生器定期排放定期排放由12h/次改为24h/次，后期改变1.0MPa蒸汽发生器的定期排污放空口方向，避免其对复合空冷器冷却水水质的污染。通过空冷集液箱连续排污及定期清理水箱来减少水中杂质含量，控制复合空冷器冷却水氯离子含量不大于30mg/L、pH值6.5~8、浊度不大于10NTU。

参 考 文 献

[1] 李旭，刘晖．分馏塔喷淋型湿式空冷器管束腐蚀原因分析与防护[J]．山东化工，2018，47，336(14)：141-142.
[2] 郑志伟，朱大亮，王浩．复合型蒸发式空冷器及其设备和管道布置[J]．化工设备与管道，2016，53(1)：74-77.
[3] 王培．湿式空冷器水处理系统的防腐蚀控制[J]．石油和化工设备，2011，14(3)：66-69.
[4] 易丹青，陈丽勇，刘会群．硬质合金电化学腐蚀行为的研究进展[J]．硬质合金，2012(4)：238-253.
[5] 任世科，刘雪梅，党兴鹏．表面蒸发空冷器的腐蚀及防护措施[J]．压力容器，2006，23(10)：45-47.
[6] 付晓峰．常压塔空冷片翅片管腐蚀穿孔分析及安全对策研究[J]．安全健康与环境，2018，(11)：21-24.

拉伸垫圈技术在高压法兰中的应用

佟哲峰

（中国石化石家庄炼化公司　河北石家庄　050000）

摘　要　对装置高温高压法兰泄漏原因进行了介绍，用拉伸垫圈技术解决了泄漏问题，满足长周期运行的要求。

关键词　法兰；高温高压；泄漏；螺栓

石家庄炼化 1.5Mt/a 渣油加氢，原料加热器 E-203A/B 为两台 U 型管换热器，管程热源为渣油产品加氢渣油，根据原料调整，壳程原料油温度会有波动；反应器 R-101～R-105 为五台固定床反应器，操作压力为 18MPa，操作温度在 340～400℃，法兰承受内压大，反应器入口进料温度可用冷氢控制，出口温度随原料不同放热有所变化；热低分气与冷低分油换热器 E-105 为 U 型管式换热器，冷低分油量根据原料切换有所变化，导致换热器法兰温度变化。由于各处温度压力波动，出现法兰渗漏情况，经多次紧固仍无法解决问题，泄漏部位温度高压力大，不仅紧固难度大，而且容易造成人员烫伤，还可能引起火灾事故，严重时对装置的平稳长周期运行有所影响。

1　换热器管箱法兰及高压法兰泄露分析

法兰密封是通过螺栓预紧力使垫片和法兰密封面之间压紧，使垫片产生变形来填补法兰面的围观不平度，达到密封的目的。法兰泄漏的原因垫片失效渗漏和垫片与法兰密封面间的泄漏[1,2]。其中垫片失效情况极少发生，大多数情况均是垫片与法兰密封面泄漏。

根据现场观察有的法兰泄漏处有螺栓松动的现象，说明螺栓预紧力不均匀，当发生温度压力变化时，螺栓的温度变化一般会略滞后于法兰，由于预紧力不均匀，造成部分螺栓松动，当螺栓的有效紧固值小于临界值时，就会导致法兰泄漏的情况发生。

传统的螺栓紧固方法人力扳杠、大锤敲击根据人的感觉判断，精确度低；液压扳手受转动面及螺纹间的摩擦系数影响；液压螺栓拉伸器同样受人工旋紧螺母的影响，加上螺栓超拉回缩量的影响，依旧存在紧固力不均匀的状况；再加上螺栓、螺母的配合公差等原因，使螺栓紧固的进度不易控制。

2　拉伸垫圈工作原理

拉伸垫圈的核心技术部件是位于螺母与法兰之间的拉伸垫圈（如图 1 所示）及液压套筒（如图 2 所示），液压套筒具有内外两层，在内部套筒旋转螺母的同时，外部套筒握住置于螺母下的拉伸垫圈，作用力与反作用力同轴，消除了常见的由于摩擦造成的侧向偏载；拉伸垫圈内部过盈配合的螺纹环与被紧固螺母螺纹产生双螺母效果，使螺栓不随螺母旋转；继续旋转螺母时，使螺栓被轴向拉伸，拉伸垫圈内部螺纹环也随螺栓上升，起到了比较好的预紧效果。

在高温密封垫片出现蠕变和应力松弛时，拉伸垫圈的回弹性能可以有效的补偿垫片与法兰面之间的松弛，从而保证足够的有效预紧力，解决了垫片与法兰面之间的泄漏问题。

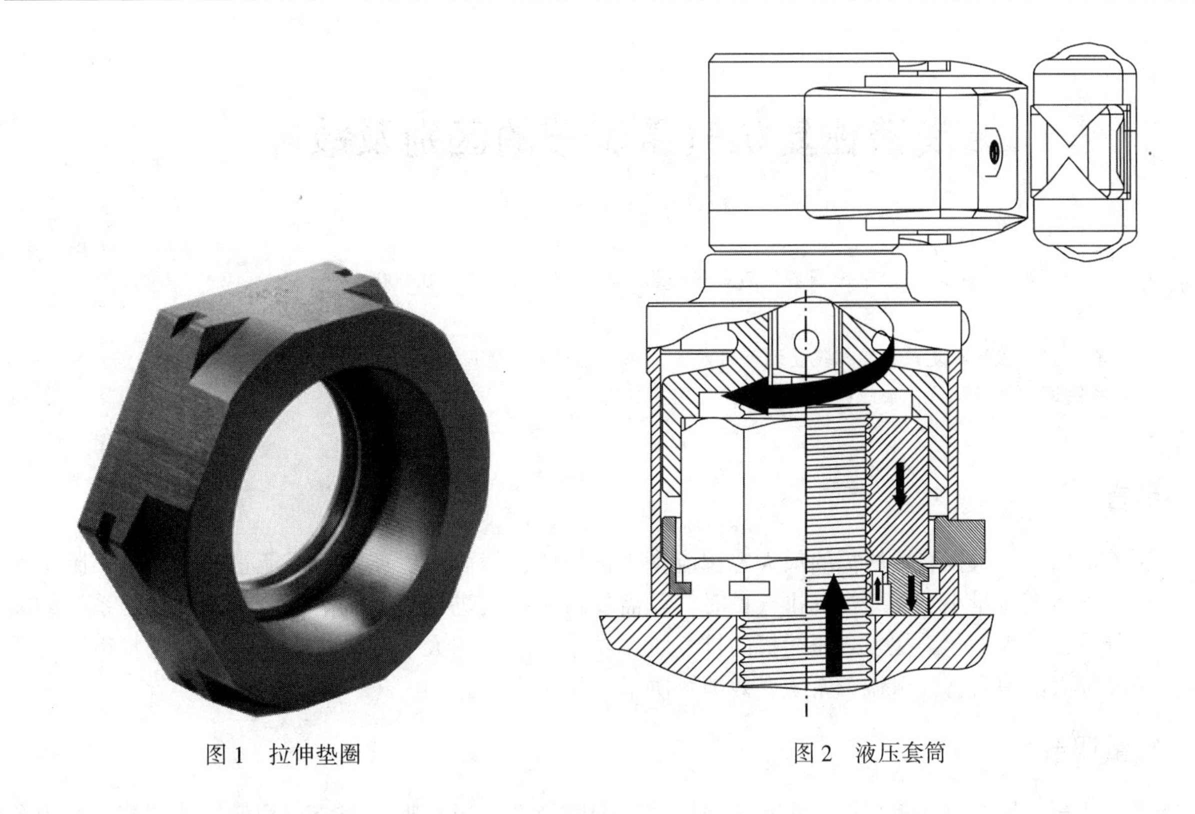

图 1 拉伸垫圈　　图 2 液压套筒

3 结语

2019 年渣油加氢换剂检修后，分别在原料加热炉入口、五个反应器出口、液力透平入口、原料产品换热器及轻烃热低分气换热器处加装拉伸垫圈，开工升温期间加装拉伸垫圈处法兰均无泄漏情况，保证开工顺利进行；投入生产后，装置调整期间运行情况良好，避免了由于泄漏带来的各项隐患。

参 考 文 献

[1] 侯莲香．影响法兰密封性能因素的分析[J]．化学工业与工程技术，2007，28(S1)：143-145.
[2] 岳金瑞．浅谈法兰密封泄露[J]．河南化工，2008，25(4)：51-53.

浅谈往复机气量调节的区别及故障

佟哲峰

（中国石化石家庄炼化公司　河北石家庄　050000）

摘　要　浅谈往复式压缩机气量调节的方法，在不同工况下使用的区别及出现的故障、处理方法。

关键词　气量调节；余隙调节；旁通；气阀；节能

1　前言

压缩机通常是根据装置所需的最大容积流量来选择的，然而在生产中所需流量是随装置实际工况变化的，当所需流量小于压缩机的排气量时，就需要对压缩机进行气量调节，使其达到后路系统的需求。随着装置的大型化，往复式压缩机的排气量、功率也越来越大，如果气量调节方式选择得不合适就会造成很大的浪费，气量调节系统有效地解决了这种问题。

2　气量调节

目前往复式压缩机气量调节方法有旁通调节、余隙调节、压开吸气阀调节和变转速调节，其中余隙调节和压开吸气阀调节的方法应用最为广泛。各种调节方式所需投入成本不同，节能效果也各有差异，应具体根据压缩机额定工况和实际工况选择合适的调节方式，使节能效果达到最大化。

2.1　旁通调节

将压缩机的出口与入口相连，管路上加装旁通调节阀如图1所示，调节时只需开启旁通阀，将压缩机多余的出口气引回入口，便可调节进入系统的气量，这种方法简单灵活，配上自动控制系统后调节精度也比较高，但多余气体的压缩功全部损耗掉，并不节能，所以这种方法只适用于偶尔调节或调节幅度较小的场合。

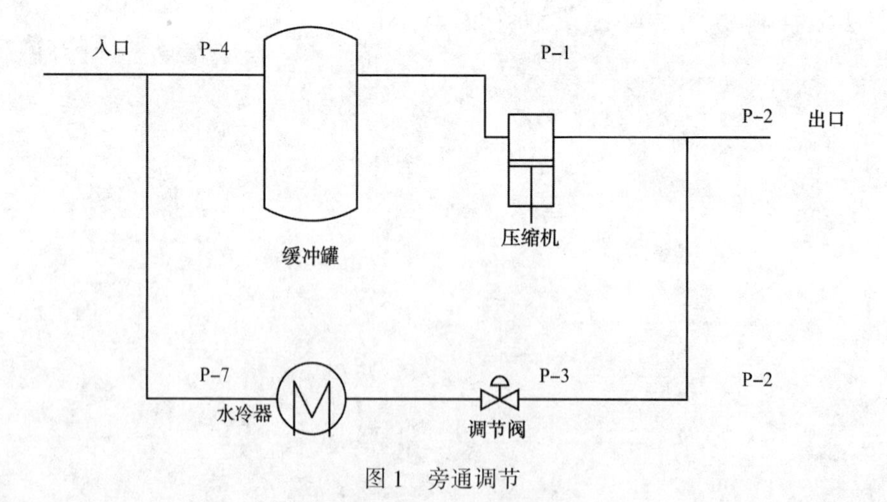

图1　旁通调节

2.2　余隙调节

压缩机活塞运行至极限位置时，排气过程结束，但气缸内的高压气体并不能完全排出，剩余气体所占的空间即为余隙容积。余隙调节方法是在压缩机气缸上加装一个可调余隙缸来调节余隙容积的大小，如图2所示。通过液压油调节液压活塞的位置带动可调余隙活塞的位置，达到调节压缩机气缸余隙容积的目的。

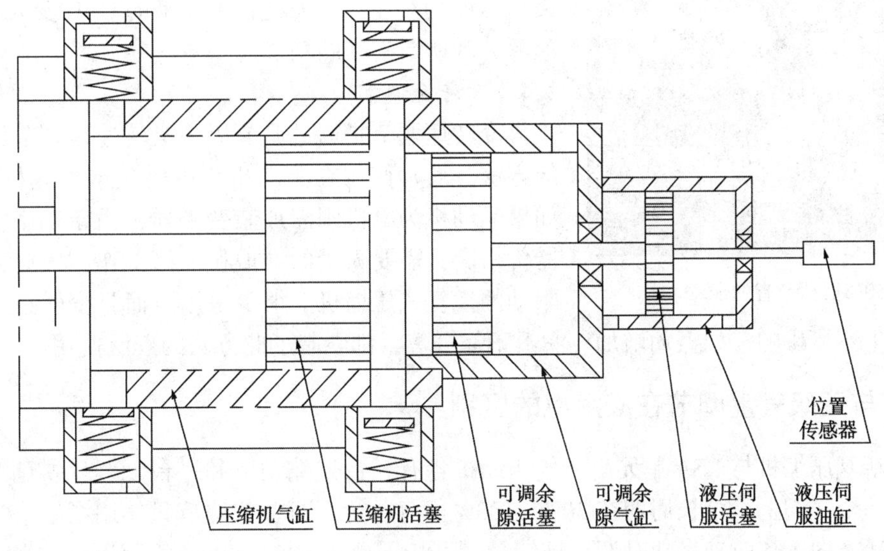

图 2　可调余隙缸

固定余隙容积活塞位置与做功过程如图 3 左图所示，1-2-3-4-1 分别为压缩、排气、膨胀、吸气过程，V_c 为压缩机固定余隙容积。加装余隙容积调节机构后，余隙容积变为可调，如图 3 右图所示，余隙容积增大至 V_c'，活塞达到极限位置后开始气体膨胀过程，由于余隙容积增大，剩余气体需要更大的体积才可膨胀至吸气压力，进而减小了吸气量，同理压缩过程由于余隙容积增大排气量也相应减小。压缩功从作图面积 1234 减小至右图 12’34’，实现了气量调节和节省压缩功的效果。

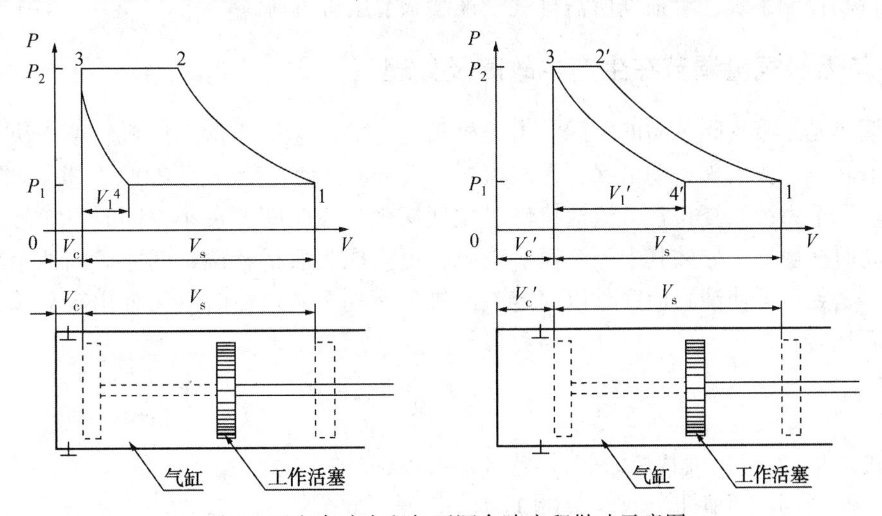

图 3　固定余隙容积与可调余隙容积做功示意图

2.3　压开吸气阀调节

往复式压缩机吸气阀与排气阀都是在气缸内与气缸前后压差作用下开启和关闭的，压缩过程中吸排气阀均为关闭状态，压开吸气阀调节方法是在压缩过程中通过外力使吸气阀强制开启，气缸内气体在活塞的推动下从吸气阀返回至气缸入口。压开吸气阀又分为全行程压开气阀和部分行程压开气阀两种方式。

全行程压开气阀使全部气体返回入口，对于单个双作用气缸只能有 0、50%、100%三种负荷的调节，通常在压缩机启机和切换时使用。

部分行程压开气阀方法为 HydroCOM 无级气量调节，是多余气体返回入口后撤销作用在吸气阀上的外力，使压缩机对气缸内剩余气体进行正常压缩过程，通过所需气量调节执行机构动作的时间，理

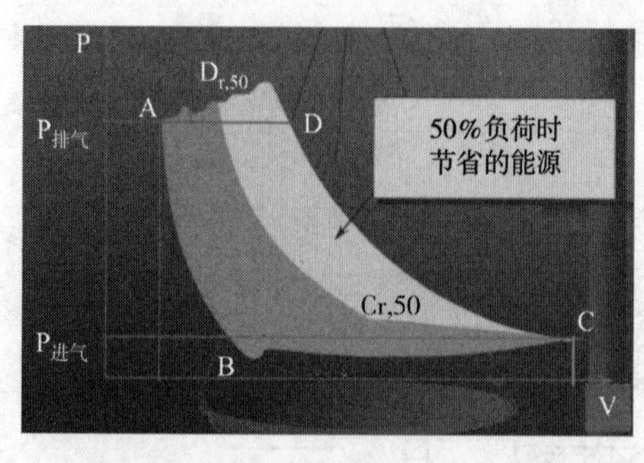

图4 50%负荷节省的压缩功

论上可到达0%~100%的气量调节。图4为100%负荷与50%负荷压缩功对比，压缩过程由原来的C-D变为C-Cr-Dr，黄色部分为所节省压缩功。

2.4 变转速调节

变转速调节是通过调节压缩机转速来调节压缩机排气量的方法，通常使用在驱动机为内燃机或汽轮机的压缩机上，如果驱动机为电机则需加装变频器，由于功率大、高压变频器价格高，需要大量的维护和维修工作，因此，目前在电机驱动的往复式压缩机上很少采用。而且变转速可能对往复式压缩机工作产生不良影响，如振动增加、润滑不充分等，都限制了此方法的广泛使用。

3 余隙调节与无级气量调节在应用中的区别

蜡油加氢新氢压缩机与PSA单元解析气压缩机各有一台余隙调节和一台无级气量调节。无级气量调节作用于每一个气阀上，可长周期在30%~100%负荷运行；而余隙调节只作用在缸头处，在双作用气缸上只能在活塞向远离曲轴做功时调节排气量，可长周期在60%~100%负荷运行，当实际所需气量低于最低可调负荷时需配合旁通调节进一步降低排气量。当所需气量在60%以下时无级气量调节节能效果更显著。

由于余隙调节是通过液压油在油缸活塞的两侧分别补油与卸油调节油缸活塞来带动余隙活塞动作，负荷调节速度缓慢，PSA单元解析气量呈周期性变化，余隙调节需设置为气量变化区间的最高负荷，同时配合旁通调节达到排气量可以被时刻调节；而无级气量调节是在每一个压缩过程中延迟吸气阀关闭时间，配合自动控制系统，可根据所需排气量连续调节压机负荷。

4 余隙调节与无级气量调节在生产中故障及处理

无级气量调节延迟吸气阀关闭的时间是由压机飞轮旁的转速探头探测压机转速来决定的，重整装置无极气量调节转速探头出现松动情况，无法探测压机转速，使负荷升至100%，重新调节探头与飞轮间隙后无极气量调节系统恢复正常。渣油检修时发现探头与飞轮间隙过小，同时飞轮转动时存在微小抖动，飞轮转动时接触探头导致其中一个探头失效，更换探头后重新调整间隙。蜡油余隙调节油缸活塞密封环老化，密封不严使油缸活塞难以固定，压机负荷提至满负荷时缸头处出现异响，将余隙缸拆下更换密封环后运转正常。

参 考 文 献

[1] 张勇．往复式天然气压缩机节能降耗浅析[J]．通用机械，2009，(8)：33-36.
[2] 赵国山，仇性启．活塞式压缩机节能研究概述[J]．通用机械，2006，(11)：72-76.
[3] 王玮，刘洋，孙文忠．往复式压缩机节能降耗技术分析[J]，天然气技术与经济，2014(1)：49-51.

· 节能、氢气利用 ·

炼化企业氢气系统智能优化技术开发及应用

王阳峰　张　英

（中国石化大连石油化工研究院　辽宁大连　116045）

摘　要　氢气资源是炼油厂重要的生产原料，是仅次于原油的第二大成本。优化氢气网络、提升资源利用效率是企业降本增效的重要途径。针对现有氢资源优化技术的不足，中国石化大连院开发了基于加氢装置反应动力学模型、含氢尾气优化设计利用方法、氢管网可视化监管模型、氢气系统在线优化技术等的氢资源优化技术 H_2-STAR，并在炼化企业得到应用，经济效益显著。

关键词　氢夹点；数学规划；氢资源；智能优化

1　前言

随着原油重质化劣质化趋势加剧、油品质量升级步伐加快[1]及产品结构调整变化[2]，各炼油厂对氢气的需求量不断增加，使氢气已成为仅次于原油的炼油厂第二大成本[3]。据统计，按照当前生产“国Ⅴ”或“国Ⅵ”汽油、柴油产品构建加工流程，每吨原油消耗氢气约 $90Nm^3$，对于加工重质原油且高液收的炼油厂，氢气需求量更高。国内炼油厂氢气利用效率普遍在75%～90%之间，利用效率偏低，降本增效潜力巨大。

现有的氢资源优化技术主要有基于图形分析的夹点分析方法和基于数学模型的超结构规划算法。两种方法各有优缺点：夹点分析方法仅可做定性判断，不能提供准确的量化结果；超结构方法可为炼油厂氢气系统提供量化依据及指导，但忽略装置内的反应变化过程。针对现有氢资源优化技术的不足，阐释加氢装置氢耗与氢气网络集成优化的关联，探寻氢气系统优化共性问题，开发具有中国石化自主知识产权的氢气系统优化技术显得极为迫切。

2　中国石化 H_2-STAR 氢资源智能优化技术开发

2.1　反应动力学模型开发

加氢装置用氢优化是氢资源优化技术的核心，传统的氢资源优化技术将加氢装置当作“黑箱”模型处理，根据工艺卡片或经验将补充氢气的氢气纯度和流量设定为一个定值。如果约束条件过于卡边，当原料油品质量较差时，按照此约束进行操作，就会出现产品质量不达标的情况；反之，如果约束条件较为宽松，则可能出现产品质量过剩，造成氢气浪费。解决这个问题，需要开展耗氢单元的反应过程研究，将耗氢单元的操作与氢气网络关联起来，需要对加氢反应的过程开展建模工作，并确定装置操作的关键约束条件，建立集成加氢反应的氢气网络结构模型。

中国石化大连院针对柴油加氢装置、蜡油加氢装置开发了关联氢耗的反应动力学模型，并进行反应动力学模型与氢气网络的集成优化研究，计算思路如图1所示。

2.2　含氢尾气优化利用设计方法开发

炼油厂含氢尾气中含有丰富的 H_2、C_{2+}轻烃，是炼油厂提高经济效益的重要优化点。炼油厂含氢尾气来源繁杂，性质差别大，技术人员主要依据经验认识回收利用含氢流股，或者直接将其排放至瓦斯系统作燃料，至今仍没有一种通用性的分析方法用于指导含氢尾气优化利用[4]。

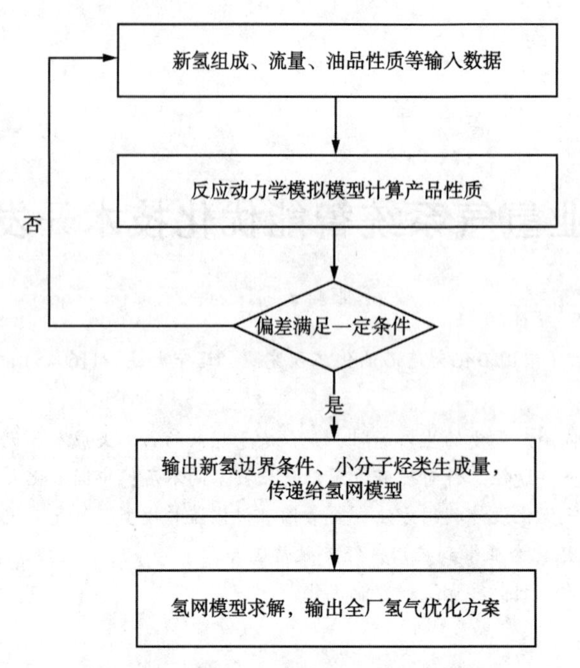

图1 集成反应动力学模型氢网络计算框架

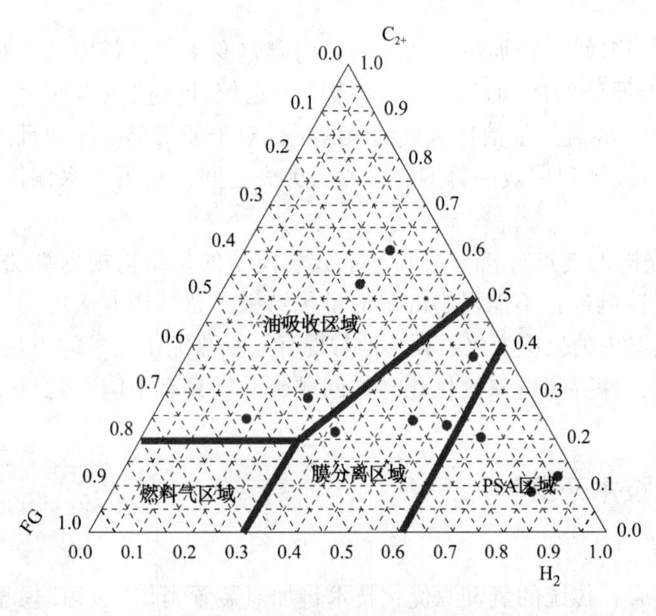

图2 含氢尾气分离技术的优势区域

中国石化大连院在分析炼油厂含氢尾气构成、特点基础上，总结共性特征，建立含氢尾气三元坐标表征方法[5]。如图2所示，从资源化优化利用角度出发，将炼油厂含氢尾气简化为氢气(H_2)、轻烃(C_{2+})、燃料气(FG)三元体系，既能表征含氢尾气的基本性质，又能直观反映其资源化优化利用潜力。在三角坐标体系中，三个顶点分别表示高附加值产品 H_2、C_{2+}轻烃和低附加值燃料气FG，图中任一点表示某一含氢流股，该流股的 H_2、C_{2+}和FG值加和为1。根据PSA、膜分离技术和油吸收技术处理各种含氢石化尾气时的分离效果差异，划分了它们的优势分离区域：PSA系统依然适合处理氢气浓度大于60%的原料。值得注意的是，PSA处理含氢石化尾气时，原料氢气浓度的下限并不是固定不变的，随着吸附剂选择性的提高或者吸附塔的数量增加(增加均压次数，减少尾气氢含量)，较低氢浓度的原料也具有较高的回收率；膜分离技术适合于处理氢浓度在30%~60%之间的原料，膜分离技术处理含氢石化尾气的下限也不是固定的，高选择性的膜组件能够提高氢气浓缩程度，因而能够提高氢气回收率和使用范围；油吸收技术适合于对 C_{2+}含量较高的流股进行处理，特别适合用作膜分离或PSA的前处理装置。

2.3 氢气管网可视化管理技术开发

氢气管网是连接供氢单元、耗氢单元的桥梁，自装置建成后一般较少优化调整，难以满足当前氢气系统优化生产的需求。企业仅依靠关键点压力测试、流量测试、温度测试等信息对氢气管网进行管理，而对管网内部信息却处于“黑箱”认识状态，不能从本质上进行氢气管网的监管及优化。

中国石化大连院在整理流速模型、压降模型、管线积液识别模型、节点氢气流向判断模型等基础上，设计程序计算框图，开发氢气管网数学模型[6]。以氢管网数学模型为基础，可以进行炼油厂氢气管线运行状态监测、关键信息报警及生产调度优化等研究，为技术管理人员优化决策提供理论指导，模型基本框架如图 3 所示。

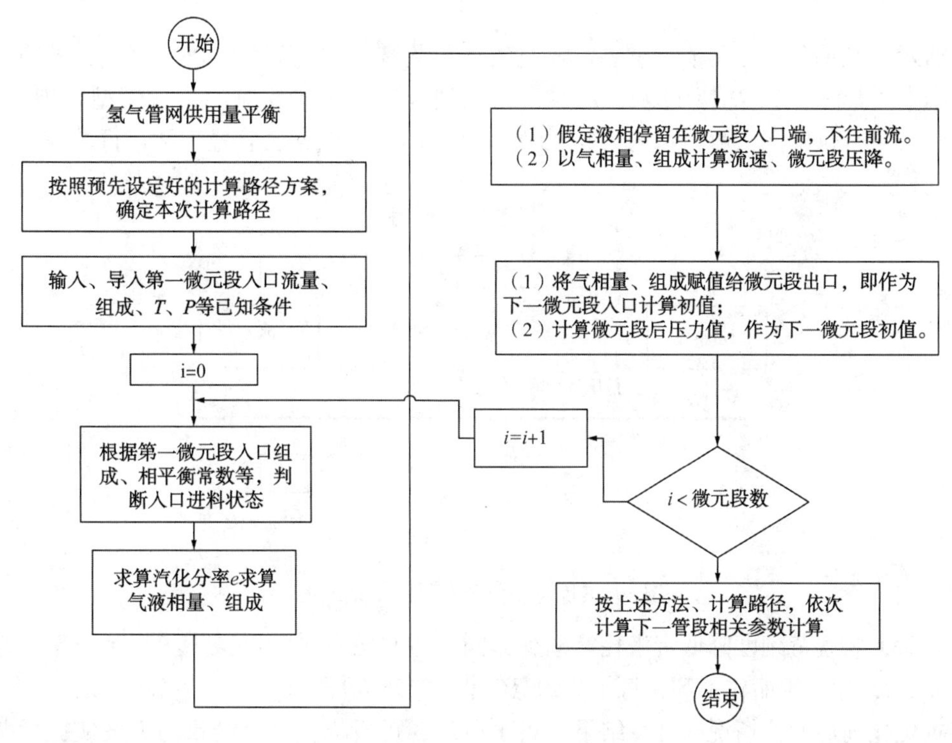

图 3　含氢尾气分离技术的优势区域

2.4　氢气系统智能优化平台开发

由于氢气系统是实时变化的，即使采用离线优化工具对氢气系统进行研究测算，也只是站在当前时间点针对有限的几种典型工况进行。这种优化是间断的、不连续的，因而氢气系统在线优化决策技术受到人们越来越多的关注。

中国石化大连院开发的氢气系统智能优化平台是基于数据采集、管网模拟技术、集成氢气系统优化技术，为了满足炼化企业氢气资源日常管理、实时调度及在线优化的需求设计开发的智能调度管理优化软件。它通过工艺反应动力学模型、专家数据库与物理信息的集成，能够有效提高氢气系统管理的便捷性、经济性，提高相关人员对全厂氢气系统的把控性。在线优化系统功能框架如图 4 所示，主要包括系统监测、系统平衡、性能分析和在线优化等四方面功能。

图 4　氢气系统监测与运行优化平台功能架构

3 应用案例介绍

3.1 案例1

如图5所示，某炼化企业柴油加氢装置补充氢气来源有Ⅰ重整氢气、PSA氢气，补充氢混合氢纯度为97.20%(体)，存在产品质量过剩、用氢富余的情况。经集成反应动力学模型详细计算后建议：部分Ⅱ重整氢气可直供管网，直供量约为5400 Nm^3/h，即可实现保证装置正常运行的前提下满足产品质量的要求。

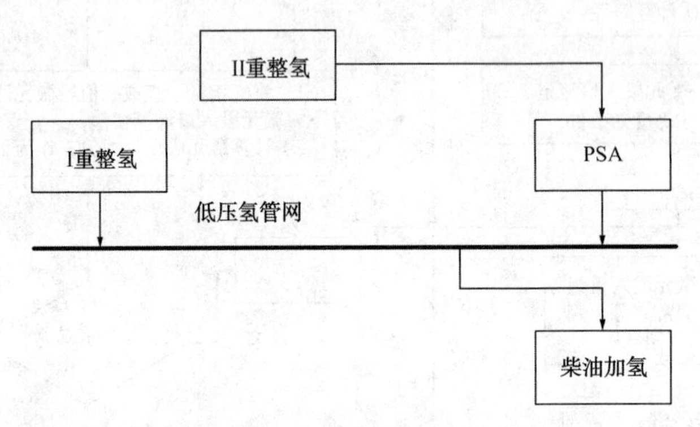

图5 某炼化企业公布供需子系统图

方案实施后，装置苛刻度降低带来耗氢减少，同时重整氢直供管网减少了提纯浪费，综合节约氢气量2057 Nm^3/h，除去压缩成本等，每年节约氢气收益795.79万元。

加氢装置优化前后操作情况与计算结果如表1所示，可看出：计算结果与方案实施后装置运行情况接近，说明模型可很好的与装置实际吻合；产品硫含量由3.03mg/L升高至6.47mg/L，装置操作苛刻度升高；随补充氢气量及纯度的降低，装置吨油氢耗降低，耗氢量减少；方案实施后装置操作状况发生改变，但并不影响装置的正常运转。

表1 优化前后加氢装置操作条件变化

项目	单位	优化前	计算结果	实施后
加工量	t/h	267.09	267.09	269.2
一反应入口温度	℃	332	332	332
产品油硫含量	mg/L	3.03	6.61	6.47
新氢流量	Nm^3/h	28990.85	27799.45	28193.05
新氢纯度	%(体)	95.9	94.3	94.1
吨油耗氢	Nm^3/t	104.09	98.15	98.55
循环氢纯度	%(体)	83.85	82.5	82.3
氢油比	Nm^3/m^3	591.32	581.79	583.41
氢分压	MPa	7.03	6.92	6.9

3.2 案例2

某炼油厂临氢装置混合干气由加氢裂化装置干气、渣油加氢装置干气、蜡油加氢装置干气、柴油加氢装置干气等组成，流量为7000Nm^3/h，压力为0.9MPa，H_2、C_{2+}轻烃及FG燃料气分别为35%、40%及25%。如图6所示，按照如下步骤设计含氢尾气分离序列：

1）根据H_2、C_{2+}轻烃及FG含量确定临氢装置混合干气在三角坐标体系中的位置(R_0)；

2）根据R_0所在的优势分离区域，确定C_{2+}轻烃为第一分离目标，并选择油吸收技术对临氢装置混合干气进行分离；根据油吸收技术工业数据或流程模拟模型近似预测分离效果，绘制描述分离单元的矢量对(R_0-P_1/R_0-R_1)，确定一次分离尾气(R_1)的位置；

3) 根据 R_1 所在的优势分离区域，确定氢气为第二分离目标，并选择氢气膜分离技术对 R_1 进行分离；根据同类型膜组件分离装置的工业运行数据或流程模拟模型近似预测分离效果，绘制描述分离单元的矢量对(R_1-P_2/R_1-R_2)，确定二次分离尾气(R_2)及产品氢(P_2)的位置。

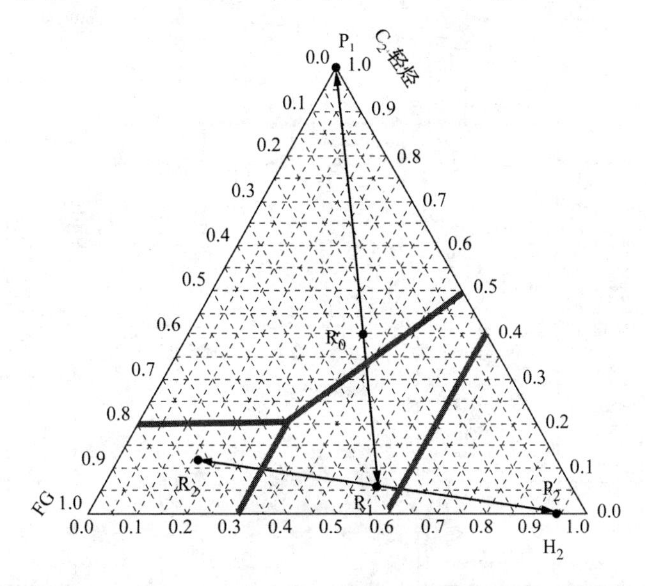

图 6 临氢装置混合干气综合利用分离序列图解设计示例

将图 6 的设计结果转化为流程示意框图，见图 7。临氢装置混合干气 R_0 送至 1.0MPa 的 C_2 提浓装置，采用 C_4 及稳定汽油为吸收油，产品有 C_2 乙烯料及随富吸收油出装置的部分 LPG 组分。去除大部分 C_{2+} 轻烃后的富氢气体 R_1 中轻烃的含量将降低至 6%以下、H_2 含量提高至 55%，随后 R_1 进入氢气膜分离系统中。经过膜分离装置提浓，渗透气 P_2 的氢气浓度大于 94.5%，而渗余气 R_2 的氢气含量降低至 16%。

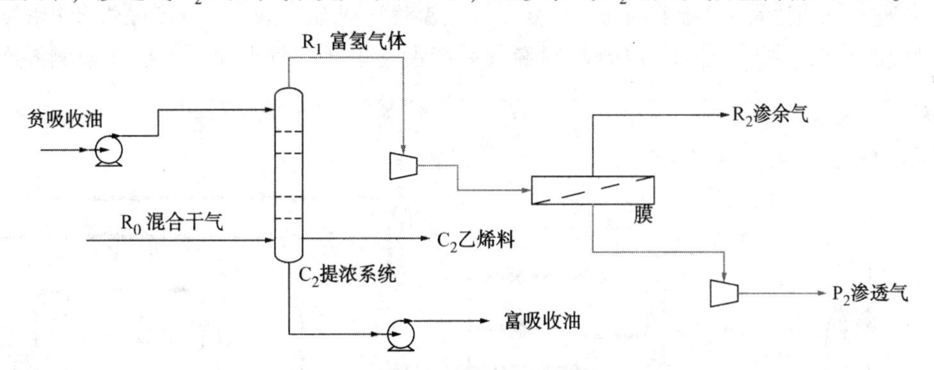

图 7 临氢装置混合干气分离流程设计

基于图 7 的临氢装置混合干气分离流程在过程模拟软件 Aspen Plus 中对分离效果进行评估：原料气平均流量为 7000Nm^3/h，采用上述开发的分离流程对尾气进行优化设计、综合回收利用，氢气及轻烃的回收率分别达到 72.3%和 90%，可得到纯度大于 94%的氢气 1872Nm^3/h 以及 C_{2+} 乙烯料 6.07t/h。

3.3 案例 3

利用氢气系统在线优化技术开发某炼油厂氢气在线管理平台，通过对氢气系统相关装置运行参数的采集，利用可拖拽式图形建模工具，建立运行监控图，将实时数据进行展示，在形成实时曲线的同时也可追溯任意参数的历史记录，并根据设置的报警范围进行报警提示。

(1) 氢气系统总貌监测

通过对氢气系统布局及现场氢气系统流量、纯度、压力指标的实时监测，使技术管理人员能实时了解氢气系统的运行状态(见图 8)。

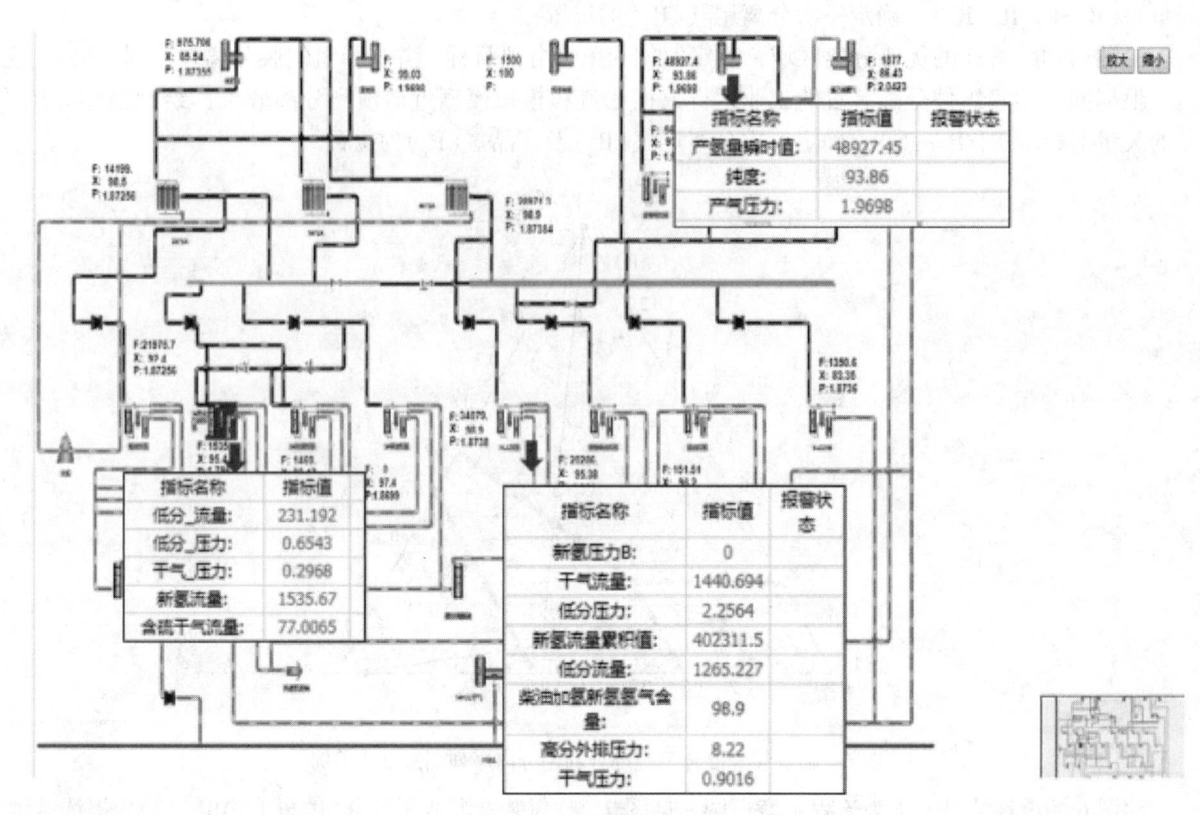

图 8　氢气系统总貌监测

(2) 装置性能监测

对氢气系统产耗氢装置属性(规模、负荷、产品收率、产氢率或氢耗等)、运行参数(床层温升、床层压降、空速、氢油比等)、原料性质(密度、馏出温度、杂质含量等)、产品性质(密度、杂质含量等)等工艺参数的实时监控，辅助指导现场对氢气系统设备单元的管理操作。操作监测界面见图 9。

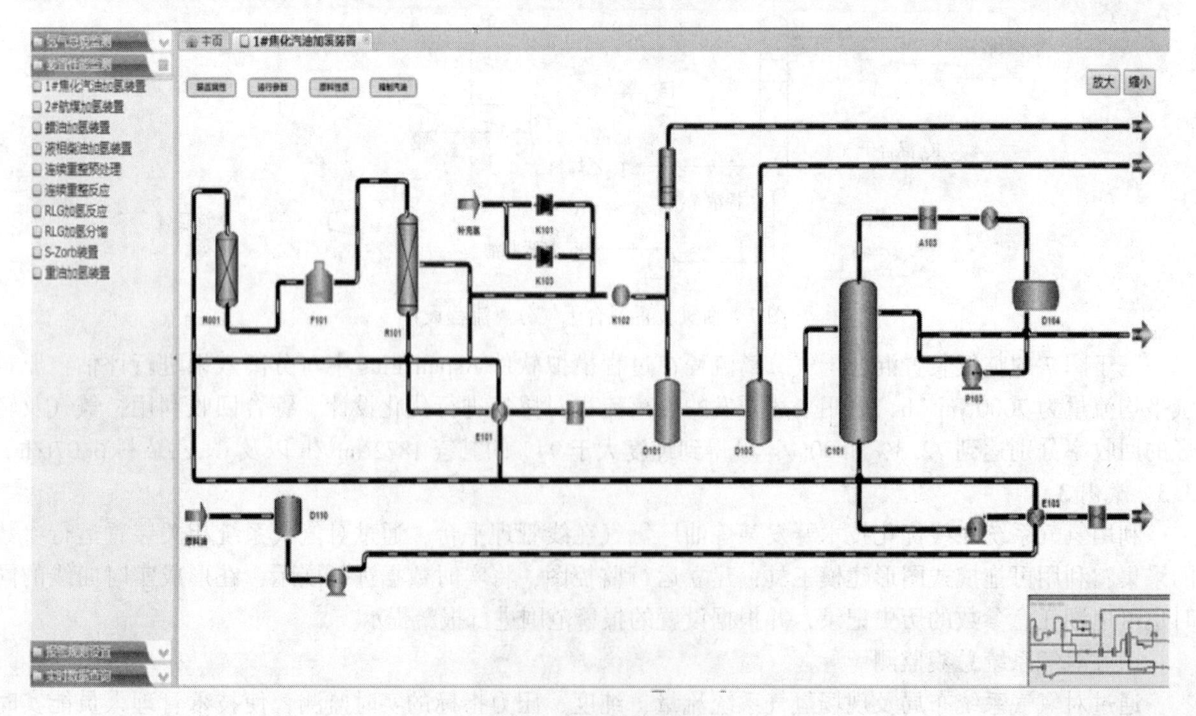

图 9　装置性能监测

(3) 氢气管网可视化监管

以氢气产耗数据及管网结构参数为基础，构建流动、传热计算机理模型(见图10)，实现氢气管网输送过程的在线模拟计算，可以对无法用仪表监测的参数进行模拟计算，在线查看流速，流量，压力、压降等参数。

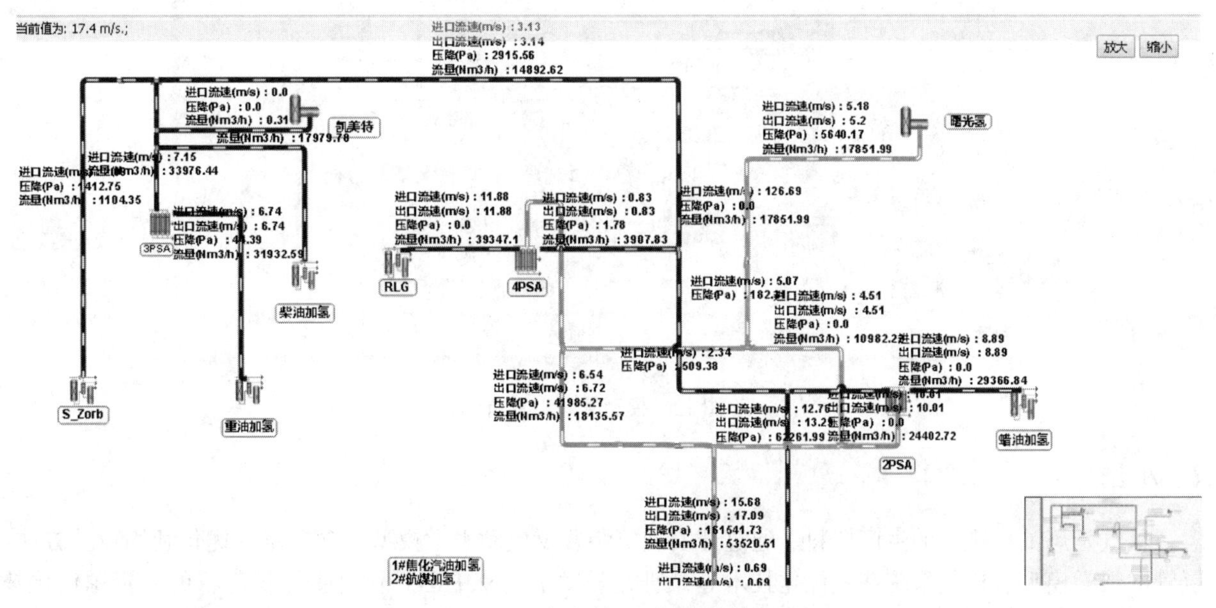

图10　氢气管网可视化监管

(4) 智能优化调度

建立其相应的氢气系统优化模型(见图11)，实现氢网络的边际效益分析、耗氢单元的优化操作指导、企业加工方案变化的操作指导。运用可视化技术，通过折线图的形式实时展示优化效果。

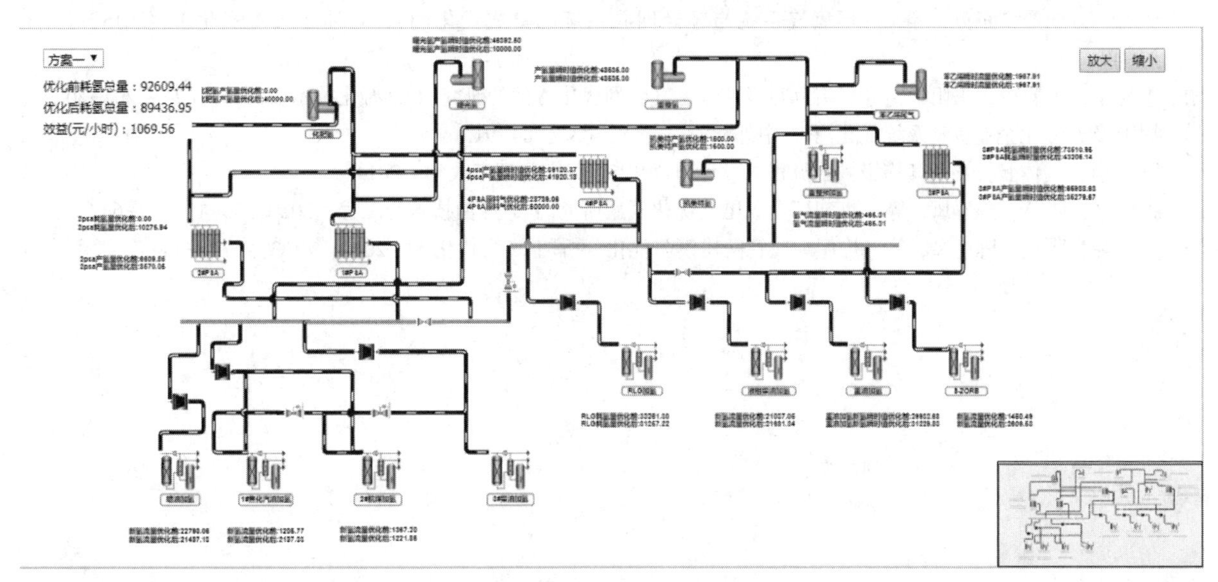

图11　在线优化调度

(5) 系统模型管理

利用可拖拽式的图形建模工具建立氢气管网模型(见图12)，并关联实时数据，更加形象的向用户展示企业任意时间下的氢气系统运行工况。当操作工况发生改变时，操作人员可自行添加装置或管件进行建模，使得氢气系统符合当前状况。主要包括：指标管理、图元管理、监测建模、模拟建模、优化建模等功能。

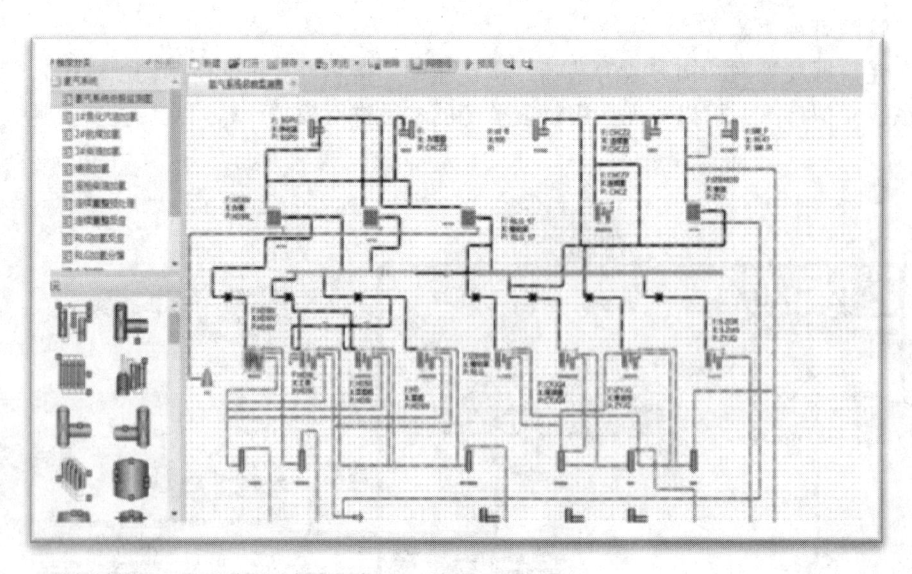

图 12　模型管理工具箱

4　小结

氢气是炼油厂宝贵的生产资料。通过开发加氢装置反应动力学模型、含氢尾气优化利用设计方法、氢管网数学模型、氢气系统在线优化技术等，研究开发了具有中国石化自主知识产权的氢资源优化技术 H_2-STAR，并在多家炼化企业得到应用，对于优化加氢装置用氢、优化设计含氢尾气回收流程、可视化氢气管网监控、加强氢气系统在线监管等具有重要的促进作用。

参 考 文 献

[1] 张龙，方向晨，张英，等．炼厂氢气系统与轻烃回收系统的集成优化[J]．石油与天然气化工，2015，44(6)：43-49.

[2] 李海军，李宏茂，王阳峰，等．千万吨级炼厂氢气管网优化方案的研究[J]．石化技术，2016，(7)：204-207.

[3] 周卫锋．炼化企业氢气系统优化[J]．中外能源，2018，(3)：84-91.

[4] 阮雪华．气体膜分离及其梯级耦合流程的设计与优化[D]．大连理工大学，2014.

[5] 王阳峰，张英，陈春凤，等．炼油厂含氢尾气优化利用研究[J]．炼油技术与工程，2020，50(4)：59-64.

[6] 王阳峰，张英，陈春凤，等．炼厂氢气管网建模与优化分析[J]．当代化工，2020，49(3)：725-728.

航煤加氢装置改造后节能优化应用

刘俊军　郭嘉辉　陈正杰　李秋燕

（中国石化洛阳石化公司　河南洛阳　471012）

摘　要　国内某航煤加氢装置扩能改造后存在加工负荷小，汽提塔设计负荷偏大，塔盘分离效果差，装置通过循环油方式保证产品质量，存在能耗较高等现象。通过对汽提塔塔盘堵孔改造，及一系列节能优化措施的应用，装置的能耗由9.74kgEO/t降低到6.8kgEO/t。

关键词　塔盘堵孔；节能优化；能耗

1　装置简介

0.8Mt/a航煤加氢装置由反应、分馏、压缩机三部分组成，和1.0Mt/a催化柴油加氢装置共用一套公用工程系统。2019年4月大检修期间装置扩能改造至1.5Mt/a，分馏系统由(汽提+分馏)模式改为单塔汽提分馏模式，相关机泵、过滤器、加热炉进行更新改造。

装置设计以直馏煤油为原料，在一定的压力、温度、氢油比和空速的条件下，借助催化剂的作用，将直馏航煤中的硫、氮、氧的化合物转化成相应的烃类及易除去的H_2S、NH_3、H_2O而脱除，并将油品中的杂质截留在催化剂中。同时不饱和烃得到加氢饱和，从而得到安定性、燃烧性都较好的产品，但在本装置的操作条件下一般只能进行脱硫、脱氧及少量的脱氮反应不能进行芳烃饱和反应，只能改善航煤的酸值、硫醇硫、总硫等指标，不能改善航煤的烟点。

2　改造后工艺流程

如图1所示原料油自罐区或常压装置来，进入原料油缓冲罐(V-3201)。经加氢进料泵(P-3201)升压至5.66MPa(表)，进入反应流出物/原料油换热器E-3202A/B/C/D(壳程)，换热至237~252℃，再与混合氢混合，进入反应流出物/混合进料换热器E-3201(壳程)换热至268~307℃。然后分两路进入反应进料加热炉(F-3201)。进料经F-3201加热至300~340℃后进入反应器(R-3201)，自R-3201出来的反应流出物经E-3201(管程)、E-3202/ABCD(管程)分别与混合进料、原料油换热，温度降至133~136℃，经反应流出物空冷器(A-3201/ABCD)、后冷器(E-3203)冷却至45℃后进入高压分离器(V-3202)，然后进入低分(V3203)。

低分油经精制柴油/脱硫化氢汽提塔进料换热器(E-3213ABCD)换热至210℃后进入脱硫化氢汽提塔(T-3201)塔顶第十五层塔盘。T-3201塔底用重沸炉F3202进行汽提，塔顶油气经塔顶空冷器(A-3202)和后冷器(E-3205壳程)冷却至40℃后进入塔顶回流罐V-3205中，进行油、水、气三相分离，气相至焦化，水相至低压瓦斯罐总管，油相经汽提塔回流泵(P-3203/AB)返回塔顶。泵P-3205升压后与低分油换热，然后经精制航煤水冷器E-3213和A3204冷却后，再进精制航煤过滤器和聚结器。再进入精脱硫罐后作为精制航煤产品送出装置。为了防止航煤产品氧化，在精脱硫罐后注入抗氧化剂。

3　改造后能耗增大

装置扩能改造后分馏塔设计处理量为178.6t/h，受全厂加工负荷影响，装置加工负荷不足设计的60%，导致汽提塔漏液严重，分离效果较差，精制航煤质量不稳定。2019年11月，装置通过改部分大循环，物料重复加工，以提高汽提塔处理量，漏液现象得到改善，2020年2~3月期间，装置原料量持续走低，具体如表1所示。

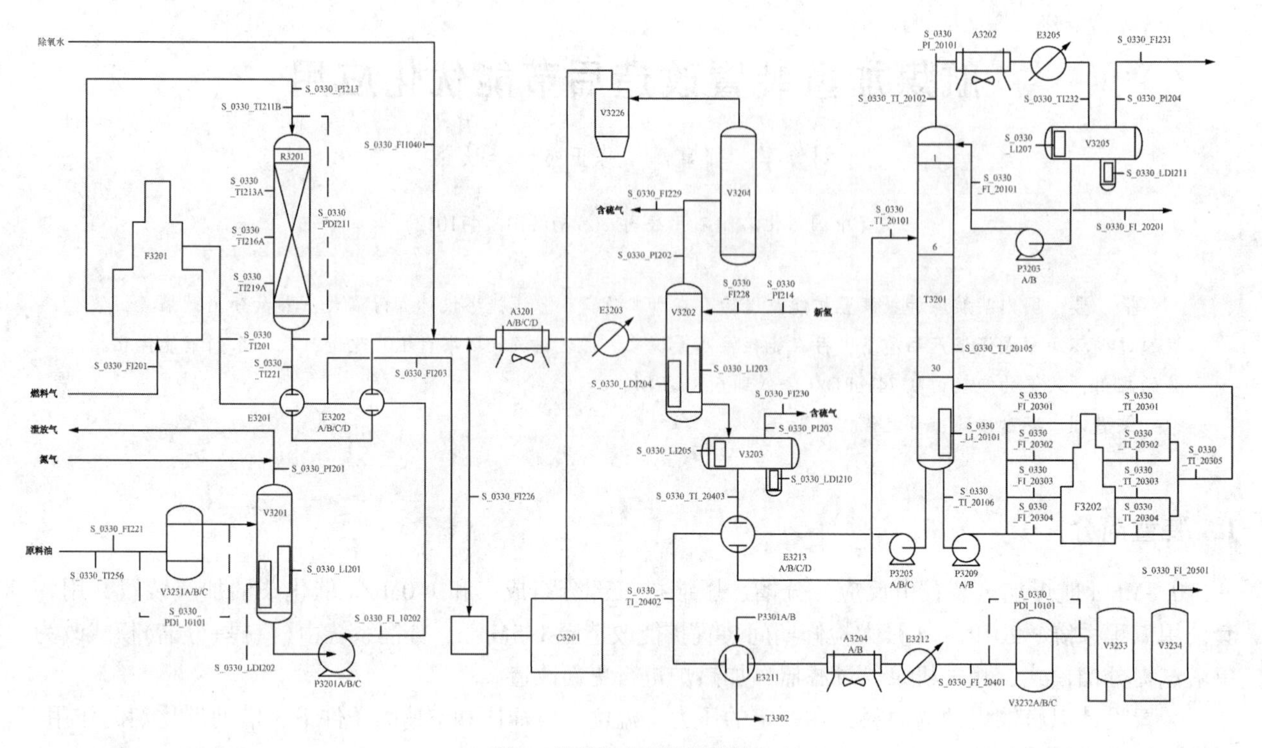

图1 航煤加氢原则流程图

表1 2020年1~3月航煤加氢装置处理量

项目	原料量/(t/h)	装置处理量/(t/h)	循环量/(t/h)	新鲜料占比/%	循环占比/%
1月	89.1	139.8	50.7	63.7	36.3
2月	66.6	132.1	65.5	50.4	49.6
3月	61.9	113.3	51.4	54.6	45.4
累计	73.7	129.4	55.7	57.0	43.0

从上表可以看出，2020年3月，装置处理量中新鲜原料量占比只有54.6%，循环量占比达到45.4%，物料大量重复加工，而航煤原料泵、产品泵、重沸泵设计功率和扬程都大，造成燃料气、电、水等能耗增加，1~3月装置平均能耗达到8.6 kgEO/t，最高能耗达9.74kgEO/t。

4 汽提塔改造

4.1 汽提塔T-3201参数

塔径ϕ1600/3200mm，上段ϕ1600mm段主体材质S11306+Q245R，下段ϕ3200mm段主体材质Q245R；共设30层塔盘，塔盘材质S11306，1~5层塔盘开孔率为8.66%，6~18层塔盘开孔率为7.8%，19~30塔盘开孔率为9.75%，采用北洋精馏梯形浮阀。

4.2 堵孔方案

4.2.1 塔盘开孔情况

1~5层塔盘共有浮阀100个，呈7排布置；6~18层塔盘共有浮阀344个，呈7排布置；19~30塔盘共有浮阀436个呈8排布置。

4.2.2 堵孔方案

根据塔盘堵孔原则及要求，1~5层塔盘共需堵3排42个浮阀，保留58个浮阀，堵孔后开孔率调至5.02%；6~18层塔盘共需堵6排148个浮阀，保留196个浮阀，堵孔后开孔率调至4.45%；19~30塔盘共需堵8排216个浮阀，保留220个浮阀，堵孔后开孔率调至5.0%。

4.2.3 堵孔前后开孔率及加工量对比

汽提塔堵孔前后开孔率及加工量对比见表2。

表2 汽提塔堵孔前后开孔率及加工量对比表

项目	规模/10kt/a	操作弹性/%	开孔率/%		
			1~5#	6~18#	19~30#
原设计	150	60~100	8.66	7.8	9.75
改造后	100	60~110	5.02	4.45	5.0

5 装置节能优化

5.1 节电方面

5.1.1 循环氢压缩机

汽提塔改造后装置加工量由140t/h降至75t/h，通过装置优化操作，关闭装置大循环，航煤装置循环机C3201A根据装置负荷，由原来的100%负荷降至现在的50%，完全满足生产需要。按C3201A的100%负荷电流32A，50%负荷电流23A。通过优化，电机电流降低了9A，节约了84.1kW电能，按每年运行8400h，每年节约70.2kW·h，节约用电成本47万元。

5.1.2 原料泵

根据装置处理量原料泵启动P3201A一台小泵(原来是大处理量时开两台小泵P3201AB或一台大泵P3201C，开泵出口返回线运行)，开P3201C的电机功率350kW，开P3201A的电机功率220kW，节约130kW电能，按每年运行8400h，每年节约109.2kW·h，节约用电成本74万元。

5.1.3 精制航煤泵

精制航煤产品泵在汽提塔改造后，启动P3205A一台小泵(原来是大处理量时开两台小泵P3205AB或一台大泵P3205C)，而现在开一台小泵P3205A，开P3205C的电机功率145kW，开P3205A的电机功率60kW，节约85kW电能，按每年运行8400h每年节约71.4kW·h，节约用电成本49万元。

5.1.4 投用变频器

精制航煤产品泵在汽提塔改造后，启动P3205A一台小泵。而P3205A电机是变频电机，通过对变频泵的控制优化，原有的电机变频器控制汽提塔液位，改为精制航煤出装置调节阀控制汽提塔液位，直接将电机变频器由100%减低至75%。现场P3205A出口压力由2.0MPa降至1.0MPa，而P3205A的电机电流由180A降至90A，完全满足生产需要。用P3205A电机变频直接降低电流90A，节约59kW电能，按每年运行8400h计算，每年节约49.5kW·h，节约用电成本33万元。

空冷A3202A、A3204增上电机变频调节，实行冷后温度高控，实现装置节能。

5.2 节约燃料气方面

根据装置来料情况关闭装置大循环线，节约加热炉燃料气消耗，另外，根据产品质量，降低反应苛刻度，反应温度由236℃降低至230℃，减少加热炉F3201瓦斯耗量如表3所示。

表3 改造前后加热炉F3201瓦斯耗量对照表

日期	3月3日	3月12日	3月19日	3月21日	平均
改造前瓦斯量/(m^3/h)	263	245	285	290	270
日期	4月7日	4月12日	4月16日	4月21日	平均
改造后瓦斯量/(m^3/h)	134	170	140	138	145

由表3可以看出，装置改造前后瓦斯耗量由270m³/h降低至145m³/h，每小时瓦斯节约125m³/h。按瓦斯密度0.65kg/m³，瓦斯加热2950元/t计算，每小时节约瓦斯240元，每年节约瓦斯成本约200万元。

5.3 节约氢气方面

根据产品质量，降低反应苛刻度，反应压力由2.5MPa降低至2.2MPa，降低装置氢气耗量(见表4)。

表4 改造前后装置氢气耗量对照表

日期	3月3日	3月12日	3月19日	3月21日	平均
改造前氢气量/(m³/h)	662	519	551	600	583
日期	4月7日	4月12日	4月16日	4月21日	平均
改造后氢气量(m³/h)	312	400	354	416	370

由表4可以看出，装置改造前后氢气耗量由583m³/h降低至370m³/h，每小时氢气节约213m³/h。按氢气密度0.0899kg/m³，氢气价格13000元/t计算，每小时节约氢气249元，每年节约氢气成本210万元。

6 结束语

通过对航煤加氢汽提塔塔盘堵孔改造，降低汽提塔操作负荷，提高分馏精度，进而降低装置循环量，节约瓦斯消耗，另外通过机泵节电、降低反应苛刻度、降低氢气用量等一系列措施降低装置能耗，装置的能耗由9.74kgEO/t降低到6.8kgEO/t，效果显著。

“国Ⅴ”柴油加氢装置节能优化分析

钱　成

（中国石化镇海炼化公司　浙江宁波　315207）

摘　要　介绍了中国石化镇海炼化公司新建3.0Mt/a柴油加氢装置（以下简称Ⅶ加氢）用能消耗情况、对标设计及节能优化调整措施，提高装置节能水平。该装置设计综合能耗为11.56kgEO/t，在同类柴油加氢装置中处于能耗较高，存在较大的节能优化潜力。结合装置运行一年以来工艺参数、设备操作等方面数据分析，装置在节能方面可进一步通过操作优化实现节能可行性。综合运行分析结果，主要通过对燃料气消耗、蒸汽消耗这两方面采取了一系列节能措施，装置能耗从11.56kgEO/t下降至平均6.55kgEO/t，节能效果显著。

关键词　柴油加氢；能耗；对标；操作优化

随着低碳经济时代的到来，炼油业正面临着环保法规日益严格、清洁燃料标准不断提高、国际油价高位震荡等压力。炼油企业越来越重视节能降耗，以降低产品成本，提高企业自身竞争力。加氢反应过程高温、高压、临氢，原料油和氢气均需升温、升压，需消耗大量的燃料和动力，是炼油厂能耗较高的装置之一。对其进行用能分析及节能优化，对降低企业生产成本，提高经济效益具有积极的意义[1]。

1　装置概况

为满足柴油质量升级的需要，中国石化镇海炼化公司新建一套3.0Mt/a柴油加氢装置（以下简称Ⅶ加氢）。装置以直馏柴油、催化柴油、焦化柴油的混合油为原料，生产硫含量小于10μg/g的精制柴油调和组分，同时副产部分粗石脑油、脱硫低分气及脱硫干气。Ⅶ加氢装置由中国石化洛阳工程有限公司设计，反应部分采用炉前混氢、冷热高分工艺流程，设置循环氢脱硫、溶剂再生设施。分馏部分采用汽提塔汽提方案（T-402），设分馏塔T-403，分馏塔底重沸炉F402，在分馏塔中完成石脑油与柴油的分离。

2　装置用能分析

装置设计能耗11.56kgEO/t，为掌握Ⅶ加氢装置正常开工后近一年的能耗现状，我们统计了2017年6月~2018年6月装置运行期间的统计数据，统计如表1所示：

表1　装置能耗统计表（2017年6月~2018年6月）

月份	新鲜水	循环水	除盐水	除氧水	凝结水	电耗	蒸汽（耗）	蒸汽（产）	燃料气（耗）	总能耗/（kgEO/t）
6	0	0.27	0.11	1.13	-0.08	3.13	7.21	-7.86	3.21	6.62
7	0	0.27	0.10	1.13	-0.07	3.14	7.15	-7.75	3.20	6.54
8	0	0.26	0.10	1.13	-0.08	3.11	7.00	-7.71	3.31	6.00
9	0	0.26	0.10	0.95	-0.03	3.07	7.15	-7.12	3.24	6.63
10	0	0.27	0.09	0.93	-0.01	3.04	6.97	-7.31	3.24	6.77
11	0	0.26	0.07	0.96	-0.02	2.80	6.51	-7.80	3.08	5.86
12	0	0.26	0.07	0.98	-0.01	2.49	6.37	-7.71	3.01	5.68
1	0	0.26	0.10	0.95	-0.03	3.07	7.15	-8.12	3.24	6.63

续表

月份	新鲜水	循环水	除盐水	除氧水	凝结水	电耗	蒸汽(耗)	蒸汽(产)	燃料气(耗)	总能耗/(kgEO/t)
2	0	0.27	0.09	0.93	-0.01	3.04	6.97	-7.71	3.22	6.71
3	0	0.26	0.07	0.96	-0.02	2.85	6.51	-8.20	3.18	5.86
4	0	0.26	0.08	0.95	-0.01	2.47	6.37	-8.02	3.06	5.62
5	0	0.26	0.10	0.95	-0.03	3.05	6.11	-8.15	3.05	5.66
6	0	0.27	0.11	0.93	-0.01	3.00	6.17	-8.21	3.02	5.62

1）装置总体能耗呈下降趋势，从最高的6.77kgEO/t下降到了最低5.62kgEO/t。

2）从各月蒸汽能耗来看，蒸汽消耗已有一定程度的降低，同时根据装置用汽需求系统产汽也所有提高，装置燃料气用量也呈逐月下降趋势。

3）装置用水能耗，装置电耗、相对较为稳定。

为了找出装置能耗设计的主要症结，我们将2017年6月~2018年6月期间能耗组成情况报表进行分类汇总，对装置能耗偏高的因素进行了统计，作统计调查表及排列图如表2、图1所示：

表2　影响装置能耗偏高的项目统计表

序号	项目	频数/次	累积频数	累积百分比/%
1	燃料消耗高	25	25	42.5
2	蒸汽消耗高	21	60	35.5
3	电量消耗高	12	65	12
4	操作调整变化大	18	80	6
5	用水消耗高	3	60	3
6	其它	2	85	1
总计		100	100	100

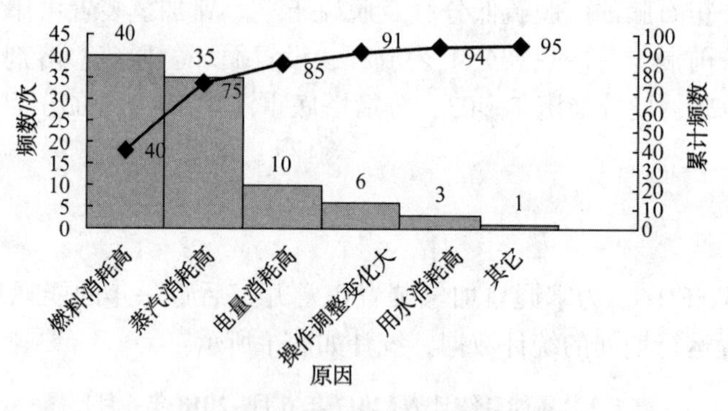

图1　装置能耗偏高因素排列图

从排列图中直观地找出，设计能耗中燃料气消耗占42.5%，电耗占12%，蒸汽消耗占35.5%，合计占总能耗的90%左右。可见，降低装置能耗的重点是减少燃料气和蒸汽消耗，节约电能。

2.1　燃料气消耗优化分析

装置燃料气消耗主要为加氢反应提供热量，以确保脱硫、脱氮效果。影响加热炉燃料气用量的主要因素是加热炉负荷及热效率，因此，需从优化换热、利用低温热量等方面提高反应炉入口温度以降低其进出口温差，从而实现降低燃料气消耗的目的[2]。反应炉F401设计热负荷为12.34MW，燃料气设计消耗量为310t/h。加氢反应炉开停工热负荷高，日常运行负荷低，正常运行时一般仅需点1~2个火嘴，因此在加热炉的日常操作过程中，氧含量在3%~4%之间，且波动较大。经常出现因炉子燃烧状况差或燃料气燃烧不完全导致反应炉热效率低下的情况，如图 2 所示从图中表明氧含量与燃料气单耗之间相关关系密切，呈高度相关关系[3]。

本装置加热炉 F401、F402 燃烧器共有 20 个，装置加热炉各燃烧器(主火嘴和长明灯)由于配风量的不均匀，燃烧器燃烧形态较差，有发飘、发黄、火焰高度高等形态，影响了加热炉的传热效率。通过合理调整炉子三门一板，采用低氧燃烧将氧含量降低至 2.5%左右控制，有效地减少燃料气消耗。厂家提供资料显示燃烧器风门最佳开度在 50%左右。调节风门开度主要目的是使各燃烧器风门配比均匀，达到如下状态：在配风量大致均匀后，对各燃烧器进行均匀细微调整，使每个燃烧器的燃料及配风量达到理论配比或者接近理论配比如图 3 所示。

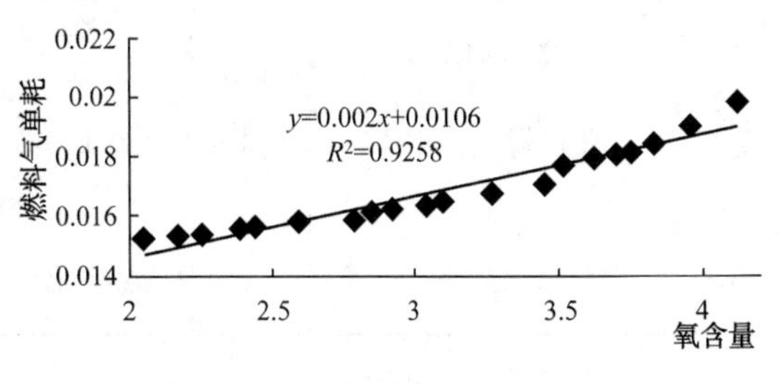

图 2　氧含量与燃料气单耗相关图

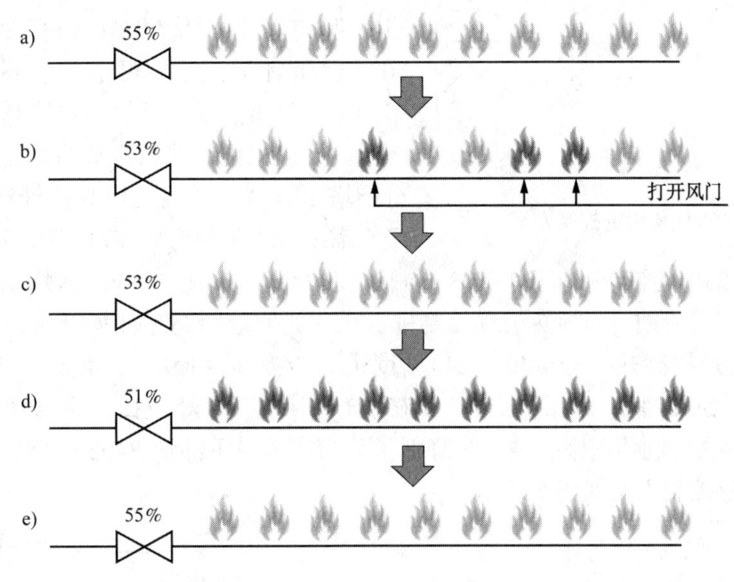

图 3　调节风道总挡板和每个燃烧器风门的开度时火焰状态

1) 通过调节风道总挡板和每个燃烧器风门的开度，使每个燃烧器风门开度在 6~8 扣之间，同时火焰处于上图中 a)状态；

2) 降低风道总挡板开度，直至个别火嘴出现上图中 b)状态，说明黄色火焰的燃烧器配风量偏小，调节相关燃烧器风门，使之达到 c)状态。

3) 降低风道总挡板开度，若出现 d)状态，说明每个燃烧器在不同总风量下提供同比例的供风能达到最佳燃烧效果，若重复出现 b)状态，则按照Ⅱ步骤继续调节，直至出现 c)、d)状态。

本装置分馏炉 F402 排烟温度在开工初期控制在 240℃左右，经过操作优化调整，空预器出口排烟温度控制在 120℃，使得冷空气经过预热器充分换热，进一步降低了燃料气的消耗，使炉子的热效率从 87.1%提高至 92.4%，节能效果显著见表 3 及表 4。

表 3　组合式空预器应用效率对比

项目	改进前 3 个月平均值	改进后 3 个月平均值	差值
排烟温度/℃	243.3	128.9	-114.4
空气预热温度/℃	218.6	296.5	77.9
加热炉热效率/%	87.1	92.4	5.3

表 4 加热炉节能优化方案

序号	要因	对策	目标	控制措施
1	氧含量控制高	通过合理调整炉子三门一板	将加热炉氧含量从3%降至2%	加热炉低氧燃烧技术，减少燃料气消耗
2	空预器出口排烟温度高	优化空预器出口排烟温度	空预器出口温度进行优化，下调至120℃	调整空预器冷风跨线，提高炉子燃料效率
3	自产干气量小	根据原料性质	多产自产干气	增加自产干气，减少系统外来燃料气消耗

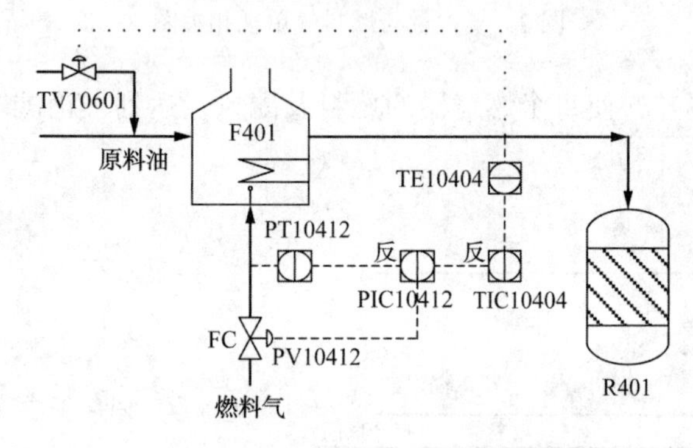

图 4 反应炉 F401 优化后的控制方案

日常生产考虑到反应炉 F401 负荷小，装置反应温升高有较高的反应热可以利用，完全可以考虑在熄灭 F401 主火嘴的工况下利用高换冷油温控阀 TV10601 进行反应温度的控制，目前反应炉 F401 只点长明灯生产，大大减少了燃料气的用量，按 300Nm^3/h 计算，每年可节约燃料气用量 2.6MNm^3，节能效果显著。优化后的换热控制方案如图 4 所示。

另外，根据柴油和石脑油的分离情况，生产初期分馏塔 T-403 入塔温度由高换油冷阀 TV10610 控制，经常需要开大换热旁路 TV10610 开度，让部分汽提塔塔底油不经过换热，以达到控制分馏塔 T-403 进料温度的要求，初期 T-403 入塔温度控制较低，F402 燃料气消耗大。装置开工后期，对换热流程控制进行优化，使控制阀 TV10610 可以单独调节控制高分 V403 的入口温度，通过提高热高分 V403 入口温度进一步提高汽提塔 T-402 入口温度(从开工初期 180℃调整至 210℃)。使柴油在与高换(E401~E403)充分换热后，相应提高了高低分油入 T-402、T-403 的温度，把反应热充分利用起来，进一步降低了分馏塔塔底重沸炉 F402 的燃料气用量，提高了经济效益。优化后的换热控制方案如图 5 所示。

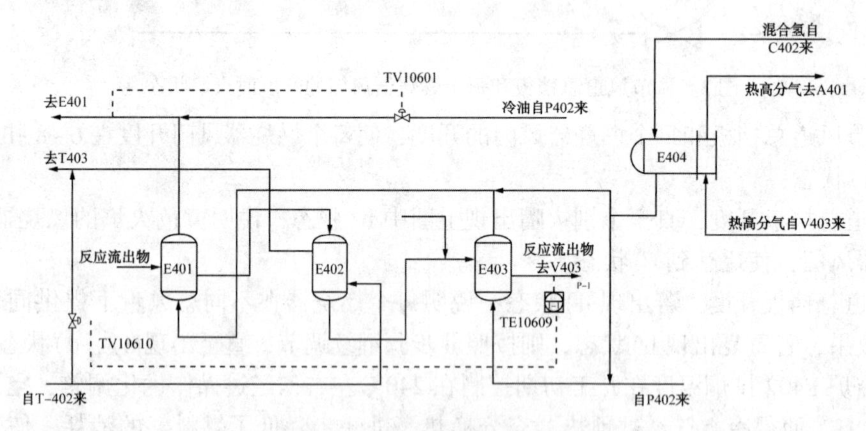

图 5 优化后的换热控制方案

2.2 蒸汽消耗优化分析

Ⅶ氢装置设置有自发 1.0MPa 蒸汽系统，日常生产装置分馏塔产品有较高的余热可以利用。发汽主要供给循环压缩机 C402、脱硫化氢汽提塔 T-402、溶剂再生塔 T-406 的用汽需求。T-406 根据原料硫含量变化，需及时调整塔底蒸汽量以便满足胺液再生的质量的要求。T-402 为脱硫氢汽提塔，设计消耗量为 9t/h。发汽包 E406 需及时调整自发蒸汽量维持装置用汽量的稳定，其余富裕蒸汽外供系统 1.0MPa 蒸汽管网。

循环氢压缩机用蒸汽作为机组驱动能源，设计消耗量为 16.9t/h，可通过合理控制氢油比，C402 转速从开工初期 8000r/min 降至 7300r/min，使氢油比控制在 400(体)左右，能满足生产质量要求。尽量降低循环氢压缩机转速，减少了 1.0MPa 蒸汽的消耗。

蒸汽为汽提塔提供热量，通过提高汽提塔入口温度、降低油气分压等办法，提高了 T-402 入塔温度(从开工初期 180℃调整至 210℃)，降低 T-402 塔压(从设计的 0.8MPa 降至 0.66MPa)，增加脱硫化氢效果，优化汽提塔工况，目前，汽提塔蒸汽用量优化调整至 6.7t/h，T-406 溶剂再生系统塔底蒸汽通过减温减压降压操作至 0.25MPa(设计 0.35MPa)，为再生系统提供热量完全能满足生产，对蒸汽用量的减少起到了一定的推进作用。

装置利用发汽包 E406 冷油温控阀 TV20609 进行发汽量的控制，装置生产初期产汽约 38t/h，发汽包后温度较高，没有充分利用。经过操作优化调整，E406 出口温度下调(从开工初期 220℃调整至 190℃左右)，使得发汽系统与产品充分换热，蒸汽产量从 38t/h 提高至 48t/h，每年可给系统外供输送 1.0MPa 蒸汽量约 88kt/a，节能效果显著(见表 5、表 6 及图 6)。

表 5 装置发汽系统效率对比

项目	改进前 6 个月平均值	改进后 6 个月平均值	差值
E406 出口温度/℃	220	190	-30
发汽总量/(t/h)	38	48	10
C402 蒸汽用量/(t/h)	16.9	12.4	-4.5
T-402 蒸汽用量/(t/h)	9	6.7	-2.3
T-406 蒸汽用量/(t/h)	18	15	-3
1.0MPa 蒸汽走向	进装置	输出	外供给系统

表 6 装置 2017 年 6 月~2018 年 6 月能耗 kgEO/t

月份	6 月	7 月	8 月	9 月	10 月	11 月	12 月	1 月	2 月	3 月	4 月	5 月	6 月
能耗	6.62	6.54	6.00	6.63	6.77	5.86	5.68	6.63	6.71	5.86	5.62	5.66	5.62

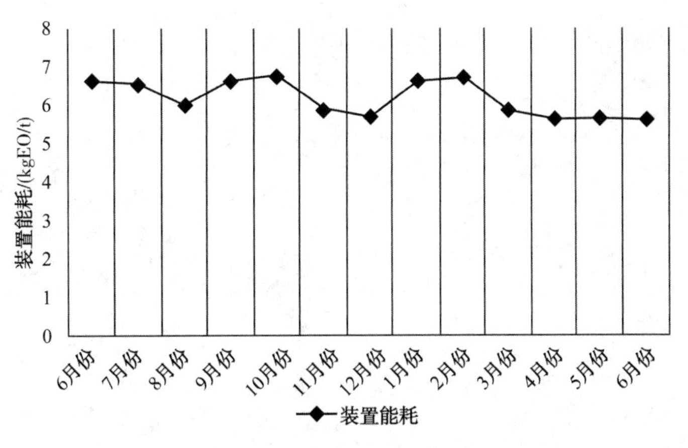

图 6 Ⅶ加氢装置能耗图

3 优化总结及下一步打算

在目前柴油质量升级形势下，加氢深度的不断加深，装置节能优化显得尤为重要。通过采取上述节能改造措施，Ⅶ加氢装置节能减排取得一定成效。我们还准备了下一阶段的打算，希望能进一步提高Ⅶ加氢装置生产效益。

1) 尽可能提高装置负荷能力，装置负荷能力越高，消耗相同蒸汽的能耗也就越低，产生的效益才最佳。

2）加热炉继续优化调整，考虑到Ⅱ加氢自产脱后干气可以回收利用，通过技措技改增设Ⅱ加氢T-202 自产脱后干气并入Ⅶ加氢瓦斯管网的流程，进一步减少装置燃料气耗量。

3）目前，装置精柴闪点在 62℃以上，初馏点在 210℃左右，装置石脑油产率比设计高，精柴的初馏点可以降低至 180℃左右，进一步降低分馏塔塔底操作温度，从而减少分馏炉 F402 瓦斯的用量，进一步降低加热炉的耗能[4]。

参 考 文 献

[1] 汪加海．柴油加氢改制装置节能技术和挖掘潜能[J]．广东化工，2014，41(7)：108-109.
[2] 郭文豪，许金林．炼油厂的能耗评价指标及其对比[J]．炼油技术与工程，2003，33(11)：55-58.
[3] 许小云，胡于中．广西石化公司炼油厂节能降耗初探[J]．石油天然气化工，2001，40(6)：639-641，645.
[4] 李高峰，刘帅．柴油加氢改质装置节能降耗技术分析[J]．石油炼制与化工，2010，41(11)：85-88.

柴油加氢改质装置能耗分析及优化措施

黄建家

（中国石化广州石化公司　广东广州　510726）

摘　要　广州石化2.0Mt/a柴油加氢改质设计综合能耗为7.39kgEO/t，现以柴油加氢改质装置作为整体研究对象，首先分析了装置主要能耗情况，可以得出燃料气、电耗、蒸汽和除氧水的能耗比重较大，约占消耗能耗的83%，再以节能为出发点，分别对燃料气、电、蒸汽和除氧水等方面采取了有针对性的优化措施。通过分析及优化，使得装置的综合能耗从7.39kgEO/t降到5.17kgEO/t，节约30%，达到了节能降耗的目的，降低生产成本。

关键词　柴油加氢改质；优化措施；燃料气；液力透平；节能

1　前言

目前中国石化广州石化公司主要以生产中东进口的高硫原油为主，对加工高硫原油所需能耗较大。且当前炼油厂加氢装置的能耗约占了炼油厂总能耗的三分之一，而柴油加氢改质更是以加工二次劣质柴油为主，装置能耗需求较大，因此对柴油加氢改质装置进行能耗分析及节能优化具有重大意义。不仅可以有效地降低装置运行能耗，还可以为公司生产节约成本和为企业立足“珠三角”提高竞争力，同时响应了公司“百日攻坚创效”。

2　装置概况及主要流程

中国石化广州石化公司（以下简称广州石化公司）2.0Mt/a柴油加氢改质装置于2010年11月开始建设，2012年4月装置第一次开车成功。采用中国石化抚顺石油化工研究院（FRIPP）的催化剂，中国石化洛阳石化工程公司（LPEC）的工艺工程技术，由LPEC完成全部设计，中国石化第四建设公司承担建设。装置设计公称规模为2.0Mt/a，年开工时数8400h。装置由反应部分、分馏部分、气体脱硫部分及公用工程部分组成。

装置流程简介：从界区外来的原料油在装置界区混合后通过原料油过滤器（FI9101）进行过滤，除去大于25μm的颗粒后经过进料泵（P9101）升压，升压后的原料油部分与混合氢混合，后经换热器与加热炉加热至一定温度后，于顶端进入反应器。在反应器中原料油在催化剂的作用下发生脱硫、脱氮、芳烃饱和及烯烃饱和等一系列反应。反应器由五个床层组成，床层之间均设有冷氢。反应产物经过换热器换热降温后，进入高低压分离器进行气液分离，分离出的冷高分气经循环氢脱硫塔（T-9101）脱硫后进入循环氢压缩机，升压后的循环氢部分再与升压后的新氢混合形成混合氢。而冷低分气则进入低分气脱硫塔（T-9203），经过脱硫后的低分气则送入制氢装置或放空大罐（V9308）或燃料气系统。冷热低分油则混合后送往分馏系统。低分油经脱硫化氢汽提塔（T-9201），在过热饱和蒸汽汽提的作用下进行脱硫后，气相酸性气送往焦化三或加裂装置，液相则进入分馏塔。分馏塔底部设有产品分馏塔塔底重沸炉，以保证塔底的温度。经过分馏塔分馏后，塔顶出石脑油，塔底馏出精制柴油。

3　装置能耗情况分析

该装置设计综合能耗为7.39kgEO/t，消耗能耗为29.07kgEO/t。表1为装置设计能耗计算表，由表可知，燃料气、电和蒸汽的消耗占消耗量的82.5%，因此，要想降低装置总体能耗，对燃料气、电和蒸汽的合理利用及针对性地优化是降低能耗的关键所在。

表1 装置设计能耗计算表

序号	项目	消耗量		能源折算值		设计能耗	单位能耗
		单位	数量	单位	数量	kgEO/h	kgEO/t
1	电	kW	8266.0	kg/kWh	0.26	2149.16	9.03
2	循环水	t/h	817	kg/t	0.1	81.70	0.34
3	除氧水	t/h	49.9	kg/t	9.2	459.08	1.93
4	3.5MPa 蒸汽	t/h	30.8	kg/t	88	2710.4	11.38
5	1.0MPa 蒸汽	t/h	-27.7	kg/t	76	-2105.2	-8.84
6	0.5MPa 蒸汽	t/h	-38	kg/t	66	-2508.0	-10.53
7	净化压缩空气	Nm^3/h	300	kg/Nm^3	0.038	11.40	0.05
8	燃料气	Nm^3/h	985	kg/Nm^3	0.8643	851.34	3.58
9	氮气	Nm^3/h	113	kg/Nm^3	0.15	16.95	0.07
10	凝结水	t/h	-0.5	kg/t	7.65	-3.83	-0.02
11	热进出料	kW	7257		11.63	624.0	2.62
12	回收低温热	kW	-6311		11.63	-542.67	-2.28
13	含硫污水	t/h	14.7	kg/t	1.1	16.17	0.07
14	合计						7.39

3.1 蒸汽消耗及产出分析

柴油加氢改质装置中，蒸汽消耗主要在于两个方面，首先，循环氢压缩机 C9101 的动力源是装置外来 3.5MPa 蒸汽，其次为脱硫化氢汽提塔 T-9201 消耗 1.0MPa 蒸汽。而蒸汽的产出同样在于两个方面，第一，反应汽包 E9102 除氧水与反应器流出物换热自产 0.5MPa 蒸汽，第二，分馏汽包 E9202 精制柴油与除氧水换热自产 0.5MPa 蒸汽。在满足生产的条件、保证氢油比不小于 700 的条件下，降低循环氢转速，从而降低 3.5MPa 蒸汽的消耗量；其次还可以适当加大废氢的排放，降低循环氢总量，达到降低 3.5MPa 蒸汽用量。1.0MPa 汽提蒸汽的设计用量为 2.5t/h，通过分析石脑油硫化氢含量情况，可适当降低汽提蒸汽用量。

3.2 燃料气消耗分析

本装置燃料气的消耗主要在于加热炉，由于反应加热炉 F9101 只在开工阶段热负荷较高，在正常运行时热负荷较低，一般只投用两只长明灯。而燃料气的主要消耗在于分馏塔塔底重沸炉 F9202，从燃料气消耗的具体来看，加热炉的热效率和工作负荷是影响燃料气消耗的主要因素，装置正常生产时经常出现加热炉燃烧情况不好或者燃料气燃烧不充分的情况，从而导致加热炉热效率偏低，因此，可采取措施来提高加热炉效率，降低燃料气的消耗，达到节能降耗的目的。

3.3 用电消耗分析

目前装置用电的设备主要有循环氢压缩机、新氢压缩机、泵、空冷器等，在柴油加氢装置中电耗占了能耗的 31 %，在这些电耗中 77%~84%为高压电耗。在柴油加氢改质装置中，高压电耗主要表现在高压进料泵 P9101、高压贫液泵 P9103、氢气压缩机 C9102 和循环氢压缩机 C9101，因此，降低高压电耗对降低柴油加氢改质装置能耗具有重要意义。

3.4 除氧水消耗分析

在除氧水消耗方面，装置主要用于反应汽包、分馏汽包和反应注水。在汽包方面如若减少除氧水用量会减少低压蒸汽产出量，得不偿失。而反应注水可以由除氧水改为净化水，以此来降低除氧水用量，降低装置能耗。

4　装置采取的节能优化措施

4.1　用电消耗优化措施

4.1.1　新氢机无极调节系统投用

柴油加氢改质装置的设计电耗为9.03kgEO/t，电耗仍然处于一个较高的水平。装置中的往复式压缩机流量调节才用了“逐级返回”的方式，气体将经过全压缩机压缩之后再返回，在装置低负荷运行的情况下，将会有大量的氢气经过压缩后返回入口。而新氢机的电机额定电压为6000V，若在这种工况下运转，将造成能耗的巨大浪费。因此，装置在2015年在C9102A投用了国内自主研发的无极调节系统，该系统可控制压缩机仅压缩所需要量的气体，吸入的多余气体在气体压缩初始阶段通过被强制开启的进气阀门回流到压缩机入口管线中，可以关闭原来需要打开的返回阀门，从而降低了压缩机负荷，同时也降低了装置电耗[1]。

装置在2020年2月底将无极调节系统重新检修并试运完成，顺利在3月初顺利重新投用了C9102A无极调级系统。如表2、图1、图2所示列出了无极调节系统投用后C9102A的几组工况下的运行负荷和电机电流。

表2　无极调节系统投用前后压缩机工况

投用无极调级系统压缩机工况		未投用无极调级系统压缩机工况	
电流/A	压缩机负荷/%	电流/A	压缩机负荷/%
220	88	250	100
210	85	250	100
205	80	250	100
200	77	250	100

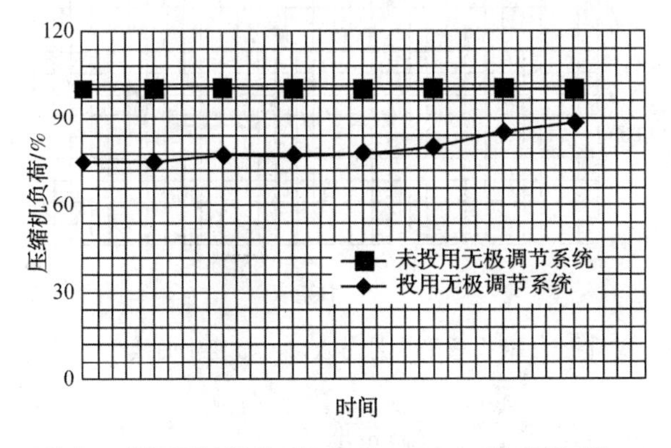

图1　投用无极调节系统前后C9102A工作负荷对比

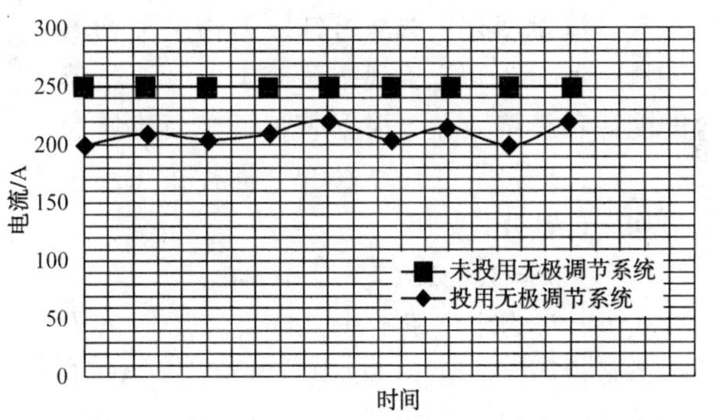

图2　投用无极调节系统前后C9102A工作电流对比

2020年3月份，装置根据所需的耗氢量进行调整，将新氢压缩机C9102A的负荷调整为77%，根据上表和图可知投用无极调节系统新氢压缩机C9102A的电流为200A，电机电流可以同比降低约20%，按照三相电机功率计算公式如下：

$$W = 1.732U(I_1 - I_0)\cos\theta$$

式中，U为主电机电压，单位为kV；I_1为液力透平投用之前泵主电机电流，单位为A；I_0为液力透平投用之后进料泵主电机电流，单位为A；$\cos\theta$为功率因素，通常取1。

故有：$W=1.732U(I_1-I_0)\cos\theta=1.732\times(250-200)\times1\times6=519.6$kW，按照年运行8400h计算，工业用电每度0.725元计算，一年下来可以节约519.6kW·h×0.725元/kW·h×8400h=316.4万元。

此外，由于无极调节系统的投用，将会减少大量的氢气经过压缩后返回入口，即会降低新氢压缩

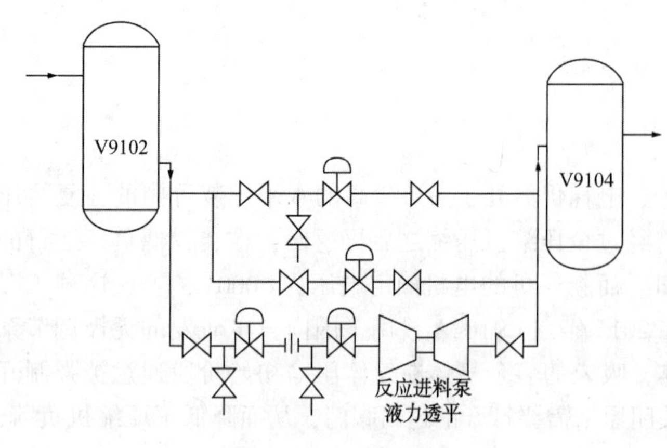

图 3　液力透平流程图

V9102—热高压分离器　V9104—热低压分离器

机 C9102A 一、二和三级的入口温度，也就可以将级间冷却器的循环水用量降低，即在节约电耗的同时也节约了循环水。

4.1.2　液力透平系统投用

液力透平主要用于加氢装置高压向低压减压部分，柴油加氢改质液力透平用于热高分 V9102 和热低分 V9104 之间，用以辅助驱动高压进料泵 P9101A，回收高压流体向低压流体减压的能量，从而降低高压进料泵的电负荷，节约能耗，提高经济效益。其流程图如图 3 所示。

柴油加氢改质装置投用液力透平后，反应进料泵 P9101A 的主电机电流发生了变化，其变化主要参数如表 3 所示。

表 3　液力透平投用前后进料泵变化参数

项目	单位	未投用液力透平	投用液力透平	投用液力透平	投用液力透平
进料泵电机电压	V	6000	6000	6000	6000
进料泵电机电流	A	180	150	157	160
液力透平入口流量	t/h	0	175	160	150

柴油加氢改质装置在 2020 年 3 月根据装置处理量的变化及时对 HT-9101 入口阀作了调整，以便能更好的降低电耗。图 4 所示为液力透平入口流量变化曲线。可知液力透平平均入口流量在 150t/h 以上，现按照 150t/h 计算所节约的能耗和经济效益，根据表 3 可知当流量为 150t/h 时，进料泵电流为 160A。同样按照三相电机功率计算公式如下：

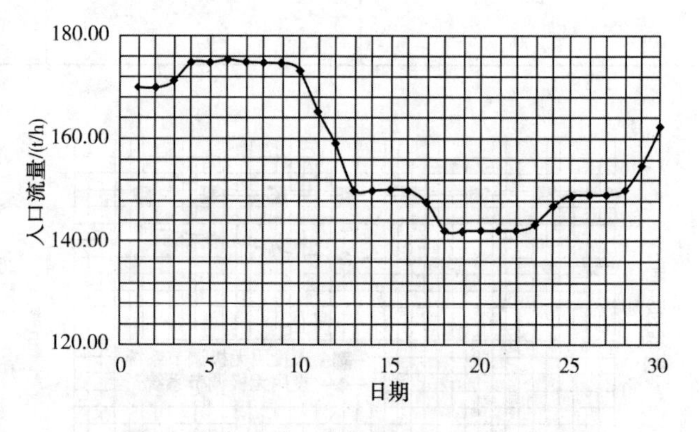

图 4　液力透平 3 月份入口流量变化曲线

$$W=1.732U(I_1-I_0)\cos\theta$$

式中，U 为主电机电压，单位为 kV，I_1 为液力透平投用之前泵主电机电流，单位为 A；I_0 为液力透平投用之后进料泵主电机电流，单位为 A；$\cos\theta$ 为功率因素，通常取 1。

故有：$W=1.732U(I_1-I_0)\cos\theta=1.732\times(180-160)\times1\times6=207.84$kW，按照年运行 8400h 计算，投用该液力透平，且入口流量控制在 150t/h 一年可以节约电能为：207.84kW×8400h＝2.6×10^6kW·h。同样，按照工业用电 0.725kW·h/元，一年可以的节约经济为 2.6×10^6kW·h×0.725 元/kW·h＝174.5 万元，因此可以得出该透平节能效果明显，为该装置节能降耗作出了重大贡献。

4.1.3　变频空冷维护

装置空冷在长时间运行后，空冷上的翅片管表面积灰尘和结垢较多，会导致冷却效果变差，为了保证冷后温度，在日常生产将会增开空冷。柴油加氢改质装置于 2020 年 3 月初对装置的变频空冷 A9101A/B、A9102B、A9202C/D、A9203D/E/F 进行皮带更换、电机维护和清洗空冷翅片，对变频空冷的维护和清洗能够使得空冷的冷却效果更佳，同时在稳定生产的基础上，尽量将 V9103、V9105、V9201、V9202 的入口温度卡上限操作，降低变频空冷的转速，节约了电耗，提高经济效益。

4.2 蒸汽消耗优化措施

首先分析装置用汽点及其作用，如表 4 所示，探讨是否作用过剩来探讨节能的优化的方向。

表 4 柴油加氢改质装置用汽点及作用

序号	使用地点	设计消耗(产出)量/(t/h)	作用	备注
1	循环氢压缩机	30.8/56.7	作为 C9101 机组驱动能源	正常/最大
2	反应汽包 E9102	-32.4/-61.7	回收余热，自产蒸汽	正常/最大，负数代表产出
3	分馏汽包 E9202	-5.6	回收余热，自产蒸汽	负数代表产出
4	脱硫化氢气提塔	2.5	分离硫化氢，提供热量，降低油气分压	-
5	设备伴热	0.5	防冻防凝	折合连续

3 月 1 日开始，由于氢管网压力较高，氢气用量充足，且联合加氢装置部分装置消缺的情况下，减少了外装置的废氢排放[2]。从而在保证低分系统稳定运行的情况下，加大废氢的排放量，控制了脱后低分气的流量在 8000～9000m^{3}n/h、压力为 2.8MPa 左右，以此来提高循环氢纯度，降低循环氢总量。

循环气的气量和氢纯度直接影响循环机 C9101 的做功，当氢纯度较高时，循环氢总量较小，所用的 3.5MPa 蒸汽流量也会较小，如图 5 所示。通过我们采取的措施，在 3 月将循环氢总量降到平均 210000～220000Nm^3/h，纯度为 74%左右，而对应的 3.5MPa 蒸汽流量平均消耗 23t/h，每小时相较于设计值 30.8t/h 减少了 7t 中压蒸汽的消耗，达到了节能降耗的目的。

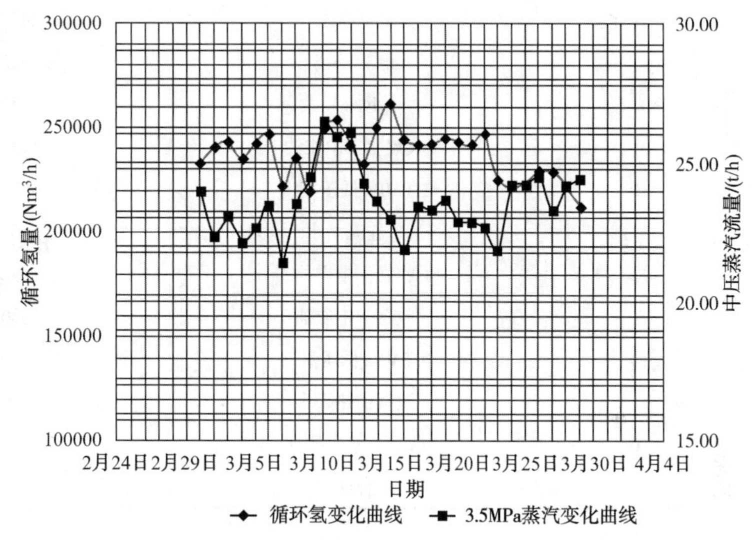

图 5 循环氢量与中压蒸汽随时间的变化

4.3 燃料气消耗优化措施

4.3.1 降低炉表面热损失

装置在长周期运行后，会加快塔底重沸炉 F9202 的炉衬损坏，加剧了表面热损失。在 2019 年 11 月大修期间对加热炉衬里做了修复，并对 F9101 和 F9202 燃料气管道、长明灯和主火嘴进行了清理，优化了火嘴的燃烧状态，3 月份重沸炉消耗燃料气约为 667.87Nm^3/h，相对于设计值 985Nm^3/h 节约了 32%节约了燃料气的消耗。

4.3.2 优化重沸炉燃烧工况

加热炉的热效率和工作负荷是影响燃料气消耗的主要因素，而过剩空气系数是影响热效率的一个重要因素，因此，必须要严格控制好过剩空气系数。过剩空气系数过大，表明入炉空气太多，炉膛温度会下降，导致燃料气的浪费使用。过剩空气系数过小，燃烧不完全，浪费燃料气的使用，甚至会造成二次燃烧。3 月份在对鼓风机进行了维修，维修后将氧含量控制在 2%～3.5%，炉内负压在-20Pa 到-40Pa 之间，通过调整烟道挡板、鼓风机开度和快开风门，控制了加热炉热效率为 97%，将燃料气消耗降至 580～600Nm^3/h。

4.4 除氧水消耗优化措施

为降低能耗，将反应注水由除氧水切换了为净化水，且净化水在使用期间多次分析其组成，氯离子和氨含量等指标均符合标准，因此，可以使用净化水来代替除氧水作为反应注水，3 月份反应注水为 10t/h，采用了净化水后，可以达到节约经济。除氧水每吨 8 元，按照年开工时数为 8400h 计算，可以节约经济为 8 元/t×8400h×10t/h＝67.2 万元。

5 优化效果

2020 年 3 月柴油加氢改质装置能耗为 5.17kgEO/t，见表 5 及图 6。虽然同设计值 7.39kgEO/t 相比有明显的下降，可以看出柴油加氢改质装置在燃料气、3.5MPa 蒸汽、电能和除氧水方面所做的优化及改进取得了良好的效果，为装置地运行节约了能源，提高装置经济竞争力。

表 5 2020 年 3 月份柴油加氢改质装置实际能耗

序号	项目	实物量/t	实物单耗/(kgEO/t)
1	耗燃料气	397	2.33
2	耗中压蒸汽	17533	9.54
3	耗新鲜水	40	0.00
4	耗循环水	470302	0.16
5	耗软化水	0	0.00
6	耗除氧水	24239	0.97
7	电 kW·h	5352560	7.61
8	风 m^3	95508	0.00
9	收焦化二中质油	11352	0.12
10	1.0MPa 低压蒸汽	−14476	−6.81
11	外输凝结水	0	0.00
12	收轻催中质油	23429	0.18
13	收蒸一中质油	30301	0.36
14	0.5MPa 低压蒸汽	−23868	−9.74
15	送蒸馏热媒水	0	0.00
16	收焦化三中质油	21711.00	0.13
	合计		5.17

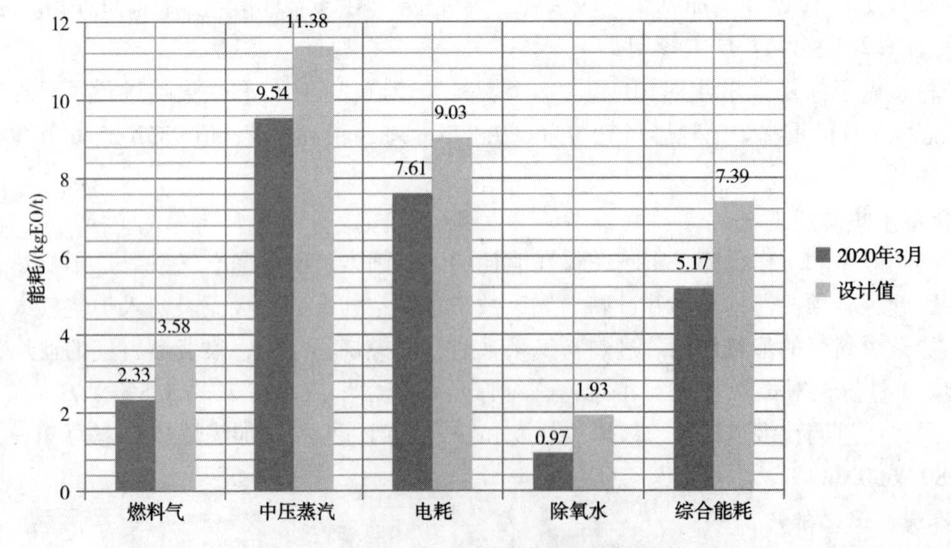

图 6 2020 年 3 月与设计值主要能耗对比

6 结论

1）在电耗方面，3 月份柴油加氢改质电耗 7.61kgEO/t，相对于设计值 9.03kgEO/t 降低了 15.7%。表明了装置采用了新氢机无极调节系统、进料泵透平和对空气冷却器的优化取得了明显的节能效果。

2）在蒸汽方面，通过调整循环氢总量，使得循环氢压缩机入口 3.5MPa 蒸汽降到了 23t/h，相对设计量 30t/h 少了 7t。按照年运行加工时数 8400h 计算，蒸汽每吨 150 元计算，每年可节约经济 882 万元。

3）在燃料气方面，通过大修对加热炉内衬的维护、管线改造和工艺优化等措施，使得加热炉热效率有所提高，燃料气消耗量维持在 580～600 Nm^3/h，相对于设计值 985Nm^3/h 有所降低，取得了明显的节能效果。

4）在除氧水消耗方面，采取了将反应注水改为净化水流程，每小时约节约 10t 除氧水的消耗，3 月份除氧水单耗为 0.97kgEO/t，相对于设计值 1.93kgEO/t 降低了 49.7%，可节约经济 67.2 万元，为装置节约了能耗，提高了经济竞争力。

参 考 文 献

[1] 田同虎．中压加氢裂化装置生产优化与节能[C]．中国石化北京燕山石化公司．北京．

[2] 崔苗，孙栋良，刘艳伟，等．柴油加氢装置能耗分析与节能优化措施[J]．中外能源，2013，(18)：85-88.

柴油加氢改质装置精制柴油余热用于有机朗肯循环低温热发电方案探索

赵　闯

（中国石化广州石化公司　广东广州　510726）

摘　要　研究采用有机朗肯循环（Organnic Rankine Cycle，简称ORC）低温热发电技术，将精制柴油低温余热回收转化为高品质电能的方法。运用Aspen Hysys软件对该方法进行了模拟分析，得到了低温余热发电系统相关重要工艺参数，制定了工艺流程改造方案。模拟结果表明在R245fa蒸发温度为100℃、冷凝温度为25℃及流量为103400kg/h的条件下，ORC系统的净输出功率为1445.40kW、热效率为10.00%。该发电系统将精制柴油低温热用于ORC系统，发电效率较高，年增产电能10982880kW·h，年增效505.2万元，经济效益可观，具有较好的工艺改造可行性。

关键词　低温发电；有机朗肯循环；模拟；工艺参数；改造方案

1　前言

随着我国经济社会的高速发展，在能源领域节能环保日渐受到重视。炼化企业是用能大户，做好节能降耗能显著降低企业成本，增加企业效益，通过各种技术手段节能降耗成为各企业提高竞争力的有力武器。炼化企业在生产过程中不可避免的会产生温度低于200℃的低温余热，而这些余热大部分以各种形式被排放到环境中，成为废弃热能，其主要通过以下四种途径排放：空冷器排弃、中间产品罐排弃、烟气系统排弃和循环水冷却系统排弃[1]。我国的能源利用率仅为30%，造成这一结果便是没有充分利用生产过程中产生的余热，倘若高效利用低温余热将会给我国带来很大的经济效益。为此，我们将以本装置为研究对象，找出装置低温余热主要浪费点，并提出解决方案。

在本装置柴油生产过程中柴油分馏塔出口温度可高达260℃，在经过多级换热并在其出汽包后的温度仍有160℃左右。因此，在柴油出装置前需要使用空冷器、水冷器等高耗能方式将成品油温度降至50℃左右才能入罐，造成了极大地能源浪费。针对上述低温热浪费问题，本文拟通过利用较为先进的有机朗肯循环（ORC）低温发电技术，借助Aspen Hysys流程模拟软件为装置利用精制柴油低温热发电应用提出可行的解决方案。

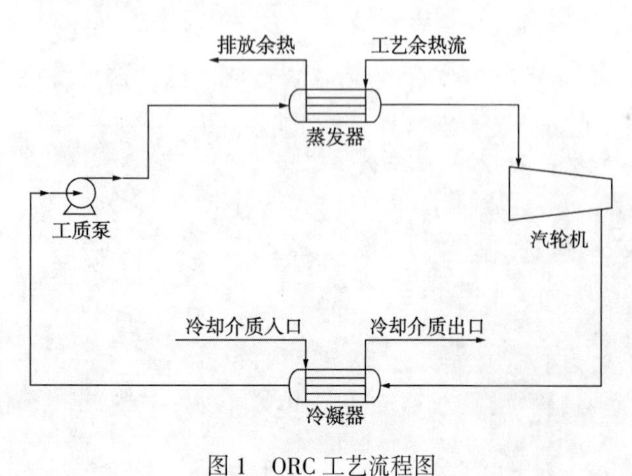

图1　ORC工艺流程图

2　ORC热力学分析

2.1　ORC低温发电原理

有机朗肯循环是以低沸点有机物为工质的朗肯循环，采用有机循环工质驱动汽轮机运转做功后带动发电机发电。ORC主要由蒸发器、汽轮机、冷凝器和工质泵四个主要设备构成，其工艺流程图见图1。有机工质由于沸点低，在蒸发器内进行低温热交换后便可产生相态变化获得较高的蒸汽压力，过热蒸汽驱动汽轮机运转做功后带动发电机发电。从汽轮机排出的乏气在冷凝器中冷凝为液态，通过工质泵重新加压回到蒸发器内换热。经以上过程完成一个完整循环，从而实现对低温余热的回收利用。研究发现 100℃左右的热源就可以维持上述循环的正常运行。

2.2 ORC 系统评价参数

本文低温余热源来自精制柴油，较为稳定，以系统净输出功率和热效率为指标评价系统的性能。系统净输出功率和热效率表达式分别如式(1)、(2)所示：

$$系统净输出功率\ P_{out} = P_{comp} - P_{pw} \tag{1}$$

$$热效率\ \eta_{cycle} = P_{out} / Q_e \tag{2}$$

式中，P_{comp}为膨胀做功功率，kW；P_{pw}为有机工质泵消耗电功率，kW；Q_e为蒸发器换热量，kW。在 Aspen Hysys 流程模拟软件中输入相关参数便可得到上述数值。

3 ORC 低温发电系统模拟分析

3.1 热力学模型假设

以系统净输出功率及热效率为主要目标函数，做出如下假设：

1）系统内部各物流均为稳流状态。

2）蒸发器、冷凝器以及各管道的压力损失均忽略不计。

3）泵、汽轮机的等熵效率为定值。

3.2 热力学模型建立

1）组分确定与物性选择：热力学模型中涉及的化学组分如下：(a)精制柴油作为热源；(b)冷却水作为冷凝介质；(c)选用 R245fa(五氟丙烷)作为有机工质。选用 Peng-Robinson 作为精制柴油与 R245fa 两种物料的物性方法，选用 NBS Steam 作为冷却水的物性方法。

2）模拟条件的确定：精制柴油的入口温度为 160℃，压力为 0.8MPa，流量为 64667kg/h；冷却介质采用冷却循环水，入口温度为 30℃，压力为 0.4MPa；有研究表明汽轮机的等熵效率在 0.67～0.71 之间[2]，本文将其定为 0.7，ORC 中泵的实际效率一般在 0.6 以下，本文取 0.6[3]；控制换热器的最小温差 ΔT 为 10℃；将入泵工质稳定设定为 25℃，气相分率设为 0。

3）运用 Aspen Hysys 软件建立的热力学模型如图 2 所示。

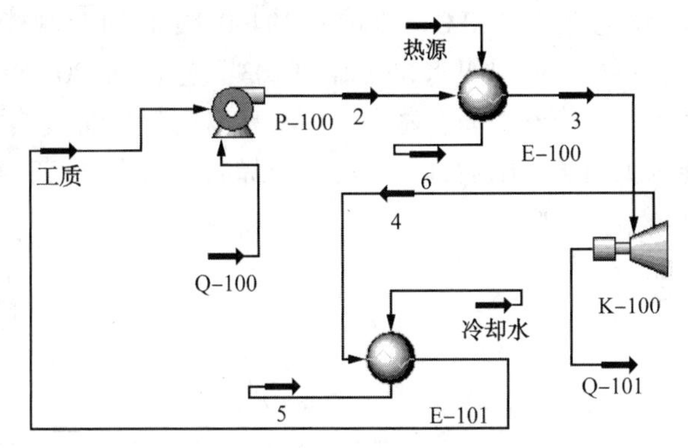

图 2 有机朗肯循环模拟流程图

3.3 ORC 低温发电系统模拟结果

在上述确定的模拟条件下，本文考察了工质的蒸发温度对 ORC 低温发电系统的净输出功率及热效率的影响。不同蒸发温度下，工质泵消耗功率 P_{pw}、汽轮机输出功率 P_{comp}、蒸发器换热量、系统净输出功率 P_{out}及热效率 η_{cycle}的值如表 1 所示。从表 1 中可看出，随着蒸发温度的增大，工质泵、汽轮机输出功率及系统净输出功率均不断增大，与此同时系统的热效率也在不断提高。上述结果说明，增大工质蒸发温度对提高系统的热量利用率，增加净输出功率是有益的。为此，应该尽可能提高工质蒸发温度，但工质蒸发温度不可能无限制地提高，受换热器夹点温差与简单加权模型相关参数的制约影响，模拟发现 100℃的蒸发温度已达所建立模型的极限，继续增加蒸发温度将超过模型计算范围，模拟结果将大幅失真，实际运行工况将不可能达到。

将工质蒸发温度选定为 100℃后，ORC 中各个状态点的参数如表 2 所示，从表 2 中我们可看到经换热后的精制柴油的温度为 37.35℃符合出装置工艺指标；其次，各状态点压力及温度条件适宜、工质流量较低，利于降低设备投入及运行维护成本。

表 1　工质蒸发温度对 ORC 低温发电系统相关参数的影响

蒸发温度/℃	P_{pw}/kW	P_{comp}/kW	Q_e/kW	P_{out}/kW	η_{out}/%
60	27. 31	344. 3	4872. 2	316. 99	6. 51
70	37. 92	414. 2	4861. 1	376. 28	7. 74
80	50. 28	474. 4	4850. 0	424. 12	8. 74
90	64. 99	525. 4	4833. 3	460. 41	9. 53
100	83. 70	565. 5	4816. 7	481. 80	10. 00

表 2　工质循环中各个状态点的参数

状态点	温度/℃	压力/kPa	流量/(kg/h)	气相分数
工质	25	456. 5	—	0
2	27. 35	2742	—	0
3	100	2742	103400	1
4	36. 26	456. 5	—	1
5	143. 6	400	32400	0
6	37. 35	500	64667	0

4　装置工艺流程改造内容

在柴油加氢改质装置现场合理布置 3 台向心式发电机组，具体改造流程图见图 3，将经汽包 E9202 换热后温度为 160℃、流量为 194000kg/h 的精制柴油(平均分为三股)改至低温余热发电系统的蒸发器，不再流向热媒水加热器 E9203 及空冷 A9203 降温，将经换热后温度为 37. 35℃的精制柴油直接汇入罐区。液态工质在蒸发器内与高温精制柴油换热发生相变成为蒸汽，在汽轮机内膨胀做功，输出电能。工质蒸汽随后进入冷凝器，降温冷凝成液态，在工质泵的加压驱动后送入换热器，完成整个热力循环。

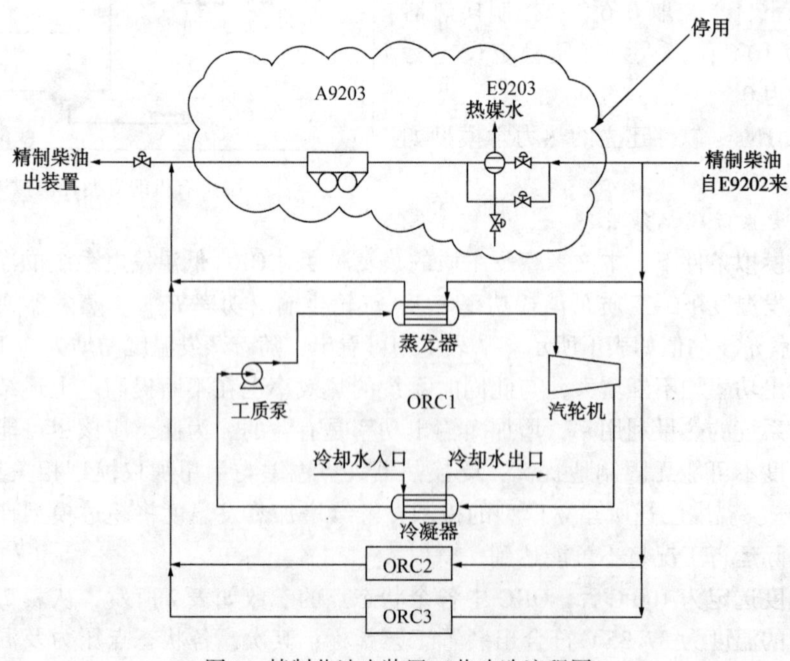

图 3　精制柴油出装置工艺改造流程图

5 工艺流程改造后节能核算

基于上述模拟结果，笔者以低温发热系统的净输出功率为基准，计算该系统一年的发电总量 Q_1，另外，统计计算年内原高温精制柴油冷却过程中空冷所消耗的总电量 Q_2，二者相加便是经改造后装置节约的总能耗 Q。年内计算时间 t 均按 300 天计算，空冷总功率 P_{air} 按四台全开功率 80kW 计算，则如式(3)所示：

$$\begin{aligned} Q = Q_1 + Q_2 &= (P_{out} + P_{air}) \times t = (3 \times 481.80 + 80) \times 300 \times 24 \\ &= 10982880\text{kW} \cdot \text{h} \end{aligned} \tag{3}$$

由式(3)所示，改造精制柴油出装置工艺流程，利用其低温热能发电将带来的模拟能效为年增电能 10982880 kW·h，按照本厂工业用电 0.46 元/kW·h 计价标准，将年增效 505.2 万元。

6 结论与展望

以净输出功率及热效率为目标，模拟出在工质蒸发温度为 100℃、冷凝温度为 25℃及流量为 103400kg/h 的条件下，ORC 系统的净输出功率为 1445.40kW、热效率为 10.00%。该发电系统将精制柴油低温热用于 ORC 系统，发电效率较高，年增产电能 10982880kW·h，电能输出量较大，年增效 505.2 万元，经济效益可观，具有较好的工艺改造可行性。本文旨在为本装置利用精制柴油低温余热发电应用及工艺改造提供可行性方案，在系统模拟优化方面仍然存有许多不足，后期将通过更为系统科学地模拟优化方案得出更为准确的优化结果，为装置工艺流程改造提供强有力的理论支撑。

参 考 文 献

[1] 侯凯锋，蒋荣兴，严錞，等．大型炼油厂能耗特点分析及节能措施探讨[J]．炼油技术与工程，2009，39(9)：46-50.

[2] 穆永超．低温热源螺杆发电系统理论分析与实验研究[D]．天津：天津大学，2014.

[3] 叶依林．基于太阳能的有机朗肯循环低温热发电系统的研究[D]．北京：华北电力大学，2012.

茂名加氢裂化装置节能优化

刘付福千

（中国石化茂名石化公司　广东茂名　525011）

摘　要　茂名石化 2.4Mt/a 加氢裂化装置用能分析表明，影响装置能耗的主要因素为蒸汽、电和燃料。通过装置热联合、优化加工负荷、提高氢纯度、优化分馏炉前闪蒸罐压力、优化分馏塔回流比、机泵节能改造、提高换热器传热系数、低温热回收等节能优化措施，有效降低了装置的能耗。装置实际能耗比设计能耗降低 8.86kgEO/t，节能效果显著。

关键词　加氢裂化；能耗；节能；优化；措施

1　前言

茂名石化 2.4Mt/a 加氢裂化装置(以下简称：2 号加氢裂化)，于 2012 年 11 月 30 日建成，2013 年 2 月装置开汽投产。采用大连石油化工研究院开发的一段串联一次通过加氢裂化工艺技术及配套 FF46 加氢裂化预处理催化剂和 FC32A 加氢裂化催化剂，以减压蜡油和催化柴油的混合油为原料，主要生产重石脑油、航煤、柴油、白油和加氢尾油，副产干气、低分气、液化气和轻石脑油。

自装置投产以来，车间把节能作为重点优化突破方向，随着节能工作的蓬勃开展，经过不断的节能改造及优化，装置用能水平不断提高，装置能耗大幅降低。

2　装置能耗组成

由表 1 可见，2 号加氢裂化装置蒸汽、电和燃料消耗是构成装置能耗的主要因素，其他公用工程单耗对装置能耗影响较小。节能优化措施实施后，装置能耗大幅降低，综合能耗 18.05kgEO/t，比设计能耗 26.91kgEO/t 低 8.86kgEO/t。

科学合理分析加氢裂化装置的能量平衡，采取有效的措施降低加氢裂化装置的能耗，对加氢裂化装置进行节能技术的研究仍是各加氢裂化装置的重要课题。

表 1　2 号加氢裂化装置能耗组成

项目	单耗/(t/t)	能耗/(kgEO/t)	设计能耗/(kgEO/t)
电/(kW/h)	31.73	7.30	10.51
新鲜水	0.00	0.00	0
循环水	3.91	0.39	0.46
软化水	0.00	0.00	
除盐水	0.11	0.24	0.33
除氧水	0.00	0.0047	
燃料气	0.00	2.94	11.95
3.5MPa 蒸汽	0.18	15.41	13.55
1.0MPa 蒸汽	-0.15	-11.41	-10.09
热进料/(MJ/t)	145.20	3.47	1.76
热出料	-12.78	-0.31	-1.59

续表

项目	单耗/(t/t)	能耗/(kgEO/t)	设计能耗/(kgEO/t)
非净化风	0.00	0.00	
净化风	0.33	0.01	0.07
氮气	0.00	0.00	0.03
合计		18.05	26.91

3 节能措施

3.1 装置物料热联合节能

1) 2 号加氢裂化装置通过装置热联合，原料油进装置温度由 120℃提高至 140℃，有效节约了氢气加热炉 F101 的瓦斯用量 300 Nm^3/h。油品温度-比热容关系图见图 1。

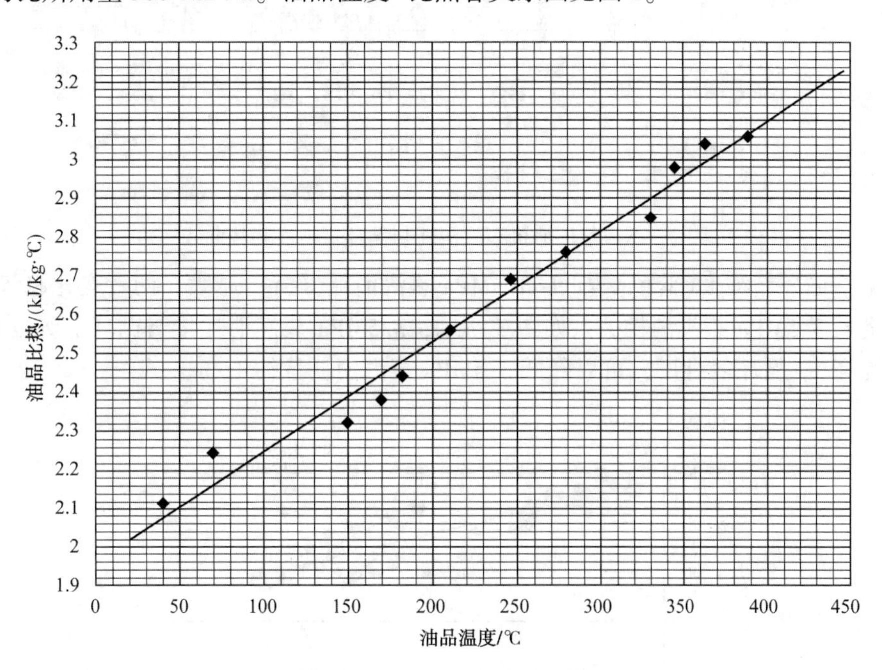

图 1 油品温度-比热容关系图

目前 2 号加氢裂化装置原料进装置的温度为 140℃，现在供料方式为大部分由常减压装置直供，少部分由罐区冷供，若能提高上游装置的热供料温度，由 140℃提高至 155℃可以减少燃料气消耗。

155℃期间油品的平均比热约为 2.45kJ/kg・℃，进料按 300.237t/h 计算，热负荷为：

$$Q = C_P \times W \times \Delta t = 2.45 \times 300237 \times (155 - 140) = 11033709\text{kJ/h}$$

燃料气热值按照 8000kcal/Nm^3，换算为 33496kJ/Nm^3，加热炉负荷按照 92%考虑，则可以节省燃料气：

燃料气流量 = Q/燃料气热值×92% = 11033709/33496×92% = 303Nm^3/h。

按照标定期间 300237kg/h 进料的前提下，将供料温度由 140℃提高至 155℃，可节约燃料气 303Nm^3/h。

2) 提高 2 号加裂白油直供加氢异构温度。2 号加裂 5 号工业白油空冷后温度控制≤60℃。润滑油加氢异构切换 5 号工业白油工况时，2 号加裂 5 号工业白油直供加氢异构装置作为原料，由于原料温度低，反应加热炉 F601 需要提高负荷，燃料气消耗大。经装置间热联合优化，在 2 号加裂 5 号工业白油直供加氢异构装置期间，停下 2 台空冷器，将 5 号工业白油直供温度由 60℃提高至 85℃。2 号加裂每小时节电 30kW・h，润滑油加氢异构反应加热炉燃料气消耗降低 200Nm^3/h。

3.2 提高循环氢纯度，降低汽轮机蒸汽消耗

装置循环氢压缩机采用背压式蒸汽透平驱动，消耗3.5MPa过热蒸汽。加氢裂化在反应过程中不断消耗氢气同时产生甲烷、乙烷等相对大的分子，若不及时通过排废氢及补充高纯度新氢来提高循环氢纯度，将导致汽轮机中压蒸汽消耗增大。

汽轮机中压蒸汽耗量增加的主要原因是循环氢纯度下降后，导致循环氢平均分子量增加见图2。

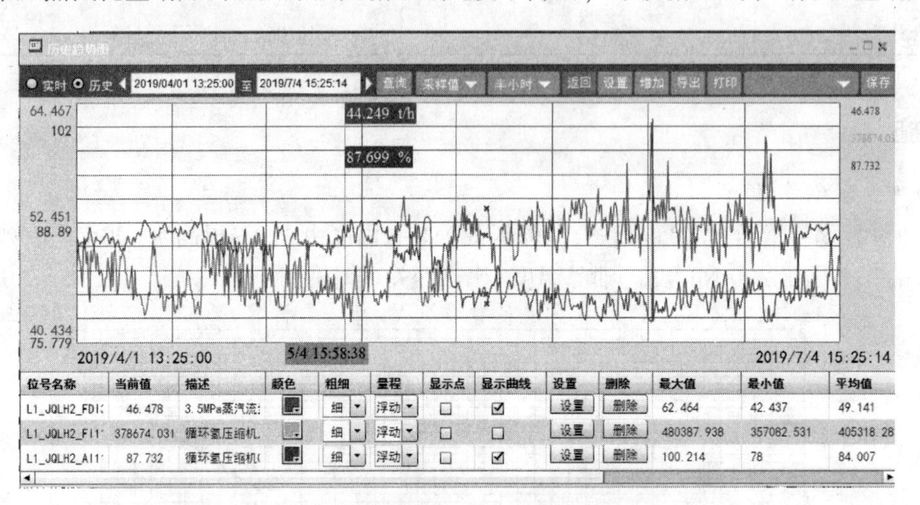

图2 循环氢压缩机蒸汽消耗与循环氢纯度趋势曲线

由图2可见，循环氢纯度(蓝色)越低，3.5MPa蒸汽消耗(红色)越大，两者变化趋势呈负相关。

循环氢纯度与3.5MPa蒸汽消耗关系如图3所示，3.5MPa蒸汽消耗量与循环氢纯度有较好的线性关系，平均每提高1%循环氢纯度，可以降低3.5MPa蒸汽消耗量约1t/h。

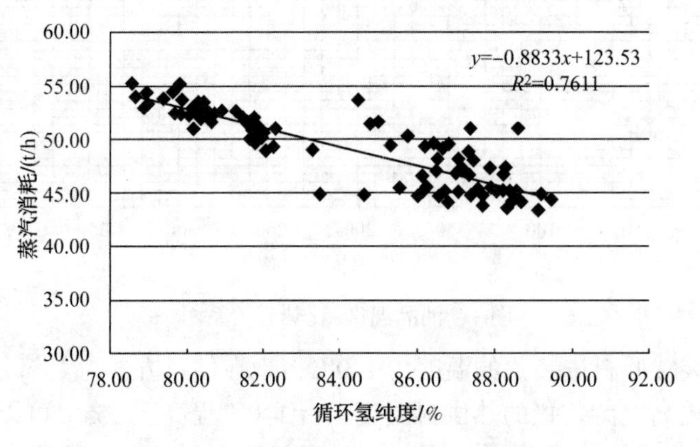

图3 循环氢压缩机蒸汽消耗与循环氢纯度关系

一般而言，提高循环氢纯度有两种方法，一是通过排大量废氢提高循环氢纯度，但大量排放废氢既增加了下游低分气脱硫塔的负荷，也存在不经济的现象。二是优化管网氢气流向，将煤制氢装置的高纯氢优先供氢耗大的加氢裂化装置，以此来提高循环氢纯度同时也利于循环机长周期运行。新氢纯度下降，将直接导致循环氢纯度降低，新氢压缩机和循环氢压缩机的负荷都增加，装置耗电及耗汽量也相应增加。

3.3 优化分馏炉前闪蒸罐压力，降低加热炉负荷

2号加氢裂化脱硫化氢汽提塔塔底油进入分馏加热炉F202前先经闪蒸罐V208进行闪蒸，将其中石脑油及航煤等轻组分闪蒸出来后直接进入分馏塔T-202，降低了分馏加热炉进料量，从而降低分馏加热炉的负荷，实现降低加热炉燃料消耗的目的。

为考察V208压力与加热炉负荷的关系，应用Aspen Plus自带的流程图绘制功能绘制出分馏系统操作流程图，对分馏塔进行模拟优化，具体模拟流程图如图4、图5所示。

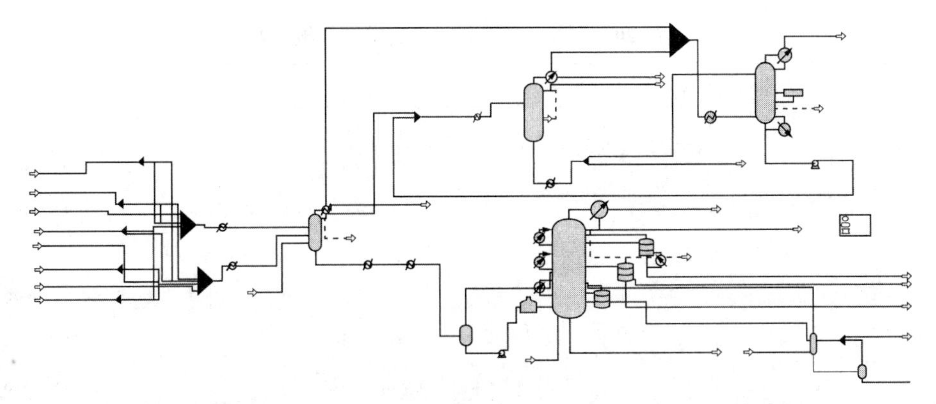

图 4　茂名石化公司 2.4Mt/a 加氢裂化装置分馏系统 Aspen 过程模拟流程

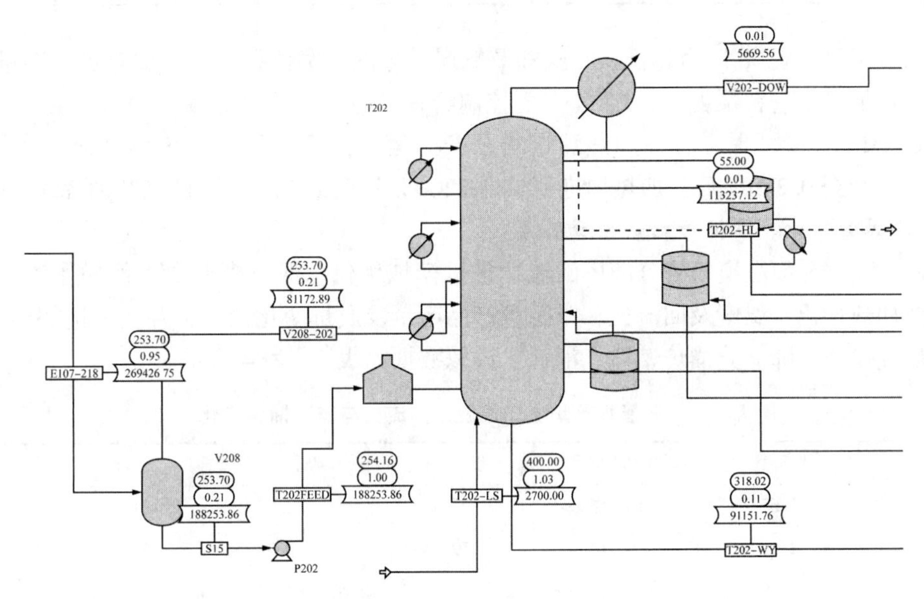

图 5　分馏炉前闪蒸罐 V208 及分馏塔 Aspen 过程模拟流程

以 V208 压力为变量，模拟 V208 闪蒸气流量及分馏炉进料量变化趋势，模拟结果见表 2 及图 6。

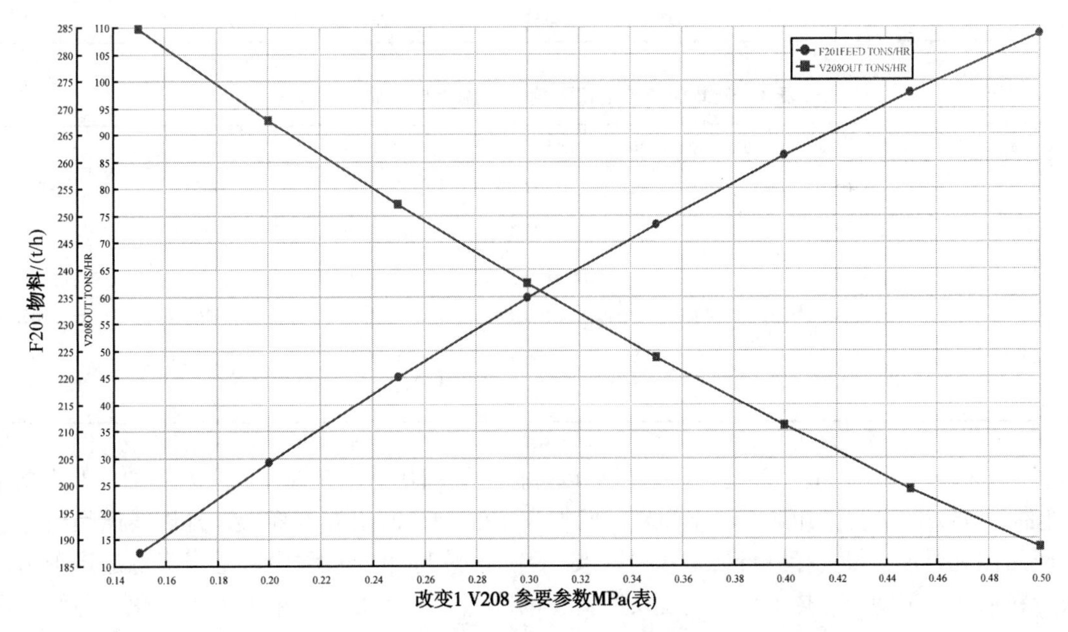

图 6　V208 压力与 V208 闪蒸量、分馏炉进料量关系模拟曲

表 2 V208 压力变化对分馏加热炉进料量的影响

序号	V208 顶部压力/MPa	V208 顶部流量/(t/h)	F201 进料量/(t/h)
1	0.5	13.359	257.308
2	0.45	24.1957	247.477
3	0.4	35.9766	236.789
4	0.35	48.6813	225.264
5	0.3	62.3336	212.879
6	0.25	76.9855	199.587
7	0.2	92.7143	185.318
8	0.15	109.628	169.73

由上述图表可见，V208 压力越低，石脑油及航煤组分汽化率越高，分馏加热炉进料量越小，负荷越低。为了防止加热炉进料泵抽空，V208 需要控制合适的压力。实践证明，将 V208 压力由 0.45MPa 逐步降低至 0.2MPa，既可保证分馏加热炉进料泵安全运行，又可降低加热炉负荷。将 V208 压力由 0.45MPa 逐步降低至 0.2MPa 后，加热炉进料量由 220t/h 降至 192t/h，降低燃料消耗 400NM^3/h。

3.4 优化分馏塔回流比，降低加热炉出口温度

利用 Aspen 建立分馏塔模型对分馏塔回流比进行模拟优化。保持模型中其他操作条件不变的情况下，模拟降低加热炉出口温度及回流比，跟踪各产品产量及质量变化情况，寻找最优加热炉出口温度，实现分馏塔最优操作，降低分馏炉燃料气消耗。模拟数据如表 3、表 4 所示。

表 3 分馏加热炉出口温度、回流比与产品馏程变化

加热炉出口温度/℃	回流比	重石脑油/℃	航煤/℃	柴油/℃	白油/℃	尾油/℃
345	2.65	152.05	252.71	282.46	341.51	506.44
340	2.57	152.05	252.84	283.77	342.04	505.61
335	2.49	152.04	252.97	283.33	342.61	504.70
330	2.41	154.92	253.13	284.49	343.23	503.70
325	2.34	154.92	253.31	285.45	343.90	502.64
320	2.27	154.92	252.65	286.25	342.68	501.52

表 4 分馏加热炉出口温度、回流比与产品产量变化

加热炉出口温度/℃	回流比	重石脑油/(t/h)	航煤/(t/h)	柴油/(t/h)	白油/(t/h)	尾油/(t/h)
345	2.65	50.20	107.13	4.41	38.04	97.24
340	2.57	50.05	107.05	4.41	36.70	98.81
335	2.49	49.90	106.96	4.41	35.19	100.57
330	2.41	49.75	106.84	4.41	33.49	102.54
325	2.34	49.60	106.69	4.41	31.61	104.72
320	2.27	49.45	106.49	4.41	29.56	107.12

由表3、表4 可见，随着回流比的降低，可以降低分馏加热炉出口温度，重石脑油、航煤、柴油及 5 号工业白油 95%馏出温度升高，干点升高，而加裂尾油 95%馏出温度降低。各侧线产品质量基本满足实际产品控制要求，与实际分析结果基本一致。因此，实际生产过程中可适当降低加热炉出口温度来降低燃料消耗。但随着加热炉出口温度及回流比的降低，分馏塔分离精度发生变化，各侧线产品分布、收率随之发生变化。从上表可以看出，加热炉出口温度降低，重石脑油、航煤、柴油收率变化小，

但5号工业白油收率出现较大幅度下降，尾油收率显著增加，产品经济效益下降。

结合装置工艺及设备实际能力，借助 Aspen 软件模型数据，在保证产品质量及最大量生产5号工业白油前提下，将分馏加热炉出口温度由340℃降至335℃，各产品质量数据与上表质量数据基本一致，分馏加热炉燃料气消耗降低150Nm³/h。

3.5 机泵节能改造

（1）高压注水泵增加变频器

装置反应系统注水量为30t/h，通过将注水泵出口高压水部分减压后返回低压注水罐的方式调节反应系统注水量，返回量约15t/h，高压注水泵电机为6000V高压电机。流量调节方式属于旁路调节，而旁路调节存在着流量损失的问题，造成能耗增加，很不经济。

为解决旁路调节能耗增加问题，对高压注水泵增加变频器如表5所示。通过调节注水泵转速来改变注水泵出口流量，，在满足反应系统注水量的前提下，避免一部分高压水减压后返回低压注水罐造成能量浪费，有效降低电机负荷。

表5　注水泵增加变频器后负荷变化

	改造前	改造后		改造前	改造后
电压/V	6250	6250	总出口流量/(t/h)	45	30
电流/A	37	24	返回流量，t/h	15	0
出口压力/MPa	15.2	15.2			

经过变频改造后，全关注水泵出口返回调节阀，通过变频输出调整注水量。高压注水泵电流降低13A，注水泵电机实际电压为6250V，电流降低13A，电机功率因素为0.9，每小时节电：1.732×6250×13×0.9/1000＝126.65kW·h。

（2）柴油泵变频改造

装置柴油设计收率为26.58%，柴油泵设计流量为77t/h。2016年大修，分馏塔进行了改造，调整产品结构后，柴油流量降至5t/h。柴油泵实际流量与设计相比相差甚远，需要通过关小泵出口阀节流降低流量，导致柴油泵出现“大马拉小车”现象。车间对柴油泵进行了变频改造，有效降低电机负荷。改造后将泵转速降低至20%，电流下降50A，节电30kW·h。

3.6 优化机泵入口压力节能

（1）优化氢气管网压力

2号加氢裂化装置总电耗中，新氢压缩机电耗所占比例高达75%。装置由5.0MPa管网氢气供氢，由于管网氢气压力控制常低于4.6MPa，导致压缩机压缩比高，新氢压缩机功率普遍偏大。氢压缩机绝热压缩理论功率公式如下：

$$N = 16.34F \cdot B \cdot P_1 V_1 \frac{k}{k-1}\left[(\varepsilon_a)^{\frac{k-1}{B \cdot k}} - 1 \right]$$

式中　N——理论功率，kW；

F——中间冷却器压力损失校正系数；

B——压缩段数；

P_1——新氢压缩机的入口压力，MPa；

V_1——新氢压缩机的入口条件下的体积流量，m³/min；

k——混合气体的绝热指数；

ε_a——包括压缩机进、排气阀压力损失在内的实际压缩比。

根据上述公式，氢气压力低，压缩机压缩比高，功率增大，耗电量增大。所以提高新氢压缩机入口压力可以降低压缩比从而降低电耗。

经优化氢气管网压力，将 5.0MPa 氢气管网压力由 4.6MPa 提至 5.0MPa 后，两台压缩机节电 157kW/h。

（2）优化操作停用富胺液泵

2 号加氢裂化装置富胺液闪蒸罐操作压力为 0.8MPa，下游胺液再生装置富胺液缓冲罐压力为 0.4MPa，利用闪蒸罐压力与下游装置压差，可将装置富胺液自压至胺液再生装置，将运行的富胺液泵停下备用，节省电流 55A，节电 32.6kW·h。

3.7 监控换热 K 值，保证换热效果

加氢裂化装置在加氢反应的过程中，会生成铵盐在低温部位结晶析出，易造成换热设备管道压降增加，传热效率下降，能耗增加。2 号加氢裂化高压换热器 E106 属于铵盐易结晶析出的低温部位。利用传热系数 K 值变化能有效判断换热器结盐趋势。

如图 7 及表 6，E106 结盐速度较快，传热系数 K 下降速度快，换热终温逐渐降低，加热炉负荷增加。通过洗盐操作能使高传热系数恢复。

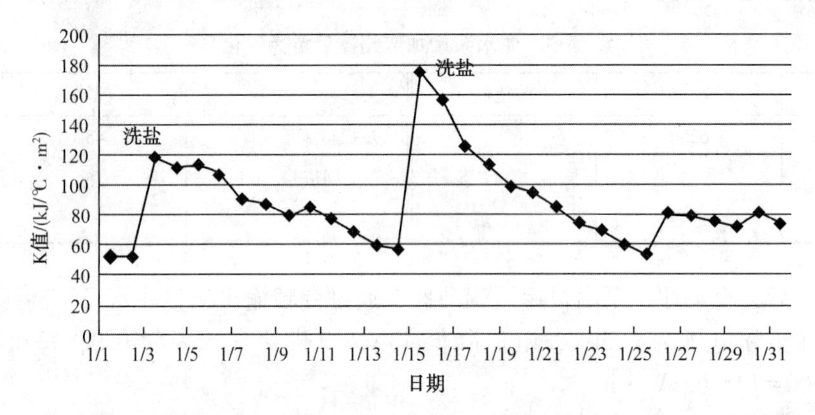

图 7　E106 传热系数 K 值变化趋势

表 6　高压换热器 E106 传热系数 K 值变化

时间	K 值/(kJ/℃·m²)	E106 循环氢换热终温/℃	时间	K 值/(kJ/℃·m²)	E106 循环氢换热终温/℃
2018/1/1	53.06	144.93	2018/1/12	69.62	152.65
2018/1/5	114.23（洗盐）	163.41	2018/1/17	126.07（洗盐）	164.88
2018/1/8	87.52	158.06	2018/1/19	99.28	160.37

装置利用 K 值公式及已有测量参数，在 DCS 操作系统进行组态，实现换热器 K 值在 DCS 系统在线监控。通过 K 值变化趋势曲线分析换热器结盐情况，及时采取洗盐措施，有效保证传热效果，提高换热终温，降低燃料消耗。

3.8 低温热能回收利用

加氢裂化生产过程中有大量高品位能变成低品位能，这些能量由于以各种形式排放至环境而损失。若这部分冷却前的塔顶余热能加以回收，可以有效降低装置能耗。

装置航煤总量约 90t/h，空冷前温度约 172℃，经空冷器及水冷器冷却后送至罐区，航煤大量余热未回收，造成能源浪费。经技术改造，通过区域热联合回收航煤低温余热，在航煤空冷前增加流程将冷前航煤改至 CFB 锅炉装置加热除盐水，降低 CFB 锅炉除氧蒸汽消耗。

技术改造后，经过优化操作，2 号加裂航煤加热 CFB 除盐水后回油温度降至 50℃，停下 2 台航煤空冷，节约电耗 30kW·h，节约循环水 30t/h。CFB 锅炉装置减少锅炉 1.0MPa 除氧蒸汽 9t/h。

如表 7，装置其他产品及塔顶气大量余热未回收，节能潜力巨大，尤其是分馏塔塔顶气经空冷器冷却成重石脑油及塔顶回流总量高达 200t/h，若这部分塔顶余热考虑回收，能带来可观的经济效益。

表 7　装置低温余热资源

空冷位号	物料名称	流量/(t/h)	冷前温度/℃	冷后温度/℃
A101	热高分气	130	136	47
A102	冷低分气	15	105	42
A201	脱硫化氢汽提塔塔顶气	58	112	70
A202	分馏塔塔顶气	170	133	55
A203	航煤	90	172	60
A204	脱丁烷塔塔顶气	55	72	48
A205	轻石脑油	40	163	45
A206	白油	55	105	60
A207	尾油	100	125	55

3.9　优化催化剂级配

催化剂是加氢裂化工艺的核心，对装置能耗和经济效益影响很大。目前 2 号加氢裂化装置采用 FRIPP 开发的 FF46 精制催化剂及 FC32A/FC80 加氢裂化催化剂。加氢裂化装置设计采用常规三叶草加氢精制催化剂、圆柱条形加氢裂化裂化催化剂以及 $\phi3$、$\phi6$、$\phi13$ 瓷球。2017 年在实际装填过程中，加氢精制催化剂以及加氢裂化催化剂外形均为齿球形，不再装填 $\phi3$ 瓷球，以 3973($\phi6$)、FF-46($\phi6$)催化剂替代 $\phi6$、$\phi3$ 瓷球，催化剂床层顶部不再装填 $\phi6$ 或者 $\phi13$ 瓷球。优选采用异形齿球形催化剂替代惰性瓷球，在有效改善反应器内物料均匀分配的同时，通过缩减瓷球填装量和提升催化剂利用率，提高加氢反应器空间利用率 4.7%~8.5%；新技术能够明显改善物料分布效果，精制反应器第一床层底部径向温差由第一周期的 16~24℃降低到本周期的 6~9℃；第二、第三床层径向温差也由 8~10℃降低到 6℃以下，反应器最高点温度也相应较上一周期降低 6℃以上，可以延长运转周期约 12 个月。

4　装置存在问题及节能潜力

1) 加热炉空气预热器偏流，排烟温度高。由于空气预热器偏流，空气预热器排烟温度高，导致加热炉热效率低。计划大修更换蓄热式空气预热器，提高加热炉热效率。

2) 装置大量低温余热未回收，排放损失大。分馏塔塔顶约 200t/h 的 135℃气相直接经空冷，低温余热回收潜力巨大，可考虑与产汽装置热联合加热除盐水。

3) 轻烃吸收塔塔底泵叶轮切削。轻烃吸收塔塔底泵流量低，压力高，能力富余，可考虑对其中一台泵进行叶轮切削进行节电。

4) 由于 5.0MPa 氢气不足，5.0MPa 氢气管网压力不能保持 5.0MPa，长期低于 4.6MPa，仍有很大优化空间。化工氢及重整氢的氢纯度偏低，升压至 5.0MPa 管网后造成新氢纯度偏低。

5) 循环水串联利用。新氢压缩机级间冷却器循环水出入口温差小，可考虑将两台新氢压缩机冷却器循环水串联利用。

6) 胺液串联利用。液化气脱硫塔及低分气脱硫塔脱硫后富溶剂硫化氢含量较低，可考虑将液化气及低分气脱硫塔脱硫溶剂串联利用，降低富胺液量，降低胺液再生装置汽提蒸汽量。

7) 装置蒸汽保温材料老化，热损失大。加热炉、高压换热器螺纹锁紧环表面温度高，热损失大。

5　结论

1) 装置节能存在较大的优化空间，通过热联合进一步提高原料温度、优化生产负荷、优化分馏塔回流比、采取先进的催化剂级配技术等可以进一步降低装置能耗。

2) 应当优化管网氢气压力、组成及流向，使循环氢保持高纯度，降低循环机蒸汽消耗。提高氢气管网压力，提高新氢压缩机入口压力降低电耗。

3）适当降低分馏炉前闪蒸罐压力，使轻组分尽量汽化，减少加热炉进料量，降低加热炉负荷节约燃料。

4）根据工况变化对机泵变频改造、叶轮切削，是节电有效途径。

5）利用换热器传热系数监控换热器运行情况，有利于采取措施保证换热效果，提高换热终温。

6）低温余热回收节能潜力巨大，应考虑低温余热热联合。

参考文献

[1] 金德浩，刘建晖，申涛．加氢裂化装置技术问答[M]．北京：中国石化出版社，2006.

[2] 李立权．加氢裂化装置工艺计算与技术分析[M]．北京：中国石化出版社，2009.

[3] 孙建怀．镇海炼化公司两套加氢裂化装置的优化运行[J]．当代化工，2009，38(4)：357-363.

Ⅰ加氢裂化装置催化柴油方案节能优化分析

戴雷雷　金爱军

（中国石化金陵石化公司　江苏南京　210033）

摘　要　本文根据Ⅰ加氢裂化装置催化柴油改质方案运行能耗较高的现状，通过装置用能情况分析，提出了针对性的节能优化方案，并利用流程优化软件 PRO Ⅱ对上述优化方案进行模拟计算，结果表明：在满足生产需要的同时，装置综合能耗可降低 7.07kgEO/t。

关键词　节能优化；催化柴油改质；模拟计算

有关统计数据表明[1]，汽油消费量增长速度将超过柴油，这一趋势无疑将持续倒逼各炼油企业降低柴汽比。

采用特殊催化剂、选择适宜的反应条件，将催化柴油通过加氢裂化工艺，部分转化为高辛烷值汽油组分，同时大幅提升未转化柴油的十六烷值，降低柴油密度。一方面可提升柴油价值，另一方面可降低柴汽比的技术[2]，是近年各大技术专利商的研究热门，其中中国石化大连(抚顺)石油化工研究院、石油化工科学研究院及美国环球石油产品公司分别开发的 FD2G、RLG、LCO Unicracking 工艺技术较为成熟且均有工业化实例。

1　装置现状

1.1　装置简介

为平衡催化柴油量，提升催化柴油效益产出，降低全厂柴汽比，中国石化金陵石化公司于 2013 年引入 FD2G 工艺，对原蜡油加氢裂化装置“Ⅰ加氢裂化”进行技术改造，以实现催化柴油加氢裂化转化为高辛烷值汽油组分的目的。装置采用抚研院开发的 FF-36 精制剂及 FC-24B 裂化剂，处理原料为催化柴油冷料(罐供)、催化柴油热料(催化直供)及重整重芳烃(间歇加工)，主要产出：液态烃、重石脑油、改质汽油、柴油。作为国内首套 FD2G 工业应用装置，截至 2019 年装置已运行两个周期，累计运行 2016d，共加工催化柴油 3.5765Mt，各项技术指标及产品质量均达到现有指标要求。但是，由于装置改造运行受限于原始设计的工艺流程，装置运行能耗较高，在装置负荷率 70%的前提下，综合能耗在 55kgEO/t 左右。

1.2　工艺流程简介

如图 1 所示，催化原料自罐区及Ⅲ催化直供来进入装置原料缓冲罐 D101 脱水，经原料泵 P101 增压后进入高压换热器取热，与经循环氢加热炉提温的氢气混合，依次通过精制反应器 R101 及裂化反应器 R102A/B；反应产物依次通过高换取热，后经空冷冷却进入高、低压分离罐 D102、D103 进行油水气三相分离。低压分离罐油相至换热器提温后进入脱丁烷塔 T101，塔顶产出液态烃产品，塔底油经塔底泵 P104 增压后一路进入塔底再沸炉 F103 加热后返塔，另一路进入分馏塔 T103；分馏塔塔顶全回流操作，第 9、19 层塔盘位置均设置侧线抽出口，分别产出石脑油及汽油馏分，混合后作为高辛烷值汽油产品外送，塔底油经塔底泵 P108 增压后一路进入塔底再沸炉加热后返塔，另一路作为柴油产品外送。

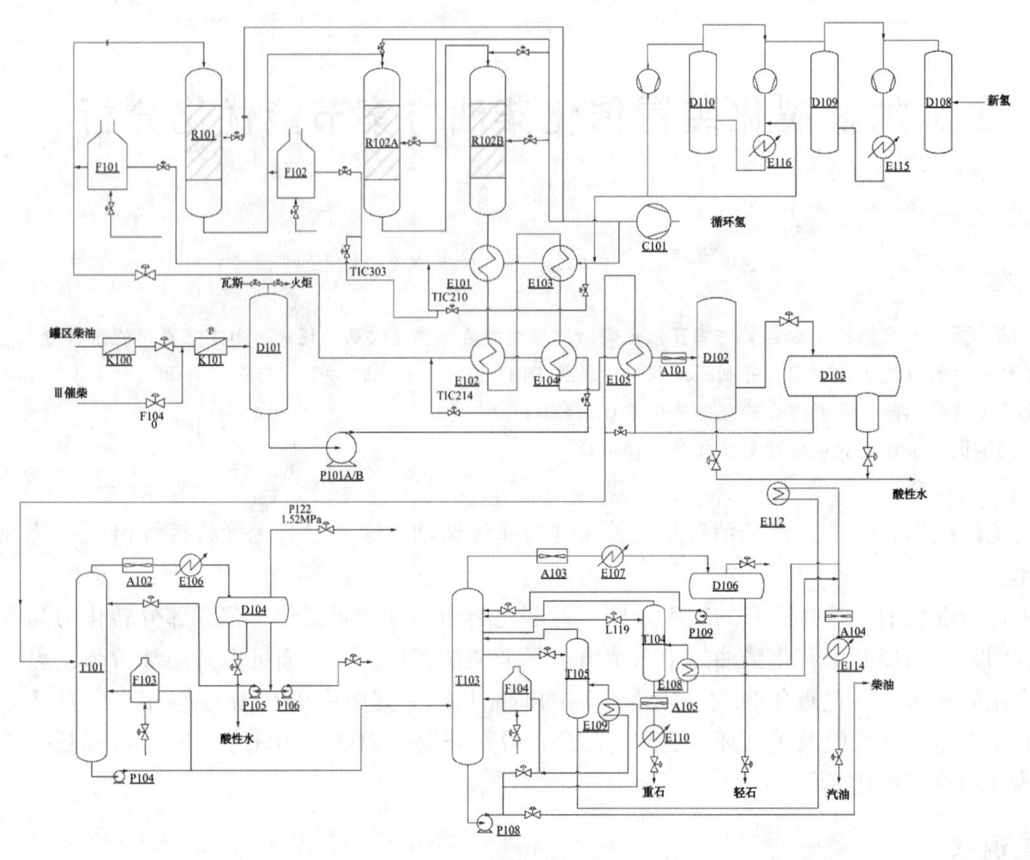

图1 工艺流程简图

2 用能情况分析

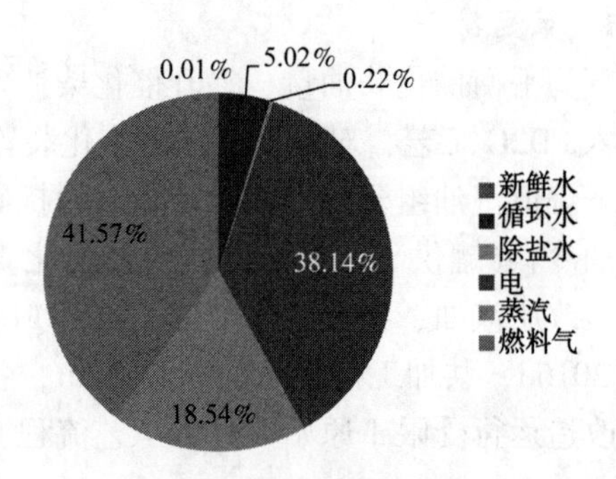

图2 能源消耗占比

图2统计了装置运行过程中各类能源消耗在装置综合能耗的占比情况：瓦斯、电两项消耗分别占比装置综合能耗41.57%(22.86kgEO/t)、38.14%(20.98kgEO/t)，合计占比79.71%，远超其它项。为此，通过优化措施针对性降低装置瓦斯消耗及电耗，可大幅降低装置综合能耗。

其中瓦斯消耗主要用于循环氢加热炉、脱丁烷塔底重沸炉、分馏塔底重沸炉，如表1所示脱丁烷塔再沸炉及分馏塔再沸炉瓦斯耗量远高于循环氢加热炉。

表1 各加热炉瓦斯耗量

加热炉名称	第一循环氢加热炉	第二循环氢加热炉	脱丁烷塔再沸炉	分馏塔再沸炉
瓦斯耗量/(m^3/h)	85	97	890	270

电耗大部分主要是原料泵、脱丁烷塔重沸炉循环泵及分馏塔塔底泵等高压电机消耗。

3 节能优化方案

3.1 方案描述

依据上述加热炉瓦斯消耗数据，结合行业内加氢裂化装置分馏系统工艺[3]，针对装置分馏系统提出如下的流程优化方案，以降低脱丁烷塔塔底及分馏塔塔底再沸炉瓦斯消耗、塔底泵高压电机电耗。

脱丁烷塔由重沸炉工艺改造为3.5MPa蒸汽汽提工艺，利旧原有闲置的循环油缓冲罐D107作为脱丁烷塔底油闪蒸罐，闪蒸后罐顶轻组分直接进入分馏塔，减少原轻组分经过加热炉预热的瓦斯消耗，罐底重组分经进料泵(利旧原脱丁烷塔底泵P104)进入加热炉(利旧原脱丁烷塔再沸炉F103)，加热后进入常压分馏塔T103。原T103系统停用塔底重沸炉F104，T103利用原侧线抽出汽油组分，塔底柴油组分利用装置闲置柴油泵P113外送，停用原塔底热油泵P108。

3.2 模拟计算

为验证上述优化方案的可行性，利用流程模拟软件PRO Ⅱ建立数学模型，对上述方案进行工艺模拟计算，如图3所示搭建模拟流程，以PRO Ⅱ自带的换热器模型模型核算F103热负荷等数据；模型输入数据如表2所示。

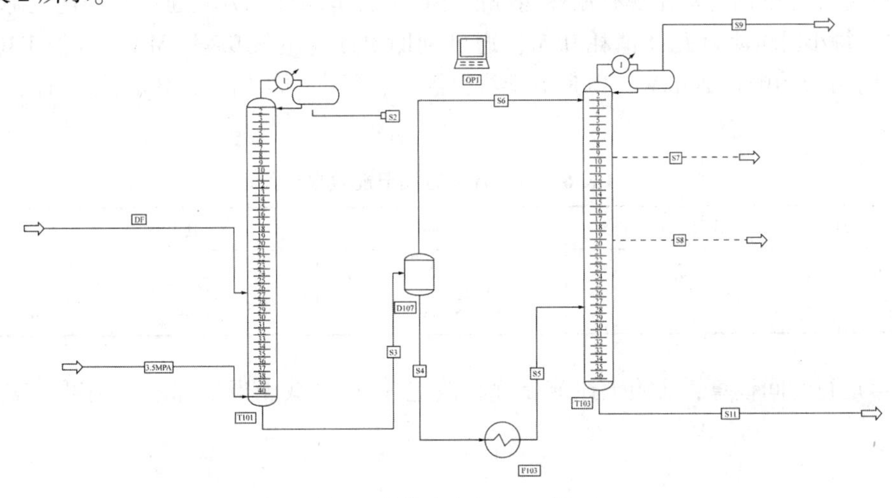

图3　优化方案PRO Ⅱ模型

表2　模型输入数据

数据类型	热力学方程	脱丁烷塔进料量	脱丁烷塔进料温度	脱丁烷塔进料位置
输入数据	SRK方程	65t/h	170℃	第26层塔盘

建模过程中，利用软件的“优化器”模块，以柴油、混合汽油产品质量作为目标函数，3.5MPa汽提蒸汽用量、F103热负荷(即瓦斯耗量)、脱丁烷塔塔顶压力作为优化参数，模拟计算上述优化方案，在论证方案可行性的同时，筛选最优操作参数。

3.3 模拟结果分析

上述PRO Ⅱ模型模拟结果表明，优化方案可满足柴油、混合汽油产品质量及收率要求。如表3、表4所示，对于节能优化流程，由于停用T103再沸炉，柴油初馏点略有降低，但符合产品质量要求，另一方面，由于优化流程中T101改为汽提塔工艺，更加有利于产品硫化氢的脱除，所以柴油及汽油产品硫含量均大幅下降

表3　优化方案与现有流程柴油产品质量对比

质量指标	密度/(kg/m³)	初馏点/℃	终馏点/℃	硫含量/(mg/kg)
现有流程	895	210	352	26
节能优化流程	886	205	350	10

表4　优化方案与现有流程混合汽油产品质量对比

质量指标	密度/(kg/m³)	初馏点/℃	终馏点/℃	硫含量/(mg/kg)
原有流程	817	69	201	7.9
节能优化流程	810	70	200	2.6

在满足产品质量要求的基础上，通过“优化器”进行优化建模，模拟结果表明节能优化方案具备较大的操作调整空间，其中最优模拟结果如表5所示。

表5 能耗最优模拟结果

操作条件	3.5MPa蒸汽量	脱丁烷塔顶压力	F103瓦斯耗量	分馏塔进料温度	D107闪蒸压力
模拟数值	2t/h	1.0MPa	0.3t/h	258℃	0.2MPa

4 节能效果分析

利用上述模型计算数据，对比现有流程能源消耗数据，节能优化方案通过流程优化降低F103热负荷、停用F104，每小时可降低瓦斯消耗0.5t；通过利旧P113(电机功率75kW)替换P108(电机功率315kW)，每小时可节约电耗240kW；但是由于汽提需要，每小时增加3.5MPa蒸汽消耗2t，具体统计见表6。

表6 节能优化方案节能效果

能源名称	3.5MPa蒸汽	瓦斯	电	合计
节约能源/(t/h)	-2	0.5	240	
折合能耗/(kgEO/t)	-3.4	8.48	0.99	7.07

按8400h年运行时间核算，实施上述节能优化改造 每年可减少当量标准煤消耗4722t，节约成本233万元。

5 结论

1）脱丁烷塔由重沸炉工艺改造为汽提工艺，在提高分馏塔进料温度基础上停用分馏塔塔底重沸炉，可满足催化柴油改质方案生产需求。

2）脱丁烷塔采用汽提塔工艺可降低柴油及混合汽油产品硫含量。

3）通过实施本文的节能改造方案，装置综合能耗可降低7.07kgEO/t，每年可减少当量标准煤耗4722t，节约成本233万元。

参考文献

[1] 卢红，李振宇，李雪静，等．我国汽柴油消费现状及中长期预测[J]．中外能源，2014，19(1)：18-24.
[2] 王德会，许新刚，刘瑞萍，等．生产高附加值产品的LCO加氢新技术[J]．炼油技术与工程，2014，44(7)：11-14.
[3] 徐春明，杨朝合．石油炼制工程[M]．北京：石油工业出版社，2009.

蜡油加氢装置节能设施应用

张建斌

（中国石化齐鲁石化公司　山东淄博　255434）

摘　要　众所周知，加氢装置是耗电大户，尤其是高压加氢装置，以2.6Mt/a蜡油加氢装置为例，电单耗约28.32kW·h/t，年耗电约73.63MkW·h。随着技术的不断进步，一些节能措施及能量回收设施的应用，使装置电耗得到显著下降，本文主要介绍了部分节能措施在蜡油加氢装置的应用效果以及节能设施日常运行时的相关注意事项。

关键词　蜡油加氢；节能；应用

1　新氢机-贺尔碧格无级调量系统

新氢机是保证加氢装置反应压力的关键设备，主要作用是将新氢压力从2.0MPa升至12MPa，新氢机基本上都是多级压缩的往复机，电耗很高，功率一般都要在几千千瓦，是加氢装置最大的耗电设备，耗电量约占装置总电耗的45%~50%。加氢装置有时受各种原因影响，负荷波动较大，为了匹配工艺负荷，常常采用旁路回流的方式调节流量。这种方式虽然方便及时，但造成了大量的能量浪费。

2.6Mt/a蜡油加氢装置新氢机型号为4M125-44/20-133-BX，入口压力为2.0MPa，排气压力13.4MPa，额定流量为47000m³/h，轴功率3930kW，驱动电机功率4350kW。该机一级出口存在抽气，即0.6Mt/a航煤加氢装置从一级出口获取新氢，流量约1200m³/h，2.6Mt/a蜡油加氢装置新氢耗量约41000m³/h。

但是，由于加工负荷和原料性质等原因，2.6Mt/a蜡油加氢装置实际氢耗约28000m³/h左右，机组运行电压10kV，运行电流约200A，回流阀开度90%~98%，造成了极大的能量浪费。为了降低电耗势必要寻找一种节能方式。目前，往复机节能采用的比较多的方式是贺尔碧格无级调量技术和余隙调节技术，蜡油加氢新氢机采用的是贺尔碧格无级调量系统。

贺尔碧格无级调量系统有现场设施、控制柜、DCS系统三大部分组成如图1所示。现场设施有控

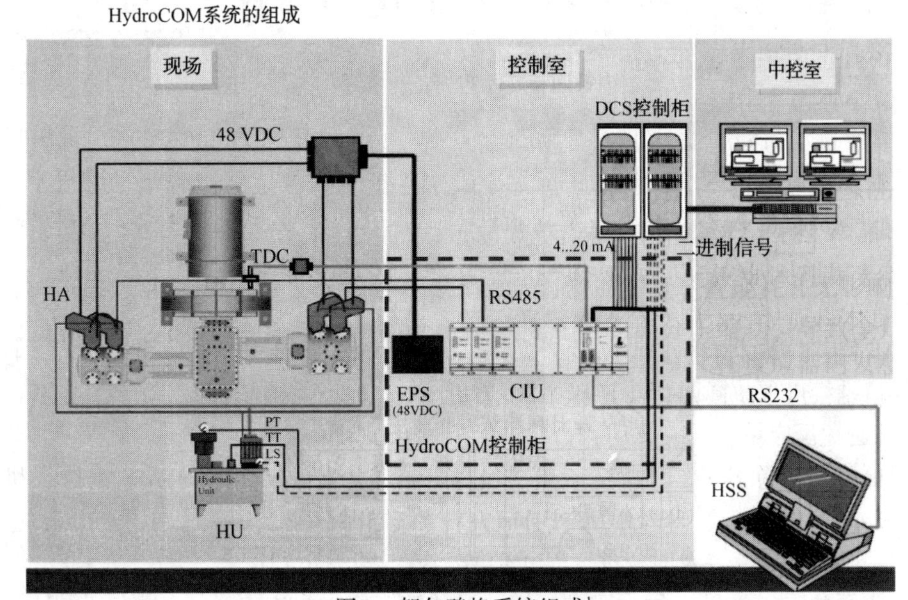

图1　贺尔碧格系统组成[1]

制油站、执行机构、测量定位点组成(见图2)。控制柜由厂家提供的CIU模块组成，主要是将DCS信号转变后输出至现场执行机构。DCS就是机组控制与监控系统。

图2　测量定位点

贺尔碧格的工作原理可以简称“回流省功”。如图3所示通过控制进气阀的开关时间改变活塞做功的有效行程，使多余的气体在压缩时通过进气阀返回入口。即当进气终了时，进气阀阀片在执行机构作用下仍被卸荷器强制的保持开启状态，活塞开始压缩气体时，原吸入气缸的气体通过开启的进气阀回流到进气管不被压缩。当活塞运动到特定位置时，执行机构作用在进气阀片上的强制外力消失，进气阀关闭，气缸内剩余的气体开始被压缩。活塞运行到特定位置是通过测量定位点后将信号传至CIU，CIU通过计算转化为活塞行程，从而控制执行机构动作。

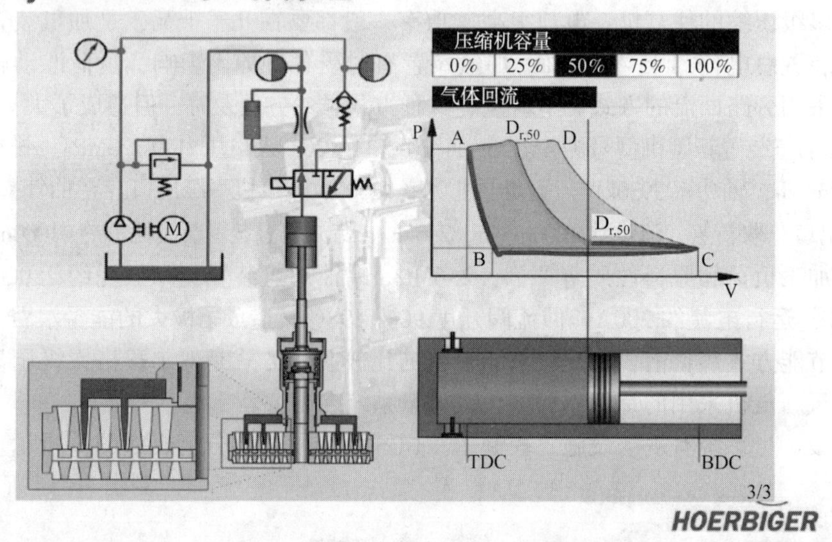

图3　贺尔碧格工作原理[1]

贺尔碧格系统投用后，机组回流阀最低关至0.5%，最大开度为23%左右，机组运行电流降至140A左右，投用后电流降低60A，电约935kW，按280t/h进料算，贺尔碧格系统投用后电单耗下降3.34kW·h/t，下降约11.8%。每年按运转8300h计算，电费按0.65元/(kW·h)计算，年节约电费504万元。而贺尔碧格系统总投资需要120万元，投资回收周期大约3个月。

通过4年的运行，在运行中应注意以下事项：

1）启机前要确认控制方式在手动同步位置，负荷为零，否则会引起反应系统压力大幅波动；

2）贺尔碧格系统出现故障时，停止现场油站油泵，机组负荷即切换至100%，操作人员应及时调节回流阀开度，避免反应系统压力波动；

3）吸气阀更换时拆除执行机构时，先联系仪表人员将执行机构断电，避免执行机构电气元件短路；

4）飞轮拆卸时，定位点要及时校准，防止信号偏差或检测不到；

5）执行机构寿命约24000h，运行时做好统计，预知维修时集中更换，尽量减少非计划检修；

6）日常巡检时注意油站、油管连接处有无泄漏。

2 进料泵-液力透平系统

透平是一种将流体工质中蕴含的能量转换成机械能的能量回收机器(见图4)。透平的最主要的部件是一个具有沿圆周均匀排列叶片的叶轮。具有较高压力能的流体流过叶轮时冲击叶片，推动叶轮转动，从而驱动轴旋转。轴直接或经传动机构带动其他机械，输出机械功。透平可以用液体、蒸汽、燃气、空气和其他气体或混合气体作为工质，以液体为工质的透平称为液力透平。液力透平的典型结构形式为离心式，除按要求进行水利设计外，一般可以采用离心泵反转运行做透平。

蜡油加氢装置的反应系统特点为高温、高压，热高压分离器的温度在250℃左右，压力控制在11.0MPa，热低压分离器的压力在2.5MPa左右，而13MPa的压差通常是通过高压角阀 进行减压处理，导致大量的能量浪费，而液力透平的投用，刚好可以回收这部分能量，使得装置的能耗大大降低。蜡油加氢装置反应进料泵采用电机主驱动配套液力透平辅助驱动(见图5)，组合成反应进料泵-液力透平泵组，用以回收反应生成油从热高分至热低分的压力能。在保证装置运行安全性和可靠性的前提下，反应进料泵(P102A)—液力透平(HT101)泵组能回收热高分油中蕴含的70%~80%的压力能，节能达电机功率的30%~40%。

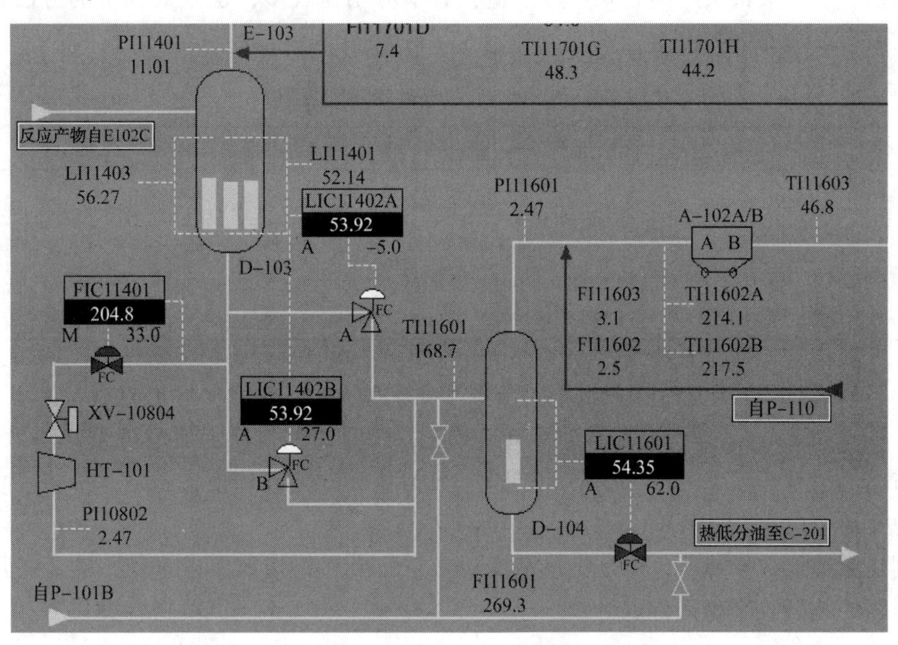

图4 液力透平工艺流程图

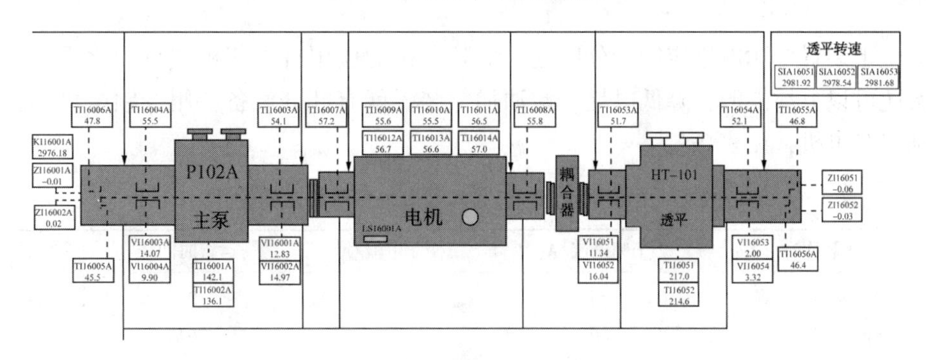

图5 泵组示意图

2.6Mt/a蜡油加氢装置反应进料泵P102A电机设计功率为2400kW，液力透平HT101设计输出功率600kW。液力透平正常投用时装置平均电单耗降低约1.94kW·h/t，每月(按30d算)可节约电量

43.2kW·h，每月节约电费36.72万元，液力透平投资约400万元，大约11个月可收回投资成本。

通过4年的运行及兄弟单位经验教训，在运行中应注意以下事项：

1）透平首次开机前暖泵时要格外注意，暖泵时要严格控制升温速度，用正常暖泵流程暖泵，切不可为了加快暖泵速度投用主流程，暖泵过程中盘车时要关闭暖泵流程，避免在外力作用下，透平冲转伤人；

2）主泵检修时，液力透平保持正常预热，以备主泵开启后，尽快投用液力透平，透平预热时，要检查确认离合器在“脱开”位置；

3）透平密封冲洗方案采用的是PLAN54，油泵分为主、副油泵，主、副油泵正常切换时，密封油差压要改手动控制，避免油压大幅波动造成透平联锁停机；

4）透平封油采用水冷器冷却，由于回油温度较高，循环水易结垢。目前夏季需要喷淋降温并且定期酸洗，今后再有同类装置建议冷却水改为除盐水，避免结垢。

3 叶轮切削

加氢装置在离心泵选型时往往偏大，再加上装置处理量偏低，这种情况往往会造成能耗增加。为了降低装置的能耗，一般都会对离心泵进行改造，其中应用比较多，也是最经济的方法就是叶轮切削或叶轮抽级(多级泵)。蜡油加氢装置截止到目前有4台泵进行了叶轮切削，见表1。

表1 蜡油加氢机泵叶轮切削明细

位号	名称	型号	电机功率/kW	改前电流/A	改后电流/A	节电功率/kW
P101B	原料油升压泵	250AYS175	280	14	12	31.2
P203A	分馏塔塔顶冷凝水泵	ZHYa25-315	18.5	30	20	6
P204A	分馏塔塔顶回流泵	ZHYa40-400	55	80	65	9
P206B	分馏塔塔底泵	250AYS160×2	400	26	20	93.5

从表一中可以看出，4台泵改造后每小时节电139.7kW·h，按280t/h进料算，进4台泵叶轮切削后电单耗可降低0.5kW·h/t。按照厂机动科管理规定，每月定期切换，切削机泵运转每月不少于25d算，每年可节电约1.006MkW·h。通过车间探索，实际上每次定期切换备用泵运转4h，完全可以满足条件，这样每年可节电1.217MkW·h。

叶轮切削机泵节能效果显著，但是机泵定期切换工作要严格按照要求进行，避免备用机泵检查不到位，关键时候影响装置平稳运行。

4 变频电机

现在石油化工装置变频电机应用十分广泛，变频电机的应用首先使机械自动化程度和生产效率大为提高，其次还可以节约能源，降低电耗。蜡油加氢装置就有部分设备应用变频电机，主要集中在空冷电机和个别水泵电机，见表2。

表2 2018年蜡油加氢装置变频设施运行时间统计

位号	名称	工频电流/A	变频电流/A	运行时间/h	节电/kW·h
A101A	热高分气空冷器	40	33	7648	29950
A101C	热高分气空冷器	40	33	7648	29950
A101E	热高分气空冷器	40	33	7648	29950
A101G	热高分气空冷器	40	33	7648	29950
A201B	气提塔塔顶空冷器	31	24	7648	29950

续表

位号	名称	工频电流/A	变频电流/A	运行时间/h	节电/kW·h
A202A	分馏塔塔顶空冷器	31	24	7648	29950
A202C	分馏塔塔顶空冷器	31	24	7648	29950
A203A	柴油空冷器	31	24	7648	29950
A204A	分馏塔产品空冷器	40	33	7648	29950
A204C	分馏塔产品空冷器	40	33	7648	29950
G1	鼓风机	40	25	8760	73510
P901B	锅炉给水泵	150	95	8752	285130

变频电机在给装置操作带来方便和节能降耗的同时，在运行中要注意负荷问题，当电机负荷较高时(90%以上)，投用变频器不仅不节能，而且对变频器的使用寿命有影响，此时应该改为工频运行，当负荷降下来时再改投变频运行。

5 结语

表 3 四种措施节能效果统计(2018 年)

名称	年节电/kW·h	总计节电/kW·h	原设计年耗电/kW·h	节约电量百分比/%
贺尔碧格系统	6955408.9	12610717	73630000	17.1
液力透平	3780167.9			
叶轮切削	1217000			
变频	658140			

通过表 3 我们发现，以上 4 种措施投用后，效益十分可观，每年可节电约 12.46MkW·h，装置电单耗也下降了 17.1%，这些经验在以后新装置建设或设备改造提供了有效的依据。同时我们还注意到装置内还可以有节能优化的地方，比如循环氢脱硫塔富胺液系统也可以增设液力透平，加热炉引风机可以进行转子改造等项目以达到进一步优化装置经济运行。

参 考 文 献

[1] 往复式压缩机 HrdroCOM 系统介绍．贺尔碧格(上海)有限公司．

基于两套渣油加氢装置能耗对比分析的节能优化

姜仲凯

(中国石化金陵石化公司　江苏南京　210033)

摘　要　中国石化金陵石化公司目前在运两套渣油加氢装置，均采用大连(抚顺)石油化工研究院(FRIPP)提供的设计基础数据进行设计，反应部分采用热高分工艺流程，分馏部分采用汽提塔+分馏塔流程。但两套渣油加氢装置的能耗差异较大，通过对比分析，能耗差距较大有三个部分：3.5MPa 蒸汽消耗、电耗和燃料气消耗。对能耗较高的Ⅰ套渣油加氢装置通过严格控制原料性质，减缓系统压降升高，提高循环氢纯度，减少蒸汽消耗；提高原料预热温度，减少瓦斯消耗；关小机泵小流量线，节能设备精细操作，减少装置电耗；实时调节循环水量，减少除氧水用量，增加 1.0MPa 蒸汽产出等措施，能耗从优化前的 12.42kgEO/t 降至 10.81kgEO/t，效果显著，预计一年节约标油 2898t，节约成本 387 万元。

关键词　渣油加氢；能耗；中压蒸汽；燃料气；优化

1　前言

中国石化金陵石化公司在运两套渣油加氢装置，1.8Mt/a 渣油加氢装置(Ⅰ渣加)和 2.0 Mt/a 渣油加氢装置(Ⅱ渣加)，Ⅰ渣加采用大连(抚顺)石油化工研究院(FRIPP)提供的设计基础数据进行设计，于 2012 年 9 月建成投产，目前运行第五周期，采用大连(抚顺)石油化工研究院研制的渣油加氢处理催化剂进行级配装填。Ⅱ渣加于 2017 年 8 月建成投产，目前运行第二周期，采用美国壳牌公司研制的渣油加氢处理催化剂进行级配装填。两套渣油加氢加工的原料相同，工艺流程设计大致相同，通过加氢反应，脱除原料油中的金属、硫、氮、沥青质等杂质，降低残炭值，为下游催化裂化提供优质原料[1]，是全厂重油平衡以及油品质量升级改造工程的重要装置。但两套渣油加氢装置能耗控制水平一直存在较大的差异。因此，细致分析比较两套装置特点和管理技术方面存在的差异，实施多项节能降耗措施，不断降低装置综合能耗，显得尤其重要。

2　两套渣油加氢装置能耗对比分析

渣油加氢工艺主要包括催化加氢反应系统、反应产物分离系统、脱硫系统和分馏系统等。由于装置运行环境是高温、高压、临氢状态下，因此原料油和氢气的升温、升压会消耗大量的动力和燃料气。对两套渣油加氢装置开工后的第三个月进行能耗标定，标定数据如表 1 所示。

表 1　两套渣油加氢装置标定期间能耗数据

项目	实物消耗		能量消耗(kgEO/t)	
	Ⅰ渣油加氢	Ⅱ渣油加氢	Ⅰ渣油加氢	Ⅱ渣油加氢
处理量/t	162328	186034	—	—
新鲜水/t	11	57	0	0
循环水/t	1174744	897386	0.72	0.48
除盐水/t	8984	15933	0.13	0.2
电/(kW·h)	5770364	5350528	8.18	6.62
3.5MPa 蒸汽入设备/t	28677	24620	15.55	11.65
1.0MPa 蒸汽出设备/t	11693	27531	-5.47	-11.25

续表

项目	实物消耗		能量消耗(kgEO/t)	
	Ⅰ渣油加氢	Ⅱ渣油加氢	Ⅰ渣油加氢	Ⅱ渣油加氢
0.5MPa 蒸汽出设备/t	30672	9008	-10.38	-2.66
加氢重油热输出设备/t	136056	98844	-1.67	-1.06
燃料气/t	916	796	5.36	4.06
能耗合计	—	—	12.42	8.04

从表1可以看出，Ⅰ渣加装置能耗比Ⅱ渣加能耗高出了54%，能耗优化空间巨大，两套渣油加氢装置的能耗占比情况如图1所示，两套渣油加氢装置能耗占比较为相似，3.5MPa 中压蒸汽、电耗和燃料气在综合能耗中所占比例较高，其中3.5MPa 中压蒸汽能耗占比达50%以上，因此装置的节能降耗应重点放在降低、中压蒸汽、电、燃料气的消耗上。

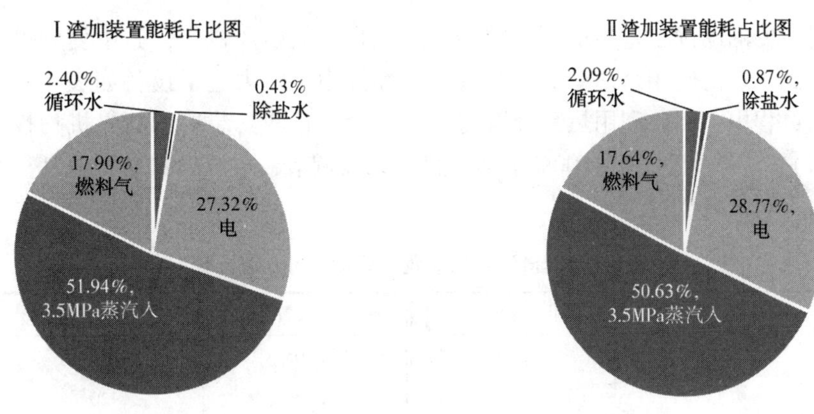

图1　两套渣油加氢装置的能耗占比情况

2.1　3.5MPa 中压蒸汽消耗的比较

渣油加氢装置3.5MPa 中压蒸汽作为循环氢压缩机汽轮机驱动蒸汽和汽提塔的汽提蒸汽。降低装置中压蒸汽消耗，主要方法是在保证反应系统氢油比的前提下，适当降低循环机运行负荷、转速，保证产品质量的同时减少汽提蒸汽的耗量[2]。

从表2可以看出，Ⅰ渣加 T201 汽提蒸汽耗量和汽轮机蒸汽耗量均比Ⅱ渣加要多，且Ⅱ渣加在循环氢量比Ⅰ渣加多14%的情况下，汽轮机的蒸汽耗量仍比Ⅰ渣加少，说明Ⅰ渣加汽轮机效率比Ⅱ渣加低很多，存在优化空间。T201 汽提塔蒸汽主要是根据石脑油的硫含量来调整，区别不大，汽轮机蒸汽主要由反应系统的压降和循环氢流量决定，系统压降和循环氢流量越大，中压蒸汽耗量也越大[3]，Ⅰ渣加反应系统压降高主要原因是反应炉增加了中间炉膛，炉管内压降增加。

表2　两套渣油加氢装置3.5MPa 中压蒸汽的消耗情况

	Ⅰ渣油加氢	Ⅱ渣油加氢
T201 汽提蒸汽耗量/(t/h)	4.1	3.0
汽轮机蒸汽耗量/(t/h)	34.0	30.1
系统压降/ kPa	2730	2660
汽轮机转速/(r/min)	8400	8500
循环氢量/(m^3/h)	204990	233485

表3是两套渣油加氢装置蒸汽平衡统计情况，其中Ⅱ渣加 1.0MPa 蒸汽产出中还包括了中压汽包 V404 的发汽，从表中能看出两套装置蒸汽平衡偏差分别在0.23%和0.52%，虽然Ⅰ渣加 3.5MPa 中压蒸汽耗量大，但汽轮机做功后得到的1.0MPa 的低压蒸汽也多，其中部分1.0MPa 的低压蒸汽并入

0.5MPa 蒸汽管网后送至硫黄装置回用，表中的平衡数据说明两套装置的蒸汽总量相对平衡。

表 3 两套渣油加氢装置蒸汽平衡情况 t/h

项目	Ⅰ渣油加氢	Ⅱ渣油加氢
3.5MPa 蒸汽入	38.54	33.09
1.0MPa 蒸汽产出(V402 发汽)	12.07	12.83
0.5MPa 蒸汽产出(V401 发汽)	15.97	11.87
3.5MPa 蒸汽消耗(T201 汽提蒸汽)	-4.11	-3.20
1.0MPa 蒸汽消耗(伴热+T202 汽提蒸汽)	-5.38	-5.18
1.0MPa 蒸汽出	-41.23	-37.00
0.5MPa 蒸汽出	-15.72	-12.11
汇总	0.16	0.30

2.2 电耗的比较

渣油加氢装置主要的动设备包括机泵、空冷、新氢机、鼓引风机等，其中变频设备因其出色的节能效果在装置中得到了广泛应用。两套渣油加氢装置都投用了液力透平设备如表 4 所示，在热高分液降压为热低分液的过程中，回收利用热高分液的部分能量，且两套装置的新氢机均投用了无级气量调节系统(HydroCOM)，能够实现 0%~100%手动和自动无级调节，可以根据装置氢耗变化，及时调整压缩机负荷，从而减少新氢机电耗[4]。

表 4 两套渣油加氢装置主要动设备电流比较

动设备	Ⅰ渣油加氢	Ⅱ渣油加氢	动设备	Ⅰ渣油加氢	Ⅱ渣油加氢
C102A/C	200	210	P105	80	65
P101	23	10	P205	20	23
P102	130	120	K101	14	10
P103	180	210	K102	40	40
P104	54	55			

从表 4 数据能看出，两套装置主要动设备的电流相差不大，但在能耗表中对应的电耗却相差 1.56 kgEO/t，主要原因在于。

1）规模效应：Ⅰ渣加设计加工量 1.8Mt/a，即 225t/h；Ⅱ渣加设计加工量 2.0Mt/a，即 250t/h。由于加工规模的增加，装置的动设备均一定程度上扩大，受益于加工量的增加，各项消耗下降，造成总能耗有所降低。

2）Ⅰ渣加开工后的第三个月月初新氢不足和酸性气超负荷，装置降低了处理量。

3）液力透平 HT101 仍在外维修，P102 耗电相比于Ⅱ渣加高不少。

2.3 燃料气消耗的比较

渣油加氢装置燃料气使用点主要是反应炉 F101 和分馏炉 F201。两套渣油加氢装置燃料气的消耗情况如表 5 所示。

表 5 两套渣油加氢装置燃料气的消耗情况

		Ⅰ渣油加氢	Ⅱ渣油加氢
F101	燃料气耗量/(Nm³/h)	1010	753
	入口温度/℃	327	338
	出口温度/℃	355	357
	出入口温差/℃	28	19

续表

		Ⅰ渣油加氢	Ⅱ渣油加氢
F201	燃料气耗量/(Nm^3/h)	660	423
	入口温度/℃	314	333
	出口温度/℃	345	349
	出入口温差/℃	31	16
	炉效/%	93.5	93.8

Ⅰ渣加反应炉 F101 设计出入口温差 20(初期)~25℃(末期)，从表 5 可以看到当月实际温差为 28℃，瓦斯耗量为 1010Nm^3/h，Ⅱ渣加反应炉 F101 设计出入口温差 28(初期)~33℃(末期)，当月实际温差为 19℃，瓦斯耗量为 753Nm^3/h，Ⅰ渣加负荷高于Ⅱ渣加。

Ⅰ渣加分馏炉 F201 设计出入口温差 22(初期)~31℃(末期)，当月实际温差为 31℃，瓦斯量为 660Nm^3/h。Ⅱ渣加分馏炉 F201 设计出入口温差 29(初期)~32℃(末期)，当月实际温差为 16℃，瓦斯量为 423Nm^3/h。Ⅰ渣加负荷明显高于Ⅱ渣加。

Ⅰ渣加用于加热炉燃料气的耗量比Ⅱ渣加多很多，主要原因包括以下三点：

1) 反应进料的炉前换热流程的差异，两套渣油加氢原料换热流程如图 2、图 3 所示。

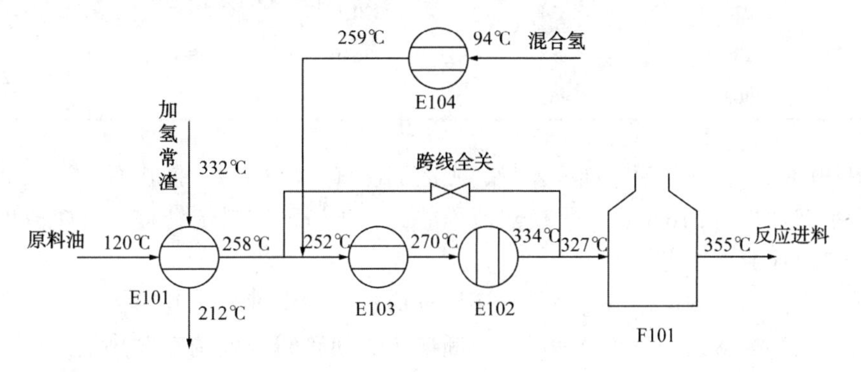

图 2 Ⅰ渣加原料换热流程

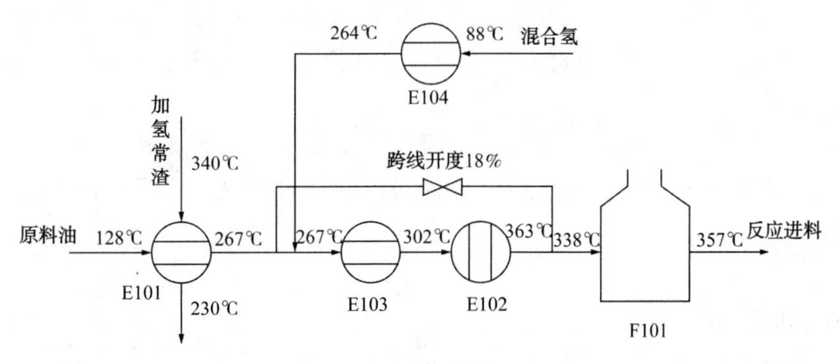

图 3 Ⅱ渣加原料换热流程

从换热流程图可以看出：换热器 E101(混合原料/加氢常渣)和 102(反应进料/反应流出物)的换热效果差异显著。

从表 6 可以看出，混合原料油经与加氢常渣换热后，Ⅰ渣加原料温度由 122℃提高至 251℃，而Ⅱ渣加由 128℃提高至 267℃，换热后温度相差 16℃，扣除原料起始温度差异，净温差相差 10℃，换热效果差别明显。查换热器结构资料发现，E101 换热面积Ⅱ渣加比Ⅰ渣加略小，只不过内部折流板形式存在差异，Ⅰ渣加为双弓型，Ⅱ渣加为单弓型，查资料得知：单弓型换热器换热效果好于双弓型，但压降略高于双弓型。

表6 换热器E101的设计和实际数据对比

装置		原料(壳程)		加氢常渣(管程)		换热面积/m^2	原料侧换后温差/℃
		换热前/℃	换热后/℃	换热前/℃	换热后/℃		
Ⅰ渣	设计	154	255	354	255	297.6×3	101
	实际	122	251	332	212		129
Ⅱ渣	设计	153	280	349	237	281.3×3	127
	实际	128	267	340	230		139

从表7可以看出，混合氢与原料油混合后组成反应进料经E102换热后，Ⅰ渣加温度从270℃提高64℃至334℃，Ⅱ渣加在目前高换跨线开度18%的情况下提高了61℃至363℃，导致原料在E102换热后Ⅰ渣加温度比Ⅱ渣加低29℃。

表7 换热器E102的设计和实际数据对比

装置		反应进料		反应流出物		换热面积/m^2	原料侧换后温差/℃
		换热前/℃	换热后/℃	换热前/℃	换热后/℃		
Ⅰ渣	设计	284	359	425	360	1235	75
	实际	270	334	390	337		64
Ⅱ渣	设计	284	358	426	360	516×2	74
	实际	302	363	389	351		61

差异的主要原因在于，一是换热面积差异，Ⅰ渣加仅有一台E102，换热面积为1235m^2；Ⅱ渣加为两台串联，单台换热面积为516m^2；二是换热流程差异，Ⅰ渣加原料走管程，反应流出物走壳程；Ⅱ渣加原料走壳程，反应流出物走管程。

结合两套装置上个周期的运行情况来看，后期反应流出物温度继续升高，Ⅰ渣加的高换取热能力有限，加热炉负荷会继续增大，而Ⅱ渣加可以不断减小高换跨线开度调整取热量，推迟提高反应炉负荷的时间，从而节约瓦斯消耗。

2）Ⅱ渣加炉效比Ⅰ渣加略高，说明Ⅱ渣加装置的能量利用率要更高一些，Ⅰ渣加余热回收系统中排烟温度为130℃，Ⅱ渣加排烟温度为82℃，Ⅰ渣加排烟温度明显高于Ⅱ渣加，空气预热器换热能力不足，存在优化空间。

3）Ⅰ渣油自2012年9月建成投产，目前已运行至第五周期，而Ⅱ渣加2017年8月投产，目前才运行第二周期。与Ⅱ渣加相比，Ⅰ渣加加热炉隔热保温效果下降明显，热量损失比Ⅱ渣加要大很多。

3 节能降耗的措施

3.1 降低3.5MPa蒸汽消耗

1）保证3.5MPa中压蒸汽的压力和温度，当3.5MPa中压蒸汽压力和温度降低，或是汽轮机背压压力升高，都会造成汽轮机耗气量增加，此时应及时联系调度，尽快将温度压力恢复至正常值，提高蒸汽作功能力。

2）适当提高循环氢纯度，可以减少循环氢量，从而减少中压蒸汽耗量。及时根据每天循环氢中甲烷、乙烷等杂质的气体含量对排废氢阀进行调整，避免排废氢阀开度过大造成循环氢损失或开度过小造成循环氢纯度下降。

3）由于反应系统压降越大，中压蒸汽耗量越大，故可考虑将Ⅰ渣加F101增加的炉膛拆除，减小炉管内压降较高的问题，同时严格控制原料油内Ni、V、Fe、Ca等金属离子以及残炭、胶质和沥青质的含量，避免催化剂孔隙率加速下降，优化催化剂装填方案，保证装置操作平稳(无过热飞温现象、无床层偏流或沟流现象)[5]。

4）及时根据反应耗氢量调整循环机转速，鉴于加氢常渣质量过盛，适当降低循环机转速，从8400r/min降至8200r/min，使中压蒸汽用量降低2.3t/h，节约成本201万元/a。

5）在保证石脑油总硫合格的情况下，优化操作，降低汽提塔T201蒸汽量，减少中压蒸汽0.55t/h，节约成本52万元/a。

3.2 降低动设备电耗

1）两套渣油加氢装置投用了液力透平设备，在热高分液降压为热低分液的过程中，回收利用热高分液的部分能量，热高分液相从V103至热低分V104的流程上分别设计了A阀、B阀和C阀，其中C阀和液力透平相连，在保证A阀或B阀有15%~20%开度的同时，尽量将C阀阀位开大，保证液力透平能回收的能量尽可能多。

2）优化高压泵的操作，在Ⅰ渣加设备工况允许的情况下，逐步关小小流量线，降低泵的负荷，减少电耗。反应进料泵电流由120A降至118A，高压溶剂泵由55A降至50A，共节约电流7A，节约成本88万元/a。

3）若能通过调整百叶窗开度调整产品温度，尽量不开或者少开空冷A204。

4）Ⅰ、Ⅱ渣加共用备机C102B增加无极气量调节，以防止C102A或C102C出现问题时开C102B增加过多电耗。

5）严格控制加热炉过剩空气系数，尽量通过调整烟道挡板开度或风门开度，不推荐提高鼓引风机变频信号。

3.3 降低燃料气消耗

1）提高热直供料比例，既减少上游装置空冷电耗，又能降低原料升温所消耗的瓦斯量。如图4所示，在提高热直供料比例后，混合原料油温度由原来的138℃提高到143℃左右，涨幅明显。

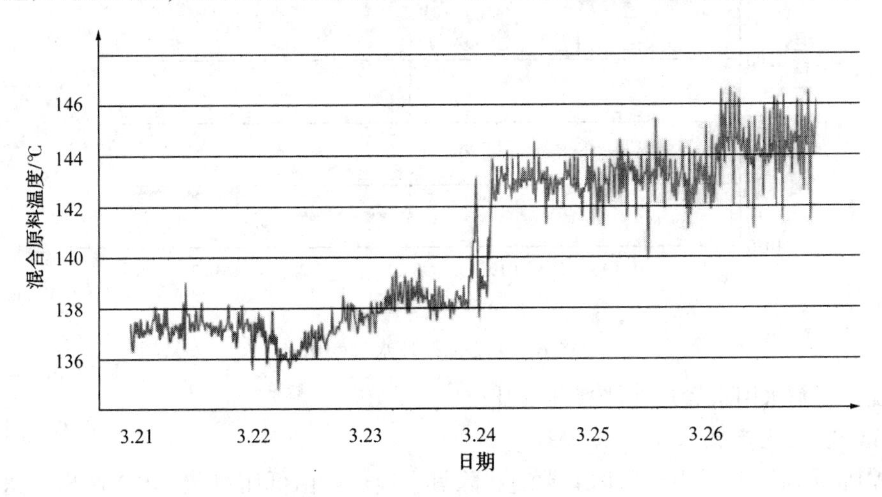

图4 Ⅰ渣加混合原料温度变化

2）根据反应温升，适当提高催化重柴的掺加量。

3）在保证烟气各项指标合格的前提条件下，严格控制加热炉烟气中的氧含量，从原来的2.0降至1.8，加热炉炉效从原来的93.5%提高至93.8%。

4）加强加热炉系统的隔热保温和密封，对加热炉炉墙、衬里、烟道、风道、看火窗等部位加强巡检观察，发现有保温隔热层破损的位置，及时进行修补。

图5显示的是优化前后瓦斯耗量的变化曲线，能看出在采取上述节能降耗手段后Ⅰ渣加加热炉瓦斯耗量从原来的1670Nm³/h降至1560Nm³/h，节省了约7%的瓦斯，节约成本140万元/a。

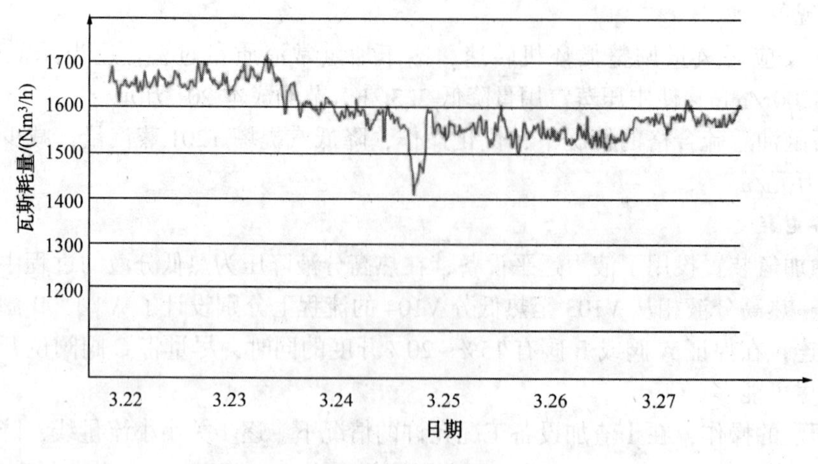

图5 Ⅰ渣加瓦斯耗量变化

3.4 降低水耗

1）加强用水管控，不断提高净化水用量，降低除氧水消耗，注水中净化水比例由50%逐步提高至70%以上。

2）适当提高乏汽回收罐温度，从原来的83℃提高到85℃，减少冷却除盐水用量。

3）根据环境温度，调整循环水阀门开度，有效控制循环水耗量。从图6可以看出，Ⅰ渣加装置循环水量从1200t/h降至1100t/h，降耗效果明显。

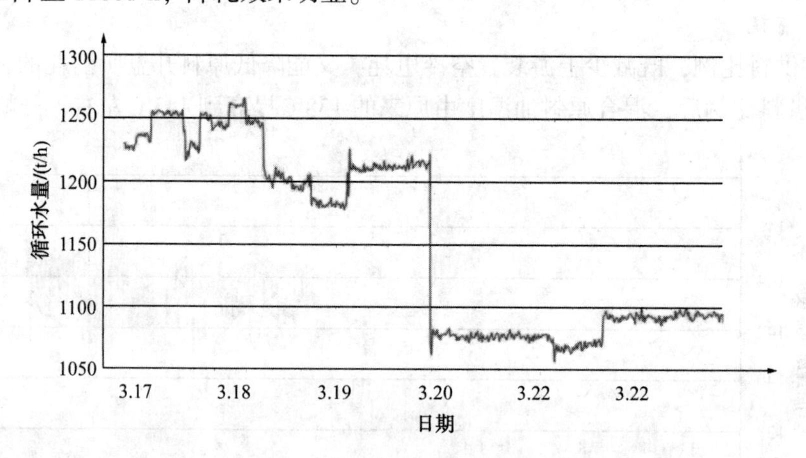

图6 Ⅰ渣加循环水量变化

4）加强现场新鲜水用水管理，严禁乱排乱放。

3.5 提高1.0MPa蒸汽产出

装置1.0MPa蒸汽主要利用产品加氢常渣和除氧水换热，由低压汽包V402产出，送至低压蒸汽管网和作为分馏塔汽提蒸汽，或至硫黄补汽。

1）在保证蒸汽质量合格的情况下，降低发汽压力，可以提高蒸汽产量。

2）及时根据装置加工负荷变化，适当调整分馏塔的汽提蒸汽用量。

3）1.0MPa发汽至硫黄补汽手阀关小，可使1.0MPa蒸汽出汽量增加。

4）及时根据季节环境温度，调整仪表伴热、工艺管线伴热，适当降低低压蒸汽的用量。

5）对低压蒸汽伴热情况进行全面检查，重点处理长冒气、长流水的情况，及时清理蒸汽疏水器。

4 优化前后节能效果比较

针对Ⅰ渣加能耗高的问题，采取上述节能降耗措施后，对优化前后能耗数据进行了对比，对比情况如表8所示。

表 8. 优化前后 I 渣加能耗对比

项目	优化前		优化后	
	实物消耗	能量消耗/(kgEO/t)	实物消耗	能量消耗/(kgEO/t)
处理量/t	162328	—	171589	—
新鲜水/t	11	0	8	0
循环水/t	1174744	0.72	861044	0.5
除盐水/t	8984	0.13	8763	0.13
电/(kW·h)	5770364	8.18	5629632	7.55
3.5MPa 蒸汽入设备/t	28677	15.55	28790	14.76
1.0MPa 蒸汽出设备/t	11693	-5.47	21663	-9.59
0.5MPa 蒸汽出设备/t	30672	-10.38	16884	-6.04
加氢重油热输出设备/t	136056	-1.67	147283	-1.71
燃料气/t	916	5.36	941	5.21
能耗合计	—	12.42		10.81

从表 8 中可以看出，采取一系列节能降耗措施后，I 渣加能耗从 12.42kgEO/t 降至 10.81kgEO/t，能耗下降了 13%，效果显著。

5 结论

两套渣油加氢装置在生产工艺以及加工原料方面几乎一样，通过比较两套装置的能耗，找出 I 渣加能耗较高的原因和确定优化方向，主要通过对 3.5MPa 中压蒸汽、电耗、燃料气三个方面进行精细优化，有效地降低了装置能耗，从优化前的 12.42kgEO/t 降至 10.81kgEO/t，按年处理量 1.8Mt 计算的话，节约标油 2898t，可节约成本 387 万元。

参 考 文 献

[1] 郭强，刘铁斌，韩坤鹏. 400 万 t/a 渣油加氢脱硫装置能耗分析及生产运行探讨[J]. 当代化工，2020，49(2)：493-496.
[2] 马书涛. 渣油加氢装置节能优化设计[J]. 炼油技术与工程，2012，42(2)：56-59.
[3] 熊荣清，宋祖云. 渣油加氢装置降耗节能方式探讨[J]. 节能，2017，(9)：69-74.
[4] 刘峰奎，卢华，杨维鹏. 渣油加氢装置能耗分析及节能降耗措施[J]. 齐鲁石油化工，2016，44(1)：34-37.
[5] 王洪春，盖涤浩，杨耀森. 汽柴油加氢装置节能改造及效果分析[J]. 当代化工，2019，48(10)：53-56.

渣油加氢装置排放氢综合利用方案比较

尚计铎

（中国石化石家庄炼化公司　河北石家庄　050000）

摘　要　以1.5Mt/a单系列渣油加氢装置为计算基础，排放氢分别采用PSA进行提纯和直接降级作为其他装置补充氢使用，对2种方案的氢气利用率、能耗、操作费用进行了比较。结果表明：排放氢梯级利用无论在氢气利用率、能耗等方面都由于PSA提纯方案。

关键词　渣油加氢；PSA；梯级利用；氢气利用率

近年来，石油资源重质化、劣质化与产品要求轻质化的矛盾越来越明显，环保法规的要求日趋严格，如何高效利用石油资源成为炼化企业必须面对的问题。渣油加氢处理工艺作为重质油深度加工的重要手段，越来越受人们关注。目前渣油加氢处理有四种工艺：固定床加氢处理工艺，沸腾床加氢处理工艺，浆态床加氢处理工艺，移动床加氢处理工艺。其中，固定床加氢工艺因投资低，已成为目前渣油加氢装置主流工艺。

氢分压是影响渣油加氢反应过程最重要的参数之一。氢分压由反应过程的总压和反应器入口氢气纯度决定，氢分压过低，对渣油加氢反应过程及催化剂使用寿命会造成不利影响。渣油加氢工程设计中，通常控制循环氢中氢气纯度在85%以上。为保证循环氢的纯度，一般采取将循环氢压缩机入口分液罐顶的部分气体外排(高压排放氢)，通过高压排放氢带出循环氢系统中积聚的惰性组分，从而提高循环氢中氢纯度。

目前，炼油厂渣油加氢装置氢气提纯主要采用2种工艺方案。第一种为膜分离提纯，利用膜两侧的压力差作为推动力，将氢气提浓后返回新氢压缩机二级(或三级)入口[1]。第二种为PSA提纯，将排放氢降压后送至变压吸附装置，提纯处理后，作为纯氢进入新氢压缩机一级入口。石家庄炼化公司渣油加氢装置工程设计采用第二种方案。2017年，全厂氢气管网优化调整，通过技术改造将渣油加氢装置高压排放氢直接进入蜡油加氢装置梯级利用，已达到节能及降低氢气使用成本及节能降耗的目的。

1　改造前方案-PSA提纯

渣油加氢装置高压排放氢(操作压力为16.8MPa)通过高压角阀降压至2.1MPa后，送至重整氢PSA装置统一处理。变压吸附装置(PSA)通过利用同一压力下高沸点杂质组分易被吸附，而低压下被吸附介质易被解吸的特点，将含杂质的富氢气体送入吸附剂床层，在高压下通过吸附层时，将杂质吸附在吸附剂层内，高纯度的氢气经过吸附层从出口流出，从而对氢气进行提纯；在低压下将吸附层内吸附的杂质解吸、再生，从而达到吸附剂的吸附和再生循环。以渣油加氢排放氢作为PSA原料，产品氢组成见表1，经PSA提纯后的循环氢组成见表2。流程示意图见图1。

表1　PSA产品氢组成

组分	浓度/%	组分	浓度/%
H_2	99.9	压力/MPa	2.1
C_1	0.1	氢气回收率/%	86
合计	100		

表 2 循环氢组成(排放氢流量 7400Nm³/h 时)

组分	浓度/%	组分	浓度/%
H_2	88.9	IC4	0.2
C_1	8.1	NC4	0.1
C_2	1.8	C_{5+}	0.1
C_3	0.8	合计	100

2 改造后方案-排放氢梯级利用

2017 年渣油加氢装置改造，增加高压排放氢(操作压力为 16.8MPa)进入蜡油加氢装置冷高分器气相出口(操作压力为 9.1MPa)流程，将高压排放氢降压，不经过提纯工段，减少提纯过程造成的氢气损失，不经过新氢压缩机升压，直接作为蜡油加氢装置补充氢使用，结合蜡油加氢装置补充氢压缩机配备的无级气量调节系统，实现最大化降本降耗。排放氢梯级利用见图 2。

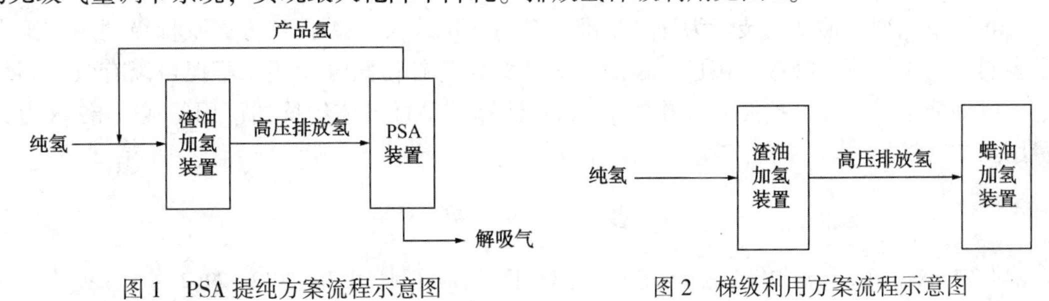

图 1 PSA 提纯方案流程示意图　　图 2 梯级利用方案流程示意图

3 两种方案比较

装置实际生产流程中，PSA 提纯后氢气等同于纯氢，因此，采取同一状态对排放氢的不同去向进行比较分析(表 2 状态)。

3.1 氢气利用率比较

根据表 3 数据分析，7400Nm³/h 排放氢中含有氢气 6579Nm³/h。在方案 1 中，由于 PSA 装置本身生产特性，在提纯过程中，会导致 920Nm³/h 的氢气在吸附剂再生的过程中随烃类组分进入解吸气中，作为加热炉瓦斯燃烧使用，造成氢气的浪费。方案 2 较方案 1，氢气有效利用率高 16%。按照月操作时数 720h 计算，节约炼油厂用氢成本 82.8 万元。

表 3 排放氢所含氢气去向对比

氢气去向	方案 1	方案 2	差值	氢气去向	方案 1	方案 2	差值
供加氢装置使用/(Nm³/h)	5658	6578	-920	进入燃料气管网/(Nm³/h)	920	0	920

3.2 能耗比较

对于渣油加氢装置，方案 1 较方案 2 操作并无差别，对渣油加氢装置能耗并无影响。但对于蜡油加氢装置及 PSA 装置，增加了新氢压缩机和解吸气压缩机升压的部分压缩功，导致全厂耗电量增加。2 种方案的主要能耗及消耗比较如表 4 所示。

表 4 主要能耗及消耗比较

项目	方案 1	方案 2	项目	方案 1	方案 2
新氢压缩机功率/kW	基准	-45.94	循环水/(t/h)	基准	-5
解吸气压缩机功率/kW	基准	-79.31			

3.3 操作费用比较

2种方案的操作费用比较如表5所示。按月操作时数720h计算，以表5所列单价计算，采用方案2比方案1，每月操作费用减少4.77万元。

表5 两种方案的工程投资比较

项目	方案1	方案2	单价/(万元)	操作费用变化/(万元/月)
新氢压缩机功率/kW	基准	-45.94	0.52	-1.72
解吸气压缩机功率/kW	基准	-79.31	0.52	-2.97
循环水/(t/h)	基准	-5	0.22	-0.08
合计				-4.77

4 总结

以1.5Mt/a单系列渣油加氢装置为计算基准，对高压排放氢PSA提纯方案及梯级利用方案进行对比的结果表明：高压排放氢降级直接进入蜡油加氢装置作为补偿氢气使用，不但可以有效提高氢气利用率，还可以降低全厂能耗。按照月操作时数720h计算，每月可节约炼油厂用氢成本82.8万元，节约操作费用4.77万元。

参考文献

[1] 李浩，范传宏，刘凯祥．渣油加氢工艺及工程技术探讨[J]．石油炼制与化工，2012，29(2)：31-39.

·其　　他·

焦化干气加氢过程中碳氧化物反应研究

赵响宇　李澜鹏　刘雪玲　祁文博　艾抚宾

（中国石化大连石油化工研究院　辽宁大连　116045）

摘　要　乙烯是当前最为主要的石油化工产品之一，乙生产能力是衡量一个国家石油化工发展水平的重要标志。乙烯生产原料来源有限是限制我国乙烯产量提升的关键问题。焦化干气是一种丰富常见的炼油厂气体，因其组成复杂、杂质较多很难利用其经济价值。大连石油化工研究院（简称 FRIPP）开发的焦化干气加氢制乙烯裂解原料技术在实现焦化干气经济利用的同时，深入拓宽了乙烯裂解原料的来源。研究焦化干气中杂质碳氧化物、CO_2的反应情况，有助于为焦化干气加氢技术的升级提供参考。研究表明，焦化干气加氢过程中 CO_2发生了甲烷化反应；焦化干气中 CO_2 的含量、反应温度及压力对甲烷化反应都会产生一定的影响。

关键词　焦化干气；加氢；碳氧化物；甲烷化反应

乙烯作为当前最为主要的石油化工产品之一，是生产合成材料的基本原料。乙烯的生产量与消费量位居石化产品前列，被誉为“石化工业之母”。乙烯生产能力已被公认为是衡量一个国家石油化工发展水平的重要标志。随着我国石油化工行业的高速发展，国内乙烯消费长期处于供应不足的状态，乙烯在未来存在较为良好的市场前景。目前，我国乙烯产能增速滞后于国内经济增长速度。尽管乙烯生产技术与工艺十分成熟，但是乙烯生产原料来源仍然有限，这是限制我国乙烯产量提升的关键问题[1]。因此，结合当前乙烯生产的实际情况与发展趋势，不断扩大乙烯生产原料的来源已成为石化技术研发人员亟待解决的重要难题。

焦化干气是一种丰富常见的炼油厂气体，主要来自延迟焦化等原油的二次加工过程，通常被作为燃料气体使用。焦化干气中甲烷和乙烷的含量为70%，烯烃含量为10%，硫含量大约为630mg/m^3。与氢气（H_2）含量较高的催化裂化（FCC）干气相比，焦化干气中碳氧化物、硫化物等杂质含量较高，导致其利用技术开发难度较大且范围有限，产品经济价值没有得到充分利用。大连石油化工研究院（简称 FRIPP）结合当前炼化产业结构中低碳烃丰富的特点，从 2009 年开始进行低碳烯烃（C_2～C_5）加氢系列技术的研发工作，经过不断地努力与尝试，成功开发出焦化干气（C_2）加氢制备乙烯裂解原料技术[2]。这项技术在实现焦化干气经济利用的同时，深入拓宽了乙烯裂解原料的来源。本文围绕焦化干气加氢制备乙烯裂解原料技术，初步探索了焦化干气中杂质碳氧化物 CO_2所发生的化学反应情况，并考察了影响反应的相关因素，进而为焦化干气加氢技术的不断升级提供参考。

1　焦化干气加氢制备乙烯裂解原料技术

焦化干气加氢反应即利用焦化干气自身的氢（正常氢体积分数为 10%），完成加氢脱烯烃和加氢脱氧反应。根据乙烯裂解原料的工艺条件要求，焦化干气加氢后产品中的烯烃含量不大于 1.0%，氧含量不大于 1.0mg/m^3。但是，焦化干气的组成十分复杂（如表 1 所示），这就导致加氢技术的研发存在难度，例如，动力学研究表明焦化干气加氢反应尽量要在较低反应压力下进行[3]。经过多年的不断努力，最终探索出焦化干气加氢制乙烯裂解原料的工艺条件（如表 2 所示）。

表1 焦化干气组成

序号	组分	组成/%	序号	组分	组成/%
1	H_2	10.12	10	$iC_4^= + nC_4^=$	0.30
2	N_2	2.10	11	$cC_4^= + tC_4^=$	0.10
3	C_1	60.35	12	nC_5	0.40
4	C_2	18.75	13	CO_2	0.17
5	$C_2^=$	2.67	14	CO	0.34
6	C_3	1.96	15	H_2O	0.84
7	$C_3^=$	1.14	16	H_2S	0.01
8	nC_4	0.55		合计	100.00
9	iC_4	0.20		烯烃小计	4.21

表2 焦化干气加氢反应的工艺条件

项目		项目	
催化剂	LH-10A	焦化干气体积空速/h^{-1}	基准±200
反应器入口压力/MPa	2.5	反应器入口温度/℃	基准±30

焦化干气加氢制备乙烯裂解原料技术以焦化干气自身氢气作为氢源，无需配套新氢系统与循环氢系统，大幅度降低装置投资。低温、低压的反应工艺条件有利于装置长周期稳定运行。同时，选用硫化型催化剂，耐硫性强且费用低，不仅显著提高了其低温、低压反应性能，而且在较低的氢分压下具有优良的烯烃饱和活性及加氢脱氧活性。此外，催化剂具有很好的CO_2和CO耐受性，提高了整体工艺技术的的可靠性。

2 焦化干气中CO_2的甲烷化反应研究

2.1 甲烷化反应及机理

CO_2的甲烷化反应是指CO_2和H_2在一定的反应温度、压力及金属催化剂作用下，生成CH_4和H_2O的强放热反应过程，其反应式如下：

$$CO_2+4H_2 \longrightarrow CH_4+2H_2O \quad \Delta H=-165kJ/mol$$

CO_2甲烷化反应机理一般认为有两种：一是CO_2首先被还原生成CO，CO再与H_2反应生成CH_4，称为CO中间体机理；二是CO_2直接与活性氢反应生成CH_4，称为直接加氢机理。

在CO中间体机理中，CO_2还原生成CO存在两种途径：一种是CO_2与应中解离出的H·(·代表催化剂活性位点)结合生成HCOO·，随后HCOO·发生分解生成CO·。另一种是CO_2在催化剂表面直接解离成为CO·和O·，生成的CO·加氢生成CH_4。密度泛函理论(DFT)方法计算：第一种途径的活化能为306.8kJ/mol，而第二种途径的活化能为237.4kJ/mol。通过比较上述计算结果可知，第二种途径更容易发生，因此被更多研究者认可。而进一步的密度泛函理论方法计算研究表明，相对于CO中间体机理，直接加氢机理更容易发生[4]。

2.2 反应实验装置及方法

实验反应装置采用不锈钢材质固定床反应器(如图1所示)，其有效长度为1.2 m，内径为25mm，反应为上进料，反应产物在分离器中分离，尾气经气体计量器计量后排出，实验所取的样品用气相色谱分析。

2.3 CO_2反应结果分析

在如表2所示的反应条件下，研究了焦化干气的加氢反应过程，重点研究了焦化干气中CO_2的含量变化。实验结果显示，产物中烯烃含量小于1.0%，氧含量小于1.0mg/m^3，这说明产物中CO_2通过加氢反应发生了转化。通过产物组成的进一步分析发现，产物中CH_4的含量要高于焦化干气中甲烷的含量，结合CO_2甲烷化反应的相关基础理论研究，可以确定焦化干气的加氢反应过程中，杂质碳氧化物CO_2发生了甲烷化反应生成了CH_4。当焦化干气中CO_2含量发生变化时，甲烷化反应呈现一定趋势的变化；当反应温度、压力发生变化时，CO_2的转化率也呈现规律性变化。CO_2含量、反应温度、压力对甲烷化反应的具体影响，将会进一步深入考察研究。

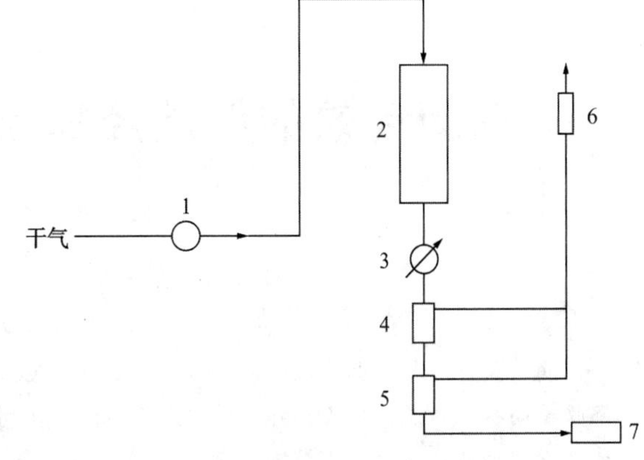

图1 实验反应装置示意图

1—氢气定压器；2—反应器；3—冷却器；4—高压分离器1；5—高压分离器2；6—气体计量器；7—液体收集罐

3 结论

1）焦化干气加氢反应过程中，杂质碳氧化物CO_2能够发生甲烷化反应生成CH_4。

2）焦化干气中CO_2的甲烷化反应会受到CO_2含量、反应温度及压力的影响而呈现一定的规律性变化，具体情况有待于进一步研究。

参 考 文 献

[1] 黄磊．中国乙烯行业发展现状与趋势展望[J]．乙烯工业，2019，46(12)：4-7.

[2] 徐彤．焦化干气加氢制备乙烯原料工艺技术研究及工业应用[J]．石油炼制与化工，2016，48(8)：20-22.

[3] 祁文博，艾抚宾．焦化干气加氢热力学研究及其工业应用[J]．当代石油化工，2016，24(11)：20-24.

[4] 刘树森，朱继宇，张志磊，等．CO_2甲烷化研究进展[J]．工业催化，2018，26(1)：1-12.

创新创效的低碳烃加氢生产化工原料系列技术

艾抚宾　祁文博　赵响宇

（中国石化大连石油化工研究院　辽宁大连　116045）

摘　要　国内炼油厂副产大量的低碳烃（C_2～C_5），低碳烃经过加氢精制后可以用于生产乙烯，因其三烯收率高被认为是优质的乙烯原料。大连石油化工研究院（简称 FRIPP）经过多年的努力研究与实验，成功地开发出低碳烯烃（C_2～C_5）加氢制备乙烯裂解料系列技术及配套催化剂，具体技术包括焦化干气（C_2）加氢制备乙烯裂解料技术；液化气（C_4）加氢制备乙烯裂解料技术；焦化液化气和焦化汽油混合加氢制备乙烯裂解料技术；C_5抽余油和非芳汽油混合加氢制备乙烯裂解料技术。这一系列加氢技术已成功在国内多家炼化企业完成工业应用，为企业炼厂气的高效综合利用及大型乙烯装置运行经济性的提高，提供了良好的选择途径。

关键词　低碳烃；加氢；乙烯裂解原料

国内炼油厂副产大量的低碳烃（C_2～C_5），目前只有少量的低碳烃进行深加工，多数低碳烃则被用作燃料，其经济价值没有得到充分的利用。近几年来，国内石化企业新建、扩建了多套大型乙烯生产装置。因大型乙烯生产装置数量增多，同行业竞争加剧，运行经济性已经呈现持续下降趋势[1]。研究表明，低碳烃经过加氢精制后可以用于生产乙烯，因其三烯收率（乙烯、丙烯、丁二烯）高被认为优质的乙烯原料。开发先进、高效的低碳烃加氢技术不仅可以充分利用低碳烃的经济价值，而且有利于乙烯生产运行经济性的提升。

大连石油化工研究院（简称 FRIPP）从 2009 年开始进行低碳烯烃（C_2～C_5）加氢制备乙烯裂解原料系列技术的研究与开发，在反应工艺及配套催化剂的研究方面历经多年，在基础研究、小试、中试、工业应用的研发过程中，进行了大量的系统研究工作，经过多年的努力研究与实验，成功开发出低碳烯烃（C_2～C_5）加氢制备乙烯裂解料系列技术，具体包括如下技术：焦化干气（C_2）加氢制备乙烯裂解料技术；液化气（C_4）加氢制备乙烯裂解料技术；焦化液化气和焦化汽油混合加氢制备乙烯裂解料技术；C_5抽余油和非芳汽油混合加氢制备乙烯裂解料技术。截至 2019 年，国内多家炼油厂采用该系列技术建设了七套炼油厂气加氢制备乙烯裂解原料装置，总产能超过 1.0Mt/a。这一系列技术的成功应用在提高低碳烃利用经济价值的同时，大幅提高了大型乙烯生产装置的运行经济性。

1　低碳烃作乙烯裂解原料效益显著

裂解原料的种类对乙烯收率有着重要影响。原料费用约占乙烯生产成本的 70%～75%（以石脑油和轻柴油为原料），而乙烯成本又直接影响其下游产品的成本，因此如何优选原料倍受乙烯生产企业的关注，也是影响我国乙烯工业发展的核心问题之一。由于低碳烃用作乙烯原料成本低且三烯收率高，近些年国内石化企业大力调整乙烯裂解原料的构成比例。以低碳烃作为乙烯原料也成为乙烯裂解原料近年发展的新方向。

表 1 中列出了不同裂解原料典型收率。与石脑油、柴油、尾油原料相比，当以低碳烃作为乙烯原料时，三烯收率具有较大的优势。某石化企业将焦化干气加氢，再经变压吸附、提纯精制后得到富乙烷气。这种气体用作乙烯原料时，产物中乙烯、双烯、三烯的收率相比于石脑油原料分别高出 27.55%、18.64%、16.72%，结果表明以焦化干气提纯精制后生产的富乙烷气作乙烯原料，其裂解效益大大高于石脑油。另有某石化企业采用富乙烷气作乙烯原料，以 230kt/a 干气加氢装置为例进行测

算，含C_2馏分76kt/a，含C_3馏分20kt/a，合计为96kt/a；如果上述馏分用作乙烯原料可增产乙烯70kt/a，节省原料240kt/a。以石脑油4500元/t计，用于燃料气测算价格为1600元/t，效益估算在2.784亿元。由此可见，以富乙烷气作乙烯原料，其效益非常显著。

表1 不同裂解原料典型收率 %

项　目	乙烷	丙烷	正丁烷	液化气	C_5轻烃	石脑油	柴油	尾油
乙烯	67.54	45.71	40.83	34.96	33.13	32.43	26.21	31.67
丙烯	8.85	16.68	17.04	15.77	15.80	15.98	16.43	16.55
乙烯+丙烯	76.30	62.39	57.87	50.73	48.93	48.41	42.64	48.22
丁二烯	0.54	3.03	3.15	3.28	3.94	4.91	5.15	6.08
乙烯+丙烯+丁二烯	76.84	65.42	61.02	54.00	52.87	53.32	47.79	54.30

2 低碳烃加氢催化剂的选择

低碳烃中的烯烃通过加氢生成烷烃，从理论上分析是简单易行的，但实际状况是炼油厂气普遍含硫较高，这就要求选用的加氢催化剂既要有良好的耐硫性，还要有很好的加氢稳定性。近年来，FRIPP开发出适合于低碳烯烃加氢的LH-10系列硫化型催化剂。实验结果表明，这类催化剂具有加氢活性好、耐硫性强的特点。基于如上特点，直接选定LH-10系列催化剂作为低碳烃加氢系列技术的催化剂。

3 低碳烃加氢技术基础研究

3.1 反应热力学研究

3.1.1 热力学研究背景

从理论上分析，低碳烃($C_2\sim C_5$)加氢反应是较容易进行的一个强放热反应，同时也是一个体积减小的平衡反应。实际反应中选用的耐硫型催化剂使用温度范围为100~400℃，催化加氢后要求低碳烃中烯烃含量小于1.0%，这就对加氢的深度要求较高，同时也对反应温度的选择有着较严格的限制。例如，当反应温度较低时，尽管反应平衡常数较大，但是反应速度较慢；反之，当反应温度较高时，尽管反应速度较大，但是反应平衡常数较小。要想使反应结果达到指标要求，就需要一个合适的反应温度。因此，基于为反应工艺设计提供理论依据，进行了低碳烃加氢反应的热力学研究[2]。

3.1.2 热力学研究结果

从反应热力学角度分析，低反应温度有利于烯烃加氢，提高反应温度则不利于烯烃加氢。在计算的温度范围内，$C_2\sim C_4$中烯烃加氢反应的ΔG_m^θ均小于0，即在相应的温度下，烯烃加氢反应是可以自发进行的；各反应的K_{eq}^θ值均非常大，表明反应很容易进行，并且随着温度的升高，K_{eq}^θ随之减小，也说明了反应温度的升高不利于各反应的进行。对于低碳($C_2\sim C_4$)中烯烃的加氢反应，当反应温度在240~250℃、290~300℃、340~360℃时，反应平衡常数出现了迅速减小的现象，其中240~250℃的平衡常数是340~360℃的140~220倍。

从热力学影响条件分析可知，温度是影响低碳烯烃加氢反应的重要因素，在后续的烯烃加氢反应条件选择时，很可能要采用提高反应压力，降低反应温度的方法，来减小温度对反应平衡的影响，以此使烯烃加氢反应达到一定深度。

3.2 反应动力学研究

3.2.1 动力学研究背景

在催化剂已经选定耐硫型催化剂之后，为了进一步了解低碳烃加氢反应的特点，控制好反应过程，优化反应条件，并为该技术中试放大及工业生产装置设计提供依据，对这类反应进行了反应动力学的研究，建立了动力学方程并对反应特点进行了动力学分析[3]。

3.2.2　动力学方程的建立

在完成内、外扩散的考察实验后，进行了反应动力学的探索实验。根据加氢工艺考察实验中所获得的认识，在建立数学模型之前做如下假设：

低碳烯烃加氢反应为一级反应；

只考虑烯烃和烷烃集总，没有惰性气体组分，烯烃+烷烃=1；

氢气在系统中是过量的，且可视为常数。

在做如上假设之后则有：

$$r_A = -dC_A/dt = -kC_A \tag{1}$$

经积分推导后则有：

$$C^{=} = [C_0 - 1/(k_e + 1)]\exp[-k_1(1 + 1/k_e)t] + 1/(k_e + 1) \tag{2}$$

在反应动力学方程式确立后，以动力学考察的数据为基础，用计算机进行回归计算，可以得到如下 k_1 和 k_e：

$$k_1 = A \times 10^5 \times \exp(C/T + 0.11421 \times P) \tag{3}$$

$$k_e = B \times 10^{-2} \times \exp(D/T - 4.119 \times 10^{-2}T + 0.1142 \times P + 26.40659) \tag{4}$$

式中 A、B、C、D 均为常数。

3.2.3　动力学研究结果

经过动力学研究可知，压力对反应的影响较大。提高反应压力，反应产物中烯烃的含量随之降低，说明提高反应压力有利于低碳烃加氢反应的进行。研究表明，低碳烃加氢反应是一个强放热、快速反应，控制步骤为反应步骤。对这类反应而言，反应热的扩散如果不能很好地控制，就会将反应控制转为热力学控制，使反应的转化率降低。同时，这类反应在反应停留时间占整个反应时间的20%，80%的烯烃已转化成烷烃。换而言之，反应放热是不均匀的，在通过催化剂床层反应时，反应停留时间达到整个停留时间的20%时，反应放热量就已达到整个反应热的80%。

4　低碳烃加氢系列技术

4.1　焦化干气加氢制备乙烯裂解原料技术

4.1.1　技术背景

从技术角度分析，焦化干气加氢的目的有两个：一是将其中的烯烃加氢使其成为烷烃；二是在烯烃加氢的同时要将其中所含微量的氧进行深度加氢。这项技术的具体实施过程中存在许多难点，例如，由焦化干气组成及特点、加氢技术基础理论和以往研发经验可知，焦化干气加氢反应尽量要在较低反应压力下进行；同时，要利用自身的氢气(正常情况氢气含量为10%)来完成加氢反应；并且加氢后产品中的烯烃摩尔含量不大于1.0%，氧含不大于1.0mg/m^{3}等。

4.1.2　反应工艺

焦化干气加氢后的气体将作为乙烯裂解原料使用(见表2)，因此要求加氢后的气体中烯烃含量不大于1.0%，氧含量不大于1.0mg/m^3。这对焦化干气加氢的深度要求较高，从相关热力学数据表3可以看出，为使反应结果达到技术设定指标，要采用适当提高反应压力，降低反应温度的方法来减小温度对反应平衡的影响。

经过设计研究，进行了焦化干气加氢制乙烯裂解原料固定床反应工艺条件的考察。原料焦化干气组成见表2，通过考察实验获得的适合反应工艺条件及反应结果见表3。由表中反应结果可知，加氢后产物中烯烃含量满足作为乙烯裂解料的要求。

表 2 焦化干气组成

序号	组分	组成/%	序号	组分	组成/%
1	H_2	10.12	10	$iC_4^= + nC_4^=$	0.30
2	N_2	2.10	11	$cC_4^= + tC_4^=$	0.10
3	C_1	60.35	12	nC_5	0.40
4	C_2	18.75	13	CO_2	0.17
5	$C_2^=$	2.67	14	CO	0.34
6	C_3	1.96	15	H_2O	0.84
7	$C_3^=$	1.14	16	H_2S	0.01
8	nC_4	0.55		合计	100.00
9	iC_4	0.20		烯烃小计	4.21

表 3 干气加氢反应适合的工艺条件及结果

项目	工艺条件	项目	工艺条件
反应条件		反应器入口温度/℃	基准±30
催化剂	LH-10A	反应结果	
反应器入口压力/MPa	2.5	加氢后产物中烯烃含量/%(摩尔)	≤1.0
焦化干气体积空速/h^{-1}	基准±200	加氢后产物中氧气含量/(mg/m^3)	≤1.0

4.1.3 技术特点

1）选用硫化型催化剂，耐硫性强；与贵金属型催化剂相比，催化剂费用低；

2）配套开发的专用催化剂 LH-10A，显著提高了其低温、低压反应性能，在较低的氢分压下具有优良的烯烃饱和活性及加氢脱氧活性，同时具有很好的 CO 和 CO_2耐受性；

3）催化剂加氢活性好，反应起始温度较低；可以为反应物放热留有足够的温升空间，既利于反应热的利用，又利于节能，且装置操作成本低；

4）以焦化干气自身氢气作为氢源，加氢过程不需要另外补充新氢；无需配套新氢系统与循环氢系统，大幅度降低装置投资；

5）操作条件缓和，不仅能够实现烯烃深度加氢饱和，而且还具能够深度加氢脱氧；

6）采用较低温度、较低压力的反应工艺条件，有利于装置长周期稳定运行。

4.1.4 工业应用

该项技术于 2014 年 10 月，首次在浙江宁波某炼化公司成功实现工业应用，装置规模为 230kt/a，一次开车成功；从 2014 年 10 月到目前，该加氢装置一直平稳运行。反应原料为焦化干气，在入口温度(基准±30)℃，出口温度(基准±20)℃，压力 2.5MPa，体积空速(基准±200)h^{-1}条件下，加氢后产物中烯烃含量≤1.0%，氧含量≤1.0mg/m^3，满足作为乙烯裂解料的要求，可以持续为乙烯装置提供优质的乙烯原料。另外，装置标定结果表明，经过该工艺处理后富乙烷气的硫化氢含量小于 1.0mg/m^3，作燃料燃烧时 SO_2排放量同比减少了 95%，环保效益明显。此后，2014 年 11 月，天津某炼化公司也采用该项技术建设一套同等规模的焦化干气加氢装置；2020 年，辽宁盘锦某石化公司也采用该项技术建设一套 150kt/a 干气加氢装置。

4.2 液化气和焦化汽油混合加氢制备乙烯裂解料技术

4.2.1 技术背景

在常规绝热反应器中，液化气直接加氢存在的两个关键难题：一是反应放热量大，催化剂床层温升大，热力学平衡决定了在过高的温度下加氢深度无法达到乙烯原料指标；二是反应放热快，动力学决定了催化剂床层温升难以控制，促使结焦迅速，运转周期短。

在液化气加氢技术研发过程中，创设液化气中不同烯烃组分反应历程的方法，即引入影响气液分配的液相组分(如焦化汽油)。通过不同碳数烯烃在液相中的分配比例不同，实现不同碳数烯烃按设计次序，在催化剂床层轴向不同温度区域进行反应；同时，引入的液相组分随着反应进程逐步汽化，可以吸收部分反应放热，有利于抑制反应器总温升。进而最终解决液化气加氢受宏观热力学平衡限制的难题。此外，通过气液分配调整，使高碳数烯烃、二烯烃等低温下实现加氢饱和，协同解决了反应结焦影响运转周期的问题。

在液化气加氢反应动力学影响体系中，在“外扩散”和“内扩散”两步之间，创设“液膜扩散”传质控制步骤，可以实现加氢反应的速度可控。反应物料经过“外扩散”到达液膜外表面，需再经过“液膜扩散”到达催化剂外表面，再经过“内扩散”与催化活性中心吸附并发生反应。通过增设传质控制步骤，有效抑制了因反应速度过快引起的温升过快、结焦迅速等影响装置稳定运转的关键难题[4]。

4.2.2 反应工艺

依据上述低碳烃加氢基础研究结果及液化气和焦化汽油混合加氢技术关键难题的解决思路，进行了液化气和焦化汽油混合加氢工艺技术研究。原料液化气组成及焦化汽油性质见表4及表5，通过考察实验获得的适合反应工艺条件及反应结果见表6~表8。

表4 液化气组成

名　称	组成%(体)	名　称	组成%(体)
$C_2H_6+C_2H_4$	0.122	t-C_4H_8	1.537
C_3H_8	49.035	c-C_4H_8	1.059
C_3H_6	21.588	i-C_5H_{12}	0.224
i-C_4H_{10}	4.138	H_2S	20mg/kg
n-C_4H_{10}	12.138	H_2O	0.416
i-C_4H_8+n-C_4H_8	9.743	合计	100

表5 焦化汽油性质

项　目		项　目	
密度/(g/cm^3)	0.7428	90%	216
馏程/℃		EBP	240
IBP	33	溴价/(gBr/100g)	82
10%	65	硫/(mg/kg)	11200
50%	141	氮/(g/kg)	200

表6 主要操作条件

项　目	操作条件	项　目	操作条件
预保护反应器		入口温度/℃	基准±20
入口压力/MPa	基准±2.0	主反应器	
气油体积比	基准±100	主催化剂体积空速/h^{-1}	基准±0.5
体积空速/h^{-1}	基准±1.0	床层入口温度/℃	基准±30

表7 精制液化气的主要性质

项　目	初期	项　目	初期
密度(20℃)/(g/cm^3)	0.56	烯烃/%(体)	≤1.0

表 8 精制石脑油的主要性质

项目	初期	项目	初期
密度(20℃)(g/cm³)	0.7334	90%	210
馏程/℃		EBP	226
IBP	33	硫/(μg/g)	≤200
10%	66	烯烃/%(体)	≤1.0
50%	148		

4.2.3 技术特点

综合考虑液化气加氢过程中的热力学和动力学特点，经过大量理论和实验研究，获得了综合解决方案：将液化气与焦化汽油组合加工，即经过初步加氢的焦化汽油与液化气按一定比例同时进入反应器进行加氢反应，用最简单的手段有效解决了上述两方面关键技术难题，使液化气经济稳定地加工为合格乙烯原料。同时获得了以下效果：

1）首创向液化气中引入影响气液分配的液相组分(焦化汽油)；突破热力学平衡限制，在实现液化气深度加氢的同时，获得深度加氢的焦化汽油(也是合格的乙烯原料)；增设液化气加氢反应的传质控制步骤，解决了温升快及结焦迅速的难题，使液化气和焦化汽油混合加氢技术实现工业化。

2）实现催化剂整体均匀发挥作用，且利用率高。

3）在混合加氢工艺中，液化气对焦化汽油中的二烯烃有很好的稀释作用，可缓解二烯烃结焦问题，延长了催化剂的单程运行周期。

4）二个加氢反应合二为一，共用一个反应器，可减少投资，降低操作费用。

4.2.4 工业应用介绍

该项技术于2014年10月，首次成功在浙江宁波某炼化公司进行工业应用，装置规模为0.6Mt/a，一次开车成功；2014年10月到目前，该加氢装置一直平稳运转。反应原料为液化气和焦化汽油，反应工艺为两个反应器串联。在预保护反应器入口温度(基准±20)℃，压力(基准±2.0)MPa，体积空速(基准±1.0)h^{-1}，氢油体积比(基准±100)；主反应器入口温度(基准±30)℃，压力4.0MPa，体积空速(基准±0.5)h^{-1}条件下，加氢后精制液化气及精制石脑油中烯烃含量不大于1.0%，满足作为乙烯裂解料的要求，并持续为乙烯装置提供优质的乙烯原料。此后，辽宁盘锦某石化公司也采用该项技术建设一套0.7Mt/a焦化液化气和焦化汽油混合加氢装置。

4.3 C_5抽余油和非芳汽油混合加氢制备乙烯裂解料技术

4.3.1 技术背景

近年来，国内新建、扩建多套乙烯生产装置，虽然在实际生产中拓宽了原料来源，但乙烯裂解原料依然十分紧张。通过C_5抽余油和非芳汽油混合加氢制备乙烯裂解料可以有效缓解乙烯生产原料不足的问题。这项工艺技术采取适当提高压力，降低反应温度，以此减小温度对反应平衡的影响。利用非芳汽油稀释进料，降低反应温升，减少催化剂积炭，延长催化剂单程使用寿命，以此实现C_5抽余油中二烯烃进行选择性加氢，使加氢后产品中的二烯烃摩尔含量不大于0.1%。

4.3.2 反应工艺

非芳汽油性质见表9，C_5抽余油组成见表10，经过系统的研究获得了C_5抽余油与非芳汽油混合加氢的如下适宜的工艺条件(见表11)。

表 9 非芳汽油性质

项目	初期	项目	初期
密度(20℃)/(g/cm³)	0.67	EBP	137
馏程/℃		溴价/(gBr/100g)	24

续表

项　目	初　期	项　目	初　期
IBP	69	硫/(μg/g)	0.5
10%	76	氮/(μg/g)	<0.5
50%	84	芳烃/%(体)	—
90%	103		

表10　C_5抽余油组成

组　分	组成/%(质)	组　分	组成/%(质)
总碳四	3.01	环戊烷	0.52
3-甲基-1-丁烯	1.51	其他 C_5	0.11
异戊烷	16.96	总碳六	12.47
1，4-戊二烯	4.35	苯	0.39
2-丁炔	1.73	甲苯	0.23
1-戊烯	9.43	其他二聚体	0.02
2-甲基-1-丁烯	11.88	烃基降冰片烯	0.01
正戊烷	25.67	双环戊二烯	0.01
异戊二烯	0.45	碳十以上重组分	0.01
反-2-戊烯	5.28	总计	100
顺-2-戊烯	2.87	双烯烃	≤10%(%)(质)
2-甲基-2-丁烯	2.90	碱性氮	≤40mg/m^3
反-1，3-戊二烯	0.01	小计	
环戊二烯	0.20	炔+二烯烃	6.73
顺-1，3-戊二烯	0.01	单烯烃	33.87
环戊烯	0.00		

注：密度为0.614g/cm^3。

表11　C_5抽余油与非芳汽油混合加氢适宜的工艺条件及结果

项　目	工艺条件	项　目	工艺条件
入口温度/℃	基准±15	总的氢油体积比	基准±100
压力/MPa	基准±1.5	反应结果	
总的体积空速/h^{-1}	基准±1.0	产品中的二烯烃和炔烃含量/%(质)	≤0.1

在确定的适宜反应条件下，对C_5抽余油中的二烯烃和炔烃进行选择性加氢，加氢后产品中的二烯烃和炔烃含量满足作为下一步加氢饱和工段原料的要求。

4.3.3　技术特点

1）采用(基准±1.5)MPa的反应压力，降低了反应温度，减小了温度对反应平衡的影响。

2）采用非芳汽油稀释进料，有利于取出反应热，降低了反应温升，减少了催化剂积炭，延长了催化剂单程使用寿命。

3）反应器入口温度小于120℃，可以有效地避免二烯烃的聚合结焦，给后续提温留有空间。

4.3.4　工业应用介绍

该项技术于2015年11月，首次成功在浙江宁波某炼化公司进行工业应用，装置规模为550kt/a，一次开车成功；2015年11月到2020年5月，该加氢装置一直平稳运转。反应原料为C_5抽余油，稀释剂为非芳汽油；加氢后 C_5抽余油中二烯烃含量不大于 0.1%，该指标达到了作进一步加氢精制原料的技术要求。

5 结论

1）FRIPP 成功开发出低碳烃加氢制备乙烯裂解料系列工艺技术及配套催化剂，配套催化剂为非贵金属型，可以脱硫、降烯烃；而且低温活性好、使用温度范围宽。

2）FRIPP 研发的低碳烃加氢制备乙烯裂解料系列技术已成功在多家企业完成工业应用，为企业炼油厂气的高效综合利用，大型乙烯装置运行经济性的提高，提供了良好的选择途径。

参考文献

[1] 王峰．炼油产乙烯裂解原料的优化利用及经济分析[J]．当代化工，2014，43(2)：243-245.
[2] 艾抚宾，乔凯，方向晨，等．液化气加氢热力学的研究[J]．石油化工高等学校学报，2013，26(1)：29-32.
[3] 方向晨，艾抚宾，乔凯，等．液化气加氢反应动力学研究[J]．石油化工，2013，42(4)：399-403.
[4] 祁文博，乔凯．液化气与焦化汽油混合加氢技术及工业应用[J]．天然气化工，2019，3(44)：91-93.

镇海炼化Ⅱ套加氢装置提高 C_5 抽余液掺炼量对装置的影响

占 斌

（中国石化镇海炼化公司 浙江宁波 ）

摘 要 镇海炼化Ⅱ套加氢装置于2015年8月在1.2Mt/a焦化汽油与非芳汽油混合加氢的基础上增加 C_5 抽余液预加氢单元，并多次优化工艺流程，增设 C_5 抽余液过滤器、缓冲罐、更新预加氢单元进料泵，以应对 C_5 抽余液组分变化大、含水量高、杂质含量较多以及掺炼比例大等复杂工况。本文对增加 C_5 抽余液掺炼量后对Ⅱ套加氢装置的影响进行分析汇总，为Ⅱ套加氢装置平稳、优化生产和更好地配合公司下一步发展打好基础。

关键词 C_5 抽余液；加氢；优化

通常情况下，乙烯 C_5 抽余液烯烃含量较高，含有二烯烃(及共轭双烯烃)等杂质，如直接作为乙烯裂解装置原料会对裂解炉长期稳定运行造成不良影响，因此，必须对乙烯 C_5 抽余液进行加氢反应使之成为饱和烃类[1]。

2010年10月Ⅱ套非芳加氢装置(现已拆除)将非芳烃与乙烯 C_5 抽余液混合作为原料进行加氢处理，脱除二烯烃后再作为原料进入焦化汽油与非芳汽油加氢装置进一步进行加氢处理。2015年8月镇海炼化将原Ⅱ套非芳加氢装置功能整体转移，在1.2Mt/a焦化汽油与非芳汽油混合加氢(简称Ⅱ加氢)基础上增加原料预处理系统(简称预加氢单元)，用于处理乙烯 C_5 抽余液。在该单元中，乙烯 C_5 抽余液与非芳原料混合经过预加氢反应器(R200)，对其中的二烯烃组分进行低温加氢转化为单烯烃，反应产物与焦化汽油混合后进入Ⅱ套加氢的一、二段反应器(R201、R202)再次进行加氢反应，主要反应为单烯烃饱和及脱硫反应，经过后续汽提处理后生产精制石脑油作为乙烯裂解装置的原料。

1 Ⅱ套加氢装置的工艺特点

1.1 反应原理简介

为防止预反产物二烯烃含量过高进入Ⅱ加氢反应系统导致结焦聚合，因此预加氢单元的主要反应为二烯烃的加氢反应。将其转化为单烯烃。预加氢单元控制预反产物二烯烃质量分数≤0.4%，正常情况下预反产物中二烯烃含量均为0%。以1，4-戊二烯为例，反应式如下：

$$C_5H_8+H_2 \longrightarrow C_5H_{10}$$

Ⅱ加氢反应系统主要进行单烯烃饱和反应和脱硫反应，控制精制石脑油的溴价≤5gBr/100g，硫含量≤500mg/kg。根据统计数据，Ⅱ加氢精制石脑油产品溴价平均值约为0.16gBr/100g，硫含量平均值约为4.2mg/kg。脱硫反应式如下：

$$RSH+H_2 \longrightarrow RH+H_2S$$

$$RSR'+2H_2 \longrightarrow RH+R'H+H_2S$$

$$RSSR'+3H_2 \longrightarrow RH+R'H+2H_2S$$

1.2 原料性质

C_5 抽余液组成见表1，非芳及焦汽原料性质见表2。

表1　C_5抽余液组成

项　目	数　据	项　目	数　据
总C_4	2.71	C_5烷烃	54.96
2-丁炔	2.95	总C_6	5.22
C_5单烯烃	26.91	总C_7	0.02
C_5二烯烃	7.23		

表2　非芳、焦汽原料性质

项　目	非芳	焦汽	项　目	非芳	焦汽
密度/(kg/m³)	680	740	溴/(gBr/100g)	24	68
馏程			硫/(μg/g)	0.5	0.68
IBP	69	30	氮/(μg/g)	<0.5	121
10%	76	63	芳烃/%	—	—
50%	84	143	环丁砜/(mg/kg)	≤10	—
90%	103	214	氯/(μg/g)	4	0.8
EBP	137	233	硅/(μg/g)	—	1.0

1.3　工艺流程

自C_5分离装置来的乙烯C_5抽余液经过原料脱水器(FI401)、C_5抽余液原料缓冲罐(V217)脱水后与来自非芳原料缓冲罐(V206)的非芳汽油按1：7比例混合后在预加氢进料泵(P205)入口混合，经过进料泵增压后与Ⅱ加氢循环氢压缩机出口来循环氢冷氢混合后进入预加氢进料换热器(E271)，与预反产物换热后继续通过预加氢进料加热器(E270)加热后进入预加氢反应器(R200)进行二烯烃饱和反应，预反产物经过与原料换热后去Ⅱ加氢高换系统。

焦汽原料经反应流出物、原料油换热器(E202/CD壳程)，与反应流出物换热后，与预反产物混合进入反应流出物与原料油换热器(E202AB壳程)与反应流出物换热后，再与部分热高分气/循环氢换热器(E244)管程来循环氢混合。混合进料经反应流出物/混合进料换热器(E201)壳程，与反应流出物换热后，经反应器加热炉(F201)与循环氢压缩机出口冷氢混合后进入加氢反应器(R201、R202)，二段反应器(R202)入口设有注冷氢设施，控制二段反应器入口温度。反应流出物依次经过反应流出物/混合进料换热器(E201)管程、反应流出物/混合原料油换热器(E202A~D)管程后进入高低分系统，如图1、图2所示。

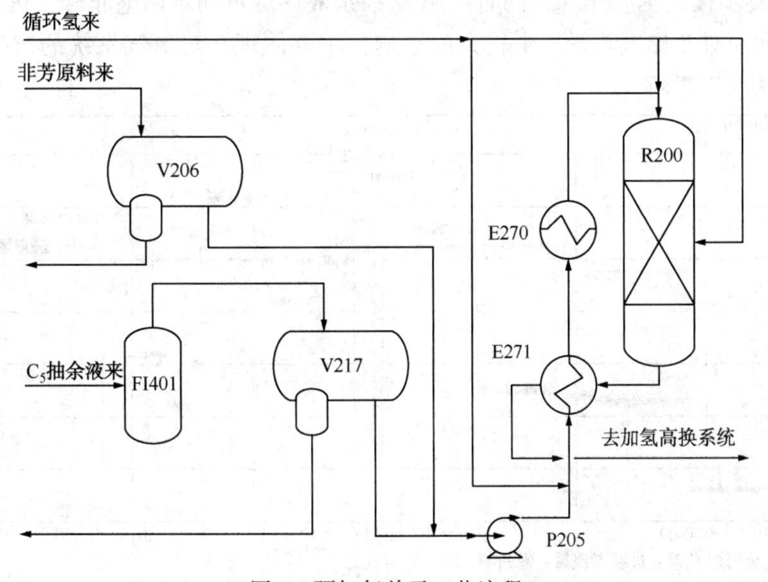

图1　预加氢单元工艺流程

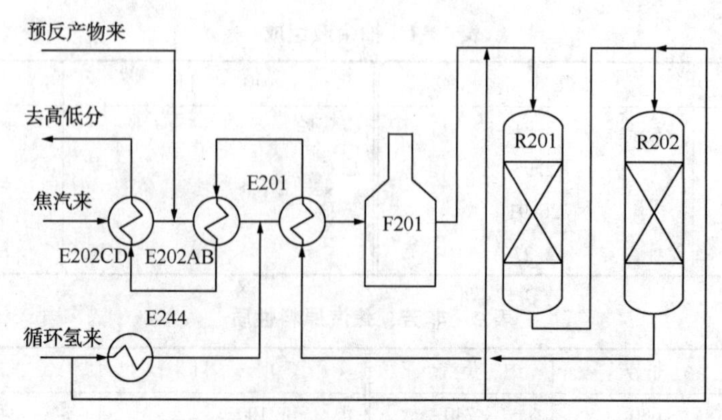

图 2　Ⅱ加氢高换及反应单元工艺流程

1.4　工艺条件

预加氢单元工艺条件见表 3，Ⅱ加氢反应单元工艺条件见表 4。

表 3　预加氢单元工艺条件

项　目	数　据	项　目	数　据
C_5抽余液/非芳原料掺炼比(体)	1：4~1：10	氢油比(体)	180~250
反应温度/℃	102~130	操作压力/MPa	4.0
体积空速/h^{-1}	2.0~3.0		

表 4　Ⅱ加氢反应单元工艺条件

项　目	数　据	项　目	数　据
焦汽/非芳(C_5)掺炼比(体)	1.2~1.5	氢油比(体)	370~480
反应温度/℃	224~238	操作压力/MPa	3.38
体积空速/h^{-1}	1.04~1.5		

2　C_5抽余液掺炼量增加后对装置的主要影响

2019 年 4~7 月中旬，根据乙烯装置 C_5抽余液产量并依照公司总体平衡规划，预加氢单元 C_5抽余液加工量由 6.3t/h 逐步提高至 8.5t/h，同时按照 C_5抽余液掺炼量同步调整非芳、焦汽进料量及装置总进料量(见图 3)。期间对Ⅱ加氢装置产生较大的影响，主要体现在对氢气系统的产生影响以及对装置的热平衡和物料平衡产生影响。

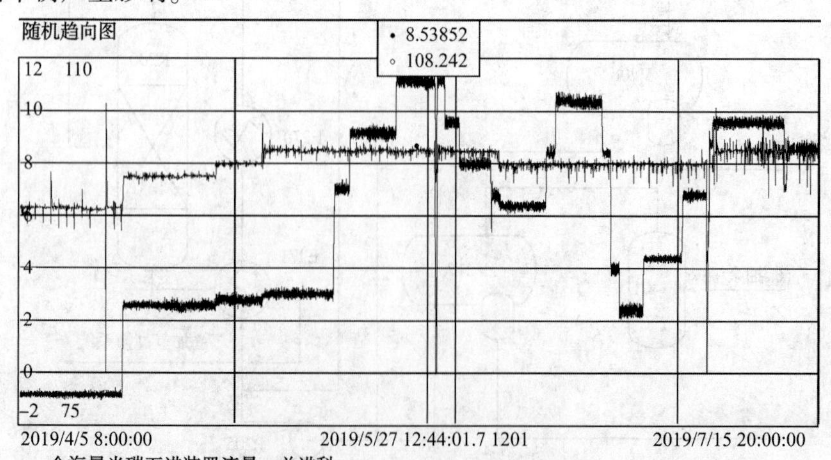

图 3　C_5抽余液掺炼量、总进料量曲线

2.1　预加氢反应器及Ⅱ加氢反应器温升变化

预加氢反应器温升在C_5抽余液掺炼量增加非芳进料不变(预加氢进料不变，C_5抽余液/非芳原料掺炼比增大)的工况下会有较大的上升，以2019年1月底典型工况为例，如图4所示。

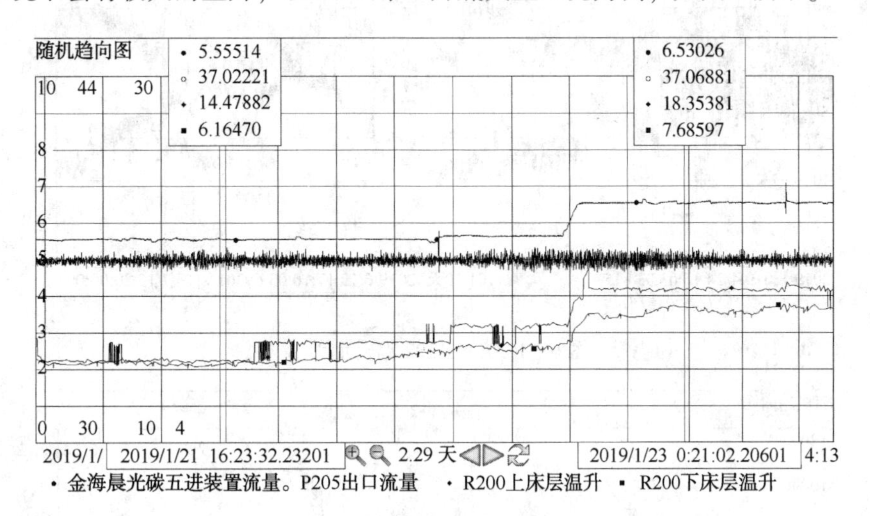

图4　R200温升曲线

为防止C_5抽余液掺炼量提至8.5t/h后，R200温升大幅上升，严重时可能导致的飞温事故的发生，装置按比例提高非芳量和调整R200入口温度两个工艺手段控制预加氢反应温升，如图5所示。

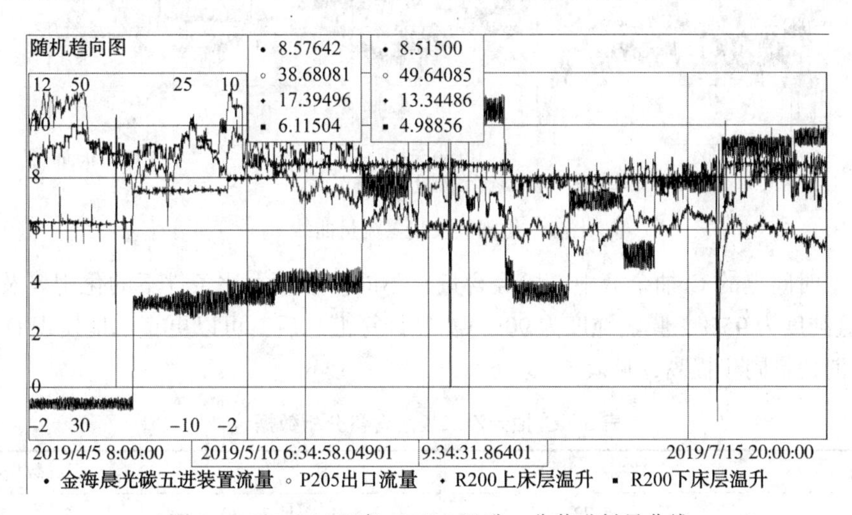

图5　R200入口温度、R200温升、非芳进料量曲线

随着C_5抽余液掺炼量的增加，Ⅱ加氢一、二段反应器R201、R202的温升变化明显。C_5抽余液掺炼量增加后预加氢单元原料中二烯烃含量增加，预反产物溴价上升，使Ⅱ加氢一、二段反应器的总温升呈上升趋势，且由于总进料的增加，空速变大，在控制R201入口温度一定的情况下，出现反应温升向R202移动的趋势，如图6所示。

为控制R201、R202温升平衡，保证催化剂活性，延长开工周期，采取提高R201入口温度，使反应向R201移动；并适当降低焦汽掺炼量，一方面降低总温升，另一方面也降低原料中的硫含量，避免反应速率靠后的脱硫反应不完全，防止精制石脑油产品发生硫含量超标的情况发生。

2.2　装置耗氢变化

Ⅱ加氢装置的氢源为化肥氢(高压氢气)及膜分离氢气(低压氢气，简称膜氢，由新氢压缩机增压)，可配合公司氢网的平衡进行灵活调整。随着C_5抽余液加工量由6.3t/h提高至8.5t/h，Ⅱ加氢装置的耗氢也同步增加，如图7所示。

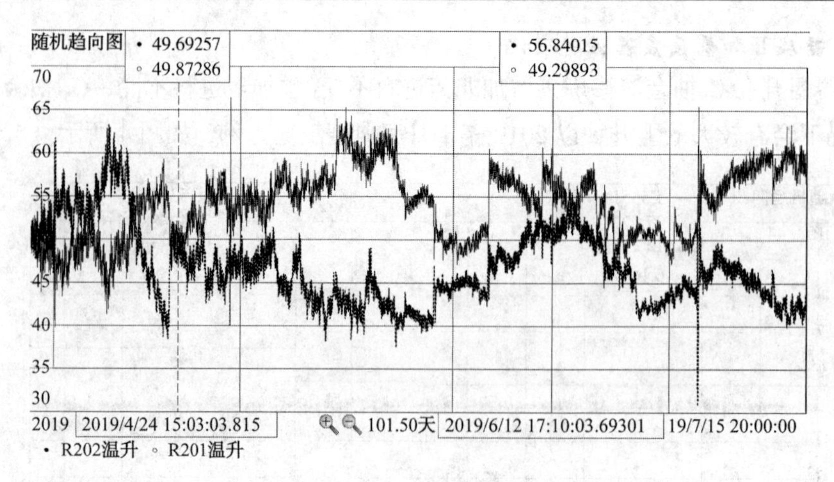

图6　R201、R202温升曲线

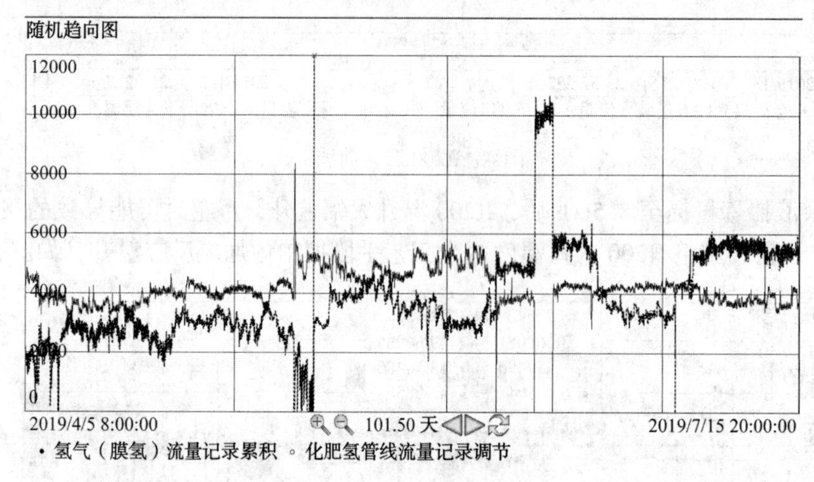

图7　化肥氢及膜氢流量曲线

采集典型加工时间点的 C_5 抽余液中二烯烃含量、不同掺炼量占比条件下的化肥氢及膜氢的耗氢量分析数据(化肥氢纯度为95%，膜氢纯度为90%)，经计算汇总后，可以更直观地发现 C_5 抽余液掺炼量提高后装置氢气消耗量同步提高，见表5，表6。

表5　C_5 抽余液二烯烃含量分析数据

时　间	数据/%(质)	时　间	数据/%(质)
4月14日7：30	5.72	5月22日7：30	5.58
4月25日7：30	5.63	6月24日7：30	5.85
5月2日7：30	7.65	7月10日7：30	7.14

表6　Ⅱ加氢装置耗氢

C_5 抽余液掺炼量/总进料/(t/h)	时　间	化肥氢流量/(Nm^3/h)	膜氢流量/(Nm^3/h)	耗氢(氢纯换算后)
6.3/78	4月14日8：00	2428	3684	5622
7.5/86.5	4月25日8：00	3238	3959	6461
8.0/87	5月2日8：00	3275	4075	6467
8.5/103	5月22日8：00	4639	4835	8318
8.0/91	6月24日8：00	3339	4060	6509
8.5/104	7月10日8：00	5682	3859	8331

Ⅱ加氢氢气消耗量直接影响公司氢网的平衡，通过图 7 可以看到，Ⅱ加氢装置配合公司平衡氢网系统，进行过多次调整氢源比例和切换氢源的操作。

2.3 装置循环氢纯度变化

乙烯 C_5 抽余液掺炼量提高后对Ⅱ加氢装置循环氢纯度存在一定影响，循环氢纯度是加氢装置的重要控制参数，高循环氢纯度意味着高反应氢分压，有利于加氢反应的进行，一般情况下，循环氢纯度低，通过排放废氢的方法来提高氢纯度[2]，Ⅱ加氢循环氢纯度变化见表 7。

表 7 循环氢纯度在线表数据

时　间	C_5 抽余液加工量/总进料/(t/h)	数据/%(体)
4 月 14 日 8：00	6.3/78	86.02
4 月 25 日 8：00	7.5/86.5	83.78
5 月 2 日 8：00	8.0/87	86.01
5 月 22 日 8：00	8.5/103	85.73
6 月 24 日 8：00	8.0/91	85.31
7 月 10 日 8：00	8.5/104	88.48

C_5 抽余液原料组分较轻，且在Ⅱ加氢反应器 R201、R202 中存在轻烃裂解反应，使循环氢中的轻烃组分增加，导致了循环氢纯度发生变化，主要的变化趋势为循环氢纯度降低。为维持预加氢单元和Ⅱ加氢反应系统的循环氢纯度，针对 C_5 抽余液掺炼量增大的工况，通过改用氢纯度更高的化肥氢；降低冷高分温度以减少循环氢中轻烃含量等多种工艺手段提高循环氢纯度；在冷高分处进行废氢排放。氢纯度与排放阀开度对比如图 8 所示。

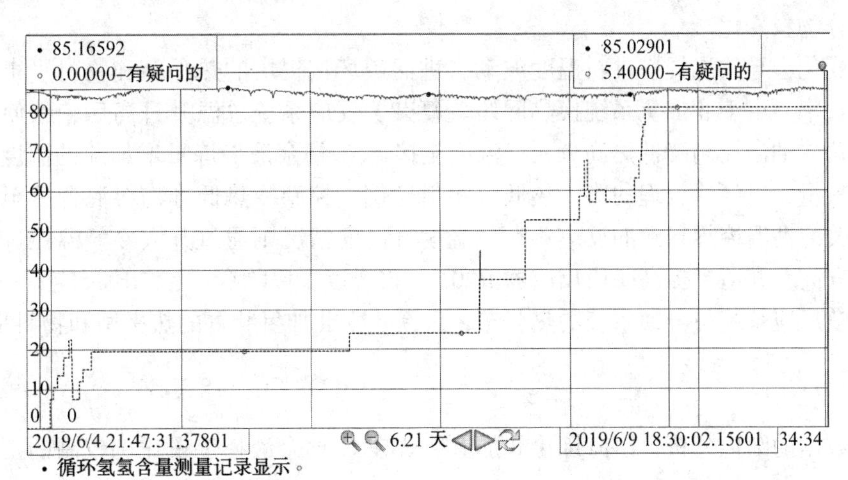

图 8 氢纯度与废氢排放阀开度对比

2.4 冷热高低分物料变化及汽提塔产品物料变化

乙烯 C_5 抽余液掺炼量以及相应的非芳、焦化汽油和总进料的变化，导致冷热高低分和汽提塔塔顶的物料随之变化，见表 8，表 9。

表 8 热、冷低分油流量对比　　t/h

时　间	C_5 抽余液加工量/总进料	热低分油	冷低分油
4 月 14 日 8：00	6.3/78	32.3	37.8
4 月 25 日 8：00	7.5/86.5	41.7	38.1
5 月 2 日 8：00	8.0/87	39.1	39

续表

时　间	C_5抽余液加工量/总进料	热低分油	冷低分油
5月22日8：00	8.5/103	43.5	50
6月24日8：00	8.0/91	42.7	43.5
7月10日8：00	8.5/104	48.2	50.6

表9　汽提塔顶轻石产量 t/h

时　间	C_5抽余液加工量/总进料	轻石产量
4月14日8：00	6.3/78	4.53
4月25日8：00	7.5/86.5	5.83
5月2日8：00	8.0/87	6.65
5月22日8：00	8.5/103	7.00
6月24日8：00	8.0/91	6.81
7月10日8：00	8.5/104	7.37

从表8和表9中的数据可以看出，冷低分油与热低分油的比例随着C_5抽余液掺炼量的增大而增大，汽提塔塔顶轻石产品增量与C_5抽余液掺炼量变化呈正比关系。

热、冷高低分物料比例和轻石产量变化的主要原因是，为控制C_5抽余液掺炼量，增加后预加氢单元R200的温升而同步按比例提高非芳进料量，致使Ⅱ加氢装置总进料中轻重组分比例发生变化，轻组分的占比有一定幅度的上升；其次，Ⅱ加氢反应器中的副反应——轻烃裂解反应也使反应产物中的轻组分进一步增加；另外，反应系统总温升升高，使热高分入口温度升高，热高分去冷高分物料相应增加也导致冷热高分物料变化。

冷热物料的变化会导致汽提塔进料温度波动，进而破坏汽提塔的热平衡和物料平衡，影响精制石脑油产品质量和收率。由于Ⅱ加氢系统换热网络较复杂，反应系统总温升升高后，致使反应系统总热量增加。通过稍关冷油温控阀降低热高分入口温度至接近C_5抽余液掺炼量增加前的温度，减少热高分顶至冷高分的物料量，以到达合理的冷、热低分物料比例。控制冷热低分物料混合后至汽提塔温度不发生大幅波动，关冷油温控阀导致的反应器入口温度升高的情况则通过开大冷氢温控进行调整，保持入口温度不大幅升高，并适当提高一段反应器R201入口温度，以均衡一、二段反应器的温升，通过多次分步微调，调整反应系统与分馏系统的热分布，重新建立Ⅱ加氢装置的热平衡和物料平衡。

3　总结及瓶颈分析

通过对上述数据的细化分析，镇海炼化Ⅱ加氢装置在C_5抽余液掺炼量比例较高的工况下，可采取多种有效的工艺手段平稳和优化生产，以消除对装置的不良影响，但如需将C_5抽余液掺炼量提至8.5t/h以上还存在一些瓶颈。

1）C_5抽余液加工量每提高1t/h，在非芳加工量不变的情况下，预加氢反应器R200的总温升上升约为5℃，为控制总温升需按照掺炼比例要求同步提高非芳进料量、预加氢进料量，同时调整预加氢反应器入口温度进行辅助调节，但C_5抽余液加工量的上限和预加氢反应器的温升控制，受到空速(催化剂装填量、效能)、上游装置非芳供量以及氢油比(混氢阀门的通量)、C_5抽余液进装置控制阀通径等条件限制，如需进一步提高C_5抽余液的掺炼量就需要针对上面提到的问题进行提升改造。

2）C_5抽余液接加工量的提高还会影响Ⅱ加氢的一、二段反应器的总温升以及温升分布，每提高1t/hC_5抽余液，Ⅱ加氢反应系统的总温升将升高4~5℃，温升向R202移动4~7℃，如调整措施不到位，可能会降低Ⅱ加氢催化剂的使用寿命，影响开工周期；此外还会对焦化汽油加工量产生一定的影响。

3）C_5抽余液加工量每提高1t/h（非芳、焦汽加工量同步按比例提高），会增加2000Nm^3/h左右的氢耗，其中包括为保持氢纯度排放废氢操作后所需补充的新氢。因此，C_5抽余液掺炼量的提高会对目前的公司氢网平衡造成较大的压力。

4）对物料平衡的影响，可以通过调整高换、反应、高低分系统的热平衡进行调节，每提高1t/h C_5抽余液，汽提塔顶轻石脑油的产量提高1.2t/h左右，需在不影响塔底精制石脑油产品质量初馏点的前提下，尽量提高收率，减少轻石脑油的外排。

参 考 文 献

[1] 徐彤，艾抚宾，乔凯，等.C_5抽余液与非芳烃汽油混合加氢工艺技术研究与工业应用[J].石油炼制与化工，2017，48(4)：47-51。

[2] 陈勇.循环氢纯度波动分析及控制措施[J].化工工程与装备，2016，(4)69-71。

抽余 C_5 加氢单元催化剂失活原因分析及解决措施

徐巧玲[1]　祁文博[2]

（1. 中国石化镇海炼化公司　浙江宁波　315200

2. 中国石化大连石油化工研究院　辽宁大连　116023）

摘　要　镇海炼化公司抽余 C_5加氢单元自2015年8月开工以来，催化剂活性多次快速失活，装置运行周期短。为查找催化剂失活原因，从装置运行工况、物料性质和杂质方面展开了全面排查，排查出可疑毒物CO、CO_2、NH_3(MDEA)和H_2S并委托大连石化研究院进行了验证性试验，确定毒物并采取针对性措施后，催化剂活性恢复，装置转入正常运行。

关键词　C_5抽余油；催化剂失活；加氢；一氧化碳；氮气；硫化氢

2015年8月镇海炼化公司在1.2Mt/a焦化汽油加氢装置(简称Ⅱ加氢)上，增加抽余 C_5加氢反应器R200，用于加工外来8t/h C_5抽余油，饱和 C_5物料中约10%的二烯烃；同时用7倍非芳(56t/h)进行稀释，控制反应器R200的反应温升，避免二烯烃聚合和超温。反应产品与焦化汽油一起混合后进入加氢反应器R201、R202进行加氢饱和后，作为乙烯裂解装置的原料[1-4]。

1　装置概况

装置简要流程：外来 C_5抽余油经原料脱水器(FI401)脱水后与非芳汽油按1∶7比例混合后进入预加氢进料泵，增压至5.6MPa(表)后与循环氢混合后进入预加氢进料换热器(E271)，与预反应流出物换热后经预加氢进料加热器(E270)加热，再与循环氢压缩机(C202)出口循环氢混合后进入预加氢反应器(R200)。在催化剂的作用下进行二烯烃饱和反应。预加氢反应器设置两个催化剂床层，床层间设有注冷氢设施，急冷氢来自循环氢压缩机(C202)出口循环氢。预加氢反应器(R200)出来的预加氢反应产物经过预加氢进料换热器(E271)与混合进料换热后进入Ⅱ加氢反应流出物/混合进油换热器(E202AB)，后进入焦化汽油加氢反应器(R201)(见图1)。

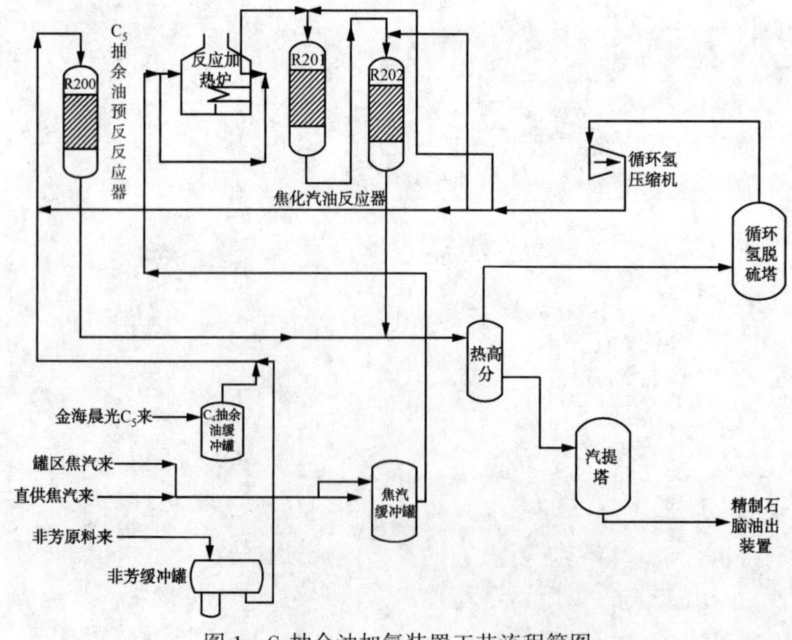

图1　C_5抽余油加氢装置工艺流程简图

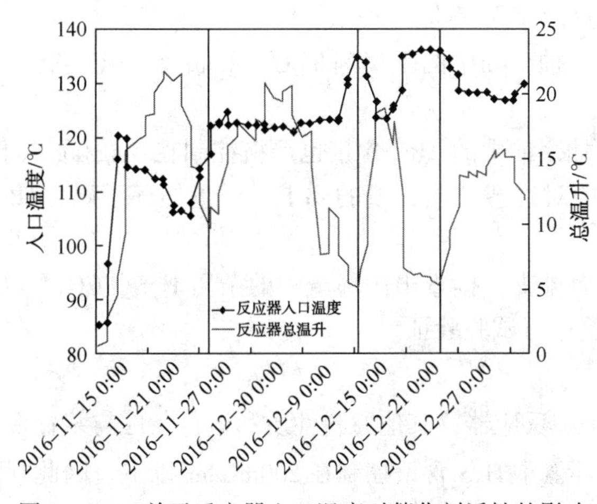

图2　R200 单元反应器入口温度对催化剂活性的影响

2015 年 8 月抽余 C_5 单元 R200 单元首次装填采用 FHC-5A 再生催化剂，2015 年 10 月 31 日开工引 C_5 抽余油进行加工，催化剂仅运行 92d 即出现预反产物二烯烃含量超标(二烯烃含量最高达到 0.56%，指标为≤0.4%)的现象。2016 年 10 月更换成 FHC-5B 催化剂。2016 年 11 月 14 日开始加工 C_5 抽余油，12d 后出现预反产物二烯烃含量异常上升的现象(2016 年 11 月 26 日二烯烃含量达到 0.3%)，反应床层温升从 22℃下降至 8℃，催化剂中毒失活，12 月份又出现两次温升异常下降的现象，见图 2。在每次催化剂失活，反应温升异常时通过提高反应器 R200 入口温度可以使温升暂时得到恢复，但是不持久，需要不断提高入口温度来保证反应温升和产品质量。因此，本文将从运行工况、原料性质及杂质展开全面排查，确定催化剂失活原因并采取相应的措施，稳定装置运行。

2　催化剂失活原因分析及排查试验处理的思路

2.1　催化剂失活原因分析

通常情况下，催化剂失活原因主要有烧结、结焦以及中毒。该装置实际运行中从未出现过超温，并且运转时间不长，所以催化剂活性下降不可能是烧结和积炭所致。根据装置催化剂活性失活可恢复的现象推断，催化剂失活为中毒，且是可逆中毒。催化剂中毒主要可能是原料中的有毒物质强烈吸附于催化剂的活性位上，而影响反应物的吸附，降低加氢活性。

2.2　排查实验处理的思路

针对原料中有毒物质的排查，主要从两方面开展：一方面是通过对工业装置运行条件、原料性质及杂质排查验证催化剂的失活原因；另一方面是在实验室的加氢小型实验装置上，通过对工业原料中高度疑似中毒物质(原料中的杂质)进行逐一排查实验，最终确定催化剂失活原因。催化剂失活原因确定后，根据排查结果采取措施，保证装置催化剂稳定运行。

3　催化剂失活原因排查

3.1　装置运行条件对催化剂活性的影响

由于在整个运行周期内反应系统压力稳定，反应器入口温度在催化剂活性激发温度点之上，这两个运行条件都不会导致催化剂失活，所以运行工况条件主要排查氢油比对催化剂活性的影响。

通过图 3 可以发现氢油体积比稳定在 215 时，反应温升在 8~22℃之间波动，提高氢油比至 244，反应温升也未得到恢复，证明氢油比在设计氢油比 200 以上对催化剂活性无明显影响。

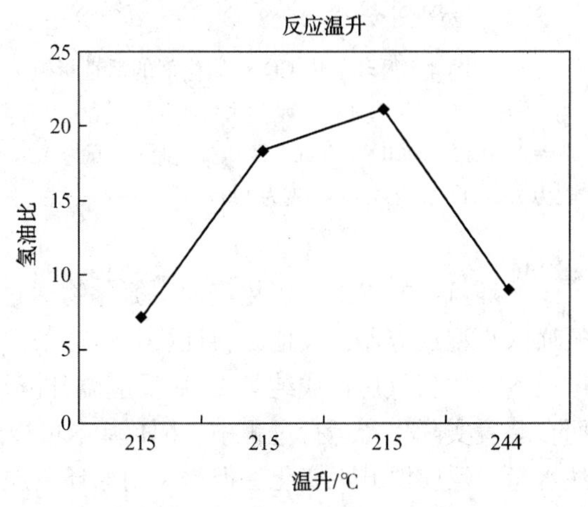

图3　氢油比对催化剂活性的影响

注：运行工况条件为，C_5 抽余油加工量为 3t/h，非芳/C_5 抽余油=8.7，反应器入口温度为 120℃，C_5 抽余油中二烯烃含量平均在 9.3%(质)。

3.2　原料性质及杂质对催化剂活性的影响

R200 单元的原料有非芳、C_5 抽余油及循环氢。而 C_5 抽余油中二烯烃含量、非芳与 C_5 抽余油比例会影响反应温升，但是当二烯烃含量、非芳/C_5 抽余油不变时反应温升应该保持不变，不会引起催化剂失活，所以这两个因素也排除。

原料杂质主要包含：非芳的萃取液杂质环丁砜，C_5抽余油中的阻聚剂 TBC、萃取液 DMF，循环氢中的 H_2S、NH_3、MDEA、CO、CO_2。

非芳中环丁砜含量一直控制在 10mg/kg 以下，C_5抽余油中的 TBC 含量也严格控制在 3mg/kg 以下，DMF 含量控制在 1mg/kg 以下，符合催化剂技术附件中对这些杂质含量的要求，微量的环丁砜、TBC、DMF 不会造成催化剂的快速失活。

经过对装置运行条件、原料性质和原料杂质的全面排查，排查出循环氢中的杂质 H_2S、CO_2、CO、NH_3、MDEA 为可疑毒物，遂委托大连石油化工研究院进行试验验证。

3.2.1　循环氢中 H_2S 对催化剂活性的影响

大连石化研究院将配入 0%~4%H_2S 的新氢通入小型反应器，其他原料性质和运行条件与装置现场一致，试验结果为催化剂活性无影响，而装置现场循环氢中 H_2S 含量控制在 200mL/m^3以下。因此判断循环氢中 H_2S 含量对催化剂活性无影响。

3.2.2　循环氢中 CO_2对催化剂活性的影响

大连石化研究院将配入 0~150mg/kg CO_2的新氢通入小型反应器，其他原料性质和运行条件与装置现场一致，试验结果为催化剂活性无影响，而装置现场循环氢中 CO_2含量控制在 30mg/kg 以下。因此判断循环氢中 CO_2含量对催化剂活性无影响。

3.2.3　循环氢中 CO 对催化剂活性的影响

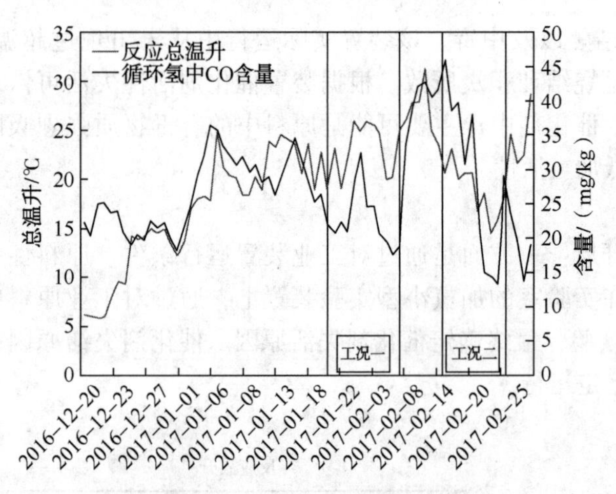

图 4　循环氢中 CO 对催化剂的活性影响

注：工况一为 C_5抽余油加工量 4.0t/h，稀释比为 5.5：1，反应器入口温度为 120℃；工况二为 C_5抽余油加工量为 4.5t/h，稀释比为 7.2：1，反应器入口温度为 120℃。

从图 4 的工况一和工况二可以看出当 CO 含量上升后，温升会逐渐下降。结合表 1 中大连石化研究院小试结果，可以判断循环氢中 CO 会影响催化剂的活性，CO 含量越高对催化剂活性影响越大。这可能是由于 CO 在催化剂活性中心的吸附能力比 C_5抽余油强，从而导致部分活性中心被占据，无法发挥作用，所以反应温升下降，产品中二烯烃含量上升。而循环氢中的 CO 主要来自于新氢携带及焦化汽油加氢反应器 R202 床层中积炭和原料中的水在高温下发生水煤化反应而产生[5,6]。这个现象也可从降低 R202 床层温度，R200 反应器温升上升以及小试实验中将含杂质 CO 的新氢切换成纯氢后反应温升恢复，说明 CO 导致催化剂失活是可逆的。

3.2.4　循环氢中 NH_3对催化剂活性的影响

循环氢中的 NH_3是焦化汽油中氮化物通过加氢后生成。大连石化研究院将配入 0%~4% NH_3的新氢通入小型反应器，其他原料性质和运行条件与装置现场一致，反应温升在 1.5h 内下降 6℃，当将含杂质 NH_3的新氢切换成纯氢 1h 后反应温升恢复正常，说明循环氢中的 NH_3导致催化剂失活是可逆的。而在装置实际生产运行过程中，NH_3基本可以通过注水和胺液溶解脱除，在温升异常阶段，通过加大注水量，反应温升无变化，但是关闭循环氢脱硫塔跨线后，温升得到恢复，说明循环氢中的 NH_3会引起 R200 单元反应温升异常。这可能是由于 H_2S 和 NH_3会生成铵盐，覆盖了催化剂活性中心，导致催化剂活性下降，同时 H_2S 和 NH_3生成铵盐的反应是可逆反应，当反应温度较高时或者 H_2S、NH_3分压降低时，铵盐会分解成 H_2S 和 NH_3，此中毒也是可逆的。

表 1　循环氢中 CO 对催化剂活性的影响小试结果

CO 含量/(mg/kg)	温升下降(1.5h)/℃	温升恢复情况	CO 含量/(mg/kg)	温升下降(1.5h)/℃	温升恢复情况
15	0.5~1	切换成纯氢 1h 恢复温升	50	4	切换成纯氢 1h 恢复温升
25	1	切换成纯氢 1h 恢复温升	150	5	切换成纯氢 1h 恢复温升

注：大连石化研究院将配入 0~150mg/kg CO_2 的新氢通入小型反应器，其他原料性质和运行条件与装置现场一致，不同含量小试完成后将含有 CO_2 的新氢切换成纯氢通入小型反应器，检验温升恢复情况。

3.2.5　循环氢中 MDEA 对催化剂活性的影响

循环氢中的 MDEA 是循环氢经过胺液脱硫塔脱硫时微量携带，从图 5 和表 2 可以看出，仅存在 MDEA 时对催化剂活性基本无影响，但是与 H_2S 共同存在时会影响催化剂的活性，1.5h 内温升下降 6℃。这可能是由于 H_2S 和 MDEA 会生成铵盐。

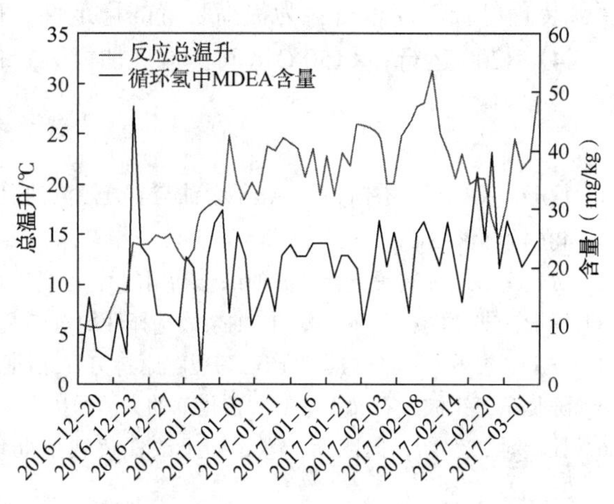

图 5　循环氢中 MDEA 对催化剂的活性影响

同时，H_2S 和 MDEA 生成铵盐的反应是可逆反应，当反应温度较高时或者 H_2S、MDEA 分压降低时，铵盐会分解成 H_2S 和 MDEA，此中毒也是可逆的。所以，循环氢中的 CO、NH_3、H_2S+MDEA 含量都会影响催化剂活性，且都是可逆的，当将含有杂质的新氢切换成纯氢 1h 后活性皆可恢复。因此，在今后的生产运行过程中，需严格控制进入 R200 单元氢气中 CO、NH_3、H_2S+MDEA 的含量。

表 2　循环氢中 MDEA 对催化剂活性的影响小试结果

MDEA 含量/(mg/kg)	温升下降(1.5h)/℃	温升恢复情况
30	—	—
30mg/kgMDEA+40000mg/kgH_2S	6	切换成纯氢后 1h 恢复温升

注：大连石化研究院将配入 0~150mg/kg CO_2 的新氢通入小型反应器，其他原料性质和运行条件与装置现场一致，不同含量小试完成后将含有 CO_2 的新氢切换成纯氢通入小型反应器，检验温升恢复情况。

4　解决措施

控制进入 R200 单元氢气中 CO、NH_3、H_2S+MDEA 的含量可采取以下措施：

1）控制 H_2S+MDEA，若脱除微量 H_2S 则需增加大量的 MDEA 才能脱除干净，但是容易携带 MDEA，而控制 MDEA 含量，一方面建议将循环氢分液罐 V204 更新放大增加高效脱液内构件提高分液罐分液效果，降低携带量，另一方面，严格管理装置贫液质量，控制贫液鼓泡高度和消泡时间，避免鼓泡引起循环氢大量携带 MDEA。

2）控制 CO 含量，首先需严格控制 C_5 抽余油、非芳、焦化汽油中的水含量；其次由于水煤化反应在 280℃以上，温度越高反应速率越快，所以在精制石脑油产品合格条件下，尽量降低焦汽加氢装置反应温度；最后 CO_2 发生水煤化逆反应也会生成 CO，所以可通过提高贫液量，吸附 CO_2，来降低 CO 含量，但是需控制 MDEA 携带量。

3）关循环氢脱硫塔跨线，通过贫胺液中水溶解脱除循环氢中微量的 NH_3。

4）R200 单元反应温度最高在 145℃，在这个温度下，催化剂活性金属不会被还原，所以可以采用新氢一次通过的方式，这样可以彻底除掉杂质 CO、NH_3、H_2S+MDEA 对催化剂活性的影响。

5 结论

通过对装置运行条件和物料性质两方面排查分析，得出结论如下：

1）循环氢中 CO、H_2S+MDEA、NH_3是催化剂暂时性失活的毒物，浓度高会使催化剂失活，浓度低到一定程度后，催化剂活性可恢复。

2）非芳中的环丁砜、C_5抽余油中的 DMF、TBC、循环氢中的 CO_2、H_2S(单因素)、MDEA(单因素)在低浓度下对催化剂活性基本无影响。

3）在采取关闭循环氢跨线、排放废氢置换、降低循环氢中 H_2S 浓度等措施后，有效降低了毒物浓度，装置可长周期运行；为提高装置的稳定性，R200 单元采用新氢一次通过的方案更加保险。

4）R200 运行在<150℃区间，常规加氢装置催化剂的操作经验不全部适用，需重新认识和积累。

参考文献

[1] 徐彤，艾抚宾，乔凯，等. C_5抽余油与非芳烃汽油混合加氢工艺技术研究与工业应用[J]. 石油炼制与化工，2017，48(4)：48-51.

[2] 贾建军. 乙烯装置混合碳五的综合利用[J]. 乙烯工业，2006，18(3)：25-27.

[3] 徐彤，艾抚宾，乔凯，等. C_5抽余液选择性加氢工艺研究[J]. 当代化工，2012，41(3)：233-235.

[4] 方义. 裂解 C_5馏分加氢生产乙烯裂解原料[J]. 精细石油石化，2011，28(4)：39-41.

[5] 陈晓东，崔波，石文平，等. 催化剂的失活原因分析[J]. 工业催化：青岛化工学院，2001，5(9)：9-16.

[6] 杜墨池，贺新，向刚伟，等. 稀土改性负载型催化剂研究进展[J]. 辽宁石油化工大学学报，2018，38(05)：35-42.

C_5/C_6异构化技术在济南炼化的工业应用

夏季祥　孙静雯　杨宝宏　林春阳

（中国石化济南炼化公司　山东济南　）

摘　要　介绍了中国石化石油化工科学研究院开发的C_5及C_6异构化技术在济南炼化公司160kt/a异构化装置的生产应用情况，标定结果表明：RISO-B催化剂的活性高，稳定性好，异构化稳定汽油中C_5及C_6组分的异构化率分别达到62%及82%，RON辛烷值高于81.6，超过了设计指标。对生产中出现的问题进行了讨论，提出了控制床层飞温，循环氢带液、液化气带C_5等问题的解决措施。

关键词　C_5及C_6烷烃；拔头油；异构化；辛烷值

前言

随着环保要求日趋严格，车用清洁汽油的标准也逐渐提高，汽油中芳烃、烯烃及苯等高辛烷值组分的含量要求进一步降低，虽然MTBE与烷基化油可以作为提高汽油辛烷值的调合组分，但其加入受汽油氧含量的限制，此外MTBE难以降解，会对自然水体造成污染[1]。C_5及C_6异构化油具有低硫、无芳烃、无烯烃的特点，是一种优良的汽油调合组分[2]，C_5及C_6烷烃异构化技术已逐渐成为生产清洁车用汽油的重要工艺。

中国石化济南炼化公司（简称：济南炼化公司）160kt/a异构化装置是由原300kt/a催化重整装置预加氢部分改造而成，最大限度地利用了原有设备，改动小，节省投资。催化剂采用中国石化石油化工科学研究院的RISO-B沸石催化剂，可生产RON79.5的异构化稳定汽油，装置采用一次通过异构化流程，于2019年11月28日正式投产。

1　催化剂性质及装填

1.1　RISO-B催化剂的理化性质

RISO-B催化剂为中温型金属/酸性载体双功能催化剂，其理化性质见表1。

表1　RISO-B催化剂的理化性质

项　目	指　标	项　目	指标
Pt含量/%	0.32±0.02	尺寸（直径×长）/mm	ϕ2.0~ϕ3.0×3~10
比表面积/（m^2/g）	>400	普通装填密度/（g/cm^3）	0.60±0.03
压碎强度/（N/cm）	>100	密相装填密度/（g/cm^3）	0.8±0.05
外形	圆柱型		

1.2　催化剂的装填

催化剂采用密相装填，装填情况见表2。

表2　催化剂装填情况

项　目	体积/m^3	密度/（t/m^3）	重量/t
R-101	14.04	0.689	9.68
R-102	10.84	0.675	7.32

2　工艺流程

异构化装置工艺流程如图1所示，来自连续重整装置的拔头油经泵升压后，与循环氢压缩机增压后的含氢气体混合，依次经两台异构化进料换热器换热至205℃左右，经过3.5MPa蒸汽加热器加热到反应温度后依次进入2台串联的异构化反应器，在异构化反应器中进行异构化反应，同时伴随部分苯加氢、烷烃加氢裂化等副反应，催化剂床层产生一定温升。异构化反应产物与进料换热后，经空冷器、后冷器冷凝、冷却后进入异构化产物分离罐，在分离罐中进行气液分离，罐顶气体进入异构化循环压缩机增压后循环使用。罐底液体送往稳定塔进行稳定。异构化反应产物与稳定塔底物料换热后进入稳定塔。塔顶油气经空冷器、后冷器冷凝冷却后在回流罐进行气液分离。液体由稳定塔顶泵抽出，一部分作为回流返回塔顶部；另一部分作为液化气产品送出装置。回流罐顶部气体排往燃料气系统。稳定塔底物料与进料换热并经汽油冷却器冷却后作为汽油产品送出装置。

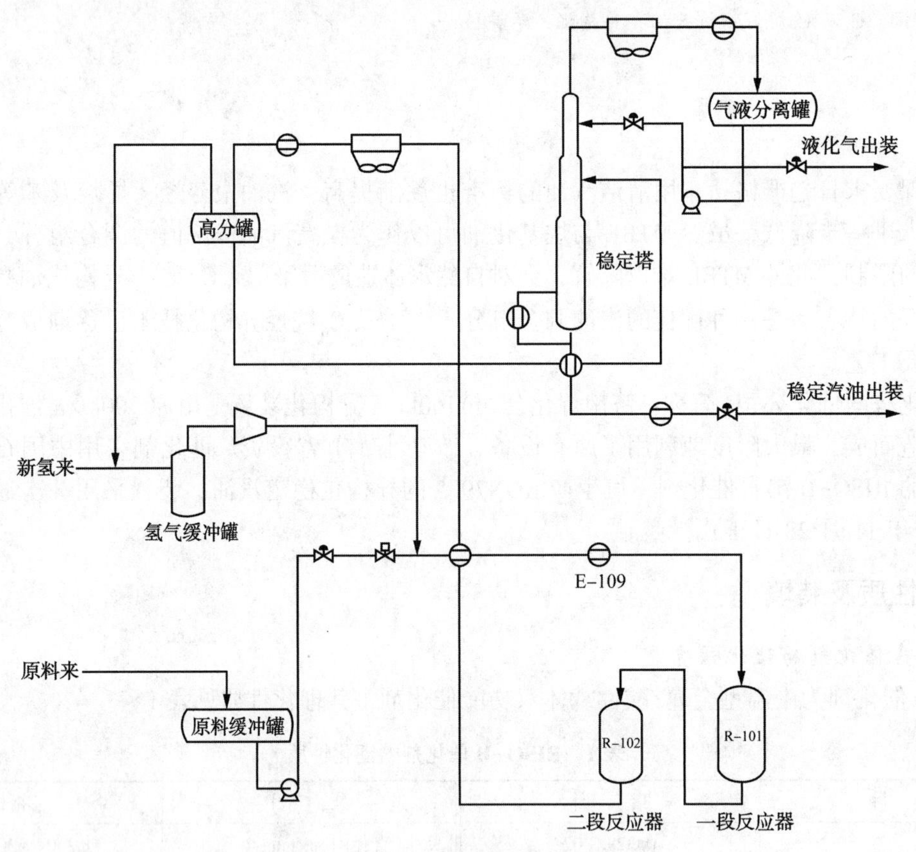

图1　异构化装置工艺流程示意图

3　开工初期的工艺控制

RISO-B催化剂为还原态出厂，但催化剂在装填过程中可能被氧化及吸附水分，因此开工前期需对催化剂进行补充还原及干燥，氢纯度控制高于95%，高分罐压力控制为0.8MPa，床层温度控制320℃左右，干燥还原2h，催化剂的还原干燥曲线如图2所示。

进料初期催化剂活性高，反应较剧烈，需严格控制炉出口升温速度，防止反应器床层出现大幅温升。

装置开工进料时，催化剂床层温度190℃，进料量5t/h左右，催化剂与原料接触后释放吸附热，使床层温度迅速升至225℃左右，随后又回落至195℃，反应进料提至11t/h，催化剂床层继续释放吸附热，有小幅度温升，随后回落。吸附热释放完毕，反应器按照预定曲线升温，升温速度15℃/h。按

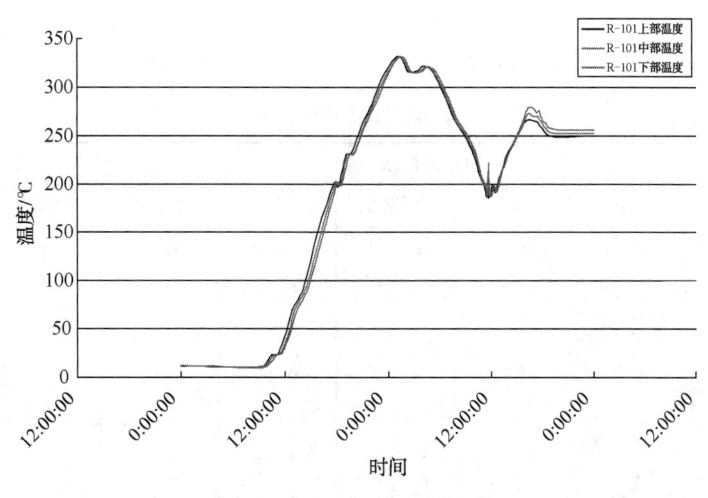

图 2 催化剂还原干燥曲线

照同类装置开工经验，反应器入口温度需提至 260℃，但是本次开工中，反应器入口温度升至 250℃时，床层温度开始迅速上升，出现飞温情况，因此采取停炉降温措施，反应器入口温度降至 245℃左右，反应器各点温度开始逐渐趋于平稳，床层总温差控制在 15~20℃之间。反应器进料时床层温升情况如图 3 所示。

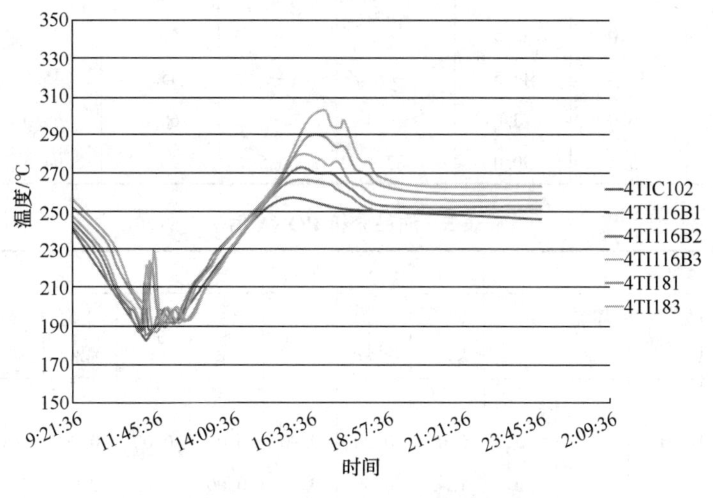

图 3 反应器进料时床层温升情况

4 装置标定

4.1 工艺参数

装置运行稳定后，根据安排进行了标定，标定期间工艺条件见表 3。

表 3 标定条件

工艺参数	操作条件	设计值	工艺参数	操作条件	设计值
反应器入口温度/℃	240	230~280	循环氢纯度/%(体)	≥85	≥85
反应压力(压缩机出口)/MPa	1.9	1.5~3.7	C-102 塔顶压力/MPa	1.1	1.2
反应压力(D-102)/MPa	1.55	1.5~3.7	塔顶温度/℃	80~90	82.1
反应进料量/(t/h)	17	9.5~19	塔底温度/℃	145	151
循环氢量/(Nm^3/h)	14500				

4.2 质量分析

油品分析数据见表4，PONA值见表5。

表4 油品分析数据

项目	异构化原料				稳定汽油			
	数据1	数据2	数据3	数据4	数据1	数据2	数据3	数据4
密度(20℃)/(kg/m³)	653.4	651.7	651.0	648.0	649.2	649.8	647.2	646.9
硫含量/(mg/kg)	0.24	0.23	0.22	0.21				
水含量/(mg/kg)	17	20	14	25				
氮含量/(mg/kg)	0.31	0.32	0.31	0.24				
砷含量/(μg/kg)	<1.0	—	<1.0	<1.0				
铅含量/(μg/kg)	3.93	—	4.00	4.29				
铜含量/(μg/kg)	4.34	—	4.29	4.00				
硅含量/(μg/kg)	无分析仪器							
蒸气压/kPa	—	—	—	—	80.25	89.25	85.75	86.00
辛烷值	76.8	76.9	77.0	77.0	81.6	82.3	81.6	81.8
馏程/℃								
初馏点	26.5	25.5	—	—	35.0	30.0	34.0	29.0
10%	37.0	35.5	—	—	40.0	38.0	40.0	40.5
50%	49.5	47.5	—	—	45.5	45.5	45.0	45.5
90%	76.0	73.0	—	—	66.0	68.0	63.0	69.0
终馏点	95.5	90.0	87	86.5	96.5	94.5	84.0	91.0

表5 油品分析PONA值 %(质)

项目	原料					高分油					稳定汽油				
	正构烷烃	异构烷烃	烯烃	环烷烃	芳烃	正构烷烃	异构烷烃	烯烃	环烷烃	芳烃	正构烷烃	异构烷烃	烯烃	环烷烃	芳烃
标1															
C_2	0	0	0	0	0	0.00	0.00	0.00	0.00	0.00	0.00	0.00	0.00	0.00	0.00
C_3	0	0	0	0	0	1.43	0.00	0.00	0.00	0.00	0.00	0.00	0.00	0.00	0.00
C_4	6.59	0.26	0	0	0	6.44	3.31	0.00	0.00	0.00	0.17	0.00	0.00	0.00	0.00
C_5	24.51	21.63	0	2.56	0	17.49	32.88	0.00	2.41	0.00	20.72	37.07	0.00	2.77	0.00
C_6	10.46	13.28	0	9.06	1.3	4.55	21.38	0.00	7.12	0.00	4.98	23.75	0.00	7.77	0.00
C_7	1.94	3.86	0	3.99	0	0.12	0.72	0.00	1.98	0.00	0.11	0.91	0.00	1.46	0.00
C_8	0	0.09	0.09	0.37	0	0.00	0.03	0.13	0.02	0.00	0.00	0.22	0.00	0.06	0.00
C_9	0	0	0	0	0	0.00	0.00	0.00	0.00	0.00	0.00	0.00	0.00	0.00	0.00
合计	43.5	39.12	0.09	15.98	1.3	30.03	58.32	0.13	11.53	0.00	25.98	61.95	0.00	12.06	0.00
标2															
C_2	0	0	0	0	0	0.00	0.00	0.00	0.00	0.00	0.00	0.00	0.00	0.00	0.00
C_3	0	0	0	0	0	1.48	0.00	0.01	0.00	0.00	0.00	0.00	0.00	0.00	0.00
C_4	7.39	0.3	0	0	0	6.90	3.45	0.00	0.00	0.00	2.87	0.34	0.00	0.00	0.00
C_5	25.68	22.81	0	2.66	0	17.59	30.80	0.00	2.36	0.00	19.65	32.37	0.00	2.68	0.00
C_6	10.25	13.25	0	8.7	1.27	4.46	20.84	0.00	7.65	0.00	5.04	23.47	0.00	8.65	0.00

续表

项目	原料					高分油					稳定汽油				
	正构烷烃	异构烷烃	烯烃	环烷烃	芳烃	正构烷烃	异构烷烃	烯烃	环烷烃	芳烃	正构烷烃	异构烷烃	烯烃	环烷烃	芳烃
C_7	1.24	3.25	0	2.96	0	0.19	1.17	0.00	2.62	0.00	0.21	1.38	0.00	2.85	0.00
C_8	0	0	0.04	0.2	0	0.00	0.18	0.16	0.12	0.00	0.00	0.36	0.00	0.14	0.00
C_9	0	0	0	0	0	0.00	0.01	0.00	0.00	0.00	0.00	0.00	0.00	0.00	0.00
合计	44.56	39.61	0.04	14.52	1.27	30.62	56.45	0.17	12.75	0.00	27.77	57.92	0.00	14.32	0.00
标3															
C_2	0	0	0	0	0	0.00	0.00	0.00	0.00	0.00	0.00	0.00	0.00	0.00	0.00
C_3	0	0	0	0	0	0.77	0.00	0.03	0.00	0.00	0.00	0.00	0.00	0.00	0.00
C_4	1.32	0.02	0	0	0	3.12	1.46	0.00	0.00	0.00	0.54	0.02	0.00	0.00	0.00
C_5	28.14	29.03	0	2.99	0	20.52	35.66	0.00	2.62	0.00	21.66	36.50	0.00	2.80	0.00
C_6	9.6	16.98	0	8.6	0.98	4.72	22.24	0.00	7.34	0.00	5.05	23.73	0.00	7.91	0.00
C_7	0.13	1.27	0	0.91	0	0.07	0.46	0.00	0.91	0.00	0.08	0.54	0.00	1.02	0.00
C_8	0	0	0.05	0	0	0.00	0.02	0.06	0.01	0.00	0.00	0.05	0.10	0.02	0.00
C_9	0	0	0	0	0	0.00	0.00	0.00	0.00	0.00	0.00	0.00	0.00	0.00	0.00
合计	39.19	47.3	0.05	12.5	0.98	29.20	59.84	0.09	10.87	0.00	27.33	60.84	0.10	11.74	0.00
标4															
C_2	0	0	0	0	0	0.00	0.00	0.00	0.00	0.00	0.00	0.00	0.00	0.00	0.00
C_3	0	0	0	0	0	0.68	0.00	0.00	0.00	0.00	0.00	0.00	0.00	0.00	0.00
C_4	3.96	0.09	0	0	0	3.08	1.26	0.00	0.00	0.00	0.48	0.02	0.00	0.00	0.00
C_5	28.16	27.87	0	2.91	0	20.87	35.80	0.00	2.69	0.00	22.01	36.76	0.00	2.89	0.00
C_6	9.68	15.33	0	8.4	1.07	4.70	22.05	0.00	7.35	0.00	5.00	23.46	0.00	7.83	0.00
C_7	0.15	1.41	0	0.94	0	0.07	0.48	0.00	0.83	0.00	0.08	0.52	0.00	0.88	0.00
C_8	0	0	0.04	0	0	0.00	0.03	0.09	0.03	0.00	0.00	0.02	0.06	0.01	0.00
C_9	0	0	0	0	0	0.00	0.00	0.00	0.00	0.00	0.00	0.00	0.00	0.00	0.00
合计	41.95	44.7	0.04	12.25	1.07	29.40	59.62	0.09	10.90	0.00	27.57	60.78	0.06	11.61	0.00

4.2.1 稳定汽油质量分析

济南炼化公司160kt/a异构化装置C_5异构化率设计值为62%，C_6异构化率设计值82%，稳定汽油辛烷值设计值为79.3，通过表5油品PONA数据可知，稳定汽油中C_5异构化率达到62%以上，C_6异构化率达到82%以上，RON辛烷值达到81.6以上，均满足设计要求。

4.2.2 液化气质量分析

液化气组成见表6。液化气中C_5含量较高，C_5质量分数占液化气总量的17.41%。主要原因是产品中液化气含量偏高，塔内气相负荷大，在保证塔底温度的条件下，回流较难达到设计值10.12，分馏塔分离效果较差，造成塔顶产品C_5含量高。液化气产量偏高有两个原因：一是原料本身携带的液化气组分多，均值达到4.98%；二是原料中的C_7含量偏高，均值为5.51%，在反应器内发生了加氢裂化，生成了部分液化气。

表6 液化气组成 %(质)

项　目	标1	标2	标3	标4	平均值
乙烯	0	0	0	0	0.00
乙烷	0.95	0.83	0.38	1.18	0.83

续表

项　目	标 1	标 2	标 3	标 4	平均值
丙烷	15.10	18.52	9.97	15.70	14.82
丙烯	0.00	0.00	0.00	0.00	0.00
H_2S	0.00	0.00	0.00	0.00	0.00
异丁烷	25.91	28.15	21.79	26.97	25.70
正丁烷	45.61	37.18	40.39	40.30	40.87
正丁烯	0.00	0.00	0.00	0.00	0.00
异丁烯	0.00	0.00	0.00	0.00	0.00
反丁烯	0.00	0.00	0.00	0.00	0.00
顺丁烯	0.52	0.00	0.44	0.48	0.36
异戊烷	10.72	13.30	23.23	13.68	15.23
正戊烷	1.19	2.02	3.81	1.69	2.18
总戊烯	0.00	0.00	0.00	0.00	0.00
C_6	0.00	0.00	0.00	0.00	0.00

液化气产品中的C_5组分中异戊烷占87.5%(平均值)，表明异戊烷比正戊烷更易挥发，因此分馏塔塔顶C_5的跑损会造成塔底产品异构化率的下降，稳定汽油的C_5异构化率比高分油的C_5异构化率低0.98个百分点；C_6组分在分馏顶未发生跑损，高分油及稳定汽油的C_6异构化率基本持平，见表7。

表7　高分油与稳定汽油性质对比

项　目	高分油	稳定汽油	项　目	高分油	稳定汽油
C_5异构化率/%			C_6异构化率/%		
标 1	65.28	64.14	标 1	82.45	82.67
标 2	63.65	62.22	标 2	82.37	82.32
标 3	63.47	62.75	标 3	82.49	82.45
标 4	63.17	62.55	标 4	82.43	82.43

综上所述，控制原料质量是非常必要的，虽然原料中的C_4及C_7基本不影响C_5及C_6组分在反应器内平衡，但会对分馏塔的操作造成影响，过高含量的C_4及C_7会降低稳定汽油的收率及C_5异构化率。

4.3 物料平衡

物料平衡表见表8。

表8　物料平衡表

项　目	物料量/t	收率(对异构化进料)/%(质)	设计收率(对异构化进料)/%(质)
收：			
异构化原料	1224	100.00	100
纯氢	2.77	0.23	0.43
合计	1226.77	100.23	100.43
付：			
异构化稳定汽油	1112.6	90.90	95.71
液化气	108.0	8.83	3.49

续表

项目	物料量/t	收率（对异构化进料）/%（质）	设计收率（对异构化进料）/%（质）
燃料气	2.1	0.17	1.23
合计	1222.7	99.89	100.43
加工损失	4.07	0.237	0

标定期间异构化装置物料加工损失为0.33%，损失主要来自于D-104向低瓦切液，由于高分罐D-102体积较小，且为卧罐，在循环氢量为14500Nm³/h的条件下，循环氢带液量较大，频繁向低瓦切液造成一定量的物料损失。之后将D-104切液改至分馏塔进料线，加工损失即降低至0.12%。此外，在满足氢油比要求的情况下，适当降低循环氢量，也可减轻循环氢带液情况。

异构化稳定汽油收率为90.90%，低于设计值95.71%，主要原因是有两个，一是原料中C_7含量较高，平均值达到5.51%，对比原料及稳定汽油的C_7组分含量可知（见表9），约有40.69t的C_7组分在反应器内发生了加氢裂化，占总进料的3.32%；二是分馏塔气相负荷高导致有1.54%的C_5组分在塔顶发生跑损（表6）。因此，实际稳定汽油的收率应该为95.76%，达到设计标准。在生产运行中需保证原料组分符合设计要求，降低液化气及燃料气生成量，增加稳定汽油收率。

表9 原料及稳定汽油C_7含量对比

项目	原料C_7含量/%（质）	稳定汽油C_7含量/%（质）	项目	原料C_7含量/%（质）	稳定汽油C_7含量/%（质）
标1	9.79	2.82	标4	2.5	1.38
标2	7.45	3.98	平均值	5.51	2.405
标3	2.31	1.44	总量，t	67.44	26.75

4.4 标定总结

1）济南炼化公司160kt/a异构化装置的异构化稳定汽油异构化率及辛烷值均达到设计值。

2）原料性质对异构化稳定汽油的收率影响较大，需加强对原料中的C_4、C_7及苯含量的控制。

3）在满足氢油比的前提下，适当降低循环氢量，可以减轻循环氢带液情况。

4）优化氢气缓冲罐切液流程，可大幅降低加工损失。

5 结束语

根据炼油厂汽油产品调和需要，合理运用C_5及C_6异构化技术，对于全厂生产流程优化、汽油质量升级、及产业结构调整都具有重要的作用。济南炼化公司160kt/a异构化装置开工以来，催化剂活性高，选择性好，装置运行稳定，异构化油辛烷值达到81以上，超过设计要求。

参考文献

[1] 刘杰民，温美娟，程慧琼，等．甲基叔丁基醚（MTBE）对环境的污染及其对我国汽油生产的影响[J]．环境污染治理技术与设备，2002，3(3)：7-11.

[2] 张秋平，濮仲英，于春年．RISO型C_5/C_6烷烃异构化催化剂的工业生产及应用[J]．石油炼制与化工，2005，8(1)：1-5.

FRIPP 加氢催化剂预硫化系列技术的研究

高玉兰　徐黎明　佟　佳　方向晨

（中国石化大连石油化工研究院　辽宁大连　116045）

摘　要　本文介绍了 FRIPP 加氢催化剂的系列预硫化技术，包括载硫型器外预硫化 EPRES 技术的工业应用进展，以及全硫化器外预硫化 T-PRES 技术研究。采用 FRIPP 系列预硫化技术，加氢装置开工时间明显缩短，硫化效果显著提高，并较好地解决了加氢装置开工过程中的安全环保问题，预硫化的系列技术可在不同类型加氢装置上应用。

关键词　加氢催化剂；器外；预硫化；工业应用

1　前言

中国石化大连石化研究院（FRIPP）器外预硫化技术研究不断推进，近年来开发了加氢催化剂预硫化的系列技术：①载硫型器外预硫化技术（EPRES 技术）；②全硫化器外预硫化技术（T-PRES 技术）。采用 FRIPP 系列预硫化技术，在加氢反应器之外对氧化态催化剂进行预硫化处理，制成器外预硫化催化剂，使得加氢装置开工时间明显缩短，硫化效果显著提高，并较好地解决了加氢装置开工过程中的安全环保问题，预硫化系列技术可在不同类型加氢装置上应用。

目前 EPRES 技术已发展成熟，对于各类加氢催化剂的预硫化均可适用，并得到工业装置验证。目前已预硫化 40 多个品种催化剂约 5000t，并在汽油、煤油、柴油的加氢精制、石蜡加氢精制、重整预精制、加氢裂化等 70 多套加氢装置工业应用。EPRES 技术特点：EPRES 催化剂具有较高的硫有效利用率、较低的相对放热效应；可利用催化剂厂现有的装、储、运系统降低了生产成本。采用 EPRES 技术，不仅可以缩短加氢装置的开工时间，而且装置生产效率高；加氢装置的开工过程不注硫、减少环境污染，在催化剂撇头的特殊情况时更具优势，生产过程安全环保。

T-PRES 全硫化技术使用于各类加氢催化剂，特别是不具备加热炉，不能在装置上对催化剂进行硫化和活化的装置，具有不可比拟的优越性。由于全硫化技术不需活化过程，节约开工时间，提高项目的经济性，具有很强的竞争力。T-PRES 催化剂经过预硫化和钝化，使催化剂产品载硫量可以达到其理论硫量的 70%~85%，可满足催化剂工业使用要求。预硫化催化剂产品在空气中可以稳定地储存、运输和装填，在工业装置开工升温过程中没有明显的硫化氢释放，安全性较好。

2　EPRES 技术及工业应用

催化剂厂生产的加氢催化剂在出厂时金属组分基本以氧化态形式存在，而加氢催化剂中的活性金属组分只有以硫化态形式存在时才具有较好的活性和稳定性，因此在催化剂使用前均需进行预硫化。国内外长期以来使用器内预硫化方法进行催化剂预硫化。这种方法需要使用有毒害作用的二硫化碳和二甲基二硫醚等硫化剂，并且装置需要配套建设，仅在开工时才使用催化剂预硫化设备。此外，催化剂器内预硫化过程复杂，步骤较多，装置开工时间长，降低了实际生产效率。在预硫化的开工期间，装置处于高浓度 H_2S 气氛中，需要变换硫化温度和升温速度，这给反应装置带来安全隐患。另外，受催化剂装填和反应器内构件等众多因素的影响，催化剂器内预硫化的效果难以预期。因此，国际上率先开发了加氢催化剂器外预硫化技术，即在加氢反应器外对氧化态催化剂进行预硫化处理，将硫化剂提前加入到催化剂孔道中并以某种化学形式与催化剂的活性金属组分相结合。

国际上虽然先期开发了器外预硫化技术，但是仍然存在以下问题：①EURACAT 公司采用专门制造的含硫试剂(TPS37)处理加氢催化剂[1,2]，在压力容器内通入氢气进行硫化，然后再进行钝化。过程繁琐，产品包装需用氮气保护，制备成本高，而且催化剂成品在储、运、装填过程中会释放硫化氢等有害物质。②美国 CRITERION 公司 actiCAT 技术采用元素硫作为硫化剂[3,4]，其催化剂器外预硫化过程在压力容器中于惰性气体保护下进行，产品储、运、装填过程也需要在惰性气体保护下进行，增加了生产、储运和装填成本和难度。③德国 TRICAT 公司 Xpress 技术在超过 500℃ 高温条件下处理催化剂[11]，才能使催化剂完全硫化，因此工业应用时加氢反应器温升很小，对生产设备技术要求高，投资大，预硫化操作成本高。对于中国市场，现有技术催化剂供应商在器外预硫化技术领域已形成相当的技术垄断，以此作为在加氢技术市场上获取竞争优势的一种手段[5,6]。因此，研发拥有中国自主知识产权的器外预硫化技术对于促进我国加氢技术的发展和增强整体竞争力具有重要意义。

EPRES 加氢催化剂器外预硫化技术的生产过程安全环保，原料易得，并可利用催化剂生产厂家现有的催化剂储存、运输和装填系统，因而生产成本较低，具有明显的竞争优势[7]。

2.1 EPRES 催化剂的工业应用研究

2.1.1 催化剂的储存、运输和装填

为了确保工业应用过程中器外预硫化催化剂储存、运输和装填的安全性，对 EPRES 催化剂进行锤击、燃烧和耐高温试验。

器外预硫化催化剂的锤击试验：在暗室中观察器外预硫化催化剂从 3m 高处自由坠落，以及用 5kg 重锤击打催化剂，两种情况下均未发现催化剂出现火星。

工业氧化态催化剂在装置上使用一定时间后需要进行催化剂再生，当这样的硫化态催化剂从反应器卸出暴露于空气中会产生自燃。而器外预硫化催化剂是否也会产生自燃现象，为此进行了工业器外预硫化催化剂的三种方式的燃烧试验：①明火点燃催化剂；②红外灯照射催化剂；③阳光下暴晒催化剂 5h。上述三种方式处理的器外预硫化催化剂均未出现自燃现象。在 250℃下，器外预硫化催化剂的耐高温试验表明，催化剂产生了极微量的硫化氢，未生成二氧化硫。

EPRES 技术的器外预硫化催化剂的储存、运输和装填全部采用与氧化态催化剂完全相同的方式，无须采用任何特殊的防护措施。EPRES 催化剂在储存、运输和装填过程中均未出现放热和自燃等现象，说明 EPRES 技术较好地解决了器外预硫化催化剂在储存、运输和装填过程中的安全性问题。

2.1.2 催化剂的开工程序

以典型柴油加氢精制为例，在开工期间器外预硫化催化剂的升温活化与氧化态催化剂硫化的操作温度和开工时间见图 1。EPRES 催化剂的开工即可以采用湿法活化也可以采用干法活化。

开工程序中氧化态催化剂的硫化需要经历一个缓慢升温和恒温过程，在此过程中需要判断每个恒温段的催化剂硫化是否完成，并通过反应器出口的硫化氢含量分析来判断，硫化氢含量恒定不变表明催化剂硫化已完成。而器外预硫化催化剂的开工程序是催化剂活化的过程，由于催化剂已经过器外预硫化处理，所以在装置开工过程中催化剂活化反应属于原位反应，器外预硫化催化剂开工程序需要快速完成，最好在较短时间内通过反应器。

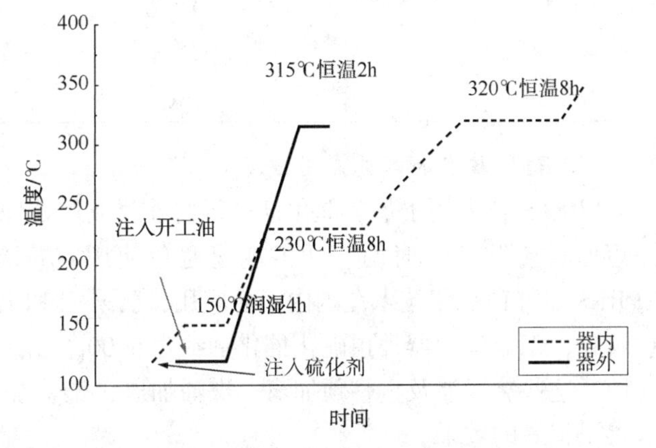

图 1　开工期间的器外预硫化催化剂活化与氧化态催化剂硫化时间的比较

采用器内预硫化技术，必须缓慢升温并在不同温度段恒温硫化，使硫化氢逐一穿透反应器，因为催化剂的活性金属为氧化态，催化剂的金属氧化物与高温氢气接触，一旦发生热氢还原，就很难再被硫化，从而会使催化剂活性明显下降。

相比之下，采用器外预硫化技术，催化剂活性金属已预硫化形成过渡态金属氧硫化物，因而在开工过程中不必担心像氧化态催化剂活性金属以金属氧化物形式存在极易被高温氢气还原的问题。因此，采用器外预硫化技术，加氢装置开工过程中可以使催化剂快速升温活化，解决了硫化氢短时通过的问题。通常在催化剂的活化期间硫化氢的浓度保证维持在200~10000μg/g。

采用器外预硫化技术不必担心催化剂活性金属被高温氢气还原的问题，使得加氢装置开工过程中可以使催化剂快速升温活化，节省了加氢装置的开工时间。

在催化剂装入反应器之前将活性金属大部分转化为金属氧硫化物。器外预硫化催化剂的金属氧硫化物经过开工活化步骤转化生成活性硫化物所需的时间明显小于相应氧化态催化剂器内预硫化所需时间。采用EPRES技术与器内预硫化技术相比，节省了加氢装置开工时间。

在中国石化福建联合石化有限公司的柴油加氢装置工业应用中使用EPRES催化剂，与以往氧化态加氢精制催化剂相比，节省开工时间50h，提高了企业经济效益。在中国石油克拉玛依石化公司的重整预加氢装置应用中，器外预硫化催化剂的整个活化过程历时仅为15h，缩短了开工时间。在中国石化上海石化股份有限公司的柴油加氢装置应用中，催化剂开工过程从引入活化油到出合格产品仅用17h，与器内预硫化开工相比，装置提前7d开汽成功。

采用EPRES技术提高了催化剂活性金属利用率。采用EPRES技术对加氢催化剂进行器外预硫化处理，可以改善催化剂的硫化效果，进而可以提高催化剂的加氢脱硫活性和加氢脱氮活性。以混合柴油为原料油，在反应压力为3.4MPa、氢油体积比为350∶1、体积空速为2.5h^{-1}、反应温度为350℃的工艺条件下，EPRES催化剂和器内预硫化催化剂的加氢活性对比，EPRES催化剂具有较高的加氢脱硫和加氢脱氮活性。

EPRES器外预硫化技术特点见表1。EPRES器外预硫化技术与国外同类技术相比，实现了在常压、空气气氛下进行器外活化。所使用的硫化剂特点是：安全、廉价、易得；器外预硫化工艺流程简单；设备投资低；可以在常压、低温、空气氛围下加工生产器外预硫化加氢催化剂；器外预硫化催化剂产品在常温条件下性质稳定，不需要钝化；产品在储存、运输和装填过程中，也无需氮气保护。在生产过程、产品储运和应用等环节均具有投资少、成本低、安全清洁、性能好等优势。因此，EPRES技术具有明显的竞争优势。

表1 EPRES器外预硫化技术特点

项　目	EPRES	项　目	EPRES
硫化剂特性	安全/廉价/易得	钝化与否	否
生产过程		工艺流程	简单
操作压力	常压	设备投资	低
操作温度	低	产品储运和装填	无特殊要求
操作气氛	空气		

2.2 EPRES技术的工业应用概况

EPRES技术用于加氢催化剂进行器外预硫化处理具有高效、安全、环保的特点。采用该技术可以缩短加氢装置开工时间、开工现场避免使用有毒有害的硫化剂、开工过程简单。工业应用至今，EPRES器外预硫化技术在国内工业应用，已采用EPRES技术对40多个牌号的加氢催化剂进行了器外预硫化，工业生产器外预硫化催化剂约为5000t，并在中国不同类型70套加氢装置上成功地实现工业应用。这些装置涉及重整预加氢、煤油加氢、柴油加氢、石蜡加氢、加氢改质和加氢裂化等领域，均取得了很好的效果。

EPRES器外预硫化催化剂在生产、储存、运输和装填过程中清洁、环保，无需采取特殊保护措施；加氢装置开工时间短(加氢精制装置可以缩短开工时间50h、加氢裂化开工时间缩短72h)，开工过程操作平稳，无集中放热现象，安全环保；器外预硫化催化剂的硫化效果好，其活性金属的利用率显著提高。EPRES 器外预硫化催化剂的工业应用中的经济效益与社会效益显著。

采用 EPRES 技术进行器外预硫化处理的加氢催化剂即可以是新鲜催化剂，也可以是再生催化剂。目前在我国的南方和北方均设有器外预硫化的生产厂家，可以满足由于国内加氢装置规模不断扩大而使得短期大量生产 EPRES 催化剂的需要。

3 T-PRES 全硫化技术

3.1 全硫化催化剂制备的研究

T-PRES 全硫化技术就是先将氧化态催化剂硫化形成高活性的硫化态催化剂，之后钝化以便于储存、运输和装填。全硫化催化剂的制备采用不同类型的硫化剂和辅助剂，与氧化态催化剂混合，先预硫化催化剂、再钝化的方法，所制备的催化剂较器内硫化的硫化度高。采用适宜的硫化温度、硫化压力和硫化时间达到较好的预硫化效果。

对于器外预硫化催化剂而言，催化剂的硫化效果直接影响了催化剂最终的活性。硫的有效利用率是反映硫化型催化剂硫化物利用率的指标，是指与催化剂活性金属结合的硫占原器外预硫化催化剂总硫的百分数，其计算方法为：$C_{ons}=C_E/C_S\times100\%$，其中 C_{ons} 为硫有效利用率，C_S 为器外预硫化催化剂初始的硫，C_E 为加氢处理后催化剂所残留的硫。硫有效利用率高就说明硫化型催化剂的经济性高。全硫化催化剂和载硫型器外预硫化催化剂的硫有效利用率对比见表 2。由表 2 可见，全硫化技术的硫有效利用率比器外预硫化技术提高了十几个百分点。

表 2　催化剂的硫有效利用率的结果

项　目	T-PRES	参比剂
硫有效利用率/%	94.5	79.2

采用 T-PRES 技术制备全硫化催化剂的试验结果表明，T-PRES 技术对于不同类型的催化剂均可适用（汽油加氢催化剂 ME-1、重整预精制催化剂 FH-40A/FH-40B/FH-40C、FH-UDS 系列柴油加氢催化剂、FF-66 等加氢裂化预精制系列催化剂、FC-76 等加氢裂化系列催化剂、沸腾床加氢催化剂 FEM-10/FES-30/FES-31）。

加氢催化剂的硫化是放热反应过程。全硫化催化剂 DSC 结果表明，T-PRES 催化剂没有出现明显放热，其开工升温过程中没有放热现象，有利于催化剂的平稳开工。

3.2 全硫化催化剂的性能考察

全硫化催化剂以 25℃/h 速度将床层温度升至 120℃后，以 120mL/h 的速度进活化油，再以 10℃/h 速度升温至 315℃，恒温 1h，换进原料油。采用上海常三为原料油，在反应压力为 6.4MPa，氢油比为 350，体积空速 1.5h^{-1} 的工艺条件下，全硫化催化剂 TP-10 加氢活性与 EPRES 参比剂的活性对比结果表明，两种催化剂的活性相当（见表 3）。

全硫化催化剂对于反应原料油的适应性考察结果见表 4。采用镇海常三线为原料油，在反应温度为 350℃，反应压力为 6.4MPa，氢油比为 500，体积空速为 1.5h^{-1} 工艺条件下，全硫化催化剂具有较好的原料适应性。

表 3　预硫化催化剂的活性对比

项　目	原料油	TP	参比剂
反应温度/℃		345	350
密度/(20℃)(g/cm^3)	0.857	0.835	0.834
馏程(IP/EP)/℃	144/366	118/354	117/351
硫/(μg/g)	8800	25.2	23.4

续表

项　目	原料油	TP	参比剂
脱硫率/%	—	99.7	99.7
氮/(μg/g)	150	<1.0	<1.0
脱氮率/%	—	>99.3	>99.3

表4　全硫化催化剂的原料油适应性

项　目	原料油	TP	参比剂
密度/(20℃)/(g/cm^3)	0.860	0.836	0.837
馏程(IP/EP)/℃	174/368	116/368	127/368
硫/(μg/g)	13000	73.2	88.4
脱硫率/%	—	99.5	99.4
氮/(μg/g)	239	3.9	4.5
脱氮率/%	—	98.4	98.1

T-PRES技术工艺过程简单，易于操作，生产及应用过程安全环保。开工过程中无需硫化、不存在放热、不生成水，可以直接调整到正常操作条件运行，实现了装置开工的省时省力。成品催化剂的包装、贮存、运输和工业装填采用与常规氧化态催化剂相同的方式。

4　系列器外预硫化技术的比较

FRIPP开发的系列器外预硫化技术情况见表5。EPRES载硫型器外预硫化技术的工业应用成熟度较高。T-PRES全硫化技术具有硫化度高、开工无放热的特点。

表5　FRIPP系列器外预硫化技术的比较

项　目	T-PRES	EPRES	项　目	T-PRES	EPRES
硫化状态	硫化态	过渡态	制造成本	高	低
开工放热	无放热	无集中放热	产品储运和装填	无特殊要求	无特殊要求

由表5可见，EPRES技术和T-PRES技术各具有不同特点。两种器外预硫化技术均可以使得加氢装置开工时间明显缩短，硫化效果显著提高，并较好地解决了加氢装置开工过程中的安全环保问题，预硫化的系列技术可以满足炼油企业的不同使用需求。EPRES技术对于常规加氢装置均可适用，EPRES催化剂的制造成本较低、工业应用成熟度较高。在加氢装置不具备硫化装置或者加热负荷有限，或者反应过程的反应温度较低不足以达到活化温度的情况下，应选择T-PRES技术。

参考文献

[1] Dufresne P, Labruyere F. Ex-situ presulfuration in the presence of hydrocarbon molecule. US6417134, 2002.
[2] Berrebi G. Process of presulfurizing catalysts for hydrocarbons treatment. US4530917, 1985.
[3] Seamans J D, Welch J G, Gasser N G. Method of presulfiding a hydrotreating catalyst. US4943547, 1990.
[4] Seamans J D, Adams C T, Dominguez W B, et al. Method of presulfurizing a hydrotreating, hydrocracking or tail gas treating catalyst. US5215954, 1993.
[5] 王月霞．加氢催化剂的器外预硫化[J]．炼油设计，2000，30(7)：57-58.
[6] 高玉兰，方向晨．加氢催化剂器外预硫化技术的研究[J]．石油炼制与化工，2005，36(7)：1-3.
[7] 高玉兰，方向晨．EPRES器外预硫化技术的研究及其工业应用[J]．工业催化，2007，15(2)：33-35.
[8] 李大东．加氢处理工艺与工程[M]．北京：中国石化出版社，2004.
[9] 刘畅，祈兴国，马守波，等．加氢催化剂器外预硫化技术进展[J]．化学工程师，2006，(1)：33-38.

[10] Berrebi，Georges. Process for presulfurizing with phosphorous and/or halogen additive. US Pat Appl，US 4983559. 1991.
[11] Seamans，J ames D. Method of presulfurizing a hydrotreating，hydrocracking or tail gas treating catalyst. US Pat Appl，US 5688736. 1997.
[12] EURECAT. Sulfide and pre-activated hydroprocessing catalyst without passivation applicable to handling and loading under nitrogen. TOTSUCAT © technical document，2019：1-5.
[13] Eijsbouts. Two-step process for sulfiding a catalyst containing an S-containing additive. US Pat Dec，US 6，492，296.
[14] 赵法军，董群．预硫化加氢催化剂钝化的研究进展[J]．化工时刊，2004，18(11)：17-21.
[15] Zingg D. A surface spectroscopic study of molybdenum-alumna catalyst s using X-ray photoelectron，and spectroscopes[J]. Phys. Chem. 1980，84(22)：2898-2906.
[16] W angner C D. Handbook of X-ray Photoelectron Spectroscopy[M]. Perkin-Elmer，Norwalk，1979.
[17] 刘世宏．X 射线光电子能谱分析[M]．北京：科学出版社，1988.
[18] 左东华．硫化态 NiW/Al_2O_3 催化剂加氢脱硫活性相的研究 Ⅰ．XPS 和 HREM 表征[J]．催化学报，2004，25(4)：309-314.

RIPP 加氢催化剂器外真硫化技术开发与应用

刘 锋 翟维明 晋 超 杨清河 夏国富 习远兵 李明丰

(中国石化石油化工科学研究院 北京 100083)

摘 要 硫化处理是提高加氢催化剂活性和稳定性的重要过程，为了解决炼油厂加氢装置器内开工过程存在的安全环保问题、简化炼油厂开工流程，石油化工科学研究院(简称石科院)经过多年努力，通过系统开展对硫化过程的基础性研究和对工艺、工程方面的研究，开发了高效的加氢催化剂器外真硫化技术(e-Trust)。该技术区别于器外预硫化技术，是一种器外真正硫化技术。目前采用该技术生产的加氢催化剂已经在8套不同类型的加氢装置上实现工业应用。该技术适用于所有加氢催化剂，中试研究表明真硫化态加氢催化剂的金属硫化度和反应活性能达到甚至优于器内硫化方法制备的催化剂。工业生产的真硫化态加氢催化剂在空气中相对稳定，抗氧化安定性好，开工过程简单、安全环保，开工过程不产生废气和酸性水，相对器内硫化过程缩短3~5d的开工时间，为炼油厂增加了经济效益和社会效益。

关键词 加氢催化剂；安全与环保；器外真硫化

1 技术开发背景

近年来，随着人们生活水平的不断提高，我国充分认识到环境保护对于经济社会发展的重要性，政府在各方面均出台了严厉的法规，从土壤、大气、水源等全方位出发，均制定了明确的法规。这对环境保护和经济可持续发展至关重要，同时，也对各行各业从事科研生产的人员提出了严格要求。

催化加氢是生产清洁油品、优化炼油装置产品结构和提高炼油厂整体经济效益的重要装置，加氢过程的反应核心是加氢催化剂，加氢催化剂应具备高活性和稳定性，为了提高加氢催化剂的活性和稳定性，除了需要优化加氢催化剂的制备过程，传统的以Co、Mo、Ni、W为活性组元的加氢催化剂，还需要对其进行硫化处理使金属氧化物转变为特定结构的金属硫化物才具有较好的活性和稳定性。

通常情况下炼油企业购买的都是氧化态加氢催化剂，必须在开工时由企业在自己的加氢反应器内进行硫化处理将其转变为硫化态才能加工实际油品生产合格产品。加氢催化剂的硫化过程是将负载在载体上的氧化态金属转变为硫化态金属，硫化态金属具有较高的加氢性能。加氢催化剂的硫化过程具有硫化温度高、硫化氢浓度高、硫化剂剧毒、硫化过程较为繁琐等特点。目前加氢催化剂的硫化大部分在反应器内进行，一套加氢装置往往每隔三年左右才需要进行一次开工硫化，硫化过程所需要的专有设备在装置运转的绝大部分时间里处于闲置状态，额外增加了装置的投资。随着近年来全氢型炼油厂的逐渐普及，加氢装置与炼油厂其它各装置之间协同作用逐渐增强，一旦某套加氢装置非计划停工，就会对上游常减压、罐区及下游装置的正常运转产生影响。因此，需要快速开工方案，硫化态加氢催化剂可在器内直接进油开工，能满足炼油厂快速开工的要求。人们环保意识逐渐增强，加氢装置在开工过程中产生的大量硫化氢和酸性水若微量泄漏就会对周边环境影响较大。器内硫化过程的安全环保风险较高，常用硫化剂DMDS、CS_2等硫化剂属于危化品，采购、储存、运输、使用等都有特殊要求，给加氢装置的器内硫化产生了不利影响。加氢催化剂在器外预先进行硫化处理变成硫化态，炼油企业直接购买硫化态催化剂，可以省去器内硫化，直接加工原料油生产合格产品，节省开工时间，降低开工风险，安全环保。国内外研究机构开发了多种加氢催化剂器外硫化技术。其中，一类是加氢催化剂器外预硫化技术。这类技术的原理是将单质硫或有机硫化物等硫化剂负载到氧化态催化剂上，再将该预硫化催化剂装入炼油厂的加氢反应器中通过升温分解硫化剂产生硫化氢，通过较长时间的循环继续硫化催化剂。该技术省去了炼油企业硫化过程中注硫化剂的步骤，不需要专门的硫化设备，与器内硫化方法相比具有一定的竞争力。但由于仍需要器内活化过程，实质上并未明显缩短开工时间，同时还带来催化剂孔道中硫化剂易流失、活化时硫化剂集中分解、床层易飞温、系统内硫化氢浓度高易腐蚀设备等新问题，开工风险仍然较高。这类器外预硫化技术在国内未得到大规模应用。另一类加氢催化剂器外硫化技术是将加氢催化剂直接硫化为真正的硫化态催化剂，然后再装填到加氢装置反应器中，调整操作参数至反应条件并引原料油进装置，即可直接生产出合格产品的技术，这类器外硫化技术称为加氢催化剂器外真硫化技术[1-4]。

石科院针对近年来的市场需求，开发了加氢催化剂器外真硫化技术(e-Trust)，与器外预硫化技术负载硫化剂的方法不同，e-Trust 技术使用硫化剂和氢气在专门进行硫化处理的生产装置上对催化剂进行专业的真硫化处理，硫化后的催化剂已具备高活性，装填到加氢反应器后无需再二次硫化或活化，可直接加工原料油生产合格产品。该技术具有节省炼油企业开工时间，简化开工流程，降低安全环保风险的优点。该技术自 2018 年首次工业试验成功以来，所生产的真硫化态加氢催化剂已先后在汽油加氢、柴油加氢精制、润滑油加氢预处理、蜡油加氢裂化、煤焦油加氢等类型的 8 套加氢装置上工业应用，工业装置均一次开车成功，开工过程无需再进行干燥、硫化等处理，明显缩短开工时间，进原料油后调整工艺参数即生产出合格产品，产品质量较好，为企业带来了良好的经济效益。

2 加氢催化剂器外真硫化技术开发与应用

2.1 加氢催化剂器外真硫化技术开发

传统上把经过焙烧生产出来的加氢催化剂称作氧化态加氢催化剂，氧化态加氢催化剂虽然已经是催化剂成品，可以销售给炼油企业装填到加氢反应器中，但氧化态加氢催化剂还不具备高活性和好的稳定性。为了提高加氢催化剂的活性和稳定性，必须将金属氧化物转变为金属硫化物，以 Co、Mo、Ni、W 为活性组元的加氢催化剂，氧化态形式存在时以相应金属氧化物形式负载在催化剂孔道中，经过硫化处理后，转变为相应的金属硫化物，化学反应方程式如图 1 所示。在加氢反应过程中，金属硫化物是加氢反应的活性中心，因此，氧化态加氢催化剂必须进行硫化转变为硫化态加氢催化剂，才能加工原料生产合格产品。

$$MoO_3 + 2H_2S + H_2 = MoS_2 + 3H_2O$$
$$WO_3 + 2H_2S + H_2 = WS_2 + 3H_2O$$
$$3NiO + 2H_2S + H_2 = Ni_3S_2 + 3H_2O$$
$$9CoO + 8H_2S + H_2 = Co_9S_8 + 9H_2O$$

图 1 加氢催化剂真硫化反应方程式

加氢催化剂器外真硫化技术是将图 1 所示的化学反应在器外提前完成，使得催化剂变成真硫化态，真硫化态加氢催化剂在器外已经过真正的硫化，炼油厂在装填到加氢反应器后，工艺上具备条件，可以直接引入原料油开工，具有高效环保的特点。真硫化态催化剂在开工过程中，相比其他状态的加氢催化剂具有显著的优势。表 1 所示为器内硫化、器外预硫化和器外真硫化态催化剂在开工过程中的特点，由于不同类型加氢装置开工过程均有所差别，表 1 以柴油加氢精制装置的开工过程进行对比。

表 1 不同状态加氢催化剂在开工过程中的特点

项　目	器内硫化	器外预硫化	器外真硫化
开工时间	~72h	~48h	~12h
安全环保	污染重	污染重	无污染
温度控制	较易超温	极易超温	不超温
经济性	低	中	中
开工风险	高	高	低

从表 1 可以看出，各种类型加氢催化剂在开工过程中表现出不同的特点。以柴油加氢精制装置的开工过程为例，在正常情况下，系统氢气气密通过后到装置工艺参数调试正常开始初活稳定，器内硫化需要至少 72h 的开工时间，而器外预硫化只需要器内活化过程，开工时间约 48h，器外真硫

化直接进初活稳定油，开工时间仅需要约12h，即催化剂床层的升温时间，因此，器外真硫化催化剂具有明显的时间优势。从安全环保上来看，器内硫化过程需要在现场注入硫化剂，产生含硫化氢的酸性废气和酸性污水，少量泄漏就会对安全环保产生较大影响，器外预硫化态催化剂在器内开工过程中虽然无需再注入硫化剂，但在器内活化过程中，负载在催化剂孔道中的硫化剂仍然会分解产生硫化氢，活化过程产生大量的酸性污水，而器外真硫化态催化剂在开工过程中不产生任何污染物和毒物，具有安全环保的特点。硫化剂的加氢分解和金属氧化物的硫化过程均是强放热反应，器内硫化过程若控制不好，在关键硫化阶段注硫太快，易导致床层超温产生风险并影响催化剂最终硫化效果，器外预硫化态催化剂在器内活化过程中由于负载在催化剂孔道中的硫化剂集中分解，极易造成床层瞬间超温和硫化氢浓度急剧增加，不仅腐蚀设备，循环气排放或泄漏后还会造成硫化后期硫化氢浓度不足影响催化剂硫化效果，而器外真硫化态催化剂在器外已在专业的硫化装置上完成了这些高风险的步骤，器内开工过程中无放热反应发生，安全性高。因此，器内硫化和器外预硫化催化剂开工时间长，安全环保性差，器外真硫化态催化剂开工时间短，经济性高，具有安全环保的特点。

每一个催化剂因为其制备方法和性质的不同，对应不同的最佳硫化条件，器内硫化时，级配装填反应器中的所有催化剂均采用相同的硫化条件，在一定程度上限制了催化剂活性的最大释放，器外真硫化可根据每一个催化剂的特点制定专门的硫化条件，按照活性最大化方式生产真硫化态催化剂，再级配装填到加氢反应器中，可明显提升催化剂的加氢活性和稳定性[5-7]。石科院科研人员通过开展不同类型加氢催化剂硫化规律和特点的研究，摸索出不同种类催化剂最佳的硫化条件，并开展钝化技术的研究与开发和对技术工艺工程的研究，开发了加氢催化剂器外真硫化技术(e-Trust)。该技术具有良好的催化剂适应性，所有的加氢催化剂新鲜剂及再生剂均可制备成真硫化态并达到器内硫化效果，所制备的催化剂不仅活性高，同时在空气中的抗氧化安定性好。表2和表3所示为采用e-Trust技术制备的各种类型真硫化态加氢催化剂的中试评价活性结果，评价方法均是在氢气气密通过后直接引原料油升温到反应温度，开始评价活性。

表2 各种真硫化态催化剂与器内硫化催化剂活性对比

催化剂类别	相对脱硫活性/%			相对脱氮活性/%	
	渣油加氢脱金属催化剂	渣油加氢脱残炭催化剂	渣油加氢脱金属催化剂	重整预加氢催化剂	蜡油加氢催化剂
催化剂	RDM-33C	RCS-31	RDM-35	RS-1	RN-32V
器内硫化	100	100	100	100	100
e-Trust	102	101	109	102	105

表3 各种真硫化态催化剂与器内硫化催化剂活性对比

催化剂类别	相对脱硫活性/%				反应温度/℃	
	航煤加氢	汽油加氢	柴油超深度加氢脱硫	柴油超深度加氢脱硫	催柴加氢改质	加氢裂化
催化剂	RSS-2	RSDS-31	RS-2200	RS-2100	RIC-3	RHC-133
器内硫化	100	100	100	100	基准	基准
e-Trust	100	101	125	104	基准	基准

从表2和表3可见看出，汽油加氢、航煤加氢、柴油加氢精制、柴油加氢改质、蜡油加氢及加氢裂化、渣油加氢等催化剂均可在器外使用e-Trust技术加工成真硫化态，在器内装填后直接引原料开工，器外真硫化态催化剂的加氢活性普遍要略优于或相当于器内硫化催化剂活性，表明e-Trust技术具有良好的催化剂适应性，在开工过程中也体现出非常显著的优势。

2.2 加氢催化剂器外真硫化技术的应用

2.2.1 真硫化态加氢催化剂的生产

加氢催化剂器外真硫化技术已经于 2018 年实现产业化，具备工业生产真硫化态加氢催化剂的能力，目前可生产真硫化态加氢催化剂 15t/d，工业生产的真硫化态加氢催化剂硫化度高、活性好，在空气中放置性能稳定，如图 2 所示为工业生产的真硫化态加氢催化剂和标准器内硫化的活性比较。

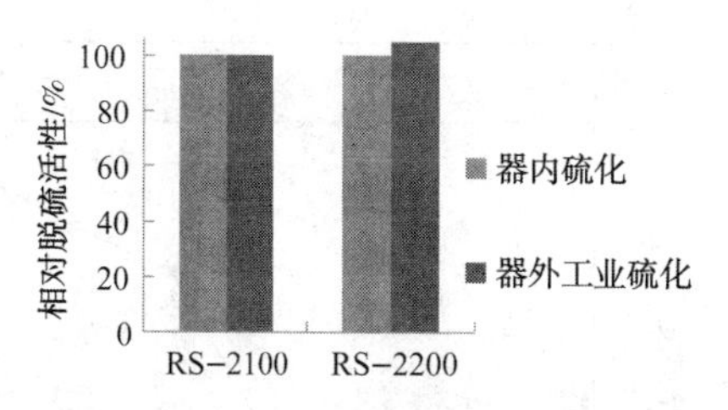

图 2 工业生产的真硫化态催化剂活性

从图 2 可以看出，在 e-Trust 工业装置上生产的 RS-2100 催化剂的脱硫活性与器内硫化活性相当，RS-2200 催化剂的脱硫活性略优于器内硫化催化剂，可见工业生产的器外真硫化态催化剂能满足炼油厂加氢装置的需求，具备工业生产条件。

真硫化态加氢催化剂的生产流程如图 3 所示。

图 3 真硫化态加氢催化剂的生产过程

从图 3 可以看出，氧化态催化剂依次经过进料、气密、硫化、钝化后包装出厂，即可以运输至炼油企业加氢装置现场装填和应用。真硫化态催化剂的整个生产过程简捷快速，从催化剂进料变成真硫化态催化剂并包装出厂可在 48h 内完成，生产过程安全环保，所产生的的酸性气和酸性水均有专门的装置进行回收和再利用。真硫化态加氢催化剂生产装置的建成为炼油企业加氢装置的开停工提供了技术支撑，全力做好装置开停工服务和催化剂供应。

2.2.2 真硫化态加氢催化剂的应用

传统的氧化态催化剂开工过程需要依次经过催化剂装填、氮气气密、干燥、氢气气密、器内硫化、切换原料油的开工过程。开工流程比较繁琐，且每个步骤都需要提前做好相应准备，例如，器内硫化前需要准备足够量的质量较好的硫化油和硫化剂等。真硫化态加氢催化剂在炼油厂加氢装置的开工流程，如图 4 所示。

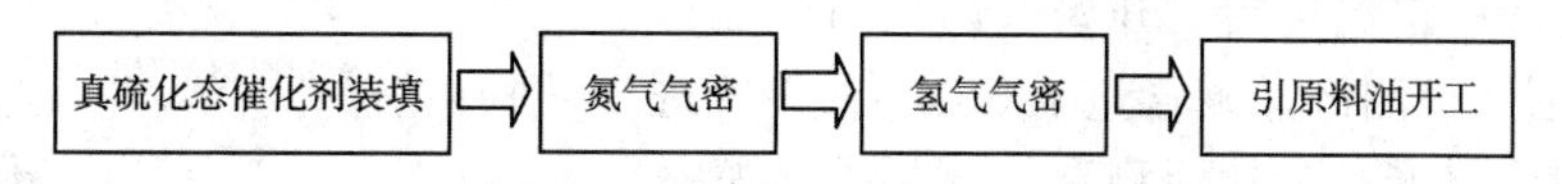

图 4 真硫化态加氢催化剂在炼厂的开工流程

从图 4 可以看出，真硫化态催化剂开工过程仅需依次经过催化剂装填、氮气气密、氢气气密、引原料油的开工过程，开工流程比较简单。真硫化态催化剂在出厂前已经过干燥和密封包装，在器内开工过程中无需再次干燥，密封反应器后先使用氮气气密，再进行氢气气密，在 150~200℃左右引原料油，部分催化剂需要初活稳定 48h，初活稳定结束后逐渐引入二次加工油进装置并调整反应温度正常生产，无需初活稳定过程的催化剂，可直接引原料油开工。开工过程中无硫化氢释放，无臭味，不放热，无酸性水排放，开工升温过程无氢气消耗，不产生废气。

采用 e-Trust 技术生产的真硫化态催化剂目前已在汽油加氢、柴油加氢精制、润滑油加氢预处理、蜡油加氢裂化、煤焦油加氢等类型的 8 套加氢装置上工业应用，工业装置均一次开车成功，开工过程无需再进行干燥、硫化等处理，明显缩短开工时间，进原料油后调整工艺参数即生产出合格产品，产品质量较好，为企业带来了良好的经济效益。一下就几种典型加氢装置的开工进行总结。

（1）真硫化态柴油加氢精制催化剂的应用

以安庆石化 2.2Mt/a 柴油加氢精制装置为例进行真硫化态加氢催化剂和氧化态加氢催化剂开工过程的对比介绍[8]。安庆石化公司柴油加氢装置高压加氢反应器为了防止氢脆，在压力提高到 2.5MPa

之前，必须将反应器器壁温度升高到93℃以上，因此，气密过程需要将反应器床层温度升高，以此提高反应器壁温度。由于上周期使用的氧化态催化剂采用特殊的制备技术，催化剂在器内硫化前不能承受高温，否则会影响器内硫化效果。因此，上周期氧化态催化剂在气密时床层温度设置不高于150℃，这极大地影响了反应器壁的升温时间。但真硫化态催化剂在器外已进行了完全硫化，可以适当提高床层温度，此次真硫化态催化剂开工，将床层最高点温度设定为200℃，这样大大缩短了器壁升温时间。上周期从点炉开始到反应器壁温度全部达到93℃以上花了近4d时间，此次开工反应器器壁温度不到24h就已达到要求，气密过程比较快，极大地节省了开工时间。两次开工过程气密前反应器器壁温度变化曲线如图5所示。

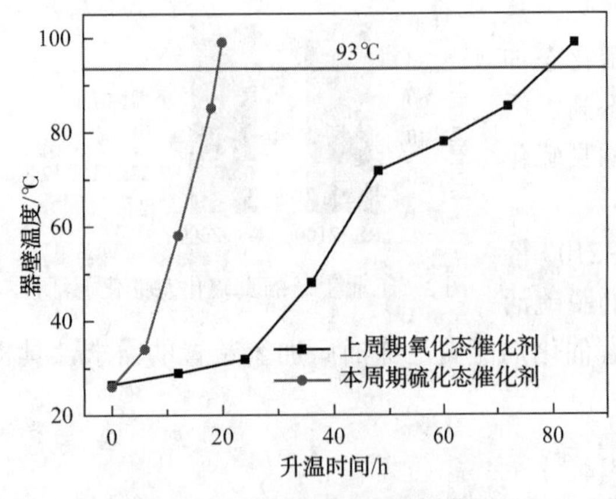

图5 气密过程反应器壁温度变化

真硫化态催化剂无需氮气干燥，氮气气密通过后开始引入氢气气密，整个氮气气密和氢气气密期间多次采集循环气，测定气体组成，均未发现硫化氢等有毒有害废气的释放，气密升温过程也未观察到酸性水产生。氮气气密和氢气气密期间采集循环气体测定全组成结果如表4所示。

表4 气密期间循环气体组成 %(体)

分析项目	氮气气密期间	氢气气密期间	分析项目	氮气气密期间	氢气气密期间
N_2	99.3	11.39	乙烷	未检出	未检出
O_2	0.18	0.22	丙烷	0.03	0.02
H_2	未检出	88.37	正丁烷	0.02	未检出
H_2S	未检出	未检出	CO	未检出	未检出
甲烷	未检出	未检出	CO_2	0.43	未检出

氢气气密通过后，开始进直馏柴油升温并建立液位，反应器温度达到初活稳定温度后，开始取馏出口产品样分析，恒温约8h后，检测产品硫含量6.6μg/g，装置进油后约27h生产出合格产品。初活稳定三天后，装置开始引入焦化柴油，产品硫含量始终保持在3~6μg/g(原料约4000~5000μg/g)。至此，安庆石化公司2.2Mt/a柴油液相加氢装置采用真硫化态加氢催化剂一次开车成功，生产出合格产品，达到了预期目标。开工过程如图6所示。

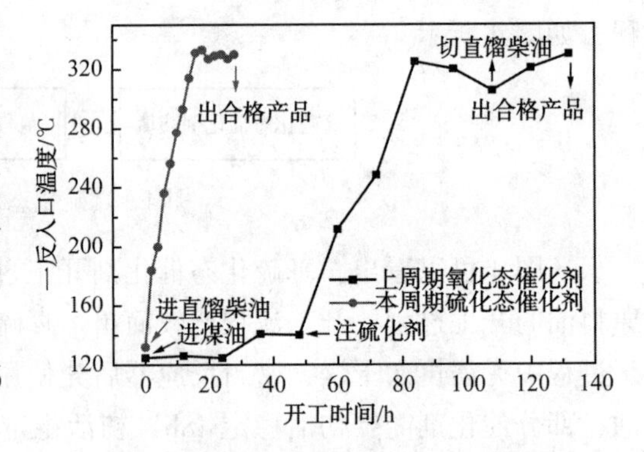

图6 柴油加氢精制装置开工过程

从图6可以看出，本周期开工过程明显简化，直接进直馏柴油升温至反应温度即完成开工过程，上周期氧化态催化剂需要先进硫化油，在规定的升温条件下缓慢升温并注入硫化剂，硫化结束后还需要适当降低床层温度后再切换原料油，整个开工过程比较繁琐。真硫化态催化剂的开工过程相比真硫化态催化剂可缩短开工时间约5d，具有明显的优势。

(2) 真硫化态加氢催化剂与预硫化态加氢催化剂开工过程对比

哈尔滨石化公司1.0Mt/a柴油加氢精制装置2019年8月份换剂开工，采用石科院开发的真硫化态RS-2100/RS-2200催化剂组合。2016年开工采用预硫化态加氢催化剂，两个周期开工过程除了表现出真硫化态催化剂开工简便快速的特点，在安全环保方面也体现出真硫化态催化剂的许多优点。如表5所示为分别采用预硫化态催化剂开工和真硫化态催化剂开工在安全环保方面的特点对比。

表 5　预硫化态催化剂和真硫化态催化剂开工过程对比

开工期间分析项目	预硫化态催化剂	真硫化态催化剂
最高 H_2S 浓度/(μg/g)	60000	60
初活稳定前耗时/h	65	18
补充 DMDS 的重量/t	1.3	0
硫化后再降温反应	需要	不需要
集中强烈放热现象	有	没有

从表 5 可以看出，预硫化态催化剂开工过程中由于硫化剂在硫化初期集中分解导致循环氢中硫化氢浓度很高，达到 60000μg/g，同时急剧放热导致催化剂床层温升很高，催化剂床层中出现局部热点。到了硫化后期，硫化反应速度变快，循环气中硫化氢浓度急剧下降，催化剂在高温下可能导致硫化不充分甚至被还原，因此，在硫化后期为了保证催化剂的硫化效果，又往反应系统中注入 1.3t DMDS 硫化剂，而真硫化态催化剂开工过程中床层温度控制比较平稳，硫化氢浓度很低，因此，整个开工过程绿色环保，体现出较大的优势。

（3）真硫化态加氢裂化催化剂的应用

哈尔滨石化公司 0.8Mt/a 蜡油加氢裂化装置 2019 年 8 月份换剂开工，加氢预处理和加氢裂化催化剂均使用真硫化态催化剂开工，催化剂采用石科院开发的真硫化态 RN-410B/RHC-131B/RHC-133B 催化剂组合，2016 年开工采用氧化态加氢催化剂开工。开工成功后，车间生产管理人员对开工过程进行了总结归纳，将 2016 年采用氧化态催化剂开工过程和 2019 年采用真硫化态催化剂开工过程进行了对比，对比结果如图 7 所示。

从图 7 可以看出，从开工流程来说，2019 年该装置采用真硫化态催化剂开工过程明显简化，针对加氢装置来说，真硫化态催化剂开工过程直接省去了硫化和退硫化油的过程，而氧化态催化剂的这个过程不仅需要器内硫化和退硫化油的过程，还需要提前准备硫化油、硫化剂，同时还需要排放酸性水、酸性气等过程，采用真硫化态催化剂开工的风险更小，整个开工过程未外排酸性水、酸性气等污染物，也没有向系统注入硫化剂、钝化剂等危化品。从图 7 的开工时间来看，从氢气置换到初活稳定结束这几个开工阶段，本周期采用真硫化态催化剂开工相比上周期采用氧化态催化剂开工，缩短开工时间约 60h，表明真硫化态加氢裂化催化剂开工具有显著的快速开工优势。

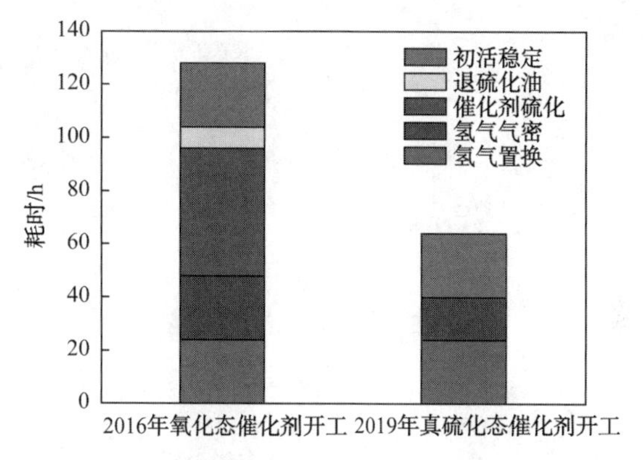

图 7　蜡油加氢裂化装置开工过程对比

3　总结

1）石科院开发的加氢催化剂器外真硫化技术 e-Trust 可将传统的氧化态加氢催化剂在器外直接加工成真硫化态催化剂，催化剂活性高，在空气中的热安定性好，同时针对不同类型的加氢催化剂均具有良好的适应性，所有类型的加氢催化剂均可以通过 e-Trust 技术制备为真硫化态。

2）e-Trust 技术已实现产业化具备工业生产真硫化态催化剂的能力，生产的催化剂活性达到或超过器内硫化催化剂活性。

3）真硫化态催化剂装填到加氢装置的加氢反应器后，可以直接引原料油开工，开工过程无需再二次硫化或活化，不产生废水和废气，整个过程绿色环保，可缩短开工时间 3~5d。该技术将会全面助力加氢装置的安全环保开停工及稳定运行。

参 考 文 献

[1] 李大东．加氢处理工艺与工程[M]．北京：中国石化出版社，2006.

[2] 任春晓，吴培，李振昊，等．加氢催化剂预硫化技术现状[J]．化工进展，2013，32(5)：1060-1064.

[3] Daniel J N，Hans K，Karlsemper G. Xpress：the firsttrue ex-situ pre-sulfiding process. NPRA，AM-98-59.

[4] Bin Liu，Yongming Chai，Yanpeng Li. Effect of sulfidation atmosphere on the performance of theCoMo/Al2O3catalysts in hydrodesulfurization of FCC gasoline[J]．Applied Catalysis A：General，2014，471：70-79.

[5] Mykola Polyakov，Martha Poisot，Maurits W. E. Carbon-stabilized mesoporous MoS_2-Structural and surface characterization with spectroscopic and catalytic tools[J]．Catalysis Communications，2010，12：231-237.

[6] Jae Hyun Koh，Jung Joon Lee，Heeyeon Kim，et al. Correlation of the deactivation of $CoMo/Al_2O_3$ in hydrodesulfurization with surface carbon species[J]．Applied Catalysis B：Environmental 2009，86：176-181.

[7] Sri Djangkung Sumbogo Murti，Ki-Hyouk Choi，Yozo Korai. Performance of spent sulfide catalysts in hydrodesulfurization of straight run and nitrogen-removed gas oils[J]．Applied Catalysis A：General，2005，280：133-139.

[8] 马成功，董晓猛．器外真硫化态加氢催化剂在柴油液相加氢装置上的首次工业应用[J]．石油炼制与化工，2019，6：46-50.

安全环保型预硫化剂 FSA-55 的工业应用进展

杨　超　王　晨　赵凯强

（中国石化大连石油化工研究院　辽宁大连　116045）

摘　要　中国石化大连石化研究院开发的安全环保型预硫化剂 FSA-55 顺利完成工业生产及应用。工业生产的硫化剂产品硫含量为 53%，闪点为 120℃，分解温度为 150℃，具有较好的安全性能和使用性能。FSA-55 成功应用于 1.6Mt/a 加氢联合装置的湿法硫化工序，起始硫化温度为 150℃，硫化过程平稳，未出现"飞温"现象。FSA-55 加氢分解后产生的物质主要为 C_4烷烃，分解物留存于循环油中，不会明显造成循环氢浓度的下降。预硫化后加氢催化剂效果与 DMDS 硫化后的效果相当，产品质量合格。工业应用结果表明，硫化剂 FSA-55 具有安全环保等技术优势，在加氢催化剂湿法预硫化领域，可完全替代现有 CS2、DMDS 和 SZ-54 硫化剂，具有广阔的应用前景。

关键词　安全环保型；预硫化剂；FSA-55；工业应用；硫化参数；C_4液相烷烃

加氢工艺在现代炼油工艺中占有重要地位，是当今炼油工业中生产清洁燃料油的重要手段之一。加氢工艺中用到的催化剂大多是以 Co、Mo、Ni、W 等过渡金属氧化物作为催化剂的活性组分，并且这些过渡金属是以氧化物形态负载于催化剂的载体上[1-3]。为了获取高品质催化剂，需要对加氢催化剂进行硫化处理，使催化剂中氧化物形态的活性组分转化为硫化态。由于硫化反应是放热反应，在反应过程中会放出大量的热，在实际操作中不易控制温度的变化，易引起床层飞温，使催化剂活性降低，甚至影响催化剂的使用寿命，因此，要求生产的预硫化剂要具有较低的分解温度。预硫化剂还要求具有良好的稳定性，在空气中不易被分解。因此，预硫化剂的研制对加氢催化工业生产具有很高的应用价值[4-6]。

在之前的报道中，我们开发了一种安全环保型加氢催化剂预硫化剂 FSA-55，对其进行了物性分析以及与现有硫化剂二甲基二硫醚（DMDS）的小试应用对比，结果表明 FSA-55 具有分解温度低（150℃）、闪点高（>100℃）、硫含量适中（52%～56%）、气味小等特点，具有良好的使用性能和安全环保性能[7-9]。

经过装置设计和建设，2018 年 7 月硫化剂 FSA-55 顺利完成工业生产及工业应用。硫化剂产品指标全部合格，应用于加氢催化剂预硫化效果较好，可为未来的大规模生产及应用提供数据支撑。

1　硫化剂 FSA-55 产品对比

大连理工齐旺达化工科技有限公司（山东工厂）和江西谊科石化有限公司均建成 2kt/a FSA-55 硫化剂生产装置。经过试车、改造等过程，目前已进入正式生产阶段。装置运行平稳，产品指标全部合格。

将新型硫化剂 FSA-55 与常用硫化剂 DMDS、进口硫化剂 SZ-54 进行物性对比如表 1 所示。

表 1　硫化剂物性对比

指标项目	FSA-55	SZ-54	DMDS
密度/（g/cm^3）	1.105	1.090	1.063
闪点（开口）/℃	120	110	24
硫含量/%	53-56	54	68
分解温度/℃	150	160	200
黏度（20℃）/（MPa·s）	10	13	0.62

通过物性对比，硫化剂 FSA-55 的物性指标相比于 DMDS，除硫含量较低外，其他物性均有较明显的提升，闪点达到 120℃、分解温度为 150℃。与 SZ54 硫化剂物性相仿，具有较好的储运安全性及使用性能。

2 硫化剂 FSA-55 工业应用

2.1 装置简介

硫化剂 FSA-55 应用于某石化公司 1.6Mt/a 加氢联合装置的湿法硫化工序。该装置原料采用常减压柴油、催化柴油、直馏柴油和催化石脑油经两段式加氢反应工艺即先烯烃饱和、再深度加氢脱硫、精制、裂化固定床一次式反应，经一系列换热、分离生产出合格的柴油和汽油。该装置装填加氢催化剂 433t，保护剂 23t，共计 465t。2019 年 2 月使用 FSA-55 安全环保型硫化剂进行预硫化。

2.2 预硫化方案

催化剂干燥结束后，引氢气置换至氢纯度>85%，再升压至操作压力并气密合格，建立氢气循环并将催化剂床层温度升至 150℃。将硫化剂 FSA-55 装入硫化罐内备用；硫化过程中每 2h 测一次循环氢中的 H_2S 浓度。预硫化温度控制要求如表 2 所示。

表 2 催化剂硫化阶段温度要求

反应器入口温度/℃	升温速度/(℃/h)	升、恒温参考时间/h	循环氢 H_2S 控制/%(体)
常温→150	15~20		
170	—	4	
170→215	5~10	9	实测
215	—	4	0.3~0.8
215→230	5~10	3	实测
230		10	
230→250	5~10	4	
250		10	
250→290	5~10	8	
290	—	4	0.5~1.0
290→310	5~10	4	
310	—	2	>1.0

由于 FSA-55 具有较低的分解温度，所以起始硫化温度设定在 150℃，可以有效避免硫化过程集中放热引起的问题。

2.3 硫化剂 FSA-55 硫化参数

硫化剂 FSA-55 硫化参数见表 3。

表 3 FSA-55 预硫化控制条件表

<table>
<tr><th rowspan="3">时间</th><th rowspan="3">硫化油循环量/(t/h)</th><th rowspan="3">循环氢中 H_2S 含量(mg/L)</th><th rowspan="3">硫化剂注入量/(kg/h)</th><th colspan="6">R-2101</th><th colspan="6">R-2102</th></tr>
<tr><th rowspan="2">一段</th><th rowspan="2">二段</th><th rowspan="2">三段</th><th rowspan="2">四段</th><th colspan="2">压力/MPa</th><th rowspan="2">一段</th><th rowspan="2">二段</th><th rowspan="2">三段</th><th rowspan="2">四段</th><th colspan="2">压力/MPa</th></tr>
<tr><th>入口</th><th>出口</th><th>入口</th><th>出口</th></tr>
<tr><td rowspan="3">2.18 13：00</td><td rowspan="3">145</td><td rowspan="3"><1</td><td rowspan="3">600</td><td>145</td><td>145</td><td>145</td><td>146</td><td rowspan="3">7.18</td><td rowspan="3">6.95</td><td>145</td><td>144</td><td>144</td><td>145</td><td rowspan="3">6.89</td><td rowspan="3">6.72</td></tr>
<tr><td>145</td><td>145</td><td>145</td><td>145</td><td>144</td><td>145</td><td>145</td><td>145</td></tr>
<tr><td>146</td><td>146</td><td>146</td><td>146</td><td>143</td><td>145</td><td>146</td><td>144</td></tr>
</table>

续表

时间	硫化油循环量/(t/h)	循环氢中H_2S含量(mg/L)	硫化剂注入量/(kg/h)	R-2101						R-2102					
				一段	二段	三段	四段	压力/MPa		一段	二段	三段	四段	压力/MPa	
								入口	出口					入口	出口
18：00	155	20	650	170 172 171	172 172 173	172 172 172	172 172 173	7.13	6.92	171 172 170	171 172 173	172 172 172	172 172 173	6.86	6.7
2.19 17：00	164	400	900	195 194 194	194 193 193	193 193 192	192 192 193	7.3	7.2	194 194 193	194 194 195	194 193 192	194 193 192	7.1	6.9
23：00	165	550	910	196 195 195	195 196 195	197 196 196	197 197 196	7.58	7.3	198 197 196	197 197 197	197 196 195	196 196 196	7.3	7.1
2.20 0：00	165	950	910	210 212 212	210 212 212	212 212 211	211 212 212	7.3	7.2	210 211 212	212 212 211	211 212 211	211 210 211	7.1	6.98
2：30	164	1100	910	212 213 213	211 212 212	212 212 213	212 212 213	7.26	7.2	211 213 212	213 212 212	212 212 213	213 213 213	7.2	7.1
3：30	162	3000	910	215 216 217	216 217 216	217 218 217	217 217 218	7.24	7.2	216 216 217	216 218 219	217 217 218	218 219 220	7.15	7.1
6：30	158	2500	910	217 216 215	215 216 216	215 215 214	217 217 216	7.21	7.11	215 216 214	214 215 215	216 216 215	215 215 214	7.1	6.99
9：00	166	2000	1100	220 221 222	221 222 223	221 221 223	224 221 223	7.25	7.02	221 221 222	221 221 222	223 221 222	221 222 223	6.97	6.8
10：30	164	2200	1300	222 221 223	223 221 222	221 223 224	223 223 223	7.25	7.01	223 222 223	224 224 223	223 224 223	223 223 222	6.98	6.8
13：00	165	4100	1300	220 223 223	223 223 224	223 223 224	223 224 225	7.19	6.98	221 223 222	224 224 223	223 223 224	224 223 221	6.97	6.69
17：00	164	6500	1800	232 235 234	234 235 236	235 235 234	235 236 235	7.16	6.97	235 235 236	234 234 235	234 234 235	235 235 235	6.88	6.85
19：00	164	7300	1800	233 235 236	235 234 236	235 235 234	235 236 235	7.19	6.95	235 236 235	235 235 236	235 236 234	234 235 234	6.9	6.74

续表

时间	硫化油循环量/(t/h)	循环氢中H_2S含量(mg/L)	硫化剂注入量/(kg/h)	R-2101						R-2102					
				一段	二段	三段	四段	压力/MPa		一段	二段	三段	四段	压力/MPa	
								入口	出口					入口	出口
				235	234	234	240			241	243	243	241		
22：00	165	9300	1800	238	240	241	241	7.18	6.94	242	241	243	241	6.98	6.86
				239	241	241	242			241	243	242	242		
				235	241	242	241			240	243	243	242		
23：35	162	9100	2000	240	241	243	241	7.2	6.95	241	243	241	242	6.92	6.75
				241	242	242	243			241	243	241	243		
				246	253	254	253			253	254	253	255		
2.21 3：00	158	10000	2000	255	254	255	255	6.9	6.7	254	255	254	256	6.5	6.41
				254	254	256	255			255	254	255	254		
				270	278	282	280			282	282	282	284		
9：00	157	14000	1800	272	279	280	280	6.11	5.85	281	280	282	282	5.82	5.6
				278	280	281	281			282	281	283	283		
				280	291	294	295			296	295	295	293		
11：00	160	15000	1600	285	292	294	294	6.14	5.9	295	295	293	293	5.84	5.7
				289	293	294	294			296	295	293	294		
				285	293	293	295			296	295	295	294		
15：00	154	17000	1700	286	295	294	296	6.11	5.94	295	295	296	295	5.82	5.69
				289	294	295	295			294	294	295	293		
				296	298	300	301			303	304	305	306		
18：00	144	15000	1700	297	299	299	301	5.68	5.4	302	305	306	305	5.38	5.19
				298	300	299	302			304	305	307	307		
				300	310	312	315			315	317	315	317		
22：00	146	19000	1600	305	311	313	314	5.8	5.7	316	318	315	318	5.5	5.42
				310	311	314	315			317	316	316	320		
				302	313	316	317			318	319	321	319		
23：00	138	21000	1600	311	315	315	317	5.76	5.6	320	319	321	321	5.49	5.38
				312	316	317	318			320	320	320	320		
				315	318	318	319			320	320	320	320		
2.22 0：00	140	25000	1200	317	318	317	318	5.6	5.5	318	321	319	319	5.47	5.38
				318	317	319	320			319	321	320	320		
2：00		24000		停止注硫化剂，硫化结束											

硫化期间注入 FSA-55 硫化剂共93.5t，硫化期间共切水47.5t，占催化剂质量的10.21%。从反应器各温度监测点看，整个硫化过程较平稳，未发生“飞温”现象，温度始终在硫化温度控制范围内。在实际应用中，还发现 FSA-55 的另一个优势，加氢分解后产生的物质主要为C_4液相烷烃。分解物留存于循环油中，不会明显造成循环氢浓度的下降。

2.4 FSA-55 预硫化后催化剂加氢效果

1）原料杂质主要指标：

硫：2000~7600mg/L

氮：200~500mg/L

氯：<2mg/L

2）加氢后产品主要指标：

硫：<0.5mg/L

氮：<0.1mg/L

22 日 14：00 时装置投料正常生产，23 日 9：00 时经检测加氢产品中的硫含量均小于 1mg/L，加氢后的产品各指标符合要求。至今装置操作控制正常，催化剂性能好，全部产品指标均达到或超过设计要求。本次预硫化效果较好。

3 结论

1）安全环保型硫化剂 FSA-55 顺利完成工业生产及应用，工业生产的硫化剂产品硫含量为 53%，闪点为 120℃，分解温度为 150℃，具有较好的安全性能和使用性能。

2）FSA-55 应用于 1.60Mt/a 特种油加氢联合装置的湿法硫化工序。从反应器各温度监测点看，整个硫化过程较平稳，未发生“飞温”现象，温度始终在硫化温度控制范围内。硫化剂 FSA-55 在工业应用中分解产物为 C_4液相烷烃组分，减少了尾气的排放，节省了氢气的用量，降低了硫化过程的消耗。加氢催化剂预硫化效果与 DMDS 硫化后效果相当。

3）新型硫化剂 FSA-55 具有安全环保等技术优势，在加氢催化剂湿法预硫化领域可完全替代二硫化碳、二甲基二硫（DMDS）和进口 SZ-54 等硫化剂。

参考文献

[1] 刘蕾，宋彩彩，黄汇江，等．加氢催化剂硫化研究进展[J]．现代化工，2016，36(3)：42.

[2] 高玉兰，方向晨．加氢处理催化剂器外预硫化技术研究与展望[J]．化工进展，2010，29(3)：465.

[3] 张喜文，凌凤香，孙万付，等．加氢催化剂器外预硫化技术现状[J]．化工进展，2006，25(4)：397.

[4] 徐海升，许世宁，周安宁．多硫醚混合硫化剂的组成分析及热分解行为[J]．石油学报(石油加工)，2015，31(3)：741.

[5] 徐海升，许世业，邵剑波．二乙基多硫醚混合硫化剂的合成及反应机理研究[J]．石油与天然气化工，2015，44(1)：9.

[6] 汲永钢，黄群，国胜娟．2-丁烯合成有机硫化剂的研究[J]．石油与天然气化工，2007，29(6)：417.

[7] 杨超，关明华，尹泽群．新型高效硫化剂 FSA-55 性能分析[J]．炼油技术与工程，2016，46(7)：40.

[8] Pan Maohua. First Application of Novel Sulfiding Agent SZ 54 in Domestic Hydrofining Unit. Advances in Petroleum Processing Technology. 2006，(4)：26.

[9] 王以科．SulfrZol 54 硫化剂在 2Mt/a 加氢装置应用[J]．炼油技术与工程，2012，42(3)：48.

中低温煤焦油全馏分固定床加氢技术研发与工业应用

张庆军　宋永一　刘继华　王　超　马　锐　刘文洁

（中国石化大连石油化工研究院　辽宁大连　116045）

摘　要　我国能源禀赋特点是“富煤、缺油、少气”。中低温煤焦油是一种具有极大发展潜力的替代能源。本文总结了中低温煤焦油全馏分加工的技术难点，归纳了现有煤焦油加氢技术存在的主要问题，重点分析了中低温煤焦油全馏分固定床加氢技术的研发进展及工业应用效果。中低温煤焦油全馏分固定床加氢技术达到国际领先水平，可最大限度提高液体产品收率（>94%）和柴油产品十六烷值（≥51），生产满足“国Ⅴ、国Ⅵ”标准的0号、-10号、-20号或-35号柴油产品，并副产高芳潜（>65%）芳烃原料，生产出环境友好型的清洁燃料，实现煤的清洁高效利用，为我国煤代油战略开辟了一条经济、环保、节能、可行的新途径。

关键词　中低温煤焦油；全馏分；固定床；加氢改质；十六烷值；芳潜；环保高效

中国能源资源的基本特点是“富煤、缺油、少气”。在世界已探明的化石能源储量中，我国煤炭约占世界总量的13.5%（位居世界第三），石油占1.3%，天然气占1.1%[1]。中国在已探明的化石能源储量中，煤炭占94.3%，石油天然气仅占5.7%[2]。煤炭是我国的主要能源，长期以来占一次能源消费总量的70%左右，并且在未来相当长的时期内，仍将在我国的能源结构中占主导地位[3]。我国低阶煤储量丰富，占我国已探明煤炭储量（102Gt）的55%以上，蕴藏其中的挥发分相当于10Gt的油气资源含量[3]。近年来，我国石油对外依存度越来越高，2019年石油对外依存度高达72%，能源安全存在很大风险。

中低温煤焦油是低阶煤热解或气化工艺得到的产品，是一种具有极大发展潜力的替代能源。近年来我国煤焦油年均产量保持在18Mt左右。随着国内能源需求日益增大及石油对外依存度不断攀升，开发中低温煤焦油全馏分固定床加氢生产清洁车用燃料成套技术，不仅符合国家产业政策和环保绿色的发展理念，能够切实推动我国能源生产革命及煤炭供给侧改革，而且对于优化我国能源结构，缓解石油供需矛盾，保障国家能源安全具有重要的战略意义[4]。

1　中低温煤焦油固定床加氢技术研究现状

中低温煤焦油全馏分成分复杂，具有高氧、高氮、高残炭、高铁钙、高机杂、高胶质沥青质、高不饱和烃含量、密度大、碳氢比大的性质特点，属于较难加工的一种劣质原料。中低温煤焦油全馏分的加工的技术难点主要体现在：

1）中低温煤焦油中金属铁、钙含量高，主要以环烷酸盐、羧酸盐、酚酸盐的形式存在，难以采用常规的方法如电脱盐或水洗方法脱除，在加氢过程中会沉积在催化剂上，堵塞催化剂孔道，造成催化剂永久失活，同时还会导致床层堵塞和装置结垢，影响装置运转周期。

2）高胶质沥青质、高残炭含量，带来的全馏分完全加氢转化难题。

3）稠环结构芳烃含量较高，高芳烃含量导致柴油产品十六烷值低。

4）中低温煤焦油全馏分中含有二烯烃、芳烯烃等极易缩合的不饱和化合物，受热极易聚合，在换热器、加热炉、反应器和管线等设备上沉积结焦，造成催化剂床层堵塞，影响装置长周期运行。

由于中低温煤焦油全馏分中含有大量难以处理的重金属和沥青质，若进入固定床加氢系统，易堵塞反应器，影响装置长周期稳定运行。现有技术只能采用减压蒸馏或延迟焦化方法对煤焦油进行预处理，先将煤焦油中重金属和沥青质富集到减底沥青或石油焦中，再对轻质组分进行固定床催化加氢，导致25%~30%的煤焦油原料转化为低附加值的减底沥青或石油焦。现有技术没有从根源上系统破解煤焦油全馏分固定床加氢转化的世界性技术难题，仍存在液体收率低(70%~75%)、柴油产品十六烷值低(40~44)、装置运行周期短、经济效益差、抗油价波动能力弱的问题。

针对现有技术存在的问题，以民营企业为主的煤焦油加工市场对中低温煤焦油全馏分固定床加氢技术需求迫切，开发液收高、产品质量好、装置运转周期长、经济效益好、抗风险能力强的中低温煤焦油全馏分固定床加氢工艺势在必行。

2　中低温煤焦油全馏分固定床加氢技术研发

中国石化大连石化研究院(以下简称FRIPP)从2000年开始进行煤焦油加氢技术研究，是国内最早开展煤焦油加氢技术研发并实现工业应用的科研机构，在煤焦油的分子组成和结构特征、加氢反应机理和转化规律、工艺及配套催化剂研发、工程化开发等方面做了大量工作，成功开发出中低温煤焦油切割馏分加氢精制工艺技术、加氢精制-加氢裂化两段工艺技术、加氢裂化-加氢精制反序串联工艺技术。

近年来，为了提高煤焦油资源的利用率，增加液体产品收率和柴油产品十六烷值，中低温煤焦油全馏分加氢技术引起了科研人员的广泛关注。FRIPP针对全馏分加氢转化、产品质量提升、装置长周期运行等业界难题，耦合集成沉积吸附脱金属技术、胶质沥青质全转化技术、开环不断链十六烷值提升技术、缓和加氢脱二烯烃防结焦技术，在国内外率先攻克了全馏分固定床加氢转化的技术瓶颈，成功开发出具有国际领先水平的中低温煤焦油全馏分固定床加氢技术，解决了现有技术存在的液收低、柴油产品十六烷值低、装置运行周期短等技术瓶颈，可最大限度提高液体产品收率(>94%)和柴油产品十六烷值(≥51)，生产满足“国Ⅴ、国Ⅵ”标准的0号、-10号、-20号或-35号柴油产品，并副产高芳潜(>60%)的芳烃原料，具有极强的工业应用潜力、市场吸引力和经济竞争力。

2.1　沉积吸附脱金属技术

FRIPP通过分析中低温煤焦油全馏分中金属铁、钙的分布规律和赋存状态，深入认知金属脱除反应机理，创新性地发现在一定条件下原料中的环烷酸铁、环烷酸钙极易变成硫化亚铁、硫化钙，将硫化亚铁、硫化钙沉积吸附在三维高度有序贯通材料表面，实现了焦油中铁、钙等重金属的高效脱除。脱铁钙后煤焦油再进入后续加氢反应系统，极大减轻后续加氢装置的脱金属负荷，有利于装置长周期运行。

2.2　胶质沥青质全转化技术

基于热解焦油全馏分中胶质沥青质的分子结构、缔合特性及加氢转化机理，发明催化剂孔径精准调控技术，实现胶质沥青质完全加氢转化。

开发催化剂载体扩孔技术，创制了具有明显的大孔径和多大孔的胶质沥青质全转化专用催化剂，大孔比例提高10%以上。由于煤焦油加氢反应过程是受扩散控制的反应，对于煤焦油加氢催化剂而言，除了提高催化剂的本征活性以外，还需考虑煤焦油中大分子在催化剂孔道间的自由扩散。较大孔径和更加开放的孔道能够提供更持久的扩散通道，有利于胶质沥青质大分子在催化剂颗粒内的扩散传质，保证胶质沥青质大分子扩散到催化剂颗粒内部进行反应，从而实现胶质及沥青质扩散与反应的平衡。

发明双峰孔载体制备技术，创制了百纳米级的扩散通道20%以上的梯级孔载体，构筑具有扩散通道(100nm)与反应孔道(15nm)的大孔径、大孔容双峰孔结构催化剂，减小胶质沥青质大分子的内扩散阻力，强化胶质沥青质加氢转化性能。这种双峰孔结构的催化剂，具有明显的百纳米级扩散通道和几十纳米级反应孔道，煤焦油中胶质沥青质等大分子反应物通过扩散孔道能够进入催化剂颗粒内部进行反应，提高催化剂内表面利用率，利于大分子催化反应。

采用胶质沥青质全转化专用催化剂和双峰孔结构催化剂，以中低温煤焦油全馏分为原料开展胶质沥青质全转化加氢中试试验，中试试验结果见表 1。由表 1 可见，在馏程分布方面，原料中<520℃馏分占 74.2%，原料干点为 658℃，经过固定床加氢处理后馏程明显前移，全馏分生成油中<520℃馏分所占比例升高到 96.5%，干点回缩到 560~570℃，残炭和密度显著降低。中试试验结果表明：采用胶质沥青质全转化专用催化剂和双峰孔结构催化剂，在相对缓和的加氢条件下煤焦油胶质沥青质大分子即可实现完全转化。

表 1　胶质沥青质全转化中试试验结果

项　目	中低温煤焦油原料	产品
密度(20℃)/g/cm^3	1.09	0.9545
干点/℃	658	560~570
残炭/%(质)	15.6	0.23
<520℃	74.2	96.5

2.3　开环不断链十六烷值提升技术

煤焦油全馏分中芳烃含量较高，高芳烃含量导致柴油产品十六烷值低。以十六烷值较低的萘类双环芳烃为例，其加氢降芳提高十六烷值的化学反应历程如图 1 所示。其中(1)、(2)、(4)为芳烃加氢饱和反应，(3)为选择性裂化开环反应，当反应按(1)→(2)路径，生成四氢萘、十氢萘类化合物时，十六烷值增幅较小；而当按(1)→(3)→(4)路径发生反应，生成单环芳烃及单环环烷烃时，十六烷值增幅相对较大。

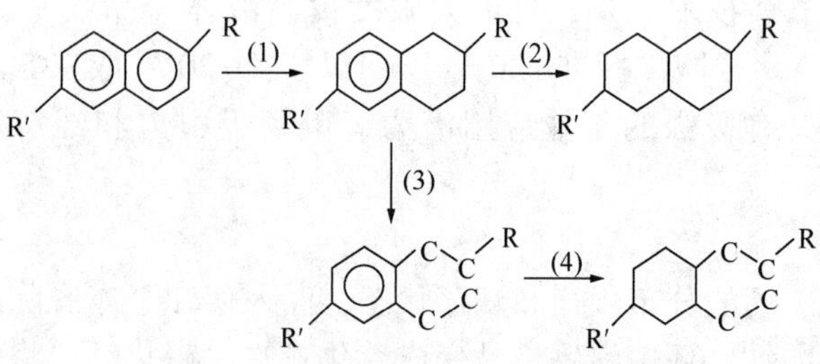

图 1　双环芳烃加氢裂化反应路径

针对柴油产品十六烷值提升问题，从研究双环芳烃加氢裂化反应机理入手，创新地提出芳烃加氢饱和与环烷烃开环不断链协同作用理念，从分子水平上设计具有优异加氢饱和及开环不断链性能的催化剂，创制了“强加氢、高选择性开环和异构、弱断链”的加氢改质专用催化剂，精确控制芳烃饱和反应和环烷环开环反应沿着目标产物十六烷值较高的反应路径进行。开环不断链十六烷值提升技术的核心是开发具有优异加氢饱和及选择性裂化开环性能的双功能催化剂，催化剂具有合适的酸性、孔道结构及金属活性位，其中载体提供开环功能，活性金属提供加氢功能，具有催化活性高和芳烃转化深度高的特点，可以选择性地使多环烃开环而保持不断链，在大幅度提高柴油产品十六烷值(十六烷值提高 8~12 个单位)的同时保持高柴油收率。此外，加氢改质专用催化剂抗氮杂质能力较高，能够适应劣质原料，其较好的稳定性可以保证装置长周期运转。

2.4　缓和加氢脱二烯烃防结焦技术

虽然近 10 年关于煤焦油加氢反应的研究已有大量报道，但大多数研究主要针对催化剂开发、催化原理与构效关系、加氢工艺模拟与系统优化等，这些研究都忽略了煤焦油加氢过程的结焦问题。针对中低温煤焦油全馏分的结焦特性和结焦规律进行详细研究，试验结果见图 2。由试验结果可以看出，当加热温度超过(基准温度 T+20℃)时，油品中甲苯不溶物含量急剧增加，说明(基准温度 T+20℃)是不饱和烃快速聚合结焦的拐点温度，超过这个拐点温度，中低温煤焦油全馏分中不饱和烃就会发生大量热聚合。

避免结焦是煤焦油加氢装置长周期运转的关键。为了解决不饱和烃快速聚合引起的床层压降升高问题，FRIPP 创新地提出在低于快速聚合结焦拐点温度的条件下完成加氢饱和的技术方案，以特种大孔容(≥0.40mL/g)、高比表面积氧化铝(≥250m^2/g)为载体创制低温活性好的脱二烯烃专用催化剂，通过工艺流程和换热网络优化在较低的反应温度条件下实现二烯烃加氢饱和，解决了热解焦油全馏分在换热过程中易结焦的业界难题。

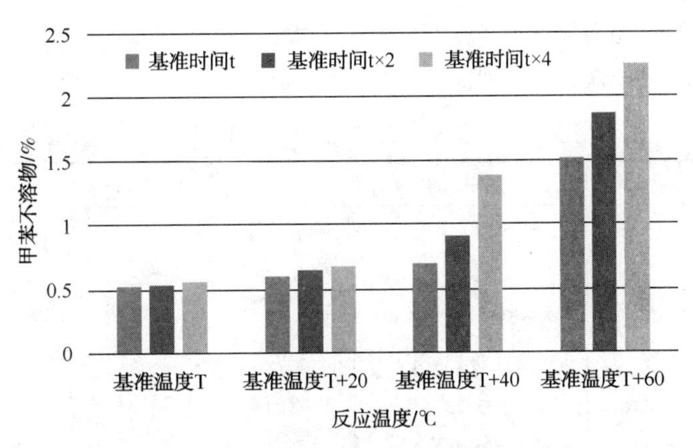

图 2　中低温煤焦油全馏分结焦规律研究

3　中低温煤焦油全馏分固定床加氢技术工业应用

FRIPP 开发的中低温煤焦油全馏分固定床加氢技术 2018 年在新疆 X 企业 0.5Mt/a 煤焦油加氢装置上成功实现工业应用，原料为新疆淖毛湖地区煤焦油，截至目前已累计运行 2 年以上，实现“安、稳、长、满、优”运行。装置于 2019 年 10 月 12~15 日完成为期三天的满负荷标定。标定期间原料性质见表 2。标定期间装置物料平衡见表 3。标定期间石脑油产品性质见表 4。标定期间柴油产品性质见表 5。

表 2　中低温煤焦油全馏分主要性质

项　目	数　值	项　目	数　值
密度(20℃)/(g/cm^3)	1.0111	C/H/%(质)	82.41/9.47
凝点/℃	32	S/N/%(质)	0.21/0.65
馏分分布/℃		O/%(质)	7.27
<180℃/%	3.5	灰分/%(质)	0.12
180~350℃/%	45.3	残炭/%(质)	5.70
>350℃/%	51.2		

表 3　装置物料平衡　/%(质)

项　目	数　值	项　目	数　值
入方:		H_2O	7.88
煤焦油	100.00	石脑油产品	20.52
新氢	6.22	柴油产品	74.45
出方:		C_{5+}液收	94.97

由表 3 可以看出，中低温煤焦油全馏分固定床加氢改质的化学氢耗非常高[6.22%(质)]，石脑油产品收率为 20.52%(质)，柴油产品收率为 74.45%(质)，C_{5+}液收高达 94.97%(质)。

表 4　石脑油产品主要性质

项　目	石脑油	项　目	石脑油
密度(20℃)/(g/cm^3)	0.7355	95%/EBP	131.7/144.8
馏程/℃		S/(μg/g)	<0.5
IBP/10%	44.9/77.4	N/(μg/g)	<0.5
30%/50%	94.2/103.2	芳潜/%(质)	68.25
70%/90%	114.0/124.6	辛烷值(RON)	69.6

由表4可见，石脑油产品芳潜高达68.25%(质)，硫含量<0.5μg/g，氮含量<0.5μg/g，可作为优质的催化重整原料，生产高辛烷值汽油或高含量混合芳烃。

表5 柴油产品主要性质

项　目	柴油产品	项　目	柴油产品
密度(20℃)/(g/cm^3)	0.8242	S/(μg/g)	<1.0
馏程/℃		N/(μg/g)	<1.0
IBP/10%	159.4/175.8	凝点/℃	-20
30%/50%	203.9/234.4	冷滤点/℃	-15
70%/90%	275.3/337.1	十六烷值	52.1
95%/EBP	353.9/363.3		

由表5可见，柴油产品密度为0.8242g/cm^3，硫含量<1.0μg/g，氮含量<1.0μg/g，凝点为-20℃，冷滤点为-15℃，十六烷值高达52.1，柴油产品各项指标满足-20$^{\#}$“国Ⅴ”车用柴油标准(GB 19147—2016)，可用来生产优质低凝点“国Ⅴ”柴油。

工业应用结果表明：FRIPP中低温煤焦油全馏分固定床加氢技术解决了全馏分加氢转化、产品质量提升、装置长周期运行等世界性技术难题，达到国际领先水平，具有技术先进可靠、工艺简单成熟、流程优化、工程投资低、资源利用率高、原料适应性强、液体收率高(>94%)、产品质量好、运转周期长、绿色环保等优点，实现了煤焦油的清洁利用，经济效益、社会效益和环境效益显著。

4 结论

FRIPP围绕突破产业发展瓶颈，聚焦煤焦油全馏分固定床加氢转化的关键科学问题，针对全馏分加氢转化、产品质量提升、装置长周期运行等业界难题，耦合集成多项理论创新和技术创新，成功开发出具有国际领先水平的中低温煤焦油全馏分固定床加氢技术和专用催化剂，解决了现有技术存在的液收低、柴油产品十六烷值低、装置运行周期短等技术瓶颈，可最大限度提高液体产品收率(>94%)和柴油产品十六烷值(≥51)，生产满足“国Ⅴ”、“国Ⅵ”标准的0号、-10号、-20号或-35号柴油产品，并副产高芳潜(>65%)芳烃原料，同时工业应用结果表明该技术成熟稳定可靠，为我国煤焦油加氢行业开辟了一条更加高效、环保和节能的新途径，代表未来煤焦油加氢技术的发展方向。

参 考 文 献

[1] 张庆军，张长安，刘继华，等．块煤干馏技术研究进展与发展趋势[J]．煤炭科学技术，2016，10(44)：179-187.
[2] 王其成，吴道洪．无热载体蓄热式旋转床褐煤热解提质技术[J]．煤炭加工与综合利用，2014，6：55-57.
[3] 王建国，赵晓红．低阶煤清洁高效梯级利用关键技术与示范[J]．中国科学院院刊，2012，27(3)：382-383.
[4] 张庆军，宋永一，刘继华，等．中低温煤焦油全馏分加氢改质技术研究[J]．当代化工，2016，9(45)：2057-2059.

中低温煤焦油全馏分加氢提质技术工业应用

李　猛　吴　昊　严张艳　梁家林　赵广乐　张璠玢

（中国石化石油化工科学研究院　北京　100083）

摘　要　针对煤焦油全馏分原料中机械杂质、金属、芳烃等含量高的特点，开发了煤焦油全馏分低压预处理-固定床加氢提质生产清洁燃料的组合技术和配套加氢催化剂。工业应用表明：以中低温煤焦油全馏分为原料，采用预处理-固定床加氢组合工艺路线，可生产硫含量小于10μg/g的清洁柴油组分，同时副产芳潜70%以上的石脑油组分，可作为优质的重整装置原料。中低温煤焦油全馏分加氢生产清洁燃料的技术具有投资低、工艺流程简单、液体收率高和产品质量好等特点，实现了煤焦油资源的清洁利用，为我国煤炭清洁高效利用提供了技术支持。

关键词　煤焦油；预处理；加氢；清洁柴油

1　前言

随着经济快速发展，我国能源消费量越来越多，原油需求量及对外依存度逐渐增加，2018年原油对外依存度超过了70%[1]，寻求替代能源越来约紧迫。另一方面，我国是一个“富煤、贫油、少气”的国家，一次能源结构中煤炭占主要地位，未来我国仍以煤炭资源的利用为主，并适当提高石油、天然气和可再生资源等在一次能源结构中的占比[2]，开展煤炭分质分级利用是“十三五”期间煤炭清洁利用主要攻关的方向之一。国家能源局于2015年上半年发布了《煤炭清洁高效利用行动计划（2015-2020）》，这是国家层面第一次正式对煤炭分质分级利用提出了明确的规划。煤炭分质分级利用的核心是通过低阶煤的中低温热解技术，产出焦油、煤气和半焦，实现煤炭的分质分级清洁高效转化利用[3]。其中，煤焦油的综合利用是实现煤炭清洁高效利用的重要环节之一。而目前煤焦油通过加氢手段来生产清洁燃料[4]，既可实现煤焦油资源的清洁化利用，又可有效补充石油资源的不足，具有重要的现实意义和战略意义。

2　技术路线

一方面，由于中低温煤焦油全馏分原料中金属、机械杂质等含量较高，为适应加氢装置进料要求、延长加氢装置的运转周期，需要对煤焦油全馏分原料进行预处理，以脱除金属、机械杂质等，为加氢装置提供适宜的进料。另一方面，针对煤焦油中氧含量高、氮含量高和芳烃含量高的特点，为实现煤焦油资源的清洁化、轻质化，需要采用加氢提质手段，对煤焦油进行深度加氢，以生产低硫清洁燃料等，从而提高煤焦油资源的利用率和企业的经济效益。同时兼顾降低装置的建设投资和操作费用，降低企业的风险和装置运行成本，中低温煤焦油全馏分的预处理单元采用了低压固定床预处理技术，该技术具有投资低、工艺流程简单、操作简单、和预处理效果好等特点，加氢单元采用成熟可靠的加氢精制-加氢裂化两段法工艺流程，并配套专用煤焦油加氢催化剂和采用优化的催化剂级配方案等，以实现煤焦油的清洁高效利用。鉴于此，最终确立了中低温煤焦油全馏分低压预处理-固定床加氢提质的组合技术路线，其工艺流程如图1所示。

3　中试装置试验结果与讨论

中试试验原料性质如表1所示。采用石油化工科学研究院（简称RIPP）所研发的低压预处理剂、加氢保护催化剂、加氢精制催化剂和加氢裂化催化剂。以中低温煤焦油全馏分为原料，开展了低压预处

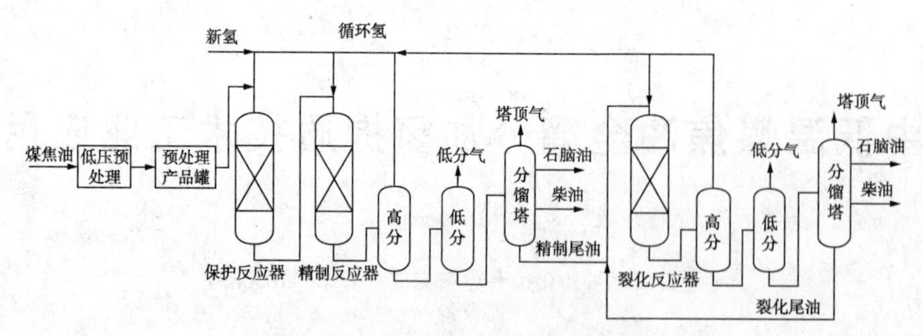

图1 煤焦油加氢工艺流程示意图

理和加氢精制中型试验，其工艺条件如表2和表3所示。以加氢精制尾油为原料，开展了加氢裂化中型试验，其工艺条件如表3所示。低压预处理单元的预处理产品性质如表4所示。加氢单元分别将加氢精制和加氢裂化生成油进行实沸点切割，得到石脑油馏分、柴油馏分和尾油馏分，其性质如表5和表6所示。

由表4可知，煤焦油全馏分原料经低压预处理后，机械杂质、金属含量大幅降低，预处理产品的金属含量由原料的103.8μg/g降至20μg/g以下，机械杂质含量由原料的0.27%降至0.012%，达到了煤焦油全馏分原料预处理的目的，可为加氢单元提供性质适宜的进料。

由表5和表6可知，加氢精制和加氢裂化所得的<150℃的石脑油馏分的硫、氮含量均小于0.5μg/g，可作为优质的重整装置原料，加氢精制柴油馏分的硫含量小于10μg/g、十六烷值为39，加氢裂化柴油馏分的硫含量小于10μg/g、十六烷值为53.6，均可作为低硫清洁柴油组分。精制尾油馏分氮含量小于20μg/g，可作为加氢裂化的原料进一步进行加氢转化。

表1 中低温煤焦油全馏分原料性质

项　目	煤焦油原料性质	项　目	煤焦油原料性质
密度(20℃)/(g/cm^3)	1.0290	总金属含量/(μg/g)	103.8
硫含量/(μg/g)	1970	馏程/℃	
氮含量/(μg/g)	6200	IBP/10%	173/251
氧含量/%	7.2	50%/70%	367/417
机械杂质/%	0.27	90%/95%	463/504

表2 低压预处理单元工艺条件

工艺条件	低压预处理单元	工艺条件	低压预处理单元
氢分压/MPa	基准	体积空速/h^{-1}	基准
反应温度/℃	基准+10	标准状态气油体积比	基准×1.5

表3 加氢单元工艺条件

工艺条件	加氢精制单元	加氢裂化单元
氢分压/MPa	基准	基准
加氢反应温度/℃	基准+10	基准+5
体积空速/h^{-1}	基准×1.5	基准×1.3
标准状态氢油体积比	基准	基准

表4 低压预处理单元产品性质

项　目	预处理后产品	项　目	预处理后产品
密度(20℃)/(g/cm^3)	1.0289	总金属含量/(μg/g)	13.7

续表

项　　目	预处理后产品	项　　目	预处理后产品
硫含量/(μg/g)	1902	机械杂质/%	0.012
氮含量/(μg/g)	6190		

表 5　加氢精制单元产品性质

项　　目	石脑油	柴　油	精制尾油
馏程范围/℃	<150	150~335	>335
密度(20℃)/(g/cm^3)	0.7819	0.8742	0.9040
硫含量/(μg/g)	<0.5	2.0	4.5
氮含量/(μg/g)	<0.5	1.5	15.0
芳潜/%	84	—	—
凝点/℃	—	-32	29
十六烷值	—	39	

表 6　加氢裂化单元产品性质

项　　目	石脑油	柴　油	项　　目	石脑油	柴　油
馏程范围/℃	<165	165~365	芳潜/%	70.6	—
密度(20℃)/(g/cm^3)	0.7560	0.8458	凝点/℃	—	-8
硫含量/(μg/g)	<0.5	1.0	十六烷值	—	53.6
氮含量/(μg/g)	<0.5	0.4			

4　中低温煤焦油全馏分加氢提质技术的工业应用

所开发的中低温煤焦油全馏分加氢提质技术在某公司煤焦油加氢装置上成功实现了应用。该装置的主要产品为石脑油和柴油，其工业应用的操作条件和产品性质分别如表 7 和表 8 所示。

由表 7 可知，该装置所生产的石脑油馏分的密度为 0.7665g/cm^3、硫含量为 0.4μg/g、氮含量为 1.3μg/g 及芳潜为 78%，可作为优质的重整装置原料。柴油馏分的密度为 0.8664g/cm^3、硫含量为 0.5μg/g、十六烷值为 43.6，可作为低硫清洁柴油调合组分。

表 7　装置操作条件

工艺条件	低压预处理单元	加氢精制单元	加氢裂化单元
氢分压/MPa	基准	基准	基准
反应温度/℃	基准+10	基准+8	基准+10
体积空速/h^{-1}	基准	基准×1.2	基准
标准状态气油或氢油体积比	基准×1.5	基准×1.2	基准×1.2

表 8　预处理产品和加氢产品性质

项　　目	原　　料	预处理产品	石脑油	柴　　油
馏程范围/℃	135~516	136~513	<150	150~370
密度(20℃)/(g/cm^3)	1.0151	1.0150	0.7665	0.8664
硫含量/(μg/g)	1900	1850	0.4	0.5
氮含量/(μg/g)	6000	5990	1.3	2.0
机械杂质/%	0.25	0.015	—	—

续表

项目	原料	预处理产品	石脑油	柴油
金属含量/(μg/g)	149.6	15.31	—	—
芳潜/%	—	—	78	—
凝点/℃	—	—	—	-7
十六烷值	—	—	—	43.6

5 结论

为实现煤焦油资源的轻质化、清洁化利用，RIPP 开发了中低温煤焦油全馏分加氢提质技术，并成功实现了工业应用。该技术具有投资低、工艺流程简单、操作简单、液体收率高和产品质量好等特点。工业应用结果表明：以中低温煤焦油全馏分为原料，采用低压预处理-固定床加氢提质组合工艺路线，可生产硫含量小于 10μg/g 的低硫清洁柴油组分，同时副产芳潜 70%以上的石脑油，可作为优质的重整装置原料。所开发的中低温煤焦油全馏分加氢提质技术为我国煤炭清洁高效利用提供了技术支持，并对石油资源进行了有效补充，具有重要的现实意义和战略意义。

参考文献

[1] 史东林．煤化工产业现状及发展建议[J]．广州化工，2018，46(24)：14-17.

[2] Xie K C，Li W Y，Zhao W. Coal chemical industry and its sustainable development in China[J]. Energy，2010，35：4349-4355.

[3] 常院．煤焦油加氢技术对比及经济分析[D]．西安：西北大学，2018.

[4] 杜明明．煤焦油加工技术现状分析与展望[J]．广州化工，2011，39(20)：29-30.

第二代油脂类原料加氢生产喷气燃料技术开发

渠红亮　李洪宝　习远兵　胡志海　聂　红

（中国石化石油化工科学研究院　北京　100083）

摘　要　通过对原料性质与产品要求的深入分析，采用了适宜的加氢转化催化剂，开发了第二代油脂加氢生产喷气燃料技术。在中型试验装置上，以一种餐饮废油精制油为原料，考察了工艺条件对喷气燃料产品性质的影响和稳定性试验。试验结果表明，采用适宜的工艺条件，喷气燃料产品的质量满足 HEFA-SPK 标准要求，喷气燃料产品的质量收率在 66%~74%之间，相对于原料油，生物喷气燃料产品的收率在 55%~61%之间，与之前技术相比可提高 10~16 个百分点。经过 1100h 的试验表明，该工艺具有良好的稳定性。

关键词　油脂；加氢；喷气燃料

1　前言

由于化石资源的不可再生以及全球气候变暖的影响，可再生燃料的生产变得越来越重要。航空运输业在促进社会经济增长方面发挥着重要作用，但也面临着行业碳减排的压力。为了保障航空运输业的可持续发展，实现温室气体减排目标，国际航空运输协会（International Air Transport Association，简称 IATA）计划全球民航业从 2020 年起实现碳排放零增长（carbon neutral growth），到 2050 年实现碳排放量达到 2005 年碳排放量的 50%。为此，国际民航业通过了国际航空碳抵消和减排计划（Carbon Offsetting and Reduction Scheme for International Aviation，COSIA）[1]，明确提出了航空替代燃料（aviation alternative fuel，简称 SAF）可持续性要求[2]，并计划强行推出一系列措施与认证标准来保障 CORSIA 计划的顺利实施。

我国在 2016 年 10 月国务院印发的《"十三五"控制温室气体排放工作方案》中提出，到 2020 年单位国内生产总值二氧化碳排放量比 2015 年下降 18%，到 2030 年左右我国二氧化碳排放量达到峰值，并力争尽早达峰值。近年来，我国航空运输业发展迅速，据中国民用航空局民航行业发展统计公报的数据来看，2014~2018 年民航业运输总周转量保持 11%以上的增长速度，2018 年达到 12.06Gtkm；民航旅客运周转量输量保持 12%以上的增长，2018 年达到 10712 亿人公里[3]。从中国航空油料集团有限公司发布的统计数据来看，航空油料的消售量从 2014 年至 2018 年保持 10%以上的增长速度，2018 年的航油销售量达到 29.29Mt，2019 年航油消费量将超过 30Mt[4]。

对于航空业，最大的二氧化碳排放量源自于飞机燃料的燃烧，因此采用具有碳减排效果的航空替代燃料是必然的选择[5-8]。在 CORSIA 方案中，给出了对不同工艺路线和原料生产的可持续航空燃料的全生命周期排放的默认值。其中，以餐饮废油为原料生产的喷气燃料的排放值为 13.9gCO_2/MJ，与石油基喷气燃料相比可实现 84%的碳减排[9]。为了推广使用航空替代料，国际社会于 2009 年推出了含合成烃的航空涡轮燃料规范（ASTM D7566），2011 年 6 月将油脂加氢制备喷气燃料的技术收入到该标准中。我国在新修订的 3 号喷气燃料（GB 6537—2018）标准中增加了两种航空替代燃料生产技术路线。

油脂作为生物质能源的一种，能量密度大，性质与石油基燃料最为接近，是最有潜质的可再生能源[10]。我国具有十分丰富的油料资源，已查明的油料作物有 151 科 697 属 1554 种，含油超过 40%的有 154 种[11]；2017 年 11 月国家林业局印发的《林业生物质能源主要树种目录（第一批）》中有 102 种树种，其中含油植物有 47 种。此外，我国废弃油脂的资源丰富，包括餐饮废油（俗称地沟油）、存放过期的食用油、酸化油和非食用的动物脂肪等，每年产量约10Mt[11-13]。

因此，开发油脂为原料，尤其是以废弃油脂为原料，生产喷气燃料的技术不仅可以为我国航空业提供具有碳减排的生物燃料，而且为废弃油脂的处理提供了一种新的处理方式，具有十分重要的社会效益。

2 油脂原料加氢制备喷气燃料工艺

油脂原料加氢制备喷气燃料工艺通常采用两段工艺[6,8]：一段是甘油三酯的加氢处理，主要发生加氢饱和及加氢脱氧反应，同时脱除原料中非烃类杂质，反应的最终产物是正构烷烃，副产物有丙烷、水和少量的CO、CO_2；二段是正构烷烃的选择性裂化/异构化反应，以调整产品的馏程分布和改善油品的低温流动性能，满足喷气燃料对冰点的要求。

油脂加氢制备喷气燃料的原则工艺流程如图1所示[14]。由图1可知，该工艺主要包括以下4个步骤：①加氢脱氧，将油脂中的甘油三酯和脂肪酸转化为不含氧的正构烷烃；②气液分离和脱水，回收丙烷和其它轻质气体，确保下游催化剂免受污染；③正构烷烃选择性裂化/异构化得到高收率的异构烷烃；④蒸馏得到合格的喷气燃料，并副产石脑油和柴油。不同公司开发的相关技术主要体现在使用的催化剂不同，从而工艺流程略有差异。

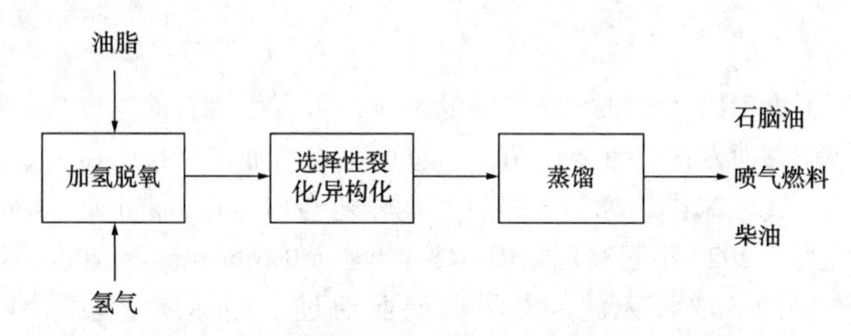

图1 油脂加氢制备喷气燃料的原则工艺流程图

在油脂类生物喷气燃料生产技术中，油脂脱氧精制油加氢转化为喷气燃料组分是关键技术。从UOP和Nest Oil公司公开的专利来看[15,16]，通常采用分子筛负载贵金属催化剂来实现精制油的选择性裂化和异构化，但喷气燃料的收率只有40%~50%。胡心悦等[17]以Pt/ZSM-5为催化剂，开展了生物烷烃选择性加氢裂化制备生物燃料的研究，当采用0.7%Pt/ZSM(硅铝比50)为催化剂时，在反应压力为4MPa、反应温度为320℃、体积空速为1.0h^{-1}和标准状态氢油体积比1500：1的条件下，原料的转化率为82%，产物中煤油质量分数为43.6%，汽油质量分数为38.0%。卢美贞等[18]以生物柴油加氢脱氧得到的生物烷烃为原料，采用Pt/Al-MCM-41为加氢裂化催化剂，研究了金属和载体酸性不同配比时对煤油的选择性，优化后的催化剂可实现生物烷烃98.7%的转化率，煤油和汽油的质量收率分别为47%和42%。

石油化工科学研究院开发的以油脂为原料的生物喷气燃料生产技术于2011年进行了工业示范生产[19]，生物喷气燃料产品通过了国家民航局组织的适航审定并获得了生产许可，生物喷气燃料产品也成功进行了国内和国际航班的商业飞行。所开发生物喷气燃料技术中[19]，以棕榈油和餐饮废油为原料制备的喷气燃料质量收率在42%~45%之间，产品的收率还有提高的空间。

3 第二代油脂类原料加氢生产喷气燃料技术的开发构思

3.1 原料与产品性质分析

天然植物油中所含的脂肪酸绝大多数为偶碳直链，脂肪酸碳链中含有不同数量的双键，碳链长度为C_2~C_{30}，但常见的只有C_{12}、C_{14}、C_{16}、C_{18}、C_{20}和C_{22}几种[19]。对多数植物油而言，脂肪酸碳链长度主要是C_{16}和C_{18}两种，例如棕榈油、大豆油中C_{16}和C_{18}占全部脂肪酸含量的95%以上。油脂加氢后生成的液体产品(以下简称精制油)主要由C_{15}~C_{18}等的正构烷烃组成。表1列出了一种餐饮废油加氢脱氧后的精制油的部分性质。

表1 一种餐饮废油加氢脱氧精制油的部分性质

项　目	数值	项　目	数值
密度(20℃)/(g/cm^3)	0.7773	馏程(D2887)/℃	
凝固点/℃	17	IBP	254
硫/(mg/kg)	<1.0	5%	274
氮/(mg/kg)	1.0	10%	276
正构烷烃/%(质)	99.35	30%	294
主要正构烷烃/%(质)		50%	309
$C_{15}H_{32}$	15.69	70%	322
$C_{16}H_{34}$	22.70	90%	328
$C_{17}H_{36}$	24.85	95%	329
$C_{18}H_{38}$	34.00	FBP	334

从表1的数据可以看出，精制油的凝固点为17℃，密度为0.7773g/cm^3，精制油中正构烷烃的质量分数为99.3%，精制油的馏程在250~340℃之间。

我国3号喷气燃料国家标准(GB6537—2018)中规定了生物喷气燃料产品的指标要求，主要指标要求见表2。

表2 生物喷气燃料(HEFA-SPK)质量要求

项　目	GB6537—2018 指标要求	项　目	GB6537—2018 指标要求
密度(20℃)/(g/cm^3)	0.73~0.77	冰点/℃	不高于-40
实际胶质质量浓度/(mg/100mL)	不大于7	馏程(D86)/℃	
总酸值/(mgKOH/g)	<0.01	10%	不高于205
烃类/%(质)		50%	报告
环烷烃	不大于15	90%	报告
芳烃	不大于0.5	FBP	不高于300
烷烃	报告	T_{90}~T_{10}	不小于22
碳和氢	不低于99.5	闪点/℃	不低于38

对比表1和表2的数据可以看出，如果以精制油为原料制备喷气燃料，不仅需要降低精制油的冰点，而且要调整油品的馏程，以满足喷气燃料的质量要求。因此，在制备生物喷气燃料的过程中涉及到加氢裂化和临氢异构化的反应。

3.2 正构烷烃的加氢转化反应过程分析

烷烃的加氢裂化是通过碳正离子反应机理进行的。大分子烷烃通过碳正离子进行β位C-C键断裂，生成较小的碳正离子和烯烃；烯烃在加氢活性中心的作用下很快加氢饱和，而来不及再进一步裂化。加氢裂化采用的催化剂是具有加氢和裂化两种作用的双功能催化剂，其加氢功能由金属活性组分提供，裂化功能则由具有酸性的分子筛或其它酸性载体提供。

在加氢裂化过程中，烷烃会发生异构化反应，从而使产物中异构烃与正构烃的比值较高，烷烃的异构化速度也随着分子质量的增大而加快。反应产物的异构化与催化剂的加氢活性及酸性有关。当催化剂的酸性活性相对较高时，产物的异构化程度也较高；而当催化剂的加氢活性相对较高时，则产物的异构化程度就较低。图 2 是长链烷烃加氢裂化反应途径的示例；图 3 是正庚烷异构化反应的途径。

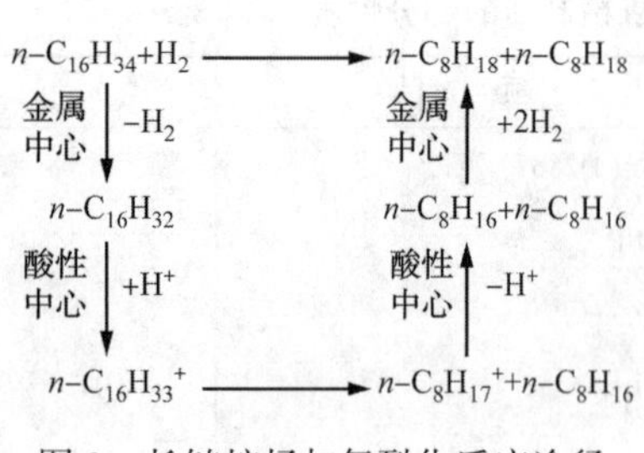

图 2　长链烷烃加氢裂化反应途径

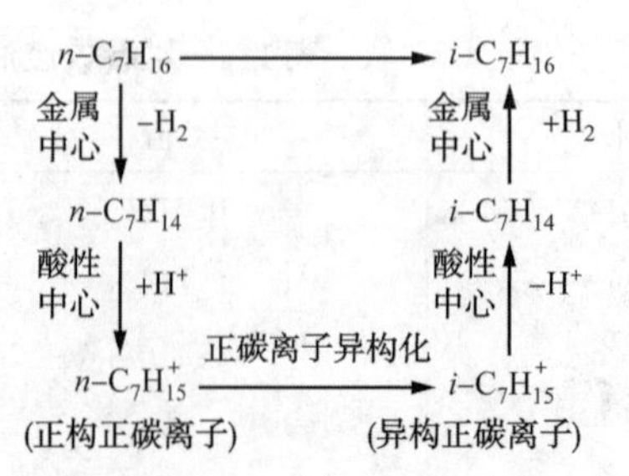

图 3　正庚烷异构化反应的途径

加氢裂化催化剂的加氢活性与酸性活性要很好地配合：如果加氢活性过强，就会使二次裂化反应受抑制；如果酸性活性过强，则会使二次裂化反应过于强烈，使反应产物中的较小分子及不饱和烃增多，严重时还会造成生焦。

加氢活性组分的活性由高到低的顺序如下：贵金属>过渡金属硫化物>贵金属硫化物；裂化组分的酸性依照氧化铝、无定型硅铝、分子筛的顺序增强[20]。

3.3　工艺路线设计

为了实现提高喷气燃料的收率、降低生产过程中能耗，拟开发的工艺路线的流程图如图 4 所示。

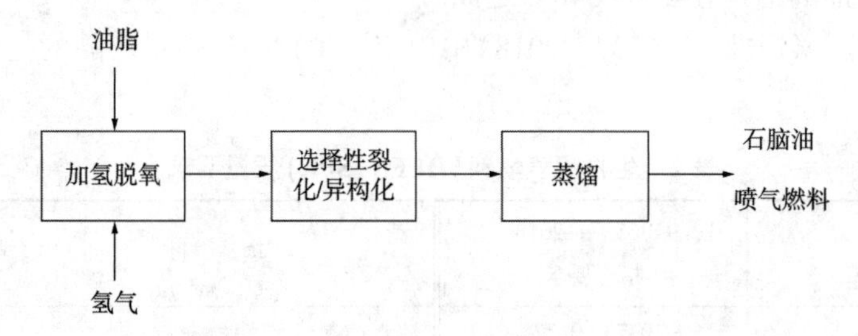

图 4　油脂加氢制备喷气燃料第二代技术原则工艺流程图

该技术拟采用合适的加氢转化催化剂实现正构烷烃的选择性转换，将重馏分全部转化为石脑油和喷气燃料，并且喷气燃料的收率有显著地提高。由于不需要切出重馏分，使蒸馏过程的蒸发量大幅降低，减少了能耗。

3.4　工艺数据考察

该技术采用了适宜的加氢转化催化剂来实现正构烷烃的选择性转换，可将精制油原料全部转化为石脑油和喷气燃料，中型试验装置的试验结果见表 3。

表 3　不同工艺条件对喷气燃料产品的影响

项　目	T-2	T-3	T-4	HEFA-SPK 标准
液体产品/%(质)	96.0	93.82	95.1	
喷气燃料/%(质)	74.5	70.2	66.1	
赛氏比色号	>+30	>+30	>+30	
密度(20℃)/(g/cm³)	769.4	769.2	762.0	730~770
馏程(D86)/℃				
10%	198.1	196.9	185.9	不高于 205
50%	264.7	263.5	248.5	
90%	284.7	284.1	280.9	
干点	293.6	292.4	288.2	不高于 300

续表

项　　目	T-2	T-3	T-4	HEFA-SPK 标准
T_{90}~T_{10}	86.6	87.2	95.0	不小于 22
闭口闪点/℃	62.0	61.0	52.0	不低于 38
冰点/℃	-44	<-65	-44.6	不高于-40
实际胶质质量浓度/(mg/100mL)	4	5	1	不高于 7

从表 3 的数据可以看出，新开发的技术可以将加氢精制油转化为喷气燃料产品，喷气燃料产品的质量满足 HEFA-SPK 标准要求，喷气燃料产品的质量收率在 66%~74%之间。以餐饮废油加氢精制油质量收率为 83%计算，相对于原料油，生物喷气燃料产品的收率在 55%~61%之间，与之前技术相比可提高 10~16 个百分点。

3.5 稳定性考察

采用新开发的技术，在适宜的试验条件下，以餐饮废油加氢精制油为原料进行了稳定性的考察，试验结果如图 5 所示。取运转时间为 500h、800h 和 1000h 的液体产品进行切割，大于 140℃的馏分作为生物喷气燃料产品，所得生物喷气燃料产品的性质见表 4。

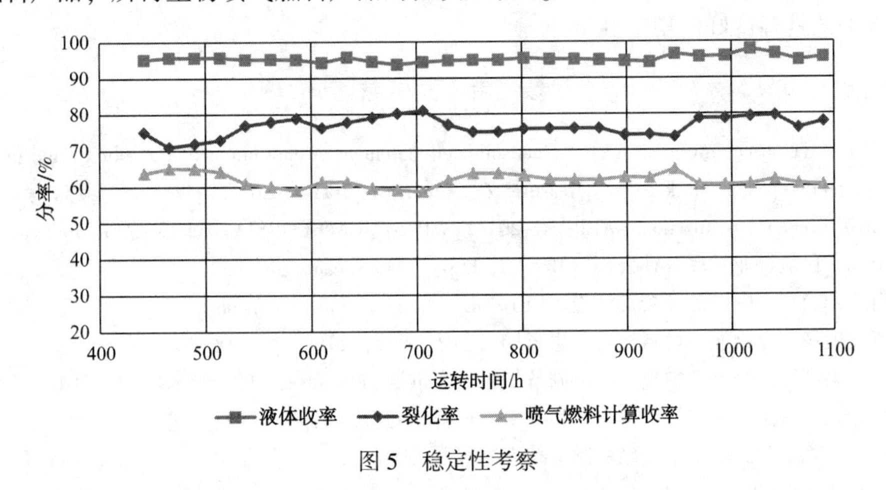

图 5　稳定性考察

表 4　不同反应温度下生物喷气燃料产品的性质

运转时间/h	500	800	1000	HEFA-SPK 标准
液体产品/%(质)	95.1	95.5	96.7	
喷气燃料/%(质)	66.1	63.7	65.3	
赛氏比色/号	>+30	>+30	>+30	
密度(20℃)/(g/cm³)	762.0	760.2	760.3	730~770
馏程(D86)/℃				
10%	185.9	183.7	182.5	不高于 205
50%	248.5	242.1	240.7	
90%	280.9	276.9	275.7	
干点	288.2	286.0	285.3	不高于 300
T_{90}~T_{10}	95.0	93.2	93.2	不小于 22
闭口闪点/℃	52.0	50.0	51.0	不低于 38
冰点/℃	-44.6	-50.8	-52.5	不高于-40
实际胶质质量浓度/(mg/100mL)	1	<1	1	不高于 7
烃类/%(质)				

续表

运转时间/h	500	800	1000	HEFA-SPK 标准
环烷烃	96.9	97.1	97.1	不大于 15
芳烃	0	0	0	不大于 0.5
烷烃	3.1	2.9	2.9	报告

从图 5 可以看出，在运转期间内，液体产品的质量收率在 95%左右，裂化率在 76%左右，喷气燃料计算收率在 62%左右。

从表 4 可以看出，所制备的生物喷气燃料产品的质量收率在 65%左右，产品质量满足 HEFA-SPK 标准要求。以餐饮废油加氢精制油质量收率为 83%计算，相对于原料油，生物喷气燃料产品的收率为 54%，与之前技术相比可提高约 10 个百分点。

4 结论

通过对原料性质与产品要求的深入分析，采用了适宜的加氢转化催化剂，开发了第二代油脂加氢生产喷气燃料技术，喷气燃料的质量收率可提高 10~16 个百分点以上，喷气燃料的质量满足相关标准的质量要求，该工艺具有良好的稳定性。

参考文献

[1] International Civil Aviation Organization. A39-3：consolidated statement of continuing ICAO policies and practices related to environmental protection Golbal Market-base Measure[Z]. Montreal：ICAO，2016.
[2] International Civil Aviation Organization. CAEP-SG/20172-WP/6：ICAO CORSIA package[Z]. Montreal：ICAO，2017.
[3] 中国民用航空局．民航行业发展统计公报[EB/OL]. http：//www. caac. gov. cn.
[4] 中国航空油料集团公司．中航油社会责任报告[EB/OL]. http：//www. cnaf. com.
[5] 姚国欣．加速发展我国生物航空燃料产业的思考[J]. 中外能源，2011，16：18-26.
[6] 李毅，张哲民，渠红亮，等．生物喷气燃料制备技术研究进展[J]. 石油学报(石油加工)，2013，29：9-17.
[7] 胡徐腾，齐泮仑，付兴国，等．航空生物燃料技术发展背景与应用现状[J]. 化工进展，2012，31(8)：1625-1630.
[8] 刘广瑞，颜蓓蓓，陈冠益．航空生物燃料制备技术综述及展望[J]. 生物质化学工程，2012，46(3)：45-48.
[9] IATA Sustainable Aviation Fuel Road map. International Air Transport Association，2015.
[10] 闵恩泽，张立雄．生物柴油产业链的开拓：生物柴油炼油化工厂[M]. 北京：中国石化出版社，206.
[11] 孙培勤，孙绍晖，常春，等．生物基燃料技术经济评估[M]. 北京：中国石化出版社，2016.
[12] 王鹏照，刘熠斌，杨朝合．我国餐厨废油资源化利用现状及展望[J]. 化工进展，2014，33(4)：1022-1029.
[13] 何亮，王小韦，祝金星，等．北京市地沟油生产现状及产业发展分析[J]. 环境卫生工程，2016，24(3)：9-14.
[14] 董平，佟华芳，李建忠，等．加氢法制备生物航煤的现状及发展建议[J]. 石化技术与应用，2016，36(6)：461-466.
[15] 环球油品公司(UOP). 从可再生原料制备航空燃料[S]. 中国，CN101952392A，2008.
[16] 耐斯特石油(Nest Oil)公司．生物来源烃的生产方法[S]. 中国，CN102124080A，2011.
[17] 胡心悦，陈平，刘学军，等．正构烷烃在 Pt/ZSM-3 催化剂上选择性加氢裂化制备液体生物燃料[J]. 化工进展，2015，34(4)：1007-1013.
[18] 卢美贞，彭礼波，解庆龙，等. Pt/Al-MCM-41 催化剂金属/酸性配比关系对生物烷烃加氢裂化制备生物航空煤油的影响[J]. 中国粮油学报，2018，33(5)：60-65.
[19] 聂红，孟祥堃，张哲民，等．适应多种原料的生物喷气燃料生产技术的开发[J]. 中国科学：化学，2014，44(1)：46-54.
[20] 毕艳兰．油脂化学[M]. 北京：化学工业出版社，2011.
[21] 李大东．加氢处理工艺与工程[M]. 北京中国石化出版社，2004.

催化油浆选择性脱硫生产针状焦原料技术

刘　涛　赵新强　范启明　戴立顺

（中国石化石油化工科学研究院　北京　100083）

摘　要　通过开发具有适当孔径和孔分布更加集中的载体，选取合适的活性金属组分，优化催化剂表面性质，中国石化石油化工科学研究院（简称石科院）开发了催化油浆选择性加氢脱硫催化剂 RFS-100。以天津催化油浆轻馏分为原料，考察了氢分压、反应温度、体积空速和氢油体积比等工艺条件对加氢处理的影响。试验结果表明：氢分压对三环和四环芳烃加氢饱和反应影响最大，反应温度对加氢脱硫反应影响最大。上海石化公司工业试验结果表明：采用石科院催化油浆选择性加氢脱硫技术，可以获得生产针状焦的合格原料，后续焦化工业试验生产的针状焦能够满足超高功率石墨电极的要求。

关键词　催化油浆；轻馏分；加氢；针状焦原料

1　前言

催化裂化是当今世界最主要的重油轻质化过程之一，目前很大一部分催化裂化装置可以直接加工常压渣油或掺炼部分减压渣油，由此带来了催化裂化产品分布变差等问题。为提高装置处理量，降低能耗，增加轻质产品，外甩油浆是一个很好的解决办法。一般炼油厂催化裂化装置外甩油浆的量约占原料量的3%~5%，全国每年产生的催化裂化油浆约5~8Mt。催化油浆是一种低附加值产品，其稠环芳烃和胶质的含量高，目前主要作为燃料油的调合组分，经济效益低。因此，外甩催化油浆的处理和综合利用成为炼油厂急需解决的重要问题。

针状焦具有高结晶度、高强度、高石墨化、低热膨胀、低烧蚀等特点，广泛地用作冶金工业中超高功率石墨电极的原料。作为石墨电极原料的针状焦必须具有较低的硫含量，因此，根据针状焦的性质和生成机理，应选择低硫和三环及四环芳烃含量高的原料。催化油浆的稠环芳烃含量高，适合作为生产针状焦的原料。但由于催化油浆的硫含量通常较高，还需要进行加氢脱硫处理。

催化油浆中含有一定量的固体催化裂化催化剂粉末，通常在2000μg/g以上，若采用固定床工艺进行加氢处理，必须先进行催化剂粉末的脱除。可以采用减压蒸馏的方法脱除催化剂粉末，蒸出的催化油浆轻馏分中催化剂粉末可在100μg/g以下，经加氢处理后能够得到生产针状焦的原料。

2　催化油浆选择性加氢脱硫催化剂开发

催化油浆加氢生产针状焦原料，需要在实现较高脱硫活性的同时，降低三环和四环芳烃的加氢饱和活性。通过研究催化油浆中含硫化合物和多环芳烃在加氢过程中的转化规律，开发了高脱硫选择性的专用加氢催化剂及级配技术。

催化油浆分子量大、结构复杂、芳烃含量高，硫主要分布在稠环芳烃、胶质和沥青质中，这些复杂化合物的存在，使加氢脱硫反应比相对分子量较小的馏分油脱硫反应困难得多，这是因为：

1）复杂的大分子结构易形成空间位阻，妨碍其中的硫原子被催化剂活性中心吸附；

2）大分子在催化剂表面的吸附、沉积造成反应内扩散阻力增加；

3）原料中含有较多的积炭前驱物，反应过程中易形成催化剂表面积炭，造成催化剂活性下降。

基于以上原因，在催化剂的开发中需要重点考虑的因素包括：①载体要有适当的孔径和集中的孔分布；②合适的活性金属组分；③优化催化剂表面性质。

催化剂载体为反应物分子的扩散提供路径和空间的同时也为活性组分的负载提供必要的分散和支

撑表面。不同的反应要求催化剂具有不同的扩散性能和活性比表面。油浆加氢脱硫催化剂的孔径要求在限定的范围内，孔径太小不利于反应物分子的接近，造成活性金属的浪费，孔径太大又会造成催化剂活性比表面积的损失。为了使催化剂具有较高的有效的比表面积，催化剂的孔分布应相对集中。为此设计制备了孔径适合、孔分布更为集中的新载体，其有效比表面积提高10%以上，从而有利于提高催化剂的活性。

加氢处理催化剂常用的是负载型过渡金属硫化物催化剂，采用活性氧化铝做为载体，以ⅥB族金属Mo、W为主活性组分，以Ⅷ族金属Co、Ni为助剂。各种加氢处理催化剂的加氢脱硫活性顺序为：CoMo>NiMo>NiW>CoW。在脱硫催化剂上，加氢脱硫的基本反应仍然是C—S键的氢解反应，所以油浆加氢脱硫催化剂的基本化学组成与馏分油加氢脱硫催化剂相似，即以CoMo(或NiMo)/Al_2O_3为主。

在制备过程引入了助剂A，对催化剂表面性质进行调变，加入助剂后催化剂L酸减少、B酸增加，这对减少积炭和促进残炭前驱物分子的开环反应有利，降低了催化剂与多环芳烃物种的强相互作用力，减少了催化剂反应过程表面沉积物数量，从而提高的催化剂活性稳定性。

通过开发具有适当孔径和孔分布更加集中的载体，选取合适的活性金属组分，优化催化剂表面性质，石科院开发了催化油浆选择性加氢脱硫催化剂RFS-100。

3 催化油浆选择性加氢脱硫工艺条件考察

3.1 试验装置

催化油浆轻馏分加氢处理工艺考察试验是在渣油加氢催化剂评价试验装置上进行的。该装置包括1个固定床反应器。反应器温度控制方式为恒温操作，反应温度可控制在±0.5℃，压力可控制在±0.02MPa。

3.2 原料油性质

加氢处理试验采用的原料为天津催化油浆轻馏分，其性质见表1。由表1可见，天津油浆轻馏分总芳烃分别为94.5%，其中三四环芳烃含量分别为62.7%，适合作为生产针状焦的原料；催化油浆轻馏分的硫含量为0.77%，因此，还需要进行加氢脱硫处理。

表1 催化油浆轻馏分性质

密度(20℃)/(g/cm³)	1.0892	总双环芳烃	13.4
S/%	0.77	总三环芳烃	32.1
N/%	0.071	总四环芳烃	30.6
烃类组成/%		总五环芳烃	2.6
链烷烃	0.5	总噻吩	7.8
总环烷烃	1.9	未鉴定芳烃	4.8
总芳烃	94.5	胶质	3.1
总单环芳烃	3.2		

3.3 试验过程

催化油浆轻馏分加氢处理试验采用的催化剂为加氢保护剂RG-30B和催化油浆选择性脱硫专用催化剂RFS-100。装填催化剂后，经预硫化后换入催化油浆轻馏分，开始正式条件试验。

3.4 试验结果与讨论

3.4.1 氢分压对催化油浆轻馏分加氢处理的影响

氢分压对催化油浆轻馏分加氢处理影响的试验结果见图1。由图1所示，加氢生成油中三四环芳烃总含量随氢分压的升高基本成线性下降，这是由于随着氢分压的升高，芳烃饱和深程度加深；加氢生成油的硫含量变化很小，只有当氢分压大于高于(基准+2)MPa 时，加氢生成油中硫含量才随氢分压的升高而降低。

3.4.2 反应温度对催化油浆轻馏分加氢处理的影响

反应温度对催化油浆轻馏分加氢处理影响的试验结果见图2。由图2所示，加氢生成油中三、四环芳烃含量随反应温度升高变化不大，而加氢生成油的硫含量随反应温度升高而线性下降。这表明试验条件范围内，反应温度对三、四环芳烃的加氢饱和反应影响不显著，而对加氢脱硫反应影响显著。

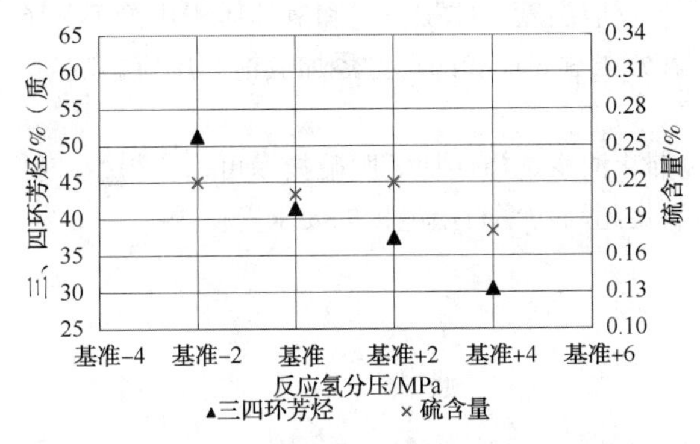

图1 三四环芳烃和硫含量随氢分压的变化规律

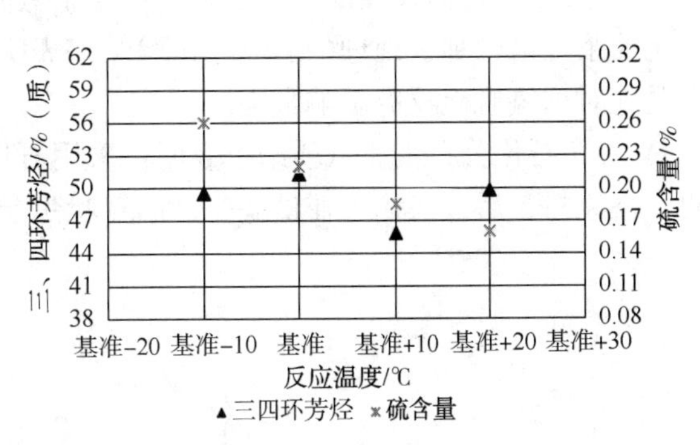

图2 三四环芳烃和硫含量随反应温度的变化规律

3.4.3 体积空速对催化油浆轻馏分加氢处理的影响

体积空速对催化油浆轻馏分加氢处理影响的试验结果见图3。如图3所示，在体积空速(基准-0.2)h^{-1}~(基准)h^{-1}范围内，加氢生成油中三、四环芳烃含量随体积空速的提高而升高。这是由于随着体积空速增大，反应时间缩短，三、四环芳烃加氢饱和程度降低。但当体积空速进一步提高后，加氢生成油中三、四环芳烃含量随体积空速的提高变化不大。加氢生成油的硫含量随体积空速的提高而升高，这是由于随着体积空速提高，反应时间缩短。

3.4.4 氢油体积比对催化油浆轻馏分加氢处理的影响

氢油体积比对催化油浆轻馏分加氢处理影响的试验结果如图4所示。加氢生成油的三、四环芳烃含量随氢油体积比的变化无明显的规律。加氢生成油的硫含量随氢油体积比的升高基本成线性降低。

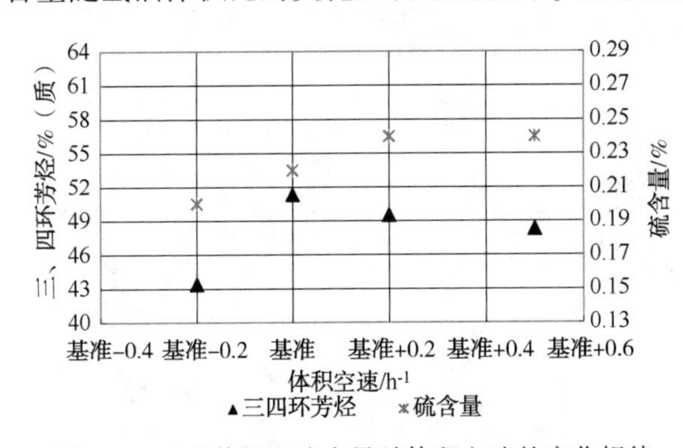

图3 三四环芳烃和硫含量随体积空速的变化规律

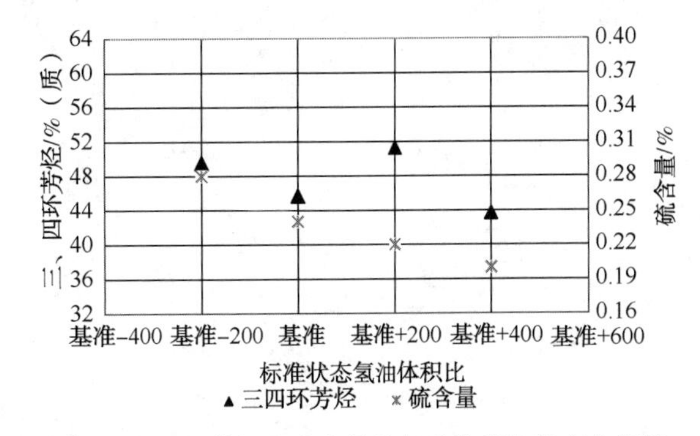

图4 三四环芳烃和硫含量随氢油体积比的变化规律

4 催化油浆选择性加氢脱硫工业实践

为了形成以高硫、高灰分和高沥青质含量劣质催化油浆为原料的优质针状焦工业生产技术，提高中国石化劣质催化油浆利用价值，中国石化在上海石化公司开展生产优质针状焦的工业试验。

在上海石化公司利用0.5Mt/a 柴油加氢装置，进行了催化油浆选择性加氢脱硫工业试验。2015年6月1日开始停工换剂，经气密、硫化、钝化等相关工作后，6月16日开始加工油浆轻馏分。至2015年6月28日共生产13kt 针状焦的合格原料。

2015年7~9月期间进行了焦化工业试验。石油焦(熟焦)经石墨化后体积密度、抗折强度、弹性模量结果接近进口焦，热膨胀系数(CTE)最低为1.33×10^{-6}/℃，满足超高功率石墨电极的要求。

5 结论

1）通过开发具有适当孔径和孔分布更加集中的载体，选取合适的活性金属组分，优化催化剂表面性质，开发了催化油浆选择性加氢脱硫催化剂RFS-100。

2）以天津催化油浆轻馏分为原料，考察了氢分压、反应温度、体积空速和氢油体积比等工艺条件对催化油浆轻馏分加氢处理的影响。试验结果表明：氢分压对三环和四环芳烃加氢饱和反应影响最大，反应温度对加氢脱硫反应影响最大。

3）上海石化公司工业试验结果表明：采用石科院催化油浆选择性加氢脱硫技术可以获得生产针状焦的合格原料，后续焦化工业试验生产的针状焦能够满足超高功率石墨电极的要求。

渣油加氢-延迟焦化组合工艺生产低硫焦技术

赵加民　刘　涛　戴立顺　申海平　任　亮　刘自宾　李大东

（中国石化石油化工科学研究院　北京　100083）

摘　要　为了解决延迟焦化装置在处理高硫渣油过程中生产高硫焦的问题，研究了渣油加氢-延迟焦化组合技术，以处理高硫渣油，降低石油焦中硫含量，同时提高焦化液体收率。通过系统对比渣油加氢-延迟焦化组合工艺与单独延迟焦化工艺的产物分布、硫分布和产品质量，发现渣油加氢-延迟焦化组合工艺路线可显著提高汽、柴油等产品产率，增加渣油轻质化率，提高全厂轻油产率，同时可以极大地降低石油焦中的硫含量。随着加氢脱硫深度的增加，石油焦的产率降低的变化率先增加而逐渐降低，而且加氢渣油中所剩下的含硫化合物更倾向于生成焦炭。

关键词　高硫焦　渣油加氢　延迟焦化　低硫焦

1　前言

近年来，非常规重油(重油、超重油、油砂沥青等)日益增加，非常规劣质渣油深加工技术成为炼油工业开发的重点[1,2]。延迟焦化工艺由于其较强的原料适应性和较低的生产成本，是中国乃至全世界的炼油厂中非常重要的工艺之一[2-5]。但是延迟焦化装置副产大量的石油焦，这些石油焦往往拥有较高的硫含量和重金属含量，其经济价值较低，且对环境具有较大的污染性[6]。随着我国环保法规日益严格，我国开始逐渐对石油焦危险等级实施了新法规，规定硫含量超过3.0%(质)的石油焦将被直接鉴定为高风险污染物，在中国无法生产或销售[7]。实际上，我国高硫石油焦的生产规模非常大，每年的产量大约为12Mt[8]。这一规定致使焦化工艺面对巨大生存和发展的挑战，降低石油焦的硫含量势在必行。

仅通过调节工艺变量(反应温度、压力和循环比)，延迟焦化工艺不能显着降低石油焦中的硫含量[9-12]，因此，各大石油公司提出来渣油加工-延迟焦化组合工艺，用于处理劣质高硫重油，同时在有焦炭产品市场时副产石油焦炭。Chevron公司Pascagoula炼油厂，在原有的延迟焦化装置基础上，添加ARDS装置，目的生产低硫焦。石油焦的硫含量由7.3%(质)降低到2.5%[13]。IFP的Hyvahl F+Delayed Coking组合工艺可以用来生产2A类石油焦(硫质量含量0.9%)；Unocal也开发了灵活的渣油加氢路线，并将固定床加氢-FCC组合工艺与固定床加氢-延迟焦化组合工艺进行了对比，发现固定床加氢-延迟焦化组合工艺中的加氢装置进料空速可提高40%，所需的催化剂用量减少30%，氢气减少25%，同时催化剂级配的比例也发生相应变化[13]。

与单独的延迟焦化工艺相比，渣油加氢(RHT)与延迟焦化组合(DC)工艺具有更强的原料适应性，可以处理高硫渣油。在RHT-DC组合工艺之中，高硫渣油首先经过RHT工艺进行脱硫，然后脱硫后的渣油进入延迟焦化工艺之中。RHT-DC组合工艺可以同时解决DC工艺面临的两个关键问题(高石油焦产量和石油焦中硫含量偏高)。因此，为了优化RHT-DC工艺，以较低成本生产低硫焦，本文首先分析了RHT-DC工艺的技术优势，并且重点研究了RHT对DC工艺产物性质的影响。

2　实验部分

2.1　实验装置

渣油加氢实验在中型固定床加氢试验装置上进行，流程如图1所示，反应系统由两个相同的反应器构成。原料油经油泵增压并与氢气混合后进入反应器，反应器周围包有电加热炉可对反应器进行加热和恒温。油气在被预热至反应温度后，进入处于恒温段的催化剂床层。油气混合物在滴流床操作状态下进行加氢反应，然后进入第二反应器继续反应。产物从反应系统流出后进入高压分离器进行气液分离。

延迟焦化装置采用间歇反应装置，对加氢后渣油进行焦化实验。反应时间为1h，反应温度为500℃，反应压力0.15MPa。试验过程中分别采集液体和焦炭，并分别对其硫含量进行分析，同时对液体进行模拟蒸馏，确定汽油、柴油和蜡油分布。

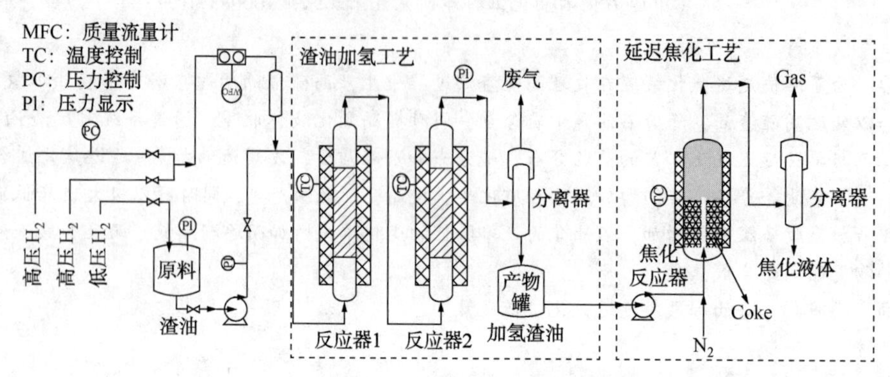

图1 渣油加氢-延迟焦化组合实验装置

2.2 原料

试验原料为某高硫渣油(FJR)，性质如表1所示，硫含量为4.6%，且金属、沥青质含量也较高。

3 结果与讨论

3.1 RHT对DC工艺进料的影响

研究首先对比分析了未加氢延迟焦化进料和加氢后延迟焦化的进料性质差异，为RHT-DC工艺的优势奠定基础。表1列出来延迟焦化原料和不同加氢深度后的渣油的性质对比情况。由表1可以看出，RHT不仅仅使得渣油中硫得以脱除，而且使得加氢后渣油中金属含量大大减少，氢含量和H/C原子比同样增加明显(氢含量增加了11.42%，H/C原子比增加了8.19%)，说明RHT可使得渣油变得更轻质，有利于提高DC工艺的轻质油收率。

在延迟焦化工艺中，石油焦收率与渣油的残炭值有较好的线性关系，石油焦收率与残炭的比值在1.4~1.8之间[9]。由于渣油的加氢过程的目的主要为延迟焦化过程提供原料，其残炭大小对延迟焦化的产物分布有较大影响。渣油经过RHT之后，渣油的残炭显著降低(由13.2%降至5.4%)，这将对后续的延迟焦化装置的焦炭收率产生极大影响。究其缘由，RHT可以使得具有缩合结构的芳烃加氢饱和，渣油更容易发生热裂化反应。具有缩合结构的芳烃的热裂化产物一般只能进一步缩合为更大的分子，甚至焦炭。因此，RHT可将这些具有缩合结构的芳烃变为高附加值的液体产物，而不是焦炭。

表1 原料油及其加氢渣油的性质

样品	原料渣油	加氢后渣油			
	FJR	S-1	S-2	S-3	S-4
ρ^{20}/(kg/m^3)	1002.2	975.4	962.7	953.5	944.4
υ^{100}/(mm^2/s)	141.3	53.03	43.15	33.44	25.75
CCR/%(质)	13.2	9.97	8.03	6.72	5.37
S/%(质)	4.6	2.561	1.837	1.295	0.914
N/%(质)	0.3	0.29	0.26	0.25	0.21

续表

样　品	原料渣油	加氢后渣油			
	FJR	S-1	S-2	S-3	S-4
C/%(质)	84.57	86.16	86.48	87.02	87.09
H/%(质)	10.51	10.97	11.32	11.53	11.71
HDS/%(质)	0	44.33	60.07	71.85	80.13

此外，渣油加氢前后的四组组分分析如图2所示。图2对比了渣油加氢前后四组组分含量及其硫含量的变化，研究表明将渣油加氢后，渣油中饱和分含量增加，而其他组分(芳烃、胶质和沥青质)明显下降。芳香分含量从50.1%下降至45.8%，转化率约为8.6%；而胶质和沥青质的转化率则分别为29.7%和79.2%，表明RHT工艺对重组分的转化非常有效。图2b中所示的四组组分中硫含量的顺序为：沥青质>胶质>芳香分>饱和分。在饱和分中仅检测到非常少的硫，表明渣油中硫醚含量极低；当组分中含有芳烃后，硫的质量分数急剧增加，表明渣油中硫多数以杂环芳烃结构形式存在，且以噻吩硫为主。

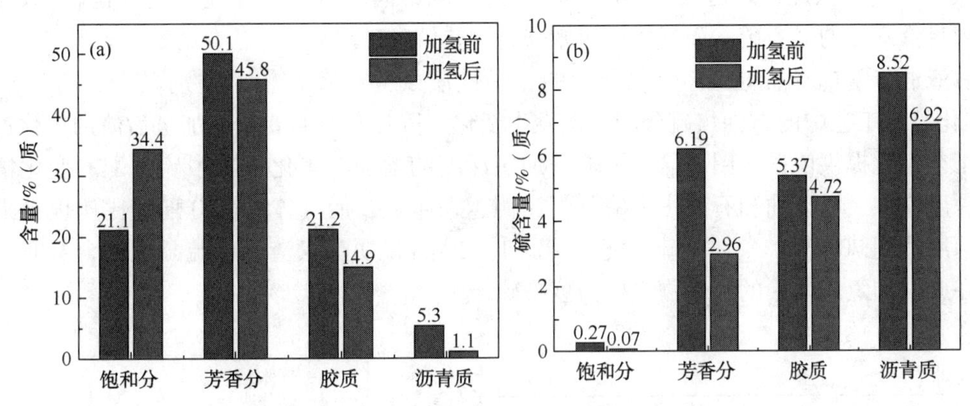

图2　渣油加氢前后四组组分含量(a)及其含硫量(b)的变化

3.2 RHT对DC工艺的产物分布及硫分布影响

3.2.1 RHT对DC工艺的产物分布的影响

本文进一步试验研究RHT工艺对延迟焦化工艺的产物分布的影响，对4种不同加氢脱硫深度(HDS=44.3%，60%，71.8%和80%)的渣油进行了焦化试验，结果如图3所示。延迟焦化的产物可以分为焦炭、焦化蜡油(>350℃)、柴油(210～350℃)、汽油(<210℃)和气体。由图3可以清晰看出，随着加氢脱硫率由0(单独焦化实验)升高至80%，石油焦的收率逐渐降低(18.1%下降至8.9%)，同时液体收率则明显升高，接近9%，其中柴油的产量提高尤其明显，提高了5.2%。在RHT-DC组合工艺中，渣油转化率和轻油产率提高，焦炭选择性降低。这些优点可归因于杂原子(包括S和N，特别是N)的去除和多环芳烃的部分饱和。因此，与单独焦化工艺路线相比，RHT-DC组合工艺路线可显著提高汽、柴油等产品产率，增加渣油转化率，提高了全厂轻油产率。

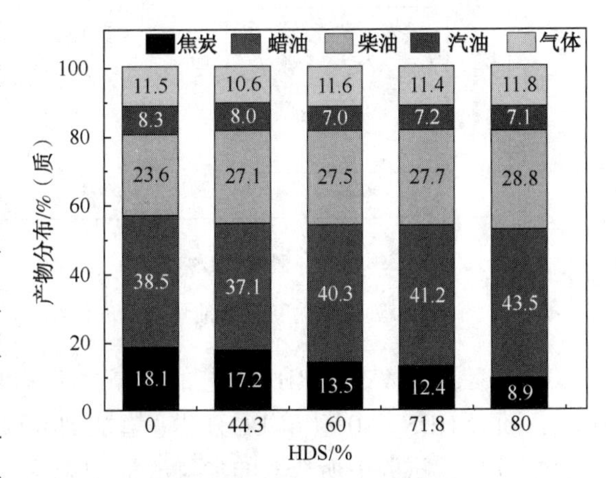

图3　不同加氢脱硫深度下的RHT-DC组合工艺的产物分布

石油焦收率的高低是关系着组合工艺经济性的关键所在，抑制石油焦的生成，从而提高液体收率一直是延迟焦化工艺的优化方向。降低焦炭产量将大大提高延迟焦化装置的经济效益。据报道，对于年处理能力为1.0Mt的延迟焦化装置，如果能够抑制焦炭的形成，从而仅将高价值液体的产率提高1.57%，就意味着巨大的经济效益[14]。因此，在大多数延迟的焦化装置中，降低焦炭收率更有利可图。石油焦收率与渣油加氢深度的对应关系如图4所示。石油焦的产率随着加氢脱硫深度的增加而逐渐降低，呈现出两个不同的阶段：第一个阶段：当加氢脱硫深度在0%~60%。在此阶段，石油焦的产率随着加氢深度增加变化较少。第二阶段，加氢深度较高，脱硫率达到60%以上。在此阶段，石油焦的产率受加氢深度影响较大，随着加氢深度增加，石油焦产率迅速降低。

上述试验结果有力地表明，使用RHT-DC集成技术代替DC确实可以有效地处理劣质高硫重油，同时降低焦炭的收率并控制焦炭的硫含量。但是为了充分利用渣油加氢优势，需要优选合适的加氢脱硫深度，以降低加氢的成本，综合提高组合工艺的经济效益。

3.2.2 RHT对DC工艺的产物中硫分布的影响

不同类型硫具有不同的热稳定性，脂肪族硫最不稳定，在200℃就开始发生热分解反应；芳香硫在300℃开始发生反应，并且在460℃期间存在再分解峰；噻吩硫最为稳定，即使反应温度达到500℃，硫也无法热解[15,16]。因此，延迟焦化中产物中硫的来源不同，石油焦中硫主要来自高沸点的噻吩硫，液体中硫来自低沸点的噻吩硫，而气体中硫则来自易热解的硫醚硫。

加氢后渣油与常规渣油中的含硫化合物的化学性质及分布存在较大差别[17-19]，将导致固定床加氢-延迟焦化组合工艺中的石油焦硫分配比例发生变化。因此，有必要研究加氢后渣油焦化过程中硫的走向，为工艺优化提供依据。图5显示了随着加氢深度的增加，焦化产物中硫分配的变化情况。随着加氢脱硫深度增加，馏分油和石油焦中硫分配比例越来越大，而气体中硫分配的比例也越来越小。当加氢脱硫深度达到70%时，气体中硫分配比例低于12%，说明加氢渣油中硫醚硫的含量非常低，基本可以认为在此时加氢渣油中的硫化物主要为噻吩硫。

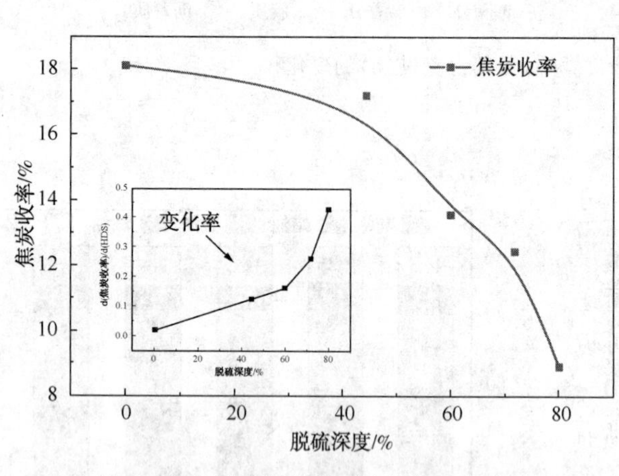

图4 加氢脱硫深度对石油焦产率的影响

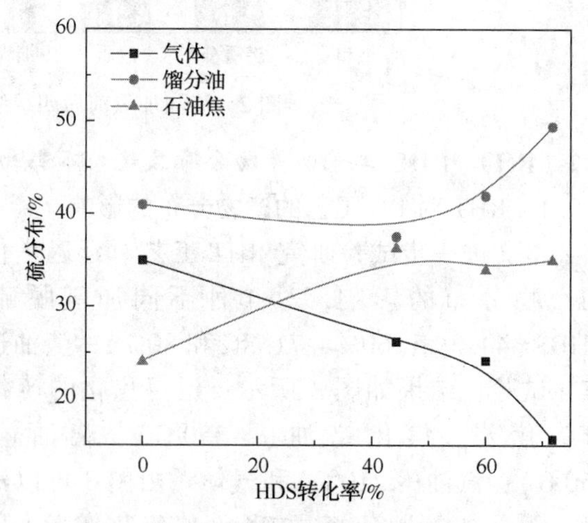

图5 不同加氢脱硫深度下的硫分配情况

同时，详细考查了RHT工艺的加氢脱硫深度对RHT-DC工艺中石油焦硫含量的影响。如图6(a)所示，随着HDS从0%(单DC工艺)增加到80%，焦炭的硫含量从大于6.1%(质)急剧降低到3.5%(质)。此外，试验中所选取的加氢渣油中硫含量基本呈线性分布，然而石油焦硫含量的变化却非线性，收到其他因素的影响。这一现象进一步说明：渣油加氢工艺条件的改变可以影响石油焦中硫含量的分布。为宏观判断出石油焦中硫含量与原料中硫含量之间关系，我们将石油焦与原料硫含量的比值与加氢深度的对应关系展示于图6(b)。石油焦硫含量与加氢后渣油硫含量的关系并不是呈线性分布，而是随之加氢脱硫深度增加，其比值逐渐增加，这意味着：随着加氢深度增加，加氢渣油中所剩下的含硫化合物更倾向于生成焦炭。

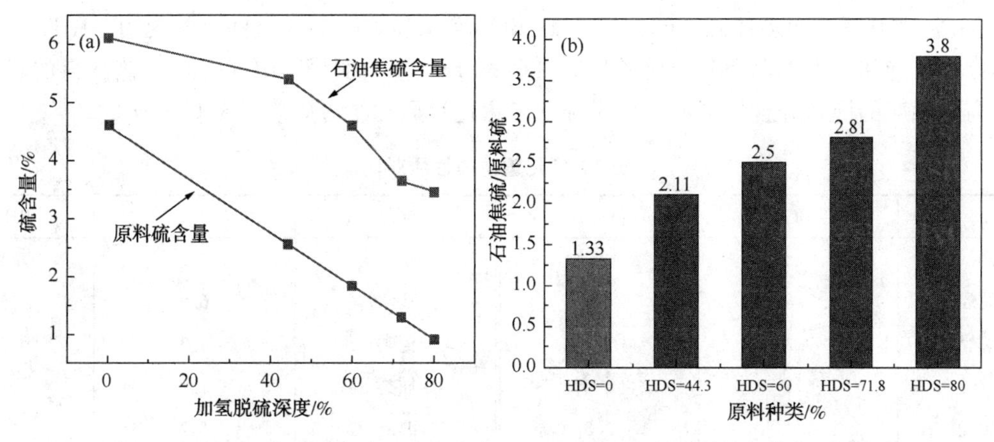

图 6　渣油加氢脱硫深度对石油焦硫含量(a)，石油焦与原料硫比值(b)的影响

3.3　RHT 工艺对 DC 工艺产品性质的影响

RHT 不仅仅可对 DC 工艺的产物分布产生较大的影响，而且对 DC 产物的性质和结构同样影响较大，因此，本文对 DC 工艺中高价值的液体产物的结构和组成进行对比研究。延迟焦化的液体产物可以根据沸点切割为焦化汽油(IBP-210℃)、焦化柴油(210~350℃)和焦化蜡油(>350℃)。为方便分析，本文将进一步将焦化汽油和焦化柴油混合一起，称为焦化轻质油，而焦化蜡油称为焦化重质油。

3.3.1　焦化轻质油

利用 GC-MS 分析了 DC 工艺和 RHT-DC 组合工艺获得的焦化轻质油(IBP-350℃)的组成变化，分析结果见表 2。如表 2 所示，焦化轻质油主要由链烷烃、环烷烃、单环芳烃和双环芳烃组成。RHT-DC 工艺获得焦化轻质油的链烷烃(30.7%~28.8%)和环烷烃含量(31.2%~29.5%)降低，而单环芳烃(27.4%~30.8%)和双环芳烃(9.2%~10%)含量增加。这些分析说明，RHT 可以使得更多的多环芳烃部分加氢饱和，生成更多具有较小分子质量和沸点的单环芳烃和双环芳烃，进而使得 RHT-DC 工艺获得的轻质油中芳烃含量升高，相应的饱和烃含量降低。

表 2　DC 工艺和 RHT-DC 工艺中焦化轻质油性质对比　%

样品	DC	RHT-DC	样品	DC	RHT-DC
链烷烃	30.7	28.8	萘	0.6	0.6
一环烷烃	22.5	9.0	萘类	4	4
二环烷烃	6.6	14.4	苊类	2.5	3
三环烷烃	2.1	6.1	苊烯类	2.1	2.4
总环烷烃	31.2	29.5	总双环芳烃	9.2	10
总饱和烃	61.9	58.3	三环芳烃	1.4	0.9
烷基苯	16.2	17.6	总芳烃	38	41.7
茚满或四氢萘	6.5	9	胶质	0.1	
茚类	4.7	4.2	总质量	100	100
总单环芳烃	27.4	30.8			

3.3.2　焦化重质油

表 3 列出了 DC 工艺和 RHT-DC 组合工艺获得的焦化重质油(>350℃)的组成变化。由表 3 所示，焦化重质油同样主要由链烷烃、环烷烃、单环芳烃和双环芳烃组成。但是相当于焦化轻质油，焦化重质油中的芳烃含量更高，可以达到 60%以上。与此同时，焦化重质油中可以检测出噻吩硫的存在，说明焦化馏分油的硫主要以噻吩硫的形式存在，并且主要分布在高沸点的重质油中(>350℃)。

RHT-DC 工艺获得焦化重质油的链烷烃(13.9%~14.4%)、环烷烃含量(22.8%~25.3%)和单环芳烃(22%~38.7%)升高，而多环芳烃(41.3%~21.6%)含量显著降低。这些有效说明，RHT可以使得多环芳烃部分加氢饱和，生成单环芳烃或者其他更小的分子，进而使得RHT-DC工艺获得的轻质油中芳烃含量升高，相应的饱和烃含量降低，同时降低了焦化重质油组分中多环芳烃的含量。

表3 焦化重质油性质对比 %

样品	DC	RHT-DC	样品	DC	RHT-DC
链烷烃	13.9	14.4	环烷菲类	2.5	1.7
一环烷烃	7.8	8	总三环芳烃	6.5	5.5
二环烷烃	7.3	7.9	芘类	4.3	2.8
三环烷烃	6.1	6.6	屈类	1.9	1.5
四环烷烃	1.4	2.8	总四环芳烃	6.2	4.3
五环烷烃	0.2	0	苝类	0.7	0.6
六环烷烃	0	0	二苯并蒽	0.1	0.1
总环烷烃	22.8	25.3	总五环芳烃	0.8	0.7
烷基苯	8.2	14.3	苯并噻吩	7	2.5
环烷基苯	7.8	8.8	二苯并噻吩	4.5	2.7
二环烷基苯	6	5.6	萘苯并噻吩	1.4	0.7
总单环芳烃	22	28.7	总噻吩	12.9	5.9
萘类	1.8	2.5	未鉴定芳烃	2.4	1.9
苊类+二苯并呋喃	4.2	4.2	总芳烃	63.3	60.3
芴类	6.5	6.6	胶质	0	0
总双环芳烃	12.5	13.3	总重量	100	100
菲类	4	3.8			

4 结论

本文系统地研究了RHT-DC组合工艺中RHT工艺对DC工艺产物分布及硫分布的影响，研究发现与单独的延迟焦化工艺相比，RHT-DC组合工艺路线可显著提高汽、柴油等产品产率，增加渣油转化率，提高全厂轻油产率，同时可以极大地降低石油焦中的硫含量。随着RHT中加氢脱硫深度的增加，石油焦的产率降低的变化率先增加而逐渐降低，而且加氢渣油中所剩下的含硫化合物更倾向于生成焦炭。因此，为充分利用渣油加氢优势，需要优选合适的加氢脱硫深度，以降低加氢的成本，综合提高组合工艺的经济效益。

参考文献

[1] Zhang, Y., Huang, L., Xi, X., Li, W, et al. Deep conversion of Venezuela Heavy Oil via Integrated Cracking and Coke Gasification-Combustion Process[J]. Energy & Fuels, 2017, 31, (9): 9915-9922.

[2] Marafi, A., Albazzaz, H., Rana, M.S., Hydroprocessing of heavy residual oil: Opportunities and challenges[J]. Catal. Today, 2019, 329: 125-134.

[3] Chen, K., Zhang, H., Liu, D., Liu, H., et al. Investigation of the coking behavior of serial petroleum residues derived from deep-vacuum distillation of Venezuela extra-heavy oil in laboratory-scale coking[J]. Fuel, 2018, 219: 159-165.

[4] Rodríguez-Reinoso, F., Santana, P., Palazon, E.R., et al. Delayed coking: Industrial and laboratory aspects[J]. Carbon, 1998, 36, (1-2): 105-116.

[5] Sawarkar, A.N., Pandit, A.B., Samant, S.D, et al. Petroleum residue upgrading via delayed coking: A review[J]. Can. J. Chem. Eng., 2010, 85, (1): 1-24.

[6] 刘建锟，杨涛，方向晨，等．沸腾床渣油加氢-焦化组合工艺探讨[J]. 石油学报(石油加工)，2015，31(3)：663-669.

[7] 刘建锟，杨涛，郭蓉，等．解决高硫石油焦出路的措施分析[J]. 化工进展，2017，36，(7)：2417-2427.

[8] Shan，Y.，Guan，D.，Meng，J.，et al. Rapid growth of petroleum coke consumption and its related emissions in China [J]. Applied Energy，2018，226：494-502.

[9] Muñoz，J. A. D.，Aguilar，R.，Castañeda，L. C.，et al. Comparison of correlations for estimating product yields from delayed coking[J]. Energy & Fuels，2013，27，(11)：7179-7190.

[10] Safiri，A.，Ivakpour，J.，Khorasheh，F.. Effect of operating conditions and additives on the product yield and sulfur content in thermal cracking of a vacuum residue from the Abadan refinery [J]. Energy & Fuels，2015，29，(8)：5452-5457.

[11] Che，Y.，Hao，J.，Zhang，J.，et al. Vacuum residue thermal cracking：Product yield determination and characterization using thermogravimetry-fourier transform infrared spectrometry and a fluidized bed reactor. [J] Energy & Fuels，2018，32，(2)：1348-1357.

[12] Kondrasheva，N. R.，Viacheslav Kondrashev，Dmitriy Gabdulkhakov，et al. Effect of delayed coking pressure on the yield and quality of middle and heavy distillates used as components of environmentally friendly marine fuels[J]. Energy & Fuels，2018，33：636-644.

[13] 蒋立敬．渣油加氢反应动力学及组合工艺研究[D]. 大连：大连理工大学，2011.

[14] 裴俊鹏，黄新龙，王洪彬，等．ADCP 工艺研究及经济效益浅析[J]. 石油学报(石油加工)，2016，32(1)：21-27.

[15] Knudsen，J. N.，Jensen，P. A.，Lin，W.，et al. Damjohansen，K.，Sulfur transformations during thermal conversion of hherbaceous biomass[J]. Energy & Fuels，2004，18，(3)：810-819.

[16] Guo，H. Q.，Xie，L. L.，Wang，X. L.，et al. Sulfur removal and release behaviors of sulfur-containing model compounds during pyrolysis under inert atmosphere by TG-MS connected with Py-GC[J]. Journal of Fuel Chemistry & Technology 2014，42，(10)：1160-1166.

[17] Chacón-Patiño，M. L.，Blanco-Tirado，C.，Orrego-Ruiz，J. A.，et al. Tracing the compositional changes of asphaltenes after hydroconversion and thermal cracking processes by high-resolution mass spectrometry[J]. Energy & Fuels，2015，29，(10)：6330-6341.

[18] Liu，P.，Shi，Q.，Chung，K. H.，et al. Molecular characterization of sulfur compounds in venezuela crude oil and Its SARA fractions by electrospray ionization fourier transform ion cyclotron resonance mass spectrometry[J]. Energy & Fuels，2010，24，(9)：5089-5096.

[19] 王威，董明，蔡新恒，等．渣油加氢转化前后沥青质的分子组成变化[J]. 中国科学：化学，2018，48(4)：442-450.

水溶性碱脱除的研发与工业应用

童　健

（中国石化扬子石化公司　江苏南京　210048）

摘　要　本文介绍了某石化装置经醇胺法脱硫工艺后回收轻石脑油装置由于水溶性碱的存在影响轻石脑油作为汽油调和组分，通过筛选脱碱工艺和后期优化工艺方案，成功实现了油品中微量碱的脱除并达到工业运行要求。

关键词　汽油；活性炭；吸附；机理

某石化加氢裂化粗液化气回收装置轻石脑油原设计为乙烯裂解料，由于物料经过加氢裂化处理富含异构烷烃组分，为了提高轻石脑油资源综合利用效益，尝试将轻石脑油产品作为“国V”汽油调和组分。在调和过程随着调和比率增加，发现汽油产品中存在微量水溶性碱存在，经分析水溶性碱来源于上游液化气脱硫装置，粗液化气脱硫时夹带微量的胺液组分进入塔系统，精馏后胺液成分富集在塔釜轻石脑油产品中，无法满足“国V”汽油调和组分的质量要求（“国V”汽油要求无水溶性碱）。为解决轻石脑油中微量碱脱除问题，经过筛选采用活性炭吸附的方法，并在实际应用的过程中不断改良，实现了活性炭吸附水溶性碱的首次工业应用，取得了良好的经济效益。

1　脱碱方案比选和模拟试验

1.1　脱碱方案筛选

装置使用的脱硫工艺为醇胺法，脱硫剂为N-甲基二乙醇胺，简称MDEA，为无色或微黄色黏稠液体，沸点247℃，能与水、醇互溶，微溶于醚。目前，有关石脑油中脱除微量MDEA的相关报道较少，通过查阅国内外文献，常用的处理方法有水洗法、沉降分离法、吸附法三种。其中，水洗法虽然简便于操作，但经过实验室模拟用水量大，且大量含胺废水处置难度大，不符合目前环保形势要求；沉降法经过模拟静置36h后无法分离出石脑油中夹带的胺液，主要原因为胺液在轻石脑油中含量极低，已经形成了较为稳定的分散相，简单沉降法已无法有效分离；吸附法是利用MDEA本身的物化特性，选择能够吸附MDEA的吸附剂选择性的脱除轻石脑油中的MDEA，该法脱除效率高，操作相对简单，吸附剂的吸附周期及再生性能是该法能够工业应用的关键因素。综合考虑上述因素最终确定采用吸附法进行脱除。

1.2　吸附剂的筛选

根据轻石脑油中水溶性碱的性质，分别选用活性炭（LY-44）、酸性树脂、白土、氯化钙为吸附剂，考察上述吸附剂对轻石脑油中水溶性碱的静态吸附性能。由于LY-44活性炭具有较丰富的介孔，利用其介孔吸附轻石脑油中的水溶性碱，吸附饱和后可以采用水蒸气将吸附的水溶性解吸出来，实现活性炭的再生，进而能够循环使用。酸性树脂和白土表面具有一定数量的酸性基团，能够与水溶性碱产生化学吸附作用，树脂可以通过酸洗的方法进行再生，而白土吸附碱性物质后再生较为困难；氯化钙具有较强的吸水性能，轻石脑油中的水溶性碱能够与水一起被氯化钙吸附，从而达到脱除水溶性碱的目的。分别考察上述几种吸附剂的静态及动态吸附性能。

1.2.1　静态吸附试验

分别称取5g吸附剂，加入轻石脑油原料1L，室温下以200r/min的速度在摇床中震动，分别在吸附时间为30min、60min时取样分析轻石脑油水溶性碱的脱除效果，其中，采用GB/T 259—88方法测定轻石脑油的水相提取物，测定其pH值并同时进行酚酞显色测试，其水相提取物pH值为9.26，酚酞滴定显色，具体结果如表1所示。

表 1 不同吸附剂脱除轻石脑油中水溶性碱静态吸附结果

吸附时间 / 吸附剂名称	30min	60min	吸附时间 / 吸附剂名称	30min	60min
	pH，酚酞显色			pH，酚酞显色	
活性炭(LY-44)	9.17，显色	8.99，显色	$CaCl_2$	9.12，显色	8.97，显色
树脂	9.09，显色	9.1，显色	白土	7.99，不显色	7.15，不显色

由表 1 可知，四种吸附剂对轻石脑油中的水溶性碱均有一定的吸附效果，其中，白土的吸附速率最快，经 30min 即可使水相提取物的 pH 由 9.26 降至 7.99，且满足国标 GB/T 259—88 酚酞指示不显色的要求，说明其中的水溶性碱能够基本脱除。

1.2.2 动态吸附试验

在上述各种吸附剂静态吸附性能的基础上，进一步考察了氯化钙、树脂、白土、LY-44 活性炭对轻石脑油中水溶性碱的脱除效果，具体实验过程如下：

（1）氯化钙

在直径为 2cm，长为 40cm 玻璃管中装填颗粒氯化钙 52g，室温下轻石脑油以 1.5mL/min 的流量由下至上经过吸附柱，轻石脑油的质量空速为 $1.1h^{-1}$。

（2）树脂

以脱除轻石脑油中水溶性碱专用树脂为吸附剂，采用直径为 19mm(内径为 18mm)、长为 8cm 的不锈钢管为吸附柱，装填树脂 12g，室温下轻石脑油以 1.6mL/min 由下至上通过吸附柱，轻石脑油的质量空速为 $5h^{-1}$。

（3）白土

以直径为 19mm(内径为 18mm)、长为 8cm 的不锈钢管为吸附柱，装填白土 11.1g，室温下轻石脑油以 1.5mL/min 由下至上通过吸附柱，轻石脑油的质量空速为 $5h^{-1}$。

（4）LY-44 活性炭

LY-44 的动态吸附性能在直径为 1cm，长为 30cm 的不锈钢吸附柱中进行，装填粒径为 1～2mm 的活性炭颗粒 20mL，轻石脑油由下至上通过活性炭床层，进料质量空速为 $3.9h^{-1}$。

上述四种吸附剂的动态吸附曲线如图 1 所示。

由图 1 可知，氯化钙、树脂及白土及 LY-44 的穿透时间分别为 1000h、864h、1080h 及 260h。由此可判断，以化学吸附为主的树脂、白土、氯化钙具有较长的吸附时间，而以物理吸附为主的 LY-44 活性炭吸附时间最短，为 260h。

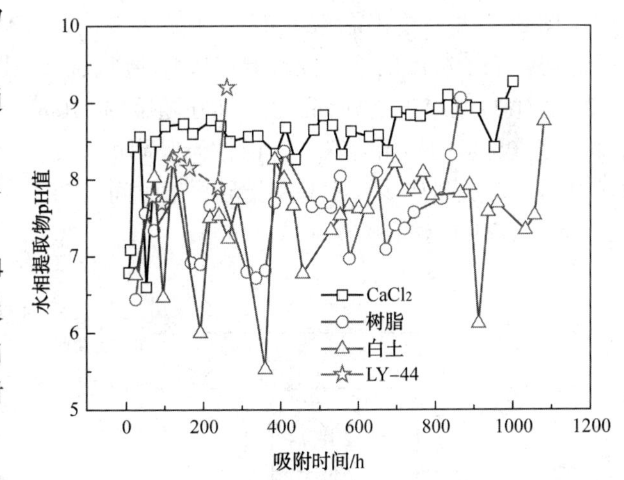

图 1 不同吸附剂脱除轻石脑油中水溶性碱动态吸附曲线

1.2.3 吸附剂的选择

虽然活性炭吸附周期较短，但其再生性能最好，可以实现循环使用，危废产生量少，酸性树脂虽然具备再生能力但再生条件苛刻工业上经济性和可实施性较差，因此优先采用 LY-44 的吸附工艺。

2 活性炭吸附及再生性能试验

2.1 操作空速的优化比选

为考察了不同空速 LY-44 活性炭对水溶性碱的脱除效果，在动态吸附试验的基础上进行不同空速条件下的模拟试验，结果如图 2 所示。由图 2 可知，进料空速为 $1.95h^{-1}$、$3.9h^{-1}$ 和 $5.85h^{-1}$ 时，LY-44

对轻石脑油中水溶性碱的穿透时间分别为92h、260h及284h，表明LY-44活性炭在进料空速小于4h^{-1}时具有较好的吸附效果，当进料空速大于4h^{-1}时，吸附时间将急剧减小。这是由于在液相吸附过程中，吸附质和吸附剂之间的液膜阻力是影响吸附过程的主要因素，当进料空速较大时，吸附质无法通过液膜进入吸附剂表面及内部孔道，导致吸附效果变差，吸附穿透时间变短。同时，进料空速越大，吸附传质区长短越大，床层利用率也随之大幅降低，因此，以LY-44活性炭为吸附剂时，进料空速不宜高于4h^{-1}。

2.2　活性炭再生性能研究

采用低压蒸汽吹扫的方法对吸附饱和活性炭床层进行再生。蒸汽压力为0.8MPa，吹扫时间为5h，对不同时间间隔的再生蒸汽凝液进行pH和COD分析，结果如图3所示。

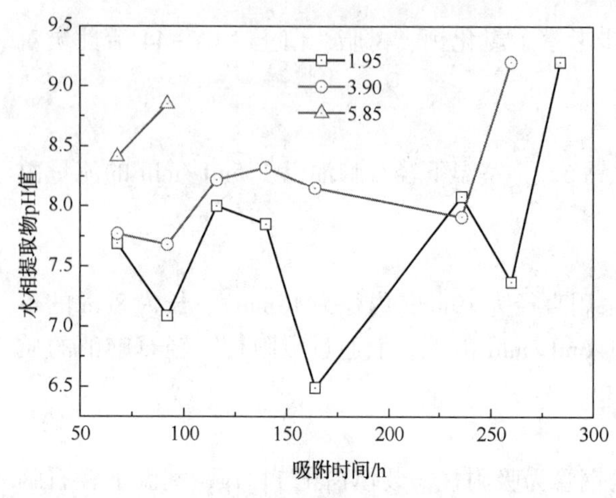

图2　不同进料空速下LY-44活性炭对水溶性碱的动态吸附性能

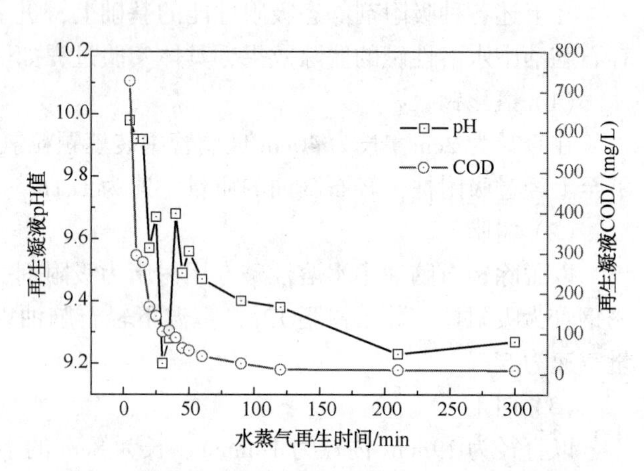

图3　不同时间间隔蒸汽再生凝液pH及COD的变化

由图3可知，再生凝液的pH在9.2~9.9之间变化，均显弱碱性，并随着再生时间的增加成缓慢下降趋势；表明吸附的水溶性碱能够从活性炭表面及孔道内有效脱除；而再生凝液的COD在前30min从728mg/L急剧减小至106mg/L，而在随后的270min内COD缓慢的从106mg/L减小至10mg/L。由此可知，蒸汽再生的初始阶段，被活性炭吸附的水溶性碱被蒸汽大量再生出来，而在蒸汽再生的后期，水溶性碱的解吸量较少，实验室指导再生时间为2h。

2.3　工业设计定型

根据实验室的小试结果，利用活性炭多孔结构和表面官能团选择性吸附轻石脑油中微量的碱性物质N-甲基-二乙醇胺(简称MDEA)。采用两塔吸附分离工艺，分为吸附、再生、置换三个过程，具体流程如图4所示。吸附塔T1、T2分别装填活性炭10t(活性炭堆密度为0.5g/cm^3)，具体步骤如下：

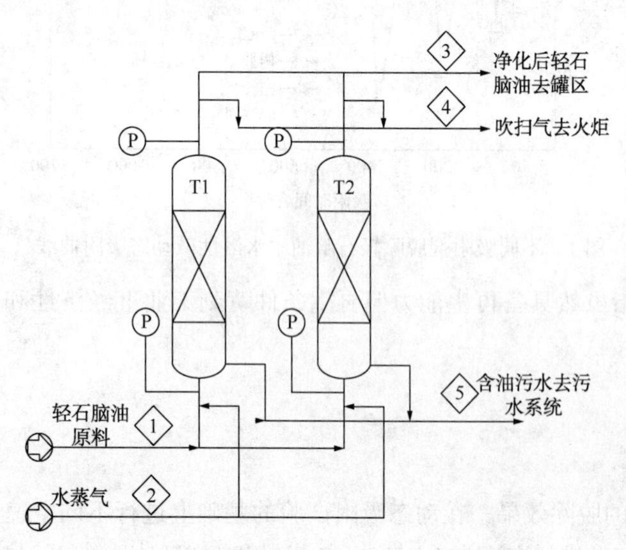

图4　两塔吸附脱除轻石中MDEA流程示意图

1）吸附：轻石脑油以20t/h的流量由下至上进入吸附塔T1，吸附240h(10d)；

2）蒸汽再生：吸附饱和的活性炭采用压力为8kg的过热蒸汽对吸附床层进行吹扫再生，蒸汽量为0.5t/h，由下至上通过活性炭床层，再生气排入火炬系统，再生时间为10h；

3）活性炭冷却：将活性炭冷却至常温，并

将床层空隙中残留的水蒸气凝液排放完全，保证活性炭床层内无聚集的水蒸汽凝液，而活性炭保持润湿状态，至此完成了一个完整的吸附-再生-置换周期，吸附塔 T1、T2 交替操作，保证轻石净化流程连续进行。

3 工业化应用

按照研究单位给出的设计条件，设计院进行详细设计并用组织设备采购现场安装调试具备投用条件。

3.1 干基活性炭吸附试验

首次，投用活性炭进行简单的水冲洗，氮气吹扫置换合格后直接将轻石脑油引入吸附罐中，跟踪分析产品中无水溶性碱，持续跟踪 1.5d 后发现吸附效果迅速变差，切换至备罐后情况与前罐情况一致，说明此种操作条件下未达到 10d 的设计要求。

3.2 湿基活性炭吸附试验

针对干基活性炭投用后吸附效果欠佳的情况，与研究单位探讨后对操作方案进行了优化，使用高压锅炉水对活性炭浸泡后排尽，活性炭处于完全润湿的条件下进行吸附，利用水溶性碱易溶于水的特点，在活性炭吸附的同时，增强水溶性碱向活性炭表面及孔道内的扩散，实际应用过程中取得了良好的效果，同时在运行过程中间断换水+浸泡的方式延长单罐运行寿命，经过超过 1 年时间验证单罐有效吸附脱除寿命>30d。具体如图 5 所示。

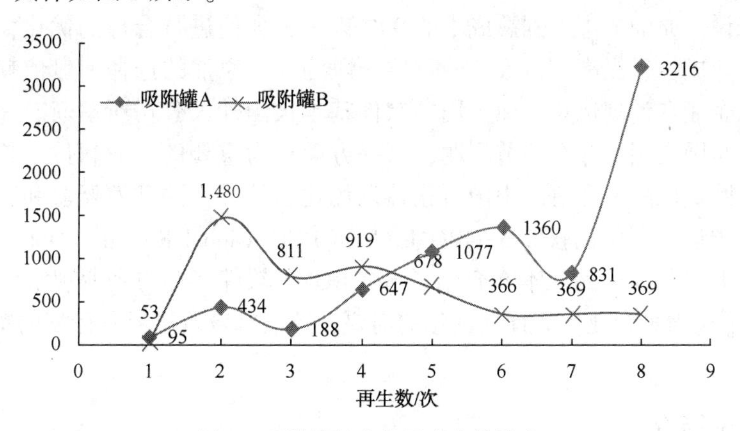

图 5　吸附罐单次使用寿命统计表

3.3 活性炭再生稳定性跟踪

经过跟踪试验，活性炭吸附再生性能良好，单罐连续再生 7 次仍能满足吸附要求，如图 5 所示。

4 结论

1）筛选得到了 LY-44 活性炭作为脱除轻石脑油中水溶性碱吸附剂。

2）以 LY-44 活性炭为吸附剂，在室温、常压、进料空速为 $2h^{-1}$ 下，吸附时间为 260h；吸附饱和后经 200℃饱和蒸汽再生、在空速为 $5h^{-1}$、再生时间为 2h 的条件下，活性炭能够完全再生。

3）实现了活性炭吸附脱除轻石脑油中水溶性碱工艺的工业化应用。

4）通过不断对活性炭润湿工艺和再生条件进行优化，以最大限度地提高装置的总体经济性，吸附过程在润湿活性炭吸附的同时增加在线水洗步骤；活性炭吸附饱和后采用 200℃、8kg 蒸汽再生 12h 可实现完全再生，单罐吸附周期延长至 25~30d，优于原设计的 10d 再生一次，产生的经济效益可观。

S-GROMS 国产生产计划优化软件及工业应用

郭　蓉[1]　王永磊[2]　易　军[2]　陈　博[1]

(1. 中国石化大连石油化工研究院　辽宁大连　116045
2. 银河天鸿科技有限公司　北京　100022)

摘　要　中国石化大连石化研究院开发的S-GROMS国产生产计划优化软件可广泛应用于炼化企业的计划优化、原料采购优化、物料盈亏平衡点分析、企业长远规划等领域。本文介绍了S-GROMS软件的基本情况，对比了与国外同类软件的主要差异，并在原油排序、物料流向优化等常见应用场景下进行了功能验证。S-GROMS具有功能强大、简单易用的特点，与国外同类产品相比，S-GROMS先进的三次元算法可获得更好的全局最优解，挖掘计划优化工作中的潜在经济效益。

关键词　计划优化；流程优化；三次元算法

前言

对于炼油企业来说，原油成本占到总成本的90%以上，如何进行合理的优化，选择对企业性价比较高的原油是降低企业成本、提高经营效益的重要手段之一。原油的选择一般依赖于计划优化工具的测算，当前国内炼油企业在计划优化方面应用的软件基本被国外大公司所垄断。一方面国外软件在操作习惯和功能改进上与国内用户存在脱节问题，另一方面作为重要的工业软件，长期被国外垄断存在一定信息泄露风险和断供风险。在总结中国石化计划优化软件方面的开发经验和应用成果基础上，大连石化研究院开发了国产计划优化软件S-GROMS(SINOPEC-Global Resource Optimization Modeling System)，作为国外产品升级替代产品。本文介绍了S-GROMS软件，并与企业现阶段所用国外产品进行了对比，S-GROMS不仅满足企业生产计划优化的需要，还能有效改进经营计划的精度，挖掘生产计划过程中潜在的效益。

1　S-GROMS 系统简介

S-GROMS是以运筹学理论、数学规划最优方法及非线性规划求解技术为基础的产品，系统以经济效益最大化为目标，可满足炼化企业在投资与规划、计划与调度、生产与销售等最优化方面的应用需求。相较于国外同类产品，实现了“通用建模技术、矩阵自动生成、非线性三次元计算、非线性全局最优解”等四项创新和突破。对于特殊非线性问题，S-GROMS提供标准化的分段线性化方法求解。与前几代产品比较，S-GROMS建模效率提高3~6倍，收敛速度提高20%左右。系统界面如图1所示。

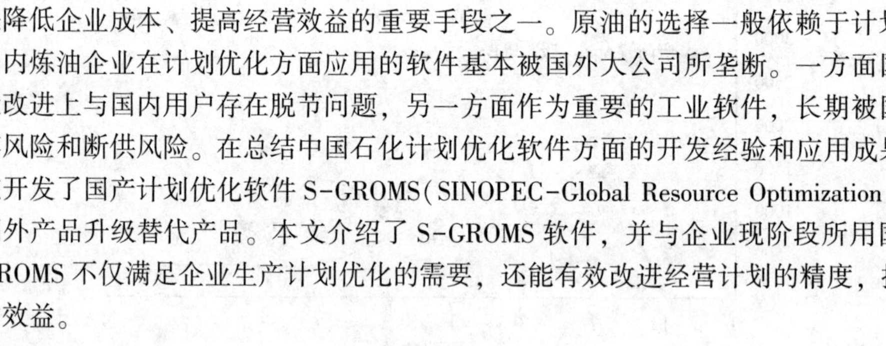

图1　系统界面图

2 系统功能及操作对比

与国外同类型软件(用 XPMS 代表)相比较，国产软件有明显的优势，下面进行简单对比分析。

2.1 模型管理

S-GROMS 通过数据库管理全部模型，提供模型的分类管理、存档、复制、备份、授权分发等功能，也可以设定模型为只读模型。XPMS 一般以 Excel 或 Access 办公软件作为模型载体，相关功能较弱。

2.2 建模/维护

1）S-GROMS 采用业务即模型技术，无需人工编写代码、方程、变量，完全实现数学模型的自动生成，用户门槛低。XPMS 需要用户编写变量、方程、建立汇流初值表、递归平衡行等，用户门槛高。

2）新建一个复杂企业模型，S-GROMS 花费 1~2 周，XPMS 花费 1~2 月。提高效率约 4 倍。

3）新增一套复杂装置，S-GROMS 花费 1~2h，XPMS 花费 1~2d。提高效率约 4~6 倍。

4）新增一个复杂调合产品，S-GROMS 约 1h，XPMS 花费 0.5~1d。提高效率约 4~6 倍。

5）新测算方案建立与维护，属于小量数据维护，两者基本一致。

6）模型校核方面，S-GROMS 需要建立校核方案的 Excel 接口，XPMS 是 Excel 模型无需接口而更方便。

2.3 系统算法

S-GROMS 基于三次元算法，而 XPMS 一般为二次元算法，主要区别在于：

1）二次元算法在产品体积调合前的体积物性传递过程中，假设物流密度为 1.0 的常量；三次元算法则根据模型中密度的实际传递过程，将体积物性传递所依赖的密度，当成一个变量来处理。由于模型中的物流是按照重量传递的，且轻收产品的密度都是<1.0，所以二次元算法在物性传递过程中必然导致因密度变化带来的体积物性传递失真。

2）二次元算法体积调合的物性平衡方程中，密度是按照常量来处理的；三次元算法中密度是按照变量来处理的。由于二次元算法的体积物性与密度是不同步的，必然导致优解目标值的偏移。

综上所述，从技术上讲，用二次元算法求解三次元模型会出现以下两种情况：

1）对于“辛烷值、十六烷值指数”这类物性“≥”型约束对目标值的影响占优势地位的模型，二次元算法的物性传递和密度计算不同步导致的物性失真，会使优解目标小于实际应该达到的值(局部优解)。

2）对于“残炭、凝固点指数”这类物性“≤”型约束对目标值的影响占优势地位的模型，二次元算法的物性传递和密度计算不同步导致的物性失真，会使优解目标大于实际应该达到的值(过度优解)。

2.4 模型调试手段

1）分步调试：S-GROMS 能够分步调试模型物流、一个或多个物性，能够选择质量调合、体积调合、DBs 等进行分步调试。XPMS 没有相应的分步调试功能。

2）定位跟踪：S-GROMS 能够直接定位错误信息，进行物流、物性跟踪。XPMS 没有相应的调试功能。

3）维护指导：S-GROMS 提供计算结果明细和分类信息表，方便模型的调试分析，并提供模型同步维护功能，实现模型快速调试。XPMS 的相应功能较弱。

2.5 结果浏览

S-GROMS 能够浏览全部物流和物性的结果，不需要业务人员进行二次计数。同时，还提供物流、物性边界值的一览表和快速定位功能，有助于对计划方案和结果进行深度分析。XPMS 的相应功能较弱。

2.6 报表/图表

S-GROMS用户可快速自定义并自动生成动态报表和工艺流程图，也可以自定义静态报表和工艺流程图满足规范格式的要求。S-GROMS的报表和模型是一体化的，XPMS需要在模型之外开发独立的报表模块。

2.7 功能更新

S-GROMS是国产软件，开发人员能够及时根据用户要求进行改进和完善，在用户体验上能够实现国外软件难以达到的本地化和友好性，有助于计划优化工作效率和业务水平的进一步提高。

2.8 应用效果对比

为对比S-GROMS系统应用效果，选择了7家炼化企业，以月度方案为例进行了测算对比。

1）模型的准备，XPMS测算模型是企业实际计划模型，S-GROMS模型采用企业现有生产数据建模。

2）数据一致性校验，纯物流模型XPMS和S-GROMS目标值高度一致，验证了两套模型物流相关约束的一致性；物流+质量调合模型，XPMS和S-GROMS目标值高度一致，验证了两套模型物性约束的一致性。

3）月度方案对比，7家企业模型测算结果对比如表1所示，S-GROMS在XPMS优化的基础上增加计划排产潜在利润约3%；计算七个模型XPMS需要300s，S-GROMS需要243s，速度提高约20%。

表1 模型测算毛利对比表

企业	XPMS	S-GROMS	Δ(S-X)	Δ利润/%
企业A	1364	1425	61	4.44
企业B	1901	1948	47	2.46
企业C	2084	2143	60	2.87
企业D	938	962	24	2.56
企业E	597	615	18	3.09
企业F	3363	3461	98	2.90
企业G	3802	3888	86	2.26

从整体上看，在资源和产品结构、装置加工量及公用工程等方面，XPMS和S-GROMS在方向性上基本一致。

3 系统应用

S-GROMS主要功能包括长远规划、生产计划优化、原料优选、产品优化、中间物料流向优化、盈亏平衡分析、库存优化、检修时机优化、企业瓶颈分析等，下面以表1中企业G为例介绍部分功能。

3.1 增量法原油排序

(1) 方案设定

以月度测算方案为基础，原料、产品、加工能力约束按企业月度计划方案案例进行设置，原油价格取总部给定的原油价格体系。使用S-GROMS原油排序功能进行测算，选择凯撒杰、科威特、伊重等15个原油进行测算，15个原油建立15个测算方案CASE，每个测算CASE增加少量的某一种原油，通过测算增加的效益，计算该种原油的保本点。测算方案设置，如图2所示。

(2) 测算结果分析

增量法原油排序测算结果如表2所示。吨油效益排在前列的有巴士拉轻、乌拉尔、伊重、沙重、卡夫基、杰诺等，卡宾达、吉拉索等原油由于价格较高其吨油效益相对较低。该企业在选择原油的时候应优先考虑吨油效益较高的原油品种。

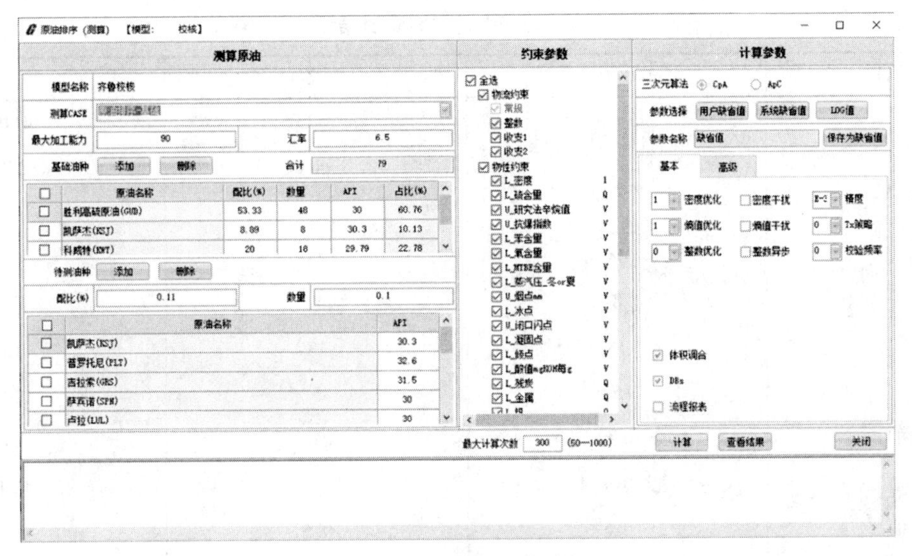

图 2 原油排序测算设置界面

表 2 增量法原油排序结果

原油名称	原油增量/10kt	优解值	吨油效益/(元/t)	原油价格/(元/t)	保本价/(元/t)
基础方案	—	20012	—	—	—
巴士拉轻油	0.10	20057	451.31	3028	3479
乌拉尔	0.10	20042	308.32	3219	3527
伊朗重油	0.10	20041	297.38	3029	3326
沙特重油	0.10	20036	245.34	2999	3244
卡夫基	0.10	20035	230.37	2967	3197
杰诺	0.10	20033	217.21	3281	3498
萨宾诺	0.10	20029	174.44	3320	3495
沙特中质油	0.10	20026	144.51	3128	3272
卢拉	0.10	20026	144.22	3332	3477
科威特	0.10	20024	121.02	3112	3233
普罗托尼	0.10	20023	116.56	3408	3524
凯萨杰	0.10	20021	94.64	3424	3519
桑格斯	0.10	20019	68.75	3419	3488
吉拉索	0.10	20017	55.06	3418	3473
卡滨达	0.10	20017	48.96	3433	3482

3.2 船燃优化

(1) 方案设定

以月度测算方案为基础，设置两个方案测算船燃优化方向，方案 1 将船燃产量由 40kt 减少到 30kt，考察效益变化；方案 2 固定船燃 40kt，将部分原油约束放宽，加工总量保持不变，考察加工原油变化情况。

(2) 测算结果分析

船燃优化方案测算结果如表 3 所示。方案 1 船燃由 40kt 减少到 30kt，效益损失 416 万元；方案 2 通过优化原油，减少凯撒杰、科威特原油，增加沙重原油提高整体效益。

表3　船燃优化方案测算结果

项　　目	基础方案	方案1	方案2
总效益/万元	3848	3433	4119
效益差/万元	—	-416	270
原油原料			
胜利高硫原油	48	48	48
凯萨杰	8	8	6
科威特	18	18	15
沙特重油	5	5	10
外购氢气(齐翔)	0.6	0.6	0.6
外购MTBE	0.4	0.4	0.4
外购芳烃抽余油	0.5	0.5	0.5
外购重芳烃	1.2	1.2	1.2
外购甲苯	0.15	0.15	0.15
外购碳九	0.3	0.3	0.3
外购天然气	0.5	0.5	0.5
产品产量			
汽油	15.00	15.00	15.00
煤油	2	2	2
柴油	18.30	18.30	18.30
化工轻油	21.96	21.92	21.51
商品燃料油	4	3	4
沥青	3.73	4.84	3.96
石油焦	6.56	6.43	6.66
加工负荷			
3#常压塔	26	26	21
4#常压塔	53	53	58
连续重整	3.72	3.72	4.20
3#催化	25.73	25.73	25.73
2#催化	0.55	0.59	0.55
加氢裂化	10.90	10.90	10.90
2焦化	11.34	11.34	11.34
3焦化	12.47	12.19	12.71
渣油加氢	10.54	9.60	10.56
氧化沥青	3.73	4.84	3.96
蜡油加氢蜡油能力	18.91	18.94	18.91

方案1减少了燃料油数量，渣油加氢装置加工负荷降低，氧化沥青装置负荷相应增加，方案2加工负荷变化不大，渣油加氢进料情况对比如表4所示。方案1主要减少了4#减四线(V46)进料，方案2减少了3#减渣、3#减三线，增加了4#减三线、4#减四线进料量，满足进料性质的控制要求。

表 4 渣油加氢进料对比表

侧线名称	基础方案	方案 1	方案 2
3#减三线(V33)	3.33	3.28	2.66
4#减三线(V34)	0.03		0.81
三焦化蜡油(K30)	1.45	1.42	1.50
催化回炼油(VCH)	0.02	0.03	0.02
3#减四线(V44)			0.06
3#减四线(V45)	0.55	0.55	0.46
4#减四线(V46)	2.12	1.30	2.38
3#减渣(VR5)	1.56	1.56	1.17
4#减渣(VR4)	1.49	1.46	1.49
渣油加氢进料汇流	10.54	9.60	10.56

3.3 中间物料保本点测算

(1) 方案设定

以月度测算方案为基础，使用 S-GROMS 自带的中间物料排序功能，测算催化柴油、催化油浆、低硫重质船燃、4 常减渣四股中间料的保本点。测算方案设置如图 3 所示。

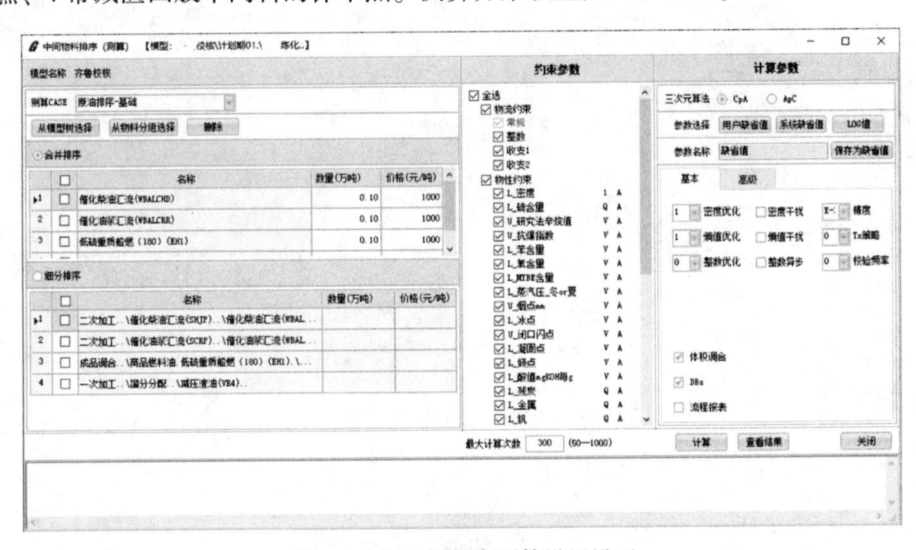

图 3 中间物料排序测算设置界面

(2) 测算结果分析

测算主要结果如表 5 所示。催化柴油、催化油浆、低硫重质船燃、4 常减渣四股中间料的保本点分别为 3714 元/t、2844 元/t、3529 元/t、2824 元/t。

表 5 中间物料排序表

方案/中间物料	价格(元/t)	优解值	单位价值(元/t)	保本价(元/t)
基础方案	—	20164	—	—
催化柴油	1000	19893	2714	3714
催化油浆	1000	19980	1844	2844
低硫重质船燃	1000	19912	2529	3529
4 常减渣	1000	19982	1824	2824

4 结论

4.1 非线性优化技术方面

S-GROMS 的三次元优化技术基本解决了 XPMS 二次元技术陷入局部优解的问题。七家企业对比结果表明，S-GROMS 能够较好地满足计划排产业务的需要，而 XPMS 方向性基本一致，但获得的都是较明显和不能通过调整约束来校正的局部优解，验证了 S-GROMS 三次元优化技术的先进性和实用性。

4.2 系统功能和操作性方面

国产软件 S-GROMS 具有对 XPMS 功能的全覆盖和用户门槛低的特点，能够帮助业务人员提高计划优化排产工作效率约 3~6 倍。建议根据企业应用需求做好 S-GROMS 改进完善工作，如开发企业模型“一键校核工具”，并结合流程模拟完善计划排产模型的物性传递和 DB 结构。

4.3 在推广和应用效果方面

多年的 XPMS 计划优化排产应用，为石化企业带来了巨大的经济效益和提高了计划业务管理水平。但是，依据七家企业对比测算结果，S-GROMS 三次元技术能够在 XPMS 二次元优化的基础上，为炼化企业提高计划优化排产潜在经济效益 3%左右，放在整个行业内将是巨大的效益增量，具有很高的推广应用价值。

茂名石化2号加氢裂化装置流程模拟应用

李可发　刘付福千　关则辉

（中国石化茂名石化公司　广东茂名　525011）

摘　要　应用Aspen Plus软件对茂名石化公司2.4Mt/a加氢裂化装置进行流程模拟，得到了与装置实际操作接近的理想模型。通过模型分析为装置优化操作、节能降耗、寻找生产瓶颈提供了依据。

关键词　流程模拟；优化；节能降耗；加氢裂化

1　前言

茂名石化2.40Mt/a加氢裂化装置（以下简称：2号加氢裂化），采用大连石化研究院开发的一段串联一次通过加氢裂化工艺技术及配套FF46加氢裂化预处理催化剂和FC80加氢裂化催化剂，以减压蜡油和催化柴油的混合油为原料，主要生产重石脑油、航煤、柴油、白油和加氢尾油，副产干气、低分气、液化气和轻石脑油。

加氢裂化装置产品效益高，节能潜力大，通过建立装置分馏系统及吸收稳定系统的Aspen模型，可通过对模拟数据的分析找到装置生产优化、降耗的方向。

2　装置分馏及吸收稳定系统概况

自反应系统来的热低分油与冷低分油分别进入脱硫化氢汽提塔（T-201）不同位置，塔底通入蒸汽汽提。塔顶气经脱硫化氢汽提塔顶空冷器（A-201）、脱硫化氢汽提塔顶后冷器（E-201）冷却后，进入脱硫化氢汽提塔顶回流罐（V-201）进行油、水、气三相分离。气相在塔顶压力控制下至轻烃吸收塔（T-206）；油相经脱硫化氢汽提塔顶回流泵（P-201A/S）升压后分成两路，一路在塔顶温度和流量串级控制下作为塔顶回流，另一路在V-201液位和流量串级控制下作为脱丁烷塔（T-205）进料；水相至含硫污水除油器（V-310）。汽提塔底液依次与反应流出物、尾油换热后进入分馏塔进料分液罐（V-208）。分离出的油相经分馏塔进料泵（P-202A/S）升压后由分馏塔进料加热炉（F-201）加热至380℃进入分馏塔（T-202），分离出的气相不经加热炉加热直接进入T-202，塔底通入蒸汽汽提。分馏塔塔顶气经分馏塔塔顶空冷器（A-202）冷却后进入分馏塔塔顶回流罐（V-202）进行油、水分离。油相经分馏塔塔顶回流泵（P-203A/S）升压后分成两路，一路在塔顶温度和流量串级控制下作为塔顶回流，另一路在V-202液位和流量串级控制下作为重石脑油产品经重石脑油冷却器（E-206）冷却后出装置；水相经分馏塔塔顶凝结水泵（P-204A/S）升压后作为反应注水回用。V-202压力通过调节燃料气的进入或排出量来控制，从而使T-202操作压力保持稳定。

T-202侧线抽出的航煤自流进入航煤侧线汽提塔（T-204）进行汽提，T-202侧线抽出的柴油自流进入由蒸汽汽提的柴油侧线汽提塔（T-203）进行汽提，从T-202第35层塔盘抽出的白油料自流进新增的白油侧线汽提塔T-209。T-202设中段回流，加热原料油并发生蒸汽。T-202塔塔底尾油由分馏塔塔底泵（P-208A/S）升压后作为产品出装置。

T-201塔顶抽出油和T-206塔底油混合后经E-211、E-210换热，进入脱丁烷塔（T-205）中部，塔底设重沸器，热源为尾油。塔顶气经脱丁烷塔塔顶空冷器（A-204）、脱丁烷塔塔顶后冷器（E-209）冷却后进入脱丁烷塔塔顶回流罐（V-203）进行油、水、气三相分离。气相在塔顶压力控制下至T-206；油相经脱丁烷塔塔顶回流泵（P-209A/S）升压后分成两路，一路在流量和塔顶温度串级控制下作为塔顶回流，另一路在 V-203 液位和流量串级控制下作为液化气脱硫抽提塔(T-207)进料；水相至 V-310。T-205 塔底轻石脑油经轻石脑油空冷器(A-205)和轻石脑油冷却器(E-213)冷却后分成两路，一路在流量控制下作为吸收剂进入 T-206，另一路在 T-205 液位和流量串级控制下作为产品出装置。

自 V-201、V-203 来的塔顶干气和自蜡油加氢装置来的干气混合后进入轻烃吸收塔(T-206)回收液化气。T-206 设中段回流冷却，塔顶回收液化气后干气在压力控制下经干气分液罐(V-204)分液后出装置，塔底富吸收液经富吸收液泵(P-212A/S)升压后与 T-201 塔顶抽出油混合作为 T-205 进料。

3 模型的建立

3.1 建立操作流程图

应用 Aspen Plus 自带的流程图绘制功能绘制出分馏及吸收稳定系统操作流程图，具体模拟流程图如图 1 所示。

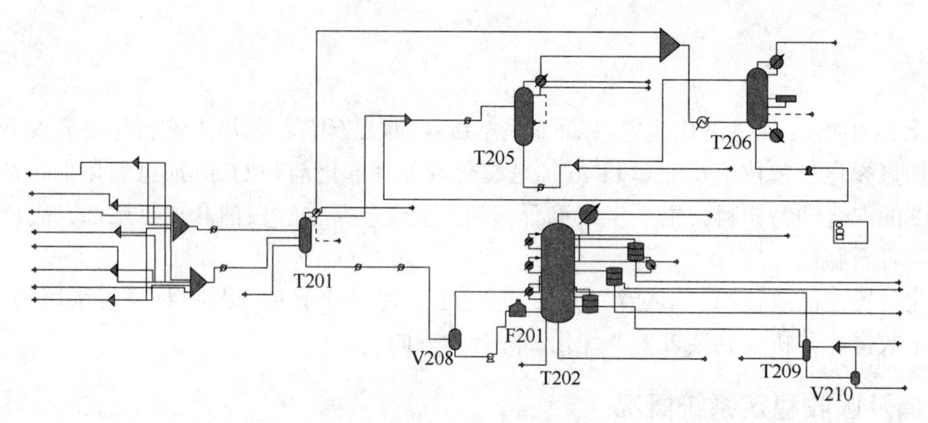

图 1 2.4Mt/a 加氢裂化装置分馏及吸收稳定系统过程模拟流程

3.2 数据的输入

分馏及吸收稳定部分的系统进料，包含硫化氢汽提塔进料和汽提蒸汽进料两部分，主汽提塔进料分别见表 1、表 2。

(1) 主汽提塔进料

进料压力：2.85MPa

进料温度：热低分油为 234℃；冷低分油为 177℃

表 1 脱硫化氢汽提塔 T201 液相进料数据表

馏程/℃/物流	轻石脑油	重石脑油	航煤	柴油	白油	尾油
HK	26.77	74.47	154.30	244.02	232.83	215.19
5	38.81	94.82	167.85	254.22	267.53	291.80
10	43.77	103.42	173.38	258.30	282.39	328.61
30	58.11	111.92	187.69	263.15	292.04	372.75
50	69.06	118.37	202.75	266.39	297.06	397.12
70	82.01	125.41	217.92	270.16	305.58	423.53
90	112.89	141.39	242.70	278.70	325.90	469.25
95	144.11	152.54	249.47	281.63	337.26	501.84
KK	175.33	163.68	256.23	284.56	348.62	534.42
流量/(t/h)	26.38	46.68	93.29	2.85	30.89	96.46

表2 脱硫化氢汽提塔T201气相进料数据表

组分	H_2	CH_4	C_2H_6	C_3H_8	iC_4	nC_4	iC_5	nC_5	nC_6	H_2S	流量/(t/h)
干气	34.86	18.20	10.03	9.78	2.21	1.00	8.55	3.13	2.06	10.18	2.10
液化气			4.13	25.91	36.3	27.19	1.12	0.08		5.27	10.78

根据生产实际和化验数据，返混冷低分油进料为表1、表2中的液化气及部分干气、轻石脑油、重石脑油、航煤、白油的混合组分；热低分油进料为表1、2的尾油及部分干气、轻石脑油、重石脑油、航煤、柴油、白油的混合组分。

（2）T201、T202、T203、T209汽提蒸汽

T201使用3.5MPa中压蒸汽，T202、T203使用1.0MPa过热蒸汽，T209使用0.35MPa过热蒸汽，蒸汽参数及使用量见表3。

表3 蒸汽参数及使用量

项　　目	0.35MPa过热蒸汽	1.0MPa过热蒸汽	3.5MPa中压蒸汽
温度/℃	400	400	418
压力/MPa	0.35	1.03	3.47
T201使用量/(t/h)			3.30
T202使用量/(t/h)		2.70	
T203使用量/(t/h)		1.50	
T209使用量/(t/h)	0.40		

（3）分馏及吸收稳定单元模型组分组成输入

分馏及吸收稳定单元模型组分表见表4。

表4 分馏及吸收稳定单元模型组分表

组　　分	类　　型	组分名称	分子式
H_2	Conventional	Hydrogen	H_2
CH_4	Conventional	Methane	CH_4
C_2H_4	Conventional	Ethylene	C_2H_4
C_2H_6	Conventional	Ethane	C_2H_6
C_3H_6	Conventional	Propylene	C_3H_6-2
C_3H_8	Conventional	Propane	C_3H_8
iC_4	Conventional	Isobutane	C_4H_{10}-2
nC_4	Conventional	N-Butane	C_4H_{10}-1
iC_5	Conventional	2-Methyl-Butane	C_5H_{12}-2
nC_5	Conventional	N-Pentane	C_5H_{12}-1
iC_6	Conventional	2-Methyl-Pentane	C_6H_{14}-2
nC_6	Conventional	N-Hexane	C_6H_{14}-1
H_2S	Conventional	Hydrogen-Sulfide	H_2S
H_2O	Conventional	Water	H_2O
LN	Assay		
HN	Assay		

续表

组　分	类　型	组分名称	分子式
HM	Assay		
CY	Assay		
BY	Assay		
WY	Assay		

(4) 分馏、吸收稳定系统精馏塔塔盘参数

分馏及吸收稳定精馏塔塔盘参数见表5。

表5　分馏及吸收稳定精馏塔塔盘参数

位号	塔盘类型	塔径/m	板间距/mm	堰高/mm	开孔率/%	塔板数
T201	双溢流导向浮阀	3	600	40	11.6/5.5/4	36
T202	双溢流导向浮阀	5.4/3	600	40	17.6/16.2	54
T203	双溢流导向浮阀	2.2	600	40	6.7	10
T204	双溢流导向浮阀	2.4	600	40	10.6	10
T205	单/双溢流导向浮阀	2.2	600	50	8.08/5.91	30
T206	单溢流导向浮阀	1.4	600	50	4.6	20
T209	单溢流导向浮阀	1.8	800			16

3.3 模型结果

根据前面的进料数据和模块的设定，物性方法选择 Grayson。模型能很快收敛到最终的结果。

利用所建立的模型可以对加氢裂化装置分馏过程的物料平衡、能量平衡、相平衡进行模拟，模拟所得各部温度，产品质量及各物流抽出率与实际基本相符，两者的比较见表6。各产品馏程模型计算与实际对比如图2所示。

表6　主要设备的模拟值与设计值对比

塔器名称	操作参数	模拟计算值	实际值
T201	塔顶压力/MPa	0.84	0.84
	回流温度/℃	65	44
	塔顶温度/℃	119.2	124
	塔釜温度/℃	209.9	214
T202	塔顶压力/MPa	0.09	0.09
	塔顶温度/℃	138	136
	顶回流温度/℃	55	54
	顶回流量/(t/h)	113	148
	一中回流温度/℃	168.5	168.5
	一中回流量/(t/h)	164	164
	一中抽出温度/℃	247	229
	塔底流量/(t/h)	91	94
	塔底温度/℃	318	317
	航煤侧线抽出温度	199	189
	柴油侧线抽出温度	231	240
	白油侧线抽出温度	276	288

续表

塔器名称	操作参数	模拟计算值	实际值
T202	航煤采出量/(t/h)	97	92.5
	柴油采出量/(t/h)	4	4
	白油采出量/(t/h)	32	30
T206	塔顶温度/℃	44	46
	塔顶压力/MPa	0.70	0.68
	一中回流量/(t/h)	13.7	15
	吸收剂流量/(t/h)	15	15
	塔底温度/℃	50	51
	干气 C_{3+} 含量/%(摩)	20.24	26.73
T205	塔顶温度/℃	77	75
	塔顶压力/MPa	1.22	1.22
	回流量/(t/h)	34	38
	塔底温度/℃	175	175
	脱硫前液化气 C_2 含量/%(摩)	3.62	4.13
	脱硫前液化气 C_5 含量/%(摩)	7.39	1.20

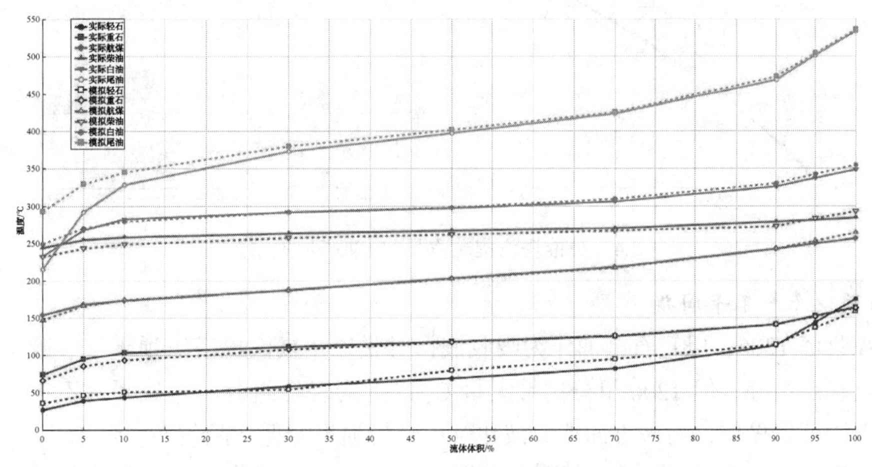

图2 模型计算各产品馏程与实际产品馏程对比

注：虚线为模型计算的产品馏程曲线。

4 模型应用

加氢裂化装置产品效益高，节能潜力大，通过 Aspen 模型与生产实践相结合，通过软件模拟，指导装置进行优化调整，优化产品分布提高高价值产品收率、节能降耗、稳定产品质量。

4.1 增产5号工业白油

利用 Aspen 模拟汽提蒸汽及加热炉出口温度对产品分布的影响，从模拟结果分析，分馏塔进料温度对 5#工业白油及尾油收率影响较大，对5号白油收率影响模拟图如图3及图4所示。

根据模拟结果，分馏塔进料温度越高，5#工业白油收率越高，尾油收率越低。提高分馏塔汽提蒸汽，可提高5号工业白油收率。提高分馏加热炉出口温度及汽提蒸汽后，可将分馏塔尾油中的5号工业白油组分拔出，白油终馏点升高，尾油初馏点升高，5号工业白油收率提高。

根据模拟优化指导确定操作调整方向，逐渐将分馏加热炉出口温度由336℃提高至343℃，汽提蒸汽从2.0t/h 提高至3t/h，增产5号工业白油5t/h，尾油收率降低1.5%。

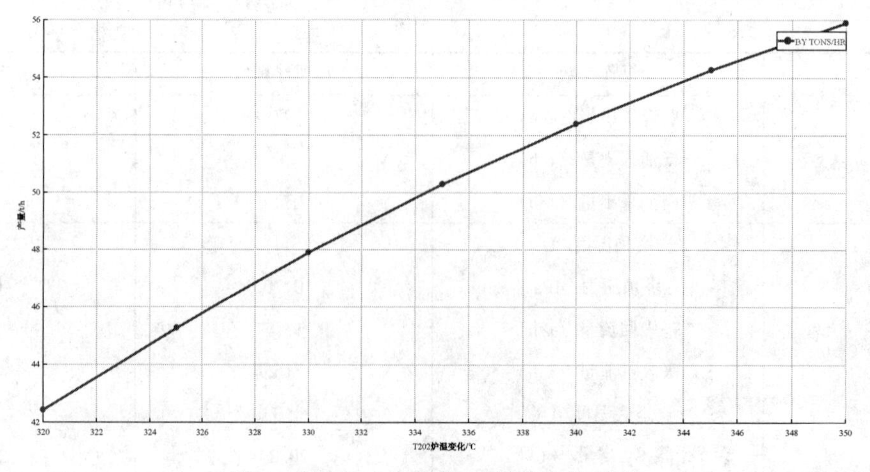

图3 加热炉出口温度-白油产量关系图

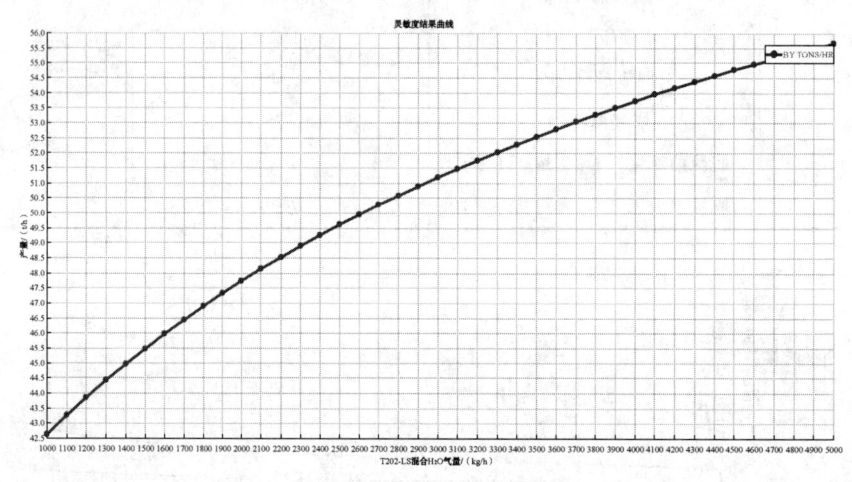

图4 分馏塔汽提蒸汽量-白油产量关系图

4.2 优化操作解决干气不干问题

装置轻烃吸收塔T206，以轻石脑油作为吸收液，对脱硫化氢汽提塔塔顶干气、脱丁烷塔塔顶干气进行再吸收回收轻烃组分。但T206组分携带大量C_3以上的轻烃组分，导致干气不干问题，一方面影响干气质量及下游装置操作，另一方面造成液化气、轻烃损失降低产品效益。

利用Aspen模型对T206操作参数进行模拟优化，考察T206操作压力、吸收剂流量及吸收剂温度对净化干气C_3以上组分含量的影响，提高吸收效果。模拟结果如图5~图7及表7、表8所示：

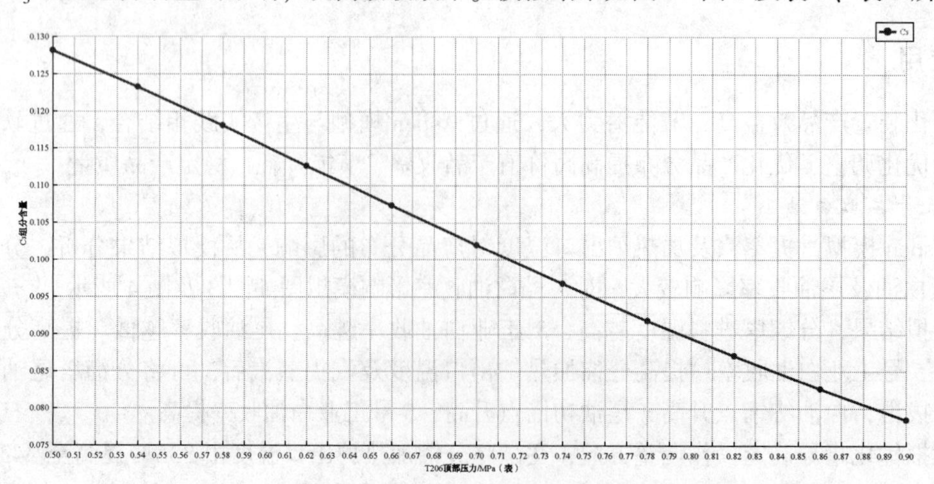

图5 T206顶部压力变化对净化干气C_3组分含量的影响

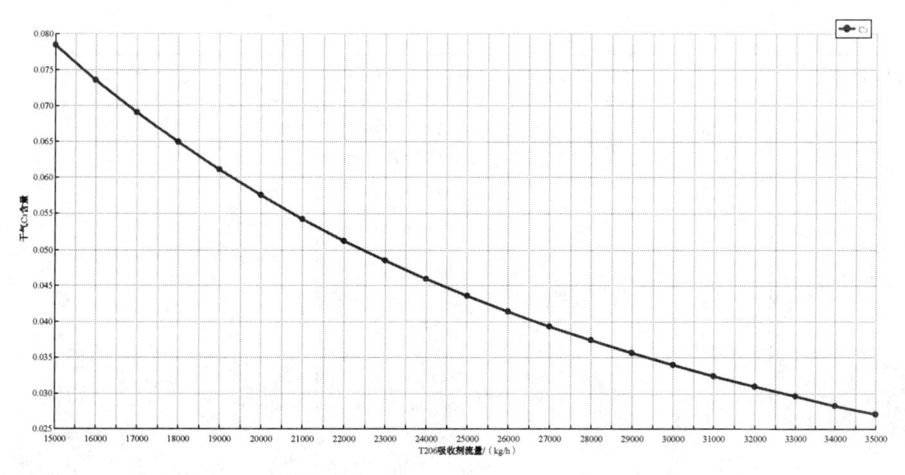

图6　T206吸收剂流量对净化干气 C_3 组分含量的影响

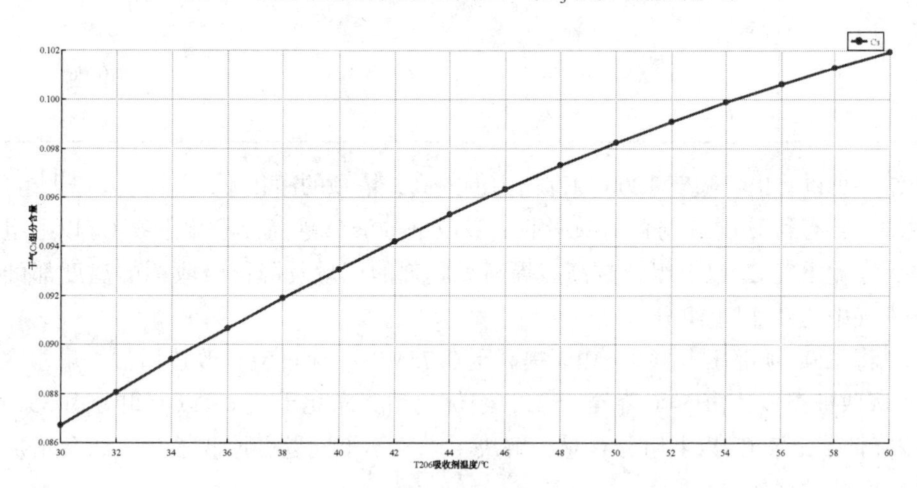

图7　T206吸收剂温度对净化干气 C_3 组分含量的影响

表7　T206顶部压力变化对净化干气 C_3 组分含量的影响

序　号	T206顶部压力/MPa(表)	净化干气 C_3 组分含量/%
1	0.5	12.46
2	0.54	11.73
3	0.58	11.01
4	0.62	10.30
5	0.66	9.63
6	0.7	9.00
7	0.74	8.42
8	0.78	7.88
9	0.82	7.40
10	0.86	6.96
11	0.9	6.56

表8　T206吸收剂温度对净化干气 C_3 组分含量的影响

序　号	T206吸收液温度/℃	净化干气 C_3 组分含量/%
1	30	8.69
2	32	8.80

续表

序号	T206 吸收液温度/℃	净化干气 C_3 组分含量/%
3	34	8.94
4	36	9.07
5	38	9.19
6	40	9.31
7	42	9.42
8	44	9.53
9	46	9.63
10	48	9.73
11	50	9.82
12	52	9.99
13	54	10.06
14	56	10.13

根据模拟结果可以看出，随着 T206 顶部压力的提高，塔顶的净化干气中 C_3 及以上组分含量降低，说明塔顶压力增加，有利于 C_3 组分的有效吸收。吸收剂的流量越高，净化干气 C_3 以上组分越低，吸收剂温度越高，净化干气 C_3 以上组分越高。提高吸收剂的流量及降低吸收剂的温度都可提高吸收效果，降低净化干气中的 C_3 以上组分。

经优化后，将 T206 顶部压力由 0.6MPa 提高至 0.75MPa，通过流程改造增加一塔水冷器，降低吸收塔 T206 入口吸收液温度，由 54℃降至 45℃，经优化后，净化干气 C_3 以上组分由 35%左右降低至 6%左右，大幅降低了干气 C_3 以上组分含量，解决了干气不干问题，回收液化气组分增加效益。优化前后净化干气的分析数据如表 9 所示：

表 9 优化前后净化干气分析数据

%(体)

组分	优化前	优化后	组分	优化前	优化后
甲烷	11.33	57.18	C_6	8.00	2.02
乙烷	12.62	4.27	氢气	26.31	25.70
丙烷	7.84	0.77	C_3 及 C_3 以上组分	36.51	5.86
异丁烷	0.90	0.07	C_4 组分	3.03	0.53
正丁烷	2.13	0.46	C_3+C_4	10.87	1.39
异戊烷	12.24	1.56	C_4 及 C_4 以上组分	28.67	5.00
正戊烷	5.40	0.89	C_5 及 C_5 以上组分	25.64	4.47

4.3 优化分馏炉前闪蒸罐压力节能降耗

脱硫化氢汽提塔塔底油进入分馏加热炉 F202 前先经闪蒸罐 V208 进行闪蒸，将其中石脑油及航煤等轻组分闪蒸出来后直接进入分馏塔 T202，降低了分馏加热炉进料量，从而降低分馏加热炉的负荷，实现降低加热炉燃料消耗的目的。

为考察 V208 压力与加热炉负荷的关系，应用 Aspen 对分馏塔进行模拟优化，具体模拟流程图如图 8 所示：

以 V208 压力为变量，模拟 V208 闪蒸气流量及分馏炉进料量变化趋势，模拟结果如表 10、图 9 所示。

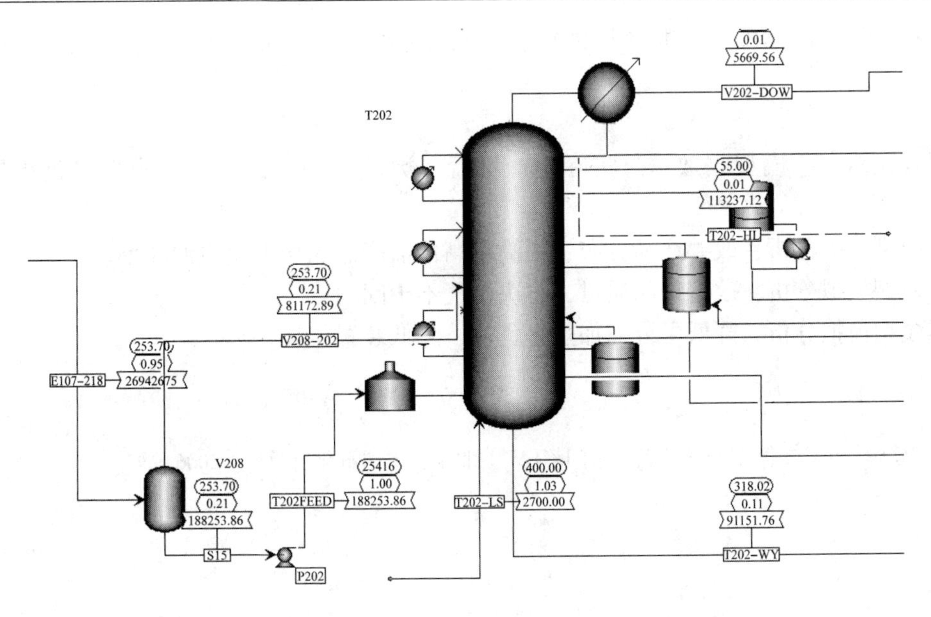

图8　分馏炉前闪蒸罐 V208 及分馏塔 Aspen 过程模拟流程

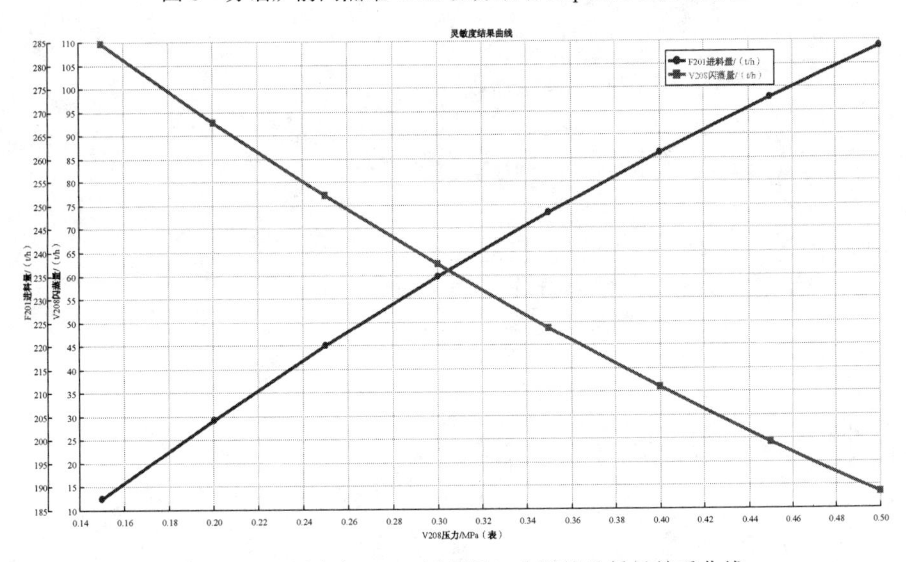

图9　V208 压力与 V208 闪蒸量、分馏炉进料量关系曲线

表10　V208 压力变化对分馏加热炉进料量的影响

序　号	V208 顶部压力/MPa	V208 顶部流量/(t/h)	F201 进料量/(t/h)
1	0.5	13.359	257.308
2	0.45	24.1957	247.477
3	0.4	35.9766	236.789
4	0.35	48.6813	225.264
5	0.3	62.3336	212.879
6	0.25	76.9855	199.587
7	0.2	92.7143	185.318
8	0.15	109.628	169.73

由上述图表可见，V208 压力越低，石脑油及航煤组分汽化率越高，分馏加热炉进料量越小，负荷越低。为了防止加热炉进料泵抽空，V208 需要控制合适的压力。实践证明，将 V208 压力由 0.45MPa 逐步降低至 0.2MPa，既可保证分馏加热炉进料泵安全运行，又可降低加热炉负荷。将 V208 压力由

0. 45MPa 逐步降低至 0. 2MPa 后，加热炉进料量由 220t/h 降至 192t/h，降低燃料消耗 400nm^3/h。

5 结论

1）装置建立 Aspen 模型收敛，与实际生产运行参数基本一致，可用于模拟优化指导装置生产调整。

2）利用模型模拟分析，改善产品分布，提高了高价值产品 5 号工业白油收率。

3）利用模型模拟分析，改善产品质量，解决干气不干问题。

4）利用模型模拟分析，降低了分馏加热炉负荷，降低装置能耗。

参 考 文 献

[1] 金德浩，刘建晖，申涛 . 加氢裂化装置技术问答[M]. 北京：中国石化出版社，2006.

基于随机森林算法的 RMX 反应过程模型研究

任小甜　唐晓津　朱振兴

（中国石化石油化工科学研究院　北京　100083）

摘　要　为实现渣油临氢催化热转化(RMX)反应过程的反应性能预测，收集3种不同类型的渣油在高压釜中临氢热裂化反应的实验数据，构造42组数据集，并将其随机划分为训练集和测试集。以渣油的组成以及反应条件为输入特征，采用随机森林回归算法(RFR)分别构建预测其气体、汽油、柴油、蜡油和尾油收率的模型。利用训练集样本的袋外估计，进行模型超参数的寻优，在训练集样本进行模型的训练。结果表明，模型对5种产物收率的预测标准偏差(RMSEP)分别为1.340%、2.012%、2.512%、3.669%和7.476%，说明模型的预测值和实测值比较接近，有一定的准确度和泛化能力。

关键词　渣油；临氢热转化；产物收率；预测模型；随机森林算法

近年来，随着原油重质化和劣质化的趋势不断加剧，轻质油品的需求与日俱增，开发经济又高效的重油、渣油轻质化技术已经成为全球炼油行业关注的焦点[1,2]。其中，渣油浆态床加氢工艺的原料适应范围广、转化率高、经济和环保效益好，是目前最具工业应用前景的技术[3]，国内外各大炼油公司和专利商都开发了不同的浆态床技术[4]。

渣油临氢催化热转化(RMX)是中国石化石油化工科学研究院最新开发的劣质渣油高效改质系列技术[5]，该工艺的核心是渣油缓和临氢热转化过程，根据不同的产品需求，又分为多产改质油的 RMAC 技术和最大量生产馏分油的 RMD 技术。其中，RMAC 技术可实现渣油转化率>95%，尾油外甩量<5%，金属脱除率>99%。目前，该技术已经通过了中国石化总部的技术评议和2.0Mt/a 工艺包审查，处于工业化应用前期。对 RMX 的临氢催化热转化过程进行反应动力学研究，构建反应过程模型，实现装置反应性能的预测，对该工艺过程的操作参数优化和智能控制有重要的意义，可以进一步促进 RMX 技术的工业化推广和应用。

目前，重油加氢裂化的反应过程模型大多为集总动力学模型，将重油和反应产物按照馏分、沸点或分子类型等切割为若干个集总或虚拟组分，在这些简化的组分之间构建反应动力学模型，主要包括传统集总、离散集总和连续集总这三类模型[6]。传统集总模型根据生产方案划分馏分集总[7,8]，一般假设所有反应为一级的平行连串反应，利用实验数据求解动力学参数，这种模型有效地简化了渣油加氢的反应体系，但当原料的组成发生变化时，需要重新计算所有反应的动力学参数，模型的准确度也较差。离散集总模型[9-11]的基本思想是基于基本物性将原料和产物分为不同的虚拟组分，利用实沸点 TBP 曲线的数据计算各反应的动力学参数，模型中引入特殊的关联参数对计算结果进行校正，这种基于虚拟组分的模型可以进一步描述反应体系，但模型的参数较多，全部收敛比较困难，对于不同类型的原料同样也需要重新建模和计算，实用性较差。连续集总动力学模型[12,13]则是以 TBP 曲线为研究对象，以分布函数的变化表示反应过程，引入特定的关联参数进行模型的求解，这种模型同样存在较大的局限性，需要确定不同原料和产物的 TBP 曲线，计算过程比较复杂，模型的适应性较差。

RMX 的反应过程复杂，各种反应条件之间具有较强的非线性和耦合性，而且实际的工业生产中渣油原料的组成也会发生变化，所以很难用传统的集总模型对其反应过程进行准确的描述。因此，本文从数据驱动的建模思想出发，以渣油的高压釜实验数据为基础，采用随机森林回归算法构建计算简单和适应性强的非线性模型，从渣油的原料组成和反应条件预测其相应的临氢催化热转化反应的各项产物收率。

1 模型的构建

1.1 算法原理

随机森林回归(RFR)算法是一种基于 Bagging 思想的集成学习算法，其中弱学习器为回归树，通过两个随机过程来降低模型的方差，避免过拟合，增加模型的泛化性能。每棵回归树中约有 36.8%的样本未参与建模训练，这些未参与建模训练的样本被称为袋外(OOB)样本，其可以作为测试集来评价模型的泛化性能，一般使用袋外得分 OOB_ score 和袋外预测标准偏差 RMSE_ OOB 表示，其属于无偏估计[14]；OOB 样本还可以作为验证集，替代繁琐的交叉验证计算，用于随机森林回归模型中超参数的调优，所以 RFR 算法更适用于数据集规模较小的建模问题。

用 RFR 算法建立的模型训练时间短，不需要进行特征数据的预处理，而且还可以计算出每个特征的重要程度用于特征选择；另外，算法支持多输出的回归问题建模，可以建立一个统一的模型对多个输出变量进行同时预测计算；RFR 算法对离群的异常样本不敏感，稳健性好，不易过拟合，有较强的泛化能力，能保证较高的准确度。

1.2 构建数据集

收集科威特渣油、伊重减渣和沙重减渣三种渣油原料的高压釜临氢热裂化的实验数据共 42 组，包括渣油的 8 项基本物性：碳、氢、硫、氮的元素组成[w(C)、w(H)、w(S)、w(N)]，四组分组成[w(Sat)、w(Aro)、w(Res)、w(Asp)]；3 种反应条件：温度 T，反应时间 t 和催化剂浓度 w(Cat)；对应的产物收率：气体、汽油、柴油、蜡油和尾油的质量分数。汇总这 42 个样本的数据，得到模型的数据集。对数据集进行随机划分，其中 80%的样本(33 个)作为训练集，用于随机森林回归模型的训练和调参；其余 20%的样本(9 个)作为测试集，用来评估模型的准确性和泛化能力。

1.3 模型构建

本研究构建的模型使用 Python 进行编写，其中调用开源的机器学习库 Scikit-Learn[15] 实现随机森林回归算法。RFR 算法属于非参数模型，其对样本数据的总体分布没有先验的假设，直接通过算法拟合待测性质与变量之间的非线性关系。构建模型时，先对训练集样本进行有放回的抽样得到若干个样本子集，然后在每个样本子集上构造回归树；对树中的每个非叶节点进行分裂时，随机选择若干个特征数进行计算。当每个子集都构造起相应的回归树时，即可建立起不同特征下相应的划分规则和取值，整个随机森林回归模型也就构建完成。

将渣油的 8 项基本物性和 3 项高压釜的反应条件作为模型的输入特征 X，5 种反应产物的收率作为输出变量 y，构建预测各项产物收率的随机森林回归模型；然后，确定模型的超参数，再进行模型的训练，最后评估其预测的准确性和泛化能力。

1.4 超参数寻优

在对随机森林回归模型进行训练之前先要确定模型的超参数。有 2 种超参数需要寻优，第一种是模型的框架参数，即抽样得到的样本子集个数，也就是构造回归树的数量 NT，第二种需要寻优的参数是回归树的每个非叶节点划分使用的最大特征数 MF。本研究以训练集样本的袋外估计为基础进行调参，省去了繁琐的交叉验证计算，先对回归树的数量 NT 进行寻优，然后再调节最大特征数 MF。选择不同的超参数，设定其取值范围，然后计算对应模型中每个袋外样本的预测值，以所有袋外样本的预测标准偏差(RMSE_ OOB)为评价指标，当其取值最小时对应的超参数即为最优。

2 结果与讨论

2.1 模型的超参数

对模型进行超参数的寻优计算，分别得到最优的回归数的数量 NT 和最大特征数 MF。模型的调参过程如图 1 所示。由图 1 可知：袋外样本的预测标准偏差(RMSE_ OOB)随着回归树数量(NT)的增加先减小后增大，当 NT 为 170 时其取得最小值[图 1(a)]；且 RMSE_ OOB 随着最大特征数(MF)的增大而减小，当 MF 为 11 时其取得最小值[图 1(b)]。由此，可以确定该模型的最优超参数 NT 和 MF 分别为 170 和 11。

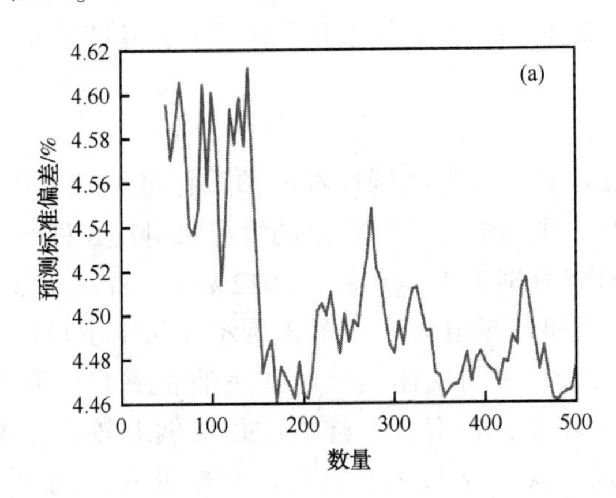

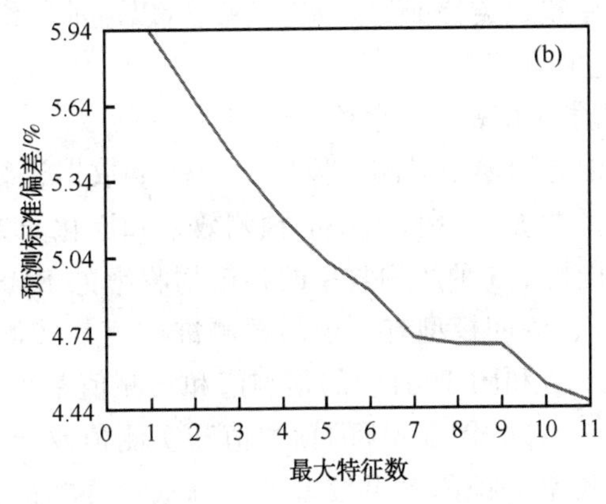

图 1　模型的调参过程

2.2 模型的训练

确定了模型的最优超参数之后，在 33 个训练集样本上进行模型的训练和计算，利用训练集样本的校正标准偏差(RMSEC)和拟合决定系数 R^2 来评价模型的准确性和拟合效果，由袋外得分可初步评价模型的泛化能力。模型中各产物收率的分布范围和拟合准确度的评价指标见表 1。由表 1 可知，各产物收率的分布范围较宽，构建的模型具有一定的代表性；模型的袋外得分 OOB_ score 为 0.787，表明模型具有一定的泛化能力。从拟合决定系数来看，尾油收率的拟合效果最好，其 R^2 可达到 0.980，汽油和蜡油收率的拟合效果较差，其 R^2 分别为 0.945 和 0.958；RMSEC 值和产物收率呈正相关关系，因而尾油收率的 RMSEC 值最大。

表 1　各产物收率的分布范围和拟合准确度的评价指标

产品	%(质)	RMSEC/%	R^2	OOB_ score
气相	0.15~16.02	0.682	0.972	—
汽油	0.99~27.90	1.390	0.958	—
柴油	2.31~32.75	1.471	0.974	0.787
粗柴油	5.99~28.81	1.183	0.945	—
尾油	8.09~89.56	3.030	0.980	—

2.3 特征重要度分析

随机森林回归算法可以计算出模型中每个特征的重要程度。具体来说，在构造 1 颗回归树时，非叶节点按照分裂后的各个样本子集方差最小的准则进行分裂。这样可以计算出每个特征在某一节点处分裂前后的方差减少量，进而得到每个特征在所有回归树的相应节点上的平均方差减少量。将所有特征的方差减少量进行归一化计算，即得到每个特征的重要度。重要度表示每个特征在模型中的贡献值大小，可用于模型的特征分析和筛选。

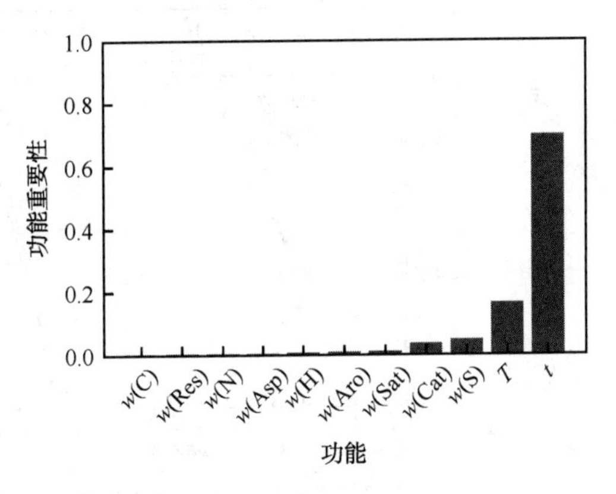

图 2　模型的特征重要度分布

图 2 为模型的特征重要度分析结果。由图 2 可知，这 11 种特征中反应时间 t 的重要度最高，反应温

度 T 次之，而渣油的各项物性特征的重要度都很低。反应时间和反应温度对渣油临氢热转化的产物收率有较大的影响，这与文献报道的实验结果相符；但渣油的组成特征，尤其是四组分组成与产物收率的相关性很小，这主要是因为本文目前收集的数据集中只包含三种渣油，而且其组成数据也基本类似，导致此类特征的方差很小，所以渣油的组成在建模过程中基本没有贡献，其特征重要度自然都很小。

2.4 测试集样本的预测分析

利用构建的模型对测试集的 9 个样本数据进行预测，根据测试样本的预测标准偏差 RMSEP 和预测决定系数 R^2来评价模型的预测效果和泛化能力，并主要通过比较 R^2的大小来对比 5 种产物收率的预测准确性。5 种产物收率的各产物收率的 RMSEP 分别为 1.340%、2.012%、2.512%、3.669%和 7.476%，说明模型有一定的预测准确度。实测值和预测值对比如图 3 所示。从图中可知：图 3(a)、图 3(c)和图 3(e)中的预测值和实测值基本吻合，表明气体、柴油和尾油收率的预测效果较好；而图 3(b)和图 3(d)的预测值和实测值吻合度较差，各有 2 个样本的预测偏差较大，说明汽油和蜡油收率的预测效果较差。从测试集样本的预测决定系数来看，汽油和蜡油收率的 R^2最小，分别为 0.824 和 0.736，说明其拟合效果较差，泛化能力较弱；而气体、柴油和尾油收率的 R^2分别为 0.879、0.932 和 0.908，说明模型对气体、柴油和尾油收率的预测效果较好，泛化能力较强。

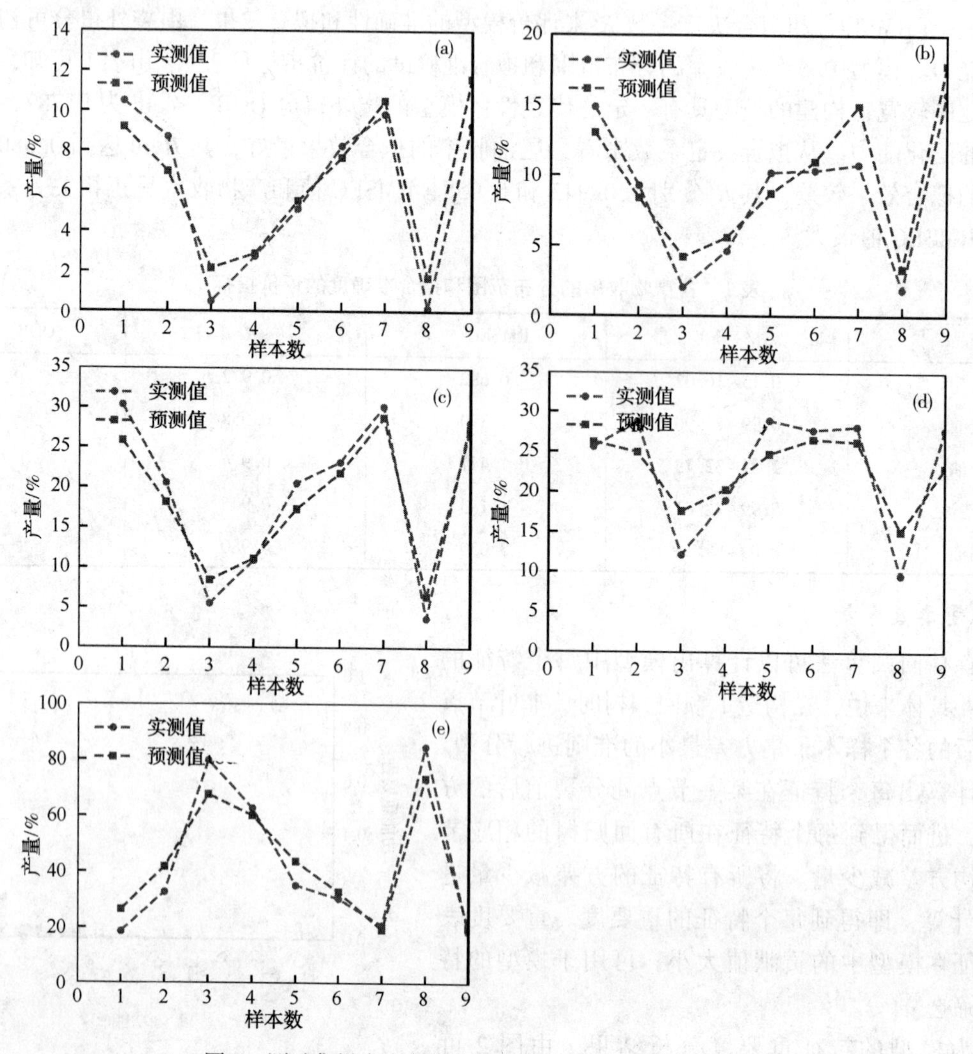

图 3　测试集样本中各产物收率的实测值和预测值对比

3 结论

利用随机森林回归方法构建渣油临氢催化热转化反应过程(RMX)的 5 种产物收率的预测模型，由渣油的 8 项基本组成数据和 3 项反应条件参数快速计算得到气体、汽油、柴油、蜡油和尾油的收率。计算结果表明，在目前有限的数据集基础上，模型可以达到一定的预测准确度和泛化能力。

参 考 文 献

[1] Doehler W, Kretschmar D I K, Merz L, et al. VEBA-Combi-cracking-A technology for upgrading of heavy oils and bitumen[J]. Div Petrol Chem, ACS, 1987, 32(2): 484-489.

[2] 贾丽，栾晓东．悬浮床与固定床渣油加氢改质技术的区别[J]. 当代化工，2007，36(5)：447-450.

[3] 梁文杰．重质油化学[M]. 东营：石油大学出版社，2000.

[4] 陶梦莹，侯焕娣，董明，等．浆态床加氢技术的研究进展[J]. 现代化工，2015(5)：34-37.

[5] 董明，龙军，侯焕娣，等．塔河渣油高温催化临氢热转化技术研究[J]. 石油炼制与化工，2019，50(12)：1-5.

[6] 李中华，肖武，阮雪华，等．加氢裂化反应动力学建模研究进展[J]. 化工进展，2016，35，295(04)：23-29.

[7] Brazill D T, Gundersen R, Gomer R H, et al. Lumped Kinetics of Hydrocracking of Bitumen[J]. Fuel, 1997, 76(11).

[8] Asaee S D S, Vafajoo L, Khorasheh F. A new approach to estimate parameters of a lumped kinetic model for hydroconversion of heavy residue[J]. Fuel, 2014, 134(9): 343-353.

[9] Puron H, Arcelus-Arrillaga P, Chin K K, et al. Kinetic analysis of vacuum residue hydrocracking in early reaction stages [J]. Fuel, 2014, 117: 408-414.

[10] Stangeland B E. A Kinetic Model for the Prediction of Hydrocracker Yields[J]. Industrial & Engineering Chemistry Process Design & Development, 1974, 13(1).

[11] 杨朝合，林世雄．重质油加氢裂化反应动力学的研究[J]. 石油与天然气化工，1998，27，(1)：19-24.

[12] Laxminarasimhan C S, Verma R P, Ramachandran P A. Continuous lumping model for simulation of hydrocracking[J]. Aiche Journal, 1996, 42(9).

[13] Elizalde I, Ancheyta J. Modeling catalyst deactivation during hydrocracking of atmospheric residue by using the continuous kinetic lumping model[J]. Fuel Processing Technology, 2014, 123: 114-121.

[14] Breiman L. Random Forests[J]. Machine Learning, 2001, 45(1): 5-32.

[15] Swami A, Jain R. Scikit-learn: Machine Learning in Python[J]. Journal of Machine Learning Research, 2012, 12(10): 2825-2830.